류 혜 원

고려대학교 의예과 2024년 입학
칠곡 순심여고 졸

"원자간 유효 핵전하는 같은 주기에서 원자 번호가 클수록 크고, 같은 족에서 원자 번호가 클수록 크다."

■ 화학 대비를 위한 자이스토리 100% 활용 방법!

나는 수능과 내신에서 화학 과목을 선택했어. 그래서 내신 대비를 위해 다른 문제집은 풀지 않고 자이스토리 한 권만을 사용해서 완벽히 내신을 대비하고자 했어.

내신을 대비하기 위해서 시험 전 한 달을 1주/2주/1주로 나누었어. 먼저 처음 1주에는 앞부분에 수록된 개념 총정리와 개념 체크 문제를 보며 시험 범위의 개념을 익히고 기본 개념을 체크했어. 그 다음 2주는 문제 풀이를 하는 주로 매일 비킬러 2페이지, 준킬러 1페이지, 킬러 2문제 이렇게! 이때, 오답은 하지 않고 채점만 진행했어. 이제 2주동안 풀었던 문제의 오답이 모였겠지? 마지막 1주에는 이 오답 문제를 계속 반복적으로 풀이했고, 어려운 단원에 해당하는 문제들을 최소 3번씩 반복해서 유형을 익힐 수 있도록 했어. 또 자이스토리 부록에 수록된 연도별 모의고사를 사용해 실전에서 나는 어떤 부분에 약한지 분석하고 약점을 보완할 수 있도록 했어.

■ 비킬러, 준킬러는 킬러 전에 모두 처리하자!

위에 알려준대로 문제를 풀이했다면 2주 동안 비킬러, 준킬러에서 쌓인 오답이 꽤 있을거야. 비킬러, 준킬러 파트에서는 대부분 스킬이 부족하기보다는 원자간 유효 핵전하의 크기를 비교하는 방법을 까먹었다는 등 개념에 구멍이 있어 틀린 것일거야. 오답을 정리할 때 2번 이상 틀린 유형을 모아 메모지에 정리하며 자투리 시간에 보며 암기할 수 있도록 했어.

시험의 등급을 가르는 문제들은 맨 뒷장 킬러 문제들이지만, 수능과 내신 모두 앞장 쉬운 문제들과 킬러 문제들의 배점이 같은 것, 알지? 이런 쉬운 문제들에서 실수해 버린다면 등급이 훅 떨어지고 말거야. 그래서 이런 쉬운 문제들에서 절대 실수하지 않도록 실전에서 여러번 반복해서 풀었어. 킬러 문제를 본격적으로 해결하기 전 비/준킬러 문제를 3번 정도 반복하며 실수한 것은 없는지 체크하는 과정을 거치고, 완벽하게 풀었다는 결론이 나오면 마지막 킬러 문제 파트로 넘어가는 식으로 문제를 풀었어.

■ 킬러는 step by step!

킬러 문제를 풀 때의 핵심은 나만의 정형화된 틀을 따라가는 것이었어. 자이스토리 실전 모의고사를 풀며 나는 실전에서 킬러 문제를 풀이할 때 한 번 막히면 호흡이 꼬여 문제를 해결하기가 힘들어진다는 약점이 있다는 것을 알게 되었어. 그래서 킬러 문제를 반복적으로 풀이하며 자주 나오는 유형별로 스텝을 만들고, 스텝별로 수행해야 할 과정을 정리했어. 그리고 실전에서도 내가 정해놓은 이 틀을 따라 문제를 풀 수 있도록 계속해서 체화하는 과정을 거쳤어. 또 이런 킬러 문제를 풀이할 때는 여러 가지 방법을 쓸 수 있는데, 자이스토리 해설지를 보면 이렇게 1등급을 가르는 문제는 여러 방식으로 생각해 볼 수 있도록 여러 종류의 풀이를 제시해서 혼자 공부하는 나에게 도움이 많이 되었어. 특히 인강에서는 소위 말하는 '스킬'을 사용해서 풀이하는 방식을 주로 가르쳐 주시는데, 자이스토리 해설지는 정석적 풀이를 기본적으로 설명해 준다는 것도 나에게는 장점이었어!

■ 사소한 즐거움에서 행복을 찾자!

항상 스스로 되뇌었던 나의 좌우명이 '천재는 노력하는 자를 이길 수 없고, 노력하는 자는 즐기는 자를 이길 수 없다.'였는데, 나는 여기서 '즐기는 사람'이 단순 공부를 즐기는 사람이 아니라, 공부 주변에서도 즐거움을 찾을 수 있는 사람이라고 생각했어. 그래서 일상에서도 즐거움을 찾으려고 노력했어. 오늘 급식이 특별히 맛있다던가, 야자를 째고 친구들이랑 떡볶이를 먹으러 간다던가, 날씨가 좋아 운동장을 돈다던가 하는 그런 사소한 것들에서 말이야.

또 공부를 하면서도, 오늘 계획한 분량을 다 끝낸 것, 문제를 하나밖에 안 틀린 것처럼 과정에서 내가 성장한 것에 집중하려고 했어. 수험 생활을 돌아보면 3년의 나를 버티게 해 주었던 것은 이런 '즐거움'이었던 것 같아.

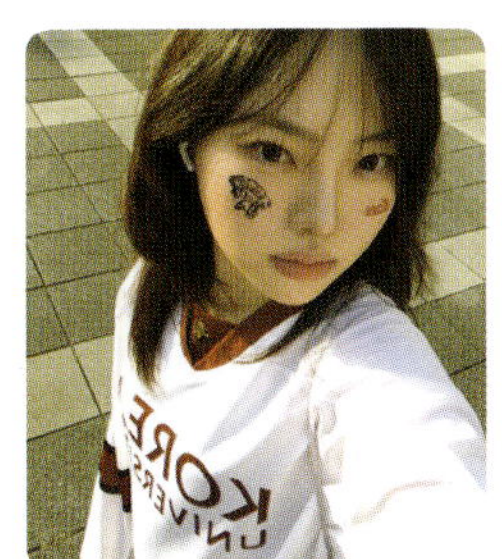

My Story *Xi Story* [고2 화학]

DREAMS COME TRUE

물이 강줄기를 따라 흐르는 것은
그것이 물의 흐름을 가장 쉽게 하는 자연의 순리이기 때문입니다.
최소 저항의 길이라는 이 길을
우리는 세상을 살아가면서 끊임없이 부딪히고, 또 이쪽저쪽 재며 갈등합니다.
순리대로 힘들이지 않고 가면 되는 길인 것 같지만 꼭 그렇지만은 않은가 봅니다.
모두가 으레 밟고 지나가는 이 길이 때로는 버거운 짐이라 느껴져
어떻게든 거슬러 보려고 하지만 바로 이 길만이 최소 저항의 길인 것입니다.

가장 자유로워야 할, 그리고 무한한 가능성을 알맞게 빚어나가야 할 나이에
여러 가지 족쇄에 얽매여 날개를 움츠러뜨린
이 땅의 수많은 수험생들 여러분,
내 앞에 놓인 이 길을 어차피 지나가야 하는 거라면
저 멀고 높은 곳을 목표로 삼아 한 번 멋지게 이뤄보는 것은 어떤가요?
현재가 불안한 사람일수록 앞날을 알고 싶어합니다.
그러나 미래를 아는 사람은 이 세상에 단 한 사람도 없습니다.
그런데 100%는 아니지만 조금이나마
미래를 알 수 있는 방법이 하나 있습니다.

그것은 자신의 현재를 살펴보는 것입니다.
현재에 충실한 것이 곧 내가 꿈꾸는 미래를 만들어 가는 것입니다.
내일을 염려하지 말고 오늘에 충실하면 됩니다.
스스로를 신뢰하고 긍정적인 사고로 전환하면 꿈꾸던 미래가 현실이 됩니다.
더 나은 내일을 위해 고전 분투하는 수험생들을 위해
오늘날의 교육 환경 모두를 개선하는 것은 역부족이지만,
뜻을 모으고, 머리를 맞대고, 마음의 정성을 쏟아
오로지 공부만을 위한 공부가 아닌 편안한 마음으로 볼 수 있는 교재,
노력한 만큼 뿌듯한 결과를 안겨줄 수 있는 교재를
만들어 드리기 위해 꾸준히 노력하겠습니다.

이 땅의 수험생 여러분께 진심으로 경의를 표합니다!!

수경출판사 임직원 올림

🍀 내신 + 학평 **1등급** 완성 학습 계획표 [28일]

Day	문항 번호	틀린 문제 / 헷갈리는 문제 번호 적기	학습 날짜		복습 날짜	
1	**A** 01~20		월	일	월	일
2	**B** 01~22		월	일	월	일
3	**B** 23~31		월	일	월	일
4	**C** 01~20		월	일	월	일
5	**C** 21~30		월	일	월	일
6	**Ⅰ** 01~25		월	일	월	일
7	**D** 01~17		월	일	월	일
8	**D** 18~34		월	일	월	일
9	**E** 01~20		월	일	월	일
10	**F** 01~20		월	일	월	일
11	**G** 01~22		월	일	월	일
12	**Ⅱ** 01~27		월	일	월	일
13	**H** 01~20		월	일	월	일
14	**I** 01~14		월	일	월	일
15	**I** 15~25		월	일	월	일
16	**J** 01~19		월	일	월	일
17	**J** 20~29		월	일	월	일
18	**Ⅲ** 01~26		월	일	월	일
19	**K** 01~20		월	일	월	일
20	**L** 01~21		월	일	월	일
21	**M** 01~20		월	일	월	일
22	**M** 21~30		월	일	월	일
23	**N** 01~16		월	일	월	일
24	**N** 17~33		월	일	월	일
25	**Ⅳ** 01~25		월	일	월	일
26	모의 1회		월	일	월	일
27	모의 2회		월	일	월	일
28	모의 3회		월	일	월	일

- 나는 ________________ 대학교 ________________ 학과 __________ 학번이 된다.

- **磨斧作針**(마부작침) – 도끼를 갈아 바늘을 만든다. (아무리 어려운 일이라도 끈기 있게 노력하면 이룰 수 있음을 비유하는 말)

🍀 집필진 · 감수진 선생님들

🌸 자이스토리는 내신 + 수능 준비를 가장 효과적으로
할 수 있도록 수능, 모의평가, 학력평가 기출문제를
개념별, 유형별, 난이도별로 수록하였습니다.
그리고 명강의로 소문난 학교·학원 선생님들께서 명쾌한
해설을 입체 첨삭으로 집필하셨습니다.

[집필진]

강동화 대전 대전고등학교	**이하린** 서울 한서고등학교
성지은 경기 수리고등학교	**임민영** 서울 서초고등학교
이창윤 강원 민족사관고등학교	**최진아** 서울 현대고등학교

중요·핵심 개념 + 문제
동영상 강의 

석희원, 이경훈 선생님

[특별 감수진]

강민선 익산 이리여자고등학교	**문승기** 인천 유일학원	**위정혜** 서울 (대치)새움학원
강한길 서울 (대치)마스터마인드	**민경화** 군산 미라클입시학원	**이윤창** 창원 히포크라테스과학전문학원
김경현 광주 이노사이언스과학전문학원	**민용준** 용인 ST과학학원	**이화수** 의정부 경기북과학고등학교
김예진 인천 과학중독쓰리수학	**백준영** 전주 김태영과학학원	**정율이** 인천 인하대부속고등학교
김은경 서울 유캔학원	**박준우** 서울 잠일고등학교	**최필녀** 평택 필쌤융합교실
김가현 부안 부안고등학교	**신동욱** 서울 잠신고등학교	**최형란** 서울 (반포)세정학원
김수정 평택 비전고등학교	**신준형** 김포 장기고등학교	**한혜영** 광명 싱크홀과학학원
김유림 서울 상암고등학교	**신효성** 평택 한광여자고등학교	**황정원** 고양 (일산)황샘과학학원
남동현 군산 영광여자고등학교	**유성렬** 용인 용인삼계고등학교	**황영하** 평택 청옥중학교
박예일 서울 진선여자중학교	**윤진성** 포항 세명고등학교	

[감수진]

강은미 서울 SR사회과학탐구학원	**박혜린** 전주 싸이매스수학과학학원	**임덕린** 서울 은광여자고등학교
강은희 부산 과사람학원	**서정남** 서울 (반포)가인학원	**임미정** 화성 (병점)나는과학
강태훈 성남 (분당)강태훈과학학원	**서정원** 부산 심슨대폭발과학사회전문학원	**임준형** 부천 임과학전문학원
곽일룡 부산 해원과학학원	**송기연** 거제 일진과학	**장선영** 창원 카이학원
권민정 울산 과반수반과학수학전문학원	**송창석** 서울 (목동)깡수학과학국어학원	**장지웅** 용인 대치메이드학원, 영통이지사이언스
기서희 대구 업앤탑수학과학학원	**신지애** 서울 대치원탑과학학원	**전수민** 화성 (동탄)뉴파인
김경중 서울 에임과학학원	**아세화** 서울 cos학원	**정경철** 고창 자유고등학교
김규민 화성 김샘학원(동탄캠퍼스)	**안연수** 창원 하루엔과학	**정소희** 서울 POS과학전문학원
김덕원 전주 완산고등학교	**양정웅** 제주 노형정석학원	**정솔** 서울 (목동)깡수학과학학원
김미향 용인 신갈고등학교	**엄순근** 부산 ESK엄순근과학전문학원	**정수년** 논산 수스터디
김민현 순천 신대과학	**오봉구** 수원 이룸학원	**정운덕** 광주 광주대동고등학교
김병조 광주 유베스트학원	**오유승** 대전 두원학원	**정치송** 울산 동지수학과학전문학원
김승경 서울 (목동)하이필학원	**오준석** 서울 메가스터디러셀	**정훈휘** 고양 정윤수학과학
김정연 서울 대치S학원	**우양호** 서울 플라즈마학원(서대문/독립문)	**정해권** 서울 중화고등학교
김정현 부산 더이음교육	**유아름** 수원 엠코드	**조선영** 서울 광영여자고등학교
김지유 부산 황현정국어의신학원	**유현준** 서울 (강동)생각의차이	**조원미** 청주 원쌤수학과학교실
김태용 서울 (은평)카이사르과학학원	**육성수** 수원 더수학과학학원	**조준연** 용인 초당필탑학원
김학재 서울 중계토피아학원(고등부)	**윤영준** 화성 양감중학교	**차윤경** 광주 한수위과학학원
김현수 인천 플러스에듀	**윤영경** 창원 브릿지학원	**최병문** 구리 블랙씨투(C2)수학과학학원
김현옥 부산 아이작과학사회전문학원	**이훈** 대구 비오비(BOB)과학학원	**최유진** 서울 에임과학학원
김현주 인천 쭈과학교습소	**이규옥** 용인 오투사이언스학원	**최희선** 남양주 오메가수학과학학원
김홍주 광주 상상후과학학원	**이동휘** 서울 메가스터디러셀	**한보현** 용인 성복고등학교
김효원 부산 다름학원	**이성용** 광주 미래키움과학전문학원	**홍진철** 구미 위너스터디학원
나이진 서울 (송파)청운학원	**이세희** 대구 Sn S 과학	**홍창표** 인천 하이클래스학원
노현준 서울 명인학원, 메가스터디학원	**이재혁** 안산 성안고등학교	**황기찬** 대구 루트스카이학원
노형주 서울 노형주과학전문학원	**이윤희** 수원 지오과학	**황문순** 서울 (대치)다원교육
문응호 오산 오산고등학교	**이인석** 성남 (분당)세원수학과학학원	**황상희** 부산 에스원과학학원
박정원 포항 포항제철고등학교	**이정선** 서울 (대치)다원교육	**황정원** 고양 (일산)황샘과학학원
박진홍 안산 성안고등학교	**이지희** 서울 새움학원, 로고스학원	

🍀 문항 배열 및 구성 [개념 체크 350제＋538제]

❶ 기출 자료로 개념 체크 [350제]

- 개념 하나하나에 대한 확인 문제를 제시하여 개념을 충실히 다질 수 있도록 구성하였습니다.

❷ 2022 새 교육과정에 꼭 맞는 고2 학력평가 수록 [163제]

- 최신 3개년은 새 교육과정에 꼭 맞는 문항을 선별하여 모두 수록했습니다.
- 2022년 이전은 새 교육과정에 꼭 맞는 문항을 선별하여 우수한 문항을 수록했습니다.

❸ 2028학년도 수능 예시 문항(1차＋2차) 수록 [5제]

- 평가원에서 발표한 2028학년도 수능 통합과학 예시 문항(1차 2024년 9월, 2차 2025년 4월) 중 '고2 화학'과 관련된 문항을 모두 수록했습니다.

❹ 최신 수능＋6, 9월 모평＋고1, 3 학력평가 문제 수록 [197제]

- 새 교육과정에 적합한 기출문제들을 선별 수록했습니다.

❺ 2022 새 교육과정에 맞도록 내신 기출 변형 문제 수록 [98제]

- 수능, 모평, 학평, 내신 기출문제를 새 교육과정과 학교 시험에 더 적합하도록 변형하여 수록했습니다.
- 학교 시험 100점을 위한 서술형+단답형 문제를 수록했습니다.

❻ 내신＋학평 대비 모의고사 3회 [75제]

- 2025년 시행 6월, 9월, 2024년 시행 10월 학력평가 문제를 기반으로 새 교육과정에 적합하도록 각 25문항으로 재구성했습니다.

[고2 화학 문항 구성표]

실시 연도	고2				고3			합계	추가 문항
	3월 학평	6월 학평	9월 학평	10, 11월 학평	수능	6, 9월 모평	3,5,7,10월 학평		
2025	0	9	10	0	0	1	3	23	고2 내신+학평 대비 모의고사 3회 75문항
2024	0	11	10	11	6	9	29	76	
2023	0	12	11	13	2	9	25	72	
2022	0	9	8	13	3	10	24	67	
2021	1	5	6	10	4	9	18	53	
2020	1	2	2	6	1	7	13	32	
2019이전	0	0	2	11	5	6	11	35	
기출 변형 문제								20	
서술형+단답형								78	
2028학년도 수능 예시+고1 학평								7	
총 문항 수								463	

🍀 차 례

Special 내신+학평 대비 모의고사 [회별 각 25문항]

IV 역동적인 화학 반응

🍀 교과서 개념 총정리+내신 대비 기출 문제로 1등급 완성

1 교과서 개념 총정리 – 새 교육과정 4종 교과서 완벽 분석

2022 개정 교육과정의 고2 화학 각 단원에서 가장 중요하고 꼭 알아야 하는 개념을 모두 정리하였습니다.

● 출제 2024년 실시 10월, 2025년 실시 6월, 9월 학력평가 출제 경향 분석

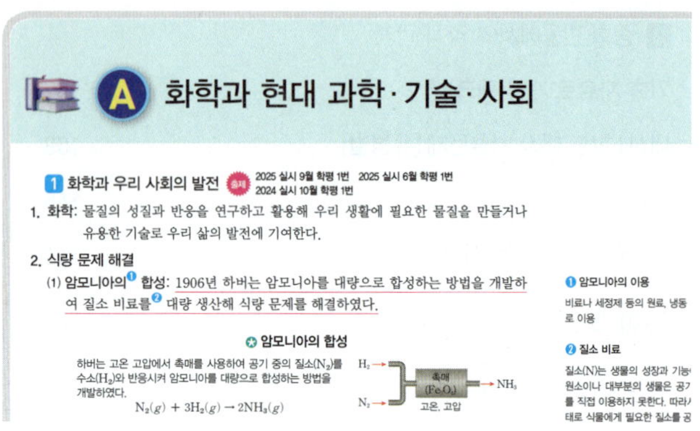

2 기출 자료로 개념 체크 – 기출 문제 자료로 구성

수능, 모평, 학평에서 출제된 자료로 학습한 개념을 확인하고 체크할 수 있습니다. 개념을 정확히 이해하고 암기하는 데 가장 효과적인 학습 방법입니다.

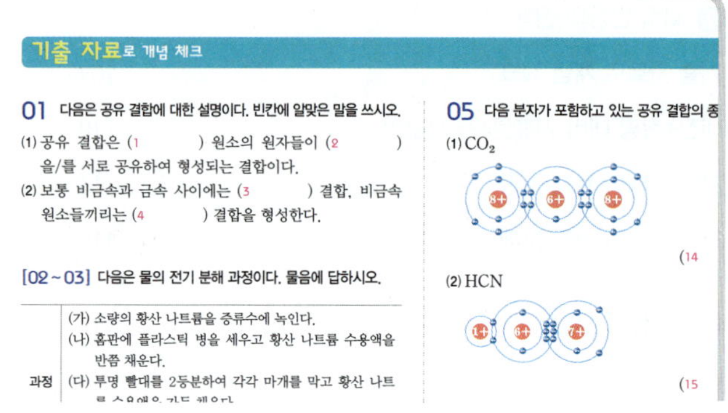

3 내신 + 학평 대비 기출문제 [개념별/유형별]

개념 또는 유형별로 문항을 분류하고 단계별 난이도로 배치하여 효율적인 개념 적용 훈련과 기출 문제 풀이를 할 수 있습니다.
● 소주제별 배열: 개념을 구체적으로 적용시킬 수 있도록 주제를 세분화 해서 문항 배열

동영상 강의 개념+중요 문제 QR코드

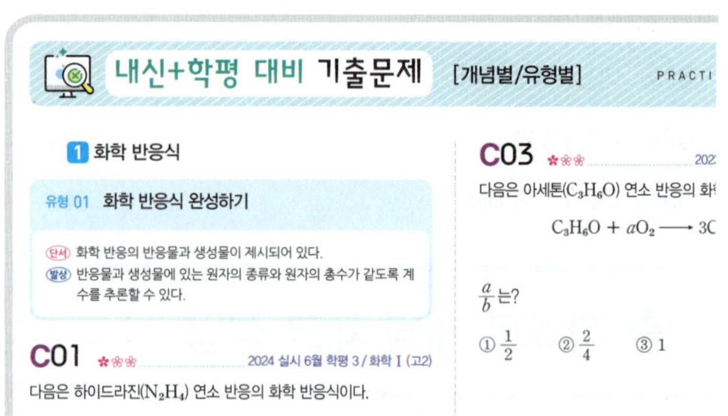

★ 정답률 표시 : 각 학년에 해당하는 학생들의 정답률임.

● 난이도 : 1등급, 고난도 / ✸✸✸ – 상, ✸✸✿ – 중, ✸✿✿ – 하

● 출처표시: 수능, 평가원 – 대비연도, 학력평가 – 실시연도
  • 2025 실시 9월 학평 20(고2): 2025년 9월에 실시한 학력평가(고2)
  • 2025 대비 9월 모평 20 : 2024년 9월에 실시한 모의고사(고3)
  • 2025 대비 수능 20 : 2024년 11월에 실시한 수능(고3)
  • 2028 대비 수능 예시 3 : 2024년 9월(1차), 2025년 4월(2차) 발표된 통합과학 수능 예시 문항

4 1등급, 고난도 대비 문제 특강

● 1등급 대비 문제 특강: 정답률 35% 미만인 등급을 가르는 중요 문제의 풀이를 단서+발상부터 단계별로 자세히 설명했습니다.

● 고난도 대비 문제 특강: 정답률 36%~49%인 고난도 문제의 풀이를 단서+발상부터 단계별로 자세히 설명했습니다.

● 빈칸 채우기: 특강을 읽으면서 간단한 빈칸 문제를 통해 풀이 방법을 익힐 수 있습니다.

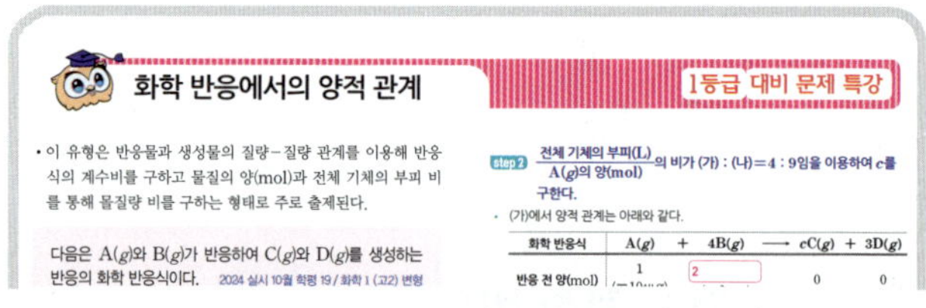

5 내신+학평 대비 모의고사 3회 수록

● 1회: 내신+학평 대비(25문항),
    처음부터 ~ Ⅱ. 5. 분자의 구조와 물질의 성질까지

● 2회: 내신+학평 대비(25문항),
    처음부터 ~ Ⅲ. 2. 평형 상수와 반응의 진행 방향까지

● 3회: 내신+학평 대비(25문항),
    처음부터 ~ Ⅳ. 2. 몰농도까지

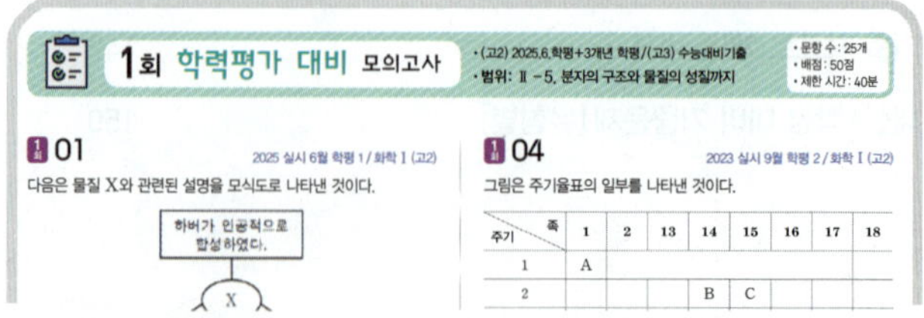

6 통합과학 연계 단원 – 수능 기출 문제 특별수록

통합과학과 연계된 주제의 단원에서는 수능 통합과학에 대비할 수 있도록 기출 문제를 선별하여 수록했습니다.

- 2028학년도 수능 예시 문항, 고3 기출문제 수록

Special 통합과학 연계 수능 기출 문제 　 통합과학2 Ⅰ. 변화와 다양성

N21 ★★★ 　 2028 대비 수능 예시 6 (1차)

다음은 중화 반응 실험이다.

〈실험 과정〉
(가) HCl 수용액과 NaOH 수용액을 각각 50 mL 준비한다.
(나) (가)에서 준비한 두 가지 수용액의 부피를 표와 같이 달리하여 혼합한 용액 Ⅰ~Ⅲ을 만들고, 각 혼합 용액의 최고 온도를 측정한다.

혼합 용액	Ⅰ	Ⅱ	Ⅲ
HCl 수용액의 부피(mL)	15	10	5

N22 ★★

표는 HCl 수용액, N... 하여 혼합한 용액 (가),...

혼합 용액	
혼합 전 수용액의 부피(mL)	HCl
	NaOH
	KOH
혼합 후 최고 온도(℃)	

용액에 존재하는 모든 이온 수의 비율

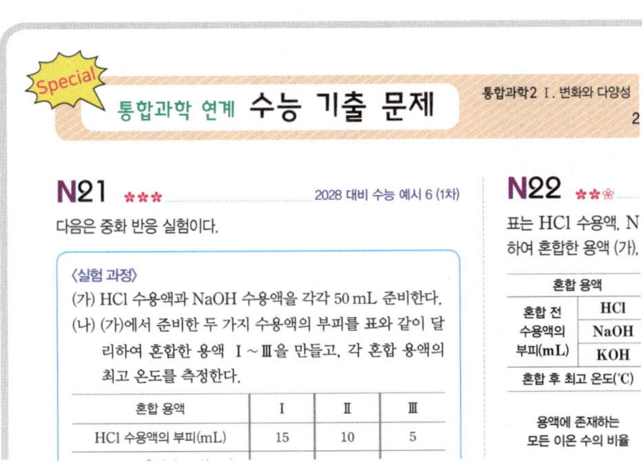

7 1등급 대비 문항, 고난도 문항 특별해설

- 정답률이 낮은 1등급 대비 문항, 고난도 문항은 문제를 정밀 분석하는 특별 집중 해설을 하였습니다.
- [단서–발상–적용], [문제 풀이 순서]를 통해 문제를 푸는 방법을 익힐 수 있고, 선택지별 응답률, 많이 틀린 이유(왜 틀렸나)를 확인할 수 있습니다.

B 27 정답 ① ＊기체의 질량과 양(mol)의 관계 ✪ 고난도 [①36% ②16% ③16% ④19% ⑤10%] 2025

그림은 t ℃, 1기압에서 실린더 (가)와 (나)에 들어 있는 기체를 나타낸 것이다. $\frac{\text{(나)의 실린더 속 전체 기체의 밀도}}{\text{(가)의 실린더 속 전체 기체의 밀도}}=\frac{6}{7}$이다.

| 문제+자료 분석 |
step1 (가)와 (나)의 실린더 속 전체 기체
- (가)와 (나)의 실린더 속 전체 기체의 밀도

C 25 정답 ⑤ ＊화학 반응에서의 양적 관계 ✪ 1등급 대비 [①17% ②11% ③15% ④24% ⑤31%]

다음은 A(g)와 B(g)가 반응하여 C(g)를 생성하는 반응의 화학 반응식이다.

$$A(g) + bB(g) \longrightarrow cC(g)\ (b, c는\ 반응\ 계수)$$

표는 일정한 양의 A(g)가 들어 있는 실린더에 B(g)의 질량을 달리하여 넣고 반응을 완결시킨 실험 Ⅰ~Ⅳ에 대한 자료이다. Ⅱ와 Ⅳ에서 생성된 C(g)의 양은 같다.
단서 Ⅱ와 Ⅳ에서 반응한 A(g)와 B(g)의 양은 같다.

단서+발상
단서 Ⅱ와 Ⅳ에서 생성물의 양이 같다는 것
발상 Ⅱ에서 Ⅳ로 될 때 추가로 넣어 준 B(g)... 수 있다.
적용 B(g)의 질량과 부피는 비례함을 적용하... 시작해야 한다.

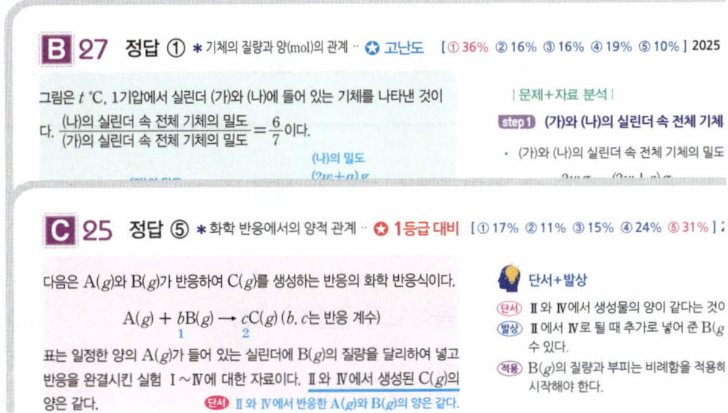

8 입체 첨삭 해설!

문제+자료 분석 제시된 자료를 자세하게 분석해 줍니다.

출제 개념 문제의 핵심 주제를 제시합니다.

꿀팁 꼭 암기해야 할 부분을 알려줍니다.

문제 풀이 Tip 쉽게 풀이할 수 있도록 문제 푸는 법을 알려줍니다.

첨삭 해설 정답과 오답의 이유를 한눈에 확인할 수 있도록 키워드 중심으로 알려줍니다.

수험장 생생 체험 선배들이 수험장에서 직접 사용하는 풀이 비법을 알려줍니다.

수능 핵강 문제와 관련된 핵심 개념을 정리했습니다.

정답률 교육청 자료, 기타 기관 공지 자료와 내부 검토 과정을 거쳐 제시됩니다.

출처 출제된 기관과 시기를 알려줍니다.

단서+발상
(단서) 문제 풀이의 핵심이 되는 부분을 꼭 짚어 알려줍니다.
(발상) 단서를 통해 문제 풀이를 어떻게 시작하는지 설명합니다.
(적용) 문제의 답을 얻기 위한 구체적인 적용법을 알려줍니다.

선택지 분석 선택지별로 정답과 오답인 이유를 자세하고 알기 쉽게 분석합니다.

함정 함정을 체크해주고 해결할 수 있는 방법을 제시했습니다.

왜 틀렸나? 학생들이 많이 틀린 이유를 분석했습니다.

C 15 정답 ① ＊화학 반응의 양적 관계 　 [정답률 69%] 2024 실시 6월 학평 13 / 화학 Ⅰ (고2) 변형

그림은 강철 용기에 에텐(C_2H_4)과 산소(O_2)를 넣고 반응을 완결시켰을 때, 반응 전과 후 용기에 들어 있는 모든 물질의 질량을 나타낸 것이다.
단서 반응물, 생성물이 나와 있으므로 화학 반응식을 알 수 있음
➡ $C_2H_4(g)+3O_2(g) \longrightarrow 2CO_2(g)+2H_2O(g)$

반응 전		→	반응 후	
C_2H_4	x g		CO_2	y g
O_2	$24w$ g		H_2O	$9w$ g

반응 전: $7:24=x:24w$ ∴ $x=7w$
반응 후: $7w+24w=y+9w$ ∴ $y=22w$

$x+y$는? (단, H, C, O의 몰질량(g/mol)은 각각 1, 12, 16이다.)
$7w+22w=29w$

① $29w$ 　 ② $30w$ 　 ③ $31w$ 　 ④ $32w$ 　 ⑤ $33w$

단서+발상
(단서) 반응물과 생성물의 화학식이 제시되어 있다.
(발상) 화학 반응식을 추론할 수 있다.
(적용) 화학 반응 전과 후에 원자의 종류와 개수는 같다는 것을 적용해서 화학 반응식을 구하는 것부터 문제 풀이를 시작해야 한다.

| 문제+자료 분석 |
- 반응물이 C_2H_4와 O_2이고 생성물이 CO_2와 H_2O이므로 화학 반응식은 $C_2H_4(g)+3O_2(g) \longrightarrow 2CO_2(g)+2H_2O(g)$이다.
- 반응물의 질량비는 $C_2H_4 : O_2=7:24=x:24w$이다. 따라서 $x=7w$이다.
- 화학 반응 전과 후에 질량은 보존되므로 (꿀팁) $7w+24w=y+9w$이다. 따라서 $y=22w$이다.

| 선택지 분석 |
① $x=7w$, $y=22w$이다. 따라서 $x+y=7w+22w=29w$이다.

문제 풀이 (꿀팁)
- 화학 반응 전과 후에 질량은 보존되므로(질량 보존 법칙) 반응물 질량의 합과 생성물 질량의 합은 같다.

N 02 정답 ③ ＊중화 적정 실험 ✪ 고난도 [①39% ②4% ③36% ④7% ⑤12%] 2022 실시 11월 학평 14 / 화학 Ⅰ (고2)

표는 NaOH(aq) (가)~(다)에 대한 자료이다.

수용액	NaOH의 질량(g)	수용액의 부피(mL)
(가)	1	50
(나)	2	100
(다)	2	200

단서 염기의 양이 많을수록 산도 많이 필요

(가)~(다)를 각각 1 M HCl(aq)으로 완전히 중화시키는 데 필요한 HCl(aq)의 최소 부피(mL)를 비교한 것으로 옳은 것은? (3점)
NaOH의 양(mol) (나)=(다)>(가)

① (가) = (나) > (다) 　 ② (가) > (나) > (다)
③ (나) = (다) > (가) 　 ④ (나) > (다) > (가)
⑤ (다) > (나) > (가)

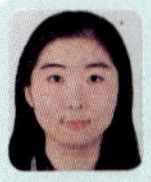

김연우 | 2025 수능 응시 · 대구 정화여고 졸업
전기 음성도가 F>Cl>C임을 알고 시작하는 게 중요할 것 같아. 전기 음성도는 이번 교육 과정에서 중요하게 다루는 부분이라 기본적인 수치는 외워두는 것을 추천해. 하지만 문제마다, 교과서마다 조금씩 다른 부분이 있으니 상대적이라는 것만 명심하면 돼. CH_4, C_2H_2처럼 C가 옥텟 규칙을 만족시키며 H와 이룰 수 있는 분자의 종류를 미리 몇 가지 알고 있으면 시간을 더 단축할 수 있었던 문제야.

＊중화 적정
- 농도를 모르는 산 또는 염기의 농도를, 중화 반응의 양적 관계를 이용하여 알아내는 실험 과정

단서+발상
(단서) A 1 g에 들어 있는 CH_3COOH의 질량이 제시되어 있다.
(발상) 중화 적정에 사용된 0.2 M NaOH(aq)의 부피를 통해 중화점까지 반응한 OH^-의 양(mol)을 추론할 수 있다.
(적용) 퍼센트 농도와 몰농도의 정의를 이용하여 식초 A와 B의 몰농도를 구하는 것부터 문제 풀이를 시작해야 한다.

| 문제+자료 분석 |
- **A의 몰농도(M)**: A의 퍼센트 농도(%)는 $100\times8w$이고, 밀도가 d_A g/mL이므로 몰농도(M)는 $\frac{10\times100\times8w\times d_A}{60}$이다.
- **(나)**: A 50 mL에 들어 있는 CH_3COOH의 양(mmol)은 $\frac{10\times100\times8w\times d_A}{60}\times50$이다. 식초 A 50 mL에 물을 넣어 Ⅰ을 만들어도 CH_3COOH의 양(mol)은 변하지 않는다. (꿀팁)
- **(다)**: (나)에서 만든 수용액 100 mL 중 10 mL를 취했으므로 (다)에 들어 있는 H^+의 양(mmol)은 $\frac{10\times100\times8w\times d_A}{60}\times50\times\frac{1}{10}$이다. ……식 (1)
- **B의 몰농도(M)**: B의 퍼센트 농도(%)는 $100\times x$이고, 밀도가 d_B g/mL이므로 몰농도(M)는 $\frac{10\times100\times x\times d_B}{60}$이다.

| 선택지 분석 |
③ 녹아 있는 OH^-의 양(mol)이 (나)=(다)>(가)이므로 중화시키는 데 필요한 1 M HCl(aq)의 양도 (나)=(다)>(가)이다. (함정)

왜 틀렸나?
- 중화 반응에서의 양적 계산에 많이 사용되는 공식이 $nMV=n'M'V'$이므로 수용액의 몰농도를 주로 먼저 생각하기 때문에, 녹아 있는 NaOH의 질량(g)이 (나)=(다)>(가)인 것 보다 수용액의 몰농도가 (가)=(나)>(다)임을 생각하여 ①번을 답으로 응답한 경우가 많았다. 이 문제는 몰농도가 아니라, 녹아 있는 염기의 양을 비교해야 하는 문제이다.

🍀 내 교과서와 자이스토리 단원 비교하기

대단원		단원명	자이스토리	미래엔	비상교육	천재교과서	동아출판
I 화학의 언어		A 화학과 현대 과학 · 기술 · 사회	10~17	13~17	17~24	15~23	14~21
		B 몰과 물질의 양	18~30	18~25	25~32	29~37	24~31
		C 화학 반응식과 양적 관계	31~42	31~39	33~39	38~45	34~41
II 물질의 구조와 성질		D 화학 결합의 전기적 성질	50~62	53~57	55~58	61~63	56~59
		E 전기 음성도와 결합의 극성	63~70	58~63	59~63	64~71	62~65
		F 루이스 전자점식과 분자의 구조	71~79	69~77	64~71	77~85	68~71 74~89
		G 분자 구조와 물질의 성질	80~88	78~83	72~77	86~91	82~87
III 화학 평형		H 가역 반응과 화학 평형	98~106	97~101	93~99	107~113	104~109
		I 평형 상수와 반응의 진행 방향	107~118	102~107	100~105	114~117 123~125	112~117
		J 화학 평형 이동	119~131	113~125	106~117	126~137	120~131
IV 역동적인 화학 반응		K 물의 자동 이온화와 pH	140~147	139~140 144~147	139~145	153~157	152~159
		L 몰농도	148~154	141~143	133~138	158~163	146~149
		M 중화 반응의 양적 관계	155~167	153~157	146~149	169~175	162~167
		N 중화 적정	168~181	158~161	150~153	176~181	170~173

I

화학의 언어

A 화학과 현대 과학·기술·사회

1 화학과 우리 사회의 발전

출제 2025 실시 9월 학평 1번 2025 실시 6월 학평 1번
2024 실시 10월 학평 1번

1. 화학: 물질의 성질과 반응을 연구하고 활용해 우리 생활에 필요한 물질을 만들거나 유용한 기술로 우리 삶의 발전에 기여한다.

2. 식량 문제 해결

(1) **암모니아의❶ 합성**: 1906년 하버는 암모니아를 대량으로 합성하는 방법을 개발하여 질소 비료를❷ 대량 생산해 식량 문제를 해결하였다.

✪ 암모니아의 합성

하버는 고온 고압에서 촉매를 사용하여 공기 중의 질소(N_2)를 수소(H_2)와 반응시켜 암모니아를 대량으로 합성하는 방법을 개발하였다.

$$N_2(g) + 3H_2(g) \rightarrow 2NH_3(g)$$

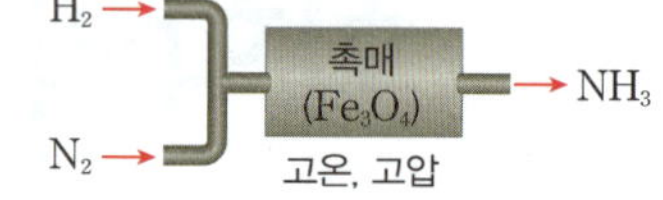

(2) **농약과 비닐의 사용**: 농약을 사용한 뒤 잡초나 해충의 피해가 줄어 농산물의 질이 향상되고 생산량이 증대되었다. 비닐하우스나 밭을 덮는 비닐의 등장으로 계절에 상관없이 농산물의 생산이 가능하게 되어 농업 생산량이 증대되었다.

3. 의류 문제 해결

(1) **합성 섬유의 개발**: 천연 섬유의❸ 단점을 보완한 합성 섬유를❹ 개발하였다.

나일론	1937년 미국의 캐러더스가 만든 최초의 합성 섬유로, 질기고 신축성이 좋아 스타킹, 그물, 밧줄 등의 재료로 사용된다.
폴리에스터	강도와 신축성이 좋아서 잘 구겨지지 않으며, 흡습성이 없고 빨리 말라 다양한 의류용 섬유로 사용된다.
폴리아크릴	열에 잘 견디며, 보온성이 있어 겨울 의류, 안전복 등에 많이 사용된다.

(2) **다양한 기능의 합성 섬유 개발**: 방수가 되면서 땀의 배출이 원활하거나 외부 환경이 변해도 체온 유지를 도와주는 합성 섬유 개발

➡ 운동복, 우주복 등에 사용

4. 주거 문제 해결

(1) **철의❺ 제련**: 철광석을 코크스(C)와 섞어 용광로에 넣고 가열하여 순수한 철을 얻는다.

(2) **화석 연료의 이용**: 화석 연료를 이용해 난방과 취사가 가능해졌고, 플라스틱, 합성 고무 등을 생산하여 삶의 질이 높아졌다.

(3) **여러 가지 건축 자재의 발달**

시멘트	석회석($CaCO_3$)을 열분해하여 생석회(CaO)로 만든 후 점토를 섞어 만든다.
콘크리트	모래와 자갈 등에 시멘트를 섞어 만든다.
유리	모래에 포함된 이산화 규소(SiO_2)를 원료로 만든다.
철근 콘크리트	콘크리트 속에 철근을 넣어 콘크리트의 강도를 높인다.

5. 건강 문제의 해결 – 항생제와 백신의 개발

(1) **페니실린의 개발**: 20세기 초 플레밍이 푸른곰팡이에서 발견한 최초의 항생제이다.

➡ 페니실린의 분자 구조를 변형해 성능을 개량한 항생제가 대량으로 생산됨

(2) **아스피린의 개발**: 호프만이 버드나무에서 추출한 살리실산을 이용하여 합성한 최초의 합성 의약품이다.

(3) **백신의 개발**: 백신 물질의 구조 일부분을 합성, 변형하여 새로운 감염병에 대응하는 백신을 개발하였다.

---

❶ **암모니아의 이용**

비료나 세정제 등의 원료, 냉동 장치의 냉매로 이용

❷ **질소 비료**

질소(N)는 생물의 성장과 기능에 필수적인 원소이나 대부분의 생물은 공기 중의 질소를 직접 이용하지 못한다. 따라서 비료의 형태로 식물에게 필요한 질소를 공급하여 식물의 생장을 돕는다.

❸ **천연 섬유**

면, 모, 비단, 마 등의 천연 섬유는 강도가 약하여 수명이 짧고, 생산 비용이 비싸며 대량 생산이 어렵다.

❹ **합성 섬유**

합성 섬유는 강도가 강하여 수명이 길고, 공장에서 대량 생산이 가능하여 가격도 비교적 저렴하다.

❺ **철**

단단하고 내구성이 뛰어나 현재 가장 많이 사용되는 금속이다. 제련 기술의 개발로 철의 대량 생산이 가능해지면서 크거나 높은 건물의 대규모 건설이 가능해졌다.

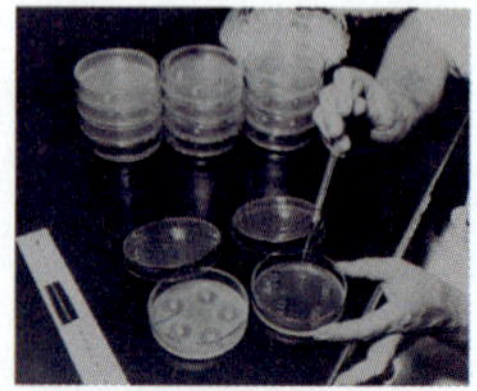
▲ 페니실린의 발견

6. 산업과 교통 문제의 해결

(1) 증기 기관의 발전

증기 기관의 원리	석탄의 연소 반응을[1] 이용하여 물을 끓이면 실린더 안은 물이 수증기로 상태 변화하면서 부피가 늘어나고, 수증기가 가득 찬 실린더 안의 온도가 내려가면 수증기가 물로 상태 변화 하면서 부피가 줄어드는 현상
증기 기관의 발전	1769년 와트(Watt. J., 1736~1819)는 많은 석탄이 필요했던 기존의 증기 기관을 개선하여 섬유 생산을 수작업에서 기계화하는 데 기여하였다. ➡ 이후 철강 산업, 교통 등 다양한 분야에서 증기 기관이 활용되었다.

(2) 알루미늄의 제련: 1886년 홀(Hall, C. M., 1863~1914)과 에루(Héroult, P., 1863~1914)는 전기 분해법을 이용하여 산화 알루미늄(Al_2O_3)을 환원시켜 알루미늄을 얻는 기술을 개발하였다.

➡ 이후 알루미늄을 대량 생산할 수 있게 되었고, 그 결과 다양한 알루미늄 제품을 저렴하게 이용할 수 있게 되었다.[2]

2 현대 과학·기술·사회의 발전에 기여한 화학

1. 반도체

(1) **이용**: 조건에 따라 전기 전도성을 조절할 수 있어서 다양한 전자 제품에 폭넓게 이용된다.

(2) **제작**: 반도체의 주원료는 규소(Si)이다. 규소는 주성분이 이산화 규소(SiO_2)인 모래를 높은 온도로 가열한 뒤 재결정하여 얻는다. 이렇게 얻은 순수한 규소 결정을 웨이퍼로 만들어 반도체 제작에 이용한다.

2. 리튬 이온 전지

(1) **원리**: 두 전극 사이를 리튬 이온(Li^+)이 이동하는 화학 반응으로 전기를 생성한다.

(2) **이용**: 충전이 가능한 전지로 노트북, 휴대 전화 등 휴대가 가능한 전자 기기 및 전기 자동차에도 사용되고 있다.

3. 의약품

(1) **이용**: 항생제, 항바이러스제, 항암제, 백신 등 질병을 치료하거나 예방할 목적으로 사용된다.
  - 항생제 ─ 세균성 질병 치료
  - 항암제 ─ 암세포를 억제하거나 제거
  - 백신 ─ 감염병 예방 목적으로 사용, 면역 반응 유도

(2) **제작**: 대부분 탄소 화합물로[3] 이루어져 있다. 지금도 자연에 존재하는 물질을 모방하거나 인공지능을 이용하여 다양한 합성 의약품을 개발하고 있다.

4. 디스플레이[4]

액정 표시 장치(LCD)	백라이트(광원)가 필요해 스스로 빛을 내지 못하며, 액정 분자의 배열을 조절해 빛을 통과시키거나 차단해 이미지를 만든다.
유기 발광 다이오드(OLED)	• 각 픽셀이 스스로 빛을 내는 자발광 방식으로 LCD와 달리 백라이트가 필요 없고 전류가 흐르면 유기 물질이 빛을 발광해 색을 표현한다. • 특수 유리나 플라스틱에 활용하면 모니터를 휘거나 구부릴 수 있다.

➡ LCD와 OLED를 이용하면 모니터의 두께를 얇게 만들 수 있어 디스플레이에 이용한다.

5. 지속 가능한 미래를 만드는 화학: 화학은 과학·기술·사회의 발전에 기여하며, 인류의 지속가능한 미래를 만드는 일에서 핵심적인 역할을 한다.

과학기술의 발전과 문제점	• **과학기술의 발전**: 현대 사회의 인류는 이전에 경험해보지 못한 편리함을 누리게 되었다. • **문제점**: 화석 연료의 과도한 사용으로 이산화 탄소 등 온실 가스의 배출량이 크게 증가했다. ➡ 기후 변화
기후 변화 극복 방안	(1) **이산화 탄소 배출 감소 방안**: 화석 연료의 사용을 줄이고 대체 에너지 사용 ➡ 에너지 효율이 높은 태양 전지 소재를 개발, 태양 에너지 저장 방법 개선 (2) **이산화 탄소 농도 감소 방안**: 탄소 포집·활용·저장(CCUS)[5] 기술 발전 (대기 중에 방출된 이산화 탄소의 농도를 낮추는 기술), 이산화 탄소를 포집해 유용한 물질 개발

---

❶ 연소 반응의 의의

연료의 연소 반응을 통해 교통 수단을 운행할 수 있으며, 난방과 취사가 가능해졌고, 플라스틱, 합성 고무 등을 생산하여 삶의 질이 높아졌다.

❷ 알루미늄 제련의 어려움

알루미늄은 보크사이트(수산화 알루미늄을 주성분으로 하는 광물)를 가공하여 얻는데, 보크사이트에는 알루미늄이 산소와 강하게 결합하고 있어서 알루미늄을 분리하는 데 비용이 많이 들어 과거에는 알루미늄이 귀금속보다 비쌌다.

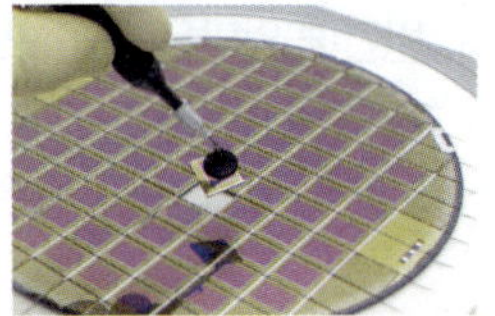

▲ 웨이퍼

▲ 리튬 이온 전지

❸ 탄소 화합물

탄소(C) 원자가 수소(H), 산소(O), 질소(N) 등의 원자와 결합하여 만들어진 물질

❹ LCD와 OLED의 전력 소비 비교

• LCD는 백라이트(광원)가 항상 켜져 있어 전력 소모가 OLED보다 크다.
• OLED는 검은색 픽셀이 전력을 거의 소모하지 않아 전력 효율이 높다.

❺ 탄소 포집·활용·저장(CCUS)

이산화 탄소를 포집해 섬유나 건축 자재 등 유용한 물질을 만들거나, 이산화 탄소가 대기 중으로 빠져나가지 못하도록 땅속 깊이 저장함

1 화학과 우리 사회의 발전

01 다음은 식량 문제 해결에 대한 내용이다. 빈칸에 알맞은 말을 쓰시오.

(1) 하버는 생물의 생장에 필수적인 원소인 (1)을/를 공급하는 암모니아를 대량으로 합성하는 방법을 개발하였다.

(2) (2)을/를 사용하여 잡초나 해충의 피해를 줄여 농업 생산량이 증대되었다.

(3) (3)을/를 이용하여 밭을 덮거나 하우스를 만들어 계절에 상관없이 농산물을 생산할 수 있게 되었다.

02 다음은 인류 문명의 발전에 기여한 물질 ㉠~㉢에 대한 설명이다. ㉠~㉢은 각각 나일론, 시멘트, 플라스틱 중 하나이다. 빈칸에 알맞은 말을 쓰시오.

> ○ (4)은/는 부드럽고 질기며, 가격이 싼 합성 섬유이다.
>
> ○ (5)은/는 석회석과 점토를 섞어서 만들며, 건축이나 토목에서 접합제로 사용된다.
>
> ○ (6)은/는 가공하기 쉽고, 가볍고 튼튼하여 일상생활에서 흔히 사용되는 고분자 화합물이다.

03 다음은 주거 문제 해결에 대한 내용이다. 빈칸에 알맞은 말을 쓰시오.

(1) 산업 혁명 이후 인구가 급격히 (7)하여 주거 문제가 나타났다.

(2) 제련 기술의 개발로 (8)의 대량 생산이 가능하여 규모가 큰 건축물을 만들 수 있었다.

(3) 시멘트, (9), 유리 등의 건축 재료가 개발되고 개량되어 주거 환경이 개선되었다.

04 표는 합성 의약품에 대한 자료이다. 빈칸에 알맞은 말을 쓰시오.

(10)	(11)이 합성한 최초의 합성 의약품으로 진통, 해열제로 이용된다.
페니실린	(12)이 (13)에서 발견한 최초의 (14)이다.

05 관련 있는 내용끼리 각각 옳게 연결하고 기호를 쓰시오.

(15)

㉠ 합성 의약품 개발 • • ⓐ 식량 문제 해결
㉡ 화학 비료 개발 • • ⓑ 의류 문제 해결
㉢ 철의 제련 기술 개발 • • ⓒ 주거 문제 해결
㉣ 합성 섬유의 개발 • • ⓓ 건강 문제 해결

06 다음은 산업과 교통 문제의 해결에 대한 내용이다. 빈칸에 알맞은 말을 쓰시오.

(1) 증기 기관은 석탄의 (16) 반응으로 물을 끓여 작동시킨다.

(2) 1769년 와트(Watt. J.)는 많은 석탄이 필요했던 기존의 증기 기관을 개선하여 섬유 생산을 수작업에서 (17)하는 데 기여하였다.

(3) 알루미늄의 제련: (18)을 이용하여 산화 알루미늄에서 알루미늄을 저렴하게 얻게 되었다.

2 현대 과학·기술·사회의 발전에 기여한 화학

07 다음은 화학이 현대 과학·기술·사회의 발전에 기여한 사례에 대한 내용이다. 빈칸에 알맞은 말을 쓰거나 고르시오.

(1) 이산화 규소(SiO_2)에서 얻은 순수한 규소 결정을 (19)으로/로 만들어 반도체 제작에 이용한다.

(2) 노트북, 휴대 전화 등 휴대가 가능한 전자 기기에는 충전이 가능한 (20)이/가 사용된다.

(3) 항생제, 백신 등 질병을 치료하거나 예방할 목적으로 사용하는 의약품은 대부분 (21)이다/다.

08 다음은 화학이 현대 과학·기술·사회의 발전에 기여한 사례에 대한 내용이다. 옳은 것은 ○, 옳지 <u>않은</u> 것은 ×로 표시하시오.

(1) 반도체는 조건에 따라 전기 전도성을 조절할 수 있어서 다양한 전자 제품에 이용된다. (22 ○, ×)

(2) 전기 자동차에는 충전이 불가능한 리튬 이온 전지를 사용한다. (23 ○, ×)

(3) 질병의 진단과 신약 개발을 통해 인류의 수명을 연장하는 데 기여했다. (24 ○, ×)

(4) 유기 발광 다이오드(OLED) 디스플레이어가 개발되어 모니터의 두께가 얇아졌다. (25 ○, ×)

1 화학과 우리 사회의 발전

A01 ✱✽✽　　　2025 실시 6월 학평 1 / 화학 Ⅰ (고2)

다음은 물질 X와 관련된 설명을 모식도로 나타낸 것이다.

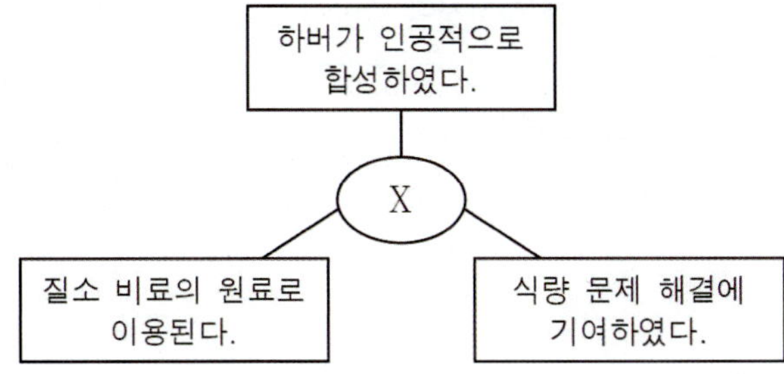

다음 중 X로 가장 적절한 것은?

① H_2O　② CO_2　③ NH_3　④ CH_4　⑤ $NaOH$

A02 ✱✽✽　　　2025 실시 9월 학평 1 / 화학 Ⅰ (고2)

그림은 화학 잡지의 일부를 나타낸 것이다.

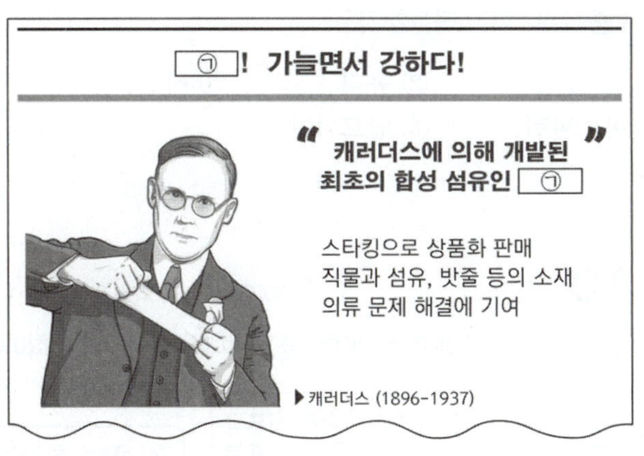

㉠으로 가장 적절한 것은?

① 철　② 면　③ 유리
④ 시멘트　⑤ 나일론

A03 ✱✽✽　　　2024 실시 10월 학평 1 / 화학 Ⅰ (고2)

다음은 화학의 유용성에 대한 자료이다.

> ○ ㉠ 은/는 최초의 합성 섬유로 의류, 밧줄 등의 소재로 사용된다.
> ○ ㉡ 는 시멘트에 모래, 자갈 등을 섞고 물로 반죽해 만든 건축 재료로 건물, 도로 등의 건설에 이용된다.

다음 중 ㉠과 ㉡으로 가장 적절한 것은?

	㉠	㉡		㉠	㉡
①	면	유리	②	면	콘크리트
③	나일론	유리	④	나일론	콘크리트
⑤	폴리에스터	유리			

A04 ✱✽✽　　　2024 실시 6월 학평 1 / 화학 Ⅰ (고2)

다음은 화학의 유용성에 대한 자료이다.

> ㉠ 은/는 값싸고 질긴 합성 섬유로서 오랫동안 변하지 않는 장점이 있어 해양 산업에서 그물을 만드는 데 사용된다.

㉠으로 가장 적절한 것은?

① 면　② 철근　③ 나일론
④ 시멘트　⑤ 스타이로폼

A05 ✱✽✽　　　2023 실시 9월 학평 1 / 화학 Ⅰ (고2)

다음은 신문 기사의 일부이다.

○○신문	0000년 00월 00일
하버! 식량 문제를 해결하다	

질소 비료는 농작물의 생산량 증가에 크게 기여하였다. 이는 하버가 (가) 을/를 대량으로 합성하는 데 성공하였기 때문이다.

(가)에 들어갈 물질로 가장 적절한 것은?

① 철　② 나일론　③ 콘크리트
④ 암모니아　⑤ 플라스틱

A06 ✿✿✿

그림은 실험실에서의 실험 장면을 나타낸 것이다.

이에 대한 설명으로 옳은 것만을 〈보기〉에서 있는 대로 고른 것은?

[보기]

ㄱ. ㉠은 대량 생산이 가능하다.
ㄴ. ㉡은 합성 섬유이다.
ㄷ. ㉢은 탄소 화합물이다.

① ㄱ ② ㄷ ③ ㄱ, ㄴ ④ ㄴ, ㄷ ⑤ ㄱ, ㄴ, ㄷ

A07 ✿✿✿

표는 실생활 문제 해결에 기여한 물질에 대한 자료이다.

물질	질소 비료	나일론
원료	(가)	석유
기여한 분야	식량 문제 해결	(나)

다음 중 (가), (나)로 가장 적절한 것은?

	(가)	(나)
①	유리	의류 문제 해결
②	암모니아	의류 문제 해결
③	유리	주거 문제 해결
④	암모니아	주거 문제 해결
⑤	시멘트	의류 문제 해결

A08 ✿✿✿

다음은 화학자 하버에 대한 자료이다.

하버는 ㉠ 기체와 수소 기체로 암모니아를 대량 합성하는 방법을 발표하였다. 암모니아를 원료로 만든 비료는 농산물의 생산량을 늘려 식량 문제 해결에 기여하였고, 이에 대한 공로로 하버는 노벨 화학상을 받았다.

㉠으로 가장 적절한 것은?

① 탄소 ② 질소 ③ 산소 ④ 규소 ⑤ 염소

A09 ✿✿✿

그림은 물질 (가)에 대한 설명이 적힌 카드를 나타낸 것이다.

다음 중 (가)로 가장 적절한 것은?

① 철   ② 유리   ③ 시멘트
④ 아스피린   ⑤ 암모니아

A10 ✿✿✿

다음은 실생활 문제 해결에 기여한 물질에 대한 학생들의 대화이다.

제시한 내용이 옳은 학생만을 있는 대로 고른 것은?

① A   ② C   ③ A, B   ④ B, C   ⑤ A, B, C

A11 ✻✻✻ ───────────────── 내신 기출 변형

다음은 신문 기사의 일부이다.

○○신문　　　　　　　　　　　　○○○○년 ○○월 ○○일

와트! 기존의 증기 기관을 개선하다!

와트(Watt.J.)가 기존의 증기 기관을 개선하여 섬유 산업의 발전에 크게 기여하였다. (중략)

증기 기관은 석탄의 ⃞ ㉠ ⃞ 반응을 이용하여 물을 끓이는 데, 물이 ⃞ ㉡ ⃞ 로 상태 변화하면서 부피가 증가하고, 온도가 내려가면 부피가 감소하여 피스톤의 왕복 운동을 가능하게 하는 과학적 원리로 작동한다.

다음 중 ㉠과 ㉡으로 가장 적절한 것은?

	㉠	㉡		㉠	㉡
①	연소	수증기	②	연소	산소
③	전기 분해	수증기	④	전기 분해	산소
⑤	제련	수증기			

A12 ✻✻✻ ───────────────── 내신 기출 변형

그림은 원소 (가)에 대한 설명이 적힌 카드를 나타낸 것이다.

(가)

- 원자 번호: 13
- 이용 사례: 음료수 캔, 항공기 동체 등
- 특징
  ▶ 자연계에서 ㉠보크사이트라는 광물로 존재함
  ▶ ㉡전기 분해법을 이용하여 대량 생산이 가능하다.

이에 대한 설명으로 옳은 것만을 〈보기〉에서 있는 대로 고른 것은?

[보기]

ㄱ. (가)는 알루미늄이다.
ㄴ. ㉠으로부터 순수한 금속을 분리하는 것은 비용이 많이 든다.
ㄷ. ㉡으로 산화알루미늄을 환원시키면 순수한 알루미늄을 얻을 수 있다.

① ㄱ　　② ㄷ　　③ ㄱ, ㄴ　　④ ㄱ, ㄷ　　⑤ ㄱ, ㄴ, ㄷ

A13 ✻✻✻ ───────────────── 내신 기출 변형

다음은 반도체에 대한 학생들의 대화이다.

제시한 내용이 옳은 학생만을 있는 대로 고른 것은?

① A　　② C　　③ A, B　　④ B, C　　⑤ A, B, C

A14 ✻✻✻ ───────────────── 내신 기출 변형

그림 (가), (나)는 리튬 이온 전지가 이용되고 있는 대표적인 실생활의 장면을 나타낸 것이다.

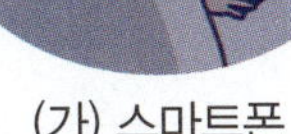

(가) 스마트폰　　　　　　　(나) 전기 자동차

리튬 이온 전지에 대한 설명으로 옳은 것만을 〈보기〉에서 있는 대로 고른 것은?

[보기]

ㄱ. 리튬 이온 전지는 충전이 가능하여 재사용할 수 있다.
ㄴ. 리튬 이온 전지는 열을 흡수하여 전기를 생성한다.
ㄷ. 리튬 이온 전지는 에너지 저장 장치(ESS)에도 활용된다.

① ㄱ　　② ㄴ　　③ ㄱ, ㄷ　　④ ㄴ, ㄷ　　⑤ ㄱ, ㄴ, ㄷ

A15 ✽✽✽ ·· 내신 기출 변형

그림은 의약품 (가)~(다)를 나타낸 것이다.

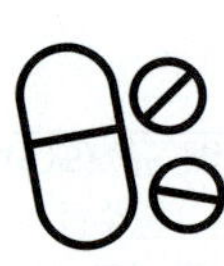 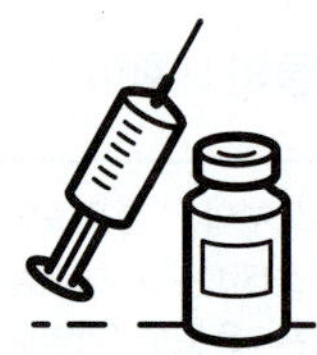 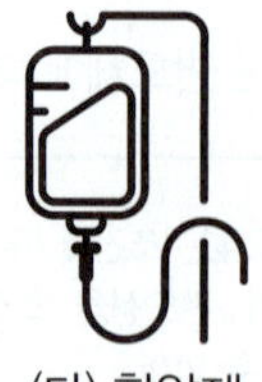

(가) 항생제 　　　　(나) 백신 　　　　(다) 항암제

(가)~(다)에 대한 설명으로 옳은 것만을 〈보기〉에서 있는 대로 고른 것은?

[보기]
ㄱ. (가)는 세균을 죽이거나 증식을 억제하기 위해 사용한다.
ㄴ. (나)는 감염병 치료를 목적으로 직접 병원체를 공격한다.
ㄷ. (다)는 몸속에서 암세포를 직접 공격하여 제거한다.

① ㄱ　　② ㄴ　　③ ㄱ, ㄷ　　④ ㄴ, ㄷ　　⑤ ㄱ, ㄴ, ㄷ

A16 ✽✽✽ ·· 내신 기출 변형

그림은 디스플레이 (가), (나)를 모식적으로 나타낸 것이다.

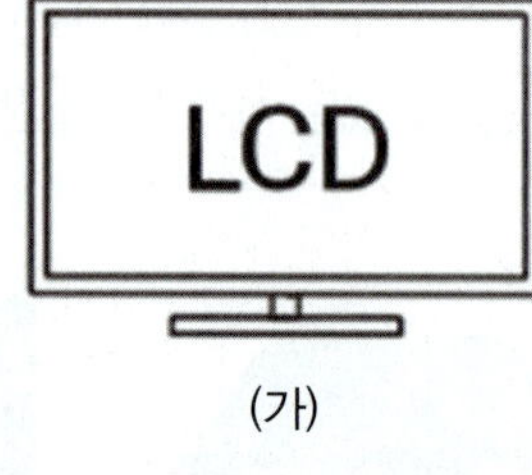 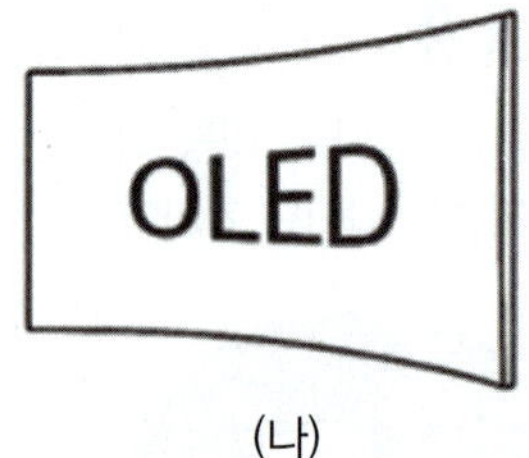

(가) 　　　　　　　　(나)

(가)와 (나)에 대한 설명으로 옳은 것만을 〈보기〉에서 있는 대로 고른 것은?

[보기]
ㄱ. (가)는 스스로 빛을 내는 분자를 활용한다.
ㄴ. (나)를 특수 유리나 플라스틱에 활용하면 모니터를 휘거나 구부릴 수 있다.
ㄷ. (나)는 에너지 효율이 낮아 모바일 기기에는 잘 사용되지 않는다.

① ㄱ　　② ㄴ　　③ ㄱ, ㄴ　　④ ㄴ, ㄷ　　⑤ ㄱ, ㄴ, ㄷ

 서술형·단답형 문제

A17 ✽✽✽

다음은 교과서에 기술된 과학자 하버(Haber)의 업적을 인용한 것이다.

프리츠 하버
(1868 – 1934)

"하버(Haber)는 질소(N_2)와 수소(H_2)를 반응시켜 ㉠질소 비료의 원료가 되는 물질을 대량으로 합성하는 방법을 개발하였고, 이는 인류의 식량 문제 해결에 크게 기여하였다."

(1) ㉠은 무엇인지 쓰시오. (단답형)

____

(2) ㉠이 생성되는 과정을 화학 반응식으로 쓰고 하버의 방법이 인류의 식량 문제 해결에 어떤 방식으로 기여했는지 서술하시오. (서술형)

____

____

A18 ✽✽✽

다음은 신문 기사의 일부이다.

[○○일보, 20××년 ○월 ○일]

"반도체가 세상을 바꾸고 있다"

최근 들어 반도체의 수요가 폭발적으로 증가하고 있다. 반도체는 모래의 주성분인 이산화규소(SiO_2)를 가열하여 재결정하면 얻을 수 있는 순수한 [　㉠　]을 원료로 한다. 반도체는 온도, 빛, 전압 등 외부 조건에 따라 [　㉡　]이 달라지는 성질을 가진다.
반도체는 이러한 성질로 인해 ㉢다양한 분야에 활용되며 "디지털 산업의 쌀"로 불리기도 한다.

(1) ㉠, ㉡으로 적절한 단어를 쓰시오. (단답형)

____

(2) ㉢ 반도체가 활용되는 분야와 활용 원리를 서술하시오. (서술형)

____

____

A19 ❋❋❋

그림 (가), (나), (다)의 상황에 공통적으로 사용되는 ㉠화학 전지가 있다.

  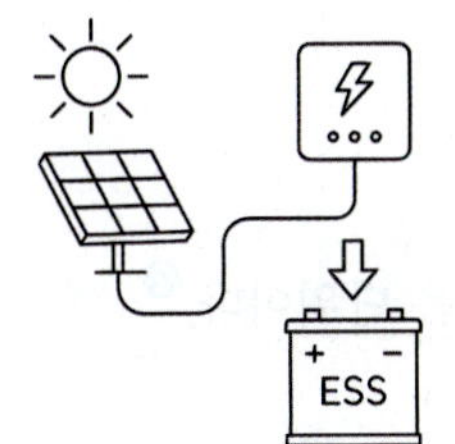

(가) 스마트폰　　(나) 전기 자동차　　(다) 에너지 저장 시스템

(1) ㉠은 무엇인지 쓰시오. 단답형

(2) ㉠은 다른 전지에 비해 어떤 장점을 가지고 있어 다양한 전자기기에 활용되는지 2가지 이상 서술하시오. 서술형

A20 ❋❋❋

그림은 의약품 (가)~(라)를 나타낸 것이다.

 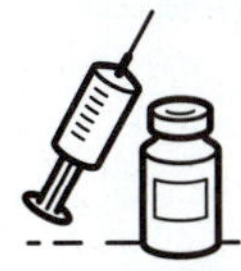 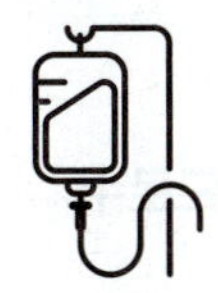 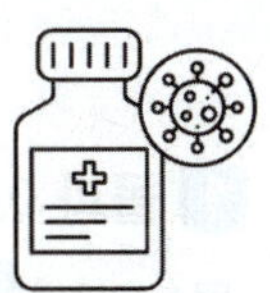

(가) 항생제　　(나) 백신　　(다) 항암제　　(라) 항바이러스제

(1) (가)~(라) 중에서 질병의 직접적인 치료 목적이 아닌 예방 목적으로 사용하는 의약품을 쓰시오. 단답형

(2) (가)를 복용하여도 바이러스의 치료에 효과가 없는 까닭과 (가)를 오남용할 경우 발생할 수 있는 문제점은 무엇인지 서술하시오. 서술형

B 몰과 물질의 양

1 몰과 아보가드로수

1. **몰(mole)** [1]
   (1) **몰**: 매우 작은 입자(원자, 분자, 이온 등)의 양을 나타내는 묶음 단위이다. [2]
   (2) **1몰**: 탄소 원자(^{12}C) 12 g 속에 들어 있는 입자 수로,
   ^{12}**C 12 g은 6.02×10^{23}개의 탄소(C) 원자로 이루어져 있다.** [3]

2. **아보가드로수**: 1몰은 6.02×10^{23}개의 입자를 뜻하며, **6.02×10^{23}을 아보가드로수** 라고 한다.

★ 6=2×3으로 외우자~!

$$1몰(mol) = 입자 \ 6.02 \times 10^{23}개$$

   (1) **몰과 아보가드로수의 관계**: 물질의 종류에 관계없이 1몰의 원자, 1몰의 분자, 1몰의 이온에는 각각 6.02×10^{23}개의 입자가 존재한다.
   (2) **몰과 입자 수의 관계**: 물질의 양(mol)은 물질의 입자 수를 1몰의 입자 수인 아보가드로수로 나누어 구한다.

$$몰(mol) = \frac{입자 \ 수(개)}{6.02 \times 10^{23}(개)/mol} \ \Rightarrow \ \textbf{입자 수(개)} = \textbf{몰(mol)} \times \textbf{6.02} \times \textbf{10}^{23}\textbf{(개)/mol}$$

   (3) 물질의 양(mol)을 알면 그 물질을 구성하는 입자의 양(mol)을 알 수 있다.
   ㉠ 이산화 탄소(CO_2) 분자 1몰에는 1몰의 C 원자와 2몰의 O 원자가 들어 있다.

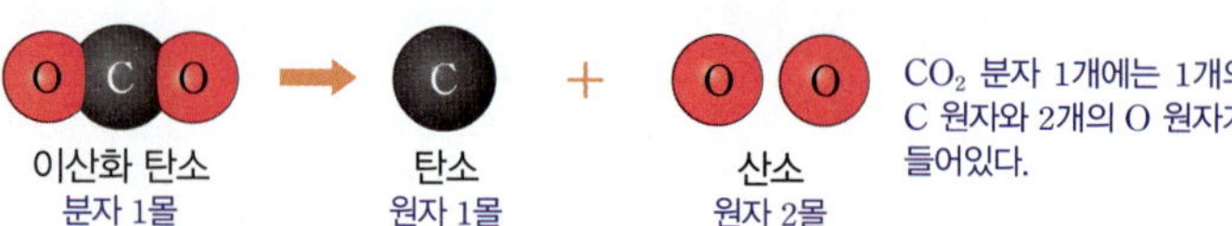

2 몰과 몰질량

출제 2025 실시 6월 학평 6번
2024 실시 10월 학평 20번

1. **몰질량**: 물질 1몰의 질량으로, 원자량, 분자량, 화학식량에 g/mol 단위를 붙인 값과 같다.
   (1) **원자량**: 질량수가 [4] 12인 탄소(^{12}C) 원자의 원자량을 12로 정하고 이를 기준으로 하여 원자들의 질량을 상대적으로 나타낸 값으로, 단위를 붙이지 않는다.
   (2) **원자의 몰질량**: 원자량에 그램(g) 단위를 사용하면 원자 1몰의 질량이 되며, 이를 몰질량(g/mol)이라고 한다.
   ㉠ 원자량이 12.0 g인 탄소 12.0 g 속에는 탄소 원자가 6.02×10^{23}개, 즉 1몰이 포함되어 있다.

원자	몰질량(g/mol)	원자	몰질량(g/mol)
수소(H)	1.0	나트륨(Na)	23.0
탄소(C)	12.0	알루미늄(Al)	27.0
질소(N)	14.0	염소(Cl)	35.5
산소(O)	16.0	철(Fe)	55.8

▲ 여러 가지 원자의 몰질량

---

[1] 몰(mole)

큰 덩어리라는 의미를 지닌 라틴어에서 유래하였으며, 몰을 단위로 사용할 때는 'mol'로 쓴다.

[2] 몰을 사용하는 까닭

원자나 분자의 질량은 매우 작기 때문에 적은 양이라도 매우 많은 수의 입자가 존재하므로 물질을 구성하는 입자의 수를 묶음 단위로 나타내면 편리하다.

[3] 탄소(C) 원자 1개의 질량

원자량이 12인 탄소(C) 원자 12 g 속에는 C 원자가 1몰(6.02×10^{23}) 포함되어 있다. 즉, 6.02×10^{23}의 질량은 12 g이다. 따라서 탄소(C) 원자 1개의 질량은 $\dfrac{12 \ g}{6.02 \times 10^{23}} = 1.99 \times 10^{-23} \ g$이다.

[4] 질량수

원자핵을 구성하고 있는 양성자수와 중성자수의 합이다.

2. **분자의 몰질량**: 분자 1몰의 질량으로, 분자를 구성하는 모든 원자의 몰질량을 합한 값이다.

  ㉙ 물(H_2O)의 몰질량(g/mol)

  $=$(산소(O)의 몰질량(g/mol))$\times1+$(수소(H)의 몰질량(g/mol))$\times2$

  $=(16\times1)+(1\times2)=18$(g/mol)

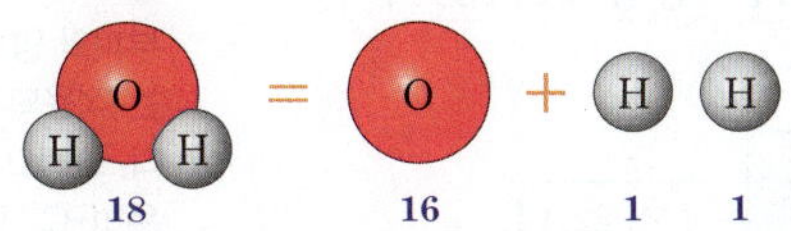

3. **분자로 존재하지 않는 화합물의 몰질량**: 물질의 화학식을 이루고 있는 각 원소의 몰질량을 모두 합한 값이다.

  · 이온 결합 물질이나 금속 결합 물질과 같이 분자가 아닌 물질의 몰질량은 화학식을[1] 이루는 각 원자들의 몰질량을 합하여 구한다.

  ㉙ 염화 나트륨(NaCl)의 몰질량(g/mol)

  $=$(나트륨(Na)의 몰질량(g/mol))$\times1+$(염소(Cl)의 몰질량(g/mol))$\times1$

  $=23\times1+35.5\times1=58.5$(g/mol)

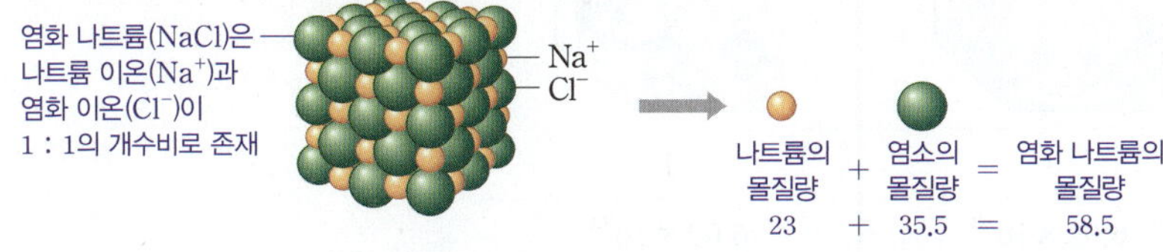

4. **물질의 몰질량**: 같은 1몰이라도 물질을 구성하는 원자의 종류와 수에 따라 물질의 몰질량이 달라진다.

구분	몰질량	예
원자	원자량 g	산소(O)의 원자량: 16 ➡ O 원자의 몰질량$=$16 g
분자	분자량 g	이산화 탄소(CO_2)의 분자량: 44 ➡ CO_2 분자의 몰질량$=$44 g
이온 결합 물질	화학식량 g	염화 나트륨(NaCl)의 화학식량: 58.5 ➡ NaCl의 몰질량$=$58.5 g

5. **몰질량과 물질의 양**(mol)

  (1) 물질의 양(mol)은 물질의 질량을 몰질량으로 나누어 구한다.

$$\text{물질의 양(mol)}=\frac{\text{질량(g)}}{\text{몰질량(g/mol)}}$$

  ㉙ 물 분자(H_2O) 36 g의 양(mol)$=\dfrac{36\text{ g}}{18\text{ g/mol}}=2$ mol

  ➡ 물 분자(H_2O) 36 g에는 H 원자 4몰과 O 원자 2몰이 들어 있다.[2]

  (2) 물질의 질량은 몰질량에 물질의 양(mol)을 곱하여 구한다.

$$\text{질량(g)}=\text{몰질량(g/mol)}\times\text{물질의 양(mol)}$$

  ㉙ 이산화 탄소(CO_2) 0.5몰의 질량$=$44 g/mol$\times$0.5 mol$=$22 g

  ➡ 이산화 탄소(CO_2) 0.5몰에는 C 원자 6 g과 O 원자 16 g이 들어 있다.

  (3) **몰**(mol)**과 질량과 입자 수의 관계**: 물질의 몰질량을 이용하면 물질의 질량으로부터 그 물질의 양(mol)과 입자 수를 알 수 있다.[3]

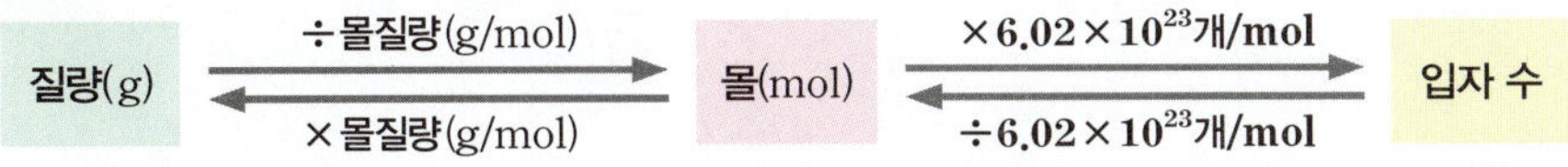

---

❶ 화학식

원소 기호와 숫자를 사용하여 물질을 구성하는 원자의 종류와 수를 나타낸 것이다.

❷ 분자를 구성하는 원자의 양

분자의 양(mol)은 물질의 질량을 몰질량으로 나누어 구하고, 분자를 구성하는 원자의 양(mol)은 분자의 양(mol)에 분자당 구성 원자 수를 곱하여 구한다.

❸ 아보가드로수와 물질의 양(mol)

몰질량 속에 들어 있는 원자 수(6.02×10^{23})를 아보가드로수라고 하며, N_A로 표시하기도 한다.

$$\text{물질의 양(mol)}=\frac{\text{입자 수}}{\text{아보가드로수}}$$

$$=\frac{\text{입자 수}}{6.02\times10^{23}}$$

3 몰과 기체의 부피

1. 아보가드로 법칙

(1) 온도와 압력이 같을 때, 기체의 종류에 관계없이 같은 부피 속에 들어 있는 분자의 수는 같다.

(2) **기체 1몰의 부피**[1] : $0\,^{\circ}\mathrm{C}$, 1기압에서 모든 기체 1몰의 부피는 항상 22.4 L이다. 기체 22.4 L 속에는 6.02×10^{23}개의 기체 분자가 들어 있다.

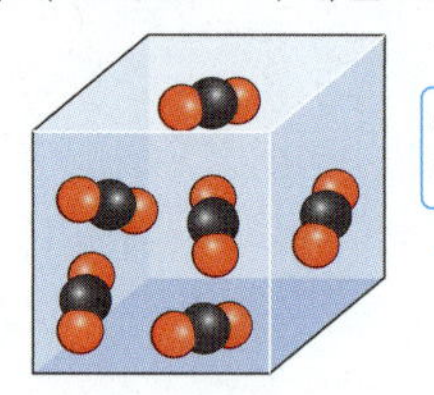

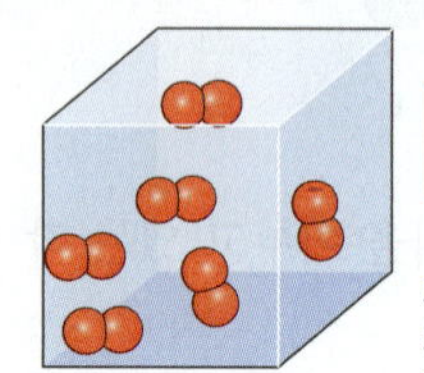

기체의 부피를 결정하는 것은 기체 자체의 크기가 아닌 기체 입자 사이의 거리이므로 기체의 종류에 상관없이 모든 기체 1몰의 부피는 22.4 L이다.

2. 기체 1몰의 양($0\,^{\circ}\mathrm{C}$, 1기압)

분자(분자식)	수소(H_2)	헬륨(He)	암모니아(NH_3)
모형			
분자 수(몰)	1	1	1
분자 수(개)	6.02×10^{23}	6.02×10^{23}	6.02×10^{23}
원자 수(개)	$2 \times (6.02 \times 10^{23})$	6.02×10^{23}	$4 \times (6.02 \times 10^{23})$
몰질량(g/mol)	2	4	17
부피(L)[2]	22.4	22.4	22.4

3. 물질의 양(mol)과 입자 수, 질량, 기체의 부피 사이의 관계

출제 2025 실시 9월 학평 4, 10, 18번
2025 실시 6월 학평 16, 19번

$$\text{물질의 양(mol)} = \frac{\text{입자 수(개)}}{6.02 \times 10^{23}\,(\text{개/mol})} = \frac{\text{질량(g)}}{\text{몰질량(g/mol)}} = \frac{\text{기체의 부피(L)}}{22.4\,\text{L/mol}}\,(0\,^{\circ}\mathrm{C},\ 1\text{기압})\ [3]$$

- 같은 온도, 같은 압력에서 부피가 같은 두 기체는 분자 수가 같다.
- 기체 분자 1개의 질량비는 몰질량 비와 같다.

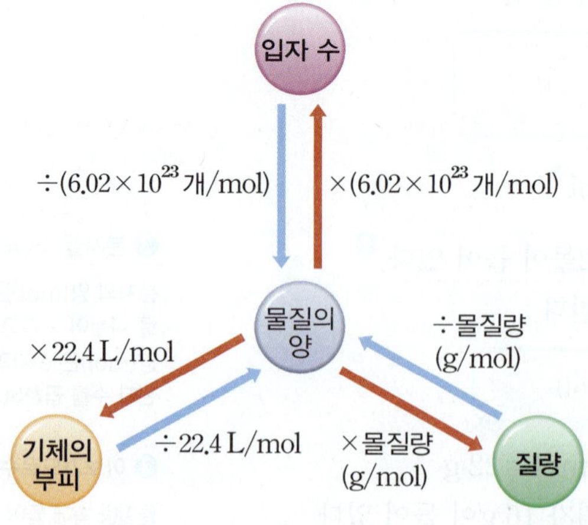

[1] **부피와 양(mol)의 관계**

부피와 양(mol)의 관계는 고체와 액체에서는 적용되지 않고, 기체의 경우에만 적용된다. 그리고 기체 1몰의 부피가 22.4 L인 것은 $0\,^{\circ}\mathrm{C}$, 1기압에서만 적용된다. 따라서 문제에서 온도와 압력 조건을 파악하는 것이 중요하다.

[2] **기체의 부피 측정 이유**

기체는 질량보다 부피를 측정하기가 더 쉬우므로 기체는 보통 부피를 측정하여 기체의 양을 표현한다.

[3] **기체의 부피 이용 조건**

기체의 부피를 이용할 때는 온도와 압력을 반드시 확인해야 한다. $0\,^{\circ}\mathrm{C}$, 1기압이 아닐 때는 문제에서 제시한 기체 1몰의 부피를 활용한다.

1 몰과 아보가드로수 ~ 2 몰과 몰질량

01 아보가드로수에 대한 설명이다. 빈칸에 알맞은 말을 쓰시오.

(1) 1몰은 (1   )개의 입자를 뜻하며, 이를 아보가드로수라고 한다.

(2) 아보가드로수는 어떤 원자의 (2   )에 g을 붙인 질량 속에 들어 있는 원자 수이다.

02 다음 입자의 양(mol)을 구하시오. (단, 아보가드로수는 6.0×10^{23}이다.)

(1) 질소(N_2) 분자 1.2×10^{24}개   (3   )

(2) 암모니아(NH_3) 분자 3.0×10^{23}개   (4   )

(3) 탄소(C) 원자 1.8×10^{24}개   (5   )

03 다음 분자들의 몰질량(g/mol)을 구하시오. (단, 몰질량(g/mol)은 $H=1$, $C=12$, $N=14$, $O=16$이다.)

(1) O_2(산소)   (6   )

(2) CH_4(메테인)   (7   )

(3) NH_3(암모니아)   (8   )

04 빈칸에 알맞은 말을 쓰시오.

(1) 몰질량은 물질의 (9   )뒤에 g을 붙인 값과 같다.

(2) 어떤 물질의 몰질량 안에는 그 물질을 이루는 입자가 (10   )개만큼 포함되어 있다.

(3) 탄소(C)의 원자량이 12일 때 탄소(C) 원자의 몰질량은 (11   )이다.

(4) 수소(H)의 몰질량(g/mol)이 1, 산소(O)의 몰질량(g/mol)이 16일 때 물(H_2O)의 몰질량은 (12   )이다.

(5) 나트륨(Na)의 몰질량(g/mol)이 23, 염소(Cl)의 몰질량(g/mol)이 35.5이므로 염화 나트륨($NaCl$)의 몰질량은 (13   )이다.

05 다음은 $9\,g$의 물(H_2O) 분자 및 원자의 입자 수와 질량을 나타낸 것이다. 빈칸에 알맞은 수를 쓰시오. (단, 몰질량(g/mol)은 $H=1$, $O=16$이고, 아보가드로수는 6.02×10^{23}이다.)

분자 모형	물	수소	산소
양(mol)	(14)	(15)	(16)
입자 수(개)	(17)	(18)	(19)
질량(g)	9	(20)	(21)

3 몰과 기체의 부피

06 빈칸에 알맞은 말을 쓰시오.

(1) 아보가드로 법칙은 온도와 압력이 같을 때, 기체의 종류에 관계없이 같은 (22   ) 속에 들어 있는 분자의 수는 같다는 법칙이다.

(2) $0\,℃$, 1기압에서 모든 기체 1몰의 부피는 (23   ) L로 일정하다.

07 표는 $0\,℃$, 1기압에서 산소와 이산화 탄소 기체 1몰의 정보를 나타낸 것이다. 빈칸에 알맞은 수를 쓰시오. (단, 몰질량(g/mol)은 $C=12$, $O=16$이다.)

분자(분자식)	산소(O_2)	이산화 탄소(CO_2)
모형		
분자 수(몰)	1	1
분자 수(개)	(24)	6.02×10^{23}
원자 수(개)	$2 \times (6.02 \times 10^{23})$	(25) $\times (6.02 \times 10^{23})$
몰질량(g/mol)	32	(26)
부피(L)	(27)	22.4

08 $0\,℃$, 1기압에서 다음을 구하시오. (단, $0\,℃$, 1기압에서 기체 1몰의 부피는 22.4 L이며, 몰질량(g/mol)은 $H=1$, $C=12$, $N=14$, $O=16$이다.)

(1) $O_2(g)$ 5.6 L의 양(mol)   (28   )

(2) $H_2(g)$ 0.5몰의 부피(L)   (29   )

(3) $NH_3(g)$ 11.2 L에 포함된 H 원자의 양(mol)

                       (30   )

(4) $CO_2(g)$ 22.4 L에 포함된 총 원자의 양(mol)

                       (31   )

09 표는 $0\,℃$, 1기압에서 몇 가지 기체의 양을 나타낸 것이다. 빈칸에 알맞은 수를 쓰시오.

기체	몰질량(g/mol)	양(mol)	질량(g)	부피(L)
수소	2	(32)	4	(33)
암모니아	17	(34)	(35)	44.8
이산화 탄소	(36)	0.5	22	(37)

1 몰과 아보가드로수

B01 ✽✽✽ 　　　　2024 실시 6월 학평 4 / 화학 I (고2)

표는 기체 (가)와 (나)에 대한 자료이다.

기체	(가)	(나)
분자식	NO_2	NO
기체의 양	3×10^{23}개	$\dfrac{1}{4}$ mol

$\dfrac{\text{(나)에 들어 있는 전체 원자 수}}{\text{(가)에 들어 있는 전체 원자 수}}$ 는? (단, 아보가드로수는 6×10^{23}이다.) (3점)

① $\dfrac{1}{3}$　　② $\dfrac{2}{3}$　　③ 1　　④ $\dfrac{4}{3}$　　⑤ $\dfrac{5}{3}$

B02 ✽✽✽ 　　　　2022 대비 6월 모평 2 / 화학 I

그림은 강철 용기에 에탄올(C_2H_5OH)과 산소(O_2)를 넣고 반응시켰을 때, 반응 전과 후 용기에 존재하는 물질과 양을 나타낸 것이다.

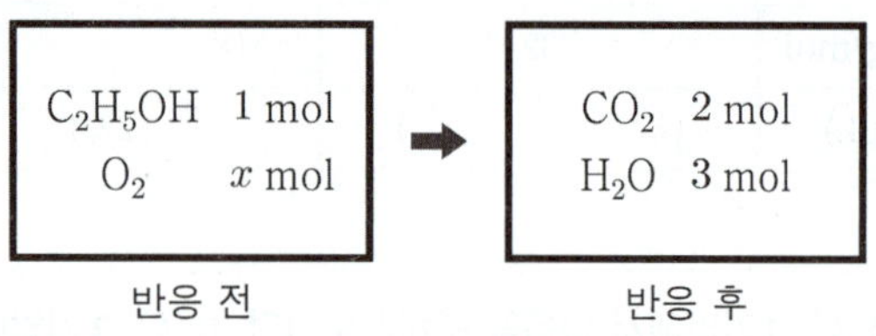

x는?

① 3　　② 4　　③ 5　　④ 6　　⑤ 7

2 몰과 몰질량

B03 ✽✽✽ 　　　　2025 실시 6월 학평 6 / 화학 I (고2) 변형

그림은 물질 (가)와 (나)를 나타낸 것이다. 산소(O) 원자의 양(mol)은 (가)에서와 (나)에서가 같다.

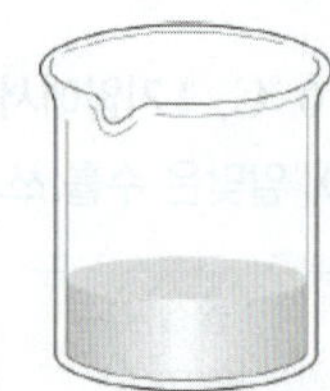

(가) $CO_2(s)$ x g　　　　(나) $H_2O(l)$ 18 g

x는? (단, H, C, O의 몰질량(g/mol)은 각각 1, 12, 16이다.)

① 11　　② 22　　③ 33　　④ 44　　⑤ 55

B04 ✽✽✽ 　　　　2023 실시 6월 학평 18 / 화학 I (고2) 변형

표는 분자 (가)와 (나)에 대한 자료이다. (가)와 (나)는 각각 A_2와 BA_3 중 하나이다.

분자	(가)	(나)
1 g에 들어 있는 분자 수(상댓값)	2	5

이에 대한 설명으로 옳은 것만을 〈보기〉에서 있는 대로 고른 것은? (단, A와 B는 임의의 원소 기호이다.) (3점)

[보기]
ㄱ. (가)는 BA_3이다.
ㄴ. $\dfrac{\text{A의 몰질량}}{\text{B의 몰질량}}=2$이다.
ㄷ. 1 g에 들어 있는 전체 원자 수는 (가) > (나)이다.

① ㄱ　　② ㄴ　　③ ㄱ, ㄷ　　④ ㄴ, ㄷ　　⑤ ㄱ, ㄴ, ㄷ

B05 ✽✽✽ 　　　　2024 실시 6월 학평 11 / 화학 I (고2) 변형

다음은 은(Ag)의 원자 수를 구하는 방법에 대한 교사와 학생의 대화이다.

교사: Ag의 몰질량(g/mol)이 108이라고 할 때, Ag 54 g에 들어 있는 Ag 원자 수를 구하는 방법에 대하여 설명해 보세요.

학생: Ag 1 mol의 질량은 　⊙　 g이고, Ag의 질량인 54 g을 Ag의 몰질량으로 나누면 Ag의 양이 　⊙　 mol인 것을 알 수 있습니다. Ag의 양(mol)에 　©　 를 곱하면 Ag 원자 수를 구할 수 있습니다.

교사: 맞았어요. 잘했습니다.

⊙~©으로 가장 적절한 것은? (3점)

	⊙	⊙	©
①	54	$\dfrac{1}{2}$	Ag 1 g에 들어 있는 원자 수
②	54	1	Ag 1 mol에 들어 있는 원자 수
③	108	$\dfrac{1}{2}$	Ag 1 g에 들어 있는 원자 수
④	108	$\dfrac{1}{2}$	Ag 1 mol에 들어 있는 원자 수
⑤	108	1	Ag 1 mol에 들어 있는 원자 수

B06 ❋❋❋ 2023 실시 6월 학평 3 / 화학 Ⅰ (고2) 변형

다음은 화학 동아리 면접 안내문이다.

<화학 동아리 면접 안내>

○월 ○일 ○시에 화학 동아리 면접을 실시합니다. 다음에서 a와 b를 구하여 면접 교실로 찾아오세요.

CH_4 32 g의 양은 a mol이고, CH_4 a mol에 포함된 H 원자의 양은 b mol이다. H와 C의 몰질량(g/mol)은 각각 1, 12이다.

☞ 면접 교실: a학년 b반

면접 교실로 옳은 것은? (3점)

① 1학년 4반 　② 1학년 8반 　③ 2학년 4반
④ 2학년 8반 　⑤ 3학년 4반

B07 ❋❋❋ 2024 실시 6월 학평 19 / 화학 Ⅰ (고2) 변형

표는 용기 (가)와 (나)에 들어 있는 기체에 대한 자료이다.

용기		(가)	(나)
기체의 질량(g)	$AB(g)$	28	42
	$AB_2(g)$	22	11
$\dfrac{\text{B 원자 수}}{\text{A 원자 수}}$		$\dfrac{4}{3}$	x

$x \times \dfrac{\text{A의 몰질량}}{\text{B의 몰질량}}$ 은? (단, A와 B는 임의의 원소 기호이다.)

① $\dfrac{9}{7}$ 　② $\dfrac{8}{7}$ 　③ 1 　④ $\dfrac{6}{7}$ 　⑤ $\dfrac{5}{7}$

B08 ❋❋❋ 2023 실시 9월 학평 15 / 화학 Ⅰ (고2) 변형

표는 원소 A와 B로 이루어진 기체 (가)와 (나)에 대한 자료이다. t ℃, 1기압에서 밀도비는 (가) : (나)=13 : 15이다.

기체	분자식	$\dfrac{\text{B의 질량}}{\text{A의 질량}}$ (상댓값)	단위 질량당 전체 원자 수(상댓값)
(가)	A_2B_2	1	15
(나)	A_2B_x	3	㉠

이에 대한 설명으로 옳은 것만을 〈보기〉에서 있는 대로 고른 것은? (단, A와 B는 임의의 원소 기호이다.) (3점)

[보기]

ㄱ. $x=4$이다.
ㄴ. 몰질량의 비는 A : B=12 : 1이다.
ㄷ. ㉠은 26이다.

① ㄱ 　② ㄴ 　③ ㄱ, ㄷ 　④ ㄴ, ㄷ 　⑤ ㄱ, ㄴ, ㄷ

B09 ❋❋❋ 2023 실시 6월 학평 11 / 화학 Ⅰ (고2) 변형

그림은 용기 (가)와 (나)에 $A(g)$와 $B(g)$가 각각 들어 있는 것을 나타낸 것이다.

$\dfrac{\text{(가)에서 } A(g)\text{의 밀도}}{\text{(나)에서 } B(g)\text{의 밀도}} = 3$이고, 기체의 온도와 압력은 같다.

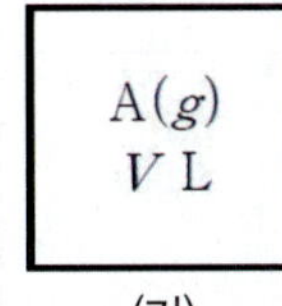

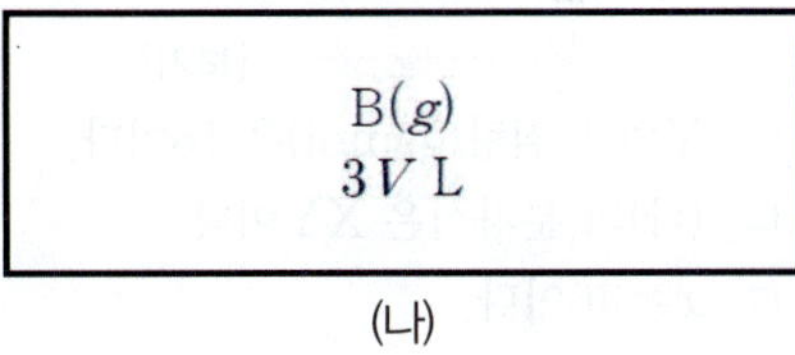

(나)에서가 (가)에서보다 큰 값을 갖는 것만을 〈보기〉에서 있는 대로 고른 것은? (3점)

[보기]

ㄱ. 기체의 분자 수
ㄴ. 기체의 질량
ㄷ. 기체의 몰질량

① ㄱ 　② ㄴ 　③ ㄱ, ㄷ 　④ ㄴ, ㄷ 　⑤ ㄱ, ㄴ, ㄷ

B10 ✱✱❀ .... 2021 실시 6월 학평 9 / 화학Ⅰ (고2) 변형

표는 기체 (가)와 (나)에 대한 자료이다.

기체	(가)	(나)
분자식	AB	AB_2
분자 1개의 질량(g)	$7w$	$11w$

이에 대한 설명으로 옳은 것만을 〈보기〉에서 있는 대로 고른 것은?
(단, A와 B는 임의의 원소 기호이고, 아보가드로수는 N_A이다.) (3점)

[보기]
ㄱ. (가)의 몰질량(g/mol)은 $7w \times N_A$이다.
ㄴ. 몰질량 비는 A : B = 3 : 4이다.
ㄷ. 1 g에 들어 있는 전체 원자 수는 (가) > (나)이다.

① ㄱ　　② ㄷ　　③ ㄱ, ㄴ　　④ ㄴ, ㄷ　　⑤ ㄱ, ㄴ, ㄷ

B11 ✱✱❀ .... 2023 실시 7월 학평 18 / 화학Ⅰ (고3) 변형

표는 원소 X와 Y로 이루어진 기체 (가)~(다)에 대한 자료이다.
(가)~(다)의 분자당 구성 원자 수는 5 이하이다.

기체	몰질량 (g/mol)	$\dfrac{\text{Y의 질량}}{\text{X의 질량}}$ (상댓값)	단위 질량당 전체 원자 수 (상댓값)
(가)	x	4	22
(나)	44	1	23
(다)	76	3	

이에 대한 설명으로 옳은 것만을 〈보기〉에서 있는 대로 고른 것은?
(단, X와 Y는 임의의 원소 기호이다.) (3점)

[보기]
ㄱ. Y의 몰질량(g/mol)은 16이다.
ㄴ. (나)의 분자식은 XY이다.
ㄷ. $x = 46$이다.

① ㄱ　　② ㄴ　　③ ㄱ, ㄷ　　④ ㄴ, ㄷ　　⑤ ㄱ, ㄴ, ㄷ

B12 ✱✱❀ .... 수능 대비 기출 변형

표는 용기 (가)와 (나)에 들어 있는 기체에 대한 자료이다.

용기	(가)	(나)
분자식	AB_2	AB_3
기체의 질량(g)	2	5
전체 원자 수	$3N$	$8N$

$\dfrac{\text{B의 몰질량}}{\text{A의 몰질량}}$ 은? (단, A와 B는 임의의 원소 기호이다.) (3점)

① $\dfrac{1}{4}$　　② $\dfrac{1}{2}$　　③ 1　　④ 2　　⑤ 4

B13 ✱✱❀ .... 2025 실시 6월 학평 19 / 화학Ⅰ (고2) 변형

그림은 $t\,°C$, 1기압에서 실린더 (가)와 (나)에 들어 있는 기체를 나타낸 것이다. (가)와 (나)에 들어 있는 전체 기체의 밀도는 같다.

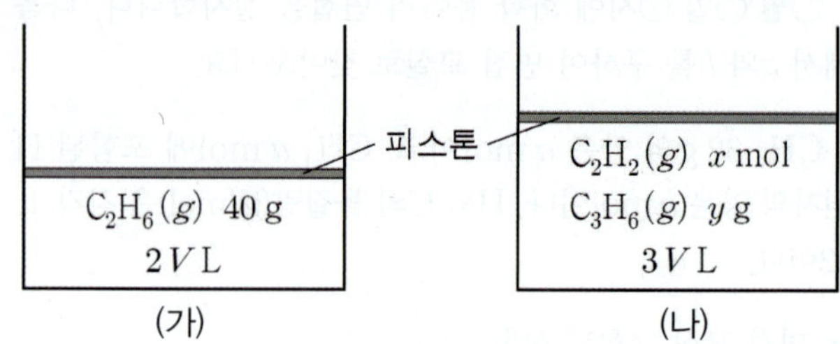

$\dfrac{y}{x}$ 는? (단, H, C의 몰질량(g/mol)은 각각 1, 12이다.) (3점)

① 14　　② 12　　③ 10　　④ 8　　⑤ 6

B14 ✱❀❀ .... 2025 실시 6월 학평 16 / 화학Ⅰ (고2) 변형

다음은 학생 A가 수행한 탐구 활동이다.

〈자료〉
○ 아보가드로 법칙: 모든 기체는 같은 온도와 압력에서 같은 부피속에 들어 있는 　⑤　 이/가 같다.

〈가설〉
○ 같은 온도와 압력에서 기체의 　ⓛ　 비는 몰질량비와 같다.

〈탐구 과정 및 결과〉
○ $t\,°C$, 1기압에서 $CH_4(g)$, $N_2(g)$, $X_2(g)$의 부피가 각각 V L일 때의 질량과 기체의 몰질량을 조사한다.

기체	CH_4	N_2	X_2
V L일 때의 질량(g)	8	14	16
몰질량(g/mol)	16	28	x

○ $t\,°C$, 1기압에서 기체의 　ⓛ　 비는

$$CH_4(g) : N_2(g) : X_2(g) = \dfrac{8\,g}{V\,L} : \dfrac{14\,g}{V\,L} : \dfrac{16\,g}{V\,L} =$$

4 : 7 : 8이므로 기체의 　ⓛ　 비는 몰질량비와 같다.

〈결론〉
○ 가설은 옳다.

학생 A의 탐구 과정 및 결과와 결론이 타당할 때, 이에 대한 설명으로 옳은 것만을 〈보기〉에서 있는 대로 고른 것은? (단, X는 임의의 원소 기호이다.) (3점)

[보기]
ㄱ. '분자 수'는 ⑤으로 적절하다.
ㄴ. '밀도'는 ⓛ으로 적절하다.
ㄷ. $x = 32$이다.

① ㄱ　　② ㄷ　　③ ㄱ, ㄴ　　④ ㄴ, ㄷ　　⑤ ㄱ, ㄴ, ㄷ

B15 ❋❋❋

그림 (가)~(다)는 t °C, 1기압에서 각각의 용기에 들어 있는 3가지 물질을 나타낸 것이다.

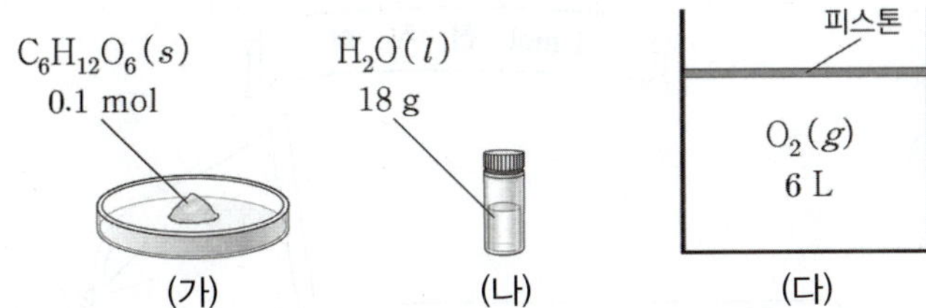

이에 대한 설명으로 옳은 것만을 〈보기〉에서 있는 대로 고른 것은? (단, t °C, 1기압에서 기체 1 mol의 부피는 24 L이고, H, C, O의 몰질량(g/mol)은 각각 1, 12, 16이다.) (3점)

[보기]

ㄱ. (가)에서 $C_6H_{12}O_6(s)$의 질량은 18 g이다.

ㄴ. (다)에서 $O_2(g)$의 양(mol)은 (나)에서 $H_2O(l)$의 양(mol)보다 크다.

ㄷ. 산소(O) 원자 수는 (다)에서가 (가)에서보다 크다.

① ㄱ   ② ㄴ   ③ ㄱ, ㄷ   ④ ㄴ, ㄷ   ⑤ ㄱ, ㄴ, ㄷ

B16 ❋❋❋

다음은 t °C, 1기압에서 실린더 (가)와 (나)에 들어 있는 기체에 대한 자료이다.

실린더	기체	부피	1 g당 전체 분자 수
(가)	N_2O_2	V	㉠
(나)	NO_2, N_2O	$2V$	㉡

○ ㉠과 ㉡은 서로 다르며, 각각 3N과 4N 중 하나이다.

$\dfrac{\text{(나) 속 } N_2O(g)\text{의 질량}}{\text{(가) 속 } N_2O_2(g)\text{의 질량}}$ 은? (단, N, O의 몰질량(g/mol)은 각각 14, 16이다.) (3점)

① $\dfrac{5}{8}$ ② $\dfrac{11}{15}$ ③ $\dfrac{11}{10}$ ④ $\dfrac{23}{20}$ ⑤ $\dfrac{6}{5}$

B17 ❋❋❋

그림은 t °C, 1기압에서 실린더에 각각 들어 있는 A(g)와 B(g)를 나타낸 것이다.

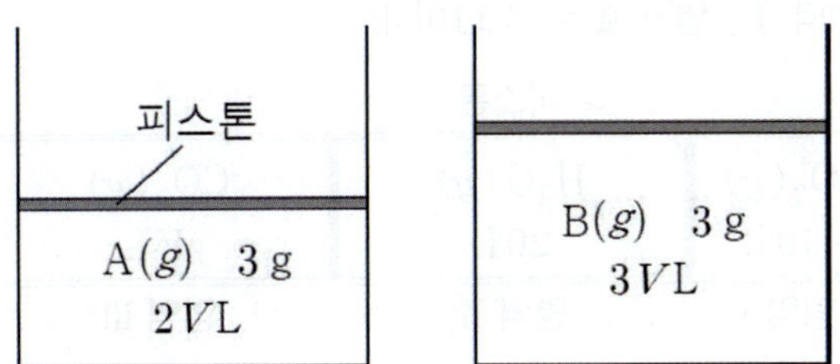

$\dfrac{\text{B의 몰질량}}{\text{A의 몰질량}}$ 은? (3점)

① $\dfrac{1}{2}$ ② $\dfrac{2}{3}$ ③ $\dfrac{3}{4}$ ④ $\dfrac{3}{2}$ ⑤ $\dfrac{5}{2}$

B18 ❋❋❋

그림은 2가지 상태의 H_2O를 나타낸 것이다. H_2O의 몰질량(g/mol)은 18이다.

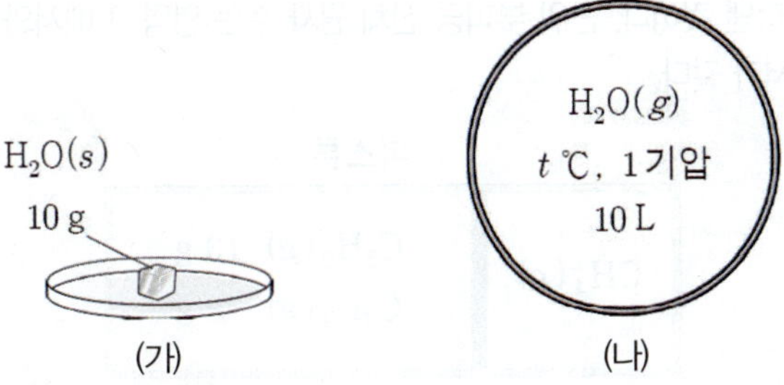

$\dfrac{\text{(나)에서 } H_2O\text{의 양(mol)}}{\text{(가)에서 } H_2O\text{의 양(mol)}}$ 은? (단, t °C, 1기압에서 기체 1 mol의 부피는 32 L이다.)

① $\dfrac{1}{2}$ ② $\dfrac{9}{16}$ ③ $\dfrac{5}{8}$ ④ $\dfrac{3}{4}$ ⑤ 1

B19 ✿❀❀ 2023 실시 9월 학평 7 / 화학 Ⅰ (고2) 변형

그림은 피스톤으로 분리된 실린더에 3가지 기체를 각각 넣고 기체의 압력이 서로 같아졌을 때의 모습을 나타낸 것이다. 기체의 질량비는 영역 Ⅰ : 영역 Ⅲ＝4 : 11이다.

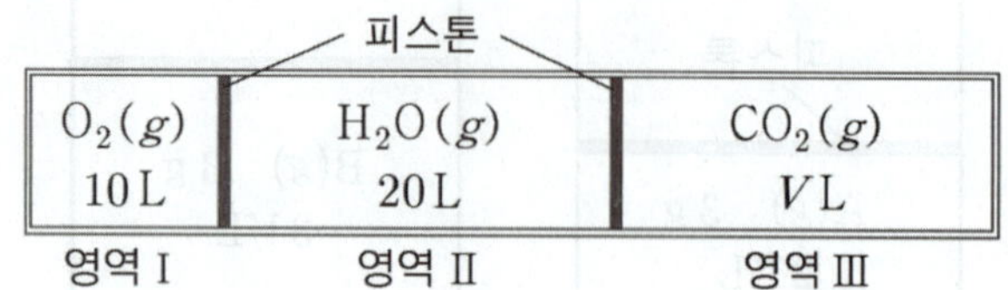

이에 대한 설명으로 옳은 것만을 〈보기〉에서 있는 대로 고른 것은? (단, 온도는 일정하고, H, C, O의 몰질량(g/mol)은 각각 1, 12, 16이다.) (3점)

[보기]

ㄱ. $V=20$이다.
ㄴ. 단위 부피당 O 원자 수는 Ⅰ과 Ⅱ에서 같다.
ㄷ. O 원자의 전체 질량은 Ⅱ와 Ⅲ에서 같다.

① ㄱ ② ㄴ ③ ㄱ, ㄷ ④ ㄴ, ㄷ ⑤ ㄱ, ㄴ, ㄷ

B20 ✷✷❀ 2021 실시 6월 학평 19 / 화학 Ⅰ (고2) 변형

그림은 t ℃에서 피스톤으로 분리된 실린더에 기체가 들어 있는 것을 나타낸 것이다. 단위 부피당 전체 원자 수는 영역 Ⅰ에서와 영역 Ⅱ에서가 같다.

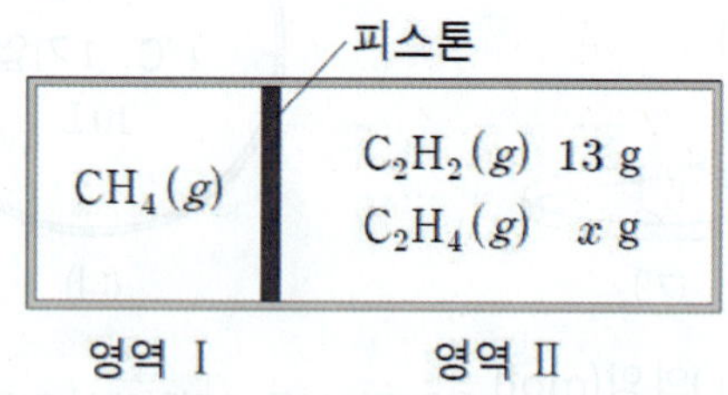

x는? (단, H와 C의 몰질량(g/mol)은 각각 1, 12이고, 기체는 반응하지 않으며, 피스톤의 마찰은 무시한다.) (3점)

① 7 ② 14 ③ 21 ④ 26 ⑤ 28

B21 ✿❀❀ 2021 실시 6월 학평 15 / 화학 Ⅰ (고2) 변형

그림은 t ℃, 1 atm에서 3가지 물질을 각각 1 mol씩 전시한 것을 나타낸 것이다.

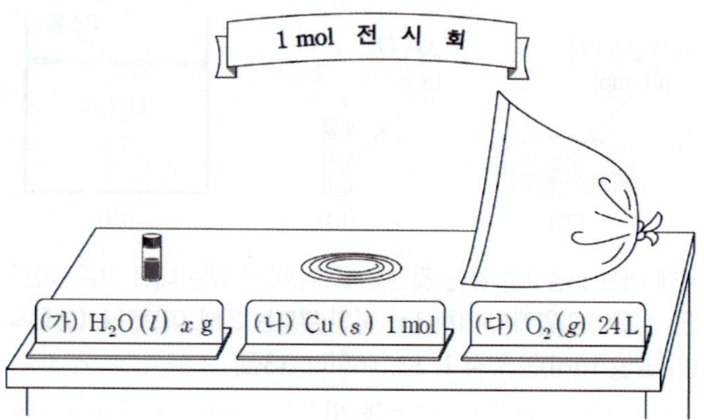

이에 대한 설명으로 옳은 것만을 〈보기〉에서 있는 대로 고른 것은? (단, H, O, Cu의 몰질량(g/mol)은 각각 1, 16, 63.50이다.)

[보기]

ㄱ. $x=18$이다.
ㄴ. O 원자 수는 (가)와 (다)가 같다.
ㄷ. $\dfrac{\text{(나)의 질량}}{\text{(다)의 질량}} > 2$이다.

① ㄱ ② ㄴ ③ ㄱ, ㄷ ④ ㄴ, ㄷ ⑤ ㄱ, ㄴ, ㄷ

B22 ✿❀❀ 2021 실시 6월 학평 13 / 화학 Ⅰ (고2) 변형

그림은 용기 (가)와 (나)에 기체가 각각 들어 있는 것을 나타낸 것이다. 기체의 온도와 압력은 20 ℃, 1 atm이며, 기체 1 mol의 부피는 24 L이다.

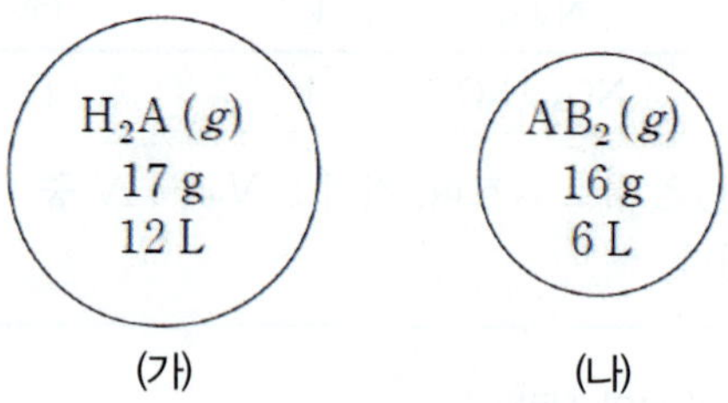

$\dfrac{\text{(나)에 들어 있는 B 원자 수}}{\text{(가)에 들어 있는 A 원자 수}} \times \dfrac{\text{B의 몰질량}}{\text{A의 몰질량}}$ 은? (단, A와 B는 임의의 원소 기호이고, H의 몰질량(g/mol)은 1이다.)

① $\dfrac{1}{4}$ ② $\dfrac{1}{2}$ ③ $\dfrac{3}{4}$ ④ 1 ⑤ 2

B23 ✽✽✽

그림은 A와 B 원자의 상대적인 질량을 비교한 모습이다. A와 B는 각각 탄소(^{12}C)와 산소(^{16}O) 중 하나이다. (단, 그림에서는 입자의 개수만 고려하되, 크기와 색상은 무시한다.)

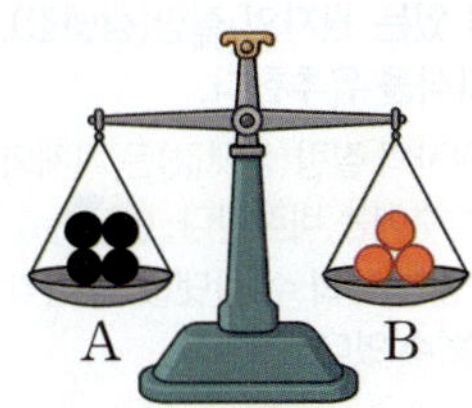

(1) A의 원자량이 12라면, B의 원소 기호와 원자량이 얼마인지 각각 쓰시오. 단답형

(2) 만약에 B의 원자량을 12라고 정하게 되면, A의 원자량 및 아보가드로수(N_A)가 어떻게 변할지를 예상하여 서술하시오. (단, 원자의 몰질량＝원자량으로 가정한다.) 서술형

B24 ✽✽✽

표는 수소, 탄소, 산소 원자에 관한 자료이다.

구분	수소(H)	탄소(C)	산소(O)
원자 1개의 질량(g)	ⓛ	$12 \times 1.66 \times 10^{-24}$	$16 \times 1.66 \times 10^{-24}$
원자량	1	12	ⓒ
몰질량(㉠)	1	12	ⓒ

(1) ㉠～ⓒ에 들어갈 내용을 쓰시오. 단답형

㉠ :　　　　　ⓛ :　　　　　ⓒ :

(2) 원자량과 몰질량을 정의하고, 이들의 값이 같은 이유를 아보가드로수(N_A)를 포함한 식으로 서술하시오.
(단, $0.166 \times 0.602 ＝ 1.00$이다.) 서술형

B25 ✽✽✽

표는 t ℃, 1기압 용기에 든 A～D 기체에 관한 자료이다. A～D 기체는 CH$_4$, H$_2$O, NH$_3$, SO$_2$ 기체 중 하나이다. (단, 몰질량(g/mol)은 H, C, N, O, S가 각각 1, 12, 14, 16, 32이다.)

구분	질량 (g)	몰질량 (g/mol)	부피 (L)	분자 수 (상댓값)	원자수 (상댓값)
A(g)	16		c	1	
B(g)	17		33	4	4
C(g)	18	b	33		3
D(g)	a		33		5

(1) A～D 기체를 각각 쓰시오. 단답형

(2) a, b, c를 각각 구하고 풀이 과정을 서술하시오. 서술형

B26 ✽✽✽

표는 기체 분자 (가)와 (나)에 대한 자료이다. (가)와 (나)는 2주기 원소로 구성된 AB(g) 또는 AB$_2$(g) 기체 중 하나이다. (단, A와 B는 임의의 원소 기호이고 a, b는 자연수이다.)

구분		(가)	(나)
㉠ 1 g에 들어 있는 분자 수(상댓값)		11	a
ⓛ t ℃, 1기압에서 기체의 밀도(상댓값)		7	b

(1) a와 b의 값을 각각 구하시오. 단답형

(2) ㉠와 ⓛ 사이의 관계를 서술하시오. 서술형

기체의 질량과 양(mol)

- 이 유형은 여러 가지 기체를 제시하고 각 기체의 정보를 변형하여 원자의 양(mol), 기체의 분자당 구성 원자 수 비, 몰질량 비를 구하는 형태로 주로 출제된다.

다음은 용기 (가)~(다)에 들어 있는 기체에 대한 자료이다.
2024 실시 9월 학평 17 / 화학 I (고2) 변형

- ○ (가)~(다)에는 각각 한 종류의 기체만 들어 있다.
- ○ (가)와 (나)에 들어 있는 기체의 양은 N mol로 같다.
- ○ $\dfrac{\text{(다)에 들어 있는 기체의 몰질량}}{\text{(가)에 들어 있는 기체의 몰질량}}=2$이다.

용기		(가)	(나)	(다)
구성 원소		X, Y	X, Z	Y, Z
분자당 구성 원자 수		3	3	5
기체의 질량(g)		$27w$	$32w$	$27w$
기체 1 g에 들어 있는 원자의 질량(상댓값)	X	16	27	
	Z		27	16

이에 대한 설명으로 옳은 것만을 〈보기〉에서 있는 대로 고른 것은? (단, X~Z는 임의의 원소 기호이다.) (3점)

[보기]
ㄱ. (가)에 들어 있는 Y 원자의 양은 $2N$ mol이다.
ㄴ. (다)에 들어 있는 기체의 분자당 구성 원자 수 비는 Y : Z=4 : 1이다.
ㄷ. $\dfrac{\text{Y의 몰질량}}{\text{X의 몰질량}}=\dfrac{19}{16}$이다.

① ㄱ　② ㄷ　③ ㄱ, ㄴ　④ ㄴ, ㄷ　⑤ ㄱ, ㄴ, ㄷ

단서+발상

(단서) (가), (나)에 들어 있는 기체의 양은 N mol로 같다고 제시되어 있다.

(발상) 주어진 분자의 구성 원소와 원자 수, 기체 1 g에 들어 있는 원자의 질량(상댓값)을 통해 각 기체의 분자식을 추론할 수 있다.

| 문제+자료 분석 |

step 1　주어진 기체의 질량(g)과 양(mol), 몰질량의 비를 이용하여 (다)에 들어있는 기체의 양(mol)을 구한다.

- 기체의 질량비는 (가) : (다)=$27w$: $27w$=1 : 1이고,
  몰질량의 비는 (가) : (다)=[1]이므로,
  기체의 몰수(mol) 비는 (가) : (다)=2 : 1이다. (꿀팁)
  → (가)에 들어 있는 기체의 양은 N mol이므로 (다)에 들어 있는 기체의 양은 [2] mol이다.

step 2　주어진 기체의 질량(g)과 기체의 양(mol)을 활용하여 (가), (나), (다)에 들어있는 기체의 몰질량의 비를 구한다.

- 기체의 질량비는 (가) : (나) : (다)=$27w$: $32w$: $27w$=27 : 32 : 27이고,
  기체의 몰수(mol) 비는 (가) : (나) : (다)=N : N : $\frac{1}{2}N$=2 : 2 : 1이다.

- 기체의 몰질량의 비는 $\dfrac{\text{기체의 질량(g)}}{\text{기체의 양(mol)}}$으로 구할 수 있다. (꿀팁)
  → 기체의 몰질량 비
  $$\text{(가)} : \text{(나)} : \text{(다)}=\frac{27}{2} : \frac{32}{2} : \frac{27}{1}=\boxed{3}$$

step 3　기체 1 g에 들어 있는 원자의 질량(상댓값), 분자당 구성 원자 수를 이용해 분자식을 유추한다.

- 기체 1 g에 들어 있는 원자의 질량(상댓값)은 기체의 몰질량에는 반비례하며 분자를 구성하는 원자의 수에는 비례한다. (꿀팁)
- (가)와 (나)에 존재하는 원자 X의 수(상댓값)를 각각 a, b라고 가정하면 다음과 같은 비례식을 쓸 수 있다.
  $$\frac{a}{27} : \frac{b}{32}=16 : 27\text{이므로 } a=\frac{1}{2}b\text{이다.}$$
  → (가)와 (나) 모두 기체 분자는 N mol로 같은 몰수로 존재한다. (가)와 (나)의 분자당 구성 원자 수가 3으로 동일한데, (가)에 존재하는 원자 X의 수가 (나)에 존재하는 원자 X의 수의 [4] 이므로 (가)의 분자식은 XY_2이고 (나)의 분자식은 X_2Z이다.
- (나)와 (다)에 존재하는 원자 Z의 수(상댓값)를 각각 1, c라고 가정하면 다음과 같은 비례식을 쓸 수 있다.
  $$\frac{1}{32} : \frac{c}{54}=27 : 16\text{이므로 } c=\boxed{5}\text{이다.}$$
  → (다)의 구성 원소는 Y, Z이며 분자당 구성 원자 수는 5이므로 (다)의 분자식은 Y_4Z이다.

| 보기 분석 |

(ㄱ) (가)에 들어 있는 Y 원자의 양은 $2N$ mol이다.
- (가)에 들어 있는 기체의 양은 N mol이고 (가)의 분자식은 XY_2이므로 (가)에 들어 있는 Y 원자의 양은 $2N$ mol이다.

(ㄴ) (다)에 들어 있는 기체의 분자당 구성 원자 수 비는 Y : Z=4 : 1이다.
- (다)의 분자식은 Y_4Z이므로 기체의 분자당 구성 원자 수 비는 Y : Z=4 : 1이다.

(ㄷ) $\dfrac{\text{Y의 몰질량}}{\text{X의 몰질량}}=\dfrac{19}{16}$이다.
- (가), (나), (다)에 들어 있는 기체의 분자식(XY_2, X_2Z, Y_4Z)과 몰질량의 비는 다음과 같은 관계식으로 나타낼 수 있다.
  $$X+2Y=27,\ 2X+Z=32,\ 4Y+Z=54$$
  정리하면 $X=8$, $Y=\dfrac{19}{2}$이다. 따라서 $\dfrac{\text{Y의 몰질량}}{\text{X의 몰질량}}=\dfrac{19}{16}$이다.

∴ 정답은 ⑤ ㄱ, ㄴ, ㄷ이다.

(✓) 이 유형을 대비하기 위해서는 제시된 기체의 정보(구성 원소, 분자당 구성 원자 수, 기체의 질량, 기체 1 g에 들어 있는 원자의 질량 등)를 이용하여 구하고자 하는 값을 찾아낼 수 있어야 한다.

[정답] ❶ 1:2　❷ $\frac{1}{2}N$　❸ 27:32:54　❹ $\frac{1}{2}$　❺ 1

B27 ⭐ 고난도   2025 실시 9월 학평 18 / 화학 I (고2) 변형

그림은 t ℃, 1기압에서 실린더 (가)와 (나)에 들어 있는 기체를 나타 낸 것이다. $\dfrac{\text{(나)의 실린더 속 전체 기체의 밀도}}{\text{(가)의 실린더 속 전체 기체의 밀도}} = \dfrac{6}{7}$ 이다.

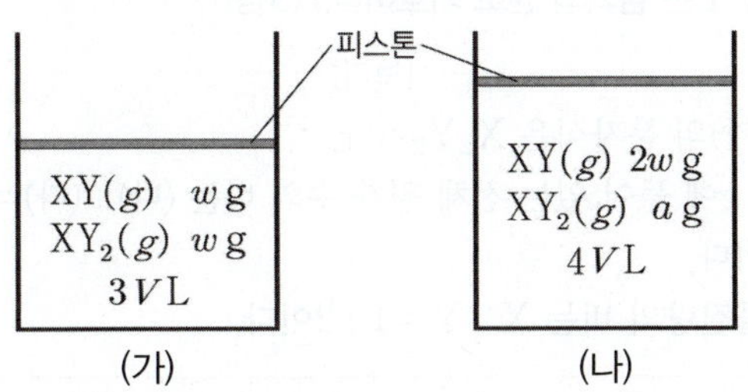

이에 대한 설명으로 옳은 것만을 〈보기〉에서 있는 대로 고른 것은? (단, X와 Y는 임의의 원소 기호이다.) (3점)

[보기]

ㄱ. $a = \dfrac{2}{7}w$ 이다.

ㄴ. $\dfrac{\text{(나)의 실린더 속 X 원자의 양(mol)}}{\text{(가)의 실린더 속 Y 원자의 양(mol)}} > 1$ 이다.

ㄷ. $\dfrac{\text{X의 몰질량}}{\text{Y의 몰질량}} = \dfrac{8}{7}$ 이다.

① ㄱ   ② ㄴ   ③ ㄱ, ㄷ   ④ ㄴ, ㄷ   ⑤ ㄱ, ㄴ, ㄷ

B28 ⭐ 고난도   2024 실시 10월 학평 20 / 화학 I (고2) 변형

다음은 원소 X와 Y로 구성된 기체에 대한 실험이다.

〈실험 과정〉

(가) $XY_2(g)$ $w\,$g이 각각 들어 있는 실린더 Ⅰ, Ⅱ를 준비 한다.

(나) 실린더 Ⅰ에 $X_aY(g)$를 첨가한다.

(다) 실린더 Ⅱ에 $X_{2a}Y_b(g)$를 첨가한다.

〈실험 결과〉

○ 첨가한 각 기체의 질량에 따른 실린더 속 $\dfrac{\text{X 원자의 양(mol)}}{\text{전체 기체의 양(mol)}}$

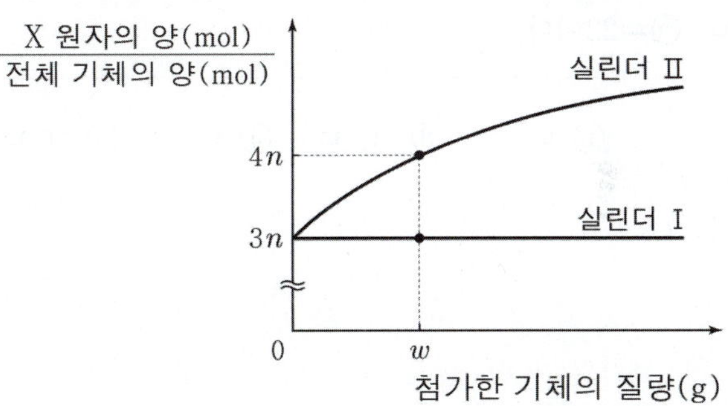

○ (나), (다)에서 각각 첨가한 기체의 질량이 $w\,$g일 때, 실린더 속 X 원자 수의 비는 Ⅰ : Ⅱ = 19 : 15이다.

이에 대한 설명으로 옳은 것만을 〈보기〉에서 있는 대로 고른 것은? (단, X와 Y는 임의의 원소 기호이고, 모든 기체는 반응하지 않는다.) (3점)

[보기]

ㄱ. $a = 1$ 이다.

ㄴ. $b = 4$ 이다.

ㄷ. 몰질량 비는 X : Y = 3 : 4이다.

① ㄱ   ② ㄷ   ③ ㄱ, ㄴ   ④ ㄴ, ㄷ   ⑤ ㄱ, ㄴ, ㄷ

B29 ⭐ 고난도

표는 $t\,°C$, 1기압에서 실린더 (가)와 (나)에 들어 있는 기체에 대한 자료이다. (가)에 들어 있는 전체 기체를 구성하는 원소의 질량비는 $X:Y:Z=15:5:16$이다.

실린더	기체	질량(g)	부피(L)	Z의 양(mol)
(가)	XY_4, XY_4Z	36	$5V$	n
(나)	XZ_2	㉠	$2V$	n

이에 대한 설명으로 옳은 것만을 〈보기〉에서 있는 대로 고른 것은? (단, $X \sim Z$는 임의의 원소 기호이고, 모든 기체는 반응하지 않는다.) (3점)

―――――――[보기]―――――――
ㄱ. (가)에 들어 있는 기체의 몰비는 $XY_4 : XY_4Z = 1:4$ 이다.
ㄴ. 몰질량은 $X > Z$이다.
ㄷ. ㉠$=22$이다.

① ㄱ   ② ㄴ   ③ ㄱ, ㄷ   ④ ㄴ, ㄷ   ⑤ ㄱ, ㄴ, ㄷ

B30 ⭐ 고난도

다음은 용기 (가)와 (나)에 각각 들어 있는 CO_2와 H_2O에 대한 자료이다.

$$^{12}C\,^{18}O_2 \quad 24\,g$$
(가)

$$^1H_2\,^{16}O \quad x\,mol$$
$$^1H_2\,^{18}O \quad y\,g$$
(나)

- ^{18}O 원자의 양(mol)은 (가)에서가 (나)에서의 2배이다.
- 전체 중성자의 양(mol)은 (가)에서와 (나)에서가 같다.

$x+y$는? (단, H, C, O의 원자 번호는 각각 1, 6, 8이고, ^1H, ^{12}C, ^{18}O의 몰질량(g/mol)은 각각 1, 12, 18이다.) (3점)

① 11   ② 12   ③ 13   ④ 14   ⑤ 15

B31 ⭐ 고난도

표는 같은 온도와 압력에서 기체 (가)~(다)에 대한 자료이다. (가)~(다)의 분자식은 각각 XY, XY_3, X_2Y_2 중 하나이다.

기체	(가)	(나)	(다)
1 g의 부피(상댓값)	5	6	10

이에 대한 설명으로 옳은 것만을 〈보기〉에서 있는 대로 고른 것은? (단, X와 Y는 임의의 원소 기호이다.) (3점)

―――――――[보기]―――――――
ㄱ. (가)의 분자식은 X_2Y_2이다.
ㄴ. 1 g에 들어 있는 전체 원자 수의 비는 (나) : (다)$=3:5$ 이다.
ㄷ. 몰질량의 비는 $X:Y=1:2$이다.

① ㄱ   ② ㄴ   ③ ㄱ, ㄷ   ④ ㄴ, ㄷ   ⑤ ㄱ, ㄴ, ㄷ

1 화학 반응식

1. 화학 반응식: 화학 반응에 참여하는 반응물과 생성물의 화학식을 이용하여 화학 반응을❶ 나타낸 것

2. 화학 반응식 완성하기: 메테인(CH_4)이 완전 연소하는 반응의 화학 반응식 완성하기

		반응물	생성물
1단계	반응물과 생성물을 화학식으로 나타낸다.	• 메테인: CH_4 • 산소: O_2	• 이산화 탄소: CO_2 • 물: H_2O
2단계	반응물의 화학식은 화살표(→)의 왼쪽에, 생성물의 화학식은 오른쪽에 쓴다.	메테인+산소 → 이산화 탄소+물 $CH_4+O_2 \rightarrow CO_2+H_2O$	
3단계	• 반응물과 생성물에 있는 원소의 종류와 원자의 총수가 같도록 화학식의 계수를 맞춘다. • 계수는 가장 간단한 정수로 나타내고, 1이면 생략한다.	• C 원자 수를 맞추면 CH_4과 CO_2 앞의 계수가 1이며, 이때 1은 생략한다. • H 원자 수를 맞추기 위해 H_2O 앞에 계수 2를 쓴다. $CH_4+O_2 \rightarrow CO_2+2H_2O$ • O 원자 수를 맞추기 위해 O_2 앞에 계수 2를 쓴다. $CH_4+2O_2 \rightarrow CO_2+2H_2O$	
4단계	물질의 상태를 표시할 경우 화학식 뒤의 (　) 안에 기호를 써서 표시한다.❷	$CH_4(g)+2O_2(g) \rightarrow CO_2(g)+2H_2O(l)$	

3. 화학 반응식에서 알 수 있는 정보　〈출제〉 2025 실시 9월 학평 3번　2025 실시 6월 학평 3번　2024 실시 10월 학평 5번

(1) 화학 반응에 관여하는 반응물과 생성물의 종류를 알 수 있다.

(2) 화학 반응의 계수비로부터 화학 반응에 관여하는 반응물과 생성물의 양(mol)과 분자 수를 알 수 있다. ➡ 화학 반응의 계수비=몰비=분자 수 비

(3) 아보가드로 법칙에 따르면 온도와 압력이 일정할 때 화학 반응에 참여하는 기체의 몰비는 부피비와 같다. ➡ 화학 반응식의 계수비=부피비

화학 반응식	$N_2(g)$	$+$	$3H_2(g)$	$\longrightarrow$	$2NH_3(g)$
반응물과 생성물	질소	$+$	수소	$\longrightarrow$	암모니아
물질의 양(mol)	1		3		2
분자 수(개)	$1 \times 6.02 \times 10^{23}$		$3 \times 6.02 \times 10^{23}$		$2 \times 6.02 \times 10^{23}$
분자 수 비	1	:	3	:	2
기체의 부피(L) (0 ℃, 1기압)	1×22.4		3×22.4		2×22.4
부피비	1	:	3	:	2
질량(g)	28		6		34
질량비❸	14	:	3	:	17

└ 질량비는 계수비와 같지 않고 질량 보존 법칙이 성립한다.

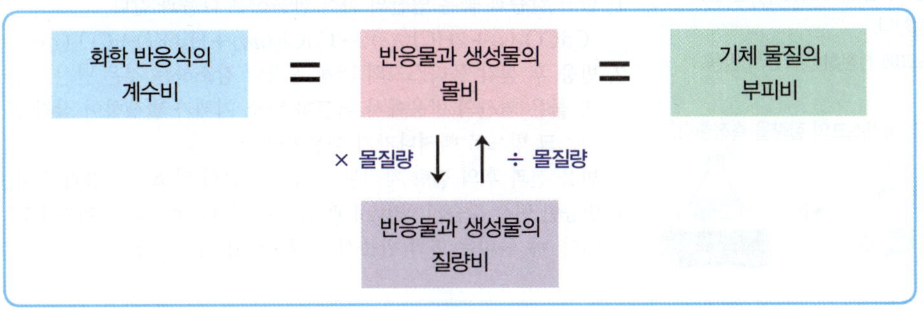

---

❶ 화학 반응

❶ 물질 사이에 상호 작용이 일어나 성질이 다른 물질을 생성하는 현상

❷ 반응물을 구성하는 원자 사이의 결합이 끊어지고 새로운 결합이 생성되는 과정

❸ 화학 반응 전후에 원자의 종류와 수는 변하지 않는다.

❷ 화학 반응식에서 물질의 상태 표시

상태	기호
고체(solid)	s
액체(liquid)	l
기체(gas)	g
수용액(aqueous solution)	aq

• 생활 속 화학 반응

❶ 철이 녹스는 반응의 화학 반응식
$4Fe(s)+3O_2(g) \longrightarrow 2Fe_2O_3(s)$

❷ 탄산수소 나트륨이 분해되는 반응의 화학 반응식
$2NaHCO_3(s)$
$\longrightarrow Na_2CO_3(s)+H_2O(l)+CO_2(g)$

❸ 생명체가 호흡할 때 일어나는 반응의 화학 반응식
$C_6H_{12}O_6(s)+6O_2(g)$
$\longrightarrow 6CO_2(g)+6H_2O(l)$

계수비=몰비=분자 수 비=부피비(기체)

❸ 화학 반응식에서 질량비

• 질량비와 계수비가 다른 까닭
질량(g)=물질의 양(mol)×몰질량(g/mol)인데 물질의 종류에 따라 몰질량이 다르기 때문에 질량비는 몰비와 다르다. 따라서 질량비는 화학 반응식의 계수비와 같지 않다.

• 질량비와 질량 보존 법칙
질량비에서 화학 반응 전후에 물질의 전체 질량은 변하지 않고 일정하게 보존된다.

1. 화학 반응에서 질량 관계[1]: 화학 반응에서 반응물과 생성물 중 하나의 질량을 알면 화학 반응식의 계수비(=몰비)를 이용하여 나머지 물질의 질량을 알 수 있다.

예 메테인(CH_4) 32 g을 완전 연소시킬 때 생성되는 물(H_2O)의 질량 구하기

1단계	화학 반응식을 완성하고 계수비를 구한다.	$CH_4(g)+2O_2(g) \longrightarrow CO_2(g)+2H_2O(l)$ ➡ 계수비 $CH_4 : O_2 : CO_2 : H_2O = 1 : 2 : 1 : 2$
2단계	CH_4의 양(mol)을 구한다.	CH_4의 양(mol)$=\dfrac{32\,g}{16\,g/mol}=2\,mol$
3단계	'계수비=몰비'를 이용하여 생성물의 양(mol)을 구한다.	CH_4과 H_2O의 계수비가 $1:2$이므로 몰비도 $1:2$이다. 따라서 CH_4 2몰이 반응하면 H_2O 4몰이 생성된다.
4단계	생성물의 양(mol)을 질량(g)으로 바꾼다.	H_2O의 질량(g)$=H_2O$의 양(mol)$\times$몰질량(g/mol) $=4\,mol \times 18\,g/mol = 72\,g$

2. 화학 반응에서 부피 관계[2]: 기체의 반응에서 반응물과 생성물 중 하나의 부피를 알면 화학 반응식의 계수비(=기체의 부피비)를 이용하여 나머지 물질의 부피를 알 수 있다.

예 0 ℃, 1기압에서 암모니아(NH_3) 11.2 L를 얻기 위해 필요한 질소(N_2)의 부피 구하기

1단계	화학 반응식을 완성하고 계수비를 구한다.	$N_2(g)+3H_2(g) \longrightarrow 2NH_3(g)$ ➡ 계수비 $N_2 : H_2 : NH_3 = 1 : 3 : 2$
2단계	'계수비=기체의 부피비'를 이용하여 생성물의 부피를 구한다.	N_2와 NH_3의 계수비가 $1:2$이므로 부피비도 $1:2$이다. 따라서 암모니아(NH_3) 11.2 L를 얻기 위해 필요한 질소(N_2)의 부피는 5.6 L이다.

3. 화학 반응에서 질량과 부피 관계: 반응물 또는 생성물의 양(mol)을 구하고 화학 반응식의 계수비(=몰비)를 이용하면 나머지 물질의 질량 또는 부피를 알 수 있다.[3]

예 0 ℃, 1기압에서 에탄올(C_2H_5OH) 23 g이 완전 연소할 때 생성되는 이산화 탄소(CO_2)의 부피 구하기

1단계	화학 반응식을 완성하고 계수비를 구한다.	$C_2H_5OH(l)+3O_2(g) \longrightarrow 2CO_2(g)+3H_2O(l)$ ➡ 계수비 $C_2H_5OH : O_2 : CO_2 : H_2O = 1 : 3 : 2 : 3$
2단계	반응물의 질량(g)을 양(mol)으로 바꾼다.	C_2H_5OH의 양(mol)$=\dfrac{23\,g}{46\,g/mol}=0.5\,mol$
3단계	'계수비=몰비'를 이용하여 생성물의 양(mol)을 구한다.	C_2H_5OH과 CO_2의 계수비가 $1:2$이므로 C_2H_5OH 0.5몰이 반응하면 CO_2 1몰이 생성된다.
4단계	생성물의 양(mol)을 부피(L)로 바꾼다.	CO_2의 부피(L)$=CO_2$의 양(mol)$\times$1몰의 부피(L/mol) $=1\,mol \times 22.4\,L/mol = 22.4\,L$

4. 화학 반응의 양적 관계의 활용: 산업 현장에서 물질을 생산하는데 필요한 반응물의 양을 계산하거나 생성물의 양을 예측할 때 쓰인다.

---

❶ 화학 반응에서 질량 관계

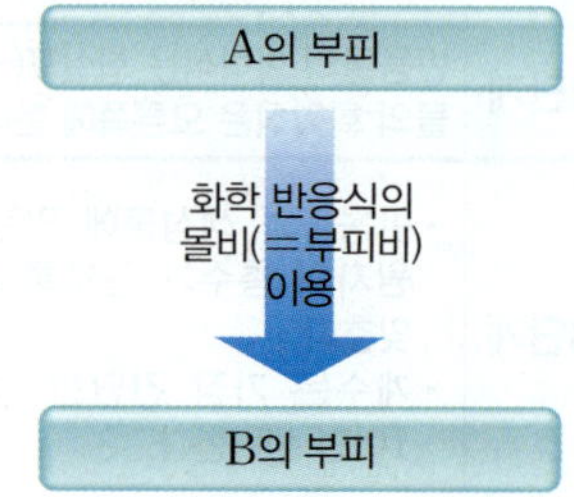

❷ 화학 반응에서 부피 관계

A의 부피

화학 반응식의 몰비(=부피비) 이용

B의 부피

❸ 화학 반응식에서의 계수비

계수비=몰비=분자 수 비이고, 기체의 경우, 같은 온도와 압력에서 계수비=기체의 부피비이지만, 고체, 액체의 경우는 계수비≠부피비이다.

탐구 분석

＊ 탄산 칼슘과 묽은 염산의 반응에서의 양적 관계

[실험 과정]

1. 전자 저울에 시약포지를 올려놓고 영점을 맞춘 뒤 탄산 칼슘($CaCO_3$) 가루의 질량을 측정한다.
2. 눈금 실린더를 이용하여 삼각 플라스크에 묽은 염산($HCl(aq)$)을 넣은 다음, 전자 저울 위에 올려놓고 질량을 측정한다.
3. 과정 1에서 측정한 탄산 칼슘을 삼각 플라스크에 천천히 넣으면서 반응시킨다.
4. 반응이 완전히 끝나면 용액이 들어 있는 삼각 플라스크의 질량을 측정한다.

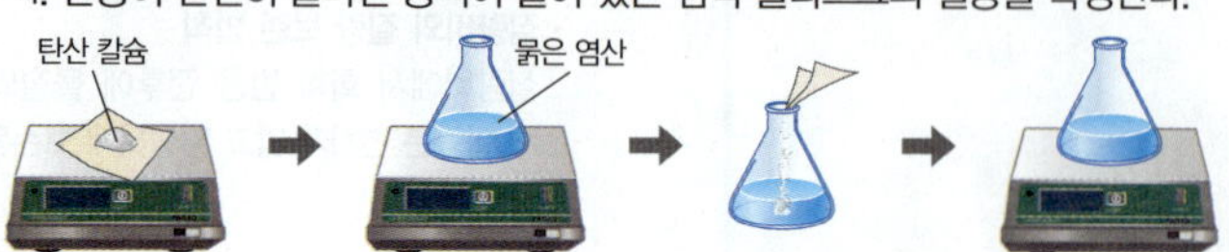

[실험 결과]

1. 탄산 칼슘과 묽은 염산이 반응하여 기체가 발생하였다.
2. 반응 후 삼각 플라스크의 전체 질량이 감소하였다.

[정리]

1. 탄산 칼슘과 묽은 염산의 화학 반응식은 다음과 같다.
   $CaCO_3(s)+2HCl(aq) \longrightarrow CaCl_2(aq)+H_2O(l)+CO_2(g)$
2. 반응 후 삼각 플라스크의 전체 질량이 감소하는 것은 탄산 칼슘과 묽은 염산의 반응에서 이산화 탄소 기체가 발생하여 삼각 플라스크 밖으로 빠져나가기 때문이다.
3. 반응 전과 후의 질량 차이는 생성된 이산화 탄소의 질량과 같다.
4. 반응한 탄산 칼슘의 양(mol)과 생성된 이산화 탄소의 몰비는 $1:1$이다. ➡ 몰비는 화학 반응식의 계수비와 일치한다.

1 화학 반응식

01 다음 화학 반응식을 완성하시오.

(1) 기체 H_2와 기체 O_2가 반응하여 액체 H_2O을 생성하는 반응

(1   )

(2) 기체 C_2H_6와 기체 O_2가 반응하여 기체 CO_2와 액체 H_2O을 생성하는 반응

(2   )

02 다음은 화학 반응식에서의 양적 관계를 나타낸 것이다. 빈칸에 알맞은 수를 쓰시오. (단, 몰질량(g/mol)은 $H=1$, $N=14$이다.)

화학 반응식	$N_2(g)$	+	$3H_2(g)$	$\longrightarrow$	$2NH_3(g)$
물질의 양(mol)	1	:	(3)	:	(4)
분자 수(개)	6.02×10^{23}		(5)$\times$ 6.02×10^{23}		(6)$\times$ 6.02×10^{23}
분자 수 비	1	:	(7)	:	(8)
기체의 부피(L) (0 ℃, 1기압)	(9) $\times22.4$	:	3×22.4	:	(10) $\times22.4$
질량(g)	28		(11)		(12)
질량비	(13)	:	3	:	(14)

03 다음은 수소와 산소가 반응하여 물을 생성하는 화학 반응식을 나타낸 것이다.

$$2H_2(g) + O_2(g) \longrightarrow 2H_2O(l)$$

$H_2:O_2:H_2O=2:1:2$의 값을 갖는 것을 〈보기〉에서 모두 고르시오.

---[보기]---

(가) 분자의 양(mol)의 비
(나) 분자 수 비
(다) 0 ℃, 1기압에서 분자의 부피비
(라) 분자의 몰질량

(15   )

04 다음은 메테인(CH_4)의 연소 반응의 화학 반응식이다.

$$CH_4(g) + xO_2(g) \longrightarrow yCO_2(g) + zH_2O(l)$$
$$(x\sim z는 반응 계수)$$

$(x+y+z)$의 값을 쓰시오. (16   )

2 화학 반응에서 물질의 양적 관계

05 다음은 C_3H_8 33 g을 완전 연소시킬 때 생성되는 H_2O의 질량을 구하는 과정이다. 표의 빈칸을 채우시오. (단, 몰질량(g/mol)은 $H=1$, $C=12$, $O=16$이다.)

1단계	$C_3H_8(g)+5O_2(g) \longrightarrow 3CO_2(g)+4H_2O(l)$
2단계	C_3H_8의 양(mol)=(17)
3단계	C_3H_8과 H_2O의 계수비가 (18)이므로 몰비가 (19)이다. 따라서 C_3H_8 (20)몰이 반응하면 H_2O (21)몰이 생성된다.
4단계	H_2O의 질량(g) =H_2O의 양(mol)×몰질량(g/mol) =(22) mol×(23) g/mol =(24) g

06 다음 화학 반응식을 완성하고 값을 구하시오. (단, 반응식의 계수 중 1도 나타내며, 몰질량(g/mol)은 $H=1$, $C=12$, $N=14$, $O=16$이다.)

(1)
$$(25 \quad)N_2(g)+(26 \quad)H_2(g)$$
$$\longrightarrow (27 \quad)NH_3(g)$$

N_2 14 g이 모두 반응했을 때 생성되는 NH_3의 질량(g)

(28   )

(2)
$$(29 \quad)CH_4(g)+(30 \quad)O_2(g)$$
$$\longrightarrow (31 \quad)CO_2(g)+(32 \quad)H_2O(l)$$

H_2O 9 g을 얻기 위해 완전 연소시켜야 하는 CH_4의 질량(g)

(33   )

07 마그네슘(Mg) 12 g이 충분한 양의 산소(O_2)와 모두 반응할 때 생성되는 산화 마그네슘(MgO)의 질량(g)을 구하시오. (단, 몰질량(g/mol)은 $O=16$, $Mg=24$이다.)

(34   )

08 포도당($C_6H_{12}O_6$)과 산소(O_2)가 반응하여 이산화 탄소(CO_2)와 물(H_2O)이 생성되는 반응에서 포도당 9 g이 반응했을 때 생성되는 CO_2의 질량과 H_2O의 양(mol)을 각각 구하시오. (단, 몰질량(g/mol)은 $H=1$, $C=12$, $O=16$이다.)

(35   )

1 화학 반응식

유형 01 화학 반응식 완성하기

(단서) 화학 반응의 반응물과 생성물이 제시되어 있다.

(발상) 반응물과 생성물에 있는 원자의 종류와 원자의 총수가 같도록 계수를 추론할 수 있다.

C01 ✽✻✻ .... 2024 실시 6월 학평 3 / 화학 I (고2)

다음은 하이드라진(N_2H_4) 연소 반응의 화학 반응식이다.

$$N_2H_4 + aO_2 \longrightarrow bNO_2 + 2H_2O$$
$$(a, b는 반응 계수)$$

$a+b$는?

① 2　　② 3　　③ 4　　④ 5　　⑤ 6

C02 ✽✻✻ .... 2023 실시 11월 학평 3 / 화학 I (고2)

다음은 철(Fe)의 부식과 관련된 반응의 화학 반응식이다.

$$aFe + bO_2 + 6H_2O \longrightarrow cFe(OH)_3$$
$$(a{\sim}c는 반응 계수)$$

$a+b+c$는?

① 10　　② 11　　③ 12　　④ 13　　⑤ 14

C03 ✽✻✻ .... 2023 실시 6월 학평 4 / 화학 I (고2)

다음은 아세톤(C_3H_6O) 연소 반응의 화학 반응식이다.

$$C_3H_6O + aO_2 \longrightarrow 3CO_2 + bH_2O$$
$$(a, b는, 반응 계수)$$

$\dfrac{a}{b}$는?

① $\dfrac{1}{2}$　　② $\dfrac{2}{3}$　　③ 1　　④ $\dfrac{4}{3}$　　⑤ 2

C04 ✽✻✻ .... 2025 실시 9월 학평 3 / 화학 I (고2)

다음은 이산화 질소(NO_2)와 관련된 반응의 화학 반응식이다.

$$aNO_2+bNH_3 \longrightarrow cN_2+12H_2O \ (a{\sim}c는 반응 계수)$$

$a+b+c$는?

① 18　　② 21　　③ 24　　④ 27　　⑤ 30

C05 ✽✻✻ .... 2025 실시 6월 학평 3 / 화학 I (고2)

다음은 이황화 탄소(CS_2) 연소 반응의 화학 반응식이다.

$$CS_2 + aO_2 \longrightarrow CO_2 + bSO_2 \ (a, b는 반응 계수)$$

$a+b$는?

① 2　　② 3　　③ 4　　④ 5　　⑤ 6

단서 화학 반응식에서 일부 정보가 미지수로 제시되어 있다.

발상 화학 반응식을 통해 반응물과 생성물의 종류, 계수, 물질의 양 (mol) 등의 관계를 추론할 수 있다.

C06 ✽✽✽✽　2024 실시 10월 학평 5 / 화학 I (고2) 변형

다음은 황(S)과 관련된 2가지 반응 (가)와 (나)의 화학 반응식이다.

> (가) $2SO_3 \longrightarrow 2\boxed{\ \text{㉠}\ } + O_2$
>
> (나) $\boxed{\ \text{㉠}\ } + aH_2S \longrightarrow 2H_2O + bS$ (a, b는 반응 계수)

이에 대한 설명으로 옳은 것만을 〈보기〉에서 있는 대로 고른 것은? (단, H, S의 몰질량(g/mol)은 각각 1, 32이다.) (3점)

[보기]
ㄱ. ㉠은 SO_2이다.
ㄴ. $b=3$이다.
ㄷ. (나)에서 H_2S 17 g이 모두 반응했을 때, 생성된 S의 양은 $\frac{3}{2}$ mol이다.

① ㄱ　　② ㄷ　　③ ㄱ, ㄴ　　④ ㄴ, ㄷ　　⑤ ㄱ, ㄴ, ㄷ

C07 ✽✽✽✽　2024 실시 9월 학평 15 / 화학 I (고2)

다음은 질산 암모늄(NH_4NO_3)과 관련된 2가지 반응의 화학 반응식이다.

> (가) $NH_4NO_3(s) \longrightarrow \boxed{\ \text{㉠}\ }(g) + 2H_2O(g)$
>
> (나) $aNH_4NO_3(s) \longrightarrow aN_2(g) + O_2(g) + bH_2O(g)$
> (a, b는 반응 계수)

이에 대한 설명으로 옳은 것만을 〈보기〉에서 있는 대로 고른 것은? (3점)

[보기]
ㄱ. ㉠은 N_2O이다.
ㄴ. $\dfrac{b}{a}=2$이다.
ㄷ. (가)와 (나)에서 각각 NH_4NO_3 1 g이 모두 반응했을 때, $\dfrac{\text{(가)에서 생성되는 전체 기체의 양(mol)}}{\text{(나)에서 생성되는 전체 기체의 양(mol)}}=\dfrac{6}{7}$이다.

① ㄱ　　② ㄷ　　③ ㄱ, ㄴ　　④ ㄴ, ㄷ　　⑤ ㄱ, ㄴ, ㄷ

C08 ✽✽✽✽　2024 실시 6월 학평 16 / 화학 I (고2)

다음은 A(g)와 B(g)가 반응하여 C(g)를 생성하는 반응의 화학 반응식이다.

$$2A(g) + bB(g) \longrightarrow 2C(g)\ (b\text{는 반응 계수})$$

그림은 강철 용기에 A(g)와 B(g)를 넣고 반응을 완결시켰을 때, 반응 전과 후 용기에 들어 있는 모든 기체를 모형으로 나타낸 것이다. ■, ☆, △은 A(g)~C(g)를 순서 없이 나타낸 것이고, ㉠과 ㉡은 반응 전과 반응 후를 순서 없이 나타낸 것이다.

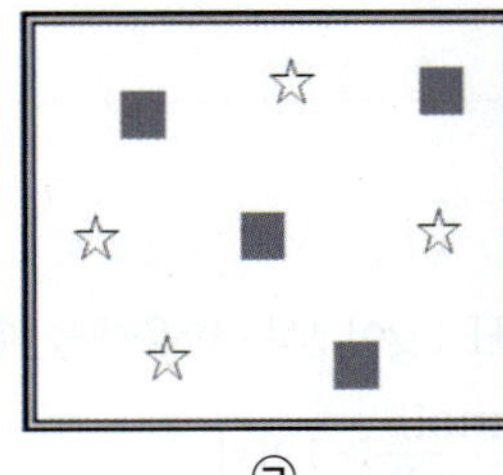
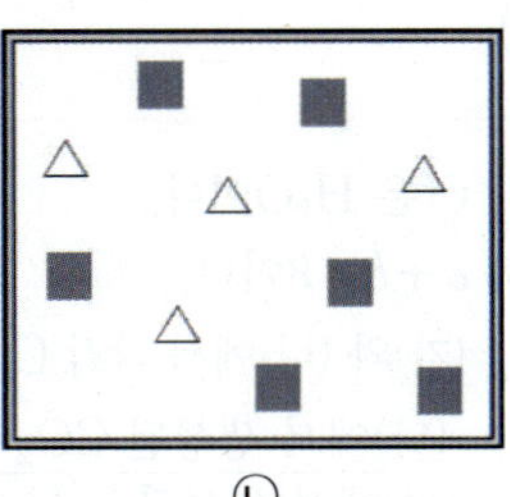

㉠　　　　㉡

이에 대한 설명으로 옳은 것만을 〈보기〉에서 있는 대로 고른 것은? (단, 온도는 일정하다.) (3점)

[보기]
ㄱ. ㉠은 반응 전이다.
ㄴ. ■은 B(g)이다.
ㄷ. $b=1$이다.

① ㄱ　　② ㄴ　　③ ㄷ　　④ ㄱ, ㄴ　　⑤ ㄴ, ㄷ

2　화학 반응에서 물질의 양적 관계

C09 ✽✽✽✽　2025 실시 6월 학평 14 / 화학 I (고2) 변형

다음은 마그네슘(Mg)과 염산(HCl(aq))의 반응에 대한 실험이다.

> 〈화학 반응식〉
> $$Mg(s) + 2HCl(aq) \longrightarrow MgCl_2(aq) + H_2(g)$$
>
> 〈실험 과정 및 결과〉
> ○ t ℃, 1기압에서 Mg(s) 0.1 g을 충분한 양의 HCl(aq)에 넣어 반응을 완결시켰을 때, 발생한 $H_2(g)$의 부피는 100 mL이다.

이 실험으로부터 Mg의 몰질량(g/mol)을 구하기 위해 반드시 이용해야 할 자료만을 〈보기〉에서 있는 대로 고른 것은? (단, 온도와 압력은 일정하다.)

[보기]
ㄱ. t ℃, 1기압에서 기체 1 mol의 부피
ㄴ. 아보가드로수
ㄷ. HCl의 몰질량

① ㄱ　　② ㄴ　　③ ㄱ, ㄷ　　④ ㄴ, ㄷ　　⑤ ㄱ, ㄴ, ㄷ

C10 ✿✿✿

다음은 프로판올(C_3H_7OH)과 관련된 반응 (가)와 (나)의 화학 반응식이다.

> (가) $C_3H_7OH \longrightarrow C_3H_6 + \boxed{\ \bigcirc\ }$
> (나) $aC_3H_7OH + 9O_2 \longrightarrow bCO_2 + 8\boxed{\ \bigcirc\ }$
> (a, b는 반응 계수)

이에 대한 설명으로 옳은 것만을 〈보기〉에서 있는 대로 고른 것은? (3점)

[보기]
ㄱ. $\bigcirc$은 H_2O이다.
ㄴ. $a+b=8$이다.
ㄷ. (가)와 (나)에서 각각 C_3H_7OH 1 g이 모두 반응했을 때, $\dfrac{\text{(나)에서 생성된 } CO_2\text{의 양(mol)}}{\text{(가)에서 생성된 } C_3H_6\text{의 양(mol)}} > 1$이다.

① ㄱ ② ㄷ ③ ㄱ, ㄴ ④ ㄴ, ㄷ ⑤ ㄱ, ㄴ, ㄷ

C11 ⭐ 고난도

다음은 $A(g)$와 $B(g)$가 반응하여 $C(g)$와 $D(g)$를 생성하는 반응의 화학 반응식이다.

$$A(g) + bB(g) \longrightarrow 2C(g) + 2D(g) \ (b\text{는 반응 계수})$$

표는 실린더에 $A(g)$와 $B(g)$를 넣고 반응을 완결시킨 실험 Ⅰ~Ⅲ에 대한 자료이다.

실험	반응 전		반응 후	
	A의 질량(g)	B의 질량(g)	A 또는 B의 질량(g)	$\dfrac{D\text{의 양(mol)}}{\text{전체 기체의 양(mol)}}$ (상댓값)
Ⅰ	$5w$	$5w$	$\dfrac{10}{3}w$	x
Ⅱ	$4w$	$6w$	$2w$	18
Ⅲ	$2w$	$7w$		20

$\dfrac{b}{x} \times \dfrac{C\text{의 몰질량} + D\text{의 몰질량}}{B\text{의 몰질량}}$은? (단, 실린더 속 기체의 온도와 압력은 일정하다.) (3점)

① $\dfrac{1}{5}$ ② $\dfrac{2}{5}$ ③ $\dfrac{3}{5}$ ④ $\dfrac{4}{5}$ ⑤ 1

C12 ⭐ 고난도

다음은 $A(g)$와 $B(g)$가 반응하여 $C(g)$를 생성하는 반응의 화학 반응식이다.

$$A(g) + bB(g) \longrightarrow 2C(g) \ (b\text{는 반응 계수})$$

표는 실린더에 $A(g)$와 $B(g)$의 질량을 달리하여 넣고 반응을 완결시킨 실험 Ⅰ, Ⅱ에 대한 자료이다. $\dfrac{C\text{의 몰질량}}{B\text{의 몰질량}} = \dfrac{11}{7}$이다.

실험	반응 전			반응 후	
	A의 질량(g)	B의 질량(g)	전체 기체의 부피(L)	남은 반응물의 종류와 질량	전체 기체의 부피(L)
Ⅰ		14		$B(g)$, 7 g	$4V$
Ⅱ	24	21	$12V$		xV

이에 대한 설명으로 옳은 것만을 〈보기〉에서 있는 대로 고른 것은? (단, 실린더 속 기체의 온도와 압력은 일정하다.) (3점)

[보기]
ㄱ. $b=3$이다.
ㄴ. Ⅱ에서 남은 반응물의 질량은 8 g이다.
ㄷ. $x=9$이다.

① ㄱ ② ㄴ ③ ㄷ ④ ㄱ, ㄷ ⑤ ㄴ, ㄷ

C13 ⭐ 고난도

다음은 $A(g)$와 $B(g)$가 반응하여 $C(g)$를 생성하는 반응의 화학 반응식이다.

$$2A(g) + B(g) \longrightarrow 2C(g)$$

표는 실린더에 $A(g)$와 $B(g)$를 넣고 반응을 완결시킨 실험 Ⅰ, Ⅱ에 대한 자료이다. $\dfrac{B\text{의 몰질량}}{A\text{의 몰질량}} = \dfrac{16}{15}$이다.

실험	반응 전		반응 후		
	A의 질량(g)	B의 질량(g)	B의 질량(g)	C의 질량(g)	전체 기체의 질량(g)
Ⅰ	x	x	7	y	
Ⅱ	x	z			y

$\dfrac{\text{Ⅱ에서 반응 후 전체 기체의 부피(L)}}{\text{Ⅰ에서 반응 후 전체 기체의 부피(L)}} \times \dfrac{y}{z}$는? (단, 실린더 속 기체의 온도와 압력은 일정하다.) (3점)

① $\dfrac{5}{2}$ ② 2 ③ $\dfrac{3}{2}$ ④ 1 ⑤ $\dfrac{1}{2}$

C14 ★★❀

다음은 마그네슘(Mg)을 이용한 실험이다.

〈자료〉
○ 화학 반응식 : $2Mg(s) + O_2(g) \longrightarrow 2X(s)$
○ O, Mg의 몰질량(g/mol)은 각각 16, 24이다.

〈실험 과정〉
(가) $Mg(s)$ 6 g이 들어 있는 반응 용기에 충분한 양의 $O_2(g)$를 넣어 반응을 완결시킨다.
(나) 생성된 $X(s)$의 질량을 측정하고, $X(s)$의 양(mol)을 계산한다.
(다) 반응한 $O_2(g)$의 양(mol)을 계산한다.

〈실험 결과〉
○ $X(s)$의 질량: 10 g
○ $X(s)$의 양: a mol
○ 반응한 $O_2(g)$의 양: b mol

이에 대한 설명으로 옳은 것만을 〈보기〉에서 있는 대로 고른 것은? (단, 0 ℃, 1기압에서 기체 1 mol의 부피는 22.4 L이다.)

[보기]
ㄱ. X는 MgO이다.
ㄴ. $a=0.5$이다.
ㄷ. 0 ℃, 1기압에서 $O_2(g)$ b mol의 부피는 2.8 L이다.

① ㄱ　　② ㄴ　　③ ㄱ, ㄷ　　④ ㄴ, ㄷ　　⑤ ㄱ, ㄴ, ㄷ

C15 ★★❀

그림은 강철 용기에 에텐(C_2H_4)과 산소(O_2)를 넣고 반응을 완결시켰을 때, 반응 전과 후 용기에 들어 있는 모든 물질의 질량을 나타낸 것이다.

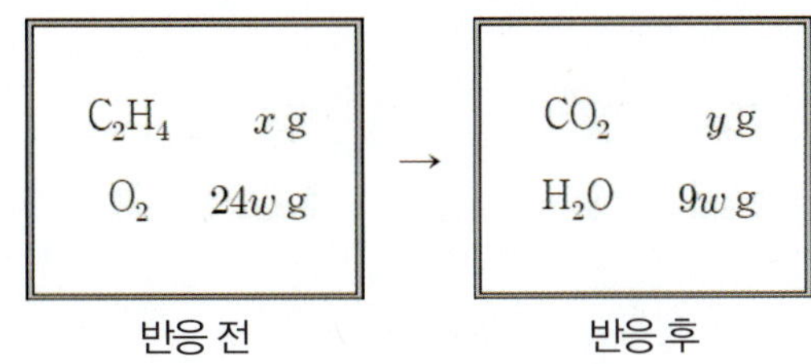

$x+y$는? (단, H, C, O의 몰질량(g/mol)은 각각 1, 12, 16이다.)

① 29w　② 30w　③ 31w　④ 32w　⑤ 33w

C16 ★★❀

다음은 A(g)와 B(g)가 반응하여 C(g)와 D(g)를 생성하는 반응의 화학 반응식이다.

$$A(g) + bB(g) \longrightarrow cC(g) + 2D(g)$$
$$(b, c는 반응 계수)$$

표는 A(g) x g이 들어 있는 실린더에 B(g)의 질량을 달리하여 넣고 반응을 완결시킨 실험 I ~ Ⅲ에 대한 자료이다.

실험	I	Ⅱ	Ⅲ
넣어 준 B의 질량(g)	w	$2w$	$3w$
반응 후 남은 반응물의 질량(g)	$\frac{5}{16}w$	0	w
반응 후 $\dfrac{\text{C의 양(mol)}}{\text{전체 기체의 양(mol)}}$	$\frac{1}{2}$	$\frac{3}{5}$	$\frac{3}{7}$

$\dfrac{c}{b} \times \dfrac{\text{B의 몰질량}}{\text{A의 몰질량}}$ 은? (단, 실린더 속 기체의 온도와 압력은 일정하다.) (3점)

① $\dfrac{1}{5}$　　② $\dfrac{3}{10}$　　③ $\dfrac{1}{2}$　　④ $\dfrac{3}{5}$　　⑤ 1

C17 ★★❀

그림 (가)는 실린더에 A(g) w g이 들어 있는 것을, (나)는 (가)의 실린더에 B(g) 4w g이 첨가된 것을, (다)는 (나)의 실린더에 A(g) x g과 B(g) 2w g이 추가된 것을 나타낸 것이다. (가)~(다)에서 실린더 속 기체의 부피는 각각 V L, $3V$ L, $7V$ L이다.

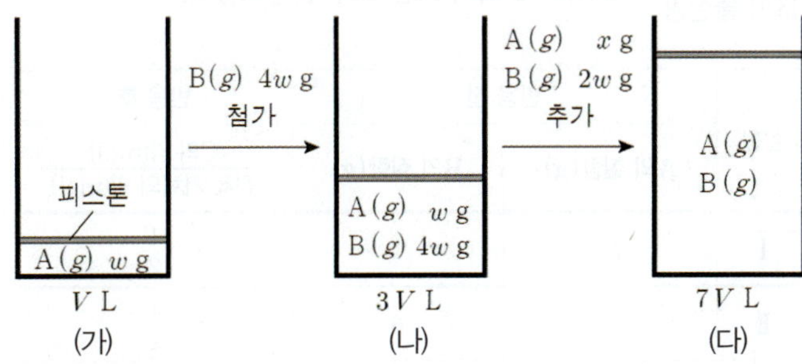

$\dfrac{\text{B의 몰질량}}{\text{A의 몰질량}} \times x$는? (단, 실린더 속 기체의 온도와 압력은 일정하고, 모든 기체는 반응하지 않는다.)

① 4w　② 6w　③ 8w　④ 10w　⑤ 12w

C18 ☆ 고난도

다음은 A(g)와 B(g)가 반응하여 C(g)가 생성되는 반응의 화학 반응식이다.

$$A(g) + 2B(g) \longrightarrow cC(g) \ (c는\ 반응\ 계수)$$

그림 (가)는 실린더에 A(g)와 B(g)가 각각 $13w$ g, w g이 들어 있는 것을, (나)는 (가)의 실린더에서 반응을 완결시킨 것을, (다)는 (나)의 실린더에 B(g) x g을 추가하여 반응을 완결시킨 것을 나타낸 것이다.

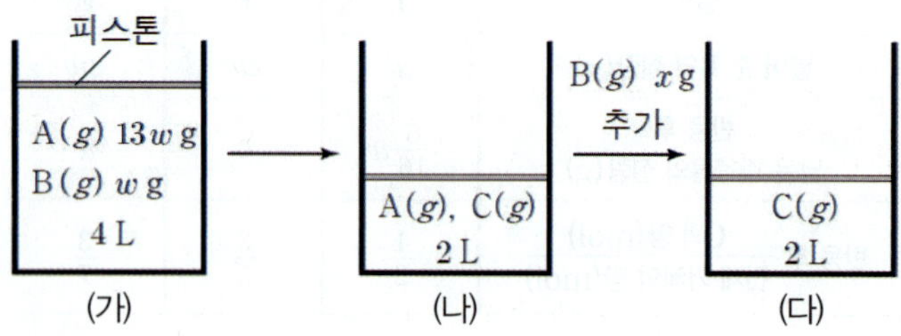

$c \times x$는? (단, 실린더 속 기체의 온도와 압력은 일정하다.) (3점)

① $\dfrac{1}{2}w$ ② w ③ $\dfrac{3}{2}w$ ④ $2w$ ⑤ $4w$

C19 ☆ 고난도

다음은 A(g)와 B(g)가 반응하여 C(g)가 생성되는 반응의 화학 반응식이다.

$$aA(g) + B(g) \longrightarrow 2C(g) \ (a는\ 반응\ 계수)$$

표는 A(g) w g이 들어 있는 강철 용기에 B(g)의 질량을 달리하여 넣고 반응을 완결시킨 실험 I과 II에 대한 자료이다. $\dfrac{A의\ 몰질량}{B의\ 몰질량}=2$이고, II에서 A는 모두 반응하였다.

실험	반응 전		반응 후
	A의 질량(g)	B의 질량(g)	$\dfrac{C의\ 양(mol)}{전체\ 기체의\ 양(mol)}$
I	w	1	$\dfrac{1}{2}$
II	w	6	$\dfrac{1}{2}$

$a+w$는? (3점)

① 5 ② 7 ③ 8 ④ 10 ⑤ 13

C20 ☆ 고난도

다음은 A(g)와 B(g)에 대한 실험이다.

〈자료〉
○ 화학 반응식: A(g) + 2B(g) $\longrightarrow$ 2C(g)
○ 몰질량비는 A : B＝1 : 2이다.

〈실험 과정〉
(가) 실린더 I과 II에 A(g)와 B(g)를 그림과 같이 넣는다.

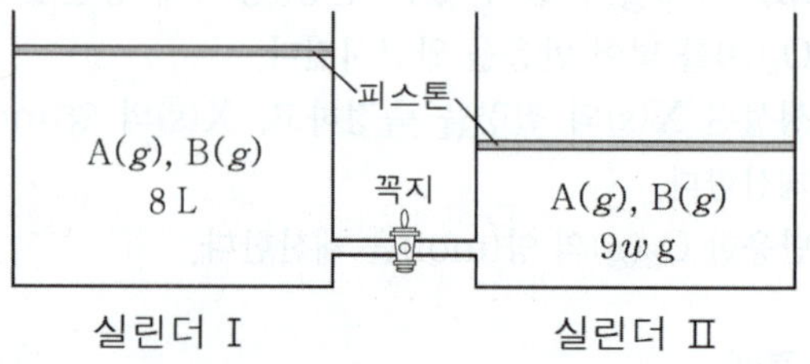

(나) I과 II에서 각각 반응을 완결시킨다.
(다) 꼭지를 열고 반응을 완결시킨다.

〈실험 결과〉
○ (나) 과정 후 I, II에 대한 자료

실린더	남은 반응물	C의 질량(g)	전체 기체의 부피(L)
I	A	$10w$	6
II	B	$5w$	x

○ (다) 과정 후 전체 기체의 부피는 y L이다.

$x+y$는? (단, 실린더 속 기체의 온도와 압력은 일정하고, 피스톤의 질량과 마찰, 연결관의 부피는 무시한다.) (3점)

① 9 ② 10 ③ 12 ④ 13 ⑤ 15

C21 ❋❋❋

다음은 메테인(CH_4)의 연소 반응을 화학 반응식으로 나타낸 것이다.

$$CH_4(g) + xO_2(g) \longrightarrow yCO_2(g) + zH_2O(g)$$
$$(x, y, z\text{는 반응 계수})$$

(1) $x+y+z$를 구하시오. 단답형

____

(2) CH_4 2 mol을 연소시킬 때 생성되는 $CO_2(g)$의 질량을 구하고 그 과정을 서술하시오. (단, C, O의 몰질량(g/mol)은 각각 12, 16이다.) 서술형

____

____

C22 ❋❋❋

다음은 프로페인(C_3H_8)의 연소 반응식이다.

$$C_3H_8(g) + 5O_2(g) \longrightarrow 3CO_2(g) + 4H_2O(g)$$

그림과 같이 실린더에 $C_3H_8(g)$과 $O_2(g)$를 넣고 반응을 완결시켰더니 피스톤의 높이가 변하였다. (단, 온도와 압력은 일정하며, 생성물은 모두 기체이다.)

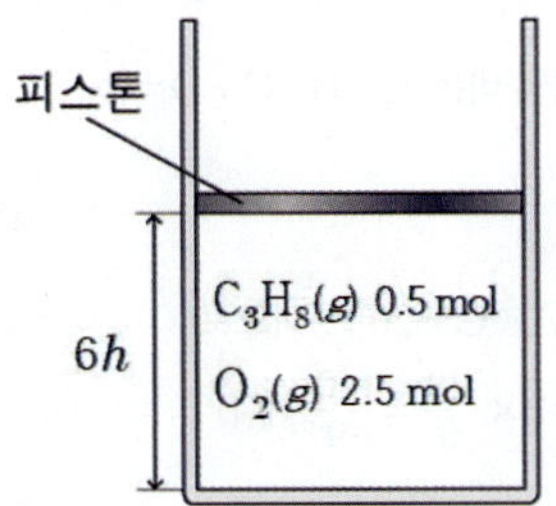

(1) 반응이 완결된 후 실린더 내 전체 기체의 양(mol)을 구하시오.
단답형

____

(2) 피스톤의 높이는 반응 전 $6h$에서 반응 후 얼마로 되었는지 기체의 양(mol)에 따른 부피와 관련지어 서술하시오. 서술형

____

____

C23 ❋❋❋

표는 $A_2(g)$와 $B_2(g)$가 반응하여 $A_2B(g)$를 생성하는 반응에 대한 자료이다. (단, A, B는 임의의 원소 기호이다.)

실험	반응 전 물질의 양(mol)		반응 후 남은 반응물의 양(mol)
	$A_2(g)$	$B_2(g)$	
I	$3a$	$9b$	0
II	a	$6b$	x

(1) x를 구하시오. 단답형

____

(2) $a : b$를 구하고 과정을 서술하시오. 서술형

____

____

C24 ❋❋❋

다음은 $A(g)$와 $B(g)$가 반응하여 $C(g)$가 생성되는 반응의 화학 반응식이다.

$$aA(g) + B(g) \longrightarrow cC(g)\ (a, c\text{는 반응 계수})$$

그림은 일정량의 $A(g)$가 들어 있는 실린더에 $B(g)$를 넣고 반응시켰을 때, 넣어준 $B(g)$의 질량에 따른 전체 기체의 부피를 나타낸 것이다. (단, 온도와 압력은 일정하다.)

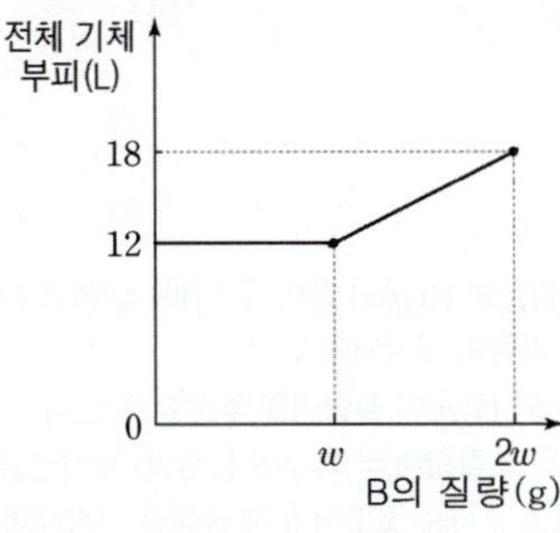

(1) a를 구하고 그 과정을 서술하시오. 서술형

____

____

(2) c를 구하고 그 과정을 서술하시오. 서술형

____

____

- 이 유형은 반응물과 생성물의 질량－질량 관계를 이용해 반응식의 계수비를 구하고 물질의 양(mol)과 전체 기체의 부피 비를 통해 몰질량 비를 구하는 형태로 주로 출제된다.

다음은 $A(g)$와 $B(g)$가 반응하여 $C(g)$와 $D(g)$를 생성하는 반응의 화학 반응식이다. 2024 실시 10월 학평 19 / 화학 I (고2) 변형

$$A(g) + 4B(g) \longrightarrow cC(g) + 3D(g) \quad (c\text{는 반응 계수})$$

그림은 $A(g)$ $10w$ g이 들어 있는 실린더에 $B(g)$를 넣어 반응을 완결시켰을 때, 넣어 준 $B(g)$의 질량에 따른 생성된 $D(g)$의 질량을 나타낸 것이다. 반응 후 실린더 속 $\dfrac{\text{전체 기체의 부피(L)}}{A(g)\text{의 양(mol)}}$의 비는 (가) : (나)$=4 : 9$이다.

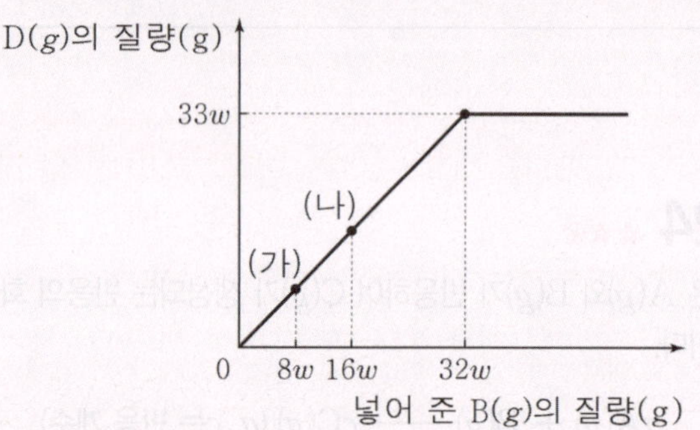

$c \times \dfrac{A\text{의 몰질량}}{C\text{의 몰질량}}$은? (단, 실린더 속 기체의 온도와 압력은 일정하다.) (3점)

① $\dfrac{10}{9}$ ② $\dfrac{40}{9}$ ③ $\dfrac{16}{3}$ ④ $\dfrac{20}{3}$ ⑤ 10

 단서＋발상

단서 그래프에서 반응물인 $B(g)$의 양이 증가해도 생성물 $D(g)$의 양이 더 이상 증가하지 않는 지점이 제시되어 있다.

발상 반응하는 $A(g)$와 $B(g)$의 질량비를 추론할 수 있다.

적용 반응물과 생성물의 질량비＝(계수×몰질량)의 비임을 적용해서 A, B, D의 몰질량 비를 구하는 것부터 문제 풀이를 시작해야 한다.

| 문제＋자료 분석 |

step 1 $A(g)$ $10w$ g과 반응하는 $B(g)$의 질량과 생성되는 $D(g)$의 질량으로부터 A, B, D의 몰질량 비를 구한다.

- $B(g)$를 $32w$ g 넣었을 때 $D(g)$가 $33w$ g 생성되고 이후로는 $B(g)$를 더 넣어도 $D(g)$의 생성량이 더 증가하지 않는다.
  ➡ $A(g)$ $10w$ g이 모두 반응하는 데 필요한 $B(g)$는 $32w$ g이다.
- 화학 반응 전과 후에 질량은 보존되고 질량비＝(계수×몰질량)의 비이므로 반응물과 생성물의 질량, 몰질량의 비는 아래와 같다. **꿀팁**

화학 반응식	$A(g)$	$+$	$4B(g)$	$\longrightarrow$	$cC(g)$	$+$	$3D(g)$
질량비	$10w$	:	$32w$		$9w$	:	$33w$
몰질량 비	10	:	8	:	1	:	11

step 2 $\dfrac{\text{전체 기체의 부피(L)}}{A(g)\text{의 양(mol)}}$의 비가 (가) : (나)$=4 : 9$임을 이용하여 c를 구한다.

- (가)에서 양적 관계는 아래와 같다.

화학 반응식	$A(g)$	$+$	$4B(g)$	$\longrightarrow$	$cC(g)$	$+$	$3D(g)$
반응 전 양(mol)	1 $(=10w\text{ g})$		2 $(=8w\text{ g})$		0		0
반응한 양(mol)	$-\dfrac{1}{4}$		-1		$+\dfrac{c}{4}$		$+\dfrac{3}{4}$
반응 후 양(mol)	$\dfrac{3}{4}$		0		$+\dfrac{c}{4}$		$+\dfrac{3}{4}$

- (나)에서 양적 관계는 아래와 같다.

화학 반응식	$A(g)$	$+$	$4B(g)$	$\longrightarrow$	$cC(g)$	$+$	$3D(g)$
반응 전 양(mol)	1 $(=10w\text{ g})$		3 $(=16w\text{ g})$		0		0
반응한 양(mol)	$-\dfrac{1}{2}$		-2		$+\dfrac{c}{2}$		$+\dfrac{3}{2}$
반응 후 양(mol)	$\dfrac{1}{2}$		0		$+\dfrac{c}{2}$		$+\dfrac{3}{2}$

- 온도와 압력이 일정하여 전체 기체의 부피는 전체 기체의 양(mol)에 비례하므로 (가), (나)에서 $\dfrac{\text{전체 기체의 부피(L)}}{A(g)\text{의 양(mol)}}$의 비는 다음과 같다.

$$(가) : (나) = \frac{\frac{3}{4}+\frac{c}{4}+\frac{3}{4}}{\frac{3}{4}} : \frac{\frac{1}{2}+\frac{c}{2}+\frac{3}{2}}{\frac{1}{2}} = 4 : 9$$

따라서 $c = 4$ 이다.

step 3 $c=2$를 대입하여 몰질량의 비 $A : B : C : D$를 구한다.

- **step 1** 에서 몰질량의 비는 $A : B : C : D = 10 : 8 : \dfrac{9}{c} : 11$이다.

$c=2$이므로 몰질량의 비는 $A : B : C : D = 5$ 이다.

| 선택지 분석 |

② $c=1$, 몰질량의 비 $A : C = 20 : 9$이므로
$$c \times \frac{A\text{의 몰질량}}{C\text{의 몰질량}} = 2 \times \frac{20}{9} = \frac{40}{9}\text{이다.}$$

∴ 정답은 ② $\dfrac{40}{9}$이다.

☑ -

이 유형을 대비하기 위해서는 제시된 자료를 통해 반응 계수를 구하고 이를 이용해 부피비 또는 몰질량 비를 찾아낼 수 있어야 한다. 또한 화학 반응식의 계수비로부터 물질의 양(mol), 분자 수, 질량, 부피 등의 양적 관계를 파악할 수 있어야 한다.

[정답] 1 $\dfrac{9}{c}$ 2 1   3 2   4 2   5 20:16:9:22

C25 ⭐1등급 대비   2023 실시 9월 학평 20 / 화학Ⅰ (고2)

다음은 $A(g)$와 $B(g)$가 반응하여 $C(g)$를 생성하는 반응의 화학 반응식이다.

$$A(g) + bB(g) \longrightarrow cC(g) \ (b, c\text{는 반응 계수})$$

표는 일정한 양의 $A(g)$가 들어 있는 실린더에 $B(g)$의 질량을 달리하여 넣고 반응을 완결시킨 실험 Ⅰ~Ⅳ에 대한 자료이다. Ⅱ와 Ⅳ에서 생성된 $C(g)$의 양은 같다.

실험	Ⅰ	Ⅱ	Ⅲ	Ⅳ
넣어 준 $B(g)$의 질량(g)	0	w	$\frac{3}{2}w$	$2w$
반응 후 전체 기체의 부피(L)	V	$2V$	xV	$3V$

$\dfrac{c}{b} \times x$? (단, 실린더 속 기체의 온도와 압력은 일정하다.) (3점)

① $\dfrac{3}{2}$ ② $\dfrac{5}{3}$ ③ 2   ④ 3   ⑤ 5

C26 ⭐1등급 대비   2022 실시 9월 학평 20 / 화학Ⅰ (고2) 변형

다음은 $A(g)$와 $B(g)$가 반응하여 $C(g)$와 $D(g)$를 생성하는 화학 반응식이다.

$$A(g) + bB(g) \longrightarrow 3C(g) + dD(g) \ (b, d\text{는 반응 계수})$$

표는 $A(g)$와 $B(g)$를 실린더에 넣고 반응시킨 실험 Ⅰ, Ⅱ에 대한 자료이다. 실린더 (가), (나), (다)의 부피는 각각 $8V$ L, $9V$ L, $17V$ L이다.

실험 Ⅰ		실험 Ⅱ	
반응 전	반응 후	반응 전	반응 후
피스톤 $A(g) \ 3x\,g$ $B(g) \ y\,g$	$A(g)$ $C(g) \quad D(g)$	$A(g) \ 2x\,g$ $B(g) \ 3y\,g$	$B(g) \quad y\,g$ $C(g) \quad 6x\,g$ $D(g)$
(가)	(나)	(다)	(라)

이에 대한 설명으로 옳은 것만을 〈보기〉에서 있는 대로 고른 것은? (단, 실린더 속 기체의 온도와 압력은 일정하다.) (3점)

—— [보기] ——
ㄱ. 몰질량(g/mol)은 A와 C가 같다.
ㄴ. $b+d=6$이다.
ㄷ. 실린더 (라)의 부피는 $19V$ L이다.

① ㄱ   ② ㄴ   ③ ㄱ, ㄷ   ④ ㄴ, ㄷ   ⑤ ㄱ, ㄴ, ㄷ

C27 ⭐1등급 대비   2023 실시 6월 학평 20 / 화학Ⅰ (고2)

다음은 $A(g)$와 $B(g)$가 반응하여 $C(g)$를 생성하는 반응의 화학 반응식이다.

$$aA(g) + B(g) \longrightarrow C(g) \ (a\text{는 반응 계수})$$

표는 실린더에 $A(g)$와 $B(g)$의 질량을 달리하여 넣고 반응을 완결시킨 실험 Ⅰ과 Ⅱ에 대한 자료이다.

실험	반응 전		반응 후	
	B의 질량(g)	전체 기체의 부피(L)	남은 반응물의 종류와 질량	전체 기체의 부피(L)
Ⅰ	32	$5V$	B, 8 g	$2V$
Ⅱ	48	$11V$	A, 30 g	$5V$

$\dfrac{\text{Ⅱ에서 생성된 C의 질량(g)}}{a}$ 은? (단, 실린더 속 기체의 온도와 압력은 일정하다.) (3점)

① 23   ② 42   ③ 53   ④ 69   ⑤ 84

C28 ⭐1등급 대비   2022 실시 11월 학평 20 / 화학Ⅰ (고2) 변형

다음은 $A(g)$와 $B(g)$가 반응하여 $C(g)$를 생성하는 반응의 화학 반응식이다.

$$A(g) + 2B(g) \longrightarrow 2C(g)$$

표는 실린더에 $A(g)$와 $B(g)$의 양을 달리하여 넣고 반응을 완결시킨 실험 Ⅰ, Ⅱ에 대한 자료이다.

실험	반응 전		반응 후	
	A의 질량(g)	B의 질량(g)	$\dfrac{C의 질량(g)}{전체 기체의 질량(g)}$	전체 기체의 부피(L)
Ⅰ	w	$9w$	0.5	$9V$
Ⅱ	$6w$	㉠	0.5	$14V$

㉠ $\times \dfrac{\text{C의 몰질량}}{\text{B의 몰질량}}$ 은? (단, 실린더 속 기체의 온도와 압력은 일정하다.) (3점)

① $\dfrac{8}{5}w$ ② $\dfrac{16}{5}w$ ③ $\dfrac{24}{5}w$ ④ $5w$ ⑤ $8w$

다음은 $A(g)$와 $B(g)$가 반응하여 $C(g)$를 생성하는 반응의 화학 반응식과 이와 관련된 실험이다.

○ 화학 반응식: $A(g) + bB(g) \longrightarrow 2C(g)$

(b는 반응 계수)

〈실험 과정〉

(가) 실린더 Ⅰ, Ⅱ에 $A(g)$, $B(g)$를 그림과 같이 넣고, 각각 반응을 완결시켰다.

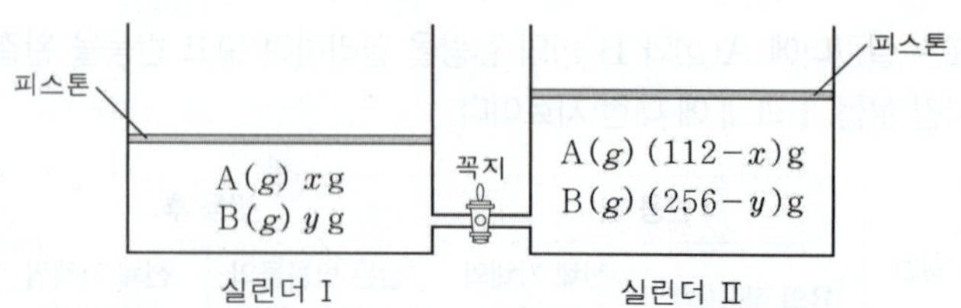

(나) 꼭지를 열고, 반응을 완결시켰다.

〈실험 결과〉

○ (가)에서 반응 후 실린더 Ⅰ, Ⅱ에 대한 자료

실린더	반응 후		
	남은 반응물	$C(g)$의 양(mol)	전체 기체의 부피(L)
Ⅰ	$B(g)$	2	$4V$
Ⅱ	$A(g)$	4	$5V$

○ (나)에서 반응 후 실린더 Ⅰ, Ⅱ에는 $C(g)$만 존재하며 $C(g)$의 양은 8 mol이다.

$\dfrac{y}{b}$는? (단, 실린더 속 기체의 온도와 압력은 일정하고, 피스톤의 질량과 마찰, 연결관의 부피는 무시한다.) (3점)

① 32　　② 64　　③ 108　　④ 128　　⑤ 160

다음은 주사기를 이용하여 수소 기체를 얻는 실험이다.

〈자료〉

○ $t\,℃$, 1 atm에서 기체 1 mol의 부피는 25 L이다.
○ Mg, Al의 몰질량(g/mol)은 각각 24, 27이다.

〈실험 과정〉

(가) 주사기 Ⅰ에 0.1 M $HCl(aq)$ x mL를, 주사기 Ⅱ에 $Mg(s)$ 0.05 g을 넣는다.

(나) 주사기 Ⅰ과 Ⅱ를 연결한 후, 주사기 Ⅰ의 피스톤을 오른쪽 끝까지 밀어 반응을 완결시킨다.

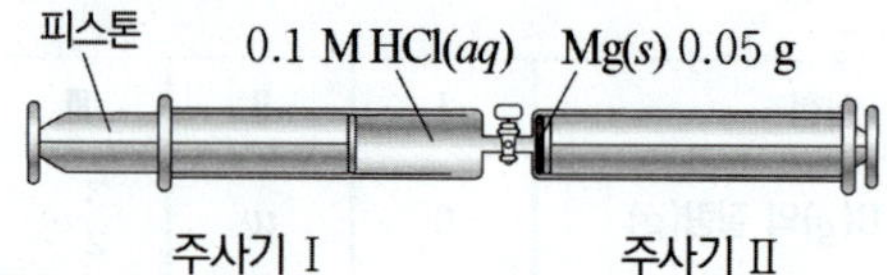

(다) $Mg(s)$ 대신 $Al(s)$ 0.05 g을 넣고 과정 (가)~(나)를 반복한다.

〈실험 결과〉

○ 생성된 $H_2(g)$의 부피 [$t\,℃$, 1 atm]

넣어준 금속	Mg	Al
$H_2(g)$의 부피(mL)	25	y

$x + y$는? (3점)

① 30　　② 35　　③ 40　　④ 45　　⑤ 50

Ⅰ01 화학과 현대 과학·기술·사회

Ⅰ01 ✿✿✿   2020 실시 9월 학평 1 / 화학 Ⅰ (고2)

다음은 화학이 주거 문제 해결에 기여한 사례이다.

> 인구의 증가와 도시의 발달로 주거 공간이 부족해짐에 따라 새로운 건축 자재의 필요성이 높아졌다. 코크스를 이용한 제련 기술의 개발로 대량 생산이 가능해진 ⑦ 은/는 콘크리트와 함께 사용되어 주거 문제 해결에 기여하였다.

⑦으로 가장 적절한 것은?

① 철   ② 유리   ③ 나일론
④ 암모니아   ⑤ 플라스틱

Ⅰ03 ✿✿✿   2021 실시 4월 학평 1 / 화학 Ⅰ (고3)

다음은 실생활 문제 해결에 기여한 물질에 대한 설명이다.

> ○ ⑦ : 암모니아를 원료로 만든 물질로 식량 문제 해결에 기여
> ○ 시멘트: 석회석을 원료로 만든 물질로 ⑥ 문제 해결에 기여

다음 중 ⑦과 ⑥으로 가장 적절한 것은?

	⑦	⑥		⑦	⑥
①	유리	의류	②	질소 비료	의류
③	유리	주거	④	질소 비료	주거
⑤	석유	의류			

Ⅰ02 ✿✿✿   2020 실시 6월 학평 3 / 화학 Ⅰ (고2)

그림은 ⑦~⑥이 이용되고 있는 건설 현장을 나타낸 것이다.

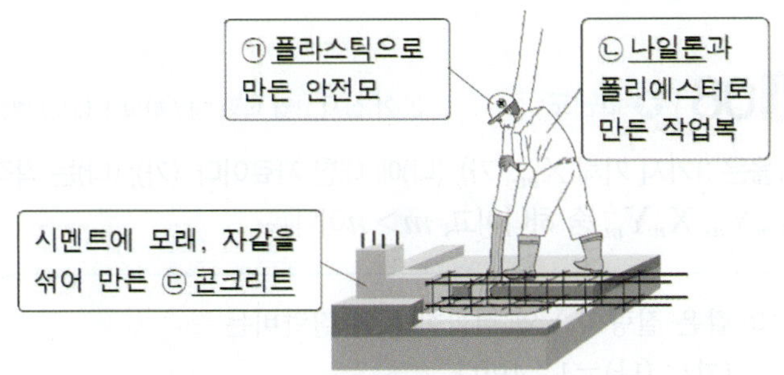

⑦~⑥에 대한 설명으로 옳은 것만을 〈보기〉에서 있는 대로 고른 것은? (3점)

[보기]
ㄱ. ⑦에는 C 원자가 포함되어 있다.
ㄴ. ⑥은 천연 섬유이다.
ㄷ. ⑥의 개발은 인류의 주거 문제 해결에 기여하였다.

① ㄱ   ② ㄴ   ③ ㄱ, ㄷ   ④ ㄴ, ㄷ   ⑤ ㄱ, ㄴ, ㄷ

Ⅰ04 ✿✿✿   2020 실시 7월 학평 1 / 화학 Ⅰ (고3)

다음은 인류 생활에 기여한 물질 (가)에 대한 설명이다.

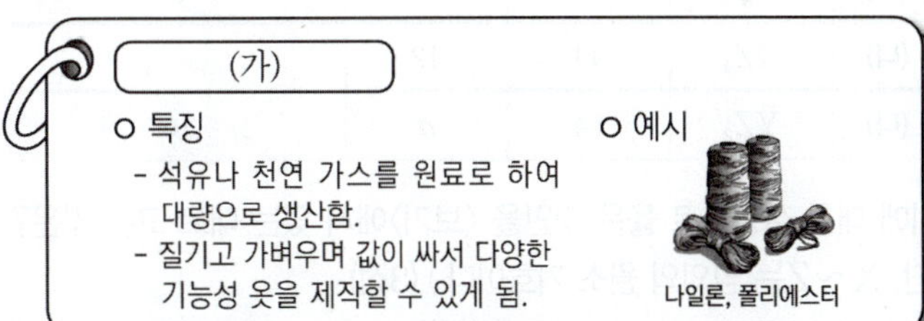

(가)로 가장 적절한 것은?

① 천연 섬유   ② 건축 자재   ③ 화학 비료
④ 합성 섬유   ⑤ 인공 염료

I 05 ✱✱✱❋ 2022 실시 6월 학평 5 / 화학 I (고2) 변형

표는 $t\,°C$, 1 atm에서 기체 (가)~(다)에 대한 자료이다.

기체	(가)	(나)	(다)
분자식	H_2	CH_4	HCl
기체의 양	2 mol	8 g	12 L

(가)~(다)에 들어 있는 H 원자의 양(mol)을 비교한 것으로 옳은 것은? (단, H, C의 몰질량(g/mol)은 각각 1, 12이고, $t\,°C$, 1 atm에서 기체 1 mol의 부피는 24 L이다.)

① (가)>(나)>(다) 　② (가)>(다)>(나)
③ (나)>(가)>(다) 　④ (나)>(다)>(가)
⑤ (다)>(나)>(가)

I 06 ✱✱✱❋ 2022 실시 6월 학평 17 / 화학 I (고2) 변형

표는 $t\,°C$, 1 atm에서 기체 (가)~(다)에 대한 자료이다. $t\,°C$, 1 atm에서 기체 1 mol의 부피는 24 L이다.

기체	분자식	질량(g)	부피(L)	기체에 들어 있는 Y의 질량(g)
(가)	XY_2	11	6	8
(나)	XZ_4	44	12	
(다)	YZ_2	54	a	16

이에 대한 설명으로 옳은 것만을 <보기>에서 있는 대로 고른 것은? (단, X~Z는 임의의 원소 기호이다.) (3점)

[보기]
ㄱ. 몰질량(g/mol)은 Z>Y이다.
ㄴ. $a=24$이다.
ㄷ. 1 g에 들어 있는 전체 원자 수는 (나)>(가)이다.

① ㄱ　② ㄷ　③ ㄱ, ㄴ　④ ㄴ, ㄷ　⑤ ㄱ, ㄴ, ㄷ

I 07 ✱❋❋ 2022 실시 6월 학평 7 / 화학 I (고2)

다음은 학생 A가 기체와 관련하여 수행한 탐구 활동이다.

〈가설〉
• $t\,°C$, 1 atm에서 같은 부피에 들어 있는 $H_2(g)$와 $CO_2(g)$의 ⬚ ㉠ ⬚ 는 같다.

〈탐구 과정〉
(가) $t\,°C$, 1 atm에서 $\dfrac{H_2(g)\ 24\ L의\ 질량(g)}{H_2\ 분자\ 1개의\ 질량(g)}$ 을 구한다.

(나) $t\,°C$, 1 atm에서 $\dfrac{CO_2(g)\ 24\ L의\ 질량(g)}{CO_2\ 분자\ 1개의\ 질량(g)}$ 을 구한다.

〈탐구 결과〉
• (가)와 (나)에서 구한 값은 각각 a, b이고, ⬚ ㉡ ⬚ 이다.

〈결론〉
• 가설은 옳다.

학생 A의 결론이 타당할 때, 다음 중 ㉠과 ㉡으로 가장 적절한 것은? (3점)

	㉠	㉡		㉠	㉡
①	분자 수	$a>b$	②	분자 수	$a=b$
③	분자 수	$a<b$	④	원자 수	$a>b$
⑤	원자 수	$a=b$			

I 08 ✪ 고난도 2021 실시 11월 학평 14 / 화학 I (고2) 변형

다음은 3가지 기체 X_m, (가), (나)에 대한 자료이다. (가), (나)는 각각 X_mY_n, X_nY_m 중 하나이고, $m>n$이다.

○ 같은 질량의 Y와 결합한 X의 질량비는 (가) : (나)=1 : 4이다.
○ 몰질량 비는 X_m : (가) : (나)=M : 23 : 22이다.

$\dfrac{n}{m}\times M$은? (단, X, Y는 임의의 원소 기호이다.) (3점)

① 4　② 7　③ 8　④ 14　⑤ 16

I09 ✺✺✺

그림 (가)는 실린더에 $AB(g)$ x g이 들어 있는 것을, (나)는 (가)의 실린더에 $AB_2(g)$ y g이 첨가된 것을 나타낸 것이다.

$\dfrac{\text{A의 몰질량}}{\text{B의 몰질량}} = \dfrac{3}{4}$ 이고, 모든 기체는 반응하지 않는다.

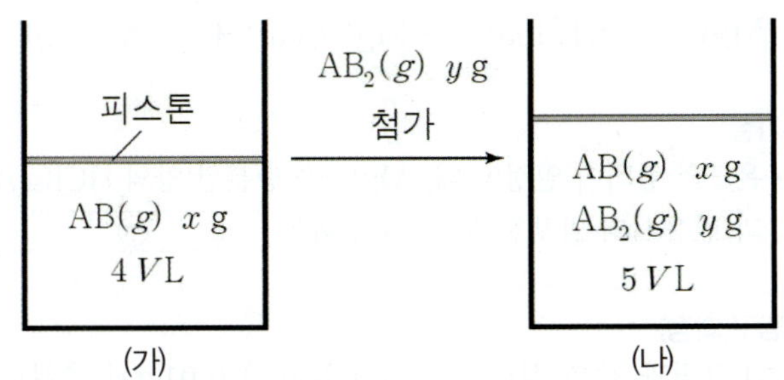

$\dfrac{x}{y}$ 는? (단, A와 B는 임의의 원소 기호이고, 실린더 속 기체의 온도와 압력은 일정하다.)

① $\dfrac{14}{25}$ ② $\dfrac{11}{7}$ ③ $\dfrac{55}{28}$ ④ $\dfrac{28}{11}$ ⑤ $\dfrac{14}{5}$

I10 ✪ 고난도

표는 같은 온도와 압력에서 기체 (가)~(다)에 대한 자료이다. (가)~(다)의 분자당 구성 원자 수는 각각 5이하이다.

기체	(가)	(나)	(다)
부피(상댓값)	4	1	2
밀도(상댓값)	8	㉠	13
구성 원소	C, H	C, O	C, H
구성 원자 수 비	$\dfrac{4}{5}$	$\dfrac{2}{3}$	

이에 대한 설명으로 옳은 것만을 〈보기〉에서 있는 대로 고른 것은? (단, H, C, O의 몰질량(g/mol)은 각각 1, 12, 16이다.) (3점)

[보기]

ㄱ. ㉠은 22이다.

ㄴ. $\dfrac{\text{(가)에 들어 있는 C 원자 수}}{\text{(나)에 들어 있는 O 원자 수}}$ 는 2이다.

ㄷ. 질량은 (나)가 (다)의 $\dfrac{11}{26}$ 배이다.

① ㄱ ② ㄷ ③ ㄱ, ㄴ ④ ㄴ, ㄷ ⑤ ㄱ, ㄴ, ㄷ

I11 ✪ 고난도

표는 t ℃, 1 atm에서 3가지 기체 분자에 대한 자료이다.

분자	1개의 질량(상댓값)	1 g당 원자 수(개)	1 L당 질량(g)
A	5	y	$\dfrac{5}{6}$
B$_2$	x	$\dfrac{3}{8} \times 10^{23}$	$\dfrac{4}{3}$
CD$_4$	4	$\dfrac{15}{8} \times 10^{23}$	z

이에 대한 설명으로 옳은 것만을 〈보기〉에서 있는 대로 고른 것은? (단, A~D는 임의의 원소 기호이고, 아보가드로수는 6×10^{23}이다.) (3점)

[보기]

ㄱ. t ℃, 1 atm에서 기체 1 mol의 부피는 24 L이다.

ㄴ. y는 $\dfrac{3}{10} \times 10^{23}$이다.

ㄷ. x는 $12z$이다.

① ㄱ ② ㄷ ③ ㄱ, ㄴ ④ ㄴ, ㄷ ⑤ ㄱ, ㄴ, ㄷ

I12 ✪ 고난도

다음은 기체 1 mol에 대한 학생의 탐구 과정이다.

〈상황 제시〉
○ 기체 1 mol을 담을 수 있는 상자의 크기는 얼마일까?

〈창의적 설계〉
○ 한 변의 길이가 a cm인 정육면체 상자를 설계하자. 1 L는 1000 cm^{3}인 것을 이용해야겠다.

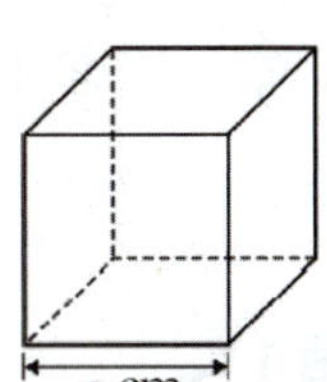

〈감성적 체험〉
○ 정육면체 한 변의 길이 a cm가 수평선 위의 구간 I ~ V 중 (가)에 위치할 때, 0 ℃, 1 atm에서 기체 6.02×10^{23}개를 담을 수 있다는 것이 놀라웠다.

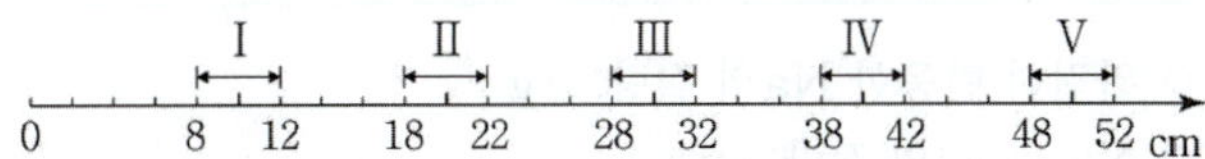

(가)에 해당하는 구간은?

① I ② II ③ III ④ IV ⑤ V

I 13 ✿✿✿   2022 실시 6월 학평 2 / 화학 I (고2)

다음은 나트륨(Na)과 관련된 반응의 화학 반응식이다.

$$a\text{Na} + b\text{O}_2 \longrightarrow 2\text{Na}_2\text{O} \ (a, b\text{는 반응 계수})$$

$\dfrac{a}{b}$ 는?

① 1   ② 2   ③ 3   ④ 4   ⑤ 5

I 14 ✿✿✿   2023 실시 9월 학평 18 / 화학 I (고2)

다음은 $A(g)$와 $B(g)$가 반응하여 $C(g)$를 생성하는 반응의 화학 반응식이다.

$$3A(g) + B(g) \longrightarrow 2C(g)$$

그림은 실린더에 $A(g)$와 $B(g)$를 넣고 반응을 완결시킨 실험 I, II를 나타낸 것이다.

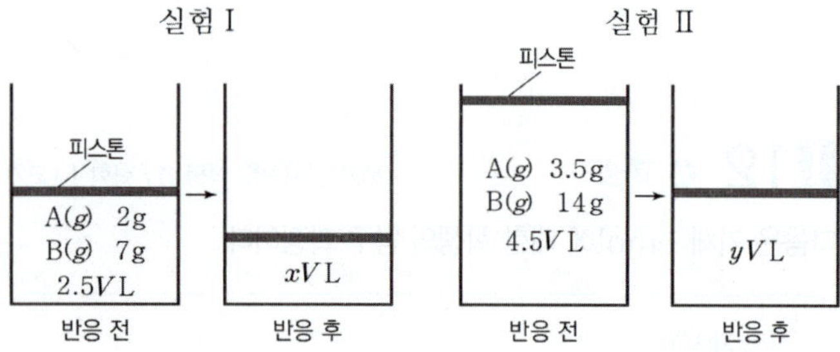

$x+y$는? (단, 실린더 속 기체의 온도와 압력은 일정하다.) (3점)

① $\dfrac{3}{2}$ ② 2   ③ 3   ④ 4   ⑤ $\dfrac{9}{2}$

I 15 ✿✿✿   2021 실시 9월 학평 9 / 화학 I (고2)

다음은 나트륨(Na)을 물(H_2O)과 반응시킬 때의 화학 반응식과 자료이다.

$$2\text{Na}(s) + 2\text{H}_2\text{O}(l) \longrightarrow 2\text{NaOH}(aq) + \text{H}_2(g)$$

> ○ 완전히 반응한 Na의 질량: a g
> ○ Na 1 mol의 질량: m g

0 ℃, 1 atm에서 생성된 $H_2(g)$의 부피(L)는? (단, 0 ℃, 1 atm에서 기체 1 mol의 부피는 22.4 L이다.)

① $\dfrac{a}{22.4m}$ ② $\dfrac{a}{2m}$ ③ $\dfrac{5.6a}{m}$ ④ $\dfrac{11.2a}{m}$ ⑤ $\dfrac{22.4a}{m}$

I 16 ✿✿✿   2023 실시 6월 학평 15 / 화학 I (고2) 변형

다음은 학생 A가 수행한 탐구 활동이다. Mg의 몰질량(g/mol)은 24이다.

> **〈화학 반응식〉**
> $$\text{Mg}(s) + 2\text{HCl}(aq) \longrightarrow \text{MgCl}_2(aq) + \boxed{\ \text{X}\ }(g)$$
>
> **〈가설〉**
> • 온도와 압력이 일정할 때, $Mg(s)$을 충분한 양의 $HCl(aq)$과 반응시켜 발생한 $X(g)$의 부피는 &boxed; ⊙ &boxed;
>
> **〈탐구 과정〉**
> (가) 그림과 같은 실험 장치에서 $Mg(s)$ 0.01 g과 충분한 양의 $HCl(aq)$을 반응시켜 발생한 $X(g)$의 부피를 측정한다.
>
> 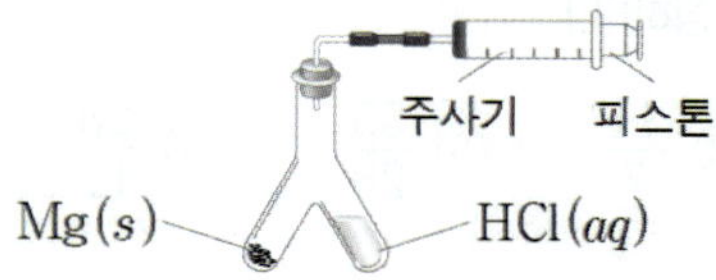
>
>
> (나) $Mg(s)$ 0.01 g 대신 0.02 g, 0.03 g을 사용하여 과정 (가)를 반복한다.
>
> **〈탐구 결과〉**
> • 반응한 $Mg(s)$의 질량에 따른 발생한 $X(g)$의 부피
>
> | 반응한 Mg(s)의 질량(g) | 0.01 | 0.02 | 0.03 |
> | --- | --- | --- | --- |
> | 발생한 X(g)의 부피(L) | 0.01 | 0.02 | 0.03 |
>
> **〈결론〉**
> • 가설은 옳다.

학생 A의 결론이 타당할 때, 이에 대한 설명으로 옳은 것만을 〈보기〉에서 있는 대로 고른 것은? (단, 온도와 압력은 t ℃, 1기압으로 일정하고, 피스톤의 마찰은 무시한다.)

> [보기]
> ㄱ. X는 H_2이다.
> ㄴ. '반응한 $Mg(s)$의 질량에 비례한다.'는 ⊙으로 적절하다.
> ㄷ. t ℃, 1기압에서 $X(g)$ 1 mol의 부피는 24 L이다.

① ㄱ   ② ㄷ   ③ ㄱ, ㄴ   ④ ㄴ, ㄷ   ⑤ ㄱ, ㄴ, ㄷ

I 17 ★★❀

다음은 2가지 반응의 화학 반응식이다. a, b는 반응 계수이다.

$$(가) \ CH_4 + 2O_2 \longrightarrow \boxed{\ \ ㉠\ \ } + aH_2O$$
$$(나) \ 2C_2H_4O + bO_2 \longrightarrow 4\boxed{\ \ ㉠\ \ } + 4H_2O$$

이에 대한 설명으로 옳은 것만을 〈보기〉에서 있는 대로 고른 것은? (3점)

[보기]
ㄱ. ㉠은 CO_2이다.
ㄴ. $a+b=7$이다.
ㄷ. (가)와 (나)에서 각각 H_2O 1 mol이 생성되었을 때 반응한 O_2의 양(mol)은 (가)>(나)이다.

① ㄱ   ② ㄷ   ③ ㄱ, ㄴ   ④ ㄴ, ㄷ   ⑤ ㄱ, ㄴ, ㄷ

I 18 ★★❀

다음은 자동차 에어백과 관련된 2가지 반응의 화학 반응식이다. t ℃, 1기압에서 기체 1몰의 부피는 V L이다.

○ $2NaN_3(s) \longrightarrow 2\boxed{\ ㉠\ }(s) + 3N_2(g)$

○ $Fe_2O_3(s) + a\boxed{\ ㉠\ }(s) \longrightarrow bNa_2O(s) + 2Fe(s)$
$\qquad\qquad\qquad\qquad\qquad (a, b는 반응 계수)$

이에 대한 설명으로 옳은 것만을 〈보기〉에서 있는 대로 고른 것은? (단, NaN_3의 몰질량(g/mol)은 65이고, 온도와 압력은 일정하다.)

[보기]
ㄱ. ㉠은 Na이다.
ㄴ. $a+b=9$이다.
ㄷ. t ℃, 1기압에서 생성된 $N_2(g)$의 부피가 $3V$ L일 때 반응한 $NaN_3(s)$의 질량은 130 g이다.

① ㄱ   ② ㄷ   ③ ㄱ, ㄴ   ④ ㄴ, ㄷ   ⑤ ㄱ, ㄴ, ㄷ

I 19 ★★❀

다음은 $CO(g)$와 $H_2O(g)$의 반응을 모형으로 나타낸 것이다.

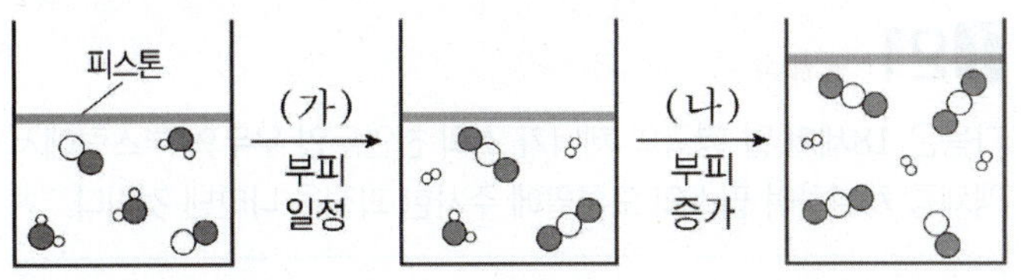

이에 대한 설명으로 옳은 것은? (단, 실린더 속 기체의 온도와 압력은 일정하다.) (3점)

① ⬤는 탄소(C)이다.
② 과정 (가)에서 H_2를 넣었다.
③ 과정 (가)에서 생성된 물질은 3가지이다.
④ 과정 (나)에서 반응한 분자의 양(mol)은 생성된 분자의 양(mol)보다 크다.
⑤ $\dfrac{\text{과정 (나)에서 첨가한 ⬤◯의 수}}{\text{과정 (가)에서 생성된 ◯⬤◯의 수}}$ 는 1이다.

I 20 ⊕ 1등급 대비

다음은 $A(g)$와 $B(g)$가 반응하여 $C(g)$를 생성하는 반응의 화학 반응식이다.

$$aA(g) + bB(g) \longrightarrow cC(g) \quad (a\sim c는 반응 계수)$$

그림은 $A(g)$ w g이 들어 있는 실린더에 $B(g)$를 넣어 반응을 완결시켰을 때, 넣어 준 $B(g)$의 질량에 따른 $C(g)$의 질량을 나타낸 것이다. 실린더 속 기체의 부피 비는 (가) : (나) : (다)=3 : 4 : 5이다.

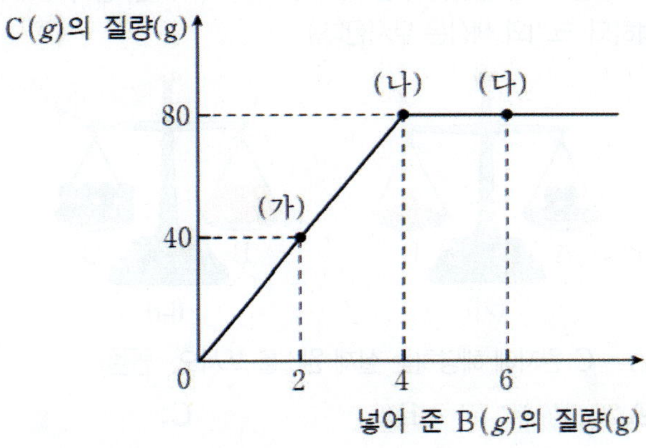

$\dfrac{a}{c} \times \dfrac{\text{C의 몰질량}}{\text{A의 몰질량}}$ 은? (단, 실린더 속 기체의 온도와 압력은 일정하다.) (3점)

① $\dfrac{5}{19}$ ② $\dfrac{10}{19}$ ③ $\dfrac{9}{16}$ ④ $\dfrac{9}{8}$ ⑤ $\dfrac{23}{8}$

Ⅰ21 ✽✽✿

다음은 18세기 말 영국의 제너가 소의 천연두인 우두의 부스럼에서 액체를 채취하여 핍스의 오른팔에 주사한 과정을 나타낸 것이다.

> 소젖을 짜는 사라 넬메스는 우두에 감염됨
> ➡ 넬메스의 우두 고름을 핍스에게 주사함
> ➡ 핍스는 우두를 약하게 앓음
> ➡ 천연두 환자로부터 부스럼을 수집함
> ➡ 핍스에게 천연두의 부스럼을 주사함
> ➡ 핍스는 감염되지 않음

(1) 제너는 천연두 예방을 위해 우두를 이용한 접종 실험을 실시하였다. 이 실험을 통해 어떤 면역 반응이 유도되었는지 항체 형성의 관점에서 서술하시오. 서술형

(2) 제너의 실험은 어린아이에게 직접 병원체를 주사하는 방식으로 이루어졌다. 이 실험이 오늘날의 생명윤리 기준과 비교해 어떤 점에서 차이가 있는지 서술하시오. 서술형

Ⅰ22 ✽✽✿

그림은 A ~ C 원자의 상대적인 질량을 비교한 모습이다. A ~ C는 각각 탄소(C), 질소(N), 산소(O) 중 하나이다. (단, 입자의 개수만 고려하되, 크기와 색상은 무시한다.)

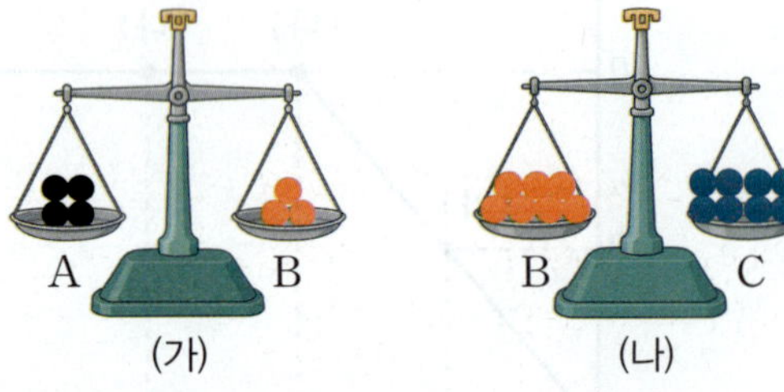

(1) A~C 원자에 해당하는 실제 원소를 쓰시오. 단답형

A: B: C:

(2) A~C 원자 1개의 상대적 질량비(A : B : C)를 양팔 저울에 있는 각 입자의 개수비와의 관계로부터 구하고, 풀이 과정을 서술하시오. 서술형

Ⅰ23 ✽✽✿

표는 t ℃, 1기압 용기에 든 탄화 수소 기체에 관한 자료이다. (가)~(다)의 분자식은 C_nH_{2n-2}, C_nH_{2n}, C_nH_{2n+2} 형태 중 하나를 갖는다. (단, $n \geq 2$, n은 자연수이다. 몰질량(g/mol)은 C와 H가 각각 12, 1이다.)

기체	분자식	$\dfrac{\text{H의 질량}}{\text{C의 질량}}$(상댓값)	단위 질량당 전체 원자 수(상댓값)	
(가)	C_2H_x	2	㉠	—
(나)	C_2H_y	6	26	108
(다)	C_4H_z	3	—	㉡

(1) t ℃, 1기압에서 (가) : (나)의 밀도비를 구하시오. 단답형

(2) ㉠, ㉡ 값을 구하고, 풀이 과정을 서술하시오. 서술형

Ⅰ24 ✽✽✿

다음은 $A_2(g)$와 $B_2(g)$가 반응하여 $AB_3(g)$를 생성하는 반응의 화학 반응식이다.

$$A_2(g) + bB_2(g) \longrightarrow cAB_3(g) \ (b, c는 반응 계수)$$

$A_2(g)$ 1 mol과 $B_2(g)$ 5 mol을 실린더에 넣고 반응을 완결시켰다. (단, 온도와 압력은 일정하며, A, B는 임의의 원소 기호이다.)

(1) $b+c$를 구하시오. 단답형

(2) $\dfrac{\text{반응 후 전체 기체의 부피}}{\text{반응 전 전체 기체의 부피}}$ 를 구하고 과정을 서술하시오. 서술형

Ⅰ25 ✽✽✿

표는 $AB(g)$와 $B_2(g)$가 실린더에서 반응하여 $C(g)$를 생성하는 반응에 대한 자료이다. (단, A, B는 임의의 원소 기호이다.)

반응 전 기체의 양(mol)		반응 후 전체 기체의 양(mol)
$AB(g)$	$B_2(g)$	
4	1	4
4	2	4
4	3	5
4	4	6
5	5	x

(1) C의 분자식을 구하시오. 단답형

(2) x를 구하고 과정을 서술하시오. 서술형

Ⅱ 물질의 구조와 성질

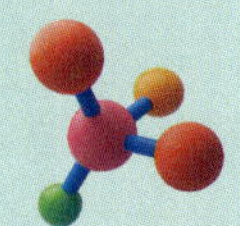

D 화학 결합의 전기적 성질

1 공유 결합의 전기적 성질

1. 공유 결합

(1) **공유 결합**: 비금속 원소의 원자들이 전자쌍을 서로 공유하여 형성되는 결합❶

(2) **공유 결합의 종류**: 두 비금속 원자 사이에 공유하는 전자쌍의 수에 따라 단일 결합, 다중 결합(이중 결합, 삼중 결합)으로 분류한다.❷

① 단일 결합: 두 원자 사이에 1개의 전자쌍을 공유한 결합 예 H_2, HF 등

〈수소 분자의 공유 결합 모형〉

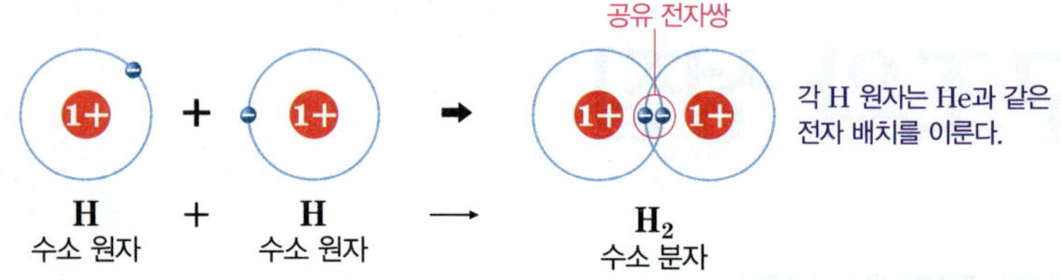

② 이중 결합: 두 원자 사이에 2개의 전자쌍을 공유한 결합 예 CO_2, O_2 등

〈산소 분자의 공유 결합 모형〉

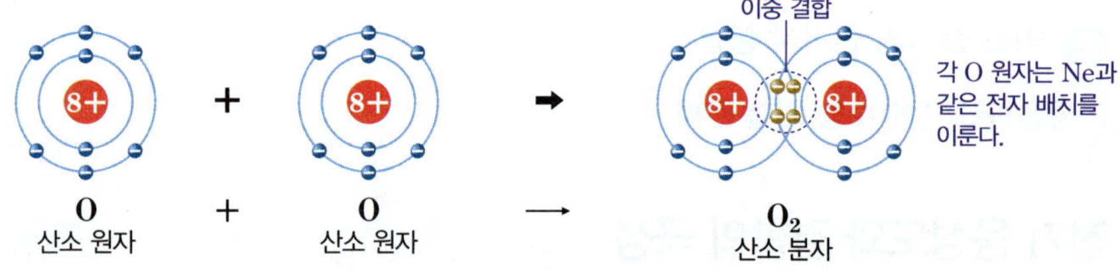

③ 삼중 결합: 두 원자 사이에 3개의 전자쌍을 공유한 결합 예 HCN, N_2 등

〈사이안화 수소 분자의 공유 결합 모형〉

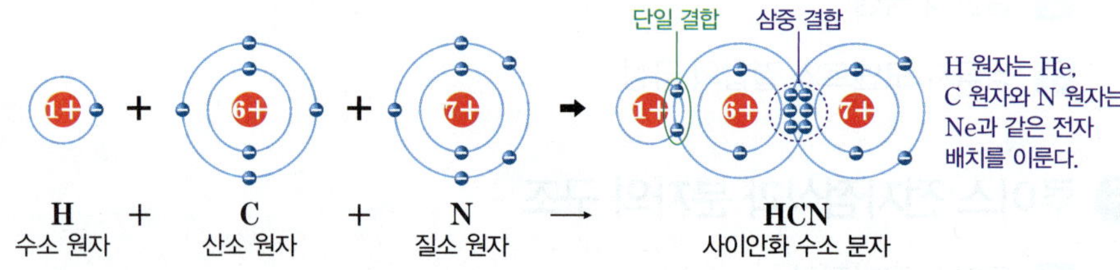

2. 공유 결합의 전기적 성질❸

(1) **공유 결합 물질**: 물(H_2O), 이산화 탄소(CO_2)와 같이 비금속 원소로 구성된 화합물이나 흑연(C), 다이아몬드(C)와 같이 1가지 비금속 원소로 이루어진 순물질

(2) **물의 전기 분해**: 물에 황산 나트륨과 같은 전해질을❹ 소량 넣고 전기 분해하면 수소 기체(H_2)와 산소 기체(O_2)가 발생한다.❺

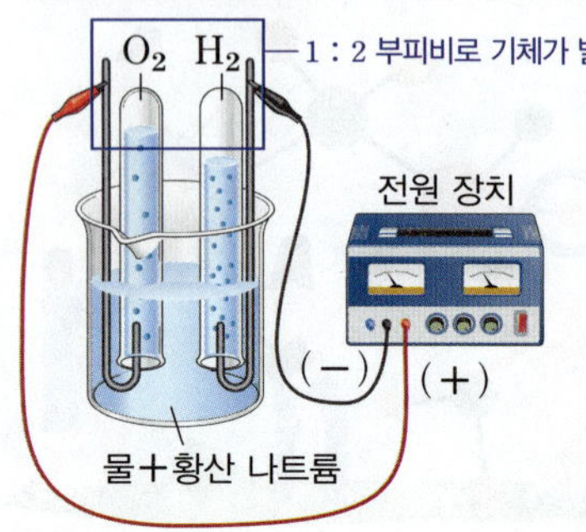

- 1 : 2 부피비로 기체가 발생한다.

- (−)극: 물(H_2O)이 전자(e^-)를 얻어 수소 기체(H_2)가 발생한다.
- (+)극: 물(H_2O)이 전자(e^-)를 잃어 산소 기체(O_2)가 발생한다.
- 전체 반응: $2H_2O(l) \longrightarrow 2H_2(g) + O_2(g)$

---

❶ **공유 결합과 이온 결합**

전기 음성도 차이가 큰 원소들은 이온 결합, 전기 음성도 차이가 비교적 작은 원소들은 공유 결합을 형성하는데, 다원자 이온이 아닌 경우에는 보통 금속과 비금속인 경우 이온 결합, 비금속 원소들은 공유 결합을 형성한다.

❷ **분자 속 다양한 공유 결합**

공유 결합은 두 원자 사이에 전자쌍을 공유하는 것이므로 분자는 한 종류의 공유 결합 또는 여러 종류의 공유 결합으로 이루어질 수 있다.

예를 들어 폼알데하이드(CH_2O)의 공유 결합 모형에서 공유 결합의 종류는 2가지이다.

- C와 H 사이의 공유 전자쌍 수는 1이므로 단일 결합이다.
- C와 O 사이의 공유 전자쌍 수는 2이므로 이중 결합이다.

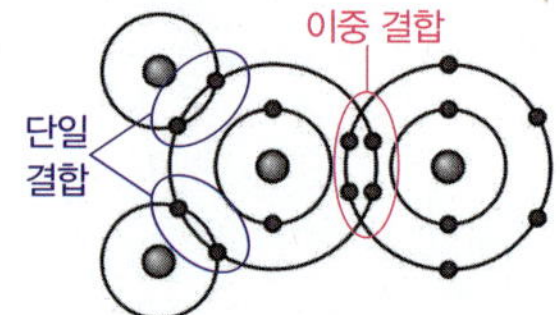

▲ 폼알데하이드(CH_2O)

❸ **공유 결합 물질의 전기 전도성**

공유 결합 물질에는 자유롭게 이동할 수 있는 이온이나 전자가 없으므로 고체 상태나 액체 상태에서 전기 전도성이 없다(단, 흑연(C)은 예외).

❹ **전해질**

순수한 물은 전하를 띠지 않아 전기가 통하지 않는다. 물에 녹아 전기가 통하게 하는 물질을 전해질이라 하며, 물을 전기 분해할 때 사용하는 전해질로는 황산 나트륨(Na_2SO_4), 수산화 나트륨(NaOH), 황산(H_2SO_4) 등이 있다.

❺ **물의 전기 분해**

물 분자는 전하를 띠지 않지만 분자 내에서 산소 원자 쪽에 전자가 치우쳐 있으므로 전기 분해하면 (−)극에서 전자를 얻어 수소 기체가, (+)극에서 전자를 잃고 산소 기체가 발생한다.

2 이온 결합의 전기적 성질 출제 2024 실시 10월 학평 3번

1. 이온 결합

(1) **이온 결합**: 주로 금속 원소는 전자를 잃어 양이온이 되고, 비금속 원소는 전자를 얻어 음이온이 되어 양이온과 음이온 사이의 정전기적 인력에 의해 형성되는 결합❶❷

(2) **이온 결합의 형성**: 금속 원소의 원자에서 비금속 원소의 원자로 전자가 이동하여 양이온과 음이온이 형성된 후, 이들 이온 사이에 정전기적 인력에 의해 결합이 형성된다.

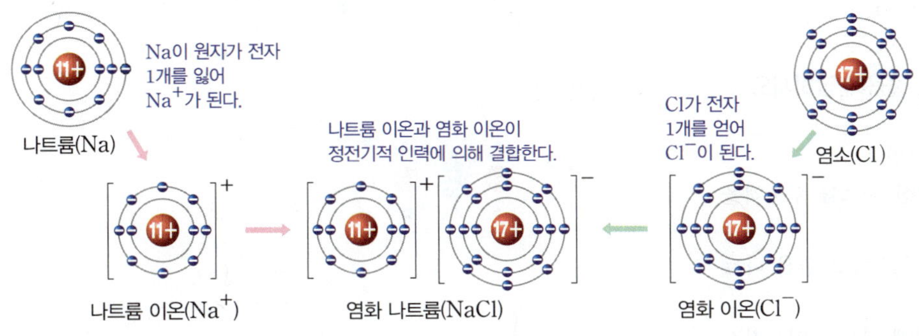

2. 이온 결합의 전기적 성질

(1) **이온 결합 물질**: 서로 다른 전하를 띤 이온들이 정전기적 인력으로 결합한 화합물

(2) **염화 나트륨 용융액의 전기 분해**❸: 염화 나트륨 용융액에 전류를 흘려주면 전기 분해가 일어나서 금속 나트륨(Na)과 염소 기체(Cl_2)가 발생한다.❹

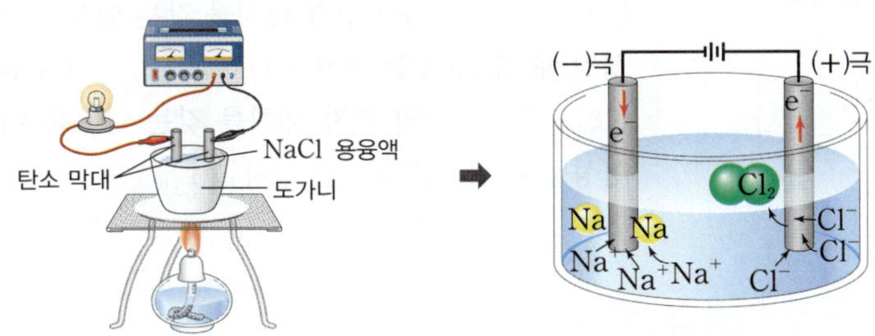

- (−)극: 나트륨 이온(Na^+)이 전자(e^-)를 얻어 금속 나트륨(Na)이 생성된다.
- (+)극: 염화 이온(Cl^-)이 전자(e^-)를 잃어 염소 기체(Cl_2)가 생성된다.

(3) **전기 전도성**: 고체 상태에서는 이온이 이동하지 못하므로 전기 전도성이 없으나, 액체 상태나 수용액에서는❺ 이온이 자유롭게 이동할 수 있으므로 전기 전도성이 있다.

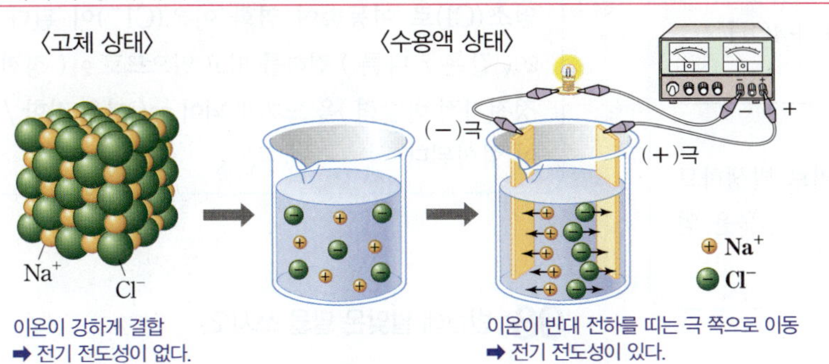

▲ 염화 나트륨 수용액의 전기 전도성

3. 화학 결합과 전자
이온 결합을 하는 염화 나트륨의 용융액과 공유 결합을 하는 물을 각각 전기 분해할 때 모두 전자를 잃거나 얻으면서 성분 물질로 분해되므로 화학 결합에 전자가 관여함을 알 수 있다.

---

❶ **이온 결합 물질 같지만 이온 결합이 아닌 물질 – HCl, HF**

HF와 HCl은 물에 녹아 이온화하기 때문에 수용액 상태에서 전기가 통하는 전해질이지만, 이온성 물질의 특성인 액체 상태에서 전기가 통하는 성질은 가지고 있지 않다. HF와 HCl은 비금속 원소들의 결합이므로 공유 결합의 성질을 더 많이 가지고 있어 공유 결합 물질이다.

❷ **이온 결합 예외－NH_4Cl**

비금속 원소만으로 이루어진 이온 결합 물질이 존재하며 대표적으로 염화 암모늄(NH_4Cl)이 있다. 염화 암모늄(NH_4Cl)은 암모늄 이온(NH_4^+)이 양이온의 역할을 하여 염화 이온(Cl^-)과 정전기적 인력으로 결합해 이온 결합 물질을 형성한다.

❸ **전기 분해**

어떤 물질에 전기 에너지를 주어 성분 물질로 나누는 방법으로 (+)극에서는 산화 반응, (−)극에서는 환원 반응이 일어난다.

❹ **염화 나트륨 용융액의 전기 분해**

$$(-)극: 2Na^+(l) + 2e^- \longrightarrow 2Na(s)$$
$$(+)극: 2Cl^-(l) \longrightarrow Cl_2(g) + 2e^-$$
전체 반응: $2NaCl(l) \longrightarrow 2Na(s) + Cl_2(g)$

❺ **물에 대한 용해성**

대체로 물에 잘 녹으며 수용액에서 양이온과 음이온은 물 분자에 둘러싸인 상태로 이동한다.

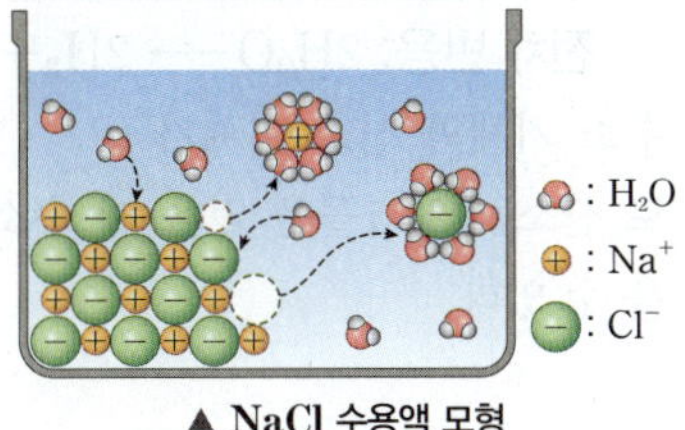

▲ NaCl 수용액 모형

01 다음은 공유 결합에 대한 설명이다. 빈칸에 알맞은 말을 쓰시오.

(1) 공유 결합은 (1   ) 원소의 원자들이 (2   ) 을/를 서로 공유하여 형성되는 결합이다.

(2) 보통 비금속과 금속 사이에는 (3   ) 결합, 비금속 원소들끼리는 (4   ) 결합을 형성한다.

[02~03] 다음은 물의 전기 분해 과정이다. 물음에 답하시오.

과정	(가) 소량의 황산 나트륨을 증류수에 녹인다. (나) 홈판에 플라스틱 병을 세우고 황산 나트륨 수용액을 반쯤 채운다. (다) 투명 빨대를 2등분하여 각각 마개를 막고 황산 나트륨 수용액을 가득 채운다. (라) (다)의 빨대를 (나)의 플라스틱 병에 세우고 9V 건전지를 연결한 2개의 핀을 빨대 아래쪽에 각각 꽂는다.
결과	(−)극과 (+)극에서 ((가))이/가 발생한다.

02 이에 대한 설명으로 옳은 것만을 〈보기〉에서 모두 고르시오.

[보기]
ㄱ. 황산 나트륨은 전기를 통하게 만들기 위해 넣는다.
ㄴ. 황산 나트륨 대신 수산화 나트륨을 넣어도 된다.
ㄷ. (가)에 들어갈 말은 액체이다.

(5   )

03 다음은 위 실험 결과를 나타낸 것이다. 빈칸에 알맞은 말을 쓰시오.

물의 전기 분해 반응식은 다음과 같다.
(6   )극: $4H_2O + 4e^- \longrightarrow$ (7   )$H_2 + 4OH^-$
(8   )극: $2H_2O \longrightarrow O_2 + 4H^+ + 4e^-$

전체 반응: $2H_2O \longrightarrow 2H_2 + O_2$

수소 기체와 산소 기체가 (9   )의 부피비로 발생하므로 산소 기체 1몰을 얻을 때 수소 기체 (10   )몰을 얻을 수 있다.

04 다음은 공유 결합 물질의 전기적 성질에 대한 설명이다. 빈칸에 알맞은 말을 쓰시오.

(1) 공유 결합 물질을 전기 분해하면 (11   )(으)로 분해된다는 것으로부터 공유 결합에는 (12   )이/가 관여한다는 것을 알 수 있다.

(2) 순수한 물은 전기가 통하지 않으므로, 물을 전기 분해하기 위해서는 (13   )을/를 넣어야 한다.

05 다음 분자가 포함하고 있는 공유 결합의 종류를 모두 쓰시오.

(1) CO_2

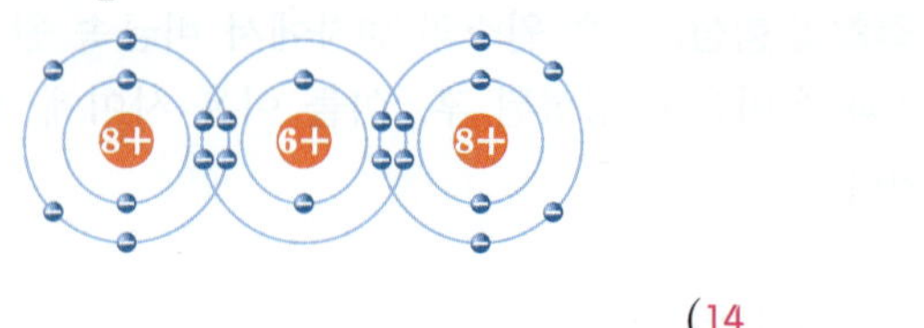

(14   )

(2) HCN

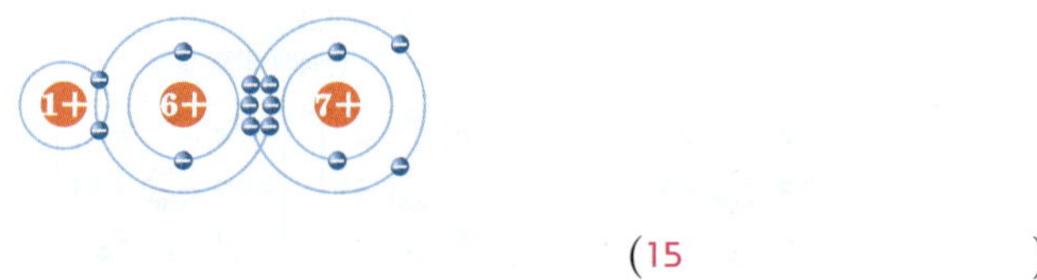

(15   )

06 다음은 이온의 형성에 대한 설명이다. 빈칸에 알맞은 말을 쓰시오.

(16   )의 전자 배치를 갖는 염화 이온(Cl^-)이 형성될 때 염소(Cl)는 전자를 (17   )개 얻는다.
(18   )의 전자 배치를 갖는 나트륨 이온(Na^+)이 형성될 때 나트륨(Na)은 전자를 1개 (19   ).

07 다음은 염화 나트륨이 형성되는 과정에 대한 설명이다. 빈칸에 알맞은 말을 고르시오.

나트륨(Na)이 나트륨 이온(Na^+)을 형성하며 잃은 전자가 염소(Cl)로 이동하여 염화 이온(Cl^-)이 된다. 두 이온은 20(같은 / 다른) 전하를 띠고 있으므로 21(정전기적 인력 / 정전기적 반발력)을 느끼게 되어 22(이온 결합 / 공유 결합)이 형성된다.

08 빈칸에 알맞은 말을 쓰시오.

(1) 이온 결합 물질의 화학식을 나타낼 때는 양이온과 음이온의 개수비를 가장 간단한 (23   )(으)로 나타낸다.

(2) 이온 결합 물질은 전기적으로 중성이므로 양이온의 총 전하량과 음이온의 총 전하량의 합은 (24   )이다.

(3) 이온 결합 물질은 (25   )이/가 자유롭게 이동할 수 없는 (26   ) 상태에서는 전기 전도성이 없으나 액체 상태나 (27   ) 상태에서는 전기 전도성이 있다.

1 공유 결합의 전기적 성질

유형 01 전기 분해 실험

- (단서) 물의 전기 분해 실험과 그 결과가 제시되어 있다.
- (발상) 물을 이루는 수소와 산소 원자 사이의 화학 결합에 전자가 관여함을 적용하여 (+)극과 (−)극에서 생성되는 기체의 종류와 부피를 추론할 수 있다.

D01 ★★✿ ·········· 2024 실시 9월 학평 6 / 화학 Ⅰ (고2)

다음은 물(H_2O)과 관련된 탐구이다.

〈탐구 제목〉 물의 [㉠]

〈탐구 과정〉

(가) 일정한 간격으로 압정을 꽂은 투명 플라스틱 컵에 물을 넣고, 소량의 황산 나트륨(Na_2SO_4)을 녹인다.

(나) (가)의 수용액으로 가득 채운 시험관을 그림과 같이 설치한다.

(다) 전류를 흘려 (+)극과 (−)극에서 발생하는 기체의 종류와 기체의 부피를 확인한다.

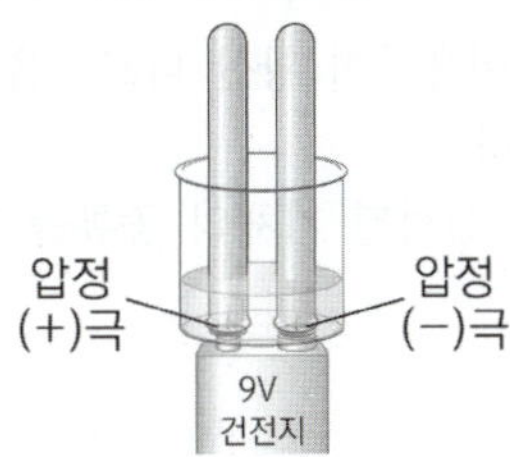

〈탐구 결과 및 결론〉

- (+)극과 (−)극에서 발생한 기체는 각각 산소(O_2)와 수소(H_2)이다.
- 발생한 기체의 부피는 수소가 산소보다 크다.
- 물의 [㉠]를 통해 물을 이루고 있는 수소 원자와 산소 원자 사이의 화학 결합에는 [㉡]이/가 관여함을 알 수 있다.

㉠과 ㉡으로 가장 적절한 것은?

	㉠	㉡
①	전기 분해 실험하기	전자
②	전기 분해 실험하기	원자핵
③	전기 전도성 측정하기	이온화 에너지
④	전기 전도성 측정하기	원자핵
⑤	부피를 어림하여 1 mol의 양 체험하기	전자

D02 ★★★✿ ·········· 2021 실시 3월 학평 4 / 화학 Ⅰ (고3)

표는 원소 A~D로 이루어진 3가지 화합물에 대한 자료이다. A~D는 각각 O, F, Na, Mg 중 하나이다.

화합물	AB_2	CB	DB_2
액체의 전기 전도성	있음	㉠	없음

이에 대한 옳은 설명만을 〈보기〉에서 있는 대로 고른 것은?

[보기]
ㄱ. ㉠은 '없음'이다.
ㄴ. A는 Na이다.
ㄷ. C_2D는 이온 결합 물질이다.

① ㄱ　② ㄷ　③ ㄱ, ㄴ　④ ㄴ, ㄷ　⑤ ㄱ, ㄴ, ㄷ

D03 ★★✿ ·········· 2022 실시 9월 학평 6 / 화학 Ⅰ (고2)

그림은 원소 A와 B로 구성된 화합물 X의 전기 분해 장치를 나타낸 것이다. (+)극에서 생성된 기체 A_2와 (−)극에서 생성된 기체 B_2의 부피 비는 1 : 2이다.

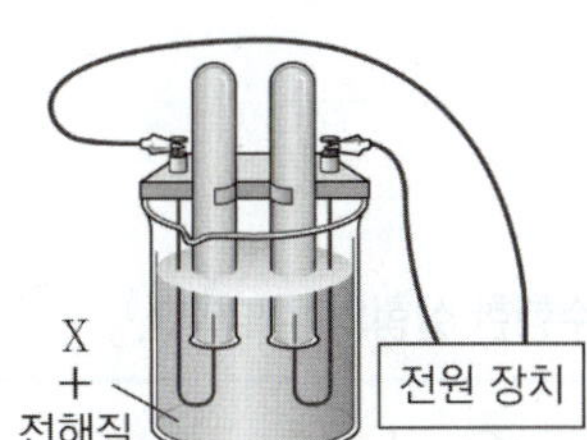

X에 대한 설명으로 옳은 것만을 〈보기〉에서 있는 대로 고른 것은? (단, A, B는 임의의 원소 기호이고, 기체의 온도와 압력은 일정하다.)

[보기]
ㄱ. 화학식은 A_2B이다.
ㄴ. 공유 결합 물질이다.
ㄷ. A 원자와 B 원자 사이의 화학 결합에는 전자가 관여한다.

① ㄱ　② ㄴ　③ ㄱ, ㄷ　④ ㄴ, ㄷ　⑤ ㄱ, ㄴ, ㄷ

D04 ❋❋❋ 　　　　　2021 실시 9월 학평 5 / 화학 Ⅰ (고2)

다음은 물(H_2O)의 전기 분해 실험이다.

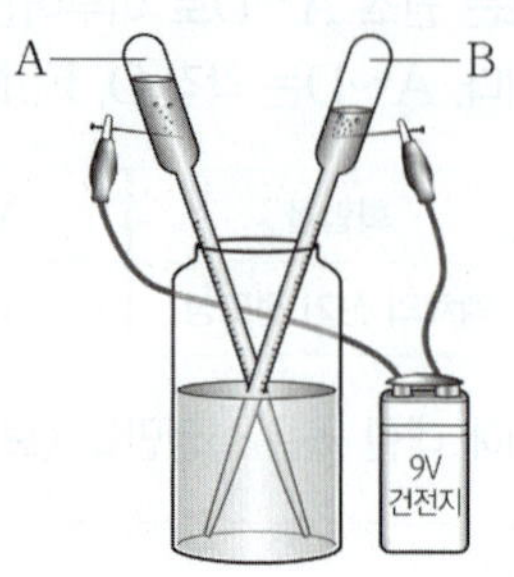

〈실험 과정〉
(가) 물에 소량의 황산 나트륨(Na_2SO_4)을 녹인 수용액을 플라스틱통에 넣는다.
(나) 침핀을 꽂은 1회용 스포이트 2개에 (가)에서 만든 수용액을 가득 채우고 전류를 흘려주어 발생하는 기체를 각각 모은다.
(다) 발생한 기체 A의 부피(V_A)와 기체 B의 부피(V_B)를 비교한다.

〈실험 결과〉
○ 스포이트에 모은 기체의 부피 비 $V_A : V_B = 1 : 2$이다.

이에 대한 설명으로 옳은 것만을 〈보기〉에서 있는 대로 고른 것은?

[보기]
ㄱ. 화학 결합의 종류는 물과 황산 나트륨이 같다.
ㄴ. (−)극에서 발생하는 기체는 B이다.
ㄷ. 이 실험에서 물을 구성하는 원자 사이의 결합이 끊어진다.

① ㄱ　　② ㄷ　　③ ㄱ, ㄴ　　④ ㄴ, ㄷ　　⑤ ㄱ, ㄴ, ㄷ

D05 ❋❋❋ 　　　　　　　　　　　학력 평가 기출

다음은 학생 A가 수행한 실험의 일부이다.

〈실험 제목〉 물의 　⊙　 실험

〈실험 목적〉
○ 물 분자를 이루는 결합에 전자가 관여함을 확인한다.
○ 각 전극에서 발생하는 기체의 종류와 부피비를 확인한다.

〈실험 과정〉
(가) 그림과 같은 실험 장치에 황산 나트륨(Na_2SO_4)을 조금 넣어 녹인 수용액을 유리관 양쪽에 가득 채운 후 콕을 닫는다.
(나) 전원 장치를 사용하여 전류를 흘려 준다.
(다) 유리관 내 　ⓛ　을/를 확인한다.
(라) (＋)극과 (−)극에 모인 기체의 종류를 확인한다.

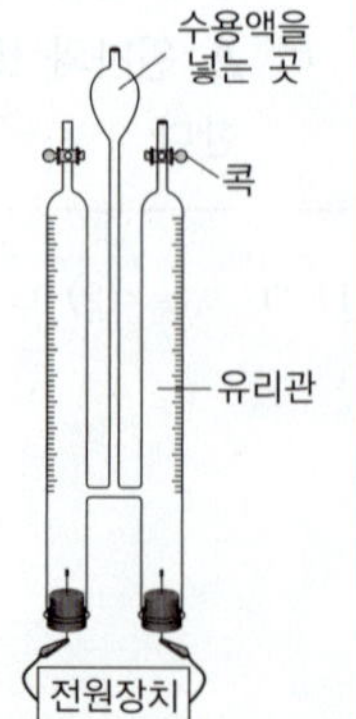

이에 대한 설명으로 옳은 것만을 〈보기〉에서 있는 대로 고른 것은? (3점)

[보기]
ㄱ. '전기 분해'는 ⊙으로 적절하다.
ㄴ. '수면의 높이 변화'는 ⓛ으로 적절하다.
ㄷ. 물은 (＋)극과 (−)극에 모인 기체의 성분 원소를 포함한다.

① ㄴ　　② ㄷ　　③ ㄱ, ㄴ　　④ ㄱ, ㄷ　　⑤ ㄱ, ㄴ, ㄷ

D06 ❋❋❋ 　　　　　2020 실시 11월 학평 4 / 화학 Ⅰ (고2)

다음은 3가지 실험 장치와 물의 전기 분해 실험이다. ⊙은 실험 장치 A~C 중 하나이다.

〈실험 장치〉

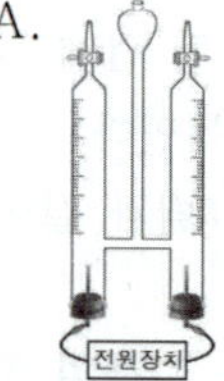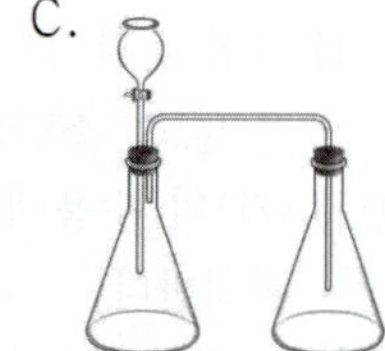

〈실험 과정〉
(가) 　⊙　를 이용하여 황산 나트륨을 소량 녹인 물을 전기 분해한다.
(나) 각 전극에서 생성된 기체의 종류를 확인하고 부피를 측정한다.

〈실험 결과 및 결론〉
○ (＋)극에서는 $O_2(g)$ 10 mL, (−)극에서는 $H_2(g)$ 20 mL가 생성되었다.
○ 물을 구성하는 원자 사이의 화학 결합에는 　ⓛ　가 관여한다.

다음 중 ⊙과 ⓛ으로 가장 적절한 것은?

	⊙	ⓛ		⊙	ⓛ
①	A	전자	②	A	중성자
③	B	전자	④	B	중성자
⑤	C	전자			

2 이온 결합의 전기적 성질

D07 ★★❀ 　　　　　2024 실시 9월 학평 9 / 화학 I (고2)

그림은 화합물 AB와 CB_2를 화학 결합 모형으로 나타낸 것이다.

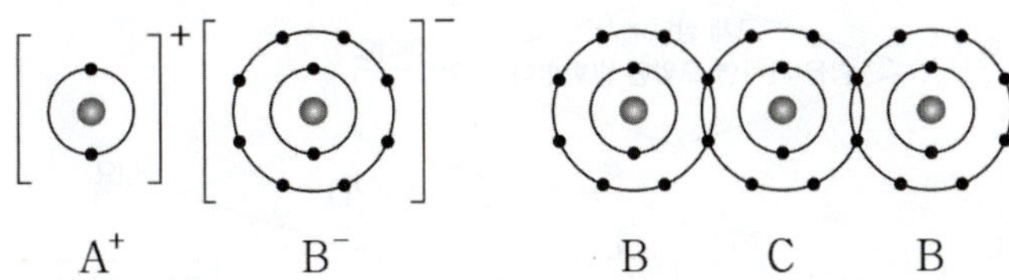

이에 대한 설명으로 옳은 것만을 〈보기〉에서 있는 대로 고른 것은?
(단, $A \sim C$는 임의의 원소 기호이다.)

[보기]
ㄱ. $A \sim C$에서 2주기 원소는 2가지이다.
ㄴ. A_2C는 공유 결합 물질이다.
ㄷ. $\dfrac{비공유\ 전자쌍\ 수}{공유\ 전자쌍\ 수}$ 는 B_2가 C_2의 3배이다.

① ㄱ　　② ㄷ　　③ ㄱ, ㄴ　　④ ㄴ, ㄷ　　⑤ ㄱ, ㄴ, ㄷ

D08 ★❀❀ 　　　　　2024 실시 10월 학평 3 / 화학 I (고2)

그림은 화합물 XY를 화학 결합 모형으로 나타낸 것이다.

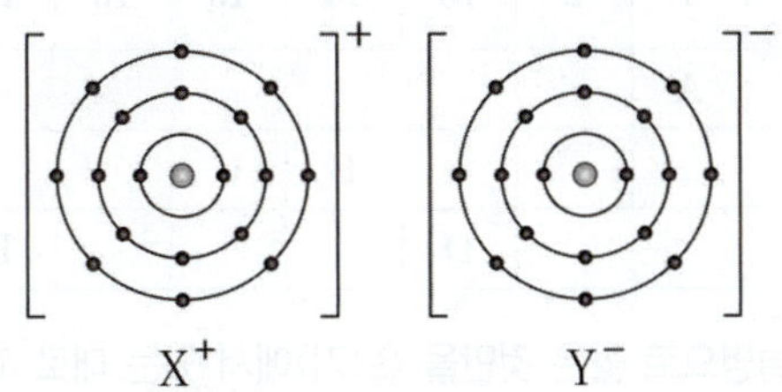

이에 대한 설명으로 옳은 것만을 〈보기〉에서 있는 대로 고른 것은?
(단, X와 Y는 임의의 원소 기호이다.)

[보기]
ㄱ. X는 3주기 원소이다.
ㄴ. Y는 비금속 원소이다.
ㄷ. XY는 액체 상태에서 전기 전도성이 있다.

① ㄱ　　② ㄴ　　③ ㄱ, ㄷ　　④ ㄴ, ㄷ　　⑤ ㄱ, ㄴ, ㄷ

D09 ★★★ 　　　　　2023 실시 11월 학평 4 / 화학 I (고2)

그림은 물질 X_2와 Y_2Z를 화학 결합 모형으로 나타낸 것이다.

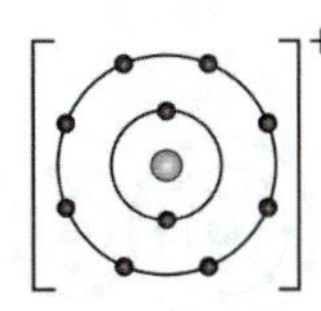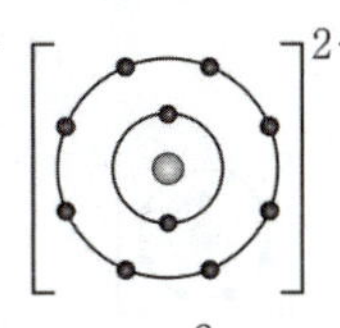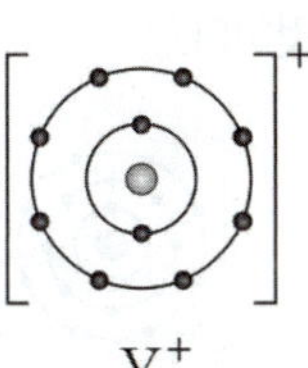

이에 대한 설명으로 옳은 것만을 〈보기〉에서 있는 대로 고른 것은?
(단, $X \sim Z$는 임의의 원소 기호이다.)

[보기]
ㄱ. Y_2Z는 이온 결합 물질이다.
ㄴ. X와 Y는 같은 족 원소이다.
ㄷ. Z_2에는 이중 결합이 있다.

① ㄱ　　② ㄷ　　③ ㄱ, ㄴ　　④ ㄴ, ㄷ　　⑤ ㄱ, ㄴ, ㄷ

D10 ✪ 고난도 　　　　　2022 실시 9월 학평 12 / 화학 I (고2)

그림은 화합물 ABC와 ADE의 화학 결합 모형을, 표는 화합물 X, Y를 화학식의 구성 원자 수로 나타낸 것이다.

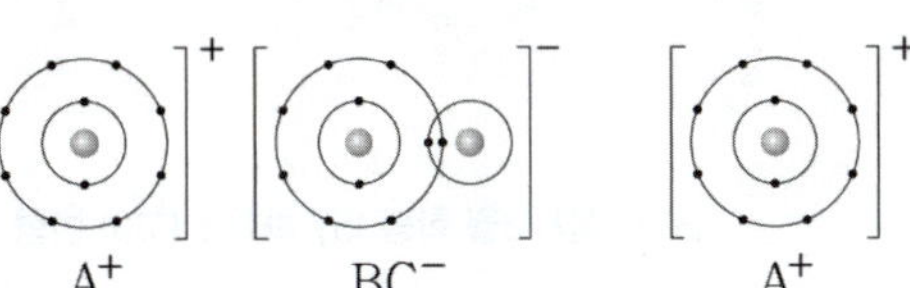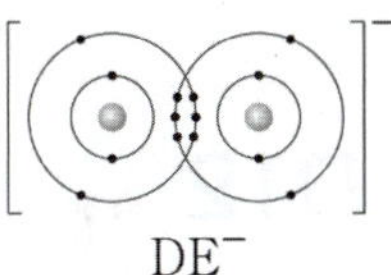

화합물	구성 원자 수			
	A	B	C	D
X	2	1	0	0
Y	0	1	2	1

이에 대한 설명으로 옳은 것만을 〈보기〉에서 있는 대로 고른 것은?
(단, $A \sim E$는 임의의 원소 기호이고, Y에서 D는 옥텟 규칙을 만족한다.)

[보기]
ㄱ. D는 15족 원소이다.
ㄴ. 전기 전도성은 $X(l)$가 $Y(l)$보다 크다.
ㄷ. B_2에는 이중 결합이 있다.

① ㄱ　　② ㄴ　　③ ㄱ, ㄷ　　④ ㄴ, ㄷ　　⑤ ㄱ, ㄴ, ㄷ

그림은 화합물 AB와 BC_2를 화학 결합 모형으로 나타낸 것이다.

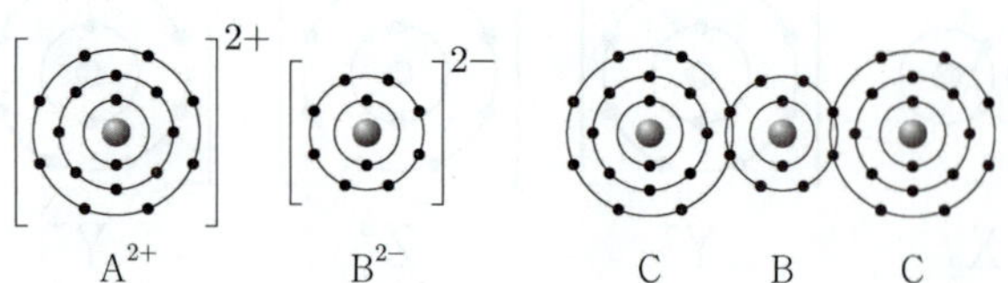

이에 대한 설명으로 옳은 것만을 〈보기〉에서 있는 대로 고른 것은? (단, A~C는 임의의 원소 기호이다.)

─── [보기] ───
ㄱ. A는 3주기 원소이다.
ㄴ. AB는 이온 결합 물질이다.
ㄷ. A와 C는 1 : 2로 결합하여 안정한 화합물을 형성한다.

① ㄱ ② ㄴ ③ ㄱ, ㄷ ④ ㄴ, ㄷ ⑤ ㄱ, ㄴ, ㄷ

D12 ✽✽✽ ⋯⋯⋯⋯⋯ 2022 실시 3월 학평 15 / 화학 Ⅰ (고3) 변형

그림은 화합물 AB와 CD를 화학 결합 모형으로 나타낸 것이다. 양성자수는 $A^{n+} < C^{2+}$이다.

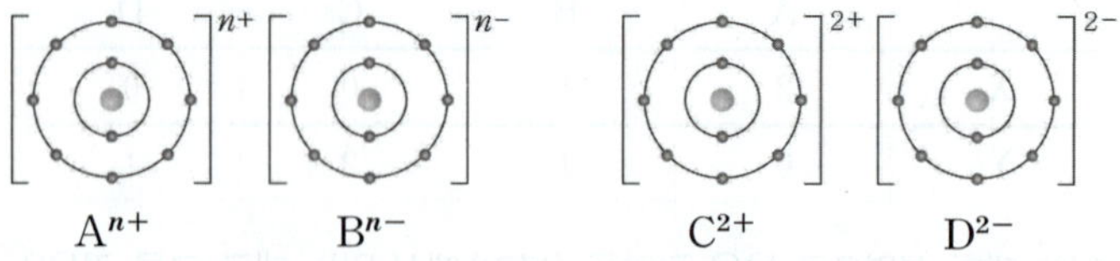

이에 대한 옳은 설명만을 〈보기〉에서 있는 대로 고른 것은? (단, A~D는 임의의 원소 기호이다.)

─── [보기] ───
ㄱ. $CD(l)$는 전기 전도성이 있다.
ㄴ. $n = 1$이다.
ㄷ. 원자가 전자 수는 $B^{n-} < D^{2-}$이다.

① ㄱ ② ㄷ ③ ㄱ, ㄴ ④ ㄴ, ㄷ ⑤ ㄱ, ㄴ, ㄷ

단서 화학 결합에 대한 조건이 제시되어 있다.
발상 금속 원소와 비금속 원소를 구분하여 공유 결합 물질과 이온 결합 물질을 추론할 수 있다.

D13 ✽✽✽✽ ⋯⋯⋯⋯⋯ 2024 실시 9월 학평 3 / 화학 Ⅰ (고2) 변형

그림은 3가지 물질을 주어진 기준에 따라 분류한 것이다.

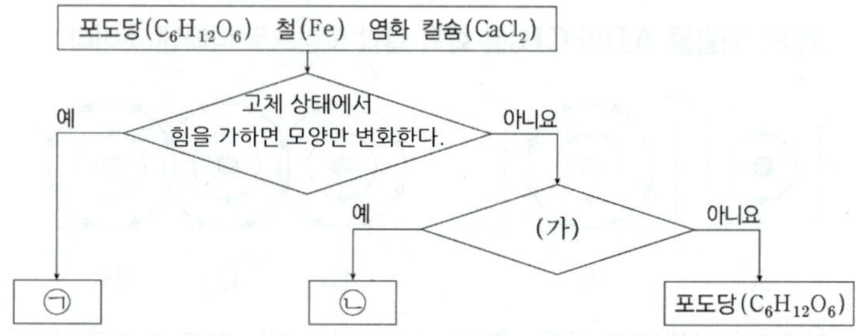

이에 대한 설명으로 옳은 것만을 〈보기〉에서 있는 대로 고른 것은?

─── [보기] ───
ㄱ. ㉠은 철(Fe)이다.
ㄴ. '공유 결합 물질인가?'는 (가)로 적절하다.
ㄷ. ㉡은 금속 양이온과 자유 전자 사이의 정전기적 인력으로 결합이 형성된 물질이다.

① ㄱ ② ㄴ ③ ㄱ, ㄷ ④ ㄴ, ㄷ ⑤ ㄱ, ㄴ, ㄷ

D14 ✽✽✽✽ ⋯⋯⋯⋯⋯ 2023 실시 9월 학평 2 / 화학 Ⅰ (고2) 변형

그림은 주기율표의 일부를 나타낸 것이다.

주기＼족	1	2	13	14	15	16	17	18
1	A							
2				B	C			
3			D				E	

이에 대한 설명으로 옳은 것만을 〈보기〉에서 있는 대로 고른 것은? (단, A~E는 임의의 원소 기호이다.)

─── [보기] ───
ㄱ. ABC에서 공유 전자쌍 수는 비공유 전자쌍 수의 4배이다.
ㄴ. D는 고체 상태에서 전기 전도성이 있다.
ㄷ. BE_4의 구성 원자는 모두 18족 원소와 같은 전자 배치를 가진다.

① ㄱ ② ㄷ ③ ㄱ, ㄴ ④ ㄴ, ㄷ ⑤ ㄱ, ㄴ, ㄷ

D15 ✱✱✿

다음은 이온 결합에 대한 탐구 활동이다.

〈규칙〉
○ 정팔면체에서 평행하여 마주 보는 면의 두 원소는 1 : 1 의 개수비로 이온 결합을 형성한다.
○ 이온 결합을 형성하는 두 이온의 바닥상태 전자 배치는 서로 같다.

〈탐구 활동〉
(가) 정팔면체 전개도를 준비한다.

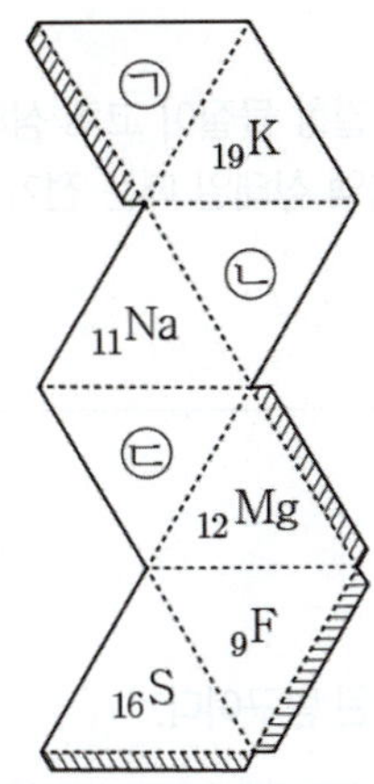

(나) 점선은 접고, 빗금 친 면은 풀칠하여 규칙을 만족하는 정팔면체를 완성한다. 이때, 서로 마주 보는 면은 $_{11}Na$과 $_9F$, $_{12}Mg$과 ㉠, ㉡과 $_{16}S$, $_{19}K$과 ㉢이다.

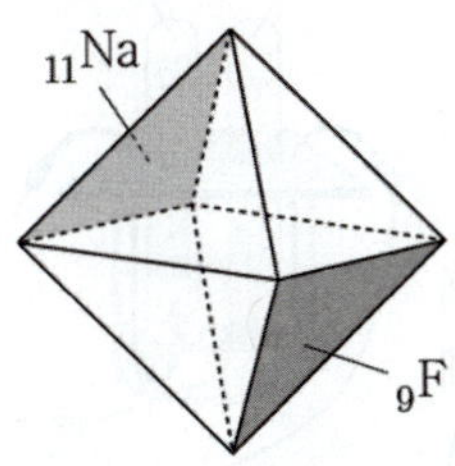

㉠~㉢으로 옳은 것은? (3점)

	㉠	㉡	㉢		㉠	㉡	㉢
①	$_8O$	$_{12}Mg$	$_{17}Cl$	②	$_8O$	$_{20}Ca$	$_{17}Cl$
③	$_8O$	$_{20}Ca$	$_{16}S$	④	$_{16}S$	$_{20}Ca$	$_8O$
⑤	$_{16}S$	$_{12}Mg$	$_8O$				

D16 ✱✱✿

다음은 $NaCl$, MgF_2, Al_2O_3, CaS을 기준 (가)~(다)에 따라 분류한 것이다.

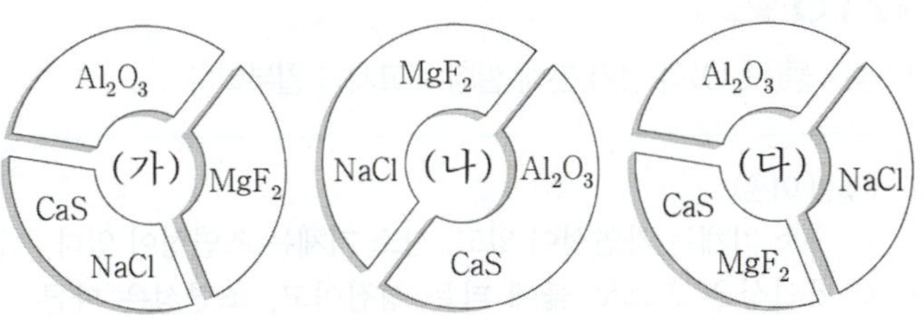

(가)~(다)로 가장 적절한 것을 〈보기〉에서 고른 것은?

[보기]
ㄱ. 양이온의 전하량
ㄴ. 음이온의 전하량
ㄷ. 화합물 1 mol에 들어 있는 이온의 수

	(가)	(나)	(다)		(가)	(나)	(다)
①	ㄱ	ㄴ	ㄷ	②	ㄱ	ㄷ	ㄴ
③	ㄴ	ㄱ	ㄷ	④	ㄷ	ㄱ	ㄴ
⑤	ㄷ	ㄴ	ㄱ				

D17 ✱✱✿

다음은 화학 결합에 대한 과학 시화 작품의 일부이다.

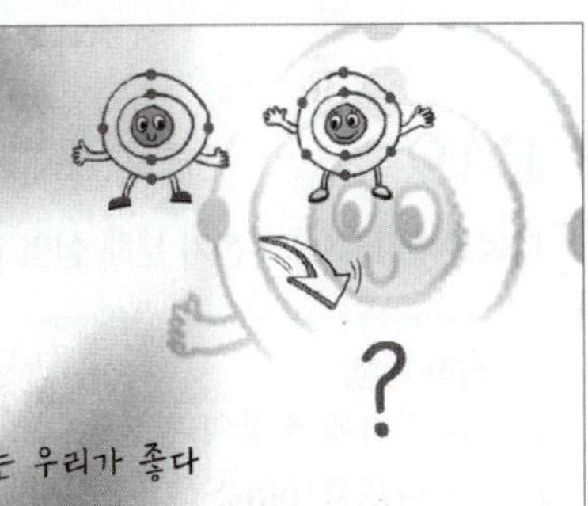

이에 대한 설명으로 옳은 것만을 〈보기〉에서 있는 대로 고른 것은? (3점)

[보기]
ㄱ. ㉠의 원자가 전자 수는 4이다.
ㄴ. ㉠과 ㉡은 같은 주기 원소이다.
ㄷ. ㉢은 이온 결합에 대한 설명이다.

① ㄱ　　② ㄷ　　③ ㄱ, ㄴ　④ ㄴ, ㄷ　⑤ ㄱ, ㄴ, ㄷ

D18 ✿✿✿✿

다음은 물(H_2O)의 전기 분해 실험 보고서의 일부이다.

<실험 이론>
○ 수소 기체는 가연성이 있고, 산소 기체는 조연성이 있다.
○ 가연성은 스스로 불에 타는 성질이고, 조연성은 다른 물질의 연소를 도와주는 성질이다.
(중략)

<실험 결과>
○ 시험관에 각각 모은 기체의 부피 비는 ㉠ : ㉡ = 2 : 1 이다.

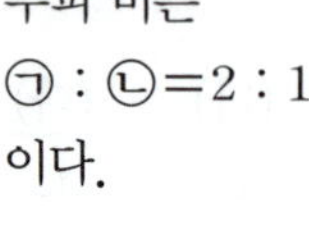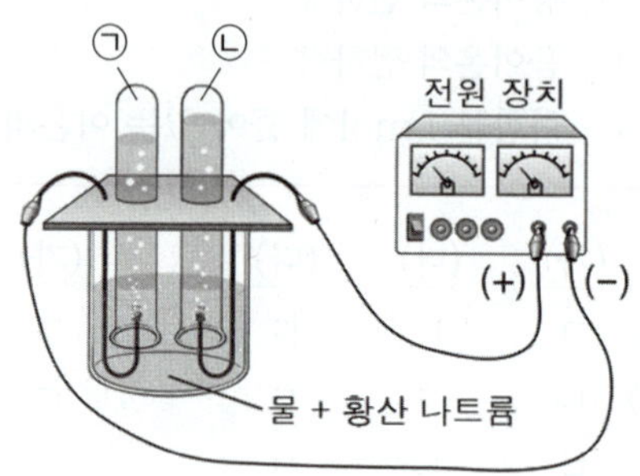

물의 전기 분해로 발생한 두 가지 기체 ㉠, ㉡을 쓰고, <실험 이론>과 관련된 각각의 기체를 확인하는 방법을 한 가지씩 서술하시오. 서술형

D19 ✿✿✿✿

다음은 물(H_2O)의 전기 분해 실험 과정의 일부이다.

<실험 과정>
(가) 비커에 소량의 황산 나트륨(Na_2SO_4)을 녹인 물을 넣고 전기 분해를 한다.
(중략)

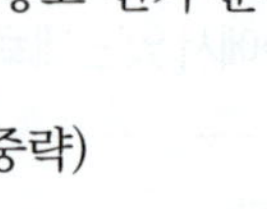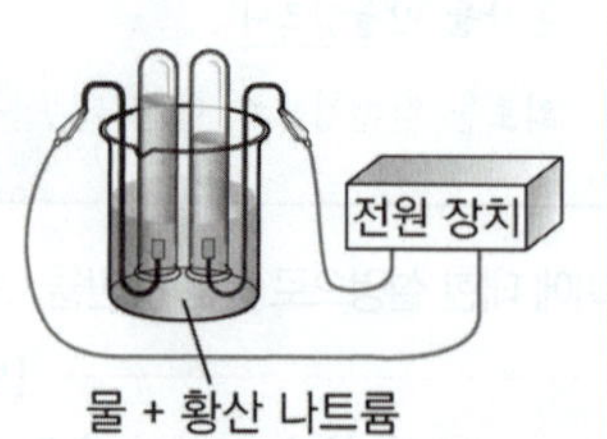

(1) 물을 전기 분해하기 전에 넣는 황산 나트륨과 같은 물질을 부르는 명칭을 쓰시오. 단답형

(2) (1)을 녹이는 까닭을 서술하시오. 서술형

D20 ✿✿✿✿

그림은 화합물 AB를 화학 결합 모형으로 나타낸 것이다. (단, A, B는 임의의 원소 기호이고, 화합물에서 모두 18족 원소와 같은 전자 배치를 가진다.)

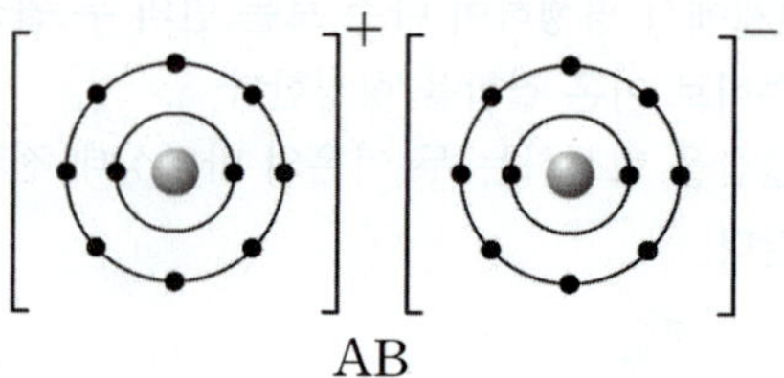

(1) 화합물 AB의 화학 결합 종류를 쓰시오. 단답형

(2) (1)에서 서술한 화학 결합 물질이 고체 상태일 때는 전기 전도성이 없으나 액체, 수용액 상태일 때는 전기 전도성이 있는 까닭을 서술하시오. 서술형

D21 ✿✿✿✿

다음은 물(H_2O)과 관련된 탐구이다.

<실험 제목> ㉠

<실험 과정>
(가) 비커에 물을 넣고, 황산 나트륨(Na_2SO_4)을 소량 녹인다.
(나) (가)의 수용액으로 가득 채운 시험관 A와 B에 전극을 설치하고 전류를 흘려 주어 생성되는 기체를 그림과 같이 시험관에 각각 모은다.
(다) (나)의 각 시험관에 모은 기체의 종류를 확인하고 부피를 측정한다.

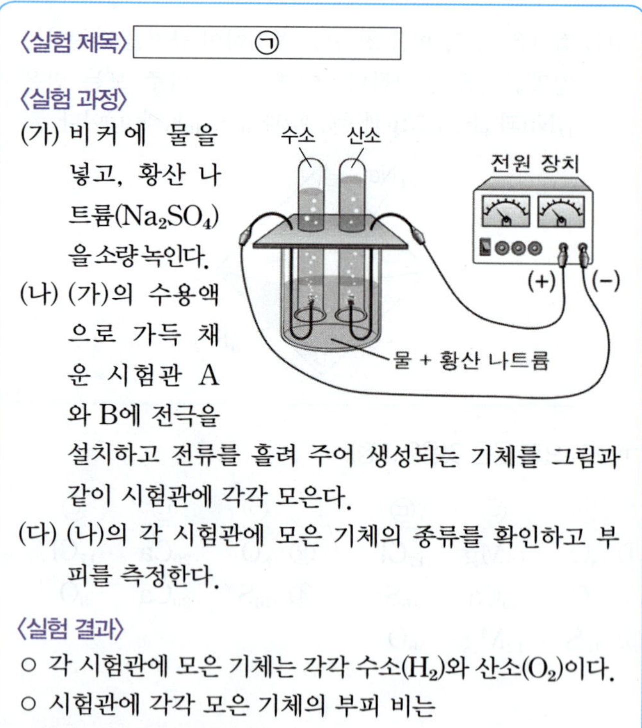

<실험 결과>
○ 각 시험관에 모은 기체는 각각 수소(H_2)와 산소(O_2)이다.
○ 시험관에 각각 모은 기체의 부피 비는 $H_2 : O_2 = 2 : 1$이다.

(1) ㉠을 쓰시오. 단답형

(2) <실험 결과>를 통해 물 분자를 이루는 원자 사이의 화학 결합에 대해 알 수 있는 점을 서술하시오. 서술형

D22 ❋❋❋ 2028 대비 수능 예시 9 (1차)

다음은 어떤 학생이 작성한 과산화 수소 활용 실험 보고서이다.

〈가설 1〉
- 감자즙에는 ⓐ 과산화 수소 분해 반응을 촉진하는 효소가 있을 것이다.

〈가설 2〉
- 과산화 수소수는 산성을 띨 것이다.

〈준비물〉
- 4홈판, 스포이트, 과산화 수소수, 감자즙, BTB 용액

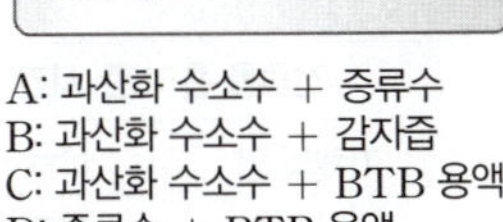

A: 과산화 수소수 + 증류수
B: 과산화 수소수 + 감자즙
C: 과산화 수소수 + BTB 용액
D: 증류수 + BTB 용액

〈실험 과정〉
(가) 4홈판의 A∼C에는 각각 과산화 수소수 3 mL를 넣고, D에는 증류수 3 mL를 넣는다.
(나) A에는 증류수, B에는 감자즙, C와 D에는 각각 BTB 용액을 2∼3방울 넣는다.
(다) A∼D에서 기포 생성 여부와 용액의 색 변화를 관찰한다.

〈실험 결과〉

구분	A	B	C	D
기포 생성 여부	생성 안 됨	생성됨	생성 안 됨	생성 안 됨
색깔	투명	?	노란색	녹색

이에 대한 설명으로 옳은 것만을 〈보기〉에서 있는 대로 고른 것은?

[보기]
ㄱ. ⓐ는 과산화 수소 분해 반응의 활성화에너지를 낮춘다.
ㄴ. 과산화 수소 분해로 생성된 산소(O_2)는 공유 결합 물질이다.
ㄷ. C와 D에서의 실험 결과를 비교하여 가설 2를 검증할 수 있다.

① ㄱ   ② ㄷ   ③ ㄱ, ㄴ   ④ ㄴ, ㄷ   ⑤ ㄱ, ㄴ, ㄷ

D23 ❋❋❋ 2028 대비 수능 예시 14 (2차)

다음은 전자껍질 모형을 이용한 원소의 전자 배치와 관련된 탐구 활동이다.

〈2, 3주기 원소의 전자 배치 규칙〉
(가) 원자가 가진 모든 전자 중 2개를 원자핵에서 가장 가까운 첫 번째 전자껍질에 배치한다.
(나) 남은 전자를 두 번째 전자껍질에 8개까지 가능한 한 많이 배치한다. 이후 전자가 남으면 세 번째 전자껍질에 나머지 모두를 배치한다.

〈탐구 과정 및 결과〉
○ 전자 배치 규칙에 따라 산소(O) 원자와 원자 X, Y, Z의 전자를 배치하여 표와 같이 정리하였다. X, Y, Z의 원자 번호는 각각 7∼17 중 하나이다.

원자	O	X	Y	Z
원자가 전자 수 / 전자가 들어 있는 전자껍질 수	$9a$	$6a$	$3a$	a

이에 대한 설명으로 옳은 것만을 〈보기〉에서 있는 대로 고른 것은? (단, X, Y, Z는 임의의 원소 기호이다.) (2점)

[보기]
ㄱ. Z는 전자 2개를 잃으면 네온(Ne)의 전자 배치를 갖는다.
ㄴ. XO_2는 공유 결합 화합물이다.
ㄷ. Y와 산소(O)가 결합하여 형성된 안정한 화합물은 액체 상태에서 전기 전도성이 있다.

① ㄱ   ② ㄴ   ③ ㄱ, ㄷ   ④ ㄴ, ㄷ   ⑤ ㄱ, ㄴ, ㄷ

다음은 2, 3주기에서 원자 번호가 서로 다른 원소 W ~ Z와 인체를 구성하는 원소의 질량비에 대한 자료이다.

〈W~Z에 대한 자료〉
○ W는 3주기 2족 원소이다.
○ 원자가 전자 수의 비는 X : Y : Z=2 : 2 : 3이다.
○ 원자 번호는 Y가 Z보다 크다.

〈인체를 구성하는 원소의 질량비에 대한 자료〉

㉠ 65.0%	㉡ 18.5%	수소 9.5%	기타 7.0%

이에 대한 설명으로 옳은 것만을 〈보기〉에서 있는 대로 고른 것은? (단, W~Z는 임의의 원소 기호이다.) (2.5점)

[보기]
ㄱ. W는 금속 원소이다.
ㄴ. ㉠은 X이다.
ㄷ. 광합성을 하는 식물은 YZ_2를 사용하여 포도당을 합성한다.

① ㄱ   ② ㄴ   ③ ㄱ, ㄴ   ④ ㄱ, ㄷ   ⑤ ㄴ, ㄷ

그림은 화합물 AB와 CD를 화학 결합 모형으로 나타낸 것이다.

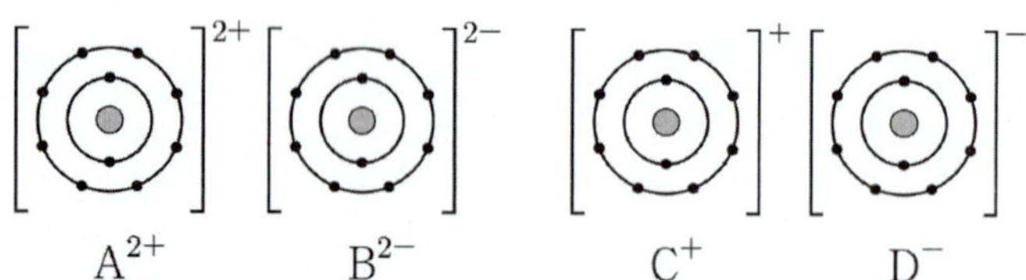

이에 대한 설명으로 옳은 것만을 〈보기〉에서 있는 대로 고른 것은? (단, A~D는 임의의 원소 기호이다.)

[보기]
ㄱ. A~D에서 2주기 원소는 2가지이다.
ㄴ. A는 비금속 원소이다.
ㄷ. BD_2는 이온 결합 물질이다.

① ㄱ   ② ㄴ   ③ ㄱ, ㄷ   ④ ㄴ, ㄷ   ⑤ ㄱ, ㄴ, ㄷ

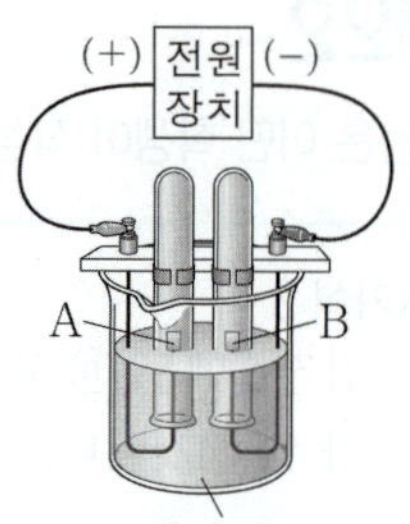

다음은 물(H_2O)의 전기 분해 실험이다.

〈실험 과정〉
(가) 비커에 물을 넣고, 황산 나트륨을 소량 녹인다.
(나) 그림과 같이 (가)의 수용액으로 가득 채운 시험관에 전극 A와 B를 설치하고, 전류를 흘려 생성되는 기체를 각각의 시험관에 모은다.

〈실험 결과〉
○ (나)에서 생성된 기체는 수소(H_2)와 산소(O_2)였다.
○ 각 전극에서 생성된 기체의 양(mol) ($0 < t_1 < t_2$)

전류를 흘려 준 시간		t_1	t_2
기체의 양 (mol)	전극 A	x	N
	전극 B	N	y

이에 대한 설명으로 옳은 것만을 〈보기〉에서 있는 대로 고른 것은?

[보기]
ㄱ. 전극 A에서 생성된 기체는 O_2이다.
ㄴ. H_2O을 이루고 있는 H 원자와 O 원자 사이의 화학 결합에는 전자가 관여한다.
ㄷ. $\dfrac{x}{y} = \dfrac{1}{4}$이다.

① ㄱ   ② ㄷ   ③ ㄱ, ㄴ   ④ ㄴ, ㄷ   ⑤ ㄱ, ㄴ, ㄷ

다음은 물 분자의 화학 결합 모형과 이에 대한 세 학생의 대화이다.

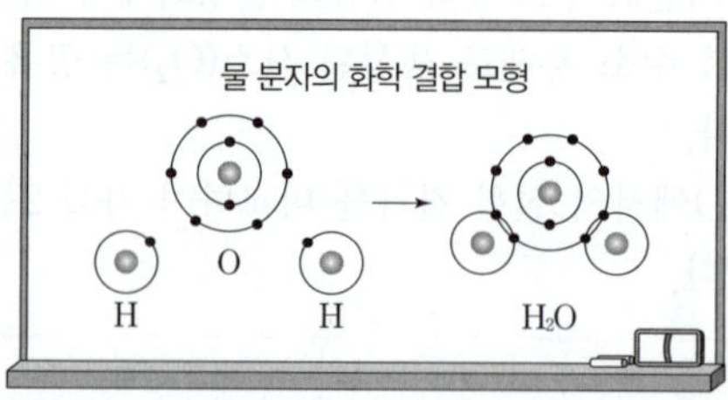

제시한 내용이 옳은 학생만을 있는 대로 고른 것은?

① A   ② C   ③ A, B   ④ B, C   ⑤ A, B, C

D28 ❀❀❀ .... 2024 실시 7월 학평 8 / 화학 I (고3)

다음은 안정한 이온 결합 화합물 (가)와 (나)에 대한
자료이다. 원자 Z의 안정한 이온 Z^{n+}은 Ar의 전자 배치를 갖는다.

○ (가)의 화학 결합 모형

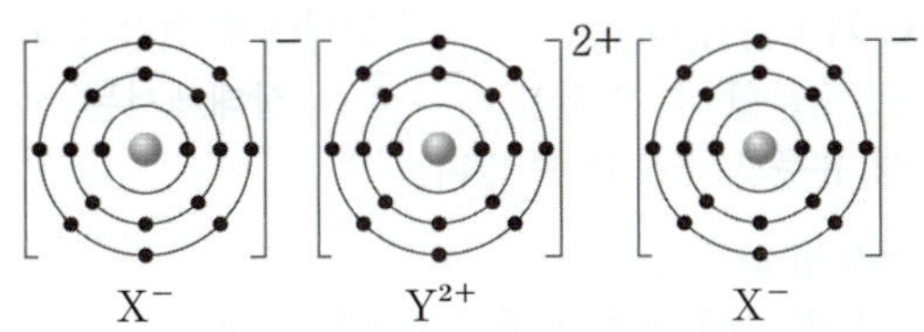

○ (나)는 Z^{n+}과 X^-으로 이루어져 있다.

○ 화합물을 구성하는 $\dfrac{\text{음이온 수}}{\text{양이온 수}}$ 는 (가)가 (나)의 2배이다.

이에 대한 설명으로 옳은 것만을 〈보기〉에서 있는 대로 고른 것은?
(단, X∼Z는 임의의 원소 기호이다.)

[보기]

ㄱ. 원자 번호는 Y>Z이다.

ㄴ. Z(s)는 전기 전도성이 있다.

ㄷ. $\dfrac{\text{(가) 1 mol에 들어 있는 } X^-\text{의 양(mol)}}{\text{(나) 1 mol에 들어 있는 전체 이온의 양(mol)}}=2$이다.

① ㄱ　② ㄷ　③ ㄱ, ㄴ　④ ㄴ, ㄷ　⑤ ㄱ, ㄴ, ㄷ

D30 ❀❀❀ .... 2025 대비 수능 3 / 화학 I

표는 이온 결합 화합물 (가)∼(다)에 대한 자료이다.

화합물	구성 이온	화합물 1 mol에 들어 있는 전체 이온의 양(mol)	화합물 1 mol에 들어 있는 전체 전자의 양(mol)
(가)	K^+, X^-	㉠	28
(나)	K^+, Y^-		36
(다)	Ca^{2+}, O^{2-}	㉡	㉢

이에 대한 설명으로 옳은 것만을 〈보기〉에서 있는 대로 고른 것은?
(단, O, K, Ca의 원자 번호는 각각 8, 19, 20이고, X와 Y는
임의의 원소 기호이다.)

[보기]

ㄱ. Y는 3주기 원소이다.

ㄴ. ㉠>㉡이다.

ㄷ. ㉢은 28이다.

① ㄱ　② ㄴ　③ ㄱ, ㄷ　④ ㄴ, ㄷ　⑤ ㄱ, ㄴ, ㄷ

D29 ❀❀❀ .... 2024 실시 5월 학평 3 / 화학 I (고3)

그림은 화합물 WXY와 ZXY를 화학 결합 모형으로
나타낸 것이다.

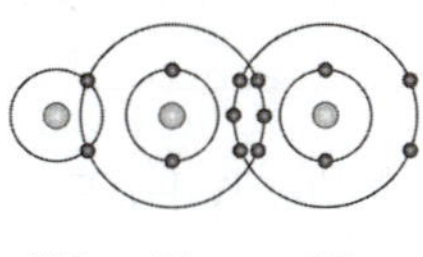 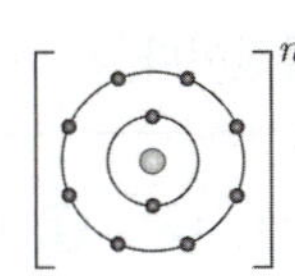 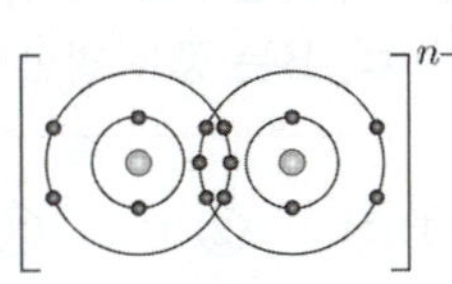

이에 대한 설명으로 옳은 것만을 〈보기〉에서 있는 대로 고른 것은?
(단, W∼Z는 임의의 원소 기호이다.)

[보기]

ㄱ. WXY는 공유 결합 물질이다.

ㄴ. $n=1$이다.

ㄷ. W∼Z 중 원자가 전자 수는 X가 가장 크다.

① ㄱ　② ㄷ　③ ㄱ, ㄴ　④ ㄴ, ㄷ　⑤ ㄱ, ㄴ, ㄷ

D31 ❀❀❀ .... 2024 실시 7월 학평 2 / 화학 I (고3)

그림은 이온 X^{2-}, Y^{2+}, Z^-의 전자 배치를 모형으로
나타낸 것이다.

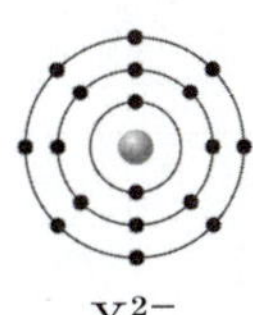  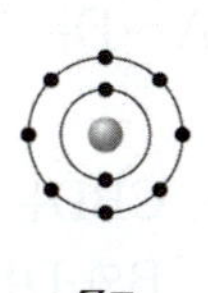

이에 대한 설명으로 옳은 것만을 〈보기〉에서 있는 대로 고른 것은?
(단, X∼Z는 임의의 원소 기호이다.)

[보기]

ㄱ. X는 2족 원소이다.

ㄴ. Z는 플루오린(F)이다.

ㄷ. X와 Y는 1 : 1로 결합하여 안정한 화합물을 형성한다.

① ㄱ　② ㄴ　③ ㄱ, ㄷ　④ ㄴ, ㄷ　⑤ ㄱ, ㄴ, ㄷ

D32 ✽✽❀

그림은 물(H_2O)을 전기 분해하는 것을 나타낸 것이다.

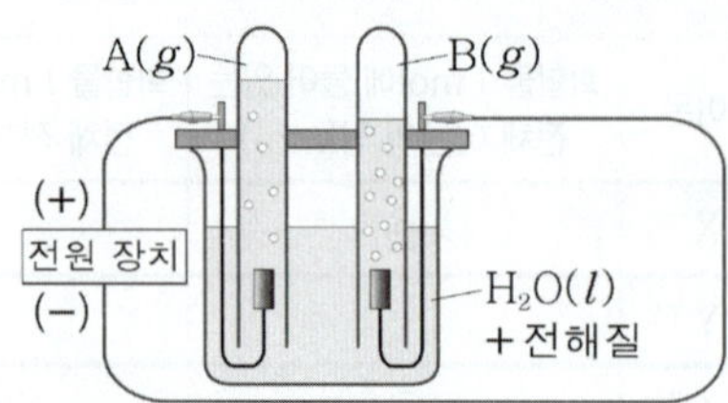

$\dfrac{(-)극에서\ 생성된\ 기체\ B의\ 질량}{(+)극에서\ 생성된\ 기체\ A의\ 질량}$은? (단, H, O의 몰질량(g/mol)은 각각 1, 16이다.)

① $\dfrac{1}{16}$　② $\dfrac{1}{8}$　③ 2　④ 8　⑤ 16

D33 ✽✽❀

그림은 화합물 AB와 CBD를 화학 결합 모형으로 나타낸 것이다.

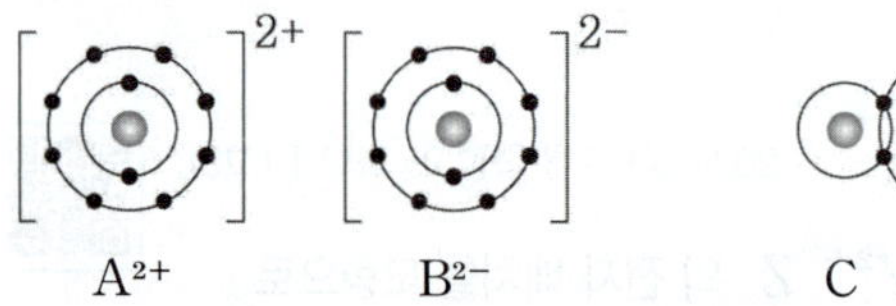

이에 대한 설명으로 옳은 것만을 〈보기〉에서 있는 대로 고른 것은? (단, A∼D는 임의의 원소 기호이다.)

[보기]
ㄱ. CBD는 공유 결합 물질이다.
ㄴ. B와 D는 같은 족 원소이다.
ㄷ. A와 D는 1 : 2로 결합하여 안정한 화합물을 생성한다.

① ㄱ　② ㄴ　③ ㄱ, ㄷ　④ ㄴ, ㄷ　⑤ ㄱ, ㄴ, ㄷ

D34 ✽❀❀

다음은 학생 X가 수행한 탐구 활동이다. A와 B는 각각 염화 칼륨(KCl)과 포도당($C_6H_{12}O_6$) 중 하나이다.

[가설]
○ KCl과 $C_6H_{12}O_6$은 ☐☐☐ 상태에서 전기 전도성 유무로 구분할 수 없지만, ☐㉠☐ 상태에서는 전기 전도성 유무로 구분할 수 있다.

[탐구 과정 및 결과]
(가) 그림과 같이 전류가 흐르면 LED 램프가 켜지는 전기 전도성 측정 장치를 준비한다.

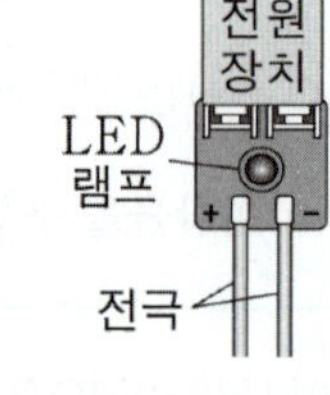

(나) KCl(s)에 전극을 대어 LED 램프가 켜지는지 확인하고, 결과를 표로 정리한다.
(다) KCl(s) 대신 KCl(aq), $C_6H_{12}O_6(s)$, $C_6H_{12}O_6(aq)$을 이용하여 (나)를 반복한다.

물질	A		B	
	고체 상태	수용액 상태	고체 상태	수용액 상태
LED 램프	×	○	×	×

(○ : 켜짐, × : 켜지지 않음)

[결론]
○ 가설은 옳다.

학생 X의 탐구 과정 및 결과와 결론이 타당할 때, 이에 대한 설명으로 옳은 것만을 〈보기〉에서 있는 대로 고른 것은? (3점)

[보기]
ㄱ. '수용액'은 ㉠으로 적절하다.
ㄴ. A는 KCl이다.
ㄷ. B는 공유 결합 물질이다.

① ㄱ　② ㄷ　③ ㄱ, ㄴ　④ ㄴ, ㄷ　⑤ ㄱ, ㄴ, ㄷ

E 전기 음성도와 결합의 극성

1 전기 음성도

1. 전기 음성도: 공유 결합에 참여하는 원자가 공유 전자쌍을 끌어당기는 힘의 크기를 상대적으로 정의한 값이다.

  (1) **전기 음성도의 기준**: 폴링은 ❶ 공유 전자쌍을 끌어 당기는 정도가 가장 큰 플루오린(F)의 전기 음성도를 4.0으로 정하고 이 값을 기준으로 다른 원자들의 전기 음성도를 상대적인 값으로 나타냈다. 전기 음성도는 단위가 없다.

  (2) 전기 음성도 값이 클수록 공유 전자쌍을 끌어당기는 힘이 세다. ❷

  (3) 공유 결합을 이룬 두 원자의 전기 음성도 차이가 클수록 전기 음성도가 큰 원자 쪽으로 공유 전자쌍이 더 많이 치우친다. └ 원자핵이 공유 전자쌍과 가까워 끌어당기기 쉬우므로

  (4) **전기 음성도의 크기**: 원자의 크기가 작을수록, 원자핵의 전하량이 클수록 공유 전자쌍을 끌어당기는 정도가 커지므로 전기 음성도가 커진다.

2. 전기 음성도의 주기적 변화 ❸

같은 족	원자 번호가 커질수록 전자 껍질 수가 증가하여 원자핵과 전자 사이의 인력이 감소하므로 공유 전자쌍을 끌어당기는 힘이 약해진다. ─ 전기 음성도 대체로 감소
같은 주기	원자 번호가 커질수록 유효 핵전하가 ❹ 증가하여 원자핵과 전자 사이의 인력이 증가하므로 공유 전자쌍을 끌어당기는 힘이 강해진다. ─ 전기 음성도 대체로 증가

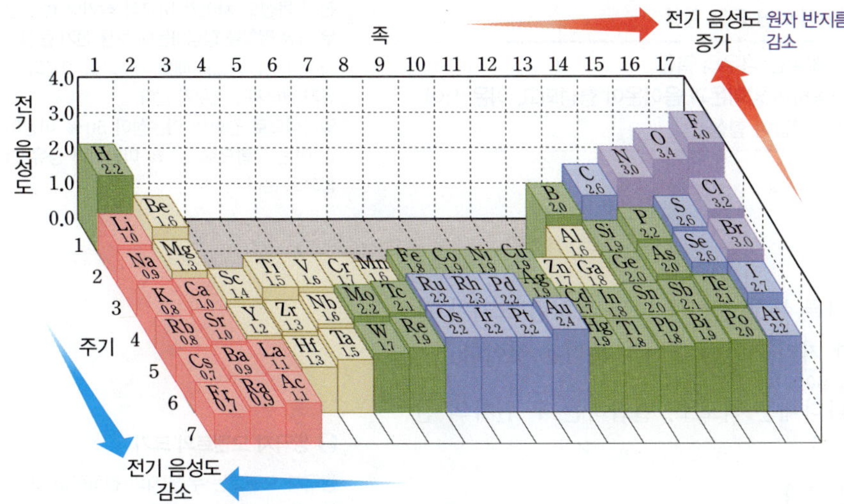

❶ 폴링의 전기 음성도

전기 음성도는 여러 과학자들에 의해 정의되었는데 가장 보편적으로 사용하는 전기 음성도는 폴링(Pauling.L)의 전기 음성도이다.

❷ 18족 원소의 전기 음성도

18족 원소는 매우 안정하여 다른 원자들과 거의 결합을 하지 않으므로 전기 음성도를 나타낼 수 없다.

❸ 전기 음성도의 주기적 변화

전기 음성도는 공유 전자쌍을 끌어당기는 힘의 상대적인 세기이므로 원자핵이 원자가 전자에 미치는 인력이 클수록 전기 음성도도 커진다.

❹ 유효 핵전하

원자에서 전자가 실제로 느끼는 핵전하의 크기로, 원자가 전자가 느끼는 유효 핵전하는 같은 주기에서는 원자 번호가 클수록 증가한다.

❶ 주기율표상에서 오른쪽으로 갈수록, 위쪽으로 갈수록 원자 반지름은 작아지고 전기 음성도는 증가한다.

❷ 전기 음성도는 비금속 원소가 금속 원소보다 크다.
  ➡ 비금속 원소는 대체로 전기 음성도가 2.0보다 크고, 금속 원소는 대체로 전기 음성도가 2.0보다 작다.

❸ 플루오린(F)의 전기 음성도가 가장 크다.

❹ 18족 원소는 결합을 거의 하지 않으므로 전기 음성도를 정의하지 않는다.

2 결합의 극성 [출제] 2025 실시 9월 학평 8번 / 2024 실시 10월 학평 14번

1. 무극성 공유 결합과 극성 ❺ 공유 결합

  (1) **무극성 공유 결합**

    ① 두 원자 주위의 전자 분포가 균일하여 공유 전자쌍이 어느 한 원자 쪽으로 치우치지 않는 공유 결합으로 부분적인 전하가 생기지 않는다.

     ⟐ 무극성 공유 결합의 형성: H_2

    ② 전기 음성도가 같은 종류의 원자 2개가 공유 결합을 형성하는 경우에 무극성 공유 결합이 형성된다. ⟐ $H_2(H-H)$, $O_2(O=O)$, $N_2(N\equiv N)$, $Cl_2(Cl-Cl)$ 등

❺ 극성(polarity)

양극단의 전하가 (+)와 (−)로 분리되어 있는 성질이다.

(2) 극성 공유 결합

① 공유 전자쌍이 전기 음성도가 더 큰 원자 쪽으로 치우쳐 분포하는 공유 결합으로 전기 음성도가 큰 원자는 공유 전자쌍을 강하게 당겨서 부분적인 음전하(δ^-)를, 전기 음성도가 작은 원자는 부분적인 양전하(δ^+)를 띤다. ❶

예 극성 공유 결합의 형성: HCl

② 전기 음성도가 서로 다른 종류의 원자 2개가 공유 결합을 형성하는 경우에 극성 공유 결합이 형성된다. 예 HCl(H−Cl), HF(H−F), HBr(H−Br), HI(H−I) 등

(3) 전기 음성도와 결합의 극성

① 결합을 이루는 두 원자의 전기 음성도 차가 커질수록 공유 전자쌍의 치우침이 더 커지므로 결합의 극성이 대체로 커진다.

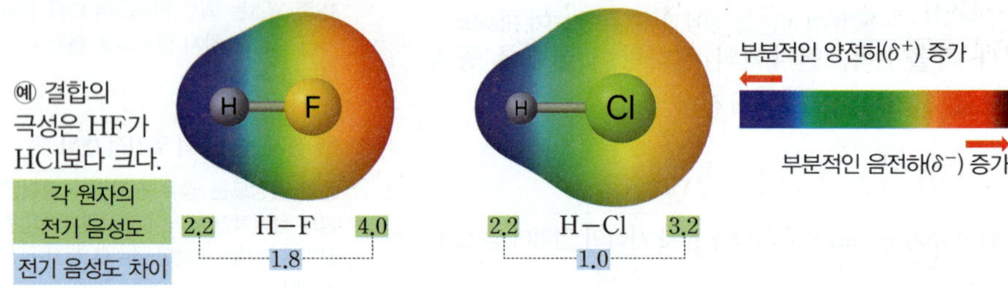

② 전기 음성도의 차이에 따른 결합의 종류 ❷

무극성 공유 결합	두 원자의 전기 음성도 차가 0인 공유 결합
극성 공유 결합	두 원자의 전기 음성도 차가 0이 아닌 공유 결합
이온 결합	두 원자의 전기 음성도 차가 매우 큰 경우의 결합 ➡ 전자가 한 원자 쪽으로 이동하여 양이온과 음이온이 형성되고, 이온 사이의 정전기적 인력으로 이온 결합이 형성

③ 쌍극자 모멘트와 결합의 극성

1. **쌍극자**: 극성 공유 결합에서 두 원자가 서로 다른 부분 전하를 띠는 것처럼 크기가 같고 부호가 반대인 두 전하($+q$, $-q$)가 일정한 거리(r)만큼 떨어져 분리된 것이다.
   └ 결합 길이

2. **쌍극자 모멘트(μ)**: 공유 결합의 극성 크기를 나타내는 척도로, 결합하는 두 원자의 전하량(q)과 거리(r)를 곱한 값으로 나타낸다. ❸

   ➡ 결합의 극성이 클수록 쌍극자 모멘트 값이 크다.
   - **무극성 공유 결합**: 쌍극자 모멘트가 0이다.
   - **극성 공유 결합**: 쌍극자 모멘트가 0보다 크다.

   (1) **쌍극자 모멘트 표시**: 전기 음성도가 작은 원자에서 전기 음성도가 큰 원자 쪽으로 십자 화살표(+——→)의 머리 부분이 향하도록 나타낸다. ❹

   (2) **여러 가지 분자의 쌍극자 모멘트**

분자	물(H_2O)	이산화 탄소(CO_2)	메테인(CH_4)
전기 음성도	O>H	O>C	C>H
쌍극자 모멘트의 표시	O−H 결합은 극성 공유 결합	C=O 결합은 극성 공유 결합	C−H 결합은 극성 공유 결합

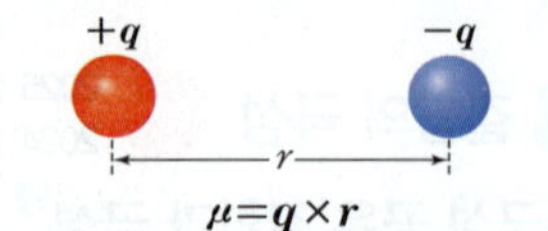

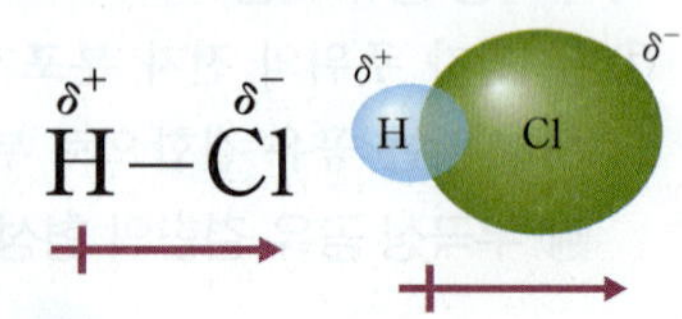

1 전기 음성도

01 전기 음성도에 대한 설명이다. 빈칸에 알맞은 말을 쓰시오.

(1) 공유 결합에 참여하는 원자가 (1　　　　　)을/를 끌어 당기는 힘의 크기를 상대적으로 정의한 값이다.

(2) (2　　　　) 원자의 전기 음성도를 4.0으로 정하고 이 값을 기준으로 다른 원자들의 전기 음성도를 상대적인 값으로 나타낸다.

(3) 전기 음성도는 단위가 (3　　　　).

(4) 전기 음성도 값이 클수록 공유 전자쌍을 끌어당기는 힘이 (4　　　　).

(5) (5　　　　)족 원소는 공유 결합을 하지 않으므로 전기 음성도를 나타낼 수 없다.

(6) 전기 음성도는 금속 원소보다 비금속 원소가 (6　　).

02 다음은 전기 음성도의 주기성에 대한 설명이다. 빈칸에 알맞은 말을 쓰시오.

(1) 같은 족에서는 원자 번호가 클수록 (7　　　　)이/가 증가하므로, 원자핵이 공유 전자쌍을 끌어당기는 힘의 세기가 감소하여 전기 음성도가 대체로 (8　　)한다.

(2) 같은 주기에서는 원자 번호가 클수록 (9　　　　)이/가 증가하므로, 원자핵이 공유 전자쌍을 끌어당기는 힘의 세기가 증가하여 전기 음성도가 대체로 (10　　)한다.

03 그림은 원자 A∼C의 원자 모형을 나타낸 것이다.

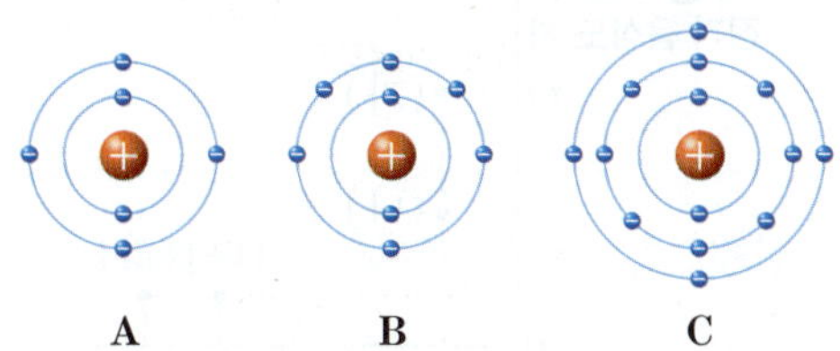

A　　　　　B　　　　　C

원자 A∼C의 전기 음성도 크기를 큰 순서대로 나열하시오. (단, A∼C는 임의의 원소 기호이다.)

(11　　　　　　　)

04 다음은 1족과 17족 원소 일부를 순서 없이 나열한 것이다.

Li,　Na,　Cl,　K,　Br,　I

이 중에서 전기 음성도가 가장 큰 것을 쓰시오.

(12　　　　　)

2 결합의 극성

05 다음은 염화 수소 분자의 결합에 대한 설명이다. 빈칸에 알맞은 말을 쓰시오. (단, 원자는 원소 기호로 쓰시오.)

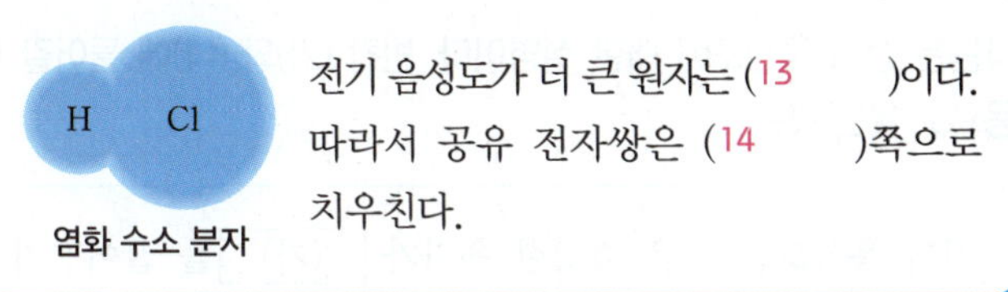

전기 음성도가 더 큰 원자는 (13　　)이다. 따라서 공유 전자쌍은 (14　　)쪽으로 치우친다.

06 다음 분자들의 원자 사이의 결합이 극성 공유 결합인지 무극성 공유 결합인지 구분하시오.

F_2　　HF　　O_2　　HCl

(1) 극성 공유 결합: (15　　　　)
(2) 무극성 공유 결합: (16　　　　)

07 다음 화합물의 공유 결합에서 부분적인 음전하를 띠는 원소를 쓰시오.

(1) H_2O　(17　　　　)
(2) CH_4　(18　　　　)
(3) NH_3　(19　　　　)
(4) CO_2　(20　　　　)
(5) BF_3　(21　　　　)

3 쌍극자 모멘트와 결합의 극성

08 빈칸에 알맞은 말을 쓰시오.

(1) (22　　　　): 한 분자에서 크기가 같고 부호가 반대인 두 전하가 일정한 거리만큼 떨어져 있는 것이다.

(2) (23　　　　): 공유 결합의 극성 크기를 나타내는 척도이다.

(3) 쌍극자 모멘트의 방향은 (24　　)전하에서 (25　　)전하를 향한다.

(4) 결합의 극성이 (26　　　　)수록 쌍극자 모멘트 값이 크다.

(5) 쌍극자 모멘트를 표시할 때는 (27　　　　)이/가 작은 원자에서 (28　　　　)이/가 큰 원자 쪽으로 화살표의 머리 부분이 향하도록 나타낸다.

1 전기 음성도

E01 ✿✿✿　　　　　　　　　　　　내신 기출 변형

다음은 전기 음성도에 대한 설명이다. 빈칸 (가)와 (나)에 들어갈 내용으로 옳은 것은?

전기 음성도는 공유 결합한 원자가 ☐(가)☐ 을 끌어당기는 상대적인 힘의 세기를 나타내는 척도이다.
☐(나)☐ 의 전기 음성도가 가장 크며 그 값은 4.0이다.

	(가)	(나)
①	공유 전자쌍	산소
②	공유 전자쌍	플루오린
③	공유 전자쌍	염소
④	비공유 전자쌍	산소
⑤	비공유 전자쌍	플루오린

E02 ⊙ 고난도　　　　　　　2022 실시 9월 학평 18 / 화학 I (고2)

다음은 원소의 전기 음성도와 관련된 자료이다.

○ 원소의 족과 전기 음성도

원소	X	Y	Z	I	Cl
족	1	17	17	17	17
전기 음성도	x	y	z	㉠	3.0

○ 제시된 원소의 전기 음성도는 X가 가장 작다.
○ 분자에서 구성 원소의 전기 음성도 차

Z_2　　XI　ICl　　XY　　　ClZ　　YZ
0　　　　　　0.5　　　　　　1.0
　　　　　　　　　　　　　　　　전기 음성도 차

이에 대한 설명으로 옳은 것만을 〈보기〉에서 있는 대로 고른 것은? (단, X~Z는 임의의 원소 기호이다.) (3점)

[보기]
ㄱ. ㉠은 2.5이다.
ㄴ. 원자 번호는 Y>Cl이다.
ㄷ. $|y-3.0| > |y-x|$이다.

① ㄴ　　② ㄷ　　③ ㄱ, ㄴ　　④ ㄱ, ㄷ　　⑤ ㄱ, ㄴ, ㄷ

E03 ✿✿✿　　　　　　　　　　　　내신 기출 변형

다음은 2, 3주기 원소의 주기율표 일부를 나타낸 것이다.

주기＼족	1	2	13	14	15	16	17	18
2		A					B	
3		C				D		

A~D 중, 전기 음성도가 가장 큰 것과 가장 작은 것을 순서대로 옳게 고른 것은? (단, A~D는 임의의 원소 기호이다.)

① A, B　② A, D　③ B, C　④ B, D　⑤ D, A

2 결합의 극성

E04 ✿✿✿　　　　　　2025 대비 수능 8 / 화학 I

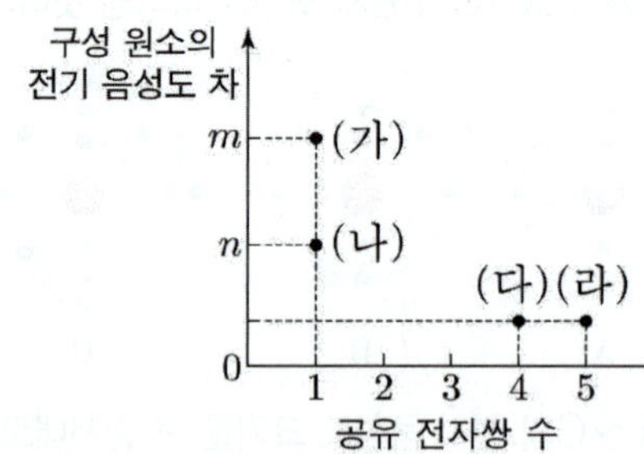

그림은 수소(H)와 원소 X~Z로 구성된 분자 (가)~(라)의 공유 전자쌍 수와 구성 원소의 전기 음성도 차를 나타낸 것이다. (가)~(라)는 각각 H_aX_a, H_bX, HY, HZ 중 하나이고, 분자에서 X~Z는 옥텟 규칙을 만족한다. X~Z는 C, F, Cl를 순서 없이 나타낸 것이고, 전기 음성도는 Y>Z>H이다.

이에 대한 설명으로 옳은 것만을 〈보기〉에서 있는 대로 고른 것은? (3점)

[보기]
ㄱ. $a=2$이다.
ㄴ. (라)에 무극성 공유 결합이 있다.
ㄷ. YZ에서 구성 원소의 전기 음성도 차는 $m-n$이다.

① ㄱ　② ㄷ　③ ㄱ, ㄴ　④ ㄴ, ㄷ　⑤ ㄱ, ㄴ, ㄷ

E05 ✱✱✱❋

표는 원소 X~Z로 구성된 분자 (가)~(다)에 대한 자료이다. X~Z는 N, O, F을 순서 없이 나타낸 것이고, (가)~(다)에서 모든 원자는 옥텟 규칙을 만족한다.

분자	구조식	부분적인 양전하(δ^+)를 띠는 원자
(가)	X−Y−Y−X	Y
(나)	Y=Z−Z=Y	Z
(다)	X−Z=Z−X	

이에 대한 설명으로 옳은 것만을 〈보기〉에서 있는 대로 고른 것은?

──────[보기]──────
ㄱ. X는 F이다.
ㄴ. (가)~(다)에는 모두 무극성 공유 결합이 있다.
ㄷ. (다)에서 Z는 부분적인 양전하(δ^+)를 띤다.

① ㄱ   ② ㄷ   ③ ㄱ, ㄴ   ④ ㄴ, ㄷ   ⑤ ㄱ, ㄴ, ㄷ

E06 ✱✱✱

표는 두 원자로 이루어진 화합물에서 전기 음성도 차이에 따른 결합 모형을, 그래프는 원소 A~D의 전기 음성도를 나타낸 것이다.

전기 음성도 차이	결합 모형
0	
0.1~1.7	δ^+ δ^-
1.7~3.3	$+$ $-$

그래프: 전기 음성도 — A 0.9, B 1, C 3, D 4

A~D 원자 간 결합 중 극성 공유 결합에 해당하는 것은? (단, A~D는 임의의 원소 기호이다.)

① A−C   ② A−D   ③ B−C
④ B−D   ⑤ C−D

E07 ✱✱✱❋

그림은 2, 3주기 원소 W~Z로 구성된 분자 (가)와 (나)의 구조식을 나타낸 것이다. (가)와 (나)에서 모든 원자는 옥텟 규칙을 만족하고, 전기 음성도는 Y>W이며, 원자 번호는 Z>X이다.

$$
\begin{array}{c}
\text{W} \\
| \\
\text{W} - \text{X} - \text{W} \\
\text{(가)}
\end{array}
\qquad
\begin{array}{c}
\text{Y} \\
| \\
\text{Y} - \text{Z} - \text{Y} \\
\text{(나)}
\end{array}
$$

이에 대한 설명으로 옳은 것만을 〈보기〉에서 있는 대로 고른 것은? (단, W~Z는 임의의 원소 기호이다.) (3점)

──────[보기]──────
ㄱ. W는 Cl이다.
ㄴ. (나)에서 Z는 부분적인 양전하(δ^+)를 띤다.
ㄷ. X_2Y_4에는 무극성 공유 결합이 있다.

① ㄱ   ② ㄷ   ③ ㄱ, ㄴ   ④ ㄴ, ㄷ   ⑤ ㄱ, ㄴ, ㄷ

E08 ✱✱✱❋

다음은 A_2B_2를 분해하는 반응의 화학 반응식이고, 그림은 ㉠을 화학 결합 모형으로 나타낸 것이다.

$$2A_2B_2 \rightarrow 2\;\boxed{\;㉠\;} + B_2$$

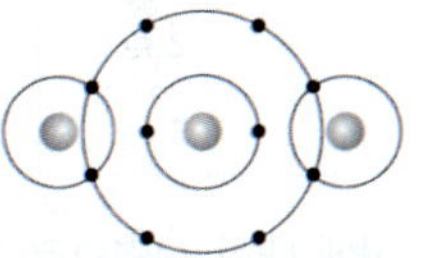

이에 대한 설명으로 옳은 것만을 〈보기〉에서 있는 대로 고른 것은? (단, A와 B는 임의의 원소 기호이다.)

──────[보기]──────
ㄱ. ㉠에는 극성 공유 결합이 있다.
ㄴ. A_2B_2에는 이중 결합이 있다.
ㄷ. $\dfrac{\text{공유 전자쌍 수}}{\text{비공유 전자쌍 수}}$ 의 비는 $A_2B_2 : B_2 = 3 : 2$이다.

① ㄱ   ② ㄴ   ③ ㄱ, ㄷ   ④ ㄴ, ㄷ   ⑤ ㄱ, ㄴ, ㄷ

E09 ❊❊❊❊

그림은 2, 3주기 원소 A∼C로 이루어진 분자 (가), (나)의 구조식을 나타낸 것이다. (가), (나)에서 모든 원자는 옥텟 규칙을 만족하고, 전기 음성도는 A>B>C이다.

$$A-B-A \qquad C-B-C$$
$$\text{(가)} \qquad\qquad \text{(나)}$$

이에 대한 설명으로 옳은 것만을 〈보기〉에서 있는 대로 고른 것은? (단, A∼C는 임의의 원소 기호이다.)

──────── [보기] ────────
ㄱ. B는 2주기 원소이다.
ㄴ. (가)에는 극성 공유 결합이 있다.
ㄷ. (나)에서 C는 부분적인 음전하(δ^-)를 띤다.
─────────────────────

① ㄱ　　② ㄷ　　③ ㄱ, ㄴ　　④ ㄴ, ㄷ　　⑤ ㄱ, ㄴ, ㄷ

E11 ❊❊❊❊

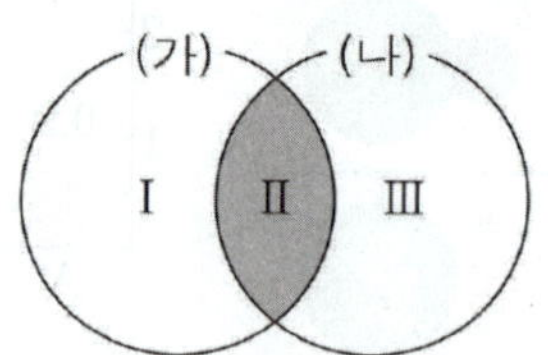

표는 원소 W∼Z로 이루어진 3가지 분자에서 W의 전기 음성도(a)와 나머지 구성 원소의 전기 음성도(b) 차($a-b$)를 나타낸 것이다.

분자	WX_2	Y_2W	Z_2W
$a-b$	−0.5	0.5	1.4

이에 대한 설명으로 옳은 것만을 〈보기〉에서 있는 대로 고른 것은? (단, W∼Z는 임의의 원소 기호이다.) (3점)

──────── [보기] ────────
ㄱ. Y_2W에는 극성 공유 결합이 있다.
ㄴ. 전기 음성도는 Y가 X보다 크다.
ㄷ. ZX에서 Z는 부분적인 음전하(δ^-)를 띤다.
─────────────────────

① ㄱ　　② ㄴ　　③ ㄱ, ㄷ　　④ ㄴ, ㄷ　　⑤ ㄱ, ㄴ, ㄷ

E10 ❊❊❊❊

표는 원소 A∼E에 대한 자료이다.

주기 \ 족	15	16	17
2	A	B	C
3	D		E

이에 대한 설명으로 옳은 것만을 〈보기〉에서 있는 대로 고른 것은? (단, A∼E는 임의의 원소 기호이다.) (3점)

──────── [보기] ────────
ㄱ. 전기 음성도는 B>A>D이다.
ㄴ. BC_2에는 극성 공유 결합이 있다.
ㄷ. EC에서 C는 부분적인 음전하(δ^-)를 띤다.
─────────────────────

① ㄱ　　② ㄷ　　③ ㄱ, ㄴ　　④ ㄴ, ㄷ　　⑤ ㄱ, ㄴ, ㄷ

E12 ❊❊❊❊

다음은 4가지 분자를 기준 (가)와 (나)에 따라 분류하는 벤 다이어그램이다.

분자	$O=O$　　　　$H-O-H$ $O=C=O$　　$H-O-O-H$
분류 기준	(가) 극성 공유 결합이 있다. (나) 무극성 공유 결합이 있다.

Ⅰ, Ⅱ, Ⅲ 영역에 속하는 분자의 가짓수로 옳은 것은? (3점)

	Ⅰ	Ⅱ	Ⅲ			Ⅰ	Ⅱ	Ⅲ
①	1	0	3		②	1	1	2
③	2	0	2		④	2	1	1
⑤	3	0	1					

E13 ✽✽✽

그림은 2주기 원소 A~C로 이루어진 2가지 분자의 모양과 분자 내 전하 분포를 모형으로 나타낸 것이다.

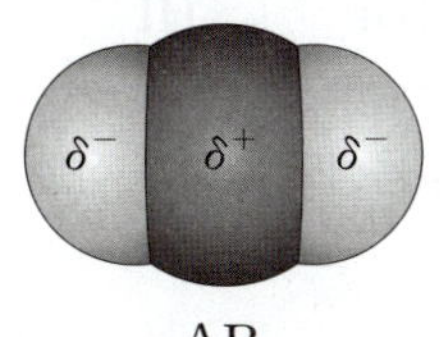
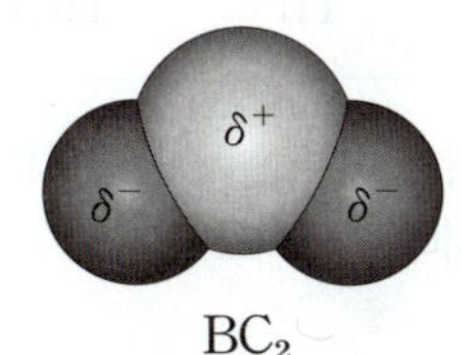

AB₂ 와 BC₂

원소 A~C의 전기 음성도를 옳게 비교한 것은? (단, A~C는 임의의 원소 기호이다.)

① A>B>C   ② B>A>C   ③ B>C>A
④ C>A>B   ⑤ C>B>A

---

3 쌍극자 모멘트와 결합의 극성

E14 ✽✽✽

다음은 결합의 쌍극자 모멘트 표시와 관련된 자료이다.

○ 쌍극자 모멘트의 표시 방법: 전기 음성도가 작은 원자에서 전기 음성도가 큰 원자를 향하도록 십자 화살표($+\!\!\longrightarrow$)를 이용하여 표시한다.
○ 그림은 2주기 원소 X~Z로 이루어진 분자 (가)와 (나)의 구조식에 결합의 쌍극자 모멘트를 표시한 것이고, (가)와 (나)에서 모든 원자는 옥텟 규칙을 만족한다.

$$Y = X = Y \qquad\qquad Z - X \equiv X - Z$$

(가)   (나)

이에 대한 설명으로 옳은 것만을 〈보기〉에서 있는 대로 고른 것은? (단, X~Z는 임의의 원소 기호이다.)

[보기]
ㄱ. (가)에서 Y는 부분적인 양전하(δ^+)를 띤다.
ㄴ. (나)에는 무극성 공유 결합이 있다.
ㄷ. X~Z 중 전기 음성도가 가장 작은 원소는 X이다.

① ㄱ   ② ㄷ   ③ ㄱ, ㄴ   ④ ㄴ, ㄷ   ⑤ ㄱ, ㄴ, ㄷ

E15 ✽✽✽

그림은 2주기 원소 A와 B로 이루어진 결합 (가)와 (나)를 나타낸 것이다.

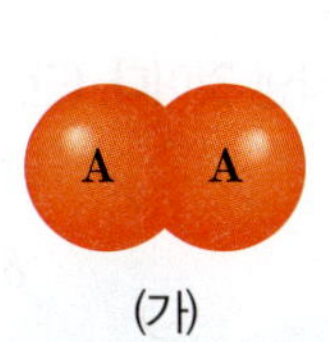
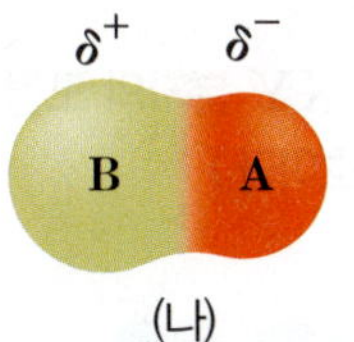

(가)   (나)

이에 대한 설명으로 옳은 것만을 〈보기〉에서 있는 대로 고른 것은? (단, A, B는 임의의 원소 기호이다.)

[보기]
ㄱ. (가)는 무극성 공유 결합이다.
ㄴ. 원자가 전자 수는 A가 B보다 크다.
ㄷ. 쌍극자 모멘트는 (나)가 (가)보다 크다.

① ㄱ   ② ㄴ   ③ ㄱ, ㄷ   ④ ㄴ, ㄷ   ⑤ ㄱ, ㄴ, ㄷ

E16 ✽✽✽

그림은 주기율표의 일부를 나타낸 것이다.

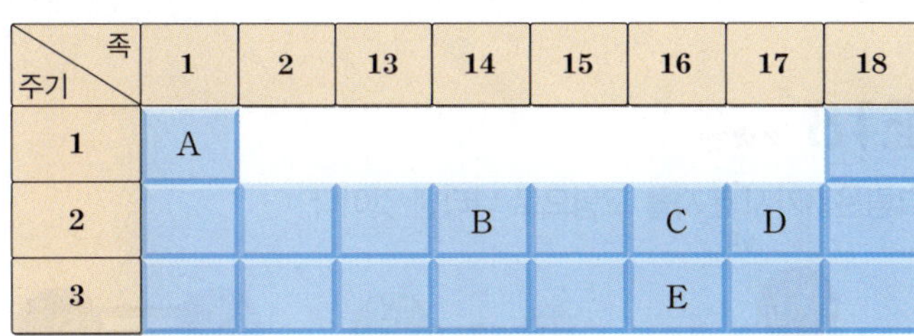

주기＼족	1	2	13	14	15	16	17	18
1	A							
2				B		C	D	
3						E		

이에 대한 설명으로 옳은 것만을 〈보기〉에서 있는 대로 고른 것은? (단, A~E는 임의의 원소 기호이다.)

[보기]
ㄱ. A와 B의 결합은 공유 결합이다.
ㄴ. D와 E의 결합은 무극성 공유 결합이다.
ㄷ. 결합의 쌍극자 모멘트는 E−D가 C−D보다 크다.

① ㄱ   ② ㄴ   ③ ㄱ, ㄷ   ④ ㄴ, ㄷ   ⑤ ㄱ, ㄴ, ㄷ

E17 ✽✽❀

그림은 X_2와 XY 분자의 모형을 나타낸 것이다. (단, X와 Y는 임의의 원소 기호이다.)

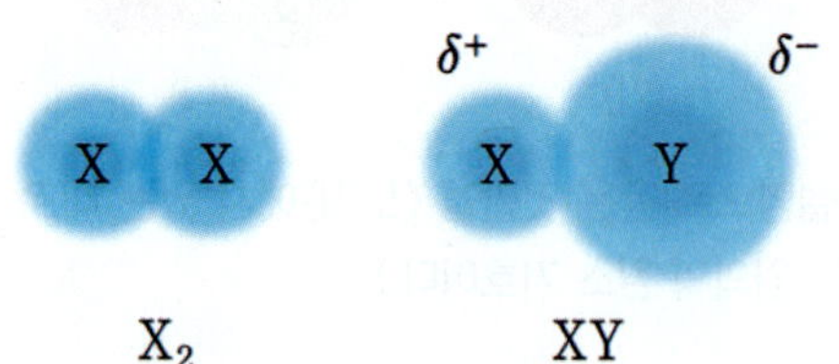

(1) X와 Y 중 전기 음성도가 더 큰 원소를 쓰시오. (단답형)

(2) XY 분자에서 공유 전자쌍은 어느 원자 쪽으로 치우치는지 쓰고 그 까닭을 서술하시오. (서술형)

E18 ✽✽❀

그림은 3가지 분자를 모형으로 나타낸 것이다.

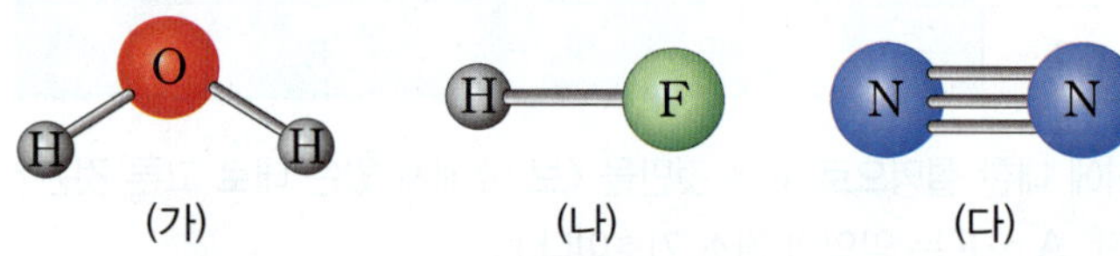

(1) 분자 (가)~(다) 중에서 극성 공유 결합이 있는 분자를 모두 쓰시오. (단답형)

(2) 극성 공유 결합의 정의를 서술하시오. (서술형)

E19 ✽✽❀

다음은 공유 결합으로 이루어진 몇 가지 분자이다.

| HF | HCl | HBr | HI |

(1) 분자를 이루는 두 원자 사이의 전기 음성도 차이가 작은 것부터 순서대로 쓰시오. (단답형)

(2) 전기 음성도의 의미를 설명하고, 17족 원소에서 원자 번호에 따른 전기 음성도의 경향성을 설명하시오. (서술형)

E20 ✽✽✽

그림 (가)~(다)는 각각 무극성 공유 결합, 극성 공유 결합, 이온 결합을 전자 분포에 따른 모형으로 나타낸 것이다.

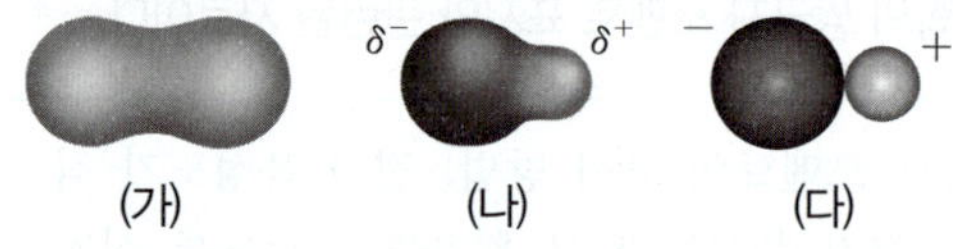

아래 (1), (2)에 주어진 원자 간의 화학 결합은 (가)~(다) 중 어느 유형인지 고르고 그 까닭을 서술하시오.

(1) 수소(H) 원자와 산소(O) 원자의 결합 (서술형)

(2) 리튬(Li) 원자와 플루오린(F) 원자의 결합 (서술형)

# F 루이스 전자점식과 분자의 구조

1 루이스 전자점식

1. 루이스 전자점식: 원소 기호 주위에 원자가 전자를 점으로 표시하여 나타낸 식이다.

(1) 원자의 루이스 전자점식

❶ 원자의 원자가 전자 수를 구하고 원소 기호의 주위에 원자가 전자 1개당 점 1개씩으로 표시한다. ❶

❷ 원소 기호 상하좌우에 먼저 1개씩의 점을 찍은 다음, 다섯 번째 전자부터 쌍을 이루도록 그린다.

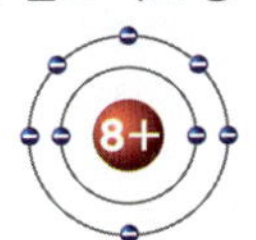 

❶ 산소의 원자가 전자 수: 6
❷ 원소 기호 상하좌우에 먼저 점 1개씩을 찍은 후 2개의 전자가 남으므로 전자쌍 2개 형성

	1족	2족	13족	14족	15족	16족	17족
1주기	H·						
2주기	Li·	·Be·	·Ḃ·	·C̈·	·N̈·	:Ö·	:F̈·
3주기	Na·	·Mg·	·Ȧl·	·S̈i·	·P̈·	:S̈·	:C̈l·

▲ 1∼3주기 원소의 루이스 전자점식

(2) 분자의 루이스 전자점식
분자를 루이스 전자점식으로 나타낼 때는 전자쌍을 짝 지은 점으로 표시하고, 결합을 형성하는 원자들이 옥텟 규칙을 만족하도록 배치한다.

공유 전자쌍	두 원자에 공유되어 공유 결합을 이루는 전자쌍이다.
비공유 전자쌍	한 원자에만 속해있는 전자쌍이다. 두 원자의 원소 기호 사이를 피해서 표시한다.

 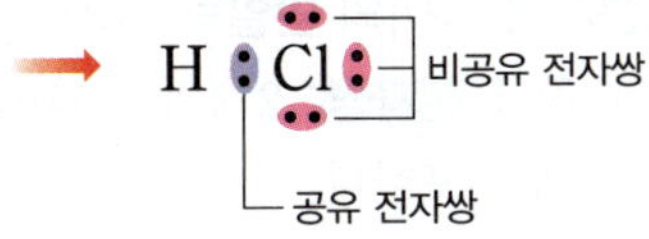

2. 루이스 구조식 ❸: 루이스 전자점식에서 공유 전자쌍을 결합선(—)으로 나타내고, 비공유 전자쌍은 한 쌍의 점으로 표시하거나 생략할 수 있다.

(1) 단일 결합
두 원자 사이에 공유 전자쌍이 1개인 공유 결합으로 결합선 1개로 나타낸다.

분자	H_2	CH_4	NH_3	H_2O
루이스 전자점식	H : H	H : C̈ : H (상하 H)	H : N̈ : H (하 H)	:Ö : H (하 H)
루이스 구조식	H—H	H—C—H (상하 H, 단일 결합)	H—N—H (하 H)	:Ö—H (하 H)

(2) 다중 결합 ❹
두 원자 사이에 공유 전자쌍이 2개와 3개인 공유 결합으로 이중 결합과 삼중 결합이라고 하며 각각 결합선 2개와 3개로 나타낸다.

분자	O_2	N_2	CO_2
루이스 전자점식	:Ö::Ö:	:N⫶⫶N:	:Ö::C::Ö:
루이스 구조식	:Ö=Ö:	:N≡N:	:Ö=C=Ö:

이중 결합   삼중 결합

❶ 18족 원소의 원자가 전자 수

원자가 전자는 화학 결합에 참여하는 전자로, 18족 원소는 화학 결합을 하지 않으므로 원자가 전자가 0개이다.
최외각 전자는 가장 바깥 껍질에 있는 전자로, 18족 원소(헬륨 제외)는 8개(헬륨 2개)이다.

❷ 홀전자

원자가 전자 중 짝을 이루지 않은 전자로, 원자가 화학 결합을 할 때 쌍을 이룬다.

❸ 루이스 구조식

공유 결합을 1개의 선으로 표현하여 원자 간의 결합 상태를 보여주는 식이다. 구조식에서 비공유 전자쌍은 생략하기도 한다.
예 폼산(HCOOH)의 구조식

$$:O:$$
$$\|$$
$$H-C-\ddot{O}-H$$

❹ 다중 결합

루이스 구조식에서 이중 결합은 결합선 2개(=), 삼중 결합은 결합선 3개(≡)로 나타낸다.

1. 전자쌍 반발 이론❶: 분자에서 중심 원자 주위의 공유 전자쌍이나 비공유 전자쌍 사이에는 서로 반발력이 작용하여 가능한 한 멀리 떨어지려고 한다는 이론이다.

(1) 전자들은 (−)전하를 띠고 있으므로 중심 원자 주위 전자쌍들은 서로 반발력이 작용한다.

(2) 전자쌍 반발 이론으로 간단한 분자의 구조를 예측할 수 있다.

공유 전자쌍	2개	3개	4개
전자쌍 배치 모형 (고무 풍선을 묶은 모습)			
전자쌍 배치	중심 원자를 기준으로 180°로 배열되는 것이 반발력을 최소화할 수 있어 가장 안정하다.	중심 원자를 기준으로 120°로 배열되는 것이 반발력을 최소화할 수 있어 가장 안정하다.	중심 원자를 기준으로 109.5°로 배열되는 것이 반발력을 최소화할 수 있어 가장 안정하다.
결합각	180°	120°	109.5°
분자 구조	직선형(평면 구조)	평면 삼각형❷(평면 구조)	정사면체(입체 구조)

2. 전자쌍 사이의 반발력 크기

(1) **공유 전자쌍**: 2개의 원자핵으로부터 인력을 받으므로 2개의 원자핵 주위의 공간에 분포한다.

(2) **비공유 전자쌍**: 1개의 원자핵으로부터만 인력을 받으므로 원자핵으로부터 평균 거리가 공유 전자쌍보다 가깝고 비교적 넓은 공간에 분포한다.

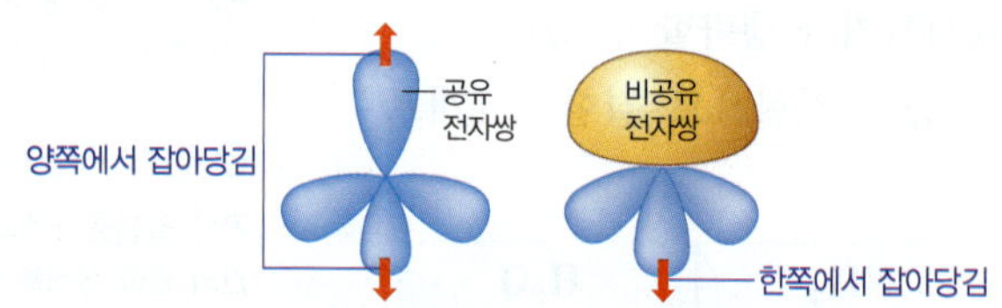

(3) **전자쌍 사이의 반발력 크기 비교**: 비공유 전자쌍 사이의 반발력이 공유 전자쌍 사이의 반발력보다 크다. ─ 전자쌍이 존재하는 공간이 크면 반발력이 크게 작용한다.

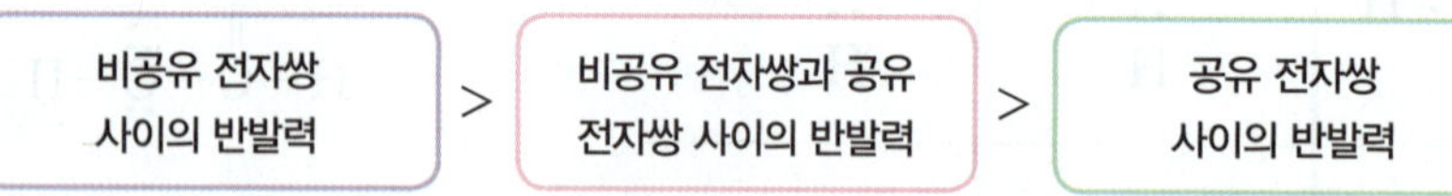

① NH_3에서 비공유 전자쌍과 공유 전자쌍 사이의 반발력(㉠)은 공유 전자쌍 사이의 반발력(㉡)보다 크다.

② H_2O에서 비공유 전자쌍과 공유 전자쌍 사이의 반발력(㉠)은 비공유 전자쌍 사이의 반발력(㉢)보다 작고 공유 전자쌍 사이의 반발력(㉡)보다 크다.

(4) 결합각

① 결합각은 원자가 3개 이상 결합한 분자에서 중심 원자의 핵과 중심 원자와 결합한 두 원자의 핵을 연결한 선이 이루는 내각이다.

② 분자의 결합각은 전자쌍 반발 이론에 의해 결정되며, 분자 구조를 결정하는 데 중요한 요소이다.

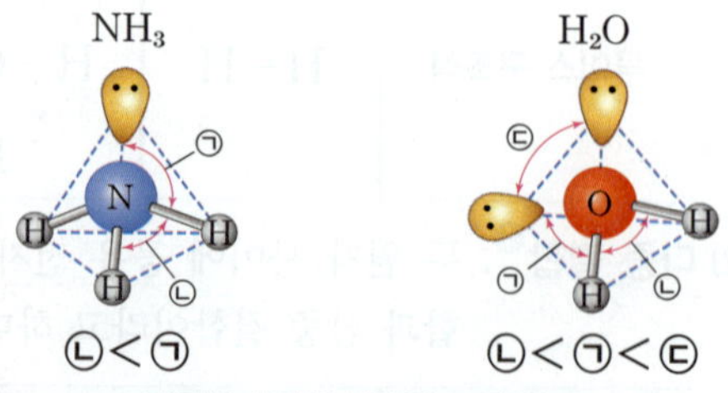

---

❶ 전자쌍 반발 이론

중심 원자 주위의 전자쌍의 종류와 개수가 분자의 모양을 결정한다는 이론으로 분자의 모양을 설명하는데 사용되며 다원자 이온의 모양을 설명하는데도 사용된다.

❷ 평면 삼각형

중심 원자에 3개의 공유 전자쌍만 있을 경우 결합한 3개의 원자가 모두 동일하면 정삼각형이다.
하지만 보통 평면 삼각형이라는 용어로 통일하여 사용하는 경우가 많다.

3 분자의 구조 출제 2024 실시 10월 학평 16번

1. 분자의 구조: 루이스 전자점식과 전자쌍 반발 이론을 이용하면 분자의 구조를 예측할 수 있다.

(1) **이원자 분자의 경우**: 2개의 원자가 결합하고 있으므로 두 원자핵이 동일한 직선상에 존재한다. 예 H_2, HF, O_2, N_2

(2) **중심 원자에 공유 전자쌍만 있는 경우**: 중심 원자에 결합된 원자의 수에 따라 분자의 모양이 달라진다.

결합 원자 수	2	3	4
예	염화 베릴륨($BeCl_2$), 이산화 탄소(CO_2)	삼염화 붕소(BCl_3) ❶, 폼알데하이드($HCHO$)	메테인(CH_4), 클로로메테인(CH_3Cl)
루이스 전자점식	(옥텟 규칙 예외)		
분자 모형과 결합각	180° / 180° (다중 결합에 포함된 공유 전자쌍은 단일 결합과 같은 1개의 전자쌍으로 취급)	120° / 122° / 116°	109.5° / 약 109.5°
분자의 구조	직선형 ❷	평면 삼각형	정사면체형(또는 사면체형) ❸

(3) **중심 원자에 비공유 전자쌍이 있는 경우**: 중심 원자에 결합된 원자의 수와 비공유 전자쌍의 수에 따라 분자의 모양이 달라진다.

중심 원자와 결합한 원자 수	3		2	
중심 원자의 비공유 전자쌍 수	1		2	
예	암모니아(NH_3)	삼염화 인(PCl_3)	물(H_2O)	플루오린화 산소(OF_2)
루이스 전자점식				
분자 모형과 결합각 ❹	비공유 전자쌍 / 107°	비공유 전자쌍 / 100°	비공유 전자쌍 / 중심 원자 / 104.5°	비공유 전자쌍 / 103°
분자의 구조	삼각뿔형 입체 구조		굽은 형 평면 구조	

2. 중심 원자의 전자쌍 종류와 수에 따른 분자의 구조 꼭 외워!

중심 원자와 결합한 원자 수	2	3	4	3	2
중심 원자의 비공유 전자쌍 수	0	0	0	1	2
분자의 구조	직선형	평면 삼각형 혹은 정삼각형	사면체형 혹은 정사면체형	삼각뿔형	굽은 형

❶ **붕소(B) 화합물의 구조**

붕소(B)는 13족 원소로 원자가 전자가 3개이므로 공유 결합을 하여도 주위에 옥텟을 만족하지 못한다. 따라서 붕소 화합물은 평면 삼각형 구조를 갖는다.

❷ **직선형 분자**

사이안화 수소(HCN)도 중심 원자인 탄소(C)에 단일 결합과 3중 결합으로 각각 수소(H)와 질소(N) 원자가 결합되어 있으므로 직선형이다.

❸ **중심 원자에 결합 원자 수가 4개인 경우 분자의 구조**

메테인(CH_4)과 같이 중심 원자와 결합한 원자가 모두 같으면 분자의 구조는 정사면체형이다.
하지만 클로로메테인(CH_3Cl)과 같이 중심 원자와 결합한 원자들이 서로 다른 경우에는 결합한 원자의 크기와 전기 음성도가 달라서 결합각이 약간 달라지면 분자의 구조는 사면체형이 된다.

❹ **분자의 실제 결합각**

직선형 이외에 평면 삼각형, 사면체, 삼각뿔형, 굽은 형 구조에서 공유 결합한 원자의 종류나 결합의 종류가 다를 경우 결합각이 약간 달라지지만 정확한 결합각보다는 분자의 대략적인 모양을 이해하는 것이 중요하다.

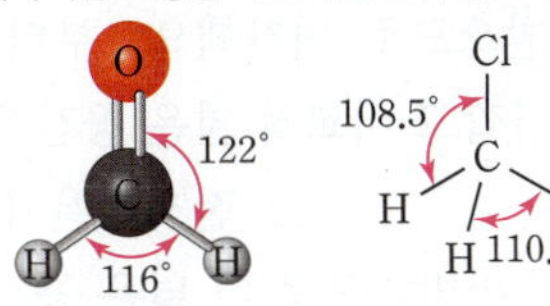

1 루이스 전자점식

01 다음 분자의 루이스 전자점식을 보고, 공유 전자쌍과 비공유 전자쌍 수를 각각 쓰시오.

(1)
$$H:C:H$$
(with H above and below)

공유 전자쌍 수: (1   )
비공유 전자쌍 수: (2   )

(2)
$$:F:F:$$

공유 전자쌍 수: (3   )
비공유 전자쌍 수: (4   )

02 다음은 HF 분자의 루이스 전자점식을 그리는 과정이다. 빈칸에 알맞은 말을 쓰시오.

1단계	H 원자와 F 원자의 루이스 전자점식을 각각 그린다. ➡ H 원자: H· F 원자: :F·
2단계	H 원자와 F 원자가 각각 홀전자 몇 개씩을 갖고 있는지 따진다. ➡ H 원자: (5)개, F 원자: (6)개
3단계	H 원자와 F 원자가 단일, 2중, 3중 결합 중 어떤 결합을 형성해야 하는지 따진다. ➡ H 원자와 F 원자 사이 결합: (7) 결합
4단계	분자의 루이스 전자점식을 완성한다. ➡ 루이스 전자점식 8

03 다음 분자를 루이스 구조식으로 나타내시오. (단, 비공유 전자쌍은 표시하지 않는다.)

H_2	NH_3	CO_2
9	10	11

2 전자쌍 반발 이론

04 다음은 전자쌍 사이 반발력의 크기에 대한 설명이다. 빈칸에 알맞은 말을 쓰시오.

(1) (12   ) 전자쌍은 2개의 원자핵으로부터 인력을 받으므로 두 개의 원자핵 주위의 공간에 분포한다.

(2) (13   ) 전자쌍은 1개의 원자핵으로부터만 인력을 받으므로 원자핵으로부터 평균 거리가 공유 전자쌍보다 가깝고 비교적 넓은 공간에 분포한다.

(3) (14   ) 전자쌍은 (15   ) 전자쌍보다 크게 반발하므로 더 넓은 공간을 차지한다.

05 다음 전자쌍 사이의 반발력 크기가 작은 것부터 큰 순서대로 나열하시오.

> ㉠ 비공유 전자쌍 사이의 반발력
> ㉡ 비공유 전자쌍과 공유 전자쌍 사이의 반발력
> ㉢ 공유 전자쌍 사이의 반발력

(16   )

06 다음은 전자쌍 반발 이론에 따른 전자쌍 배치 (가)~(다)에 대한 자료이다. 물음에 답하시오.

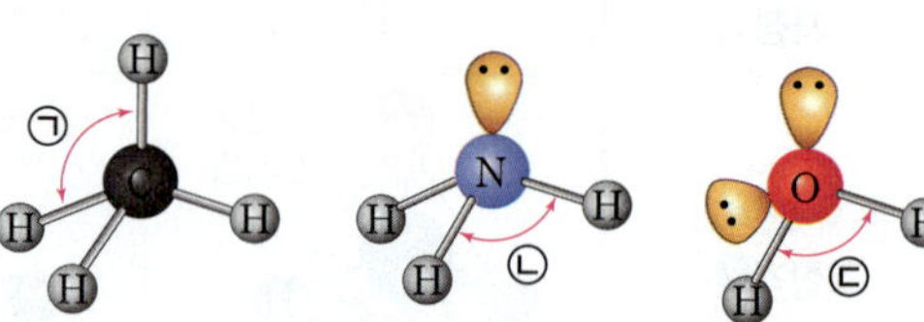

구분	(가)	(나)	(다)
전자쌍 수	2	3	4
전자쌍 배치			

(1) (가)~(다)의 분자 모양을 각각 쓰시오.
(가) (17   ) (나) (18   ) (다) (19   )

(2) (가)~(다)의 결합각을 부등호로 비교하시오.
(20   )

(3) (가)~(다) 중 모든 전자쌍이 동일 평면에 위치하는 것을 고르시오.
(21   )

3 분자의 구조

[07~08] 다음은 CH_4, NH_3, H_2O의 구조를 나타낸 것이다. 물음에 답하시오.

07 결합각의 크기를 작은 것부터 큰 순서대로 나열하시오.
(22   )

08 빈칸에 알맞은 말을 쓰시오.

화합물	CH_4	NH_3	H_2O
공유 전자쌍 수	(23)	(24)	(25)
비공유 전자쌍 수	(26)	(27)	(28)
분자 모양	(29)	(30)	(31)

1 루이스 전자점식

F01 ✱✱✱❀　　2025 실시 9월 학평 11 / 화학 I (고2)

그림은 원소 X~Z로 구성된 물질 XY_2와 Z_2Y_2를 화학 결합 모형으로 나타낸 것이다.

$$XY_2 \qquad Z_2Y_2$$

이에 대한 설명으로 옳은 것만을 〈보기〉에서 있는 대로 고른 것은? (단, X~Z는 임의의 원소 기호이다.) (3점)

[보기]
ㄱ. $XY_2(l)$는 전기 전도성이 있다.
ㄴ. $\dfrac{비공유\ 전자쌍\ 수}{공유\ 전자쌍\ 수}$ 는 Z_2가 Y_2의 3배이다.
ㄷ. X와 Z는 1 : 1로 결합하여 안정한 화합물을 형성한다.

① ㄱ　　② ㄴ　　③ ㄱ, ㄷ　　④ ㄴ, ㄷ　　⑤ ㄱ, ㄴ, ㄷ

F02 ✱✱✱❀　　2023 실시 11월 학평 6 / 화학 I (고2)

그림은 1, 2주기 원소 X~Z로 이루어진 물질 XY와 ZY의 루이스 전자점식을 나타낸 것이다.

$$X:\ddot{Y}: \qquad Z^+\left[:\ddot{Y}:\right]^-$$

이에 대한 설명으로 옳은 것만을 〈보기〉에서 있는 대로 고른 것은? (단, X~Z는 임의의 원소 기호이다.) (3점)

[보기]
ㄱ. Y는 비금속 원소이다.
ㄴ. 고체 상태에서 전기 전도성은 ZY>Z이다.
ㄷ. 1 mol에 들어 있는 전자 수는 XY와 ZY가 같다.

① ㄱ　　② ㄴ　　③ ㄱ, ㄷ　　④ ㄴ, ㄷ　　⑤ ㄱ, ㄴ, ㄷ

F03 ✱✱✱　　2022 실시 11월 학평 3 / 화학 I (고2)

그림은 2주기 원소 X~Z로 이루어진 화합물 XY와 ZY_2의 루이스 전자점식을 나타낸 것이다.

$$X^+\left[:\ddot{Y}:\right]^- \qquad :\ddot{Y}:Z:\ddot{Y}:$$

X~Z의 원자 번호를 비교한 것으로 옳은 것은? (단, X~Z는 임의의 원소 기호이다.)

① X>Z>Y　　② Y>X>Z　　③ Y>Z>X
④ Z>X>Y　　⑤ Z>Y>X

F04 ✱✱✱　　2021 실시 11월 학평 12 / 화학 I (고2)

그림은 교사가 학생들에게 제시한 내용이다.

비밀번호(x y z)는? (단, X~Z는 임의의 원소 기호이다.)

① 6 4 0　　② 6 4 1　　③ 6 7 1
④ 7 6 0　　⑤ 7 6 1

F05 ✱✱✱　　2020 실시 11월 학평 6 / 화학 I (고2)

그림은 X 이온의 루이스 전자점식을 나타낸 것이다. X 이온은 $_{18}Ar$의 전자 배치를 갖는다.

$$\left[:\ddot{X}:\right]^{2-}$$

X의 원자 번호는? (단, X는 임의의 원소 기호이다.)

① 6　　② 8　　③ 16　　④ 18　　⑤ 20

F06 ✽✽✽

표는 플루오린(F)을 포함한 분자 (가)~(다)에 대한 자료이다. X~Z는 2주기 원소이고, (가)~(다)에서 모든 원자는 옥텟 규칙을 만족한다.

분자	분자식	비공유 전자쌍 수(상댓값)
(가)	X_2F_2	3
(나)	Y_2F_2	4
(다)	Z_2F_2	㉠

이에 대한 설명으로 옳은 것만을 〈보기〉에서 있는 대로 고른 것은? (단, X~Z는 임의의 원소 기호이다.) (3점)

[보기]

ㄱ. ㉠은 5이다.
ㄴ. 전기 음성도는 Y > Z이다.
ㄷ. (가)~(다)에는 모두 무극성 공유 결합이 있다.

① ㄱ ② ㄴ ③ ㄷ ④ ㄱ, ㄷ ⑤ ㄴ, ㄷ

F07 ✽✽✽

다음은 학생 A가 작성한 루이스 전자점식에 대한 활동지이다.

루이스 전자점식 나타내기

(1) 그림은 O, F의 루이스 전자점식이다.

$$\cdot \ddot{O} \cdot \qquad : \ddot{F} :$$

(2) 물질을 구성하는 모든 원자 또는 이온이 옥텟 규칙을 만족하도록 (가)~(다)의 루이스 전자점식을 나타내시오.

물질	화학식	루이스 전자점식
(가)	F_2	$:\ddot{F}:\ddot{F}:$
(나)	OF_2	$:\ddot{F}:\ddot{O}:\ddot{F}:$
(다)	F^-	$[:\ddot{F}:]^-$

물질 (가)~(다) 중 학생 A가 루이스 전자점식으로 옳게 나타낸 것만을 있는 대로 고른 것은?

① (가)
② (나)
③ (가), (다)
④ (나), (다)
⑤ (가), (나), (다)

F08 ✽✽✽

그림은 원자 A의 전자 배치 모형과 분자 B_2의 루이스 전자점식을 나타낸 것이다. B는 2주기 원소이다.

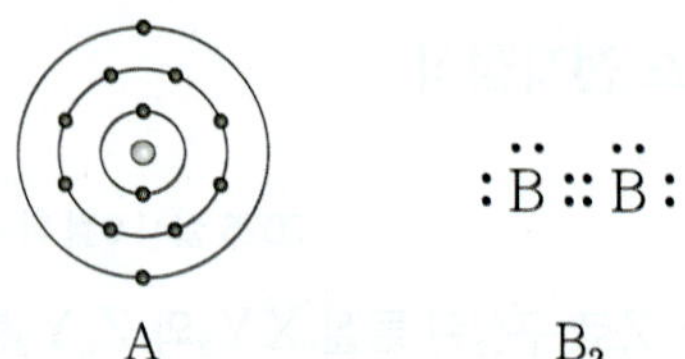

다음 중 화합물 AB의 결합 모형을 나타낸 것으로 가장 적절한 것은? (단, A, B는 임의의 원소 기호이며, AB에서 A와 B는 옥텟 규칙을 만족한다.)

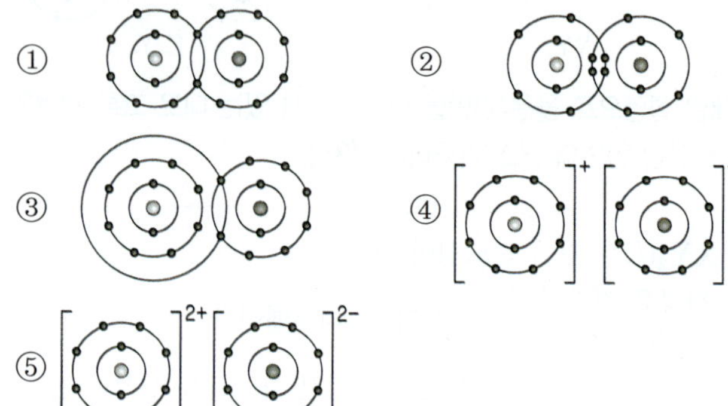

F09 ✽✽✽

표는 원소 X~Z로 이루어진 분자 (가)~(다)의 분자식과 각 분자에서 부분적인 음전하를 띠는 원자를 나타낸 것이다. X~Z는 각각 O, F, S, Cl 중 하나이고, (가)~(다)에서 모든 원자는 옥텟 규칙을 만족한다.

분자	(가)	(나)	(다)
분자식	XY	X_2Z	ZY_2
부분적인 음전하를 띠는 원자	㉠	Z	Y

이에 대한 설명으로 옳은 것만을 〈보기〉에서 있는 대로 고른 것은? (3점)

[보기]

ㄱ. ㉠은 X이다.
ㄴ. Z는 O이다.
ㄷ. Z_2Y_2에는 무극성 공유 결합이 있다.

① ㄱ ② ㄷ ③ ㄱ, ㄴ ④ ㄴ, ㄷ ⑤ ㄱ, ㄴ, ㄷ

F10 ❋❋❋❀ ·········· 2024 실시 3월 학평 10 / 화학 I (고3)

표는 원소 X~Z로 구성된 분자 (가)~(라)에 대한
자료이고, 그림은 주사위의 전개도를 나타낸 것이다. X~Z는 각각
C, O, F 중 하나이고, (가)~(라)에서 모든 원자는 옥텟 규칙을
만족한다.

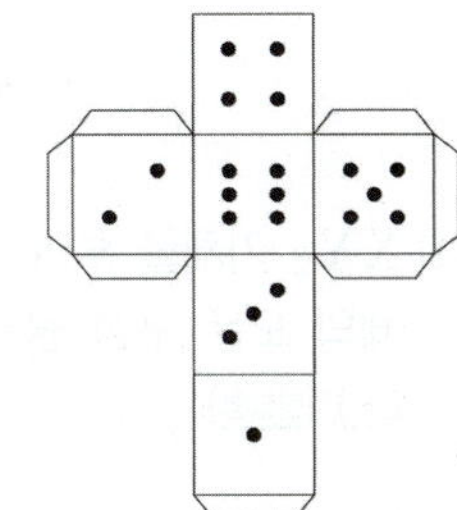

분자	구성 원소	구성 원자 수	중심 원자
(가)	X, Y	3	X
(나)	X, Z	3	Z
(다)	X, Y, Z	4	Z
(라)	Y, Z	5	Z

(가)~(라)를 $\dfrac{\text{비공유 전자쌍 수}}{\text{공유 전자쌍 수}}$ 와 같은 수의 눈이 그려진 주사위의
면에 대응시킬 때, 서로 마주 보는 면에 대응되는 두 분자로 옳은
것은? (3점)

① (가)와 (나)　　② (가)와 (라)　　③ (나)와 (다)

④ (나)와 (라)　　⑤ (다)와 (라)

F11 ❋❋❋❀ ·········· 2022 실시 3월 학평 12 / 화학 I (고3)

표는 2주기 원소 X~Z로 구성된 분자 (가)~(다)에 대한 자료이다.
(가)~(다)에서 X~Z는 모두 옥텟 규칙을 만족한다.

분자	(가)	(나)	(다)
분자식	XY_2	ZX_2	ZXY_2
$\dfrac{\text{공유 전자쌍 수}}{\text{비공유 전자쌍 수}}$	$\dfrac{1}{4}$	1	a

이에 대한 옳은 설명만을 〈보기〉에서 있는 대로 고른 것은? (단,
X~Z는 임의의 원소 기호이다.) (3점)

[보기]
ㄱ. (가)에는 다중 결합이 있다.
ㄴ. $a=\dfrac{1}{2}$이다.
ㄷ. 공유 전자쌍 수는 (가)가 (나)의 2배이다.

① ㄱ　　② ㄴ　　③ ㄷ　　④ ㄱ, ㄷ　　⑤ ㄴ, ㄷ

---

2 전자쌍 반발 이론 ＋ 3 분자의 구조

F12 ❋❋❋❀ ·········· 2024 실시 10월 학평 16 / 화학 I (고2)

표는 분자 (가)~(다)에 대한 자료이다. (가)~(다)에서 모든 원자는
옥텟 규칙을 만족한다.

분자	구성 원소	구성 원자 수	비공유 전자쌍 수
(가)	C, F	4	㉠
(나)	O, F	㉡	10
(다)	C, O, F	4	㉢

㉠＋㉡＋㉢은?

① 17　　② 18　　③ 20　　④ 23　　⑤ 24

F13 ❋❋❋❀ ·········· 2023 실시 11월 학평 2 / 화학 I (고2)

그림은 분자 (가)와 (나)의 구조식을 나타낸 것이다.

$$H-O-H \qquad\qquad \begin{array}{c} H \\ | \\ H-C-H \\ | \\ H \end{array}$$

$$\text{(가)} \qquad\qquad\qquad \text{(나)}$$

이에 대한 설명으로 옳은 것만을 〈보기〉에서 있는 대로 고른 것은?

[보기]
ㄱ. (가)의 공유 전자쌍 수는 2이다.
ㄴ. (나)의 분자 모양은 정사면체형이다.
ㄷ. 결합각은 (가) > (나)이다.

① ㄱ　　② ㄷ　　③ ㄱ, ㄴ　　④ ㄴ, ㄷ　　⑤ ㄱ, ㄴ, ㄷ

F14 ❋❋❋❀ ·········· 2022 대비 6월 모평 4 / 화학 I

그림은 3가지 분자의 구조식을 나타낸 것이다.

$$\begin{array}{c} H \\ {\scriptstyle\alpha}\!\nearrow \\ H-N-H \end{array} \qquad \begin{array}{c} O \\ {\scriptstyle\beta}\!\parallel \\ F-C-F \end{array} \qquad \begin{array}{c} Cl \\ {\scriptstyle\gamma}\!\nwarrow \\ Cl-C-Cl \\ | \\ Cl \end{array}$$

결합각 $\alpha \sim \gamma$의 크기를 비교한 것으로 옳은 것은? (3점)

① $\alpha > \beta > \gamma$　　② $\alpha > \gamma > \beta$　　③ $\beta > \alpha > \gamma$

④ $\beta > \gamma > \alpha$　　⑤ $\gamma > \alpha > \beta$

F15 ✿✿✿❀
학력 평가 기출

그림은 기체 분자 (가)~(라)의 결합각과 비공유 전자쌍 수를 나타낸 것이다. (가)~(라)는 각각 BeH_2, CH_4, CF_4, NF_3 중 하나이다.

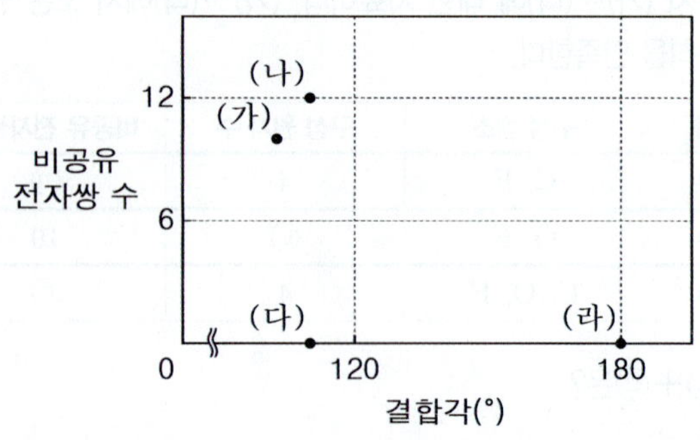

(가)~(라)에 대한 설명으로 옳은 것만을 〈보기〉에서 있는 대로 고른 것은? (3점)

[보기]

ㄱ. (가)에서 모든 원자는 동일 평면에 있다.
ㄴ. (나)의 분자 구조는 정사면체형이다.
ㄷ. 공유 전자쌍 수는 (라)>(다)이다.

---

① ㄱ　　② ㄴ　　③ ㄷ　　④ ㄱ, ㄷ　⑤ ㄴ, ㄷ

F16 ✿✿✿❀
2024 실시 3월 학평 4 /화학 I (고3)

다음은 수소(H)와 2주기 원소 X, Y로 구성된 분자 (가)와 (나)의 구조식을 나타낸 것이다. (가)와 (나)에서 X와 Y는 옥텟 규칙을 만족한다.

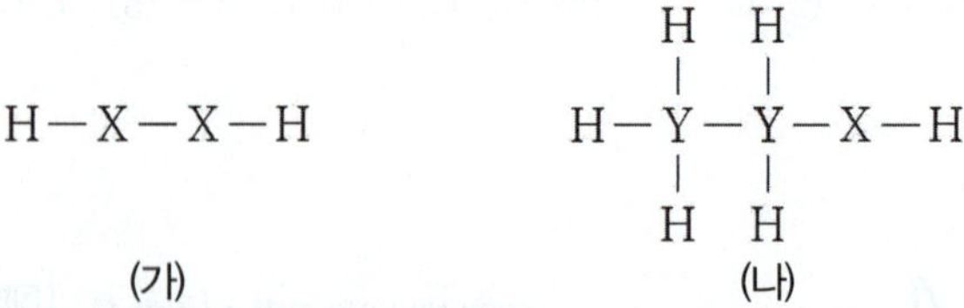

이에 대한 옳은 설명만을 〈보기〉에서 있는 대로 고른 것은? (단, X와 Y는 임의의 원소 기호이다.)

[보기]

ㄱ. (가)와 (나)에는 모두 무극성 공유 결합이 있다.
ㄴ. 비공유 전자쌍 수는 (가)가 (나)의 2배이다.
ㄷ. (가)의 분자 모양은 직선형이다.

---

① ㄱ　② ㄷ　③ ㄱ, ㄴ　④ ㄴ, ㄷ　⑤ ㄱ, ㄴ, ㄷ

F17 ✿✿✿❀

그림은 2주기 원자 X와 Y의 루이스 전자점식을 나타낸 것이다.

$$\cdot \overset{\displaystyle\cdot}{\underset{\displaystyle\cdot}{X}} \cdot \qquad : \overset{\displaystyle\cdot}{\underset{\displaystyle\cdot}{Y}} \cdot$$

(1) XY_2 기체를 루이스 전자점식으로 나타내시오. (단, XY_2 기체의 모든 구성 원자는 18족 원소와 같은 전자 배치를 가진다.) 〔단답형〕

(2) 원자 X와 Y의 전자의 총 개수를 각각 쓰고, 그렇게 판단한 까닭을 서술하시오. 〔서술형〕

____

____

F18 ✿✿✿❀

그림은 2주기 원소 X, Y로 구성된 두 화합물의 루이스 전자점식을 나타낸 것이다. (단, 모든 구성 원자는 옥텟 규칙을 만족한다.)

$$X^+ \left[: \overset{\displaystyle\cdot}{\underset{\displaystyle\cdot}{Y}} : \right]^- \qquad : \overset{\displaystyle\cdot}{\underset{\displaystyle\cdot}{Y}} : \overset{\displaystyle\cdot}{\underset{\displaystyle\cdot}{Y}} :$$
$$\qquad XY \qquad\qquad\qquad Y_2$$

(1) X와 Y의 루이스 전자점식을 각각 나타내시오. 〔단답형〕

(2) XY와 Y_2의 루이스 전자점식 표기의 주된 차이를 화학 결합의 종류(공유 결합, 이온 결합) 중 하나와 관련지어 서술하시오. 〔서술형〕

____

____

F19 ✽✽✽

표는 중심 원자가 탄소(C)인 세 분자에 관한 자료이다. (단, (가)~(다)
에서 C와 O는 18족 원소와 같은 전자 배치를 가진다.)

구분	(가)	(나)	(다)
전자쌍 배치			
중심 원자	C	C	C
주변 원자	O	H, O	H

(1) (가)~(다)에 해당하는 분자의 분자식과 모양을 쓰시오. (단답형)

(가) 분자식: (　　　　　　　), 모양: (　　　　　　　)

(나) 분자식: (　　　　　　　), 모양: (　　　　　　　)

(다) 분자식: (　　　　　　　), 모양: (　　　　　　　)

(2) (가)~(다)의 결합각 크기의 경향성을 중심 원자에 결합된 원자
수와 관련지어 서술하시오. (서술형)

F20 ✽✽✽

표는 중심 원자의 공유 전자쌍 수와 비공유 전자쌍 수의 합의 같은
세 가지 분자 (가)~(다)에 관한 자료이다. (단, (가)~(다)에서 C와
N와 O는 18족 원소와 같은 전자 배치를 가진다.)

구분	(가)	(나)	(다)
중심 원자	C	N	O
주변 원자	H	H	H
구성 원자 수	5	4	3
공유 전자쌍 수 +비공유 전자쌍 수(상댓값)	1	1	1

(1) (가)~(다)의 분자식과 중심 원자의 비공유 전자쌍 수를 각각 쓰
시오. (단답형)

(가) 분자식: (　　　　　　　), 비공유 전자쌍 수: (　　　　　　　)

(나) 분자식: (　　　　　　　), 비공유 전자쌍 수: (　　　　　　　)

(다) 분자식: (　　　　　　　), 비공유 전자쌍 수: (　　　　　　　)

(2) (가)~(다)의 결합각이 각각 104.5°, 107°, 109.5° 중 하나라고
할 때, 이러한 경향성을 공유 전자쌍과 비공유 전자쌍의 상대적
반발 크기를 포함하여 서술하시오. (서술형)

분자 구조와 물질의 성질

1 분자 구조와 극성 · 출제 2024 실시 10월 학평 11번

1. 무극성 분자: 분자 내 전하가 고르게 분포하여 분자의 쌍극자 모멘트가[1] 0인 분자

(1) **이원자 분자**: 무극성 공유 결합으로 이루어진다.
  예) 수소(H_2), 산소(O_2), 질소(N_2) 등

(2) **다원자 분자**: 극성 공유 결합이 있는 분자라도 각 결합의 쌍극자 모멘트 합이 0이 므로 분자 내에서 전하가 고르게 분포한다.[2]

> [1] **분자의 쌍극자 모멘트**
> 분자에서 각 공유 결합마다 표시한 쌍극자 모멘트의 합을 의미한다.
>
> [2] **결합의 극성과 분자의 극성**
> 결합의 극성은 공유 결합한 두 원자 사이의 결합만 보는 것이고 분자의 극성은 분자 내 공유 결합 모두를 합하여 판단한다. 분자 내 결합이 모두 극성 결합이어도 분자는 무극 성일 수 있다.

구분	이원자 분자	다원자 분자		
예	질소 (N_2)	이산화 탄소 (CO_2)	삼염화 붕소 (BCl_3)	메테인 (CH_4)
결합의 종류	$N \equiv N$	$C=O$	$B-Cl$	$C-H$
결합의 극성	무극성	극성	극성	극성
분자 모형과 결합의 쌍극자 모멘트				
분자의 구조	직선형 (대칭 구조)	직선형 (대칭 구조)	평면 삼각형 (대칭 구조)	정사면체 (대칭 구조)
쌍극자 모멘트의 합	**0**이다.	**0**이다.	**0**이다.	**0**이다.
분자의 극성	무극성	무극성	무극성	무극성

결합의 쌍극자 모멘트가 상쇄되어 분자의 쌍극자 모멘트는 0이 된다.

2. 극성 분자: 분자 내 전하 분포가 고르지 않아 분자의 쌍극자 모멘트가 0이 아닌 분자

(1) **이원자 분자**: 극성 공유 결합으로 이루어진다.
  예) 플루오린화 수소(HF), 염화 수소(HCl) 등

(2) **다원자 분자**: 극성 공유 결합을 하는 분자 중에서 분자 구조가 비대칭이어서[3] 쌍극자 모멘트의 합이 0이 아니고, 전기 음성도가 큰 쪽으로 전체적 인 전하가 치우친다.

> [3] **비대칭 구조**
> 중심 원자에 결합된 원자들이 모두 같은 종 류가 아니거나 중심 원자에 비공유 전자쌍 이 있는 경우에 해당한다.

구분	이원자 분자	다원자 분자			
예	플루오린화 수소 (HF)	물 (H_2O)	암모니아 (NH_3)	클로로메테인 (CH_3Cl)	폼알데하이드 (CH_2O)
결합의 종류	$H-F$	$H-O$	$H-N$	$H-C, C-Cl$	$H-C, C=O$
결합의 극성	극성	극성	극성	극성	극성
분자 모형과 결합의 쌍극자 모멘트					
분자의 구조	직선형 (비대칭 구조)	굽은 형 (비대칭 구조)	삼각뿔형 (비대칭 구조)	사면체 (비대칭 구조)	평면 삼각형 (비대칭 구조)
쌍극자 모멘트의 합	**0**이 아니다.	**0**이 아니다.	**0**이 아니다.	**0**이 아니다.	**0**이 아니다.
분자의 극성	극성	극성	극성	극성	극성

2 극성 분자와 무극성 분자의 성질

1. **분자의 극성과 전기적 성질**: 기체 상태의 분자를 평행판 사이의 전기장 속에 넣으면 기체 상태의 극성 분자는 <u>분자 내 부분 전하 때문에 일정한 방향으로 배열되며</u>,❶ 기체 상태의 무극성 분자는 전기장의 영향을 받지 않으므로 무질서하게 배열된다.

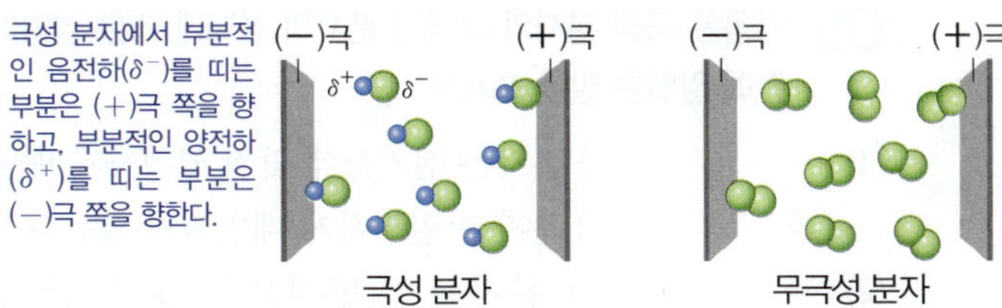

> ✪ **대전체를 가까이 가져갔을 때 극성 분자의 배열**
>
> 액체 상태의 극성 분자에 전하를 띤 대전체를❷ 가까이 하면 극성 분자가 대전체에 끌린다.
> - 극성 분자인 물에 (—)대전체를 가까이 하면 부분적인 양전하(δ^+)를 띤 수소(H) 부분이 끌리면서 물줄기가 휜다.
> - 극성 분자인 물에 (+)대전체를 가까이 하면 부분적인 음전하(δ^-)를 띤 산소(O) 부분이 끌리면서 물줄기가 휜다.

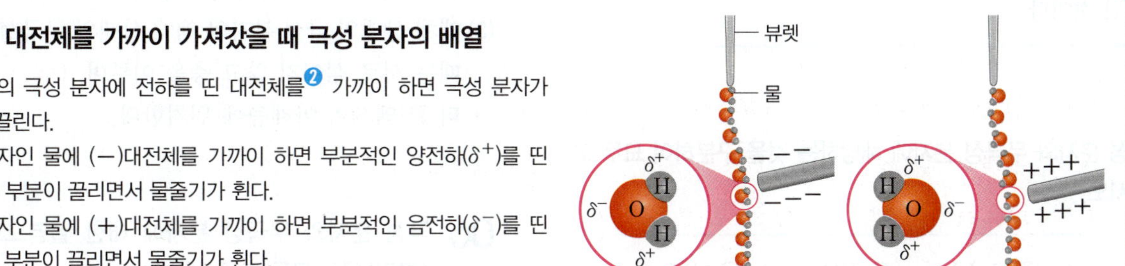

2. **분자의 극성과 용해성**: <u>극성 물질은 극성 물질에 잘 용해되고, 무극성 물질은 무극성 물질에 잘 용해된다.</u>❸
   예 극성인 물과 무극성인 헥세인은❹ 섞이지 않고 층을 이루지만, 무극성인 아이오딘(I_2)은 무극성인 헥세인에 잘 용해된다.

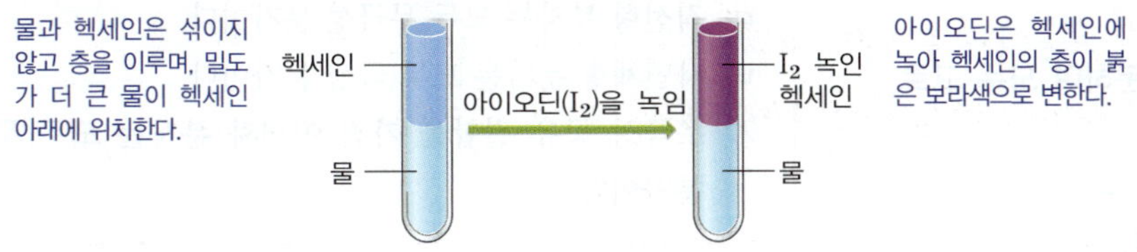

3. **분자의 극성과 녹는점·끓는점**
   (1) 극성 물질은 분자에서 부분적인 양전하(δ^+)를 띤 원자와 이웃한 분자의 부분적인 음전하(δ^-)를 띤 원자 사이에 인력이 존재하므로 분자량이 비슷한 무극성 물질에 비해 분자 사이의 인력이 크다.
   (2) <u>일반적으로 분자량이 비슷한 경우 극성 물질은 무극성 물질보다 녹는점과 끓는점이 높다.</u>❺ (분자의 극성은 녹는점, 끓는점 등 물리적 성질에 영향을 줌)

분자의 성질		분자	분자량		끓는점(℃)		녹는점(℃)	
무극성	비교	메테인(CH_4)	16	분자량 비슷	−161.5		−183	
극성		암모니아(NH_3)	17		−33	더 높다.	−78	
무극성	비교	산소(O_2)	32	분자량 비슷	−183		−219	
극성		황화수소(H_2S)	34		−59.6	더 높다.	−86	

4. **분자의 구조와 물질의 화학적 성질**: 분자식이 같은 물질이라도 분자 구조가 다르면 극성의 정도가 차이가 난다.

에탄올(CH_3CH_2OH)	다이메틸 에터(CH_3OCH_3)
• 극성이 강함, 수소 결합 형성 • 끓는점 78 ℃, 녹는점 −114 ℃ • 나트륨과 반응 ➡ 수소 발생	• 극성은 있으나 수소 결합 약함 • 끓는점 −25 ℃, 녹는점 −142 ℃ • 나트륨과 반응하지 않음

1 분자 구조와 극성

01 분자의 무극성과 극성에 대한 설명이다. 빈칸에 알맞은 말을 쓰시오.

> (1 　　　　　　)은/는 분자 내 전하가 고르게 분포하여 분자의 쌍극자 모멘트가 0인 것이다. (2 　　　　)은/는 분자 내 전하 분포가 고르지 않아 분자의 쌍극자 모멘트가 0이 아닌 것이다.

02 극성 분자와 무극성 분자에 해당하는 것을 구분하여 모두 고르시오.

> ㉠ CCl_4　　㉡ $BeCl_2$　　㉢ BH_3　　㉣ CH_4
> ㉤ NH_3　　㉥ H_2O　　㉦ CO_2　　㉧ CH_3Cl

(1) 극성 분자: (3 　　　　　　　　　)
(2) 무극성 분자: (4 　　　　　　　　　)

03 물과 사염화 탄소에 용해되는 물질을 구분하여 모두 고르시오.

> NH_3　　　HCl　　　I_2　　　CH_4

(1) 물: (5 　　　　　　　)
(2) 사염화 탄소: (6 　　　　　　　)

04 그림은 몇 가지 분자를 주어진 기준에 따라 분류한 것이다.

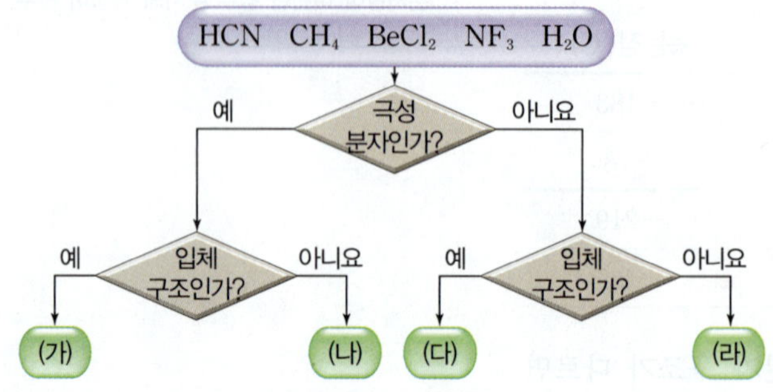

옳은 것은 ○, 옳지 <u>않은</u> 것은 ×로 표시하시오.

(1) (가)에 해당하는 분자는 2가지이다. 　　(7 ○, ×)
(2) (나)에 해당하는 분자는 $BeCl_2$이다. 　　(8 ○, ×)
(3) (다) 분자에는 비공유 전자쌍이 있다. 　　(9 ○, ×)
(4) (라)에는 극성 공유 결합이 있다. 　　(10 ○, ×)

2 극성 분자와 무극성 분자의 성질

05 다음은 극성 분자와 무극성 분자의 성질에 대한 설명이다. 빈칸에 알맞은 말을 쓰시오.

(1) (11 　　　　　　) 분자는 전기장에 맞춰 일정하게 배열되고, (12 　　　　　　) 분자는 일정하게 배열되지 않는다.
(2) (13 　　　　　　) 분자는 일반적으로 분자 간 인력이 (14 　　　　　　) 분자보다 강하므로 섞이기 어렵다.
(3) 액체 상태의 극성 분자와 액체 상태의 무극성 분자를 섞었을 때는 서로 섞이지 않고 층을 이루며, (15 　　　　　　)이/가 더 큰 액체가 아래층에 위치한다.

06 극성 분자와 무극성 분자에 대한 설명으로 옳은 것만을 〈보기〉에서 모두 고르시오.

> ──────────[보기]──────────
> ㄱ. 극성 공유 결합을 가진 분자는 모두 극성 분자이다.
> ㄴ. 극성 분자는 극성 공유 결합만을 가진다.
> ㄷ. 무극성 분자는 무극성 공유 결합만을 가진다.
> ㄹ. 극성 분자와 무극성 분자는 잘 섞이지 않는다.
> ㅁ. 직선형 분자는 모두 무극성 분자이다.
> ㅂ. 사면체형 분자는 모두 극성 분자이다.
> ㅅ. 무극성 공유 결합을 가진 이원자 분자는 모두 무극성 분자이다.

(16 　　　　　　　　　　)

[07 ~ 08] 그림은 액체 X와 Y를 각각 뷰렛에 넣고 가늘게 흐르게 한 다음 대전체를 가까이 가져갔을 때의 모습을 나타낸 것이다. 물음에 답하시오.

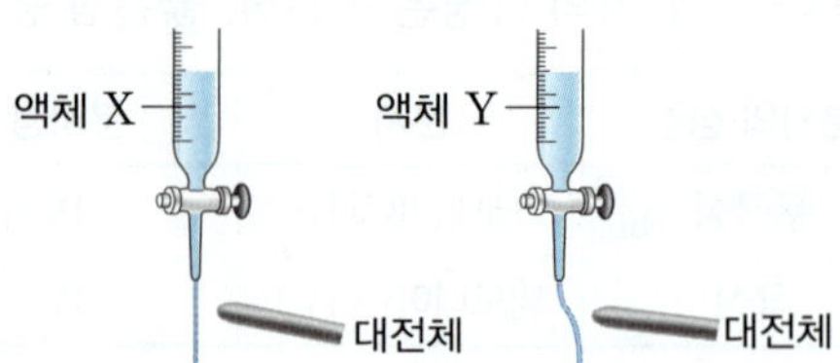

07 X와 Y 분자의 극성을 각각 쓰시오.

(1) X : (17 　　　　　　)
(2) Y : (18 　　　　　　)

08 기체 상태의 X, Y를 전기장에 배열했을 때 분자들이 일정한 방향으로 배열하는 것을 고르시오.

(19 　　　　　　　　)

1 분자 구조와 극성

유형 01 　루이스 전자점식 및 분자의 구조식을 제시한 경우

(단서) 분자의 루이스 전자점식 및 구조식이 제시되어 있다.

(발상) 분자 내 공유 결합을 모두 공유하여 극성을 추론한다.

G01 ❋❋❋
학력 평가 기출

그림은 에타인(C_2H_2)과 다이아젠(N_2H_2)의 구조식을 나타낸 것이다.

$$H-C\equiv C-H \qquad H-N=N-H$$

이에 대한 설명으로 옳은 것만을 〈보기〉에서 있는 대로 고른 것은?

[보기]
ㄱ. C_2H_2은 무극성 분자이다.
ㄴ. N_2H_2에는 비공유 전자쌍이 있다.
ㄷ. C_2H_2과 N_2H_2의 분자 모양은 모두 직선형이다.

① ㄱ　　② ㄷ　　③ ㄱ, ㄴ　　④ ㄴ, ㄷ　　⑤ ㄱ, ㄴ, ㄷ

G02 ❋❋❋
학력 평가 기출

표는 분자 (가)와 (나)에 대한 자료이다. (가)와 (나)에서 C, O는 옥텟 규칙을 만족한다.

분자	(가)	(나)
구성 원소의 루이스 전자점식	·Ċ·　·H	·Ö·　·H
구성 원소의 질량비	C : H = 3 : 1	O : H = 16 : 1

이에 대한 설명으로 옳은 것만을 〈보기〉에서 있는 대로 고른 것은? (단, H, C, O의 몰질량(g/mol)은 각각 1, 12, 16이다.)

[보기]
ㄱ. (가)에서 결합의 쌍극자 모멘트의 합은 0이다.
ㄴ. (나)의 분자식은 H_2O_2이다.
ㄷ. (가)와 (나)에는 극성 공유 결합이 있다.

① ㄱ　　② ㄷ　　③ ㄱ, ㄴ　　④ ㄴ, ㄷ　　⑤ ㄱ, ㄴ, ㄷ

G03 ❋❋❋
2023 실시 4월 학평 4 / 화학 Ⅰ (고3)

그림은 이산화 탄소(CO_2)의 구조식이다.

$$O=C=O$$

CO_2 분자에 대한 설명으로 옳은 것만을 〈보기〉에서 있는 대로 고른 것은?

[보기]
ㄱ. 단일 결합이 있다.
ㄴ. 극성 공유 결합이 있다.
ㄷ. 분자의 쌍극자 모멘트는 0이다.

① ㄱ　② ㄴ　③ ㄱ, ㄷ　④ ㄴ, ㄷ　⑤ ㄱ, ㄴ, ㄷ

G04 ❋❋❋
2021 대비 6월 모평 6 / 화학 Ⅰ (고3)

그림은 분자 (가)~(다)의 구조식을 나타낸 것이다.

$$H-C\equiv N \qquad F-B-F \qquad F-C-F$$
(가)　　　(나)　　　(다)

이에 대한 설명으로 옳은 것만을 〈보기〉에서 있는 대로 고른 것은?

[보기]
ㄱ. (가)의 분자 모양은 굽은 형이다.
ㄴ. (나)는 무극성 분자이다.
ㄷ. 결합각은 (나) > (다)이다.

① ㄱ　② ㄴ　③ ㄷ　④ ㄱ, ㄴ　⑤ ㄴ, ㄷ

G05 ✽✽❋ .... 2021 대비 9월 모평 4 / 화학 I (고3)

그림은 분자 (가)~(다)의 구조식을 나타낸 것이다.

$$H-O-H \qquad O=C=O \qquad H-C\equiv N$$
$$\text{(가)} \qquad\qquad \text{(나)} \qquad\qquad \text{(다)}$$

(가)~(다)에 대한 설명으로 옳은 것만을 〈보기〉에서 있는 대로 고른 것은? (3점)

─────── [보기] ───────
ㄱ. 중심 원자에 비공유 전자쌍이 존재하는 분자는 2가지이다.
ㄴ. 분자 모양이 직선형인 분자는 2가지이다.
ㄷ. 극성 분자는 1가지이다.

① ㄱ　　② ㄴ　　③ ㄱ, ㄷ　　④ ㄴ, ㄷ　　⑤ ㄱ, ㄴ, ㄷ

G06 ✽✽✽❋ .... 2024 실시 10월 학평 11 / 화학 I (고2)

표는 2주기 원소 W~Z로 구성된 분자 (가)와 (나)에 대한 자료이다. (가)와 (나)에서 모든 원자는 옥텟 규칙을 만족한다.

분자	분자식	중심 원자	분자 모양
(가)	WX_2	W	굽은 형
(나)	XYZ	Y	직선형

이에 대한 설명으로 옳은 것만을 〈보기〉에서 있는 대로 고른 것은? (단, W~Z는 임의의 원소 기호이다.) (3점)

─────── [보기] ───────
ㄱ. (가)는 극성 분자이다.
ㄴ. 중심 원자의 비공유 전자쌍 수는 (가) > (나)이다.
ㄷ. 전기 음성도는 Z > W이다.

① ㄱ　　② ㄷ　　③ ㄱ, ㄴ　　④ ㄴ, ㄷ　　⑤ ㄱ, ㄴ, ㄷ

G07 ✽✽✽❋ .... 2021 실시 11월 학평 18 / 화학 I (고2)

표는 원소 X~Z로 구성된 분자 (가)~(다)에 대한 자료이다. X~Z는 각각 C, N, F 중 하나이고, a, b는 5 이하이다.

분자	(가)	(나)	(다)
구성 원소	X, Y	X, Z	X, Z
구성 원자 수	5	a	b
$\dfrac{\text{X 원자 수}}{\text{Y 또는 Z 원자 수}}$	4	3	1

이에 대한 설명으로 옳은 것만을 〈보기〉에서 있는 대로 고른 것은? (단, (가)~(다)에서 모든 원자는 옥텟 규칙을 만족한다.)

─────── [보기] ───────
ㄱ. $a=b$이다.
ㄴ. (다)에는 삼중 결합이 있다.
ㄷ. 분자의 쌍극자 모멘트는 (가) > (나)이다.

① ㄱ　　② ㄷ　　③ ㄱ, ㄴ　　④ ㄴ, ㄷ　　⑤ ㄱ, ㄴ, ㄷ

G08 ✽✽✽❋ .... 2020 실시 3월 학평 14 / 화학 I (고3)

표는 분자 (가)~(다)에 대한 자료이다. X~Z는 2주기 원소이고, (가)~(다)의 중심 원자는 옥텟 규칙을 만족한다.

분자	(가)	(나)	(다)
구성 원소	H, X, Y	H, Y	H, Z
전체 원자 수	3	4	3
H 원자 수	1	3	2

(가)~(다)에 대한 옳은 설명만을 〈보기〉에서 있는 대로 고른 것은? (단, X~Z는 임의의 원소 기호이다.) (3점)

─────── [보기] ───────
ㄱ. $\dfrac{\text{공유 전자쌍 수}}{\text{비공유 전자쌍 수}} > 1$인 것은 2가지이다.
ㄴ. 분자를 구성하는 모든 원자가 동일 평면에 존재하는 것은 2가지이다.
ㄷ. (가)~(다)는 모두 극성 분자이다.

① ㄱ　　② ㄴ　　③ ㄱ, ㄷ　　④ ㄴ, ㄷ　　⑤ ㄱ, ㄴ, ㄷ

G09 ❋❋❋❋

표는 중심 원자가 탄소(C)인 분자 (가)~(다)에 대한 자료이다.

분자	(가)	(나)	(다)
구성 원소	C, O	C, F	C, O, F
구성 원자 수	3	5	4
비공유 전자쌍 수	4	12	8

이에 대한 설명으로 옳은 것만을 〈보기〉에서 있는 대로 고른 것은? (단, (가)~(다)에서 모든 원자는 옥텟 규칙을 만족한다.)

[보기]
ㄱ. (나)의 쌍극자 모멘트는 0보다 크다.
ㄴ. (다)를 구성하는 모든 원자는 같은 평면에 존재한다.
ㄷ. 결합각은 (나) > (가)이다.

① ㄱ ② ㄴ ③ ㄷ ④ ㄱ, ㄴ ⑤ ㄴ, ㄷ

G11 ❋❋❋❋

그림은 2주기 원소 X~Z로 이루어진 분자 XZ_4, YZ_2, XYZ_2의 쌍극자 모멘트를 나타낸 것이다. 분자 내 모든 원자는 옥텟 규칙을 만족한다.

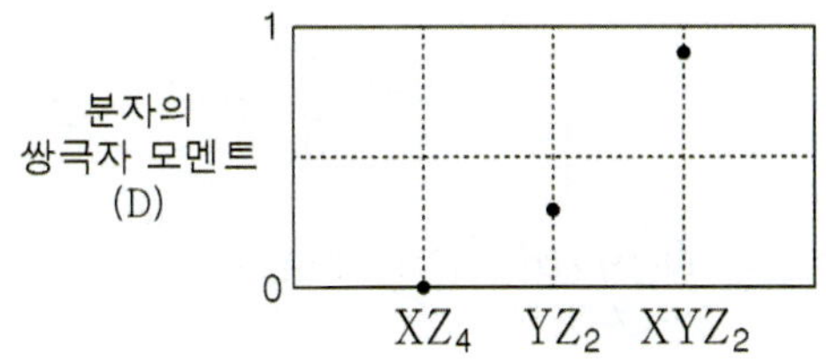

이에 대한 설명으로 옳은 것은? (단, X~Z는 임의의 원소 기호이다.)

① XZ_4는 극성 분자이다.
② YZ_2에는 이중 결합이 존재한다.
③ XYZ_2에서 X 원자는 부분적인 (−)전하를 띤다.
④ 결합각은 XZ_4가 YZ_2보다 크다.
⑤ XY_2에는 무극성 공유 결합이 있다.

G10 ❋❋❋❋

그림은 결합의 극성과 분자의 극성에 대한 선생님과 학생의 대화이다.

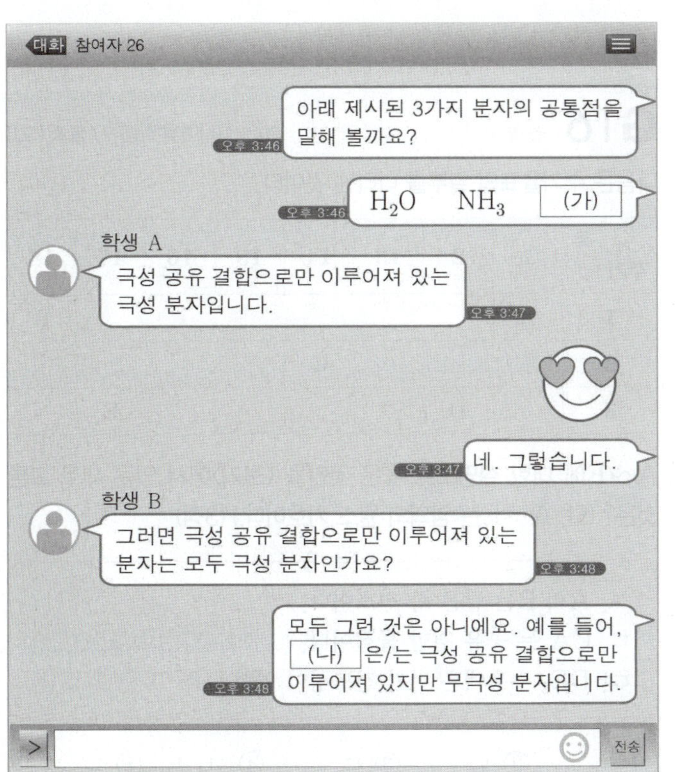

다음 중 (가), (나)로 가장 적절한 것은? (3점)

	(가)	(나)		(가)	(나)
①	O_2	CH_4	②	HF	CH_4
③	O_2	CH_3Cl	④	HF	CH_3Cl
⑤	O_2	CO_2			

G12 ❋❋❋❋

다음은 2주기 원소로 구성된 분자 (가)~(다)에 대한 자료이다. (가)~(다)를 구성하는 모든 원자는 옥텟 규칙을 만족한다.

○ (가)~(다)의 분자식

분자	(가)	(나)	(다)
분자식	XY_2	YZ_2	XYZ_2

○ (가)~(다)를 기준 Ⅰ, Ⅱ에 따라 분류한 벤 다이어그램

분류 기준
Ⅰ. 다중 결합이 있다.
Ⅱ. 극성 분자이다.

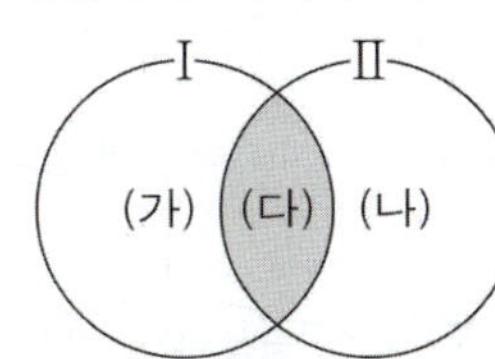

이에 대한 설명으로 옳은 것만을 〈보기〉에서 있는 대로 고른 것은? (단, X~Z는 임의의 원소 기호이다.) (3점)

[보기]
ㄱ. (가)의 공유 전자쌍 수는 4이다.
ㄴ. (다)는 평면 구조이다.
ㄷ. 결합각은 (가) > (나)이다.

① ㄱ ② ㄴ ③ ㄱ, ㄷ ④ ㄴ, ㄷ ⑤ ㄱ, ㄴ, ㄷ

G13 ❋❋❋ 2022 실시 11월 학평 13 / 화학 Ⅰ (고2)

그림은 3가지 분자를 주어진 기준에 따라 분류한 것이다.

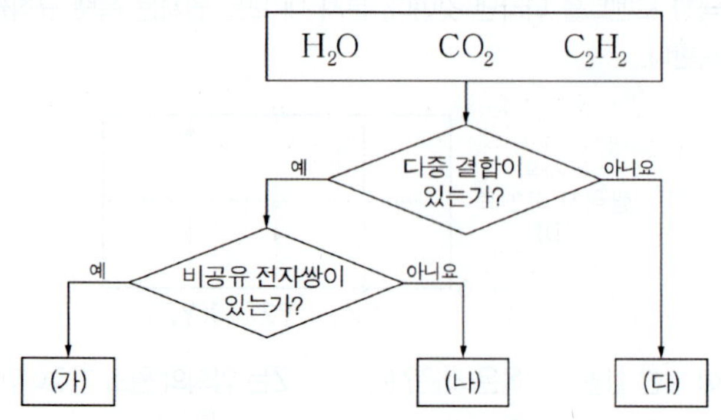

이에 대한 설명으로 옳은 것만을 〈보기〉에서 있는 대로 고른 것은? (3점)

[보기]
ㄱ. (나)의 공유 전자쌍 수는 5이다.
ㄴ. (다)의 분자 모양은 직선형이다.
ㄷ. 분자의 쌍극자 모멘트는 (가) > (다)이다.

① ㄱ　　② ㄴ　　③ ㄷ　　④ ㄱ, ㄴ　⑤ ㄴ, ㄷ

G14 ❋❋❋ 학력 평가 기출

그림은 3가지 분자를 주어진 기준에 따라 분류한 것이다.

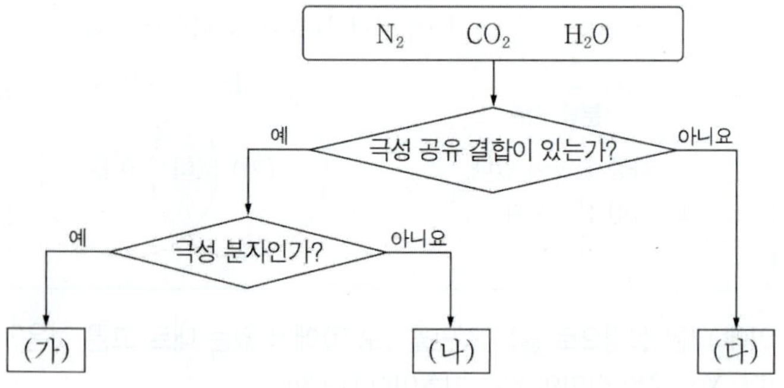

(가)~(다)로 옳은 것은?

	(가)	(나)	(다)
①	N_2	CO_2	H_2O
②	N_2	H_2O	CO_2
③	CO_2	H_2O	N_2
④	H_2O	N_2	CO_2
⑤	H_2O	CO_2	N_2

2 극성 분자와 무극성 분자의 성질

G15 ❋❋❋ 2021 실시 11월 학평 11 / 통과 (고1)

그림은 원자 A, B의 전자 배치를 모형으로 나타낸 것이다.

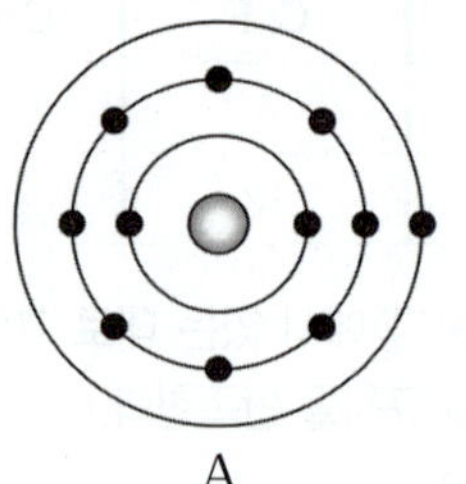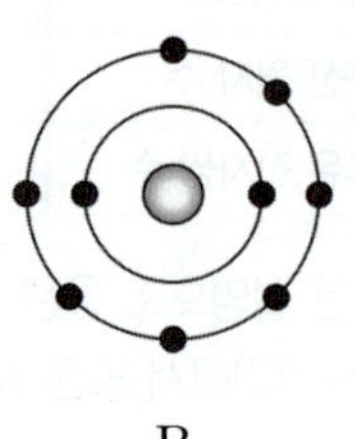

이에 대한 설명으로 옳은 것만을 〈보기〉에서 있는 대로 고른 것은? (단, A, B는 임의의 원소 기호이다.)

[보기]
ㄱ. A의 양성자수는 11이다.
ㄴ. B_2는 공유 결합 물질이다.
ㄷ. AB는 수용액 상태에서 전기 전도성이 있다.

① ㄱ　　② ㄷ　　③ ㄱ, ㄴ　④ ㄴ, ㄷ　⑤ ㄱ, ㄴ, ㄷ

G16 ❋❋❋ 2021 실시 9월 학평 9 / 통과 (고1)

다음은 주기율표의 일부를 나타낸 것이다.

주기 \ 족	1	2	13	14	15	16	17	18
1	A							B
2				C				
3		D					E	

A~E에 대한 설명으로 옳은 것만을 〈보기〉에서 있는 대로 고른 것은? (단, A~E는 임의의 원소 기호이다.) (3점)

[보기]
ㄱ. A와 B는 같은 족 원소이다.
ㄴ. CA_4는 공유 결합 물질이다.
ㄷ. DE_2 수용액은 전기 전도성이 있다.

① ㄱ　　② ㄴ　　③ ㄷ　　④ ㄱ, ㄴ　⑤ ㄴ, ㄷ

G17 ✽✽✽

그림은 플루오린화 수소(HF) 분자가 전기장 내에서 일정한 방향으로 배열되는 모습을 나타낸 것이다.

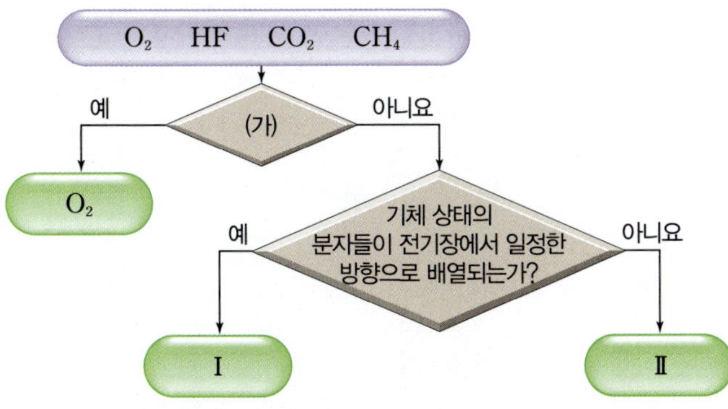

이와 같이 전기장 내에서 일정한 방향으로 배열되는 분자에 대한 설명으로 옳은 것만을 〈보기〉에서 있는 대로 고른 것은?

[보기]
ㄱ. 분자의 구조가 평면 구조이다.
ㄴ. 분자의 쌍극자 모멘트 $\mu \neq 0$이다.
ㄷ. BF_3, CO_2는 전기장 내에서 위와 같이 반응한다.

① ㄱ　　② ㄴ　　③ ㄱ, ㄷ　　④ ㄴ, ㄷ　　⑤ ㄱ, ㄴ, ㄷ

G18 ✽✽✽

그림은 4가지 분자를 2가지 기준에 따라 구분한 것이다.

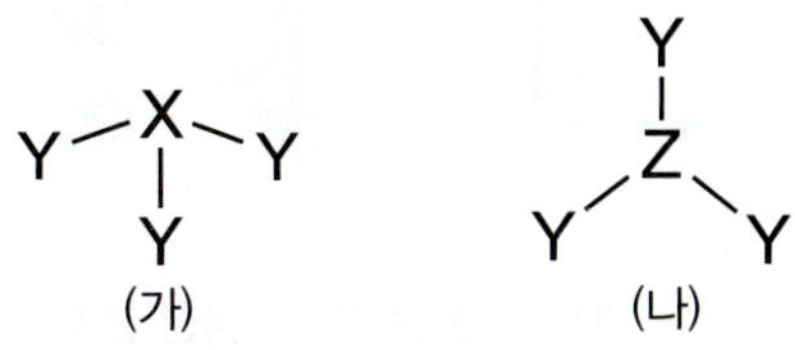

이에 대한 설명으로 옳은 것만을 〈보기〉에서 있는 대로 고른 것은?

[보기]
ㄱ. (가)에 '무극성 분자인가?'를 넣을 수 있다.
ㄴ. I 에 들어갈 분자는 1가지이다.
ㄷ. II 에 들어갈 분자는 무극성 분자이다.

① ㄱ　　② ㄷ　　③ ㄱ, ㄴ　　④ ㄴ, ㄷ　　⑤ ㄱ, ㄴ, ㄷ

서술형 · 단답형 문제

G19 ✽✽✽

그림은 원소 X∼Z로 이루어진 분자 (가), (나)의 분자 구조를 나타낸 것이다. X∼Z는 각각 B, N, F 중 하나이다.

Y—X—Y 위에 Y, 아래 Y (가)　　　　Y 위, Z, Y Y (나)

(1) (가), (나)의 분자식을 쓰시오. (단답형)

―――――――――――――――――――

(2) (가), (나) 중 물에 잘 녹는 분자는 무엇인지 쓰고 그 까닭을 서술하시오. (서술형)

―――――――――――――――――――

―――――――――――――――――――

G20 ✽✽✽

다음은 분자 X를 이용한 실험 결과와 주어진 질문에 대한 두 학생의 답변이다.

〈실험 결과〉
○ 헥세인과 액체 X를 유리병에 각각 5 mL씩 넣은 후 흔들었더니 두 개의 층으로 나누어졌다.
○ 액체 X의 가는 줄기에 (+)전하로 대전한 고무풍선을 가까이했더니 액체 줄기가 풍선 쪽으로 끌려왔다.

〈질문〉
액체 X의 가는 줄기에 (−)대전체를 가까이 대면 액체 줄기가 어떻게 될까요?

〈학생의 답변〉
• 학생 A: 액체 줄기가 밀려날 것이다.
• 학생 B: ⓛ

(1) X는 극성 분자인지, 무극성 분자인지 쓰시오. (단답형)

―――――――――――――――――――

(2) 학생 A, B 중 학생 B만 옳게 답하였다. ⓛ에 들어갈 예상되는 결과와 그 까닭을 서술하시오. (서술형)

―――――――――――――――――――

―――――――――――――――――――

G21 ✽✽✾

다음은 분자량이 비슷한 기체 분자 (가)와 (나)를 각각 전기장 속에 넣었을 때 분자 배열을 나타낸 그림이다.

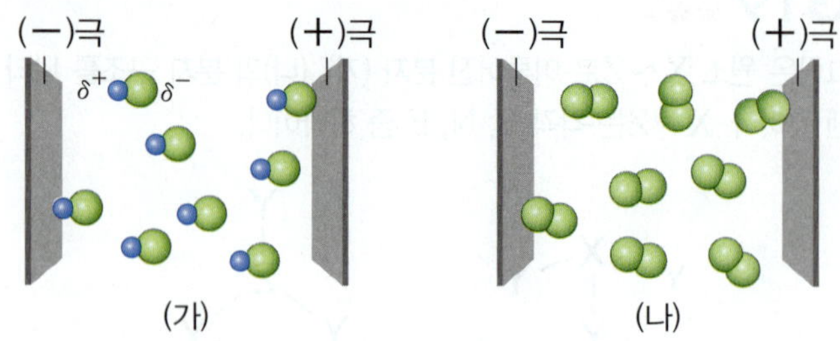

(1) 분자 (가)와 (나) 중에서 극성 분자와 무극성 분자가 무엇인지 각각 쓰시오. 단답형

____

(2) (가), (나) 분자의 끓는점을 비교하고, 그렇게 생각한 까닭을 서술하시오. 서술형

____

____

G22 ✽✽✾

다음은 극성 분자와 무극성 분자의 　㉠　을(를) 알아보기 위한 실험이다. 이를 활용하여 아래 물음에 답하시오.

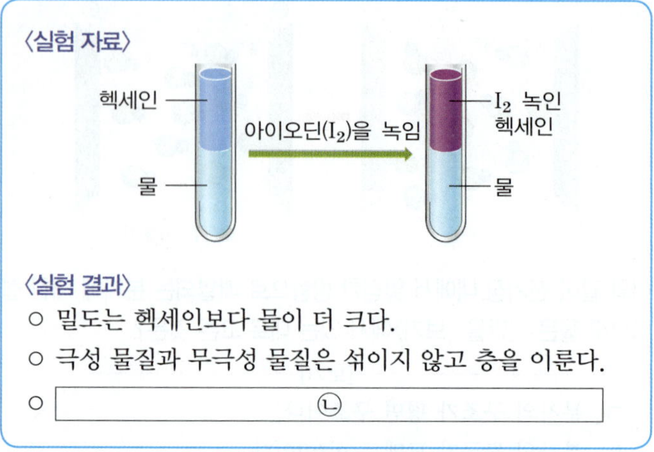

〈실험 결과〉
○ 밀도는 헥세인보다 물이 더 크다.
○ 극성 물질과 무극성 물질은 섞이지 않고 층을 이룬다.
○ 　　　㉡　　　

(1) ㉠에 들어갈 분자의 성질을 쓰시오. 단답형

____

(2) ㉡에 들어갈 옳은 결과 해석을 서술하시오. 서술형

____

____

D 화학 결합의 전기적 성질

Ⅱ01 ✱✱✽
2022 실시 11월 학평 10 / 화학Ⅰ (고2)

그림은 화합물 ABC와 DB를 화학 결합 모형으로 나타낸 것이다.

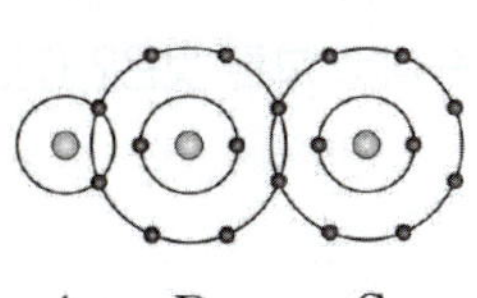
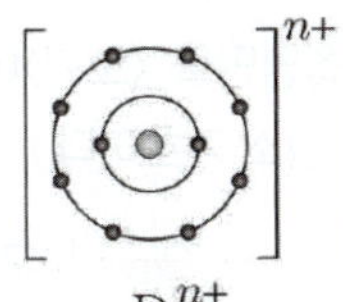

이에 대한 설명으로 옳은 것만을 〈보기〉에서 있는 대로 고른 것은? (단, A~D는 임의의 원소 기호이다.)

[보기]
ㄱ. ABC는 공유 결합 물질이다.
ㄴ. $n=2$이다.
ㄷ. 고체 상태에서 전기 전도성은 D>DB이다.

① ㄱ　② ㄷ　③ ㄱ, ㄴ　④ ㄴ, ㄷ　⑤ ㄱ, ㄴ, ㄷ

Ⅱ02 ✱✱✱
2020 실시 9월 학평 13 / 화학Ⅰ (고2)

그림은 물질 AB와 BC_2의 화학 결합을 모형으로 나타낸 것이다.

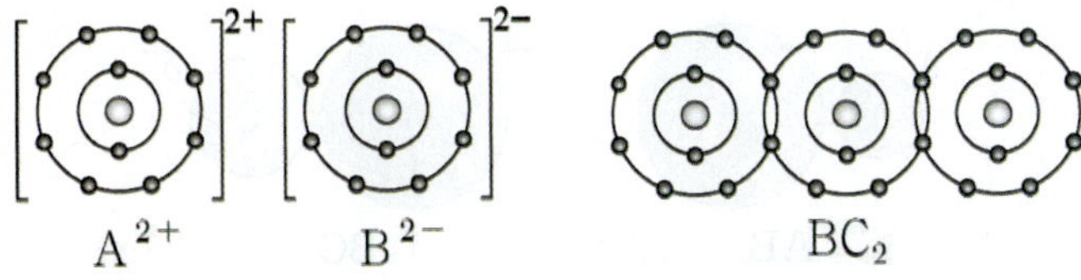

A_xC_y의 화학 결합 모형으로 가장 적절한 것은? (단, A~C는 임의의 원소 기호이며, A_xC_y에서 구성 입자는 모두 옥텟 규칙을 만족한다.)

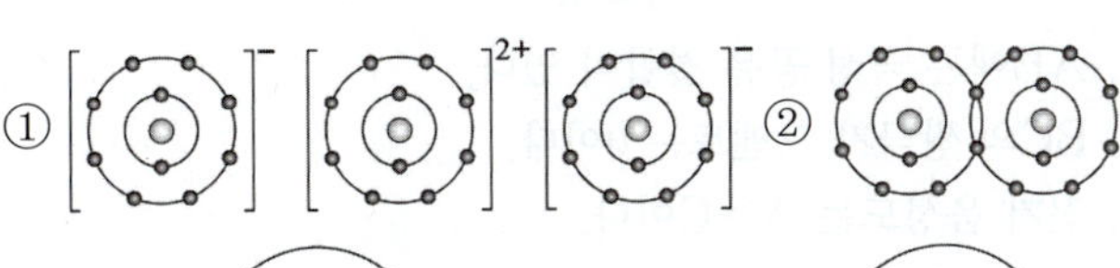
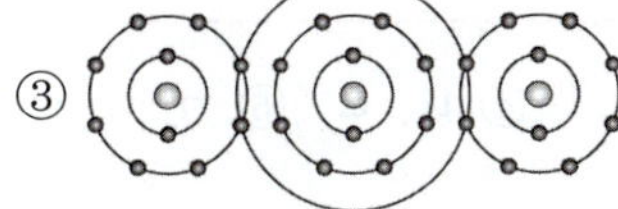
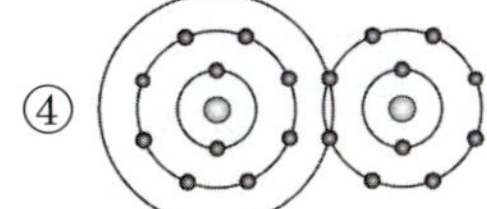
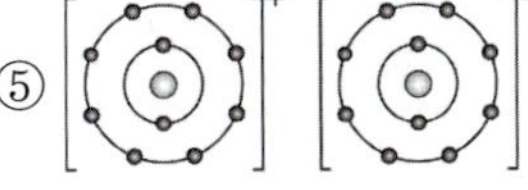

Ⅱ03 ✱✱✽
2023 실시 9월 학평 10 / 화학Ⅰ (고2)

다음은 물(H_2O)의 전기 분해 실험이다.

〈실험 과정〉
(가) 물에 황산 나트륨을 소량 녹인다.
(나) 유리판 위에 스포이트로 (가)의 수용액을 몇 방울 떨어뜨린다.
(다) 건전지의 두 전극에 침핀 2개를 각각 집게 전선으로 연결한 뒤 침핀 끝을 (나)의 물방울에 담근다.
(라) 침핀 A와 B에서 발생하는 기포의 양을 관찰한다.

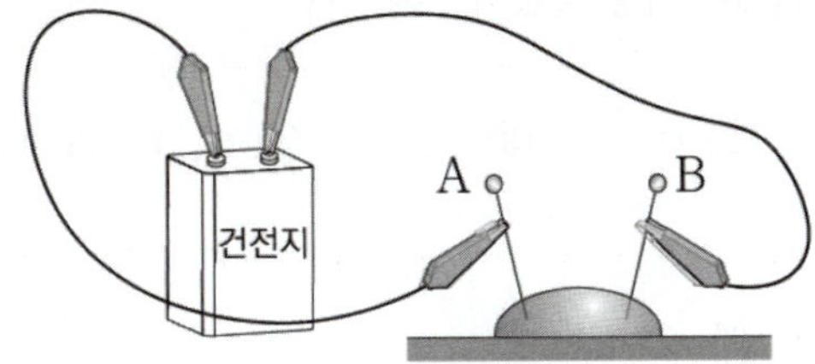

〈실험 결과〉
○ 기포의 양은 A에서가 B에서보다 많았다.

이에 대한 설명으로 옳은 것만을 〈보기〉에서 있는 대로 고른 것은?

[보기]
ㄱ. A는 (+)극이다.
ㄴ. 황산 나트륨 수용액은 전기 전도성이 있다.
ㄷ. H_2O을 이루고 있는 H 원자와 O 원자 사이의 화학 결합에는 전자가 관여한다.

① ㄱ　② ㄴ　③ ㄱ, ㄷ　④ ㄴ, ㄷ　⑤ ㄱ, ㄴ, ㄷ

표는 2주기 원소 X, Y와 탄소(C)로 이루어진 3가지 분자 (가)~(다)의 분자식과 결합의 종류를 나타낸 것이다. (가)~(다)의 모든 원자는 옥텟 규칙을 만족한다.

분자	(가)	(나)	(다)
분자식	X_2	Y_2	CY_2
결합 종류	단일 결합	이중 결합	㉠

이에 대한 설명으로 옳은 것만을 〈보기〉에서 있는 대로 고른 것은? (단, X와 Y는 임의의 원소 기호이다.) (3점)

[보기]
ㄱ. 원자 번호는 $Y > X$이다.
ㄴ. ㉠은 '이중 결합'이다.
ㄷ. YX_2에는 다중 결합이 존재한다.

① ㄴ   ② ㄷ   ③ ㄱ, ㄴ   ④ ㄱ, ㄷ   ⑤ ㄴ, ㄷ

II05 ✱✱✿ ──────── 학력 평가 기출

다음은 이온 결합 물질의 화학식에 대하여 학습한 내용을 적용한 것이다.

〈학습 내용〉
○ 이온 결합 물질의 화학식에서 양이온의 전하량 합과 음이온의 전하량 합은 같다.

〈적용〉
○ 마그네슘 이온(Mg^{2+})과 산화 이온(O^{2-})은 $x : y$의 개수비로 결합하여 산화 마그네슘을 형성한다.
○ 알루미늄 이온(Al^{3+})과 산화 이온(O^{2-})이 결합한 산화 알루미늄의 화학식은 Al_aO_b이다.

$\dfrac{y}{x} \times \dfrac{b}{a}$는?

① $\dfrac{1}{6}$ ② $\dfrac{2}{3}$ ③ 1   ④ $\dfrac{3}{2}$ ⑤ 6

II06 ✱✱✱ ──────── 2020 실시 3월 학평 6 / 화학 I (고3)

그림은 주기율표의 일부를 나타낸 것이다.

주기 \ 족	1	2	13	14	15	16	17	18
2	A			B		C		
3							D	

이에 대한 옳은 설명만을 〈보기〉에서 있는 대로 고른 것은? (단, A~D는 임의의 원소 기호이다.)

[보기]
ㄱ. AD는 이온 결합 물질이다.
ㄴ. 전기 음성도는 $C > B$이다.
ㄷ. BD_4에는 극성 공유 결합이 있다.

① ㄴ   ② ㄷ   ③ ㄱ, ㄴ   ④ ㄱ, ㄷ   ⑤ ㄱ, ㄴ, ㄷ

II07 ✱✱✱ ──────── 2020 실시 4월 학평 3 / 화학 I (고3)

그림은 분자 AB, BC의 모형에 부분적인 양전하(δ^+)와 부분적인 음전하(δ^-)를 표시한 모습을 나타낸 것이다.

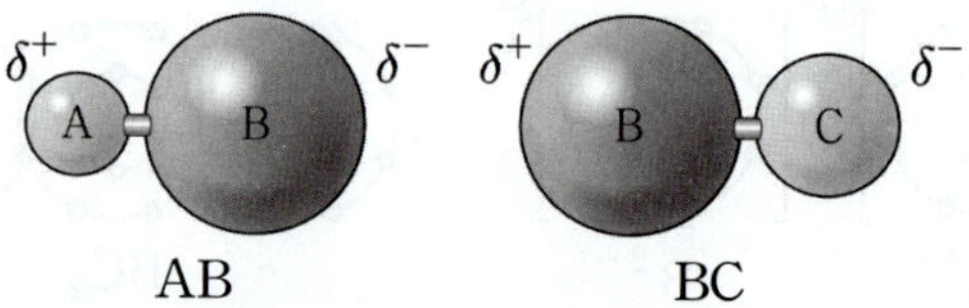

이에 대한 설명으로 옳은 것만을 〈보기〉에서 있는 대로 고른 것은? (단, A~C는 임의의 원소 기호이다.) (3점)

[보기]
ㄱ. AB에는 극성 공유 결합이 있다.
ㄴ. BC의 쌍극자 모멘트는 0이다.
ㄷ. 전기 음성도는 $A > C$이다.

① ㄱ   ② ㄴ   ③ ㄱ, ㄷ   ④ ㄴ, ㄷ   ⑤ ㄱ, ㄴ, ㄷ

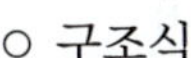**08** ✻✻✻✾ .... 2024 실시 5월 학평 5 / 화학 I (고3) 

다음은 2, 3주기 원소 X~Z로 이루어진 분자 (가)와 (나)에 대한 자료이다.

> ○ 구조식
>
> $$X-Y \qquad\qquad X-Z-X$$
> $$\text{(가)} \qquad\qquad\quad \text{(나)}$$
>
> ○ (가)와 (나)에서 모든 원자는 옥텟 규칙을 만족한다.
> ○ (가)와 (나)에서 X는 모두 부분적인 양전하(δ^+)를 띤다.

이에 대한 설명으로 옳은 것만을 〈보기〉에서 있는 대로 고른 것은? (단, X~Z는 임의의 원소 기호이다.)

> ─────────[보기]─────────
> ㄱ. X는 Cl이다.
> ㄴ. 전기 음성도는 Y>Z이다.
> ㄷ. Z_2Y_2에는 무극성 공유 결합이 있다.

① ㄱ ② ㄷ ③ ㄱ, ㄴ ④ ㄴ, ㄷ ⑤ ㄱ, ㄴ, ㄷ

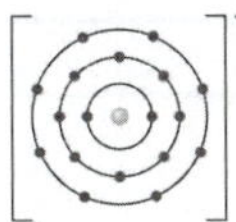**09** ✻✻✻✾ .... 2024 실시 3월 학평 2 / 화학 I (고3)

그림은 화합물 AB_2와 CB_2를 화학 결합 모형으로 나타낸 것이다. 전기 음성도는 C>B이다.

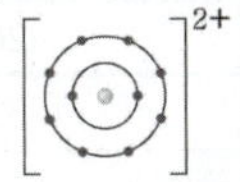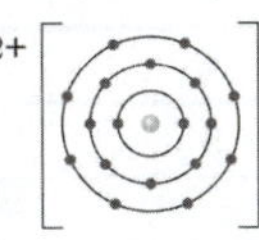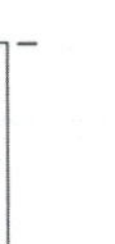

AB_2 $\qquad\qquad\qquad\qquad$ CB_2

이에 대한 옳은 설명만을 〈보기〉에서 있는 대로 고른 것은? (단, A~C는 임의의 원소 기호이다.)

> ─────────[보기]─────────
> ㄱ. A와 B는 같은 주기 원소이다.
> ㄴ. AC(s)는 전기 전도성이 있다.
> ㄷ. CB_2에서 C는 부분적인 음전하(δ^-)를 띤다.

① ㄱ ② ㄴ ③ ㄱ, ㄷ ④ ㄴ, ㄷ ⑤ ㄱ, ㄴ, ㄷ

---

10 ✻✻✻✾ .... 2021 실시 3월 학평 8 / 화학 I (고3)

그림은 물질 AB와 CD를 화학 결합 모형으로 나타낸 것이다.

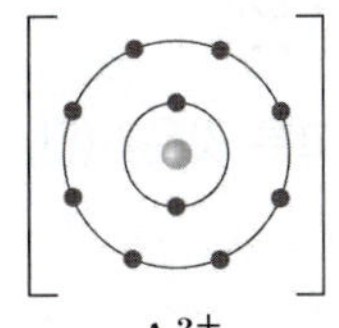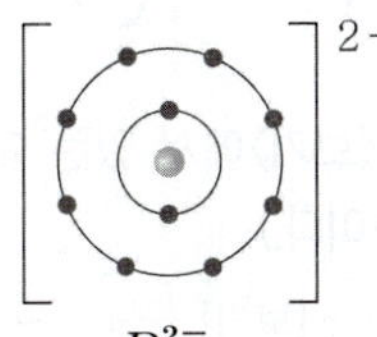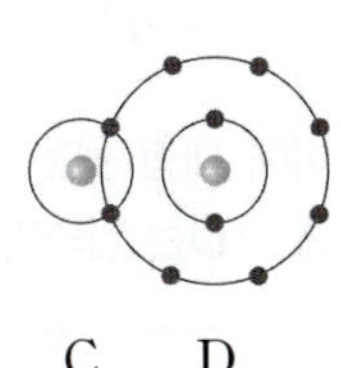

A^{2+} $\qquad\qquad$ B^{2-} $\qquad\qquad$ C $\quad$ D

이에 대한 옳은 설명만을 〈보기〉에서 있는 대로 고른 것은? (단, A~D는 임의의 원소 기호이다.)

> ─────────[보기]─────────
> ㄱ. A(s)는 전기 전도성이 있다.
> ㄴ. CD에서 C는 부분적인 음전하(δ^-)를 띤다.
> ㄷ. 분자당 공유 전자쌍 수는 D_2가 B_2보다 크다.

① ㄱ ② ㄷ ③ ㄱ, ㄴ ④ ㄴ, ㄷ ⑤ ㄱ, ㄴ, ㄷ

F 루이스 전자점식과 분자의 구조

11 ✪ 고난도 .... 2023 실시 3월 학평 17 / 화학 I (고3)

표는 2주기 원소 W~Z로 구성된 분자 (가)~(라)에 대한 자료이다. (가)~(라)에서 W~Z는 옥텟 규칙을 만족한다.

분자	(가)	(나)	(다)	(라)
분자식	W_2	X_2	YW_2	X_2Z_2
공유 전자쌍 수 / 비공유 전자쌍 수 (상댓값)	1	3	2	1

(가)~(라)에 대한 옳은 설명만을 〈보기〉에서 있는 대로 고른 것은? (단, W~Z는 임의의 원소 기호이다.) (3점)

> ─────────[보기]─────────
> ㄱ. (가)와 (다)는 비공유 전자쌍 수가 같다.
> ㄴ. 무극성 공유 결합이 있는 분자는 2가지이다.
> ㄷ. 다중 결합이 있는 분자는 3가지이다.

① ㄱ ② ㄴ ③ ㄱ, ㄷ ④ ㄴ, ㄷ ⑤ ㄱ, ㄴ, ㄷ

그림은 2주기 원자 A~D의 루이스 전자점식을 나타낸 것이다.

$$A\cdot \qquad \cdot \overset{\displaystyle\cdot}{B}\cdot \qquad :\overset{\displaystyle\cdot}{C}\cdot \qquad :\overset{\displaystyle\cdot\cdot}{D}\cdot$$

이에 대한 옳은 설명만을 〈보기〉에서 있는 대로 고른 것은? (단, A~D는 임의의 원소 기호이다.)

[보기]
ㄱ. A(s)는 전기 전도성이 있다.
ㄴ. BD_3에서 B는 부분적인 양전하(δ^+)를 띤다.
ㄷ. 분자당 공유 전자쌍 수는 $B_2D_2 > C_2D_2$이다.

① ㄱ ② ㄴ ③ ㄱ, ㄷ ④ ㄴ, ㄷ ⑤ ㄱ, ㄴ, ㄷ

표는 분자 (가)~(다)에 대한 자료이다. (가)~(다)는 각각 HCN, NH_3, CH_2O 중 하나이다.

분자	(가)	(나)	(다)
공유 전자쌍 수	a	$a+1$	
비공유 전자쌍 수		b	$2b$

이에 대한 옳은 설명만을 〈보기〉에서 있는 대로 고른 것은?

[보기]
ㄱ. (다)는 HCN이다.
ㄴ. $a+b=4$이다.
ㄷ. 결합각은 (가) > (나)이다.

① ㄱ ② ㄴ ③ ㄱ, ㄷ ④ ㄴ, ㄷ ⑤ ㄱ, ㄴ, ㄷ

표는 2주기 원소 X와 Y로 이루어진 분자 (가)~(다)에 대한 자료이다. (가)~(다)에서 모든 원자는 옥텟 규칙을 만족한다.

분자	분자식	비공유 전자쌍 수
(가)	X_aY_a	8
(나)	X_aY_{a+2}	14
(다)	X_bY_{a+1}	10

이에 대한 옳은 설명만을 〈보기〉에서 있는 대로 고른 것은? (단, X와 Y는 임의의 원소 기호이다.) (3점)

[보기]
ㄱ. X는 16족 원소이다.
ㄴ. $a+b=3$이다.
ㄷ. (가)~(다)에서 다중 결합이 있는 분자는 2가지이다.

① ㄱ ② ㄴ ③ ㄱ, ㄷ ④ ㄴ, ㄷ ⑤ ㄱ, ㄴ, ㄷ

표는 2주기 원소 X~Z로 구성된 분자 (가)~(다)에 대한 자료이다. (가)~(다)에서 X~Z는 옥텟 규칙을 만족한다.

분자	구성 원자	구성 원자 수	구성 원자의 원자가 전자 수의 합
(가)	X, Y, Z	3	16
(나)	X, Y	4	26
(다)	X, Z	5	32

(가)~(다)에 대한 옳은 설명만을 〈보기〉에서 있는 대로 고른 것은? (단, X~Z는 임의의 원소 기호이다.)

[보기]
ㄱ. (가)의 분자 모양은 직선형이다.
ㄴ. 중심 원자의 비공유 전자쌍 수는 (나) > (다)이다.
ㄷ. 모든 구성 원자가 동일 평면에 있는 분자는 1가지이다.

① ㄱ ② ㄷ ③ ㄱ, ㄴ ④ ㄴ, ㄷ ⑤ ㄱ, ㄴ, ㄷ

II 16 ❋❋❋   2022 실시 3월 학평 6 / 화학 I (고3)

그림은 2주기 원소 $X \sim Z$와 수소(H)로 구성된 분자 (가)
와 (나)의 구조식을 나타낸 것이다. $X \sim Z$는 각각 C, O, F 중 하나
이고, (가)와 (나)에서 $X \sim Z$는 모두 옥텟 규칙을 만족한다.

이에 대한 옳은 설명만을 〈보기〉에서 있는 대로 고른 것은?

─────[보기]─────
ㄱ. 전기 음성도는 $Z > Y > X$이다.
ㄴ. 분자의 쌍극자 모멘트는 (가) > (나)이다.
ㄷ. (나)에는 무극성 공유 결합이 있다.

① ㄱ　② ㄷ　③ ㄱ, ㄴ　④ ㄴ, ㄷ　⑤ ㄱ, ㄴ, ㄷ

II 17 ❋❋❋   2022 실시 4월 학평 5 / 화학 I (고3)

그림은 분자 (가)~(다)를 화학 결합 모형으로 나타낸 것이다.

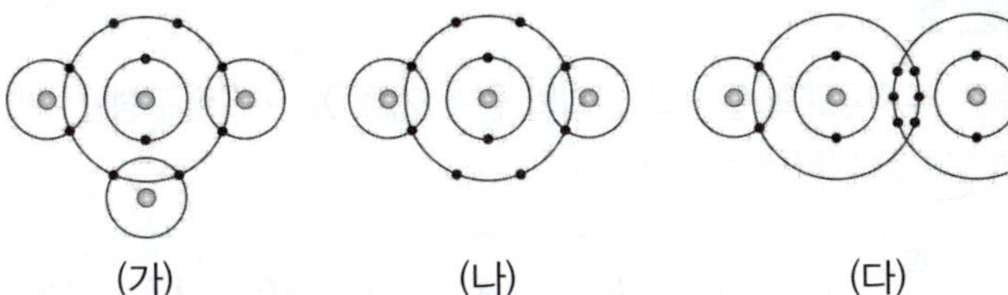

이에 대한 설명으로 옳은 것만을 〈보기〉에서 있는 대로 고른 것은?
(3점)

─────[보기]─────
ㄱ. (가)의 분자 모양은 평면 삼각형이다.
ㄴ. (나)는 극성 분자이다.
ㄷ. 결합각은 (다)가 (나)보다 크다.

① ㄱ　② ㄷ　③ ㄱ, ㄴ　④ ㄴ, ㄷ　⑤ ㄱ, ㄴ, ㄷ

II 18 ❋❋❋   2023 실시 4월 학평 6 / 화학 I (고3)

그림은 분자 구조와 성질에 관한 수업 장면이다.

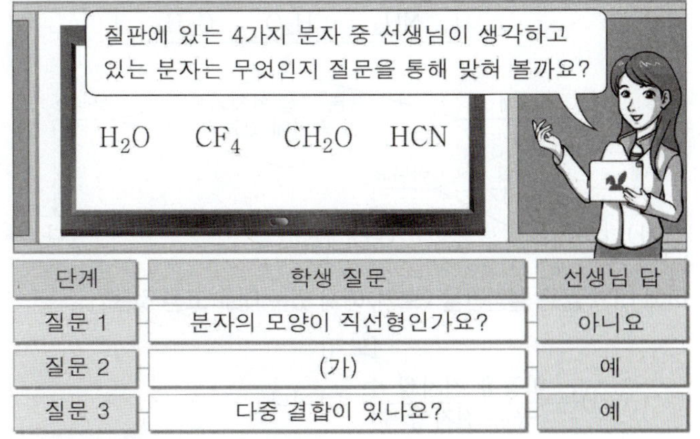

단계	학생 질문	선생님 답
질문 1	분자의 모양이 직선형인가요?	아니요
질문 2	(가)	예
질문 3	다중 결합이 있나요?	예

(가)로 적절한 것만을 〈보기〉에서 있는 대로 고른 것은?

─────[보기]─────
ㄱ. 극성 분자인가요?
ㄴ. 중심 원자에 비공유 전자쌍이 있나요?
ㄷ. 분자를 구성하는 모든 원자가 동일 평면에 존재하나요?

① ㄱ　② ㄴ　③ ㄱ, ㄷ　④ ㄴ, ㄷ　⑤ ㄱ, ㄴ, ㄷ

II 19 ❋❋❋   2024 실시 3월 학평 16 / 화학 I (고3)

그림은 4가지 분자를 몇 가지 기준에 따라 분류한 것이다.

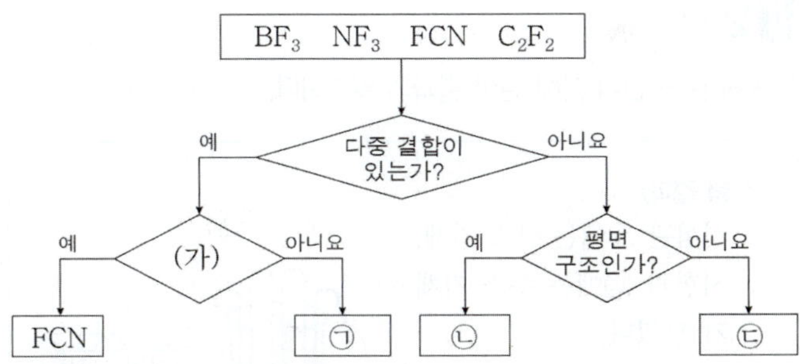

이에 대한 옳은 설명만을 〈보기〉에서 있는 대로 고른 것은?

─────[보기]─────
ㄱ. '극성 분자인가?'는 (가)로 적절하다.
ㄴ. ㉠에는 이중 결합이 있다.
ㄷ. 결합각은 ㉢이 ㉡보다 크다.

① ㄱ　② ㄴ　③ ㄱ, ㄷ　④ ㄴ, ㄷ　⑤ ㄱ, ㄴ, ㄷ

Ⅱ20 ✽✽✽

그림은 3가지 분자를 주어진 기준에 따라 분류한 것이다.

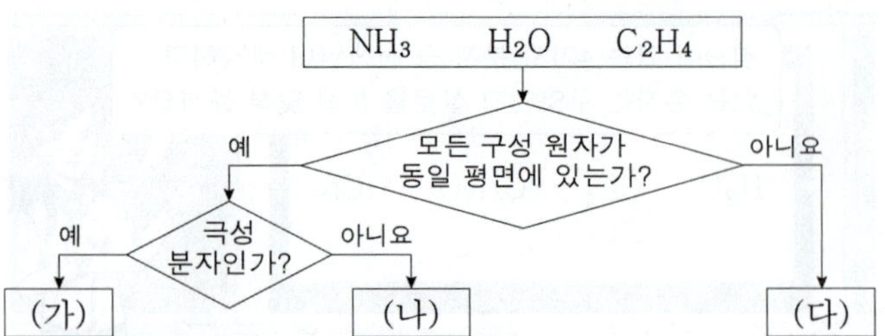

이에 대한 옳은 설명만을 〈보기〉에서 있는 대로 고른 것은?

[보기]

ㄱ. (가)는 $\dfrac{비공유 전자쌍 수}{공유 전자쌍 수} < 1$ 이다.

ㄴ. (나)에는 무극성 공유 결합이 있다.

ㄷ. 결합각은 (가)가 (다)보다 크다.

① ㄴ   ② ㄷ   ③ ㄱ, ㄴ   ④ ㄱ, ㄷ   ⑤ ㄱ, ㄴ, ㄷ

 ## 서술형·단답형 문제

Ⅱ21 ✽✽✽

다음은 물의 전기 분해 실험 결과의 일부이다.

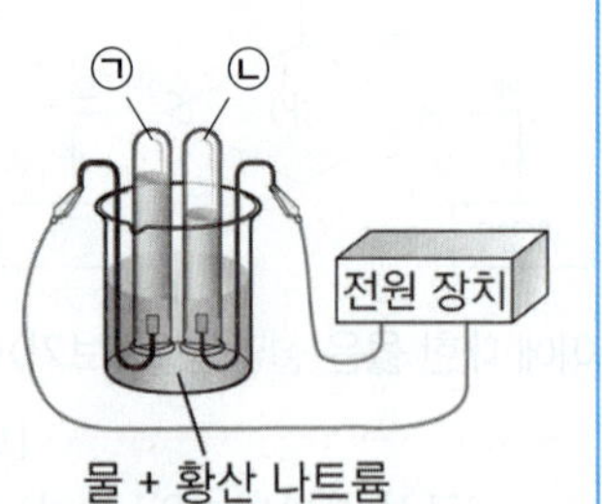

〈실험 결과〉
○ 시험관 ㉠에는 산소 기체, 시험관 ㉡에는 수소 기체가 모였다.
○ 시험관에 각각 모은 기체의 부피비는
㉠ : ㉡ = 1 : 2이다.

(1) 각 시험관에 연결된 전극의 종류를 쓰시오. 단답형

(2) 각 시험관에 연결된 전극의 종류를 (1)과 같이 생각한 까닭을 서술하시오. 서술형

Ⅱ22 ✽✽✽

다음은 공유 결합하여 형성된 이원자 분자에서의 전자의 분포를 알아보기 위한 탐구이다.

〈자료〉

분자	HF		F₂	
결합 모형	δ^+ δ^-			
구성 원자	H	F	F	F
전기 음성도	㉠	㉡	㉡	㉡
결합의 극성	극성 공유 결합		무극성 공유 결합	

〈결론〉
○ 극성 공유 결합에서는 공유 전자쌍이 전기 음성도가 큰 원자 쪽으로 치우쳐 비대칭적으로 분포한다.

(1) ㉠, ㉡에 들어갈 각 원소의 전기 음성도를 각각 쓰시오. 단답형

(2) 무극성 공유 결합을 하는 분자와 극성 공유 결합을 하는 분자의 공유 전자쌍이 치우치는 정도를 전기 음성도를 활용하여 비교 서술하시오. 서술형

Ⅱ23 ✽✽✽

그림은 주기율표의 일부와 임의의 원소 기호 X ~ Z로 구성된 4가지의 분자를 나타낸 것이다.

주기＼족	1	2	13	14	15	16	17	18
1	X							
2				Y		Z		

YX_4 YZ_2 X_2Z Z_2

(1) 주어진 분자 중 극성 공유 결합이 있는 무극성 분자를 쓰시오. 단답형

(2) X_2Z의 분자식을 쓰고 전자쌍 반발 이론에 근거하여 분자의 구조, 분자의 극성을 서술하시오. 서술형

다음은 무극성 분자인 CO_2와 극성 분자인 H_2O의 분자 모형 그림과 두 개 분자의 차이점 두 가지를 나타낸 표이다. ㉠, ㉡은 각각 쌍극자 모멘트의 합, 분자 내 전하의 분포 중 하나이다.

CO_2 　　　　　　H_2O

구분	무극성 분자	극성 분자
㉠	고르다.	고르지 않다.
㉡	0이다.	0이 아니다.

(1) ㉠과 ㉡이 무엇인지 각각 쓰시오. (단답형)

____

(2) 무극성 분자와 극성 분자의 정의를 ㉠, ㉡을 모두 활용하여 서술하시오. (서술형)

____

____

다음은 2주기 원소 C, N, O의 수소 화합물의 분자식이다.

CH_4 　　　　NH_3 　　　　H_2O

위 분자들 중, '비공유 전자쌍 간의 반발력이 공유 전자쌍 간의 반발력보다 크다'라는 가설을 증명하고자 할 때 가장 적절한 분자를 1개 고르고 그 까닭을 설명하시오. (서술형)

____

____

그림은 플루오린화 수소(HF) 분자가 전기장 내에서 일정한 방향으로 배열되는 모습을 나타낸 것이다.

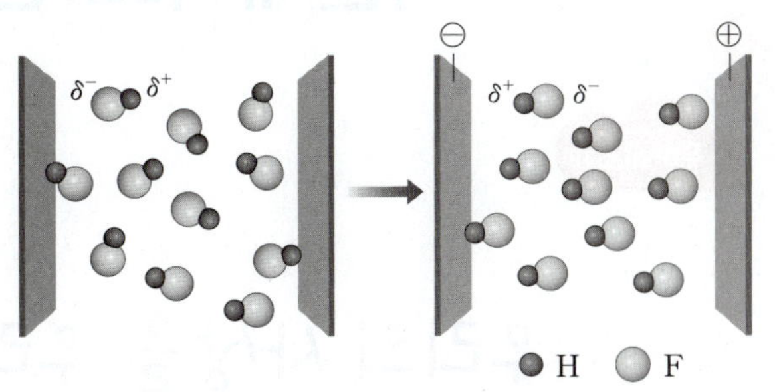

HF 대신 산소 분자(O_2)를 전기장에 넣고 전압을 걸어주면 어떤 결과를 나타낼 것인지 분자의 극성과 관련지어 설명하시오. (서술형)

____

____

다음은 2주기 원자 A와 B로 구성된 분자 AB_2의 루이스 전자점식을 나타낸 것이다.

:B:A:B:

AB_2 분자가 극성 분자인 까닭을 분자의 모양과 관련하여 설명하시오. (단, A와 B는 임의의 원소 기호이다.) (서술형)

____

____

서울대학교 연극동아리 총연극회

우리의 사상을 우리의 미학으로!

서울대학교 총연극회는 1947년 '국립대학극장'이 결성되어 체홉(Антóн Пáвлович Чéхов)의 〈악로〉를 공연(故김기영 감독 연출)함으로써 그 역사가 시작되었습니다. 1975년 캠퍼스가 이전함에 따라 관악에 모인 각 단과대학 연극회들은 국립대학극장을 바탕으로 새로이 '총연극회'를 결성하였습니다. 각 단과대학 연극회들은 총연극회에서 다양한 작품을 함께 기획하고 공연하였으며, 더불어 각자의 활동도 활발히 지속하였습니다.

총연극회는 '우리의 사상을 우리의 미학으로'라는 모토 아래 연 2회의 정기 공연, 수차례의 워크숍, 연기 교실 등 많은 활동을 진행하고 있습니다. 또한 연극에 뜻이 있는 사람들끼리 수시로 모여 '소공연'의 형태로 수준급의 연극 공연을 무대에 올리고 있습니다. 서울대학교의 중앙동아리로서 총연극회는 이 시대의 연극을 개척하고 여러분과 함께 호흡하는 일을 앞으로도 멈추지 않고 계속하겠습니다.

Ⅲ

화학 평형

H 가역 반응과 화학 평형

1 가역 반응

1. 정반응과 역반응

정반응	반응물이 생성물로 되는 반응으로 화학 반응식에서 오른쪽으로 진행되며, $\longrightarrow$ 로 나타낸다. $$a\mathrm{A}+b\mathrm{B} \longrightarrow c\mathrm{C}+d\mathrm{D}$$
역반응	생성물이 반응물로 되는 반응으로 화학 반응식에서 왼쪽으로 진행되며, $\longleftarrow$ 로 나타낸다. $$a\mathrm{A}+b\mathrm{B} \longleftarrow c\mathrm{C}+d\mathrm{D}$$

2. 가역 반응과 비가역 반응

(1) **가역 반응**: 반응 조건(농도, 압력, 온도 등)에 따라 정반응과 역반응이 모두 일어날 수 있는 반응이다.❶

$$a\mathrm{A}+b\mathrm{B} \underset{\text{역반응}}{\overset{\text{정반응}}{\rightleftharpoons}} c\mathrm{C}+d\mathrm{D}$$

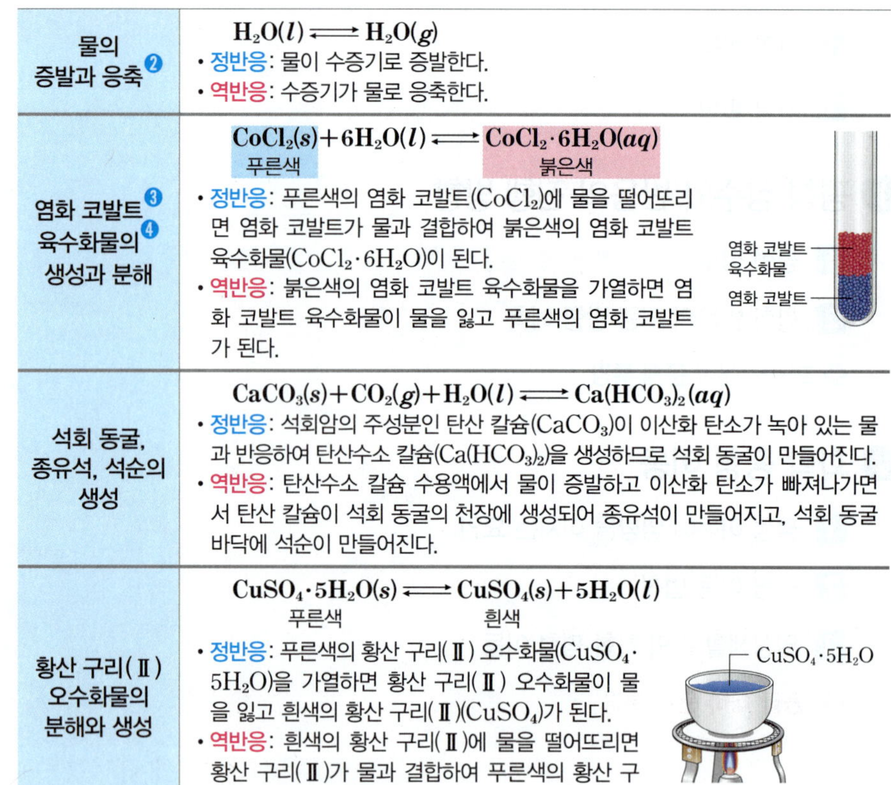

물의 증발과 응축 ❷	$\mathrm{H_2O}(l) \rightleftharpoons \mathrm{H_2O}(g)$ • **정반응**: 물이 수증기로 증발한다. • **역반응**: 수증기가 물로 응축한다.
염화 코발트 ❸ 육수화물의 ❹ 생성과 분해	$\mathrm{CoCl_2}(s)+6\mathrm{H_2O}(l) \rightleftharpoons \mathrm{CoCl_2 \cdot 6H_2O}(aq)$ 푸른색 　　　　　　　　붉은색 • **정반응**: 푸른색의 염화 코발트($\mathrm{CoCl_2}$)에 물을 떨어뜨리면 염화 코발트가 물과 결합하여 붉은색의 염화 코발트 육수화물($\mathrm{CoCl_2 \cdot 6H_2O}$)이 된다. • **역반응**: 붉은색의 염화 코발트 육수화물을 가열하면 염화 코발트 육수화물이 물을 잃고 푸른색의 염화 코발트가 된다.
석회 동굴, 종유석, 석순의 생성	$\mathrm{CaCO_3}(s)+\mathrm{CO_2}(g)+\mathrm{H_2O}(l) \rightleftharpoons \mathrm{Ca(HCO_3)_2}(aq)$ • **정반응**: 석회암의 주성분인 탄산 칼슘($\mathrm{CaCO_3}$)이 이산화 탄소가 녹아 있는 물과 반응하여 탄산수소 칼슘($\mathrm{Ca(HCO_3)_2}$)을 생성하므로 석회 동굴이 만들어진다. • **역반응**: 탄산수소 칼슘 수용액에서 물이 증발하고 이산화 탄소가 빠져나가면서 탄산 칼슘이 석회 동굴의 천장에 생성되어 종유석이 만들어지고, 석회 동굴 바닥에 석순이 만들어진다.
황산 구리(Ⅱ) 오수화물의 분해와 생성	$\mathrm{CuSO_4 \cdot 5H_2O}(s) \rightleftharpoons \mathrm{CuSO_4}(s)+5\mathrm{H_2O}(l)$ 푸른색 　　　　　　　흰색 • **정반응**: 푸른색의 황산 구리(Ⅱ) 오수화물($\mathrm{CuSO_4 \cdot 5H_2O}$)을 가열하면 황산 구리(Ⅱ) 오수화물이 물을 잃고 흰색의 황산 구리(Ⅱ)($\mathrm{CuSO_4}$)가 된다. • **역반응**: 흰색의 황산 구리(Ⅱ)에 물을 떨어뜨리면 황산 구리(Ⅱ)가 물과 결합하여 푸른색의 황산 구리(Ⅱ) 오수화물이 된다.

(2) **비가역 반응**: 정반응만 일어나거나 역반응이 거의 일어나지 않는 반응이다.

연료의 연소 반응	$\mathrm{CH_4}(g)+2\mathrm{O_2}(g) \longrightarrow \mathrm{CO_2}(g)+\mathrm{H_2O}(l)$ • 메테인을 완전 연소시키면 이산화 탄소와 물이 생성된다.
금속과 산의 반응	$2\mathrm{HCl}(aq)+\mathrm{Mg}(s) \longrightarrow \mathrm{H_2}(g)+\mathrm{MgCl_2}(aq)$ • 염산에 마그네슘 리본을 넣으면 수소 기체가 발생한다.
중화 반응	$\mathrm{HCl}(aq)+\mathrm{NaOH}(aq) \longrightarrow \mathrm{NaCl}(aq)+\mathrm{H_2O}(l)$ • 염산에 수산화 나트륨 수용액을 넣으면 중화 반응이 일어난다.
앙금 생성 반응	$\mathrm{NaCl}(aq)+\mathrm{AgNO_3}(aq) \longrightarrow \mathrm{NaNO_3}(aq)+\mathrm{AgCl}(s)$ • 염화 나트륨 수용액에 질산 은 수용액을 넣으면 염화 은 앙금이 생성된다.

연소 반응 — 정반응만 일어난다.

중화 반응 — 정반응이 역반응보다 훨씬 더 우세하게 일어나므로 역반응이 일어나지 않는 것처럼 보인다.

---

❶ **가역 반응의 표현**

화학 반응식에서 정반응은 $\longrightarrow$, 역반응은 $\longleftarrow$ 로 나타내는데, 가역 반응은 정반응과 역반응이 모두 일어날 수 있으므로 양쪽 방향 화살표인 $\rightleftharpoons$으로 나타낸다.

❷ **증발과 응축**

• **증발**: 액체 표면의 분자들이 떨어져 나와 기체로 되는 현상으로 일정한 온도에서 특정 액체의 증발 속도는 일정하다.
• **응축**: 액체 표면에 충돌한 기체 분자가 액체로 되는 현상으로 액체 표면에 충돌하는 기체 분자 수가 클수록 응축 속도가 빠르다.

❸ **염화 코발트**

푸른색의 염화 코발트가 물과 결합하면 붉게 변하므로 염화 코발트 수용액을 묻힌 후 건조시킨 염화 코발트 종이는 물을 검출하는 데 사용된다.

❹ **수화물**

특정한 수의 물 분자를 포함하고 있는 화합물이다.
육수화물은 6개의 물 분자를 포함하고 있다는 의미이다.

반응이 멈추지 않고 계속 진행된다.

1. 동적 평형: 가역 반응에서 정반응과 역반응이 같은 속도로 일어나서 겉보기에 변화가 일어나지 않는 것처럼 보이는 상태

└ 반응물과 생성물의 농도가 일정하게 유지된다.

2. 상평형: 물질은 2가지 이상의 상태(고체, 액체, 기체 등)가 공존할 때 서로 상태가 변하는 속도가 같아져 겉보기에 상태 변화가 일어나지 않는 것처럼 보이는 동적 평형 상태를 유지하는 것

　(1) **액체와 기체 사이의 상평형❶**: 일정한 온도에서 밀폐된 용기에 들어 있는 액체가 액체 표면에서 기체로 되는 증발 속도와 기체가 액체로 되는 응축 속도가 같아져서 겉보기에 변화가 일어나지 않는 것처럼 보이지만 서로 다른 상이 함께 존재하는 상태이다.

　(2) 고체와 액체 사이의 상평형, 고체와 기체 사이의 상평형도 있다.
　　㉎ 얼음과 물 사이의 상평형, 승화성이 있는 아이오딘 고체와 기체 사이의 상평형

✪ 밀폐된 용기에서❷ 물의 증발과 응축

· 일정한 온도에서 밀폐된 용기 속에 물을 넣어두면 물이 증발하여 조금씩 줄어들다가 충분한 시간이 지나면 일정해진다.
· 물이 증발하여 생성된 수증기가 많아지면 응축 속도가 점점 빨라지다가 증발 속도와 같아지면 동적 평형에 도달하기 때문이다.

$$H_2O(l) \underset{\text{응축}}{\overset{\text{증발}}{\rightleftharpoons}} H_2O(g)$$

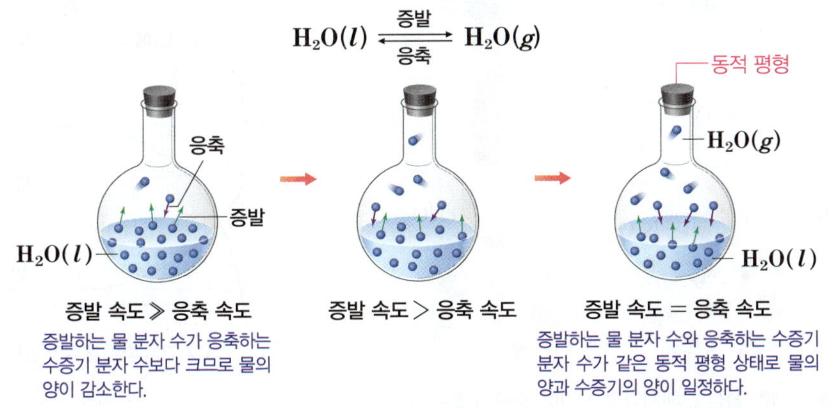

증발 속도 ≫ 응축 속도
증발하는 물 분자 수가 응축하는 수증기 분자 수보다 크므로 물의 양이 감소한다.

증발 속도 > 응축 속도

동적 평형

증발 속도 = 응축 속도
증발하는 물 분자 수와 응축하는 수증기 분자 수가 같은 동적 평형 상태로 물의 양과 수증기의 양이 일정하다.

3. 용해 평형: 액체 용매 속에 충분한 양의 용질이 충분한 시간 동안 들어 있을 때 용질이 용해되는 속도와 석출되는❸ 속도가 같아서 겉보기에 용해나 석출이 일어나지 않는 것처럼 보이는 동적 평형 상태이다. ─ 실제로는 끊임없이 용해와 석출이 일어나고 있다.

✪ 설탕(용질)을 일정량의 물(용매)에 넣을 때 용해 속도와 석출 속도

· 일정한 온도에서 일정량의 물에 충분한 양의 설탕을 충분한 시간동안 넣어두면 어느 순간부터 설탕이 녹지 않고 가라앉는다.❹
· 설탕이 용해되는 속도와 석출되는 속도가 같은 동적 평형에 도달하게 된다.
　➡ 수용액의 퍼센트 농도는 일정하게 유지된다.

$$C_{12}H_{22}O_{11}(s) \rightleftharpoons C_{12}H_{22}O_{11}(aq)$$

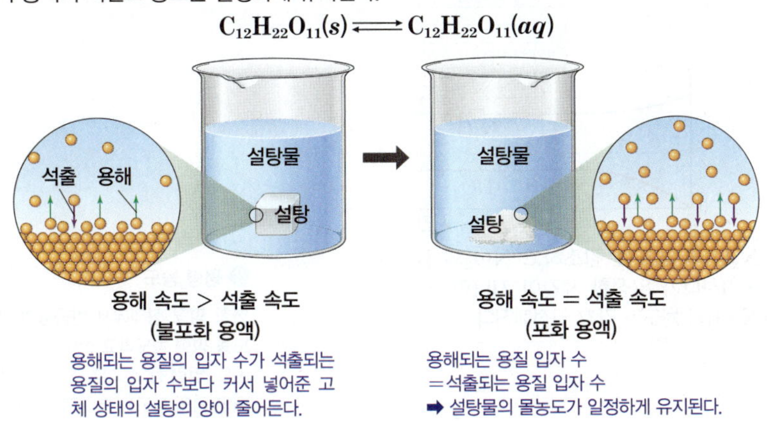

용해 속도 > 석출 속도
(불포화 용액)
용해되는 용질의 입자 수가 석출되는 용질의 입자 수보다 커서 넣어준 고체 상태의 설탕의 양이 줄어든다.

용해 속도 = 석출 속도
(포화 용액)
용해되는 용질 입자 수
＝석출되는 용질 입자 수
➡ 설탕물의 몰농도가 일정하게 유지된다.

＊ **화학 평형**
가역 반응에서 반응물과 생성물의 농도가 일정하게 유지되는 상태

❶ 일정한 온도에서 시간에 따른 증발 속도와 응축 속도

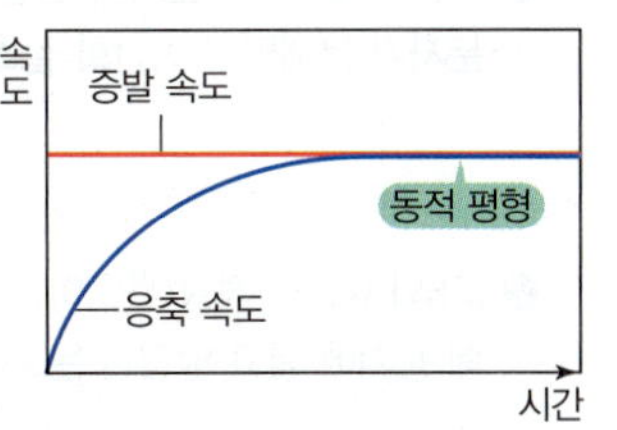

❷ 열린 용기에서 물의 증발

열린 용기에서는 물이 증발되어 생성된 수증기가 용기 밖으로 날아가 증발 속도가 응축 속도보다 빨라 동적 평형에 도달하지 않는다.

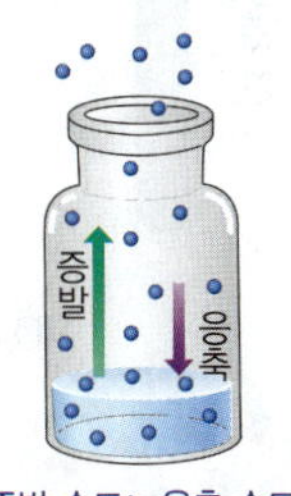

증발 속도 > 응축 속도

❸ **석출**
용액에서 결정 또는 고체 물질이 분리되어 나오는 것이다.

❹ **용액의 종류**
· **포화 용액**: 용매에 용질이 최대한 녹아 더 이상 녹지 않는 상태의 용액으로, 포화 용액은 동적 평형에 도달한 용액이다.
· **불포화 용액**: 포화 용액보다 용질이 적게 녹아 있는 용액이다.

4. 화학 평형

(1) 가역적인 화학 반응에서 <u>정반응 속도와 역반응 속도가 같아져</u>(동적 평형) 반응물과 생성물의 농도가 일정하게 유지되는 상태이다. ❶

(2) 밀폐 용기에서 진행되는 가역 반응은 충분한 시간이 지나면 동적 평형에 도달한다.

(3) 겉으로는 변화를 관찰할 수 없어 반응이 정지한 것처럼 보인다.

(4) **평형 농도**: 화학 평형 상태에서 반응물과 생성물의 농도

➡ 온도와 압력 등의 외부 조건이 일정하게 유지되면 평형 농도는 변하지 않는다.

✪ 이산화 질소(NO_2)와 사산화 이질소(N_2O_4) 기체의 반응 ✎꼭 외워!

❶ 이산화 질소 두 분자가 결합하면 사산화 이질소 한 분자가 생성되고, 반대로 사산화 이질소 한 분자가 분해되면 이산화 질소 두 분자가 생성된다. ➡ 이 반응은 가역 반응이다.

$$2NO_2(g) \rightleftharpoons N_2O_4(g)$$
적갈색   무색

❷ (가)와 (나)는 적갈색인 이산화 질소(NO_2) 기체와 무색인 사산화 이질소(N_2O_4) 기체를 각각 밀폐 용기에 넣고 일정한 온도에서 관찰한 결과이다.

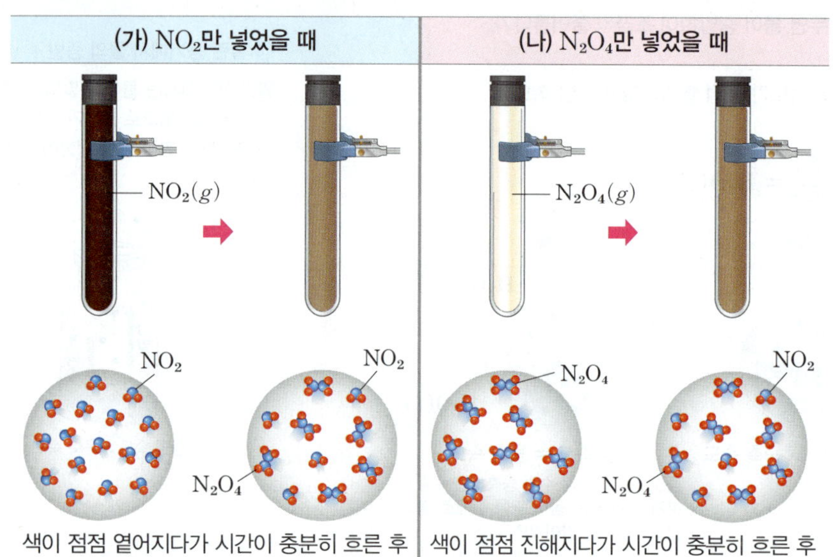

(가) NO_2만 넣었을 때	(나) N_2O_4만 넣었을 때
색이 점점 옅어지다가 시간이 충분히 흐른 후 일정하게 유지된다. ➡ NO_2가 반응하여 N_2O_4가 생성된다.	색이 점점 진해지다가 시간이 충분히 흐른 후 일정하게 유지된다. ➡ N_2O_4가 반응하여 NO_2가 생성된다.

[정리] (가)와 (나) 모두 정반응과 역반응이 함께 일어나며, 어느 정도 시간이 지나면 혼합 기체의 색이 더 이상 변하지 않고 일정하게 유지된다.
➡ NO_2와 N_2O_4의 농도가 일정하게 유지되기 때문이다.

❸ **시간에 따른 각 물질의 농도 ❷ 변화**: 일정한 온도에서 1 L의 밀폐 용기에 NO_2만 넣었을 때와 N_2O_4만 넣었을 때

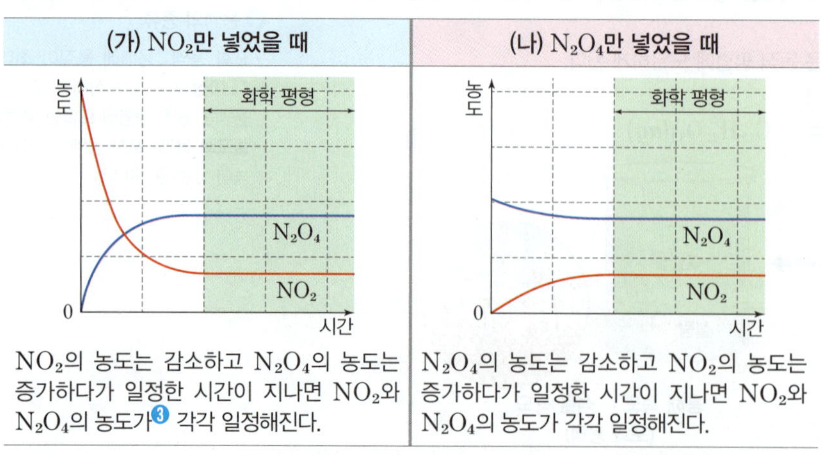

(가) NO_2만 넣었을 때	(나) N_2O_4만 넣었을 때
NO_2의 농도는 감소하고 N_2O_4의 농도는 증가하다가 일정한 시간이 지나면 NO_2와 N_2O_4의 농도가❸ 각각 일정해진다.	N_2O_4의 농도는 감소하고 NO_2의 농도는 증가하다가 일정한 시간이 지나면 NO_2와 N_2O_4의 농도가 각각 일정해진다.

1 가역 반응

01 다음 설명을 읽고, 빈칸에 알맞은 말을 쓰시오.

> (1   )은/는 반응 조건에 따라 정반응과 역반응이 모두 일어날 수 있는 반응으로 화학 반응식에서 기호 (2   )(으)로 나타낸다.

02 다음은 다양한 화학 반응을 나타낸 것이다. 빈칸에 알맞은 말을 쓰거나 고르시오.

(1) $H_2O(l) \rightleftharpoons H_2O(g)$

> 물이 수증기로 증발되는 과정은 3 (정반응 / 역반응)이고, 수증기가 물로 응축되는 과정은 4 (정반응 / 역반응)이다.

(2) $CoCl_2 + 6H_2O \rightleftharpoons CoCl_2 \cdot 6H_2O$

> (5   )색인 염화 코발트 종이에 물을 떨어뜨리면 (6   )색으로 변한다. 염화 코발트 종이의 색이 변한 부분에 열을 가하면 염화 코발트 종이의 색은 다시 (7   )색으로 변한다.

03 다음은 푸른색 황산 구리(Ⅱ) 오수화물($CuSO_4 \cdot 5H_2O$)의 분해와 생성의 화학 반응식이다.

> $CuSO_4 \cdot 5H_2O(s) \rightleftharpoons CuSO_4(s) + 5H_2O(l)$

이에 대한 설명으로 옳은 것만을 〈보기〉에서 모두 고르시오.

> [보기]
> ㄱ. 황산 구리(Ⅱ) 오수화물을 가열한 후 생성된 황산 구리(Ⅱ)($CuSO_4$)의 결정은 푸른색이다.
> ㄴ. 황산 구리(Ⅱ) 오수화물이 분해되는 반응은 정반응이다.
> ㄷ. 황산 구리(Ⅱ) 오수화물의 분해와 생성 반응은 가역 반응이다.

(8   )

04 다음 반응 중 가역 반응인 것에 '가역', 비가역 반응인 것에 '비가역'을 쓰시오.

(1) 묽은 염산과 마그네슘의 반응   (9   )
(2) 염화 나트륨과 질산 은의 반응   (10   )
(3) 석회 동굴, 종유석, 석순의 생성 반응   (11   )
(4) 물의 증발과 응축 반응   (12   )

2 화학 평형

05 그림과 같이 일정한 온도에서 일정량의 물에 설탕을 조금씩 녹였다. ㉠ 처음에는 넣어준 모든 설탕이 녹다가, 어느 순간부터 ㉡ 설탕이 녹지 않고 가라앉았다. 이에 대한 설명으로 옳은 것만을 〈보기〉에서 모두 고르시오.

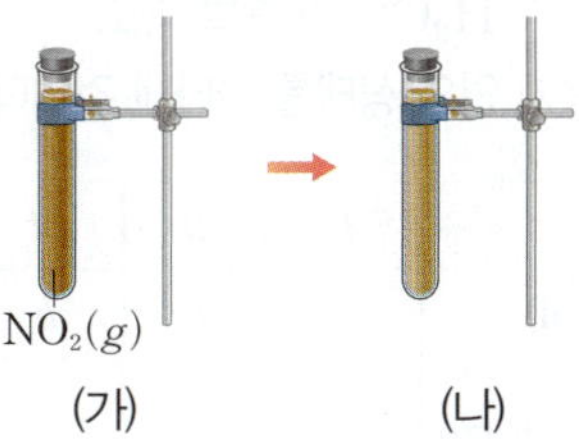

> [보기]
> (가) ㉠에서 모든 설탕이 녹으므로 석출 속도는 0이다.
> (나) ㉠에서 석출되는 입자의 수는 0이다.
> (다) ㉠과 ㉡에서 석출 속도는 같다.
> (라) ㉠에서 용해 속도는 석출 속도보다 크다.
> (마) ㉡에서 설탕이 녹지 않고 가라앉으므로 용해 속도는 0이다.
> (바) ㉡에서 석출 속도는 용해 속도보다 크다.
> (사) ㉡에서 설탕물의 몰농도가 일정하게 유지된다.
> (아) ㉡ 상태를 동적 평형 상태라고 한다.

(13   )

[06~07] 다음은 적갈색의 이산화 질소(NO_2)가 서로 결합하여 무색의 사산화 이질소(N_2O_4)를 생성하는 반응의 화학 반응식이다.

> $2NO_2(g) \rightleftharpoons N_2O_4(g)$

그림은 25 ℃에서 적갈색의 $NO_2(g)$를 시험관에 넣고 밀폐시킨 초기 상태 (가)와 충분한 시간이 지난 후 새로운 평형에 도달한 상태 (나)를 나타낸 것이다.

06 (가)와 (나)에서 정반응 속도와 역반응 속도를 비교하시오.

(가) (14   )
(나) (15   )

07 (나) 시험관에 들어 있는 물질을 모두 쓰시오.

(16   )

1 가역 반응 ~ 2 화학 평형

H01 ✱✱✱ .... 내신 기출 변형

다음은 가역 반응에 대한 학생들의 대화이다.

제시한 의견이 옳은 학생만을 있는 대로 고른 것은?

① B ② C ③ A, B ④ A, C ⑤ A, B, C

(단서) 밀폐된 용기에 액체를 넣은 후, 시간에 따라 변화된 양이 제시되어 있다.

(발상) 동적 평형 상태에서는 액체의 증발과 기체의 응축이 같은 속도로 일어남을 추론할 수 있어야 한다.

H02 ✪ 고난도 .... 2024 실시 10월 학평 8 / 화학 Ⅰ (고2)

표는 밀폐된 진공 용기에 $H_2O(l)$을 넣은 후, 시간에 따른 용기 속 $H_2O(l)$의 양(mol)과 $\dfrac{H_2O(g)의\ 응축\ 속도}{H_2O(l)의\ 증발\ 속도}$에 대한 자료이고, 그림은 시간이 t일 때 용기 안의 상태를 나타낸 것이다. a와 b는 다르다.

시간	t	$2t$	$3t$
$H_2O(l)$의 양(mol)	a	b	b
$\dfrac{H_2O(g)의\ 응축\ 속도}{H_2O(l)의\ 증발\ 속도}$ (상댓값)	1	㉠	

이에 대한 설명으로 옳은 것만을 〈보기〉에서 있는 대로 고른 것은? (단, 온도는 일정하다.) (3점)

─────[보기]─────
ㄱ. $a>b$이다.
ㄴ. ㉠>1이다.
ㄷ. $3t$일 때 $H_2O(l)$과 $H_2O(g)$는 동적 평형을 이루고 있다.
───────────────

① ㄱ ② ㄴ ③ ㄱ, ㄷ ④ ㄴ, ㄷ ⑤ ㄱ, ㄴ, ㄷ

H03 ✱✱✱ .... 2023 실시 11월 학평 9 / 화학 Ⅰ (고2)

표는 25 ℃에서 밀폐된 진공 용기에 $H_2O(l)$을 넣은 후, 시간에 따른 $H_2O(l)$의 양(mol)을 나타낸 것이다. $2t$일 때 $H_2O(l)$과 $H_2O(g)$는 동적 평형 상태에 도달하였다.

시간	t	$2t$	$3t$
$H_2O(l)$의 양(mol)	10	㉠	

이에 대한 설명으로 옳은 것만을 〈보기〉에서 있는 대로 고른 것은? (단, 온도는 일정하다.)

─────[보기]─────
ㄱ. ㉠<10이다.
ㄴ. $H_2O(g)$의 양(mol)은 $3t$일 때가 $2t$일 때보다 많다.
ㄷ. $3t$일 때 $H_2O(l)$이 $H_2O(g)$로 되는 반응은 일어나지 않는다.
───────────────

① ㄱ ② ㄴ ③ ㄱ, ㄷ ④ ㄴ, ㄷ ⑤ ㄱ, ㄴ, ㄷ

H04 ✱✱✱ .... 2021 실시 11월 학평 11 / 화학 Ⅰ (고2)

그림 (가)는 진공 용기에 $H_2O(l)$을 넣은 모습을, (나)는 (가)의 용기에 들어 있는 $H_2O(l)$의 질량을 시간에 따라 나타낸 것이다.

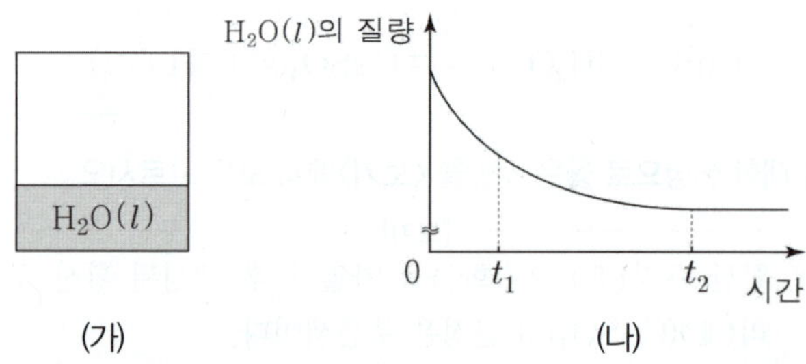

t_2에서가 t_1에서보다 큰 값을 갖는 것만을 〈보기〉에서 있는 대로 고른 것은? (단, 온도는 일정하다.)

─────[보기]─────
ㄱ. 용기 속 $H_2O(g)$의 질량
ㄴ. 용기 속 $H_2O(g)$의 응축 속도
ㄷ. 용기 속 $H_2O(l)$의 증발 속도
───────────────

① ㄱ ② ㄴ ③ ㄷ ④ ㄱ, ㄴ ⑤ ㄴ, ㄷ

그림 (가)는 진공 용기 속에 $H_2O(l)$을 넣고 충분한 시간이 흐른 후 평형에 도달한 모습을, (나)는 시간에 따른 $H_2O(l)$의 증발 속도와 $H_2O(g)$의 응축(응결) 속도를 나타낸 것이다.

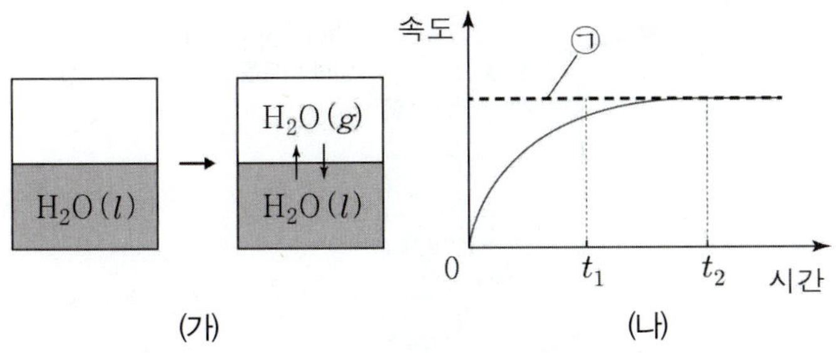

이에 대한 설명으로 옳은 것만을 〈보기〉에서 있는 대로 고른 것은? (단, 온도는 일정하다.) (3점)

[보기]
ㄱ. ㉠은 $H_2O(l)$의 증발 속도이다.
ㄴ. t_2일 때 $H_2O(g)$는 응축(응결)하지 않는다.
ㄷ. 용기 속 $H_2O(l)$의 양은 t_1일 때가 t_2일 때보다 많다.

① ㄱ   ② ㄴ   ③ ㄱ, ㄷ   ④ ㄴ, ㄷ   ⑤ ㄱ, ㄴ, ㄷ

그림은 일정한 온도에서 플라스크에 일정량의 물을 넣고 밀폐시켰을 때 일어나는 변화를 모형으로 나타낸 것이다.

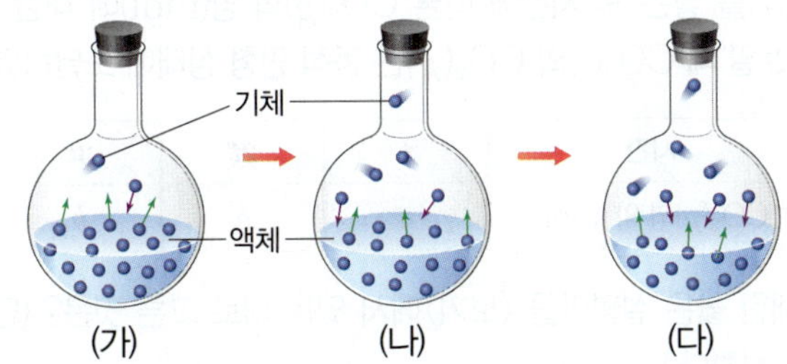

(가)~(다)에 대한 설명으로 옳은 것은?

① (나)는 동적 평형에 도달한 상태이다.
② 액체 상태의 물의 양은 (다)에서가 (나)에서보다 많다.
③ (다)에서는 증발이 일어나지 않는다.
④ 수증기 분자 수는 (다)에서가 (나)에서보다 크다.
⑤ (다)에서 시간이 지나면 수증기의 양이 증가한다.

그림은 일정 온도에서 밀폐된 용기에 일정량의 물을 넣고 충분한 시간이 지난 후의 모습을 나타낸 것이다.

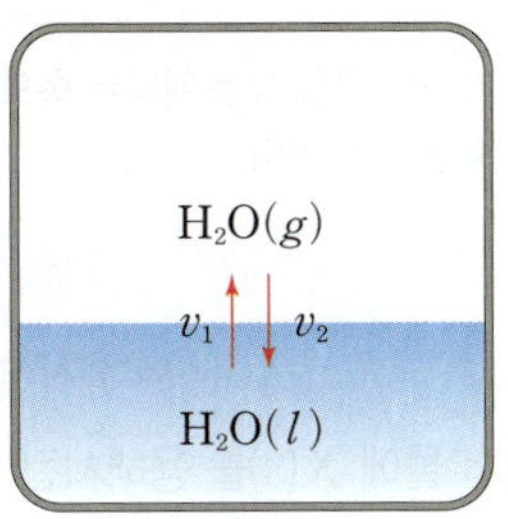

이에 대한 설명으로 옳은 것만을 〈보기〉에서 있는 대로 고른 것은?

[보기]
ㄱ. $v_1 = v_2$이다.
ㄴ. 용기 속 수증기 분자 수는 일정하다.
ㄷ. 증발하는 물 분자 수는 0이다.

① ㄱ   ② ㄷ   ③ ㄱ, ㄴ   ④ ㄴ, ㄷ   ⑤ ㄱ, ㄴ, ㄷ

표는 밀폐된 진공 용기 안에 $H_2O(l)$을 넣은 후 시간에 따른 ㉠을, 그림은 시간이 t일 때 용기 안의 상태를 나타낸 것이다. $a > b$이고, $2t$에서 동적 평형 상태에 도달하였다.

시간	t	$2t$	$3t$
㉠	a	b	b

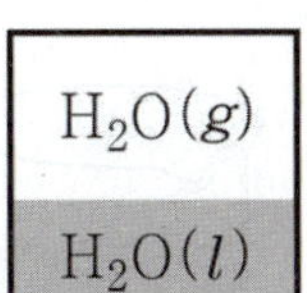

㉠으로 적절한 것만을 〈보기〉에서 있는 대로 고른 것은? (단, 온도는 일정하다.)

[보기]
ㄱ. $H_2O(l)$의 질량
ㄴ. $H_2O(g)$의 분자 수
ㄷ. $\dfrac{H_2O(g)의\ 응축\ 속도}{H_2O(l)의\ 증발\ 속도}$

① ㄱ   ② ㄴ   ③ ㄱ, ㄷ   ④ ㄴ, ㄷ   ⑤ ㄱ, ㄴ, ㄷ

(단서) 물에 일정량의 용질을 용해시킨 후, 시간에 따라 변화된 양이 제시되어 있다.

(발상) 동적 평형 상태에서는 용질이 용해되는 속도와 석출되는 속도가 같음을 추론할 수 있어야 한다.

H09 ❋❋❋❀

표는 $t\,^\circ\mathrm{C}$, 1 atm에서 물에 $X(s)$를 용해시킨 실험 (가)~(라)에 대한 자료이다. 충분한 시간이 흐른 후, 실험 (나)~(라)에서 각 수용액은 용해 평형 상태에 도달하였다.

실험	(가)	(나)	(다)	(라)
물의 질량(g)	100	100	100	100
넣어 준 X의 질량(g)	20	40	60	80
충분한 시간이 흐른 후, 수용액에 녹아 있는 X의 질량(g)	x	36	36	y

$x+y$는? (단, 온도와 압력은 일정하고, 물의 증발은 무시한다.) (3점)

① 20   ② 36   ③ 56   ④ 72   ⑤ 100

H10 ❋❋❋❀

그림 (가)는 물이 들어 있는 비커에 $NaCl(s)$을 넣은 것을, (나)는 충분한 시간이 흐른 후 (가)의 수용액이 용해 평형에 도달한 것을 나타낸 것이다.

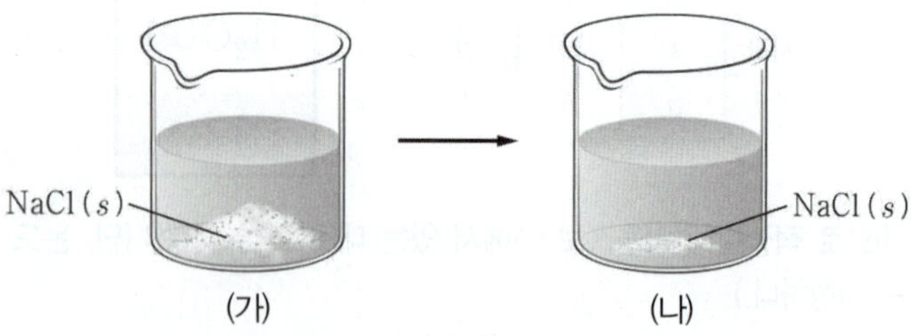

이에 대한 설명으로 옳은 것만을 〈보기〉에서 있는 대로 고른 것은? (단, 온도는 일정하고 물의 증발은 무시한다.)

[보기]
ㄱ. (나)에서 $NaCl(s)$의 용해는 일어나지 않는다.
ㄴ. $Na^+(aq)$의 수는 (나)>(가)이다.
ㄷ. NaCl의 석출 속도는 (가)>(나)이다.

① ㄱ   ② ㄴ   ③ ㄷ   ④ ㄱ, ㄴ   ⑤ ㄴ, ㄷ

H11 ❋❋❋❀

그림과 같이 일정량의 물에 염화 나트륨($^{23}NaCl$)을 충분히 넣고 녹였을 때 가라앉은 고체 염화 나트륨이 들어 있는 비커에 염화 나트륨($^{24}NaCl$)을 넣고 잘 저어주었다.

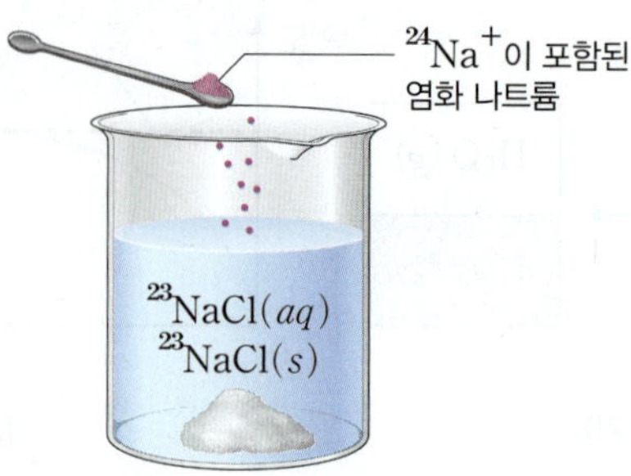

충분한 시간이 지난 후, 이에 대한 설명으로 옳은 것만을 〈보기〉에서 있는 대로 고른 것은?

[보기]
ㄱ. 용액에는 $^{23}Na^+$이 존재한다.
ㄴ. 비커 바닥에는 $^{24}NaCl$이 들어 있다.
ㄷ. 용액의 몰농도는 $^{24}NaCl$을 넣기 전보다 크다.

① ㄱ   ② ㄷ   ③ ㄱ, ㄴ   ④ ㄴ, ㄷ   ⑤ ㄱ, ㄴ, ㄷ

H12 ❋❋❋❀

표는 $-70\,^\circ\mathrm{C}$에서 밀폐된 진공 용기에 드라이아이스 $(CO_2(s))$를 넣은 후 시간에 따른 $CO_2(g)$의 양(mol)에 대한 자료이다. $2t$일 때 $CO_2(s)$와 $CO_2(g)$는 동적 평형 상태에 도달하였다.

시간	t	$2t$	$3t$
$CO_2(g)$의 양 (mol)	a	b	b

이에 대한 옳은 설명만을 〈보기〉에서 있는 대로 고른 것은? (단, 온도는 일정하다.)

[보기]
ㄱ. $CO_2(s)$가 $CO_2(g)$로 되는 반응은 가역 반응이다.
ㄴ. $a>b$이다.
ㄷ. $3t$일 때 $\dfrac{CO_2(g)가\ CO_2(s)로\ 승화되는\ 속도}{CO_2(s)가\ CO_2(g)로\ 승화되는\ 속도}>1$이다.

① ㄱ   ② ㄷ   ③ ㄱ, ㄴ   ④ ㄴ, ㄷ   ⑤ ㄱ, ㄴ, ㄷ

H13 ✿✿✿

표는 밀폐된 진공 용기에 $C_2H_5OH(l)$을 넣은 후 시간에 따른 $C_2H_5OH(g)$의 양(mol)을 나타낸 것이다. t_2일 때 동적 평형 상태에 도달하였고, 이때 $\dfrac{C_2H_5OH(g)의 \ 양(mol)}{C_2H_5OH(l)의 \ 양(mol)} = x$이다.

시간	t_1	t_2	t_3
$C_2H_5OH(g)$의 양(mol)	a	b	b

이에 대한 옳은 설명만을 〈보기〉에서 있는 대로 고른 것은? (단, 온도는 일정하고, $0 < t_1 < t_2 < t_3$이다.)

[보기]

ㄱ. $b > a$이다.

ㄴ. t_1일 때 $\dfrac{C_2H_5OH(g)의 \ 응축 \ 속도}{C_2H_5OH(l)의 \ 증발 \ 속도} < 1$이다.

ㄷ. t_3일 때 $\dfrac{C_2H_5OH(g)의 \ 양(mol)}{C_2H_5OH(l)의 \ 양(mol)} > x$이다.

① ㄱ ② ㄷ ③ ㄱ, ㄴ ④ ㄴ, ㄷ ⑤ ㄱ, ㄴ, ㄷ

H14 ✿✿✿

그림은 밀폐된 진공 용기에 $X(l)$를 넣은 후 $X(g)$의 응축 속도를 시간에 따라 나타낸 것이다. 온도는 일정하고, t_2에서 $X(l)$와 $X(g)$는 동적 평형을 이루고 있다.

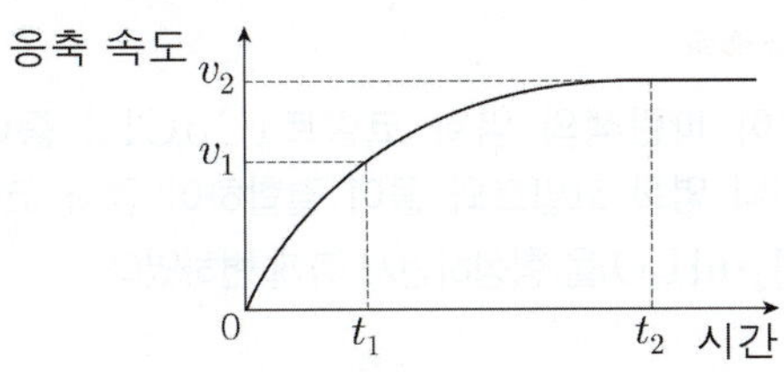

이에 대한 옳은 설명만을 〈보기〉에서 있는 대로 고른 것은?

[보기]

ㄱ. t_1에서 $X(l)$의 증발 속도는 v_1보다 크다.

ㄴ. t_2에서 $X(l)$의 증발이 일어나지 않는다.

ㄷ. $X(g)$의 양(mol)은 t_2에서가 t_1에서보다 크다.

① ㄱ ② ㄷ ③ ㄱ, ㄴ ④ ㄱ, ㄷ ⑤ ㄴ, ㄷ

유형 03 화학 평형

단서 가역 반응에서, 시간에 따라 변화된 양이 제시되어 있다.

발상 동적 평형 상태에서는 정반응과 역반응의 속도가 같아져 반응물과 생성물의 농도가 일정하게 유지된다.

H15 ✿✿✿

다음은 적갈색의 $NO_2(g)$로부터 무색의 $N_2O_4(g)$가 생성되는 반응의 화학 반응식과 이와 관련된 실험이다.

○ 화학 반응식: $2NO_2(g) \rightleftharpoons N_2O_4(g)$

[실험 과정 및 결과]

플라스크에 $NO_2(g)$를 넣고 마개로 막아 놓았더니 시간이 지남에 따라 기체의 색이 점점 옅어졌고, t초 이후에는 색이 변하지 않고 일정해졌다.

이에 대한 옳은 설명만을 〈보기〉에서 있는 대로 고른 것은? (단, 온도는 일정하다.)

[보기]

ㄱ. 반응 시작 후 t초까지는 전체 기체 분자 수가 증가한다.

ㄴ. t초 이후에는 $N_2O_4(g)$의 분자 수가 변하지 않는다.

ㄷ. t초 이후에는 정반응이 일어나지 않는다.

① ㄱ ② ㄴ ③ ㄱ, ㄷ ④ ㄴ, ㄷ ⑤ ㄱ, ㄴ, ㄷ

H16 ✿✿✿

그림은 시험관에 적갈색의 NO_2 기체를 넣고 밀폐시킨 후 충분한 시간동안 두었을 때를 나타낸 것이다. (다) 이후 적갈색이 더 이상 옅어지지 않았다.

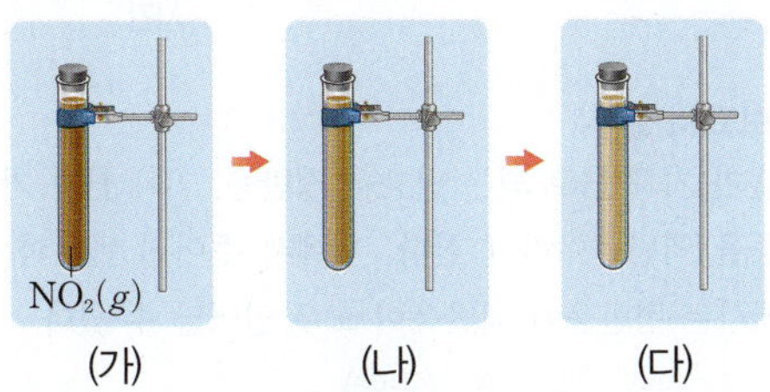

이에 대한 설명으로 옳은 것만을 〈보기〉에서 있는 대로 고른 것은?

[보기]

ㄱ. (나)는 화학 평형 상태이다.

ㄴ. 시험관 속 NO_2의 몰농도는 (나) > (다)이다.

ㄷ. (다)에는 NO_2와 N_2O_4가 함께 존재한다.

① ㄱ ② ㄷ ③ ㄱ, ㄴ ④ ㄴ, ㄷ ⑤ ㄱ, ㄴ, ㄷ

H17 ✹✹✼

다음은 화학 반응의 종류에 대한 자료이다.

〈자료〉
○ ㉠은 반응물이 생성물로 되는 반응이다.
○ ㉡은 생성물이 반응물로 되는 반응이다.

(1) ㉠, ㉡이 무엇인지 각각 쓰시오. 단답형

(2) 가역 반응과 비가역 반응의 정의를 ㉠, ㉡을 활용하여 각각 서술하시오. 서술형

H18 ✹✹✼

다음은 기체 A로부터 기체 B가 생성되는 반응의 화학 반응식과 일정한 온도의 강철 용기에 기체 B를 넣고 반응시켰을 때 시간에 따른 물질의 농도 변화를 나타낸 그래프와 한 학생의 보고서 일부이다.

〈화학 반응식〉

$$2A(g) \rightleftharpoons B(g)$$

〈그래프〉

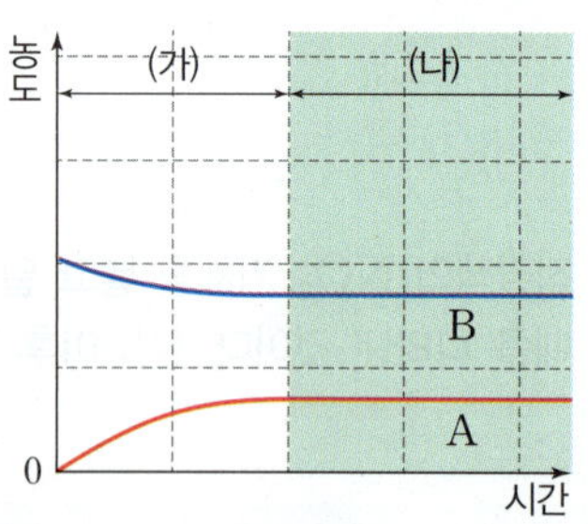

〈학생의 보고서 일부〉

　기체 A가 기체 B로 되는 반응을 정반응, 기체 B가 기체 A로 되는 반응을 역반응이라고 한다. 위에서 주어진 반응과 같은 가역 반응에서는 정반응과 역반응이 모두 일어날 수 있다.

(중략)

　따라서 (나) 구간에서는 반응이 종결되어 정반응과 역반응 모두 더 이상 일어나지 않는다. 이는 화학 평형에 도달한 상태라고 해석할 수 있다.

(1) 학생 보고서에서 옳지 않은 문장을 쓰시오. 단답형

(2) 위의 옳지 않은 내용을 옳게 바꾸어 서술하시오. 서술형

H19 ✹✹✹✼

다음은 가역 반응에서 동적 평형 상태를 알아보기 위한 실험과 관련 자료이다.

〈자료〉
○ 화학 반응식: $2NO_2(g) \rightleftharpoons N_2O_4(g)$
○ NO_2는 적갈색 기체이다.
○ N_2O_4는 무색 기체이다.

〈실험 과정 및 결과〉
(가)와 (나)는 일정한 온도에서 이산화 질소 기체와 사산화 이질소 기체를 각각 뚜껑이 있는 유리병에 넣고 뚜껑을 닫아 두었을 때의 결과를 나타낸 그림이다.

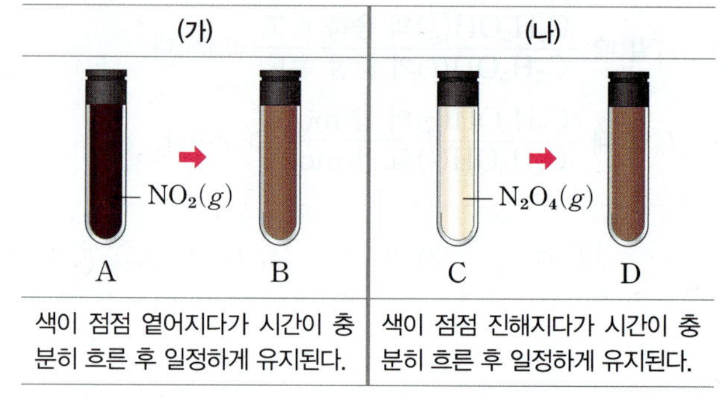

(가)	(나)
색이 점점 옅어지다가 시간이 충분히 흐른 후 일정하게 유지된다.	색이 점점 진해지다가 시간이 충분히 흐른 후 일정하게 유지된다.

(1) A~D 중 평형에 도달한 유리병을 모두 쓰시오. 단답형

(2) (가)와 (나)에서 시간이 충분히 흐른 후 색이 변하지 않고 일정하게 유지되는 까닭을 서술하시오. 서술형

H20 ✹✹✼

그림과 같이 파란색의 염화 코발트($CoCl_2$) 종이에 물을 떨어뜨렸더니 염화 코발트와 물이 결합하여 염화 코발트 육수화물($CoCl_2 \cdot 6H_2O$)을 형성하면서 붉게 변하였다.

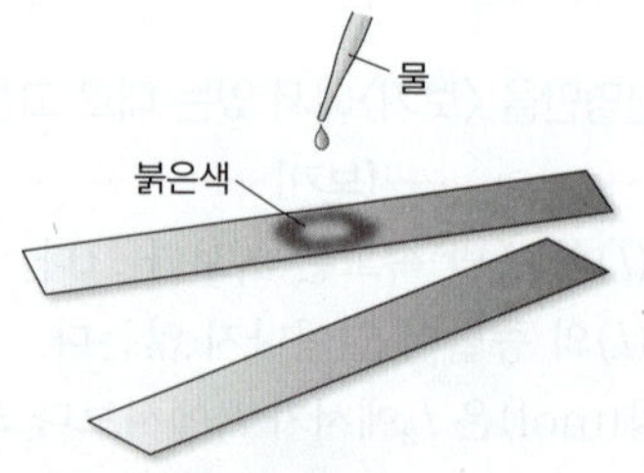

염화 코발트가 물과 결합하여 염화 코발트 육수화물을 형성하는 반응이 가역 반응임을 확인할 수 있는 실험 방법과 확인 방법을 1가지 제시하시오. 서술형

❖ 정답 및 해설 136~137p

❶ 평형 상수

1. **화학 평형의 법칙[❶]**: 일정한 온도에서 화학 반응이 평형 상태에 도달했을 때, 반응물과 생성물의 농도는 일정하게 유지된다. 이때 반응물의 농도 곱에 대한 생성물의 농도 곱의 비는 처음 농도와 관계없이 항상 일정하다.

2. **평형 상수(K)**: 반응물 A와 B가 반응하여 생성물 C와 D가 생성되는 반응에서 평형 상수(K)는 다음과 같이 나타낸다.

$$aA + bB \rightleftharpoons cC + dD \quad \text{평형 상수 } K = \frac{[C]^c[D]^d}{[A]^a[B]^b} \ (a \sim d : \text{반응 계수})$$

   ([A], [B], [C], [D]는 각각 A, B, C, D의 평형 농도(M))[❷]

   (1) 평형 상수는 <u>온도에 의해서만 달라지며 농도나 기체의 압력에 따라서는 달라지지 않는다.</u>
   (2) 고체, 액체, 용매는 평형 상수식에 나타내지 않는다.[❸] –(반응 전후 농도 변화가 없으므로)
   (3) 몰농도를 이용하여 나타내지만 일반적으로 단위를 표시하지 않는다.

3. **평형 상수(K)의 의미**
   (1) **평형 상수(K) 값이 1보다 큰 반응**: 평형 상태에서 반응물의 농도 곱에 비해 생성물의 농도 곱이 크다.
   (2) **평형 상수(K) 값이 1보다 작은 반응**: 평형 상태에서 반응물의 농도 곱에 비해 생성물의 농도 곱이 작다.

〈K가 1보다 매우 클 때〉　　　　〈K가 1보다 매우 작을 때〉

4. **평형 상수(K) 구하기**: 평형 상수는 화학 평형 상태에서 각 물질의 평형 농도를 평형 상수식에 대입하여 구한다.

   ㉎ **반응의 평형 상수(K) 구하기**: A(g)와 B(g)가 반응하여 C(g)가 생성되는 반응의 화학 반응식은 다음과 같다.

$$A(g) + 3B(g) \rightleftharpoons 2C(g)$$

   일정한 온도에서 1.0 L의 밀폐 용기에 A(g) 0.6 mol과 B(g) 0.8 mol을 넣고 반응시켜 평형에 도달했을 때 C(g) 0.4 mol이 생성되었다.

1단계	화학 반응식의 양적 관계를 이용해 화학 평형 상태에서 각 물질의 양(mol)을 구한다.	화학 반응식	A(g)	+	3B(g)	⟶	2C(g)
		초기 양(mol)	0.6		0.8		0
		변화량(mol)	−0.2		−0.6		+0.4
		평형 양(mol)	0.4		0.2		0.4

2단계	각 물질의 평형 농도를 구한다.	$[A] = \dfrac{0.4 \text{ mol}}{1.0 \text{ L}} = 0.4 \text{ M}$, $[B] = \dfrac{0.2 \text{ mol}}{1.0 \text{ L}} = 0.2 \text{ M}$, $[C] = \dfrac{0.4 \text{ mol}}{1.0 \text{ L}} = 0.4 \text{ M}$
3단계	평형 상수식에 각 물질의 평형 농도를 대입해 평형 상수를 구한다.	평형 상수(K) $= \dfrac{[C]^2}{[A][B]^3} = \dfrac{0.4^2}{0.4 \times 0.2^3} = 50$

---

❶ 화학 평형의 법칙(화학 평형에서 농도 비의 규칙성)

반응 $2NO_2(g) \rightleftharpoons N_2O_4(g)$이 일어날 때 처음 반응 용기에 $NO_2(g)$만 넣고 반응이 시작되든, $N_2O_4(g)$만 넣고 반응이 시작되든, 반응 온도만 일정하면 평형 상태에서 $\dfrac{[N_2O_4]}{[NO_2]^2}$의 값은 일정하다. 이것이 평형 상수이다.

❷ 몰농도

- 용액 1 L 속에 녹아 있는 용질의 양(mol)을 몰농도라고 하며, 단위는 M 또는 mol/L를 사용한다.
  ➡ [A]는 A의 몰농도를 의미한다.
- **기체의 몰농도**: 기체의 부피는 기체가 들어 있는 용기의 부피와 같으므로 기체의 몰농도는 1 L 용기에 들어 있는 기체의 양(mol)으로 나타낼 수 있다.

❸ 평형 상수에서 고체와 액체의 농도

반응에 고체(s)나 액체(l)가 포함된 경우 고체와 액체의 농도는 반응 전후에 거의 변하지 않는다. 따라서 평형 상수에 나타내지 않는다.

$$NH_3(g) + HCl(g) \rightleftharpoons NH_4Cl(s)$$

$$K = \frac{1}{[NH_3][HCl]}$$

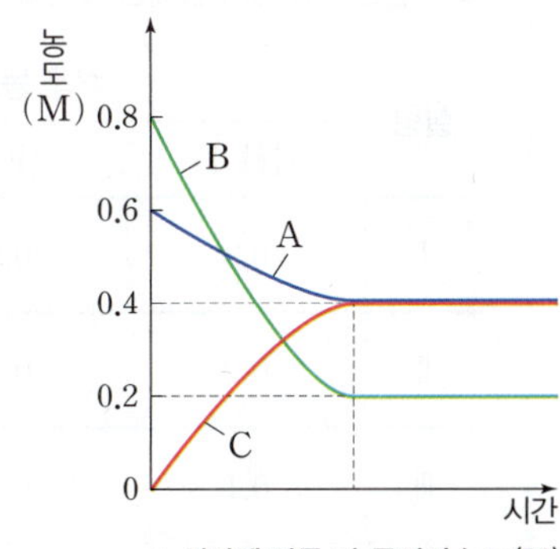

▲ 시간에 따른 각 물질의 농도(M)

2 화학 반응의 진행 방향 예측 _{출제} 2025 대비 수능 14, 18번

1. **반응 지수**(Q): 화학 반응에서 관찰하는 시점의 반응물과 생성물의 현재 농도(M)를 평형 상수식에 대입하여 계산한 값 ❶

$$aA+bB \rightleftarrows cC+dD \qquad 반응 지수\ Q=\frac{[C]^c[D]^d}{[A]^a[B]^b}\ (a\sim d : 반응\ 계수)$$

([A], [B], [C], [D]는 각각 A, B, C, D의 현재 농도(M))

2. **진행 방향 예측**: 물질의 현재 농도를 평형 상수식에 대입하여 얻은 값인 반응 지수 (Q)와 평형 상수(K)를 비교하여 반응의 진행 방향을 예측할 수 있다. ❷

구분	반응의 진행 방향
$Q<K$	• $Q=K$가 되려면 Q가 증가해야 한다. • 반응물의 농도가 감소하고 생성물의 농도가 증가해야 한다. ➡ 정반응이 우세하게 일어난다.
$Q=K$	• 평형 상태이다. ➡ 정반응 속도＝역반응 속도
$Q>K$	• $Q=K$가 되려면 Q가 감소해야 한다. • 반응물의 농도가 증가하고 생성물의 농도가 감소해야 한다. ➡ 역반응이 우세하게 일어난다.

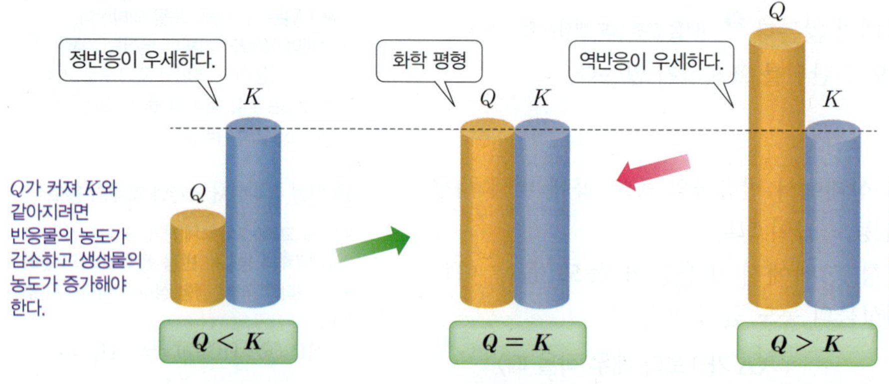

---

❶ 평형 상수와 반응 지수

평형 상수는 평형 상태에서 반응물과 생성물의 농도를 평형 상수식에 대입하여 구한다. 하지만 반응 지수는 관찰하는 시점에서 반응물과 생성물의 농도를 평형 상수식에 대입하여 구한다.

❷ 반응 지수의 활용

• **환경 분야**: 반응 지수를 활용해 각종 대기 오염 물질이 대기에 미치는 영향, CO_2가 해양에 미치는 영향 등을 예측
• **화력 발전 등의 에너지 생산**: 반응 지수를 활용하여 적절한 연소 조건을 유지하여 에너지 생산 효율을 최적화

✪ 반응의 진행 방향 예측하기

일정한 온도에서 수소(H_2)와 플루오린(F_2)이 반응하여 플루오린화 수소(HF)가 생성되는 반응의 평형 상수(K)는 100이다.

$$H_2(g)+F_2(g) \rightleftarrows 2HF(g) \qquad K=100$$

표는 같은 온도에서 밀폐된 용기에 각 물질의 처음 농도를 달리하여 넣은 실험에 대한 자료이다.

실험	처음 농도(M)			반응 지수(Q)
	[H₂]	**[F₂]**	**[HF]**	
I	0.3	0.3	0.9	$\dfrac{0.9^2}{0.3\times0.3}=9$
II	0.2	0.2	2	$\dfrac{2^2}{0.2\times0.2}=100$
III	0.1	0.1	3	$\dfrac{3^2}{0.1\times0.1}=900$

• **반응 지수**: $Q=\dfrac{[HF]^2}{[H_2][F_2]}$이다.
• **실험 I**: $Q<K$이므로 평형에 도달할 때까지 정반응이 우세하게 진행된다.
• **실험 II**: $Q=K$이므로 처음 상태는 화학 평형 상태이다.
• **실험 III**: $Q>K$이므로 평형에 도달할 때까지 역반응이 우세하게 진행된다.

1 평형 상수

01 다음은 화학 평형에 대한 설명이다. 빈칸에 알맞은 말을 쓰거나 고르시오.

(1) (1 가역 / 비가역) 반응은 반응 조건에 따라서 정반응과 역반응이 모두 일어날 수 있는 반응으로 반응 화살표는 (2   )를 사용한다.

(2) 한쪽 방향으로만 진행되는 앙금 생성 반응, 기체 발생 반응 등의 반응을 (3 가역 / 비가역) 반응이라고 한다.

(3) 물질의 출입은 일어나지 않고 에너지 출입만 일어날 수 있는 (4   )된 용기에서 가역 반응이 일어날 때 화학 평형 상태에 도달할 수 있다.

(4) 화학 평형은 겉으로 보기에는 반응이 정지된 것처럼 보이는 (5   )로 정반응과 역반응의 속도가 (6   ).

(5) 평형 상태에 도달한 후에 반응물과 생성물의 농도는 (7 일정하다 / 변한다).

02 평형 상수(K)에 대한 설명으로 옳은 것은 ○, 틀린 것은 × 에 표시하시오.

(1) 일정한 온도에서 어떤 가역 반응의 평형 상수(K)는 반응물의 초기 농도에 관계없이 일정하다. (8 ○, ×)

(2) 정반응의 평형 상수가 K 일 때 역반응의 평형 상수(K')는 $\dfrac{1}{K}$이다. (9 ○, ×)

(3) 평형 상수(K)가 1보다 큰 경우, 화학 평형 상태에서 반응물의 농도 곱에 비해 생성물의 농도 곱이 크다. (10 ○, ×)

2 화학 반응의 진행 방향 예측

03 반응 지수(Q)와 반응의 진행 방향 예측에 대한 설명으로 옳은 것은 ○, 틀린 것은 ×에 표시하시오.

(1) 반응물과 생성물의 현재 농도(M)를 평형 상수식에 대입하여 구한 값은 반응 지수(Q)이다. (11 ○, ×)

(2) 일정한 온도에서 어떤 가역 반응의 반응 지수(Q)가 평형 상수(K)보다 크면 생성물의 농도는 현재 농도(M)가 평형 농도(M)보다 크다. (12 ○, ×)

(3) 일정한 온도에서 어떤 가역 반응의 반응 지수(Q)가 평형 상수(K)보다 작으면 평형에 도달할 때까지 생성물의 농도가 증가한다. (13 ○, ×)

04 다음은 기체 A로부터 기체 B가 생성되는 반응의 화학 반응식이다.

$$2A(g) \rightleftharpoons B(g)$$

그림은 일정한 온도의 강철 용기에 $A(g)$를 넣고 반응시켰을 때 시간에 따른 물질의 농도 변화를 나타낸 그래프이다.

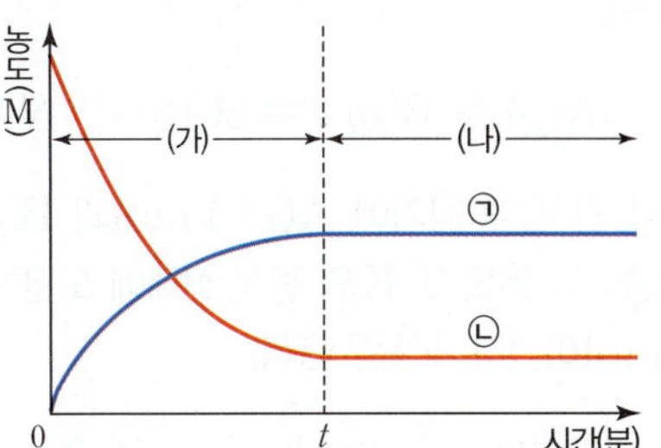

이에 대한 설명으로 옳은 것은 ○, 틀린 것은 ×에 표시하시오.

(1) ㉠은 A, ㉡은 B이다. (14 ○, ×)

(2) (나) 구간에서는 어떠한 반응도 일어나지 않는다. (15 ○, ×)

(3) 이 반응의 평형 상수식은 $K=\dfrac{[\text{B}]}{[\text{A}]^2}$이다. (16 ○, ×)

(4) 온도가 변하면 평형 상수도 변한다. (17 ○, ×)

05 다음은 기체 A와 B가 반응하여 기체 C가 생성되는 반응의 화학 반응식이다.

$$2A(g)+B(g) \rightleftharpoons 2C(g)$$

1 L의 강철 용기에서 반응이 평형에 도달하였을 때 기체 A, B, C의 양(mol)이 각각 2몰이었다. 이에 대하여 다음 물음에 답하시오.

(1) 이 반응의 평형 상수를 구하시오. (18   )

(2) 동일한 반응에 대하여 2 L의 강철 용기에 A 4몰, B 2몰, C 2몰을 첨가하였을 때 반응 지수를 구하시오. (19   )

(3) (2)와 같은 상황에서 반응이 정반응과 역반응 중 더 우세하게 진행되는 반응을 쓰시오. (20   )

06 t °C에서 부피가 1 L인 밀폐 용기에 $A(g)$ 4 mol을 넣었더니 $A(g)$가 분해되어 평형에 도달하였을 때 $B(g)$ 2 mol과 $C(g)$ 1 mol이 생성되고 $A(g)$ 2 mol이 남았다.

(1) 이 반응의 화학 반응식을 쓰시오. (21   )

(2) t °C에서 이 반응의 평형 상수를 구하시오. (22   )

1 평형 상수

01 ✳✳✳ ────────── 2025 대비 6월 모평 12 / 화학 Ⅱ

다음은 $A(g)$와 $B(g)$가 반응하여 $C(g)$가 생성되는 반응의 화학 반응식과 온도 T K에서 농도로 정의되는 평형 상수(K)이다.

$$2A(g) + B(g) \rightleftharpoons 2C(g) \qquad K = \frac{80}{9}$$

부피가 V L인 강철 용기에 $A(g)$ 1 mol과 $B(g)$ 2 mol을 넣고 반응이 진행되어 온도 T K의 평형 상태에 도달하였을 때, $A(g)$의 양은 0.6 mol이었다. V는? (3점)

① 20　　② 24　　③ 28　　④ 32　　⑤ 36

02 ✳✳✳ ────────── 2024 실시 5월 학평 15 / 화학 Ⅱ 변형

다음은 $A(g)$와 $B(g)$가 반응하여 $C(g)$가 생성되는 반응의 화학 반응식과 T K에서 농도로 정의되는 평형 상수(K)이다.

$$A(g) + B(g) \rightleftharpoons cC(g) \qquad K \ (c\text{는 반응 계수})$$

그림 (가)는 T K에서 부피가 1 L인 강철 용기에 $A(g)$와 $B(g)$가 들어 있는 초기 상태를, (나)는 (가)에서 반응이 진행되어 도달한 평형 상태를 나타낸 것이다. (나)에서 $C(g)$의 몰수 비율(전체 몰수 중에서 차지하는 비율)은 $\frac{1}{5}$이다.

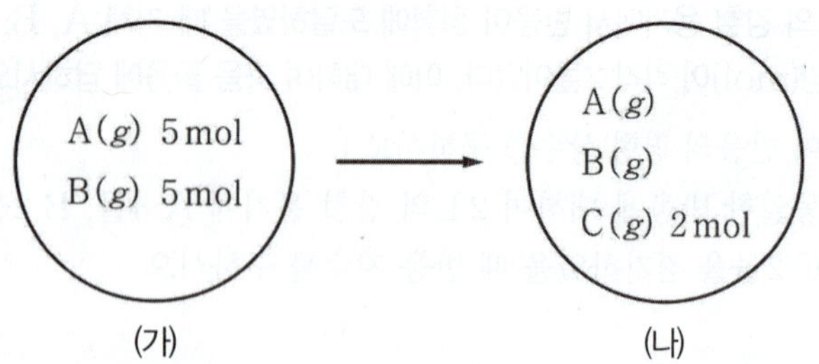

이에 대한 설명으로 옳은 것만을 〈보기〉에서 있는 대로 고른 것은? (단, 온도는 T K로 일정하다.)

---[보기]---
ㄱ. (가)에서 (나)에 도달하기 전까지 정반응이 우세하게 진행된다.
ㄴ. $c=1$이다.
ㄷ. $K=\frac{1}{8}$이다.

---

① ㄱ　　② ㄴ　　③ ㄷ　　④ ㄱ, ㄴ　⑤ ㄱ, ㄷ

03 ✳✳✳ ────────── 2024 실시 10월 학평 5 / 화학 Ⅱ 변형

다음은 $A(g)$로부터 $B(g)$가 생성되는 반응의 화학 반응식과 농도로 정의되는 평형 상수(K)이다.

$$A(g) \rightleftharpoons 2B(g) \qquad K$$

그림은 부피가 1 L인 강철 용기에 혼합 기체가 들어 있는 초기 상태를 나타낸 것이다. 반응이 진행되어 온도 T에서 평형 상태에 도달하였을 때, $He(g)$의 몰수 비율(전체 몰수 중에서 차지하는 비율)은 $\frac{2}{7}$이다. 온도 T에서의 K는?

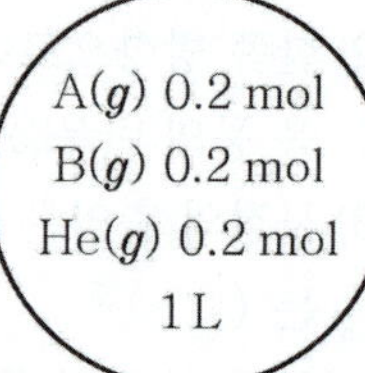

① 0.8　　② 1.6　　③ 2　　④ 3.2　　⑤ 4

04 ✳✳✳ ────────── 2020 대비 6월 모평 16 / 화학 Ⅱ 변형

다음은 $A(g)$와 $B(g)$가 반응하여 $C(g)$를 생성하는 반응의 화학 반응식과 온도 T에서 농도로 정의되는 평형 상수(K)이다.

$$A(g) + B(g) \rightleftharpoons C(g)$$

그림은 온도 T에서 강철 용기 Ⅰ과 Ⅱ에 혼합 기체가 각각 들어 있는 초기 상태를, 표는 Ⅰ과 Ⅱ에서 각각 반응이 일어나 도달한 평형 상태에서 $A(g)$의 몰수 비율(전체 몰수 중에서 차지하는 비율)을 나타낸 것이다.

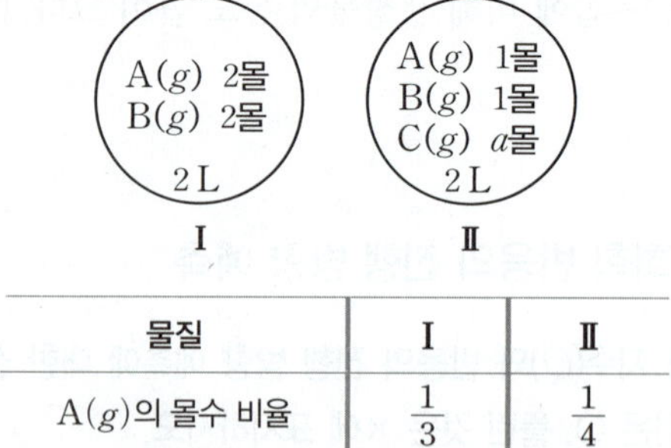

물질	Ⅰ	Ⅱ
$A(g)$의 몰수 비율	$\frac{1}{3}$	$\frac{1}{4}$

이에 대한 설명으로 옳은 것만을 〈보기〉에서 있는 대로 고른 것은? (단, 온도는 T로 일정하다.) (3점)

---[보기]---
ㄱ. $K=1$이다.
ㄴ. Ⅱ에서 반응 초기에 역반응이 우세하게 일어난다.
ㄷ. $a=4$이다.

---

① ㄱ　　② ㄴ　　③ ㄷ　　④ ㄱ, ㄴ　⑤ ㄴ, ㄷ

I05 ✾✾✾

그림은 $A(g)+B(g) \rightleftharpoons C(g)$의 반응에 대해 초기 상태와 평형 상태에서 기체 $A \sim C$의 양(mol)을 나타낸 것이다.

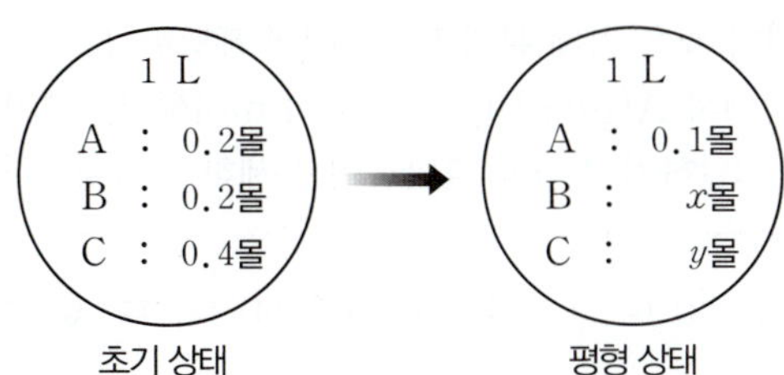

평형 상태에서 $x+y$의 값과 평형 상수(K)로 옳은 것은? (단, 온도는 일정하다.) (3점)

	$x+y$	K		$x+y$	K
①	0.4	5	②	0.4	50
③	0.6	5	④	0.6	50
⑤	0.6	500			

2 화학 반응의 진행 방향 예측

I06 ✾✾✾

다음은 $A(g)$와 $B(g)$가 반응하여 $C(g)$가 생성되는 반응의 화학 반응식과 온도 T에서 농도로 정의되는 평형 상수(K)이다.

$$A(g)+B(g) \rightleftharpoons C(g) \qquad K$$

표는 온도 T에서 강철 용기에 $A(g) \sim C(g)$가 들어 있는 초기 상태 I과 II에 대한 자료이다. Q는 반응 지수이다.

초기 상태	용기의 부피(L)	기체의 양(mol)			$\dfrac{Q}{K}$
		$A(g)$	$B(g)$	$C(g)$	
I	4	1	1	5	5
II	1	1	1	a	$\dfrac{1}{2}$

이에 대한 설명으로 옳은 것만을 〈보기〉에서 있는 대로 고른 것은? (단, 온도는 T로 일정하다.) (3점)

ㄱ. $K=4$이다.
ㄴ. $a=2$이다.
ㄷ. I에서 반응이 진행되어 평형에 도달하면 $C(g)$의 양은 1 mol이다.

① ㄱ　　② ㄷ　　③ ㄱ, ㄴ　　④ ㄴ, ㄷ　　⑤ ㄱ, ㄴ, ㄷ

I07 ✾✾✾

다음은 $A(g)$로부터 $B(g)$와 $C(g)$가 생성되는 반응의 화학 반응식과 온도 T에서 농도로 정의되는 평형 상수(K)이다.

$$2A(g) \rightleftharpoons B(g)+2C(g) \qquad K=0.5$$

그림은 부피가 1 L인 강철 용기에 2 mol의 $A(g)$를 넣은 초기 상태 I과 반응이 진행된 상태 II를 나타낸 것이다.

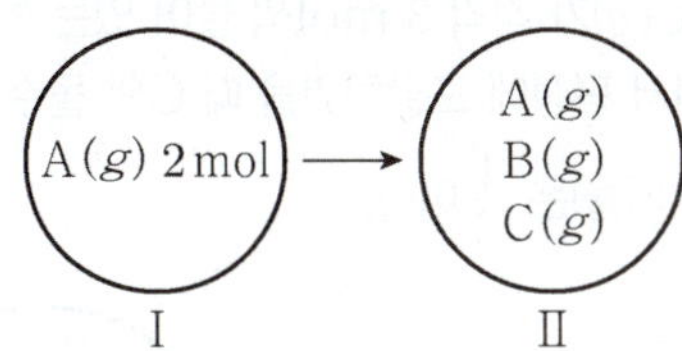

이에 대한 설명으로 옳은 것만을 〈보기〉에서 있는 대로 고른 것은? (단, 온도는 T로 일정하다.) (3점)

ㄱ. 평형에 도달하기 전까지 정반응이 우세하게 진행된다.
ㄴ. [A]=1 M일 때 정반응의 속도와 역반응의 속도는 같다.
ㄷ. [C]=0.4 M일 때 반응 지수(Q)는 K보다 작다.

① ㄱ　② ㄷ　③ ㄱ, ㄴ　④ ㄴ, ㄷ　⑤ ㄱ, ㄴ, ㄷ

I08 ✾✾✾

다음은 $A(g)$와 $B(g)$가 반응하여 $C(g)$가 생성되는 반응의 화학 반응식과 T K에서 농도로 정의되는 평형 상수(K)이다.

$$A(g)+2B(g) \rightleftharpoons C(g) \qquad K=\frac{1}{4}$$

그림 (가)는 T K에서 부피가 V L인 강철 용기에 $A(g) \sim C(g)$를 넣어 평형에 도달한 것을, (나)는 부피가 V L인 강철 용기에 $A(g) \sim C(g)$를 넣은 것을 모형으로 나타낸 것이다.

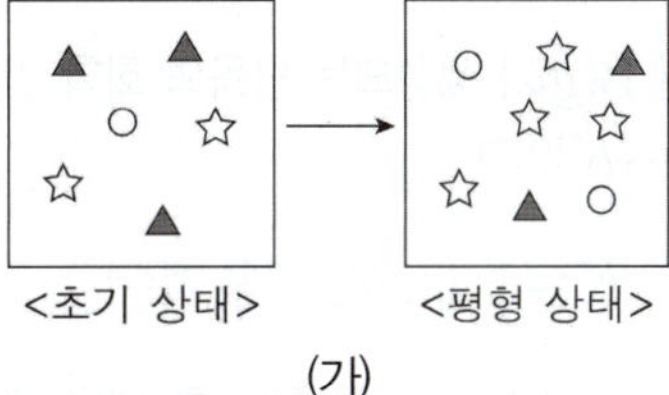

(나)에서 반응 지수(Q)는? (3점)

① $\dfrac{1}{16}$　② $\dfrac{1}{4}$　③ $\dfrac{1}{2}$　④ 1　⑤ 4

09 ✹✹✸   2021 실시 10월 학평 19 / 화학 Ⅱ 변형

다음은 A(g)와 B(g)가 반응하여 C(g)가 생성되는 반응의 화학 반응식과 T K에서 농도로 정의된 평형 상수(K)이다.

$$A(g)+3B(g) \rightleftharpoons 2C(g) \qquad K$$

그림 (가)는 부피가 1 L인 강철 용기에 A(g)와 B(g)가 각각 3 mol, 5 mol이 들어 있는 초기 상태를, (나)는 부피가 2 L인 강철 용기에 A(g)~C(g)가 각각 3 mol씩 들어 있는 초기 상태를 나타낸 것이다. (가)에서 평형에 도달하였을 때 C의 몰수 비율(전체 몰수 중에서 차지하는 비율)은 $\frac{1}{3}$이다.

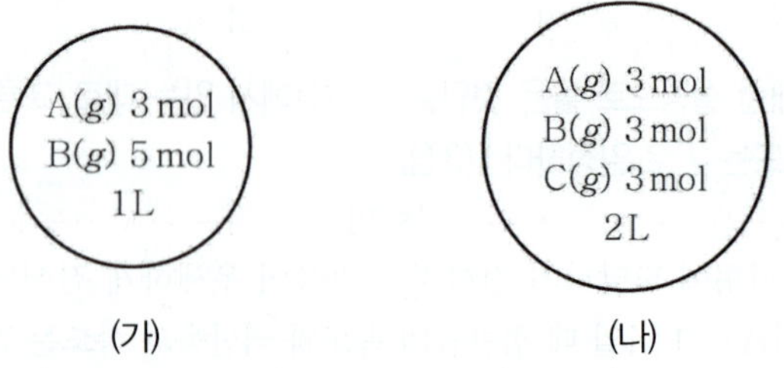

(가)   (나)

이에 대한 옳은 설명만을 〈보기〉에서 있는 대로 고른 것은? (단, 온도는 T K로 일정하다.) (3점)

① ㄱ   ② ㄷ   ③ ㄱ, ㄴ   ④ ㄴ, ㄷ   ⑤ ㄱ, ㄴ, ㄷ

10 ✹✹✸   2021 실시 7월 학평 8 / 화학 Ⅱ

다음은 T K에서 A(g)로부터 B(g)가 생성되는 반응의 화학 반응식과 농도로 정의되는 평형 상수(K)이다.

$$a A(g) \rightleftharpoons b B(g) \qquad K=\frac{3}{8} \ (a, b 는 반응 계수)$$

그림 (가)는 T K, 1 L의 강철 용기에 A(g)와 B(g)를 넣은 초기 상태를, (나)는 반응이 진행되어 도달한 평형 상태를 모형으로 나타낸 것이다. (가)에서 반응 지수(Q)는 2이다.

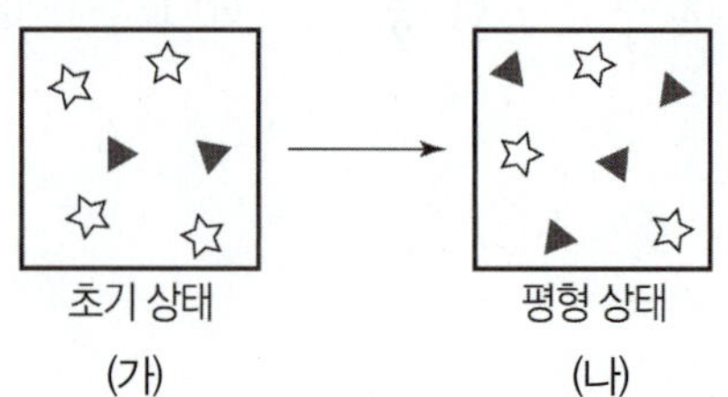

초기 상태   평형 상태
(가)   (나)

이에 대한 설명으로 옳은 것만을 〈보기〉에서 있는 대로 고른 것은? (단, 온도는 일정하고, ☆과 ▲는 각각 A와 B 중 하나이다.) (3점)

① ㄱ   ② ㄷ   ③ ㄱ, ㄴ   ④ ㄴ, ㄷ   ⑤ ㄱ, ㄴ, ㄷ

✉ 서술형·단답형 문제

11 ✹✹✸

다음은 적갈색의 $NO_2(g)$로부터 무색의 $N_2O_4(g)$가 생성되는 반응의 화학 반응식과 평형 상수이다.

$$2NO_2(g) \rightleftharpoons N_2O_4(g) \qquad K$$

일정한 온도에서 그림 (가)와 같이 시험관에 적갈색의 $NO_2(g)$를 넣어 두었더니 (나)와 같이 색이 연해지고 (다)와 같이 더욱 연한 색이 되어 더 이상 색 변화가 없었다.

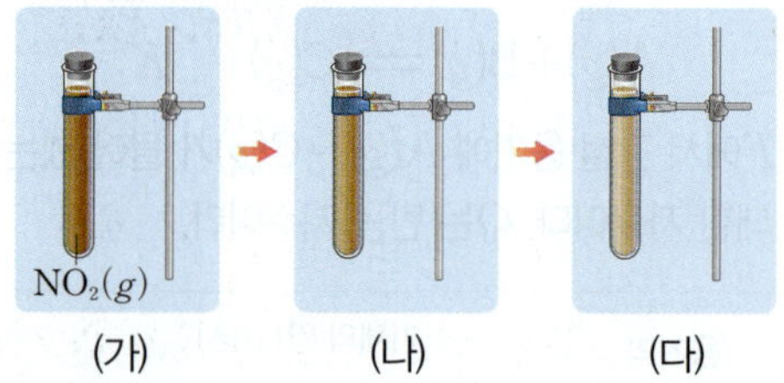

(1) (가)~(다) 중, $\dfrac{역반응 속도}{정반응 속도}$ 가 가장 큰 값을 갖는 것은 어느 것인지 쓰시오. 〔단답형〕

(2) (나)에서의 반응 지수(Q)와 이 반응의 평형 상수(K)는 어느 것이 큰 지 부등호로 나타내고 그 까닭을 서술하시오. 〔서술형〕

12 ❋❋❋

다음은 A(g)와 B(g)가 반응하여 C(g)가 생성되는 반응의 화학 반응식이다.

$$A(g)+B(g) \rightleftharpoons 2C(g)$$

그림은 두 강철 용기에서 이 반응이 각각 평형 상태에 있는 모습을 나타낸 것이다.

(1) 평형 상태 Ⅰ에서 이 반응의 평형 상수(K)를 쓰시오. 단답형

(2) 평형 상태 Ⅰ과 Ⅱ에서 온도는 서로 같은지, 다른지 평형 상수를 근거로 서술하시오. 서술형

13 ❋❋❋

다음은 A(g)와 B(g)가 반응하여 C(g)가 생성되는 반응의 화학 반응식과 t °C에서 이 반응의 평형 상수이다.

$$2A(g)+B(g) \rightleftharpoons 2C(g) \qquad K=4$$

표는 t °C에서 용기 (가)~(나)에 각각 넣은 기체들의 초기 농도를 나타낸 것이다.

용기	초기 농도(M)		
	A	B	C
(가)	1	1	x
(나)	2	1	3

(1) (가)에서 초기 농도 그대로 동적 평형 상태가 유지되었다면 x의 값은 얼마인지 구하시오. 단답형

(2) (나)에서 콕을 열면 정반응과 역반응 중 어느 것이 우세하게 진행되어 평형 상태에 도달할지 반응 지수(Q)를 근거로 서술하시오.(단, 온도는 일정하다) 서술형

14 ❋❋❋

다음은 A(g)와 B(g)가 반응하여 C(g)가 생성되는 반응의 화학 반응식과 평형 상수이다.

$$A(g)+B(g) \rightleftharpoons 2C(g) \qquad K$$

그림은 일정한 온도에서 꼭지로 분리된 용기의 양쪽에 위 반응이 각각 평형 상태를 이루고 있는 모습을 나타낸 것이다.

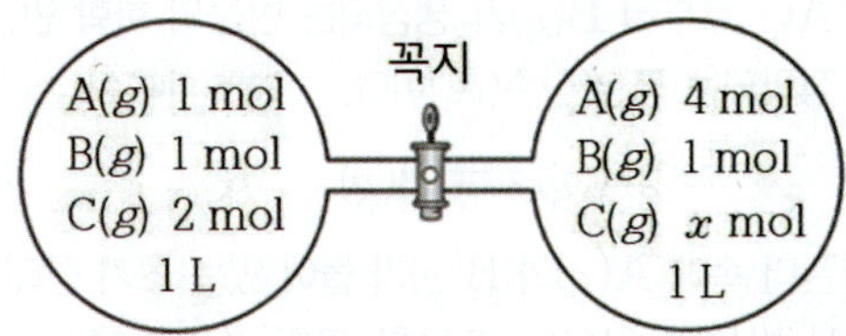

(1) x를 구하시오. 단답형

(2) 꼭지를 열면 정반응과 역반응 중 어느 것이 우세하게 진행되어 새로운 평형 상태에 도달할 것인지, 평형 상수(K)와 반응 지수(Q)의 크기를 비교하여 서술하시오.(단, 온도는 일정하다) 서술형

화학 평형

- 이 유형은 평형 상수식을 이용하여 평형 상태에서 기체의 양(질량 또는 mol 등), 평형 상수를 구하는 형태로 주로 출제된다. 

다음은 A(g)로부터 B(g)가 생성되는 반응의 화학 반응식과 농도로 정의되는 평형 상수(K)이다. 　2025 대비 수능 18 / 화학 Ⅱ

$$2A(g) \rightleftharpoons B(g) \qquad K$$

표는 실린더 속에 A(g)와 B(g)가 들어 있는 초기 상태, 초기 상태에서 반응이 일어나 도달한 평형 Ⅰ, Ⅰ에서 온도를 변화시켜 도달한 평형 Ⅱ에 대한 자료이다.

상태	실린더 속 기체의 밀도(상댓값)	온도(K)	$\dfrac{B(g)의\ 질량(g)}{A(g)의\ 질량(g)}$	K
초기		T	14	
Ⅰ	3	T	x	K_1
Ⅱ	2	$\dfrac{9}{8}T$	$\dfrac{2}{3}$	K_2

$x \times \dfrac{K_1}{K_2}$은? (단, 실린더 속 기체의 압력은 P atm으로 일정하다.)

① 24 　② 32 　③ 40 　④ 48 　⑤ 56

🦉 단서+발상

(단서) 화학 반응식과 농도로 정의되는 평형 상수, 실린더 속 기체가 들어 있는 초기 상태와 평형 상태에 대한 자료가 제시되어 있다.

(발상) 화학 반응식을 통해 몰질량의 비를 추론할 수 있다.

(적용) 화학 반응식을 통해 몰질량의 비를 구하고 기체의 양(mol)을 구하는 것부터 문제 풀이를 시작해야 한다.

| 문제+자료 분석 |

step 1　**A와 B의 양(mol)을 구한다.**

- $2A(g) \rightleftharpoons B(g)$ 화학 반응식의 계수비가 2 : 1이므로 몰질량은 B가 A의 2배이다. (꿀팁) A의 몰질량(g/mol)을 a라고 하면 B의 몰질량(g/mol)은 $2a$이다.

- 초기 상태에서 $\dfrac{B(g)의\ 질량(g)}{A(g)의\ 질량(g)}=14$이다. A의 질량이 w g이면, B의 질량은 $14w$ g이다. A와 B의 양은 각각 $\dfrac{w}{a}$ mol, ⬚1 mol이고, $\dfrac{w}{a}=n$이라고 하면 A와 B의 양은 각각 n mol, $7n$ mol이다.

step 2　**전체 기체의 양(g)을 구한다.**

- 반응이 진행되어도 질량은 변하지 않으므로 (꿀팁) 실린더 속 A(g)와 B(g)의 전체 기체의 질량은 $15w$ g이다. 평형 Ⅱ에서 $\dfrac{B(g)의\ 질량(g)}{A(g)의\ 질량(g)}=\dfrac{2}{3}$이므로 평형 Ⅱ에서 A와 B의 질량은 각각 $9w$ g$\left(=\dfrac{9w}{a}\ \text{mol}=9n\ \text{mol}\right)$, $6w$ g$\left(=⬚2\ \text{mol}=3n\ \text{mol}\right)$이다.

- 전체 기체의 질량은 같고 밀도비는 평형 Ⅰ : 평형 Ⅱ = ⬚3 이므로 부피비는 평형 Ⅰ : 평형 Ⅱ = 2 : 3이다. 평형 Ⅰ의 전체 기체의 양(mol)을 m mol, 부피를 $2V$ L라고 하면, 평형 Ⅰ과 Ⅱ에서 기체의 압력이 같으므로 $\dfrac{mT}{2V}=\dfrac{12n\times\frac{9}{8}T}{3V}$ 　∴ $m=9n$

step 3　**K_1, K_2의 값을 구한다.**

- 전체 기체의 양이 초기 상태와 평형 Ⅰ에서 각각 $8n$ mol, $9n$ mol로 초기 상태에서 평형 Ⅰ로 가는 과정에서 기체의 양(mol)이 증가하는 역반응이 진행되었다. 역반응이 진행되는 과정에서 반응한 B의 양을 k mol이라고 하면 양적 관계는 다음과 같다.

	$2A(g)$	$\rightleftharpoons$	$B(g)$
처음 양(mol)	n		$7n$
반응 양(mol)	$+2k$		$-k$
평형 양(mol)	$n+2k$		$7n-k$

평형 Ⅰ에서 전체 기체의 양(mol)은 $8n+k=9n$이므로 $k=n$이고, A와 B의 양은 각각 $3n$ mol($=3w$ g), $6n$ mol($=12w$ g)이다.

따라서 평형 Ⅰ에서 $\dfrac{B(g)의\ 질량(g)}{A(g)의\ 질량(g)}=\dfrac{12w}{3w}=⬚4=x$이다.

- 평형 Ⅰ에서 A와 B의 양은 각각 $3n$ mol, $6n$ mol이고, 기체의 부피는 $2V$ L이므로 $K_1=\dfrac{\frac{6n}{2V}}{\left(\frac{3n}{2V}\right)^2}=⬚5$ 이다.

- 평형 Ⅱ에서 A와 B의 양은 각각 $9n$ mol, $3n$ mol이고, 기체의 부피는 $3V$ L이므로 $K_2=\dfrac{\frac{3n}{3V}}{\left(\frac{9n}{3V}\right)^2}=⬚6$ 이다.

| 선택지 분석 |

④ $x \times \dfrac{K_1}{K_2}=4\times\dfrac{\frac{4V}{3n}}{\frac{V}{9n}}=48$

∴ 정답은 ④ 48이다.

✅ --

이 유형을 대비하기 위해서는 주어진 반응식에서 몰질량 비를 구해주고 질량이 일정하므로 밀도와 질량비 조건을 해석해주면 몰비를 알 수 있다.

부피를 밀도비로 결정하고 $PV=nRT$를 적용하면 모든 상태의 몰수를 결정할 수 있다.

평형 상수의 비를 구하는 계산을 할 때는 각각의 값을 구하기 보다는 몰수비의 변화량을 연관지어 구하고자 하는 값을 찾아낼 수 있어야 한다.

[정답] 1 $\dfrac{7w}{a}$　2 $\dfrac{6w}{2a}$　3 3:2　4 4　5 $\dfrac{4V}{3n}$　6 $\dfrac{V}{9n}$

15 ⭐ 고난도   2025 대비 수능 14 / 화학Ⅱ 변형

다음은 $A(g)$와 $B(g)$가 반응하여 $C(g)$가 생성되는 반응의 화학 반응식과 온도 T에서 농도로 정의되는 평형 상수(K)이다.

$$A(g) + B(g) \rightleftharpoons 2C(g) \qquad K$$

그림 (가)는 온도 T에서 강철 용기에 $A(g) \sim C(g)$를 넣은 초기 상태를, (나)는 $[C]_0$에 따른 $\dfrac{K}{Q_0}$를 나타낸 것이다. 초기 상태의 반응 지수 $Q_0 = \dfrac{[C]_0^2}{[A]_0[B]_0}$이고, $[A]_0$, $[B]_0$, $[C]_0$는 각각 초기 상태의 $A(g) \sim C(g)$의 농도이다. $[C]_0 = x$ M일 때, 반응이 진행되어 도달한 평형에서 $C(g)$의 몰수 비율(전체 몰수 중에서 차지하는 비율)은 y이다.

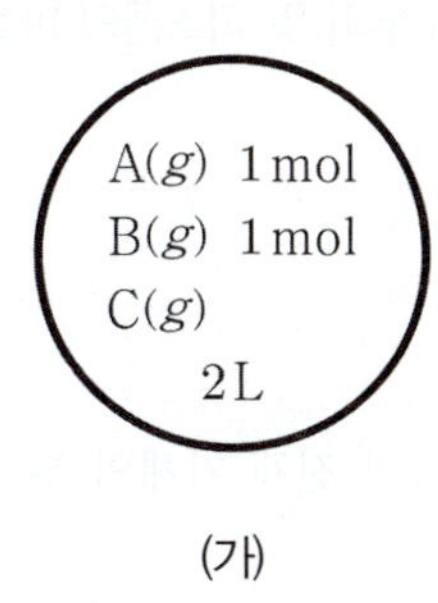

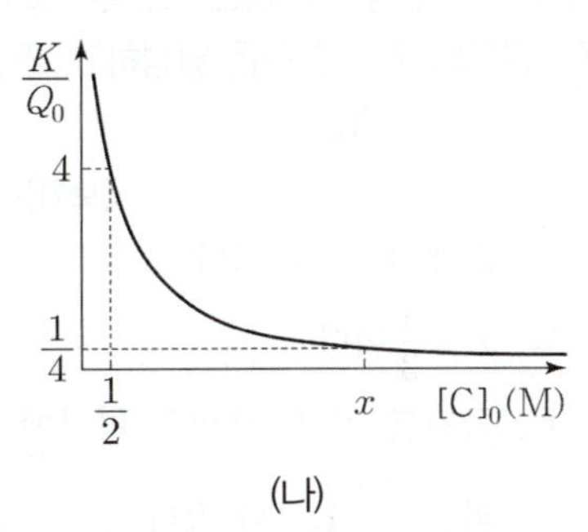

(가)   (나)

$x \times y$는? (단, 온도는 T로 일정하다.) (3점)

① 1   ② $\dfrac{5}{4}$ ③ $\dfrac{4}{3}$ ④ $\dfrac{3}{2}$ ⑤ 2

16 ⭐ 고난도   2023 실시 7월 학평 13 / 화학Ⅱ 변형

다음은 $A(g)$로부터 $B(g)$와 $C(g)$가 생성되는 반응의 화학 반응식과 온도 T에서 농도로 정의되는 평형 상수(K)이다.

$$A(g) \rightleftharpoons 2B(g) + C(g) \qquad K$$

표는 온도 T에서 1 L 강철 용기에 $A(g)$ a mol을 넣고 반응시켰을 때 B의 몰수 비율(전체 몰수 중에서 차지하는 비율)에 따른 반응 지수(Q)와 평형 상수(K)의 비($\dfrac{Q}{K}$)를 나타낸 것이다.

B의 몰수 비율	0.4	0.5
$\dfrac{Q}{K}$	x	1

x는? (단, 온도는 T로 일정하다.)

① $\dfrac{1}{5}$ ② $\dfrac{2}{9}$ ③ $\dfrac{1}{3}$ ④ $\dfrac{2}{5}$ ⑤ $\dfrac{3}{7}$

17 ⭐ 고난도   2024 대비 6월 모평 20 / 화학Ⅱ

다음은 $A(g)$와 $B(g)$가 반응하여 $C(g)$를 생성하는 반응의 화학 반응식과 온도 T에서 농도로 정의되는 평형 상수(K)이다.

$$A(g) + B(g) \rightleftharpoons C(g) \qquad K$$

그림은 온도 T에서 강철 용기 (가)와 실린더 (다)에 $C(g)$가 들어 있는 초기 상태를 나타낸 것이다.

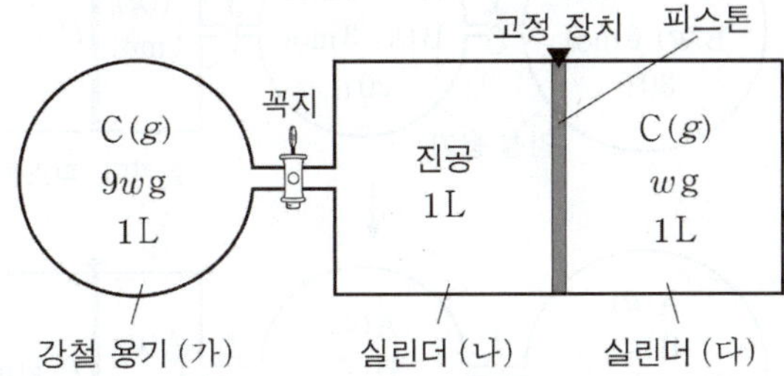

표는 반응이 진행되어 도달한 평형 Ⅰ, 평형 Ⅰ에서 꼭지를 열어 도달한 평형 Ⅱ, 평형 Ⅱ에서 고정 장치를 제거하여 도달한 평형 Ⅲ에 대한 자료이다.

평형	Ⅰ	Ⅱ		Ⅲ
강철 용기 또는 실린더	(가)	(가)	(나)	(다)
A의 질량(상댓값)	6	a	4	1

평형 Ⅲ에서 (다) 속 전체 기체의 부피는 x L이고, (다) 속 $C(g)$의 질량은 y g일 때, $x \times y$는? (단, 온도는 T로 일정하고, 연결관의 부피와 피스톤의 마찰은 무시한다.) (3점)

① $\dfrac{1}{16}w$ ② $\dfrac{3}{32}w$ ③ $\dfrac{5}{32}w$ ④ $\dfrac{3}{16}w$ ⑤ $\dfrac{1}{4}w$

다음은 A(g)와 B(g)가 반응하여 C(g)가 생성되는 반응의 화학 반응식과 온도 T에서 농도로 정의되는 평형 상수(K)이다.

$$A(g) + B(g) \rightleftharpoons C(g) \qquad K = a$$

그림 (가)는 꼭지로 분리된 강철 용기에 A(g)와 B(g)를, 실린더에 A(g)를 넣은 초기 상태를, (나)는 반응이 진행되어 도달한 평형 Ⅰ을 나타낸 것이다. (나)에서 모든 꼭지를 열고 고정 장치를 풀어 평형 Ⅱ에 도달하였을 때, 실린더 속 기체의 부피는 10 L이다.

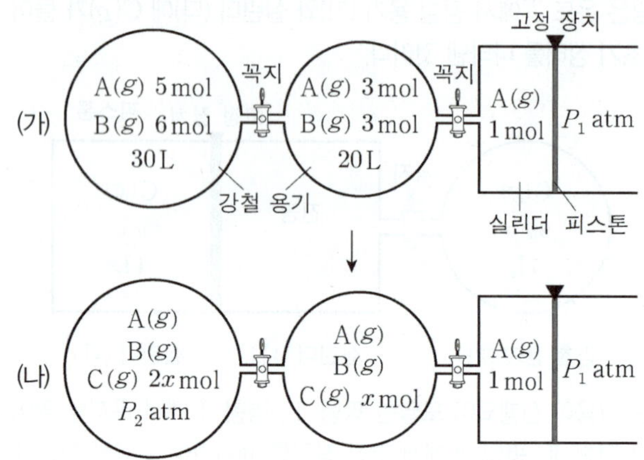

$a \times \dfrac{\text{Ⅰ 에서 } P_2}{P_1}$ 는? (단, 온도와 외부 압력은 각각 T와 P_1 atm으로 일정하고, 연결관의 부피와 피스톤의 마찰은 무시한다.)

① 6 　　② 8 　　③ 10 　　④ 12 　　⑤ 15

다음은 A(g)로부터 B(g)가 생성되는 반응의 화학 반응식과 농도로 정의되는 평형 상수(K)이다.

$$A(g) \rightleftharpoons 2B(g) \qquad K$$

그림은 온도 T에서 꼭지로 분리된 실린더와 강철 용기에 A(g)가 각각 들어 있는 초기 상태를 나타낸 것이다. 실린더와 강철 용기에서 반응이 진행되어 각각 도달한 평형 상태에서 실린더 속 A(g)의 몰수 비율(전체 몰수 중에서 차지하는 비율)은 $\frac{1}{3}$이고, 강철 용기 속 B(g)의 몰농도는 x M이다.

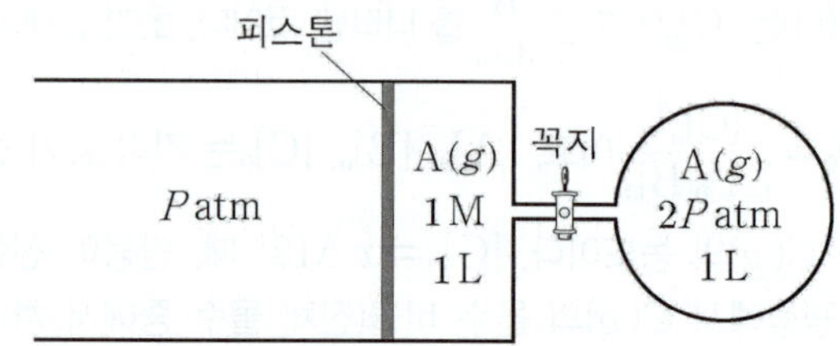

이에 대한 설명으로 옳은 것만을 〈보기〉에서 있는 대로 고른 것은? (단, 온도와 외부 압력은 일정하고, 연결관의 부피 및 피스톤의 마찰은 무시한다.) (3점)

───────────[보기]───────────

ㄱ. T에서 $K = 2$이다.

ㄴ. $x = \dfrac{4}{3}$이다.

ㄷ. 꼭지를 연 후 새로운 평형에 도달하면 전체 기체의 부피는 $\dfrac{13}{3}$ L보다 작다.

① ㄱ 　　② ㄴ 　　③ ㄷ 　　④ ㄱ, ㄷ 　　⑤ ㄴ, ㄷ

다음은 $A(g)$와 $B(g)$가 반응하여 $C(g)$가 생성되는 반응의 화학 반응식과 온도 T에서 농도로 정의되는 평형 상수(K)이다.

$$A(g)+B(g) \rightleftharpoons C(g) \qquad K$$

그림 (가)는 피스톤으로 분리된 실린더 Ⅰ에 $A(g)$와 $C(g)$를, Ⅱ에 $C(g)$를 넣은 초기 상태를, (나)는 Ⅰ과 Ⅱ 모두에서 반응이 진행되어 각각 평형에 도달한 것을 나타낸 것이다. (가)에서 Ⅰ과 Ⅱ의 부피의 합은 2 L이고, (나)의 Ⅰ에서 A의 몰수 비율(전체 몰수 중에서 차지하는 비율)은 $\frac{3}{8}$이다.

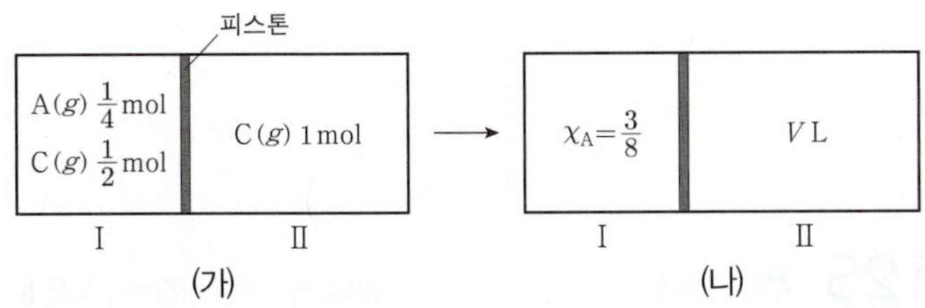

이에 대한 설명으로 옳은 것만을 〈보기〉에서 있는 대로 고른 것은? (단, 온도는 T로 일정하고, 피스톤의 마찰과 부피는 무시한다.) (3점)

[보기]
ㄱ. $V=\frac{6}{5}$이다.

ㄴ. $K=25$이다.

ㄷ. (나)에서 피스톤을 제거한 후 새로운 평형에 도달하면 A의 몰수 비율은 $\frac{1}{4}$보다 크다.

① ㄱ   ② ㄴ   ③ ㄱ, ㄷ   ④ ㄴ, ㄷ   ⑤ ㄱ, ㄴ, ㄷ

다음은 $A(g)$와 $B(g)$가 반응하여 $C(g)$가 생성되는 반응의 화학 반응식과 T K에서 농도로 정의되는 평형 상수(K)이다.

$$A(g)+B(g) \rightleftharpoons C(g) \qquad K=\frac{1}{x}$$

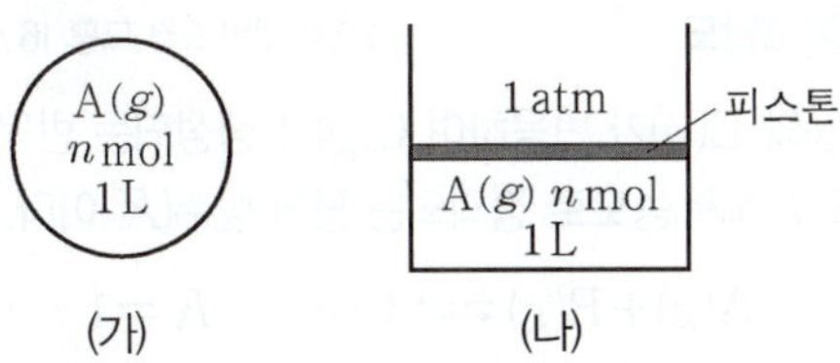

그림은 T K에서 실린더에 $A(g)$와 $B(g)$를 각각 2 g씩 넣은 후, 반응이 진행되어 평형에 도달한 상태를 나타낸 것이다. A의 몰질량 (g/mol)은 a이다.

이에 대한 설명으로 옳은 것만을 〈보기〉에서 있는 대로 고른 것은? (단, 온도와 외부 압력은 일정하고, 피스톤의 질량과 마찰은 무시한다.) (3점)

[보기]
ㄱ. 초기 상태에서 $A(g)$의 몰농도는 $\frac{x}{2}$ M이다.

ㄴ. $x=\frac{4}{a}$이다.

ㄷ. C의 몰질량은 $\frac{6a}{5}$이다.

① ㄴ   ② ㄷ   ③ ㄱ, ㄴ   ④ ㄱ, ㄷ   ⑤ ㄴ, ㄷ

다음은 $A(g)$로부터 $B(g)$가 생성되는 반응의 화학 반응식과 T K에서 농도로 정의된 평형 상수(K)이다.

$$A(g) \rightleftharpoons 2B(g) \qquad K$$

그림은 $A(g)$가 강철 용기 (가)와 실린더 (나)에 들어 있는 초기 상태를 각각 나타낸 것이다. (가)와 (나)에서 반응이 일어나 각각 평형 상태 Ⅰ과 Ⅱ에 도달하였을 때, Ⅰ에서 B의 몰수 비율(전체 몰수 중에서 차지하는 비율)은 $\frac{6}{11}$이다.

이에 대한 설명으로 옳은 것만을 〈보기〉에서 있는 대로 고른 것은? (단, 온도와 외부 압력은 각각 T K와 1 atm으로 일정하고, 피스톤의 질량과 마찰은 무시한다.) (3점)

[보기]
ㄱ. Ⅰ에서 $A(g)$의 양(mol)은 $\frac{5}{8}n$이다.

ㄴ. $K=\frac{9}{10}n$이다.

ㄷ. Ⅱ에서 혼합 기체의 부피는 $\frac{10}{7}$ L이다.

① ㄱ   ② ㄷ   ③ ㄱ, ㄴ   ④ ㄴ, ㄷ   ⑤ ㄱ, ㄴ, ㄷ

┃23 ⭐ 고난도   2022 대비 9월 모평 20 / 화학 Ⅱ

다음은 $A(g)$와 $B(g)$가 반응하여 $C(g)$가 생성되는 반응의 화학 반응식과 농도로 정의되는 평형 상수(K)이다.

$$2A(g) + B(g) \rightleftharpoons 2C(g) \qquad K$$

그림은 온도 T K에서 실린더 (가)에 $C(g)$가, (나)에 $A(g)$와 $C(g)$가 각각 들어 있는 초기 상태를 나타낸 것이다. 표는 (가)와 (나)에서 반응이 진행되어 도달한 평형 상태에 대한 자료이다.

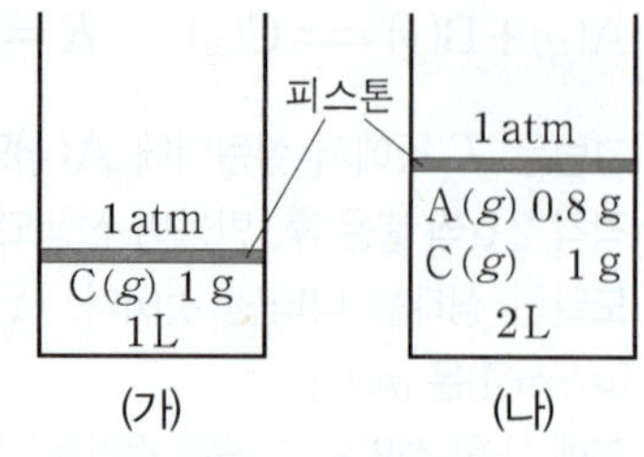

온도(K)	(가) 속 기체의 밀도(g/L)	(나) 속 기체의 부피(L)	평형 상수
T	x	$\dfrac{9}{4}$	K_1
$\dfrac{5}{4}T$		3	K_2

$x \times \dfrac{K_2}{K_1}$는? (단, 대기압은 일정하고, 피스톤의 질량과 마찰은 무시한다.) (3점)

① $\dfrac{5}{72}$ ② $\dfrac{7}{72}$ ③ $\dfrac{1}{8}$ ④ $\dfrac{11}{72}$ ⑤ $\dfrac{13}{72}$

┃24 ⭐ 고난도   2022 대비 9월 모평 16 / 화학 Ⅱ 변형

다음은 $A(g)$와 $B(g)$가 반응하여 $C(g)$가 생성되는 반응의 화학 반응식과 온도 T에서 농도로 정의되는 평형 상수(K)이다.

$$A(g) + B(g) \rightleftharpoons C(g) \qquad K = 1$$

그림은 온도 T에서 꼭지로 분리된 강철 용기 (가)에는 $A(g)$와 $B(g)$가, (나)에는 $A(g)$가 들어 있는 초기 상태를 나타낸 것이다. (가)에서 반응이 진행되어 평형 상태 Ⅰ에 도달한 후, 꼭지를 열어 반응이 진행되어 평형 상태 Ⅱ에 도달하였다.

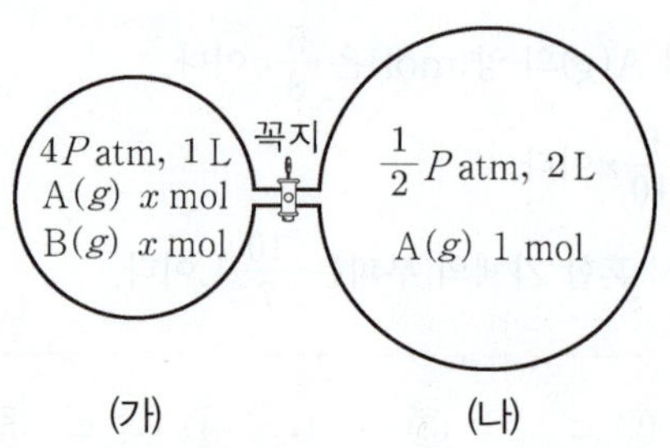

이에 대한 설명으로 옳은 것만을 〈보기〉에서 있는 대로 고른 것은? (단, 온도는 T로 일정하고, 연결관의 부피는 무시한다.)

[보기]
ㄱ. $x = 4$이다.
ㄴ. Ⅰ에서 (가) 속 C의 몰수 비율(전체 몰수 중에서 차지하는 비율)은 $\dfrac{1}{3}$이다.
ㄷ. Ⅱ에서 (가)와 (나) 속 전체 기체의 양은 $2x$ mol보다 크다.

① ㄱ   ② ㄴ   ③ ㄱ, ㄷ   ④ ㄴ, ㄷ   ⑤ ㄱ, ㄴ, ㄷ

┃25 ⭐ 고난도   2022 실시 7월 학평 18 / 화학 Ⅱ

다음은 $A(g)$와 $B(g)$가 반응하여 $C(g)$가 생성되는 반응의 화학 반응식과 T K에서 농도로 정의된 평형 상수(K)이다.

$$A(g) + B(g) \rightleftharpoons C(g) \qquad K$$

그림은 꼭지로 분리된 실린더와 강철 용기에 $A(g)$와 $B(g)$가 각각 들어 있는 실험 Ⅰ의 초기 상태와, 꼭지로 분리된 강철 용기에 $B(g)$와 $C(g)$가 각각 들어 있는 실험 Ⅱ의 초기 상태를 나타낸 것이다.

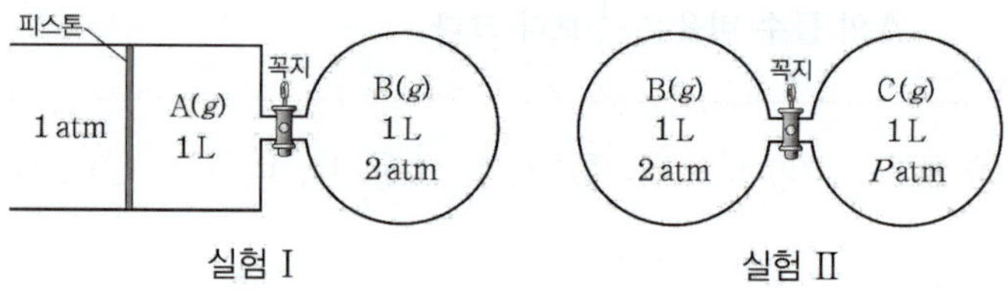

표는 실험 Ⅰ과 Ⅱ에서 각각 꼭지를 열고 반응이 진행되어 도달한 평형 상태에 대한 자료이다. 평형 상태에서 실험 Ⅰ의 실린더 속 기체의 부피는 V L이다.

실험		Ⅰ	Ⅱ
평형 상태에서	$\dfrac{B(g)의 양(mol)}{A(g)의 양(mol)}$	3	6

$\dfrac{P}{V}$는? (단, 온도와 외부 압력은 일정하고, 연결관의 부피와 피스톤의 마찰은 무시한다.) (3점)

① $\dfrac{4}{5}$ ② $\dfrac{24}{25}$ ③ $\dfrac{8}{5}$ ④ $\dfrac{28}{15}$ ⑤ $\dfrac{45}{16}$

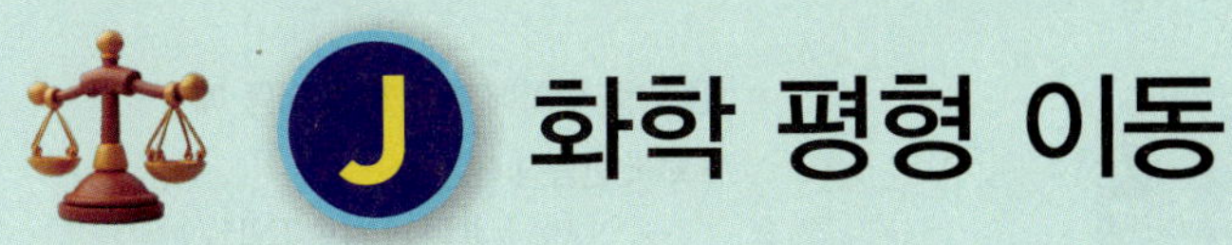

J 화학 평형 이동

1 평형 이동에 영향을 미치는 요인

1. **화학 평형 이동**: 평형 상태에서 농도, 압력, 온도 같은 반응 조건이 변하여 새로운 평형 상태에 도달하는 현상

2. **농도**

   (1) **농도 변화에 따른 평형 이동**❶: 화학 반응이 평형 상태에 있을 때 반응물이나 생성물의 농도를 변화시키면 농도 변화를 감소시키는 방향으로 평형이 이동한다.

   ➡ 농도 변화로 평형이 이동하더라도 온도가 일정하면 평형 상수(K)는 변하지 않는다.

반응물이나 생성물의 농도 증가	반응물이나 생성물의 농도 감소
• **반응물의 농도 증가**: 반응물의 농도가 감소하는 정반응 쪽으로 평형 이동 • **생성물의 농도 증가**: 생성물의 농도가 감소하는 역반응 쪽으로 평형 이동	• **반응물의 농도 감소**: 반응물의 농도가 증가하는 역반응 쪽으로 평형 이동 • **생성물의 농도 감소**: 생성물의 농도가 증가하는 정반응 쪽으로 평형 이동

   (2) **반응 지수(Q)와 평형 상수(K)의 비교**

   ㉠ 다이크로뮴산 칼륨($K_2Cr_2O_7$)은 수용액에서 다이크로뮴산 이온($Cr_2O_7^{2-}$)과 크로뮴산 이온(CrO_4^{2-})이 다음과 같이 평형을 이룬다.

   $$\underset{\text{주황색}}{Cr_2O_7^{2-}(aq)} + H_2O(l) \rightleftharpoons \underset{\text{노란색}}{2CrO_4^{2-}(aq)} + 2H^+(aq) \quad K = \frac{[CrO_4^{2-}]^2[H^+]^2}{[Cr_2O_7^{2-}]} ❷$$

NaOH(aq) 첨가	수산화 이온(OH^-)과 수소 이온(H^+)이 반응하여 H^+의 농도가 감소하므로 반응 지수(Q)가 평형 상수(K)보다 작아진다. ➡ 정반응이 우세하게 진행되어 수용액의 색은 노란색으로 변한다.
HCl(aq) 첨가	H^+의 농도가 증가하므로 반응 지수(Q)가 평형 상수(K)보다 커진다. ➡ 역반응이 우세하게 진행되어 수용액의 색은 주황색으로 변한다.

3. **압력**

   (1) **압력 변화에 따른 평형 이동**❸: 화학 반응이 평형 상태에 있을 때 압력이 변하면 그 압력 변화를 줄이는 방향으로 평형이 이동한다.

   ➡ 압력 변화로 인해 평형이 이동하더라도 온도가 일정하면 평형 상수(K)는 변하지 않는다.

압력 높임 (부피 감소)	전체 기체 분자 수가 감소하는(압력을 낮추는) 방향으로 반응이 우세하게 진행되어 새로운 평형을 이룬다.
압력 낮춤 (부피 증가)	전체 기체 분자 수가 증가하는(압력을 높이는) 방향으로 반응이 우세하게 진행되어 새로운 평형을 이룬다.

   (2) **반응 지수(Q)와 평형 상수(K)의 비교**

   ㉠ 이산화 질소(NO_2)와 사산화 이질소(N_2O_4)의 혼합 상태가 평형일 때 압력을 가해 부피를 $\frac{1}{2}$로 줄이면 두 기체의 농도는 2배로 증가한다.

   $$\underset{\text{적갈색}}{2NO_2(g)} \rightleftharpoons \underset{\text{무색}}{N_2O_4(g)} \qquad K = \frac{[N_2O_4]}{[NO_2]^2}$$

   이때 반응 지수 $Q = \frac{2[N_2O_4]}{(2[NO_2])^2} = \frac{1}{2}\frac{[N_2O_4]}{[NO_2]^2} = \frac{1}{2}K$이므로 정반응이 우세하게 진행되면서 새로운 평형에 도달한다.

---

❶ **농도 변화에 따른 평형 이동**

• 화학 반응식
  $$N_2(g) + 3H_2(g) \rightleftharpoons 2NH_3(g)$$

• **반응물 첨가**: N_2를 첨가하면 N_2의 농도가 감소하는 방향인 정반응 쪽으로 평형이 이동

  ➡ N_2와 H_2의 분자 수 감소, NH_3의 분자 수 증가

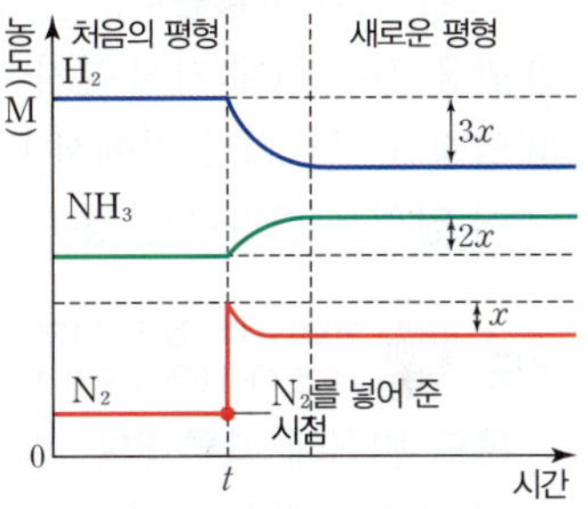

❷ **평형 상수식에서 고체와 액체**

고체와 액체의 농도는 상수와 같으므로 평형 상수식에 나타나지 않는다.

❸ **압력 변화에 따른 평형 이동**

기체 반응에서 압력 변화에 따른 화학 평형은 화학 반응식에서 반응물과 생성물의 반응 계수에 따라 달라진다.

• **반응물의 반응 계수 합이 생성물보다 클 경우**: 압력을 증가시키면 반응 지수가 평형 상수보다 작아져서 정반응 쪽으로 평형이 이동한다.

• **반응물의 반응 계수 합이 생성물보다 작을 경우**: 압력을 증가시키면 반응 지수가 평형 상수보다 작아져서 역반응 쪽으로 평형이 이동한다.

• **반응물의 반응 계수 합이 생성물과 같을 경우**: 압력을 증가시켜도 평형 이동이 일어나지 않는다.

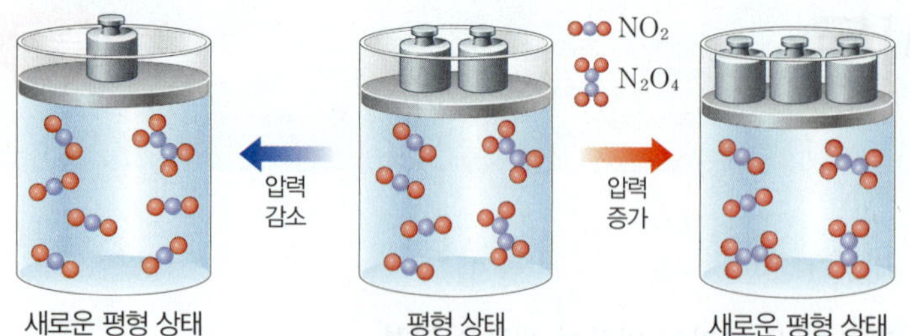

- 압력 증가(부피 감소) ➡ 기체의 분자 수가 감소하는 방향(압력을 낮추는 방향)으로 평형 이동
- 압력 감소(부피 증가) ➡ 기체의 분자 수가 증가하는 방향(압력을 높이는 방향)으로 평형 이동❶
- 반응 전후에 기체의 분자 수가 변하지 않는 반응❷ ➡ 압력을 높이거나 낮추어도 평형이 이동하지 않는다. 예 $H_2(g) + Cl_2(g) \rightleftharpoons 2HCl(g)$

(3) 압력 변화와 화학 평형 이동에서 주의할 점

① 고체나 액체가 포함된 반응에서는 기체의 양(mol)만 비교한다.
- ➡ 고체나 액체는 압력에 따라 부피가 크게 달라지지 않으므로 압력에 따라 농도가 변하지 않는다.

② 반응 전후 전체 기체 분자 수가 같은 반응은 압력에 의해 평형이 이동하지 않는다.

③ 일정한 부피의 용기에서 비활성 기체와 같이 반응에 영향을 주지 않는 기체를 넣어 압력을 증가시킨 경우 평형이 이동하지 않는다.

4. 온도
출제 2025 대비 9월 모평 11번
2025 대비 6월 모평 6, 11번

(1) 온도 변화에 따른 평형 이동: 화학 반응이 평형 상태에 있을 때 온도가 변하면 그 온도 변화를 줄이는 방향으로 평형이 이동한다.

① 온도 높임: 온도를 낮추는 방향으로 반응이 우세하게 진행되어 새로운 평형을 이룬다. ➡ 에너지를 흡수하는 반응 쪽으로 평형 이동

② 온도 낮춤: 온도를 높이는 방향으로 반응이 우세하게 진행되어 새로운 평형을 이룬다. ➡ 에너지를 방출하는 반응 쪽으로 평형 이동

예 염화 코발트(Ⅱ)($CoCl_2$) 수용액과 염화 칼슘($CaCl_2$) 수용액을 혼합하면 다음과 같이 평형을 이루고, 정반응은 흡열 반응이다.

$$[Co(H_2O)_6]^{2+}(aq) + 4Cl^-(aq) \rightleftharpoons [CoCl_4]^{2-}(aq) + 6H_2O(l)$$
붉은색   푸른색

수용액의 온도 높임	온도를 낮추는 방향으로 반응이 진행된다. ➡ 흡열 반응인 정반응이 우세하게 진행되면서 수용액의 색이 푸른색으로 변한다.
수용액의 온도 낮춤	온도를 높이는 방향으로 반응이 진행된다. ➡ 발열 반응인 역반응이 우세하게 진행되면서 수용액의 색이 붉은색으로 변한다.

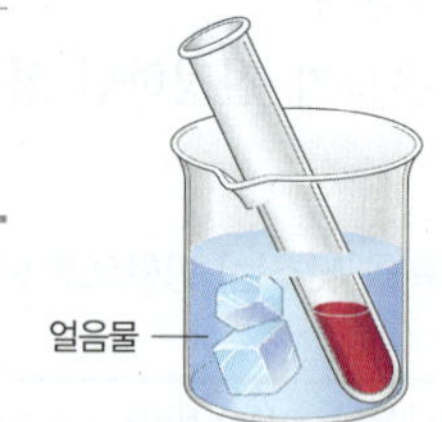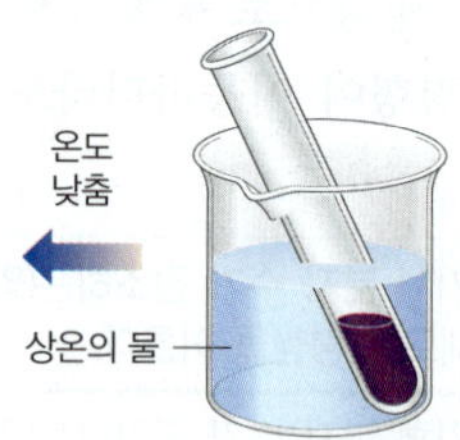

(2) 온도 변화에 따른 평형 상수(K)❸

정반응이 발열 반응인 경우	온도를 높일수록 평형 상수가 작아지고, 낮출수록 평형 상수가 커진다. ➡ 온도가 증가하면 온도를 낮추는 역반응이 우세하게 진행하여 새로운 평형을 이루기 때문이다.
정반응이 흡열 반응인 경우	온도를 높일수록 평형 상수가 커지고, 낮출수록 평형 상수가 작아진다. ➡ 온도가 증가하면 온도를 낮추는 정반응이 우세하게 진행하여 새로운 평형을 이루기 때문이다.

(3) 반응 지수(Q)와 평형 상수(K)의 비교: 온도가 일정할 때 평형 상수는 농도나 압력의 변화와 관계없이 일정하지만, 온도가 변하면 평형 상수가 달라진다. 이때 반응 지수는 새로운 평형 상수와 같아질 때까지 평형이 이동한다.

---

❶ 압력 변화에 따른 평형 이동 예
- 화학 반응식
$$N_2(g)+3H_2(g) \rightleftharpoons 2NH_3(g)$$
- 압력 감소: 전체 기체 분자 수가 증가하는 역반응 쪽으로 평형이 이동
  ➡ N_2와 H_2의 분자 수 증가, NH_3의 분자 수 감소
- 압력 증가: 전체 기체 분자 수가 감소하는 정반응 쪽으로 평형이 이동
  ➡ N_2와 H_2의 분자 수 감소, NH_3의 분자 수 증가

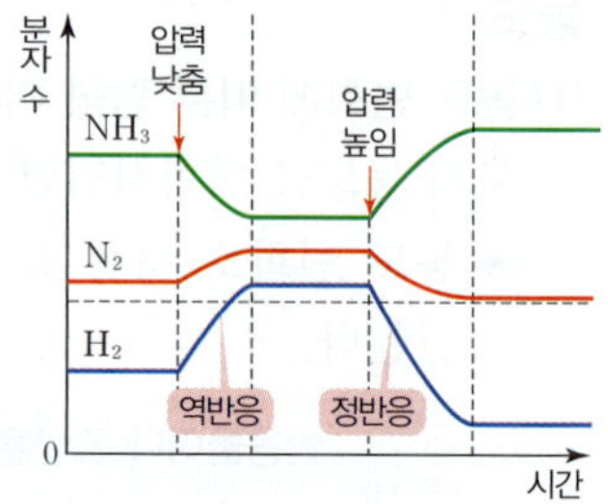

❷ 비활성 기체의 첨가 반응

기체 간의 반응이 평형 상태를 이루고 있는 부피가 일정한 용기에 비활성 기체와 같이 반응물이나 생성물에 영향을 주지 않는 기체를 첨가하여 용기 내 전체 압력을 증가시켰을 때는 반응물이나 생성물 각각의 농도가 변하지 않으므로 평형 이동에 영향을 미치지 않는다.

❸ 온도의 변화와 평형 상수

정반응이 흡열 반응인 경우 온도가 높아지면 평형 상수가 증가하고, 정반응이 발열 반응인 경우 온도가 높아지면 평형 상수가 감소한다.

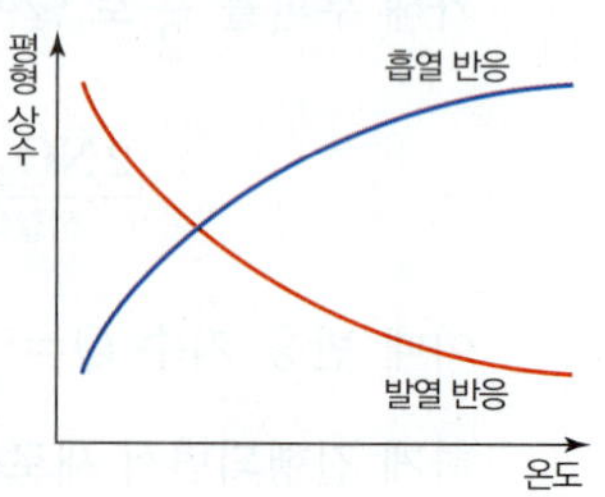

2 평형 이동 법칙

1. **평형 이동 법칙(르샤틀리에[1] 원리)**: 어떤 가역 반응의 평형 상태에서 농도, 압력, 온도 등의 변화가 일어나면 그 변화를 줄이는 방향으로 평형이 이동하여 새로운 평형에 도달한다.

2. **조건의 변화에 따른 화학 평형 이동과 평형 상수**

구분	조건	화학 평형 이동	평형 상수
농도	반응물 또는 생성물의 농도를 증가시킬 때	그 물질의 농도가 감소하는 방향	온도가 일정하므로 평형 상수는 변하지 않는다.
	반응물 또는 생성물의 농도를 감소시킬 때	그 물질의 농도가 증가하는 방향	
압력	압력을 증가시킬 때	기체 전체 압력이 감소하는 방향 ➡ 기체 전체의 분자 수가 감소하는 방향	온도가 일정하므로 평형 상수는 변하지 않는다.
	압력을 감소시킬 때	기체 전체 압력이 증가하는 방향 ➡ 기체 전체의 분자 수가 증가하는 방향	
온도	온도를 높일 때	온도를 낮추는 방향 ➡ 에너지를 흡수하는 방향	온도가 변하므로 평형 상수는 달라진다.
	온도를 낮출 때	온도를 높이는 방향 ➡ 에너지를 방출하는 방향	

3 일상생활 속의 화학 평형 이동

1. **생명 현상**

헤모글로빈의 산소 운반	산소의 농도가 높은 폐에서는 정반응이 우세하여 헤모글로빈이 산소와 결합한다. 반대로 산소의 농도가 낮은 조직 세포에서는 역반응이 우세하여 산소를 내놓는다. $Hb(aq) + 4O_2(aq) \rightleftharpoons Hb(O_2)_4(aq)$
고압 산소 치료실	산소가 혈액 속으로 더 많이 들어갈수 있어 일산화 탄소 중독을 치료할 수 있다.

2. **산업 현장** — 산업 현장에서 물질을 생산할 때는 원하는 생성물을 적은 비용으로 많이 얻을 수 있도록 반응 조건을 선택하는 것이 중요하다.

(1) **화학 평형 이동과 수득률[2]**: 산업 현장에서 생성물의 수득률을 높이는 데 화학 평형 이동이 이용된다. ➡ 가역적으로 일어나는 화학 반응에서 정반응 쪽으로 평형을 이동시키면 수득률을 높일 수 있다.

(2) **에틸렌의 생산과 수득률**

① 에틸렌의 합성 반응: $C_2H_5OH(g) \rightleftharpoons C_2H_4(g) + H_2O(g)$

② 에틸렌의 수득률을 높이는 방법: 에틸렌의 합성 반응은 흡열 반응이고, 반응 결과 기체의 분자 수가 증가한다. 따라서 에틸렌의 수득률을 높이려면 온도를 높이고 압력을 낮추는 것이 유리하다.

(3) **암모니아의 합성과 수득률**

① 평형 이동과 수득률: 산업 현장에서는 가역 반응을 정반응 쪽으로 평형 이동시켜 수득률을 증가

② 암모니아 합성 반응의 열화학 반응식

$N_2(g) + 3H_2(g) \rightleftharpoons 2NH_3(g)$ (단, 이 반응의 정반응은 발열 반응이다.)

③ 암모니아의 수득률을 높이는 방법과 문제점: 정반응이 기체의 양(mol)이 감소하는 반응이므로 압력은 증가시키고 정반응이 발열 반응이므로 온도를 낮추면 수득률 증가 ➡ 높은 압력을 견딜 수 있는 용기 제작이 어렵고 온도를 너무 낮추면 반응 속도가 느려짐

④ 하버·보슈법: 산업 현장에서는 400~600 ℃, 200~400 atm 정도의 조건에서 적절한 촉매를 사용하여 암모니아를 대량으로 합성

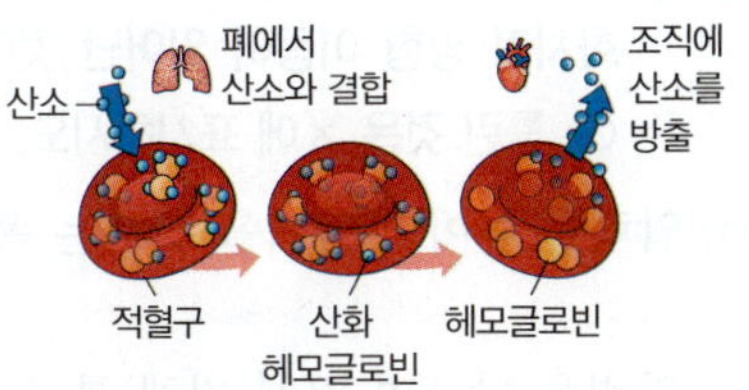

▲ 혈액이 체내에 산소를 공급하는 과정

1 평형 이동에 영향을 미치는 요인 ~ 2 평형 이동 법칙

01 다음은 평형 상수와 화학 평형 이동에 대한 설명이다. 옳지 <u>않은</u> 것을 모두 고르시오.

> ㄱ. 반응물을 첨가하면 반응 지수(Q)가 증가한다.
> ㄴ. 평형 상수는 온도에 따라서만 달라진다.
> ㄷ. 평형 상태에서 압력이 변하면 항상 평형 이동이 일어난다.
> ㄹ. 강철 용기에서 반응에 영향을 주지 않는 기체를 넣으면 기체의 양이 증가하는 방향으로 평형이 이동한다.

(1　　　　　　)

02 어떤 가역 반응이 평형 상태에 있을 때 압력 또는 온도를 변화시켜 평형 이동이 일어난 것에 대한 설명으로 옳은 것은 ○, 틀린 것은 ×에 표시하시오.

(1) 압력을 높이면 압력을 낮추는 쪽으로 평형이 이동한다.

(2 ○, ×)

(2) 압력을 낮추면 전체 기체 분자 수가 증가하는 쪽으로 평형이 이동한다.

(3 ○, ×)

(3) 온도를 높이면 발열 반응 쪽으로 평형이 이동한다.

(4 ○, ×)

(4) 온도를 낮추면 온도가 높아지는 쪽으로 평형이 이동한다.

(5 ○, ×)

03 다음 반응이 평형 상태에 있을 때 반응 용기의 조건을 변화시키면 평형이 어느 쪽으로 이동하는지 쓰시오.

(1) $A(g)+2B(g) \rightleftharpoons C(g)$

(단, 이 반응의 정반응은 흡열 반응이다.)

- 압력 감소 : (6　　　　　)
- 온도 증가 : (7　　　　　)

(2) $A(g)+B(g) \rightleftharpoons 2C(g)$

(단, 이 반응의 정반응은 발열 반응이다.)

- 압력 증가 : (8　　　　　)
- 온도 감소 : (9　　　　　)

04 다음은 기체 A와 B가 반응하여 기체 C를 생성하는 반응의 열화학 반응식이다.

> $$aA(g)+bB(g) \rightleftharpoons cC(g)$$
> ($a \sim c$: 반응 계수)

그림은 온도가 T_1, T_2일 때 압력에 따른 기체 C의 수득률을 나타낸 것이다. 빈칸에 알맞은 말을 고르시오. (단, $T_1 > T_2$이다.)

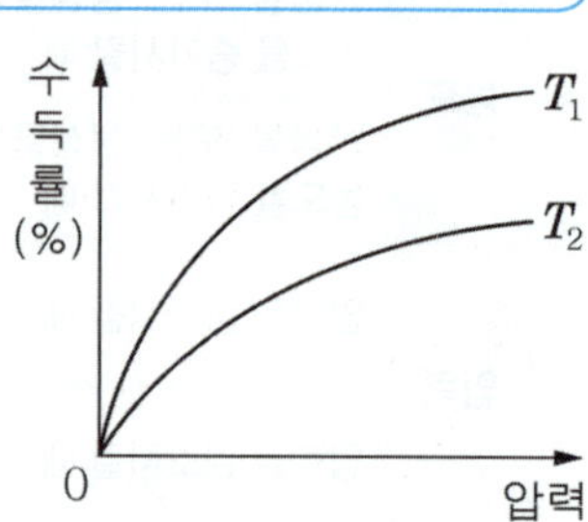

(1) $(a+b)$는 c보다 (10 크다 / 작다).
(2) 이 반응의 정반응은 (11 발열 / 흡열) 반응이다.
(3) 평형 상수는 T_1일 때가 T_2일 때보다 (12 크다 / 작다).

3 일상생활 속의 화학 평형 이동

05 다음은 $N_2(g)$와 $H_2(g)$로부터 $NH_3(g)$가 생성되는 반응의 화학 반응식이다. 이 반응의 정반응은 발열 반응이다.

> $$N_2(g)+3H_2(g) \rightleftharpoons 2NH_3(g)$$

강철 용기에서 반응이 진행될 때, 다음 조건에서 평형 이동의 방향을 예측하고 빈칸에 알맞은 기호를 쓰시오.

> ㄱ. 온도를 높인다.　　　　ㄴ. 압력을 증가시킨다.
> ㄷ. $He(g)$을 첨가한다.　　ㄹ. $N_2(g)$를 첨가한다.
> ㅁ. $H_2(g)$를 제거한다.　　ㅂ. 부피를 증가시킨다.

(1) 정반응 쪽으로 평형 이동 : (13　　　　　)
(2) 역반응 쪽으로 평형 이동 : (14　　　　　)
(3) 평형 위치 변화 없음 : (15　　　　　)

06 다음은 적혈구에 포함되어 있는 헤모글로빈(Hb)이 산소(O_2)와 결합하여 인체 내에서 산소를 운반하는 화학 반응식이다.

> $$Hb(aq)+4O_2(aq) \underset{\text{에너지 흡수}}{\overset{\text{에너지 방출}}{\rightleftharpoons}} Hb(O_2)_4(aq)$$

체온이 높아지면 화학 평형이 정반응과 역반응 중 어느 방향으로 이동하는지 쓰시오.

(16　　　　　)

✦ 정답 – 문제편 **213p**

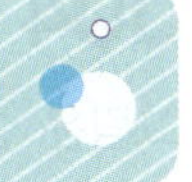

1 평형 이동에 영향을 미치는 요인 ~ 2 평형 이동 법칙

J01 ★★★❀　　2025 대비 6월 모평 6 / 화학 Ⅱ 변형

다음은 A(g)와 B(g)가 반응하여 C(g)가 생성되는 반응의 열화학 반응식과 농도로 정의되는 평형 상수(K)이다. 이 반응의 정반응은 발열 반응이다.

$$A(g) + B(g) \rightleftharpoons C(g) \quad K$$

그림은 초기 조건이 서로 다른 3개의 강철 용기에서 반응이 각각 진행되었을 때 도달한 평형 (가)~(다)에서의 [B]와 [C]를 나타낸 것이다. (가)와 (나)에서 온도는 T_1이고, (다)에서 온도는 T_2이며, $T_1 < T_2$이다.

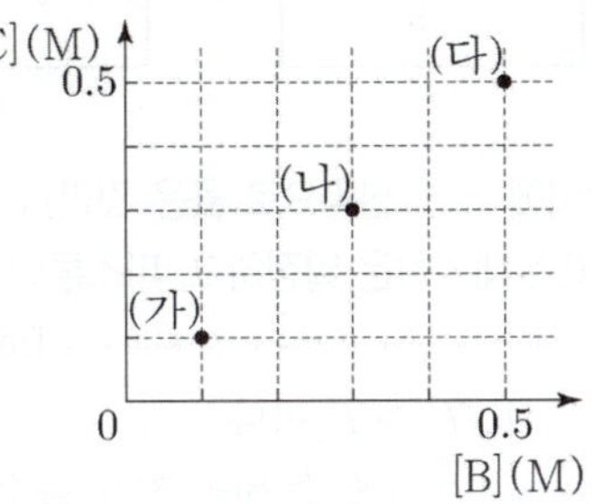

(가)~(다)에서 [A]를 비교한 것으로 옳은 것은?

① (가)<(나)<(다)
② (가)=(나)<(다)
③ (가)=(다)<(나)
④ (가)=(나)>(다)
⑤ (가)=(나)=(다)

J02 ★★★❀　　2020 대비 수능 11 / 화학 Ⅱ

다음은 A(g)와 B(g)가 반응하여 C(g)가 생성되는 반응의 화학 반응식과 농도로 정의되는 평형 상수(K)이다.

$$A(g) + 2B(g) \rightleftharpoons C(g) \quad K$$

그림은 강철 용기에서 이 반응이 평형에 도달한 상태를 나타낸 것이다. T K에서 $K=1$이다. 이에 대한 설명으로 옳은 것만을 〈보기〉에서 있는 대로 고른 것은? (단, 온도는 일정하다.) (3점)

A(g) 1몰
B(g) 2몰
C(g) x몰
T K 1 L

─────[보기]─────

ㄱ. $x=2$이다.

ㄴ. He(g) 1몰을 첨가하면 B의 몰농도는 2 M보다 작아진다.

ㄷ. A(g) 1몰과 C(g) 3몰을 추가하여 도달한 평형 상태에서 A의 양은 2몰보다 작다.

① ㄱ　② ㄷ　③ ㄱ, ㄴ　④ ㄱ, ㄷ　⑤ ㄴ, ㄷ

J03 ★★★❀　　2025 대비 6월 모평 11 / 화학 Ⅱ 변형

다음은 NO$_2$(g)와 N$_2$O$_4$(g)의 평형에 대한 실험이다. 이 반응의 정반응은 발열 반응이다.

〈열화학 반응식〉

$$2NO_2(g) \rightleftharpoons N_2O_4(g)$$

〈실험 과정 및 결과〉

(가) 실린더에 NO$_2$(g) n mol을 넣고 반응이 진행되었을 때, 그림과 같은 평형 상태 Ⅰ에 도달하였다.

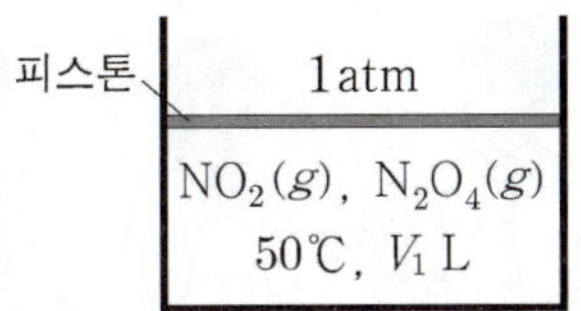

(나) Ⅰ에서 온도를 내려 새로운 평형 상태 Ⅱ에 도달하였을 때, 실린더 속 기체의 온도와 부피는 각각 25 ℃와 V_2 L이었다.

(다) Ⅱ의 온도를 유지하면서 실린더에 25 ℃의 He(g) 0.1n mol을 넣었을 때, [㉠]이 우세하게 진행되어 25 ℃의 새로운 평형 상태 Ⅲ에 도달하였다.

다음 중 ㉠과, V_1과 V_2의 크기 비교(㉡)로 가장 적절한 것은? (단, 외부 압력은 1 atm으로 일정하고, 피스톤의 질량과 마찰은 무시한다.) (3점)

	㉠	㉡		㉠	㉡
①	정반응	$V_1 > V_2$	②	정반응	$V_1 < V_2$
③	역반응	$V_1 > V_2$	④	역반응	$V_1 = V_2$
⑤	역반응	$V_1 < V_2$			

J04 ✿✿✿

그림은 온도 T에서 실린더 (가)와 (나)에서 각각 $X(g) \rightleftharpoons 2Y(g)$ 반응이 평형에 도달한 상태를 나타낸 것이다. 온도 T에서 이 반응의 농도로 정의되는 평형 상수 (K)는 a이다.

다음은 그림에 대한 선생님의 질문과 세 학생의 답변이다.

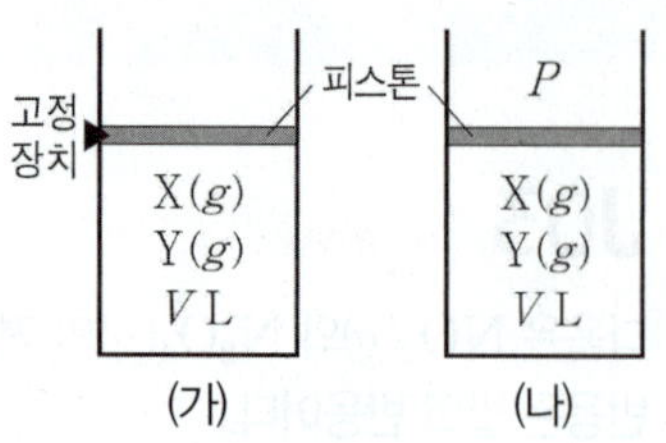

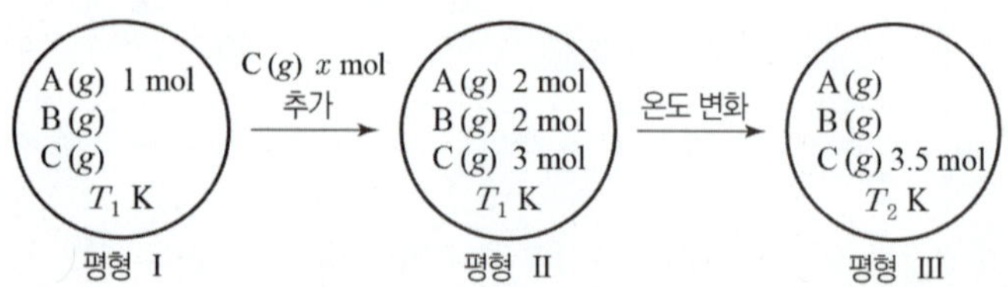

답변한 내용이 옳은 학생만을 있는 대로 고른 것은? (단, 온도와 외부 압력은 각각 T와 P로 일정하고, 피스톤의 질량과 마찰은 무시한다.) (3점)

① A ② C ③ A, B ④ B, C ⑤ A, B, C

J05 ✿✿✿

다음은 $A(g)$로부터 $B(g)$와 $C(g)$가 생성되는 반응의 열화학 반응식과 농도로 정의되는 평형 상수(K)이다. 이 반응의 정반응은 흡열 반응이다.

$$A(g) \rightleftharpoons B(g) + C(g) \qquad K$$

그림은 1 L 강철 용기에서 $A(g)$, $B(g)$, $C(g)$가 들어 있는 평형 Ⅰ과, 각각 순차적으로 조건을 변화시켜 도달한 새로운 평형 Ⅱ와 Ⅲ을 나타낸 것이다.

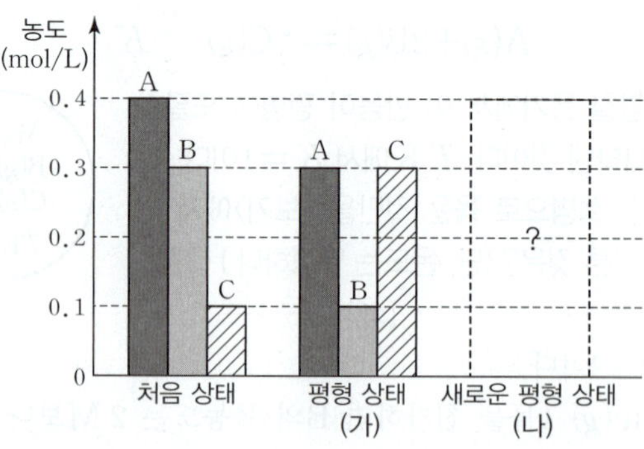

이에 대한 설명으로 옳은 것만을 〈보기〉에서 있는 대로 고른 것은?

[보기]

ㄱ. $x=3$이다.
ㄴ. Ⅰ에서 Ⅱ에 도달하기 전까지 역반응이 우세하게 진행된다.
ㄷ. $T_1 < T_2$이다.

① ㄱ ② ㄷ ③ ㄱ, ㄴ ④ ㄴ, ㄷ ⑤ ㄱ, ㄴ, ㄷ

J06 ✿✿✿

다음은 $A(g)$가 분해되어 $B(g)$와 $C(g)$가 생성되는 반응의 열화학 반응식이다. 이 반응의 정반응은 흡열 반응이다.

$$2A(g) \rightleftharpoons 2B(g) + C(g)$$

그림은 실린더 속 $A(g) \sim C(g)$의 평형 상태(Ⅰ), Ⅰ에서 온도를 변화시킨 후 도달한 평형 상태(Ⅱ), Ⅱ에서 피스톤을 고정시키고 $He(g)$을 첨가한 후 도달한 평형 상태(Ⅲ)를 각각 나타낸 것이다.

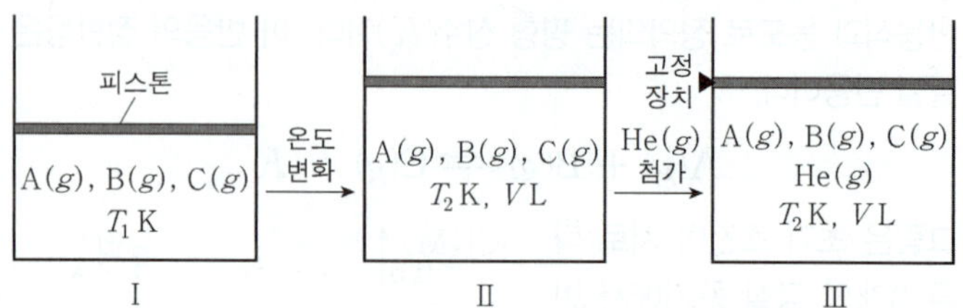

이에 대한 설명으로 옳은 것만을 〈보기〉에서 있는 대로 고른 것은? (단, 대기압은 일정하고, 피스톤의 질량과 마찰은 무시한다.)

[보기]

ㄱ. $T_2 > T_1$이다.
ㄴ. A의 몰수 비율(전체 몰수 중에서 차지하는 비율)은 Ⅲ에서가 Ⅱ에서보다 크다.
ㄷ. Ⅱ에서 온도를 T_2 K로 유지하며 피스톤 위에 추를 올리면 B의 질량은 감소한다.

① ㄱ ② ㄷ ③ ㄱ, ㄴ ④ ㄱ, ㄷ ⑤ ㄴ, ㄷ

J07 ✿✿✿

그림은 기체 A와 B가 반응하여 기체 C가 생성되는 반응의 처음 상태와 평형 상태를 나타낸 것이다. 평형 상태 (가)에서 온도를 증가시켜 새로운 평형 상태 (나)에 도달하였을 때, A의 농도가 0.35 mol/L가 되었다.

이에 대한 설명으로 옳은 것만을 〈보기〉에서 있는 대로 고른 것은? (3점)

[보기]

ㄱ. 이 반응의 정반응은 흡열 반응이다.
ㄴ. (가)의 평형 상수가 (나)의 평형 상수보다 크다.
ㄷ. (나)에서 B와 C의 농도 비는 2 : 1이다.

① ㄱ ② ㄴ ③ ㄷ ④ ㄱ, ㄴ ⑤ ㄴ, ㄷ

J08 ★★★❀

다음은 $A(g)$와 $B(g)$가 반응하여 $C(g)$가 생성되는 반응의 화학 반응식이다.

$$aA(g)+bB(g) \rightleftharpoons 2C(g) \quad (a, b : \text{반응 계수})$$

그림은 실린더에 들어 있는 혼합 기체의 초기 상태를 나타낸 것이다.

표는 초기 상태에서 온도를 낮추어 도달한 평형 상태(Ⅰ)와, Ⅰ에 $B(g)$ x몰을 추가하여 도달한 새로운 평형 상태(Ⅱ)에 대한 자료이다.

피스톤
$A(g)$ 1몰 $B(g)$ 2몰 $C(g)$ 3몰 T K V L

Ⅰ에서 $C(g)$의 양은 1몰이고, Ⅱ에서 $A(g)$의 양은 $\dfrac{5}{3}$몰이다.

평형 상태	Ⅰ	Ⅱ
온도(K)	$\dfrac{T}{2}$	$\dfrac{T}{2}$
혼합 기체의 부피(L)	$\dfrac{V}{2}$	

x는? (단, 외부 압력은 일정하고, 피스톤의 질량과 마찰은 무시한다.) (3점)

① 10　　② $\dfrac{22}{3}$　　③ 4　　④ $\dfrac{11}{3}$　　⑤ $\dfrac{5}{3}$

J09 ★★★❀

다음은 기체 A가 반응하여 기체 B가 생성되는 반응의 열화학 반응식이다. 이 반응의 정반응은 흡열 반응이다.

$$aA(g) \rightleftharpoons bB(g) \quad (a, b\text{는 반응 계수})$$

표는 온도 T_1과 T_2에서 각각 1 L의 강철 용기에 1.0몰의 기체 A를 넣고 반응시켜 평형 상태에 도달했을 때 A와 B의 몰농도(M)를 나타낸 것이다.

온도	A의 농도(M)	B의 농도(M)
T_1	0.6	0.8
T_2	0.8	—

이에 대한 설명으로 옳은 것만을 〈보기〉에서 있는 대로 고른 것은?

[보기]
ㄱ. 온도는 $T_1 > T_2$이다.
ㄴ. T_2에서 평형 상수(K)는 0.2이다.
ㄷ. T_2의 평형 상태에서 A와 B를 1몰씩 첨가하면 평형은 역반응 쪽으로 이동한다.

① ㄱ　　② ㄷ　　③ ㄱ, ㄴ　　④ ㄴ, ㄷ　　⑤ ㄱ, ㄴ, ㄷ

J10 ★★★❀

다음은 기체 A와 B가 반응하여 기체 C가 생성되는 반응의 열화학 반응식이다.

$$aA(g)+bB(g) \rightleftharpoons cC(g) \quad (a\sim c\text{는 반응 계수이다.})$$

표는 반응 조건을 달리하여 $A(g)$와 $B(g)$를 각각 1몰씩 반응 용기에 넣고 반응시켜 평형에 도달하였을 때, $C(g)$의 양(mol)을 나타낸 것이다. 온도 T_2는 T_1보다 높다.

실험	반응 조건		평형 상태
	온도(K)	용기의 부피(L)	C의 양(mol)
Ⅰ	T_1	1	0.55
Ⅱ	T_2	1	0.50
Ⅲ	T_2	2	0.42

이에 대한 옳은 설명만을 〈보기〉에서 있는 대로 고른 것은?

[보기]
ㄱ. 평형 상수는 실험 Ⅱ가 실험 Ⅰ보다 크다.
ㄴ. $a+b$는 c보다 크다.
ㄷ. 실험 Ⅲ에서 정촉매를 사용하면 평형 상태에서 C의 양(mol)은 0.42몰보다 커진다.

① ㄱ　　② ㄴ　　③ ㄱ, ㄷ　　④ ㄴ, ㄷ　　⑤ ㄱ, ㄴ, ㄷ

J11 ★★★

다음은 기체 A와 B가 반응하여 기체 C를 생성하는 화학 반응식이다.

$$2A(g)+B(g) \rightleftharpoons 2C(g)$$

표는 강철 용기에 기체 A와 B를 넣고 반응이 평형 (가)에 도달한 후, 온도를 높여 새로운 평형 (나)에 도달했을 때 농도를 나타낸 것이다.

평형	온도(K)	농도(몰/L)		
		A	B	C
(가)	T	2	1	3
(나)	$2T$	㉠	2	—

이에 대한 설명으로 옳은 것만을 〈보기〉에서 있는 대로 고른 것은?

[보기]
ㄱ. ㉠은 4이다.
ㄴ. 이 반응의 정반응은 흡열 반응이다.
ㄷ. 평형 상수(K)는 (가)가 (나)보다 크다.

① ㄱ　　② ㄴ　　③ ㄱ, ㄷ　　④ ㄴ, ㄷ　　⑤ ㄱ, ㄴ, ㄷ

J12 ✲✲✲

다음은 $A(g)$로부터 $B(g)$와 $C(g)$가 생성되는 반응의 화학 반응식과 온도 T에서 농도로 정의되는 평형 상수(K)이다.

$$A(g) \rightleftharpoons B(g) + C(g) \qquad K$$

표는 강철 용기 (가)와 (나)에서 이 반응이 일어날 때, 초기 농도와 평형 상태에 대한 자료이다.

강철 용기	초기 농도(M)			평형 상태에서 $C(g)$의 몰수 비율
	[A]	[B]	[C]	
(가)	4	0	0	$\dfrac{1}{6}$
(나)	2	2	2	x

이에 대한 옳은 설명만을 〈보기〉에서 있는 대로 고른 것은? (단, 온도는 T로 일정하다.) (3점)

──────[보기]──────
ㄱ. (가)에서 평형에 도달했을 때 $[A] = 3\,M$이다.
ㄴ. $K = \dfrac{1}{5}$이다.
ㄷ. $x > \dfrac{1}{3}$이다.

① ㄱ　② ㄴ　③ ㄷ　④ ㄱ, ㄴ　⑤ ㄴ, ㄷ

J14 ✲✲✲

다음은 $A(g)$로부터 $B(g)$와 $C(g)$가 생성되는 반응의 화학 반응식과 온도 T에서 농도로 정의되는 평형 상수(K)이다.

$$2A(g) \rightleftharpoons B(g) + C(g) \qquad K$$

그림은 온도 T에서 콕으로 분리된 두 강철 용기 Ⅰ과 Ⅱ에 혼합 기체와 $B(g)$가 각각 들어 있는 상태를 나타낸 것이다. 용기 Ⅰ에서 혼합 기체는 평형 상태에 있다.

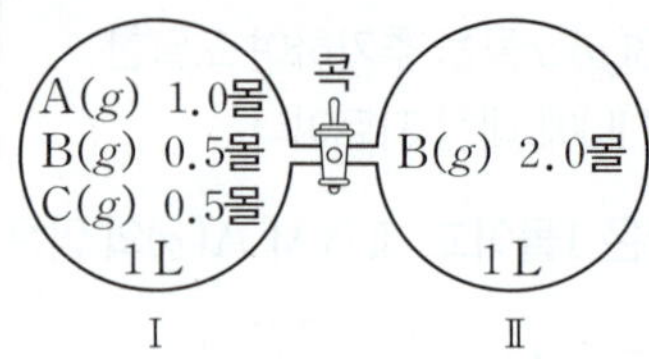

콕을 열어 반응시킬 때, 이에 대한 설명으로 옳은 것만을 〈보기〉에서 있는 대로 고른 것은? (단, 온도는 T로 일정하고, 연결관의 부피는 무시한다.) (3점)

──────[보기]──────
ㄱ. $K = \dfrac{1}{4}$이다.
ㄴ. 반응 초기에 역반응 쪽으로 반응이 진행된다.
ㄷ. 새로운 평형 상태에서 $B(g)$의 몰수 비율은 $\dfrac{1}{2}$이다.

① ㄱ　② ㄷ　③ ㄱ, ㄴ　④ ㄴ, ㄷ　⑤ ㄱ, ㄴ, ㄷ

J13 ✲✲✲

다음은 $A(g)$와 $B(g)$가 반응하여 $C(g)$를 생성하는 반응의 열화학 반응식이다. (단, 이 반응의 정반응은 발열 반응이다.)

$$A(g) + B(g) \rightleftharpoons 2C(g)$$

그림은 $T_1\,K$에서 강철 용기에 $A(g)$와 $B(g)$를 같은 양(mol)으로 넣고 도달한 평형 Ⅰ과, 평형 Ⅰ에서 순차적으로 조건을 달리하여 새롭게 도달한 평형 Ⅱ, Ⅲ을 나타낸 것이다. X_A는 A의 몰수 비율이다.

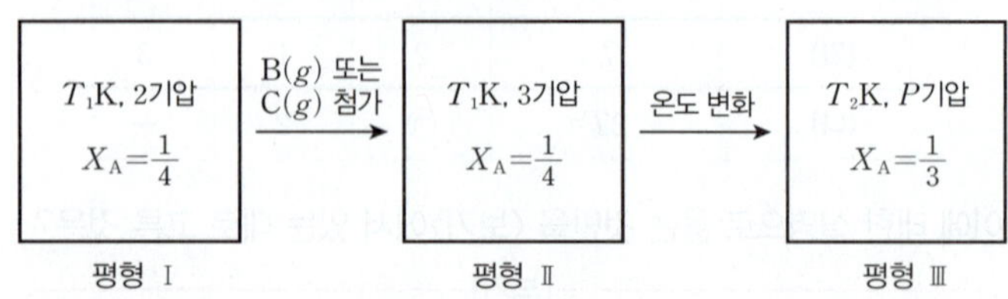

이에 대한 옳은 설명만을 〈보기〉에서 있는 대로 고른 것은? (3점)

──────[보기]──────
ㄱ. 평형 Ⅰ에서 $C(g)$를 넣었다.
ㄴ. $B(g)$의 양(mol)은 평형 Ⅱ에서가 평형 Ⅰ에서보다 크다.
ㄷ. $P < 3$이다.

① ㄱ　② ㄷ　③ ㄱ, ㄴ　④ ㄴ, ㄷ　⑤ ㄱ, ㄴ, ㄷ

J15 ✲✲✲

다음은 $T\,K$에서 기체 A와 B가 반응하여 기체 C가 생성되는 열화학 반응식이다.

$$A(g) + B(g) \rightleftharpoons C(g)$$

그림 (가)는 $T\,K$일 때 부피가 1 L인 강철 용기에서 이 반응이 평형에 도달한 상태를, (나)는 (가)에 B 0.2몰을 추가하여 새로운 평형에 도달한 상태를, (다)는 (나)에서 온도를 높여 새로운 평형에 도달한 상태를 나타낸 것이다.

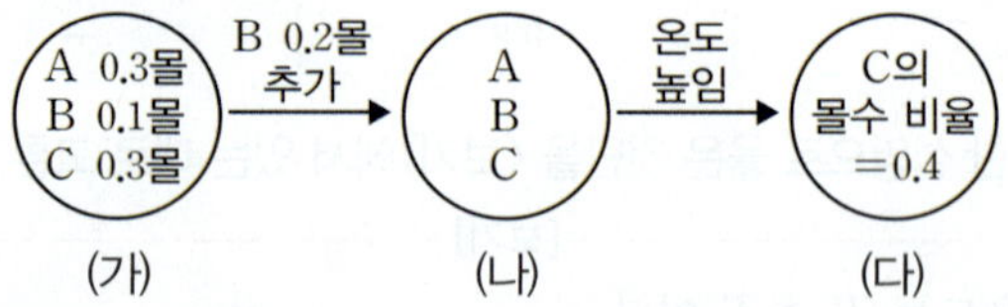

이에 대한 옳은 설명만을 〈보기〉에서 있는 고른 것은? (단, (가)와 (나)의 온도는 같다.) (3점)

──────[보기]──────
ㄱ. (나)에서 평형 상수(K)는 10이다.
ㄴ. A의 양(mol)은 (가) : (나) = 12 : 7이다.
ㄷ. 이 반응의 정반응은 발열 반응이다.

① ㄱ　② ㄴ　③ ㄱ, ㄷ　④ ㄴ, ㄷ　⑤ ㄱ, ㄴ, ㄷ

J16

다음은 기체 X와 Y의 열화학 반응식이다.

$$aX(g) \rightleftarrows bY(g) \quad (a, b: \text{반응 계수})$$

그림은 일정한 부피의 용기에서 X와 Y 혼합 기체의 총 양(mol)을 시간에 따라 나타낸 것이다.

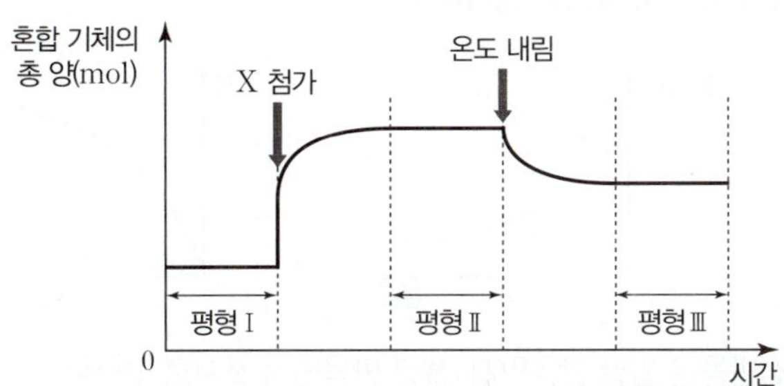

이에 대한 설명으로 옳은 것만을 〈보기〉에서 있는 대로 고른 것은? (단, 평형 Ⅰ과 Ⅱ에서 온도는 같다.)

[보기]
ㄱ. 이 반응의 정반응은 흡열 반응이다.
ㄴ. 평형 상수(K)는 평형 Ⅱ에서가 Ⅰ에서보다 크다.
ㄷ. 일정한 온도에서 용기의 부피를 줄이면 X의 몰수 비율 (전체 몰수 중에서 차지하는 비율)이 증가한다.

① ㄱ   ② ㄷ   ③ ㄱ, ㄴ   ④ ㄱ, ㄷ   ⑤ ㄴ, ㄷ

J17

✷✷✷✤   수능 대비 기출 변형

다음은 온도 T_1, 1기압에서 이산화 질소(NO_2)가 생성되는 열화학 반응식이다. 이 반응의 정반응은 발열 반응이다.

$$2NO(g) + O_2(g) \rightleftarrows 2NO_2(g)$$

그림 (가)는 T_1, 1기압에서 이 반응이 평형에 도달한 상태를, (나)는 헬륨(He)을 첨가한 후 평형에 도달한 상태를, (다)는 온도를 T_2로 올려 평형에 도달한 상태를 나타낸 것이다.

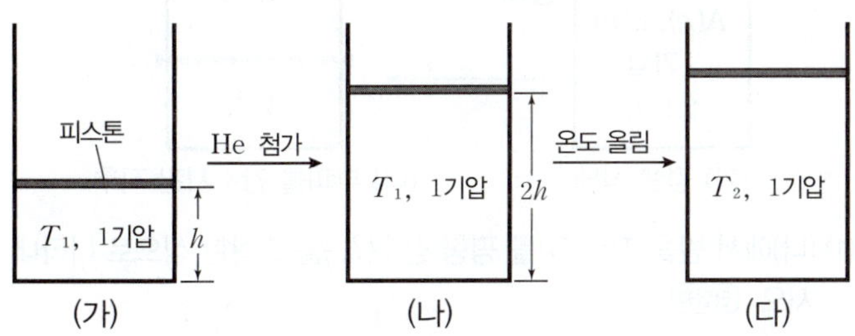

이에 대한 설명으로 옳은 것만을 〈보기〉에서 있는 대로 고른 것은? (단, 피스톤의 질량과 마찰은 무시한다.)

[보기]
ㄱ. (가)에서 (나)로 갈 때 $O_2(g)$의 양(mol)은 증가한다.
ㄴ. 첨가한 He의 양(mol)은 (가)의 기체의 전체 양(mol)과 같다.
ㄷ. 평형 상수는 (다)가 (가)보다 크다.

① ㄱ   ② ㄴ   ③ ㄱ, ㄷ   ④ ㄴ, ㄷ   ⑤ ㄱ, ㄴ, ㄷ

J18

✷✷✷✤   수능 대비 기출 변형

다음은 A가 B를 생성하는 열화학 반응식과 평형 상수(K)이다.

$$aA(g) \rightleftarrows bB(g) \quad K \ (a, b : \text{반응 계수})$$

그림 (가)는 실린더에서 $A(g)$와 $B(g)$가 평형에 도달한 것을, (나)와 (다)는 부피와 온도(T)를 단계적으로 변화시켜 각각 평형에 도달한 것을 나타낸 것이다. P_B는 $B(g)$의 부분 압력이다.

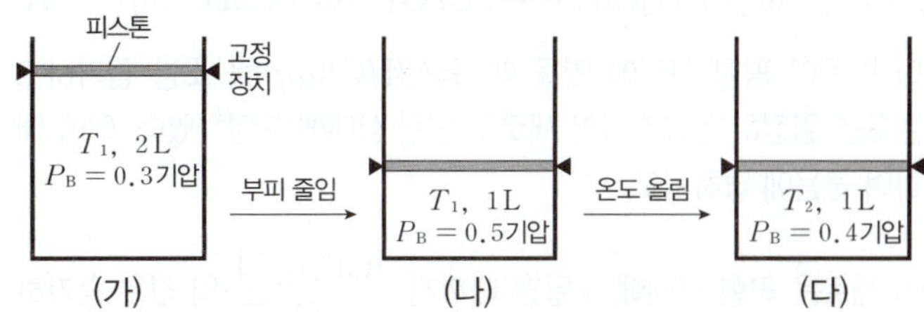

이에 대한 설명으로 옳은 것만을 〈보기〉에서 있는 대로 고른 것은? (3점)

[보기]
ㄱ. $a < b$이다.
ㄴ. 이 반응의 정반응은 발열 반응이다.
ㄷ. K는 (다)에서가 (나)에서보다 크다.

① ㄱ   ② ㄷ   ③ ㄱ, ㄴ   ④ ㄴ, ㄷ   ⑤ ㄱ, ㄴ, ㄷ

3 일상생활 속의 화학 평형 이동

J19

✷✷✷✤   수능 대비 기출 변형

다음은 인체 내에서 일어나는 화학 평형에 대한 자료이다.

> 적혈구에 포함되어 있는 헤모글로빈(Hb)은 수소 이온, 산소와 가역적으로 결합하여 인체 내에서 산소를 운반한다. 이것을 다음과 같이 화학 평형 반응식으로 나타낼 수 있다. 이 반응의 정반응은 발열 반응이다.
>
> $$HbH^+ + O_2 \rightleftarrows HbO_2 + H^+$$

이 반응에 대한 설명으로 옳은 것만을 〈보기〉에서 있는 대로 고른 것은?

[보기]
ㄱ. 체온이 올라가면 HbO_2의 농도가 감소한다.
ㄴ. 혈액의 pH가 감소하면 역반응이 우세하게 진행된다.
ㄷ. 혈액의 O_2 농도가 감소하면 정반응이 우세하게 진행된다.

① ㄱ   ② ㄷ   ③ ㄱ, ㄴ   ④ ㄴ, ㄷ   ⑤ ㄱ, ㄴ, ㄷ

J20 ✱✱❀

다음은 다이크로뮴산 이온($Cr_2O_7^{2-}$)과 크로뮴산 이온(CrO_4^{2-})이 평형을 이루는 반응의 화학 반응식과 평형 상수(K)이다.

$$Cr_2O_7^{2-}(aq)+H_2O(l) \rightleftharpoons 2CrO_4^{2-}(aq)+2H^+(aq) \qquad K$$

이 반응이 평형 상태에 있을 때, 염산($HCl(aq)$)을 소량 첨가하고 온도를 일정하게 유지하여 새로운 평형 상태에 도달하였다. 이에 대하여 물음에 답하시오.

(1) 새로운 평형 상태에 도달할 때까지 $\dfrac{[CrO_4^{2-}]}{[Cr_2O_7^{2-}]}$의 값은 증가하는지, 감소하는지 쓰시오. (단답형)

(2) 새로운 평형 상태에서의 평형 상수는 처음 평형 상수(K)와 같은지, 다른지 쓰고 그 까닭을 서술하시오. (서술형)

J21 ✱✱✱❀

다음은 A(g)와 B(g)가 반응하여 C(g)가 생성되는 반응의 화학 반응식과 평형 상수(K)이다.

$$aA(g)+bB(g) \rightleftharpoons cC(g) \qquad K \ (a \sim c는 반응 계수)$$

그림은 강철 용기에서 이 반응이 평형 상태 (가)에 있을 때 시간 t에서 온도를 높여 새로운 평형 상태 (나)에 도달한 후까지 시간에 따른 농도를 나타낸 것이다. 물음에 답하시오.

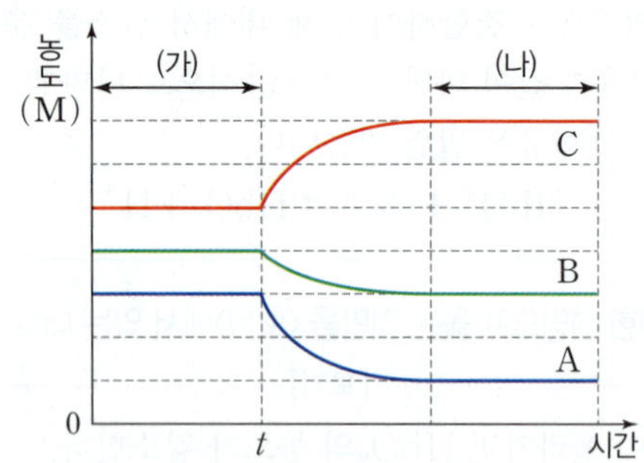

(1) (가)와 (나)에서의 평형 상수 $K_{(가)}$와 $K_{(나)}$의 크기 비교를 부등호를 써서 나타내시오. (단답형)

(2) 이 반응의 정반응은 발열 반응인지 흡열 반응인지 그 까닭과 함께 서술하시오. (서술형)

J22 ✱✱❀

다음은 A(g)가 반응하여 B(g)가 생성되는 반응의 화학 반응식과 평형 상수(K)이다.

$$aA(g) \rightleftharpoons bB(g) \qquad K \ (a, b는 반응 계수)$$

그림은 온도에 따른 평형 상수와 압력에 따른 생성물 B의 몰농도를 나타낸 것이다. 물음에 답하시오.

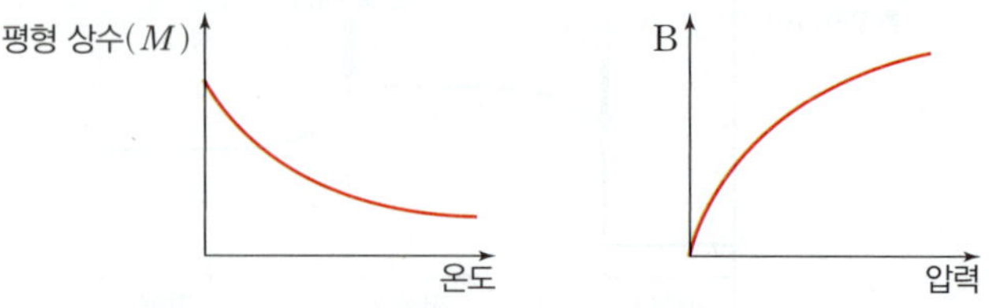

(1) 정반응은 발열 반응인지, 흡열 반응인지 쓰시오. (단답형)

(2) 반응 계수 a와 b 중 어느 것이 큰 값인지 부등호로 표시하고 그 까닭을 서술하시오. (서술형)

J23 ✱✱❀

다음은 A(g)가 분해되어 B(g)가 생성되는 반응의 화학 반응식과 평형 상수(K)이다.

$$A(g) \rightleftharpoons 2B(g) \qquad K$$

그림 (가)는 부피가 $2V$ L인 실린더에서 A(g)와 B(g)가 평형 상태에 있는 것을, (나)는 부피를 V L로 감소시킨 직후의 상태를 나타낸 것이다. 이 과정에서 온도의 변화는 없다. 물음에 답하시오.

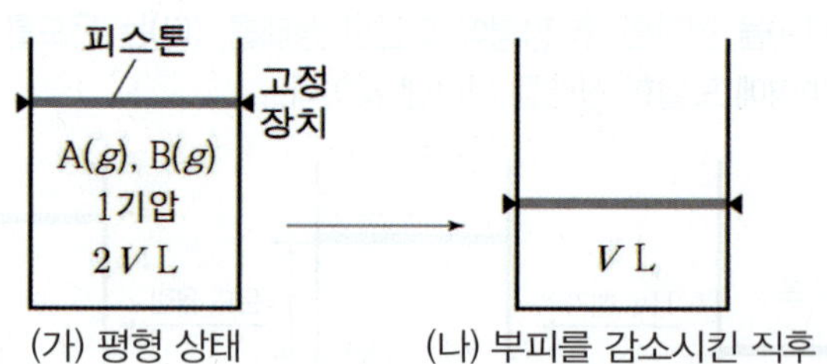

(1) (나)에서 반응 지수(Q)를 평형 상수(K)를 포함한 식으로 나타내시오. (단답형)

(2) '(나)에서 새로운 평형 상태에 도달했을 때 실린더 내 압력은 2기압이다'라는 진술은 참인지 거짓인지, 그 까닭과 함께 서술하시오. (서술형)

- 이 유형은 온도 변화에 따른 반응물의 몰수 비율(전체 몰수 중에서 차지하는 비율) 변화를 통해 정반응이 발열 또는 흡열 반응이 우세한지를 구하는 형태로 주로 출제된다.

다음은 $A(g)$로부터 $B(g)$와 $C(g)$가 생성되는 반응의 열화학 반응식과 농도로 정의되는 평형 상수(K)이다.

2026 대비 6월 모평 10 / 화학 Ⅱ 변형

$$2A(g) \rightleftharpoons B(g) + C(g) \qquad K$$

표는 T_1 K에서 강철 용기에 $A(g)$ n mol을 넣은 초기 상태에서 반응이 진행되어 도달한 평형 상태 Ⅰ과, Ⅰ에서 온도를 T_2 K로 낮춰 도달한 새로운 평형 상태 Ⅱ에 대한 자료이다.

평형 상태	온도(K)	전체 기체의 압력(atm)	$A(g)$의 몰수 비율
Ⅰ	T_1	P_1	$\dfrac{2}{5}$
Ⅱ	T_2	P_2	$\dfrac{1}{4}$

이에 대한 설명으로 옳은 것만을 〈보기〉에서 있는 대로 고른 것은? (3점)

[보기]

ㄱ. 이 반응의 정반응은 흡열 반응이다.
ㄴ. $P_1 > P_2$이다.
ㄷ. $\dfrac{T_1 \text{K에서의 } K}{T_2 \text{K에서의 } K} = \dfrac{1}{4}$이다.

① ㄴ   ② ㄷ   ③ ㄱ, ㄴ   ④ ㄱ, ㄷ   ⑤ ㄴ, ㄷ

단서＋발상

단서 열화학 반응식과 평형 상수, 조건의 변화에 따른 새로운 평형 상태에 대한 자료가 제시되어 있다.

발상 반응물의 몰수 비율을 통해 평형 이동 방향을 추론할 수 있다.

해결 반응물의 몰수 비율을 통해 평형 이동 방향을 판단하는 것부터 문제 풀이를 시작해야 한다.

|문제＋자료 분석|

step 1 **온도 변화에 따른 평형 이동을 파악한다.**

- 평형 상태 Ⅰ에서 온도를 낮춰($T_1 > T_2$) 새로운 평형 상태 Ⅱ에 도달했을 때 반응물 $A(g)$의 몰수 비율이 [1]했다.
- 평형 상태에서 온도를 낮추면 정반응이 우세하게 진행되어 평형에 도달한다. 따라서 정반응은 [2] 반응이다.

step 2 **평형 상태에 따른 전체 기체의 압력을 비교한다.**

- 제시된 화학 반응식에서 반응물의 계수와 생성물의 계수 합이 같으므로 평형 이동이 일어나도 전체 기체의 양(mol)은 일정하게 유지된다.
- 전체 기체의 양(mol)이 일정하고, 강철 용기라 부피도 일정하므로 $P \propto T$에 비례한다. 따라서 $T_1 > T_2$이므로 P_1은 P_2보다 [3].

step 3 **각 온도에서의 평형 상수를 구한다.**

- 전체 기체의 양(mol)은 n mol로 일정하고, $B(g)$와 $C(g)$의 양(mol)은 서로 같다. A ~ C의 관계는 다음과 같다.

평형 상태	$A(g)$		$B(g), C(g)$	
	몰수 비율	양(mol)	몰수 비율	양(mol)
Ⅰ	$\dfrac{2}{5}$	$\dfrac{2}{5}n$	$\dfrac{3}{10}$	$\dfrac{3}{10}n$
Ⅱ	$\dfrac{1}{4}$	$\dfrac{1}{4}n$	$\dfrac{3}{8}$	$\dfrac{3}{8}n$

- Ⅰ과 Ⅱ에서 전체 기체의 부피를 V L라고 할 때, T_1과 T_2에서 평형 상수를 구하면 다음과 같다.

$$T_1 \text{K에서의 } K = \frac{\left(\dfrac{3n}{10V}\right)^2}{\left(\dfrac{2n}{5V}\right)^2} = \boxed{4}$$

$$T_2 \text{K에서의 } K = \frac{\left(\dfrac{3n}{8V}\right)^2}{\left(\dfrac{n}{4V}\right)^2} = \boxed{5}$$

|보기 분석|

ㄱ. 이 반응의 정반응은 흡열 반응이다.

- 온도를 낮추면 반응물 $A(g)$의 몰수 비율(전체 몰수 중에서 차지하는 비율)이 감소하는 정반응이 우세하게 진행되어 평형에 도달한다. 따라서 정반응은 발열 반응다.

ㄴ. $P_1 > P_2$이다.

- 전체 기체의 양(mol)이 일정하고, 강철 용기라 부피가 일정하므로 $P \propto T$이다. 따라서 $T_1 > T_2$이므로 $P_1 > P_2$이다.

ㄷ. $\dfrac{T_1\,K\text{에서의 } K}{T_2\,K\text{에서의 } K} = \dfrac{1}{4}$이다.

- T_1 K에서의 $K = \dfrac{9}{16}$이고 T_2 K에서의 $K = \dfrac{9}{4}$이므로

$$\frac{T_1 \text{K에서의 } K}{T_2 \text{K에서의 } K} = \frac{1}{4}\text{이다.}$$

∴ 정답은 ⑤ ㄴ, ㄷ이다.

✅ 이 유형을 대비하기 위해서는 온도 변화에 따른 평형 이동을 파악하고 화학 반응식에서 반응물과 생성물의 계수를 이용하여 평형 이동이 일어날 때 전체 기체의 몰수 비율(전체 몰수 중에서 차지하는 비율)과 양(mol)을 구할 수 있어야 한다.

[정답] 1 감소 2 발열 3 크다 4 $\dfrac{9}{16}$ 5 $\dfrac{9}{4}$

J24　★1등급 대비　2025 실시 5월 학평 19 / 화학 Ⅱ 변형

다음은 $A(g)$와 $B(g)$가 반응하여 $C(g)$가 생성되는 반응의 열화학 반응식과 농도로 정의되는 평형 상수(K)이다. a는 반응 계수이다. 이 반응의 정반응은 발열 반응이다.

$$aA(g) + B(g) \rightleftharpoons C(g) \qquad K$$

표는 실린더에 $A(g) \sim C(g)$가 들어 있는 초기 상태에 대한 자료이다. T_1 K에서 K는 5이고, Q는 반응 지수이다.

초기 상태	온도(K)	기체의 양(mol)(상댓값)			Q
		$A(g)$	$B(g)$	$C(g)$	
Ⅰ	T_1	1	1	1	6
Ⅱ	T_1	2	1	1	4
Ⅲ	T_2	1	1	1	5

이에 대한 설명으로 옳은 것만을 〈보기〉에서 있는 대로 고른 것은? (단, 실린더 속 기체의 압력은 일정하다.) (3점)

[보기]

ㄱ. $a = 1$이다.
ㄴ. $T_1 > T_2$이다.
ㄷ. T_2 K에서 $K > 5$이다.

① ㄱ　② ㄷ　③ ㄱ, ㄴ　④ ㄴ, ㄷ　⑤ ㄱ, ㄴ, ㄷ

J25　★1등급 대비　2024 실시 5월 학평 20 / 화학 Ⅱ 변형

다음은 $A(g)$로부터 $B(g)$가 생성되는 반응의 열화학 반응식과 농도로 정의되는 평형 상수(K)이다.

$$A(g) \rightleftharpoons 2B(g) \qquad K$$

그림 (가)는 T_1 K에서 실린더에 $A(g)$ 1 mol이 들어 있는 초기 상태를, (나)는 (가)에서 반응이 진행되어 도달한 평형 상태를, (다)는 (나)의 온도를 T_2 K로 변화시킨 후 반응이 진행되어 도달한 새로운 평형 상태를 나타낸 것이다.

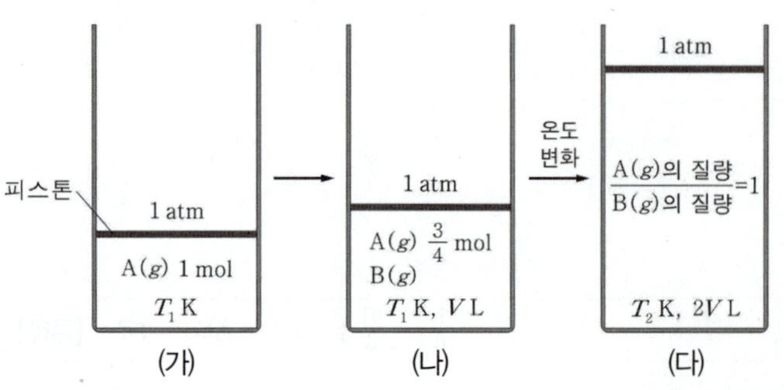

이에 대한 설명으로 옳은 것만을 〈보기〉에서 있는 대로 고른 것은? (단, 피스톤의 질량과 마찰은 무시한다.) (3점)

[보기]

ㄱ. (다)에서 $B(g)$의 양은 1 mol이다.
ㄴ. $\dfrac{T_2 \text{ K에서의 } K}{T_1 \text{ K에서의 } K} = 3$이다.
ㄷ. 이 반응의 정반응은 흡열 반응이다.

① ㄱ　② ㄷ　③ ㄱ, ㄴ　④ ㄴ, ㄷ　⑤ ㄱ, ㄴ, ㄷ

J26　★1등급 대비　2024 대비 9월 모평 20 / 화학 Ⅱ

다음은 $A(g)$와 $B(g)$가 반응하여 $C(g)$가 생성되는 반응의 화학 반응식과 농도로 정의되는 평형 상수(K)이다.

$$A(g) + B(g) \rightleftharpoons 2C(g) \qquad K$$

그림 (가)는 T K에서 꼭지로 분리된 실린더와 강철 용기에 평형 상태에 도달한 $A(g) \sim C(g)$와 $He(g)$이 각각 들어 있는 것을, (나)는 (가)에서 꼭지를 열고 온도를 $\frac{4}{3}T$ K로 변화시킨 후 반응이 진행되어 도달한 평형 상태를 나타낸 것이다. (나)에서 실린더와 강철 용기 속 혼합 기체의 전체 부피는 $2V$ L이고, $\dfrac{(나)에서\ K}{(가)에서\ K} = \dfrac{16}{9}$이다.

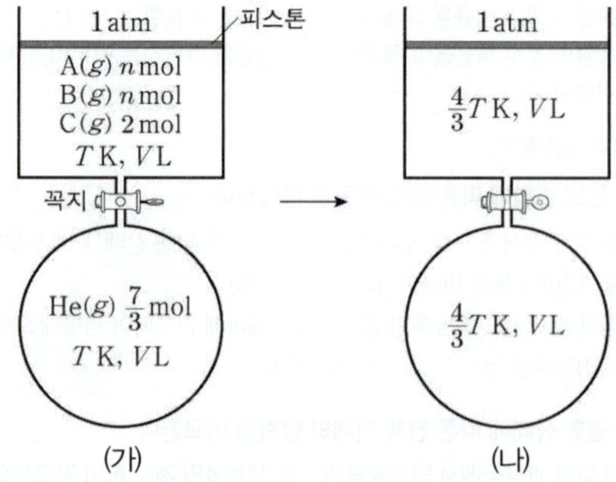

(나)에서 $C(g)$의 양(mol)은? (단, 연결관의 부피와 피스톤의 질량 및 마찰은 무시한다.) (3점)

① $\dfrac{9}{4}$　② $\dfrac{7}{3}$　③ $\dfrac{12}{5}$　④ $\dfrac{5}{2}$　⑤ $\dfrac{8}{3}$

J27 ✪1등급 대비   2024 대비 수능 20 / 화학 Ⅱ

다음은 A(g)로부터 B(g)가 생성되는 반응의 화학 반응식과 온도 T K에서 농도로 정의되는 평형 상수(K)이다.

$$A(g) \rightleftharpoons 2B(g) \qquad K = a$$

그림은 T K에서 실린더 (가)에 A(g)가, (나)에 B(g)가 각각 들어 있는 초기 상태를 나타낸 것이다.

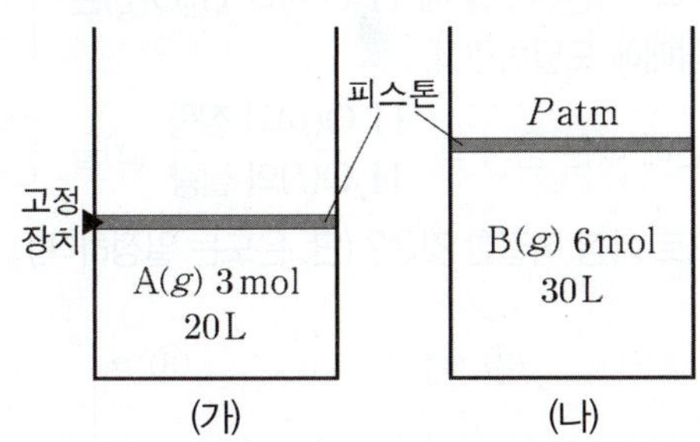

반응이 진행되어 각각 도달한 평형 상태에서 A(g)의 양(mol)은 (가)에서와 (나)에서가 같고, B(g)의 양(mol)은 (가)에서와 (나)에서가 같다. 평형 상태에서 고정 장치를 풀고 (가)의 부피를 10 L로 고정시킨 후 도달한 새로운 평형에서 [B]=x M이고, 평형 상태에서 (나)에 A(g) 3 mol을 추가하여 도달한 새로운 평형에서 [B]=y M이다. $\dfrac{x}{a \times y}$는? (단, 온도와 외부 압력은 각각 T K와 P atm으로 일정하고, 피스톤의 질량과 마찰은 무시한다.) (3점)

① 15   ② 16   ③ 18   ④ 20   ⑤ 25

J28 ✪1등급 대비   2024 실시 10월 학평 16 / 화학 Ⅱ 변형

다음은 A(g)와 B(g)가 반응하여 C(g)가 생성되는 반응의 화학 반응식과 농도로 정의되는 평형 상수(K)이다.

$$2A(g) + B(g) \rightleftharpoons 2C(g) \qquad K$$

그림은 1 atm, T_1 K에서 실린더에 A(g), B(g), C(g)가 들어 있는 초기 상태를 나타 낸 것이고, 표는 반응이 진행되어 도달한 평형 상태 Ⅰ과, Ⅰ에서 온도를 T_2 K로 변화시켜 도달한 새로운 평형 상태 Ⅱ에 대한 자료이다.

평형 상태	온도(K)	부피(L)	C(g)의 몰수 비율
Ⅰ	T_1	V	$\dfrac{1}{4}$
Ⅱ	T_2	$\dfrac{5}{4}V$	$\dfrac{4}{7}$

$\dfrac{T_1}{T_2} \times \dfrac{T_2\text{에서의 } K}{T_1\text{에서의 } K}$는? (단, 외부 압력은 1 atm으로 일정하고, 피스톤의 질량과 마찰은 무시한다.) (3점)

① 18   ② 28   ③ 32   ④ 35   ⑤ 42

J29 ✪1등급 대비   2023 대비 9월 모평 20 / 화학 Ⅱ

다음은 A(g)로부터 B(g)가 생성되는 반응의 화학 반응식과 농도로 정의되는 평형 상수(K)이다.

$$2A(g) \rightleftharpoons B(g) \qquad K$$

그림 (가)는 실린더에 A(g)와 B(g)를 넣은 초기 상태를, (나)는 (가)에서 온도가 T_1 K 또는 T_2 K로 일정할 때, 반응이 진행되어 도달한 평형에서 압력(P)에 따른 $\dfrac{\text{A의 질량}}{\text{B의 질량}}$을 각각 나타낸 것이다.

$\dfrac{T_1 \text{ K에서의 } K}{T_2 \text{ K에서의 } K} = \dfrac{5}{24}$이다.

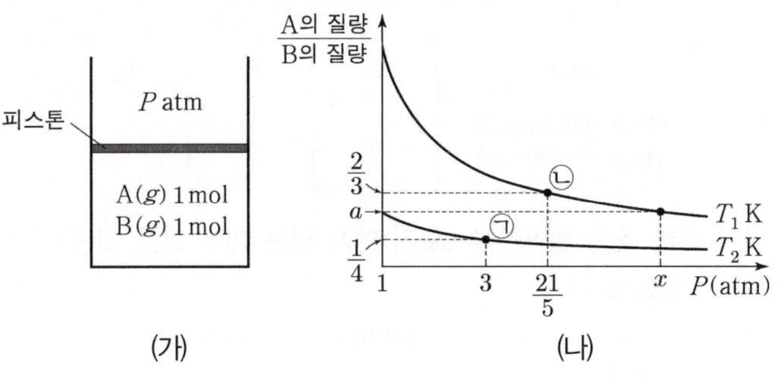

$x \times \dfrac{\text{ⓛ에서 기체의 부피}}{\text{ⓐ에서 기체의 부피}}$는? (단, 피스톤의 질량과 마찰은 무시한다.) (3점)

① 6   ② $\dfrac{20}{3}$ ③ 7   ④ $\dfrac{64}{9}$ ⑤ 8

 H 가역 반응과 화학 평형

Ⅲ01 ❋❋❋　　2023 실시 3월 학평 4 / 화학 Ⅰ (고3)

표는 밀폐된 진공 용기에 $H_2O(l)$을 넣은 후 시간에 따른 $\dfrac{H_2O(g)의 양(mol)}{H_2O(l)의 양(mol)}$을 나타낸 것이다. $0<t_1<t_2<t_3$이고, t_2일 때 $H_2O(l)$과 $H_2O(g)$는 동적 평형에 도달하였다.

시간	t_1	t_2	t_3
$\dfrac{H_2O(g)의 양(mol)}{H_2O(l)의 양(mol)}$	a	b	c

이에 대한 옳은 설명만을 〈보기〉에서 있는 대로 고른 것은? (단, 온도는 일정하다.)

――――――[보기]――――――
ㄱ. $c>b$이다.
ㄴ. $H_2O(g)$의 양(mol)은 t_2일 때가 t_1일 때보다 많다.
ㄷ. $\dfrac{H_2O(g)의\ 응축\ 속도}{H_2O(l)의\ 증발\ 속도}$ 는 t_1일 때가 t_3일 때보다 크다.

① ㄱ　　② ㄴ　　③ ㄱ, ㄷ　　④ ㄴ, ㄷ　　⑤ ㄱ, ㄴ, ㄷ

Ⅲ02 ❋❋❋　　2023 실시 10월 학평 6 / 화학 Ⅰ (고3)

표는 25 ℃에서 밀폐된 진공 용기에 $X(l)$를 넣은 후, $X(l)$와 $X(g)$의 질량을 시간 순서 없이 나타낸 것이다. 시간이 $2t$일 때 $X(l)$와 $X(g)$는 동적 평형 상태에 도달하였고, ㉠과 ㉡은 각각 t, $3t$ 중 하나이다.

시간	$2t$	㉠	㉡
$X(l)$의 질량(g)	a	a	b
$X(g)$의 질량(g)	c		d

이에 대한 옳은 설명만을 〈보기〉에서 있는 대로 고른 것은? (단, 온도는 25 ℃로 일정하다.)

――――――[보기]――――――
ㄱ. ㉠은 $3t$이다.
ㄴ. $d>c$이다.
ㄷ. 시간이 ㉡일 때 $\dfrac{X(g)의\ 응축\ 속도}{X(l)의\ 증발\ 속도}=1$이다.

① ㄱ　　② ㄷ　　③ ㄱ, ㄴ　　④ ㄴ, ㄷ　　⑤ ㄱ, ㄴ, ㄷ

Ⅲ03 ❋❋❋　　2022 실시 4월 학평 15 / 화학 Ⅰ (고3)

그림은 밀폐된 진공 용기 안에 $H_2O(l)$을 넣은 모습을 나타낸 것이다. 시간이 t일 때 $H_2O(l)$과 $H_2O(g)$는 동적 평형 상태에 도달하였다.

다음 중 시간에 따른 용기 속 $\dfrac{H_2O(g)의\ 질량}{H_2O(l)의\ 질량}(\alpha)$을 나타낸 것으로 가장 적절한 것은? (단, 온도는 일정하다.)

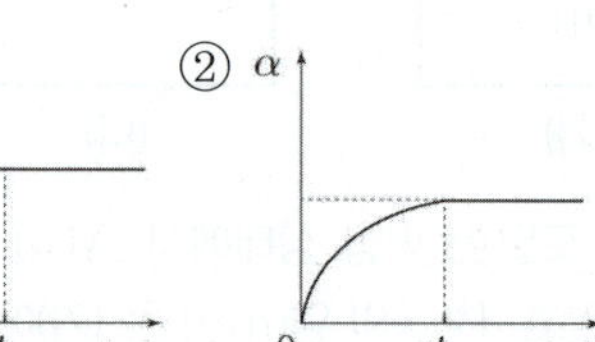
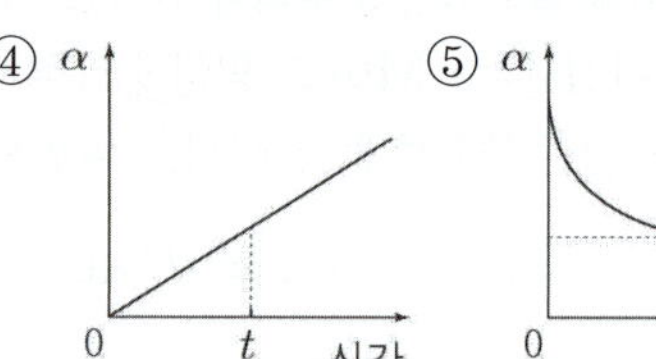

Ⅲ04 ❋❋❋　　2024 실시 10월 학평 2 / 화학 Ⅰ (고3)

그림은 밀폐된 진공 용기 안에 $X(l)$를 넣은 후 시간에 따른 $\dfrac{㉡의 양(mol)}{㉠의 양(mol)}$을 나타낸 것이다. ㉠과 ㉡은 각각 $X(l)$와 $X(g)$ 중 하나이다.

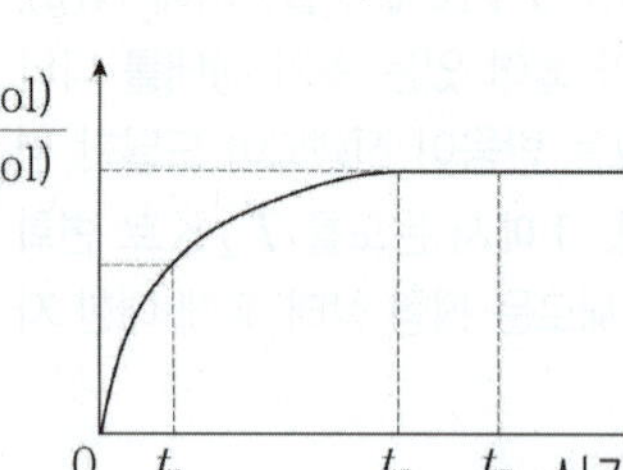

이에 대한 옳은 설명만을 〈보기〉에서 있는 대로 고른 것은? (단, 온도는 일정하다.)

――――――[보기]――――――
ㄱ. ㉡은 $X(l)$이다.
ㄴ. $X(g)$의 양(mol)은 t_2일 때가 t_1일 때보다 많다.
ㄷ. t_3일 때 $\dfrac{X(g)의\ 응축\ 속도}{X(l)의\ 증발\ 속도}>1$이다.

① ㄱ　　② ㄴ　　③ ㄱ, ㄷ　　④ ㄴ, ㄷ　　⑤ ㄱ, ㄴ, ㄷ

Ⅲ05 ✿✿✿

표는 서로 다른 질량의 물이 담긴 비커 (가)와 (나)에 a g 의 고체 설탕을 각각 넣은 후, 녹지 않고 남아 있는 고체 설탕의 질량을 시간에 따라 나타낸 것이다. (가)에서는 t_1일 때, (나)에서는 t_2일 때 고체 설탕과 용해된 설탕은 동적 평형 상태에 도달하였다. $0 < t_1 < t_2$이다.

시간		**0**	t_1	t_2
고체 설탕의 질량(g)	(가)	a	b	x
	(나)	a		c

이에 대한 설명으로 옳은 것만을 〈보기〉에서 있는 대로 고른 것은? (단, 온도는 일정하고, 물의 증발은 무시한다.) (3점)

[보기]
ㄱ. $x = b$이다.
ㄴ. t_1일 때 (나)에서 설탕이 석출되는 반응은 일어나지 않는다.
ㄷ. t_2일 때 설탕의 $\dfrac{\text{석출 속도}}{\text{용해 속도}}$ 는 (가)에서가 (나)에서보다 크다.

① ㄱ　　② ㄴ　　③ ㄱ, ㄴ　　④ ㄱ, ㄷ　　⑤ ㄴ, ㄷ

Ⅲ06 ✿✿✿

표는 물이 담긴 비커에 n mol의 $NaCl(s)$을 넣은 후 시간에 따른 $\dfrac{Na^+(aq)\text{의 양(mol)}}{NaCl(s)\text{의 양(mol)}}$ 을 나타낸 것이다. $3t$일 때 $NaCl(aq)$은 용해 평형 상태에 도달하였다.

시간	t	$2t$	$3t$
$\dfrac{Na^+(aq)\text{의 양(mol)}}{NaCl(s)\text{의 양(mol)}}$	㉠	1	

이에 대한 설명으로 옳은 것만을 〈보기〉에서 있는 대로 고른 것은? (단, 온도와 압력은 일정하고, 물의 증발은 무시한다.)

[보기]
ㄱ. ㉠ < 1이다.
ㄴ. $2t$일 때 $NaCl$의 용해 속도와 석출 속도는 같다.
ㄷ. $3t$일 때 $NaCl(s)$의 양은 $0.5n$ mol보다 작다.

① ㄱ　　② ㄴ　　③ ㄷ　　④ ㄱ, ㄴ　　⑤ ㄱ, ㄷ

Ⅲ07 ✿✿✿

그림 (가)는 설탕 수용액이 용해 평형에 도달한 모습을, (나)는 (가)의 수용액에 설탕을 추가로 넣은 모습을, (다)는 (나)의 수용액이 충분한 시간이 흐른 후의 모습을 나타낸 것이다.

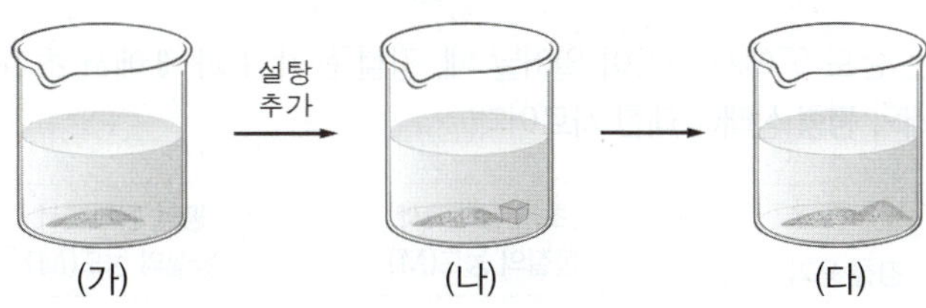

이에 대한 설명으로 옳은 것만을 〈보기〉에서 있는 대로 고른 것은? (단, 온도는 일정하고, 물의 증발은 무시한다.) (3점)

[보기]
ㄱ. (나)에서 설탕은 용해되지 않는다.
ㄴ. $\dfrac{\text{설탕의 용해 속도}}{\text{설탕의 석출 속도}}$ 는 (가)에서와 (다)에서가 같다.
ㄷ. 수용액에 녹아 있는 설탕의 질량은 (다)에서가 (나)에서보다 크다.

① ㄴ　　② ㄷ　　③ ㄱ, ㄴ　　④ ㄱ, ㄷ　　⑤ ㄴ, ㄷ

❶ 평형 상수와 반응의 진행 방향

Ⅲ08 ✿✿✿

다음은 $A(g)$와 $B(g)$가 반응하여 $C(g)$가 생성되는 반응의 화학 반응식과 농도로 정의되는 평형 상수(K)이다.

$$A(g) + bB(g) \rightleftharpoons 2C(g) \qquad K \ (b\text{는 반응 계수})$$

그림은 온도 T에서 강철 용기에 혼합 기체가 들어 있는 초기 상태를 나타낸 것이다. 표는 반응이 진행되어 도달한 평형 상태에서 $A \sim C$의 몰수 비율(전체 몰수 중에서 차지하는 비율)이다. 초기 상태에서 반응 지수(Q)는 20이다.

기체	$A(g)$	$B(g)$	$C(g)$
몰수 비율	$\dfrac{1}{4}$	$\dfrac{5}{8}$	$\dfrac{1}{8}$

T에서 K는? (단, 온도는 일정하다.) (3점)

① $\dfrac{1}{25}$　　② $\dfrac{4}{25}$　　③ $\dfrac{1}{5}$　　④ $\dfrac{2}{5}$　　⑤ $\dfrac{16}{25}$

Ⅲ09 ✱✱✱❀

다음은 $A(g)$로부터 $B(g)$가 생성되는 반응의 화학 반응식과 온도 T에서 농도로 정의되는 평형 상수(K)이다.

$$2A(g) \rightleftharpoons B(g) \qquad K$$

표는 온도 T에서 반응이 일어날 때, 강철 용기 Ⅰ과 Ⅱ에서 초기 상태와 평형 상태에 대한 자료이다.

강철 용기	초기 상태에서 물질의 농도(M)		평형 상태에서 물질의 농도(M)
	$A(g)$	$B(g)$	$B(g)$
Ⅰ	1.4	0	0.6
Ⅱ	0	x	0.15

이에 대한 설명으로 옳은 것만을 〈보기〉에서 있는 대로 고른 것은? (단, 온도는 일정하다.)

─────[보기]─────
ㄱ. Ⅰ의 평형 상태에서 농도(M)는 $A(g)$가 $B(g)$보다 크다.
ㄴ. $x=0.2$이다.
ㄷ. 평형 상태에서 $\dfrac{\text{Ⅰ에서 전체 기체의 농도(M)}}{\text{Ⅱ에서 전체 기체의 농도(M)}}=\dfrac{16}{15}$이다.

① ㄱ ② ㄴ ③ ㄷ ④ ㄱ, ㄴ ⑤ ㄴ, ㄷ

Ⅲ10 ✱✱✱❀

다음은 A와 B가 반응하여 C를 생성하는 화학 반응식과, 온도 T에서 농도로 정의되는 평형 상수(K)이다.

$$A(g)+bB(g) \rightleftharpoons 2C(g) \qquad K \ (b\text{는 반응 계수})$$

그림은 1 L의 강철 용기에 기체 A, B를 넣은 초기 상태와 반응이 일어나 도달한 평형 상태에 존재하는 입자를 모형으로 나타낸 것이다. 1개의 ●, □, ▲는 각각 기체 분자 0.1몰에 해당한다.

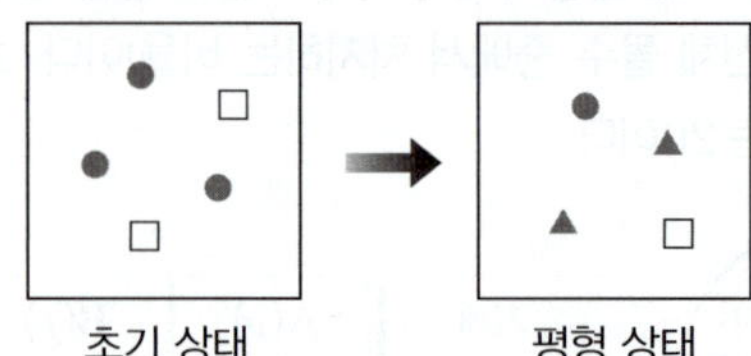

$\dfrac{K}{b}$는? (단, 온도는 T로 일정하고, ●, □, ▲는 A~C 중 하나이다.)

① 2 ② 4 ③ 10 ④ 20 ⑤ 40

Ⅲ11 ✪ 고난도

다음은 $A(g)$와 $B(g)$가 반응하여 $C(g)$가 생성되는 반응의 화학 반응식과 온도 T에서 농도로 정의된 평형 상수(K)이다.

$$A(g)+B(g) \rightleftharpoons C(g) \qquad K$$

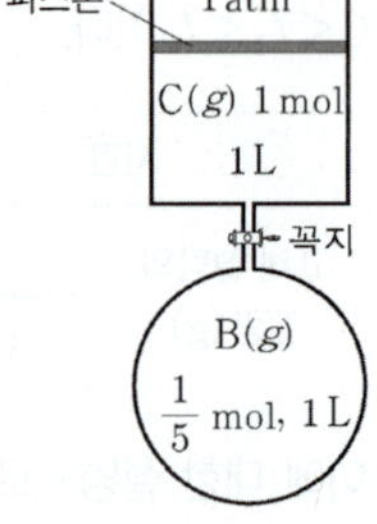

그림은 T에서 꼭지로 분리된 강철 용기와 실린더에 $B(g)$와 $C(g)$가 각각 들어 있는 초기 상태를 나타낸 것이다. 실린더에서 반응이 진행되어 평형 상태 Ⅰ에 도달하였을 때, 실린더 속 혼합 기체의 부피는 $\dfrac{5}{4}$ L이다. Ⅰ에서 피스톤을 고정하고 꼭지를 연 후, 새로운 평형 상태 Ⅱ에 도달하였다.

이에 대한 설명으로 옳은 것만을 〈보기〉에서 있는 대로 고른 것은? (단, 온도와 외부 압력은 일정하고, 연결관의 부피와 피스톤의 질량 및 마찰은 무시한다.) (3점)

─────[보기]─────
ㄱ. $K=15$이다.
ㄴ. Ⅰ에서 $C(g)$의 몰농도는 $\dfrac{3}{5}$ M이다.
ㄷ. Ⅱ에서 $A(g)$의 양은 $\dfrac{1}{4}$ mol보다 작다.

① ㄱ ② ㄷ ③ ㄱ, ㄴ ④ ㄴ, ㄷ ⑤ ㄱ, ㄴ, ㄷ

Ⅲ12 ✱✱✱❀

다음은 $A(g)$로부터 $B(g)$가 생성되는 반응의 화학 반응식과 T K에서 농도로 정의되는 평형 상수(K)이다.

$$A(g) \rightleftharpoons 2B(g) \qquad K=18$$

표는 T K에서 강철 용기 (가)와 (나)에 $A(g)$와 $B(g)$를 넣은 초기 상태에 대한 자료이다.

용기	$A(g)$의 초기 농도(M)	$B(g)$의 질량 백분율(%)	반응 지수 (Q)
(가)	0.25	80	
(나)	0.5	x	2

이에 대한 옳은 설명만을 〈보기〉에서 있는 대로 고른 것은? (단, 온도는 T K로 일정하다.) (3점)

─────[보기]─────
ㄱ. (가)에서 $B(g)$의 초기 농도는 2 M이다.
ㄴ. (가)에서 평형에 도달하기 전까지 역반응이 우세하게 진행된다.
ㄷ. $x=40$이다.

① ㄱ ② ㄴ ③ ㄱ, ㄷ ④ ㄴ, ㄷ ⑤ ㄱ, ㄴ, ㄷ

다음은 A(g)로부터 B(g)가 생성되는 반응의 화학 반응식과 T K 에서 농도로 정의되는 평형 상수 (K)이다.

$$2A(g) \rightleftharpoons 3B(g) \quad K$$

그림 (가)는 T K에서 A(g)와 B(g)의 혼합 기체가 용기에 들어 있는 초기 상태를, (나)는 반응이 진행되어 도달한 평형 상태를 나타낸 것이다. (가)에서 A(g)의 양 (mol)은 0.4이고 반응 지수는 Q이다.

이에 대한 설명으로 옳은 것만을 〈보기〉에서 있는 대로 고른 것은? (단, 온도는 일정하다.) (3점)

───── [보기] ─────

ㄱ. (나)에서 B(g)의 몰수 비율(전체 몰수 중에서 차지하는 비율)은 $\frac{3}{4}$이다.

ㄴ. A(g)의 양(mol)은 (가)에서가 (나)에서의 2배이다.

ㄷ. $K = 32Q$이다.

① ㄴ　② ㄷ　③ ㄱ, ㄴ　④ ㄱ, ㄷ　⑤ ㄱ, ㄴ, ㄷ

다음은 A(g)와 B(g)가 반응하여 C(g)가 생성되는 반응의 화학 반응식이다.

$$A(g) + B(g) \rightleftharpoons C(g)$$

그림은 꼭지로 분리된 강철 용기에 들어 있는 A(g)~C(g)가 각각 평형을 이룬 상태를 나타낸 것이다.

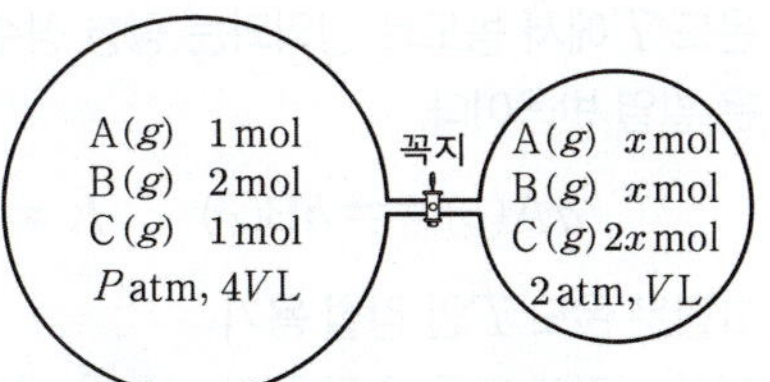

이에 대한 설명으로 옳은 것만을 〈보기〉에서 있는 대로 고른 것은? (단, 온도는 일정하고, 연결관의 부피는 무시한다.)

───── [보기] ─────

ㄱ. $x = 1$이다.

ㄴ. $P = 0.5$이다.

ㄷ. 꼭지를 연 후 도달한 새로운 평형에서 $\dfrac{C(g)의\ 양(mol)}{B(g)의\ 양(mol)} > 1$ 이다.

① ㄱ　② ㄷ　③ ㄱ, ㄴ　④ ㄴ, ㄷ　⑤ ㄱ, ㄴ, ㄷ

J 화학 평형 이동

다음은 학생 A가 설정한 가설과 이를 검증하는 탐구 활동이다.

〈가설〉

○ 정반응이 흡열 반응인 화학 반응은 온도가 올라가면 생성물의 농도가 증가한다.

〈열화학 반응식〉

○ $Co(H_2O)_6^{2+}(aq) + 4Cl^-(aq)$
　　붉은색　　　　　$\rightleftharpoons CoCl_4^{2-}(aq) + 6H_2O(l) \quad K$
　　　　　　　　　　푸른색

〈탐구 과정〉

(가) 염화 코발트($CoCl_2(aq)$)와 진한 염산($HCl(aq)$)이 담긴 시험관을 25 ℃의 물에 넣고 색을 관찰한다.

(나) (가)의 시험관을 90 ℃의 물에 넣고 평형에 도달했을 때 색 변화를 관찰한다.

(다) (나)의 시험관을 0 ℃의 물에 넣고 평형에 도달했을 때 색 변화를 관찰한다.

〈탐구 결과 및 결론〉

과정	(가)	(나)	(다)
용액의 색	보라색	푸른색	붉은색

○ 가설은 옳다.

학생 A의 탐구 과정과 결과 및 결론이 타당할 때, 이에 대한 설명으로 옳은 것만을 〈보기〉에서 있는 대로 고른 것은? (단, 온도 변화에 따른 물의 부피 변화는 무시한다.)

───── [보기] ─────

ㄱ. $K = \dfrac{[CoCl_4^{2-}]}{[Co(H_2O)_6^{2+}][Cl^-]}$이다.

ㄴ. 이 반응의 정반응은 흡열 반응이다.

ㄷ. K는 (나)에서가 (다)에서보다 작다.

① ㄱ　② ㄴ　③ ㄱ, ㄴ　④ ㄱ, ㄷ　⑤ ㄴ, ㄷ

다음은 A(g)로부터 B(g)가 생성되는 반응의 열화학 반응식과 농도로 정의되는 평형 상수(K)이다. 이 반응의 정반응은 흡열 반응이다.

$$A(g) \rightleftharpoons 2B(g) \qquad K$$

그림 (가)는 온도 T_1에서 실린더에 A(g) 0.3 mol을 넣고 반응이 진행되어 도달한 평형 상태를, (나)는 온도 T_2에서 피스톤 위에 추를 올려 도달한 새로운 평형 상태를 나타낸 것이다.

(가)에서 $\dfrac{\text{B의 질량}(g)}{\text{A의 질량}(g)} = \dfrac{1}{2}$이고, (나)에서 B($g$)의 부분 압력은 P atm이다.

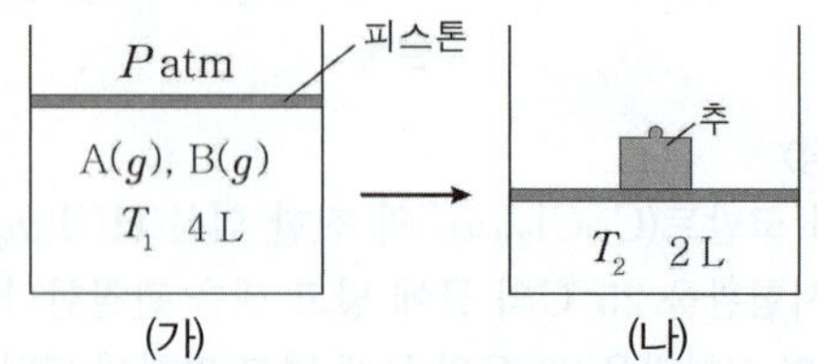

이에 대한 옳은 설명만을 〈보기〉에서 있는 대로 고른 것은? (단, 외부 압력은 P atm으로 일정하고, 피스톤의 질량과 마찰은 무시한다.) (3점)

─────────[보기]─────────
ㄱ. (가)에서 A(g)의 몰수 비율(전체 몰수 중에서 차지하는 비율)은 $\dfrac{1}{2}$이다.

ㄴ. 온도 T_1에서 $K = \dfrac{1}{20}$이다.

ㄷ. $T_2 > T_1$이다.
─────────────────────────

① ㄱ　② ㄷ　③ ㄱ, ㄴ　④ ㄴ, ㄷ　⑤ ㄱ, ㄴ, ㄷ

다음은 A(g)로부터 B(g)가 생성되는 반응의 열화학 반응식이고 이에 대한 설명이다. 이 반응의 정반응은 흡열 반응이다.

─────────────────────────
$$A(g) \rightleftharpoons B(g)$$
강철 용기에서 이 반응이 평형을 이루고 있을 때, 온도를 ⎡ ㉠ ⎤ 시키면 A의 농도는 감소하고 B의 농도는 ⎡ ㉡ ⎤ 하다/한다.
─────────────────────────

㉠과 ㉡으로 가장 적절한 것은?

	㉠	㉡		㉠	㉡
①	감소	감소	②	증가	일정
③	감소	일정	④	증가	증가
⑤	감소	증가			

다음은 A(g)로부터 B(g)가 생성되는 반응의 열화학 반응식이다.

$$A(g) \rightleftharpoons 2B(g)$$

그림은 1기압, T_1 K에서 실린더에 A(g) 1몰을 넣은 초기 상태를 나타낸 것이다. 표는 반응이 진행되어 도달한 평형 상태 Ⅰ과, Ⅰ에서 온도를 T_2 K로 변화시켜 도달한 새로운 평형 상태 Ⅱ에 대한 자료이다.

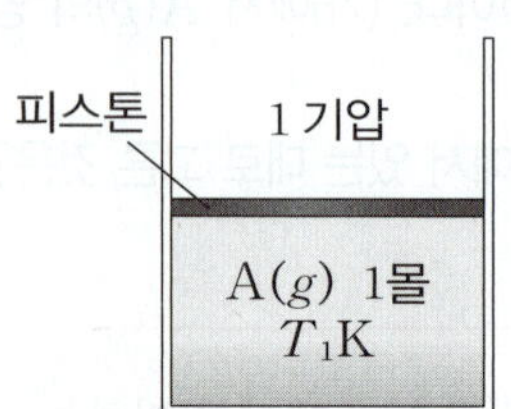

평형 상태	Ⅰ	Ⅱ
온도(K)	T_1	T_2
혼합 기체의 부피(L)	V	$\dfrac{3}{4}V$
A(g)의 양(mol)	$\dfrac{2}{3}$	$\dfrac{3}{4}$

이에 대한 설명으로 옳은 것만을 〈보기〉에서 있는 대로 고른 것은? (단, 외부 압력은 일정하고, 피스톤의 질량과 마찰은 무시한다.) (3점)

─────────[보기]─────────
ㄱ. $T_1 : T_2 = 5 : 4$이다.

ㄴ. 이 반응의 정반응은 발열 반응이다.

ㄷ. T_1 K에서 A(g)의 초기 양(mol)이 $\dfrac{1}{2}$몰일 때 도달한 평형 상태에서 B(g)의 양(mol)은 $\dfrac{1}{4}$몰보다 작다.
─────────────────────────

① ㄱ　② ㄴ　③ ㄷ　④ ㄱ, ㄷ　⑤ ㄴ, ㄷ

다음은 기체 A로부터 기체 B가 생성되는 반응의 열화학 반응식과 온도 T에서 농도로 정의되는 평형 상수(K)이다. 이 반응의 정반응은 발열 반응이다.

$$aA(g) \rightleftharpoons bB(g) \qquad K = x \ (a, b: \text{반응 계수})$$

그림은 온도 T인 강철 용기에서 시간에 따른 A와 B의 농도를 나타낸 것이다. 이에 대한 설명으로 옳은 것만을 〈보기〉에서 있는 대로 고른 것은? (단, t_1 이후 온도는 일정하다.)

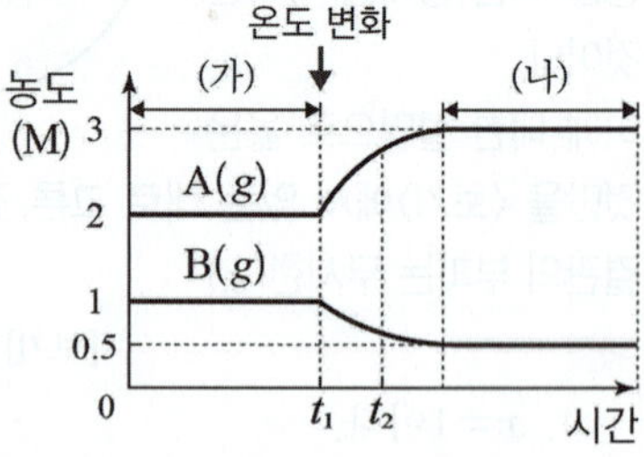

─────────[보기]─────────
ㄱ. $x = \dfrac{1}{4}$이다.

ㄴ. 온도는 (가)에서가 (나)에서보다 높다.

ㄷ. t_2에서 반응 지수(Q)는 (나)에서의 평형 상수(K)보다 작다.
─────────────────────────

① ㄱ　② ㄴ　③ ㄱ, ㄷ　④ ㄴ, ㄷ　⑤ ㄱ, ㄴ, ㄷ

Ⅲ20 ✽✽✽   수능 대비 기출

다음은 A(g)와 B(g)가 반응하여 C(g)를 생성하는 반응에 대한 자료이다.

[자료 1] 화학 반응식과 온도 T K에서 농도로 정의되는 평형 상수(K)
$$A(g)+B(g) \rightleftharpoons cC(g) \qquad K=4 \text{ (}c\text{는 반응 계수)}$$
[자료 2] T K에서 A(g)와 B(g)를 각각 2 M씩 강철 용기에 넣은 후 반응시켰을 때, 시간에 따른 각 물질의 농도

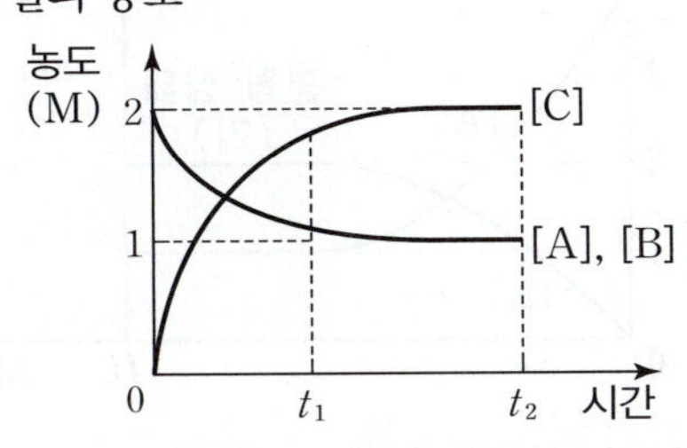

이에 대한 설명으로 옳은 것만을 〈보기〉에서 있는 대로 고른 것은? (단, 온도는 T K로 일정하다.)

─── [보기] ───
ㄱ. $c=2$이다.
ㄴ. t_1에서 반응 지수(Q)는 평형 상수(K)보다 작다.
ㄷ. t_2에서 C(g)를 추가로 넣어 새로운 평형에 도달했을 때 [A]는 1 M보다 크다.

① ㄱ   ② ㄷ   ③ ㄱ, ㄴ   ④ ㄴ, ㄷ   ⑤ ㄱ, ㄴ, ㄷ

서술형·단답형 문제

Ⅲ21 ✽✽✽

그림 (가)는 밀폐된 용기에 25 ℃ 물이 담긴 비커를 넣은 상태를, (나)는 시간에 따른 물의 증발 속도와 응축 속도를 나타낸 것이다.

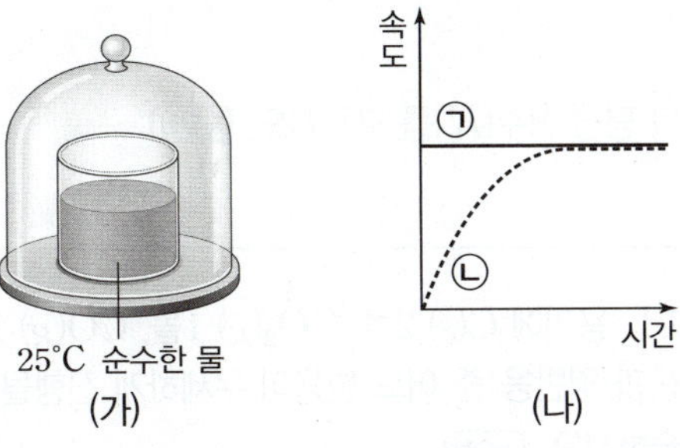

(1) (나)에서 ㉠과 ㉡을 증발 속도와 응축 속도로 각각 구분하시오. [단답형]

____

(2) (가)에서 충분한 시간이 지나 동적 평형에 도달했을 때 용기 속 수증기의 양의 변화를 (나)의 ㉠과 ㉡으로 설명하시오. [서술형]

____

____

Ⅲ22 ✽✽✽

적갈색 이산화 질소(NO_2) 기체가 서로 반응하여 무색 사산화 이질소(N_2O_4) 기체를 생성하는 반응은 다음과 같이 가역적으로 일어난다.

$$2NO_2(g) \rightleftharpoons N_2O_4(g)$$

아래 그림은 일정한 온도에서 이산화 질소 기체와 사산화 이질소 기체를 각각 뚜껑이 있는 유리병에 넣고 뚜껑을 닫은 후 관찰한 결과이다.

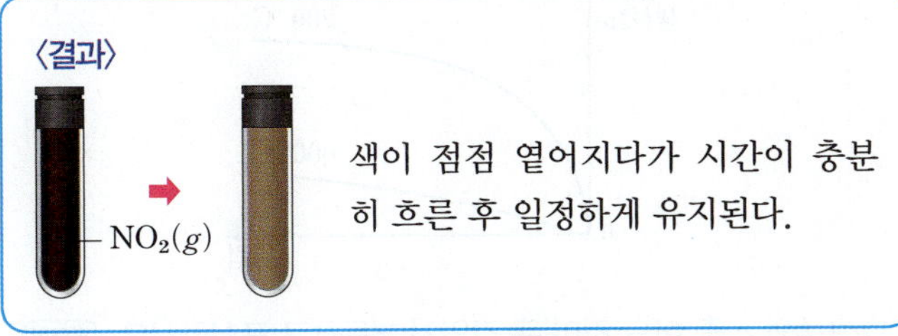

(1) 위 반응의 평형 상수식을 쓰시오. [단답형]

____

(2) 〈결과〉에서 색이 점점 옅어지는 까닭을 서술하시오. [서술형]

____

____

Ⅲ23 **✻

다음은 C(s)와 $CO_2(g)$가 반응하여 CO(g)가 생성되는 반응의 화학 반응식과 평형 상수(K)이다.

$$C(s)+CO_2(g) \rightleftharpoons 2CO(g) \qquad K$$

1 L의 밀폐된 용기에 C(s) 1몰, $CO_2(g)$ 1몰을 넣고 시간이 충분히 흐른 후 평형에 도달했을 때 CO(g) 1몰이 생성되었다. (단, 온도는 일정하다.)

(1) 이 반응의 평형 상수(K)를 구하시오. 단답형

____

(2) 밀폐된 1 L 용기에 C(s) 2몰, $CO_2(g)$ 1몰, CO(g) 1몰을 넣으면 정반응과 역반응 중 어느 반응이 우세하게 진행될지와 그 까닭을 서술하시오. 서술형

____

____

Ⅲ24 ***✻

다음은 A(g)와 B(g)가 반응하여 C(g)가 생성되는 반응의 화학 반응식과 평형 상수(K)이다.

$$aA(g)+bB(g) \rightleftharpoons cC(g) \qquad K\ (a{\sim}c\text{는 반응 계수})$$

그림은 온도와 압력에 따른 C(g)의 생성량을 나타낸 것이다. 물음에 답하시오.

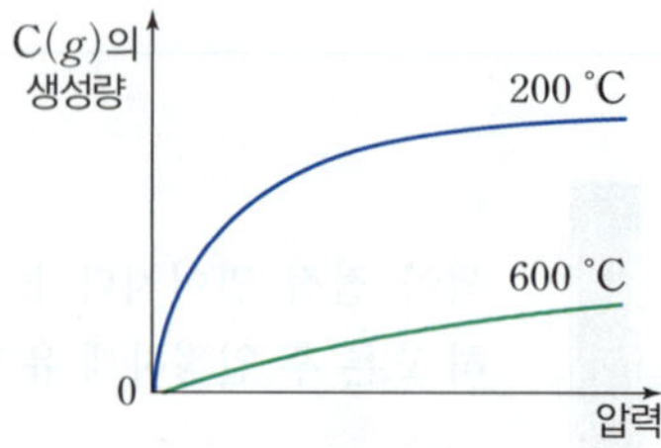

(1) $a+b$와 c 중 어느 것이 큰 값인지 부등호로 표시하시오. 단답형

____

(2) 정반응은 발열 반응인지 흡열 반응인지 쓰고 그 까닭을 서술하시오. 서술형

____

Ⅲ25 ***

다음은 A(g)가 반응하여 B(g)가 생성되는 반응의 화학 반응식과 평형 상수(K)이다.

$$aA(g) \rightleftharpoons bB(g) \qquad K\ (\text{단, } a,\ b\text{는 반응 계수})$$

그림은 부피가 1 L인 용기에 A(g)를 넣고 반응시켰을 때 시간에 따른 물질의 농도를 나타낸 것이다. 평형 상태 (가)에서 시간 t_1일 때 A(g), B(g)를 각각 1 mol씩 첨가하였다. 물음에 답하시오.

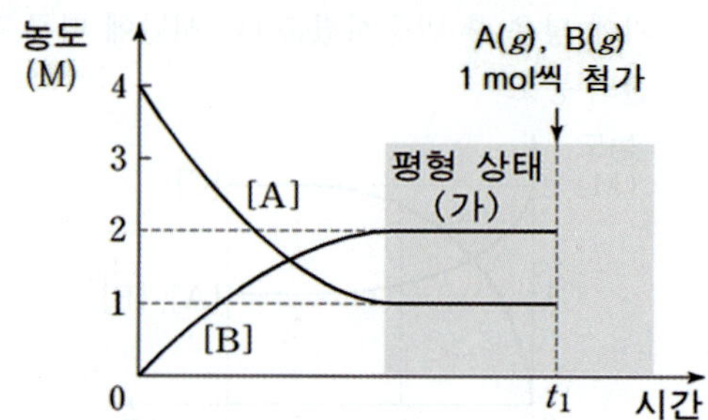

(1) (가)에서 평형 상수(K)를 구하시오. 단답형

____

(2) 시간 t_1 이후 새로운 평형 상태에 도달할 때까지 정반응과 역반응 중 어느 것이 우세하게 진행되는지 쓰고 그 까닭을 서술하시오. 서술형

____

Ⅲ26 ***

다음과 같은 화학 반응에서, 반응 지수(Q)와 평형 상수(K)의 비교를 통해 화학 반응의 진행 방향을 예측하고자 한다.

$$aA(g)+bB(g) \rightleftharpoons cC(g)+dD(g)$$

(단, $a{\sim}d$는 반응 계수이며 각 물질의 농도는 [A], [B], [C], [D]로 나타낸다.)

〈실험 결과〉
○ (가) $Q<K$: 정반응 우세
○ (나) $Q=K$: 화학 평형
○ (다) $Q>K$: 역반응 우세

(1) 주어진 화학 반응의 평형 상수(K)를 식으로 나타내시오. 단답형

____

(2) (가), (다)의 반응이 (나)와 같이 평형에 도달하기 위해 생성물과 반응물의 농도를 어떻게 변화시켜야 하는지 서술하시오. 서술형

____

IV

역동적인 화학 반응

K 물의 자동 이온화와 pH

1 물의 자동 이온화

1. 물의 자동 이온화 반응: 순수한 물에서 매우 적은 양의 물 분자들끼리 수소 이온(H^+)을 주고받아 하이드로늄 이온(H_3O^+)과 수산화 이온(OH^-)으로 이온화하는[1] 반응이다.

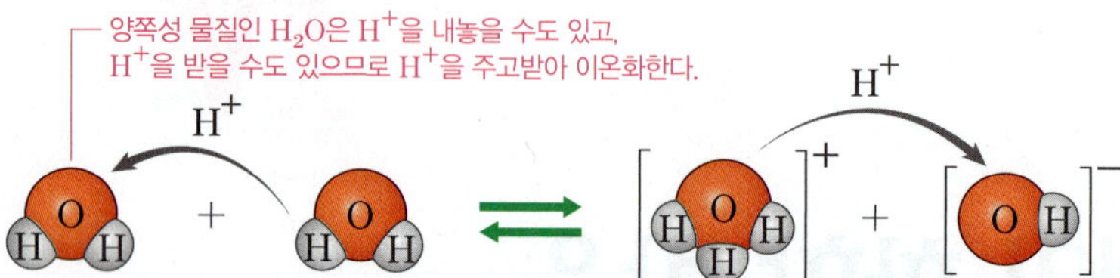

$$H_2O(l) + H_2O(l) \rightleftharpoons H_3O^+(aq) + OH^-(aq)$$

(1) 물의 자동 이온화 반응과 동적 평형: 물의 자동 이온화 반응은 가역 반응으로 동적 평형에 도달하면 물이 이온화하여 H_3O^+과 OH^-을 생성하는 정반응과 H_3O^+과 OH^-이 다시 물로 되는 역반응이 같은 속도로 일어난다.
➡ 물속에 들어 있는 H_3O^+의 몰농도와 OH^-의 몰농도가 일정하다.[2]

(2) 물의 이온화 상수(K_w)[3]
① 일정한 온도에서 물이 자동 이온화하여 동적 평형을 이루었을 때 물속의 H_3O^+의 몰농도($[H_3O^+]$)와 OH^-의 몰농도($[OH^-]$)를 곱한 값이다.

$$K_w = [H_3O^+][OH^-] = 일정$$

[ ]는 물질의 몰농도를 표현할 때 이용한다.

② 물의 이온화 상수(K_w)는 온도에 따라 달라지며 25 ℃에서 $K_w = 1.0 \times 10^{-14}$으로 일정하다.

$$K_w = [H_3O^+][OH^-] = 1.0 \times 10^{-14}$$

• 25 ℃에서 순수한 물의 $[H_3O^+]$와 $[OH^-]$는 1.0×10^{-7} M로 같다.
③ 온도에 따른 물의 이온화 상수: 온도가 높아질수록 물의 이온화 상수는 커진다.[4]

2 pH

1. 수소 이온 농도 지수(pH) 출제 2025 실시 9월 학평 11번
(1) 수용액의 $[H_3O^+]$를 이용하여 수용액의 액성을 간단히 나타내기 위해 사용하는 값이다.[5]
(2) 수소 이온 농도의 역수의 상용로그 값을 수소 이온 농도 지수라고 하며 pH라는 기호를 사용한다. ➡ $[H_3O^+]$의 상용로그 값에 음의 부호를 붙인 것이다.

$$pH = \log \frac{1}{[H_3O^+]} = -\log[H_3O^+]$$

① 수용액의 $[H_3O^+]$가 클수록 pH는 작아진다.
➡ pH가 작을수록 산성이 강하다.
② 수용액의 pH가 1만큼 작아질수록 $[H_3O^+]$는 10배 커진다.
⑩ pH가 2인 수용액은 pH가 3인 수용액보다 $[H_3O^+]$가 10배 크고, pH가 4인 수용액보다는 $[H_3O^+]$가 100배 크다.

---

① 이온화

물질이 양이온과 음이온으로 나누어지는 현상이다.

＊ 양쪽성 물질

조건에 따라 산과 염기 두 가지 역할을 모두 할 수 있는 물질

② H_3O^+, OH^-의 몰농도

물의 자동 이온화 반응에서 어느 한 분자가 H^+을 잃고 OH^-이 되면 다른 물 분자는 H_3O^+이 되므로 순수한 물속에 존재하는 H_3O^+과 OH^-의 수는 같고, 몰농도 또한 같다.

③ 물의 이온화 상수

이온화 상수(K)는 이온화 반응이 평형을 이룰 때 반응물의 농도 곱에 대한 생성물의 농도 곱의 비이다.
물의 자동 이온화 반응에서 물의 농도는 거의 일정하므로 물의 이온화 상수(K_w)는 다음과 같이 나타낼 수 있다.
단위는 생략한다.

$$K = \frac{[H_3O^+][OH^-]}{[H_2O]^2}$$

➡ $K_w = [H_3O^+][OH^-]$

④ 온도에 따른 물의 이온화 상수

K_w는 일종의 평형 상수이므로 온도가 일정하면 일정한 값을 갖고, 온도가 달라지면 그 값이 변한다.
K_w는 온도가 높을수록 그 값이 커진다.

⑤ pH

$[H_3O^+]$는 그 값이 매우 작아 사용하기 불편하기 때문에 수소 이온 농도 지수(pH)를 사용하는 것이 편리하다.

(3) pOH는 $[OH^-]$의 상용로그 값에 음의 부호를 붙인 것이다.

$$pOH = \log \frac{1}{[OH^-]} = -\log[OH^-]$$

(4) **pH와 pOH의 관계**: 25℃에서 물의 이온화 상수$(K_w) = [H_3O^+][OH^-] = 1.0 \times 10^{-14}$
이므로 pH와 pOH의 관계는 다음과 같다. ❶

— pH와 pOH는 0~14까지의 숫자로 나타낸다.

$$pH + pOH = \overline{14.00}\,(25℃)$$

2. 수용액의 액성과 ❷ $[H_3O^+]$, $[OH^-]$의 관계

25℃에서 순수한 물의 $[H_3O^+] = [OH^-] = 1.0 \times 10^{-7}$ M이므로 중성이다.

(1) **산성 용액**: 순수한 물에 산을 넣으면 $[H_3O^+]$가 증가하지만 K_w는 일정하므로 $[OH^-]$가 감소하여 $[H_3O^+] > [OH^-]$이 되어 산성을 나타낸다.

(2) **염기성 용액**: 순수한 물에 염기를 넣으면 $[OH^-]$가 증가하지만 K_w는 일정하므로 $[H_3O^+]$가 감소하여 $[H_3O^+] < [OH^-]$가 되어 염기성을 나타낸다.

❂ **수용액의 액성과 $[H_3O^+]$, $[OH^-]$의 관계**(25℃) ❸

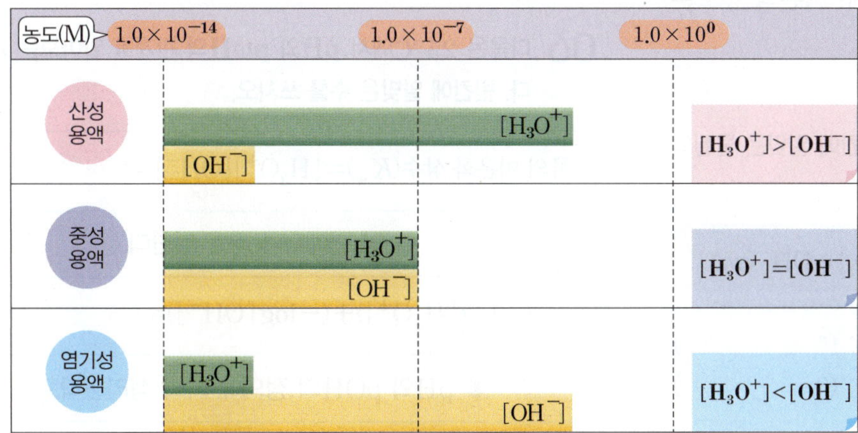

3. 수용액의 액성과 pH와 pOH(25℃)

수용액의 액성과 pH와 pOH(25℃): 수용액의 pH는 0~14.00 사이의 값을 가지며, 산성이 강할수록 0에 가깝고, 중성에서는 7.00이며, ❹ 염기성이 강할수록 14.00에 가깝다.

수용액의 액성	농도(25℃)	pH 및 pOH(25℃)
산성	$[H_3O^+] > 1.0 \times 10^{-7}$ M $> [OH^-]$	pH < 7.00, pOH > 7.00
중성	$[H_3O^+] = 1.0 \times 10^{-7}$ M $= [OH^-]$	pH = 7.00, pOH = 7.00
염기성	$[H_3O^+] < 1.0 \times 10^{-7}$ M $< [OH^-]$	pH > 7.00, pOH < 7.00

4. 우리 주변 물질의 pH ❺❻

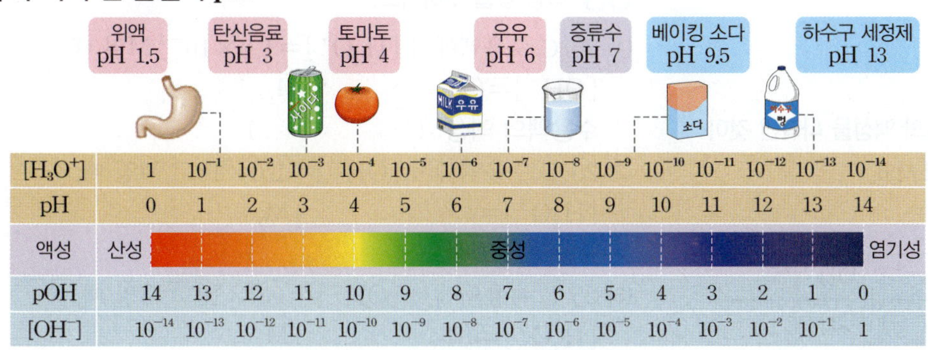

$[H_3O^+]$	1	10^{-1}	10^{-2}	10^{-3}	10^{-4}	10^{-5}	10^{-6}	10^{-7}	10^{-8}	10^{-9}	10^{-10}	10^{-11}	10^{-12}	10^{-13}	10^{-14}
pH	0	1	2	3	4	5	6	7	8	9	10	11	12	13	14
액성	산성							중성							염기성
pOH	14	13	12	11	10	9	8	7	6	5	4	3	2	1	0
$[OH^-]$	10^{-14}	10^{-13}	10^{-12}	10^{-11}	10^{-10}	10^{-9}	10^{-8}	10^{-7}	10^{-6}	10^{-5}	10^{-4}	10^{-3}	10^{-2}	10^{-1}	1

▲ 수용액의 액성과 pH와 pOH(25℃)

❶ **pH 4.00인 수용액의 $[H^+]$, pOH, $[OH^-]$ 구하기(25℃)**

① pH로부터 $[H^+]$ 구하기
➡ $pH = -\log[H^+] = 4.00$이므로 $[H^+] = 1 \times 10^{-4}$ M이다.

② pH로부터 pOH 구하기
➡ 25℃에서 $pH + pOH = 14.00$이므로 $pOH = 14.00 - 4.00 = 10.00$이다.

③ pOH로부터 $[OH^-]$ 구하기
➡ $pOH = -\log[OH^-] = 10.00$이므로 $[OH^-] = 1 \times 10^{-10}$ M이다.

❷ **액성**

용액의 성질로 산성, 중성, 염기성으로 구분한다.

❸ **수용액의 액성과 $[H_3O^+]$, $[OH^-]$의 관계**

물의 K_w는 일정하므로 $[H_3O^+]$가 증가하면 $[OH^-]$가 감소하고, $[OH^-]$가 증가하면 $[H_3O^+]$가 감소한다.

❹ **중성 용액의 pH**

중성 용액의 pH가 7.00인 것은 물의 이온화 상수가 25℃에서 1.0×10^{-14}이기 때문이다.
물의 이온화 상수는 온도에 따라 달라지는데, 온도가 높을수록 K_w가 커지므로 중성이더라도 pH는 7.00보다 작아진다.

❺ **일상 생활에서 pH의 이용**

· 수영장 물·어항의 물: pH를 적절하게 조절해서 이용
· 샴푸·화장품: 세정력에 맞는 pH를 선택해서 사용

❻ **소화 기관의 pH**

소화 과정에서는 효소가 관여하므로, 각 소화 기관에서 작용하는 효소의 최적 조건에 따라 pH가 각각 다르다.

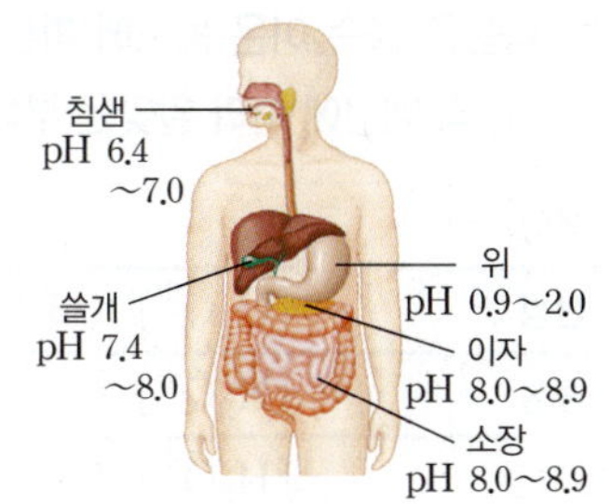

1 물의 자동 이온화

01 빈칸에 알맞은 말을 쓰시오.

(1) 물의 (1 　　　) 반응: 순수한 물에서 매우 적은 양의 물 분자들끼리 수소 이온(H^+)을 주고받아 이온화하는 반응이다.

(2) 물은 (2 　　　) 물질이므로 수소 이온(H^+)을 내놓을 수도 있고, 받을 수도 있다.

(3) 수소 이온(H^+)을 내놓은 물 분자는 (3 　　　)이/가 되고, 수소 이온(H^+)을 받은 물 분자는 (4 　　　)이/가 된다.

(4) 물의 자동 이온화 반응은 (5 　　) 반응으로, 동적 평형에 도달하면 역반응과 정반응의 속도가 (6 　　)진다.

(5) 동적 평형에서 순수한 물에 들어 있는 두 이온의 농도는 서로 (7 　　　).

02 다음은 물의 자동 이온화 반응식이다. 빈칸에 알맞은 물질의 화학식을 써서 화학 반응식을 완성하시오.

$$\boxed{(가)}\,(l) + H_2O(l) \rightleftharpoons \boxed{(나)}\,(aq) + OH^-(aq)$$

(가): (8 　　　)
(나): (9 　　　)

03 빈칸에 알맞은 말을 쓰거나 알맞은 말을 고르시오.

(1) 물의 (10 　　　): 물이 자동 이온화하여 동적 평형을 이루었을 때 $[H_3O^+]$와 $[OH^-]$를 곱한 값

(2) K_w는 같은 온도에서 그 값이 항상 11 (같다 / 다르다).

(3) 25 ℃에서 $K_w =$ (12 　　　)

(4) 25 ℃에서 순수한 물의
$$[H_3O^+] = [OH^-] = (13 \qquad)$$

(5) 25 ℃에서 물 분자의 14 (극히 일부가 / 대부분이) 이온화한다.

2 pH

04 다음은 물속 이온 농도에 따른 수용액의 액성을 나타낸 것이다. 각 액성에 따라 알맞은 부등호를 쓰시오.

액성	농도	
산성	$[H_3O^+]$ (15 　　)	$[OH^-]$
중성	$[H_3O^+]$ (16 　　)	$[OH^-]$
염기성	$[H_3O^+]$ (17 　　)	$[OH^-]$

05 수소 이온 농도 지수(pH)에 대한 알맞은 말을 쓰거나 알맞은 말을 고르시오.

(1) 수소 이온 농도 지수(pH): 수용액 속의 (18 　　　)을(를) 간단히 나타내기 위해 사용하는 값

(2) $pH = \log \dfrac{1}{(19 \quad)} = -\log (20 \quad)$

(3) 수용액의 $[H_3O^+]$가 클수록 pH는 21 (커 / 작아)진다.

(4) pH가 작을수록 산성이 22 (강 / 약)하다.

(5) pH가 1만큼 작아질수록 $[H_3O^+]$는 (23 　　　)배 24 (커 / 작아)진다.

(6) $pOH = -\log (25 \quad)$

(7) 25 ℃에서 중성 용액의 $pH = (26 \quad)$이다.

06 다음은 25 ℃에서 pH와 pOH의 관계를 알아보는 과정이다. 빈칸에 알맞은 수를 쓰시오.

$$\boxed{\text{물의 이온화 상수}(K_w) = [H_3O^+][OH^-] = (27 \quad)}$$

⬇ 양 변에 $-\log$를 취한다.

$$\boxed{(-\log[H_3O^+]) + (-\log[OH^-]) = (28 \quad)}$$

⬇ pH와 pOH의 정의에 따라 정리한다.

$$\boxed{pH + pOH = (29 \quad)}$$

07 다음은 25 ℃에서 수용액의 pH에 대한 설명이다. 빈칸에 알맞은 말을 고르시오.

(1) 산성 용액의 pH는 7보다 30 (작다 / 크다).

(2) 순수한 물에 염기를 넣으면 pH가 31 (커진다 / 작아진다).

08 다음 값을 구하시오.

(1) 25 ℃ 수용액에서 $[H_3O^+] = 1.0 \times 10^{-4}$ M일 때,
$[OH^-] = (32 \quad)$ M,
수용액의 액성: (33 　　　)

(2) 25 ℃ 수용액에서 $[OH^-] = 1.0 \times 10^{-6}$ M일 때,
$[H_3O^+] = (34 \quad)$ M,
수용액의 액성: (35 　　　)

(3) 25 ℃ 수용액에서 $[OH^-] = 1.0 \times 10^{-7}$ M일 때,
$[H_3O^+] = (36 \quad)$ M,
수용액의 액성: (37 　　　)

1 물의 자동 이온화 ~ 2 pH

K01 ★★★✽　　2023 실시 11월 학평 16 / 화학 I (고2)

표는 25 ℃의 수용액 (가)와 (나)에 대한 자료이다. (가)와 (나)는 HCl(aq)과 NaOH(aq)을 순서 없이 나타낸 것이다.

수용액	$[H_3O^+]$ (상댓값)	H_3O^+의 양(mol) (상댓값)	pH
(가)	1	1	x
(나)	10^4	10^3	$14-x$

이에 대한 설명으로 옳은 것만을 〈보기〉에서 있는 대로 고른 것은? (단, 25 ℃에서 물의 이온화 상수(K_w)는 1×10^{-14}이다.)

[보기]
ㄱ. (나)는 HCl(aq)이다.
ㄴ. 수용액의 부피는 (가)가 (나)의 10배이다.
ㄷ. (가)의 pOH=5이다.

① ㄱ　② ㄷ　③ ㄱ, ㄴ　④ ㄴ, ㄷ　⑤ ㄱ, ㄴ, ㄷ

K02 ★★★✽　　2022 실시 11월 학평 15 / 화학 I (고2)

그림은 25 ℃에서 수용액 (가), (나)의 pH와 pOH를 나타낸 것이다. 25 ℃에서 물의 이온화 상수(K_w)는 1×10^{-14}이다.

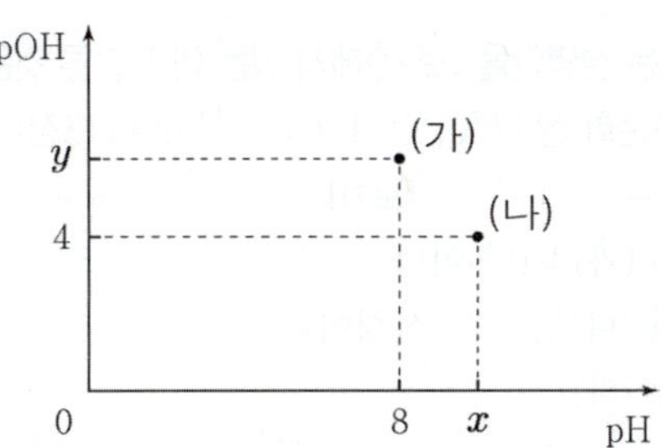

이에 대한 설명으로 옳은 것만을 〈보기〉에서 있는 대로 고른 것은? (단, pH=$-\log[H_3O^+]$, pOH=$-\log[OH^-]$이다.)

[보기]
ㄱ. (가)는 염기성이다.
ㄴ. $\dfrac{y}{x}=\dfrac{3}{5}$이다.
ㄷ. (나) 100 mL에 들어 있는 OH^-의 양은 1×10^{-5} mol이다.

① ㄱ　② ㄷ　③ ㄱ, ㄴ　④ ㄴ, ㄷ　⑤ ㄱ, ㄴ, ㄷ

K03 ★★★✽　　2021 실시 11월 학평 13 / 화학 I (고2)

그림 (가)는 HCl(aq) 10 mL를, (나)는 (가)에 물을 추가한 모습을 나타낸 것이다.

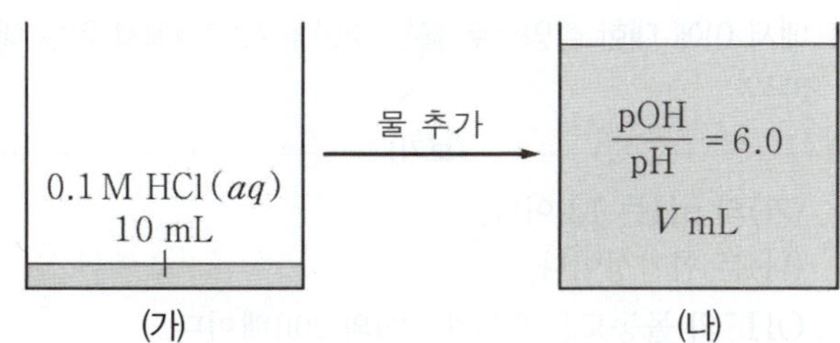

이에 대한 설명으로 옳은 것만을 〈보기〉에서 있는 대로 고른 것은? (단, 온도는 25 ℃로 일정하며, 25 ℃에서 물의 이온화 상수(K_w)는 1×10^{-14}이다.) (3점)

[보기]
ㄱ. (가)의 pH는 1.0이다.
ㄴ. (나)에서 $[OH^-]$는 1×10^{-12} M이다.
ㄷ. V는 100이다.

① ㄱ　② ㄷ　③ ㄱ, ㄴ　④ ㄴ, ㄷ　⑤ ㄱ, ㄴ, ㄷ

K04 ★★★　　내신 기출 변형

다음은 물의 자동 이온화 반응의 화학 반응식이다.

$$2H_2O(l) \rightleftharpoons H_3O^+(aq) + OH^-(aq)$$

표는 온도에 따른 물의 이온화 상수(K_w)에 대한 자료이다.

온도(℃)	0	25	40
K_w	0.11×10^{-14}	1.0×10^{-14}	2.84×10^{-14}

이에 대한 설명으로 옳은 것만을 〈보기〉에서 있는 대로 고른 것은?

[보기]
ㄱ. 0 ℃ 순수한 물에서 $[H_3O^+]<[OH^-]$이다.
ㄴ. $[H_3O^+]$는 40 ℃ 물에서가 25 ℃ 물에서보다 크다.
ㄷ. pH는 0 ℃ 물에서가 40 ℃ 물에서보다 크다.

① ㄱ　② ㄷ　③ ㄱ, ㄴ　④ ㄴ, ㄷ　⑤ ㄱ, ㄴ, ㄷ

K05 ❋❋❋ 2020 실시 11월 학평 15 / 화학 I (고2)

표는 25 ℃에서 수용액 (가), (나)에 대한 자료이다. 25 ℃에서 물의 이온화 상수(K_w)는 1×10^{-14}이다.

수용액	(가)	(나)
H_3O^+의 양(mol)	1×10^{-2}	2×10^{-4}
용액의 부피(mL)	100	200

25 ℃에서 이에 대한 설명으로 옳은 것만을 〈보기〉에서 있는 대로 고른 것은?

―――[보기]―――
ㄱ. (가)의 pH는 1.0이다.
ㄴ. (나)는 염기성이다.
ㄷ. OH^-의 몰농도는 (나)가 (가)의 200배이다.

① ㄱ　　② ㄴ　　③ ㄱ, ㄷ　　④ ㄴ, ㄷ　　⑤ ㄱ, ㄴ, ㄷ

K06 ❋❋❋❋ 학력 평가 기출

표는 25 ℃에서 수용액 (가)와 (나)에 들어 있는 H_3O^+과 OH^-의 몰농도(M)에 대한 자료이다. 25 ℃에서 물(H_2O)의 이온화 상수(K_w)는 1×10^{-14}이다.

수용액	$[H_3O^+]$(M)	$[OH^-]$(M)
(가)	1×10^{-2}	㉠
(나)		1×10^{-9}

25 ℃에서 이에 대한 설명으로 옳은 것만을 〈보기〉에서 있는 대로 고른 것은? (3점)

―――[보기]―――
ㄱ. ㉠은 1×10^{-12}이다.
ㄴ. (나)는 염기성이다.
ㄷ. pH는 (가) > (나)이다.

① ㄱ　　② ㄴ　　③ ㄱ, ㄷ　　④ ㄴ, ㄷ　　⑤ ㄱ, ㄴ, ㄷ

K07 ❋❋❋❋ 2024 실시 5월 학평 18 / 화학 I (고3)

표는 25 ℃에서 수용액 (가)와 (나)에 대한 자료이다. (가)와 (나)는 $HCl(aq)$과 $NaOH(aq)$을 순서 없이 나타낸 것이다.

수용액	몰농도(M)	부피(mL)	OH^-의 양(mol) (상댓값)
(가)	a	100	10^5
(나)	$100a$	10	1

이에 대한 설명으로 옳은 것만을 〈보기〉에서 있는 대로 고른 것은? (단, 25 ℃에서 물의 이온화 상수(K_w)는 1×10^{-14}이다.) (3점)

―――[보기]―――
ㄱ. (가)는 $HCl(aq)$이다.
ㄴ. $a = 1 \times 10^{-6}$이다.
ㄷ. $\dfrac{(가)의\ pH}{(나)의\ pOH} = \dfrac{5}{4}$이다.

① ㄴ　　② ㄷ　　③ ㄱ, ㄴ　　④ ㄱ, ㄷ　　⑤ ㄱ, ㄴ, ㄷ

K08 ❋❋❋ 2023 실시 3월 학평 16 / 화학 I (고3) 

표는 25 ℃ 수용액 (가)와 (나)에 대한 자료이다.

수용액	$pOH - pH$	부피(mL)	H_3O^+의 양(mol)
(가)	x	$20V$	n
(나)	$2x$	V	$50n$

이에 대한 옳은 설명만을 〈보기〉에서 있는 대로 고른 것은? (단, 25 ℃에서 물의 이온화 상수(K_w)는 1×10^{-14}이다.) (3점)

―――[보기]―――
ㄱ. pH는 (가) > (나)이다.
ㄴ. (가)와 (나)는 모두 산성이다.
ㄷ. $x = 3$이다.

① ㄱ　　② ㄷ　　③ ㄱ, ㄴ　　④ ㄴ, ㄷ　　⑤ ㄱ, ㄴ, ㄷ

표는 25 ℃에서 산성 또는 염기성 수용액 (가)∼(다)에 대한 자료이다. (가)∼(다) 중 산성 수용액은 2가지이고, pH는 (가)가 (다)의 3배이다.

수용액	(가)	(나)	(다)
$\dfrac{pOH}{pH}$ (상댓값)	1	x	15
$|pH-pOH|$	$y+4$	$y-4$	y
부피(mL)	100	200	400

이에 대한 옳은 설명만을 〈보기〉에서 있는 대로 고른 것은? (단, 25 ℃에서 물의 이온화 상수(K_w)는 1×10^{-14}이다.) (3점)

[보기]
ㄱ. (나)는 산성 수용액이다.
ㄴ. $x-y=2$이다.
ㄷ. $\dfrac{(다)에서\ H_3O^+의\ 양(mol)}{(가)에서\ OH^-의\ 양(mol)}=\dfrac{1}{100}$ 이다.

① ㄱ ② ㄷ ③ ㄱ, ㄴ ④ ㄴ, ㄷ ⑤ ㄱ, ㄴ, ㄷ

그림 (가)와 (나)는 각각 HCl(aq), NaOH(aq)을 나타낸 것이다.

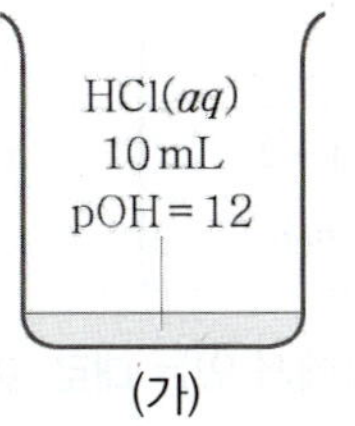

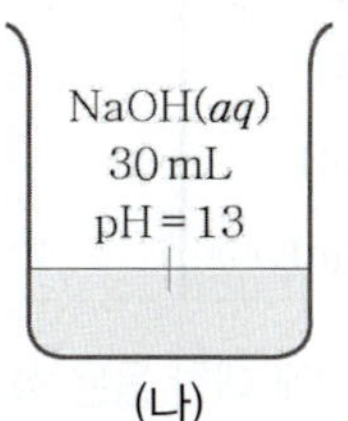

이에 대한 옳은 설명만을 〈보기〉에서 있는 대로 고른 것은? (단, 온도는 25 ℃로 일정하고, 25 ℃에서 물의 이온화 상수(K_w)는 1×10^{-14}이다.) (3점)

[보기]
ㄱ. (가)의 $[H_3O^+]=0.01$ M이다.
ㄴ. (나)에 들어 있는 OH^-의 양은 0.003 mol이다.
ㄷ. (가)에 물을 넣어 100 mL로 만든 HCl(aq)의 pH=4이다.

① ㄱ ② ㄷ ③ ㄱ, ㄴ ④ ㄴ, ㄷ ⑤ ㄱ, ㄴ, ㄷ

표는 25 ℃에서 수용액 (가)와 (나)에 대한 자료이다. (가)와 (나)는 HCl(aq)과 NaOH(aq)을 순서 없이 나타낸 것이다.

수용액	몰농도 (M)	$\dfrac{[OH^-]}{[H_3O^+]}$ (상댓값)	부피 (mL)
(가)	10^{-5}	1	100
(나)	㉠	10^8	10

이에 대한 설명으로 옳은 것만을 〈보기〉에서 있는 대로 고른 것은? (단, 온도는 25 ℃로 일정하고, 25 ℃에서 물의 이온화 상수 (K_w)는 1×10^{-14}이다.)

[보기]
ㄱ. (가)는 HCl(aq)이다.
ㄴ. ㉠=10^{-5}이다.
ㄷ. (가)와 (나)를 모두 혼합한 수용액의 pH는 7보다 크다.

① ㄱ ② ㄷ ③ ㄱ, ㄴ ④ ㄴ, ㄷ ⑤ ㄱ, ㄴ, ㄷ

표는 25 ℃에서 수용액 (가), (나)에 대한 자료이다. 25 ℃에서 물의 이온화 상수(K_w)는 1×10^{-14}이다.

수용액	$\dfrac{[OH^-]}{[H_3O^+]}$	pH	부피(mL)
(가)	10^{-6}	x	y
(나)	y	$2x$	1000

25 ℃에서 이에 대한 설명으로 옳은 것만을 〈보기〉에서 있는 대로 고른 것은?

[보기]
ㄱ. x는 6이다.
ㄴ. y는 100이다.
ㄷ. H_3O^+의 양(mol)은 (가)가 (나)의 1000배이다.

① ㄱ ② ㄴ ③ ㄱ, ㄷ ④ ㄴ, ㄷ ⑤ ㄱ, ㄴ, ㄷ

K13 ❋❋❋❋ 2021 실시 3월 학평 16 / 화학 Ⅰ (고3)

표는 25 ℃ 수용액 (가)~(다)에 대한 자료이다.

수용액	(가)	(나)	(다)
pH	$x-2$	x	
pOH		$x+2$	$x-1$
부피(mL)	100	200	200

(가)~(다)에 대한 옳은 설명만을 〈보기〉에서 있는 대로 고른 것은? (단, 25 ℃에서 물의 이온화 상수(K_w)는 1×10^{-14}이다.) (3점)

[보기]
ㄱ. $[H_3O^+] > [OH^-]$인 수용액은 2가지이다.
ㄴ. (다)에서 $[OH^-] = 1 \times 10^{-5}$ M이다.
ㄷ. H_3O^+의 양(mol)은 (가)가 (나)의 50배이다.

① ㄱ   ② ㄴ   ③ ㄱ, ㄷ   ④ ㄴ, ㄷ   ⑤ ㄱ, ㄴ, ㄷ

K14 ❋❋❋❋ 2021 실시 4월 학평 14 / 화학 Ⅰ (고3)

표는 25 ℃에서 농도가 서로 다른 $HCl(aq)$ (가)와 (나)에 대한 자료이다. 25 ℃에서 물의 이온화 상수(K_w)는 1×10^{-14}이다.

$HCl(aq)$	(가)	(나)
pH	2.0	6.0
H_3O^+의 양(mol)	x	1×10^{-7}
부피(mL)	100	y

이에 대한 설명으로 옳은 것만을 〈보기〉에서 있는 대로 고른 것은? (단, 온도는 25 ℃로 일정하고, 혼합 용액의 부피는 혼합 전 각 용액의 부피의 합과 같다.)

[보기]
ㄱ. (가)에서 $[OH^-] = 1 \times 10^{-12}$ M이다.
ㄴ. $x \times y = 0.1$이다.
ㄷ. (가)와 (나)를 모두 혼합한 용액의 pH는 4.0이다.

① ㄱ   ② ㄷ   ③ ㄱ, ㄴ   ④ ㄴ, ㄷ   ⑤ ㄱ, ㄴ, ㄷ

K15 ❋❋❋❋ 2020 실시 4월 학평 13 / 화학 Ⅰ (고3)

표는 25 ℃에서 수용액 (가), (나)의 H_3O^+의 몰농도를 나타낸 것이다.

수용액	(가)	(나)
$[H_3O^+]$	1.0×10^{-5} M	1.0×10^{-9} M

25 ℃에서 (나)가 (가)보다 큰 값을 갖는 것만을 〈보기〉에서 있는 대로 고른 것은?

[보기]
ㄱ. 물의 이온화 상수(K_w)
ㄴ. 수소 이온 농도 지수(pH)
ㄷ. OH^-의 몰농도($[OH^-]$)

① ㄱ   ② ㄴ   ③ ㄱ, ㄷ   ④ ㄴ, ㄷ   ⑤ ㄱ, ㄴ, ㄷ

K16 ❋❋❋❋ 2020 실시 3월 학평 18 / 화학 Ⅰ (고3)

표는 25 ℃에서 3가지 수용액에 대한 자료이다.

수용액	(가)	(나)	(다)
pH	4	5	8
부피(mL)	100	500	500

(가)~(다)에 대한 옳은 설명만을 〈보기〉에서 있는 대로 고른 것은? (단, 25 ℃에서 H_2O의 이온화 상수(K_w)는 1.0×10^{-14}이다.) (3점)

[보기]
ㄱ. 산성 수용액은 2가지이다.
ㄴ. 수용액 속 H_3O^+의 양(mol)은 (가)가 (나)의 10배이다.
ㄷ. (다)에서 $\dfrac{[OH^-]}{[H_3O^+]} = 100$이다.

① ㄱ   ② ㄴ   ③ ㄱ, ㄷ   ④ ㄴ, ㄷ   ⑤ ㄱ, ㄴ, ㄷ

K17 ✻✻✻

다음은 물의 자동 이온화를 화학 반응식으로 나타낸 것이다. ㉠과 ㉡은 각각 양이온과 음이온이다.(단, 25 °C에서 물의 이온화 상수 (K_w)는 1×10^{-14}이다.)

$$2H_2O(l) \rightleftharpoons \boxed{\quad㉠\quad}(aq) + \boxed{\quad㉡\quad}(aq)$$

(1) ㉠과 ㉡을 각각 쓰시오. [단답형]

____

(2) ㉠과 ㉡의 몰농도를 구하여 비교하고, 순수한 물의 액성이 중성인 이유를 서술하시오. [서술형]

____

K18 ✻✻✻

표는 25 °C에서 농도가 서로 다른 HCl(aq) (가)와 (나)에 대한 자료이다. (단, 25 °C에서 물의 이온화 상수 (K_w)는 1×10^{-14}이다.)

구분	(가)	(나)
pOH	12	9
H_3O^+의 양(mol)	x	y
부피(L)	V	$10V$

(1) (가)와 (나)에서 pH를 각각 구하고, 풀이 과정을 서술하시오. [서술형]

____

(2) $x : y$를 구하고, 그 과정을 (가)와 (나)의 [H_3O^+]를 이용하여 서술하시오. [서술형]

____

K19 ✻✻✻

그림은 25 °C에서 수용액 (가)~(다)의 pH와 pOH를 나타낸 것이다. (단, 25 °C에서 물의 이온화 상수(K_w)는 1×10^{-14}이다.)

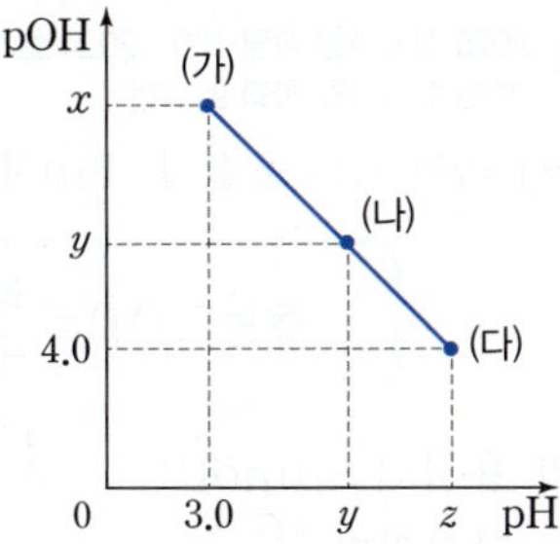

(1) (가)~(다)의 액성을 각각 쓰시오. [단답형]

____

(2) x, y, z를 각각 구하고, 풀이 과정을 서술하시오. [서술형]

____

K20 ✻✻✻

표는 25 °C에서 수용액 (가)와 (나)에 대한 자료이다. (가)와 (나)는 각각 염산(HCl(aq))과 수산화 나트륨 수용액(NaOH(aq)) 중 하나이다. (단, 25 °C에서 물의 이온화 상수(K_w)는 1×10^{-14}이다.)

구분	(가)	(나)
pH	$4a$	$3a$
몰농도	b	b

(1) (가)와 (나)의 액성을 각각 쓰시오. [단답형]

____

(2) a와 b를 각각 구하고, 풀이 과정을 서술하시오. [서술형]

____

L 몰 농도

1. 몰 농도 [1] 출제 2025 실시 9월 학평 11번 2024 실시 10월 학평 7, 17번
2025 실시 6월 학평 9, 17번

용액의 부피를 기준으로 하기 때문에 사용하기 편리 [2]

(1) 용액 1 L 속에 녹아 있는 용질의 양(mol)으로 나타내며, 단위는 mol/L 또는 M이다.

$$\text{몰농도 (M)} = \frac{\text{용질의 양 (mol)}}{\text{용액의 부피 (L)}}$$

(2) 온도에 따라 용질의 양(mol)은 변하지 않지만 용액의 부피가 변하므로 몰농도는 온도에 따라 달라진다. [3]

(3) **몰농도 구하기**: 몰농도는 용액에 녹아 있는 용질의 양(mol)을 이용하여 구한다.

> (예) 증류수에 수산화 나트륨 10 g을 녹여 수산화 나트륨 수용액 500 mL를 만들었을 때 몰농도(M) 구하기(단, 수산화 나트륨의 몰질량(g/mol)은 40이다.)
>
> ❶ **녹이는 NaOH의 양(mol) 구하기**: 물질의 질량(g)을 물질의 몰질량(g/mol)으로 나눈 값
> ➡ NaOH의 양(mol) = $\dfrac{\text{NaOH의 질량(g)}}{\text{NaOH의 몰질량(g/mol)}} = \dfrac{10\ g}{40\ g/mol} = 0.25\ mol$
>
> ❷ **용액의 몰농도(M) 구하기**: 용질의 양(mol)을 용액의 부피(L)로 나눈 값
> ➡ NaOH의 몰농도(M) = $\dfrac{\text{NaOH의 양(mol)}}{\text{NaOH}(aq)\text{의 부피(L)}} = \dfrac{0.25\ mol}{0.5\ L} = 0.5\ M$

2. 용액 만들기: 특정한 몰농도의 용액을 만들 때 부피 플라스크, 전자저울, 비커, 씻기병 등이 필요하다. [4]

(예) 0.1 M 수산화 나트륨 수용액 1 L 만들기 (NaOH의 몰질량(g/mol)=40)

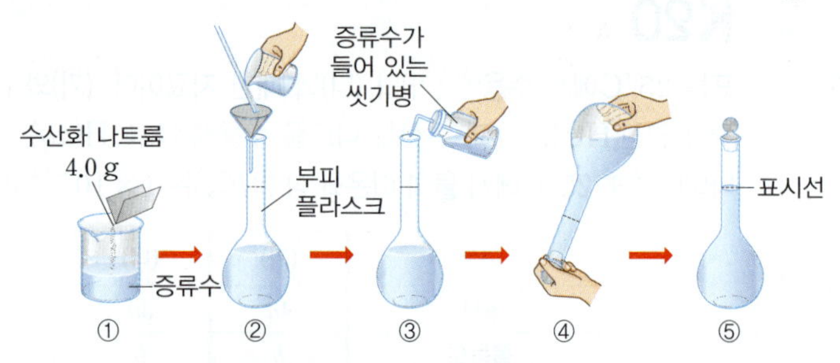

① 전자저울을 이용하여 NaOH 4.0 g을 준비한 뒤, 적당량의 증류수가 들어 있는 비커에 넣어 녹인다.
② ①의 용액을 1 L 부피 플라스크에 넣는다. 증류수로 비커를 몇 번 씻어 묻어 있는 용액까지 모두 부피 플라스크에 넣는다.
③ 부피 플라스크 표시선의 $\frac{2}{3}$ 정도가 되는 부분까지 증류수를 넣고, 용액을 잘 섞는다.
④ 표시선까지 증류수를 채운 후, 마개를 막고 여러 번 흔들어 용액을 잘 섞는다.
⑤ 실온으로 식힌 후 다시 표시선까지 증류수를 채운다.

3. 몰농도 용액의 희석: 용액을 묽힐 때 용액에 증류수를 가해 희석하면 용액의 부피와 몰농도는 변하지만, 용질의 양(mol)은 변하지 않는다.

> 몰농도가 M_1 mol/L인 용액 V_1 L에 증류수를 가해 농도가 M_2 mol/L인 용액 V_2 L를 만들 때, 두 용액에 녹아 있는 용질의 양(mol)이 같으므로 다음과 같은 관계가 성립한다.
> $$\text{용질의 양(mol)} = \text{몰농도(mol/L)} \times \text{용액의 부피(L)}$$
> $$M_1 \times V_1 = M_2 \times V_2$$

4. 혼합 용액의 몰농도: 몰농도가 서로 다른 두 용액을 혼합하면 용액의 부피와 몰농도는 변하지만, 혼합 전 두 용액에 녹아 있는 용질의 양(mol)의 합은 혼합 용액이 녹아 있는 용질의 양(mol)과 같다.

> 몰농도가 M_1 mol/L인 용액 V_1 L에 M_2 mol/L인 용액 V_2 L를 혼합한 용액의 몰농도가 $M_{전체}$ mol/L, 용액의 전체 부피가 $V_{전체}$ L가 되었다면 다음과 같은 관계가 성립한다.
> $$M_1 V_1 + M_2 V_2 = M_{전체} V_{전체} \ \Rightarrow\ M_{전체} = \frac{M_1 V_1 + M_2 V_2}{V_{전체}}\ (\text{mol/L})$$

---

[1] 몰농도
- 일반적으로 몰농도를 나타낼 때는 화학식에 [ ]를 사용하여 나타낸다.
- 질량이 아닌 양(mol)을 사용하므로 양적 관계 계산에 매우 유용하게 이용된다.

[2] 용액과 용해
① **용액**: 두 종류 이상의 물질이 균일하게 섞여 있는 혼합물 ➡ 용매+용질
- **용매**: 다른 물질을 녹이는 물질
- **용질**: 용매에 녹는 물질
② **용해**: 용질이 용매에 고르게 섞이는 현상

[3] 퍼센트 농도
- 용액 100 g에 녹아 있는 용질의 질량(g)을 백분율로 나타내며, 단위는 %이다.
$$\text{퍼센트 농도 (\%)} = \frac{\text{용질의 질량 (g)}}{\text{용액의 질량 (g)}} \times 100$$
- 용액과 용질의 질량으로 나타내므로 온도나 압력의 영향을 받지 않는다.

[4] 몰농도 용액의 제조에 필요한 실험 기구
- **전자 저울**: 용질의 질량 측정
- **비커**: 용질을 용해시킨 후 부피 플라스크에 옮길 때 사용
- **부피 플라스크**: 일정 부피의 용액을 만들 때 사용
- **씻기병**: 비커에 남아있는 용액을 행구거나 부피 플라스크의 표시선을 맞출 때 사용

01 빈칸에 알맞은 말을 쓰시오.

(1) (1   ): 두 종류 이상의 물질이 균일하게 섞여 있는 혼합물

(2) (2   ): 다른 물질을 녹이는 물질

(3) (3   ): 용매에 녹는 물질

02 다음은 퍼센트 농도에 대한 설명이다. 빈칸에 알맞은 말을 쓰시오.

(1) 퍼센트 농도는 용액 (4   ) g 안에 녹아 있는 용질의 질량(g)으로 단위는 (5   )이다.

(2) 질량은 (6   )의 영향을 받지 않으므로 퍼센트 농도는 (7   )와/과 무관하다.

(3) 퍼센트 농도(%)$= \dfrac{(8 \qquad)\text{의 질량(g)}}{(9 \qquad)\text{의 질량(g)}} \times 100$

03 다음은 몰농도에 대한 설명이다. 빈칸에 알맞은 말을 쓰시오.

$$\text{몰농도(M)} = \frac{\text{용질의 양(mol)}}{(10 \qquad)\text{(L)}}$$
용액의 부피는 (11   )에 따라 변하기 때문에 몰농도는 (12   )에 따라 달라진다.

04 다음을 계산하시오. (단, 온도는 25 ℃로 일정하다.)

(1) 포도당이 54 g 녹아 있는 포도당 수용액 500 mL의 몰농도를 구하시오. (단, 포도당의 몰질량(g/mol)은 180이다.)

(13   )

(2) 0.2 M 포도당 수용액 500 mL 안에 들어 있는 포도당의 양(mol)을 구하시오.

(14   )

(3) 증류수에 NaOH(s) 5 g을 녹여 만든 NaOH(aq) 250 mL의 몰농도(M)를 구하시오. (단, NaOH의 몰질량(g/mol)은 40이다.)

(15   )

05 표는 같은 질량의 용질 A와 B가 각각 녹아 있는 수용액에 대한 자료이다.

수용액	A(aq)	B(aq)
용질의 몰질량(g/mol)	40	60
부피(L)	3	1

수용액의 몰농도 비 A(aq) : B(aq) 를 구하시오. (단, 온도는 25 ℃로 일정하다.)

(16   )

06 다음은 용액을 희석하는 과정에 대한 설명이다. 빈칸에 알맞은 말을 쓰시오.

용액을 묽히더라도 용액에 들어 있는 용질의 양은 변하지 않는다. 따라서 몰농도가 M_1(mol/L)인 용액 V_1(L)를 희석하여 몰농도가 M_2(mol/L)인 용액 V_2(L)를 만들었을 때 다음과 같은 관계가 성립한다.
용질의 양(mol)$=(17 \qquad) \times V_1 = M_2 \times (18 \qquad)$

07 다음을 계산하시오. (단, 온도는 25 ℃로 일정하다.)

(1) 2 M 포도당 수용액 400 mL에 증류수를 가하여 부피가 1000 mL가 되었을 때 묽힌 포도당 수용액의 몰농도는 (19   ) M이다.

(2) 0.3 M 아세트산 수용액 400 mL에 증류수를 가하여 아세트산 수용액의 농도가 0.1 M이 되었을 때 아세트산 수용액의 부피는 (20   ) L이다.

(3) 0.2 M 포도당 수용액 100 mL에 0.3 M 포도당 수용액 200 mL를 혼합한 후 증류수를 가하여 용액의 부피를 400 mL로 만들었을 때 포도당 수용액의 몰농도(M)를 구하시오.

(21   )

08 다음은 0.1 M 수산화 나트륨(NaOH) 수용액 100 mL를 만드는 실험 과정을 순서 없이 나열한 것이다. (단, NaOH의 몰질량(g/mol)은 40이다.)

(가) 50 mL 비커에 NaOH 0.4 g을 정확히 측정하여 넣는다.
(나) 100 mL 부피 플라스크에 비커의 용액을 조심스럽게 붓는다.
(다) NaOH이 들어 있는 비커에 적당량의 증류수를 넣고 완전히 녹인다.
(라) 부피 플라스크의 표시선까지 증류수를 채운 후 마개를 막고 충분히 섞는다.
(마) 남는 용질이 없도록 증류수로 비커를 씻어 부피 플라스크에 넣는다.

NaOH 수용액을 만드는 과정을 옳게 나열하시오.

(22   )

유형 01 몰농도

(단서) 물질의 몰질량과 질량, 부피나 몰농도 등이 제시되어 있다.
(발상) 몰농도 공식에 적용하여 제시되지 않은 나머지 요소를 추론할 수 있다.

L01 ✱✱❀ ······ 2025 실시 9월 학평 16 / 화학 I (고2) 변형

표는 t ℃에서 수용액 (가)~(다)에 대한 자료이다.

수용액	(가)	(나)	(다)
용질의 종류	A	B	B
용질의 질량(g)	w	w	x
몰농도(M)	1	4	2
부피(L)	6	1	6

이에 대한 설명으로 옳은 것만을 〈보기〉에서 있는 대로 고른 것은?

[보기]
ㄱ. 용질의 양(mol)은 (가)>(나)이다.
ㄴ. 몰질량은 B>A이다.
ㄷ. $x=3w$이다.

① ㄱ　　② ㄷ　　③ ㄱ, ㄴ　④ ㄴ, ㄷ　⑤ ㄱ, ㄴ, ㄷ

L02 ✱✱❀ ······ 2025 실시 6월 학평 9 / 화학 I (고2) 변형

그림은 A(aq)과 B(aq)의 부피와 몰농도를 나타낸 것이다. 용질의 질량은 A(aq)에서와 B(aq)에서가 같다.

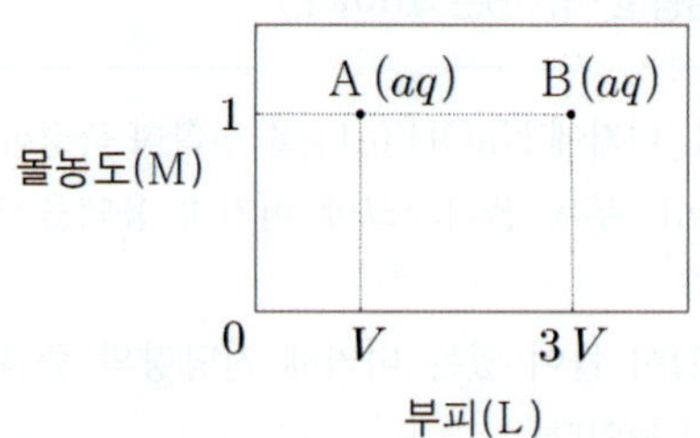

$\dfrac{\text{B의 몰질량}}{\text{A의 몰질량}}$ 은?

① $\dfrac{1}{3}$　　② $\dfrac{1}{2}$　　③ 1　　④ 2　　⑤ 3

L03 ✱✱❀ ······ 2024 실시 9월 학평 7 / 화학 I (고2) 변형

그림은 V L 수용액 (가)~(다)의 몰농도(M)와 (가)~(다)에 녹아 있는 용질의 질량(g)을 나타낸 것이다.

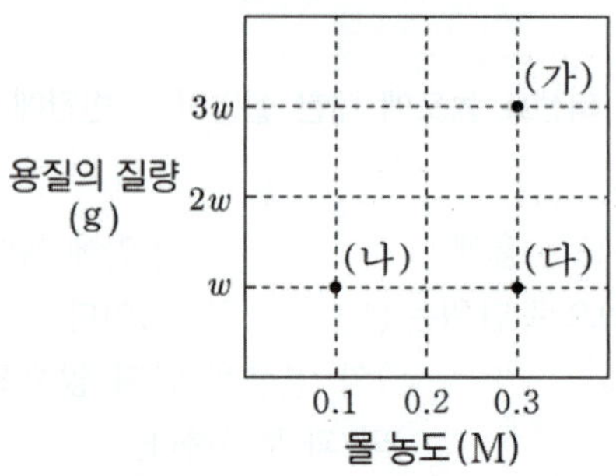

(가)~(다)에서 용질의 양(mol)과 용질의 몰질량(g/mol)을 각각 옳게 비교한 것은? (3점)

	용질의 양(mol)	용질의 몰질량(g/mol)
①	(가)>(나)	(가)>(나)
②	(가)>(나)	(가)>(다)
③	(가)=(다)	(나)=(다)
④	(나)>(다)	(가)=(나)
⑤	(나)=(다)	(가)>(다)

L04 ✱✱✱ ······ 2023 실시 6월 학평 12 / 화학 I (고2) 변형

표는 수용액 (가)~(다)에 대한 자료이다. (가)~(다)에 녹아 있는 용질의 질량은 모두 같고, A의 몰질량(g/mol)은 40이다.

수용액	(가)	(나)	(다)
용질의 종류	A	A	B
몰농도(M)	1	0.5	0.8
부피(L)	2	V	1

이에 대한 설명으로 옳은 것만을 〈보기〉에서 있는 대로 고른 것은? (3점)

[보기]
ㄱ. (가)에 녹아 있는 A의 양은 2 mol이다.
ㄴ. $V=1$이다.
ㄷ. B의 몰질량(g/mol)은 100이다.

① ㄱ　　② ㄴ　　③ ㄱ, ㄷ　④ ㄴ, ㄷ　⑤ ㄱ, ㄴ, ㄷ

L05 ✽✽❀ 　　　　　2024 실시 6월 학평 10 / 화학 I (고2) 변형

표는 $A(aq)$과 $B(aq)$에 대한 자료이다. $\dfrac{B의 몰질량}{A의 몰질량} = \dfrac{1}{3}$이다.

수용액	$A(aq)$	$B(aq)$
몰농도(M)	0.2	x
용질의 질량(g)	$2w$	w
용액의 부피(mL)	100	300

x는?

① 0.1　　② 0.2　　③ 0.3　　④ 0.4　　⑤ 0.5

L06 ✽✽❀ 　　　　　2025 실시 6월 학평 17 / 화학 I (고2) 변형

다음은 $A(aq)$을 만드는 방법을 댓글로 남긴 화학 동아리 활동을 나타낸 것이다.

> 각자 원하는 몰농도의 $A(aq)$을 만드는 방법을 댓글로 남겨 주세요. A의 몰질량(g/mol)은 60입니다.

↳ '화학인'님의 댓글

> $A(s)$ 12 g을 모두 물에 녹여 a M $A(aq)$ 500 mL를 만듭니다.

↳ '케미'님의 댓글

> '화학인'님이 만든 a M $A(aq)$ 100 mL에 $A(s)$ w g을 모두 녹이고 물을 넣어 0.2 M $A(aq)$ 250 mL를 만듭니다.

모든 댓글의 내용이 옳을 때, $\dfrac{w}{a}$는? (단, 온도는 일정하다.) (3점)

① 1　　② $\dfrac{3}{2}$　　③ 2　　④ $\dfrac{5}{2}$　　⑤ 3

L07 ✽✽✽ 　　　　　2023 실시 11월 학평 13 / 화학 I (고2)

다음은 0.5 M $A(aq)$을 만드는 실험이다.

> (가) 25 ℃에서 밀도가 d g/mL인 10 M $A(aq)$을 준비한다.
> (나) (가)의 $A(aq)$ w g을 소량의 물이 들어 있는 200 mL 부피 플라스크에 넣는다.
> (다) (나)의 부피 플라스크 표시선까지 물을 넣어 0.5 M $A(aq)$을 만든다.

w는? (단, 온도는 25 ℃로 일정하다.) (3점)

① $20d$　　② $10d$　　③ $\dfrac{1}{5d}$　　④ $\dfrac{1}{10d}$　　⑤ $\dfrac{1}{20d}$

L08 ✽✽❀ 　　　　　2024 실시 10월 학평 7 / 화학 I (고2) 변형

다음은 실험 기구 A ~ C와, 수산화 나트륨($NaOH$) 수용액을 만드는 실험이다. ㉠은 A ~ C 중 하나이고, $NaOH$의 몰질량(g/mol)은 40이다.

〈실험 기구〉

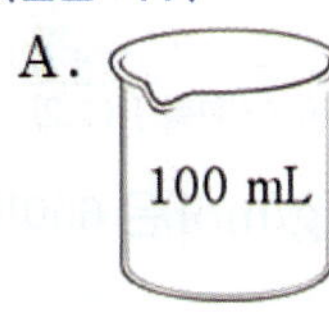
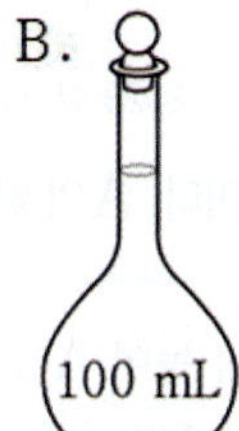
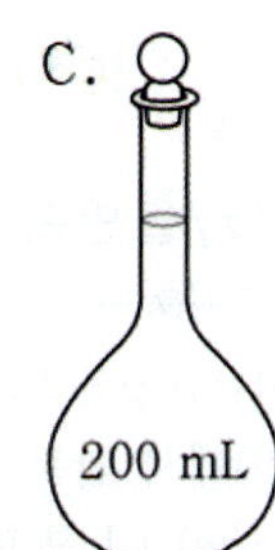

〈실험 과정〉

(가) 소량의 물이 들어 있는 비커에 $NaOH(s)$ $\boxed{w}$ g을 넣어 녹인다.

(나) (가)에서 만든 수용액을 500 mL 부피 플라스크에 모두 넣고, 표시선까지 물을 넣어 0.1 M $NaOH(aq)$을 만든다.

(다) (나)에서 만든 수용액 20 mL를 취하여 $\boxed{㉠}$에 넣고, 표시선까지 물을 넣어 0.01 M $NaOH(aq)$을 만든다.

w와 ㉠으로 옳은 것은? (단, 온도는 일정하다.)

	w	㉠		w	㉠
①	1	A	②	1	B
③	2	B	④	2	C
⑤	4	C			

L09 ❀❀❀ .... 2023 실시 9월 학평 8 / 화학 Ⅰ (고2) 변형

다음은 요소 수용액을 만드는 실험 과정이다.

> **〈실험 과정〉**
> (가) 요소 x g을 모두 물에 녹여 1 M 요소 수용액 100 mL
> 를 만든다.
> (나) (가)의 수용액에 요소 1.5 g을 추가로 넣어 모두 녹인다.
> (다) (나)의 수용액을 250 mL 부피 플라스크에 모두 옮겨
> 담은 후 표시선까지 물을 채워 y M 요소 수용액을 만
> 든다.

$x \times y$는? (단, 요소의 몰질량(g/mol)은 60이고, 온도는 일정하다.)

① $\dfrac{1}{3}$ ② 1 ③ $\dfrac{3}{2}$ ④ 2 ⑤ 3

L10 ❀❀❀ .... 2023 실시 6월 학평 7 / 화학 Ⅰ (고2) 변형

다음은 A(aq)을 만드는 실험이다. A의 몰질량(g/mol)은 60이다.

> (가) A(s) w g을 모두 물에 녹여 A(aq) 500 mL를 만든다.
> (나) (가)에서 만든 A(aq) 100 mL에 물을 넣어 0.05 M
> A(aq) 1 L를 만든다.

w는? (단, 용액의 온도는 일정하다.)

① 3 ② 6 ③ 9 ④ 12 ⑤ 15

[L11~12] 다음은 포도당 수용액을 만드는 실험이다. 물음에 답하시오.

> (가) 포도당 1.8 g을 □ ㉠ □ (으)로 측정하여 소량의 물이
> 들어 있는 비커에 모두 녹인다.
> (나) (가)의 수용액을 100 mL □ ㉡ □ 에 모두 넣은 후,
> 표시선까지 물을 넣고 섞는다.
> (다) (나)의 수용액 1 mL를 취하여 1 L □ ㉡ □ 에 모두
> 넣은 후, 표시선까지 물을 넣고 섞어 x M 포도당 수
> 용액을 만든다.

L11 ❀❀❀ .... 2022 실시 11월 학평 6 / 화학 Ⅰ (고2)

다음 중 실험 기구 ㉠과 ㉡으로 가장 적절한 것은?

	㉠	㉡
①	뷰렛	스포이트
②	뷰렛	부피 플라스크
③	전자저울	스포이트
④	전자저울	부피 플라스크
⑤	눈금 실린더	부피 플라스크

L12 ✪ 고난도 .... 2022 실시 11월 학평 7 / 화학 Ⅰ (고2) 변형

(다)에서 x는? (단, 포도당의 몰질량(g/mol)은 180이고, 온도는 일정하다.) (3점)

① 1×10^{-6} ② 1×10^{-5} ③ 1×10^{-4}
④ 1×10^{-3} ⑤ 1×10^{-2}

(단서) 몰농도가 서로 다른 두 용액을 혼합하는 상황이 제시되어 있다.

(발상) 혼합 전 각각의 용질의 양(mol)은 혼합 용액에 녹아 있는 용질의 양(mol)과 같다는 것을 추론할 수 있다.

L13 ✪ 고난도 .... 2025 실시 9월 학평 10 / 화학 Ⅰ (고2) 변형

다음은 3가지 혼합 용액을 만드는 실험이다.

〈실험 과정〉
(가) $A(s)$ 4 g을 모두 물에 녹여 a M $A(aq)$ 100 mL를 만든다.
(나) $B(s)$ 4 g을 모두 물에 녹여 b M $B(aq)$ 200 mL를 만든다.
(다) (가)와 (나)에서 만든 용액의 부피를 달리하여 혼합한 용액 Ⅰ~Ⅲ을 만든다.

〈실험 결과〉
○ 혼합 용액 Ⅰ~Ⅲ에 대한 자료

혼합 용액	혼합 전 수용액의 부피(mL)		혼합 용액에 들어 있는 A의 양(mol)과 B의 양(mol)의 합
	a M $A(aq)$	b M $B(aq)$	
Ⅰ	$2V$	V	$16n$
Ⅱ	$2V$	$3V$	$32n$
Ⅲ	$3V$	$2V$	x

이에 대한 설명으로 옳은 것만을 〈보기〉에서 있는 대로 고른 것은? (단, 온도는 일정하고, A와 B는 서로 반응하지 않는다.) (3점)

[보기]
ㄱ. $x=24n$이다.
ㄴ. $a:b=1:2$이다.
ㄷ. $\dfrac{A의\ 몰질량}{B의\ 몰질량}=4$이다.

① ㄱ ② ㄴ ③ ㄱ, ㄷ ④ ㄴ, ㄷ ⑤ ㄱ, ㄴ, ㄷ

L14 ✳✳✳✾ .... 2023 실시 6월 학평 16 / 화학 Ⅰ (고2)

그림은 0.2 M $A(aq)$을 만드는 과정을 나타낸 것이다.

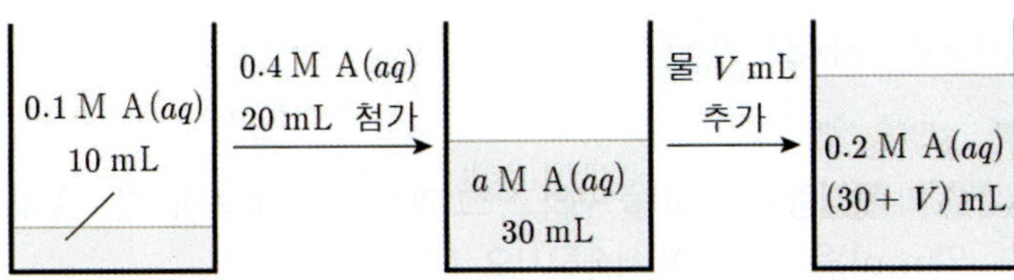

$a \times V$는?

① $\dfrac{3}{2}$ ② 3 ③ 4 ④ $\dfrac{9}{2}$ ⑤ 6

L15 ✳✳✳✾ .... 2024 실시 10월 학평 17 / 화학 Ⅰ (고2) 변형

표는 x M $A(aq)$과 0.5 M $A(aq)$을 혼합한 용액 (가), (나)에 대한 자료이다.

혼합 용액	혼합 전 용액의 부피(mL)		용질의 질량(g)	몰농도(M)
	x M $A(aq)$	0.5 M $A(aq)$		
(가)	100	20	3	$5k$
(나)	100	50		$6k$

$\dfrac{x}{A의\ 몰질량}$는? (단, 온도는 일정하고, 혼합 용액의 부피는 혼합 전 각 용액의 부피의 합과 같다.) (3점)

① $\dfrac{1}{500}$ ② $\dfrac{1}{400}$ ③ $\dfrac{1}{360}$ ④ $\dfrac{1}{180}$ ⑤ $\dfrac{1}{100}$

L16 ✳✳✳✾ .... 2024 실시 9월 학평 16 / 화학 Ⅰ (고2)

표는 a M $A(aq)$ 10 mL에 b M $A(aq)$을 넣었을 때, 넣어 준 b M $A(aq)$의 부피에 따른 혼합된 $A(aq)$의 몰농도(M)를 나타낸 것이다.

넣어 준 b M $A(aq)$의 부피(mL)	5	10	20
혼합된 $A(aq)$의 몰농도(M)	3	x	2

$\dfrac{a}{b} \times x$는? (단, 온도는 일정하며, 혼합 용액의 부피는 혼합 전 각 용액의 부피의 합과 같다.) (3점)

① $\dfrac{5}{8}$ ② $\dfrac{5}{2}$ ③ 10 ④ 15 ⑤ 20

L17 ✳✳✳✾ .... 2023 실시 9월 학평 6 / 화학 Ⅰ (고2) 변형

그림 (가)~(다)는 3가지 수산화 나트륨($NaOH$) 수용액을 나타낸 것이다. (가)에 녹아 있는 $NaOH$의 질량은 2 g이고, (다)는 (가)와 (나)를 모두 혼합한 뒤 물을 첨가한 수용액이다.

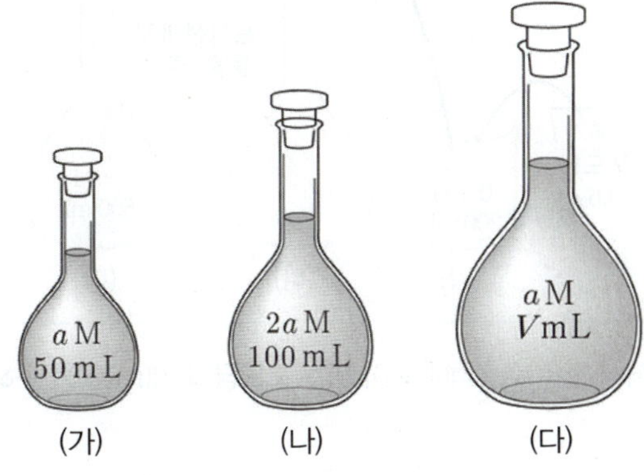

$\dfrac{V}{a}$는? (단, $NaOH$의 몰질량(g/mol)은 40이고, 온도는 일정하다.) (3점)

① 200 ② 250 ③ 300 ④ 350 ⑤ 500

L18 ✱✱✿

다음은 0.2 M A(aq)을 만드는 실험 과정이다. (단, A의 몰질량(g/mol)은 40이고, 온도는 일정하다.)

〈실험 과정〉
(가) A(s) w g을 비커에 넣고 소량의 물을 부어 모두 녹인다.
(나) 500 mL □ ㉠ □ 에 (가)의 용액을 모두 넣는다.
(다) (나)의 □ ㉠ □ 에 표시선까지 물을 넣고 섞어 0.2 M A(aq)을 만든다.

(1) 실험 기구 ㉠의 이름을 쓰시오. 단답형

(2) w를 구하고, 그 과정을 (다)의 수용액에 녹아 있는 A의 양(mol)을 포함하여 서술하시오. 서술형

L19 ✱✱✿

다음은 포도당 수용액에 대한 실험이다. (단, 포도당의 몰질량(g/mol)은 180이고, 온도는 일정하다.)

〈실험 과정 및 결과〉
(가) 0.1 M 포도당 수용액 200 mL에 포도당 3.6 g을 넣어 모두 녹인다.
(나) 500 mL 부피 플라스크에 (가)의 용액을 모두 넣는다.
(다) (나)의 부피 플라스크에 표시선까지 물을 넣고 섞어 x M 포도당 수용액을 만든다.

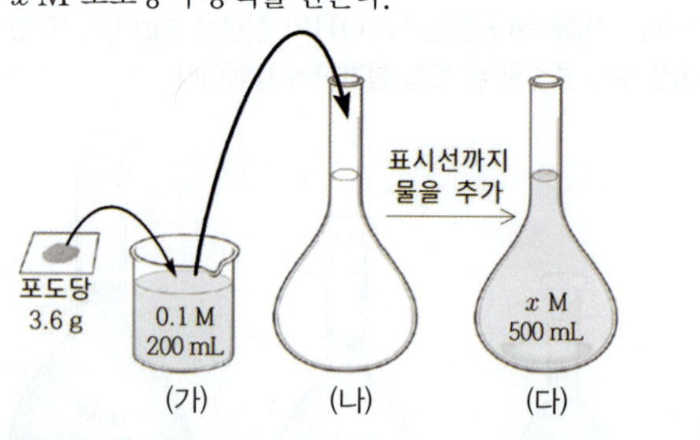

(1) (가)에서 만든 수용액에 녹아 있는 포도당의 양(mol)을 구하시오. 단답형

(2) x를 구하고, 그 과정을 수용액에 녹아 있는 포도당의 양(mol)을 포함하여 서술하시오. 서술형

L20 ✱✱✿

다음은 A(aq)을 만드는 실험 과정이다. (단, 온도는 t ℃로 일정하다.)

〈실험 과정〉
(가) t ℃에서 10 g의 A(s)를 모두 물에 녹여 A(aq) 100 mL를 만든다.
(나) (가)에서 만든 A(aq) 50 mL에 물을 넣어 0.1 M A(aq) 500 mL를 만든다.
(다) (나)에서 만든 A(aq) 500 mL에 A(s) 5 g을 모두 녹이고 물을 넣어 a M A(aq) 1 L를 만든다.

(1) A의 몰질량(g/mol)을 구하시오. 단답형

(2) a를 구하고, 그 과정을 수용액에 녹아 있는 A의 양(mol)을 포함하여 서술하시오. 서술형

L21 ✱✱✿

그림은 A(s) x g이 녹아 있는 0.5 % A 수용액 (가)와 A(s) 6 g이 녹아 있는 x M A 수용액 (나)를 나타낸 것이다. (단, (가)의 밀도는 1.0 g/mL이다.)

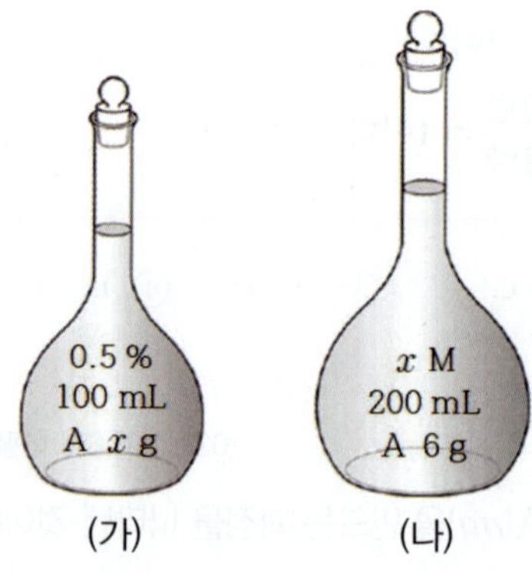

(1) x를 구하시오. 단답형

(2) A의 몰질량(g/mol)을 구하고, 그 과정을 (나)에 녹아 있는 A의 양(mol)을 포함하여 서술하시오. 서술형

 # 중화 반응에서의 양적 관계

1 중화 반응

1. **산 염기 중화 반응**: 산과 염기가 반응하여 물과 염을 생성하는 반응이다.[1]

(1) **중화 반응 모형과 반응식**

예 염화 수소(HCl)와 수산화 나트륨($NaOH$) 수용액의 중화 반응: 각각의 수용액에서 이온화하여 양이온과 음이온으로 존재하는 두 수용액을 혼합하면 수소 이온(H^+)과 수산화 이온(OH^-)이 반응하여 물(H_2O)이 된다.

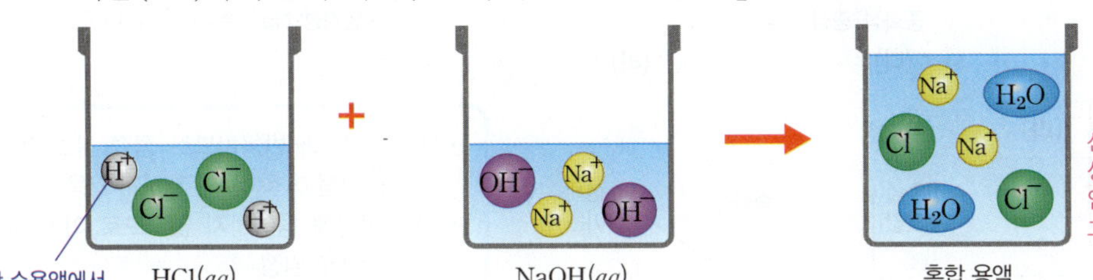

이온화	$HCl(aq) \longrightarrow H^+(aq) + Cl^-(aq)$
	$NaOH(aq) \longrightarrow Na^+(aq) + OH^-(aq)$
전체 반응식	$HCl(aq) + NaOH(aq) \longrightarrow H_2O(l) + NaCl(aq)$
	$H^+(aq) + Cl^-(aq) + Na^+(aq) + OH^-(aq) \longrightarrow H_2O(l) + Na^+(aq) + Cl^-(aq)$

(물속에서 이온으로 존재한다.)

(2) **중화 반응의 알짜 이온 반응식**

① 알짜 이온 반응식: 반응에 실제로 참여한 이온만으로 나타낸 화학 반응식이다.

② 중화 반응의 알짜 이온 반응식은 산과 염기의 종류에 관계없이 같다.

➡ 수소 이온(H^+)과 수산화 이온(OH^-)이 반응하여 물(H_2O)이 된다.

$$H^+(aq) + OH^-(aq) \longrightarrow H_2O(l)$$

(3) **구경꾼 이온**[2]: 반응에 참여하지 않고, 반응 후에도 용액에 그대로 남아 있는 이온이다.

예 염산($HCl(aq)$)과 수산화 나트륨($NaOH(aq)$)의 중화 반응에서 Na^+과 Cl^-이 구경꾼 이온이다.

(4) **염**[3]: 중화 반응에서 산의 음이온과 염기의 양이온으로 이루어진 물질로 산과 염기의 종류에 따라 달라진다.

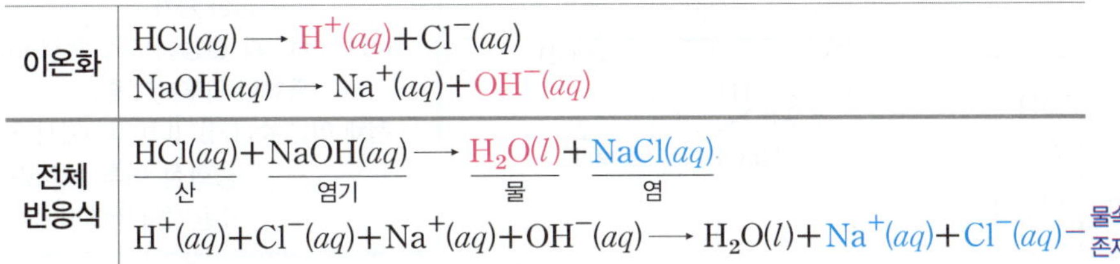
$$HCl(aq) + NaOH(aq) \longrightarrow H_2O(l) + NaCl(aq)$$
$$HNO_3(aq) + KOH(aq) \longrightarrow H_2O(l) + KNO_3(aq)$$
산　　　　염기　　　　물　　　　염

산과 염기 중화 용액은 가열하면 염이 남는다.

2 중화 반응에서의 양적 관계

1. **중화 반응에서 이온 수**

(1) 중화 반응에서 산이 내놓은 수소 이온(H^+)과 염기가 내놓은 수산화 이온(OH^-)이 1 : 1의 몰비로 반응하여 물이 된다.

(2) 일반적으로 중화 반응의 양적 관계에서는 물의 자동 이온화는 고려하지 않는다. 산의 H^+과 OH^-의 양에 비해 물의 자동 이온화에 의한 H^+과 OH^-의 양은 무시할 정도로 적기 때문이다.

---

[1] 중화 반응의 이용

• 벌에 쏘였을 때 염기성 물질을 바른다.
• 생선회를 먹을 때 생선의 비린내를 없애기 위해 레몬즙을 뿌린다.
• 속이 쓰릴 때 제산제를 복용한다.

[2] 구경꾼 이온

중화 반응에서 산의 음이온과 염기의 양이온은 반응 후 혼합 용액에서 이온 상태로 존재하는데, 혼합 용액을 가열하여 물을 증발시키면 결정 상태(고체 염)로 얻을 수 있다.

[3] 염의 생성

산의 음이온과 염기의 양이온이 결합한 이온 결합 물질인 염은 중화 반응 외에도 다음과 같은 반응에서도 생성된다.

• 산과 금속의 반응
$Mg + 2HCl \longrightarrow MgCl_2 + H_2$

• 염과 염의 반응
$NaCl + AgNO_3$
$\longrightarrow NaNO_3 + AgCl$

2. 중화 반응의 이온 수 변화

예 일정량의 묽은 염산(HCl)에 수산화 나트륨(NaOH) 수용액을 가할 경우 중화 반응 모형 및 이온 수 변화 ❶

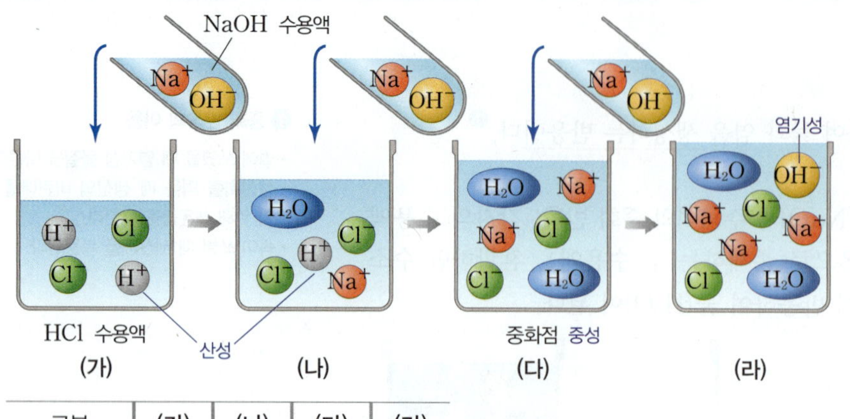

구분	(가)	(나)	(다)	(라)
H^+의 수	2	1	0	0
Cl^-의 수	2	2	2	2
Na^+의 수	0	1	2	3
OH^-의 수	0	0	0	1
남은 $H^+(OH^-)$	H^+	H^+	—	OH^-
용액의 액성 ❷	산성	산성	중성	염기성

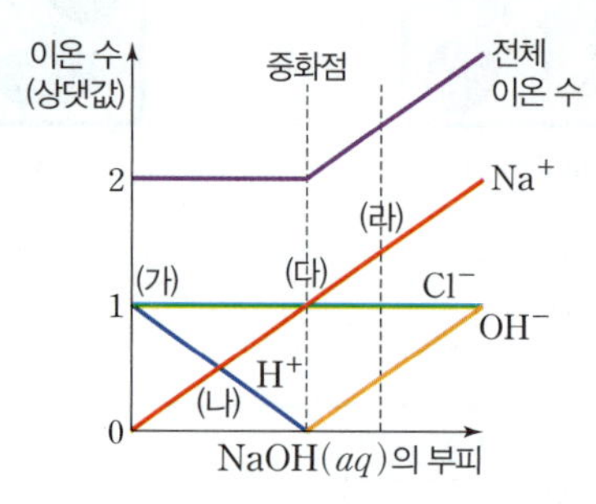

❶ 이온 수 변화(반대의 경우)

반대로 일정량의 NaOH 수용액에 HCl 수용액을 떨어뜨릴 때의 이온 수 변화는 그래프 모양은 같고 이온의 종류가 달라진다.
➡ Na^+과 Cl^-이 바뀌고, H^+과 OH^-이 바뀐다.

❷ $HCl(aq)$과 $NaOH(aq)$의 중화 반응에서 혼합 용액의 액성에 따른 이온 수

· 중성: Na^+ 수=Cl^- 수
· 산성: Cl^- 수=Na^+ 수+H^+ 수
· 염기성: Na^+ 수=Cl^- 수+OH^- 수

· H^+: OH^-과 반응하므로 점점 감소하다가 중화점 이후에는 존재하지 않음
· Cl^-: 반응에 참여하지 않으므로 이온 수는 그대로 일정
· Na^+: 반응에 참여하지 않으므로 넣어주는 대로 점점 증가
· OH^-: H^+과 반응하므로 존재하지 않다가 중화점 이후부터 증가
· 전체 이온 수: (가), (나), (다)에서 일정하다가 중화점 이후 넣어준 NaOH 수용액의 양에 비례하여 증가

3. 중화 반응과 물의 생성: 중화점에서 물이 가장 많이 생성된다. ❸

예 일정량의 묽은 염산(HCl) 수용액에 수산화 나트륨(NaOH) 수용액을 가할 경우

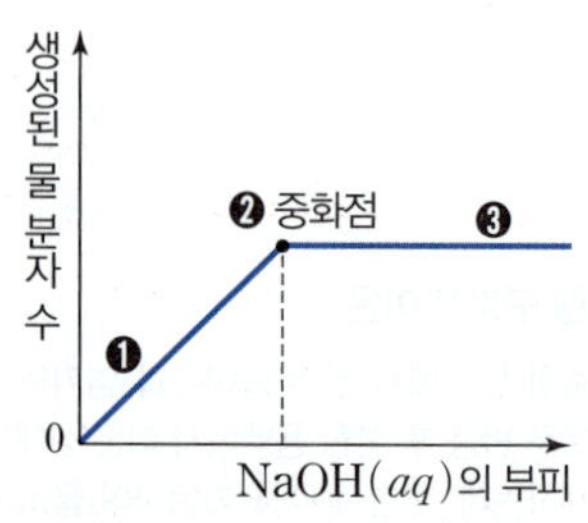

❶ 중화점 이전: 반응한 H^+ 또는 OH^- 수에 비례하여 물 분자수가 증가한다.(단, 혼합 용액의 부피에서 중화 반응으로 생성된 물의 부피는 무시한다.)
❷ 중화점: 완전 중화하므로 중화점에서 물 분자가 가장 많이 생성된다.
❸ 중화점 이후: 중화 반응이 더 이상 일어나지 않으므로 물 분자 수가 증가하지 않는다.

❸ 중화 반응과 물의 생성

생성된 물의 양은 반응 전 더 적게 존재하는 $H^+(OH^-)$의 양에 의해 결정된다.

❹ 산과 염기의 가수(n)

산이나 염기 1몰이 내놓을 수 있는 H^+이나 OH^-의 양(mol)이다.
· 산의 가수

1가 산	HCl, CH_3COOH
2가 산	H_2SO_4, H_2CO_3
3가 산	H_3PO_4

· 염기의 가수

1가 염기	$NaOH$, KOH
2가 염기	$Ca(OH)_2$, $Ba(OH)_2$
3가 염기	$Al(OH)_3$

4. 산과 염기가 완전히 중화되는 조건 꼭 외워!

산이 내놓은 H^+의 양(mol)과 염기가 내놓은 OH^-의 양(mol)이 같아야 한다. ❹

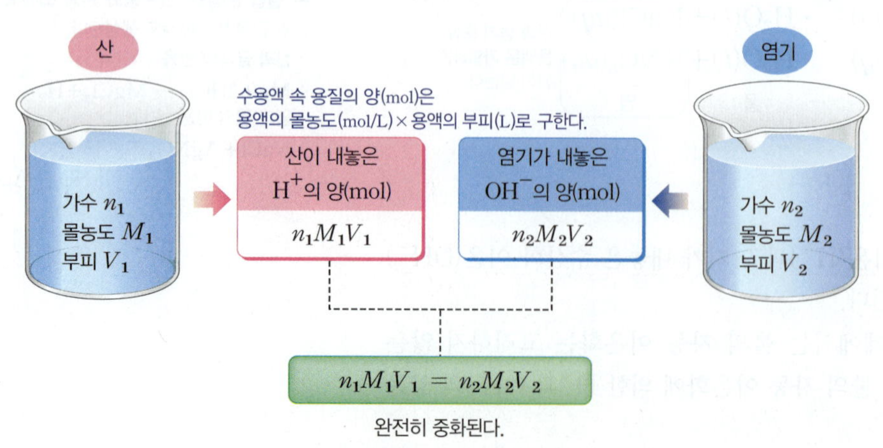

예 0.3 M $HCl(aq)$ 200 mL를 완전히 중화하는 데 필요한 각 염기의 부피(mL) 구하기

① 0.1 M $NaOH(aq)$의 부피(a)
$1 \times 0.3M \times 0.2L = 1 \times 0.1M \times aL$
∴ a=0.6이므로 600 mL 필요

② 0.1 M $Ba(OH)_2(aq)$의 부피(b)
$1 \times 0.3M \times 0.2L = 2 \times 0.1M \times bL$
∴ b=0.3이므로 300 mL 필요

1 중화 반응

01 다음은 중화 반응에 대한 설명이다. 빈칸에 알맞은 말을 쓰시오.

> 산 염기 중화 반응은 산과 염기가 반응하여 (1   )와/
> 과 (2   )을/를 생성하는 반응이다. 반응에 실제로 참
> 여한 이온만으로 나타낸 화학 반응식을 (3   )
> (이)라고 한다. 반응에 참여하지 않고, 반응 후에도 용액에
> 그대로 남아 있는 이온은 (4   )(이)라고 한다.

02 그림은 염산(HCl)과 수산화 나트륨($NaOH$) 수용액의 반응 모형이다. 물음에 답하시오.

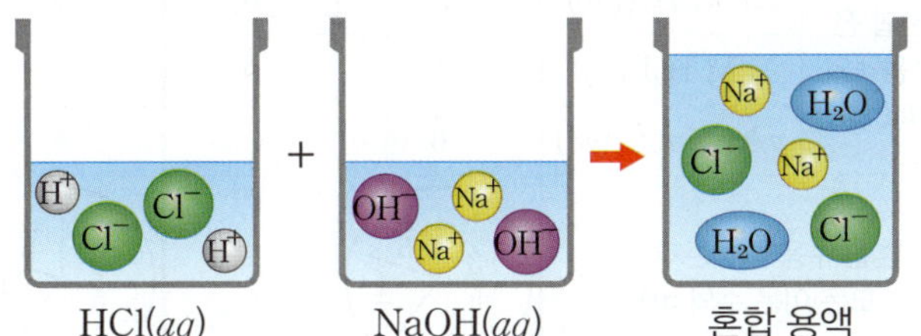

(1) 이 반응의 알짜 이온 반응식을 쓰시오.

(5   )

(2) 이 반응에서 구경꾼 이온을 모두 쓰시오.

(6   )

03 빈칸에 알맞은 말을 쓰시오. (단, 물질은 화학식으로 쓰시오.)

(1) 염은 중화 반응에서 산의 (7   )와/과 염기의 (8   )(으)로 이루어진 물질이다.

(2) 질산(HNO_3)과 수산화 칼륨(KOH)의 중화 반응에서 생성된 염은 (9   )이다.

(3) 염산(HCl)과 수산화 나트륨($NaOH$) 수용액의 혼합 용액을 가열하여 물을 증발시키면 결정 상태의 (10   )을/를 얻을 수 있다.

04 그림은 같은 부피의 $HCl(aq)$과 $NaOH(aq)$의 반응을 입자 모형으로 나타낸 것이다.

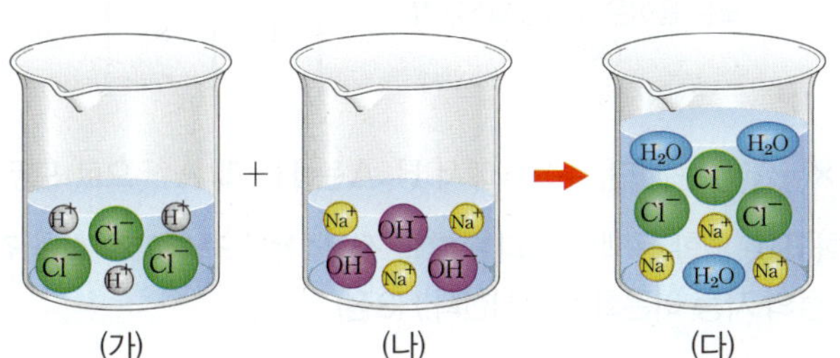

이에 대한 설명으로 옳은 것은 ○, 옳지 않은 것은 ×로 표시하시오.
(단, 혼합 용액의 부피는 혼합 전 각 용액의 부피의 합과 같다.)

(1) 몰농도는 $HCl(aq)$과 $NaOH(aq)$이 같다.   (11 ○, ×)

(2) 수용액의 pH는 (다)>(가)이다.   (12 ○, ×)

(3) Na^+의 몰농도는 (나)>(다)이다.   (13 ○, ×)

2 중화 반응에서의 양적 관계

05 그림은 25 °C에서 0.1 M $NaOH(aq)$ 20 mL에 $HCl(aq)$을 5 mL씩 넣을 때 일어나는 반응을 입자 모형으로 나타낸 것이다.

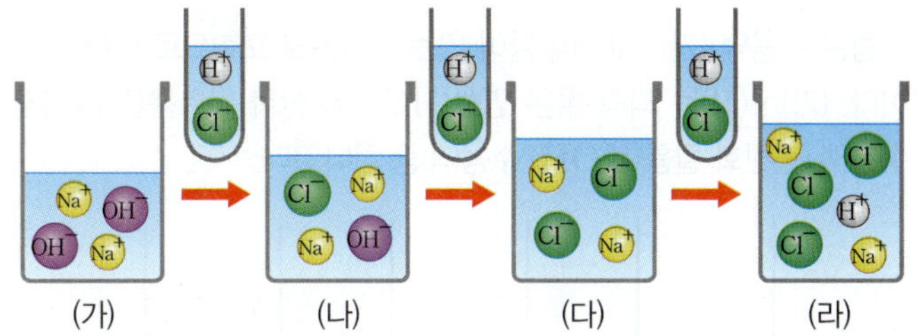

이에 대한 설명으로 옳은 것은 ○, 옳지 않은 것은 ×로 표시하시오.
(단, 혼합 용액의 부피는 혼합 전 각 용액의 부피의 합과 같다.)

(1) $[Na^+]$는 (가)에서와 (나)에서가 같다.   (14 ○, ×)

(2) 생성된 물의 양(mol)은 (라)>(다)이다.   (15 ○, ×)

(3) 단위 부피당 이온 수는 $HCl(aq)$이 $NaOH(aq)$의 2배이다.

(16 ○, ×)

06 0.1 M 염산($HCl(aq)$) 20 mL를 완전히 중화하는 데 필요한 0.2 M 수산화 나트륨($NaOH$) 수용액의 부피(mL)를 구하시오.   (17   )

07 표는 $HCl(aq)$과 $NaOH(aq)$을 부피를 달리하여 반응시켰을 때 혼합 용액 (가)~(다)에 대한 자료이다.

혼합 용액	혼합 전 용액의 부피(mL)		용액의 액성	전체 음이온 수
	$HCl(aq)$	$NaOH(aq)$		
(가)	80	30	산성	$2N$
(나)	30	20	염기성	N
(다)	40	10	㉠	N

이에 대한 설명으로 옳은 것은 ○, 옳지 않은 것은 ×표 하시오. (단, 온도는 일정하고, 물의 자동 이온화는 무시한다.)

(1) (가)에서 혼합 전 $HCl(aq)$ 80 mL에는 H^+ $2N$이 존재한다.   (18 ○, ×)

(2) (나)에서 혼합 전 $NaOH(aq)$ 20 mL에는 Na^+ N이 존재한다.   (19 ○, ×)

(3) (다)에서 ㉠은 염기성이다.   (20 ○, ×)

내신+학평 대비 기출문제 [유형별]

1 중화 반응 ~ **2** 중화 반응에서의 양적 관계

유형 01   이온 수 모형을 제시한 경우

(단서) 수용액 내부의 이온 모형이 제시되어 있다.
(발상) 각 모형이 어떤 이온을 의미하는지를 찾아낸다.

M01 ✽✽✽ .... 2021 실시 3월 학평 16 / 화학 I (고2)

그림은 수용액 (가)~(다)에 들어 있는 음이온을 모형으로 나타낸 것이다. (가)~(다)는 각각 묽은 염산(HCl), 수산화 나트륨(NaOH) 수용액, 수산화 칼륨(KOH) 수용액 중 하나이다.

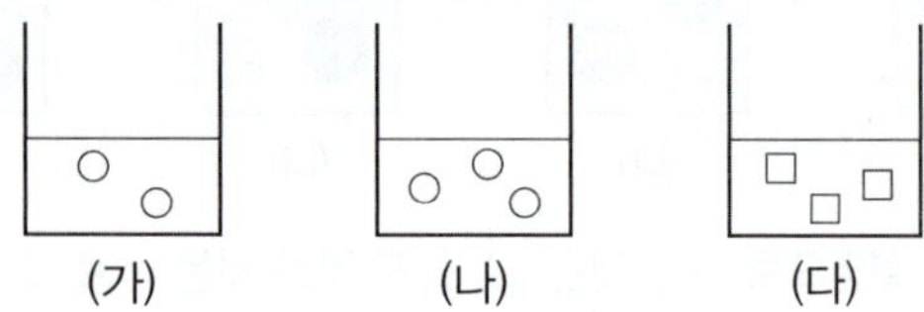

이에 대한 옳은 설명만을 〈보기〉에서 있는 대로 고른 것은? (3점)

[보기]
ㄱ. ○는 수산화 이온(OH^-)이다.
ㄴ. (나)와 (다)를 모두 혼합한 용액은 중성이다.
ㄷ. (가)와 (다)를 모두 혼합한 용액에 들어 있는 전체 이온 수는 (나)에 들어 있는 전체 이온 수와 같다.

① ㄱ   ② ㄷ   ③ ㄱ, ㄴ   ④ ㄴ, ㄷ   ⑤ ㄱ, ㄴ, ㄷ

M02 ✽✽✽ .... 2020 실시 3월 학평 18 / 화학 I (고2)

그림은 묽은 염산(HCl) 10 mL에 수산화 나트륨(NaOH) 수용액을 10 mL씩 넣었을 때, 수용액에 들어 있는 이온을 모형으로 나타낸 것이다. (가)에 들어 있는 이온은 나타내지 않았다.

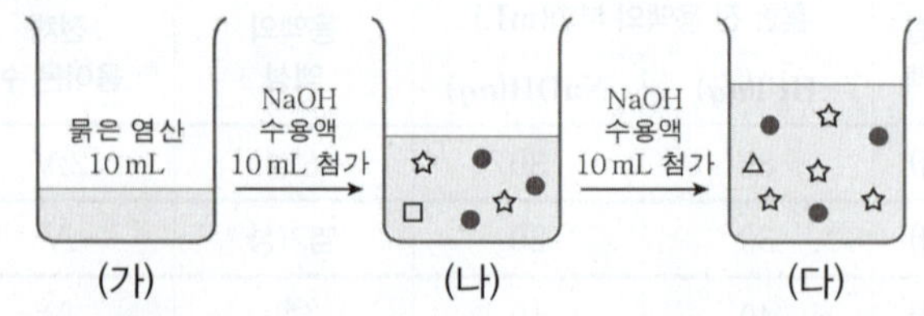

이에 대한 옳은 설명만을 〈보기〉에서 있는 대로 고른 것은? (3점)

[보기]
ㄱ. ●는 양이온이다.
ㄴ. (나)에 금속 마그네슘(Mg)을 넣으면 기체가 발생한다.
ㄷ. 묽은 염산 20 mL와 수산화 나트륨 수용액 30 mL를 혼합한 용액은 중성이다.

① ㄱ   ② ㄴ   ③ ㄱ, ㄷ   ④ ㄴ, ㄷ   ⑤ ㄱ, ㄴ, ㄷ

유형 02   표를 제시한 경우

(단서) 혼합 전 수용액의 부피와 용액의 액성이 제시되어 있다.
(발상) 혼합 용액의 몰농도와 액성을 바탕으로 용액의 농도를 구한다.

M03 ✽✽✽ .... 2025 대비 수능 18 / 화학 I

표는 $2x$ M HA(aq), x M H_2B(aq), y M NaOH(aq)의 부피를 달리하여 혼합한 수용액 (가) ~ (다)에 대한 자료이다.

혼합 수용액		(가)	(나)	(다)
혼합 전 수용액의 부피(mL)	$2x$ M HA(aq)	a	0	a
	x M H_2B(aq)	b	b	c
	y M NaOH(aq)	0	c	b
혼합 수용액에 존재하는 모든 이온 수의 비율		$\frac{3}{5}$, $\frac{1}{5}$, $\frac{1}{5}$		$\frac{3}{5}$, $\frac{1}{5}$, $\frac{1}{5}$

$\dfrac{y}{x} \times \dfrac{\text{(나)에 존재하는 } Na^+ \text{의 양(mol)}}{\text{(나)에 존재하는 } B^{2-} \text{의 양(mol)}}$ 은? (단, 수용액에서 HA는 H^+과 A^-으로, H_2B는 H^+과 B^{2-}으로 모두 이온화되고, 물의 자동 이온화는 무시한다.) (3점)

① $\dfrac{1}{12}$ ② $\dfrac{1}{9}$ ③ $\dfrac{1}{3}$ ④ 9   ⑤ 12

M04 ✽✽✽ .... 2024 실시 10월 학평 19 / 화학 I (고3)

표는 a M HCl(aq), b M H_2A(aq), c M KOH(aq)을 혼합한 용액 (가) ~ (다)에 대한 자료이다. (나)의 액성은 중성이다.

혼합 용액		(가)	(나)	(다)
혼합 전 용액의 부피(mL)	a M HCl(aq)	V	V	$2V$
	b M H_2A(aq)	V	$2V$	V
	c M KOH(aq)	0	$2V$	$2V$
모든 음이온의 몰농도(M) 합 (상댓값)		15	8	㉠

㉠ $\times \dfrac{a}{b+c}$ 는? (단, 수용액에서 H_2A는 H^+과 A^{2-}으로 모두 이온화되고, 혼합 용액의 부피는 혼합 전 각 용액의 부피의 합과 같으며, 물의 자동 이온화는 무시한다.) (3점)

① $\dfrac{5}{2}$ ② 4   ③ 5   ④ $\dfrac{20}{3}$ ⑤ 8

표는 x M NaOH(aq), 0.1 M H_2A(aq), 0.1 M HB(aq)의 부피를 달리하여 혼합한 용액 (가)와 (나)에 대한 자료이다. (가)의 액성은 염기성이다.

혼합 용액		(가)	(나)
혼합 전 용액의 부피(mL)	x M NaOH(aq)	V_1	$2V_1$
	0.1 M H_2A(aq)	40	20
	0.1 M HB(aq)	V_2	0
모든 이온의 수		$8N$	$19N$
모든 음이온의 몰농도 (M) 합		$\dfrac{3}{50}$	$\dfrac{3}{20}$

$x \times \dfrac{V_2}{V_1}$ 는? (단, 혼합 용액의 부피는 혼합 전 각 용액의 부피의 합과 같고, 수용액에서 H_2A는 H^+과 A^{2-}으로, HB는 H^+과 B^-으로 모두 이온화되며, 물의 자동 이온화는 무시한다.)

① $\dfrac{1}{25}$ ② $\dfrac{1}{10}$ ③ $\dfrac{1}{5}$ ④ $\dfrac{1}{3}$ ⑤ $\dfrac{1}{2}$

M06 ⭐ 고난도 .... 2025 대비 9월 모평 19 / 화학 Ⅰ

표는 x M H_2A(aq)과 y M NaOH(aq)의 부피를 달리하여 혼합한 용액 (가) ~ (다)에 대한 자료이다.

혼합 용액		(가)	(나)	(다)
혼합 전 수용액의 부피 (mL)	x M H_2A (aq)	10	20	30
	y M NaOH (aq)	30	20	10
액성		염기성		산성
혼합 용액에 존재하는 $\dfrac{A^{2-}\text{의 양 (mol)}}{\text{모든 이온의 양 (mol)}}$ (상댓값)		3	a	8

$a \times \dfrac{y}{x}$ 는? (단, 수용액에서 H_2A는 H^+과 A^{2-}으로 모두 이온화되고, 물의 자동 이온화는 무시한다.) (3점)

① $\dfrac{1}{12}$ ② $\dfrac{3}{16}$ ③ 2 ④ $\dfrac{16}{3}$ ⑤ 12

M07 ✳✳✳✳ 2024 실시 5월 학평 20 / 화학 Ⅰ (고3)

다음은 a M HA(aq)과 b M $B(OH)_2$(aq)의 부피를 달리하여 혼합한 용액 (가)와 (나)에 대한 자료이다.

○ 수용액에서 HA는 H^+과 A^-으로, $B(OH)_2$는 B^{2+}과 OH^-으로 모두 이온화된다.

혼합 용액		(가)	(나)
혼합 전 수용액의 부피(mL)	a M HA(aq)	40	30
	b M $B(OH)_2$(aq)	10	10
$\dfrac{H^+ \text{ 또는 } OH^- \text{의 양 (mol)}}{\text{가장 많이 존재하는 이온의 양 (mol)}}$ (상댓값)		3	2
혼합 용액의 액성		산성	염기성

$\dfrac{b}{a}$ 는? (단, 물의 자동 이온화는 무시하며, A^-과 B^{2+}은 반응하지 않는다.) (3점)

① 1 ② $\dfrac{3}{2}$ ③ $\dfrac{8}{5}$ ④ $\dfrac{5}{3}$ ⑤ 2

M08 ⭐ 고난도 .... 2024 실시 7월 학평 20 / 화학 Ⅰ (고3)

표는 a M HX(aq), 0.1 M H_2Y(aq), $\dfrac{4}{3}a$ M $Z(OH)_2$(aq)의 부피를 달리하여 혼합한 용액 (가) ~ (다)에 대한 자료이다. 수용액에서 HX는 H^+과 X^-으로, H_2Y는 H^+과 Y^{2-}으로, $Z(OH)_2$는 Z^{2+}과 OH^-으로 모두 이온화된다.

혼합 용액	혼합 전 수용액의 부피(mL)			모든 양이온의 몰농도(M) 합 (상댓값)
	HX(aq)	H_2Y(aq)	$Z(OH)_2$(aq)	
(가)	20	10	30	10
(나)	20	30	50	11
(다)	b	20	20	19

$a \times b$ 는? (단, 혼합 용액의 부피는 혼합 전 각 용액의 부피의 합과 같고, 물의 자동 이온화는 무시하며, X^-, Y^{2-}, Z^{2+}은 반응하지 않는다.) (3점)

① $\dfrac{1}{2}$ ② $\dfrac{2}{3}$ ③ 1 ④ $\dfrac{3}{2}$ ⑤ 2

다음은 a M HA(aq), b M H$_2$B(aq), $\dfrac{5}{2}a$ M NaOH(aq)의 부피를 달리하여 혼합한 수용액 (가)~(다)에 대한 자료이다.

○ 수용액에서 HA는 H$^+$과 A$^-$으로, H$_2$B는 H$^+$과 B^{2-}으로 모두 이온화된다.

혼합 수용액	혼합 전 수용액의 부피 (mL)			모든 양이온의 몰농도(M) 합 (상댓값)
	HA(aq)	H$_2$B(aq)	NaOH(aq)	
(가)	$3V$	V	$2V$	5
(나)	V	xV	$2xV$	9
(다)	xV	xV	$3V$	y

○ (가)는 중성이다.

$\dfrac{y}{x}$는? (단, 혼합 수용액의 부피는 혼합 전 각 수용액의 부피의 합과 같고, 물의 자동 이온화는 무시한다.)

① 1 ② 2 ③ 3 ④ 4 ⑤ 5

M10 ⭐ 고난도 .... 2023 실시 3월 학평 20 / 화학 I (고3)

다음은 0.1 M HA(aq), a M XOH(aq), $3a$ M Y(OH)$_2$(aq)을 혼합한 용액 (가)와 (나)에 대한 자료이다.

○ 수용액에서 HA는 H$^+$과 A$^-$으로, XOH는 X$^+$과 OH$^-$으로, Y(OH)$_2$는 Y^{2+}과 OH$^-$으로 모두 이온화된다.

혼합 용액		(가)	(나)
혼합 전 수용액의 부피(mL)	0.1 M HA(aq)	50	50
	㉠	20	V
	㉡	30	20
$\dfrac{[\text{X}^+]+[\text{Y}^{2+}]}{[\text{A}^-]}$ (상댓값)		18	7

○ ㉠과 ㉡은 각각 a M XOH(aq), $3a$ M Y(OH)$_2$(aq) 중 하나이다.

○ (나)는 중성이다.

$\dfrac{V}{a}$는? (단, 혼합 용액의 부피는 혼합 전 각 수용액의 부피의 합과 같고, X$^+$, Y^{2+}, A$^-$은 반응하지 않는다.) (3점)

① 30 ② 40 ③ 50 ④ 100 ⑤ 300

단서 중화 반응을 이용한 실험이 제시되어 있다.
발상 음이온, 양이온 비를 이용하여 몰농도를 구한다.

M11 ⭐ 고난도 .... 2022 대비 6월 모평 20 / 화학 I

다음은 중화 반응에 대한 실험이다.

〈자료〉

○ 수용액 A와 B는 각각 0.4M YOH(aq)과 aM Z(OH)$_2$(aq) 중 하나이다.

○ 수용액에서 H$_2$X는 H$^+$과 X^{2-}으로, YOH는 Y$^+$과 OH$^-$으로, Z(OH)$_2$는 Z^{2+}과 OH$^-$으로 모두 이온화된다.

〈실험 과정〉

(가) 0.3M H$_2$X(aq) V mL가 담긴 비커에 수용액 A 5 mL를 첨가하여 혼합 용액 Ⅰ을 만든다.

(나) Ⅰ에 수용액 B 15mL를 첨가하여 혼합 용액 Ⅱ를 만든다.

(다) Ⅱ에 수용액 B x mL를 첨가하여 혼합 용액 Ⅲ을 만든다.

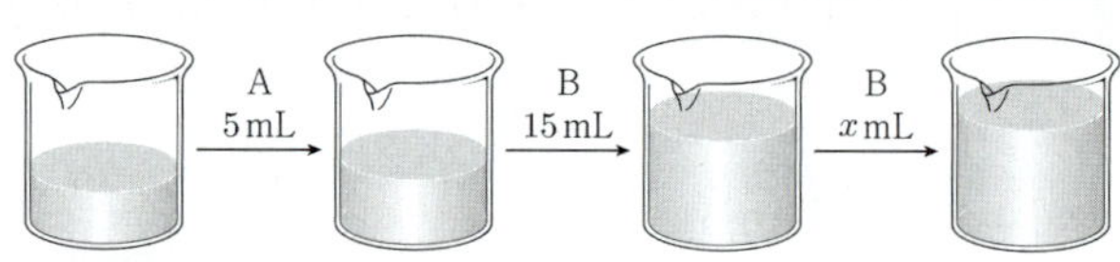

〈실험 결과〉

○ Ⅲ은 중성이다.

○ Ⅰ과 Ⅱ에 대한 자료

혼합 용액	Ⅰ	Ⅱ
혼합 용액에 존재하는 모든 이온의 몰농도의 합(상댓값)	8	5
혼합 용액에서 $\dfrac{\text{음이온 수}}{\text{양이온 수}}$	$\dfrac{3}{5}$	$\dfrac{3}{5}$

$\dfrac{x}{V} \times a$는? (단, 혼합 용액의 부피는 혼합 전 각 용액의 부피의 합과 같고, 물의 자동 이온화는 무시하며, X^{2-}, Y$^+$, Z^{2+}은 반응하지 않는다.) (3점)

① $\dfrac{1}{4}$ ② $\dfrac{1}{5}$ ③ $\dfrac{3}{20}$ ④ $\dfrac{1}{10}$ ⑤ $\dfrac{1}{20}$

M12 ⭐ 고난도 .... 2024 대비 수능 18 / 화학 I

다음은 중화 반응 실험이다.

〈자료〉
○ 수용액에서 H_2A는 H^+과 A^{2-}으로 모두 이온화된다.

〈실험 과정〉
(가) x M $H_2A(aq)$과 y M $NaOH(aq)$을 준비한다.
(나) 3개의 비커에 (가)의 2가지 수용액의 부피를 달리하여 혼합한 용액 Ⅰ~Ⅲ을 만든다.

〈실험 결과〉
○ Ⅰ~Ⅲ의 액성은 모두 다르며, 각각 산성, 중성, 염기성 중 하나이다.
○ 혼합 용액 Ⅰ~Ⅲ에 대한 자료

혼합 용액	혼합 전 수용액의 부피 (mL)		모든 양이온의 몰농도(M) 합
	x M $H_2A(aq)$	y M $NaOH(aq)$	
Ⅰ	V	10	2
Ⅱ	V	20	2
Ⅲ	$3V$	40	㉠

㉠ $\times \dfrac{x}{y}$ 는? (단, 혼합 용액의 부피는 혼합 전 각 용액의 부피의 합과 같고, 물의 자동 이온화는 무시한다.) (3점)

① $\dfrac{4}{7}$ ② $\dfrac{8}{7}$ ③ $\dfrac{12}{7}$ ④ $\dfrac{15}{7}$ ⑤ $\dfrac{18}{7}$

M13 ✽✽✽ .... 2021 실시 10월 학평 19 / 화학 I (고3)

다음은 중화 반응 실험이다.

〈자료〉
○ 수용액에서 $X(OH)_2$는 X^{2+}과 OH^-으로 모두 이온화된다.

〈실험 과정〉
(가) a M $X(OH)_2(aq)$ V mL와 b M $HCl(aq)$ 50 mL를 혼합하여 용액 Ⅰ을 만든다.
(나) 용액 Ⅰ에 c M $NaOH(aq)$ 20 mL를 혼합하여 용액 Ⅱ를 만든다.

〈실험 결과〉
○ 용액 Ⅰ과 Ⅱ에 대한 자료

용액	Ⅰ	Ⅱ
$\dfrac{음이온의 양(mol)}{양이온의 양(mol)}$	$\dfrac{5}{3}$	$\dfrac{3}{2}$
모든 이온의 몰농도의 합(상댓값)	1	1

$\dfrac{c}{a+b}$ 는? (단, X는 임의의 원소 기호이고, 혼합 용액의 부피는 혼합 전 각 용액의 부피의 합과 같으며, 물의 자동 이온화는 무시한다.) (3점)

① $\dfrac{3}{7}$ ② $\dfrac{3}{5}$ ③ $\dfrac{2}{3}$ ④ $\dfrac{5}{7}$ ⑤ $\dfrac{4}{5}$

단서 혼합 용액에 존재하는 이온 수 비가 제시되어 있다.
발상 혼합 용액 속 존재하는 이온의 종류를 파악하고, 수용액 속 모든 이온의 전하량 합은 0임을 이용하여 몰비를 구한다.

M14 ⭐ 고난도 .... 2023 실시 11월 학평 19 / 화학 I (고2)

그림은 0.2 M $B(OH)_2(aq)$ x mL에 y M $HA(aq)$을 넣었을 때, 넣어 준 $HA(aq)$의 부피에 따른 혼합 용액 속 모든 음이온의 수를 나타낸 것이다. P에서 혼합 용액 속 모든 이온 수의 비는 $3:4:5$이다.

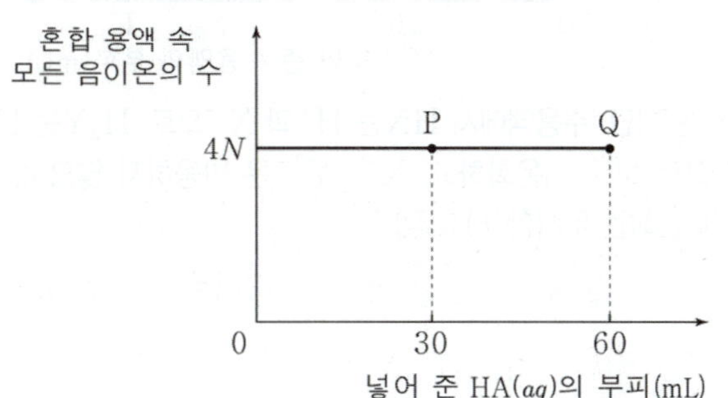

이에 대한 설명으로 옳은 것만을 〈보기〉에서 있는 대로 고른 것은? (단, 수용액에서 HA는 H^+과 A^-으로, $B(OH)_2$는 B^{2+}과 OH^-으로 모두 이온화되며, 물의 자동 이온화는 무시한다.) (3점)

[보기]
ㄱ. P에서 혼합 용액 속 B^{2+}의 수는 $2N$이다.
ㄴ. Q에서 혼합 용액은 염기성이다.
ㄷ. $\dfrac{x}{y}=120$이다.

① ㄱ ② ㄷ ③ ㄱ, ㄴ ④ ㄴ, ㄷ ⑤ ㄱ, ㄴ, ㄷ

그림은 a M NaOH(aq) 10 mL에 산성 수용액 (가)와 (나)를 순서대로 넣었을 때, 혼합 용액 속 OH^-의 양(mol)을 넣어 준 산성 수용액의 부피에 따라 나타낸 것이다. (가), (나)는 각각 0.1 M HX(aq)과 0.1 M H_2Y(aq) 중 하나이다.

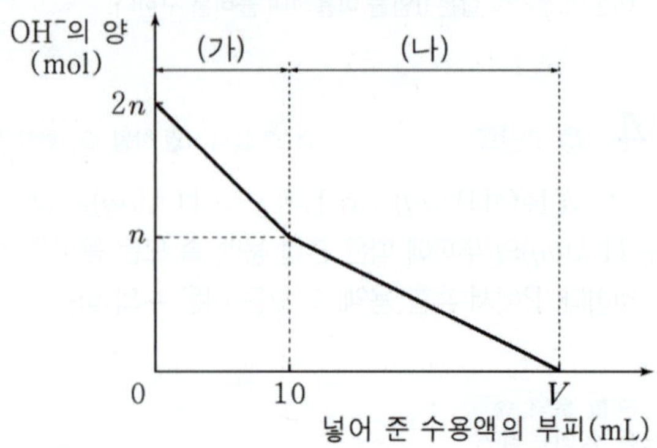

$a \times V$는? (단, 수용액에서 HX는 H^+과 X^-으로, H_2Y는 H^+과 Y^{2-}으로 모두 이온화하고, X^-, Y^{2-}은 반응하지 않으며, 물의 자동 이온화는 무시한다.) (3점)

① 4 ② 8 ③ 12 ④ 15 ⑤ 18

표는 NaOH(aq), HA(aq), H_2B(aq)의 부피를 달리하여 혼합한 용액 (가)~(다)에 대한 자료이다. 수용액에서 HA는 H^+과 A^-으로, H_2B는 H^+과 B^{2-}으로 모두 이온화된다.

혼합 용액		(가)	(나)	(다)
혼합 전 수용액의 부피 (mL)	NaOH(aq)	30	10	20
	HA(aq)	20	x	15
	H_2B(aq)	10	y	5
음이온 수의 비		3 : 2 : 2	1 : 1	5 : 3 : 2
모든 양이온의 몰농도(M) 합 (상댓값)		1	1	

$x+y$는? (단, 혼합 용액의 부피는 혼합 전 각 용액의 부피의 합과 같고, 물의 자동 이온화는 무시한다.) (3점)

① 15 ② 20 ③ 25 ④ 30 ⑤ 35

다음은 중화 반응에 대한 실험이다.

〈실험 과정〉
(가) 2 M H_2A(aq), 2 M BOH(aq), a M BOH(aq)을 준비한다.
(나) 2 M H_2A(aq) 10 mL에 2 M BOH(aq) x mL를 넣어 혼합 용액 Ⅰ을 만든다.
(다) 혼합 용액 Ⅰ에 a M BOH(aq) $2x$ mL를 넣어 혼합 용액 Ⅱ를 만든다.

〈실험 결과〉
○ 혼합 용액에 존재하는 모든 이온 수의 비

혼합 용액	Ⅰ	Ⅱ
혼합 용액에 존재하는 모든 이온 수의 비	B^+ $\frac{1}{6}$ $\frac{1}{3}$	$\frac{1}{3}$ $\frac{2}{3}$

$\dfrac{x}{a}$는? (단, H_2A와 BOH는 수용액에서 완전히 이온화하고, A^{2-}, B^+은 반응에 참여하지 않으며 물의 자동 이온화는 무시한다.) (3점)

① 5 ② 10 ③ 25 ④ 30 ⑤ 45

다음은 중화 반응 실험이다.

〈실험 과정〉

(가) $HCl(aq)$, $NaOH(aq)$, $KOH(aq)$을 준비한다.

(나) $HCl(aq)$ V mL가 담긴 비커에 $NaOH(aq)$ V mL를 넣는다.

(다) (나)의 비커에 $NaOH(aq)$ V mL를 넣는다.

(라) (다)의 비커에 $KOH(aq)$ $2V$ mL를 넣는다.

〈실험 결과〉

○ (라) 과정 후 혼합 용액에 존재하는 양이온의 종류는 2가지이다.

○ (다)와 (라) 과정 후 혼합 용액에 존재하는 양이온 수 비

과정	(다)	(라)
양이온 수 비	1 : 1	1 : 2

이에 대한 설명으로 옳은 것만을 〈보기〉에서 있는 대로 고른 것은? (단, 혼합 용액의 부피는 혼합 전 각 용액의 부피의 합과 같다.) (3점)

[보기]

ㄱ. (나) 과정 후 Na^+ 수와 H^+ 수 비는 1 : 3이다.

ㄴ. (라) 과정 후 용액은 중성이다.

ㄷ. 혼합 용액의 단위 부피당 전체 이온 수 비는 (나) 과정 후와 (다) 과정 후가 3 : 2이다.

① ㄱ   ② ㄴ   ③ ㄱ, ㄷ   ④ ㄴ, ㄷ   ⑤ ㄱ, ㄴ, ㄷ

다음은 a M $HCl(aq)$, b M $NaOH(aq)$, c M $A(aq)$의 부피를 달리하여 혼합한 용액 (가)~(다)에 대한 자료이다. A는 HBr 또는 KOH 중 하나이다.

○ 수용액에서 HBr은 H^+과 Br^-으로, KOH은 K^+과 OH^-으로 모두 이온화된다.

혼합 용액	혼합 전 용액의 부피(mL)			혼합 용액에 존재하는 모든 이온의 몰농도(M) 비
	$HCl(aq)$	$NaOH(aq)$	$A(aq)$	
(가)	10	10	0	1 : 1 : 2
(나)	10	5	10	1 : 1 : 4 : 4
(다)	15	10	5	1 : 1 : 1 : 3

○ (가)는 산성이다.

(나) 5 mL와 (다) 5 mL를 혼합한 용액의 $\dfrac{H^+의\ 몰농도(M)}{Na^+의\ 몰농도(M)}$ 는?

(단, 혼합 용액의 부피는 혼합 전 각 용액의 부피의 합과 같고, 물의 자동 이온화는 무시한다.) (3점)

① $\dfrac{1}{8}$ ② $\dfrac{1}{4}$ ③ $\dfrac{2}{7}$ ④ $\dfrac{1}{3}$ ⑤ $\dfrac{5}{8}$

표는 $X(OH)_2(aq)$, $HY(aq)$, $H_2Z(aq)$의 부피를 달리하여 혼합한 용액 (가)와 (나)에 대한 자료이다.

혼합 용액		(가)	(나)
혼합 전 수용액의 부피 (mL)	a M $X(OH)_2(aq)$	V	$2V$
	$2a$ M $HY(aq)$	15	㉠
	b M $H_2Z(aq)$	15	15
모든 이온 수의 비		1 : 2 : 2	1 : 1 : 2 : 3
모든 양이온의 양(mol)		N	$2N$

$\dfrac{b}{a} \times ㉠$ 은? (단, 수용액에서 $X(OH)_2$는 X^{2+}과 OH^-으로, HY는 H^+과 Y^-으로, H_2Z는 H^+과 Z^{2-}으로 모두 이온화하고, 물의 자동 이온화는 무시하며, X^{2+}, Y^-, Z^{2-}은 반응하지 않는다.) (3점)

① 5   ② 10   ③ 15   ④ 20   ⑤ 30

M21 ✿✿✾

그림은 $0.2\ \mathrm{M}$ HCl(aq) $80\ \mathrm{mL}$에 $x\ \mathrm{M}$ NaOH(aq) $160\ \mathrm{mL}$를 넣었을 때 각 수용액에 존재하는 이온을 모형으로 나타낸 것이다.

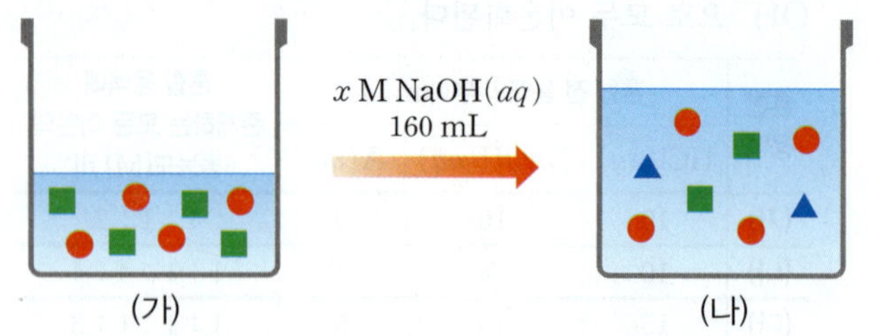

(1) (나)에서 ▲가 나타내는 이온의 화학식을 쓰시오. (단답형)

(2) x를 구하고, 그 과정을 서술하시오. (서술형)

M22 ✿✿✾

표는 $1\ \mathrm{M}$ HCl(aq)과 $1\ \mathrm{M}$ NaOH(aq)의 부피를 달리하여 혼합한 용액 (가)와 (나)에 대한 자료이다. (단, 혼합 용액의 부피는 혼합 전 각 용액의 부피의 합과 같다.)

혼합 용액		(가)	(나)
혼합 전 용액의 부피(mL)	HCl(aq)	a	a
	NaOH(aq)	b	$2b$
혼합 용액에 존재하는 음이온 수의 비 Cl^- : OH^-			3 : 1

(1) (가)의 액성을 쓰시오. (단답형)

(2) $a : b$를 구하고 과정을 서술하시오. (서술형)

M23 ✿✿✾

그림은 $x\ \mathrm{M}$ HCl(aq) $50\ \mathrm{mL}$에 $y\ \mathrm{M}$ NaOH(aq)을 계속 넣을 때, NaOH(aq)의 부피에 따른 혼합 용액 속 전체 이온 수를 나타낸 것이다.

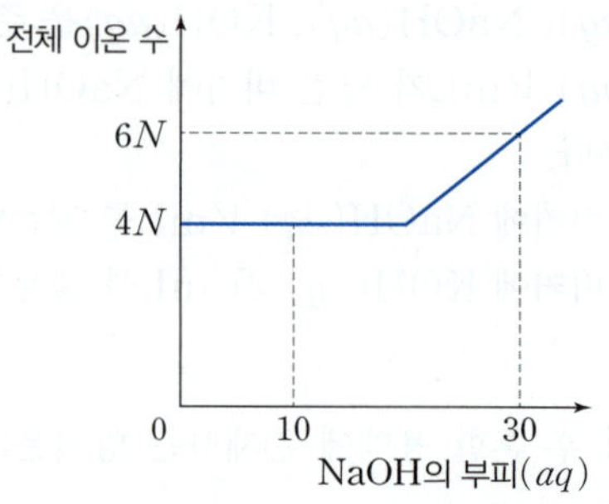

(1) 넣어 준 NaOH(aq)의 부피가 $30\ \mathrm{mL}$일 때, 혼합 용액에 가장 많이 존재하는 이온의 화학식을 쓰시오. (단답형)

(2) $x : y$를 구하고 그 과정을 서술하시오. (서술형)

M24 ✿✿✾

표는 두 가지 수용액에 존재하는 이온의 몰농도를 나타낸 것이다. (단, 혼합 용액의 부피는 혼합 전 각 용액의 부피의 합과 같다.)

수용액		$x\ \mathrm{M}$ HCl(aq) $10\ \mathrm{mL}$	$x\ \mathrm{M}$ HCl(aq) $10\ \mathrm{mL}$ $+y\ \mathrm{M}$ NaOH(aq) $b\ \mathrm{mL}$
이온의 농도(M)	H^+		$\frac{1}{3}x$
	Cl^-	x	$\frac{2}{3}x$

(1) b를 구하시오. (단답형)

(2) $x : y$를 구하고 과정을 서술하시오. (서술형)

중화 반응의 양적 관계

• 이 유형은 혼합 용액의 부피와 단위 부피당 양이온 수 모형을 통해 혼합 용액에 존재하는 양이온의 종류와 양이온 수비를 제시하는 형태로 주로 출제된다. 

표는 a M $HCl(aq)$, b M $NaOH(aq)$, c M $X(OH)_2(aq)$의 부피를 달리하여 혼합한 용액 (가)~(다)에 대한 자료이다. 수용액에서 $X(OH)_2$는 X^{2+}과 OH^-으로 모두 이온화된다.

2024 실시 11월 학평 11 / 화학 I (고3)

혼합 용액		(가)	(나)	(다)
혼합 전 수용액의 부피(mL)	$HCl(aq)$	10	20	xV
	$NaOH(aq)$	30	40	yV
	$X(OH)_2(aq)$	0	20	V
단위 부피당 양이온 수 모형		▲○▲ ○▲○	■○ ■■○	■▲ ○ ▲■

$\dfrac{b+c}{a} \times \dfrac{y}{x}$ 는? (단, 혼합 용액의 부피는 혼합 전 각 용액의 부피의 합과 같고, 물의 자동 이온화는 무시하며, Cl^-, Na^+, X^{2+}은 반응하지 않는다.) (3점)

① $\dfrac{1}{3}$ ② $\dfrac{3}{5}$ ③ $\dfrac{3}{4}$ ④ $\dfrac{3}{2}$ ⑤ $\dfrac{5}{2}$

 **단서+발상**

(단서) 단위 부피당 모든 양이온 수 모형이 제시되어 있다.

(발상) (가)와 (나)에 들어 있는 양이온의 종류를 추론할 수 있다.

(적용) 혼합 용액의 부피와 단위 부피당 양이온 수를 통해 혼합 용액에 존재하는 양이온 수의 비를 구하는 것부터 문제 풀이를 시작해야 한다.

| 문제+자료 분석 |

step 1 **(가)와 (나)의 부피비와 단위 부피당 양이온 수를 통해, 혼합 용액에 존재하는 양이온의 종류와 양이온 수의 비를 구한다.**

• 혼합 용액의 부피비는 (가) : (나) $=(10+30) : (20+40+20)=1 : 2$ 이다.
  혼합 용액에 존재하는 양이온 수는 [단위 부피당 양이온 수 × 혼합 용액의 부피]에 비례한다.
  따라서 (가)에 존재하는 양이온 ○과 ▲의 수를 각각 $3n$이라 하면 (나)에 존재하는 ○과 ■의 수는 각각 $4n$ 이다.

• [이온 수는 혼합 전 용액의 부피에 비례]한다.
  $NaOH(aq)$의 부피비가 (가) : (나) $=3 : 4$이므로 Na^+수의 비도 (가) : (나) $=3 : 4$이다. 따라서 ○은 Na^+ 이다.

• (가)에는 X^{2+}이 존재하지 않으므로 ▲은 H^+ 이다.
  (가)~(다)에 존재할 수 있는 양이온은 H^+, Na^+, X^{2+}이므로 ■은 X^{2+} 이다.

step 2 **중화 반응에서 구경꾼 이온 수는 변하지 않고 알짜 이온인 H^+과 OH^-은 1:1의 몰비(개수비)로 반응한다는 점을 이용하여 $a \sim c$의 비를 구한다.**

• (가)에서 $3n$의 OH^-과 반응 후 남은 H^+(▲)의 수가 $3n$이므로, 혼합 전 10 mL의 $HCl(aq)$에 들어 있는 H^+의 수는 $3n+3n=6n$이다.

• ○은 Na^+이므로 (가)에서 혼합 전 30 mL의 $NaOH(aq)$에 들어 있는 Na^+의 수는 $3n$ 이다.

• ■은 X^{2+}이므로 (나)에서 혼합 전 20 mL의 $X(OH)_2(aq)$에 들어 있는 X^{2+}의 수는 $4n$ 이다.

• 몰농도는 용액 1 L에 녹아 있는 용질의 양(mol)이므로 같은 부피에 들어있는 각각의 물질의 수를 비교한다.
  따라서 $HCl(aq)$, $NaOH(aq)$, $X(OH)_2(aq)$의 몰농도 비인
  $a : b : c = \dfrac{6n}{10} : \dfrac{3n}{30} : \dfrac{4n}{20} = 6 : 1 : 2$이다.

step 3 **(다)에서 $HCl(aq)$, $NaOH(aq)$, $X(OH)_2(aq)$의 몰농도 비를 이용하여 x, y를 구한다.**

• (다)에 존재하는 이온 수의 비는 $Na^+ : X^{2+} : H^+ = 1 : 3 : 2$이므로, Na^+ 수를 k라 하면 X^{2+}, H^+ 수는 각각 $3k$, $2k$이다. $6k+k=7k$의 OH^-과 반응 후 남은 H^+의 수가 $2k$ 이므로 혼합 전 xV mL의 $HCl(aq)$에 들어 있는 H^+의 수는 $7k+2k=9k$이다.

• 따라서 $HCl(aq)$와 $NaOH(aq)$의 몰농도 비인 $6 : 1 = \dfrac{9k}{x} : \dfrac{k}{y}$에서 $3y=2x$이다.

| 선택지 분석 |

① $a : b : c = 6 : 1 : 2$이므로 $\dfrac{b+c}{a} = \dfrac{1+2}{6} = \dfrac{1}{2}$이고, $3y=2x$이므로 $\dfrac{y}{x} = \dfrac{2}{3}$이다.
  따라서 $\dfrac{b+c}{a} \times \dfrac{y}{x} = \dfrac{1}{2} \times \dfrac{2}{3} = \dfrac{1}{3}$이다.

∴ 정답은 ① $\dfrac{1}{3}$이다.

이 유형을 대비하기 위해서는 혼합 용액에 존재하는 양이온 수는 [단위 부피당 양이온 수 × 혼합 용액의 부피]에 비례함을 알아야 한다.

또한 몰농도 비는 '용액 1 L에 녹아 있는 용질 양(mol)의 비'='용액 N L에 녹아 있는 용질 수의 비'임을 활용하여 몰농도는 용액 1 L에 녹아 있는 용질의 양(mol)이므로 같은 부피의 용액에 들어있는 각각의 물질의 수를 비교할 수 있어야 한다.

마지막으로 1가 염기에 들어있는 OH^-의 수보다 2가 염기에 들어있는 OH^-의 수가 2배 더 많음을 알고 있어야 한다.

[정답] 1 $4n$ 2 Na^+ 3 H^+ 4 X^{2+} 5 $3n$ 6 $4n$ 7 $2k$

M25 ⭐1등급 대비 ……… 2024 대비 6월 모평 19 / 화학 Ⅰ

다음은 x M NaOH(aq), y M H_2A(aq), z M HCl(aq)의 부피를 달리하여 혼합한 수용액 (가)~(다)에 대한 자료이다.

○ 수용액에서 H_2A는 H^+과 A^{2-}으로 모두 이온화된다.

혼합 수용액		(가)	(나)	(다)
혼합 전 수용액의 부피 (mL)	x M NaOH(aq)	a	a	a
	y M H_2A(aq)	20	20	20
	z M HCl(aq)	0	20	40
모든 음이온의 몰농도(M) 합			$\frac{2}{7}$	b

○ (가)~(다)의 액성은 모두 다르며, 각각 산성, 중성, 염기성 중 하나이다.
○ (가)에 존재하는 모든 음이온의 양은 0.02 mol이다.
○ (나)에 존재하는 모든 양이온의 양은 0.03 mol이다.

$a \times b$는? (단, 혼합 수용액의 부피는 혼합 전 각 수용액의 부피의 합과 같고, 물의 자동 이온화는 무시한다.) (3점)

① 10 ② 20 ③ 30 ④ 40 ⑤ 50

M26 ⭐1등급 대비 ……… 2024 대비 9월 모평 19 / 화학 Ⅰ

표는 a M HCl(aq), b M NaOH(aq), c M KOH(aq)의 부피를 달리하여 혼합한 용액 (가)~(다)에 대한 자료이다. (가)의 액성은 중성이다.

혼합 용액		(가)	(나)	(다)
혼합 전 용액의 부피 (mL)	HCl(aq)	10	x	x
	NaOH(aq)	10	20	
	KOH(aq)	10	30	y
혼합 용액에 존재하는 양이온 수의 비율		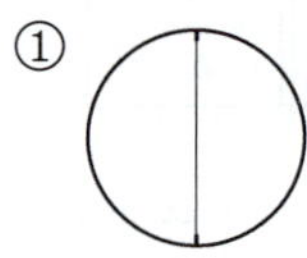	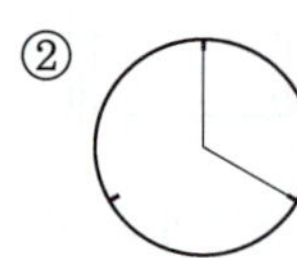	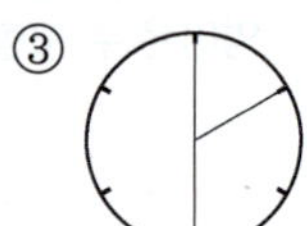

$\frac{x}{y}$는? (단, 물의 자동 이온화는 무시한다.)

① 2 ② $\frac{3}{2}$ ③ 1 ④ $\frac{1}{2}$ ⑤ $\frac{1}{3}$

M27 ⭐1등급 대비 ……… 2023 대비 6월 모평 19 / 화학 Ⅰ

표는 x M H_2A(aq)과 y M NaOH(aq)의 부피를 달리하여 혼합한 용액 (가)~(라)에 대한 자료이다.

혼합 용액		(가)	(나)	(다)	(라)
혼합 전 용액의 부피(mL)	H_2A (aq)	10	10	20	$2V$
	NaOH (aq)	30	40	V	30
모든 음이온의 몰농도(M) 합 (상댓값)		3	4	8	

(라)에 존재하는 이온 수의 비율로 가장 적절한 것은? (단, 혼합 용액의 부피는 혼합 전 각 용액의 부피의 합과 같고, H_2A는 수용액에서 H^+과 A^{2-}으로 모두 이온화되며, 물의 자동 이온화는 무시한다.) (3점)

① 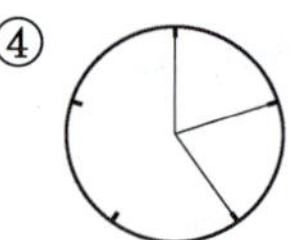 ② 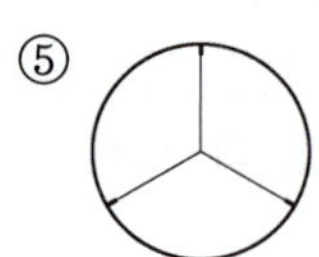 ③

④ ⑤

M28 ⭐1등급 대비 ……… 2021 실시 4월 학평 19 / 화학 Ⅰ (고3)

표는 2 M BOH(aq) 10 mL에 x M H_2A(aq)의 부피를 달리하여 혼합한 용액 (가)~(다)에 대한 자료이다.

혼합 용액		(가)	(나)	(다)
혼합 전 용액의 부피(mL)	2 M BOH(aq)	10	10	10
	x M H_2A(aq)	V	$3V$	$5V$
모든 이온의 수		$7n$	$9n$	
모든 이온의 몰농도(M) 합			$\frac{9}{5}$	$\frac{15}{7}$

$\frac{x}{V}$는? (단, 혼합 용액의 부피는 혼합 전 각 용액의 부피의 합과 같고, 물의 자동 이온화는 무시한다. H_2A와 BOH는 수용액에서 완전히 이온화하고, A^{2-}, B^+은 반응에 참여하지 않는다.) (3점)

① $\frac{2}{15}$ ② $\frac{1}{5}$ ③ $\frac{1}{3}$ ④ $\frac{2}{3}$ ⑤ $\frac{3}{4}$

다음은 중화 반응에 대한 실험이다.

〈자료〉
- 수용액 A와 B는 각각 0.25 M HY(aq)과 0.75 M H$_2$Z(aq) 중 하나이다.
- 수용액에서 X(OH)$_2$는 X^{2+}과 OH$^-$으로, HY는 H$^+$과 Y$^-$으로, H$_2$Z는 H$^+$과 Z^{2-}으로 모두 이온화된다.

〈실험 과정〉
(가) a M X(OH)$_2$(aq) 10 mL에 수용액 A V mL를 첨가하여 혼합 용액 Ⅰ을 만든다.
(나) Ⅰ에 수용액 B 4V mL를 첨가하여 혼합 용액 Ⅱ를 만든다.
(다) a M X(OH)$_2$(aq) 10mL에 수용액 A 4V mL와 수용액 B V mL를 첨가하여 혼합 용액 Ⅲ을 만든다.

〈실험 결과〉
- Ⅱ에 존재하는 모든 이온의 몰비는 3 : 4 : 5이다.
- $\dfrac{\text{Ⅰ에 존재하는 모든 양이온의 몰농도의 합}}{\text{Ⅲ에 존재하는 모든 양이온의 몰농도의 합}} = \dfrac{15}{28}$이다.

$a + V$는? (단, 혼합 용액의 부피는 혼합 전 각 용액의 부피의 합과 같고, 물의 자동 이온화는 무시하며, X^{2+}, Y$^-$, Z^{2-}은 반응하지 않는다. (3점)

① $\dfrac{9}{2}$　② $\dfrac{45}{8}$　③ $\dfrac{27}{4}$　④ $\dfrac{63}{8}$　⑤ 9

다음은 중화 반응에 대한 실험이다.

〈자료〉
- 수용액에서 AOH는 A$^+$과 OH$^-$으로, H$_2$B는 H$^+$과 B^{2-}으로, HC는 H$^+$과 C$^-$으로 모두 이온화된다.

〈실험 과정〉
(가) a M AOH(aq) 20 mL에 b M H$_2$B(aq) 5 mL를 첨가하여 혼합 용액 Ⅰ을 만든다.
(나) Ⅰ에 c M HC(aq) V mL를 첨가하여 혼합 용액 Ⅱ를 만든다.
(다) Ⅱ에 c M HC(aq) 10 mL를 첨가하여 혼합 용액 Ⅲ을 만든다.

〈실험 결과〉

혼합 용액	Ⅱ	Ⅲ
$\dfrac{\text{음이온의 양(mol)}}{\text{양이온의 양(mol)}}$	$\dfrac{2}{3}$	$\dfrac{4}{5}$

- 모든 음이온의 몰농도(M)의 합은 Ⅰ과 Ⅱ가 같다.

$\dfrac{c}{a+b} \times V$는? (단, 혼합 용액의 부피는 혼합 전 각 용액의 부피의 합과 같고, 물의 자동 이온화는 무시하며, A$^+$, B^{2-}, C$^-$은 반응하지 않는다.) (3점)

① 3　② 5　③ 6　④ 12　⑤ 15

N 중화 적정

1. 중화 적정

(1) 중화 반응의 양적 관계($n_1M_1V_1=n_2M_2V_2$)를 이용하여 농도를 모르는 산이나 염기의 농도를 알아내는 방법이다.

(2) **표준 용액**: 중화 적정에서 몰농도를 알고 있는 산 수용액이나 염기 수용액이다.

(3) **중화점**

① 중화 적정에서 산의 H^+의 양(mol)과 염기의 OH^-의 양(mol)이 같아져 산과 염기가 완전히 중화되는 지점이다. **❶**

② 중화점에서 용액의 pH가 급격히 변하므로 지시약을 이용하여 중화점을 찾을 수 있다. **❷**

(4) **중화 적정하는 방법**

① 중화 적정 방법: 농도를 모르는 일정 부피의 산 수용액(또는 염기 수용액)에 농도를 알고 있는 염기 표준 용액 **❸**(또는 산 표준 용액)을 조금씩 넣으면서 산 수용액(또는 염기 수용액)이 완전히 중화하는 데 필요한 염기 표준 용액(또는 산 표준 용액)의 부피를 측정한다.

② 중화 적정에 필요한 실험 도구

- 부피 플라스크: 표준 용액을 제조할 때 사용한다.
- 피펫: 액체의 부피를 정확히 취하여 옮길 때 사용한다.
- 뷰렛: 중화 적정에 사용된 표준 용액의 부피를 측정할 때 사용한다. ― 뷰렛 꼭지 아래쪽까지 용액을 채워 눈금을 읽는다.
- 삼각 플라스크: 농도를 모르는 산 또는 염기 용액을 넣은 후, 뷰렛으로부터 떨어지는 표준 용액을 받아서 중화 반응시키는 용기로 사용된다.

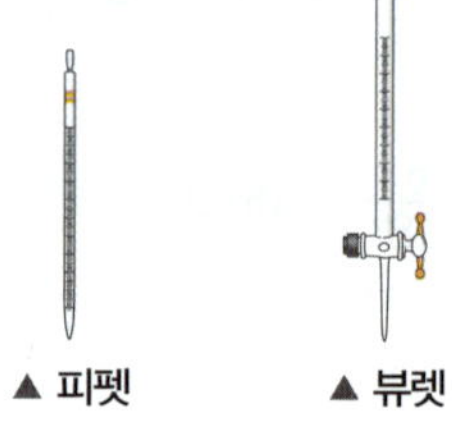

▲ 피펫   ▲ 뷰렛

❶ 중화점과 종말점

산과 염기가 서로 완전히 중화되는 지점을 중화점이라고 한다.
중화 적정 실험에서 중화점에 도달하였다고 판단하여 표준 용액의 첨가를 중지하는 지점을 종말점이라고 한다.

❷ 중화 적정과 지시약

중화 적정에서는 산과 염기의 종류에 따라 알맞은 지시약을 선정해야 한다.
지시약의 종류에 따라 색이 변하는 pH 범위(변색 범위)가 다르다.

지시약	변색 범위(pH)
메틸 오렌지	3.1~4.4
페놀프탈레인	8~10
BTB 용액	6~7.6

❸ 0.1 M 수산화 나트륨($NaOH$) 표준 용액 만들기

$NaOH$(몰질량 40 g/mol) 4 g을 비커에 넣고 증류수를 넣어 녹인다.
녹인 용액을 1 L 부피 플라스크에 넣고 부피 플라스크의 표시선까지 증류수를 넣은 후 잘 흔들어 준다.

✪ 농도를 모르는 염산(HCl)을 수산화 나트륨($NaOH$) 표준 용액으로 중화 적정하는 방법

[과정]

(가) 피펫으로 농도를 모르는 염산을 일정량 취하여 삼각 플라스크에 넣는다.

(나) 페놀프탈레인 용액을 1~2방울 떨어뜨린다.

(다) 뷰렛에 농도를 알고 있는 $NaOH$ 수용액을 넣고, 조금 흘려 보낸 다음 뷰렛의 눈금을 읽어 $NaOH$ 수용액의 처음 눈금(V_1)을 측정한다.

(라) 뷰렛의 꼭지를 열어 삼각 플라스크에 $NaOH$ 수용액을 떨어뜨린다.

(마) 용액 전체의 색이 붉은색으로 변하는 순간 뷰렛의 꼭지를 잠그고 뷰렛의 눈금을 읽어 $NaOH$ 수용액의 나중 눈금(V_2)을 측정한다.

(바) 중화 적정식 $n_1M_1V_1=n_2M_2V_2$에 대입하여 염산의 농도를 구한다.

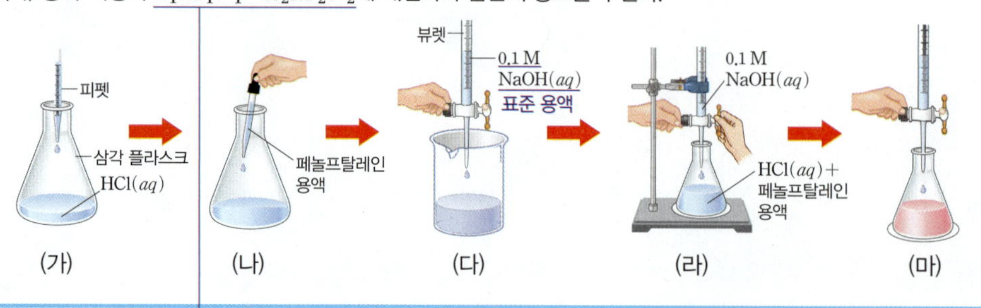

$HCl(aq)$의 몰농도(M) × $HCl(aq)$의 부피(L) = 0.1 M × (V_2-V_1) mL × $\dfrac{1\ L}{1000\ mL}$

2. **농도를 모르는 수용액의 농도 구하기**: 중화 적정으로 중화점에서 표준 용액의 부피를 측정하고 중화 반응의 양적 관계식($n_1M_1V_1=n_2M_2V_2$)을 이용하면 농도를 모르는 수용액의 농도를 구할 수 있다.

⟨예⟩ 농도를 모르는 x M HCl(aq) 200 mL를 0.2 M NaOH(aq)으로 중화 적정 했더니 처음 눈금(V_1)은 3.00 mL, 나중 눈금(V_2)은 53.00 mL였다.
- 반응한 수산화 나트륨 용액의 부피: $V_2-V_1=50.00$ mL$=0.05$ L
- 중화 반응의 양적 관계식: $1\times x$ M$\times 0.2$ L$=1\times 0.2$ M$\times 0.05$ L

따라서 $x=0.05$(M)이다.

✪ 식초 속 아세트산의 함량 구하기

중화 적정으로 식초에 들어 있는 아세트산의 함량을 구할 수 있다.

[과정]

(가) 식초 10 mL를 피펫으로 취하여 100 mL 부피 플라스크에 넣은 다음 표선까지 증류수를 넣고 잘 흔들어 준다. ❶ 식초의 농도를 $\frac{1}{10}$로 묽히는 과정이다.

(나) (가)의 용액 20 mL를 피펫으로 취하여 삼각 플라스크에 넣고, 페놀프탈레인 용액을 2∼3방울 떨어뜨린다. ❷ 산성과 중성에서는 무색, 염기성에서는 붉은색을 띤다.

(다) 뷰렛에 0.1 M 수산화 나트륨(NaOH) 수용액을❸ 넣고 조금 흘려 보낸 후 눈금을 읽는다. 표준 용액

(라) 과정 (나)의 삼각 플라스크에 뷰렛의 꼭지를 열어 NaOH 수용액을 조금씩 떨어뜨리면서 삼각 플라스크를 천천히 흔들어 준다.

(마) 플라스크 속 용액이 전체적으로 붉은색으로 변하면 뷰렛의 꼭지를 잠근 후 뷰렛의 눈금을 읽는다.

(바) 과정 (나)∼(마)를 반복하여 중화 적정에 사용된 NaOH 수용액의 평균 부피를 구한다.

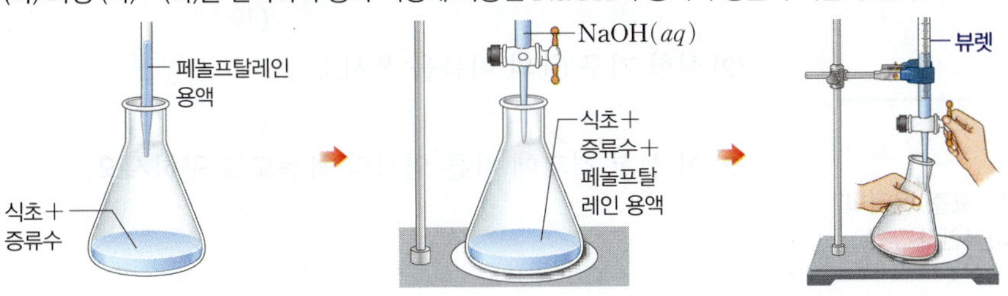

[결과 및 정리]

① **0.1 M 수산화 나트륨(NaOH) 수용액의 부피**

실험	1회	2회	3회	평균
NaOH(aq)의 부피(mL)	20	21	19	20

② **식초의 아세트산 함량** ❹
- 식초 속 아세트산의 몰농도(M): 100 mL로 묽힌 식초 속 아세트산의 몰농도를 x라고 하면, $1\times x\times 0.02$ L$=1\times 0.1$ M$\times 0.02$ L이므로 $x=0.1$ M이다.
- 실험에 사용한 식초 속 아세트산의 양(mol): 0.1 M$\times 0.02$ L$\times 10=0.02$ mol
  - 주의 원래 진하기로 되돌려주어야 한다.
- 아세트산 0.02 mol의 질량: 0.02 mol$\times 60$ g/mol$=1.2$ g
- 식초 20 mL의 질량: 20 mL$\times 1$ g/mL$=20$ g
- $\therefore$ **식초의 아세트산 함량(%)**: $\dfrac{\text{CH}_3\text{COOH의 질량}}{\text{식초의 질량}}\times 100=\dfrac{1.2\ \text{g}}{20\ \text{g}}\times 100=6\ \%$

---

❶ **식초를 희석시키는 까닭**

식초 속의 아세트산은 약산으로 강염기인 NaOH 표준 용액을 조금만 넣어도 중화점에 도달하므로 표준 용액의 정확한 부피를 측정하기가 어렵다. 따라서 식초에 증류수를 넣어 희석시키고 부피를 늘려 더 많은 양의 표준 용액을 적정시켜 중화점까지 넣어준 표준 용액의 부피를 더 정확하게 측정한다.

❷ **지시약**
- 실험에 사용한 산과 염기의 세기에 따라 중화점에서의 pH가 달라지므로 지시약의 선택에 유의해야 한다.
- 지시약을 많이 넣으면 용액의 액성에 영향을 줄 수 있으므로 색 변화만 볼 수 있도록 소량(2∼3방울)만 사용해야 한다.

❸ **0.1 M 수산화 나트륨(NaOH) 표준 용액 만들기**

NaOH(몰질량(g/mol)은 40) 4 g을 비커에 넣고 증류수를 넣어 녹인다. 녹인 용액을 1 L 부피 플라스크에 넣고 부피 플라스크의 눈금선까지 증류수를 넣은 후 잘 흔들어 준다.

❹ **식초 속 아세트산 함량을 구하는 중화 실험의 이론적 배경**
- 아세트산의 몰질량(g/mol)은 60이다.
- 식초의 밀도는 1 g/mL이다.
- 화학 반응식
  $$\text{CH}_3\text{COOH}(aq)+\text{NaOH}(aq) \longrightarrow \text{H}_2\text{O}(l)+\text{CH}_3\text{COONa}(aq)$$
- 중화 반응에서의 양적 관계
  $$n_1M_1V_1=n_2M_2V_2$$

01 빈칸에 알맞은 말을 쓰시오.

(1) (**1**   ): 중화 반응의 양적 관계를 이용하여 농도를 모르는 산이나 염기의 농도를 알아내는 방법

(2) (**2**   ): 중화 적정에서 몰농도를 알고 있는 용액

(3) (**3**   ): 중화 적정에서 산의 H^+의 양과 염기의 OH^-의 양이 같아져 산과 염기가 완전히 중화되는 지점

(4) 중화점에서 용액의 (**4**   )이/가 급격히 변하므로 지시약을 이용하여 중화점을 찾을 수 있다.

02 다음은 중화 적정에 사용되는 실험 기구에 대한 설명이다. 빈칸에 알맞은 말을 쓰시오.

실험 기구		쓰임새
부피 플라스크		(**5**) 용액을 제조할 때 사용한다.
(**6**)		액체의 부피를 정확히 취하여 옮길 때 사용한다.
(**7**)		중화 적정에 사용된 표준 용액의 부피를 측정할 때 사용한다.

03 다음은 중화 적정 실험으로 농도를 모르는 묽은 황산(H_2SO_4)의 농도를 알아내는 실험 과정을 순서 없이 나타낸 것이다.

(가) $H_2SO_4(aq)$ 10 mL를 ⑦ 을/를 이용하여 취한 후 삼각 플라스크에 넣고 페놀프탈레인 용액 2~3방울을 떨어 뜨린다.

(나) $nMV = n'M'V'$를 이용하여 묽은 황산의 몰농도를 구한다.

(다) 용액 전체가 붉은색으로 변한 순간 ⓒ 의 꼭지를 잠그고, 넣어준 $NaOH(aq)$의 부피를 계산한다.

(라) ⓒ 에 넣은 0.1 M $NaOH(aq)$ 표준 용액을 삼각 플라스크 속 용액에 조금씩 넣어준다.

(1) 실험 기구 ⑦과 ⓒ을 각각 쓰시오. (**8**   )

(2) 실험 과정 (가)~(라)를 순서에 맞게 쓰시오.
(**9**   )

04 다음은 염산($HCl(aq)$)의 몰농도를 알아내는 실험 과정을 순서 없이 나타낸 것이다. 물음에 답하시오.

〈과정〉

(가) 뷰렛의 꼭지를 열어 삼각 플라스크에 NaOH 수용액을 떨어뜨리면서 용액 전체의 색이 붉은색으로 변하는 순간 뷰렛의 꼭지를 잠그고 뷰렛의 눈금을 읽어 NaOH 수용액의 나중 부피(V_2)를 측정한다.

(나) 뷰렛에 농도를 알고 있는 0.1 M NaOH 수용액을 넣고, 조금 흘려 보낸 다음 뷰렛의 눈금을 읽어 NaOH 수용액의 처음 부피(V_1)를 측정한다.

(다) ⑦ 으로 농도를 모르는 염산을 10 mL 취하여 삼각 플라스크에 넣고, 페놀프탈레인 용액을 떨어뜨린다.

(라) 중화 적정식 $n_1M_1V_1 = n_2M_2V_2$에 대입하여 농도를 계산한다.

〈결과〉
적정에 사용한 수산화 나트륨 수용액의 부피는 20 mL이다.

(1) 올바른 실험 순서대로 나열하시오.
(**10**   )

(2) 실험 기구 ⑦의 이름을 쓰시오.
(**11**   )

(3) 이 실험 결과에 따른 염산의 몰농도를 구하시오.
(**12**   )

05 다음은 중화 적정 실험이다. 빈칸에 알맞은 말을 쓰시오. (단, 온도는 25 °C로 일정하다.)

〈실험 과정〉

(가) (**13**   ) M $CH_3COOH(aq)$ 10 mL와 0.5 M $CH_3COOH(aq)$ 15 mL를 혼합한 후, 물을 넣어 50 mL 수용액을 만든다.

(나) 삼각 플라스크에 (가)에서 만든 수용액 20 mL를 넣고 페놀프탈레인 용액을 2~3 방울 떨어뜨린다.

(다) 0.1 M $NaOH(aq)$을 (**14**   )에 넣고 (나)의 삼각 플라스크에 한 방울씩 떨어뜨리면서 삼각 플라스크를 흔들어 준다.

(라) (다)의 삼각 플라스크 속 수용액 전체가 (**15**   ) 색으로 변하는 순간 적정을 멈추고 적정에 사용된 $NaOH(aq)$의 부피를 측정한다.

〈실험 결과〉
○ 적정에 사용된 $NaOH(aq)$의 부피 : 38 mL

N01 ★★❀
2023 실시 11월 학평 11 / 화학 Ⅰ (고2) 변형

다음은 중화 적정 실험이다. CH_3COOH의 몰질량(g/mol)은 60이다.

〈실험 과정〉
(가) 100 mL당 CH_3COOH 6 g이 들어 있는 식초 A를 준비한다.
(나) (가)의 A 10 mL를 삼각 플라스크에 넣고, 페놀프탈레인 용액을 2~3방울 떨어뜨린다.
(다) (나)의 삼각 플라스크에 0.2 M $NaOH(aq)$을 떨어뜨리면서 수용액 전체가 붉게 변하는 순간까지 넣어 준 $NaOH(aq)$의 부피를 측정한다.
(라) A 대신 100 mL당 CH_3COOH w g이 들어 있는 식초 B를 사용하여 과정 (나), (다)를 반복한다.

〈실험 결과〉

식초	A	B
넣어 준 $NaOH(aq)$의 부피(mL)	V	$2V$

w와 V로 옳은 것은? (단, 온도는 일정하고, 중화 적정 과정에서 식초에 포함된 물질 중 CH_3COOH만 $NaOH$과 반응한다.)

	w	V		w	V
①	3	25	②	12	25
③	3	50	④	12	50
⑤	3	100			

N02 ✪ 고난도
2022 실시 11월 학평 14 / 화학 Ⅰ (고2)

표는 $NaOH(aq)$ (가)~(다)에 대한 자료이다.

수용액	$NaOH$의 질량(g)	수용액의 부피(mL)
(가)	1	50
(나)	2	100
(다)	2	200

(가)~(다)를 각각 1 M $HCl(aq)$으로 완전히 중화시키는 데 필요한 $HCl(aq)$의 최소 부피(mL)를 비교한 것으로 옳은 것은? (3점)

① (가) = (나) > (다)
② (가) > (나) > (다)
③ (나) = (다) > (가)
④ (나) > (다) > (가)
⑤ (다) > (나) > (가)

N03 ★★★❀
2021 실시 11월 학평 5 / 화학 Ⅰ (고2)

그림은 0.1 M $NaOH(aq)$을 사용하여 $HCl(aq)$의 농도를 구하는 모습을, 표는 중화점 이후 실험 기구에 들어 있는 용액의 색을 나타낸 것이다. 지시약으로는 페놀프탈레인 용액(ph)을 사용하였다.

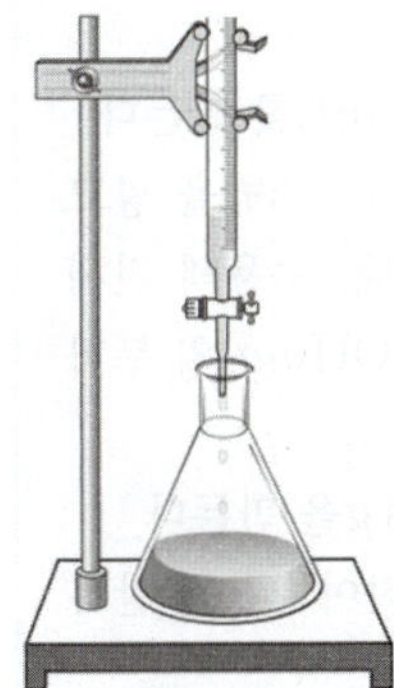

실험 기구	중화점 이후 용액의 색
뷰렛	무색
삼각 플라스크	붉은색

중화 적정을 시작하기 직전, 뷰렛과 삼각 플라스크에 들어 있는 용액으로 가장 적절한 것은?

	뷰렛	삼각 플라스크
①	$HCl(aq)$	$NaOH(aq)$, ph
②	$HCl(aq)$, ph	$NaOH(aq)$
③	$NaOH(aq)$	$HCl(aq)$, ph
④	$NaOH(aq)$, ph	$HCl(aq)$
⑤	$NaOH(aq)$, ph	$HCl(aq)$, ph

N04 ❀★★
2020 실시 10월 학평 4 / 화학 Ⅰ (고3)

다음은 식초 속 아세트산의 함량을 구하기 위해 학생 A가 수행한 실험 과정이다.

〈실험 과정〉
(가) 표준 용액으로 0.1 M $NaOH(aq)$을 준비한다.
(나) 식초 w g을 완전히 중화시키는 데 필요한 $NaOH(aq)$의 부피를 구한다.

학생 A가 사용한 실험 장치로 가장 적절한 것은?

① 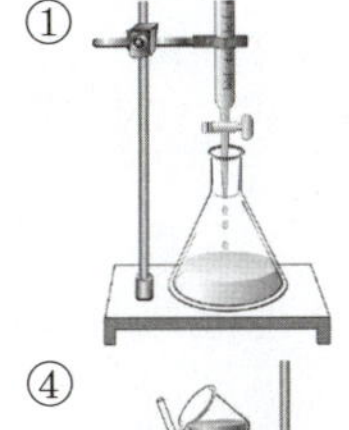   ② 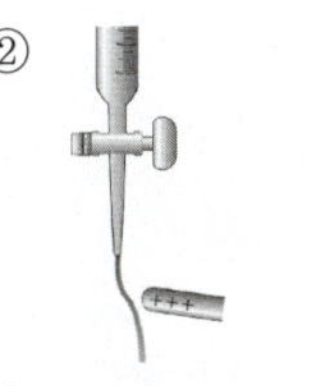   ③ 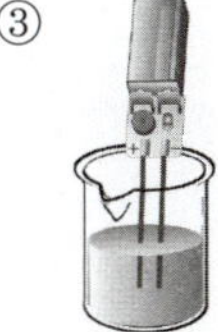

④    ⑤ 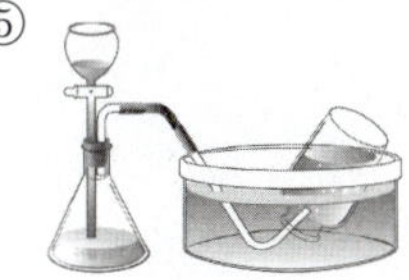

다음은 25 °C에서 식초 A, B 각 1 g에 들어 있는 아세트산 (CH_3COOH)의 질량을 알아보기 위한 중화 적정 실험이다.

〈자료〉
ο CH_3COOH의 몰질량(g/mol)은 60이다.
ο 25 °C에서 식초 A, B의 밀도(g/mL)는 각각 d_A, d_B이다.

〈실험 과정〉
(가) 식초 A, B를 준비한다.
(나) A 50 mL에 물을 넣어 수용액 I 100 mL를 만든다.
(다) 10 mL의 I에 페놀프탈레인 용액을 2 ~ 3방울 넣고 0.2 M $NaOH(aq)$으로 적정하였을 때, 수용액 전체가 붉게 변하는 순간까지 넣어 준 $NaOH(aq)$의 부피 (V)를 측정한다.
(라) B 40 mL에 물을 넣어 수용액 II 100 g을 만든다.
(마) 10 mL의 I 대신 20 g의 II를 이용하여 (다)를 반복한다.

〈실험 결과〉
ο (다)에서 V : 10 mL
ο (마)에서 V : 30 mL
ο 식초 A, B 각 1 g에 들어 있는 CH_3COOH의 질량

식초	A	B
CH_3COOH의 질량(g)	$8w$	x

$x \times \dfrac{d_B}{d_A}$ 는? (단, 온도는 25 °C로 일정하고, 중화 적정 과정에서 식초 A, B에 포함된 물질 중 CH_3COOH만 $NaOH$과 반응한다.) (3점)

① $6w$ ② $9w$ ③ $12w$ ④ $15w$ ⑤ $18w$

다음은 25 °C에서 식초에 들어 있는 아세트산(CH_3COOH)의 질량을 알아보기 위한 중화 적정 실험이다.

〈자료〉
ο 25 °C에서 식초 A, B의 밀도(g/mL)는 각각 d_A, d_B이다.

〈실험 과정〉
(가) 식초 A, B를 준비한다.
(나) A 20 mL에 물을 넣어 수용액 I 100 mL를 만든다.
(다) 50 mL의 I에 페놀프탈레인 용액을 2~3방울 넣고 a M $NaOH(aq)$으로 적정하였을 때, 수용액 전체가 붉게 변하는 순간까지 넣어 준 $NaOH(aq)$의 부피 (V)를 측정한다.
(라) B 20 mL에 물을 넣어 수용액 II 100 g을 만든다.
(마) 50 mL의 I 대신 50 g의 II를 이용하여 (다)를 반복한다.

〈실험 결과〉
ο (다)에서 V : 10 mL
ο (마)에서 V : 25 mL
ο 식초 A, B 각 1 g에 들어 있는 CH_3COOH의 질량

식초	A	B
CH_3COOH의 질량(g)	0.02	x

x는? (단, 온도는 25 °C로 일정하고, 중화 적정 과정에서 식초 A, B에 포함된 물질 중 CH_3COOH만 $NaOH$과 반응한다.)

① $\dfrac{d_A}{20d_B}$ ② $\dfrac{d_A}{10d_B}$ ③ $\dfrac{d_B}{50d_A}$ ④ $\dfrac{d_B}{20d_A}$ ⑤ $\dfrac{d_B}{10d_A}$

다음은 25 ℃에서 식초 A, B 각 1 g에 들어 있는 아세트산(CH_3COOH)의 질량을 알아보기 위한 중화 적정 실험이다.

〈자료〉
- CH_3COOH의 몰질량(g/mol)은 60이다.
- 25 ℃에서 식초 A, B의 밀도(g/mL)는 각각 d_A, d_B이다.

〈실험 과정〉
(가) 식초 A, B를 준비한다.
(나) (가)의 A, B 각 10 mL에 물을 넣어 각각 50 mL 수용액 Ⅰ, Ⅱ를 만든다.
(다) x mL의 Ⅰ에 페놀프탈레인 용액을 2~3방울 넣고 0.1 M $NaOH(aq)$으로 적정하였을 때, 수용액 전체가 붉게 변하는 순간까지 넣어 준 $NaOH(aq)$의 부피(V)를 측정한다.
(라) x mL의 Ⅰ 대신 y mL의 Ⅱ를 이용하여 (다)를 반복한다.

〈실험 결과〉
- (다)에서 V: $4a$ mL
- (라)에서 V: $5a$ mL
- (가)에서 식초 1 g에 들어 있는 CH_3COOH의 질량

식초	A	B
CH_3COOH의 질량(g)	$16w$	$15w$

$\dfrac{x}{y}$는? (단, 온도는 25 ℃로 일정하고, 중화 적정 과정에서 식초 A, B에 포함된 물질 중 CH_3COOH만 $NaOH$과 반응한다.)

① $\dfrac{4d_B}{3d_A}$ ② $\dfrac{6d_B}{5d_A}$ ③ $\dfrac{5d_B}{6d_A}$ ④ $\dfrac{3d_B}{4d_A}$ ⑤ $\dfrac{d_B}{2d_A}$

다음은 아세트산(CH_3COOH) 수용액의 농도를 알아보기 위한 중화 적정 실험이다.

〈실험 과정〉
(가) a M $CH_3COOH(aq)$ V_1 mL에 물을 넣어 100 mL 수용액을 만든다.
(나) (가)에서 만든 수용액 20 mL를 삼각 플라스크에 넣고 페놀프탈레인 용액 2~3방울을 넣는다.
(다) (나)의 삼각 플라스크 속 수용액 전체가 붉은색으로 변하는 순간까지 b M $NaOH(aq)$을 가하고, 적정에 사용된 $NaOH(aq)$의 부피를 구한다.

〈실험 결과〉
- 적정에 사용된 $NaOH(aq)$의 부피: V_2 mL

a는? (단, 온도는 25 ℃로 일정하다.)

① $\dfrac{bV_2}{5V_1}$ ② $\dfrac{bV_2}{V_1}$ ③ $\dfrac{5bV_2}{V_1}$ ④ $\dfrac{V_1}{bV_2}$ ⑤ $\dfrac{5V_1}{bV_2}$

다음은 25 ℃에서 식초 1 g에 들어 있는 아세트산(CH_3COOH)의 질량을 알아보기 위한 중화 적정 실험이다.

〈실험 과정〉
(가) 식초 10 g을 준비한다.
(나) (가)의 식초에 물을 넣어 25 ℃에서 밀도가 d g/mL인 수용액 50 g을 만든다.
(다) (나)에서 만든 수용액 20 mL에 페놀프탈레인 용액을 2~3 방울 넣고 x M $NaOH(aq)$으로 적정한다.
(라) (다)의 수용액 전체가 붉게 변하는 순간까지 넣어 준 $NaOH(aq)$의 부피(V)를 측정한다.

〈실험 결과〉
- V: 50 mL
- (가)에서 식초 1 g에 들어 있는 CH_3COOH의 질량 : a g

x는? (단, CH_3COOH의 몰질량(g/mol)은 60이고, 온도는 25 ℃로 일정하며, 중화 적정 과정에서 식초에 포함된 물질 중 CH_3COOH만 $NaOH$과 반응한다.)

① $\dfrac{ad}{3}$ ② $\dfrac{2ad}{3}$ ③ ad ④ $\dfrac{4ad}{3}$ ⑤ $\dfrac{5ad}{3}$

다음은 25 ℃에서 $CH_3COOH(aq)$의 중화 적정 실험이다.

〈실험 과정〉

(가) x M $CH_3COOH(aq)$ 10 mL에 물을 넣어
    ㉠ 100 mL 수용액을 만든다.

(나) (가)에서 만든 수용액 40 mL를 삼각 플라스크에 넣
    고, 페놀프탈레인 용액을 2~3 방울
    떨어뜨린다.

(다) 그림과 같이 [㉡]에 들어 있는
    0.2 M $NaOH(aq)$을 (나)의 삼각
    플라스크에 한 방울씩 떨어뜨리면서
    삼각 플라스크를 흔들어 준다.

(라) (다)의 삼각 플라스크 속 수용액 전
    체가 붉게 변하는 순간 적정을 멈추고, 적정에 사용된
    $NaOH(aq)$의 부피(V)를 측정한다.

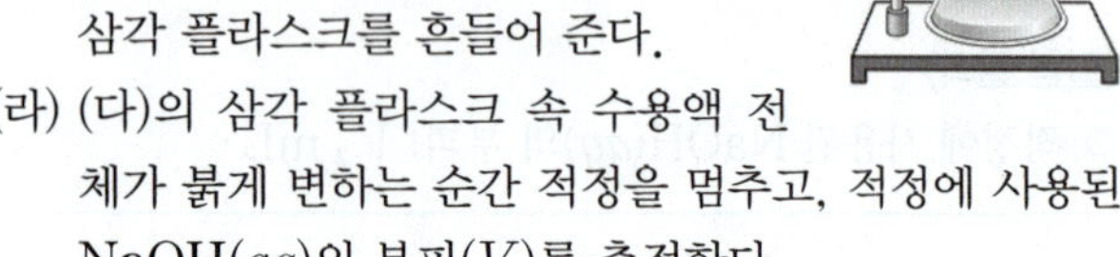

〈실험 결과〉

○ V: 20 mL

이에 대한 설명으로 옳은 것만을 〈보기〉에서 있는 대로 고른 것은?
(단, 온도는 25 ℃로 일정하다.)

[보기]

ㄱ. '뷰렛'은 ㉡으로 적절하다.

ㄴ. $x=0.1$이다.

ㄷ. ㉠을 200 mL로 달리하여 과정 (가)~(라)를 반복하
   면, $V=40$ mL이다.

① ㄱ ② ㄴ ③ ㄷ ④ ㄱ, ㄴ ⑤ ㄱ, ㄷ

다음은 중화 적정을 이용하여 식초 A에 들어 있는 아세트산
(CH_3COOH)의 질량을 알아보기 위한 실험이다.

〈자료〉

○ CH_3COOH의 몰질량(g/mol)은 60이다.

○ 25 ℃에서 식초 A의 밀도는 d g/mL이다.

〈실험 과정〉

(가) 25 ℃에서 식초 A 10 mL에 물을 넣어 수용액 100
    mL를 만든다.

(나) (가)에서 만든 수용액 20 mL를
    삼각 플라스크에 넣고 페놀프탈
    레인 용액을 2~3방울 떨어뜨린
    다.

(다) 그림과 같이 0.2 M $KOH(aq)$을
    [㉠]에 넣고 꼭지를 열어 (나)
    의 삼각 플라스크에 한 방울씩 떨
    어 뜨리면서 삼각 플라스크를 흔들어 준다.

(라) (다)의 삼각 플라스크 속 수용액 전체가 붉은색으로
    변하는 순간까지 넣어 준 $KOH(aq)$의 부피(V)를 측
    정한다.

〈실험 결과〉

○ V: 10 mL

○ 식초 A 1 g에 들어 있는 CH_3COOH의 질량: w g

이에 대한 설명으로 옳은 것만을 〈보기〉에서 있는 대로 고른 것은?
(단, 온도는 25 ℃로 일정하고, 중화 적정 과정에서 식초 A에 포함
된 물질 중 CH_3COOH만 KOH과 반응한다.)

[보기]

ㄱ. '뷰렛'은 ㉠으로 적절하다.

ㄴ. (나)의 삼각 플라스크에 들어 있는 CH_3COOH의
   양은 2×10^{-3} mol이다.

ㄷ. $w=\dfrac{3}{50d}$이다.

① ㄱ ② ㄷ ③ ㄱ, ㄴ ④ ㄴ, ㄷ ⑤ ㄱ, ㄴ, ㄷ

N12 ❋❋❋❋

다음은 아세트산(CH_3COOH) 수용액 A 100 g에 들어 있는 CH_3COOH의 질량을 구하기 위한 중화 적정 실험이다.

〈실험 과정〉

(가) 수용액 A 100 g에 물을 넣어 500 mL 수용액 B를 만든다.

(나) 수용액 B 10 mL를 삼각 플라스크에 넣고 페놀프탈레인 용액을 2 ~ 3방울 떨어뜨린다.

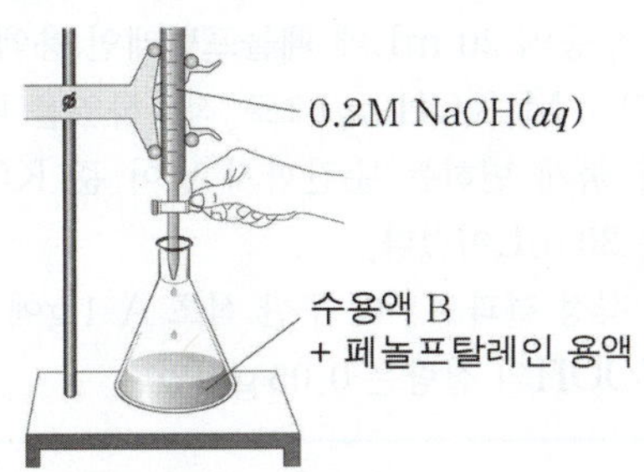

(다) (나)의 수용액에 0.2 M NaOH(aq)을 가하면서 삼각 플라스크를 잘 흔들어 주고, 혼합 용액 전체가 붉은색으로 변하는 순간까지 넣어 준 NaOH(aq)의 부피(V)를 측정한다.

〈실험 결과〉

○ V: 20 mL

○ 수용액 A 100 g에 들어 있는 CH_3COOH의 질량: x g

x는? (단, CH_3COOH의 몰질량(g/mol)은 60이고, 온도는 일정하다.)

① $\dfrac{3}{5}$ ② $\dfrac{6}{5}$ ③ 6 ④ 12 ⑤ 15

N13 ❋❋❋

다음은 25 ℃에서 밀도가 d g/mL인 아세트산(CH_3COOH) 수용액 A에 들어 있는 용질의 질량을 구하기 위한 중화 적정 실험이다. CH_3COOH의 몰질량(g/mol)은 60이다.

〈실험 과정〉

(가) 수용액 A 100 mL에 물을 넣어 500 mL 수용액 B를 만든다.

(나) B 20 mL를 삼각 플라스크에 넣고 페놀프탈레인 용액을 2 ~ 3방울 떨어뜨린다.

(다) (나)의 삼각 플라스크에 혼합 용액 전체가 붉은색으로 변하는 순간까지 0.1 M NaOH(aq)을 가하고, 적정에 사용된 NaOH(aq)의 부피를 측정한다.

〈실험 결과〉

○ 적정에 사용된 NaOH(aq)의 부피: 10 mL

○ A 100 g에 들어 있는 CH_3COOH의 질량: x g

이에 대한 옳은 설명만을 〈보기〉에서 있는 대로 고른 것은? (단, 온도는 25 ℃로 일정하다.) (3점)

──────[보기]──────

ㄱ. (다)에서 생성된 H_2O의 양은 0.001 mol이다.

ㄴ. A의 몰농도는 0.5 M이다.

ㄷ. $x = \dfrac{3}{d}$ 이다.

① ㄱ ② ㄴ ③ ㄱ, ㄷ ④ ㄴ, ㄷ ⑤ ㄱ, ㄴ, ㄷ

N14 ❋❋❋❋

다음은 25 ℃에서 식초 1 g에 들어 있는 아세트산(CH_3COOH)의 질량을 알아보기 위한 중화 적정 실험이다.

〈실험 과정〉

(가) 식초 10 g을 준비한다.

(나) (가)의 식초에 물을 넣어 25 ℃에서 밀도가 d g/mL인 수용액 100 g을 만든다.

(다) (나)에서 만든 수용액 40 mL를 삼각 플라스크에 넣고 페놀프탈레인 용액을 2 ~ 3방울 떨어뜨린다.

(라) (다)의 삼각 플라스크에 0.2 M NaOH(aq)을 한 방울씩 떨어뜨리면서 삼각 플라스크를 흔들어 준다.

(마) (라)의 수용액 전체가 붉게 변하는 순간 적정을 멈추고 적정에 사용된 NaOH(aq)의 부피(V)를 측정한다.

〈실험 결과〉

○ V: x mL

○ (가)에서 식초 1 g에 들어 있는 CH_3COOH의 질량: 0.06 g

x는? (단, CH_3COOH의 몰질량(g/mol)은 60이고, 온도는 25 ℃로 일정하며, 중화 적정 과정에서 식초에 포함된 물질 중 CH_3COOH만 NaOH과 반응한다.)

① $10d$ ② $20d$ ③ $30d$ ④ $40d$ ⑤ $50d$

N15 ✪ 고난도

다음은 아세트산(CH_3COOH) 수용액 100 g에 들어 있는 용질의 질량을 알아보기 위한 중화 적정 실험이다. CH_3COOH의 몰질량 (g/mol)은 60이다.

〈실험 과정〉

(가) 25 ℃에서 밀도가 d g/mL인 $CH_3COOH(aq)$을 준비한다.

(나) (가)의 수용액 10 mL에 물을 넣어 50 mL 수용액을 만든다.

(다) (나)에서 만든 수용액 20 mL에 페놀프탈레인 용액을 2~3 방울 넣고 0.1 M $NaOH(aq)$으로 적정하였을 때, 수용액 전체가 붉게 변하는 순간까지 넣어 준 $NaOH(aq)$의 부피(V)를 측정한다.

〈실험 결과〉

○ V : a mL

○ (다) 과정 후 혼합 용액에 존재하는 Na^+의 몰농도: 0.08 M

○ (가)의 수용액 100 g에 들어 있는 용질의 질량: x g

x 는? (단, 온도는 25 ℃로 일정하고, 혼합 용액의 부피는 혼합 전 각 용액의 부피의 합과 같으며, 넣어 준 페놀프탈레인 용액의 부피는 무시한다.) (3점)

① $\dfrac{4}{d}$ ② $\dfrac{24d}{5}$ ③ $\dfrac{24}{5d}$ ④ $12d$ ⑤ $\dfrac{12}{d}$

N16 ✪ 고난도

다음은 25 ℃에서 식초 A 1 g에 들어 있는 아세트산 (CH_3COOH)의 질량을 알아보기 위한 중화 적정 실험이다.

〈자료〉

○ 25 ℃에서 식초 A의 밀도: d g/mL

○ CH_3COOH의 몰질량(g/mol): 60

〈실험 과정 및 결과〉

(가) 식초 A 10 mL에 물을 넣어 수용액 50 mL를 만들었다.

(나) (가)의 수용액 20 mL에 페놀프탈레인 용액을 2~3방울 넣고 a M $KOH(aq)$으로 적정하였을 때, 수용액 전체가 붉게 변하는 순간까지 넣어 준 $KOH(aq)$의 부피는 30 mL이었다.

(다) (나)의 적정 결과로부터 구한 식초 A 1 g에 들어 있는 CH_3COOH의 질량은 0.05 g이었다.

a는? (단, 온도는 25 ℃로 일정하고, 중화 적정 과정에서 식초 A에 포함된 물질 중 CH_3COOH만 KOH과 반응한다.) (3점)

① $\dfrac{d}{9}$ ② $\dfrac{d}{6}$ ③ $\dfrac{5d}{18}$ ④ $\dfrac{d}{3}$ ⑤ $\dfrac{5d}{9}$

N17 ✱✱✱

다음은 HCl(aq)의 몰농도를 구하기 위한 중화 적정 실험이다.

(가) 농도를 모르는 HCl(aq) 10 mL를 ⬚⬚⬚ ㉠ ⬚⬚⬚ 으로 정확히 취하여 삼각 플라스크에 넣고 페놀프탈레인 용액 2~3방울을 넣는다.
(나) 뷰렛에 0.1 M NaOH(aq)을 넣고 눈금을 읽어 기록한다.
(다) 뷰렛 꼭지를 열어 NaOH(aq)을 조금씩 떨어뜨리면서 삼각 플라스크를 흔들어 용액을 섞는다.
(라) 삼각 플라스크 속 용액에 붉은색이 나타났다가 흔들어서 사라지면 꼭지를 잠근다.
(마) 뷰렛의 눈금을 정확히 읽는다.

(1) ㉠에 들어갈 실험기구의 이름을 쓰시오. 단답형

(2) (가)~(마) 중, 잘못된 실험 내용을 찾아 이유를 서술하시오. 서술형

____

____

N18 ✱✱✱

다음은 식초 A의 농도를 구하기 위한 중화 적정 실험 과정이다.

(가) 식초 A 1 mL에 증류수를 넣어 10 mL의 용액을 만들었다.
(나) (가)의 용액을 삼각 플라스크에 넣고 페놀프탈레인 용액 1~2방울을 넣었다.
(다) 0.1 M NaOH 수용액이 들어 있는 ⬚⬚⬚ ㉠ ⬚⬚⬚ 의 꼭지를 열어 용액을 삼각 플라스크에 조금씩 떨어뜨리면서 삼각 플라스크를 흔들어주었다.
(라) 삼각 플라스크의 용액이 붉은색으로 되어 더 이상 변하지 않을 때까지 떨어뜨린 NaOH 수용액의 부피는 15 mL였다.

(1) ㉠에 들어갈 실험기구의 이름을 쓰시오. 단답형

(2) 식초 A의 몰농도를 구하는 식과 답을 서술하시오. 서술형

____

____

N19 ✱✱✱

다음은 x M CH₃COOH(aq)을 0.1 M NaOH(aq)으로 중화 적정한 실험이다.

〈자료〉
○ CH₃COOH의 몰질량(g/mol)은 60이다.

〈실험〉
(가) ⬚⬚⬚ ㉠ ⬚⬚⬚ 20 mL를 삼각 플라스크에 넣고 지시약을 2~3방울 넣었다.
(나) ⬚⬚⬚ ㉡ ⬚⬚⬚ 을 뷰렛에 넣고 조금씩 떨어뜨리면서 삼각 플라스크를 흔들어 용액을 섞었다.
(다) 삼각 플라스크 속 용액의 색이 변했을 때 꼭지를 닫고 눈금을 읽었더니 반응한 ⬚⬚⬚ ㉡ ⬚⬚⬚ 의 부피는 10 mL였다.

(1) ㉠, ㉡에 들어갈 용액을 각각 쓰시오. 단답형

(2) ㉠ 용액 20 mL에 녹아 있는 용질의 질량(g)을 구하고 과정을 서술하시오. 서술형

____

____

N20 ✱✱✱

다음은 중화 적정 실험이다.

〈자료〉
○ NaOH 몰질량(g/mol)은 40이다.

〈실험〉
(가) NaOH(s) w g을 물에 녹여 100 mL의 수용액을 만들었다.
(나) x M CH₃COOH(aq) 10 mL를 (가)의 수용액으로 중화 적정하였더니 20 mL가 소비되었다.
(다) 0.1 M HCl(aq) y mL를 (가)의 수용액으로 중화 적정하였더니 15 mL가 소비되었다.

(1) (가)에서 만든 NaOH(aq)의 몰농도를 구하시오. 단답형

(2) $\dfrac{y}{x}$를 구하고 과정을 서술하시오. 서술형

____

____

N21 ★★★ .... 2028 대비 수능 예시 6 (1차)

다음은 중화 반응 실험이다.

〈실험 과정〉

(가) HCl 수용액과 NaOH 수용액을 각각 50 mL 준비한다.

(나) (가)에서 준비한 두 가지 수용액의 부피를 표와 같이 달리하여 혼합한 용액 Ⅰ~Ⅲ을 만들고, 각 혼합 용액의 최고 온도를 측정한다.

혼합 용액	Ⅰ	Ⅱ	Ⅲ
HCl 수용액의 부피(mL)	15	10	5
NaOH 수용액의 부피(mL)	5	10	15

(다) Ⅰ~Ⅲ에 BTB 용액을 각각 2~3방울 넣은 후 혼합 용액의 색을 관찰한다.

〈실험 결과 및 자료〉

혼합 용액	Ⅰ	Ⅱ	Ⅲ
최고 온도(°C)	t_1		t_2
혼합 용액의 색	㉠	파란색	
이온 모형		▲ ● ■ ■ ■ ▲ ■ ●	
모든 이온 수	$12N$	x	y

이에 대한 설명으로 옳은 것만을 〈보기〉에서 있는 대로 고른 것은? (단, 혼합 전 모든 수용액의 온도는 같고, 혼합 용액의 부피는 혼합 전 각 수용액의 부피의 합과 같다.)

[보기]
ㄱ. '파란색'은 ㉠에 해당한다.
ㄴ. $t_1 > t_2$이다.
ㄷ. $x + y = 40N$이다.

① ㄱ ② ㄴ ③ ㄷ ④ ㄱ, ㄴ ⑤ ㄴ, ㄷ

N22 ★★※ .... 2028 대비 수능 예시 24 (2차)

표는 HCl 수용액, NaOH 수용액, KOH 수용액의 부피를 달리하여 혼합한 용액 (가), (나), (다)에 대한 자료이다.

혼합 용액		(가)	(나)	(다)
혼합 전 수용액의 부피(mL)	HCl	10	20	25
	NaOH	15	20	15
	KOH	30	15	15
혼합 후 최고 온도(°C)		t_1	t_2	t_3
용액에 존재하는 모든 이온 수의 비율		$\frac{1}{4}$ $\frac{1}{4}$ $\frac{1}{4}$ $\frac{1}{4}$		

t_1, t_2, t_3 중 가장 큰 값(㉠)과, (가)와 (다)를 혼합한 용액의 액성(㉡)으로 옳은 것은? (단, 혼합 전 모든 수용액의 온도는 같고, 혼합 용액의 부피는 혼합 전 각 수용액의 부피의 합과 같다.) (2.5점)

	㉠	㉡		㉠	㉡
①	t_1	산성	②	t_1	염기성
③	t_2	산성	④	t_2	중성
⑤	t_3	염기성			

N23 ★★★※ .... 2023 실시 4월 학평 10 / 화학Ⅰ (고3)

표는 25°C에서 중화 적정을 이용하여 $CH_3COOH(aq)$의 몰농도(M)를 구하는 실험 Ⅰ, Ⅱ에 대한 자료이다. 25 °C에서 x M $CH_3COOH(aq)$의 밀도는 d g/mL이다.

실험	중화 적정한 x M $CH_3COOH(aq)$의 양	중화점까지 넣어 준 0.1 M $NaOH(aq)$의 부피
Ⅰ	5 mL	10 mL
Ⅱ	w g	20 mL

$\dfrac{w}{x}$은? (단, 온도는 25°C로 일정하다.)

① $\dfrac{1}{50d}$ ② $\dfrac{1}{20d}$ ③ $5d$ ④ $10d$ ⑤ $50d$

N24 ❋❋❋ ────── 2023 실시 7월 학평 9 / 화학 I (고3)

다음은 중화 적정 실험이다.

〈실험 과정〉
- (가) x M $CH_3COOH(aq)$을 준비한다.
- (나) (가)의 수용액 50 mL에 물을 넣어 200 mL를 만든다.
- (다) (나)에서 만든 수용액 40 mL를 삼각 플라스크에 넣고 페놀프탈레인 용액을 2~3 방울 떨어뜨린다.
- (라) (다)의 삼각 플라스크에 0.1 M $NaOH(aq)$을 한 방울씩 떨어뜨리고, 용액 전체가 붉게 변하는 순간 적정을 멈춘 후 적정에 사용된 $NaOH(aq)$의 부피(V)를 측정한다.

〈실험 결과〉
- V : 20 mL

x는? (단, 온도는 일정하다.)

① 0.05 ② 0.2 ③ 0.25 ④ 0.4 ⑤ 0.8

N25 ❋❋❋ ────── 2023 대비 6월 모평 15 / 화학 I

다음은 $CH_3COOH(aq)$에 대한 실험이다.

〈실험 목적〉
- ⬚ ㉠ ⬚ 실험으로 $CH_3COOH(aq)$의 몰농도를 구한다.

〈실험 과정〉
- (가) $CH_3COOH(aq)$을 준비한다.
- (나) (가)의 수용액 10 mL에 물을 넣어 100 mL 수용액을 만든다.
- (다) (나)에서 만든 수용액 20 mL를 삼각 플라스크에 넣고 페놀프탈레인 용액을 2~3방울 떨어뜨린다.
- (라) (다)의 삼각 플라스크 속 수용액 전체가 붉게 변하는 순간까지 0.2 M $KOH(aq)$을 넣는다.
- (마) (라)의 삼각 플라스크에 넣어 준 $KOH(aq)$의 부피(V)를 측정한다.

〈실험 결과〉
- V : x mL
- (가)에서 $CH_3COOH(aq)$의 몰농도 : a M

다음 중 ㉠과 a로 가장 적절한 것은? (단, 온도는 일정하다.)

	㉠	a		㉠	a
①	중화 적정	x	②	산화 환원	$\dfrac{x}{10}$
③	중화 적정	$\dfrac{x}{10}$	④	산화 환원	$\dfrac{x}{100}$
⑤	중화 적정	$\dfrac{x}{100}$			

N26 ❋❋❋ ────── 2025 실시 3월 학평 12 / 화학 I (고3) 변형

다음은 아세트산(CH_3COOH) 수용액 A의 농도를 구하기 위한 중화 적정 실험이다. CH_3COOH의 몰질량(g/mol)은 60이다.

〈실험 과정〉
- (가) A 20 mL의 질량을 측정한다.
- (나) (가)의 수용액을 삼각 플라스크에 모두 넣고, 페놀프탈레인 용액을 2~3방울 떨어뜨린다.
- (다) (나)의 삼각 플라스크에 혼합 용액 전체가 붉은색으로 변하는 순간까지 0.1 M $NaOH(aq)$을 가하고, 적정에 사용된 $NaOH(aq)$의 부피를 측정한다.

〈실험 결과〉
- (가)에서 A 20 mL의 질량: w g
- (다)에서 적정에 사용된 $NaOH(aq)$의 부피: V mL
- A의 몰농도: ⬚ ㉠ ⬚ M
- A 1 g에 들어 있는 CH_3COOH의 질량: ⬚ ㉡ ⬚ g

㉠과 ㉡으로 옳은 것은? (단, 온도는 일정하다.)

	㉠	㉡		㉠	㉡
①	$\dfrac{V}{200}$	$\dfrac{3V}{500w}$	②	$\dfrac{V}{200}$	$\dfrac{3V}{200w}$
③	$\dfrac{V}{100}$	$\dfrac{V}{200w}$	④	$\dfrac{V}{20}$	$\dfrac{V}{200w}$
⑤	$\dfrac{V}{20}$	$\dfrac{3V}{500w}$			

N27 ❋❋❋ ────── 2022 대비 수능 13 / 화학 I

다음은 중화 적정 실험이다.

〈실험 과정〉
- (가) a M $CH_3COOH(aq)$ 10 mL와 0.5 M $CH_3COOH(aq)$ 15 mL를 혼합한 후, 물을 넣어 50 mL 수용액을 만든다.
- (나) 삼각 플라스크에 (가)에서 만든 수용액 20 mL를 넣고 페놀프탈레인 용액을 2~3 방울 떨어뜨린다.
- (다) 0.1 M $NaOH(aq)$을 뷰렛에 넣고 (나)의 삼각 플라스크에 한 방울씩 떨어뜨리면서 삼각 플라스크를 흔들어 준다.
- (라) (다)의 삼각 플라스크 속 수용액 전체가 붉은색으로 변하는 순간 적정을 멈추고 적정에 사용된 $NaOH(aq)$의 부피를 측정한다.

〈실험 결과〉
- 적정에 사용된 $NaOH(aq)$의 부피: 38 mL

a는? (단, 온도는 25 °C로 일정하다.) (3점)

① $\dfrac{1}{10}$ ② $\dfrac{1}{5}$ ③ $\dfrac{3}{10}$ ④ $\dfrac{2}{5}$ ⑤ $\dfrac{1}{2}$

N28 ✽✽❀ 2023 실시 3월 학평 14 / 화학 Ⅰ (고3) 변형

다음은 $CH_3COOH(aq)$에 대한 중화 적정 실험이다.

〈실험 과정〉
(가) 밀도가 d g/mL인 $CH_3COOH(aq)$을 준비한다.
(나) (가)의 $CH_3COOH(aq)$ 20 mL를 취하여 삼각 플라스크에 넣고 페놀프탈레인 용액을 2~3방울 떨어뜨린다.
(다) (나)의 삼각 플라스크 속 용액 전체가 붉은색으로 변하는 순간까지 a M $NaOH(aq)$을 가하고, 적정에 사용된 $NaOH(aq)$의 부피를 구한다.

〈실험 결과〉
○ 적정에 사용된 $NaOH(aq)$의 부피 : V mL

(가)의 $CH_3COOH(aq)$ 100 g에 포함된 CH_3COOH의 질량(g)은? (단, CH_3COOH의 몰질량(g/mol)은 60이고, 온도는 일정하다.) (3점)

① $\dfrac{aV}{5d}$ ② $\dfrac{3aV}{10d}$ ③ $\dfrac{5aV}{3d}$ ④ $\dfrac{5d}{3aV}$ ⑤ $\dfrac{60d}{aV}$

N29 ✽✽❀ 2021 실시 4월 학평 9 / 화학 Ⅰ (고3)

다음은 3가지 실험 기구 A~C와 아세트산(CH_3COOH) 수용액의 중화 적정 실험이다. ㉠은 A~C 중 하나이다.

〈실험 기구〉
A.  B. 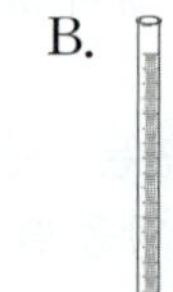 C. 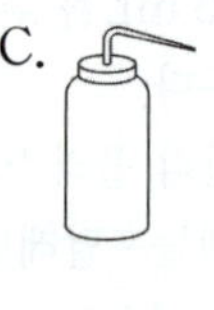

〈실험 과정〉
(가) 삼각 플라스크에 x M $CH_3COOH(aq)$ 20 mL를 넣고 페놀프탈레인 용액을 2~3방울 떨어뜨린다.
(나) ㉠ 에 들어 있는 0.5 M $NaOH(aq)$을 (가)의 삼각 플라스크에 한 방울씩 떨어뜨리면서 섞는다.
(다) (나)의 삼각 플라스크 속 용액 전체가 붉은색으로 변하는 순간까지 넣어 준 $NaOH(aq)$의 부피를 측정한다.

〈실험 결과〉
○ 중화점까지 넣어 준 $NaOH(aq)$의 부피: 40 mL

이에 대한 설명으로 옳은 것만을 〈보기〉에서 있는 대로 고른 것은? (단, 온도는 일정하다.)

[보기]
ㄱ. ㉠은 B이다.
ㄴ. 중화점까지 넣어 준 $NaOH$의 양은 0.02 mol이다.
ㄷ. $x = 0.25$이다.

① ㄱ ② ㄷ ③ ㄱ, ㄴ ④ ㄴ, ㄷ ⑤ ㄱ, ㄴ, ㄷ

N30 ✽✽✽ 2022 실시 10월 학평 11 / 화학 Ⅰ (고3) 변형

다음은 중화 적정 실험이다. $NaOH$의 몰질량(g/mol)은 40이다.

〈실험 과정〉
(가) $NaOH(s)$ w g을 모두 물에 녹여 $NaOH(aq)$ 500 mL를 만든다.
(나) (가)에서 만든 $NaOH(aq)$을 뷰렛에 넣은 다음, 꼭지를 잠시 열었다 닫고 처음 눈금을 읽는다.
(다) 삼각 플라스크에 a M $CH_3COOH(aq)$ 20 mL를 넣고, 페놀프탈레인 용액을 2~3 방울 떨어뜨린다.
(라) 뷰렛의 꼭지를 열어 (다)의 삼각 플라스크에 $NaOH(aq)$을 조금씩 가하면서 삼각 플라스크를 잘 흔들어 준다.
(마) (라)의 삼각 플라스크 속 수용액 전체가 붉게 변하는 순간 뷰렛의 꼭지를 닫고 나중 눈금을 읽는다.

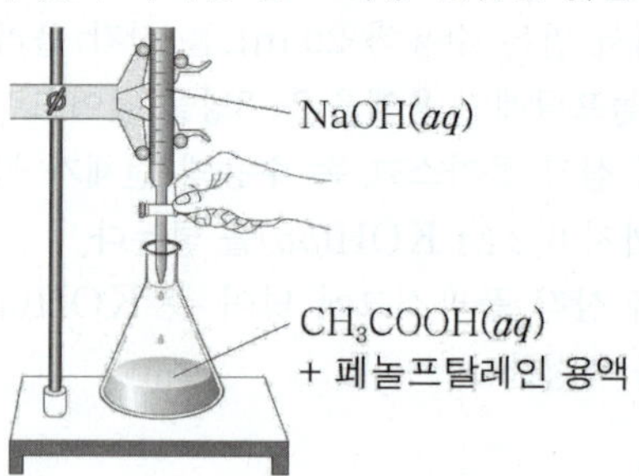

〈실험 결과〉
○ (나)에서 뷰렛의 처음 눈금 : 2.5 mL
○ (마)에서 뷰렛의 나중 눈금 : 17.5 mL

a는? (단, 온도는 일정하다.)

① $\dfrac{3}{80}w$ ② $\dfrac{1}{15}w$ ③ $\dfrac{3}{40}w$ ④ $\dfrac{4}{3}w$ ⑤ $6w$

N31 ❀❀❀ 

다음은 중화 적정 실험이다.

<실험 과정>
(가) x M $CH_3COOH(aq)$ 25 mL에 물을 넣어 100 mL 수용액을 만든다.
(나) 삼각 플라스크에 (가)에서 만든 수용액 40 mL를 넣고, 페놀프탈레인 용액을 2~3 방울 떨어뜨린다.
(다) 0.2 M $NaOH(aq)$을 뷰렛에 넣고 (나)의 삼각 플라스크에 한 방울씩 떨어뜨리면서 삼각 플라스크를 흔들어 준다.
(라) (다)의 삼각 플라스크 속 수용액 전체가 붉게 변하는 순간 적정을 멈추고, 적정에 사용된 $NaOH(aq)$의 부피(V_1)를 측정한다.
(마) 0.2 M $NaOH(aq)$ 대신 y M $NaOH(aq)$을 사용해서 과정 (나)~(라)를 반복하여 적정에 사용된 $NaOH(aq)$의 부피(V_2)를 측정한다.

<실험 결과>
○ V_1: 40 mL
○ V_2: 16 mL

$x+y$는? (단, 온도는 25 ℃로 일정하다.) (3점)

① $\dfrac{7}{10}$ ② $\dfrac{9}{10}$ ③ $\dfrac{11}{10}$ ④ $\dfrac{13}{10}$ ⑤ $\dfrac{3}{2}$

N32 ❀❀❀

다음은 $CH_3COOH(aq)$의 몰농도를 구하기 위한 실험이다.

<실험 과정>
(가) $CH_3COOH(aq)$ 10 mL를 삼각 플라스크에 넣고 페놀프탈레인 용액을 2~3방울 떨어뜨린다.
(나) 0.1M $NaOH(aq)$을 ㉠ 에 넣은 다음 꼭지를 열어 수용액을 약간 흘려보낸 후 꼭지를 닫고 눈금(mL)을 읽는다.
(다) ㉠ 의 꼭지를 열어 (가)의 용액에 $NaOH(aq)$을 조금씩 가하다가 플라스크를 흔들어도 혼합 용액의 붉은색이 사라지지 않으면 꼭지를 닫고 눈금(mL)을 읽는다.

<실험 결과>

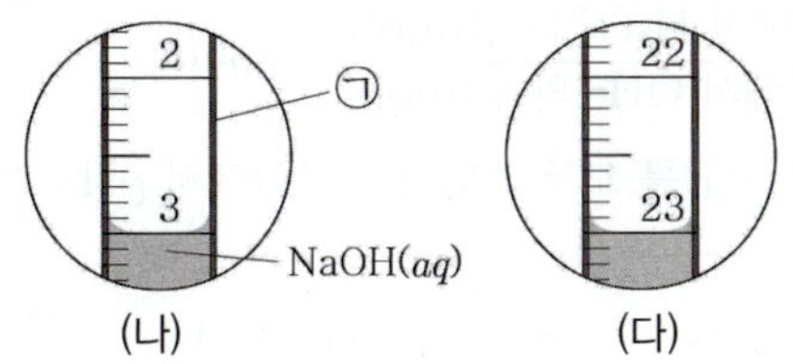

이에 대한 옳은 설명만을 〈보기〉에서 있는 대로 고른 것은? (3점)

[보기]
ㄱ. ㉠은 피펫이다.
ㄴ. $CH_3COOH(aq)$의 몰농도는 0.2 M이다.
ㄷ. (다)에서 생성된 물의 양(mol)은 0.002몰이다.

① ㄴ   ② ㄷ   ③ ㄱ, ㄴ   ④ ㄱ, ㄷ   ⑤ ㄴ, ㄷ

N33 ❀❀❀ 

다음은 중화 적정 실험이다.

<실험 과정>
(가) a M $CH_3COOH(aq)$ 20 mL를 준비한다.
(나) (가)의 용액 x mL를 취하여 용액 Ⅰ을 준비한다.
(다) (나)에서 사용하고 남은 (가)의 용액에 물을 넣어 b M $CH_3COOH(aq)$ 25 mL 용액 Ⅱ를 만든다.
(라) 삼각 플라스크에 용액 Ⅰ을 모두 넣고 페놀프탈레인 용액을 2~3 방울 떨어뜨린다.
(마) (라)의 용액에 0.1 M $NaOH(aq)$을 한 방울씩 떨어뜨리고, 용액 전체가 붉게 변하는 순간 적정을 멈춘 후 적정에 사용된 $NaOH(aq)$의 부피(V_1)를 측정한다.
(바) Ⅰ 대신 Ⅱ를 사용해서 과정 (라)와 (마)를 반복하여 적정에 사용된 $NaOH(aq)$의 부피(V_2)를 측정한다.

<실험 결과>
○ V_1: 25 mL
○ V_2: 75 mL

$\dfrac{b}{a} \times x$는? (단, 온도는 25℃로 일정하다.) (3점)

① $\dfrac{1}{5}$ ② $\dfrac{1}{3}$ ③ 1   ④ 3   ⑤ 5

Ⓚ 물의 자동 이온화와 pH

Ⅳ01　🔵 고난도　　　2025 실시 3월 학평 17 / 화학 Ⅰ (고3)

표는 수용액 (가)~(다)에 대한 자료이다. (가)의 $[H_3O^+]$는 (다)의 $[OH^-]$의 100배이다.

수용액	(가)	(나)	(다)
$\dfrac{[H_3O^+]}{[OH^-]}$ (상댓값)	10^8	1	10^{-8}
부피(mL)	V	V	$2V$

(가)~(다)에 대한 옳은 설명만을 〈보기〉에서 있는 대로 고른 것은? (단, 수용액의 온도는 25 ℃로 일정하고, 25 ℃에서 물의 이온화 상수(K_w)는 1×10^{-14}이다.) (3점)

[보기]
ㄱ. 산성 수용액은 2가지이다.
ㄴ. $\dfrac{\text{(다)에 들어 있는 } OH^- \text{의 양(mol)}}{\text{(나)에 들어 있는 } H_3O^+ \text{의 양(mol)}} = 50$이다.
ㄷ. (가)에 물을 넣어 $2V$ mL로 만든 수용액의 pH는 3이다.

① ㄱ　② ㄴ　③ ㄱ, ㄷ　④ ㄴ, ㄷ　⑤ ㄱ, ㄴ, ㄷ

Ⅳ02　★★★❀　　　2024 실시 7월 학평 14 / 화학 Ⅰ (고3)

표는 25 ℃에서 물질 (가) ~ (다)에 대한 자료이다. (가) ~ (다)는 $HCl(aq)$, $H_2O(l)$, $NaOH(aq)$을 순서 없이 나타낸 것이다.

물질	(가)	(나)	(다)
$\dfrac{\text{pH}}{\text{pOH}}$ (상댓값)	3	11	1
부피 (mL)		10	100

이에 대한 설명으로 옳은 것만을 〈보기〉에서 있는 대로 고른 것은? (단, 25 ℃에서 물의 이온화 상수(K_w)는 1×10^{-14}이다.) (3점)

[보기]
ㄱ. (가)는 $H_2O(l)$이다.
ㄴ. $\dfrac{\text{(가)의 pH}}{\text{(다)의 pOH}} > 1$이다.
ㄷ. $\dfrac{\text{(다)에서 } H_3O^+ \text{의 양(mol)}}{\text{(나)에서 } OH^- \text{의 양(mol)}} > 1$이다.

① ㄱ　② ㄴ　③ ㄱ, ㄷ　④ ㄴ, ㄷ　⑤ ㄱ, ㄴ, ㄷ

Ⅳ03　★★★❀　　　2023 실시 7월 학평 15 / 화학 Ⅰ (고3)

표는 25 ℃에서 수용액 (가)~(다)에 대한 자료이다.

수용액	(가)	(나)	(다)
pH	a		$3a$
pOH		b	$2b$
|pH−pOH|	10.0	6.0	x

이에 대한 설명으로 옳은 것만을 〈보기〉에서 있는 대로 고른 것은? (단, 25 ℃에서 물의 이온화 상수(K_w)는 1×10^{-14}이다.) (3점)

[보기]
ㄱ. $x = 2.0$이다.
ㄴ. (나)의 액성은 염기성이다.
ㄷ. $\dfrac{\text{(다)에서 } [OH^-]}{\text{(가)에서 } [OH^-]} = 1 \times 10^{-4}$이다.

① ㄱ　② ㄷ　③ ㄱ, ㄴ　④ ㄴ, ㄷ　⑤ ㄱ, ㄴ, ㄷ

Ⅳ04　★★★❀　　　2023 실시 6월 학평 16 / 화학 Ⅰ (고3)

표는 25 ℃의 물질 (가)~(다)에 대한 자료이다. (가)~(다)는 각각 $HCl(aq)$, $H_2O(l)$, $NaOH(aq)$ 중 하나이고, $pH = -\log[H_3O^+]$, $pOH = -\log[OH^-]$이다.

물질	(가)	(나)	(다)
$\dfrac{\text{pH}}{\text{pOH}}$	1	$\dfrac{1}{6}$	$\dfrac{5}{2}$
부피(mL)	100	200	400

이에 대한 설명으로 옳은 것만을 〈보기〉에서 있는 대로 고른 것은? (단, 온도는 25 ℃로 일정하고, 25 ℃에서 물의 이온화 상수 (K_w)는 1×10^{-14}이며, 혼합 용액의 부피는 혼합 전 물 또는 용액의 부피의 합과 같다.) (3점)

[보기]
ㄱ. (가)는 $HCl(aq)$이다.
ㄴ. $\dfrac{\text{(나)에서 } H_3O^+ \text{의 양(mol)}}{\text{(다)에서 } OH^- \text{의 양(mol)}} = 50$이다.
ㄷ. (가)와 (다)를 모두 혼합한 수용액에서 pH < 10이다.

① ㄱ　② ㄴ　③ ㄷ　④ ㄱ, ㄴ　⑤ ㄴ, ㄷ

Ⅳ05 ✲✲✲✲   2023 실시 10월 학평 8 / 화학 Ⅰ (고3)

다음은 25 ℃ 수용액 (가)~(다)에 대한 자료이다.

> ○ (가)에서 $pOH - pH = 8.0$이다.
> ○ $\dfrac{(가)의\ [H_3O^+]}{(나)의\ [OH^-]} = 10$이다.
> ○ pOH는 (다)가 (나)의 3배이다.

이에 대한 옳은 설명만을 〈보기〉에서 있는 대로 고른 것은? (단, 25 ℃에서 물의 이온화 상수(K_w)는 1×10^{-14}이다.) (3점)

> [보기]
> ㄱ. (가)는 염기성이다.
> ㄴ. (나)의 pOH는 3.0이다.
> ㄷ. (다)의 $[H_3O^+]$는 1×10^{-2} M이다.

① ㄱ   ② ㄷ   ③ ㄱ, ㄴ   ④ ㄱ, ㄷ   ⑤ ㄴ, ㄷ

Ⓛ 몰농도

Ⅳ06 ✲✲✲✲   2024 실시 3월 학평 12 / 화학 Ⅰ (고3) 변형

표는 t ℃에서 수용액 (가)~(다)에 대한 자료이다.

수용액	(가)	(나)	(다)
용질	X	Y	Y
용질의 질량 (g)	$\dfrac{1}{3}w$	w	$2w$
부피(L)	0.25	0.25	V
몰농도(M)	a	a	0.1

$\dfrac{\text{Y의 몰질량}}{\text{X의 몰질량}} \times \dfrac{a}{V}$ 는? (3점)

① $\dfrac{1}{15}$ ② $\dfrac{2}{15}$ ③ $\dfrac{1}{5}$ ④ $\dfrac{2}{5}$ ⑤ $\dfrac{3}{5}$

Ⅳ07 ✲✲✲✲   2023 실시 3월 학평 10 / 화학 Ⅰ (고3)

다음은 A(aq)을 만드는 실험이다. A의 몰질량(g/mol)은 40이다.

> 〈실험 과정〉
> (가) A(s) w g을 모두 물에 녹여 x M A(aq) 100 mL를 만든다.
> (나) x M A(aq) 20 mL를 100 mL 부피 플라스크에 넣고 표시된 눈금까지 물을 넣어 y M A(aq)을 만든다.
> (다) y M A(aq) 50 mL와 0.3 M A(aq) 50 mL를 혼합하고 물을 넣어 0.1 M A(aq) 200 mL를 만든다.

w는? (단, 온도는 일정하다.) (3점)

① 2   ② 6   ③ 10   ④ 12   ⑤ 20

Ⅳ08 ✲✲✲✲   2022 실시 4월 학평 14 / 화학 Ⅰ (고3) 변형

그림은 a M NaOH(aq) 250 mL에 NaOH(s) 5 g을 넣어 녹인 후, 물을 추가하여 0.3 M NaOH(aq) 500 mL를 만드는 과정을 나타낸 것이다.

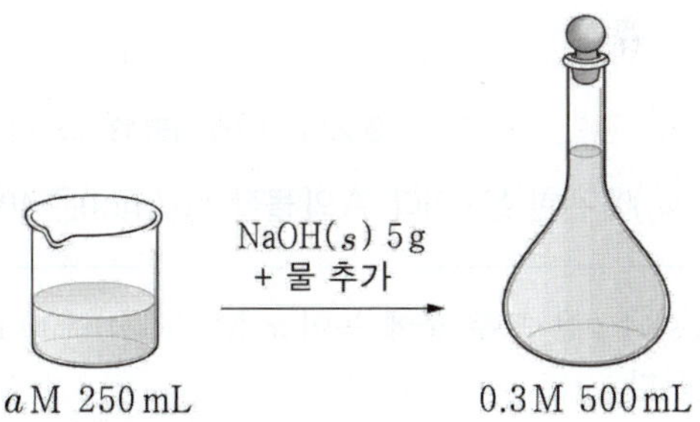

a는? (단, NaOH의 몰질량(g/mol)은 40이다.)

① 0.05   ② 0.1   ③ 0.15   ④ 0.4   ⑤ 0.6

다음은 0.1 M 포도당 수용액을 만드는 과정에 대한 원격 수업 장면의 일부이다.

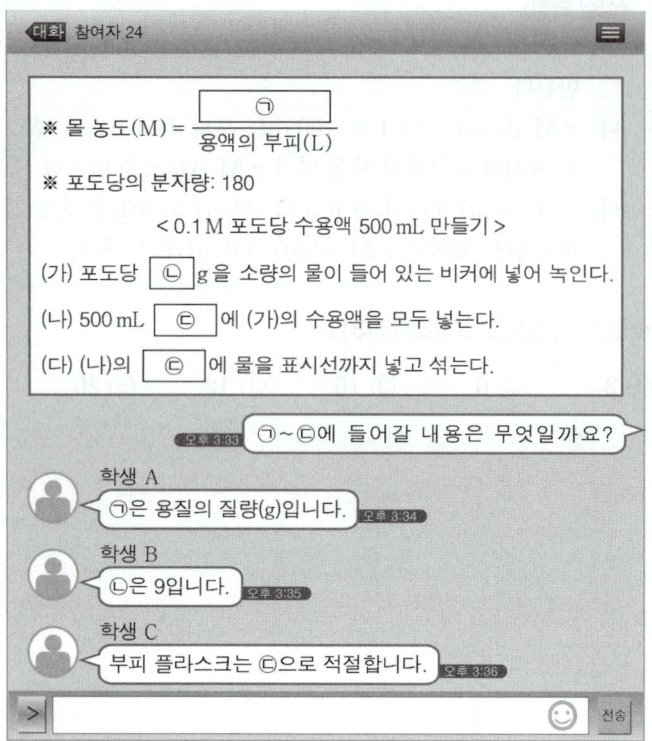

제시한 내용이 옳은 학생만을 있는 대로 고른 것은?

① A ② B ③ C ④ A, B ⑤ B, C

다음은 A(aq)에 관한 실험이다. A의 몰질량(g/mol)은 40이다.

(가) A(s) 4 g을 모두 물에 녹여 x M A(aq) 100 mL를 만든다.
(나) x M A(aq) 25 mL에 물을 넣어 y M A(aq) 200 mL를 만든다.
(다) x M A(aq) 50 mL와 y M A(aq) V mL를 혼합하고 물을 넣어 0.3 M A(aq) 200 mL를 만든다.

$\dfrac{y}{x} \times V$는? (단, 온도는 일정하다.) (3점)

① 10 ② 40 ③ 50 ④ 80 ⑤ 100

표는 포도당 수용액 (가)와 (나)에 대한 자료이다.

수용액	(가)	(나)
부피(mL)	20	30
단위 부피당 포도당 분자 모형	★	★★★★★★

(가)와 (나)를 모두 혼합하고 물을 추가하여 용액의 부피가 100 mL가 되도록 만든 수용액의 단위 부피당 포도당 분자 모형으로 옳은 것은? (단, 온도는 일정하다.) (3점)

① ② ③ ④ ⑤

M 중화 반응의 양적 관계

표는 a M $H_2X(aq)$, b M $HCl(aq)$, $2b$ M $NaOH(aq)$의 부피를 달리하여 혼합한 수용액 (가)~(다)에 대한 자료이다. 수용액에서 H_2X는 H^+과 X^{2-}으로 모두 이온화된다.

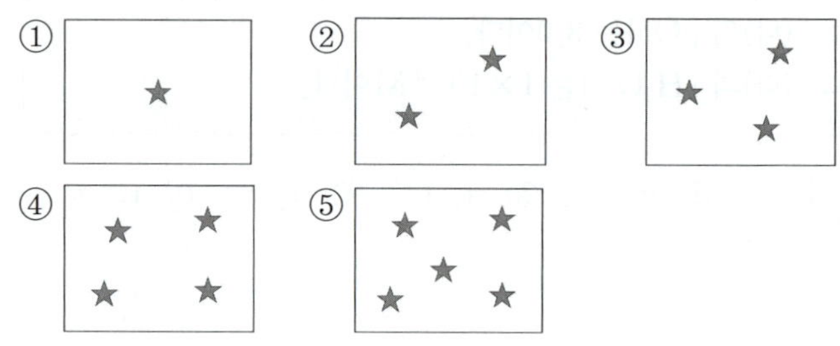

혼합 수용액		(가)	(나)	(다)
혼합 전 수용액의 부피 (mL)	a M $H_2X(aq)$	10	20	20
	b M $HCl(aq)$	20	10	20
	$2b$ M $NaOH(aq)$	10	10	40
모든 양이온의 몰농도(M)의 합 (상댓값)		3	3	㉠

$\dfrac{a}{b} \times$ ㉠은? (단, 혼합 수용액의 부피는 혼합 전 각 수용액의 부피의 합과 같고, 물의 자동 이온화는 무시한다.) (3점)

① $\dfrac{4}{3}$ ② $\dfrac{3}{2}$ ③ 2 ④ $\dfrac{5}{2}$ ⑤ 4

13 ✤✤❀ _______________

표는 HCl(aq)과 NaOH(aq)을 부피를 달리하여 반응시켰을 때 혼합 용액 (가)~(다)에 대한 자료이다.

혼합 용액	혼합 전 용액의 부피(mL)		용액의 액성	전체 음이온 수
	HCl(aq)	NaOH(aq)		
(가)	80	30	산성	$2N$
(나)	30	20	염기성	N
(다)	40	10	㉠	N

이에 대한 옳은 설명만을 〈보기〉에서 있는 대로 고른 것은? (단, 온도는 일정하고, 물의 자동 이온화는 무시한다.) (3점)

[보기]

ㄱ. ㉠은 중성이다.
ㄴ. 혼합 전 용액의 몰농도(M)는 NaOH(aq)이 HCl(aq)의 2배이다.
ㄷ. 생성된 물 분자 수는 (가)가 (다)의 1.5배이다.

① ㄱ ② ㄴ ③ ㄷ ④ ㄱ, ㄷ ⑤ ㄴ, ㄷ

---

14 ✪ 고난도 _______

다음은 H₂X (aq), Y(OH)₂ (aq), ZOH(aq)의 부피를 달리하여 혼합한 용액 (가), (나)에 대한 자료이다.

○ 수용액에서 H₂X는 H⁺과 X²⁻으로, Y(OH)₂는 Y²⁺과 OH⁻으로, ZOH는 Z⁺과 OH⁻으로 모두 이온화된다.

혼합 용액		(가)	(나)
혼합 전 수용액의 부피(mL)	0.5 M H₂X(aq)	30	30
	a M Y(OH)₂(aq)	10	15
	b M ZOH(aq)	0	15
H⁺ 또는 OH⁻의 몰농도(M)		$\dfrac{1}{4}$	x

○ (가)에서 $\dfrac{\text{모든 음이온의 몰농도(M) 합}}{\text{모든 양이온의 몰농도(M) 합}} > 1$이다.

○ 모든 양이온의 양(mol)은 (가) : (나) = 4 : 9이다.

x는? (단, 혼합 용액의 부피는 혼합 전 각 용액의 부피의 합과 같고, 물의 자동 이온화는 무시하며, X²⁻, Y²⁺, Z⁺은 반응하지 않는다.) (3점)

① $\dfrac{1}{4}$ ② $\dfrac{3}{4}$ ③ $\dfrac{5}{6}$ ④ $\dfrac{7}{6}$ ⑤ $\dfrac{4}{3}$

---

15 ✪ 고난도 _______ 

다음은 중화 반응과 관련된 실험이다.

〈실험 과정〉

(가) a M HCl(aq), b M NaOH(aq), c M KOH(aq)을 준비한다.

(나) HCl(aq) 20 mL, NaOH(aq) 30 mL, KOH(aq) 10 mL를 혼합하여 용액 Ⅰ을 만든다.

(다) 용액 Ⅰ에 KOH(aq) V mL를 첨가하여 용액 Ⅱ를 만든다.

〈실험 결과〉

○ 용액 Ⅰ에서 H₃O⁺의 몰농도는 $\dfrac{1}{12}a$ M이다.

○ 용액 Ⅰ과 Ⅱ에 들어 있는 이온의 몰비

용액	Ⅰ	Ⅱ
이온의 몰비		

$V \times \dfrac{b}{c}$ 는? (단, 온도는 일정하고, 혼합한 용액의 부피는 혼합 전 각 용액의 부피의 합과 같으며, 물의 자동 이온화는 무시한다.) (3점)

① 10 ② 20 ③ 30 ④ 40 ⑤ 60

---

16 ✪ 고난도 _______

표는 0.8 M HX(aq), 0.1 M YOH(aq), a M Z(OH)₂ (aq)을 부피를 달리하여 혼합한 용액 Ⅰ~Ⅲ에 대한 자료이다. 수용액에서 HX는 H⁺과 X⁻으로, YOH는 Y⁺과 OH⁻으로, Z(OH)₂는 Z²⁺과 OH⁻으로 모두 이온화된다.

혼합 용액		Ⅰ	Ⅱ	Ⅲ
혼합 전 수용액의 부피(mL)	0.8 M HX(aq)	5	1	4
	0.1 M YOH(aq)	0	4	6
	a M Z(OH)₂ (aq)	5	5	6
모든 음이온의 몰농도(M) 합(상댓값)		5	3	x

$a \times x$는? (단, 혼합 용액의 부피는 혼합 전 각 용액의 부피의 합과 같고, 물의 자동 이온화는 무시하며, X⁻, Y⁺, Z²⁺은 반응하지 않는다.) (3점)

① $\dfrac{1}{3}$ ② $\dfrac{1}{2}$ ③ 1 ④ $\dfrac{3}{2}$ ⑤ $\dfrac{5}{2}$

IV 17 ✽✽✽✽ ⸻ 2022 대비 3월 모평 16 / 화학 I

다음은 $CH_3COOH(aq)$의 몰농도(M)를 구하기 위한 실험이다.

〈실험 과정〉

(가) 0.1 M $NaOH(aq)$을 뷰렛에 넣은 다음, 꼭지를 잠시 열었다 닫고 처음 눈금을 읽는다.

(나) 피펫을 이용해 $CH_3COOH(aq)$ 10 mL를 삼각 플라스크에 넣고 페놀프탈레인 용액을 몇 방울 떨어뜨린다.

(다) 뷰렛의 꼭지를 열어 (나)의 삼각 플라스크에 $NaOH(aq)$을 조금씩 가하면서 삼각 플라스크를 잘 흔들어 주고, 혼합 용액 전체가 붉은색으로 변하는 순간 뷰렛의 꼭지를 닫고 나중 눈금을 읽는다.

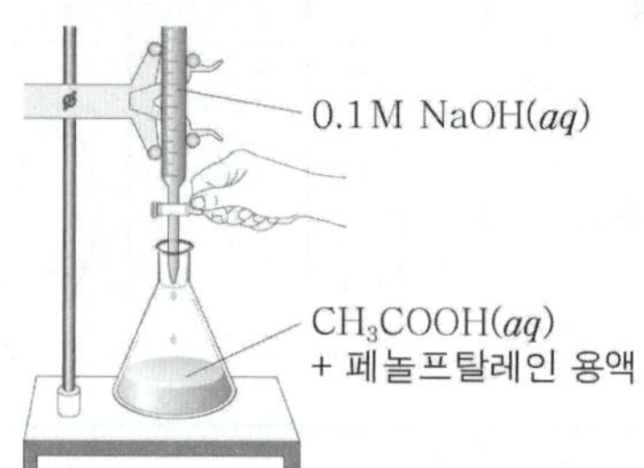

〈실험 결과〉

○ (가)에서 뷰렛의 처음 눈금: 8.3 mL

○ (다)에서 뷰렛의 나중 눈금: 28.3 mL

○ $CH_3COOH(aq)$의 몰농도: a M

이에 대한 옳은 설명만을 〈보기〉에서 있는 대로 고른 것은? (단, 온도는 25 °C로 일정하고, 물의 자동 이온화는 무시한다.) (3점)

[보기]

ㄱ. (다)에서 삼각 플라스크 속 용액의 pH는 증가한다.

ㄴ. $a = 0.05$이다.

ㄷ. (다)에서 생성된 H_2O의 양은 0.002 mol이다.

① ㄱ ② ㄴ ③ ㄱ, ㄷ ④ ㄴ, ㄷ ⑤ ㄱ, ㄴ, ㄷ

IV 18 ✽✽✽✽ ⸻ 2023 대비 9월 모평 17 / 화학 I 변형

다음은 중화 적정을 이용하여 식초 1 g에 들어 있는 아세트산(CH_3COOH)의 질량을 알아보기 위한 실험이다.

〈실험 과정〉

(가) 25 °C에서 밀도가 d g/mL인 식초를 준비한다.

(나) (가)의 식초 10 mL에 물을 넣어 100 mL 수용액을 만든다.

(다) (나)에서 만든 수용액 20 mL를 삼각 플라스크에 넣고 페놀프탈레인 용액을 2~3방울 떨어뜨린다.

(라) (다)의 삼각 플라스크에 0.25 M $NaOH(aq)$을 한 방울씩 떨어뜨리면서 삼각 플라스크를 흔들어 준다.

(마) (라)의 삼각 플라스크 속 수용액 전체가 붉은색으로 변하는 순간 적정을 멈추고 적정에 사용된 $NaOH(aq)$의 부피(V)를 측정한다.

〈실험 결과〉

○ V: a mL

○ (가)에서 식초 1 g에 들어 있는 CH_3COOH의 질량: x g

x는? (단, CH_3COOH의 몰질량(g/mol)은 60이고, 온도는 25 °C로 일정하며, 중화 적정 과정에서 식초에 포함된 물질 중 CH_3COOH만 NaOH과 반응한다.)

① $\dfrac{3a}{40d}$ ② $\dfrac{3a}{80d}$ ③ $\dfrac{3a}{200d}$ ④ $\dfrac{3a}{400d}$ ⑤ $\dfrac{3a}{2000d}$

IV 19 ✽✽✽✽ ⸻ 2021 대비 수능 11 / 화학 I

다음은 아세트산 수용액($CH_3COOH(aq)$)의 중화 적정 실험이다.

〈실험 과정〉

(가) $CH_3COOH(aq)$을 준비한다.

(나) (가)의 수용액 x mL에 물을 넣어 50 mL 수용액을 만든다.

(다) (나)에서 만든 수용액 30 mL를 삼각 플라스크에 넣고 페놀프탈레인 용액을 2~3방울 떨어뜨린다.

(라) (다)의 삼각 플라스크에 0.1 M $NaOH(aq)$을 한 방울씩 떨어뜨리면서 삼각 플라스크를 흔들어 준다.

(마) (라)의 삼각 플라스크 속 수용액 전체가 붉은색으로 변하는 순간 적정을 멈추고 적정에 사용된 $NaOH(aq)$의 부피(V)를 측정한다.

〈실험 결과〉

○ V: y mL

○ (가)에서 $CH_3COOH(aq)$의 몰농도: a M

a는? (단, 온도는 25 °C로 일정하다.) (3점)

① $\dfrac{y}{8x}$ ② $\dfrac{y}{6x}$ ③ $\dfrac{2y}{3x}$ ④ $\dfrac{y}{x}$ ⑤ $\dfrac{5y}{3x}$

Ⅳ20 ✿✿✿ 　　　　　　　　2021 대비 9월 모평 9 / 화학 Ⅰ

다음은 아세트산(CH_3COOH) 수용액의 몰농도(M)를 알아보기 위한 중화 적정 실험이다.

〈실험 과정〉
(가) $CH_3COOH(aq)$을 준비한다.
(나) (가)의 수용액 10 mL에 물을 넣어 100 mL 수용액을 만든다.
(다) (나)에서 만든 수용액 [㉠] mL를 삼각 플라스크에 넣고 페놀프탈레인 용액을 몇 방울 떨어뜨린다.
(라) 그림과 같이 [㉡] 에 들어 있는 0.2 M $NaOH(aq)$을 (다)의 삼각 플라스크에 한 방울씩 떨어뜨리면서 삼각 플라스크를 흔들어준다.

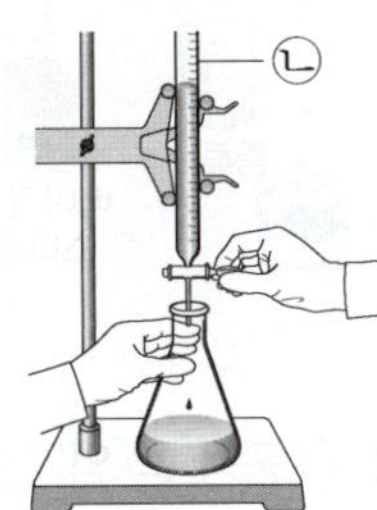

(마) (라)의 삼각 플라스크 속 수용액 전체가 붉은색으로 변하는 순간 적정을 멈추고 적정에 사용된 $NaOH(aq)$의 부피(V)를 측정한다.

〈실험 결과〉
○ V: 10 mL
○ (가)에서 $CH_3COOH(aq)$의 몰농도: 1.0 M

다음 중 ㉠과 ㉡으로 가장 적절한 것은? (단, 온도는 25 °C로 일정하다.) (3점)

	㉠	㉡		㉠	㉡
①	2	뷰렛	②	2	피펫
③	20	뷰렛	④	20	피펫
⑤	40	뷰렛			

Ⅳ21 ✿✿✿ 　　　　　　　　2022 실시 4월 학평 10 / 화학 Ⅰ (고3)

다음은 중화 적정에 관한 탐구 활동지의 일부와 탐구 활동 후 선생님과 학생의 대화이다.

━━━━━━━━━━ **탐구 활동지** ━━━━━━━━━━

[탐구 주제] 중화 적정으로 $CH_3COOH(aq)$의 몰 농도(M) 구하기

[탐구 과정]
(가) 삼각 플라스크에 $CH_3COOH(aq)$ 10 mL를 넣고, 페놀프탈레인 용액 2~3방울을 떨어뜨린다.
(나) (가)의 삼각 플라스크에 0.5 M $NaOH(aq)$을 떨어뜨리면서 수용액 전체가 붉은색으로 변하는 순간 적정을 멈추고, 적정에 사용된 $NaOH(aq)$의 부피(V)를 측정한다.

[탐구 결과]
V = 22 mL

선생님: 탐구 활동으로부터 구한 $CH_3COOH(aq)$의 몰농도를 말해 볼까요?
학　생: [㉠]M입니다.
선생님: 탐구 결과로부터 구한 값은 맞아요. 하지만 탐구 과정에서 사용한 $CH_3COOH(aq)$의 실제 몰농도는 1 M입니다. 탐구 과정에서 한 가지만 잘못하여 오차가 발생했다고 가정할 때, 오차가 발생한 원인에는 무엇이 있을까요?
학　생: 적정을 중화점 [㉡] 에 멈추어서 오차가 발생한 것 같습니다.

학생의 의견이 타당할 때, ㉠과 ㉡으로 가장 적절한 것은?

	㉠	㉡		㉠	㉡
①	0.9	전	②	0.9	후
③	1.1	전	④	1.1	후
⑤	1.5	전			

Ⅳ22 ✽✽✽

다음은 b M NaOH(aq)을 만드는 실험 과정이다. (단, NaOH의 몰질량(g/mol)은 40이고, 온도는 일정하다.)

〈실험 과정 및 결과〉

(가) NaOH(s) 0.8 g을 소량의 물에 녹인 후 100 mL 부피 플라스크에 모두 넣고 표시선까지 물을 가하여 a M NaOH(aq)을 만든다.

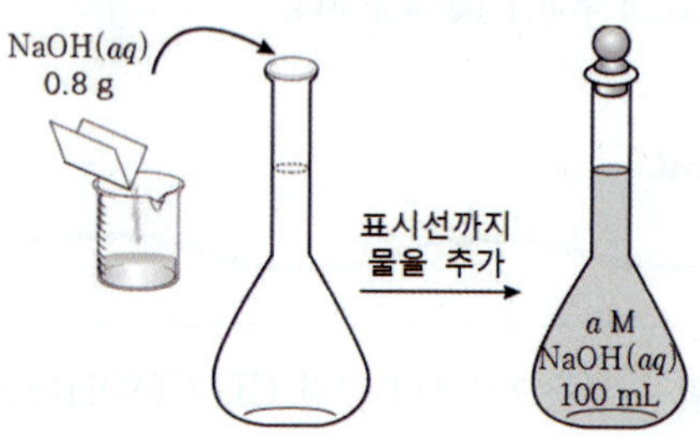

(나) (가)에서 만든 수용액 5 mL를 50 mL 부피 플라스크에 넣고 표시선까지 물을 가하여 b M NaOH(aq)을 만든다.

(1) a를 구하시오. 단답형

(2) b를 구하고, 그 과정을 수용액에 녹아 있는 NaOH의 양(mol)을 포함하여 서술하시오. 서술형

____

Ⅳ23 ✽✽✽

그림은 0.2 M HCl(aq) 20 mL에 0.1 M NaOH(aq)을 넣을 때 용액에 들어 있는 이온 (가)~(라)의 이온 수 변화를 나타낸 것이다.

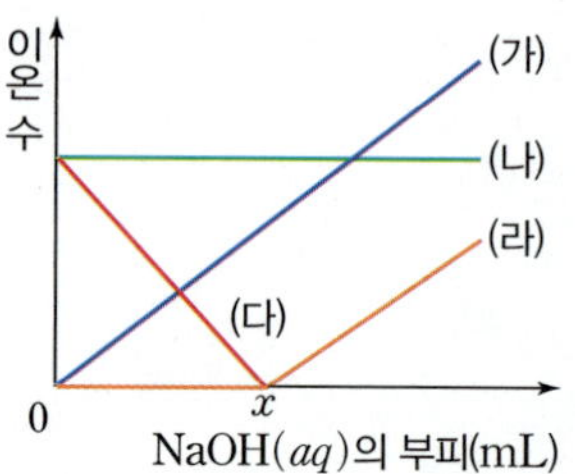

(1) 이온 (가)~(라)의 이온식을 각각 쓰시오. 단답형

(2) x를 구하고, 과정을 서술하시오. 서술형

____

Ⅳ24 ✽✽✽

그림은 25 ℃에서 몇 가지 물질의 pH를 나타낸 것이다.

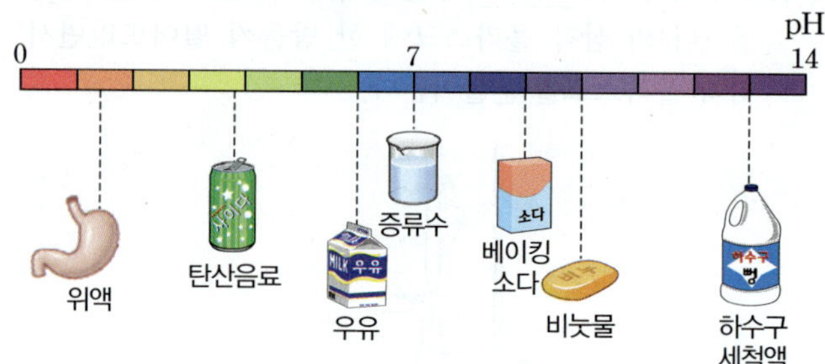

(1) 주어진 물질을 ㉠ 산성, ㉡ 중성, ㉢ 염기성으로 분류하고 그 까닭을 서술하시오. 서술형

____

(2) 하수구 세척액의 $\dfrac{[\text{OH}^-]}{[\text{H}_3\text{O}^+]}$ 을 구하고, 과정을 서술하시오. 서술형

____

Ⅳ25 ✽✽✽

그림 (가)는 HCl(aq) 20 mL에 들어 있는 이온의 모형을 나타낸 것이고, (나)는 (가)의 용액에 NaOH(aq)을 조금씩 넣을 때 생성된 물 분자의 양(mol)을 나타낸 것이다.

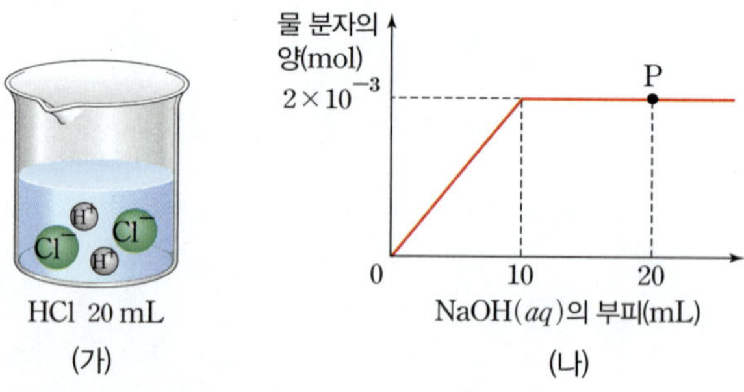

(1) NaOH(aq)의 몰농도를 쓰시오. 단답형

(2) P점에서 $\dfrac{\text{Na}^+ \text{ 수}}{\text{Cl}^- \text{ 수}}$ 를 구하고, 과정을 서술하시오. 서술형

____

❖ 정답 및 해설 266~267p

★ 내신+학평 대비 모의고사

[회별 25문항, 제한시간 40분]

★ **25문항으로 구성:** 2028학년도 수능 문항 구성 적용

★ **2022 개정 교육과정 맞춤 기출 문제로 재구성**

• **문항 배점:** 2.5점-8문항, 2점-9문항, 1.5점-8문항

1회	범위	**처음부터~Ⅱ. 물질의 구조와 성질** **5. 분자의 구조와 물질의 성질까지**
	구성	• 고2 2025 실시 6월 학력 평가: 7문항 • 고1, 2 최신 3개년 학력 평가 기출: 15문항 • 고3 수능 대비 기출(＋변형): 3문항
2회	범위	**처음부터~Ⅲ. 화학 평형** **2. 평형 상수와 반응의 진행 방향까지**
	구성	• 고2 2025 실시 9월 학력 평가: 7문항 • 고2 최신 3개년 평가 기출: 11문항 • 고3 수능 대비 기출(＋변형): 7문항
3회	범위	**처음부터~Ⅳ. 역동적인 화학 반응** **2. 몰농도까지**
	구성	• 고2 2024 실시 10월 학력 평가: 11문항 • 고2 최신 3개년 학력 평가 기출: 11문항 • 고3 수능 대비 기출(＋변형): 3문항

1회 01

2025 실시 6월 학평 1 / 화학 Ⅰ (고2)

다음은 물질 X와 관련된 설명을 모식도로 나타낸 것이다.

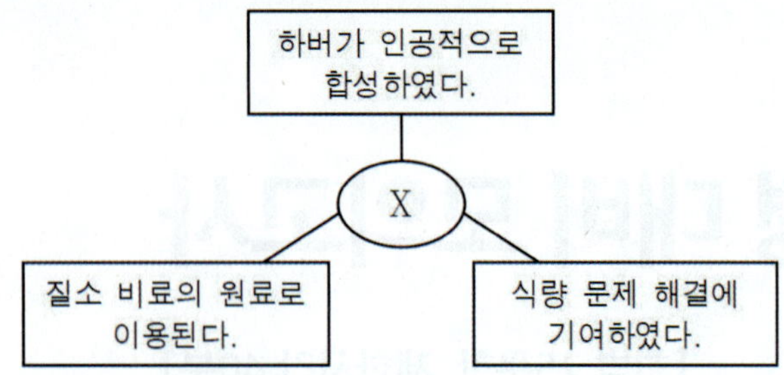

다음 중 X로 가장 적절한 것은? (1.5점)

① H_2O ② CO_2 ③ NH_3 ④ CH_4 ⑤ $NaOH$

1회 02

2024 실시 6월 학평 1 / 화학 Ⅰ (고2)

다음은 화학의 유용성에 대한 자료이다.

> ☐ ㉠ ☐ 은/는 값싸고 질긴 합성 섬유로서 오랫동안 변하지 않는 장점이 있어 해양 산업에서 그물을 만드는 데 사용된다.

㉠으로 가장 적절한 것은? (1.5점)

① 면   ② 철근   ③ 나일론
④ 시멘트   ⑤ 스타이로폼

1회 03

2025 실시 6월 학평 6 / 화학 Ⅰ (고2)

그림은 물질 (가)와 (나)를 나타낸 것이다. 산소(O) 원자의 양(mol)은 (가)에서와 (나)에서가 같다.

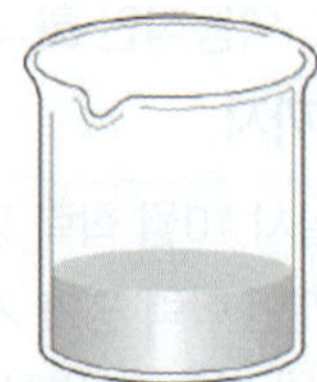

(가) $CO_2(s)$ x g   (나) $H_2O(l)$ 18 g

x는? (단, H, C, O의 원자량은 각각 1, 12, 16이다.) (2.5점)

① 11   ② 22   ③ 33   ④ 44   ⑤ 55

1회 04

2023 실시 9월 학평 2 / 화학 Ⅰ (고2)

그림은 주기율표의 일부를 나타낸 것이다.

주기 \ 족	1	2	13	14	15	16	17	18
1	A							
2				B	C			
3			D				E	

이에 대한 설명으로 옳은 것만을 〈보기〉에서 있는 대로 고른 것은? (단, A~E는 임의의 원소 기호이다.) (2점)

> [보기]
> ㄱ. ABC에서 공유 전자쌍 수는 비공유 전자쌍 수의 4배이다.
> ㄴ. D는 고체 상태에서 전기 전도성이 있다.
> ㄷ. BE_4의 구성 원자는 모두 옥텟 규칙을 만족한다.

① ㄱ   ② ㄷ   ③ ㄱ, ㄴ   ④ ㄴ, ㄷ   ⑤ ㄱ, ㄴ, ㄷ

1회 05

2024 실시 9월 학평 14 / 화학 Ⅰ (고2)

다음은 결합의 쌍극자 모멘트 표시와 관련된 자료이다.

> ○ 쌍극자 모멘트의 표시 방법: 전기 음성도가 작은 원자에서 전기 음성도가 큰 원자를 향하도록 십자 화살표 (┼─→)를 이용하여 표시한다.
> ○ 그림은 2주기 원소 X ~ Z로 이루어진 분자 (가)와 (나)의 구조식에 결합의 쌍극자 모멘트를 표시한 것이고, (가)와 (나)에서 모든 원자는 옥텟 규칙을 만족한다.
>
> $Y = X = Y$ $Z - X \equiv X - Z$
>   (가)   (나)

이에 대한 설명으로 옳은 것만을 〈보기〉에서 있는 대로 고른 것은? (단, X ~ Z는 임의의 원소 기호이다.) (2점)

> [보기]
> ㄱ. (가)에서 Y는 부분적인 양전하(δ^+)를 띤다.
> ㄴ. (나)에는 무극성 공유 결합이 있다.
> ㄷ. X ~ Z 중 전기 음성도가 가장 작은 원소는 X이다.

① ㄱ   ② ㄷ   ③ ㄱ, ㄴ   ④ ㄴ, ㄷ   ⑤ ㄱ, ㄴ, ㄷ

다음은 학생 A가 수행한 탐구 활동이다.

〈자료〉

○ 아보가드로 법칙: 모든 기체는 같은 온도와 압력에서 같은 부피속에 들어 있는 ⬜ ㉠ ⬜ 이/가 같다.

〈가설〉

○ 같은 온도와 압력에서 기체의 ⬜ ㉡ ⬜ 비는 분자량비와 같다.

〈탐구 과정 및 결과〉

○ $t\ °C$, 1기압에서 $CH_4(g)$, $N_2(g)$, $X_2(g)$의 부피가 각각 V L일 때의 질량과 기체의 분자량을 조사한다.

기체	CH_4	N_2	X_2
V L일 때의 질량(g)	8	14	16
분자량	16	28	x

○ $t\ °C$, 1기압에서 기체의 ⬜ ㉡ ⬜ 비는

$$CH_4(g) : N_2(g) : X_2(g) = \frac{8\,g}{V\,L} : \frac{14\,g}{V\,L} : \frac{16\,g}{V\,L} =$$

$4 : 7 : 8$이므로 기체의 ⬜ ㉡ ⬜ 비는 분자량비와 같다.

〈결론〉

○ 가설은 옳다.

학생 A의 탐구 과정 및 결과와 결론이 타당할 때, 이에 대한 설명으로 옳은 것만을 〈보기〉에서 있는 대로 고른 것은? (단, X는 임의의 원소 기호이다.) (1.5점)

[보기]

ㄱ. '분자 수'는 ㉠으로 적절하다.
ㄴ. '밀도'는 ㉡으로 적절하다.
ㄷ. $x = 32$이다.

---

① ㄱ　　② ㄷ　　③ ㄱ, ㄴ　　④ ㄴ, ㄷ　　⑤ ㄱ, ㄴ, ㄷ

다음은 마그네슘(Mg)과 염산($HCl(aq)$)의 반응에 대한 실험이다.

〈화학 반응식〉

$$Mg(s) + 2HCl(aq) \longrightarrow MgCl_2(aq) + H_2(g)$$

〈실험 과정 및 결과〉

○ $t\ °C$, 1기압에서 $Mg(s)$ 0.1 g을 충분한 양의 $HCl(aq)$에 넣어 반응을 완결시켰을 때, 발생한 $H_2(g)$의 부피는 100 mL이다.

이 실험으로부터 Mg의 원자량을 구하기 위해 반드시 이용해야 할 자료만을 〈보기〉에서 있는 대로 고른 것은? (단, 온도와 압력은 일정하다.) (2.5점)

[보기]

ㄱ. $t\ °C$, 1기압에서 기체 1 mol의 부피
ㄴ. 아보가드로수
ㄷ. HCl의 화학식량

---

① ㄱ　　② ㄴ　　③ ㄱ, ㄷ　　④ ㄴ, ㄷ　　⑤ ㄱ, ㄴ, ㄷ

표는 원소 X ~ Z로 이루어진 분자 (가) ~ (다)의 분자식과 각 분자에서 부분적인 음전하를 띠는 원자를 나타낸 것이다. X ~ Z는 각각 O, F, S, Cl 중 하나이고, (가) ~ (다)에서 모든 원자는 옥텟 규칙을 만족한다.

분자	(가)	(나)	(다)
분자식	XY	X_2Z	ZY_2
부분적인 음전하를 띠는 원자	㉠	Z	Y

이에 대한 설명으로 옳은 것만을 〈보기〉에서 있는 대로 고른 것은? (1.5점)

[보기]

ㄱ. ㉠은 X이다.
ㄴ. Z는 O이다.
ㄷ. Z_2Y_2에는 무극성 공유 결합이 있다.

---

① ㄱ　　② ㄷ　　③ ㄱ, ㄴ　　④ ㄴ, ㄷ　　⑤ ㄱ, ㄴ, ㄷ

그림은 화합물 AB와 CB_2를 화학 결합 모형으로 나타낸 것이다.

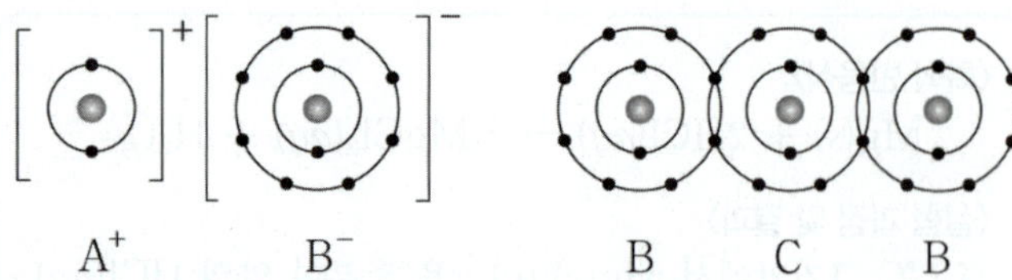

이에 대한 설명으로 옳은 것만을 〈보기〉에서 있는 대로 고른 것은? (단, A ~ C는 임의의 원소 기호이다.) (2점)

[보기]
ㄱ. A ~ C에서 2주기 원소는 2가지이다.
ㄴ. A_2C는 공유 결합 물질이다.
ㄷ. $\dfrac{\text{비공유 전자쌍 수}}{\text{공유 전자쌍 수}}$ 는 B_2가 C_2의 3배이다.

① ㄱ　　② ㄷ　　③ ㄱ, ㄴ　　④ ㄴ, ㄷ　　⑤ ㄱ, ㄴ, ㄷ

다음은 A_2B_2를 분해하는 반응의 화학 반응식이고, 그림은 ㉠을 화학 결합 모형으로 나타낸 것이다.

$$2A_2B_2 \longrightarrow 2\,\boxed{\ ㉠\ } + B_2$$

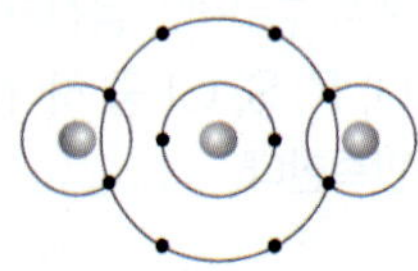

이에 대한 설명으로 옳은 것만을 〈보기〉에서 있는 대로 고른 것은? (단, A와 B는 임의의 원소 기호이다.) (2.5점)

[보기]
ㄱ. ㉠에는 극성 공유 결합이 있다.
ㄴ. A_2B_2에는 이중 결합이 있다.
ㄷ. $\dfrac{\text{공유 전자쌍 수}}{\text{비공유 전자쌍 수}}$ 의 비는 $A_2B_2 : B_2 = 3 : 2$이다.

① ㄱ　　② ㄴ　　③ ㄱ, ㄷ　　④ ㄴ, ㄷ　　⑤ ㄱ, ㄴ, ㄷ

다음은 이황화 탄소(CS_2) 연소 반응의 화학 반응식이다.

$$CS_2 + aO_2 \longrightarrow CO_2 + bSO_2 \ (a,\ b\text{는 반응 계수})$$

$a+b$는? (1.5점)

① 2　　② 3　　③ 4　　④ 5　　⑤ 6

그림은 분자 (가)와 (나)의 구조식을 나타낸 것이다.

$$H-O-H \qquad\qquad \begin{array}{c} H \\ | \\ H-C-H \\ | \\ H \end{array}$$

(가)　　　　　　　　(나)

이에 대한 설명으로 옳은 것만을 〈보기〉에서 있는 대로 고른 것은? (2점)

[보기]
ㄱ. (가)의 공유 전자쌍 수는 2이다.
ㄴ. (나)의 분자 모양은 정사면체형이다.
ㄷ. 결합각은 (가) > (나)이다.

① ㄱ　　② ㄷ　　③ ㄱ, ㄴ　　④ ㄴ, ㄷ　　⑤ ㄱ, ㄴ, ㄷ

그림은 이산화 탄소(CO_2)의 구조식이다.

$$O=C=O$$

CO_2 분자에 대한 설명으로 옳은 것만을 〈보기〉에서 있는 대로 고른 것은? (2점)

[보기]
ㄱ. 단일 결합이 있다.
ㄴ. 극성 공유 결합이 있다.
ㄷ. 분자의 쌍극자 모멘트는 0이다.

① ㄱ　　② ㄴ　　③ ㄱ, ㄷ　　④ ㄴ, ㄷ　　⑤ ㄱ, ㄴ, ㄷ

표는 원소 $X \sim Z$로 구성된 분자 (가)~(다)에 대한 자료이다. $X \sim Z$는 각각 C, N, F 중 하나이고, a, b는 5 이하이다.

분자	(가)	(나)	(다)
구성 원소	X, Y	X, Z	X, Z
구성 원자 수	5	a	b
$\dfrac{X \text{ 원자 수}}{Y \text{ 또는 } Z \text{ 원자 수}}$	4	3	1

이에 대한 설명으로 옳은 것만을 〈보기〉에서 있는 대로 고른 것은? (단, (가)~(다)에서 모든 원자는 옥텟 규칙을 만족한다.) (2.5점)

─────[보기]─────
ㄱ. $a=b$이다.
ㄴ. (다)에는 삼중 결합이 있다.
ㄷ. 분자의 쌍극자 모멘트는 (가)>(나)이다.

① ㄱ　② ㄷ　③ ㄱ, ㄴ　④ ㄴ, ㄷ　⑤ ㄱ, ㄴ, ㄷ

다음은 은(Ag)의 원자 수를 구하는 방법에 대한 교사와 학생의 대화이다.

교사: Ag의 몰질량(g/mol)이 108이라고 할 때, Ag 54 g에 들어 있는 Ag 원자 수를 구하는 방법에 대하여 설명해 보세요.

학생: Ag 1 mol의 질량은 ⎡ ㉠ ⎤ g이고, Ag의 질량인 54 g을 Ag의 몰질량으로 나누면 Ag의 양이 ⎡ ㉡ ⎤ mol인 것을 알 수 있습니다. Ag의 양(mol)에 ⎡ ㉢ ⎤ 를 곱하면 Ag 원자 수를 구할 수 있습니다.

교사: 맞았어요. 잘했습니다.

㉠~㉢으로 가장 적절한 것은? (2점)

	㉠	㉡	㉢
①	54	$\frac{1}{2}$	Ag 1 g에 들어 있는 원자 수
②	54	1	Ag 1 mol에 들어 있는 원자 수
③	108	$\frac{1}{2}$	Ag 1 g에 들어 있는 원자 수
④	108	$\frac{1}{2}$	Ag 1 mol에 들어 있는 원자 수
⑤	108	1	Ag 1 mol에 들어 있는 원자 수

다음은 질산 암모늄(NH_4NO_3)과 관련된 2가지 반응의 화학 반응식이다.

(가) $NH_4NO_3(s) \longrightarrow$ ⎡ ㉠ ⎤ $(g) + 2H_2O(g)$
(나) $aNH_4NO_3(s) \longrightarrow aN_2(g) + O_2(g) + bH_2O(g)$
(a, b는 반응 계수)

이에 대한 설명으로 옳은 것만을 〈보기〉에서 있는 대로 고른 것은? (2.5점)

─────[보기]─────
ㄱ. ㉠은 N_2O이다.
ㄴ. $\dfrac{b}{a}=2$이다.
ㄷ. (가)와 (나)에서 각각 NH_4NO_3 1 g이 모두 반응했을 때, $\dfrac{\text{(가)에서 생성되는 전체 기체의 양(mol)}}{\text{(나)에서 생성되는 전체 기체의 양(mol)}}=\dfrac{6}{7}$이다.

① ㄱ　② ㄷ　③ ㄱ, ㄴ　④ ㄴ, ㄷ　⑤ ㄱ, ㄴ, ㄷ

그림은 물질 X_2와 Y_2Z를 화학 결합 모형으로 나타낸 것이다.

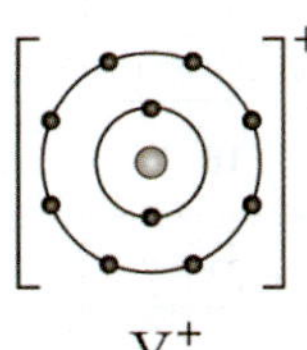
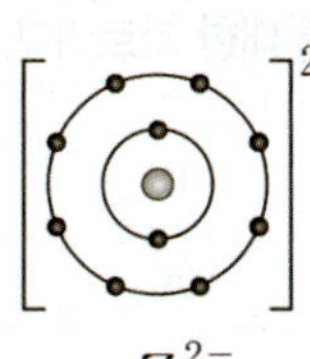
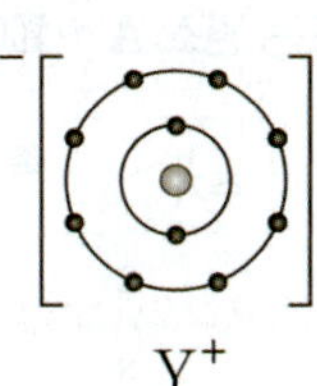

이에 대한 설명으로 옳은 것만을 〈보기〉에서 있는 대로 고른 것은? (단, $X \sim Z$는 임의의 원소 기호이다.) (1.5점)

─────[보기]─────
ㄱ. Y_2Z는 이온 결합 물질이다.
ㄴ. X와 Y는 같은 족 원소이다.
ㄷ. Z_2에는 이중 결합이 있다.

① ㄱ　② ㄷ　③ ㄱ, ㄴ　④ ㄴ, ㄷ　⑤ ㄱ, ㄴ, ㄷ

그림은 원소 A와 B로 구성된 화합물 X의 전기 분해 장치를 나타 낸 것이다. (+)극에서 생성된 기체 A_2와 (−)극에서 생성된 기체 B_2의 부피 비는 1 : 2이다.

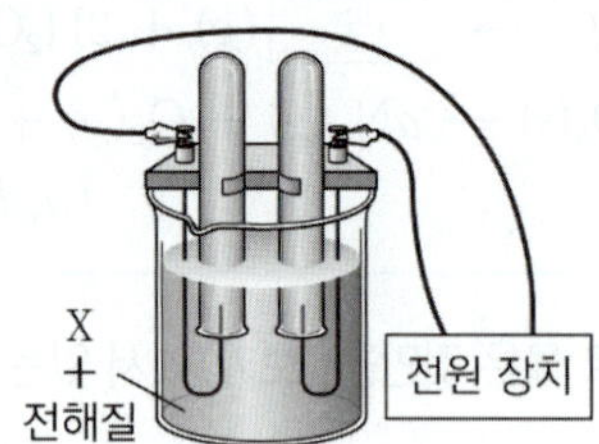

X에 대한 설명으로 옳은 것만을 〈보기〉에서 있는 대로 고른 것은? (단, A, B는 임의의 원소 기호이고, 기체의 온도와 압력은 일정하다.) (1.5점)

―――――[보기]―――――
ㄱ. 화학식은 A_2B이다.
ㄴ. 공유 결합 물질이다.
ㄷ. A 원자와 B 원자 사이의 화학 결합에는 전자가 관여 한다.

① ㄱ ② ㄴ ③ ㄱ, ㄷ ④ ㄴ, ㄷ ⑤ ㄱ, ㄴ, ㄷ

표는 원소 A ~ E에 대한 자료이다.

주기 \ 족	15	16	17
2	A	B	C
3	D		E

이에 대한 설명으로 옳은 것만을 〈보기〉에서 있는 대로 고른 것은? (단, A ~ E는 임의의 원소 기호이다.) (2.5점)

―――――[보기]―――――
ㄱ. 전기 음성도는 B>A>D이다.
ㄴ. BC_2에는 극성 공유 결합이 있다.
ㄷ. EC에서 C는 부분적인 음전하(δ^-)를 띤다.

① ㄱ ② ㄷ ③ ㄱ, ㄴ ④ ㄴ, ㄷ ⑤ ㄱ, ㄴ, ㄷ

다음은 원소의 전기 음성도와 관련된 자료이다.

○ 원소의 족과 전기 음성도

원소	X	Y	Z	I	Cl
족	1	17	17	17	17
전기 음성도	x	y	z	㉠	3.0

○ 제시된 원소의 전기 음성도는 X가 가장 작다.
○ 분자에서 구성 원소의 전기 음성도 차

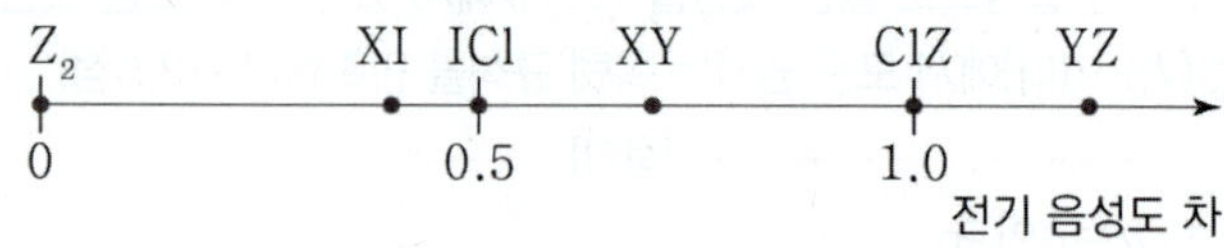

이에 대한 설명으로 옳은 것만을 〈보기〉에서 있는 대로 고른 것은? (단, X ~ Z는 임의의 원소 기호이다.) (2.5점)

―――――[보기]―――――
ㄱ. ㉠은 2.5이다.
ㄴ. 원자 번호는 Y>Cl이다.
ㄷ. $|y-3.0| > |y-x|$ 이다.

① ㄴ ② ㄷ ③ ㄱ, ㄴ ④ ㄱ, ㄷ ⑤ ㄱ, ㄴ, ㄷ

그림은 3가지 분자의 구조식을 나타낸 것이다.

결합각 $\alpha \sim \gamma$의 크기를 비교한 것으로 옳은 것은? (2점)

① $\alpha > \beta > \gamma$
② $\alpha > \gamma > \beta$
③ $\beta > \alpha > \gamma$
④ $\beta > \gamma > \alpha$
⑤ $\gamma > \alpha > \beta$

22

그림은 원자 A, B의 전자 배치를 모형으로 나타낸 것이다.

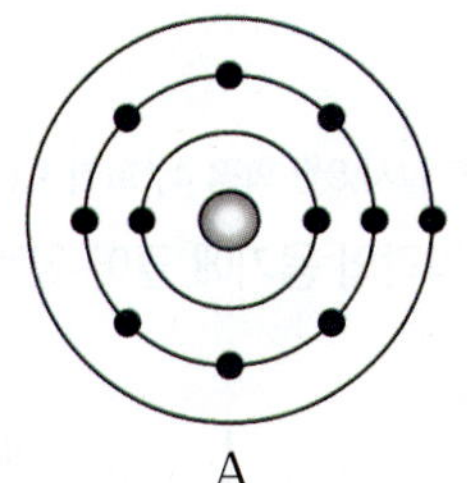
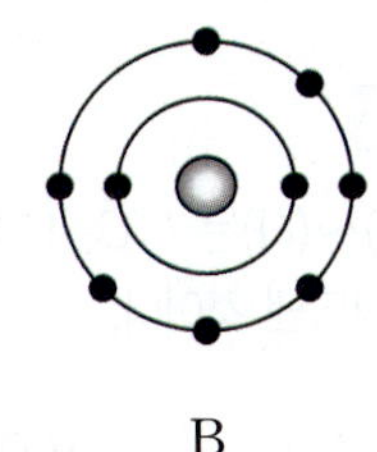

이에 대한 설명으로 옳은 것만을 〈보기〉에서 있는 대로 고른 것은? (단, A, B는 임의의 원소 기호이다.) (1.5점)

[보기]
ㄱ. A의 양성자수는 11이다.
ㄴ. B_2는 공유 결합 물질이다.
ㄷ. AB는 수용액 상태에서 전기 전도성이 있다.

① ㄱ   ② ㄷ   ③ ㄱ, ㄴ   ④ ㄴ, ㄷ   ⑤ ㄱ, ㄴ, ㄷ

23

다음은 주기율표의 일부를 나타낸 것이다.

주기 \ 족	1	2	13	14	15	16	17	18
1	A							B
2				C				
3	D						E	

A~E에 대한 설명으로 옳은 것만을 〈보기〉에서 있는 대로 고른 것은? (단, A~E는 임의의 원소 기호이다.) (2점)

[보기]
ㄱ. A와 B는 같은 족 원소이다.
ㄴ. CA_4는 공유 결합 물질이다.
ㄷ. DE_2 수용액은 전기 전도성이 있다.

① ㄱ   ② ㄴ   ③ ㄷ   ④ ㄱ, ㄴ   ⑤ ㄴ, ㄷ

24

그림은 t °C, 1기압에서 실린더 (가)와 (나)에 들어 있는 기체를 나타낸 것이다. (가)와 (나)에 들어 있는 전체 기체의 밀도는 같다.

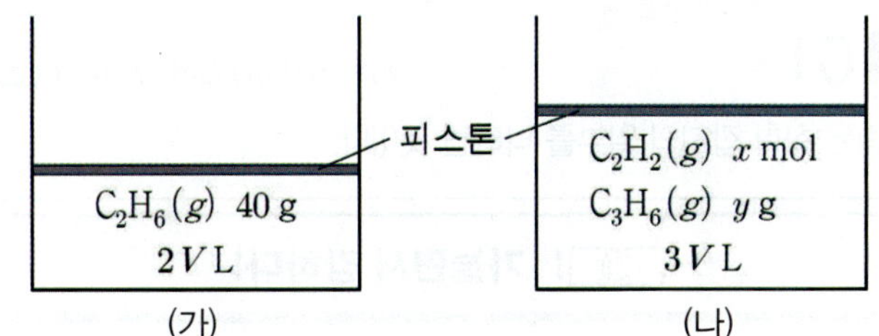

$\dfrac{y}{x}$ 는? (단, H, C의 원자량은 각각 1, 12이다.) (2점)

① 14   ② 12   ③ 10   ④ 8   ⑤ 6

25

다음은 A(g)와 B(g)가 반응하여 C(g)를 생성하는 반응의 화학 반응식이다.

$$A(g) + bB(g) \longrightarrow 2C(g) \ (b\text{는 반응 계수})$$

표는 실린더에 A(g)와 B(g)의 질량을 달리하여 넣고 반응을 완결시킨 실험 I, II에 대한 자료이다. $\dfrac{\text{C의 분자량}}{\text{B의 분자량}} = \dfrac{11}{7}$ 이다.

실험	반응 전			반응 후	
	A의 질량(g)	B의 질량(g)	전체 기체의 부피(L)	남은 반응물의 종류와 질량	전체 기체의 부피(L)
I		14		B(g), 7 g	4V
II	24	21	12V		$x$$V$

이에 대한 설명으로 옳은 것만을 〈보기〉에서 있는 대로 고른 것은? (단, 실린더 속 기체의 온도와 압력은 일정하다.) (2.5점)

[보기]
ㄱ. b=3이다.
ㄴ. II에서 남은 반응물의 질량은 8 g이다.
ㄷ. x=9이다.

① ㄱ   ② ㄴ   ③ ㄷ   ④ ㄱ, ㄷ   ⑤ ㄴ, ㄷ

2회 01

2025 실시 9월 학평 1 / 화학 Ⅰ (고2)

그림은 화학 잡지의 일부를 나타낸 것이다.

㉠으로 가장 적절한 것은? (1.5점)

① 철　　　　　② 면　　　　　③ 유리
④ 시멘트　　　⑤ 나일론

2회 02

2025 실시 9월 학평 3 / 화학 Ⅰ (고2)

다음은 이산화 질소(NO_2)와 관련된 반응의 화학 반응식이다.

$$a NO_2 + b NH_3 \longrightarrow c N_2 + 12 H_2O \ (a \sim c\text{는 반응 계수})$$

$a+b+c$는? (1.5점)

① 18　　　② 21　　　③ 24　　　④ 27　　　⑤ 30

2회 03

2025 실시 9월 학평 4 / 화학 Ⅰ (고2) 변형

그림 (가)~(다)는 t ℃, 1기압에서 각각의 용기에 들어 있는 3가지 물질을 나타낸 것이다.

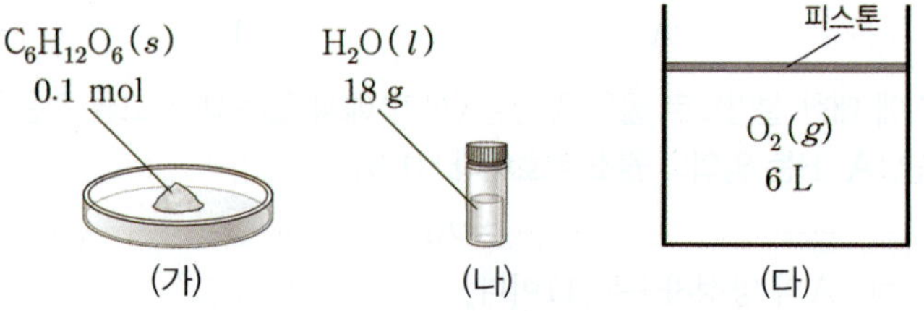

이에 대한 설명으로 옳은 것만을 〈보기〉에서 있는 대로 고른 것은? (단, t ℃, 1기압에서 기체 1 mol의 부피는 24 L이고, H, C, O의 몰질량(g/mol)은 각각 1, 12, 16이다.) (2점)

[보기]
ㄱ. (가)에서 $C_6H_{12}O_6(s)$의 질량은 18 g이다.
ㄴ. (다)에서 $O_2(g)$의 양(mol)은 (나)에서 $H_2O(l)$의 양(mol)보다 크다.
ㄷ. 산소(O) 원자 수는 (다)에서가 (가)에서보다 크다.

① ㄱ　　② ㄴ　　③ ㄱ, ㄷ　　④ ㄴ, ㄷ　　⑤ ㄱ, ㄴ, ㄷ

2회 04

2025 실시 9월 학평 8 / 화학 Ⅰ (고2)

표는 원소 X ~ Z로 구성된 분자 (가) ~ (다)에 대한 자료이다. X~Z는 N, O, F을 순서 없이 나타낸 것이고, (가)~(다)에서 모든 원자는 옥텟 규칙을 만족한다.

분자	구조식	부분적인 양전하(δ^+)를 띠는 원자
(가)	X−Y−Y−X	Y
(나)	Y=Z−Z=Y	Z
(다)	X−Z=Z−X	

이에 대한 설명으로 옳은 것만을 〈보기〉에서 있는 대로 고른 것은? (2점)

[보기]
ㄱ. X는 F이다.
ㄴ. (가) ~ (다)에는 모두 무극성 공유 결합이 있다.
ㄷ. (다)에서 Z는 부분적인 양전하(δ^+)를 띤다.

① ㄱ　　② ㄷ　　③ ㄱ, ㄴ　　④ ㄴ, ㄷ　　⑤ ㄱ, ㄴ, ㄷ

다음은 화학자 하버에 대한 자료이다.

하버는 ⟨ ㉠ ⟩ 기체와 수소 기체로 암모니아를 대량 합성하는 방법을 발표하였다. 암모니아를 원료로 만든 비료는 농산물의 생산량을 늘려 식량 문제 해결에 기여하였고, 이에 대한 공로로 하버는 노벨 화학상을 받았다.

㉠으로 가장 적절한 것은? (1.5점)

① 탄소 ② 질소 ③ 산소 ④ 규소 ⑤ 염소

표는 용기 (가)와 (나)에 들어 있는 기체에 대한 자료이다.

용기		(가)	(나)
기체의 질량(g)	$AB(g)$	28	42
	$AB_2(g)$	22	11
$\dfrac{B\ 원자\ 수}{A\ 원자\ 수}$		$\dfrac{4}{3}$	x

$x \times \dfrac{A의\ 몰질량}{B의\ 몰질량}$ 은? (단, A와 B는 임의의 원소 기호이다.) (2점)

① $\dfrac{9}{7}$ ② $\dfrac{8}{7}$ ③ 1 ④ $\dfrac{6}{7}$ ⑤ $\dfrac{5}{7}$

그림은 2주기 원소 X~Z로 이루어진 화합물 XY와 ZY_2의 루이스 전자점식을 나타낸 것이다.

$$X^+ \left[: \ddot{\ddot{Y}} : \right]^- \qquad : \ddot{\ddot{Y}} : \ddot{\ddot{Z}} : \ddot{\ddot{Y}} :$$

X~Z의 원자 번호를 비교한 것으로 옳은 것은? (단, X~Z는 임의의 원소 기호이다.) (1.5점)

① X>Z>Y ② Y>X>Z ③ Y>Z>X
④ Z>X>Y ⑤ Z>Y>X

다음은 물(H_2O)의 전기 분해 실험이다.

⟨실험 과정⟩
(가) 물에 소량의 황산 나트륨(Na_2SO_4)을 녹인 수용액을 플라스틱통에 넣는다.
(나) 침핀을 꽂은 1회용 스포이트 2개에 (가)에서 만든 수용액을 가득 채우고 전류를 흘려주어 발생하는 기체를 각각 모은다.
(다) 발생한 기체 A의 부피(V_A)와 기체 B의 부피(V_B)를 비교한다.

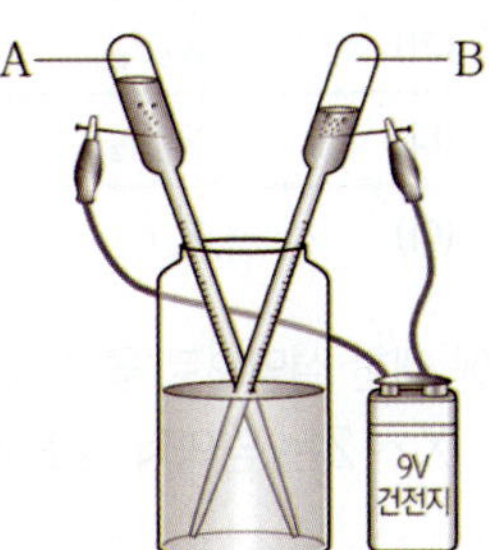

⟨실험 결과⟩
○ 스포이트에 모은 기체의 부피 비 $V_A : V_B = 1 : 2$이다.

이에 대한 설명으로 옳은 것만을 ⟨보기⟩에서 있는 대로 고른 것은? (1.5점)

[보기]
ㄱ. 화학 결합의 종류는 물과 황산 나트륨이 같다.
ㄴ. (−)극에서 발생하는 기체는 B이다.
ㄷ. 이 실험에서 물을 구성하는 원자 사이의 결합이 끊어진다.

① ㄱ ② ㄷ ③ ㄱ, ㄴ ④ ㄴ, ㄷ ⑤ ㄱ, ㄴ, ㄷ

표는 원소 W~Z로 이루어진 3가지 분자에서 W의 전기 음성도(a)와 나머지 구성 원소의 전기 음성도(b) 차($a-b$)를 나타낸 것이다.

분자	WX_2	Y_2W	Z_2W
$a-b$	−0.5	0.5	1.4

이에 대한 설명으로 옳은 것만을 ⟨보기⟩에서 있는 대로 고른 것은? (단, W~Z는 임의의 원소 기호이다.) (2점)

[보기]
ㄱ. Y_2W에는 극성 공유 결합이 있다.
ㄴ. 전기 음성도는 Y가 X보다 크다.
ㄷ. ZX에서 Z는 부분적인 음전하(δ^-)를 띤다.

① ㄱ ② ㄴ ③ ㄱ, ㄷ ④ ㄴ, ㄷ ⑤ ㄱ, ㄴ, ㄷ

표는 플루오린(F)을 포함한 분자 (가)~(다)에 대한 자료이다. $X \sim Z$는 2주기 원소이고, (가)~(다)에서 모든 원자는 옥텟 규칙을 만족한다.

분자	분자식	비공유 전자쌍 수(상댓값)
(가)	X_2F_2	3
(나)	Y_2F_2	4
(다)	Z_2F_2	㉠

이에 대한 설명으로 옳은 것만을 〈보기〉에서 있는 대로 고른 것은? (단, $X \sim Z$는 임의의 원소 기호이다.) (1.5점)

―――[보기]―――
ㄱ. ㉠은 5이다.
ㄴ. 전기 음성도는 $Y > Z$이다.
ㄷ. (가)~(다)에는 모두 무극성 공유 결합이 있다.

① ㄱ　　② ㄴ　　③ ㄷ　　④ ㄱ, ㄷ　⑤ ㄴ, ㄷ

그림은 분자 (가)~(다)의 구조식을 나타낸 것이다.

$$H-O-H \qquad O=C=O \qquad H-C\equiv N$$
$$\text{(가)} \qquad\qquad \text{(나)} \qquad\qquad \text{(다)}$$

(가)~(다)에 대한 설명으로 옳은 것만을 〈보기〉에서 있는 대로 고른 것은? (2점)

―――[보기]―――
ㄱ. 중심 원자에 비공유 전자쌍이 존재하는 분자는 2가지이다.
ㄴ. 분자 모양이 직선형인 분자는 2가지이다.
ㄷ. 극성 분자는 1가지이다.

① ㄱ　　② ㄴ　　③ ㄱ, ㄷ　④ ㄴ, ㄷ　⑤ ㄱ, ㄴ, ㄷ

표는 분자 (가)~(다)에 대한 자료이다. $X \sim Z$는 2주기 원소이고, (가)~(다)의 중심 원자는 옥텟 규칙을 만족한다.

분자	(가)	(나)	(다)
구성 원소	H, X, Y	H, Y	H, Z
전체 원자 수	3	4	3
H 원자 수	1	3	2

(가)~(다)에 대한 옳은 설명만을 〈보기〉에서 있는 대로 고른 것은? (단, $X \sim Z$는 임의의 원소 기호이다.) (2점)

―――[보기]―――
ㄱ. $\dfrac{\text{공유 전자쌍 수}}{\text{비공유 전자쌍 수}} > 1$인 것은 2가지이다.
ㄴ. 분자를 구성하는 모든 원자가 동일 평면에 존재하는 것은 2가지이다.
ㄷ. (가)~(다)는 모두 극성 분자이다.

① ㄱ　　② ㄴ　　③ ㄱ, ㄷ　④ ㄴ, ㄷ　⑤ ㄱ, ㄴ, ㄷ

그림 (가)는 진공 용기에 $H_2O(l)$을 넣은 모습을, (나)는 (가)의 용기에 들어 있는 $H_2O(l)$의 질량을 시간에 따라 나타낸 것이다.

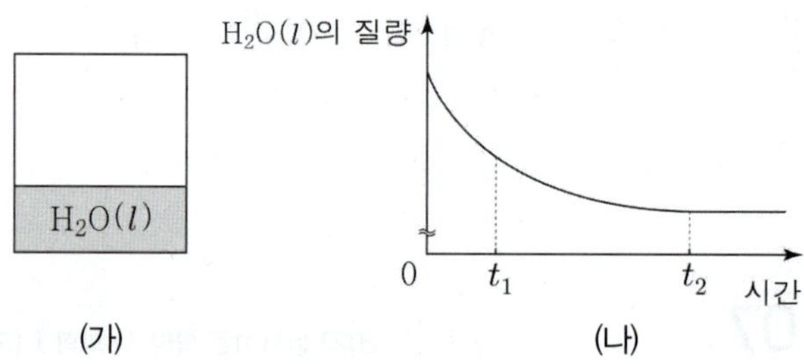

t_2에서가 t_1에서보다 큰 값을 갖는 것만을 〈보기〉에서 있는 대로 고른 것은? (단, 온도는 일정하다.) (1.5점)

―――[보기]―――
ㄱ. 용기 속 $H_2O(g)$의 질량
ㄴ. 용기 속 $H_2O(g)$의 응축 속도
ㄷ. 용기 속 $H_2O(l)$의 증발 속도

① ㄱ　　② ㄴ　　③ ㄷ　　④ ㄱ, ㄴ　⑤ ㄴ, ㄷ

표는 25 ℃에서 산성 또는 염기성 수용액 (가)~(다)에 대한 자료이다. (가)~(다) 중 산성 수용액은 2가지이고, pH는 (가)가 (다)의 3배이다.

수용액	(가)	(나)	(다)
$\dfrac{pOH}{pH}$ (상댓값)	1	x	15
$|pH-pOH|$	$y+4$	$y-4$	y
부피(mL)	100	200	400

이에 대한 옳은 설명만을 〈보기〉에서 있는 대로 고른 것은? (단, 25 ℃에서 물의 이온화 상수(K_w)는 1×10^{-14}이다.) (2.5점)

[보기]

ㄱ. (나)는 산성 수용액이다.

ㄴ. $x-y=2$이다.

ㄷ. $\dfrac{\text{(다)에서 } H_3O^+ \text{의 양(mol)}}{\text{(가)에서 } OH^- \text{의 양(mol)}}=\dfrac{1}{100}$ 이다.

① ㄱ ② ㄷ ③ ㄱ, ㄴ ④ ㄴ, ㄷ ⑤ ㄱ, ㄴ, ㄷ

다음은 A(g)로부터 B(g)가 생성되는 반응의 화학 반응식과 농도로 정의되는 평형 상수(K)이다.

$$A(g) \rightleftharpoons 2B(g) \qquad K$$

그림은 부피가 1 L인 강철 용기에 혼합 기체가 들어 있는 초기 상태를 나타낸 것이다. 반응이 진행되어 온도 T에서 평형 상태에 도달하였을 때, He(g)의 몰 분율은 $\dfrac{2}{7}$이다. 온도 T에서의 K는? (2.5점)

A(g) 0.2 mol
B(g) 0.2 mol
He(g) 0.2 mol
1 L

① 0.8 ② 1.6 ③ 2 ④ 3.2 ⑤ 4

표는 -70 ℃에서 밀폐된 진공 용기에 드라이아이스($CO_2(s)$)를 넣은 후 시간에 따른 $CO_2(g)$의 양(mol)에 대한 자료이다. $2t$일 때 $CO_2(s)$와 $CO_2(g)$는 동적 평형 상태에 도달하였다.

시간	t	$2t$	$3t$
$CO_2(g)$의 양(mol)	a	b	b

이에 대한 옳은 설명만을 〈보기〉에서 있는 대로 고른 것은? (단, 온도는 일정하다.) (2.5점)

[보기]

ㄱ. $CO_2(s)$가 $CO_2(g)$로 되는 반응은 가역 반응이다.

ㄴ. $a>b$이다.

ㄷ. $3t$일 때 $\dfrac{CO_2(g)\text{가 } CO_2(s)\text{로 승화되는 속도}}{CO_2(s)\text{가 } CO_2(g)\text{로 승화되는 속도}}>1$이다.

① ㄱ ② ㄷ ③ ㄱ, ㄴ ④ ㄴ, ㄷ ⑤ ㄱ, ㄴ, ㄷ

그림은 25 ℃에서 수용액 (가), (나)의 pH와 pOH를 나타낸 것이다. 25 ℃에서 물의 이온화 상수(K_w)는 1×10^{-14}이다.

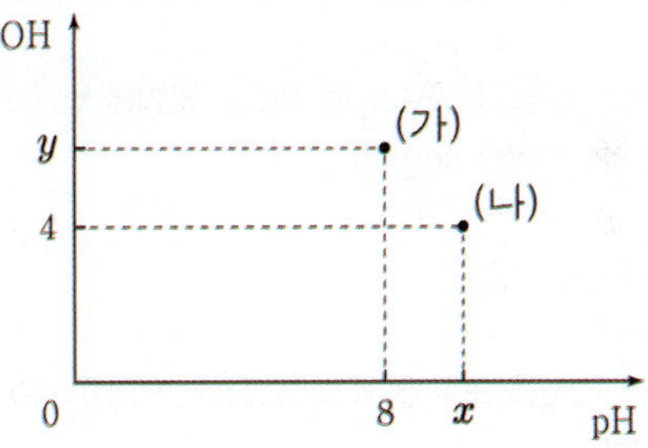

이에 대한 설명으로 옳은 것만을 〈보기〉에서 있는 대로 고른 것은? (단, $pH=-\log[H_3O^+]$, $pOH=-\log[OH^-]$이다.) (2.5점)

[보기]

ㄱ. (가)는 염기성이다.

ㄴ. $\dfrac{y}{x}=\dfrac{3}{5}$이다.

ㄷ. (나) 100 mL에 들어 있는 OH^-의 양은 1×10^{-5} mol이다.

① ㄱ ② ㄷ ③ ㄱ, ㄴ ④ ㄴ, ㄷ ⑤ ㄱ, ㄴ, ㄷ

수능 대비 기출 변형

다음은 인체 내에서 일어나는 화학 평형에 대한 자료이다.

적혈구에 포함되어 있는 헤모글로빈(Hb)은 수소 이온, 산소와 가역적으로 결합하여 인체 내에서 산소를 운반한다. 이것을 다음과 같이 화학 평형 반응식으로 나타낼 수 있다. 이 반응의 정반응은 발열 반응이다.

$$HbH^+ + O_2 \rightleftharpoons HbO_2 + H^+$$

이 반응에 대한 설명으로 옳은 것만을 〈보기〉에서 있는 대로 고른 것은? (2점)

[보기]
ㄱ. 체온이 올라가면 HbO_2의 농도가 감소한다.
ㄴ. 혈액의 pH가 감소하면 역반응이 우세하게 진행된다.
ㄷ. 혈액의 O_2 농도가 감소하면 정반응이 우세하게 진행된다.

① ㄱ ② ㄷ ③ ㄱ, ㄴ ④ ㄴ, ㄷ ⑤ ㄱ, ㄴ, ㄷ

2025 실시 6월 학평 17 / 화학 I (고2)

다음은 A(aq)을 만드는 방법을 댓글로 남긴 화학 동아리 활동을 나타낸 것이다.

각자 원하는 몰농도의 A(aq)을 만드는 방법을 댓글로 남겨 주세요. A의 화학식량은 60입니다.

 '화학인'님의 댓글

A(s) 12 g을 모두 물에 녹여 a M A(aq) 500 mL를 만듭니다.

'케미'님의 댓글

'화학인'님이 만든 a M A(aq) 100 mL에 A(s) w g을 모두 녹이고 물을 넣어 0.2 M A(aq) 250 mL를 만듭니다.

모든 댓글의 내용이 옳을 때, $\dfrac{w}{a}$는? (단, 온도는 일정하다.) (2점)

① 1 ② $\dfrac{3}{2}$ ③ 2 ④ $\dfrac{5}{2}$ ⑤ 3

2025 실시 9월 학평 10 / 화학 I (고2) 변형

다음은 3가지 혼합 용액을 만드는 실험이다.

〈실험 과정〉
(가) A(s) 4 g을 모두 물에 녹여 a M A(aq) 100 mL를 만든다.
(나) B(s) 4 g을 모두 물에 녹여 b M B(aq) 200 mL를 만든다.
(다) (가)와 (나)에서 만든 용액의 부피를 달리하여 혼합한 용액 Ⅰ~Ⅲ을 만든다.

〈실험 결과〉
○ 혼합 용액 Ⅰ~Ⅲ에 대한 자료

혼합 용액	혼합 전 수용액의 부피(mL)		혼합 용액에 들어 있는 A의 양(mol)과 B의 양(mol)의 합
	a M A(aq)	b M B(aq)	
Ⅰ	$2V$	V	$16n$
Ⅱ	$2V$	$3V$	$32n$
Ⅲ	$3V$	$2V$	x

이에 대한 설명으로 옳은 것만을 〈보기〉에서 있는 대로 고른 것은? (단, 온도는 일정하고, A와 B는 서로 반응하지 않는다.) (2.5점)

[보기]
ㄱ. $x=24n$이다.
ㄴ. $a : b = 1 : 2$이다.
ㄷ. $\dfrac{\text{A의 몰질량}}{\text{B의 몰질량}} = 4$이다.

① ㄱ ② ㄴ ③ ㄱ, ㄷ ④ ㄴ, ㄷ ⑤ ㄱ, ㄴ, ㄷ

2025 실시 9월 학평 11 / 화학 I (고2)

그림은 원소 X~Z로 구성된 물질 XY_2와 Z_2Y_2를 화학 결합 모형으로 나타낸 것이다.

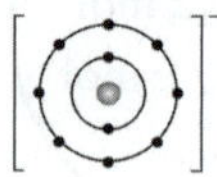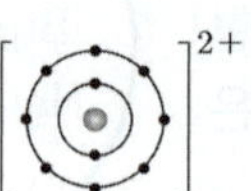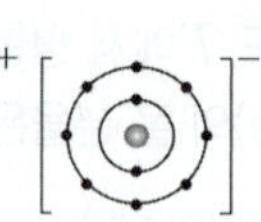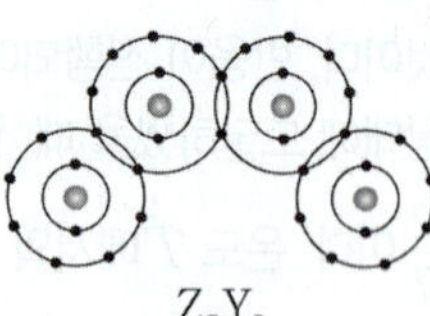

이에 대한 설명으로 옳은 것만을 〈보기〉에서 있는 대로 고른 것은? (단, X~Z는 임의의 원소 기호이다.) (2점)

[보기]
ㄱ. $XY_2(l)$는 전기 전도성이 있다.
ㄴ. $\dfrac{\text{비공유 전자쌍 수}}{\text{공유 전자쌍 수}}$는 Z_2가 Y_2의 3배이다.
ㄷ. X와 Z는 1 : 1로 결합하여 안정한 화합물을 형성한다.

① ㄱ ② ㄴ ③ ㄱ, ㄷ ④ ㄴ, ㄷ ⑤ ㄱ, ㄴ, ㄷ

다음은 프로판올(C_3H_7OH)과 관련된 반응 (가)와 (나)의 화학 반응식이다.

> (가) $C_3H_7OH \longrightarrow C_3H_6 + \boxed{\ \ \bigcirc\ \ }$
> (나) $aC_3H_7OH + 9O_2 \longrightarrow bCO_2 + 8\boxed{\ \ \bigcirc\ \ }$
> (a, b는 반응 계수)

이에 대한 설명으로 옳은 것만을 〈보기〉에서 있는 대로 고른 것은? (2.5점)

> [보기]
> ㄱ. ㉠은 H_2O이다.
> ㄴ. $a + b = 8$이다.
> ㄷ. (가)와 (나)에서 각각 C_3H_7OH 1 g이 모두 반응했을 때, $\dfrac{\text{(나)에서 생성된 } CO_2\text{의 양(mol)}}{\text{(가)에서 생성된 } C_3H_6\text{의 양(mol)}} > 1$이다.

① ㄱ ② ㄷ ③ ㄱ, ㄴ ④ ㄴ, ㄷ ⑤ ㄱ, ㄴ, ㄷ

표는 t °C에서 수용액 (가)~(다)에 대한 자료이다.

수용액	(가)	(나)	(다)
용질의 종류	A	B	B
용질의 질량(g)	w	w	x
몰농도(M)	1	4	2
부피(L)	6	1	6

이에 대한 설명으로 옳은 것만을 〈보기〉에서 있는 대로 고른 것은? (1.5점)

> [보기]
> ㄱ. 용질의 양(mol)은 (가) > (나)이다.
> ㄴ. 몰질량은 B > A이다.
> ㄷ. $x = 3w$이다.

① ㄱ ② ㄷ ③ ㄱ, ㄴ ④ ㄴ, ㄷ ⑤ ㄱ, ㄴ, ㄷ

그림은 t °C, 1기압에서 실린더 (가)와 (나)에 들어 있는 기체를 나타낸 것이다. $\dfrac{\text{(나)의 실린더 속 전체 기체의 밀도}}{\text{(가)의 실린더 속 전체 기체의 밀도}} = \dfrac{6}{7}$이다.

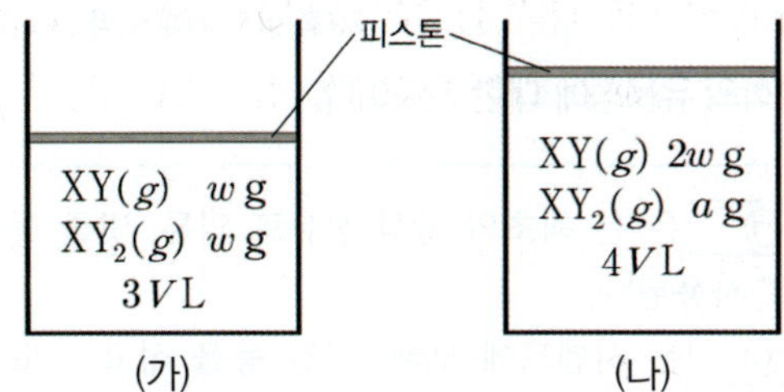

이에 대한 설명으로 옳은 것만을 〈보기〉에서 있는 대로 고른 것은? (단, X와 Y는 임의의 원소 기호이다.) (2.5점)

> [보기]
> ㄱ. $a = \dfrac{2}{7}w$이다.
> ㄴ. $\dfrac{\text{(나)의 실린더 속 X 원자의 양(mol)}}{\text{(가)의 실린더 속 Y 원자의 양(mol)}} > 1$이다.
> ㄷ. $\dfrac{\text{X의 몰질량}}{\text{Y의 몰질량}} = \dfrac{8}{7}$이다.

① ㄱ ② ㄴ ③ ㄱ, ㄷ ④ ㄴ, ㄷ ⑤ ㄱ, ㄴ, ㄷ

다음은 A(g)와 B(g)가 반응하여 C(g)와 D(g)를 생성하는 반응의 화학 반응식이다.

$$A(g) + bB(g) \longrightarrow 2C(g) + 2D(g) \quad (b\text{는 반응 계수})$$

표는 실린더에 A(g)와 B(g)를 넣고 반응을 완결시킨 실험 Ⅰ~Ⅲ에 대한 자료이다.

실험	반응 전		반응 후	
	A의 질량(g)	B의 질량(g)	A 또는 B의 질량(g)	$\dfrac{\text{D의 양(mol)}}{\text{전체 기체의 양(mol)}}$ (상댓값)
Ⅰ	$5w$	$5w$	$\dfrac{10}{3}w$	x
Ⅱ	$4w$	$6w$	$2w$	18
Ⅲ	$2w$	$7w$		20

$\dfrac{b}{x} \times \dfrac{\text{C의 몰질량} + \text{D의 몰질량}}{\text{B의 몰질량}}$은? (단, 실린더 속 기체의 온도와 압력은 일정하다.) (2.5점)

① $\dfrac{1}{5}$ ② $\dfrac{2}{5}$ ③ $\dfrac{3}{5}$ ④ $\dfrac{4}{5}$ ⑤ 1

3회 01

다음은 화학의 유용성에 대한 자료이다.

○ ⏢ ⟨ ㉠ ⟩ 은/는 최초의 합성 섬유로 의류, 밧줄 등의 소재로 사용된다.
○ ⟨ ㉡ ⟩ 는 시멘트에 모래, 자갈 등을 섞고 물로 반죽해 만든 건축 재료로 건물, 도로 등의 건설에 이용된다.

다음 중 ㉠과 ㉡으로 가장 적절한 것은? (1.5점)

	㉠	㉡
①	면	유리
②	면	콘크리트
③	나일론	유리
④	나일론	콘크리트
⑤	폴리에스터	유리

3회 02

다음은 신문 기사의 일부이다.

○○신문	0000년 00월 00일
하버! 식량 문제를 해결하다	

질소 비료는 농작물의 생산량 증가에 크게 기여하였다. 이는 하버가 ⟨ (가) ⟩을/를 대량으로 합성하는 데 성공하였기 때문이다.

(가)에 들어갈 물질로 가장 적절한 것은? (1.5점)

① 철　　② 나일론　　③ 콘크리트
④ 암모니아　　⑤ 플라스틱

3회 03 ✽✽✽

다음은 하이드라진(N_2H_4) 연소 반응의 화학 반응식이다.

$$N_2H_4 + aO_2 \longrightarrow bNO_2 + 2H_2O$$

$$(a, b는 \ 반응 \ 계수)$$

$a+b$는? (1.5점)

① 2　　② 3　　③ 4　　④ 5　　⑤ 6

3회 04

표는 기체 (가)와 (나)에 대한 자료이다.

기체	(가)	(나)
분자식	NO_2	NO
기체의 양	3×10^{23}개	$\frac{1}{4}$ mol

$\dfrac{(나)에 \ 들어 \ 있는 \ 전체 \ 원자 \ 수}{(가)에 \ 들어 \ 있는 \ 전체 \ 원자 \ 수}$ 는? (단, 아보가드로수는 6×10^{23}이다.) (1.5점)

① $\dfrac{1}{3}$　　② $\dfrac{2}{3}$　　③ 1　　④ $\dfrac{4}{3}$　　⑤ $\dfrac{5}{3}$

3회 05

그림은 화합물 XY를 화학 결합 모형으로 나타낸 것이다.

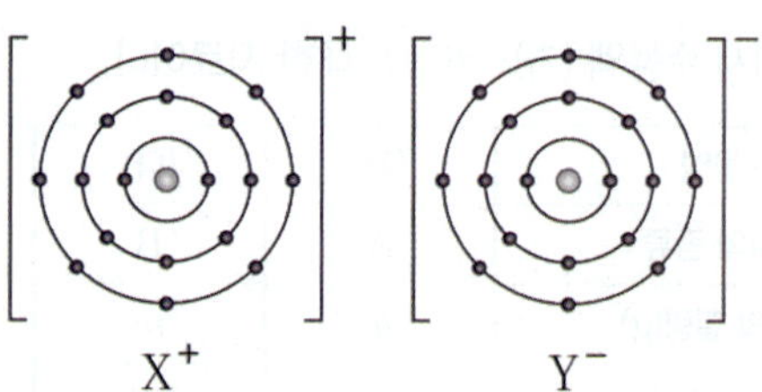

이에 대한 설명으로 옳은 것만을 〈보기〉에서 있는 대로 고른 것은? (단, X와 Y는 임의의 원소 기호이다.) (2점)

[보기]
ㄱ. X는 3주기 원소이다.
ㄴ. Y는 비금속 원소이다.
ㄷ. XY는 액체 상태에서 전기 전도성이 있다.

① ㄱ　　② ㄴ　　③ ㄱ, ㄷ　　④ ㄴ, ㄷ　　⑤ ㄱ, ㄴ, ㄷ

그림은 $t\,°C$, 1기압에서 실린더에 각각 들어 있는 A(g)와 B(g)를 나타낸 것이다.

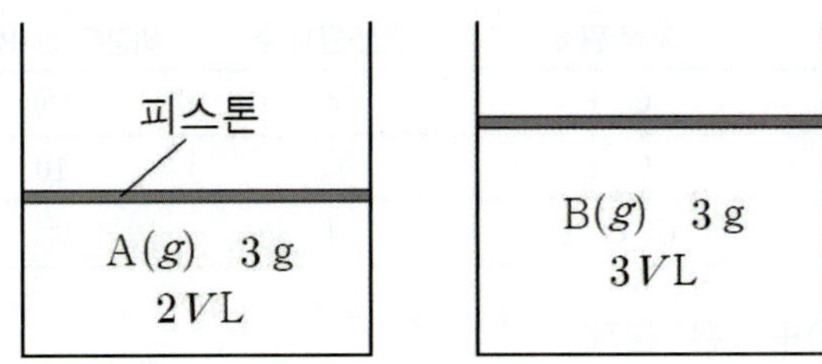

$\dfrac{\text{B의 분자량}}{\text{A의 분자량}}$ 은? (1.5점)

① $\dfrac{1}{2}$　② $\dfrac{2}{3}$　③ $\dfrac{3}{4}$　④ $\dfrac{3}{2}$　⑤ $\dfrac{5}{2}$

다음은 황(S)과 관련된 2가지 반응 (가)와 (나)의 화학 반응식이다.

> (가) $2SO_3 \longrightarrow 2\boxed{\text{㉠}} + O_2$
>
> (나) $\boxed{\text{㉠}} + aH_2S \longrightarrow 2H_2O + bS$ (a, b는 반응 계수)

이에 대한 설명으로 옳은 것만을 〈보기〉에서 있는 대로 고른 것은? (단, H, S의 원자량은 각각 1, 32이다.) (2점)

[보기]
ㄱ. ㉠은 SO_2이다.
ㄴ. $b=3$이다.
ㄷ. (나)에서 H_2S 17 g이 모두 반응했을 때, 생성된 S의 양은 $\dfrac{3}{2}$ mol이다.

① ㄱ　② ㄷ　③ ㄱ, ㄴ　④ ㄴ, ㄷ　⑤ ㄱ, ㄴ, ㄷ

그림은 3가지 물질을 주어진 기준에 따라 분류한 것이다.

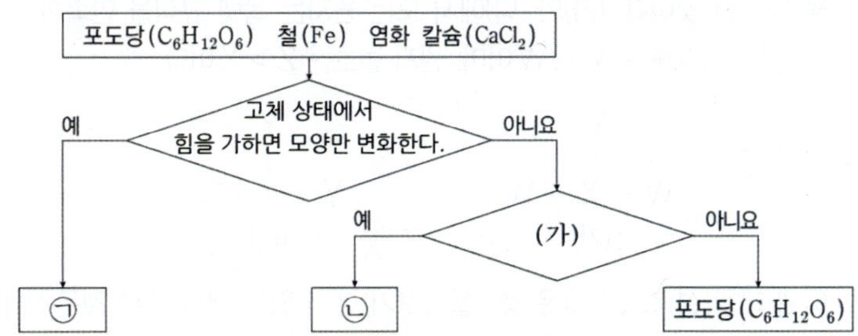

이에 대한 설명으로 옳은 것만을 〈보기〉에서 있는 대로 고른 것은? (2점)

[보기]
ㄱ. ㉠은 철(Fe)이다.
ㄴ. '공유 결합 물질인가?'는 (가)로 적절하다.
ㄷ. ㉡은 금속 양이온과 자유 전자 사이의 정전기적 인력으로 결합이 형성된 물질이다.

① ㄱ　② ㄴ　③ ㄱ, ㄷ　④ ㄴ, ㄷ　⑤ ㄱ, ㄴ, ㄷ

그림은 1, 2주기 원소 X∼Z로 이루어진 물질 XY와 ZY의 루이스 전자점식을 나타낸 것이다.

$$X:\overset{..}{\underset{..}{Y}}: \qquad Z^+\left[:\overset{..}{\underset{..}{Y}}:\right]^-$$

이에 대한 설명으로 옳은 것만을 〈보기〉에서 있는 대로 고른 것은? (단, X∼Z는 임의의 원소 기호이다.) (2.5점)

[보기]
ㄱ. Y는 비금속 원소이다.
ㄴ. 고체 상태에서 전기 전도성은 ZY>Z이다.
ㄷ. 1 mol에 들어 있는 전자 수는 XY와 Z가 같다.

① ㄱ　② ㄴ　③ ㄱ, ㄷ　④ ㄴ, ㄷ　⑤ ㄱ, ㄴ, ㄷ

그림은 2, 3주기 원소 $W \sim Z$로 구성된 분자 (가)와 (나)의 구조식을 나타낸 것이다. (가)와 (나)에서 모든 원자는 옥텟 규칙을 만족하고, 전기 음성도는 $Y > W$이며, 원자 번호는 $Z > X$이다.

$$
\begin{array}{ccc}
W & & Y \\
| & & | \\
W - X - W & & Y - Z - Y \\
\text{(가)} & & \text{(나)}
\end{array}
$$

이에 대한 설명으로 옳은 것만을 〈보기〉에서 있는 대로 고른 것은? (단, $W \sim Z$는 임의의 원소 기호이다.) (2.5점)

─── [보기] ───
ㄱ. W는 Cl이다.
ㄴ. (나)에서 Z는 부분적인 양전하(δ^+)를 띤다.
ㄷ. X_2Y_4에는 무극성 공유 결합이 있다.

① ㄱ　② ㄷ　③ ㄱ, ㄴ　④ ㄴ, ㄷ　⑤ ㄱ, ㄴ, ㄷ

표는 2주기 원소 $W \sim Z$로 구성된 분자 (가)와 (나)에 대한 자료이다. (가)와 (나)에서 모든 원자는 옥텟 규칙을 만족한다.

분자	분자식	중심 원자	분자 모양
(가)	WX_2	W	굽은 형
(나)	XYZ	Y	직선형

이에 대한 설명으로 옳은 것만을 〈보기〉에서 있는 대로 고른 것은? (단, $W \sim Z$는 임의의 원소 기호이다.) (2.5점)

─── [보기] ───
ㄱ. (가)는 극성 분자이다.
ㄴ. 중심 원자의 비공유 전자쌍 수는 (가) > (나)이다.
ㄷ. 전기 음성도는 $Z > W$이다.

① ㄱ　② ㄷ　③ ㄱ, ㄴ　④ ㄴ, ㄷ　⑤ ㄱ, ㄴ, ㄷ

표는 분자 (가)~(다)에 대한 자료이다. (가)~(다)에서 모든 원자는 옥텟 규칙을 만족한다.

분자	구성 원소	구성 원자 수	비공유 전자쌍 수
(가)	C, F	4	㉠
(나)	O, F	㉡	10
(다)	C, O, F	4	㉢

㉠＋㉡＋㉢은? (2점)

① 17　② 18　③ 20　④ 23　⑤ 24

다음은 $A(g)$와 $B(g)$가 반응하여 $C(g)$가 생성되는 반응의 화학 반응식과 온도 T K에서 농도로 정의되는 평형 상수(K)이다.

$$2A(g) + B(g) \rightleftharpoons 2C(g) \qquad K = \frac{80}{9}$$

부피가 V L인 강철 용기에 $A(g)$ 1 mol과 $B(g)$ 2 mol을 넣고 반응이 진행되어 온도 T K의 평형 상태에 도달하였을 때, $A(g)$의 양은 0.6 mol이었다. V는? (2점)

① 20　② 24　③ 28　④ 32　⑤ 36

표는 25 ℃의 수용액 (가)와 (나)에 대한 자료이다. (가)와 (나)는 $HCl(aq)$과 $NaOH(aq)$을 순서 없이 나타낸 것이다.

수용액	$[H_3O^+]$ (상댓값)	H_3O^+의 양(mol) (상댓값)	pH
(가)	1	1	x
(나)	10^4	10^3	$14-x$

이에 대한 설명으로 옳은 것만을 〈보기〉에서 있는 대로 고른 것은? (단, 25 ℃에서 물의 이온화 상수(K_w)는 1×10^{-14}이다.) (2점)

─── [보기] ───
ㄱ. (나)는 $HCl(aq)$이다.
ㄴ. 수용액의 부피는 (가)가 (나)의 10배이다.
ㄷ. (가)의 pOH＝5이다.

① ㄱ　② ㄷ　③ ㄱ, ㄴ　④ ㄴ, ㄷ　⑤ ㄱ, ㄴ, ㄷ

그림은 2, 3주기 원소 A~C로 이루어진 분자 (가), (나)의 구조식을 나타낸 것이다. (가), (나)에서 모든 원자는 옥텟 규칙을 만족하고, 전기 음성도는 A>B>C이다.

$$A-B-A \qquad C-B-C$$
$$\text{(가)} \qquad\qquad \text{(나)}$$

이에 대한 설명으로 옳은 것만을 〈보기〉에서 있는 대로 고른 것은? (단, A~C는 임의의 원소 기호이다.) (1.5점)

[보기]
ㄱ. B는 2주기 원소이다.
ㄴ. (가)에는 극성 공유 결합이 있다.
ㄷ. (나)에서 C는 부분적인 음전하(δ^-)를 띤다.

① ㄱ ② ㄷ ③ ㄱ, ㄴ ④ ㄴ, ㄷ ⑤ ㄱ, ㄴ, ㄷ

그림은 3가지 분자를 주어진 기준에 따라 분류한 것이다.

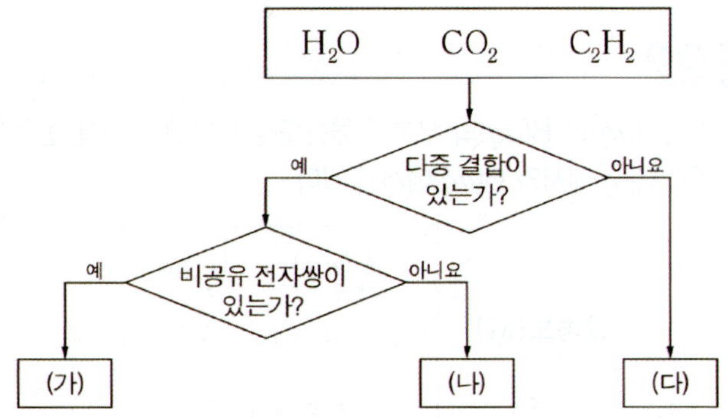

이에 대한 설명으로 옳은 것만을 〈보기〉에서 있는 대로 고른 것은? (2.5점)

[보기]
ㄱ. (나)의 공유 전자쌍 수는 5이다.
ㄴ. (다)의 분자 모양은 직선형이다.
ㄷ. 분자의 쌍극자 모멘트는 (가)>(다)이다.

① ㄱ ② ㄴ ③ ㄷ ④ ㄱ, ㄴ ⑤ ㄴ, ㄷ

다음은 실험 기구 A~C와, 수산화 나트륨(NaOH) 수용액을 만드는 실험이다. ㉠은 A~C 중 하나이고, NaOH의 화학식량은 40이다.

〈실험 기구〉
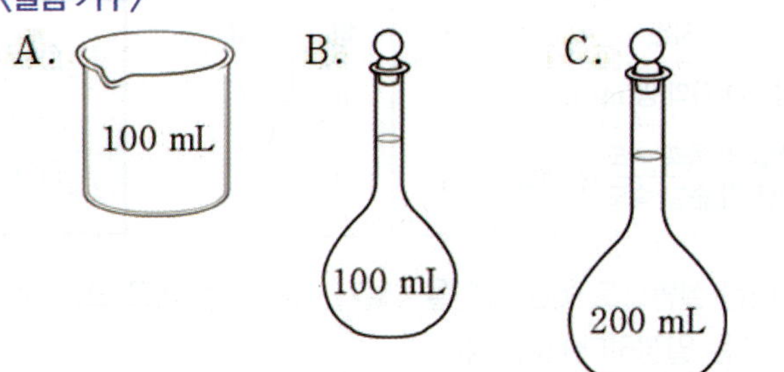

〈실험 과정〉
(가) 소량의 물이 들어 있는 비커에 NaOH(s) ☐ w ☐ g 을 넣어 녹인다.
(나) (가)에서 만든 수용액을 500 mL 부피 플라스크에 모두 넣고, 표시선까지 물을 넣어 0.1 M NaOH(aq)을 만든다.
(다) (나)에서 만든 수용액 20 mL를 취하여 ☐ ㉠ ☐ 에 넣고, 표시선까지 물을 넣어 0.01 M NaOH(aq)을 만든다.

w와 ㉠으로 옳은 것은? (단, 온도는 일정하다.) (1.5점)

	w	㉠		w	㉠
①	1	A	②	1	B
③	2	B	④	2	C
⑤	4	C			

표는 x M A(aq)과 0.5 M A(aq)을 혼합한 용액 (가), (나)에 대한 자료이다.

혼합 용액	혼합 전 용액의 부피(mL)		용질의 질량(g)	몰농도(M)
	x M A(aq)	0.5 M A(aq)		
(가)	100	20	3	$5k$
(나)	100	50		$6k$

$\dfrac{x}{\text{A의 화학식량}}$ 는? (단, 온도는 일정하고, 혼합 용액의 부피는 혼합 전 각 용액의 부피의 합과 같다.) (2.5점)

① $\dfrac{1}{500}$ ② $\dfrac{1}{400}$ ③ $\dfrac{1}{360}$ ④ $\dfrac{1}{180}$ ⑤ $\dfrac{1}{100}$

표는 밀폐된 진공 용기에 $H_2O(l)$을 넣은 후, 시간에 따른 용기 속 $H_2O(l)$의 양(mol)과 $\dfrac{H_2O(g)의\ 응축\ 속도}{H_2O(l)의\ 증발\ 속도}$ 에 대한 자료이고, 그림은 시간이 t일 때 용기 안의 상태를 나타낸 것이다. a와 b는 다르다.

시간	t	$2t$	$3t$
$H_2O(l)$의 양(mol)	a	b	b
$\dfrac{H_2O(g)의\ 응축\ 속도}{H_2O(l)의\ 증발\ 속도}$ (상댓값)	1	㉠	

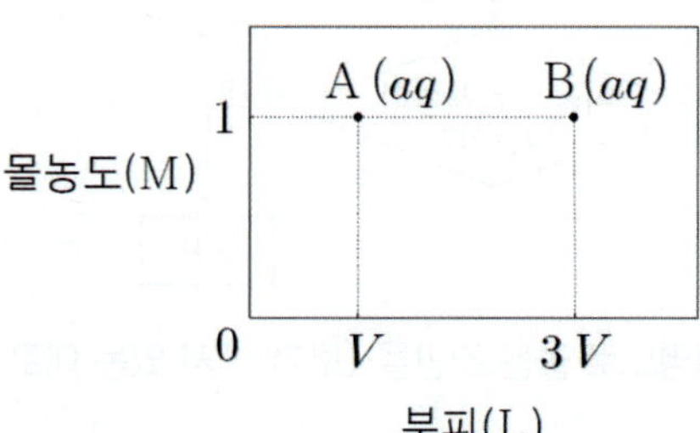

이에 대한 설명으로 옳은 것만을 〈보기〉에서 있는 대로 고른 것은? (단, 온도는 일정하다.) (2.5점)

─── [보기] ───
ㄱ. $a>b$이다.
ㄴ. ㉠>1이다.
ㄷ. $3t$일 때 $H_2O(l)$과 $H_2O(g)$는 동적 평형을 이루고 있다.

① ㄱ ② ㄴ ③ ㄱ, ㄷ ④ ㄴ, ㄷ ⑤ ㄱ, ㄴ, ㄷ

다음은 $A(g)$와 $B(g)$가 반응하여 $C(g)$가 생성되는 반응의 화학 반응식과 농도로 정의되는 평형 상수(K)이다.

$$A(g)+2B(g) \rightleftharpoons C(g) \qquad K$$

그림은 강철 용기에서 이 반응이 평형에 도달한 상태를 나타낸 것이다. T K에서 $K=1$이다. 이에 대한 설명으로 옳은 것만을 〈보기〉에서 있는 대로 고른 것은? (단, 온도는 일정하다.) (2점)

A(g) 1몰
B(g) 2몰
C(g) x몰
T K 1 L

─── [보기] ───
ㄱ. $x=2$이다.
ㄴ. $He(g)$ 1몰을 첨가하면 B의 몰농도는 2 M보다 작아진다.
ㄷ. $A(g)$ 1몰과 $C(g)$ 3몰을 추가하여 도달한 평형 상태에서 A의 양은 2몰보다 작다.

① ㄱ ② ㄷ ③ ㄱ, ㄴ ④ ㄱ, ㄷ ⑤ ㄴ, ㄷ

표는 25 °C에서 밀폐된 진공 용기에 $H_2O(l)$을 넣은 후, 시간에 따른 $H_2O(l)$의 양(mol)을 나타낸 것이다. $2t$일 때 $H_2O(l)$과 $H_2O(g)$는 동적 평형 상태에 도달하였다.

시간	t	$2t$	$3t$
$H_2O(l)$의 양(mol)	10	㉠	

이에 대한 설명으로 옳은 것만을 〈보기〉에서 있는 대로 고른 것은? (단, 온도는 일정하다.) (1.5점)

─── [보기] ───
ㄱ. ㉠<10이다.
ㄴ. $H_2O(g)$의 양(mol)은 $3t$일 때가 $2t$일 때보다 많다.
ㄷ. $3t$일 때 $H_2O(l)$이 $H_2O(g)$로 되는 반응은 일어나지 않는다.

① ㄱ ② ㄴ ③ ㄱ, ㄷ ④ ㄴ, ㄷ ⑤ ㄱ, ㄴ, ㄷ

그림은 $A(aq)$과 $B(aq)$의 부피와 몰농도를 나타낸 것이다. 용질의 질량은 $A(aq)$에서와 $B(aq)$에서가 같다.

$\dfrac{B의\ 화학식량}{A의\ 화학식량}$ 은? (2점)

① $\dfrac{1}{3}$ ② $\dfrac{1}{2}$ ③ 1 ④ 2 ⑤ 3

표는 25 ℃에서 수용액 (가)와 (나)에 대한 자료이다. (가)와 (나)는 HCl(aq)과 NaOH(aq)을 순서 없이 나타낸 것이다.

수용액	몰농도(M)	부피(mL)	OH^-의 양(mol)(상댓값)
(가)	a	100	10^5
(나)	$100a$	10	1

이에 대한 설명으로 옳은 것만을 〈보기〉에서 있는 대로 고른 것은? (단, 25 ℃에서 물의 이온화 상수(K_w)는 1×10^{-14}이다.) (2점)

[보기]
ㄱ. (가)는 HCl(aq)이다.
ㄴ. $a = 1 \times 10^{-6}$이다.
ㄷ. $\dfrac{\text{(가)의 pH}}{\text{(나)의 pOH}} = \dfrac{5}{4}$이다.

① ㄴ　　② ㄷ　　③ ㄱ, ㄴ　　④ ㄱ, ㄷ　　⑤ ㄱ, ㄴ, ㄷ

다음은 A(g)와 B(g)가 반응하여 C(g)와 D(g)를 생성하는 반응의 화학 반응식이다.

$$A(g) + 4B(g) \longrightarrow cC(g) + 3D(g) \ (c \text{는 반응 계수})$$

그림은 A(g) $10w$ g이 들어 있는 실린더에 B(g)를 넣어 반응을 완결시켰을 때, 넣어 준 B(g)의 질량에 따른 생성된 D(g)의 질량을 나타낸 것이다. 반응 후 실린더 속 $\dfrac{\text{전체 기체의 부피(L)}}{\text{A}(g)\text{의 양(mol)}}$의 비는 (가) : (나) = 4 : 9이다.

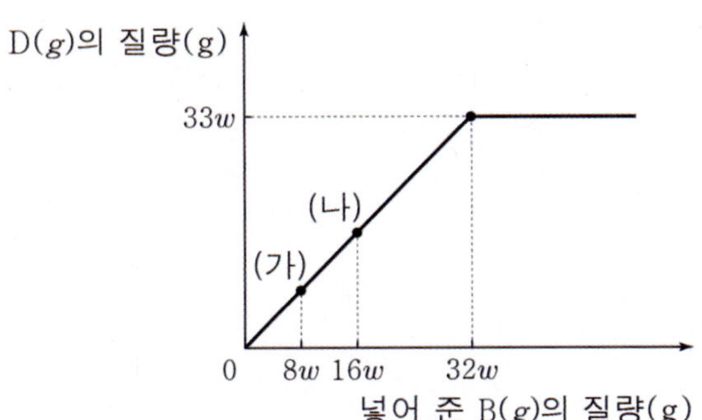

$c \times \dfrac{\text{A의 분자량}}{\text{C의 분자량}}$은? (단, 실린더 속 기체의 온도와 압력은 일정하다.) (2.5점)

① $\dfrac{10}{9}$　　② $\dfrac{40}{9}$　　③ $\dfrac{16}{3}$　　④ $\dfrac{20}{3}$　　⑤ 10

다음은 원소 X와 Y로 구성된 기체에 대한 실험이다.

〈실험 과정〉
(가) $XY_2(g)$ w g이 각각 들어 있는 실린더 Ⅰ, Ⅱ를 준비한다.
(나) 실린더 Ⅰ에 $X_aY(g)$를 첨가한다.
(다) 실린더 Ⅱ에 $X_{2a}Y_b(g)$를 첨가한다.

〈실험 결과〉
○ 첨가한 각 기체의 질량에 따른 실린더 속 $\dfrac{\text{X 원자의 양(mol)}}{\text{전체 기체의 양(mol)}}$

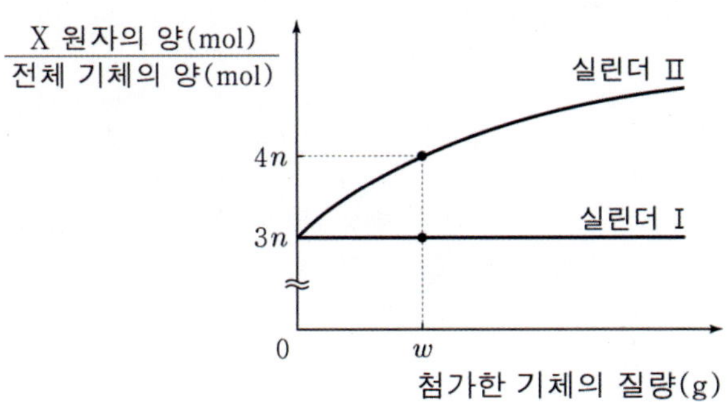

○ (나), (다)에서 각각 첨가한 기체의 질량이 w g일 때, 실린더 속 X 원자 수의 비는 Ⅰ : Ⅱ = 19 : 15이다.

이에 대한 설명으로 옳은 것만을 〈보기〉에서 있는 대로 고른 것은? (단, X와 Y는 임의의 원소 기호이고, 모든 기체는 반응하지 않는다.) (2.5점)

[보기]
ㄱ. $a = 1$이다.
ㄴ. $b = 4$이다.
ㄷ. 원자량비는 X : Y = 3 : 4이다.

① ㄱ　　② ㄷ　　③ ㄱ, ㄴ　　④ ㄴ, ㄷ　　⑤ ㄱ, ㄴ, ㄷ

memo

memo

p.12 　Ⓐ 화학과 현대 과학·기술·사회

1 질소　**2** 농약　**3** 비닐　**4** 나일론　**5** 시멘트　**6** 플라스틱　**7** 증가
8 철　**9** 콘크리트(또는 철근 콘크리트)　**10** 아스피린　**11** 호프만
12 플레밍　**13** 푸른곰팡이　**14** 항생제　**15** ㉠-ⓓ, ㉡-ⓐ, ㉢-ⓒ, ㉣-ⓑ
16 연소　**17** 기계화　**18** 전기 분해법　**19** 웨이퍼　**20** 리튬 이온 전지
21 탄소 화합물　**22** ○　**23** ×(충전 가능)　**24** ○　**25** ○

p.21 　Ⓑ 몰과 물질의 양

1 6.02×10^{23}　**2** 원자량　**3** 2몰(mol)　**4** 0.5몰(mol)
5 3몰(mol)　**6** 32　**7** 16　**8** 17　**9** 원자량, 분자량, 화학식량
10 6.02×10^{23}　**11** 12 g/mol　**12** 18 g/mol
13 58.5 g/mol　**14** 0.5　**15** 1　**16** 0.5　**17** 3.01×10^{23}
18 6.02×10^{23}　**19** 3.01×10^{23}　**20** 1　**21** 8　**22** 부피
23 22.4　**24** 6.02×10^{23}　**25** 3　**26** 44　**27** 22.4
28 0.25　**29** 11.2　**30** 1.5　**31** 3　**32** 2　**33** 44.8　**34** 2
35 34　**36** 44　**37** 11.2

p.33 　Ⓒ 화학 반응식과 양적 관계

1 $2H_2(g) + O_2(g) \longrightarrow 2H_2O(l)$
2 $2C_2H_6(g) + 7O_2(g) \longrightarrow 4CO_2(g) + 6H_2O(l)$
3 3　**4** 2　**5** 3　**6** 2　**7** 3　**8** 2　**9** 1　**10** 2　**11** 6
12 34　**13** 14　**14** 17　**15** (가), (나)　**16** 5(=2+1+2)
17 0.75　**18** 1:4　**19** 1:4　**20** 0.75　**21** 3　**22** 3
23 18　**24** 54　**25** 1　**26** 3　**27** 2　**28** 17　**29** 1　**30** 2
31 1　**32** 2　**33** 4　**34** 20
35 CO_2의 질량: 13.2 g, H_2O의 양(mol): 0.3 mol

p.52 　Ⓓ 화학 결합의 전기적 성질

1 비금속　**2** 전자쌍　**3** 이온　**4** 공유　**5** ㄱ, ㄴ　**6** (−)
7 2　**8** (+)　**9** 2:1　**10** 2　**11** 성분 물질　**12** 전자
13 전해질　**14** 이중 결합　**15** 단일 결합, 삼중 결합
16 아르곤(Ar)　**17** 1　**18** 네온(Ne)　**19** 잃는다　**20** 다른
21 정전기적 인력　**22** 이온 결합　**23** 정수비　**24** 0　**25** 이온
26 고체　**27** 수용액

p.65 　Ⓔ 전기 음성도와 결합의 극성

1 공유 전자쌍　**2** 플루오린(F)　**3** 없다　**4** 세다　**5** 18
6 크다　**7** 전자 껍질 수　**8** 감소　**9** 유효 핵전하　**10** 증가
11 B>A>C　**12** Cl　**13** Cl　**14** Cl　**15** HF, HCl
16 F_2, O_2　**17** O　**18** C　**19** N　**20** O　**21** F
22 쌍극자　**23** 쌍극자 모멘트　**24** 양　**25** 음　**26** 클
27 전기 음성도　**28** 전기 음성도

p.74 　Ⓕ 루이스 전자점식과 분자의 구조

1 4　**2** 0　**3** 1　**4** 6　**5** 1　**6** 1　**7** 단일
8 H:F: (전자점식)　**9** H–H　**10** H–N–H (아래 H)　**11** O=C=O
12 공유　**13** 비공유　**14** 비공유　**15** 공유　**16** ㉢<㉡<㉠
17 직선형　**18** 평면 삼각형　**19** 정사면체　**20** (가)>(나)>(다)
21 (가), (나)　**22** ㉢<㉡<㉠　**23** 4　**24** 3　**25** 2　**26** 0
27 1　**28** 2　**29** 정사면체　**30** 삼각뿔형　**31** 굽은 형

p.82 　Ⓖ 분자 구조와 물질의 성질

1 무극성 분자　**2** 극성 분자　**3** ⑩, ⑪, ⑫　**4** ㉠, ㉡, ㉢, ㉣, ⓢ
5 NH_3, HCl　**6** I_2, CH_4　**7** ×(NF_3 1가지)
8 ×((나)−H_2O, HCN, (라)−$BeCl_2$)
9 ×(CH_4에는 비공유 전자쌍이 없다)　**10** ○　**11** 극성
12 무극성　**13** 극성　**14** 무극성　**15** 밀도　**16** ㄹ. ㅅ
17 무극성　**18** 극성　**19** Y

p.101 　Ⓗ 가역 반응과 화학 평형

1 가역 반응　**2** ⇌　**3** 정반응　**4** 역반응　**5** 푸른　**6** 붉은
7 푸른　**8** ㄴ, ㄷ　**9** 비가역　**10** 비가역　**11** 가역　**12** 가역
13 (라), (사), (아)　**14** 정반응 속도>역반응 속도
15 정반응 속도=역반응 속도
16 이산화 질소(NO_2), 사산화 이질소(N_2O_4)

p.109 　Ⓘ 평형 상수와 반응의 진행 방향

1 가역　**2** ⇌　**3** 비가역　**4** 밀폐　**5** 동적 평형 상태　**6** 같다
7 일정하다　**8** ○　**9** ○　**10** ○　**11** ○　**12** ○　**13** ○
14 ×(㉠은 생성물 B, ㉡은 반응물 A)
15 ×(정반응과 역반응이 같은 속도로 일어남)　**16** ○　**17** ○
18 $\dfrac{1}{2}$　**19** $\dfrac{1}{4}$　**20** 정반응　**21** $2A(g) \rightleftharpoons 2B(g) + C(g)$
22 $K=1 \left(K = \dfrac{[B]^2[C]}{[A]^2} = \dfrac{2^2 \times 1}{2^2} = 1 \right)$

p.122 　Ⓙ 화학 평형 이동

1 ㄱ, ㄷ, ㄹ　**2** ○　**3** ○　**4** ×(흡열 반응)　**5** ○
6 역반응　**7** 정반응　**8** 평형 이동 없음　**9** 정반응　**10** 크다
11 흡열　**12** 크다　**13** ㄴ, ㄹ　**14** ㄱ, ㅁ, ㅂ　**15** ㄷ
16 역반응(체온이 높아지면 체온을 낮추기 위해 에너지를 흡수하는
쪽으로 우세하게 진행되어 체내 산화 헤모글로빈의 양이 감소함)

Getty Images Bank (게티이미지코리아)
9쪽(신약 개발), 10쪽(페니실린), 11쪽(웨이퍼, 리튬 이온 전지),
15쪽(스마트폰, 전기 자동차), 49쪽(물질의 구조), 96쪽(연극),
97쪽(화학 평형), 121쪽(헤모글로빈), 139쪽(화학 반응),
10, 18, 31쪽(책들), 50, 63, 71, 80쪽(분자모형),
98, 107, 119쪽(천칭)
Wikimedia Commons (위키미디어 커먼스)
16쪽(프리츠 하버)

p.142 **K** **물의 자동 이온화와 pH**

1 자동 이온화 **2** 양쪽성 **3** OH^- **4** H_3O^+ **5** 가역
6 같아 **7** 같다 **8** H_2O **9** H_3O^+ **10** 이온화 상수
11 같다 **12** 1.0×10^{-14} **13** 1.0×10^{-7} **14** 극히 일부가
15 $>$ **16** $=$ **17** $<$ **18** $[H_3O^+]$ **19** $[H_3O^+]$
20 $[H_3O^+]$ **21** 작아 **22** 강 **23** 10 **24** 커 **25** $[OH^-]$
26 7.00 **27** 1.0×10^{-14} **28** 14.00 **29** 14.00 **30** 작다
31 커진다 **32** 1.0×10^{-10} **33** 산성 **34** 1.0×10^{-8}
35 염기성 **36** 1.0×10^{-7} **37** 중성

p.149 **L** **몰농도**

1 용액 **2** 용매 **3** 용질 **4** 100 **5** % **6** 온도 **7** 온도
8 용질 **9** 용액 **10** 용액의 부피 **11** 온도 **12** 온도
13 $0.6\,M$ **14** $0.1\,mol$ **15** $0.5\,M$ **16** $1:2$ **17** M_1
18 V_2 **19** 0.8 **20** 1.2 **21** $0.2\,M$
22 (가) - (다) - (나) - (마) - (라)

p.157 **M** **중화 반응의 양적 관계**

1 물 **2** 염 **3** 알짜 이온 반응식 **4** 구경꾼 이온
5 $H^+(aq) + OH^-(aq) \rightarrow H_2O(l)$ **6** Na^+, Cl^- **7** 음이온
8 양이온 **9** KNO_3 **10** $NaCl$ **11** ○ **12** ○ **13** ○
14 ✕ (부피 증가, (가) > (나))
15 ✕ ((라)에서는 중화 반응이 일어나지 않음)
16 ○ **17** $10\,mL$ **18** ○ **19** ○
20 ✕ (산성, 몰농도 비 $HCl:NaOH=1:2$)

p.170 **N** **중화 적정**

1 중화 적정 **2** 표준 용액 **3** 중화점 **4** pH **5** 표준 **6** 피펫
7 뷰렛 **8** ㉠ 피펫, ㉡ 뷰렛 **9** (가) - (라) - (다) - (나)
10 (다) - (나) - (가) - (라) **11** 피펫 **12** $0.2\,M$ **13** $\frac{1}{5}$
14 뷰렛 **15** 붉은

빠른 정답

I 화학의 언어

A 화학과 현대 과학 · 기술 · 사회

01 ③ 02 ⑤ 03 ④ 04 ③ 05 ④ 06 ⑤ 07 ② 08 ②
09 ⑤ 10 ⑤ 11 ① 12 ⑤ 13 ⑤ 14 ③ 15 ③ 16 ②
17 해설참조 18 해설참조 19 해설참조 20 해설참조

B 몰과 물질의 양

01 ① 02 ① 03 ② 04 ① 05 ④ 06 ④ 07 ④ 08 ④
09 ① 10 ⑤ 11 ③ 12 ② 13 ① 14 ⑤ 15 ④ 16 ②
17 ② 18 ② 19 ① 20 ② 21 ① 22 ② 23 해설참조
24 해설참조 25 해설참조 26 해설참조 27 ① 28 ③
29 ③ 30 ① 31 ①

C 화학 반응식과 양적 관계

01 ④ 02 ② 03 ④ 04 ② 05 ④ 06 ③ 07 ⑤ 08 ⑤
09 ① 10 ⑤ 11 ② 12 ③ 13 ② 14 ③ 15 ① 16 ④
17 ② 18 ② 19 ④ 20 ④ 21 해설참조 22 해설참조
23 해설참조 24 해설참조 25 ⑤ 26 ③ 27 ④ 28 ④
29 ② 30 ④

● 대단원 마무리 문제

01 ① 02 ③ 03 ④ 04 ④ 05 ① 06 ③ 07 ② 08 ②
09 ④ 10 ③ 11 ⑤ 12 ③ 13 ④ 14 ④ 15 ④ 16 ⑤
17 ③ 18 ⑤ 19 ⑤ 20 ① 21 해설참조 22 해설참조
23 해설참조 24 해설참조 25 해설참조

II 물질의 구조와 성질

D 화학 결합의 전기적 성질

01 ① 02 ② 03 ④ 04 ④ 05 ⑤ 06 ① 07 ② 08 ④
09 ⑤ 10 ④ 11 ④ 12 ③ 13 ① 14 ⑤ 15 ② 16 ⑤
17 ③ 18 해설참조 19 해설참조 20 해설참조
21 해설참조 22 ⑤ 23 ④ 24 ① 25 ① 26 ⑤ 27 ⑤
28 ③ 29 ③ 30 ③ 31 ④ 32 ② 33 ③ 34 ⑤

E 전기 음성도와 결합의 극성

01 ② 02 ③ 03 ④ 04 ⑤ 05 ⑤ 06 ⑤ 07 ⑤ 08 ③
09 ③ 10 ⑤ 11 ① 12 ④ 13 ⑤ 14 ④ 15 ⑤ 16 ③
17 해설참조 18 해설참조 19 해설참조 20 해설참조

F 루이스 전자점식과 분자의 구조

01 ③ 02 ① 03 ③ 04 ⑤ 05 ③ 06 ④ 07 ① 08 ⑤
09 ④ 10 ② 11 ② 12 ③ 13 ③ 14 ④ 15 ⑤ 16 ③
17 해설참조 18 해설참조 19 해설참조 20 해설참조

G 분자 구조와 물질의 성질

01 ③ 02 ③ 03 ④ 04 ⑤ 05 ② 06 ③ 07 ① 08 ⑤
09 ② 10 ⑤ 11 ② 12 ⑤ 13 ① 14 ⑤ 15 ⑤ 16 ⑤
17 ② 18 ④ 19 해설참조 20 해설참조 21 해설참조
22 해설참조

● 대단원 마무리 문제

01 ⑤ 02 ① 03 ④ 04 ① 05 ④ 06 ⑤ 07 ① 08 ⑤
09 ③ 10 ① 11 ① 12 ⑤ 13 ② 14 ② 15 ⑤ 16 ①
17 ④ 18 ③ 19 ① 20 ① 21 해설참조 22 해설참조
23 해설참조 24 해설참조 25 해설참조 26 해설참조
27 해설참조

III 화학 평형

H 가역 반응과 화학 평형

01 ④ 02 ⑤ 03 ① 04 ④ 05 ③ 06 ④ 07 ③ 08 ①
09 ③ 10 ② 11 ③ 12 ① 13 ④ 14 ④ 15 ② 16 ④
17 해설참조 18 해설참조 19 해설참조 20 해설참조

I 평형 상수와 반응의 진행 방향

01 ⑤ 02 ① 03 ② 04 ① 05 ④ 06 ③ 07 ⑤ 08 ④
09 ③ 10 ③ 11 해설참조 12 해설참조 13 해설참조
14 해설참조 15 ① 16 ② 17 ④ 18 ① 19 ② 20 ①
21 ① 22 ⑤ 23 ① 24 ④ 25 ①

J 화학 평형 이동

01 ② 02 ② 03 ③ 04 ⑤ 05 ⑤ 06 ④ 07 ② 08 ②
09 ⑤ 10 ② 11 ③ 12 ② 13 ③ 14 ③ 15 ③ 16 ④
17 ① 18 ③ 19 ③ 20 해설참조 21 해설참조
22 해설참조 23 해설참조 24 ⑤ 25 ⑤ 26 ② 27 ①
28 ② 29 ④

● 대단원 마무리 문제

01 ② 02 ① 03 ② 04 ② 05 ① 06 ⑤ 07 ① 08 ④
09 ② 10 ④ 11 ③ 12 ① 13 ⑤ 14 ③ 15 ② 16 ⑤
17 ④ 18 ① 19 ① 20 ⑤ 21 해설참조 22 해설참조
23 해설참조 24 해설참조 25 해설참조 26 해설참조

Ⅳ 역동적인 화학 반응

K 물의 자동 이온화와 pH

01 ⑤ 02 ⑤ 03 ⑤ 04 ④ 05 ① 06 ① 07 ① 08 ③
09 ③ 10 ③ 11 ③ 12 ④ 13 ⑤ 14 ③ 15 ④ 16 ⑤
17 해설참조 18 해설참조 19 해설참조 20 해설참조

L 몰농도

01 ⑤ 02 ① 03 ② 04 ③ 05 ① 06 ② 07 ② 08 ④
09 ⑤ 10 ⑤ 11 ④ 12 ③ 13 ④ 14 ④ 15 ① 16 ③
17 ② 18 해설참조 19 해설참조 20 해설참조
21 해설참조

M 중화 반응의 양적 관계

01 ⑤ 02 ④ 03 ④ 04 ③ 05 ① 06 ⑤ 07 ④ 08 ①
09 ② 10 ③ 11 ④ 12 ② 13 ② 14 ③ 15 ③ 16 ④
17 ⑤ 18 ③ 19 ② 20 ② 21 해설참조 22 해설참조
23 해설참조 24 해설참조 25 ① 26 ① 27 ⑤ 28 ②
29 ① 30 ①

N 중화 적정

01 ④ 02 ③ 03 ③ 04 ① 05 ④ 06 ① 07 ④ 08 ③
09 ④ 10 ① 11 ⑤ 12 ④ 13 ① 14 ② 15 ⑤ 16 ①
17 해설참조 18 해설참조 19 해설참조 20 해설참조
21 ⑤ 22 ④ 23 ⑤ 24 ② 25 ③ 26 ① 27 ② 28 ②
29 ③ 30 ① 31 ④ 32 ⑤ 33 ④

● 대단원 마무리 문제

01 ① 02 ③ 03 ③ 04 ⑤ 05 ② 06 ⑤ 07 ① 08 ②
09 ⑤ 10 ① 11 ② 12 ③ 13 ② 14 ② 15 ② 16 ②
17 ③ 18 ④ 19 ② 20 ③ 21 ④ 22 해설참조
23 해설참조 24 해설참조 25 해설참조

〈내신+학평 대비 모의고사〉

1회 내신+학평 대비

01 ③ 02 ③ 03 ② 04 ⑤ 05 ④ 06 ⑤ 07 ① 08 ④ 09 ②
10 ③ 11 ④ 12 ③ 13 ④ 14 ① 15 ④ 16 ⑤ 17 ⑤ 18 ④
19 ② 20 ③ 21 ④ 22 ⑤ 23 ⑤ 24 ① 25 ③

2회 내신+학평 대비

01 ⑤ 02 ② 03 ① 04 ⑤ 05 ② 6 ④ 07 ③ 08 ④ 09 ①
10 ④ 11 ② 12 ⑤ 13 ④ 14 ③ 15 ② 16 ① 17 ⑤ 18 ③
19 ② 20 ④ 21 ③ 22 ⑤ 23 ⑤ 24 ① 25 ②

3회 내신+학평 대비

01 ④ 02 ④ 03 ④ 04 ① 05 ④ 06 ② 07 ③ 08 ① 09 ①
10 ⑤ 11 ③ 12 ② 13 ⑤ 14 ⑤ 15 ③ 16 ① 17 ④ 18 ①
19 ⑤ 20 ② 21 ① 22 ① 23 ① 24 ② 25 ③

Xistory

Xistory stands for e**X**tra **I**ntensive story for the University Entrance Examination.
Xistory는 e**X**tra **I**ntensive story의 약자로 [**특별한 수능 단련 이야기**]라는 의미입니다.

대한민국 **No.1** 수능 기출 문제집 – 자이스토리

국어
- 국어 기본 (고1)
- 언어(문법) 기본 (고1)
- 언어와 매체 실전 (고3)
- 화법과 언어 (고2)
- 화법과 작문 실전 (고3)
- 독서 기본 (고1)
- 독서와 작문 (고2)
- 독서 실전 (고3)
- 문학 기본 (고1)
- 문학 완성 (고2)
- 문학 실전 (고3)
- 수능 국어 개념어 총정리
- 고등 국어 문법 총정리 ★
- 전국연합 모의고사 고1 국어 ★
- 전국연합 모의고사 고2 국어 ★
- 연도별 모의고사 고3 국어
  (언어와 매체)
- 연도별 모의고사 고3 국어
  (화법과 작문)

영어
- 독해 기본 (고1) ★
- 독해 완성 (고2) ★
- 독해 실전 (고3) ★
- 고난도 영어 독해
- 고등 영문법 기본
- 어법 · 어휘 기본 (고1) ★
- 어법 · 어휘 완성 (고2)
- 어법 · 어휘 실전 (고3)
- 듣기 기본
  (고1 전국연합 모의고사 24회)
- 듣기 완성
  (고2 전국연합 모의고사 24회)
- 듣기 실전
  (고3 수능 대비 모의고사 35회)
- 전국연합 모의고사 고1 영어
- 전국연합 모의고사 고2 영어
- 연도별 모의고사 고3 영어

수학
- 공통수학 1 ★
- 공통수학 2 ★
- 고2 대수 ★
- 고2 미적분 I ★
- 고2 확률과 통계
- 고3 수학 I ★
- 고3 수학 II ★
- 고3 미적분
- 고3 확률과 통계
- 고3 기하
- 전국연합 모의고사 고1 수학
  (공통수학)
- 연도별 모의고사 고3 수학
- 내신 핵심 기출 1000제
  (공통수학 1)
- 내신 핵심 기출 1000제
  (공통수학 2)

사회
- 통합사회 1, 2 ★
- 내신 한국사 1, 2 ★
- 고2 사회와 문화
- 고2 세계시민과 지리
- 고2 현대사회와 윤리
- 고2 세계사
- 사회 · 문화 ★
- 한국지리
- 세계지리
- 윤리와 사상
- 생활과 윤리
- 수능 한국사
- 동아시아사
- 전국연합 모의고사
  통합사회 (고1, 2)

과학
- 통합과학 1, 2 ★
- 개념 화학 I
- 개념 생명과학 I
- 개념 물리학 I
- 개념 지구과학 I
- 고2 화학
- 고2 생명과학
- 고2 물리학
- 고2 지구과학
- 화학 I ★
- 화학 II
- 생명과학 I ★
- 생명과학 II
- 물리학 I ★
- 지구과학 I ★
- 지구과학 II
- 전국연합 모의고사
  통합과학 (고1, 2)

★ 는 강남인강 강의교재
▨ 는 2026 신간 교재

자이스토리는...
수능 문제 은행 최고의 교재입니다.

수능 공부는 자이스토리가 제일 중요합니다. 자이스토리에 수록된 수능 기출문제는 일반 문제와 달리 출제위원들이 심혈을 기울여 만든 고품격의 문제들이면서, 수능에 또다시 출제될 수 있기 때문입니다. 그래서 일반 문제집 10권을 푸는 것보다 자이스토리를 한 번 더 푸는 게 훨씬 효과적입니다.

자이스토리는...
수능 유형 분석이 쉽고 빠릅니다.

자이스토리는 수능 문제와 평가원 모의고사 문제를 유형별, 단원별로 수록했습니다. 문제를 풀면서 답을 구하는 과정을 통해 출제자의 의도와 유형을 쉽게 파악할 수 있습니다. 더불어 자주 출제되는 유형, 정답을 빨리 찾는 방법, 매력적인 오답을 피하는 방법 등도 자연스럽게 체득할 수 있습니다.

자이스토리는...
수능 문제를 수험생 스스로 예측합니다.

단원별, 유형별, 난이도별로 분류된 자이스토리를 차례대로 풀어 가면 난이도의 흐름, 출제 빈도의 흐름, 신유형 문제의 출제 변화 양상 등을 쉽게 파악할 수 있습니다. 그래서 '이번 수능에는 이런 문제들이 반드시 출제될 거야.'라는 예측을 수험생 스스로 할 수 있습니다.

[검색] 수경출판사 · 자이스토리 [O] ID: xistory_insta

등록번호 제2013-000088호 **발행처** (주)수경출판사 **발행인** 박영란 **발행일** 2026년 3월 20일 (제3쇄)
홈페이지 www.book-sk.co.kr **대표전화** 02-333-6080 **구입문의** 02-333-7812 **팩스** 02-333-7197
주소 서울시 영등포구 양평로 21길 26(양평동 5가) IS비즈타워 807호(우07207)
내용문의 02-6968-1552 **편집책임** 이진경 / 정민희 **디자인** 박지영 / 전찬우
마케팅 임순규 / 손형관 / 서정훈 / 김민주 **제작물류** 조인호 / 류혜리 / 임영훈

※ 이미지 출처: www.gettyimagesbank.com
※ 이 책에 실린 모든 내용에 대한 저작권은 (주)수경출판사에 있습니다. 무단 복사 · 복제를 일절 금합니다.
※ 페이지가 누락되었거나 파손된 교재는, 사용 여부에 관계없이 구입하신 곳에서 즉시 교환해 드립니다.

자이스토리 · 고2 화학

53430

9 791162 409398

ISBN 979-11-6240-939-8

정가 18,500원

Xi story

해 설 편

고2 화학

수경출판사

입체 첨삭 해설!

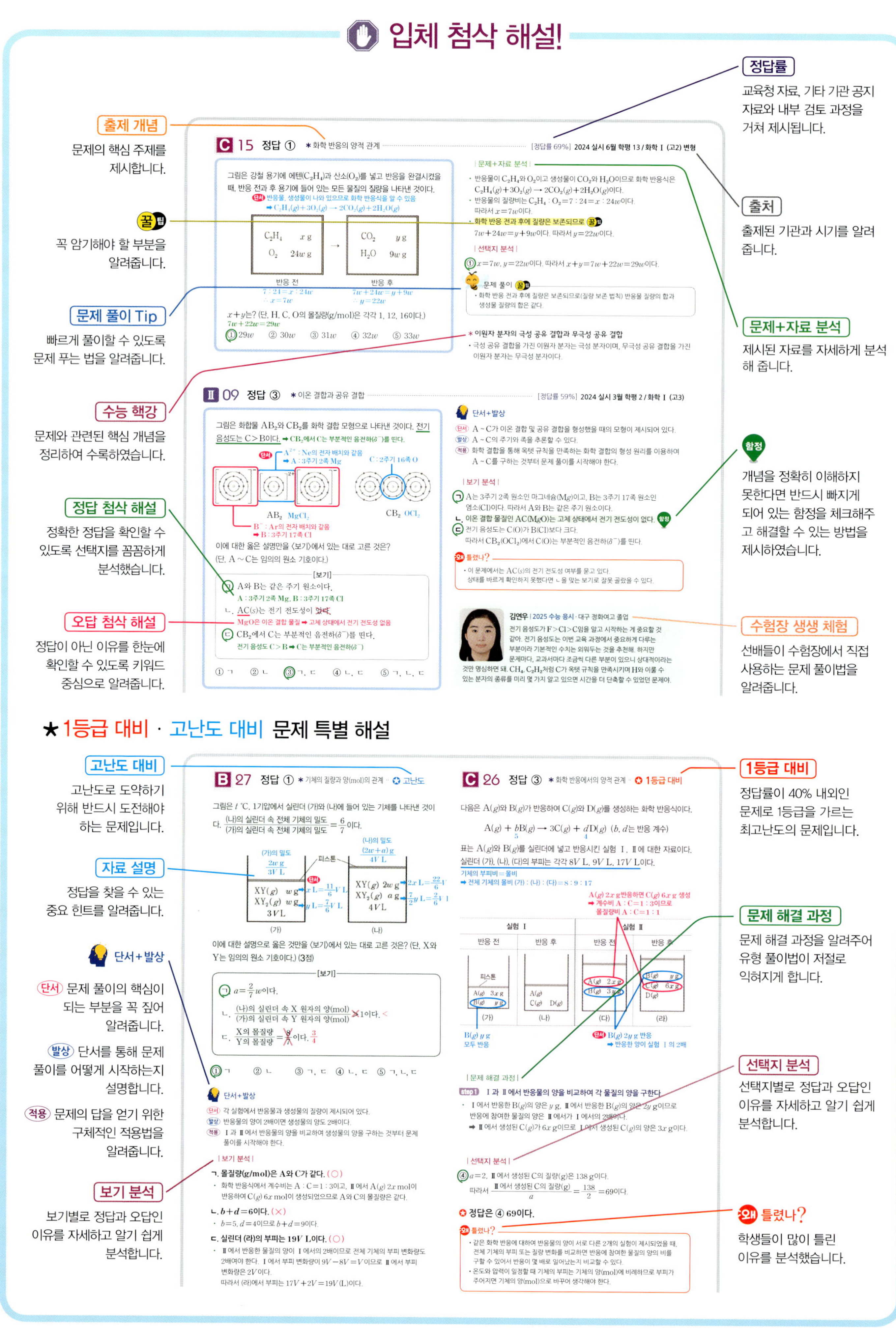
출제 개념
문제의 핵심 주제를 제시합니다.

꿀팁
꼭 암기해야 할 부분을 알려줍니다.

문제 풀이 Tip
빠르게 풀이할 수 있도록 문제 푸는 법을 알려줍니다.

수능 핵강
문제와 관련된 핵심 개념을 정리하여 수록하였습니다.

정답 첨삭 해설
정확한 정답을 확인할 수 있도록 선택지를 꼼꼼하게 분석했습니다.

오답 첨삭 해설
정답이 아닌 이유를 한눈에 확인할 수 있도록 키워드 중심으로 알려줍니다.

정답률
교육청 자료, 기타 기관 공지 자료와 내부 검토 과정을 거쳐 제시됩니다.

출처
출제된 기관과 시기를 알려 줍니다.

문제+자료 분석
제시된 자료를 자세하게 분석해 줍니다.

함정
개념을 정확히 이해하지 못한다면 반드시 빠지게 되어 있는 함정을 체크해주고 해결할 수 있는 방법을 제시하였습니다.

수험장 생생 체험
선배들이 수험장에서 직접 사용하는 문제 풀이법을 알려줍니다.

★1등급 대비 · 고난도 대비 문제 특별 해설

고난도 대비
고난도로 도약하기 위해 반드시 도전해야 하는 문제입니다.

자료 설명
정답을 찾을 수 있는 중요 힌트를 알려줍니다.

단서+발상
단서 문제 풀이의 핵심이 되는 부분을 꼭 짚어 알려줍니다.
발상 단서를 통해 문제 풀이를 어떻게 시작하는지 설명합니다.
적용 문제의 답을 얻기 위한 구체적인 적용법을 알려줍니다.

보기 분석
보기별로 정답과 오답인 이유를 자세하고 알기 쉽게 분석합니다.

1등급 대비
정답률이 40% 내외인 문제로 1등급을 가르는 최고난도의 문제입니다.

문제 해결 과정
문제 해결 과정을 알려주어 유형 풀이법이 저절로 익혀지게 합니다.

선택지 분석
선택지별로 정답과 오답인 이유를 자세하고 알기 쉽게 분석합니다.

왜 틀렸나?
학생들이 많이 틀린 이유를 분석했습니다.

🍀 차   례

> ☆ 정답률 표시 :
> 각 학년에 해당하는 학생들의 정답률임.

빠른 정답

I 화학의 언어

A 화학과 현대 과학 · 기술 · 사회

01 ③ 02 ⑤ 03 ④ 04 ③ 05 ④ 06 ⑤ 07 ② 08 ②
09 ⑤ 10 ⑤ 11 ① 12 ⑤ 13 ⑤ 14 ③ 15 ③ 16 ②
17 해설참조 18 해설참조 19 해설참조 20 해설참조

B 몰과 물질의 양

01 ① 02 ① 03 ② 04 ① 05 ④ 06 ④ 07 ④ 08 ④
09 ① 10 ⑤ 11 ③ 12 ② 13 ① 14 ⑤ 15 ① 16 ②
17 ② 18 ② 19 ① 20 ② 21 ① 22 ② 23 해설참조
24 해설참조 25 해설참조 26 해설참조 27 ① 28 ③
29 ③ 30 ① 31 ①

C 화학 반응식과 양적 관계

01 ④ 02 ② 03 ④ 04 ② 05 ④ 06 ③ 07 ⑤ 08 ⑤
09 ① 10 ⑤ 11 ② 12 ③ 13 ② 14 ③ 15 ① 16 ④
17 ② 18 ② 19 ④ 20 ④ 21 해설참조 22 해설참조
23 해설참조 24 해설참조 25 ⑤ 26 ⑤ 27 ④ 28 ④
29 ② 30 ④

● 대단원 마무리 문제

01 ① 02 ③ 03 ④ 04 ④ 05 ① 06 ⑤ 07 ② 08 ②
09 ④ 10 ③ 11 ⑤ 12 ③ 13 ④ 14 ④ 15 ④ 16 ⑤
17 ③ 18 ⑤ 19 ⑤ 20 ① 21 해설참조 22 해설참조
23 해설참조 24 해설참조 25 해설참조

II 물질의 구조와 성질

D 화학 결합의 전기적 성질

01 ① 02 ② 03 ④ 04 ④ 05 ⑤ 06 ① 07 ② 08 ④
09 ⑤ 10 ④ 11 ④ 12 ③ 13 ① 14 ⑤ 15 ② 16 ⑤
17 ③ 18 해설참조 19 해설참조 20 해설참조
21 해설참조 22 ⑤ 23 ④ 24 ① 25 ① 26 ⑤ 27 ⑤
28 ③ 29 ③ 30 ④ 31 ④ 32 ② 33 ③ 34 ⑤

E 전기 음성도와 결합의 극성

01 ② 02 ③ 03 ③ 04 ⑤ 05 ⑤ 06 ⑤ 07 ⑤ 08 ③
09 ③ 10 ⑤ 11 ① 12 ④ 13 ④ 14 ④ 15 ⑤ 16 ③
17 해설참조 18 해설참조 19 해설참조 20 해설참조

F 루이스 전자점식과 분자의 구조

01 ③ 02 ① 03 ③ 04 ⑤ 05 ③ 06 ④ 07 ① 08 ⑤
09 ④ 10 ① 11 ② 12 ② 13 ④ 14 ⑤ 15 ② 16 ②
17 해설참조 18 해설참조 19 해설참조 20 해설참조

G 분자 구조와 물질의 성질

01 ③ 02 ⑤ 03 ④ 04 ⑤ 05 ② 06 ⑤ 07 ① 08 ⑤
09 ① 10 ⑤ 11 ④ 12 ⑤ 13 ④ 14 ⑤ 15 ⑤ 16 ⑤
17 ② 18 ④ 19 해설참조 20 해설참조 21 해설참조
22 해설참조

● 대단원 마무리 문제

01 ⑤ 02 ① 03 ④ 04 ① 05 ④ 06 ⑤ 07 ① 08 ⑤
09 ③ 10 ① 11 ① 12 ⑤ 13 ② 14 ② 15 ⑤ 16 ①
17 ④ 18 ③ 19 ① 20 ① 21 해설참조 22 해설참조
23 해설참조 24 해설참조 25 해설참조 26 해설참조
27 해설참조

III 화학 평형

H 가역 반응과 화학 평형

01 ④ 02 ⑤ 03 ① 04 ④ 05 ③ 06 ④ 07 ③ 08 ①
09 ③ 10 ② 11 ③ 12 ① 13 ③ 14 ④ 15 ② 16 ④
17 해설참조 18 해설참조 19 해설참조 20 해설참조

I 평형 상수와 반응의 진행 방향

01 ⑤ 02 ① 03 ② 04 ② 05 ④ 06 ② 07 ⑤ 08 ④
09 ③ 10 ③ 11 해설참조 12 해설참조 13 해설참조
14 해설참조 15 ① 16 ② 17 ④ 18 ① 19 ② 20 ①
21 ① 22 ⑤ 23 ① 24 ④ 25 ①

J 화학 평형 이동

01 ② 02 ① 03 ② 04 ⑤ 05 ⑤ 06 ④ 07 ② 08 ②
09 ⑤ 10 ① 11 ③ 12 ② 13 ③ 14 ③ 15 ③ 16 ④
17 ① 18 ③ 19 ③ 20 해설참조 21 해설참조
22 해설참조 23 해설참조 24 ⑤ 25 ⑤ 26 ② 27 ①
28 ② 29 ④

■ 대단원 마무리 문제

01 ② 02 ① 03 ② 04 ② 05 ① 06 ⑤ 07 ① 08 ④
09 ② 10 ④ 11 ③ 12 ① 13 ⑤ 14 ③ 15 ② 16 ⑤
17 ④ 18 ① 19 ① 20 ⑤ 21 해설참조 22 해설참조
23 해설참조 24 해설참조 25 해설참조 26 해설참조

Ⅳ 역동적인 화학 반응

K 물의 자동 이온화와 pH

01 ⑤ 02 ⑤ 03 ⑤ 04 ④ 05 ① 06 ① 07 ① 08 ③
09 ③ 10 ③ 11 ③ 12 ④ 13 ⑤ 14 ③ 15 ④ 16 ③
17 해설참조 18 해설참조 19 해설참조 20 해설참조

L 몰농도

01 ⑤ 02 ① 03 ② 04 ③ 05 ① 06 ② 07 ② 08 ④
09 ⑤ 10 ⑤ 11 ④ 12 ③ 13 ④ 14 ④ 15 ① 16 ③
17 ② 18 해설참조 19 해설참조 20 해설참조
21 해설참조

M 중화 반응의 양적 관계

01 ⑤ 02 ④ 03 ④ 04 ③ 05 ① 06 ⑤ 07 ④ 08 ①
09 ② 10 ③ 11 ④ 12 ② 13 ② 14 ② 15 ③ 16 ④
17 ⑤ 18 ③ 19 ② 20 ② 21 해설참조 22 해설참조
23 해설참조 24 해설참조 25 ① 26 ① 27 ⑤ 28 ②
29 ① 30 ①

N 중화 적정

01 ④ 02 ③ 03 ③ 04 ① 05 ④ 06 ① 07 ④ 08 ③
09 ④ 10 ① 11 ⑤ 12 ④ 13 ① 14 ② 15 ⑤ 16 ①
17 해설참조 18 해설참조 19 해설참조 20 해설참조
21 ⑤ 22 ④ 23 ⑤ 24 ② 25 ③ 26 ① 27 ② 28 ②
29 ③ 30 ① 31 ④ 32 ⑤ 33 ④

■ 대단원 마무리 문제

01 ① 02 ③ 03 ③ 04 ⑤ 05 ② 06 ⑤ 07 ① 08 ②
09 ⑤ 10 ① 11 ② 12 ③ 13 ② 14 ② 15 ② 16 ②
17 ③ 18 ④ 19 ② 20 ③ 21 ④ 22 해설참조
23 해설참조 24 해설참조 25 해설참조

〈내신+학평 대비 모의고사〉

1회 내신+학평 대비

01 ③ 02 ③ 03 ② 04 ⑤ 05 ④ 06 ⑤ 07 ① 08 ④ 09 ②
10 ③ 11 ④ 12 ③ 13 ④ 14 ① 15 ④ 16 ⑤ 17 ⑤ 18 ④
19 ⑤ 20 ③ 21 ④ 22 ⑤ 23 ⑤ 24 ① 25 ③

2회 내신+학평 대비

01 ⑤ 02 ② 03 ① 04 ⑤ 05 ② 6 ① 07 ③ 08 ④ 09 ①
10 ④ 11 ② 12 ⑤ 13 ④ 14 ③ 15 ② 16 ① 17 ⑤ 18 ③
19 ② 20 ④ 21 ② 22 ⑤ 23 ⑤ 24 ① 25 ②

3회 내신+학평 대비

01 ④ 02 ④ 03 ④ 04 ① 05 ④ 06 ② 07 ③ 08 ① 09 ①
10 ⑤ 11 ③ 12 ② 13 ⑤ 14 ⑤ 15 ③ 16 ① 17 ④ 18 ①
19 ⑤ 20 ② 21 ① 22 ① 23 ① 24 ② 25 ③

A 01　정답 ③　＊화학의 유용성　[정답률 95%] 2025 실시 6월 학평 1 / 화학Ⅰ (고2)

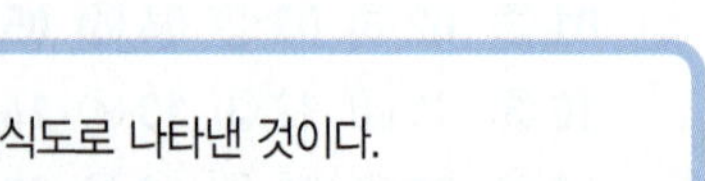

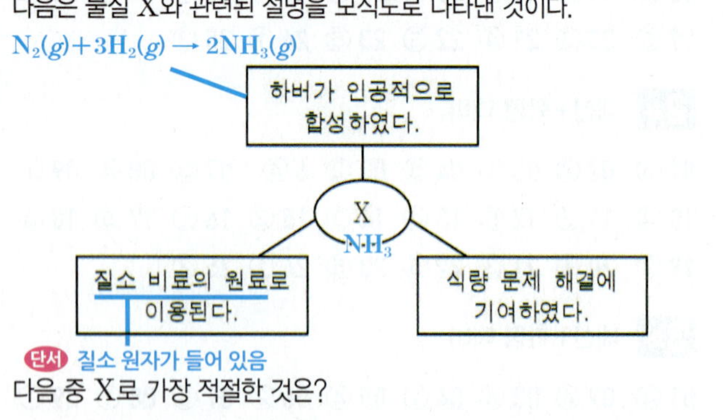

단서＋발상

단서 물질 X에 관련된 설명이 모식도로 제시되어 있다.

발상 X가 질소 비료의 원료가 된다는 것으로부터 X에 질소 원자가 포함되어 있다는 것을 추론할 수 있다.

｜문제＋자료 분석｜

- 하버는 고온 고압에서 촉매를 사용하여 공기 중의 N_2와 H_2를 반응시켜 암모니아를 대량으로 합성하는 방법을 개발하였다.

  ➡ $N_2(g)+3H_2(g) \longrightarrow 2NH_3(g)$
- 질소 비료의 원료인 암모니아를 대량으로 합성하여 식량 문제 해결에 기여하였다.

｜선택지 분석｜

③ 하버가 인공적으로 합성한 질소 비료의 원료는 암모니아(NH_3)이다. 암모니아로 질소 비료를 만들어 식량 문제 해결에 기여하였다.

＊하버법

- 질소(N_2)와 수소(H_2)를 반응시켜 암모니아(NH_3)를 합성하는 공업적 화학 반응
- **화학 반응식**: $N_2(g)+3H_2(g) \rightleftharpoons 2NH_3(g)$
- **암모니아의 활용**: 질소 비료의 원료로 식량 생산 증가에 기여함

A 02　정답 ⑤　＊합성 섬유 나일론　[정답률 98%] 2025 실시 9월 학평 1 / 화학Ⅰ (고2)

그림은 화학 잡지의 일부를 나타낸 것이다.

㉠으로 가장 적절한 것은?

① 철　② 면　③ 유리
④ 시멘트　⑤ 나일론

단서＋발상

단서 화학 잡지의 일부가 제시되어 있다.

발상 최초의 합성 섬유라는 말에서 ㉠을 추론할 수 있다.

적용 최초의 합성 섬유가 ㉠이라는 것에서 문제 풀이를 시작해야 한다.

｜문제＋자료 분석｜

- **나일론**
  캐러더스가 개발한 나일론은 최초의 합성 섬유이다.
  질기고, 물을 흡수해도 팽창하지 않으며 오랫동안 변하지 않는 것이 장점이다.
  의류, 밧줄, 전선, 그물 등 산업용으로 다양하게 이용된다.

｜선택지 분석｜

⑤ 최초의 합성 섬유인 ㉠은 나일론이다.

다음은 화학의 유용성에 대한 자료이다.

- ○ ⑦ 은/는 최초의 합성 섬유로 의류, 밧줄 등의 소재로 사용된다. 단서 나일론
- ○ ⑥ 는 시멘트에 모래, 자갈 등을 섞고 물로 반죽해 만든 건축 재료로 건물, 도로 등의 건설에 이용된다. ➡ 콘크리트

다음 중 ⑦과 ⑥으로 가장 적절한 것은?

	⑦	⑥		⑦	⑥
①	면	유리	②	면	콘크리트
③	나일론	유리	④	나일론	콘크리트
⑤	폴리에스터	유리			

🧠 단서＋발상

단서 ⑦은 최초의 합성 섬유, ⑥은 시멘트에 모래, 자갈 등을 섞어서 만든 건축 재료임이 제시되어 있다.

발상 화학의 발전을 통해 합성 섬유가 개발된 과정과 건축 자재가 발달한 과정을 통해 ⑦과 ⑥을 추론할 수 있다.

적용 제시된 단서를 통해 ⑦과 ⑥을 바르게 추론하는 것부터 문제 풀이를 시작해야 한다.

｜ 문제＋자료 분석 ｜

- ⑦: 나일론으로 1935년 미국의 캐러더스가 만든 최초의 합성 섬유이다. 나일론은 신축성이 좋아 스타킹, 그물, 밧줄 등의 재료로 사용된다.
- ⑥: 콘크리트이며 시멘트에 모래, 자갈 등을 섞고 물로 반죽해 만든다.

｜ 선택지 분석 ｜

① 면은 합성 섬유가 아닌 천연 섬유이고, 유리는 모래에 포함된 이산화 규소(SiO_2)를 원료로 사용하며 시멘트는 포함되지 않는다.

② 면은 합성 섬유가 아닌 천연 섬유이므로 ⑦에 해당하지 않는다.

③ 나일론은 최초의 합성 섬유로서 ⑦과 일치하지만, 유리는 이산화 규소(SiO_2)를 원료로 하며 시멘트와 모래, 자갈 등을 섞어서 만드는 ⑥에 해당하지 않는다.

④ 나일론은 최초의 합성 섬유로서 ⑦과 일치하며 콘크리트는 시멘트 기반 건축 재료로서 ⑥과 일치한다.

⑤ 폴리에스터는 합성 섬유지만 최초의 합성 섬유는 아니다. 함정 따라서 ⑦에 해당하지 않고, 유리도 ⑥에 해당하지 않는다.

＊ 나일론과 콘크리트

- 나일론은 1935년 미국의 캐러더스가 만든 최초의 합성 섬유로, 질기고 신축성이 좋아 스타킹, 그물, 밧줄 등의 재료로 사용된다.
- 콘크리트는 대표적인 건축 자재로서 시멘트에 모래와 자갈 등을 섞어 물로 반죽하여 만든다.

다음은 화학의 유용성에 대한 자료이다.

단서 합성 섬유: 나일론, 폴리에스터, 폴리아크릴 등

⑦ 나일론 은/는 값싸고 질긴 합성 섬유로서 오랫동안 변하지 않는 장점이 있어 해양 산업에서 그물을 만드는 데 사용된다.

⑦으로 가장 적절한 것은?

① 면 천연 섬유　② 철근　③ 나일론
④ 시멘트　⑤ 스타이로폼

🧠 단서＋발상

단서 합성 섬유로서 ⑦의 용도, 특징이 제시되어 있다.

발상 값싸고 질기며 오랫동안 변하지 않는 장점을 지닌 합성 섬유가 무엇인지 추론할 수 있다.

적용 주어진 보기 중 ⑦으로 적절한 합성 섬유를 구하는 것부터 문제 풀이를 시작해야 한다.

｜ 문제＋자료 분석 ｜

- ⑦은 값싸고 질긴 합성 섬유이며 해양 산업에서 그물을 만들 때 사용된다.
- 나일론은 최초의 합성 섬유로서 "강철보다 강하고 거미줄보다 가늘다."라는 문구로 등장하였고 값싸고 질긴 성질이 있어 스타킹, 그물, 밧줄 등의 제조에 널리 이용된다.

｜ 선택지 분석 ｜

① 면: 대표적인 천연 섬유이며, 흡습성이 좋지만 질기지 않고 내구성이 약하다.

② 철근: 금속 성분의 건축 재료이며 섬유가 아니다.

③ 나일론: 대표적인 합성 섬유이자 최초의 합성 섬유이며 대량 생산이 가능하여 가격이 저렴하고 질기기 때문에 스타킹, 그물, 밧줄 등의 제조에 사용된다.

④ 시멘트: 석회석을 원료로 하는 대표적인 건축 자재이며 섬유가 아니다.

⑤ 스타이로폼: 단열재, 포장재, 완충재로 활용되는 플라스틱의 한 종류이며 섬유가 아니다.

＊ 나일론

- 나일론은 1935년 개발된 최초의 합성 섬유이며 대량 생산이 가능하여 가격이 매우 저렴하다.
- 나일론은 "강철보다 강하고 거미줄보다 가늘다."라는 문구로 등장하였고 밀도가 낮으면서 인장 강도 및 내마모성이 높아 스타킹, 낙하산, 그물, 밧줄 등 "가볍고 질긴 특성"이 요구되는 섬유의 제조에 널리 활용된다.

＊ 화학 산업의 특징

- **합성 섬유**: 화학의 발전에 의해 천연 섬유의 단점을 보완한 다양한 합성 섬유들이 등장하였고 대표적인 예로는 나일론, 폴리에스터, 폴리아크릴 등이 있다.
- **탄소 화합물**: 탄소(C)가 중심이 되는 분자 구조를 지닌 물질이며 생명체 및 유기 화학의 기초가 된다.
- **화학 산업의 특징**: 탄소(C)를 중심으로 하는 다양한 탄소 화합물을 활용하여 저렴한 비용으로 다양한 물질을 대량 생산함으로써 의식주에 필요한 물질을 저렴하게 생산할 수 있다.

다음은 신문 기사의 일부이다.

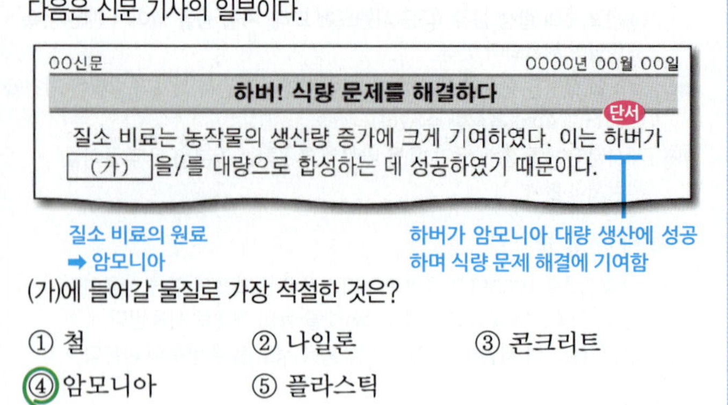

질소 비료의 원료
➡ 암모니아

하버가 암모니아 대량 생산에 성공
하며 식량 문제 해결에 기여함

(가)에 들어갈 물질로 가장 적절한 것은?

① 철 ② 나일론 ③ 콘크리트
④ 암모니아 ⑤ 플라스틱

 **단서+발상**

단서 (가)는 질소 비료의 원료가 되며, 하버가 대량 생산을 통해 식량 문제 해결에 기여한 물질임이 제시되어 있다.

발상 인류의 식량 문제가 해결된 과정을 이해하고 질소 비료의 원료라는 단서를 통해 (가)가 무엇인지 추론할 수 있다.

적용 제시된 단서를 통해 (가)를 바르게 추론하는 것부터 문제 풀이를 시작해야 한다.

|**문제+자료 분석**|

· **하버**: 질소(N_2)와 수소(H_2)를 반응시켜 암모니아(NH_3)를 대량으로 합성하는 공업적 화학 반응을 성공함으로써 식량 문제 해결에 기여하였다.

· **(가)**: 질소 비료의 원료가 되며, 하버가 대량 생산을 통해 식량 문제 해결에 기여한 물질로 주어진 보기 중 암모니아(NH_3)가 적절하다.

|**선택지 분석**|

① **철**: 하버법의 촉매로 사용되지만 하버법에 의해 대량으로 합성된 물질은 아니므로 (가)로 적절하지 않다.

② **나일론**: 최초의 합성 섬유이며, 비료와 무관하므로 (가)로 적절하지 않다.

③ **콘크리트**: 시멘트에 모래와 자갈 등을 섞어서 만드는 건축 자재이며, 비료와 무관하므로 (가)로 적절하지 않다.

④ **암모니아**: 하버가 대량 생산에 성공한 물질이며, 질소 비료의 주원료로 식량 문제 해결에 기여하였으므로 (가)로 적절하다.

⑤ **플라스틱**: 가볍고 다양한 모양으로 쉽게 가공할 수 있는 석유 화학 제품이며, 질소 비료와는 무관하므로 (가)로 적절하지 않다.

✱ **하버법**

· 질소(N_2)와 수소(H_2)를 반응시켜 암모니아(NH_3)를 합성하는 공업적 화학 반응

· **화학 반응식**: $N_2(g) + 3H_2(g) \rightleftharpoons 2NH_3(g)$

· **암모니아의 활용**: 질소 비료의 원료로 식량 생산 증가에 기여함

그림은 실험실에서의 실험 장면을 나타낸 것이다.

단서 대량 생산이 가능하여 일상에서 저렴한 가격으로 사용 가능함

탄소 화합물: 화학식에 탄소(C)를 포함

이에 대한 설명으로 옳은 것만을 〈보기〉에서 있는 대로 고른 것은?

─[보기]─

ㄱ. ㉠은 대량 생산이 가능하다.
플라스틱

ㄴ. ㉡은 합성 섬유이다.
나일론

ㄷ. ㉢은 탄소 화합물이다.
에탄올(C_2H_5OH)

① ㄱ ② ㄷ ③ ㄱ, ㄴ ④ ㄴ, ㄷ ⑤ ㄱ, ㄴ, ㄷ

 **단서+발상**

단서 실험실에서의 실험 장면을 통해 실생활에서 자주 사용되는 ㉠, ㉡, ㉢에 대한 설명이 제시되어 있다.

발상 과학과 기술의 발달 과정에서 ㉠과 ㉡의 대량 생산이 가능했음을 추론할 수 있다. 주어진 화학식으로부터 ㉢이 탄소 화합물임을 추론할 수 있다.

적용 대량 생산이 가능한 플라스틱과 나일론의 특성, 탄소 화합물인 에탄올의 특징을 바르게 이해하고 주어진 보기를 해석하는 것에서부터 문제 풀이를 시작해야 한다.

|**문제+자료 분석**|

· **플라스틱**: 대표적인 석유 화학 제품으로 대량 생산이 가능하므로 저렴하며 일상에서 자주 사용된다.

· **나일론**: 대표적인 합성 섬유이며, 질기고 신축성이 좋아 스타킹, 그물, 밧줄 등의 재료로 사용된다.

· **에탄올**: 화학식(C_2H_5OH)에서 알 수 있다시피 탄소 화합물이며, 꿀팁 실험실에서 자주 사용하는 물질이다.

|**보기 분석**|

ㄱ 과학과 기술의 발달로 플라스틱의 대량 생산이 가능해졌다. 플라스틱은 가볍고 다양한 모양으로 쉽게 가공할 수 있으며 대량 생산을 통해 저렴한 가격으로 일상생활에서 폭넓게 사용된다.

ㄴ 나일론은 최초의 합성 섬유이며 대량 생산이 가능하여 인류의 의류 문제 해결에 기여하였다.

ㄷ 에탄올은 대표적인 탄소 화합물이며 소독제, 연료, 실험 시약 등으로 사용된다.

Ａ 07　정답 ②　＊의식주와 화학

표는 실생활 문제 해결에 기여한 물질에 대한 자료이다.

물질	 단서 질소 비료	나일론
원료	(가) 암모니아	석유
기여한 분야	식량 문제 해결	(나) 의류 문제 해결

다음 중 (가), (나)로 가장 적절한 것은?

	(가)	(나)
①	유리	의류 문제 해결
②	암모니아	의류 문제 해결
③	유리	주거 문제 해결
④	암모니아	주거 문제 해결
⑤	시멘트	의류 문제 해결

단서＋발상

단서 실생활 문제 해결에 기여한 물질(질소 비료, 나일론)이 제시되어 있다.

발상 자료를 통해 질소 비료와 나일론이 인류의 삶에 필수적인 의식주 문제 중 식량 문제와 의류 문제 해결에 기여했음을 추론할 수 있다.

적용 질소 비료의 원료인 (가)와 석유를 원료로 하는 나일론이 기여한 분야인 (나)를 바르게 추론하는 것에서부터 문제 풀이를 시작해야 한다.

| 문제＋자료 분석 |

- **(가)**: 질소 비료의 대표적인 원료는 암모니아(NH_3)이며, 이는 하버법으로 대량 합성되어 비료 생산량을 획기적으로 늘려 인류의 식량 문제 해결에 기여하였다.
- **(나)**: 나일론은 석유를 원료로 하는 최초의 합성 섬유이며, 저렴한 가격으로 의복을 대량 생산함으로써 인류의 의류 문제 해결하였다.

| 선택지 분석 |

① 유리는 비료의 원료가 아니다.
② 질소 비료의 원료는 암모니아(NH_3)이며, 나일론은 의류 문제 해결에 기여했다.
③ 유리는 비료의 원료가 아니다. 또한 나일론은 의류 문제 해결에 기여했다.
④ 나일론은 의류 문제 해결에 기여했다.
⑤ 시멘트는 비료의 원료가 아니다.

＊의식주와 화학

- **화학의 역할**: 다양한 물질의 대량 생산을 가능하게 함으로써 인류의 의식주 문제 해결에 직접적으로 기여함(비료, 합성 섬유, 건축 자재 등)
- **암모니아(NH_3)**: 하버법으로 합성하며 질소 비료의 원료가 된다. 하버가 성공한 암모니아의 대량 합성을 통해 인류는 식량 문제를 해결하였다.
- **나일론**: 최초의 합성 섬유이며 대량 생산을 통해 섬유의 가격을 낮출 수 있었고 의복을 대량 생산함으로써 인류의 의류 문제 해결하였다.

Ａ 08　정답 ②　＊의식주와 화학

다음은 화학자 하버에 대한 자료이다. 단서 암모니아(NH_3)를 합성하기 위해 수소와 함께 사용하는 기체

하버는 ㉠ **질소** 기체와 수소 기체로 암모니아를 대량 합성하는 방법을 발표하였다. 암모니아를 원료로 만든 비료는 농산물의 생산량을 늘려 식량 문제 해결에 기여하였고, 이에 대한 공로로 하버는 노벨 화학상을 받았다.

㉠으로 가장 적절한 것은?

① 탄소　② 질소　③ 산소　④ 규소　⑤ 염소

단서＋발상

단서 ㉠은 수소와 함께 암모니아를 합성할 때 사용되는 물질임이 제시되어 있다.

발상 1906년 하버는 질소 비료의 원료인 암모니아를 대량으로 합성하는 방법을 개발하였으므로 ㉠이 질소임을 추론할 수 있다.

적용 ㉠이 질소임을 추론하는 것에서부터 문제 풀이를 시작해야 한다.

| 문제＋자료 분석 |

- ㉠ 기체와 수소(H_2) 기체를 이용해 암모니아를 합성한다.
- 하버가 개발한 하버법은 다음과 같은 화학 반응식을 따른다.

$$N_2(g) + 3H_2(g) \rightleftharpoons 2NH_3(g)$$

➡ ㉠은 질소(N_2)이다.

| 선택지 분석 |

① **탄소**: 상온에서 고체로 존재하며 암모니아 합성과 무관하다.
② **질소**: 수소와 함께 암모니아를 만드는 핵심 기체이며 ㉠으로 적절하다.
③ **산소**: 수소와 반응하면 물(H_2O)을 만들며, 암모니아 합성과는 무관하다.
④ **규소**: 반도체 재료, 유리, 세라믹 등의 원료로 많이 사용되는 고체 원소이며 암모니아 합성과 무관하다.
⑤ **염소**: 살균, 소독, PVC(폴리염화비닐) 제조 등에 사용되는 반응성이 높은 기체 원소이며 암모니아 합성과 무관하다.

 문제 풀이 꿀팁

- **하버법**: 질소(N_2)와 수소(H_2)를 반응시켜 암모니아(NH_3)를 대량 합성하는 공업적 방법
- **화학 반응**: 반응물이 화학 변화를 거쳐 새로운 물질(생성물)로 변하는 일련의 과정
  ➡ 화학 반응을 통해 반응물이 생성물로 변화할 때 반응물을 구성하는 원소의 종류 자체가 달라지는 것은 아니기 때문에 반응물은 생성물인 암모니아(NH_3)의 구성 원소(질소(N), 수소(H))를 포함하고 있어야 한다.

A 09 정답 ⑤ ＊의식주와 화학

그림은 물질 (가)에 대한 설명이 적힌 카드를 나타낸 것이다.

단서 질소(N), 수소(H)로 구성된 물질이며 질소 비료로 이용됨

다음 중 (가)로 가장 적절한 것은?

① 철 ② 유리 ③ 시멘트
④ 아스피린 ⑤ 암모니아

단서＋발상

단서 (가)를 구성하는 원소의 종류와 이용 사례가 제시되어 있다.

발상 (가)는 질소와 수소로 구성되며 질소 비료의 원료로 이용되므로 (가)를 암모니아(NH_3)라고 추론할 수 있다.

적용 (가)의 구성 원소, (가)의 이용 사례를 통해 암모니아(NH_3)임을 추론하는 것에서부터 문제 풀이를 시작해야 한다.

│문제＋자료 분석│

• **(가) 구성 원소**: 질소와 수소
  ➡ 질소(N)와 수소(H)로 구성된 대표적인 화합물은 암모니아(NH_3)이다.
• **(가)의 이용 사례**: 질소 비료
  ➡ 암모니아는 질소 비료의 주원료로 사용되며, 식량 문제 해결에 기여한 대표 물질이다.

│선택지 분석│

① **철**: 금속 원소이며 촉매로 사용되기도 하나 질소 비료 원료로 적절하지 않다.
② **유리**: 이산화 규소(SiO_2)를 원료로 하며 투명하여 창문이나 그릇 등의 용도로 활용한다.
③ **시멘트**: 대표적인 건축 자재이며 석회석을 원료로 한다.
④ **아스피린**: 해열제 및 진통제로 이용되는 의약품이며 질소 비료와 무관하다.
⑤ **암모니아**: 질소 비료의 원료로 사용되며 암모니아(NH_3)의 구성 원소는 질소(N)와 수소(H)다.

문제 풀이 꿀팁

• 암모니아(NH_3)는 질소(N_2)와 수소(H_2)를 반응시켜 얻는 화합물로, 하버법을 통해 대량 생산된다.
• 암모니아는 질소 비료의 주원료로 사용되어 인류의 식량 문제 해결에 결정적 기여를 하였고, 암모니아의 합성법을 개발한 하버는 그 공로로 노벨 화학상을 수상하였다.
• 암모니아 관련 문항은 자주 출제되므로 하버법의 반응식 ($N_2 + 3H_2 \rightarrow 2NH_3$)과 암모니아의 구성 원소(질소와 수소) 및 이용 사례(질소 비료)는 암기해두면 좋다.

A 10 정답 ⑤ ＊의식주와 화학

다음은 실생활 문제 해결에 기여한 물질에 대한 학생들의 대화이다.

단서 의식주와 관련된 실생활 문제 해결에 기여한 물질

제시한 내용이 옳은 학생만을 있는 대로 고른 것은?

① A ② C ③ A, B ④ B, C ⑤ A, B, C

단서＋발상

단서 실생활 문제 해결에 기여한 물질에 대한 학생들의 대화가 제시되어 있다.

발상 학생들의 대화에 제시된 내용을 통해 화학의 발전이 인류의 삶에 필수적인 의식주 문제를 구체적으로 어떻게 해결하였는지 추론할 수 있다.

적용 화학의 발전이 인류의 삶에 필수적인 의식주 문제를 구체적으로 어떻게 해결하였는지 이해하고 과학적으로 옳은 내용을 제시한 학생을 고르는 것부터 문제 풀이를 시작해야 한다.

│문제＋자료 분석│

• **A**: 나일론과 같은 합성 섬유의 개발은 값비싼 천연 섬유의 단점을 보완하고, 저렴한 비용으로 의복을 대량 생산할 수 있게 하여 인류의 의류 문제 해결에 기여하였다.
• **B**: 화학의 발전으로 질소(N_2)와 수소(H_2)를 반응시켜 암모니아(NH_3)를 대량으로 합성하는 공업적 방법이 개발되었고, 이를 통해 질소 비료의 대량 생산이 가능해져 인류의 식량 문제 해결에 기여하였다.
• **C**: 과학과 기술의 발전으로 철, 시멘트, 콘크리트 등 다양한 건축 자재를 활용한 주택 건설이 가능해지면서, 인류의 주거 문제 해결에 기여하게 되었다.

│선택지 분석│

⑤ A, B, C 모두 옳은 내용을 제시하였다.

＊화학의 발전이 인류의 의식주 문제 해결에 기여한 과정

• **의(衣)**: 나일론, 폴리에스터 등 합성 섬유의 개발
  ➡ 저렴한 비용으로 의복의 대량 생산이 가능해짐
• **식(食)**: 하버법을 통한 암모니아의 합성으로 질소 비료 대량 생산
  ➡ 농작물의 생산량 급증
• **주(住)**: 철, 시멘트, 콘크리트 등 다양한 건축 자재 활용
  ➡ 저렴한 비용과 빠른 속도로 튼튼한 주택 건설 가능

A 11 정답 ① ✽ 증기 기관의 발전 ·· [정답률 94%] 내신 기출 변형

다음은 신문 기사의 일부이다.

○○신문 　　　　　　　　　　　　○○○○년 ○○월 ○○일

와트! 기존의 증기 기관을 개선하다!

단서 증기 기관: 석탄을 연소시킴
➡ 열 발생으로 인한 물의 상태 변화

와트(Watt.J.)가 기존의 증기 기관을 개선하여 섬유 산업의 발전에 크게 기여하였다. (중략)
증기 기관은 석탄의 ㉠ 연소 반응을 이용하여 물을 끓이는데, 물이 ㉡ 수증기로 상태 변화하면서 부피가 증가하고, 온도가 내려가면 부피가 감소하여 피스톤의 왕복 운동을 가능하게 하는 과학적 원리로 작동한다.

다음 중 ㉠과 ㉡으로 가장 적절한 것은?

	㉠	㉡		㉠	㉡
①	연소	수증기	②	연소	산소
③	전기 분해	수증기	④	전기 분해	산소
⑤	제련	수증기			

💡 단서＋발상

단서 증기 기관의 작동 원리가 제시되어 있다.

발상 석탄의 연소 반응으로부터 열이 발생하므로 온도가 상승하면 물이 끓게 되고 수증기로 상태가 변화함을 추론할 수 있다.

┃ 문제＋자료 분석 ┃

· ㉠: 석탄의 연소 반응으로, 증기 기관에서 열에너지를 얻는 방법이다.
· ㉡: 물이 끓어 수증기로 상태 변화하면서 부피가 증가하는 현상이다.
  ➡ 증기 기관의 작동 원리: 석탄의 연소 반응에서 발생하는 열로 인해 물의 상태가 변화할 때 부피가 변화(약 1000배 이상 증가)하는 현상을 이용한다.
  ➡ 피스톤의 상하 운동을 회전 운동으로 전환하여 섬유 산업에 활용한다. 꿀팁

┃ 선택지 분석 ┃

① 증기 기관은 석탄의 연소 반응으로 열이 발생하여 물이 끓으면 수증기로 상태가 변화하는 원리를 이용한다.
② 산소는 연소에 필요하지만 물의 상태 변화 물질이 아니다.
③ 전기 분해는 증기 기관 작동 원리가 아니다.
④ 전기 분해는 증기 기관 작동 원리가 아니며 산소는 물의 상태 변화 물질이 아니다.
⑤ 제련은 금속 관련 공정으로 증기 기관 작동 원리가 아니다.

✽ 증기 기관의 발전

· 증기 기관의 원리: 석탄을 연소시킬 때 발생하는 열에너지를 운동 에너지로 전환함
· 증기 기관의 발전: 석탄을 연소시켜 물을 끓이면 수증기가 발생하고, 이로 인해 부피가 증가하면서 피스톤이 상하로 움직인다. 이러한 운동은 회전 운동으로 전환되어, 수작업으로 이루어지던 방적기를 기계적으로 작동시켜 작업의 효율을 높일 수 있게 되었다.

A 12 정답 ⑤ ✽ 알루미늄의 제련 ·· [정답률 95%] 내신 기출 변형

그림은 원소 (가)에 대한 설명이 적힌 카드를 나타낸 것이다.

(가)

· 원자 번호: 13
· 이용 사례: 음료수 캔, 항공기 동체 등
· 특징 단서 알루미늄(Al)은 가볍고 쉽게 부식되지 않으므로 음료수 캔, 항공기 동체에 쓰임
  ▶ 자연계에서 ㉠보크사이트라는 광물로 존재함
  보크사이트: 수산화알루미늄($Al(OH)_3$)과 수화산화알루미늄($Al_2O_3 \cdot xH_2O$)이 주성분인 혼합 광물
  ▶ ㉡전기 분해법을 이용하여 대량 생산이 가능하다.

이에 대한 설명으로 옳은 것만을 〈보기〉에서 있는 대로 고른 것은?

[보기]
ㄱ. (가)는 알루미늄이다.
ㄴ. ㉠으로부터 순수한 금속을 분리하는 것은 비용이 많이 든다.
ㄷ. ㉡으로 산화알루미늄을 환원시키면 순수한 알루미늄을 얻을 수 있다.

① ㄱ　　② ㄷ　　③ ㄱ, ㄴ　　④ ㄱ, ㄷ　　⑤ ㄱ, ㄴ, ㄷ

💡 단서＋발상

단서 원소 (가)의 원자 번호, 이용 사례, 자연계에서 존재하는 광물의 형태 등이 제시되어 있다.

발상 음료수 캔, 항공기 동체 등에 사용되는 금속의 특징(가벼움, 쉽게 부식되지 않음)을 고려할 때 원소 (가)가 알루미늄(Al)임을 추론할 수 있다.

┃ 문제＋자료 분석 ┃

· 알루미늄(Al)은 은백색의 가벼운 금속으로, 부식에 강하고 열·전기 전도성이 우수하여 음료수 캔, 항공기 동체, 창틀, 건축 자재 등으로 활용된다.
· 보크사이트에는 알루미늄(Al)이 산소(O)와 강하게 결합하고 있어 순수한 알루미늄을 분리하는 데 많은 비용이 든다.
· 순수한 알루미늄(Al)은 전기 분해를 통해 산화 알루미늄(Al_2O_3)을 환원시켜 얻을 수 있다.

┃ 보기 분석 ┃

ㄱ 원자 번호 13, 음료수 캔, 항공기 동체 등에 활용되는 금속 원소라는 점에서 (가)는 알루미늄임을 알 수 있다.
ㄴ 보크사이트에는 알루미늄(Al)이 산소(O)와 강하게 결합한 상태로 존재하므로 순수한 알루미늄을 분리하는 데 많은 에너지와 비용이 든다.
ㄷ 전기 분해 과정에서 가해주는 전기 에너지로 인해 산화알루미늄의 Al^{3+} 이온이 전자를 받아 환원되어 순수한 금속 알루미늄(Al)이 얻어진다.

✽ 알루미늄의 제련

· 알루미늄은 가볍고 부식에 강한 금속으로 음료수 캔, 항공기 동체 등에 사용된다.
· 자연 상태에서 알루미늄은 보크사이트라는 광물 형태로 존재하며 순수한 알루미늄을 얻기 위해서는 산화 알루미늄(Al_2O_3)을 고온에서 전기분해하여 Al^{3+} 이온을 금속 알루미늄으로 환원해야 한다. 꿀팁

단서+발상

(단서) 반도체에 대한 학생들의 대화가 제시되어 있다.

(발상) 학생들의 대화에 제시된 내용을 통해 반도체의 특성 및 제작 방법 등에 대해 과학적으로 추론할 수 있다.

(적용) 반도체의 과학적 특성 및 제작 방법을 이해하고 과학적으로 옳은 내용을 제시한 학생을 고르는 것부터 문제 풀이를 시작해야 한다.

| 문제+자료 분석 |

- **A**: 반도체는 온도, 빛, 전압 등의 조건에 따라 전기 전도성이 변화한다.
  ➡ 이러한 특성을 이용하여 스위치, 온도 센서, 광센서 트랜지스터 등에 활용할 수 있다. 꿀팁
- **B**: 반도체의 주원료인 규소(Si)는 자연에서 주로 이산화 규소(SiO_2) 형태로 존재한다. ➡ 모래의 주성분이 이산화 규소(SiO_2)이므로 모래를 높은 온도로 가열하고 환원 반응을 통해 정제한 후, 고순도 단결정으로 재결정하면 규소(Si)를 얻을 수 있다. 꿀팁
- **C**: 이산화 규소(SiO_2)로부터 환원된 고순도 규소를 단결정 형태로 성장시킨 후, 얇게 절단해 만든 것이 바로 웨이퍼(wafers)이다.
  ➡ 웨이퍼 위에 회로를 집적해 반도체(칩)를 제조한다.

| 선택지 분석 |

⑤ A, B, C 모두 옳은 내용을 제시하였다.

✻ 반도체

- 반도체는 조건(온도, 빛, 전압 등)에 따라 전기 전도성이 달라지므로 스위치나 센서처럼 전류를 제어하는 데 활용된다.
- 반도체의 주원료는 규소(Si)이며, 모래 속 이산화 규소(SiO_2)를 고온으로 가열 후 재결정하여 순수한 규소 결정을 얻는다.
- 반도체는 스마트폰, 컴퓨터, 자율 주행차 등 다양한 전자기기의 핵심 부품으로 쓰인다.

A 14 정답 ③ * 리튬 이온 전지 ·· [정답률 95%] **내신 기출 변형**

그림 (가), (나)는 리튬 이온 전지가 이용되고 있는 대표적인 실생활의 장면을 나타낸 것이다.

단서 리튬 이온 전지가 포함된 스마트폰, 전기 자동차 모두 일상에서 자주 사용되며 매일 충전하여 사용한다.

리튬 이온 전지에 대한 설명으로 옳은 것만을 〈보기〉에서 있는 대로 고른 것은?

[보기]
ㄱ. 리튬 이온 전지는 충전이 가능하여 재사용할 수 있다.
  2차 전지
ㄴ. 리튬 이온 전지는 열을 흡수하여 전기를 생성한다.
  화학 에너지 → 전기 에너지
ㄷ. 리튬 이온 전지는 에너지 저장 장치(ESS)에도 활용된다.

① ㄱ   ② ㄴ   ③ ㄱ, ㄷ   ④ ㄴ, ㄷ   ⑤ ㄱ, ㄴ, ㄷ

단서+발상

(단서) 리튬 이온 전지가 이용되고 있는 실생활의 사례들이 제시되어 있다.

(발상) 실생활에서 자주 사용하는 스마트폰과 전기자동차의 특성을 바탕으로 리튬 이온 전지의 특징과 활용에 대해 추론할 수 있다.

(적용) 리튬 이온 전지의 고에너지 밀도, 충전 가능성, 재사용성을 이해하고 리튬 이온 전지에 대해 과학적으로 옳은 내용을 제시한 보기를 고르는 것부터 문제 풀이를 시작해야 한다.

| 문제+자료 분석 |

- **리튬 이온 전지의 활용**: 리튬 이온 전지는 스마트폰, 전기 자동차, 에너지 저장 장치(ESS) 등 다양한 분야에 활용된다.
- **리튬 이온 전지의 특성**: 리튬 이온 전지는 가볍고 에너지 밀도가 높으며, 충전이 가능한 2차 전지이다.

| 보기 분석 |

ㄱ. 리튬 이온 전지는 대표적인 2차 전지로, 반복 충전이 가능하다.
ㄴ. 리튬 이온 전지는 리튬 이온의 이동에 따른 화학 에너지의 변화로 전기 에너지를 생성한다.
ㄷ. 리튬 이온 전지는 태양광, 풍력 등의 전력을 저장하는 에너지 저장 시스템(ESS)에 사용된다.

✻ 리튬 이온 전지

- 리튬 이온 전지는 가볍고 에너지 밀도가 높으며, 충전과 방전을 반복할 수 있는 2차 전지이다. 꿀팁
- 전자의 흐름은 리튬 이온의 이동에 따른 산화·환원 반응으로 발생한다. 꿀팁
- 스마트폰, 전기 자동차, 에너지 저장 장치(ESS) 등 다양한 전자기기와 에너지 시스템에 널리 활용된다.

A 15 정답 ③ ＊의약품 ··· [정답률 94%] 내신 기출 변형

그림은 <u>의약품 (가)~(다)</u>를 나타낸 것이다.

(단서) 의약품: 용도에 따라 기능과 활용이 다름

 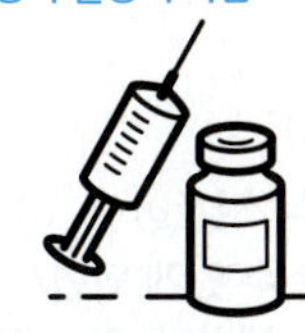 

(가) 항생제 (나) 백신 (다) 항암제

(가)~(다)에 대한 설명으로 옳은 것만을 〈보기〉에서 있는 대로 고른 것은?

[보기]
ㄱ. (가)는 세균을 죽이거나 증식을 억제하기 위해 사용한다.
세균성 질병을 치료
ㄴ. (나)는 감염병 치료를 목적으로 직접 병원체를 공격한다.
예방 목적으로 사용 ➡ 항체 형성을 유도
ㄷ. (다)는 몸속에서 암세포를 직접 공격하여 제거한다.
암세포를 억제하거나 파괴

① ㄱ ② ㄴ ③ ㄱ, ㄷ ④ ㄴ, ㄷ ⑤ ㄱ, ㄴ, ㄷ

💡 단서＋발상

(단서) 질병의 치료 또는 예방에 사용되는 다양한 의약품이 제시되어 있다.

(발상) 각 의약품의 특성을 바르게 이해하고 분류함으로써 의약품의 사용 목적 및 기능에 대해 바르게 추론할 수 있다.

(적용) 주어진 항생제, 백신, 항암제의 사용 목적과 기능을 이해하고 과학적으로 옳은 내용을 제시한 보기를 고르는 것부터 문제 풀이를 시작해야 한다.

| 문제＋자료 분석 |

· **항생제**: 세균을 죽이거나 세균의 증식을 억제하는 데 사용되며, 바이러스에는 효과가 없다.
· **백신**: 병원체 일부나 유사 구조를 이용해 면역 반응을 유도하며, 감염병 예방 목적으로 사용된다.
· **항암제**: 빠르게 분열하는 암세포를 억제하거나 제거하여 암을 치료한다.

| 보기 분석 |

ㄱ 항생제는 세균을 죽이거나 증식을 억제하여 세균성 질병을 치료하는데 사용하는 의약품이다.

ㄴ 백신은 감염병의 치료 목적이 아닌 예방 목적으로 사용되며 병원체 일부(불활성화된 바이러스 등)를 투입해 항체 형성을 유도함으로써 면역 체계를 갖추기 위해 사용하는 의약품이다.

ㄷ 항암제는 빠르게 분열하는 암세포를 억제하거나 파괴하는 치료제로 사용된다.

A 16 정답 ② ＊디스플레이 ··· [정답률 95%] 내신 기출 변형

그림은 디스플레이 (가), (나)를 모식적으로 나타낸 것이다.

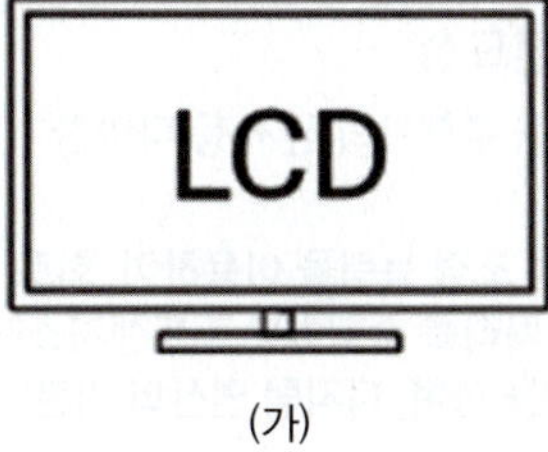

(가) (나)

(단서) OLED의 유연성이 제시됨

(가)와 (나)에 대한 설명으로 옳은 것만을 〈보기〉에서 있는 대로 고른 것은?

[보기]
ㄱ. (가)는 스스로 빛을 내는 분자를 활용한다.
자체 발광 기능이 없어 백라이트가 필요하다.
ㄴ. (나)를 특수 유리나 플라스틱에 활용하면 모니터를 휘거나 구부릴 수 있다.
ㄷ. (나)는 에너지 효율이 낮아 모바일 기기에는 잘 사용되지 않는다.
에너지 효율이 높아 모바일 기기 및 고급 디스플레이에 널리 사용된다.

① ㄱ ② ㄴ ③ ㄱ, ㄴ ④ ㄴ, ㄷ ⑤ ㄱ, ㄴ, ㄷ

💡 단서＋발상

(단서) 디스플레이 (가), (나)가 각각 LCD, OLED임이 제시되어 있다.

(발상) 모식적으로 표현된 (가), (나)의 형태로부터 OLED가 유연성을 지닌 디스플레이임을 추론할 수 있다.

(적용) LCD와 OLED의 형태적 특성과 과학적 원리를 이해하고 과학적으로 옳은 내용을 제시한 보기를 고르는 것부터 문제 풀이를 시작해야 한다.

| 문제＋자료 분석 |

· **(가)**: LCD(액정 디스플레이)는 자체 발광 기능이 없어 백라이트가 필요하며, 구조상 유연성이 부족하다.
· **(나)**: OLED(유기발광 다이오드)는 유기 화합물이 스스로 빛을 내는 구조이며, 얇고 휘어지는 디스플레이 구현이 가능하다. 또한 OLED는 에너지 효율이 높고 명암비가 뛰어나, 스마트폰, 태블릿, TV 등 다양한 모바일 기기 및 고급 디스플레이에 널리 사용된다.

| 보기 분석 |

ㄱ. LCD는 백라이트에서 나오는 빛이 액정을 통과하면서 이미지를 형성한다.

ㄴ OLED는 유기 화합물을 사용한 자체 발광 디스플레이로, 유연한 기판(플라스틱, 특수 유리 등)에 적용하면 플렉서블 디스플레이를 구현할 수 있다.

ㄷ. OLED는 에너지 효율이 높고, 명암비가 뛰어나 고급 스마트폰, 스마트워치 등 모바일 기기에 널리 사용된다. 특히 검은색 표현 시 픽셀을 꺼서 배터리 소모를 줄일 수 있다.

왜 틀렸나?

· 보기 ㄱ은 디스플레이의 발광 원리를 혼동하면 오답으로 선택하기 쉽다. (함정)
LCD는 자체 발광 기능이 없고, 백라이트에서 나온 빛이 액정을 통과해 화면을 표현하며, OLED는 유기 화합물 자체가 전류에 반응해 자체적으로 빛을 낼 수 있다.
· 보기 ㄷ은 OLED가 에너지 효율이 낮다는 오개념에 기반한 진술이다. (함정)
OLED는 픽셀 단위 발광이 가능하고 어두운 화면에서 불필요한 부분의 픽셀을 끄는 방식으로 에너지를 절약할 수 있어 에너지 효율이 높다.

다음은 교과서에 기술된 과학자 하버(Haber)의 업적을 인용한 것이다.

단서 질소와 수소를 반응시켜 얻음

"하버(Haber)는 질소(N_2)와 수소(H_2)를 반응시켜 ㉠질소 비료의 원료가 되는 물질을 대량으로 합성하는 방법을 개발하였고, 이는 인류의 식량 문제 해결에 크게 기여하였다."

프리츠 하버
(1868 – 1934)

(1) ㉠은 무엇인지 쓰시오. 단답형

반응물: 질소와 수소
화학 반응식: 반응물이 생성물로 변하는 일련의 과정을 표현

(2) ㉠이 생성되는 과정을 화학 반응식으로 쓰고 하버의 방법이 인류의 식량 문제 해결에 어떤 방식으로 기여했는지 서술하시오. 서술형

 단서＋발상

단서 질소(N_2)와 수소(H_2)를 반응시켜 ㉠(질소 비료의 원료가 되는 물질)을 대량으로 합성할 수 있음이 제시되어 있다.

발상 인류의 식량 문제가 해결된 과정에 기여한 질소 비료의 원료라는 단서를 통해 ㉠이 무엇인지 추론할 수 있다.

적용 화학 반응이란 반응물이 화학 변화를 거쳐 새로운 물질(생성물)로 변하는 일련의 과정이므로, 반응물인 질소(N_2)와 수소(H_2)로부터 암모니아(NH_3)가 생성되는 과정을 화학 반응식으로 표현하는 것부터 문제 풀이를 시작해야 한다.

(1) 정답 암모니아(NH_3)

(2) 모범 답안 · 화학 반응식: $N_2(g) + 3H_2(g) \rightleftharpoons 2NH_3(g)$
· 암모니아를 대량 생산할 수 있게 되면서, 이를 원료로 한 질소 비료의 대량 생산이 가능해졌다. 이로 인해 작물의 생산량이 크게 증가하였고, 인류의 식량 부족 문제 해결에 기여하게 되었다.

｜문제＋자료 분석｜

· 하버가 질소(N_2)와 수소(H_2)를 반응시켜 암모니아를 대량 합성하였다.
· 화학 반응이란 반응물이 화학 변화를 거쳐 새로운 물질(생성물)로 변하는 일련의 과정이므로 질소(N_2)와 수소(H_2)가 반응하여 암모니아가 되는 과정을 양적 관계에 맞게 화학 반응식으로 표현한다.

	채점 기준	배점
(1)	㉠을 옳게 쓴 경우	30%
(2)	화학 반응식과 식량 문제를 해결한 방식을 모두 옳게 서술한 경우	70%
	학 반응식과 식량 문제를 해결한 방식 중 하나만 옳게 서술한 경우	30%

다음은 신문 기사의 일부이다.

[○○일보, 20××년 ○월 ○일]

"반도체가 세상을 바꾸고 있다"

최근 들어 반도체의 수요가 폭발적으로 증가하고 있다. 반도체는 모래의 주성분인 이산화규소(SiO_2)를 가열하여 재결정하면 얻을 수 있는 순수한 ⟦ ㉠ ⟧을 원료로 한다. 반도체는 온도, 빛, 전압 등 외부 조건에 따라 ⟦ ㉡ ⟧이 달라지는 성질을 가진다.

단서 반도체는 외부 조건에 따라 전기 전도성이 달라진다.

반도체는 이러한 성질로 인해 ㉢다양한 분야에 활용되며 "디지털 산업의 쌀"로 불리기도 한다.

(1) ㉠, ㉡으로 적절한 단어를 쓰시오. 단답형

(2) ㉢ 반도체가 활용되는 분야와 활용 원리를 서술하시오. 서술형

 단서＋발상

단서 반도체의 특성 및 제작 방법 등이 부분적으로 제시되어 있다.

발상 모래의 주성분인 이산화 규소(SiO_2)를 가열하여 얻을 수 있는 순수한 원소 ㉠과 온도, 빛, 전압 등 외부 조건에 따라 달라지는 반도체의 전기 전도성을 바탕으로 ㉡을 추론할 수 있다.

적용 반도체의 특성 및 제작 방법을 이해하고 ㉠, ㉡, ㉢을 유추하는 것부터 문제 풀이를 시작해야 한다.

(1) 정답 ㉠: 규소(Si), ㉡: 전기 전도성

(2) 모범 답안 반도체는 스마트폰, 자율 주행차의 센서 등 다양한 전자기기에 사용된다.
스마트폰에서 반도체의 전기 전도성 조절 능력을 이용하여, 회로 안에서 전류 흐름을 제어하고 정보 처리를 수행하므로 트랜지스터가 전기 신호를 켜고 끄는 스위치 역할을 하며, 디지털 연산의 기본 단위를 구성한다.
또한, 자율 주행차의 센서로 활용되는 반도체 기반 광센서와 영상 처리 칩이 외부 환경 정보를 감지하고 분석하여 입력된 전기 신호를 실시간 처리하여 자동 제동·조향·속도 조절 등 제어 동작 수행한다.

｜문제＋자료 분석｜

· 반도체는 모래의 주성분인 이산화규소(SiO_2)를 재결정하면 가열하여 얻을 수 있는 순수한 규소(Si)를 원료로 한다.
· 반도체는 전기 전도성을 조절할 수 있는 물질이며 그 특성을 활용해 스마트 기기·자동차·AI 기술에 활용될 수 있다.

	채점 기준	배점
(1)	㉠, ㉡을 옳게 쓴 경우	30%
(2)	반도체과 활용되는 분야와 활용 원리를 모두 옳게 서술한 경우	70%
	반도체가 활용되는 분야와 활용 원리 중 하나만 옳게 서술한 경우	30%

그림 (가), (나), (다)의 상황에 공통적으로 사용되는 ㉠화학 전지가 있다.

단서 리튬 이온 전지가 포함된 스마트폰, 전기 자동차 모두 일상에서 자주 사용되며 매일 충전하여 사용함

(1) ㉠은 무엇인지 쓰시오. **단답형**

(2) ㉠은 다른 전지에 비해 어떤 장점을 가지고 있어 다양한 전자기기에 활용되는지 2가지 이상 서술하시오. **서술형**

단서 + 발상

단서 실생활에서 리튬 이온 전지가 사용되는 상황이 제시되어 있다.

발상 스마트폰, 전기 자동차에 사용되는 전지이므로 충전이 가능한 2차 전지이며, 에너지 밀도가 높음을 추론할 수 있다.

적용 스마트폰, 전기 자동차에 사용되는 전지가 리튬 이온 전지라는 것을 추론하는 것부터 문제 풀이를 시작해야 한다.

(1) **정답** 리튬 이온 전지

(2) **모범 답안** 리튬 이온 전지는 에너지 밀도가 높고 가볍기 때문에 휴대용 전자기기에 적합하다. 또한 충전과 방전을 반복할 수 있어 전기 자동차나 에너지 저장 장치(ESS)에도 널리 사용된다.

| 문제 + 자료 분석 |

· 리튬 이온 전지는 스마트폰, 전기 자동차, ESS 등 다양한 전자기기에 활용된다.

· 리튬 이온 전지는 2차 전지로 충전이 가능하며 에너지 밀도가 높다.

· 리튬 이온 전지의 특성과 장점을 이해하고, 실생활에서의 활용 이유를 설명할 수 있는지를 평가한다.

	채점 기준	배점
(1)	㉠을 옳게 쓴 경우	30%
(2)	㉠의 장점을 2가지 모두 옳게 서술한 경우	70%
	㉠의 장점을 1가지만 옳게 서술한 경우	30%

그림은 의약품 (가)~(라)를 나타낸 것이다.

단서 의약품은 종류에 따라 기능이 다르므로 사용 목적에 따라 분류할 수 있다.

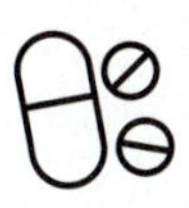 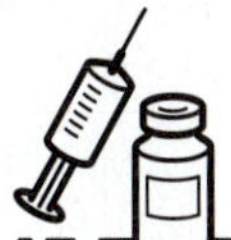  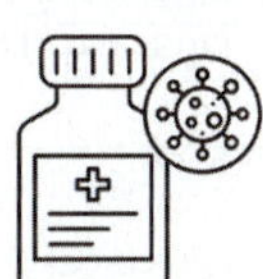

(1) (가)~(라) 중에서 질병의 직접적인 치료 목적이 아닌 예방 목적으로 사용하는 의약품을 쓰시오. **단답형**
　　　　　　　　　　　　　　　항체 형성을 유도

세균이 아님
(2) (가)를 복용하여 바이러스의 치료에 효과가 없는 까닭과 (가)를 오남용할 경우 발생할 수 있는 문제점은 무엇인지 서술하시오. **서술형**

단서 + 발상

단서 대표적인 의약품(항생제, 백신, 항암제, 항바이러스제)이 제시되어 있다.

발상 백신은 질병이 발생하기 전 항체 형성을 통한 면역 체계를 완성하는 과학적 원리를 활용하는 것으로 질병의 직접적 치료 목적이 아닌 예방 목적으로 사용함을 추론할 수 있다.

적용 각각의 의약품이 지닌 기능과 사용 목적을 바르게 이해하고 적용하는 것부터 문제 풀이를 시작해야 한다.

(1) **정답** (나)

(2) **모범 답안** 항생제는 세균의 세포벽이나 단백질 합성 과정 등을 억제하여 작용하지만, 바이러스는 세포 구조가 없고 생명체의 대사 시스템을 이용하지 않기 때문에 항생제의 작용 대상이 없다. 따라서 바이러스 감염에는 항생제가 효과가 없다.
또한 항생제를 오남용할 경우 항생제에 내성을 지니는 내성균이 생길 수 있으며 사회 전체적으로 볼 때, 기존 항생제가 듣지 않는 슈퍼박테리아의 출연으로 인해 감염병이 늘어나고, 치료가 점점 어려워질 수 있다.

| 문제 + 자료 분석 |

· 의약품 (가)~(라)는 각각 항생제, 백신, 항암제, 항바이러스제이며 의약품은 기능이 다르므로 사용 목적에 맞게 사용해야 한다.

· 백신은 질병에 걸리기 전, 병원체의 일부나 변형된 형태를 몸에 주입하여 항체를 미리 형성하도록 돕는 예방용 의약품이다.

· 항생제를 남용하면 세균이 항생제에 적응하여 내성균이 생길 수 있다.

★ **의약품의 종류와 작용**

구분	작용 대상	용도	작용 방식 및 특징
항생제	세균	치료	세균의 성장 억제 또는 사멸 (바이러스에는 효과 없음)
백신	바이러스 /세균	예방	병원체 일부를 투입 ➡ 면역 반응 유도
항암제	암세포	치료	암세포의 분열 억제, 파괴 (정상세포 영향을 줄 경우 부작용 발생 가능)
항바이러스제	바이러스	치료	바이러스의 증식 억제

	채점 기준	배점
(1)	(나)를 옳게 쓴 경우	30%
(2)	(가)가 바이러스 치료에 효과가 없는 까닭과 오남용으로 인해 발생할 수 있는 문제점을 모두 옳게 서술한 경우	70%
	(가)가 바이러스 치료에 효과가 없는 까닭과 오남용으로 인해 발생할 수 있는 문제점 중 하나만 옳게 서술한 경우	30%

 **B 몰과 물질의 양**

B 01 정답 ① ∗ 기체의 양

표는 기체 (가)와 (나)에 대한 자료이다.

기체	(가)	(나)
분자식	NO_2 단서 3원자 분자	NO 단서 2원자 분자
기체의 양	3×10^{23}개 $= \dfrac{1}{2}$ mol	$\dfrac{1}{4}$ mol $= 1.5 \times 10^{23}$개

$\dfrac{\text{(나)에 들어 있는 전체 원자 수}}{\text{(가)에 들어 있는 전체 원자 수}}$ 는? (단, 아보가드로수는 6×10^{23}이다.)

(3점)

$$\frac{1.5 \times 10^{23} \times 2원자}{3 \times 10^{23} \times 3원자} = \frac{1}{3}$$

① $\dfrac{1}{3}$　　② $\dfrac{2}{3}$　　③ 1　　④ $\dfrac{4}{3}$　　⑤ $\dfrac{5}{3}$

단서+발상

단서 분자 1개당 원자 수가 몇 개인지를 알려주는 분자식이 제시되어 있다.

발상 기체의 양이 분자 수와 같고 '개' 또는 'mol' 단위로 각각 표현할 수 있음을 추론할 수 있다.

적용 1 mol$= 6 \times 10^{23}$개임을 이용하여 기체의 양(분자 수)를 구하는 것부터 문제 풀이를 시작해야 한다.

| 문제+자료 분석 |

- (가): NO_2는 3원자 분자이므로, 분자 1개당 원자 수는 3개이다.
- (나): 1 mol$= 6 \times 10^{23}$개이므로, (나)의 기체의 양 $\dfrac{1}{4}$ mol은 1.5×10^{23}개이다. 또한, NO는 2원자 분자이므로, 분자 1개당 원자 수는 2개이다.

| 선택지 분석 |

① $\dfrac{\text{(나)의 전체 원자 수}}{\text{(가)의 전체 원자 수}} = \dfrac{\text{(나)의 분자 수} \times \dfrac{2원자}{1분자}}{\text{(가)의 분자 수} \times \dfrac{3원자}{1분자}}$

$= \dfrac{1.5 \times 10^{23} \times 2원자}{3 \times 10^{23} \times 3원자} = \dfrac{1}{3}$

문제 풀이 꿀팁

- 물질의 양을 나타낼 때, 1 mol은 '6×10^{23}개'와 동등한 의미를 갖는다.
- (나)의 기체의 양 $\dfrac{1}{4}$ mol을 1.5×10^{23}개로 바꾸지 않고, (가)의 기체의 양 3×10^{23}개를 $\dfrac{1}{2}$ mol으로 두고 풀어도 같은 결과가 나온다.
- $\dfrac{\text{(나)의 전체 원자 수}}{\text{(가)의 전체 원자 수}} = \dfrac{\dfrac{1}{4} \text{mol} \times 2원자}{\dfrac{1}{2} \text{mol} \times 3원자} = \dfrac{1}{3}$

B 02 정답 ① ∗ 물질의 양(mol)

그림은 강철 용기에 에탄올(C_2H_5OH)과 산소(O_2)를 넣고 반응시켰을 때, 반응 전과 후 용기에 존재하는 물질과 양을 나타낸 것이다.

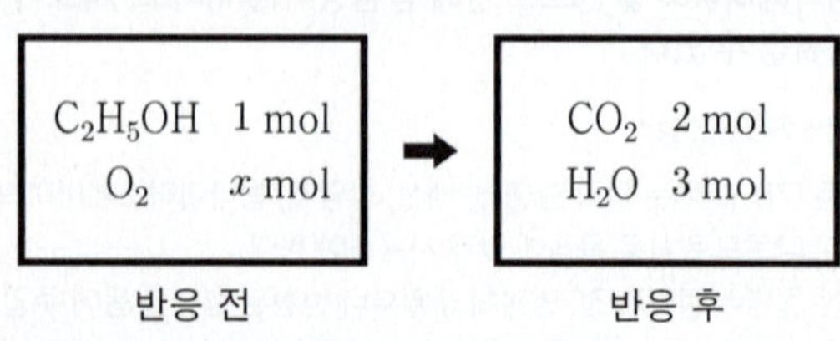

단서 반응 전 O 원자 수와 반응 후 O 원자 수는 같다.
➡ $1 \times 1 + x \times 2 = 2 \times 2 + 3 \times 1$
➡ $x = 3$

x는?

① 3　　② 4　　③ 5　　④ 6　　⑤ 7

| 문제+자료 분석 |

◆ 화학 반응에서 양적 관계

- 화학 반응식에서 계수 비$=$몰 비$=$분자 수 비이고, 기체의 경우, 같은 온도, 압력에서 계수 비$=$부피 비이다.
- C_2H_5OH 1 mol과 O_2 x mol이 모두 반응하여 CO_2 2 mol, H_2O 3 mol이 생성되었고, 이 때의 화학 반응식은 다음과 같다.

$$C_2H_5OH + xO_2 \longrightarrow 2CO_2 + 3H_2O$$

- 화학 반응식에서 계수 비$=$몰 비이고, 반응 전과 후 O 원자 수가 같으므로 $1 + 2x = 4 + 3$에서 $x = 3$이다.

| 선택지 분석 |

① O 원자가 C_2H_5OH 1 mol에는 1 mol, O_2 x mol에는 $2x$ mol, CO_2 2 mol에는 4 mol, H_2O 3 mol에는 3 mol이 들어 있다. 따라서 질량 보존 법칙에 따르면 반응 전과 후의 O 원자 수가 같으므로 $1 + 2x = 4 + 3$에서 $x = 3$이다.

B 03 정답 ② ＊몰과 몰질량

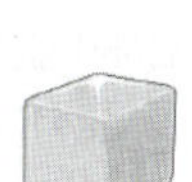

그림은 물질 (가)와 (나)를 나타낸 것이다. 산소(O) 원자의 양(mol)은 (가)에서와 (나)에서가 같다.

➡ 1 mol

(가) $CO_2(s)$ x g
CO_2의 몰질량 44
➡ CO_2 0.5 mol의 질량 22 g

(나) $H_2O(l)$ 18 g
 단서 $=H_2O$ 1 mol
➡ 산소 원자의 양(mol)은 1 mol

x는? (단, H, C, O의 몰질량(g/mol)은 각각 1, 12, 16이다.)

① 11 ② 22 ③ 33 ④ 44 ⑤ 55

단서＋발상

단서 물질 (가)와 (나)의 질량과 (가)와 (나)에서 산소 원자의 양(mol)이 같다는 것이 제시되어 있다.

발상 (나)에서 물의 질량으로부터 물의 양(mol)을 추론할 수 있다.

적용 (나)에서 물의 질량으로부터 물의 양(mol)을 구하고, 물 속에 들어 있는 산소(O) 원자의 양(mol)을 구하는 것부터 문제 풀이를 시작해야 한다.

| 문제＋자료 분석 |

· (나): H_2O의 몰질량＝$2 \times 1 + 16 = 18$이다.

따라서 $H_2O(l)$ 18 g의 양(mol)＝$\dfrac{18\ g}{18\ g/mol}=1$ mol이다.

➡ H_2O 분자 1개당 산소(O) 원자가 1개 들어 있으므로 H_2O 1 mol에 들어 있는 산소(O) 원자의 양(mol)은 1 mol이다.

· (가): 산소(O) 원자의 양(mol)은 (가)에서와 (나)에서가 같다고 했으므로 (가)에 들어 있는 산소(O) 원자의 양(mol)은 1 mol이다.

CO_2 분자 1개당 산소(O) 원자가 2개 들어 있으므로 산소(O) 원자의 양(mol)이 1 mol인 CO_2의 양(mol)은 0.5 mol이다.

➡ CO_2의 몰질량은 $12 + 2 \times 16 = 44$이므로 CO_2 0.5 mol의 질량은 22 g이다.

| 선택지 분석 |

② (가)에 들어 있는 산소(O) 원자의 양(mol)은 1 mol이므로 CO_2의 양(mol)은 0.5 mol이다. CO_2의 몰질량이 44이므로 CO_2 0.5 mol의 질량 x는 22 g이다.

문제 풀이 꿀팁

· 양(mol)＝$\dfrac{물질의\ 양}{1몰의\ 양}=\dfrac{질량(g)}{몰질량(g/mol)}$

$=\dfrac{입자\ 수(개)}{6.02 \times 10^{23}(개/mol)}=\dfrac{기체의\ 부피(L)}{22.4(L/mol)}$ (0 ℃, 1기압)

B 04 정답 ① ＊몰질량과 몰

표는 분자 (가)와 (나)에 대한 자료이다. (가)와 (나)는 각각 A_2와 BA_3 중 하나이다.

분자	(가)	(나)
1 g에 들어 있는 분자 수(상댓값) 단서 1 g에 들어 있는 분자 수 비 ＝몰질량의 역수(mol/g)의 비	2	5

(가)의 몰질량 : (나)의 몰질량＝$\dfrac{1}{2} : \dfrac{1}{5} = 5 : 2$

이에 대한 설명으로 옳은 것만을 〈보기〉에서 있는 대로 고른 것은?

(단, A와 B는 임의의 원소 기호이다.) (3점)

[보기]

ㄱ. (가)는 BA_3이다.

ㄴ. $\dfrac{A의\ 몰질량}{B의\ 몰질량}=2$이다. $\dfrac{1}{2}$

ㄷ. 1 g에 들어 있는 전체 원자 수는 (가)＞(나)이다. ＜

① ㄱ ② ㄴ ③ ㄱ, ㄷ ④ ㄴ, ㄷ ⑤ ㄱ, ㄴ, ㄷ

문제 풀이 꿀팁

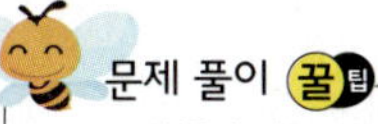

· 1 g에 들어 있는 분자 수∝1 g에 들어 있는 기체의 양(mol)이므로 1 g에 들어 있는 분자 수 비는 몰질량의 역수(mol/g)의 비와 같다.

단서＋발상

단서 몰질량 비를 알 수 있는 1 g에 들어 있는 분자 수 비가 제시되어 있다.

발상 1 g에 들어 있는 분자 수 비의 역수가 몰질량 비임을 추론할 수 있다.

적용 (가)와 (나)의 몰질량 비를 통해 (가)와 (나)의 분자식을 지정하는 것부터 문제 풀이를 시작해야 한다.

| 문제＋자료 분석 |

· 1 g에 들어 있는 분자 수는 몰질량과 반비례 관계에 있으므로,

(가)의 몰질량 : (나)의 몰질량＝$\dfrac{1}{2} : \dfrac{1}{5} = 5 : 2$이다.

· (가) : (나)＝5 : 2이므로 아래와 같이 두 연립 방정식을 세울 수 있다. 이때, a와 b는 각각 A와 B의 몰질량이고, k는 임의의 상수이다.

BA_3의 몰질량은 $5k$에 해당하며 구성 원소의 몰질량의 합과 같다.
$b + 3a = 5k$ ……식 (1)

A_2의 몰질량은 $2k$에 해당하며 구성 원소의 몰질량의 합과 같다.
$2a = 2k$ ……식 (2)

연립 방정식을 풀면 $a = k$, $b = 2k$이다.

| 보기 분석 |

ㄱ. (가)의 몰질량이 (나)의 몰질량보다 더 크기 때문에, (가)의 분자식은 몰질량이 큰 BA_3이고, (나)의 분자식은 몰질량이 작은 A_2이다.

ㄴ. a와 b는 각각 A와 B의 몰질량이고 k는 임의의 상수라면

$a = k$, $b = 2k$이므로 $\dfrac{A의\ 몰질량}{B의\ 몰질량} = \dfrac{1}{2}$이다.

ㄷ. 1 g에 들어 있는 분자 수 비는 (가) : (나)＝2 : 5이므로 1 g에 들어 있는 원자 수 비는 (가) : (나)＝$2 \times 4 : 5 \times 2 = 4 : 5$이다.

따라서 1 g에 들어 있는 전체 원자 수는 (가)＜(나)이다.

B 05 정답 ④ ＊원자 수

다음은 은(Ag)의 원자 수를 구하는 방법에 대한 교사와 학생의 대화이다.

> 교사: Ag의 몰질량(g/mol)이 108이라고 할 때, Ag 54 g에 들어 있는 Ag 원자 수를 구하는 방법에 대하여 설명해 보세요.
> 단서 Ag의 양(mol)＝Ag 질량(g)÷몰질량(g/mol)
>
> 학생: Ag 1 mol의 질량은 ㉠ 108 g이고, Ag의 질량인 54 g을 Ag의 몰질량으로 나누면 Ag의 양이 ㉡ $\frac{1}{2}$ mol인 것을 알 수 있습니다. Ag의 양(mol)에 ㉢ 를 곱하면 Ag 원자 수를 구할 수 있습니다.
> Ag 1 mol에 들어 있는 원자 수
>
> 교사: 맞았어요. 잘했습니다.

㉠~㉢으로 가장 적절한 것은? (3점)

	㉠	㉡	㉢
①	54	$\frac{1}{2}$	Ag 1 g에 들어 있는 원자 수
②	54	$\frac{1}{2}$	Ag 1 mol에 들어 있는 원자 수
③	108	$\frac{1}{2}$	Ag 1 g에 들어 있는 원자 수
④	108	$\frac{1}{2}$	Ag 1 mol에 들어 있는 원자 수
⑤	108	$\frac{1}{2}$	Ag 1 mol에 들어 있는 원자 수

단서+발상

단서 Ag의 양(mol)을 알 수 있는 몰질량과 질량이 제시되어 있다.

발상 몰질량과 질량 정보로부터 Ag의 양(mol)을 추론할 수 있다.

적용 어떤 원소의 몰질량이 1 mol의 질량(g)임을 적용하여 Ag의 양(mol)을 구하는 것부터 문제 풀이를 시작해야 한다.

| 문제+자료 분석 |

- ㉠: 몰질량이 108인 Ag의 1 mol의 질량 ㉠＝108(g)이다. 이를 1 mol Ag＝108 g Ag와 같이 표현할 수 있으며, 이항하면 $\frac{108\,\text{g Ag}}{1\,\text{mol Ag}}=1$이다. 어떤 수에 1을 곱하거나 나누어도 그 값의 본질은 변하지 않으므로 그램(g)의 단위를 양(mol)의 단위로 변환하기 위해 $\frac{108\,\text{g Ag}}{1\,\text{mol Ag}}=1$을 나눈다.

- ㉡: $54\,\text{g Ag} \div \frac{108\,\text{g Ag}}{1\,\text{mol Ag}}$
  $= \frac{1}{2}\,\text{mol Ag} \left(54\,\text{g Ag} \times \frac{1\,\text{mol Ag}}{108\,\text{g Ag}} = \frac{1}{2}\,\text{mol Ag}\right)$이므로
  Ag의 질량인 54 g을 Ag 1 mol의 질량으로 나누면 Ag의 양 ㉡＝$\frac{1}{2}$ (mol)이다.

- ㉢: Ag의 양(mol)으로부터 Ag의 원자 수를 구하기 위한 관계식을 세워야 한다.
  1 mol Ag＝N_A(아보가드로수)개 Ag 원자이므로 이항하면 $\frac{N_A\text{개 Ag 원자}}{1\,\text{mol Ag}}=1$이다. Ag 원자 수는 Ag의 양(mol)에 ㉢＝Ag 1 mol에 들어 있는 원자 수 $\left(\frac{N_A\text{개 Ag 원자}}{1\,\text{mol Ag}}\right)$를 곱하면 구할 수 있다.

| 선택지 분석 |

④ ㉠: 몰질량이 108인 Ag의 1 mol의 질량은 108(g)이다.
㉡: Ag의 질량인 54 g을 Ag 1 mol의 질량으로 나누면 Ag의 양은 $\frac{1}{2}$ (mol)이다.
㉢: Ag 원자 수는 Ag의 양(mol)에 Ag 1 mol에 들어 있는 원자 수를 곱하면 구할 수 있다.

B 06 정답 ④ ＊물질의 양(mol)

다음은 화학 동아리 면접 안내문이다.

> 〈화학 동아리 면접 안내〉
>
> ○월 ○일 ○시에 화학 동아리 면접을 실시합니다. 다음에서 a와 b를 구하여 면접 교실로 찾아오세요.
>
> 단서 CH_4 32 g의 양은 a mol이고, CH_4 a mol에 포함된 H 원자의 양은 b mol이다. H와 C의 몰질량(g/mol)은 각각 1, 12이다.
> 기체 분자의 양 a mol＝$\frac{32\,\text{g}}{16\,\text{g/mol}}$,
> H 원자의 양 b mol＝$\left(\frac{32\,\text{g}}{16\,\text{g/mol}}\right) \times 4$
>
> ☞ 면접 교실: a학년 b반

면접 교실로 옳은 것은? (3점)

① 1학년 4반   ② 1학년 8반   ③ 2학년 4반
④ 2학년 8반   ⑤ 3학년 4반

단서+발상

단서 물질의 양을 나타내는 단위인 mol이 분자의 양과 원자의 양을 나타낼 때 모두 적용될 수 있음이 간접적으로 제시되어 있다.

발상 몰질량 개념을 통해 기체 분자의 양(mol)과 구성 원자의 양(mol)을 추론할 수 있다.

적용 주어진 몰질량을 사용하여 기체 분자(CH_4)와 구성 원자(H)의 몰질량을 구하는 것부터 문제 풀이를 시작해야 한다.

| 문제+자료 분석 |

- CH_4 분자 1개는 탄소(C) 1개, 수소(H) 4개로 구성되어 있으므로 이들의 몰질량을 더하면 CH_4의 몰질량을 알 수 있다.
  CH_4의 몰질량＝$12 \times 1 + 1 \times 4 = 16$ ➡ CH_4의 몰질량＝16 g/mol

- CH_4 32 g의 양은 $32\,\text{g} \div 16\,\text{g/mol} = \frac{32\,\text{g}}{16\,\text{g/mol}} = 2$ mol이다. ➡ $a=2$

- CH_4 2 mol에 포함된 H 원자의 양은 $2 \times 4 = 8$ mol이다. ➡ $b=8$

| 선택지 분석 |

④ $a=2$, $b=8$이므로 면접 교실은 2학년 8반이다.

표는 용기 (가)와 (나)에 들어 있는 기체에 대한 자료이다.

용기		(가)	(나)
기체의 질량(g)	AB(g)	$\dfrac{28}{=m}$ mol	$\dfrac{42}{=\frac{3}{2}m}$ mol
	AB$_2$(g)	$\dfrac{22}{=n}$ mol	$\dfrac{11}{=\frac{1}{2}n}$ mol
$\dfrac{\text{B 원자 수}}{\text{A 원자 수}}$		$\dfrac{4}{3}$	x

$\dfrac{8}{7} \times \dfrac{3}{4} = \dfrac{6}{7}$

단서 $\dfrac{\text{B 원자 수}}{\text{A 원자 수}} = \dfrac{4}{3} = \dfrac{m+2n}{m+n}$ ➡ $m = 2n$

$x \times \dfrac{\text{A의 몰질량}}{\text{B의 몰질량}}$ 은? (단, A와 B는 임의의 원소 기호이다.)

① $\dfrac{9}{7}$　　② $\dfrac{8}{7}$　　③ 1　　④ $\dfrac{6}{7}$　　⑤ $\dfrac{5}{7}$

문제 풀이 꿀팁

- 몰질량 비나 질량비에서 7의 배수와 동시에 11의 배수가 나온다면, 대체로 CO, CO_2의 짝일 가능성이 높다. 실제 기체를 염두에 두고 문제에 접근하면, 직관적으로 문제 해결이 가능하다. 주요 기체의 질량비는 아래 표와 같다.

기체 분자	몰질량 비	질량비 (AB$_2$: AB)	주요 특징
CO_2 vs CO	44 : 28	11 : 7	7과 11의 배수 포함
NO_2 vs NO	46 : 30	23 : 15	
SO_2 vs SO	64 : 48	4 : 3	

문제+자료 분석

- (가)에서 AB(g)의 양을 m mol, AB$_2$(g)의 양을 n mol이라 하면, AB(g) 기체는 (가)에 비해 (나)에서 $\dfrac{3}{2}$ 배 많으므로 $\dfrac{3}{2}m$ mol이고, AB$_2$(g) 기체는 (가)에 비해 (나)에서 $\dfrac{1}{2}$ 배가 되므로 $\dfrac{1}{2}n$ mol이다.

- (가) : $\dfrac{\text{B 원자 수}}{\text{A 원자 수}} = \dfrac{4}{3} = \dfrac{m+2n}{m+n}$ 식이 성립하므로 $m = 2n$이다.

- (나) : $\dfrac{\text{B 원자 수}}{\text{A 원자 수}} = x = \dfrac{\frac{3}{2}m + 2 \times \frac{1}{2}n}{\frac{3}{2}m + \frac{1}{2}n} = \dfrac{3m+2n}{3m+n}$ 이며

  $m = 2n$이므로 $x = \dfrac{8}{7}$이다.

- AB(g) m mol의 질량이 28 g이고, AB$_2$(g) n mol의 질량이 22 g이므로 두 기체의 몰질량은 각각 $\dfrac{28}{m}$ g/mol, $\dfrac{22}{n}$ g/mol이 된다.

- AB(g)가 m mol일 때 질량은 28 g이고, AB$_2$(g)가 m mol($2n$ mol)일 때 질량은 44 g이다.
  이를 각각 A의 몰질량+B의 몰질량=28, A의 몰질량+2×(B의 몰질량)=44로 놓고 연립하면 m mol의 B 원자의 질량은 16 g이고, m mol의 A 원자의 질량은 12 g이다.

  □ $\dfrac{\text{A의 몰질량}}{\text{B의 몰질량}} = \dfrac{12 \text{ g/}m \text{ mol}}{16 \text{ g/}m \text{ mol}} = \dfrac{\frac{12}{m} \text{ g/mol}}{\frac{16}{m} \text{ g/mol}} = \dfrac{3}{4}$

선택지 분석

④ $x = \dfrac{8}{7}$ 이고 $\dfrac{\text{A의 몰질량}}{\text{B의 몰질량}} = \dfrac{3}{4}$ 이다.

따라서 $x \times \dfrac{\text{A의 몰질량}}{\text{B의 몰질량}} = \dfrac{8}{7} \times \dfrac{3}{4} = \dfrac{6}{7}$ 이다.

표는 원소 A와 B로 이루어진 기체 (가)와 (나)에 대한 자료이다. t ℃, 1 기압에서 밀도비는 (가) : (나)=13 : 15이다.

단서 몰질량 비 (가) : (나)=13 : 15

기체	분자식	$\dfrac{\text{B의 질량}}{\text{A의 질량}}$ (상댓값)	단위 질량당 전체 원자 수(상댓값)
(가)	A$_2$B$_2$	1	15
(나)	A$_2$B$_x$	3	㉠

분자식에서 A의 개수가 동일하므로, ((가)의 B의 질량) : ((나)의 B의 질량)=1 : 3

이에 대한 설명으로 옳은 것만을 〈보기〉에서 있는 대로 고른 것은? (단, A와 B는 임의의 원소 기호이다.) (3점)

[보기]
ㄱ. $x = \cancel{4}$이다. 6
ㄴ. 몰질량의 비는 A : B=12 : 1이다.
ㄷ. ㉠은 26이다.

① ㄱ　　② ㄴ　　③ ㄱ, ㄷ　　④ ㄴ, ㄷ　　⑤ ㄱ, ㄴ, ㄷ

단서+발상

단서 온도와 압력이 동일한 상태에서 탄화 수소 기체임을 드러내는 밀도비 정보가 제시되어 있다.

발상 아보가드로 법칙을 통해 같은 온도, 같은 압력 조건에서 기체 분자의 밀도비가 몰질량 비임을 추론할 수 있다.

문제+자료 분석

- x : 제시된 $\left(\text{(가)의 } \dfrac{\text{B의 질량}}{\text{A의 질량}} \right) : \left(\text{(나)의 } \dfrac{\text{B의 질량}}{\text{A의 질량}} \right) = 1 : 3$이고 (가)와 (나)에서 A의 개수(질량)가 동일하므로 B의 질량만 3배 증가했다. 따라서 $x = 6$이다.

- t ℃, 1기압에서 기체의 밀도비(g/L)는 (가) : (나)=13 : 15이다.
  아보가드로 법칙에 따라 기체의 양(mol)이 같으면($V = kn$), 부피(L)∝기체의 양(mol)이다. 즉, 기체의 경우 밀도에 관한 비례식에서 양변에 k(L/mol)을 곱하더라도,
  (가) : (나)=13(g/L) : 15(g/L)=13(g/mol) : 15(g/mol)와 같기 때문에 기체의 밀도비(g/L)는 몰질량 비(g/mol)와 같다.
  따라서 몰질량 비도 (가) : (나)=13 : 15이다.

- 몰질량 비가 (가) : (나)=13 : 15이므로 다음과 같이 두 비례식을 세울 수 있다.
  A 몰질량×2＋B 몰질량×2=13
  A 몰질량×2＋B 몰질량×6=15

  정리하면 A 몰질량은 6, B 몰질량은 $\dfrac{1}{2}$ 이다.

보기 분석

ㄱ. 분자식에서 A의 개수가 동일하므로 (가)에서 B의 질량 : (나)에서 B의 질량=1 : 3이다. 따라서 $x = 6$이다.

ㄴ. A 몰질량은 6, B 몰질량은 $\dfrac{1}{2}$ 이므로 몰질량의 비는 A : B=12 : 1이다.

ㄷ. (가)의 몰질량은 26, (나)의 몰질량은 30이므로 단위 질량을 26×30 g으로 두고 전체 원자 수를 각각 구하면 다음과 같다.

$$\dfrac{\dfrac{(26 \times 30) \text{ g}}{26 \text{ g/mol 분자}} \times \dfrac{4 \text{ mol 원자}}{1 \text{ mol 분자}}}{\dfrac{(26 \times 30) \text{ g}}{30 \text{ g/mol 분자}} \times \dfrac{8 \text{ mol 원자}}{1 \text{ mol 분자}}} = \dfrac{30 \times 4}{26 \times 8} = \dfrac{15}{26}$$ 이므로 ㉠은 26이다.

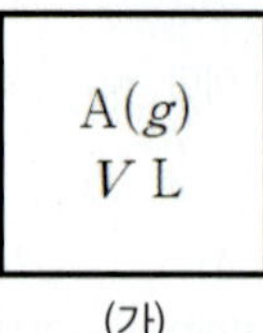

그림은 용기 (가)와 (나)에 A(g)와 B(g)가 각각 들어 있는 것을 나타낸 것이다.

$$\frac{(가)에서\ A(g)의\ 밀도}{(나)에서\ B(g)의\ 밀도}=3\ 이고,\ 기체의\ 온도와\ 압력은\ 같다.$$

단서 $\dfrac{(가)에서\ A(g)의\ 몰질량}{(나)에서\ B(g)의\ 몰질량}=3$

A(g) V L	B(g) $3V$ L
(가)	(나)

(나)에서가 (가)에서보다 큰 값을 갖는 것만을 〈보기〉에서 있는 대로 고른 것은? (3점)

[보기]

ㄱ. 기체의 분자 수
ㄴ. 기체의 질량
　　(가)에서 A의 질량＝(나)에서 B의 질량
ㄷ. 기체의 몰질량
　　(가)에서 A의 몰질량 ＞ (나)에서 B의 몰질량

① ㄱ　　② ㄴ　　③ ㄱ, ㄷ　　④ ㄴ, ㄷ　　⑤ ㄱ, ㄴ, ㄷ

단서＋발상

단서 몰질량 비를 알 수 있는 순수 기체의 밀도비가 제시되어 있다.

발상 아보가드로 법칙을 통해 같은 온도, 같은 압력 조건에서 기체 분자의 밀도비가 몰질량 비임을 추론할 수 있다.

| 문제＋자료 분석 |

- 아보가드로 법칙($V=kn$)에 따라 기체의 부피는 물질의 양(mol)에 비례한다. (가)에서 A(g)의 부피(L) : (나)에서 B(g)의 부피(L)＝1 : 3이므로 (가)에서 A(g)의 양(mol) : (나)에서 B(g)의 양(mol)＝1 : 3이다.

- 기체의 밀도(g/L)는 세기 성질이므로, 밀도비는 부피에 관계없이 같은 값을 가지며, 아보가드로 법칙($V=kn$)에 따라 분자의 몰질량(g/mol) 비로

  취급할 수 있다. $\dfrac{(가)에서 A(g)의\ 밀도(g/L)}{(나)에서 B(g)의\ 밀도(g/L)}$

  $=\dfrac{A(g)의\ 밀도(g/L)\times k(L/mol)}{B(g)의\ 밀도(g/L)\times k(L/mol)}=\dfrac{A(g)의\ 몰질량(g/mol)}{B(g)의\ 몰질량(g/mol)}$

  　　　　　　　　　　　(단, k는 몰부피에 해당(온도, 압력 일정))

| 보기 분석 |

ㄱ. (가)에서 A(g)의 분자 수보다 (나)에서 B(g)의 분자 수가 많다.

ㄴ. $\dfrac{(가)에서 A(g)의\ 질량(g)}{(나)에서 B(g)의\ 질량(g)}=\dfrac{(가)에서\ A(g)의\ 밀도(g/L)\times V\ L}{(나)에서\ B(g)의\ 밀도(g/L)\times 3V\ L}$

  　　　　　　　　　　$=3\times\dfrac{1}{3}=1$

  따라서 (가)에서 A(g)의 질량과 (나)에서 B(g)의 질량은 같다.

ㄷ. 기체의 밀도(g/L)는 아보가드로 법칙($V=kn$)에 따라 분자의 몰질량(g/mol) 비와 같다.

  따라서 (가)에서 A(g)의 몰질량은 (나)에서 B(g)의 몰질량보다 크다.

표는 기체 (가)와 (나)에 대한 자료이다.

기체	(가)	(나)
분자식	AB	AB$_2$
분자 1개의 질량(g)	$7w$	$11w$

단서 분자식, 질량비(7과 11 배수)를 통해 AB는 CO(몰질량 28), AB$_2$는 CO$_2$(몰질량 44)임을 예상할 수 있다.

이에 대한 설명으로 옳은 것만을 〈보기〉에서 있는 대로 고른 것은?
(단, A와 B는 임의의 원소 기호이고, 아보가드로수는 N_A이다.) (3점)

[보기]

ㄱ. (가)의 몰질량은 $7w\times N_A$이다.
ㄴ. 몰질량 비는 A : B＝3 : 4이다.
ㄷ. 1 g에 들어 있는 전체 원자 수는 (가) ＞ (나)이다.

① ㄱ　　② ㄷ　　③ ㄱ, ㄴ　　④ ㄴ, ㄷ　　⑤ ㄱ, ㄴ, ㄷ

문제 풀이 꿀팁

- 몰질량 비나 질량비에서 7의 배수와 동시에 11의 배수가 나온다면, 대체로 CO, CO$_2$의 짝일 가능성이 높다. 실제 기체를 염두에 두고 문제에 접근하면, 직관적으로 문제 해결이 가능하다. 주요 기체의 질량비는 아래 표와 같다.

기체 분자	몰질량 비	질량비 (AB$_2$: AB)	주요 특징
CO$_2$ vs CO	44 : 28	11 : 7	7과 11의 배수 포함
NO$_2$ vs NO	46 : 30	23 : 15	
SO$_2$ vs SO	64 : 48	4 : 3	

단서＋발상

단서 실제 분자를 유추할 수 있는 단서인 분자의 상태, 분자식, 질량비가 제시되어 있다.

발상 질량비가 7의 배수와 11의 배수로 제시되었으므로, 기체 분자의 종류가 CO와 CO$_2$임을 추론할 수 있다.

적용 (가)와 (나)가 각각 CO, CO$_2$임을 알고, w의 대략적인 값을 파악하는 것부터 문제 풀이를 시작해야 한다.

| 문제＋자료 분석 |

- 분자식과 질량비(7과 11 배수)를 통해 (가)는 CO에 해당하며 몰질량은 28이고 (나)는 CO$_2$에 해당하며 몰질량은 44임을 알 수 있다. 꿀팁
- $w\approx 4\times 1.66\times 10^{-24}$(g)에 해당한다.
- 1.66×10^{-24}(g)$\times 6.02\times 10^{23}\approx 1$(g)인데, 이때 아보가드로수($N_A$) 6.02×10^{23}는 입자 1개의 실제 질량을 그램(g) 단위의 질량으로 만들어주는 비례 상수의 역할을 한다.

| 보기 분석 |

ㄱ. (가)의 몰질량은 $28=7\times(4\times(1.66\times10^{-24}))\times(6.02\times10^{23})=7w\times N_A$ 이다.

ㄴ. 몰질량 비는 A : B＝탄소(C)의 몰질량 : 산소(O)의 몰질량＝3 : 4이다.

ㄷ. 1 g에 들어 있는 전체 원자 수는 (가)와 (나)의 $\dfrac{1}{몰질량}\times$ 구성원소 개수 비에

  해당하므로 $\dfrac{1}{28}\times 2 : \dfrac{1}{44}\times 3=\dfrac{2}{7} : \dfrac{3}{11}=22 : 21$이다.

  따라서 1 g에 들어 있는 전체 원자 수는 (가) ＞ (나)이다.

B 11 정답 ③ ✻ 몰질량

[정답률 55%] 2023 실시 7월 학평 18 / 화학 Ⅰ (고3) 변형

표는 원소 X와 Y로 이루어진 기체 (가)~(다)에 대한 자료이다.

(가)~(다)의 분자당 구성 원자 수는 5 이하이다.

(단서) [질량＝몰질량×양(mol)]에서 ＝단위 질량당 분자 수×분자당 구성 원자 수
X와 Y의 몰질량은 각각 일정
➡ 질량비＝몰비 $\propto \dfrac{1}{\text{몰질량}} \times$ 분자당 구성 원자 수

기체	몰질량 (g/mol)	$\dfrac{\text{Y의 질량}}{\text{X의 질량}}$ (상댓값)	단위 질량당 전체 원자 수 (상댓값)
(가)	x	4	22
(나)	44	1	23
(다)	76	3	

이에 대한 설명으로 옳은 것만을 〈보기〉에서 있는 대로 고른 것은? (단, X와 Y는 임의의 원소 기호이다.) (3점)

[보기]

ㄱ. Y의 몰질량은 16이다.
  (나)(X_2Y), (다)(X_2Y_3)의 몰질량 각각 44, 76
  ➡ X, Y의 몰질량 각각 14, 16

ㄴ. (나)의 분자식은 ~~XY~~이다. X_2Y

ㄷ. $x=46$이다.
  X, Y의 몰질량 각각 14, 16 ➡ $x=14+16\times2=46$

① ㄱ ② ㄴ ③ ㄱ, ㄷ ④ ㄴ, ㄷ ⑤ ㄱ, ㄴ, ㄷ

단서＋발상

(단서) $\dfrac{\text{Y의 질량}}{\text{X의 질량}}$ 이 제시되어 있다.

(발상) 분자 (가)~(다)를 구성하는 X와 Y 원자의 몰비를 추론할 수 있다.

(적용) [질량＝몰질량×양(mol)]을 적용해서 (가)~(다)의 분자식을 구하는 것부터 문제 풀이를 시작해야 한다.

| 문제＋자료 분석 |

- [질량＝몰질량×양(mol)]에서 X와 Y의 몰질량은 각각 일정하므로 (가)~(다)에서 $\dfrac{\text{Y의 질량}}{\text{X의 질량}}$ 비는 $\dfrac{\text{Y의 양(mol)}}{\text{X의 양(mol)}}$ 비와 같다. (꿀팁)

  따라서 $\dfrac{\text{Y의 양(mol)}}{\text{X의 양(mol)}}$ 은 (가) : (나) : (다)＝4 : 1 : 3이다.

- (가)~(다)의 분자당 구성 원자 수는 5 이하이므로 ⅰ)과 ⅱ)의 두 가지 경우가 가능하다.

  ⅰ) (가): XY_4, (나): XY, (다): XY_3인 경우
  ➡ (나), (다)의 몰질량이 각각 44, 76이므로 X, Y의 몰질량은 각각 28, 16이고, (가)의 몰질량은 [28＋16×4＝92]이다.

  단위 질량당 전체 원자 수는 [단위 질량당 분자 수×분자당 구성 원자 수]이고 $\left[\dfrac{1}{\text{몰질량}} \times \text{분자당 구성 원자 수}\right]$에 비례하므로 (꿀팁)

  (가) : (나)＝$\dfrac{1}{92} \times 5 : \dfrac{1}{44} \times 2$이고, 이는 표에 주어진 22 : 23과 일치하지 않는다.

  ⅱ) (가): XY_2, (나): X_2Y, (다): X_2Y_3인 경우
  ➡ (나), (다)의 몰질량이 각각 44, 76이므로 X, Y의 몰질량은 각각 14, 16이고, (가)의 몰질량은 [14＋16×2＝46]이다.

  단위 질량 당 전체 원자 수는 $\left[\dfrac{1}{\text{몰질량}} \times \text{분자당 구성 원자 수}\right]$에 비례하므로

  (가) : (나)＝$\dfrac{1}{46} \times 3 : \dfrac{1}{44} \times 3$이고, 이는 표에 주어진 22 : 23과 일치한다.
  따라서 (가)~(다)는 각각 XY_2, X_2Y, X_2Y_3이다.

| 보기 분석 |

ㄱ. (나)(X_2Y)와 (다)(X_2Y_3)의 몰질량이 각각 44와 76이므로 X와 Y의 몰질량은 각각 14, 16이다.

ㄴ. 단위 질량 당 전체 원자 수는 (가) : (나)＝22 : 23을 만족해야 한다. 따라서 (나)의 분자식은 X_2Y이다.

ㄷ. X와 Y의 몰질량이 각각 14, 16이므로 (가)(XY_2)의 몰질량은 [14＋16×2＝46]이다. 따라서 $x=46$이다.

B 12 정답 ② ✻ 기체 분자 수

[정답률 81%] 수능 대비 기출 변형

표는 용기 (가)와 (나)에 들어 있는 기체에 대한 자료이다.

용기	(가)	(나)	
분자식	AB_2	AB_3	
기체의 질량(g)	2	5	2.5
전체 원자 수	$3N$	$8N$	$4N$
(단서) 분자 수	N	$2N$	N

$\dfrac{\text{B의 몰질량}}{\text{A의 몰질량}}$ 은? (단, A와 B는 임의의 원소 기호이다.) (3점)

① $\dfrac{1}{4}$ ② $\dfrac{1}{2}$ ③ 1 ④ 2 ⑤ 4

| 문제＋자료 분석 |

◆ 몰질량 비와 질량 비: 몰질량＝$\dfrac{\text{질량(g)}}{\text{물질의 양(mol)}}$, 물질의 양(mol)이 같을 때

  몰질량 비＝질량 비
- 전체 원자 수: (가)는 $3N$, (나)는 $8N$
- 전체 분자 수: (가)는 $\dfrac{3N}{3}=N$, (나)는 $\dfrac{8N}{4}=2N$
- 질량 비: (가)와 (나)의 분자 수가 N으로 같을 때, 질량 비는 2 g : 2.5 g
- 몰질량 비＝질량 비＝(가) : (나)＝2 : 2.5

| 선택지 분석 |

② AB_2와 AB_3 N개의 질량이 각각 2 g, 2.5 g이므로 A의 몰질량을 a, B의 몰질량을 b라고 가정하면 다음과 같은 식이 성립한다.
  $a+2b : a+3b=2 : 2.5$
  따라서 $a=2b$로 A의 몰질량은 B의 몰질량의 2배이다.

  A의 몰질량이 B의 몰질량의 2배이므로 $\dfrac{\text{B의 몰질량}}{\text{A의 몰질량}}=\dfrac{1}{2}$이다.

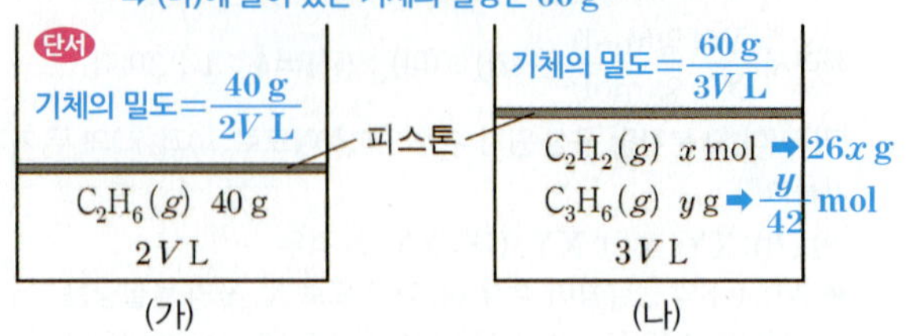

그림은 t °C, 1기압에서 실린더 (가)와 (나)에 들어 있는 기체를 나타낸 것이다. (가)와 (나)에 들어 있는 전체 기체의 밀도는 같다.
➡ (나)에 들어 있는 기체의 질량은 60 g

$\dfrac{y}{x}$ 는? (단, H, C의 몰질량(g/mol)은 각각 1, 120이다.) (3점)

$x=1.5,\ y=21$ ➡ $\dfrac{y}{x}=\dfrac{21}{1.5}=14$

① 14   ② 12   ③ 10   ④ 8   ⑤ 6

 **단서+발상**

단서 t °C, 1기압에서 실린더 (가)와 (나)에 들어 있는 기체를 나타낸 그림과 (가)와 (나)에 들어 있는 전체 기체의 밀도가 같다는 것이 제시되어 있다.

발상 (가)와 (나)에 들어 있는 전체 기체의 밀도가 같다는 것에서 (나)에 들어 있는 기체의 질량을 추론할 수 있다.

| 문제+자료 분석 |

- (가)에 들어 있는 기체의 밀도는 $\dfrac{40\,g}{2V\,L}=\dfrac{20\,g}{V\,L}$ 이다.

  (가)와 (나)에 들어 있는 전체 기체의 밀도는 같으므로

  $3V$ L인 (나)에 들어 있는 전체 기체의 밀도는 $\dfrac{60\,g}{3V\,L}$ 이다.

  ➡ (나)에 들어 있는 전체 기체의 질량은 60 g이다.

- (나)에서 몰질량이 26인 C_2H_2 x mol의 질량($=26x$ g)과 몰질량이 42인 C_3H_6 y g의 합은 60 g이다.

  ➡ $26x+y=60$ ······식 (1)

- 부피비 (가) : (나) $=2:3$이므로 (가)와 (나)의 양(mol) 비도 $2:3$이다.

  (가)에서 몰질량이 30인 C_2H_6 40 g의 양(mol) $=\dfrac{4}{3}$ mol이므로

  (나)에서 전체 기체의 양(mol)은 2 mol이다.

- (나)에서 C_2H_2 x mol과 몰질량이 42인 C_3H_6 y g의 양(mol) $=\dfrac{y}{42}$ mol의

  합은 2 mol이다. 따라서 $x+\dfrac{y}{42}=2$ ➡ $42x+y=84$ ······식 (2)

- 식 (1)과 (2)를 연립하면 $x=1.5$이고, $y=21$이다.

| 선택지 분석 |

① $x=1.5$이고, $y=21$이므로 $\dfrac{y}{x}=\dfrac{21}{1.5}=14$이다.

다음은 학생 A가 수행한 탐구 활동이다.

⟨자료⟩
○ 아보가드로 법칙: 모든 기체는 같은 온도와 압력에서 같은 부피속에 들어 있는 ⬚ ㉠ ⬚ 이/가 같다.
분자 수

⟨가설⟩
○ 같은 온도와 압력에서 기체의 ㉡ 밀도 비는 몰질량비와 같다.

⟨탐구 과정 및 결과⟩
○ t °C, 1기압에서 $CH_4(g)$, $N_2(g)$, $X_2(g)$의 부피가 각각 V L일 때의 질량과 기체의 몰질량을 조사한다.

기체	CH_4	N_2	X_2
V L일 때의 질량(g) 단서 ∝밀도	8	14	16
몰질량(g/mol) $=V$ L일 때의 질량(g)$\times 2$	16	28	x 32

○ t °C, 1기압에서 기체의 ㉡ 밀도 비는

  $CH_4(g):N_2(g):X_2(g)=\dfrac{8\,g}{V\,L}:\dfrac{14\,g}{V\,L}:\dfrac{16\,g}{V\,L}=4:7:8$

  이므로 기체의 ㉡ 밀도 비는 몰질량비와 같다.

⟨결론⟩
○ 가설은 옳다.

학생 A의 탐구 과정 및 결과와 결론이 타당할 때, 이에 대한 설명으로 옳은 것만을 ⟨보기⟩에서 있는 대로 고른 것은? (단, X는 임의의 원소 기호이다.) (3점)

[보기]
ㄱ. '분자 수'는 ㉠으로 적절하다.
ㄴ. '밀도'는 ㉡으로 적절하다.
ㄷ. $x=32$이다.

① ㄱ   ② ㄷ   ③ ㄱ, ㄴ   ④ ㄴ, ㄷ   ⑤ ㄱ, ㄴ, ㄷ

| 문제+자료 분석 |

- 밀도$=\dfrac{질량}{부피}$이므로, V L일 때의 질량(g)을 V L로 나눈 값은 밀도이다.

  ➡ 밀도$=\dfrac{V\,L의\ 질량(g)}{V\,L}$

- 탐구 과정 및 결과에서 t °C, 1기압에서 기체의 밀도비는

  $CH_4(g):N_2(g):X_2(g)=\dfrac{8\,g}{V\,L}:\dfrac{14\,g}{V\,L}:\dfrac{16\,g}{V\,L}=4:7:8$로 이는 몰질량비와 같다.

| 보기 분석 |

ㄱ. 모든 기체는 같은 온도와 압력에서 같은 부피 속에는 같은 수의 분자가 들어 있으므로 '분자 수'는 ㉠으로 적절하다.

ㄴ. $CH_4(g):N_2(g):X_2(g)=\dfrac{8\,g}{V\,L}:\dfrac{14\,g}{V\,L}:\dfrac{16\,g}{V\,L}=4:7:8$은 기체의 밀도비이고 이는 기체의 몰질량비와 같으므로 '밀도'는 ㉡으로 적절하다.

ㄷ. 같은 온도와 압력에서 기체의 밀도비는 몰질량 비와 같으므로 $x=32$이다.

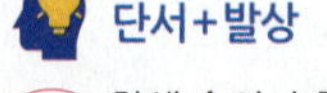 **문제 풀이** 꿀팁

- **아보가드로 법칙**: 모든 기체는 같은 온도와 압력에서 같은 부피 속에는 같은 수의 분자가 들어 있다.

단서+발상

단서 학생 A가 수행한 탐구 활동이 제시되어 있다.

발상 아보가드로 법칙으로부터 ㉠을 추론할 수 있다.

그림 (가)~(다)는 t ℃, 1기압에서 각각의 용기에 들어 있는 3가지 물질을 나타낸 것이다.

[단서]

몰질량$=180$ 몰질량$=18$
$C_6H_{12}O_6(s)$ $H_2O(l)$ 피스톤
0.1 mol $=18$ g 18 g $=1$ mol

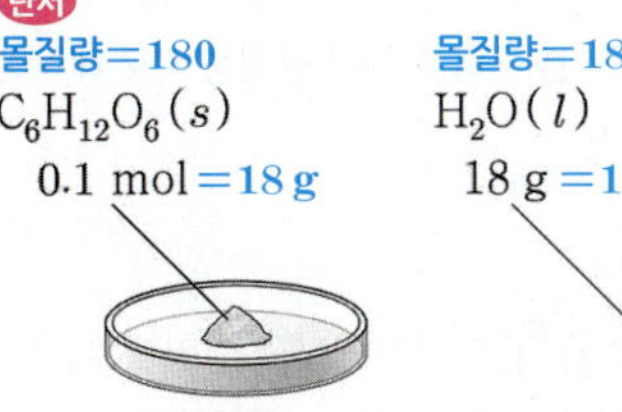
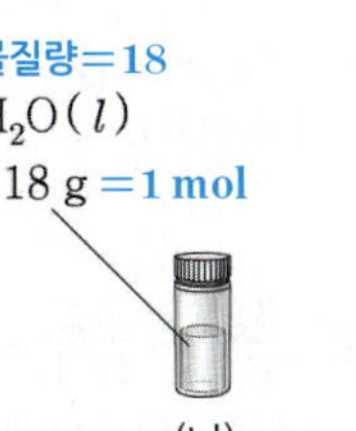

(가)   (나)   (다)

이에 대한 설명으로 옳은 것만을 〈보기〉에서 있는 대로 고른 것은? (단, t ℃, 1기압에서 기체 1 mol의 부피는 24 L이고, H, C, O의 몰질량 (g/mol)은 각각 1, 12, 16이다.) (3점)

[보기]

ㄱ. (가)에서 $C_6H_{12}O_6(s)$의 질량은 18 g이다.
     0.1 mol $\times 180$ g/mol $=18$ g

ㄴ. (다)에서 $O_2(g)$의 양(mol)은 (나)에서 $H_2O(l)$의 양(mol)보다 ~~크다~~ 작다
     $\dfrac{6 \text{ L}}{24 \text{ L/mol}}=0.25$ mol $< \dfrac{18 \text{ g}}{18 \text{ g/mol}}=1$ mol

ㄷ. 산소(O) 원자 수는 (다)에서가 (가)에서보다 ~~크다~~ 작다
     (다)에서는 0.25 mol $\times 2=0.5$ mol, (가)에서는 0.1 mol $\times 6=0.6$ mol

① ㄱ   ② ㄴ   ③ ㄱ, ㄷ   ④ ㄴ, ㄷ   ⑤ ㄱ, ㄴ, ㄷ

단서+발상

[단서] t ℃, 1기압에서 3가지 물질의 양이 제시되어 있다.

[발상] 양(mol)을 구하는 식을 이용하여 물질의 양을 추론할 수 있다.

[적용] 양(mol)을 구하는 식을 이용하여 물질의 양을 구하는 것부터 문제 풀이를 시작해야 한다.

문제+자료 분석

- (가)~(다)에 대한 자료는 표와 같다.

구분	(가)	(나)	(다)
물질	$C_6H_{12}O_6$	H_2O	O_2
1몰의 양	180 g	18 g	24 L
물질의 양	18 g	18 g	6 L
물질의 양(mol)	0.1	1	0.25

보기 분석

ㄱ. 양(mol)$=\dfrac{\text{질량(g)}}{\text{몰질량(g/mol)}}$이다. $C_6H_{12}O_6$의 몰질량은 180 g/mol이므로 (가)에서 $C_6H_{12}O_6$ 0.1 mol의 질량은 0.1 mol $\times 180$ g/mol $=18$ g이다.

ㄴ. (다)에서 $O_2(g)$의 양(mol)$=\dfrac{6 \text{ L}}{24 \text{ L/mol}}=0.25$ mol이고, (나)에서 $H_2O(l)$의 양(mol)$=\dfrac{18 \text{ g}}{18 \text{ g/mol}}=1$ mol이다.

따라서 (다)에서 $O_2(g)$의 양(mol)은 (나)에서 $H_2O(l)$의 양(mol)보다 작다.

ㄷ. t ℃, 1기압에서 기체 1 mol의 부피는 24 L이므로 (함정) (다)에서 O_2 6 L의 양(mol)은 0.25 mol이다. 따라서 (다)에서 산소 원자 수는 0.5 mol이다. $C_6H_{12}O_6$ 1분자당 산소 원자가 6개 있으므로 (가)에서 산소 원자 수는 0.6 mol이다. 따라서 산소(O) 원자 수는 (다)에서가 (가)에서보다 작다.

다음은 t ℃, 1기압에서 실린더 (가)와 (나)에 들어 있는 기체에 대한 자료이다.

실린더	기체		부피	양(mol)	1 g당 전체 분자 수 [단서] $\propto \dfrac{1}{\text{몰질량}}$
(가)	N_2O_2		V	n	㉠$=3N$
	몰질량	60			몰질량 (가) > (나) ⇒ ㉠ < ㉡
(나)	NO_2, N_2O		$2V$	$2n$	㉡$=4N$
	몰질량	46 44			

○ ㉠과 ㉡은 서로 다르며, 각각 $3N$과 $4N$ 중 하나이다.

$\dfrac{\text{(나) 속 } N_2O(g) \text{의 질량}}{\text{(가) 속 } N_2O_2(g) \text{의 질량}}$ 은? $\dfrac{44 \times n}{60 \times n}=\dfrac{11}{15}$

(단, N, O의 몰질량(g/mol)은 각각 14, 16이다.) (3점)

① $\dfrac{5}{8}$ ② $\dfrac{11}{15}$ ③ $\dfrac{11}{10}$ ④ $\dfrac{23}{20}$ ⑤ $\dfrac{6}{5}$

단서+발상

[단서] (가), (나)에 들어 있는 기체의 1 g당 전체 분자 수가 제시되어 있다.

[발상] (가), (나)에 들어 있는 기체의 몰질량을 통해 ㉠과 ㉡을 추론할 수 있다.

[적용] 1 g당 전체 분자 수는 몰질량에 반비례함을 적용해서 ㉠과 ㉡을 구하는 것부터 문제 풀이를 시작해야 한다.

문제+자료 분석

- ㉠, ㉡: 1 g당 전체 분자 수는 몰질량에 반비례한다. (꿀팁)
  (가)에 들어 있는 기체의 몰질량은 60($=2 \times 14+2 \times 16$)이고, (나)에 들어 있는 기체의 평균 몰질량은 46보다 작다.
  따라서 몰질량이 (가) > (나)이므로 1 g당 전체 분자 수는 (가) < (나)이다.
  ➡ ㉠이 $3N$이고 ㉡이 $4N$이다.
- 1 g당 전체 분자 수비가 (가) : (나)$=3 : 4$이므로 몰질량비는 (가) : (나)$=4 : 3$이다. (가)에 들어 있는 기체의 몰질량이 60이므로 (나)에 들어 있는 기체의 평균 몰질량은 45이다. NO_2와 N_2O의 몰질량이 각각 46, 44이므로 (나)에 들어 있는 기체의 몰비는 $NO_2 : N_2O=1 : 1$이다. (꿀팁)
- 온도와 압력이 일정할 때 아보가드로 법칙에 따라 기체의 부피비는 몰비와 같다.
  (가)에 들어 있는 기체의 양(mol)을 n이라 하면 (나)에 들어 있는 기체의 양(mol)은 $2n$이고, $NO_2 : N_2O=1 : 1$의 몰비로 들어 있으므로 NO_2와 N_2O의 양(mol)은 각각 n이다.

선택지 분석

② [질량$=$몰질량$\times$양(mol)]이므로
$\dfrac{\text{(나) 속 } N_2O(g)\text{의 질량}}{\text{(가) 속 } N_2O_2(g)\text{의 질량}}=\dfrac{44 \times n}{60 \times n}=\dfrac{11}{15}$이다.

B 17 정답 ② ＊아보가드로 법칙

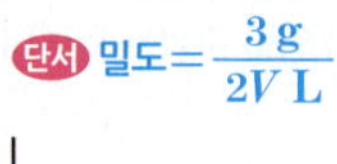

그림은 $t\,$℃, 1기압에서 실린더에 각각 들어 있는 A(g)와 B(g)를 나타낸 것이다.

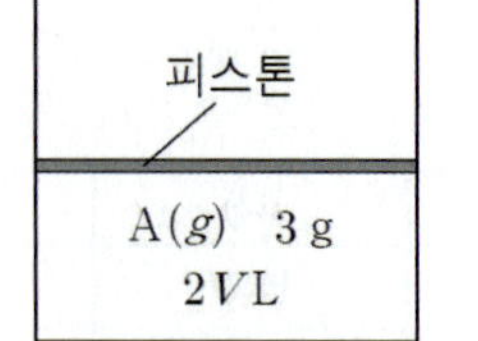

단서 밀도 $=\dfrac{3\,g}{2V\,L}$ 　　밀도 $=\dfrac{3\,g}{3V\,L}$

A(g)와 B(g)의 밀도비는 몰질량 비와 같다.

➡ $\dfrac{3\,g}{2V\,L} : \dfrac{3\,g}{3V\,L} = \dfrac{3\,g}{2\,mol} : \dfrac{3\,g}{3\,mol} = 3 : 2$

$\dfrac{\text{B의 몰질량}}{\text{A의 몰질량}}$ 은? (3점)

➡ A와 B의 몰질량 비는 3 : 2

① $\dfrac{1}{2}$　② $\dfrac{2}{3}$　③ $\dfrac{3}{4}$　④ $\dfrac{3}{2}$　⑤ $\dfrac{5}{2}$

단서+발상

(단서) A(g)와 B(g)의 몰질량 비를 알 수 있는 밀도비 단서가 제시되어 있다.

(발상) 같은 온도 같은 압력에서 기체의 밀도비는 몰질량 비와 같음을 추론할 수 있다.

(적용) 아보가드로 법칙을 적용해서 밀도비를 구하고, 이를 몰질량 비로 해석하는 것부터 문제 풀이를 시작해야 한다.

| 문제+자료 분석 |

· A(g)와 B(g)의 밀도비는 $\dfrac{3\,g}{2V\,L} : \dfrac{3\,g}{3V\,L}$ 이다.

· 아보가드로 법칙에 따라 같은 온도, 같은 압력에서 $V \propto n$ 이므로 A(g)와 B(g)의 밀도비는 몰질량 비와 같다.
A와 B의 몰질량 비는
$\dfrac{3\,g}{2\,mol} : \dfrac{3\,g}{3\,mol} = 1.5\,g/mol : 1\,g/mol = 3 : 2$ 이다.

| 선택지 분석 |

② A와 B의 몰질량 비는 3 : 2이다.
따라서 $\dfrac{\text{B의 몰질량}}{\text{A의 몰질량}} = \dfrac{2}{3}$ 이다.

🐝 문제 풀이 🍯팁

· 동일한 온도와 압력에서 밀도비와 몰질량 비는 같다.
아보가드로 법칙에 따르면, 같은 온도와 압력에서 모든 기체는 같은 부피 속에 같은 수의 입자(분자)를 포함한다.
따라서 온도와 압력이 일정할 때 기체의 밀도비는 몰질량 비와 같다고 할 수 있다.

밀도비 ➡ $\dfrac{a}{b} = \dfrac{a\,g/L}{b\,g/L} = \dfrac{a\,g/L \times k\,L/mol}{b\,g/L \times k\,L/mol} = \dfrac{a\,g/mol}{b\,g/mol} = \dfrac{a}{b}$ ➡ 몰질량 비

B 18 정답 ② ＊물질의 양

그림은 2가지 상태의 H_2O를 나타낸 것이다. H_2O의 몰질량(g/mol)은 18이다.

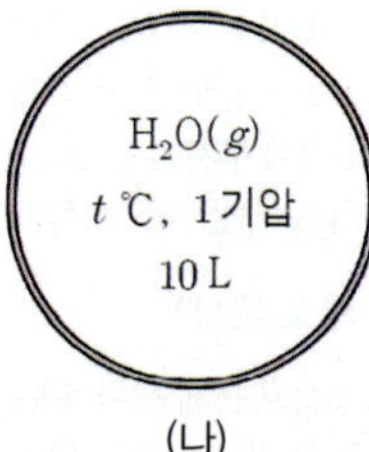

단서 $10\,g \div 18\,g/mol = \dfrac{5}{9}\,mol$ 　 $10\,L \div 32\,L/mol = \dfrac{5}{16}\,mol$

$\dfrac{\text{(나)에서 } H_2O\text{의 양(mol)}}{\text{(가)에서 } H_2O\text{의 양(mol)}}$ 은? (단, $t\,$℃, 1기압에서 기체 1 mol의 부피는 32 L이다.)

$= 32\,L/mol$ (몰부피)

$= \dfrac{\frac{5}{16}\,mol}{\frac{5}{9}\,mol} = \dfrac{9}{16}$

① $\dfrac{1}{2}$　② $\dfrac{9}{16}$　③ $\dfrac{5}{8}$　④ $\dfrac{3}{4}$　⑤ 1

단서+발상

(단서) (가)에서는 질량, (나)에서는 온도, 압력, 부피로서 물질의 양이 각각 제시되어 있다.

(발상) (가) 질량으로부터 또는 (나) 온도, 압력, 부피로부터 물질의 양(mol)을 구하는 방법을 추론할 수 있다.

(적용) (가)에서는 몰질량을 나누어서, (나)에서는 기체 법칙(아보가드로 법칙)을 활용해서 (가)에서와 (나)에서 H_2O의 양(mol)을 구하는 것부터 문제 풀이를 시작해야 한다.

| 문제+자료 분석 |

· (가): $H_2O(s)$ 10 g은 $\dfrac{10\,g}{18\,g/mol} = \dfrac{5}{9}\,mol$ 이다.

· (나): $t\,$℃, 1기압에서 $H_2O(g)$ 10 L의 양(mol)은 아보가드로 법칙을 활용하여 계산하면(온도와 압력은 동일하게 유지)

$32\,L = k \times 1\,mol$ 이고 $10\,L = k \times x$ 이므로 $x = \dfrac{5}{16}\,mol$ 이다.

| 선택지 분석 |

② $\dfrac{\text{(나)에서 } H_2O\text{의 양(mol)}}{\text{(가)에서 } H_2O\text{의 양(mol)}} = \dfrac{\frac{5}{16}\,mol}{\frac{5}{9}\,mol} = \dfrac{9}{16}$

＊몰부피(L/mol)

· 아보가드로 법칙에 따르면, 몰부피는 일정한 온도와 압력에서 기체 1몰이 차지하는 부피로 정의되며, 단위는 주로 L/mol이다.
아보가드로 법칙을 수식으로 나타낼 때, $V = kn$ 에서 k가 몰부피이다.

· 일반적으로, 0 ℃, 1기압에서 기체의 몰부피는 22.4 L로 제시되며, 25 ℃, 1기압에서 기체의 몰부피는 24 L(또는 24.5 L)로 제시된다.
이번 문제에서는 $t\,$℃, 1기압에서 기체의 몰부피는 32 L/mol로 제시되었다.

B 19 정답 ① ★ 기체의 성질과 물질의 양

그림은 피스톤으로 분리된 실린더에 3가지 기체를 각각 넣고 기체의 압력이 서로 같아졌을 때의 모습을 나타낸 것이다. 기체의 질량비는 영역 I : 영역 Ⅲ = 4 : 11이다.

(단서) 동일한 온도와 압력에서 기체의 몰비는 부피비와 같으므로

$$영역 \text{ I} : 영역 \text{ Ⅲ} = \frac{4}{32} : \frac{11}{44} = 10 : V$$

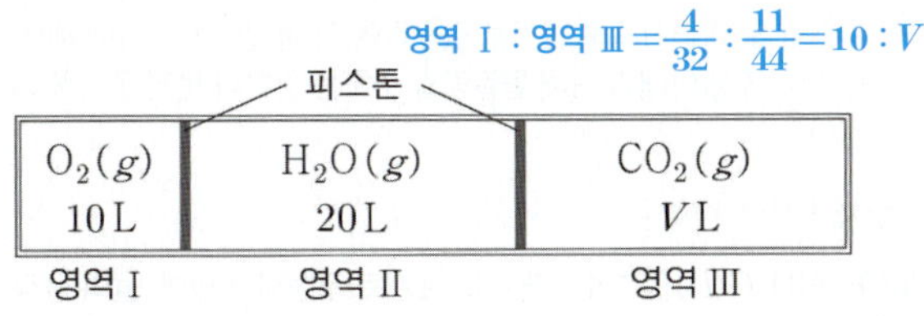

이에 대한 설명으로 옳은 것만을 〈보기〉에서 있는 대로 고른 것은? (단, 온도는 일정하고, H, C, O의 몰질량(g/mol)은 각각 1, 12, 16이다.) (3점)

[보기]

ㄱ. $V = 20$이다.
ㄴ. 단위 부피당 O 원자 수는 I과 Ⅱ에서 ~~같다.~~ 다르다.
ㄷ. O 원자의 전체 질량은 Ⅱ와 Ⅲ에서 ~~같다.~~ 다르다.

① ㄱ   ② ㄴ   ③ ㄱ, ㄷ   ④ ㄴ, ㄷ   ⑤ ㄱ, ㄴ, ㄷ

문제 풀이 꿀팁

- 몰비(mole ratio)는 화합물 내 원소들 사이 또는 화학 반응식에서 반응물과 생성물 사이의 몰 수의 비율을 의미한다.
- 기체의 경우, 온도와 압력이 일정할 때, '몰비=부피비'가 성립한다.

단서+발상

(단서) 영역 Ⅲ의 기체의 부피를 알 수 있는, 영역 I과 Ⅲ의 질량비가 제시되어 있다.

(발상) 제시된 분자식, 부피비, 질량비를 토대로 영역 I, Ⅱ, Ⅲ의 기체의 양(mol)을 추론할 수 있다.

| 문제+자료 분석 |

- 동일한 온도와 압력에서 기체 분자의 몰비(상댓값)는 부피비와 같다. 꿀팁
- 영역 I, Ⅱ, Ⅲ의 각 기체의 몰질량, 몰비는 아래 표와 같다.

구분	영역 I	영역 Ⅱ	영역 Ⅲ
분자식	O_2	H_2O	CO_2
몰질량(g/mol)	32	18	44
몰비(상댓값)	10	20	V

| 보기 분석 |

ㄱ. 기체의 질량비는 영역 I : 영역 Ⅲ = 4 : 11이다.
이 값을 몰질량으로 나누어 정수비로 나타내면 몰비와 같은 값이 된다.

기체의 몰비는 영역 I : 영역 Ⅲ = $\frac{4}{32} : \frac{11}{44} = 10 : V$이다.

따라서 $V = 20$이다.

ㄴ. 아보가드로 법칙($V = kn$)에 따르면 '단위 부피당 O 원자 수'는 '분자 1개당 O 원자 수'와 같다. 꿀팁

따라서 영역 I에서는 O_2 분자 1개당 O 원자 2개, 영역 Ⅱ에서는 H_2O 분자 1개당 O 원자 1개이므로 단위 부피당 O 원자 수는 I과 Ⅱ에서 다르다.

ㄷ. 영역 Ⅲ의 부피 $V = 20$이므로 영역 Ⅱ와 영역 Ⅲ의 기체의 양(mol)이 같다.
영역 Ⅱ보다 영역 Ⅲ에서 O 원자 수가 2배 많기 때문에 O 원자의 전체 질량은 Ⅱ와 Ⅲ에서 다르다.

B 20 정답 ② ★ 기체의 양(mol)과 부피의 관계

그림은 $t\ ℃$에서 피스톤으로 분리된 실린더에 기체가 들어 있는 것을 나타낸 것이다. 단위 부피당 전체 원자 수는 영역 I에서와 영역 Ⅱ에서가 같다.

(단서) 몰수 ∝ 부피

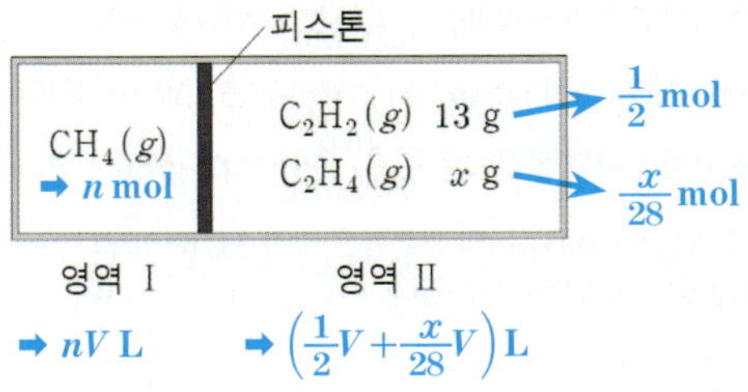

x는? (단, H와 C의 몰질량(g/mol)은 각각 1, 12이고, 기체는 반응하지 않으며, 피스톤의 마찰은 무시한다.) (3점)

$$\frac{x}{28} = \frac{1}{2} \Rightarrow x = 14$$

① 7   ② 14   ③ 21   ④ 26   ⑤ 28

단서+발상

(단서) 영역 I과 Ⅱ의 온도와 압력이 동일함이 간접적으로 제시되어 있다.

(발상) 같은 온도, 같은 압력 조건에서 '단위 부피당 전체 원자 수는 영역 I에서와 영역 Ⅱ에서가 같다.'의 수학적 의미를 추론할 수 있다.

| 문제+자료 분석 |

- CH_4, C_2H_2, C_2H_4의 각 기체의 몰질량, 질량, 물질의 양(mol), 구성 원자 수는 아래 표와 같다. (CH_4의 양(mol)을 n이라고 한다.)

분자식	CH_4	C_2H_2	C_2H_4
몰질량(g/mol)	16	26	28
질량(g)		13	x
양(mol)	n	$\frac{1}{2}$	$\frac{x}{28}$
구성 원자 수	5	4	6

- 기체 1 mol의 부피를 V L라고 가정하면 아보가드로 법칙($V = kn$)에 따라 영역 I의 부피는 nV L이고, 영역 Ⅱ의 부피는 $\left(\frac{1}{2}V + \frac{x}{28}V\right)$ L이다.

| 선택지 분석 |

② 단위 부피당 전체 원자의 양(mol)은 영역 I에서와 영역 Ⅱ에서가 같으므로

$$\frac{5n\,\text{mol}}{nV\,\text{L}} = \frac{\left(\frac{1}{2}\times 4 + \frac{x}{28}\times 6\right)\text{mol}}{\left(\frac{1}{2}V + \frac{x}{28}V\right)\text{L}}\text{이다.}$$

따라서 $x = 14$이다.

B 21 정답 ① ＊물질의 양(mol)

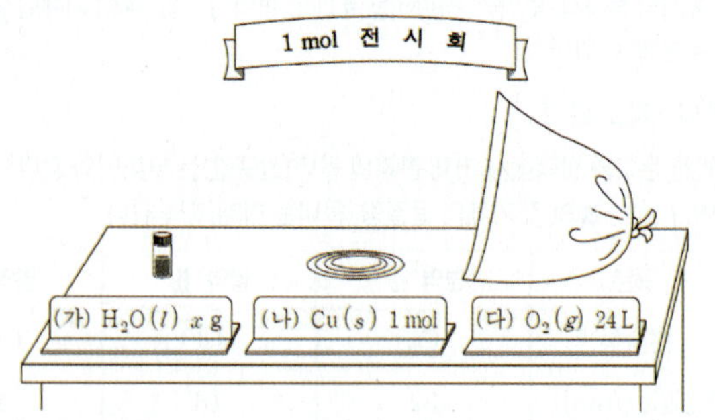

그림은 t ℃, 1 atm에서 3가지 물질을 각각 1 mol씩 전시한 것을 나타낸 것이다.

단서 $1\,mol \times 18\,g/mol$ $=18\,g(=x\,g)$ $1\,mol \times 63.5\,g/mol$ $=63.5\,g$ $1\,mol \times 32\,g/mol$ $=32\,g$

이에 대한 설명으로 옳은 것만을 〈보기〉에서 있는 대로 고른 것은? (단, H, O, Cu의 몰질량(g/mol)은 각각 1, 16, 63.50이다.)

[보기]
ㄱ. x=18이다.
ㄴ. O 원자 수는 (가)와 (다)가 같다. (가)＜(다)
ㄷ. $\dfrac{(나)의\ 질량}{(다)의\ 질량}$ ＞2이다. ＜

① ㄱ   ② ㄴ   ③ ㄱ, ㄷ   ④ ㄴ, ㄷ   ⑤ ㄱ, ㄴ, ㄷ

단서＋발상

단서 같은 온도, 같은 압력에서 상태가 다른 세 종류의 물질이 질량(g), 물질의 양(mol), 부피(L)로 제시되어 있다.

발상 서로 다른 물질의 양(mol)을 질량(g) 및 부피(L) 관계식으로부터 비교할 수 있음을 추론할 수 있다.

적용 몰질량 및 아보가드로 법칙을 적용하여 각 물질의 1 mol에 해당하는 질량 및 부피를 알아내기 위해 몰질량을 구하는 것부터 문제 풀이를 시작해야 한다.

| 문제＋자료 분석 |

· (가): 물($H_2O(l)$)은 수소 2개, 산소 1개로 구성되어 있어, 물의 몰질량은 $1 \times 2 + 16 \times 1 = 18$ g/mol이다.
· (다): t ℃, 1 atm에서 3가지 물질을 각각 1 mol씩 전시한 것을 나타낸 것임을 언급하였기에, 이때 기체 1몰의 부피가 24 L임을 알 수 있다.

| 보기 분석 |

ㄱ. 물 1 mol의 질량은 18 g/mol × 1 mol = 18 g이다. 따라서 x=18이다.
ㄴ. (가)에서 1 mol의 H_2O에 포함된 O 원자 수는 1 mol이고 (다)에서 1 mol의 O_2에 포함된 O 원자 수는 2 mol이다. 따라서 O 원자 수는 (가)와 (다)가 같지 않다.
ㄷ. (나)에서 Cu 1 mol의 질량은 63.5 g이고 (다)에서 O_2 1 mol의 질량은 32 g이다.
따라서 $\dfrac{(나)의\ 질량}{(다)의\ 질량}$ ＜2이다.

B 22 정답 ② ＊기체의 양(mol)과 부피의 관계

그림은 용기 (가)와 (나)에 기체가 각각 들어 있는 것을 나타낸 것이다. 기체의 온도와 압력은 20 ℃, 1 atm이며, 기체 1 mol의 부피는 24 L 이다. 단서 몰부피가 24 L/mol이므로 (가) 기체 12L는 0.5mol, (나) 기체 6L는 0.25 mol이다.

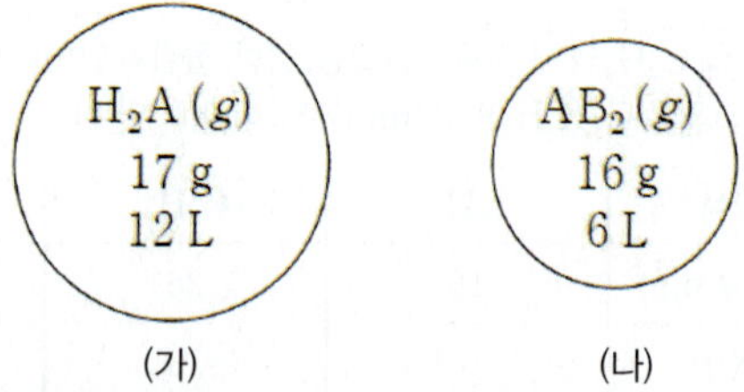

$\dfrac{(나)에\ 들어\ 있는\ B\ 원자\ 수}{(가)에\ 들어\ 있는\ A\ 원자\ 수} \times \dfrac{B의\ 몰질량}{A의\ 몰질량}$ 은? (단, A와 B는 임의의 원소 기호이고, H의 몰질량(g/mol)은 10이다.)

$\dfrac{0.25\,mol \times 2원자}{0.50\,mol \times 1원자} \times \dfrac{16}{32} = \dfrac{1}{2}$

① $\dfrac{1}{4}$ ② $\dfrac{1}{2}$ ③ $\dfrac{3}{4}$ ④ 1   ⑤ 2

단서＋발상

단서 기체를 구성하는 원자의 양(mol)을 알 수 있는 분자식, 부피, 그리고 일정 온도, 일정 압력에서의 몰부피 정보가 제시되어 있다.

발상 주어진 몰부피와 각 기체의 부피로부터 기체의 양(mol)과 구성 원소의 양(mol)을 추론할 수 있다.

적용 몰부피를 활용하여 부피, 질량 정보를 통해 몰질량을 구하는 것부터 문제 풀이를 시작해야 한다.

| 문제＋자료 분석 |

· (가): $H_2A(g)$에 있는 12 L의 기체의 양은 0.50 mol이다.
➡ 기체 분자의 몰질량은 $\dfrac{17\,g}{0.50\,mol} = 34$ g이다.
· (나): $AB_2(g)$에 있는 6 L의 기체의 양은 0.25 mol이다.
➡ 기체 분자의 몰질량은 $\dfrac{16\,g}{0.25\,mol} = 64$ g이다.
· $H_2A(g)$와 $AB_2(g)$의 몰질량은 각각 34, 64이므로 A의 몰질량이 32, B의 몰질량이 16임을 알 수 있다.

| 선택지 분석 |

② $\dfrac{(나)에\ 들어\ 있는\ B\ 원자\ 수}{(가)에\ 들어\ 있는\ A\ 원자\ 수} \times \dfrac{B의\ 몰질량}{A의\ 몰질량}$

$= \dfrac{0.25\,mol \times 2원자}{0.50\,mol \times 1원자} \times \dfrac{16}{32} = \dfrac{1}{2}$

문제 풀이 꿀팁

· 두 기체가 공유 결합 물질이고, $H_2A(g)$를 통해 A가 16족 원소임을 확인했다면, 몰질량이 34인 $H_2A(g)$가 실제로 $H_2S(g)$에 해당함을 알 수 있다. 동시에 몰질량이 64인 $AB_2(g)$가 실제로 $SO_2(g)$에 해당함도 함께 예상해 볼 수 있다.
· 주어진 단서로부터 실제 기체 분자를 타당하게 예상할 수 있다면 문제 해결의 속도와 정확도를 향상시킬 수 있다.

그림은 A와 B 원자의 상대적인 질량을 비교한 모습이다. A와 B는 각각 탄소(^{12}C)와 산소(^{16}O) 중 하나이다. (단, 그림에서는 <u>입자의 개수만 고려하되</u>, 크기와 색상은 무시한다.)

단서 동등한 질량에서 입자의 개수 비교

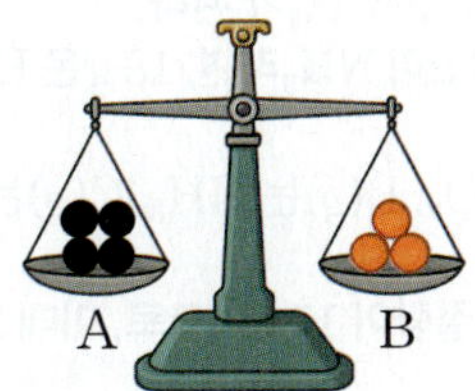

(1) A의 원자량이 12라면, B의 원소 기호와 원자량이 얼마인지 각각 쓰
원자량이 12인 원소는 탄소(C)이다.
시오. 단답형

(2) 만약에 B의 원자량을 12라고 정하게 되면, A의 원자량 및 아보가드
원자량의 기준을 산소(O)로 정하고 그 값을 12로 둘 경우
로수(N_A)가 어떻게 변할지를 예상하여 서술하시오. (단, 원자의 몰질량＝원자량으로 가정한다.) 서술형

🔦 단서+발상

단서 A 입자 4개와 B 입자 4개가 동일한 질량임을 보여주는 양팔 저울 그림이 제시되어 있다.

발상 같은 질량당 입자수는 원자량의 역수값과 같음을 추론할 수 있다.

적용 원자량이 상대적 질량을 나타내기 위해 도입된 개념임을 상기하고 기준 원자량을 구하는 것부터 문제 풀이를 시작해야 한다.

(1) 정답 O, 16

(2) 모범 답안 산소를 기준으로 두고 원자량을 12로 정하게 되면, A의 원자량은 9가 된다.
한편, 산소 원자 1개의 실제 질량(g)은 $16 \times 1.66 \times 10^{-24}$이며, 아보가드로 수($N_A$)인 6.02×10^{23}/mol을 곱했을 때, 16 g/mol(원자량 16)이 된다.
$16 \times 1.66 \times 10^{-24} \text{g} \times N_A/\text{mol} = 16 \text{ g/mol}$ ······식 (1)
만약 산소의 몰질량이 12 g/mol(기준 원자량 12)이 된다면, 아보가드로수는 다음 식을 충족하기 위해 작아질 것으로 예상된다.
$16 \times 1.66 \times 10^{-24} \text{g} \times N_{A(new)}/\text{mol} = 12 \text{ g/mol}$ ······식 (2)
식 (1)과 식 (2)를 연립하면 $N_A : N_{A(new)} = 1 : \frac{3}{4}$ 이 되므로, 기존 아보가드로수의 $\frac{3}{4}$ 배가 될 것이다.

| 문제+자료 분석 |

• 원자 1개의 실제 질량은 변하지 않는다.

• 아보가드로수는 1몰에 해당하는 입자 수로, 이 수를 기준으로 할 때 원자 1개의 상대적 질량인 '원자량'과 원자 1몰의 질량인 '몰질량(g/mol)'이 수치적으로 일치하게 된다. (최근, 아보가드로수는 2019년 국제단위계(SI) 개정 이후 정확한 값으로 고정되어 사용된다. ➡ $N_A = 6.02214076 \times 10^{23}$)

채점 기준	배점
(1) B의 원소 기호와 원자량을 옳게 쓴 경우	30%
(2) A의 원자량을 옳게 예측하고, 가정 상황에서 아보가드로수의 변화를 수식을 포함하여 옳게 서술한 경우	70%
둘 중 하나만 옳게 서술한 경우	30%

표는 수소, 탄소, 산소 원자에 관한 자료이다.

구분	수소(H)	탄소(C)	산소(O)
원자 1개의 질량(g) 단서 단위 : g	ⓛ	$12 \times 1.66 \times 10^{-24}$	$16 \times 1.66 \times 10^{-24}$
원자량	1	12	ⓒ
몰질량(⊙) 단서 단위 : g/mol	1	12	ⓒ

(1) ⊙ ~ ⓒ에 들어갈 내용을 쓰시오. 단답형

⊙ :　　　　ⓛ :　　　　ⓒ :

(2) 원자량과 몰질량을 정의하고, 이들의 값이 같은 이유를 아보가드로수(N_A)를 포함한 식으로 서술하시오.
(단, $0.166 \times 0.602 = 1.00$이다.) 서술형
단서 $N_A = 6.02 \times 10^{23}$

🔦 단서+발상

단서 수소, 탄소, 산소 원자 1개의 질량이 제시되어 있다.

발상 원자량과 몰질량의 값이 같음을 통해 아보가드로수의 의미를 추론할 수 있다.

적용 단위를 포함하는 원자 1개 질량 및 몰질량을 통해 둘 사이의 수식을 구하는 것부터 문제 풀이를 시작해야 한다.

(1) 정답 ⊙: g/mol
ⓛ: 1.66×10^{-24} g 또는 $1.008 \times 1.66 \times 10^{-24}$ g
ⓒ: 16

(2) 모범 답안 원자량은 탄소(C) 원자 1개의 질량을 12로 두고 결정된 원자들의 상대적인 질량이며 단위가 없다. 원자의 몰질량(g/mol)은 1 mol당 질량(g)으로 원자량에 그램(g) 단위를 붙인 것과 같다.
원자량이 12인 탄소 원자 1개의 질량은 $12 \times 1.66 \times 10^{-24}$ g인데, 여기에 1 mol의 아보가드로수(N_A)인 6.02×10^{23}을 곱하면 다음과 같다. $(12 \times 1.66 \times 10^{-24}$ g/1개 탄소$) \times (6.02 \times 10^{23}$개 탄소/mol$) = 12$ g/mol
따라서 원자량과 몰질량이 아보가드로수에 의해 같은 값을 갖게 된다.

| 문제+자료 분석 |

• 실제 수소 원자의 질량은 1.67×10^{-24} g에 가깝지만, 탄소-12(^{12}C)의 질량을 기준으로 $\frac{1}{12}$ 배로써 표현되므로, $1.008 \times 1.66 \times 10^{-24}$ g로 표현될 수 있다.

• 주어진 단서인 $0.166 \times 0.602 = 1.00$을 통해, 아보가드로수($N_A$)는 원자 1개의 질량을 g으로 바꾸는 비례상수 역할을 한다는 사실을 알 수 있다.

채점 기준	배점
(1) ⊙ ~ ⓒ에 들어갈 내용을 옳게 쓴 경우	30%
(2) 원자량과 몰질량의 관계를 아보가드로수를 포함하는 식을 통해 옳게 서술한 경우	70%
원자량과 몰질량의 관계를 추상적으로 서술한 경우	30%

표는 t ℃, 1기압 용기에 든 A~D 기체에 관한 자료이다. A~D 기체는 CH_4, H_2O, NH_3, SO_2 기체 중 하나이다. (단, 몰질량(g/mol)

 **몰질량:** 16, 18, 17, 64

은 H, C, N, O, S가 각각 1, 12, 14, 16, 32이다.)

구분	질량 (g)	몰질량 (g/mol)	부피 (L)	분자 수 (상댓값)	원자수 (상댓값)
A(g) SO_2	16		c	1	
B(g) 17 NH_3			33	4	4 NH_3
C(g) 18 H_2O		b	33	3	
D(g)	a		33		5 CH_4

(기체) 같은 부피＝같은 몰수
(단, 온도와 압력이 일정)

(1) A~D 기체를 각각 쓰시오. 단답형

(2) a, b, c를 각각 구하고 풀이 과정을 서술하시오. 서술형

💡 **단서＋발상**

단서 용기에 든 기체의 양과 분자식을 추론할 수 있는 다양한 자료가 제시되어 있다.

발상 B(g) 기체에 관한 자료를 통해 각 기체의 종류를 추론할 수 있다.

적용 몰질량 및 몰부피 개념을 적용해서 각 기체의 1몰당 질량 및 1몰당 부피를 구하는 것부터 문제 풀이를 시작해야 한다.

---

(1) 정답 A(g)는 SO_2, B(g)는 NH_3, C(g)는 H_2O, D(g)는 CH_4이다.

(2) 모범 답안 $a=16$, $b=18$, $c=8.25$이다.

같은 몰수일 때, 원자 수 비가 4 : 5인 것은 NH_3와 CH_4 뿐이므로, B(g)는 NH_3, D(g)는 CH_4가 된다.

같은 몰수일 때, 17 g이 NH_3라면, 18 g은 H_2O뿐이므로, C(g)는 H_2O이다.

따라서, A(g)는 SO_2, B(g)는 NH_3, C(g)는 H_2O, D(g)는 CH_4이다.

한편, B(g) 1몰의 질량이 17 g이므로, 이때 33 L가 1몰의 부피임을 알 수 있다.

따라서, $a=16$, $b=18$이 된다.

A(g)의 16 g은 $\frac{1}{4}$ mol에 해당하는 부피를 갖게 되므로, $c=8.25$가 된다.

| 문제＋자료 분석 |

· CH_4, H_2O, NH_3, SO_2의 몰질량이 각각 16, 18, 17, 64이다.
· B(g), C(g), D(g) 기체의 부피가 같으므로 이들의 몰수가 모두 같다.

	채점 기준	배점
(1)	A~D 기체를 옳게 쓴 경우	30%
(2)	a, b, c를 각각 구하고 풀이 과정을 모두 옳게 서술한 경우	70%
	a, b, c를 일부만 옳게 서술한 경우	30%

표는 기체 분자 (가)와 (나)에 대한 자료이다. (가)와 (나)는 2주기 원소로 구성된 AB(g) 또는 AB_2(g) 기체 중 하나이다. (단, A와 B는 임의의

 CO, CO_2 또는 NO, NO_2 등

원소 기호이고 a, b는 자연수이다.)

구분	(가)	(나)
㉠ 1 g에 들어 있는 분자 수(상댓값)	11	a
㉡ t ℃, 1기압에서 기체의 밀도(상댓값)	7	b

(1) a와 b의 값을 각각 구하시오. 단답형

(2) ㉠와 ㉡ 사이의 관계를 서술하시오. 서술형

💡 **단서＋발상**

단서 동일한 2가지 2주기 원소로 구성된 분자임을 드러내는 단서가 제시되어 있다.

발상 두 기체의 1 g에 들어 있는 분자 수 비와 밀도비의 관계를 추론할 수 있다.

적용 주어진 자료를 비례식으로 두고 분수꼴을 구하는 것부터 문제 풀이를 시작해야 한다.

---

(1) 정답 $a=7$, $b=11$

(2) 모범 답안 1 g에 들어 있는 분자 수 비는 $\frac{1}{몰질량}$의 비와 같고 기체의 밀도비는 몰질량의 비와 같다. 따라서 동일한 온도와 압력 조건에서 '1 g에 들어있는 분자 수 비'와 '밀도비'를 각각 분수꼴로 나타낸 다음, 이들을 곱하면 1이 된다.

| 문제＋자료 분석 |

· 1 g에 들어 있는 분자 수 비는 $\frac{1}{몰질량}$의 비와 같다.

· 기체의 밀도비는 몰질량의 비와 같다.

· $\frac{a}{11} \times \frac{b}{7} = 1$이므로 $a \times b = 77$이다.

이때 a는 77, 11, 7, 1 중 하나가 될 수 있고 b도 77, 11, 7, 1 중 하나가 될 수 있다.

· 2주기 원소로 구성된 기체 분자 중 AB(g), AB_2(g)의 분자식을 갖는 경우는 CO, CO_2와 NO, NO_2가 있다.

이때 몰질량 비는 $CO : CO_2 = 28 : 44 = 7 : 11$이고, $NO : NO_2 = 30 : 46 = 15 : 23$이므로 CO, CO_2 조합이 제시된 조건에 가장 적절하다.

· ㉡(t ℃, 1기압에서 기체의 밀도)에서 $CO : CO_2 = 28 : 44 = 7 : 11$이므로 (가)는 CO, (나)는 CO_2이다. 따라서 $b=11$이다.

· ㉠(1 g에 들어 있는 분자 수)에서 $CO : CO_2 = \frac{1}{28} : \frac{1}{44} = 11 : 7$이므로 $a=7$이다.

	채점 기준	배점
(1)	a와 b의 값을 옳게 쓴 경우	30%
(2)	㉠와 ㉡ 사이의 관계를 수식을 포함하여 모두 옳게 서술한 경우	70%
	㉠와 ㉡ 사이의 관계를 추상적으로 서술한 경우	30%

그림은 t ℃, 1기압에서 실린더 (가)와 (나)에 들어 있는 기체를 나타낸 것이다. $\dfrac{\text{(나)의 실린더 속 전체 기체의 밀도}}{\text{(가)의 실린더 속 전체 기체의 밀도}} = \dfrac{6}{7}$ 이다.

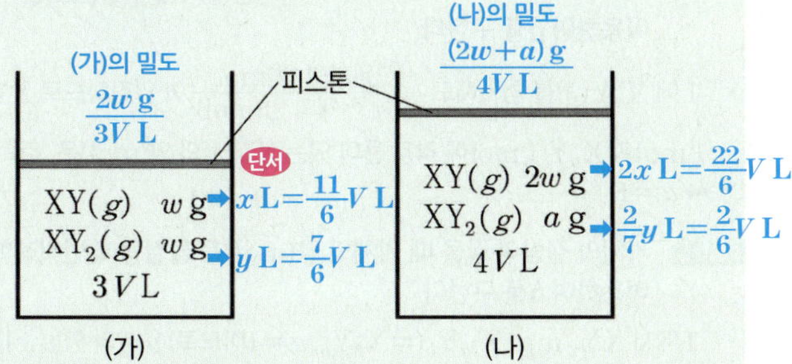

이에 대한 설명으로 옳은 것만을 〈보기〉에서 있는 대로 고른 것은? (단, X와 Y는 임의의 원소 기호이다.) (3점)

[보기]

ㄱ. $a = \dfrac{2}{7}w$ 이다.

ㄴ. $\dfrac{\text{(나)의 실린더 속 X 원자의 양(mol)}}{\text{(가)의 실린더 속 Y 원자의 양(mol)}}$ ✗ 1이다. <

ㄷ. $\dfrac{\text{X의 몰질량}}{\text{Y의 몰질량}} = \dfrac{\cancel{8}}{\cancel{7}}$ 이다. $\dfrac{3}{4}$

① ㄱ   ② ㄴ   ③ ㄱ, ㄷ   ④ ㄴ, ㄷ   ⑤ ㄱ, ㄴ, ㄷ

🧠 **단서+발상**

단서 t ℃, 1기압에서 실린더 (가)와 (나)에 들어 있는 기체를 나타낸 그림과 실린더 속 전체 기체의 밀도비가 제시되어 있다.

발상 실린더 속 전체 기체의 밀도비를 이용하여 XY_2의 질량 a를 추론할 수 있다.

적용 실린더 속 전체 기체의 밀도비를 이용하여 XY_2의 질량 a를 구하는 것부터 문제 풀이를 시작해야 한다.

| 문제+자료 분석 |

step 1 **(가)와 (나)의 실린더 속 전체 기체의 밀도를 이용하여 a를 구한다.**

- (가)와 (나)의 실린더 속 전체 기체의 밀도는 각각 $\dfrac{2w\,\text{g}}{3V\,\text{L}}$, $\dfrac{(2w+a)\,\text{g}}{4V\,\text{L}}$

  이므로 $\dfrac{2w\,\text{g}}{3V\,\text{L}} : \dfrac{(2w+a)\,\text{g}}{4V\,\text{L}} = 7 : 6$ 이다.

  이를 풀면 $\dfrac{14w+7a}{4} = 4w$ ➡ $a = \dfrac{2}{7}w$ 이다.

step 2 **기체의 질량과 부피의 관계를 이용하여 (가), (나)에 들어 있는 기체들의 부피를 구한다.**

- (가)에서 $XY(g)$ w g의 부피를 x L, $XY_2(g)$ w g의 부피를 y L라고 하면
  $x+y = 3V$ ······ 식 (1)

  (나)에서 $XY(g)$ $2w$ g의 부피는 $2x$ L, $XY_2(g)$ a g $= \dfrac{2}{7}w$ g의 부피는

  $\dfrac{2}{7}y$ L이므로 $2x + \dfrac{2}{7}y = 4V$ ······ 식 (2)

  식 (1)×2 − 식 (2)는 $\dfrac{12}{7}y = 2V$ 이므로 $y = \dfrac{7}{6}V$, $x = \dfrac{11}{6}V$ 이다.

- 따라서 (가)에는 $XY(g)$ $\dfrac{11}{6}V$ L, $XY_2(g)$ $\dfrac{7}{6}V$ L가 들어 있고,

  (나)에는 $XY(g)$ $\dfrac{22}{6}V$ L, $XY_2(g)$ $\dfrac{2}{6}V$ L가 들어 있다.

step 3 **(가)와 (나)에 들어 있는 기체의 양(mol)을 구한다.**

- t ℃, 1기압에서 실린더 속 기체 V L에 들어 있는 기체의 양(mol)을 n mol이라고 하면 (가)에는 $XY(g)$ $\dfrac{11}{6}n$ mol, $XY_2(g)$ $\dfrac{7}{6}n$ mol이 들어 있고, (나)에는 $XY(g)$ $\dfrac{22}{6}n$ mol, $XY_2(g)$ $\dfrac{2}{6}n$ mol이 들어 있다.

| 보기 분석 |

ㄱ. $a = \dfrac{2}{7}w$ 이다. (○)

- 실린더 속 전체 기체의 밀도 (가) : (나) $= \dfrac{2w\,\text{g}}{3V\,\text{L}} : \dfrac{(2w+a)\,\text{g}}{4V\,\text{L}} = 7 : 6$ 에서

  $a = \dfrac{2}{7}w$ 이다.

ㄴ. $\dfrac{\text{(나)의 실린더 속 X 원자의 양(mol)}}{\text{(가)의 실린더 속 Y 원자의 양(mol)}} > 1$ 이다. (✕)

- t ℃, 1기압에서 실린더 속 기체 V L에 들어 있는 기체의 양(mol)을 n mol이라고 하면 (가)의 실린더 속 Y 원자의 양(mol)은 $\dfrac{25}{6}n$ mol이고,

  (나)의 실린더 속 X 원자의 양(mol)은 $\dfrac{24}{6}n$ mol이므로

  $\dfrac{\text{(나)의 실린더 속 X 원자의 양(mol)}}{\text{(가)의 실린더 속 Y 원자의 양(mol)}} = \dfrac{24}{25} < 1$ 이다.

ㄷ. $\dfrac{\text{X의 몰질량}}{\text{Y의 몰질량}} = \dfrac{8}{7}$ 이다. (✕)

- X와 Y의 몰질량을 각각 m_x, m_y라 하면 (가)에서 양(mol) 비는

  $XY(g) : XY_2(g) = \dfrac{w}{m_x + m_y} : \dfrac{w}{m_x + 2m_y} = 11 : 7$ 이다.

  이를 정리하면 $4m_x = 3m_y$ 이다.

  따라서 $\dfrac{\text{X의 몰질량}}{\text{Y의 몰질량}} = \dfrac{m_x}{m_y} = \dfrac{3}{4}$ 이다.

✪ **정답은 ① ㄱ이다.**

다음은 원소 X와 Y로 구성된 기체에 대한 실험이다.

〈실험 과정〉
(가) $XY_2(g)$ $w\,g$이 각각 들어 있는 실린더 Ⅰ, Ⅱ를 준비한다.
(나) 실린더 Ⅰ에 $X_aY(g)$를 첨가한다.
(다) 실린더 Ⅱ에 $X_{2a}Y_b(g)$를 첨가한다.

〈실험 결과〉
○ 첨가한 각 기체의 질량에 따른 실린더 속 $\dfrac{\text{X 원자의 양(mol)}}{\text{전체 기체의 양(mol)}}$

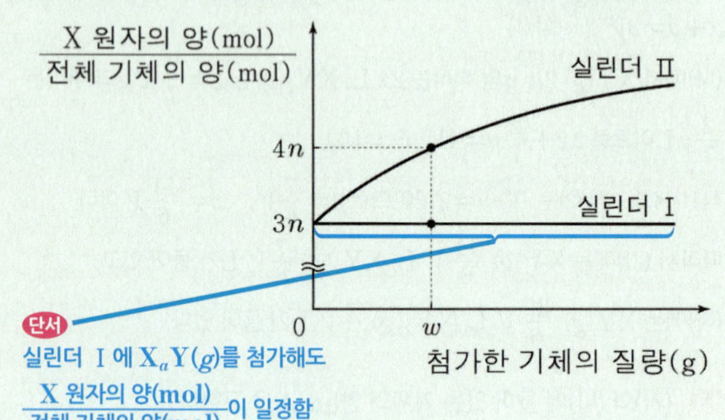

○ (나), (다)에서 각각 첨가한 기체의 질량이 $w\,g$일 때, 실린더 속 X 원자 수의 비는 Ⅰ : Ⅱ = 19 : 15이다.

이에 대한 설명으로 옳은 것만을 〈보기〉에서 있는 대로 고른 것은? (단, X와 Y는 임의의 원소 기호이고, 모든 기체는 반응하지 않는다.) (3점)

[보기]
ㄱ. $a=1$이다.
ㄴ. $b=4$이다.
ㄷ. 몰질량비는 X : Y = 3 : 4이다. 7 : 8

① ㄱ　② ㄷ　③ ㄱ, ㄴ　④ ㄴ, ㄷ　⑤ ㄱ, ㄴ, ㄷ

단서+발상

단서 첨가한 기체의 질량에 따른 $\dfrac{\text{X 원자의 양(mol)}}{\text{전체 기체의 양(mol)}}$의 변화가 그래프로 제시되어 있다.

발상 실린더 Ⅰ과 실린더 Ⅱ에 첨가한 기체의 종류에 따라 다르게 변화하는 $\dfrac{\text{X 원자의 양(mol)}}{\text{전체 기체의 양(mol)}}$으로부터 1 mol의 X_aY과 $X_{2a}Y_b$에 들어 있는 X 원자의 양(mol)을 추론할 수 있다.

적용 실린더 Ⅰ에 $X_aY(g)$를 첨가해도 $\dfrac{\text{X 원자의 양(mol)}}{\text{전체 기체의 양(mol)}}$이 일정함을 이용하여 X_aY의 a를 구하는 것부터 문제 풀이를 시작해야 한다.

| 문제+자료 분석 |

step 1　Ⅰ에서 첨가한 기체의 질량에 따른 $\dfrac{\text{X 원자의 양(mol)}}{\text{전체 기체의 양(mol)}}$ 그래프를 이용하여 a를 구한다.

• Ⅰ에 $X_aY(g)$를 첨가해도 $\dfrac{\text{X 원자의 양(mol)}}{\text{전체 기체의 양(mol)}}$이 일정하므로 XY_2 1 mol과 X_aY 1 mol에 각각 들어 있는 X 원자의 양(mol)은 서로 같다.
➡ $a=1$

step 2　기체의 질량이 같을 때 기체의 양(mol)은 몰질량에 반비례함을 이용하여 b를 구한다.

• Ⅱ에서 XY_2 $w\,g$, $X_{2a}Y_b(=X_2Y_b,\ a=1$이므로) $w\,g$의 양(mol)을 각각 m_1, m_2라고 한다. 첨가한 기체의 질량(g)에 따른 Ⅱ의 $\dfrac{\text{X 원자의 양(mol)}}{\text{전체 기체의 양(mol)}}$의 변화량을 비교하면 다음과 같다.

$0\,g$일 때 : $w\,g$일 때 $=\dfrac{m_1}{m_1} : \dfrac{m_1+2m_2}{m_1+m_2}=3n : 4n$ ➡ $\dfrac{3(m_1+2m_2)}{m_1+m_2}=4$

따라서 $m_1=2m_2$이다.

• 기체의 질량이 같을 때 기체의 양(mol)은 몰질량에 반비례하므로 몰질량 비는 $XY_2 : X_2Y_b=1 : 2$이다. (꿀팁) ➡ $b=4$

step 3　(나), (다)에서 각각 첨가한 기체의 질량이 $w\,g$일 때, 실린더 속 X 원자 수의 비는 Ⅰ : Ⅱ = 19 : 15임을 이용하여 몰질량 비를 구한다.

• $X_aY(=XY)$ $w\,g$의 양(mol)을 m_3라고 하면, 첨가한 기체의 질량이 $w\,g$일 때 실린더 속 X 원자의 비는 Ⅰ : Ⅱ $=19 : 15=(m_1+m_3) : (m_1+2m_2)$이므로 $19(m_1+2m_2)=15(m_1+m_3)$이다.
$m_1=2m_2$이므로 $23m_1=15m_3$이고 몰질량의 비는 $XY_2 : XY=23 : 15$이다.
➡ 몰질량 비 X : Y = 7 : 8

| 보기 분석 |

ㄱ. $a=1$이다. (◯)

• 실린더 Ⅰ에 $X_aY(g)$를 첨가해도 $\dfrac{\text{X 원자의 양(mol)}}{\text{전체 기체의 양(mol)}}$이 일정하므로 $a=1$이다.

ㄴ. $b=4$이다. (◯)

• 기체 XY_2과 $X_{2a}Y_b$ $w\,g$의 양(mol)을 각각 m_1, m_2라고 가정하고 그래프를 해석하면 $\dfrac{m_1}{m_1} : \dfrac{m_1+2m_2}{m_1+m_2}=3n : 4n$이므로 $m_1=2m_2$이다.
기체의 질량이 같을 때 기체의 양(mol)은 몰질량에 반비례하므로 몰질량 비는 $XY_2 : X_2Y_b=1 : 2$이므로 $b=4$이다.

ㄷ. 몰질량 비는 X : Y = 3 : 4이다. (✕)

• 첨가한 X_aY 기체의 질량이 $w\,g$일 때 X_aY의 양을 m_3라고 가정하고 X 원자 수의 비(Ⅰ : Ⅱ = 19 : 15)를 이용하여
Ⅰ : Ⅱ $=19 : 15=(m_1+m_3) : (m_1+2m_2)$의 관계식을 유도하면 $23m_1=15m_3$이므로, 몰질량 비 X : Y = 7 : 8이다. (함정)

✪ **정답은 ③ ㄱ, ㄴ이다.**

왜 틀렸나?
• 그래프의 의미를 정확히 해석하지 못함
➡ 실린더 Ⅰ에 $X_aY(g)$를 첨가해도 $\dfrac{\text{X 원자의 양(mol)}}{\text{전체 기체의 양(mol)}}$이 일정하다는 단서를 놓치면 이를 통해 a를 구할 수 없다.
• 기체의 질량이 같을 때 기체의 양(mol)은 몰질량에 반비례하는 원리를 이해하지 못함
➡ 실린더 Ⅱ의 그래프로부터 b를 구할 수 없다.

표는 $t\,°C$, 1기압에서 실린더 (가)와 (나)에 들어 있는 기체에 대한 자료이다. (가)에 들어 있는 전체 기체를 구성하는 원소의 질량비는 $X : Y : Z = 15 : 5 : 16$이다.

단서 원소의 질량비＝몰질량×원자의 양(mol)

기체의 몰비
(가) : (나) = 5 : 2

실린더	기체	질량(g)	부피(L)	Z의 양(mol)
(가)	XY_4, XY_4Z	36	$5V$	n
(나)	XZ_2	㉠	$2V$	n

Z의 양(mol)이 n이므로 XZ_2는 $0.5n$ mol

이에 대한 설명으로 옳은 것만을 〈보기〉에서 있는 대로 고른 것은? (단, $X \sim Z$는 임의의 원소 기호이고, 모든 기체는 반응하지 않는다.) (3점)

[보기]
ㄱ. (가)에 들어 있는 기체의 몰비는 $XY_4 : XY_4Z = 1 : 4$이다.
ㄴ. 몰질량은 $X > Z$이다. <
ㄷ. ㉠ = 22이다.

① ㄱ   ② ㄴ   ③ ㄱ, ㄷ   ④ ㄴ, ㄷ   ⑤ ㄱ, ㄴ, ㄷ

단서＋발상

단서 같은 온도와 압력에서 (가)와 (나)의 부피비, (가)와 (나)에 들어 있는 Z의 양(mol)과 (가)에 들어 있는 전체 기체를 구성하는 원소의 질량비가 제시되어 있다.

발상 같은 온도와 압력에서 기체의 양(mol)은 기체의 부피에 비례하므로 (가)와 (나)의 양(mol)은 기체의 구할 수 있고, 전체 기체를 구성하는 원소의 질량비는 몰질량×원자의 양(mol)으로 구할 수 있으므로 (나)의 질량을 추론할 수 있다.

적용 (나)의 기체 XZ_2의 양(mol)을 구하는 것부터 문제 풀이를 시작해야 한다.

| 문제＋자료 분석 |

step 1 (나)에 들어 있는 Z의 양(mol)을 이용하여 (나)에 들어 있는 XZ_2의 양(mol)을 구한다.

- (나)에 들어 있는 Z의 양(mol)＝n이다.
  ➡ (나)에 들어 있는 XZ_2의 양(mol)＝$0.5n$ (분자당 2개의 Z가 존재하므로)

step 2 같은 온도와 압력에서 기체의 양(mol)은 기체의 부피에 비례하므로 (가)와 (나)에 들어 있는 전체 기체의 양(mol)을 구한다.

- 부피비는 (가) : (나) = 5 : 2이므로 기체의 몰비는 (가) : (나) = 5 : 2이다.
  (나)에 들어 있는 기체의 양(mol)＝$0.5n$이라면
  ➡ (가)에 들어 있는 기체의 양(mol)＝$0.5n \times \dfrac{5}{2} = 1.25n$이고,
  XY_4Z이 n mol 존재하고, 나머지 XY_4이 $0.25n$ mol 존재한다.

step 3 (가)에 들어 있는 전체 기체를 구성하는 원소의 질량비와 (가)의 질량(g)으로부터 각 원소의 몰질량의 비를 구한다.

- 원소의 질량비 $X : Y : Z = 15 : 5 : 16$에서 (가)의 질량이 36 g이므로, 원소 X의 질량이 15 g, Y의 질량이 5 g, Z의 질량이 16 g이다.
  ➡ 원소 X, Y, Z의 몰질량을 각각 M_X, M_Y, M_Z라고 하면, (가)를 구성하는 X, Y, Z의 질량은 다음과 같다.
  X의 질량 : $M_X \times n + M_X \times 0.25n = 15$
  Y의 질량 : $M_Y \times 4 \times n + M_Y \times 4 \times 0.25n = 5$
  Z의 질량 : $M_Z \times n = 16$
  따라서 $M_X : M_Y : M_Z = 12 : 1 : 16$이다.

| 보기 분석 |

ㄱ. (가)에 들어 있는 기체의 몰비는 $XY_4 : XY_4Z = 1 : 4$이다. (◯)

- 부피비는 (가) : (나) = 5 : 2이므로 기체의 몰비는 (가) : (나) = 5 : 2이다.
- (가)와 (나)에서 Z의 양(mol)은 n으로 같으므로 (나)에서 XZ_2는 $0.5n$ mol이다.
- (가)에서 전체 기체의 양은 $0.5n \times \dfrac{5}{2} = 1.25n$ mol이고
  (가)에서 Z의 양(mol)은 n이므로, XY_4Z이 n mol 존재하고, 나머지 XY_4이 $0.25n$ mol 존재한다.
  따라서 $XY_4 : XY_4Z = 1 : 4$이다.

ㄴ. 몰질량은 $X > Z$이다. (×)

- (가)에 들어 있는 기체를 구성하는 원소의 질량비는 $X : Y : Z = 15 : 5 : 16$이고, 원소의 몰비는 $X : Y : Z = 5 : 20 : 4$이므로 몰질량 비는 $X : Y : Z = 12 : 1 : 16$이다.
  따라서 몰질량은 $X < Z$이다.

ㄷ. ㉠ = 22이다. (◯)

- (가)의 질량은 36 g이고 원소 X, Y, Z의 몰질량 비는 12 : 1 : 16이다. XY_4와 XY_4Z의 몰질량 비는 16 : 32이고 질량을 구해보면 XY_4의 질량(g)은 $0.25n \times (12 + 1 \times 4 =) 4n$ g이고 XY_4Z의 질량(g)은 $n \times (12 + 1 \times 4 + 16) = 32n$ g이다.
  두 분자의 질량의 합은 $4n + 32n = 36n$이므로 $n = 1$이다.
  따라서 $0.5n$ mol인 XZ_2의 질량(g)은 ㉠ = $(12 + (16 \times 2)) \times \dfrac{1}{2} = 22$이다.

✪ 정답은 ③ ㄱ, ㄷ 이다.

왜 틀렸나?

- 전체 Z의 양(mol)과 분자의 양(mol)을 혼동하면 오답을 고를 수 있다.
  ➡ (나)에서 XZ_2의 양(mol)은 Z의 양(mol)의 $\dfrac{1}{2}$이다. 함정
- 같은 온도와 압력에서 기체의 양(mol)은 기체의 부피에 비례함을 이해하지 못하면 오답을 고를 수 있다.
  ➡ 같은 온도와 압력에서 (가)와 (나)의 부피비(5 : 2)를 이용하여 기체의 양(mol)을 추론하지 못할 경우 (가)에 포함된 XY_4Z과 XY_4의 양(mol)을 구할 수 없다.

다음은 용기 (가)와 (나)에 각각 들어 있는 CO_2와 H_2O에 대한 자료이다.

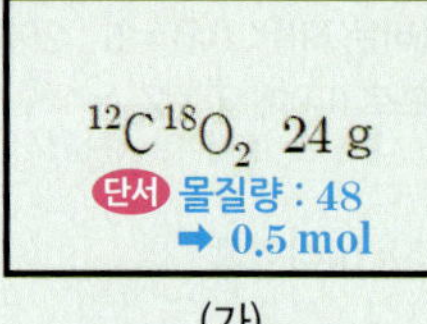

- ^{18}O 원자의 양(mol)은 (가)에서가 (나)에서의 2배이다.
  (가)는 $0.5\ mol \times 2 = 1\ mol$이므로 (나)는 $0.5\ mol$
- 전체 중성자의 양(mol)은 (가)에서와 (나)에서가 같다.
  (가)의 전체 중성자의 양(mol)
  $= {}^{12}C$의 중성자의 양 $+ {}^{18}O$의 중성자의 양

$x+y$는? (단, H, C, O의 원자 번호는 각각 1, 6, 8이고, ^1H, ^{12}C, ^{18}O의 몰질량(g/mol)은 각각 1, 12, 18이다.) (3점)
$x=1,\ y=10 \Rightarrow x+y=11$

① 11 ② 12 ③ 13 ④ 14 ⑤ 15

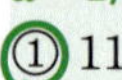 **단서＋발상**

단서 $^{12}C^{18}O_2$의 질량과 ^{18}O 원자의 양(mol)의 비율, 전체 중성자의 양(mol)의 비율이 제시되어 있다.

발상 물질의 질량(g)을 몰질량으로 나누면 물질의 양(mol)을 구할 수 있으므로 $^{12}C^{18}O_2$의 양(mol)을 구하고 주어진 단서를 활용하여 (가)와 (나)에 들어 있는 ^{18}O 원자의 양(mol)과 중성자의 양(mol)을 추론할 수 있다.

적용 $^{12}C^{18}O_2$ 24 g을 몰질량으로 나누어서 $^{12}C^{18}O_2$의 양(mol)을 구하는 것부터 문제 풀이를 시작해야 한다.

| 문제＋자료 분석 |

step 1 (가)에 들어 있는 $^{12}C^{18}O_2$ 24 g으로부터 $^{12}C^{18}O_2$의 양(mol)을 구한다.

- 물질의 양(mol) $= \dfrac{질량(g)}{몰질량}$ 이고 몰질량은 분자를 구성하는 원자의 몰질량의 합이다.
  ➡ $^{12}C^{18}O_2$의 몰질량 $= 12 + 18 \times 2 = 48$이므로
  $^{12}C^{18}O_2$의 양(mol) $= \dfrac{24}{48} = 0.5$이다.

step 2 (가)에 들어 있는 $^{12}C^{18}O_2$의 양과 주어진 단서를 활용하여 (가)와 (나)에 들어 있는 ^{18}O 원자의 양(mol)을 계산한다.

- $^{12}C^{18}O_2$ 분자 1개당 ^{18}O 원자 2개가 존재한다.
  ➡ (가)에 들어 있는 ^{18}O 원자의 양(mol) $= 0.5 \times 2 = 1$
- ^{18}O 원자의 양은 (가)에서가 (나)에서의 2배이다.
  ➡ (나)에 들어 있는 ^{18}O 원자의 양(mol) $= 1 \times \dfrac{1}{2} = 0.5$

step 3 원자번호(＝양성자 수)와 원자량(＝양성자 수＋중성자 수)을 이용하여 (가), (나)에 들어 있는 $^1H_2{}^{16}O$의 양(mol)$=x$과 $^1H_2{}^{18}O$의 질량(g)$=y$를 구한다.

- 전체 중성자의 양(mol)은 (가)에서와 (나)에서가 같다.
- (가)에서 전체 중성자의 양은 ^{12}C의 중성자의 양 $+ {}^{18}O$의 중성자의 양이다.
  (가)에서 ^{12}C의 중성자의 양
  $= ({}^{12}C$의 원자량 $- {}^{12}C$의 원자번호$) \times {}^{12}C$의 양(mol) $= (12-6) \times 0.5 = 3$
  (가)에서 ^{18}O의 중성자의 양
  $= ({}^{18}O$의 원자량 $- {}^{18}O$의 원자번호$) \times {}^{18}O$의 양(mol) $= (18-8) \times 2 \times 0.5 = 10$
  ➡ (가)에서 전체 중성자의 양은 13이다.

- (나)에서 ^1H는 원자번호가 1이고, 몰질량이 1이므로 원자 내에 중성자가 없다. 함정 따라서 전체 중성자의 양은 ^{16}O의 중성자의 양 $+ {}^{18}O$의 중성자의 양$=13$이다.
  (나)에서 ^{18}O의 중성자의 양
  $= ({}^{18}O$의 몰질량 $- {}^{18}O$의 원자번호$) \times {}^{18}O$의 양(mol)
  $= (18-8) \times 1 \times 0.5 = 5$
  (나)에서 ^{16}O의 중성자의 양
  $= ({}^{16}O$의 몰질량 $- {}^{16}O$의 원자번호$) \times {}^{16}O$의 양(mol) $= (16-8) \times x = 8$
  ➡ $x=1$이다. 즉, (나)에 들어있는 $^1H_2{}^{16}O$의 양(mol)은 1이다.
- 물질의 질량은 물질의 몰질량 × 물질의 양(mol)으로 구할 수 있다.
  (나)에 들어있는 $^1H_2{}^{18}O$의 질량(g) $y = ((1 \times 2) + 18) \times 0.5 = 10(g)$이다.
  ➡ $y=10$

| 선택지 분석 |

① $x=1,\ y=10$이므로 $x+y=11$이다.

⭐ **정답은 ① 11이다.**

왜 **틀렸나?**

- 동위원소(^{18}O, ^{16}O)에 존재하는 중성자 수의 차이를 이해하지 못함
  ➡ 동위원소는 원자번호는 같지만 중성자 수의 차이로 원자량이 달라지는 원소이다. 꿀
  ➡ 원자의 구성 입자(양성자, 중성자, 전자)를 바르게 알고 원자번호와 원자량으로부터 중성자의 양을 구해야 하는데 중성자의 개념을 명확히 이해하지 못하면 문제를 해결할 수 없다.
- ^1H는 중성자가 없는데, 원자번호 1을 중성자로 착각하여 계산함
  ➡ ^1H는 원자 내에 중성자가 없다.
  ➡ ^1H의 동위원소인 ^2H(중수소), ^3H(삼중수소)는 중성자가 존재한다. 꿀
- 물질의 질량(g)과 물질의 양(mol), 몰질량 사이의 관계를 이해하지 못하거나 계산 실수를 함
  ➡ 물질의 양(mol) $= \dfrac{질량(g)}{몰질량}$ 의 관계를 이해하지 못하거나 단순한 계산 실수로 인해 전체적인 물질의 양이 달라지므로 주의해야 한다.

표는 같은 온도와 압력에서 기체 (가)~(다)에 대한 자료이다. (가)~(다)의 분자식은 각각 XY, XY_3, X_2Y_2 중 하나이다.

기체	(가)	(나)	(다)
1 g의 부피(상댓값)	⑤	6	⑩

$$1\text{ g의 부피비} \propto \frac{1}{\text{몰질량 비}}$$

몰질량 비 (가) : (다)＝2 : 1
➡ (가), (다)의 분자식은 각각 X_2Y_2, XY
(나)의 분자식은 XY_3

이에 대한 설명으로 옳은 것만을 〈보기〉에서 있는 대로 고른 것은? (단, X와 Y는 임의의 원소 기호이다.) (3점)

[보기]
ㄱ. (가)의 분자식은 X_2Y_2이다.
ㄴ. 1 g에 들어 있는 전체 원자 수의 비는
  (나) : (다)＝3 : 5이다. 6 : 5
ㄷ. 몰질량의 비는 X : Y＝1 : 2이다. 2 : 1

① ㄱ ② ㄴ ③ ㄱ, ㄷ ④ ㄴ, ㄷ ⑤ ㄱ, ㄴ, ㄷ

 단서＋발상

단서 같은 온도와 압력에서 기체 1 g의 부피(상댓값)이 제시되어 있다.

발상 같은 온도와 압력에서 기체 1 g의 부피는 몰질량에 반비례하므로 1 g의 부피비와 주어진 분자식 XY, XY_3, X_2Y_2에서 알 수 있는 몰질량의 비로 (가), (나), (다)의 분자식을 추론할 수 있다.

적용 주어진 기체 1 g의 부피(상댓값)로부터 (가)~(다)의 분자식을 구하는 것부터 문제 풀이를 시작해야 한다.

| 문제＋자료 분석 |

step 1 같은 온도와 압력에서 기체 1 g의 부피비는 몰질량에 반비례함을 이용하여 (가), (나), (다)의 분자식을 구한다.

- 1 g의 부피비는 (가) : (다)＝5 : 10이므로 몰질량 비는 (가) : (다)＝2 : 1이다. 꿀팁
  주어진 분자식(XY, XY_3, X_2Y) 중 몰질량의 비가 2 : 1의 관계인 것을 고르면 X_2Y_2와 XY이다.
  ➡ (가), (다)의 분자식은 각각 X_2Y_2, XY이며, (나)의 분자식은 XY_3이다.

step 2 같은 온도와 압력에서 기체의 종류에 관계 없이 같은 부피에는 같은 양(mol)의 기체 분자가 존재함을 이용하여 1 g에 들어 있는 전체 원자 수의 비를 구한다.

- 1 g에 들어 있는 전체 원자 수는 '1 g의 부피비(∝분자 수)×분자당 구성 원자 수'에 비례한다. 꿀팁
  ➡ 1 g의 부피비＝(가) : (나) : (다)＝5 : 6 : 10
  ➡ 분자당 구성 원자 수＝(가) : (나) : (다)＝4 : 4 : 2

| 보기 분석 |

ㄱ. (가)의 분자식은 X_2Y_2이다. (○)

- 1 g의 부피는 기체의 몰질량에 반비례한다. 꿀팁
- 1 g의 부피는 (가) : (다)＝1 : 2이므로 몰질량의 비는 (가) : (다)＝2 : 1이다.
  ➡ 주어진 분자식 중 몰질량의 비가 2 : 1인 것은 X_2Y_2, XY이므로 (가)의 분자식은 X_2Y_2이다.

ㄴ. 1 g에 들어 있는 전체 원자 수의 비는 (나) : (다)＝3 : 5이다. (×)

- 1 g에 들어 있는 전체 원자 수는 '1 g의 부피비(∝분자 수)×분자당 구성 원자 수'에 비례한다. 꿀팁
  ➡ (나) : (다)＝(6×4) : (10×2)＝6 : 5이다.

ㄷ. 몰질량의 비는 X : Y＝1 : 2이다. (×)

- 몰질량은 분자를 구성하는 원자들의 몰질량 합이다. 꿀팁
- 몰질량의 비는 (나) : (다)＝$\frac{1}{6}$: $\frac{1}{10}$이므로 X, Y의 몰질량이 각각 M_X, M_Y라고 가정하면 $M_X + 3M_Y : M_X + M_Y = \frac{1}{6} : \frac{1}{10}$의 관계식을 세울 수 있다.
  ➡ $\frac{1}{6}(M_X + M_Y) = \frac{1}{10}(M_X + 3M_Y)$ ∴ $M_X = 2M_Y$
  ➡ 몰질량의 비는 X : Y＝2 : 1이다.

⭐ 정답은 ① ㄱ이다.

왜 틀렸나?

- '같은 온도와 압력' 조건에서 기체 1 g의 부피는 몰질량에 반비례함을 이해하지 못함
  ➡ 주어진 표에서 1 g 부피(상댓값)가 10인 (다)는 몰질량이 가장 작은 기체인데 반대로 생각하여 틀리는 경우가 많음 함정
- 1 g에 들어 있는 전체 원자 수의 비를 계산하지 못함
  ➡ 1 g에 들어 있는 전체 원자 수는 (1 g의 부피비(∝분자 수))×(분자당 구성 원자 수)에 비례함을 이해해야 하는데 부피비가 분자 수에 비례함을 이해하지 못하거나 하나의 분자를 구성하는 원자의 수를 곱하지 않아서 틀리는 경우가 많음

다른 풀이: 1 g당 부피를 수치로 환산해 추론하기

- 기체의 부피 ∝ $\frac{1}{\text{몰질량}}$ 이므로 상대 몰질량 비율로 추론하면 부피가 가장 큰 기체 (다)가 제일 가벼운 기체이므로 XY라고 추론할 수 있다.
- (가)와 (나)는 XY_3 또는 X_2Y_2인데 1 g당 부피비가 (다)와 (가)는 2 : 1이므로 몰질량 비가 (가) : (다)＝2 : 1이다. 꿀팁
  따라서 (가)는 X_2Y_2 (다)는 XY이고 남은 XY_3는 (나)이다.

기체	1 g당 부피	상대 몰질량 비율	추론되는 분자식 후보
(다)	10	제일 작음 (가볍다)	XY (가장 간단한 분자)
(나)	6	중간	XY_3 or X_2Y_2
(가)	5	가장 큼 (무겁다)	XY_3 or X_2Y_2

C 01 정답 ④ ＊화학 반응식 ·· [정답률 90%] 2024 실시 6월 학평 3 / 화학 Ⅰ (고2)

다음은 하이드라진(N_2H_4) 연소 반응의 화학 반응식이다.

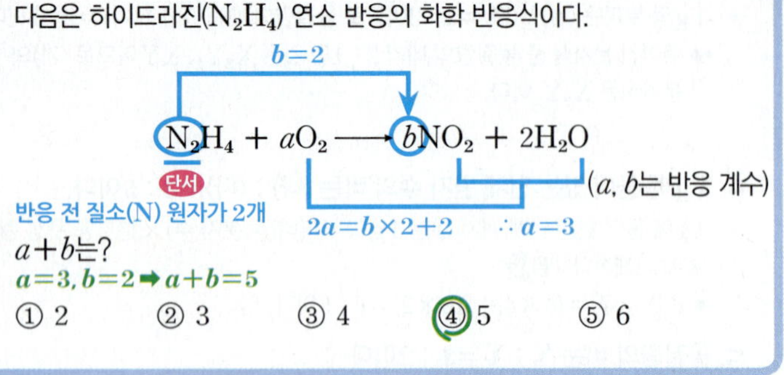

$a+b$는?
$a=3, b=2 ⇒ a+b=5$

① 2　　② 3　　③ 4　　④ 5　　⑤ 6

💡 단서+발상

단서 반응 전 질소(N) 원자 수가 제시되어 있다.
발상 반응 후 질소(N) 원자 수를 추론할 수 있다.
적용 화학 반응 전과 후에 원자의 종류와 개수는 변하지 않는다는 것을 적용해서 반응 후 질소(N) 원자 수를 구하는 것부터 문제 풀이를 시작해야 한다.

| 문제+자료 분석 |

- 반응 전 질소(N) 원자 수가 2이므로 반응 후 질소(N) 원자 수도 2이어야 한다. 따라서 $b=2$이다.
- 생성물은 $2NO_2+2H_2O$이므로 반응 후 산소(O) 원자 수는 6이고, 반응 전 산소(O) 원자 수도 6이어야 하므로 $a=3$이다.

| 선택지 분석 |

④ $a=3, b=2$이므로 $a+b=5$이다.

＊ **화학 반응에서 원자는 변하지 않는다.**
- 화학 반응이 일어나도 원자의 종류, 개수, 질량은 변하지 않는다.

C 02 정답 ② ＊화학 반응식 ·· [정답률 81%] 2023 실시 11월 학평 3 / 화학 Ⅰ (고2)

다음은 철(Fe)의 부식과 관련된 반응의 화학 반응식이다.

$a+b+c$는?
$a=c=4, b=3 ⇒ a+b+c=11$

① 10　　② 11　　③ 12　　④ 13　　⑤ 14

- $cFe(OH)_3$에는 Fe원자 c개, O원자 $3c$개, H원자 $3c$개가 들어 있다.

💡 단서+발상

단서 반응 전 수소(H) 원자 수가 제시되어 있다.
발상 반응 후 수소(H) 원자 수를 추론할 수 있다.
적용 화학 반응 전과 후에 원자의 종류와 개수는 변하지 않는다는 것을 적용해서 반응 후 수소(H) 원자 수를 구하는 것부터 문제 풀이를 시작해야 한다.

| 문제+자료 분석 |

- **c**: 반응 전 수소(H) 원자 수가 12이므로 반응 후 수소(H) 원자 수도 12이어야 한다. 따라서 $c=4$이다.
- **a**: 생성물은 $4Fe(OH)_3$이므로 반응 후 철(Fe) 원자 수는 4이고, 반응 전 철(Fe) 원자 수도 4이어야 하므로 $a=4$이다.
- **b**: 생성물 $4Fe(OH)_3$에서 산소(O) 원자 수는 12이므로 반응 전 산소 원자 수도 12이어야 한다. 따라서 $2b+6=12$가 되어 $b=3$이다.

| 선택지 분석 |

② $a=4, b=3, c=4$이므로 $a+b+c=11$이다.

C 03 정답 ④ ＊화학 반응식의 반응 계수 ·· [정답률 92%] 2023 실시 6월 학평 4 / 화학 Ⅰ (고2)

다음은 아세톤(C_3H_6O) 연소 반응의 화학 반응식이다.

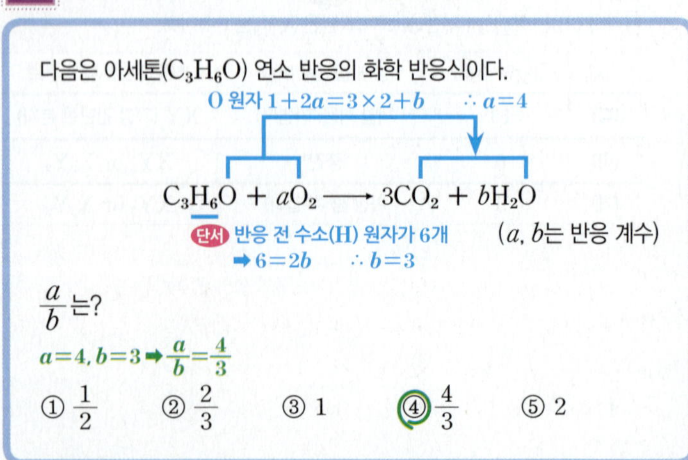

$\dfrac{a}{b}$ 는?
$a=4, b=3 ⇒ \dfrac{a}{b}=\dfrac{4}{3}$

① $\dfrac{1}{2}$　　② $\dfrac{2}{3}$　　③ 1　　④ $\dfrac{4}{3}$　　⑤ 2

💡 단서+발상

단서 반응 전 수소(H) 원자 수가 제시되어 있다.
발상 반응 후 수소(H) 원자 수를 추론할 수 있다.
적용 화학 반응 전과 후에 원자의 종류와 개수는 변하지 않는다는 것을 적용해서 반응 후 수소(H) 원자 수를 구하는 것부터 문제 풀이를 시작해야 한다.

| 문제+자료 분석 |

- **b**: 반응 전 수소(H) 원자 수가 6이므로 반응 후 수소(H) 원자 수도 6이어야 한다. 따라서 $b=3$이다.
- **a**: 반응 전 산소(O) 원자 수는 $1+2a$이고 반응 후 산소(O) 원자 수는 $3×2+b$이다. 이 둘은 같아야 하고 $b=3$이므로 $1+2a=3×2+3$이 되어 $a=4$이다.

| 선택지 분석 |

④ $a=4, b=3$이므로 $\dfrac{a}{b}=\dfrac{4}{3}$이다.

다음은 이산화 질소(NO_2)와 관련된 반응의 화학 반응식이다. _{단서}

$$a NO_2 + b NH_3 \longrightarrow c N_2 + 12 H_2O \quad (a \sim c\text{는 반응 계수})$$
$$6 8 7$$

$a+b+c$는?
$6+8+7=21$

① 18 ② 21 ③ 24 ④ 27 ⑤ 30

단서+발상

(단서) 이산화 질소(NO_2)와 관련된 반응의 화학 반응식이 제시되어 있다.

(발상) 미정 계수법을 이용하여 계수를 추론할 수 있다.

(적용) 미정 계수법을 이용해서 계수를 구하는 것부터 문제 풀이를 시작해야 한다.

| 문제+자료 분석 |

- 화학 반응에서 원자는 새로 생성되거나 소멸되지 않으므로 반응물에 있는 원자의 종류와 수가 생성물에 있는 원자의 종류와 수와 같다. (꿀팁)

원자의 종류	반응물의 원자 수＝생성물의 원자 수
N	$a+b=2c$
O	$2a=12 \Rightarrow a=6$
H	$3b=24 \Rightarrow b=8$

- $a=6, b=8$을 $a+b=2c$에 대입하면 $c=7$이다.

| 선택지 분석 |

② $a=6, b=8, c=7$이므로 $a+b+c=6+8+7=21$이다.

✱ 화학 반응에서 원자는 변하지 않는다.
- 화학 반응이 일어나도 원자의 종류, 개수, 질량은 변하지 않는다.

다음은 이황화 탄소(CS_2) 연소 반응의 화학 반응식이다.

(단서) 화학 반응 전후 원자는 새로 생성되거나 소멸되지 않음

$$CS_2 + a O_2 \longrightarrow CO_2 + b SO_2 \quad (a, b\text{는 반응 계수})$$
$$\phantom{CS_2 + {}}3 2$$

$a+b$는?
$a=3, b=2 \Rightarrow a+b=5$

① 2 ② 3 ③ 4 ④ 5 ⑤ 6

단서+발상

(단서) 이황화 탄소(CS_2) 연소 반응의 화학 반응식이 제시되어 있다.

(발상) 화학 반응에서 원자는 새로 생성되거나 소멸되지 않는다는 것을 추론할 수 있다.

(적용) 화학 반응에서 원자는 새로 생성되거나 소멸되지 않는다는 것을 이용해서 화학 반응식의 반응 계수를 구하는 것부터 문제 풀이를 시작해야 한다.

| 문제+자료 분석 |

- 화학 반응에서 원자는 새로 생성되거나 소멸되지 않는다. (꿀팁)
  ➡ 반응물과 생성물에 있는 원소의 종류와 각 원소의 원자 수는 서로 같다.
- 이황화 탄소(CS_2) 연소 반응에서 각 원소의 원자 수는 반응 전후에도 같으므로, 다음 식이 성립한다.

구분	반응 전(반응물)		반응 후(생성물)
C 원자 수	1	＝	1
S 원자 수	2	＝	b
O 원자 수	$2a$	＝	$2+2b=6$

따라서 $b=2$이고, $2a=2+2b=6$이므로 $a=3$이다.

| 선택지 분석 |

④ $a=3, b=2$이므로 $a+b=5$이다.

✱ 화학 반응식에서의 계수비
- 계수비＝몰비＝분자 수의 비＝기체의 부피비(온도, 압력이 일정할 때)
  $\neq$질량비

C 06 정답 ③ ＊화학 반응식

다음은 황(S)과 관련된 2가지 반응 (가)와 (나)의 화학 반응식이다.

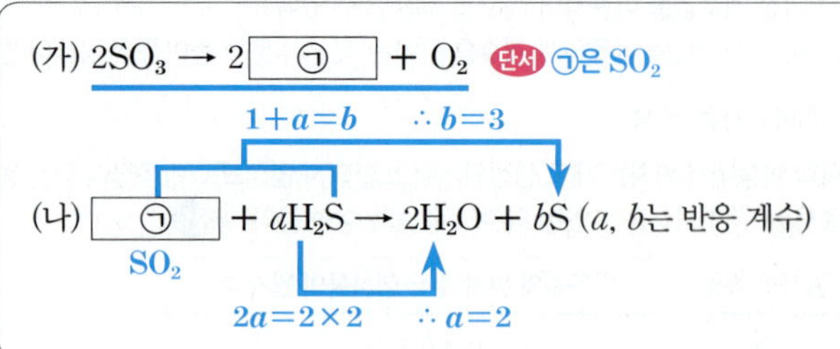

이에 대한 설명으로 옳은 것만을 〈보기〉에서 있는 대로 고른 것은? (단, H, S의 몰질량(g/mol)은 각각 1, 32이다.) (3점)

[보기]

ㄱ. ⓐ은 SO_2이다.
(가)에서 반응 전 S 원자는 2개, O 원자는 6개이므로 반응 후 ⓐ은 SO_2

ㄴ. $b=3$이다.

ㄷ. (나)에서 H_2S 17 g이 모두 반응했을 때, 생성된 S의 양은 ~~$\frac{3}{2}$~~ mol이다. H_2S 17 g은 $\frac{1}{2}$ mol이므로 S은 $\frac{3}{4}$ mol 생성

① ㄱ   ② ㄷ   ③ ㄱ, ㄴ   ④ ㄴ, ㄷ   ⑤ ㄱ, ㄴ, ㄷ

단서＋발상

단서 (가)에서 반응 전 황(S)과 산소(O) 원자 수가 제시되어 있다.

발상 (가)에서 반응 후 황(S)과 산소(O) 원자 수를 추론할 수 있다.

적용 화학 반응 전과 후에 원자의 종류와 개수는 변하지 않는다는 것을 적용해서 반응 후 황(S)과 산소(O) 원자 수를 구하는 것부터 문제 풀이를 시작해야 한다.

| 문제＋자료 분석 |

· ⓐ: (가)에서 반응 전 황(S)과 산소(O) 원자 수가 각각 2, 6이므로 반응 후에도 같아야 한다. 따라서 ⓐ은 SO_2이다.

· a, b: (나)에서 반응 전과 후 황(S) 원자는 각각 $1+a$, b이므로 $1+a=b$이다. 수소(H) 원자는 반응 전과 후 각각 $2a$, 2×2개이므로 $2a=2\times2$에서 $a=2$이다. 따라서 $b=3$이다.

| 보기 분석 |

ㄱ (가)에서 반응 전 황(S) 원자는 2개, 산소(O) 원자는 6개이고, 반응 후 ⓐ 2개와 산소 분자(O_2) 1개가 생성되었으므로 ⓐ은 SO_2이다.

ㄴ $a=2$, $b=3$이다.

ㄷ. H_2S는 몰질량(g/mol)이 34이므로 H_2S 17 g은 $\frac{17}{34}=\frac{1}{2}$ mol이다.
화학 반응식에서 H_2S와 S의 계수비는 2 : 3이고 계수비는 몰비와 같으므로 $2:3=\frac{1}{2}(mol):x(mol)$이다. 따라서 $x=\frac{3}{4}(mol)$이다.

＊화학 반응식에서의 계수비

· 계수비＝몰비＝분자 수의 비＝기체의 부피비(온도, 압력이 일정할 때) ≠질량비

C 07 정답 ⑤ ＊화학 반응에서의 양적 관계

다음은 질산 암모늄(NH_4NO_3)과 관련된 2가지 반응의 화학 반응식이다.

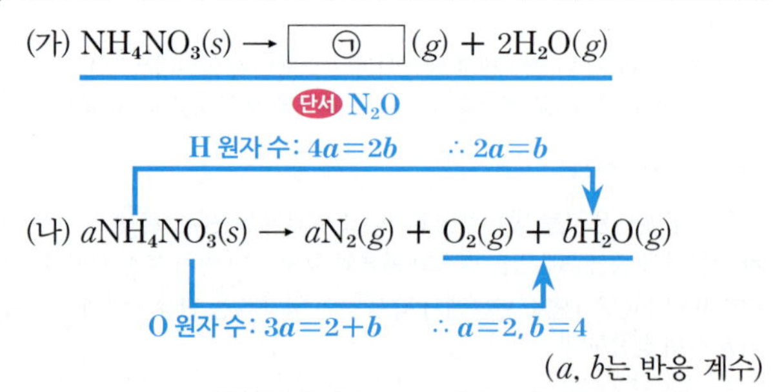

이에 대한 설명으로 옳은 것만을 〈보기〉에서 있는 대로 고른 것은? (3점)

[보기]

ㄱ. ⓐ은 N_2O이다.
반응 전 N, H, O는 각각 2, 4, 3개, 반응 후 $2H_2O$에는 H, O가 각각 4, 2개이므로 ⓐ은 N_2O

ㄴ. $\frac{b}{a}=2$이다. $a=2$, $b=4$이므로 $\frac{b}{a}=2$

ㄷ. (가)와 (나)에서 각각 NH_4NO_3 1 g이 모두 반응했을 때,
$\dfrac{\text{(가)에서 생성되는 전체 기체의 양(mol)}}{\text{(나)에서 생성되는 전체 기체의 양(mol)}}=\dfrac{6}{7}$이다.
(가)와 (나)에서 NH_4NO_3이 1 mol 만큼 반응했을 때 생성되는 전체 기체의 양에 비례한다.

① ㄱ   ② ㄷ   ③ ㄱ, ㄴ   ④ ㄴ, ㄷ   ⑤ ㄱ, ㄴ, ㄷ

단서＋발상

단서 (가)에서 반응 전 질소(N), 수소(H), 산소(O) 원자 수와 반응 후 수소(H), 산소(O)) 원자 수가 제시되어 있다.

발상 ⓐ에 들어갈 물질의 화학식을 추론할 수 있다.

| 문제＋자료 분석 |

· (가) : 반응 전 질소(N), 수소(H), 산소(O)의 원자 수는 각각 2, 4, 3이다. 반응 후 수소(H), 산소(O) 원자 수는 각각 4, 2이다.
➡ ⓐ은 질소(N) 원자 2개, 산소(O) 원자 1개로 구성된 N_2O이다.

· (나) : 반응 전 수소(H) 원자는 $4a$개, 반응 후에는 $2b$개이므로 $4a=2b$이다. 반응 전 산소(O) 원자는 $3a$개, 반응 후에는 $2+b$개이므로 $3a=2+b$이다.
➡ $a=2$, $b=4$

| 보기 분석 |

ㄱ ⓐ은 질소(N) 원자 2개, 산소(O) 원자 1개로 구성된 물질인 N_2O이다.

ㄴ $a=2$, $b=4$이므로 $\frac{b}{a}=2$이다.

ㄷ (가)와 (나)에서 각각 NH_4NO_3 1 g이 모두 반응했을 때 생성되는 전체 기체의 양(mol)은 (가)와 (나)에서 같은 양(mol)의 NH_4NO_3가 반응했을 때 생성되는 전체 기체의 양에 비례한다. 

(가)에서 NH_4NO_3 1 mol이 반응했을 때 생성되는 기체는 N_2O 1 mol과 H_2O 2 mol로 모두 3 mol이다.
(나)에서 NH_4NO_3 1 mol이 반응했을 때 생성되는 기체는 N_2 1 mol, O_2 0.5 mol, H_2O 2 mol로 모두 3.5 mol이다.
따라서 (가), (나)에서 같은 양의 NH_4NO_3가 반응했을 때 생성되는 기체의 양은 $\dfrac{\text{(가)}}{\text{(나)}}=\dfrac{3\,(mol)}{3.5\,(mol)}=\dfrac{6}{7}$이다.

왜 틀렸나?

· NH_4NO_3의 계수는 (가)의 반응식에서는 1이고 (나)의 반응식에서는 2이므로, 같은 양이 반응했을 때 생성물의 양을 비교하려면 (나)의 생성물을 $\frac{1}{2}$배로 계산해야 한다.

C 08 정답 ⑤ ＊화학 반응에서 양적 관계

다음은 $A(g)$와 $B(g)$가 반응하여 $C(g)$를 생성하는 반응의 화학 반응식이다.

$$2A(g) + bB(g) \longrightarrow 2C(g) \ (b는 \ 반응 \ 계수)$$

반응물   생성물

그림은 강철 용기에 $A(g)$와 $B(g)$를 넣고 반응을 완결시켰을 때, 반응 전과 후 용기에 들어 있는 모든 기체를 모형으로 나타낸 것이다. ■, ☆, △은 $A(g)\sim C(g)$를 순서 없이 나타낸 것이고, ㉠과 ㉡은 반응 전과 반응 후를 순서 없이 나타낸 것이다. 단서 ■은 ㉡에 더 많고 ㉠에도 있음 생성물이 아니라 반응물이며 ㉡이 반응 전

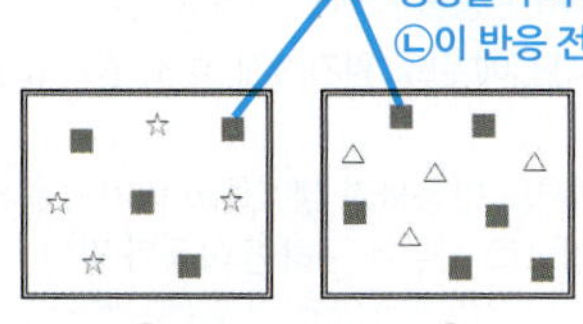

㉡에서 ㉠으로 될 때 ■은 2개 감소 ➡ ■은 $B(g)$, △은 4개 감소 ➡ △은 $A(g)$, ☆은 4개 증가 ➡ ☆은 $C(g)$

이에 대한 설명으로 옳은 것만을 〈보기〉에서 있는 대로 고른 것은? (단, 온도는 일정하다.) (3점)

[보기]
ㄱ. ㉠은 반응 전이다. ㉡이 반응 전, ㉠이 반응 후
ㄴ. ■은 $B(g)$이다. △가 $A(g)$, ☆은 $C(g)$, ■은 $B(g)$
ㄷ. $b=1$이다. ■가 2개 감소할 때 △는 4개 감소 ➡ $b=1$

① ㄱ ② ㄴ ③ ㄷ ④ ㄱ, ㄴ ⑤ ㄴ, ㄷ

 단서＋발상

단서 ㉠과 ㉡에 모두 ■가 제시되어 있다.
발상 ㉠과 ㉡의 ■ 개수로부터 어느 것이 반응 전인지 추론할 수 있다.
적용 반응 전과 후에 모두 존재하는 물질은 반응물임을 적용해서 ■가 반응물 중 어느 것인지를 구하는 것부터 문제 풀이를 시작해야 한다.

| 문제＋자료 분석 |

• ㉠과 ㉡에 모두 존재하는 물질은 생성물이 아니라 반응물이며, 반응물은 반응 전에 더 많이 존재할 것이므로, ■는 반응물이다.
　➡ ㉡이 반응 전, ㉠이 반응 후이다.

• ㉡에서 △가 4개 존재하였으나 ㉠에서는 △가 없고 ☆이 4개 존재하는 것으로 보아 △는 반응물, ☆은 생성물이며, 화학 반응식에서 두 물질의 계수는 같아야 한다. ➡ △가 $A(g)$, ☆은 $C(g)$이다.

| 보기 분석 |

ㄱ. ■가 ㉠과 ㉡에 모두 존재하고 ㉡에 더 많은 것으로 보아 ㉠은 반응 후이다.
ㄴ. △가 4개 감소할 때 ☆도 4개 생성되므로 화학 반응식에서 두 물질의 계수가 같다. 따라서 △가 $A(g)$, ☆은 $C(g)$이고 ■은 $B(g)$이다.
ㄷ. ■($B(g)$)가 2개 감소할 때 △($A(g)$)는 4개 감소하고 $A(g)$의 계수가 2이므로 $B(g)$의 계수 $b=1$이다.

왜 틀렸나?
• 반응 전보다 반응 후에 물질 입자 수가 증가한다고 생각하여 ㉠을 반응 전, ㉡을 반응 후라고 착각할 수 있으므로 주의한다.

C 09 정답 ① ＊화학 반응식과 양적 관계

다음은 마그네슘(Mg)과 염산($HCl(aq)$)의 반응에 대한 실험이다.

〈화학 반응식〉
$$Mg(s) + 2HCl(aq) \longrightarrow MgCl_2(aq) + H_2(g)$$
계수비 $Mg(s) : H_2(g) = 1 : 1$

〈실험 과정 및 결과〉 단서
○ $t\,℃$, 1기압에서 $Mg(s)$ 0.1 g을 충분한 양의 $HCl(aq)$에 넣어 반응을 완결시켰을 때, 발생한 $H_2(g)$의 부피는 100 mL이다. $Mg(s)$ 0.1 g의 양(mol)＝$H_2(g)$ 100 mL의 양(mol)

이 실험으로부터 Mg의 몰질량(g/mol)을 구하기 위해 반드시 이용해야 할 자료만을 〈보기〉에서 있는 대로 고른 것은? (단, 온도와 압력은 일정하다.)

[보기]
ㄱ. $t\,℃$, 1기압에서 기체 1 mol의 부피
ㄴ. 아보가드로수 아보가드로 법칙
ㄷ. HCl의 몰질량 Mg의 몰질량

① ㄱ ② ㄴ ③ ㄱ, ㄷ ④ ㄴ, ㄷ ⑤ ㄱ, ㄴ, ㄷ

 단서＋발상

단서 화학 반응식과 실험 과정 및 결과가 제시되어 있다.
발상 화학 반응식으로부터 Mg과 H_2의 양(mol) 비를 추론할 수 있다.

| 문제＋자료 분석 |

• Mg 0.1 g이 모두 반응하고 발생한 H_2의 부피는 100 mL이다. 반응한 마그네슘(Mg)과 발생한 H_2의 양(mol)은 각각 다음과 같다.

$$Mg(s) \ 0.1\,g의 \ 양(mol) = \frac{0.1\,g}{Mg의 \ 몰질량 \ g/mol}$$

$$H_2(g) \ 100\,mL의 \ 양(mol) = \frac{0.1\,L}{t\,℃, \ 1기압에서 \ 1\,mol의 \ 부피}$$

• 화학 반응식에서 계수비는 양(mol) 비이므로 꿀팁
반응하는 마그네슘(Mg)과 생성되는 H_2의 양(mol) 비는 1 : 1이다.
➡ $Mg(s)$ 0.1 g의 양(mol)과 $H_2(g)$ 100 mL의 양(mol)이 같아야 한다.

$$\frac{0.1\,g}{Mg의 \ 몰질량 \ g/mol} = \frac{0.1\,L}{t\,℃, \ 1기압에서 \ H_2(g) \ 1\,mol의 \ 부피}$$

| 보기 분석 |

ㄱ. Mg의 몰질량을 구하기 위해서는 $t\,℃$, 1기압에서 $H_2(g)$ 1 mol의 부피에 대한 자료가 필요하다. 아보가드로 법칙에 의해 같은 온도와 압력 조건에서 기체의 부피는 모두 같으므로 $t\,℃$, 1기압에서 기체의 1 mol 부피 자료를 반드시 이용해야 한다.
ㄴ. 아보가드로 법칙은 반드시 이용해야 하지만 아보가드로수는 필요없는 자료이다.
ㄷ. Mg의 몰질량이 필요하지만 HCl의 몰질량은 필요없는 자료이다.

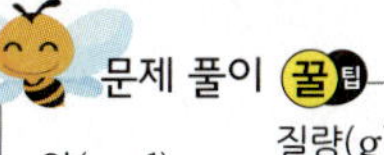 문제 풀이 꿀팁

$$양(mol) = \frac{질량(g)}{몰질량(g/mol)} = \frac{부피(L)}{t\,℃, \ 1기압에서 \ 1\,mol의 \ 부피(L)}$$

다음은 프로판올(C_3H_7OH)과 관련된 반응 (가)와 (나)의 화학 반응식이다. 단서

(가) $C_3H_7OH \longrightarrow C_3H_6 + $ ㉠ H_2O
                                 2

(나) $a C_3H_7OH + 9O_2 \longrightarrow b CO_2 + 8$ ㉠ H_2O
     2   6
                               (a, b는 반응 계수)

이에 대한 설명으로 옳은 것만을 〈보기〉에서 있는 대로 고른 것은? (3점)

[보기]

ㄱ. ㉠은 H_2O이다.
ㄴ. $a+b=8$이다. $a=2, b=6$
ㄷ. (가)와 (나)에서 각각 C_3H_7OH 1 g이 모두 반응했을 때,
$\dfrac{(나)에서\ 생성된\ CO_2의\ 양(mol)}{(가)에서\ 생성된\ C_3H_6의\ 양(mol)} > 1$이다.

① ㄱ　② ㄷ　③ ㄱ, ㄴ　④ ㄴ, ㄷ　⑤ ㄱ, ㄴ, ㄷ

 **단서+발상**

단서 프로판올과 관련된 반응식이 제시되어 있다.

발상 반응물과 생성물의 원자의 종류와 수가 같음을 이용하여 ㉠을 추론할 수 있다.

적용 반응물과 생성물의 원자의 종류와 수가 같음을 이용하여 ㉠을 구하는 것부터 문제 풀이를 시작해야 한다.

| 문제+자료 분석 |

- 화학 반응이 일어나는 동안 원자는 새로 생성되거나 소멸되지 않는다. 따라서 반응물과 생성물의 원자의 종류와 수가 같다. 꿀팁

- 화학 반응식 (가)에서 반응물에 탄소 원자 3개, 수소 원자 8개, 산소 원자가 1개 있고, 생성물 중 C_3H_6에 탄소 원자 3개, 수소 원자 6개가 있으므로 ㉠은 H_2O이다.

- 화학 반응식 (나)에서도 반응물과 생성물의 원자의 종류와 수가 같다는 것을 이용한 미정 계수법으로 계수를 구하면 다음과 같다.

원자의 종류	반응물의 원자 수＝생성물의 원자 수
C	$3a=b \Rightarrow b=6$
H	$8a=16 \Rightarrow a=2$
O	$a+18=2b+8$

| 보기 분석 |

ㄱ. 반응물과 생성물의 원자의 종류와 수는 같으므로 ㉠은 H_2O이다.
ㄴ. $a=2, b=6$이므로 $a+b=8$이다.
ㄷ. (가)에서 C_3H_7OH 1 mol이 반응하면 C_3H_6이 1 mol 생성되고, (나)에서 C_3H_7OH 2 mol이 반응하면 CO_2이 6 mol 생성된다.
(가)와 (나)에서 반응한 C_3H_7OH 1 g의 양(mol)을 n이라 하면 (가)와 (나)에서 생성되는 C_3H_6와 CO_2의 양(mol)은 각각 n, $3n$이다.
따라서 $\dfrac{(나)에서\ 생성된\ CO_2의\ 양(mol)}{(가)에서\ 생성된\ C_3H_6의\ 양(mol)} = \dfrac{3n}{n} = 3 > 1$이다.

다음은 $A(g)$와 $B(g)$가 반응하여 $C(g)$와 $D(g)$를 생성하는 반응의 화학 반응식이다.

$$A(g)+bB(g) \longrightarrow 2C(g)+2D(g) \ (b는\ 반응\ 계수)$$

단서 3

표는 실린더에 $A(g)$와 $B(g)$를 넣고 반응을 완결시킨 실험 Ⅰ~Ⅲ에 대한 자료이다.

실험	반응 전		반응 후	
	A의 질량(g)	B의 질량(g)	A 또는 B의 질량(g)	$\dfrac{D의\ 양(mol)}{전체\ 기체의\ 양(mol)}$ (상댓값)
Ⅰ	$5w$	$5w$	A $\dfrac{10}{3}w$	$x=15$
Ⅱ	$4w$	$6w$	A $2w$	18
Ⅲ	$2w$	$7w$	B w	20

$\dfrac{b}{x} \times \dfrac{C의\ 몰질량+D의\ 몰질량}{B의\ 몰질량}$ 은? (단, 실린더 속 기체의 온도와 압력은 일정하다.) (3점)

$\dfrac{3}{15} \times 2 = \dfrac{2}{5}$

①

① $\dfrac{1}{5}$ 　② $\dfrac{2}{5}$ 　③ $\dfrac{3}{5}$ 　④ $\dfrac{4}{5}$ 　⑤ 1

 **단서＋발상**

단서 화학 반응식과 반응물을 넣고 반응을 완결시킨 실험 Ⅰ~Ⅲ에 대한 자료가 제시되어 있다.

발상 실험 Ⅰ~Ⅲ에 대한 자료를 통하여 모두 반응하는 반응물을 추론할 수 있다.

적용 실험 Ⅰ~Ⅲ에 대한 자료를 통하여 모두 반응하는 반응물을 구하는 것부터 문제 풀이를 시작해야 한다.

| 문제＋자료 분석 |

step 1 Ⅰ에서 한계 반응물을 구한다.

- 만약 Ⅰ에서 A가 모두 반응했다면 A $5w$ g과 B $\dfrac{5}{3}w$ g이 반응해서 반응 후 B $\dfrac{10}{3}w$ g이 남은 것이므로 Ⅱ에서는 A $4w$ g과 B $\dfrac{4}{3}w$ g이 반응해서 반응 후 B $\dfrac{14}{3}w$ g이 남아야 하는데 주어진 자료와 맞지 않다.
  따라서 Ⅰ에서 모두 반응한 것은 B이다.

- Ⅰ에서 A $\dfrac{5}{3}w$ g과 B $5w$ g이 반응해서 반응 후 A $\dfrac{10}{3}w$ g이 남았고, Ⅱ에서 A $2w$ g과 B $6w$ g이 반응해서 A $2w$ g이 남았고, 이는 주어진 자료와 일치한다.
  따라서 Ⅲ에서는 A $2w$ g과 B $6w$ g이 반응해서 B w g이 남는다.

step 2 Ⅰ~Ⅲ에서 반응 후 기체의 질량(g)과 양(mol)을 구한다.

- Ⅰ~Ⅲ에서 반응 후 기체의 질량(g)에 대한 자료는 다음과 같다.

실험	반응 후 기체의 질량(g)		
	A(g)	B(g)	C(g)+D(g)
Ⅰ	$\dfrac{10}{3}w$	0	$\dfrac{20}{3}w$
Ⅱ	$2w$	0	$8w$
Ⅲ	0	w	$8w$

- $A(g)$ w g의 양(mol)을 n, $B(g)$ w g의 양(mol)을 m이라 하면
  Ⅰ에서 $A(g)$는 $5n$ mol 중 $\dfrac{5}{3}n$ mol이 반응하고, $\dfrac{10}{3}n$ mol이 남았다.
  화학 반응식에서 $C(g)$와 $D(g)$의 계수는 각각 2로 $A(g)$의 2배이므로
  $A(g)$가 $\dfrac{5}{3}n$ mol 반응할 때 생성되는 $C(g)$와 $D(g)$의 양(mol)은 각각 $\dfrac{10}{3}n$ mol이다.

- Ⅱ에서 $A(g)$는 $4n$ mol 중 $2n$ mol이 반응하고, $2n$ mol이 남았고, $C(g)$와 $D(g)$는 각각 $4n$ mol 생성되었다.

- Ⅲ에서 $A(g)$는 $2n$ mol이 모두 반응하고, $B(g)$는 $7m$ mol 중 $6m$ mol이 반응하고 m mol 남았고, $C(g)$와 $D(g)$는 각각 $4n$ mol 생성되었다.

step 3 A~D의 몰질량을 구한다.

- Ⅰ~Ⅲ에서 반응 후 기체의 양(mol)과 $\dfrac{D의\ 양(mol)}{전체\ 기체의\ 양(mol)}$에 대해 정리하면 다음과 같다.

실험	반응 후 기체의 양(mol)				$\dfrac{D의\ 양(mol)}{전체\ 기체의\ 양(mol)}$	
	A(g)	B(g)	C(g)	D(g)	실젯값	상댓값
Ⅰ	$\dfrac{10}{3}n$	0	$\dfrac{10}{3}n$	$\dfrac{10}{3}n$	$\dfrac{1}{3}$	$x=15$
Ⅱ	$2n$	0	$4n$	$4n$	$\dfrac{2}{5}$	18
Ⅲ	0	m	$4n$	$4n$	$y=\dfrac{4}{9}$	20

- Ⅱ에서 $\dfrac{D의\ 양(mol)}{전체\ 기체의\ 양(mol)}$의 실젯값이 $\dfrac{2}{5}$인데 상댓값은 18이므로 Ⅰ에서의 상댓값과 Ⅲ에서 이 실젯값은 다음과 같이 비례식으로 구할 수 있다.

$$\dfrac{2}{5} : 18 = \dfrac{1}{3} : x \ \Rightarrow\ x=15$$

$$\dfrac{2}{5} : 18 = y : 20 \ \Rightarrow\ y=\dfrac{4}{9}\ 이다.$$

- Ⅲ에서 $\dfrac{D의\ 양(mol)}{전체\ 기체의\ 양(mol)}$의 실젯값이 $\dfrac{4}{9}$이므로 $m=n$이다.
  따라서 A의 몰질량과 B의 몰질량은 서로 같다.

- $m=n$이므로 Ⅰ에서 $A(g)$는 $\dfrac{5}{3}n$ mol과 $B(g)$는 $5n$ mol이 반응하므로 $A(g)$와 $B(g)$의 계수비는 1 : 3이다. 따라서 $b=3$이다.

- A와 B의 몰질량이 같으므로 B의 몰질량$\times 4=$(C의 몰질량+D의 몰질량)$\times 2$이다. 따라서 $\dfrac{C의\ 몰질량+D의\ 몰질량}{B의\ 몰질량}=2$이다.

| 선택지 분석 |

② $b=3$, $x=15$, $\dfrac{C의\ 몰질량+D의\ 몰질량}{B의\ 몰질량}=2$이므로

$$\dfrac{b}{x} \times \dfrac{C의\ 몰질량+D의\ 몰질량}{B의\ 몰질량} = \dfrac{3}{15} \times 2 = \dfrac{2}{5}\ 이다.$$

✪ 정답은 ② $\dfrac{2}{5}$이다.

다음은 $A(g)$와 $B(g)$가 반응하여 $C(g)$를 생성하는 반응의 화학 반응식이다.

단서

$$A(g) + bB(g) \longrightarrow 2C(g) \ (b\text{는 반응 계수})$$

반응 양(mol)   1   : b :   2

표는 실린더에 $A(g)$와 $B(g)$의 질량을 달리하여 넣고 반응을 완결 시킨 실험 Ⅰ, Ⅱ에 대한 자료이다. $\dfrac{C\text{의 몰질량}}{B\text{의 몰질량}} = \dfrac{11}{7}$이다.

실험	반응 전			반응 후	
	A의 질량(g)	B의 질량(g)	전체 기체의 부피(L)	남은 반응물의 종류와 질량	전체 기체의 부피(L)
Ⅰ	4 $\dfrac{1}{bm}$ mol	14 $\dfrac{2}{m}$ mol		$B(g), 7\,g$ $\dfrac{1}{m}$ mol	$4V$ $\left(\dfrac{1}{m}+\dfrac{2}{bm}\right)$ mol
Ⅱ	24 $\dfrac{6}{bm}$ mol	21 $\dfrac{3}{m}$ mol	$12V$ $\left(\dfrac{3}{m}+\dfrac{6}{bm}\right)$ mol	$A(g), 12\,g$	xV $=9V$

이에 대한 설명으로 옳은 것만을 〈보기〉에서 있는 대로 고른 것은? (단, 실린더 속 기체의 온도와 압력은 일정하다.) (3점)

――――――――――[보기]――――――――――
ㄱ. $b=\cancel{3}$이다. 2
ㄴ. Ⅱ에서 남은 반응물의 질량은 $\cancel{8}\,g$이다. 12
ⓒ. $x=9$이다.

① ㄱ   ② ㄴ   ③ ㄷ   ④ ㄱ, ㄷ   ⑤ ㄴ, ㄷ

단서＋발상

단서 화학 반응식과 실험 자료, 몰질량 비가 제시되어 있다.

발상 화학 반응식의 계수비가 반응 몰수비라는 것을 추론할 수 있다.

적용 화학 반응식의 계수비가 반응 몰수비라는 것을 적용해서 각 실험에서 반응 전, 반응, 반응 후의 양(mol)을 구하는 것부터 문제 풀이를 시작해야 한다.

| 문제＋자료 분석 |

- $\dfrac{C\text{의 몰질량}}{B\text{의 몰질량}} = \dfrac{11}{7}$이므로 B의 몰질량$=7m$이라고 하면 C의 몰질량$=11m$이다.

- 실험 Ⅰ : 화학 반응식의 계수비＝반응 몰수비이므로 **꿀팁** 화학 반응식의 양적 관계를 구하면 다음과 같다.

실험 Ⅰ	$A(g)$	$+$	$bB(g)$	$\longrightarrow$	$2C(g)$
반응 전 양(mol)	$\dfrac{1}{bm}$		$\dfrac{2}{m}$		0
반응한 양(mol)	$-\dfrac{1}{bm}$		$-\dfrac{1}{m}$		$+\dfrac{2}{bm}$
반응 후 양(mol)	$-$		$\dfrac{1}{m}$		$\dfrac{2}{bm}$

➡ 반응 후 남은 $A(g)$가 없으므로 실험 Ⅰ에서 반응 전 $A(g)$의 양(mol)은 $\dfrac{1}{bm}$ mol이다.

➡ 반응 후 남은 전체 기체의 양(mol)은 $\left(\dfrac{1}{m}+\dfrac{2}{bm}\right)$ mol이고 이들의 부피는 $4V$ L이다.

- 실험 Ⅱ : 반응 전 전체 기체의 부피는 $12V$로 실험 Ⅰ에서 반응 후 전체 기체의 부피 $4V$의 3배이므로 **함정** 기체의 양(mol)도 3배인 $\left(\dfrac{3}{m}+\dfrac{6}{bm}\right)$ mol이다.

  실험 Ⅱ에서 반응 전 B의 양(mol)$=\dfrac{21}{7m}=\dfrac{3}{m}$ mol이므로, 실험 Ⅱ에서 반응 전 A의 양(mol)은 $\dfrac{6}{bm}$ mol이다.

- A는 $\dfrac{6}{bm}$ mol의 질량이 $24\,g$이므로 실험 Ⅰ에서 반응 전 A의 질량은 $4\,g$이다.

  실험 Ⅰ에서 A $4\,g$과 B $7\,g\left(=\dfrac{1}{m}\text{ mol}\right)$이 반응하였으므로 C $11\,g\left(=\dfrac{1}{m}\text{ mol}\right)$이 생성되었다. 반응한 B와 생성된 C의 양(mol)이 같으므로 B와 C의 계수는 서로 같다. 따라서 $b=2$이다.

- $b=2$를 대입하여 실험 Ⅱ에서의 화학 반응식의 양적 관계를 나타내면 다음과 같다.

실험 Ⅱ	$A(g)$	$+$	$2B(g)$	$\longrightarrow$	$2C(g)$
반응 전 양(mol)	$\dfrac{6}{2m}$		$\dfrac{3}{m}$		0
반응한 양(mol)	$-\dfrac{3}{2m}$		$-\dfrac{3}{m}$		$+\dfrac{3}{m}$
반응 후 양(mol)	$\dfrac{3}{2m}$		0		$\dfrac{3}{m}$

| 보기 분석 |

ㄱ. $b=2$이다.

ㄴ. 실험 Ⅱ에서 $A(g)$의 절반만 반응했으므로 남은 기체는 $A(g)$ $12\,g$이다.

ⓒ 실험 Ⅰ에서 반응 후 전체 기체의 양(mol)은 $\dfrac{2}{m}$이고, 이들의 부피는 $4V$이다. 실험 Ⅱ에서 반응 후 전체 기체의 양(mol)은 $\dfrac{9}{2m}$이므로 이들의 부피는 $9V$이다. 따라서 $x=9$이다.

다음은 $A(g)$와 $B(g)$가 반응하여 $C(g)$를 생성하는 반응의 화학 반응식이다.

$$2A(g) + B(g) \longrightarrow 2C(g)$$

표는 실린더에 $A(g)$와 $B(g)$를 넣고 반응을 완결시킨 실험 Ⅰ, Ⅱ에 대한 자료이다. $\dfrac{B의 몰질량}{A의 몰질량} = \dfrac{16}{15}$이다.

단서 몰질량 비는 $A : B : C = 15 : 16 : 23$

$$\dfrac{x}{15M} : \left(\dfrac{x}{16M} - \dfrac{7}{16M} \right) = 2 : 1 \quad \therefore x = 15,\ y = 23,\ z = 8$$

실험	반응 전		반응 후		
	A의 질량(g)	B의 질량(g)	B의 질량(g)	C의 질량(g)	전체 기체의 질량(g)
Ⅰ	x $\dfrac{x}{15M}$ mol	x $\dfrac{x}{16M}$ mol	7 $\dfrac{7}{16M}$ mol	y $\dfrac{y}{23M}$ mol	$2x = 7 + y$
Ⅱ	x $\dfrac{x}{15M}$ mol	z $\dfrac{z}{16M}$ mol			y $x + z = y$

$A(g)$, $B(g)$ 모두 반응, $C(g)$ $\dfrac{y}{23M}$ mol 생성

$\dfrac{\text{Ⅱ에서 반응 후 전체 기체의 부피(L)}}{\text{Ⅰ에서 반응 후 전체 기체의 부피(L)}} \times \dfrac{y}{z}$는? (단, 실린더 속 기체의 온도와 압력은 일정하다.) (3점)

$$\dfrac{\dfrac{1}{M}}{\dfrac{7}{16M} + \dfrac{1}{M}} \times \dfrac{23}{8} = 2$$

① $\dfrac{5}{2}$ ② 2 ③ $\dfrac{3}{2}$ ④ 1 ⑤ $\dfrac{1}{2}$

단서＋발상

단서 화학 반응식의 계수, A와 B의 몰질량 비가 제시되어 있다.

발상 화학 반응에서 질량은 보존되므로 C의 몰질량 비도 추론할 수 있다.

적용 반응 전 반응물의 질량 합과 반응 후 생성물의 질량 합은 같다는 것을 적용해서 몰질량 비 $A : B : C$를 구하는 것부터 문제 풀이를 시작해야 한다.

| 문제＋자료 분석 |

- $\dfrac{B의 몰질량}{A의 몰질량} = \dfrac{16}{15}$이므로 A의 몰질량을 $15M$이라 하면 B의 몰질량은 $16M$이다.

- 화학 반응식에서 반응 전과 후 질량 합은 같아야 한다.

  ➡ $(2 \times 15M) + 16M = 2 \times (\text{C의 몰질량})$이므로 C의 몰질량은 $23M$이다.

- Ⅰ, Ⅱ에서 반응 전과 후 질량 합은 같아야 하므로

  Ⅰ에서 $x + x = 7 + y$ ⋯⋯식 (1)

  Ⅱ에서 $x + z = y$ ⋯⋯식 (2)

- Ⅰ에서 양적 관계는 아래와 같다.

화학 반응식	$2A(g)$	＋	$B(g)$	⟶	$2C(g)$
반응 전 양(mol)	$\dfrac{x}{15M}$		$\dfrac{x}{16M}$		0
반응한 양(mol)	$-\dfrac{x}{15M}$		$-\left(\dfrac{x}{16M} - \dfrac{7}{16M} \right)$		$+\dfrac{2}{M}$
반응 후 양(mol)	0		$\dfrac{7}{16M}$		$\dfrac{2}{M}$

반응한 몰비는 $A(g) : B(g) = 2 : 1$이므로

$$\dfrac{x}{15M} : \left(\dfrac{x}{16M} - \dfrac{7}{16M} \right) = 2 : 1$$에서 $x = 15$이다.

➡ 식 (1), (2)와 연립하여 풀면 $y = 23$, $z = 8$이다.

- Ⅱ에서 $A(g)$의 양(mol)은 $\dfrac{x}{15M} = \dfrac{1}{M}$ (mol), $B(g)$의 양(mol)은 $\dfrac{z}{16M} = \dfrac{1}{2M}$ (mol)이므로 모두 반응하고 $C(g)$가 $\dfrac{y}{23M} = \dfrac{1}{M}$ mol 생성된다.

| 선택지 분석 |

② 온도, 압력이 일정하여 기체의 부피비는 몰비와 같으므로

$$\dfrac{\text{Ⅱ에서 반응 후 전체 기체의 부피(L)}}{\text{Ⅰ에서 반응 후 전체 기체의 부피(L)}} \times \dfrac{y}{z}$$

$$= \dfrac{\text{Ⅱ에서 반응 후 전체 기체의 양(mol)}}{\text{Ⅰ에서 반응 후 전체 기체의 양(mol)}} \times \dfrac{y}{z} = \dfrac{\dfrac{1}{M}}{\dfrac{7}{16M} + \dfrac{1}{M}} \times \dfrac{23}{8} = 2$$

문제 풀이 꿀팁

- 온도와 압력이 일정하므로 전체 기체의 부피는 전체 기체의 양(mol)에 비례한다.

C 14 정답 ③ ✱ 물질의 양(mol)

다음은 마그네슘(Mg)을 이용한 실험이다.

〈자료〉
○ 화학 반응식 : $2Mg(s) + O_2(g) \longrightarrow 2X(s)$
    단서 X는 MgO
○ O, Mg의 몰질량(g/mol)은 각각 16, 24이다.

〈실험 과정〉
(가) Mg(s) 6 g이 들어 있는 반응 용기에 충분한 양의 $O_2(g)$
    를 넣어 반응을 완결시킨다. 0.25 mol
(나) 생성된 X(s)의 질량을 측정하고, X(s)의 양(mol)을 계산
    한다. MgO 몰질량 40
(다) 반응한 $O_2(g)$의 양(mol)을 계산한다.

〈실험 결과〉
○ X(s)의 질량: 10 g
○ X(s)의 양: a mol $a=\dfrac{10}{40}=0.25\ (mol)$
○ 반응한 $O_2(g)$의 양: b mol $b=0.25\times0.5=0.125\ (mol)$

이에 대한 설명으로 옳은 것만을 〈보기〉에서 있는 대로 고른 것은? (단,
0 ℃, 1기압에서 기체 1 mol의 부피는 22.4 L이다.)

[보기]
ㄱ. X는 MgO이다.
ㄴ. $a=0.5$이다.
    $a=\dfrac{10}{40}=0.25\ (mol)$
ㄷ. 0 ℃, 1기압에서 $O_2(g)$ b mol의 부피는 2.8 L이다.
    $b=0.125\ (mol)$ ∴ $22.4\times0.125=2.8\ (L)$

① ㄱ   ② ㄴ   ③ ㄱ, ㄷ   ④ ㄴ, ㄷ   ⑤ ㄱ, ㄴ, ㄷ

단서 + 발상
단서 자료의 화학 반응식에 반응물이 제시되어 있다.
발상 생성물의 화학식을 추론할 수 있다.
적용 화학 반응식의 계수비는 몰비와 같다는 것을 적용해서 반응물과 생성물의
    양(mol)을 구하는 것부터 문제 풀이를 시작해야 한다.

| 문제 + 자료 분석 |

• $2Mg(s) + O_2(g) \longrightarrow 2X(s)$이고 반응 전후에 원자의 종류와 개수는
  같으므로 생성물 X는 MgO이다.
• (가)에서 Mg(s) 6 g은 $\dfrac{6}{24}=0.25$ mol이다.
• 반응물과 생성물의 몰비는 $Mg(s) : O_2(g) : MgO(s)=2 : 1 : 2$이므로
  (나)에서 생성된 MgO(s)은 0.25 mol, (다)에서 반응한 $O_2(g)$는
  0.125 mol이다.

| 보기 분석 |

ㄱ. X는 1개의 Mg 원자와 1개의 O 원자로 이루어진 물질이므로 MgO이다.
ㄴ. MgO의 몰질량은 40이므로 10 g의 양(mol) $a=\dfrac{10}{40}=0.25$ (mol)이다.
ㄷ. 반응한 Mg과 O_2의 몰비=화학 반응식의 계수비=2 : 1이다.
    반응한 Mg의 양(mol)이 0.25(mol)일 때 반응한 $O_2(g)$의 양(mol)은
    $0.25\times0.5=0.125$ (mol)이다.
    0 ℃, 1기압에서 $O_2(g)$ 0.125 mol의 부피는
    $22.4\ (L/mol)\times0.125\ (mol)=2.8\ (L)$이다.

문제 풀이 꿀팁
• 화학 반응식에서 Mg(s)와 $O_2(g)$의 계수비가 2 : 1이므로 몰비도 2 : 1이다.
  따라서 반응한 Mg(s)의 양(mol)이 0.25 mol일 때 반응한 $O_2(g)$의 양(mol)은
  $0.25\times0.5=0.125$ (mol)이다.

C 15 정답 ① ✱ 화학 반응의 양적 관계

그림은 강철 용기에 에텐(C_2H_4)과 산소(O_2)를 넣고 반응을 완결시켰을
때, 반응 전과 후 용기에 들어 있는 모든 물질의 질량을 나타낸 것이다.

단서 반응물, 생성물이 나와 있으므로 화학 반응식을 알 수 있음
➡ $C_2H_4(g)+3O_2(g) \longrightarrow 2CO_2(g)+2H_2O(g)$

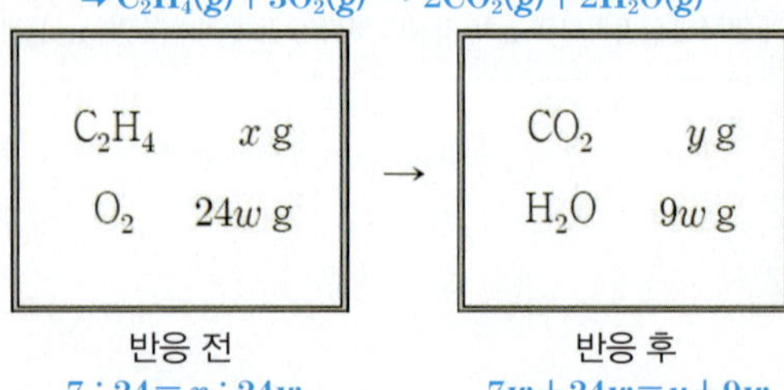

반응 전
$7 : 24=x : 24w$
∴ $x=7w$

반응 후
$7w+24w=y+9w$
∴ $y=22w$

$x+y$는? (단, H, C, O의 몰질량(g/mol)은 각각 1, 12, 16이다.)
$7w+22w=29w$

① $29w$ ② $30w$ ③ $31w$ ④ $32w$ ⑤ $33w$

단서 + 발상
단서 반응물과 생성물의 화학식이 제시되어 있다.
발상 화학 반응식을 추론할 수 있다.
적용 화학 반응 전과 후에 원자의 종류와 개수는 같다는 것을 적용해서 화학
    반응식을 구하는 것부터 문제 풀이를 시작해야 한다.

| 문제 + 자료 분석 |

• 반응물이 C_2H_4와 O_2이고 생성물이 CO_2와 H_2O이므로 화학 반응식은
  $C_2H_4(g)+3O_2(g) \longrightarrow 2CO_2(g)+2H_2O(g)$이다.
• 반응물의 질량비는 $C_2H_4 : O_2=7 : 24=x : 24w$이다.
  따라서 $x=7w$이다.
• 화학 반응 전과 후에 질량은 보존되므로 꿀팁
  $7w+24w=y+9w$이다. 따라서 $y=22w$이다.

| 선택지 분석 |

① $x=7w$, $y=22w$이다. 따라서 $x+y=7w+22w=29w$이다.

문제 풀이 꿀팁
• 화학 반응 전과 후에 질량은 보존되므로(질량 보존 법칙) 반응물 질량의 합과
  생성물 질량의 합은 같다.

다음은 $A(g)$와 $B(g)$가 반응하여 $C(g)$와 $D(g)$를 생성하는 반응의 화학 반응식이다.

$$A(g) + bB(g) \longrightarrow cC(g) + 2D(g)$$

$b=4$　　$c=3$　　　　　(b, c는 반응 계수)

표는 $A(g)$ x g이 들어 있는 실린더에 $B(g)$의 질량을 달리하여 넣고 반응을 완결시킨 실험 Ⅰ~Ⅲ에 대한 자료이다.

단서 Ⅱ에서 $A(g)$ x g과 $B(g)$ $2w$ g이 모두 반응
➡ 생성된 $C(g)$ $3n$ mol, $D(g)$ $2n$ mol　　∴ $c=3$

실험	Ⅰ	Ⅱ	Ⅲ
넣어 준 B의 질량(g)	w	$2w$	$3w$
반응 후 남은 반응물의 질량(g)	$\dfrac{5}{16}w$	0	w
반응 후　$\dfrac{\text{C의 양(mol)}}{\text{전체 기체의 양(mol)}}$	$\dfrac{1}{2}$	$\dfrac{3}{5}$	$\dfrac{3}{7}$

(2) $A(g)$ $\dfrac{n}{2}$ mol이 $\dfrac{5w}{16}$ g
➡ $A(g)$ n mol은 $\dfrac{5w}{8}$ g

(1) 반응 후 남은 기체
$C(g)$ $3n$ mol, $D(g)$ $2n$ mol
$B(g)$ $2n$ mol(w g)

$\dfrac{c}{b} \times \dfrac{\text{B의 몰질량}}{\text{A의 몰질량}}$ 은? (단, 실린더 속 기체의 온도와 압력은 일정하다.) (3점)

$\dfrac{3}{4} \times \dfrac{\dfrac{w}{2n}}{\dfrac{5w}{8n}} = \dfrac{3}{5}$

① $\dfrac{1}{5}$　　② $\dfrac{3}{10}$　　③ $\dfrac{1}{2}$　　④ $\dfrac{3}{5}$　　⑤ 1

단서+발상

단서 Ⅱ에서 남은 반응물의 질량이 0으로 제시되어 있다.

발상 Ⅱ에서 $A(g)$와 $B(g)$가 모두 반응하였음을 추론할 수 있다.

적용 Ⅱ에서 반응 후 생성된 $C(g)$와 $D(g)$의 몰비를 구하는 것부터 문제 풀이를 시작해야 한다.

문제+자료 분석

- Ⅱ에서 반응물은 모두 반응하였고 꿀팁 반응 후
  $\dfrac{\text{C의 양(mol)}}{\text{전체 기체의 양(mol)}} = \dfrac{3}{5}$ 이므로 생성물의 몰비는
  $C(g) : D(g) = 3 : 2$ 이므로 $c=3$ 이다.

- Ⅲ에서 $\dfrac{\text{C의 양(mol)}}{\text{전체 기체의 양(mol)}} = \dfrac{3}{7}$ 이므로 $C(g)$의 양(mol)을 $3n$ mol이라 하면, $D(g)$의 양(mol)은 $2n$ mol, $B(g)$의 양(mol)은 $2n$ mol이다.
  ➡ 반응 후 남은 반응물은 $B(g)$이다. $B(g)$의 질량(g)이 w이므로 $B(g)$ n mol의 질량(g)은 $\dfrac{w}{2}$ 이다. 반응한 $B(g)$의 질량(g)은 $2w$로 $4n$ mol이므로 $b=4$이다.

- Ⅰ에서 반응한 $B(g)$가 w g으로 $2n$ mol이므로 반응 후 남은 $A(g)$의 양(mol)은 $\dfrac{n}{2}$ mol이다. 반응 후 남은 반응물의 질량(g)이 $\dfrac{5w}{16}$ 이므로 $A(g)$ n mol의 질량(g)은 $\dfrac{5w}{8}$ 이다.

선택지 분석

④ $\dfrac{c}{b} \times \dfrac{\text{B의 몰질량}}{\text{A의 몰질량}} = \dfrac{3}{4} \times \dfrac{\dfrac{w}{2n}}{\dfrac{5w}{8n}} = \dfrac{3}{5}$

문제 풀이 꿀팁

- 남은 반응물이 0일 때 반응 후의 전체 기체는 모두 생성물임에 착안하여 $C(g)$와 $D(g)$의 몰비를 구할 수 있다.

그림 (가)는 실린더에 $A(g)$ w g이 들어 있는 것을, (나)는 (가)의 실린더에 $B(g)$ $4w$ g이 첨가된 것을, (다)는 (나)의 실린더에 $A(g)$ x g과 $B(g)$ $2w$ g이 추가된 것을 나타낸 것이다. (가)~(다)에서 실린더 속 기체의 부피는 각각 V L, $3V$ L, $7V$ L이다.

단서 온도, 압력 일정하므로 부피비＝분자 수 비
➡ 같은 부피일 때 질량비＝몰질량 비

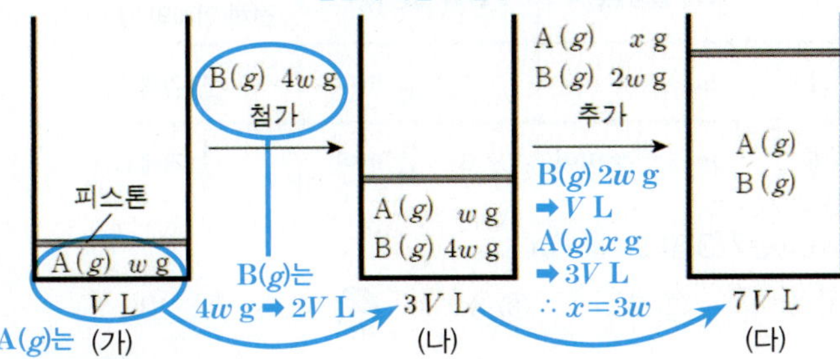

$\dfrac{\text{B의 몰질량}}{\text{A의 몰질량}} \times x$ 는? (단, 실린더 속 기체의 온도와 압력은 일정하고, 모든 기체는 반응하지 않는다.)

$\dfrac{2}{1} \times 3w = 6w$

① $4w$　　② $6w$　　③ $8w$　　④ $10w$　　⑤ $12w$

단서+발상

단서 각 단계에서 기체의 부피가 제시되어 있다.

발상 온도, 압력이 일정하므로 부피비와 분자 수의 비가 같아, $A(g)$, $B(g)$의 부피가 같을 때의 질량비가 몰질량 비와 같음을 추론할 수 있다.

적용 $A(g)$, $B(g)$의 부피가 같을 때의 질량비를 구하는 것부터 문제 풀이를 시작해야 한다.

문제+자료 분석

- (가): $A(g)$는 w g이 V L이다.
- (나): $B(g)$ $4w$ g이 첨가되었을 때 부피가 $2V$ L 증가했으므로 $B(g)$는 V L가 $2w$ g이다.
  ➡ (가)와 (나)로부터 몰질량의 비는 A : B＝1 : 2이다.
- (다): 증가한 부피는 $4V$ L이다. 추가된 $B(g)$는 $2w$ g으로 V L이므로 $A(g)$ x g이 $3V$ L이다. 따라서 $x=3w$이다.

선택지 분석

② $\dfrac{\text{B의 몰질량}}{\text{A의 몰질량}} \times x = \dfrac{2}{1} \times 3w = 6w$

★ 아보가드로 법칙

- 같은 온도, 같은 압력에서 같은 부피 속에는 같은 수의 기체 분자가 들어 있으므로 부피비＝분자 수의 비가 성립한다.
  ➡ 두 기체의 온도와 압력이 같을 때 부피가 같으면 분자 수도 같으므로 질량비는 몰질량의 비와 일치한다.

다음은 $A(g)$와 $B(g)$가 반응하여 $C(g)$가 생성되는 반응의 화학 반응식 이다.

$$A(g) + 2B(g) \longrightarrow cC(g) \quad (c는 \ 반응 \ 계수)$$

단서 $A(g)$와 $B(g)$는 몰비 1 : 2로 반응

그림 (가)는 실린더에 $A(g)$와 $B(g)$가 각각 $13w$ g, w g이 들어 있는 것을, (나)는 (가)의 실린더에서 반응을 완결시킨 것을, (다)는 (나)의 실린 더에 $B(g)$ x g을 추가하여 반응을 완결시킨 것을 나타낸 것이다.

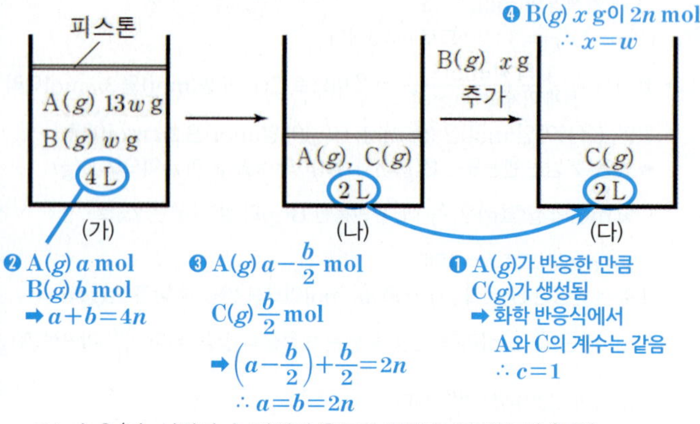

$c \times x$는? (단, 실린더 속 기체의 온도와 압력은 일정하다.) (3점) $1 \times w = w$

① $\dfrac{1}{2}w$ ② w ③ $\dfrac{3}{2}w$ ④ $2w$ ⑤ $4w$

단서 화학 반응식이 제시되어 있다.

발상 반응물 기체와 생성물 기체의 몰 비를 추론할 수 있다.

적용 온도와 압력이 일정할 때 기체의 부피 비는 몰 비와 같다는 것을 적용해서 각 단계에서 기체의 양(mol)을 구하는 것부터 문제 풀이를 시작해야 한다.

| 문제+자료 분석 |

- (나)에서 (다)로 될 때 반응한 $A(g)$만큼 $C(g)$가 생성되므로 화학 반응식에서 계수비는 $A(g) : C(g) = 1 : 1$이다. 꿀팁 따라서 $c=1$이다.
- 온도와 압력이 일정하여 기체의 부피는 기체의 양(mol)에 비례한다. (가)에서 전체 부피가 4 L일 때 기체의 양(mol)이 $4n$ mol이라 하고 $A(g)$가 a mol, $B(g)$ b mol이라 하면 $a+b=4n$이다.
- (가)에서 (나)로 될 때 화학 반응식에서의 양적 관계는 아래와 같다.

화학 반응식	$A(g)$	$+$	$2B(g)$	$\longrightarrow$	$C(g)$
반응 전 양(mol)	a		b		
반응한 양(mol)	$-\dfrac{b}{2}$		$-b$		$+\dfrac{b}{2}$
반응 후 양(mol)	$a-\dfrac{b}{2}$		0		$+\dfrac{b}{2}$

➡ 반응 후 양(mol)은 $\left(a-\dfrac{b}{2}\right)+\dfrac{b}{2}=2n$이므로 $a=b=2n$이다.

- (가)에서 $B(g)$는 w g이 $2n$ mol이고 (나)로 될 때 n mol 반응했으므로 (나)에서 (다)로 될 때 반응한 x g도 n mol이다. 따라서 $x=w$이다.

| 선택지 분석 |

② $c=1$이고 $x=w$이다. 따라서 $c \times x = 1 \times w = w$이다.

- 반응물 $A(g)$와 생성물 $C(g)$만 들어있는 용기에 반응물 $B(g)$를 추가로 넣고 반응시켰을 때, $A(g)$와 $B(g)$가 모두 반응한 후에도 전체 기체의 양(mol)이 처음과 같았다면 반응한 $A(g)$와 생성된 $C(g)$의 양(mol)은 같다.

다음은 $A(g)$와 $B(g)$가 반응하여 $C(g)$가 생성되는 반응의 화학 반응식이다.

$$\underset{2}{a}A(g) + B(g) \longrightarrow 2C(g) \quad (a는 \ 반응 \ 계수)$$

표는 $A(g)$ w g이 들어 있는 강철 용기에 $B(g)$의 질량을 달리하여 넣 고 반응을 완결시킨 실험 Ⅰ과 Ⅱ에 대한 자료이다.

$\dfrac{A의 \ 몰질량}{B의 \ 몰질량}=2$이고, Ⅱ에서 A는 모두 반응하였다.

A의 몰질량 $2M$이면 B의 몰질량은 M

단서 Ⅰ에서는 A가 남고 B가 모두 반응

실험	반응 전		반응 후
	A의 질량(g)	B의 질량(g)	$\dfrac{C의 \ 양(mol)}{전체 \ 기체의 \ 양(mol)}$
Ⅰ	w	$1=\dfrac{1}{M}$ mol	$\dfrac{1}{2}$ 기체 A, C
Ⅱ	$w=\dfrac{w}{2M}$ mol	$6=\dfrac{6}{M}$ mol	$\dfrac{1}{2}$ 기체 B, C

$a+w$는? (3점) $2+8=10$

① 5   ② 7   ③ 8   ④ 10   ⑤ 13

단서 Ⅱ에서 A가 모두 반응하였음이 제시되어 있다.

발상 Ⅰ에서는 B가 모두 반응하였음을 추론할 수 있다.

적용 화학 반응식의 계수 비가 몰비와 같음을 적용해서 Ⅰ과 Ⅱ에서 반응 후 생성된 물질과 남은 물질의 몰비를 구하는 것부터 문제 풀이를 시작해야 한다.

| 문제+자료 분석 |

- Ⅰ과 Ⅱ에서 A의 질량은 같고 B의 질량만 증가시켰는데 Ⅱ에서 A가 모두 반응했다고 했으므로 Ⅰ에서는 B가 모두 반응하였다. 꿀팁
- $\dfrac{A의 \ 몰질량}{B의 \ 몰질량}=2$이므로 A의 몰질량을 $2M$이라 하면 B의 몰질량은 M이다.

- I과 II에서의 양적 관계는 아래와 같다.

실험 I	aA(g)	+	B(g)	→	2C(g)
반응 전(mol)	$\dfrac{w}{2M}$		$\dfrac{1}{M}$		0
반응(mol)	$-\dfrac{a}{M}$		$-\dfrac{1}{M}$		$+\dfrac{2}{M}$
반응 후(mol)	$\dfrac{w}{2M}-\dfrac{a}{M}$		0		$\dfrac{2}{M}$

실험 II	aA(g)	+	B(g)	→	2C(g)
반응 전(mol)	$\dfrac{w}{2M}$		$\dfrac{6}{M}$		0
반응(mol)	$-\dfrac{w}{2M}$		$-\dfrac{w}{2Ma}$		$+\dfrac{w}{Ma}$
반응 후(mol)	0		$\dfrac{6}{M}-\dfrac{w}{2Ma}$		$\dfrac{w}{Ma}$

- I과 II에서 $\dfrac{\text{C의 양(mol)}}{\text{전체 기체의 양(mol)}}=\dfrac{1}{2}$ 이라고 했으므로

I 에서 $\dfrac{\dfrac{2}{M}}{\left(\dfrac{w}{2M}-\dfrac{a}{M}\right)+\dfrac{2}{M}}=\dfrac{1}{2}$ 이고 정리하면 $w-2a=4$ …… 식 (1)

II 에서 $\dfrac{\dfrac{w}{Ma}}{\left(\dfrac{6}{M}-\dfrac{w}{2Ma}\right)+\dfrac{w}{Ma}}=\dfrac{1}{2}$ 이므로 정리하면 $w=4a$ …… 식 (2)

(1)과 (2)로부터 $a=2$, $w=8$이다.

④ $a=2$, $w=8$이다. 따라서 $a+w=2+8=10$이다.

문제 풀이 꿀팁
- A의 질량은 일정하게 하고 B의 질량은 실험 I 보다 II 에서 증가시켰을 때 실험 II 에서 A가 모두 반응하였다면, 실험 I 에서는 B가 모두 반응한 것이므로 한계 반응물이다.

C 20 정답 ④ ★화학 반응의 양적 관계 ⋯ ✪ 고난도 [① 10% ② 13% ③ 20% ④ 46% ⑤ 9%] 2023 실시 11월 학평 20 / 화학 I (고2) 변형

다음은 A(g)와 B(g)에 대한 실험이다.

〈자료〉
- 화학 반응식: A(g) + 2B(g) ⟶ 2C(g)
- 몰질량비는 A : B = 1 : 2이다.

〈실험 과정〉
단서 몰질량비는 A : B : C = 1 : 2 : 2.5
반응에서 질량비는 A : B : C = 1 : 4 : 5
(가) 실린더 I 과 II 에 A(g)와 B(g)를 그림과 같이 넣는다.

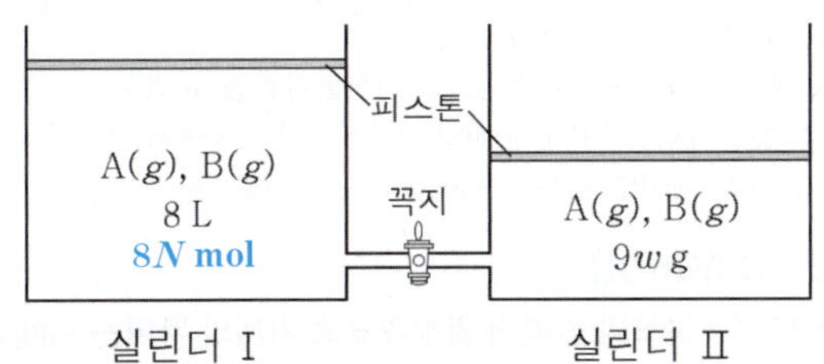

(나) I 과 II 에서 각각 반응을 완결시킨다.
(다) 꼭지를 열고 반응을 완결시킨다.

〈실험 결과〉
○ (나) 과정 후 I , II 에 대한 자료

실린더	남은 반응물	C의 질량(g)	전체 기체의 부피(L)
I	A 2N mol	10w 4N mol	6 6N mol
II	B 4w g =2N mol	5w 2N mol	x 4N mol

○ (다) 과정 후 전체 기체의 부피는 y L이다.
9N mol

$x+y$는? (단, 실린더 속 기체의 온도와 압력은 일정하고, 피스톤의 질
4+9=13
량과 마찰, 연결관의 부피는 무시한다.) (3점)

① 9 ② 10 ③ 12 ④ 13 ⑤ 15

단서 화학 반응식의 계수, A와 B의 몰질량비가 제시되어 있다.
발상 화학 반응식의 계수비와 A, B의 몰질량비로부터 C의 몰질량비, 반응에 참여하는 A ~ C의 질량비를 추론할 수 있다.
적용 화학 반응식의 계수비는 몰비와 같다는 것을 적용하여 C의 몰질량비와, 반응식에서 A ~ C의 질량비를 구하는 것부터 문제 풀이를 시작해야 한다.

- 화학 반응식의 계수비는 A : B : C = 1 : 2 : 2이고, 몰질량비는 A : B = 1 : 2이므로 반응에 참여하는 몰비는 A : B : C = 1 : 2 : 2, 몰질량비는 A : B : C = 1 : 2 : 2.5이다. 꿀팁
  ➡ 반응에 참여하는 질량비는 (몰질량 × 몰)비와 같으므로 A : B : C = 1 : 4 : 5이다.
- 온도와 압력이 일정하여 부피는 기체의 양(mol)에 비례하므로 I 에서 반응 전 기체 8 L의 양을 8N mol이라 가정하면, 반응 후 기체 6 L의 양은 6N mol이므로 I 에서 양적 관계는 다음과 같다.

화학 반응식	A(g)	+	2B(g)	→	2C(g)	기체의 부피
반응 전(mol)	4N		4N		0	8 L
반응(mol)	$-2N$		$-4N$		$+4N$	
반응 후(mol)	2N		0		4N(=10w g)	6 L

- I 에서 C(g) 4N mol이 10w g이므로 II 에서 생성된 C(g)는 2N mol, 반응한 A(g)는 N mol(=w g), B(g)는 2N mol(=4w g)이다. II 에서 양적 관계는 다음과 같다.

화학 반응식	A(g)	+	2B(g)	→	2C(g)	기체의 부피
반응 전(mol)	N(=w g)		4N(=8w g)			
반응(mol)	$-N$		$-2N$(=4w g)		$+2N$	
반응 후(mol)	0		2N(=4w g)		2N(=5w g)	4 L($x=4$)

- (다) 과정에서의 양적 관계는 다음과 같다.

화학 반응식	A(g)	+	2B(g)	→	2C(g)	기체의 부피
반응 전(mol)	2N		2N		6N	
반응(mol)	$-N$		$-2N$		$+2N$	
반응 후(mol)	N		0		8N	9 L($y=9$)

④ $x=4$, $y=9$이다. 따라서 $x+y=4+9=13$이다.

다음은 메테인(CH_4)의 연소 반응을 화학 반응식으로 나타낸 것이다.

$$CH_4(g) + xO_2(g) \longrightarrow yCO_2(g) + zH_2O(g)$$

(단서) 반응 전 C 원자는 1개, H 원자는 4개   (x, y, z는 반응 계수)

(1) $x+y+z$를 구하시오. (단답형)
반응 전 C, H 원자는 각각 1개, 4개 ➡ $y=1$, $z=2$
반응 후 O 원자는 4개 ➡ $x=2$ ∴ $x+y+z=5$

(2) CH_4 2 mol을 연소시킬 때 생성되는 $CO_2(g)$의 질량을 구하고 그 과정을 서술하시오. (단, C, O의 몰질량(g/mol)은 각각 12, 16이다.) (서술형)
계수비＝몰비이므로 반응에서 몰비는 $CH_4 : CO_2 = 1 : 1$
➡ CH_4 2 mol 연소시키면 CO_2 2 mol 생성
➡ CO_2 몰질량 44이므로 88 g

 **단서＋발상**

(단서) 화학 반응식에 CH_4의 계수가 제시되어 있다.
(발상) 화학 반응에 참여하는 원자 수를 추론할 수 있다.
(적용) 화학 반응 전과 후에 원자의 종류와 수는 변하지 않는다는 것을 적용해서 계수를 구하는 것부터 문제 풀이를 시작해야 한다.

(1) (정답) **5**

(2) (모범 답안) **화학 반응식의 계수비는 몰비와 같으므로 반응하는 CH_4과 생성되는 CO_2의 몰비는 1 : 1이다. CH_4 2 mol을 연소시키면 CO_2 2 mol이 생성되며, CO_2의 몰질량은 44이므로 생성되는 질량은 88 g이다.**

|문제＋자료 분석|

- 반응 전 C 원자 1개이므로 $y=1$, H 원자 4개이므로 $z=2$, 반응 후 O 원자는 4개이므로 $x=2$이다.
- 화학 반응에 참여하는 물질의 몰비는 계수비와 같다. 반응하는 CH_4과 생성되는 CO_2의 계수가 모두 1이므로 몰비는 1 : 1이다. 따라서 CH_4 2 mol이 반응하면 CO_2 2 mol이 생성되며, CO_2의 몰질량은 44이므로 88 g이 생성된다.

	채점 기준	배점
(1)	5	30%
(2)	질량을 구하고 과정을 옳게 서술한 경우	70%
	과정을 옳게 서술했으나 질량을 틀린 경우	30%
	과정을 서술하지 않거나, 서술했으나 옳지 않은 부분이 있고, 질량만 옳게 구한 경우	30%

다음은 프로페인(C_3H_8)의 연소 반응식이다.

$$C_3H_8(g) + 5O_2(g) \longrightarrow 3CO_2(g) + 4H_2O(g)$$

(단서) 몰비 $C_3H_8 : O_2 : CO_2 : H_2O = 1 : 5 : 3 : 4$

그림과 같이 실린더에 $C_3H_8(g)$과 $O_2(g)$를 넣고 반응을 완결시켰더니 피스톤의 높이가 변하였다. (단, 온도와 압력은 일정하며, 생성물은 모두 기체이다.)

기체의 부피 ∝ 기체의 양(mol)

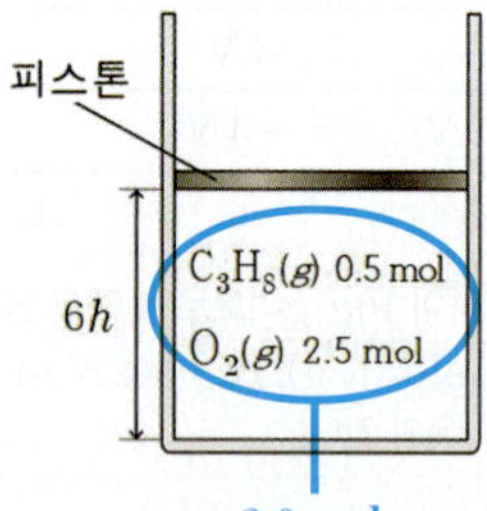

(1) 반응이 완결된 후 실린더 내 전체 기체의 양(mol)을 구하시오. (단답형)
반응하는 몰비는 $C_3H_8 : O_2 = 1 : 5$이므로 모두 반응하여
CO_2 1.5 mol, H_2O 2.0 mol 생성
➡ 전체 기체는 3.5 mol

(2) 피스톤의 높이는 반응 전 6h에서 반응 후 얼마로 되었는지 기체의 양(mol)에 따른 부피와 관련지어 서술하시오. (서술형)
온도, 압력 일정하므로 기체의 부피 ∝ 기체의 양(mol)
반응 전 3.0 mol일 때 높이 6h ➡ 반응 후 3.5 mol이므로 부피 7h

단서＋발상

(단서) 화학 반응식이 제시되어 있다.
(발상) 계수비로부터 반응물과 생성물의 몰비를 추론할 수 있다.
(적용) 화학 반응식의 계수비는 몰비와 같다는 것을 적용해서 반응 후 기체의 양(mol)을 구하는 것부터 문제 풀이를 시작해야 한다.

(1) (정답) **3.5(mol)**

(2) (모범 답안) **온도와 압력이 일정하므로 기체의 부피는 기체의 양(mol)에 비례하고, 실린더의 단면적이 일정하여 기체의 부피는 피스톤의 높이에 비례한다. 반응 전 전체 기체가 3 mol일 때 피스톤의 높이가 6h이므로 반응 후 전체 기체가 3.5 mol이 되어 피스톤의 높이는 7h로 된다.**

|문제＋자료 분석|

- 화학 반응식의 계수비는 몰비와 같으므로, 반응물과 생성물의 몰비는 $C_3H_8 : O_2 : CO_2 : H_2O = 1 : 5 : 3 : 4$이다.
  실린더 내에 C_3H_8 0.5 mol과 O_2 2.5 mol은 모두 반응하여 CO_2 1.5 mol, H_2O 2.0 mol이 생성되므로 전체 기체의 양은 3.5 mol이다.
- 온도와 압력이 일정하므로 기체의 부피는 기체의 양(mol)에 비례하고, 실린더의 단면적이 일정하므로 실린더 내 기체의 부피는 피스톤의 높이에 비례한다.
  따라서 피스톤의 높이는 기체의 양(mol)에 비례하므로 기체의 양이 3.0 mol에서 3.5 mol로 되어 피스톤의 높이는 6h에서 7h이 된다.

	채점 기준	배점
(1)	3.5(mol)	30%
(2)	기체의 양(mol)과 부피 관계, 피스톤의 높이를 모두 옳게 서술한 경우	70%
	기체의 양(mol)과 부피 관계, 피스톤의 높이 중 한 가지만 옳게 서술한 경우	30%

표는 $A_2(g)$와 $B_2(g)$가 반응하여 $A_2B(g)$를 생성하는 반응에 대한 자료이다. (단, A, B는 임의의 원소 기호이다.)

단서 반응하는 부피비 $A_2(g) : B_2(g) = a : 3b$

실험	반응 전 물질의 양(mol)		반응 후 남은 반응물의 양(mol)
	$A_2(g)$	$B_2(g)$	
I	$3a$	$9b$	0
II	a	$6b$	x

(1) x를 구하시오. 단답형
반응하는 몰비는 $A_2(g) : B_2(g) = a : 3b$이므로 II에서 $B_2(g)$가 $3b$ mol 남음
➡ $x=3b$

(2) $a : b$를 구하고 과정을 서술하시오. 서술형
화학 반응식은 $2A_2(g)+B_2(g) \longrightarrow 2A_2B(g)$
'계수비=몰비'이므로 $2 : 1 = a : 3b$ ➡ $a : b = 6 : 1$

 단서+발상

단서 실험 I에서 반응물이 모두 반응하였음이 제시되어 있다.

발상 화학 반응에 참여하는 $A_2(g)$와 $B_2(g)$의 몰비를 알 수 있다.

적용 화학 반응에서 반응하는 물질 간의 몰비는 일정함을 적용하여 실험 II에서 남는 물질의 양(mol)을 구하는 것부터 문제 풀이를 시작해야 한다.

(1) 정답 $3b$

(2) 모범 답안 $A_2(g)$와 $B_2(g)$는 몰비 $2 : 1$로 반응하므로 $a : 3b = 2 : 1$이 되어 $a : b = 6 : 1$이다.

| 문제+자료 분석 |

• 실험 I에서 반응하는 몰비는 $A_2(g) : B_2(g) = a : 3b$이므로 실험 II에서는 $B_2(g)$ $3b$ mol이 남는다. 따라서 $x=3b$이다.

• 화학 반응식은 $2A_2(g)+B_2(g) \longrightarrow 2A_2B(g)$이고, 계수비는 몰비와 같으므로 $A_2(g)$와 $B_2(g)$는 몰비 $2 : 1$로 반응한다. 따라서 $a : 3b = 2 : 1$이 되어 $a : b = 6 : 1$이다.

	채점 기준	배점
(1)	$3b$	30%
(2)	$a : b$를 구하고 과정을 옳게 서술한 경우	70%
	과정을 옳게 서술했으나 $a : b$를 틀린 경우	30%
	과정을 서술하지 않거나, 서술했으나 옳지 않은 부분이 있고, $a : b$만 옳게 구한 경우	30%

다음은 $A(g)$와 $B(g)$가 반응하여 $C(g)$가 생성되는 반응의 화학 반응식이다.

$$\underset{2}{a}A(g) + B(g) \longrightarrow \underset{2}{c}C(g) \quad (a, c는 반응 계수)$$

그림은 일정량의 $A(g)$가 들어 있는 실린더에 $B(g)$를 넣고 반응시켰을 때, 넣어준 $B(g)$의 질량에 따른 전체 기체의 부피를 나타낸 것이다. (단, 온도와 압력은 일정하다.)

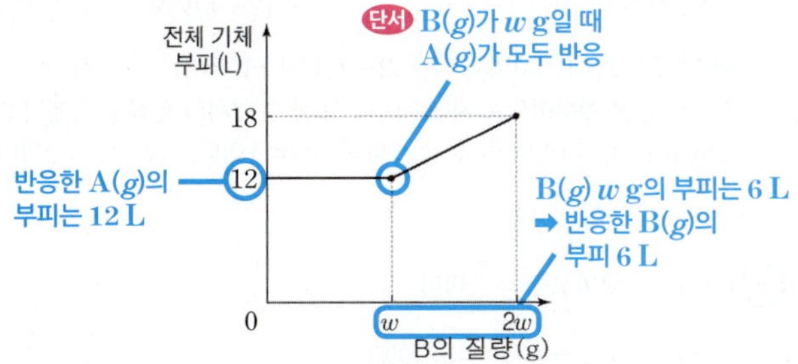

(1) a를 구하고 그 과정을 서술하시오. 단답형
$A(g)$ 12 L와 $B(g)$ 6 L가 반응하므로 계수비는 $2 : 1$ ➡ $a=2$

(2) c를 구하고 그 과정을 서술하시오. 서술형
$A(g)$가 모두 반응할 때까지는 $B(g)$를 넣어 주어도 전체 부피에 변화가 없으므로 반응하는 $A(g)$와 생성되는 $C(g)$의 양은 같다. ➡ $c=2$

단서+발상

단서 그림에서 넣어 준 $B(g)$의 질량이 w g일 때까지 전체 기체의 부피가 일정하다는 것이 제시되어 있다.

발상 $B(g)$의 질량이 w g일 때 $A(g)$가 모두 반응했음을 추론할 수 있다.

적용 온도와 압력이 일정할 때 반응하는 기체의 계수비는 부피비와 같다는 것을 적용해서 부피비를 구하는 것부터 문제 풀이를 시작해야 한다.

(1) 모범 답안 반응한 $A(g)$는 12 L이고 $B(g)$를 w g 넣었을 때 반응이 완결되었다. $B(g)$ w g의 부피는 6 L이므로 반응한 $A(g)$와 $B(g)$의 부피비는 $2 : 1$이며, 화학 반응식의 계수비는 부피비와 같으므로 $a=2$이다.

(2) 모범 답안 $A(g)$가 모두 반응할 때까지는 $B(g)$의 양이 증가하여도 반응 후 전체 기체의 부피가 증가하지 않으므로 반응하여 소모되는 $A(g)$의 양(mol)만큼 $C(g)$가 생성되는 것을 알 수 있어 $c=a=2$이다.

| 문제+자료 분석 |

• 그림에서 $B(g)$를 넣지 않았을 때 전체 기체의 부피가 12 L이므로 $A(g)$의 부피는 12 L이다.

• $B(g)$를 w g 넣을 때까지는 전체 기체의 부피에 변화가 없고, w g을 초과했을 때 전체 기체의 부피가 증가하므로 $B(g)$를 w g 넣었을 때 반응이 완결되었음을 알 수 있다. $B(g)$의 질량이 w g에서 $2w$ g으로 될 때 전체 기체의 부피가 6 L 증가했으므로 $B(g)$ w g의 부피는 6 L이다. 따라서 $A(g)$ 12 L와 $B(g)$ 6 L가 반응했으며, 기체의 부피비는 화학 반응식의 계수비와 같으므로 $a=2$이다.

• $B(g)$를 w g 넣을 때까지는 전체 기체의 부피에 변화가 없으므로 소모된 $A(g)$의 부피만큼 $C(g)$가 생성되었음을 알 수 있다. 따라서 화학 반응식에서 $A(g)$와 $C(g)$의 계수는 서로 같아 $a=c=2$이다.

	채점 기준	배점
(1)	a를 구하고 과정을 옳게 서술한 경우	50%
	a를 구했으나 과정을 옳게 서술하지 못한 경우	25%
	a를 구하는 과정을 옳게 서술했으나 값이 옳지 않은 경우	25%
(2)	c를 구하고 과정을 옳게 서술한 경우	50%
	c를 구했으나 과정을 옳게 서술하지 못한 경우	25%
	c를 구하는 과정을 옳게 서술했으나 값이 옳지 않은 경우	25%

다음은 $A(g)$와 $B(g)$가 반응하여 $C(g)$를 생성하는 반응의 화학 반응식이다.

$$A(g) + \underset{1}{b}B(g) \longrightarrow \underset{2}{c}C(g) \ (b, c\text{는 반응 계수})$$

표는 일정한 양의 $A(g)$가 들어 있는 실린더에 $B(g)$의 질량을 달리하여 넣고 반응을 완결시킨 실험 Ⅰ~Ⅳ에 대한 자료이다. Ⅱ와 Ⅳ에서 생성된 $C(g)$의 양은 같다.

단서 Ⅱ와 Ⅳ에서 반응한 $A(g)$와 $B(g)$의 양은 같다.

실험	Ⅰ	Ⅱ	Ⅲ	Ⅳ
넣어 준 $B(g)$의 질량(g)	0	w	$\dfrac{3}{2}w$	$2w$
반응 후 전체 기체의 부피(L)	V	$2V$	xV	$3V$

$B(g)\ w\ \text{g}$ 증가했을 때 부피 V 증가
➡ $B(g)\ w\ \text{g}$의 부피는 V ∴ $x=\dfrac{5}{2}$

$\dfrac{c}{b} \times x$? (단, 실린더 속 기체의 온도와 압력은 일정하다.) (3점)

$\dfrac{2}{1} \times \dfrac{5}{2} = 5$

① $\dfrac{3}{2}$ ② $\dfrac{5}{3}$ ③ 2 ④ 3 ⑤ 5

단서+발상

(단서) Ⅱ와 Ⅳ에서 생성물의 양이 같다는 것이 제시되어 있다.

(발상) Ⅱ에서 Ⅳ로 될 때 추가로 넣어 준 $B(g)$는 반응에 참여하지 않았음을 추론할 수 있다.

(적용) $B(g)$의 질량과 부피는 비례함을 적용해서 x를 구하는 것부터 문제 풀이를 시작해야 한다.

| 문제 해결 과정 |

step 1 Ⅱ와 Ⅳ에서 $B(g)$의 질량에 따른 부피를 구한다.

- Ⅱ와 Ⅳ에서 생성물 $C(g)$의 양이 같으므로 한계 반응물은 A이고 Ⅱ에서 Ⅳ로 될 때 추가로 넣어 준 $B(g)$는 반응에 참여하지 않았다. 꿀팁
- Ⅱ보다 Ⅳ에서 $B(g)\ w\ \text{g}$을 추가로 넣어 주었는데 전체 부피가 V만큼 증가했으므로 $B(g)\ w\ \text{g}$의 부피는 V L이다.

➡ Ⅱ보다 Ⅲ에서 $B(g)$가 $\dfrac{1}{2}w\ \text{g}$ 증가했으므로 전체 기체의 부피는 Ⅱ보다 Ⅲ에서 $\dfrac{V}{2}$만큼 증가한 $\dfrac{5}{2}V$가 된다. 따라서 $x=\dfrac{5}{2}$이다.

step 2 Ⅱ와 Ⅳ에서의 양적 관계를 이용하여 계수 b, c를 구한다.

- Ⅰ에서 $A(g)$의 부피는 V L임을 알 수 있고, Ⅱ에서 $B(g)\ w\ \text{g}$의 부피도 V L이다.
- 온도와 압력이 일정하면 기체의 양(mol)은 부피에 비례하므로 V L를 VN mol이라 가정하면, Ⅱ와 Ⅳ에서 양적 관계는 다음과 같다.
- Ⅱ에서의 양적 관계

화학 반응식	$A(g)$	$+$	$bB(g)$	$\longrightarrow$	$cC(g)$
반응 전 양(mol)	VN		VN		0
반응한 양(mol)	$-VN$		$-bVN$		$+cVN$
반응 후 양(mol)	0		$(1-b)VN$		cVN

➡ 반응 후 전체 기체의 부피는 $(1-b)V + cV = 2V$ …… 식 (1)

- Ⅳ에서의 양적 관계

화학 반응식	$A(g)$	$+$	$bB(g)$	$\longrightarrow$	$cC(g)$
반응 전 양(mol)	VN		$2VN$		0
반응한 양(mol)	$-VN$		$-bVN$		$+cVN$
반응 후 양(mol)	0		$(2-b)VN$		cVN

➡ 반응 후 전체 기체의 부피는 $(2-b)V + cV = 3V$ …… 식 (2)

- b, c는 반응 계수이므로 자연수이다. 또한 Ⅱ에서의 양적 관계에서 반응 후 양(mol)이 0 미만이 될 수 없기 때문에 $b=1$이다. 따라서 $c=2$이다.

| 선택지 분석 |

⑤ $b=1, c=2$이고 $x=\dfrac{5}{2}$이다.

따라서 $\dfrac{c}{b} \times x = \dfrac{2}{1} \times \dfrac{5}{2} = 5$이다.

✪ **정답은 ⑤ 5이다.**

왜 틀렸나?

- $A(g)$와 $B(g)$가 반응할 때 $A(g)$가 모두 반응하여 남지 않았을 때는 $B(g)$를 더 넣어 주어도 더 이상 반응이 일어나지 않으므로, 넣어 준 $B(g)$의 부피만큼 전체 부피가 증가한다.
- 실험 Ⅱ와 Ⅳ에서 생성물의 양이 같으므로 Ⅱ에서 Ⅳ로 될 때 더 넣어 준 $B(g)\ w\ \text{g}$은 반응에 참여하지 않았다. 따라서 전체 기체의 부피 증가량인 V L는 넣어 준 $B(g)\ w\ \text{g}$의 부피이다.

다음은 $A(g)$와 $B(g)$가 반응하여 $C(g)$와 $D(g)$를 생성하는 화학 반응식이다.

$$A(g) + bB(g) \longrightarrow 3C(g) + dD(g) \quad (b, d\text{는 반응 계수})$$

표는 $A(g)$와 $B(g)$를 실린더에 넣고 반응시킨 실험 Ⅰ, Ⅱ에 대한 자료이다. 실린더 (가), (나), (다)의 부피는 각각 $8V$ L, $9V$ L, $17V$ L이다.

기체의 부피비=몰비
➡ 전체 기체의 몰비 (가) : (나) : (다)=8 : 9 : 17

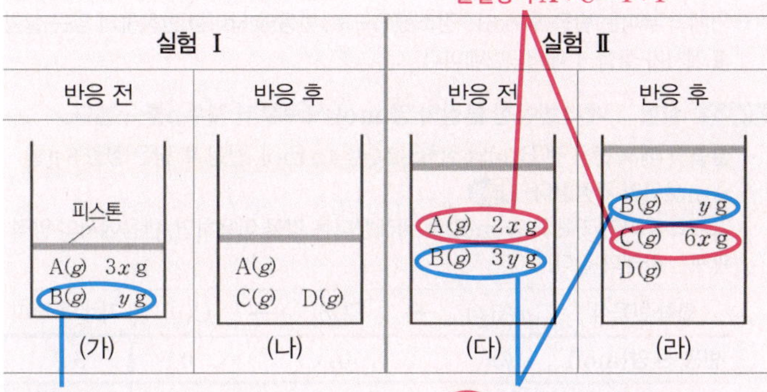

이에 대한 설명으로 옳은 것만을 〈보기〉에서 있는 대로 고른 것은? (단, 실린더 속 기체의 온도와 압력은 일정하다.) (3점)

[보기]

ㄱ. 몰질량(g/mol)은 A와 C가 같다.
   계수비는 A : C=1 : 3이고, $A(g)$ 2x mol이 반응하여 $C(g)$ 6x mol이 생성되었으므로 몰질량이 같다.

ㄴ. $b+d=6$이다.
   $b=5, d=4$이므로 $b+d=9$이다.

ㄷ. 실린더 (라)의 부피는 $19V$ L이다.
   Ⅱ에서 반응한 $B(g)$의 양이 Ⅰ에서의 2배이므로 전체 기체의 부피 증가량도 Ⅱ에서가 2배이다.

① ㄱ   ② ㄴ   ③ ㄱ, ㄷ   ④ ㄴ, ㄷ   ⑤ ㄱ, ㄴ, ㄷ

💡 단서+발상

(단서) 각 실험에서 반응물과 생성물의 질량이 제시되어 있다.

(발상) 반응물의 양이 2배이면 생성물의 양도 2배이다.

(적용) Ⅰ과 Ⅱ에서 반응물의 양을 비교하여 생성물의 양을 구하는 것부터 문제 풀이를 시작해야 한다.

| 문제 해결 과정 |

step 1 Ⅰ과 Ⅱ에서 반응물의 양을 비교하여 각 물질의 양을 구한다.

- Ⅰ에서 반응한 $B(g)$의 양은 y g, Ⅱ에서 반응한 $B(g)$의 양은 $2y$ g이므로 반응에 참여한 물질의 양은 Ⅱ에서가 Ⅰ에서의 2배이다.
  ➡ Ⅱ에서 생성된 $C(g)$가 $6x$ g이므로 Ⅰ에서 생성된 $C(g)$의 양은 $3x$ g이다.
- Ⅱ에서 반응된 $A(g)$가 $2x$ g이므로 Ⅰ에서 반응한 $A(g)$의 양은 x g이다.
  ➡ Ⅰ에서 증가한 전체 기체의 부피가 V L이므로 Ⅱ에서 증가한 전체 기체의 부피는 $2V$ L가 되어 (라)에서 전체 기체의 부피는 $19V$ L이다. 🍯탑

step 2 각 기체의 몰질량(M_A, M_B, M_C)을 구한다.

- 온도와 압력이 일정하여 기체의 부피는 기체의 양(mol)에 비례하므로

$$(\text{가})는 \frac{3x}{M_A} + \frac{y}{M_B} = 8N, (\text{다})는 \frac{2x}{M_A} + \frac{3y}{M_B} = 17N \text{이다.}$$

연립하면 $\dfrac{x}{M_A} = N,\ \dfrac{y}{M_B} = 5N$이므로

$A(g)$는 x g이 N mol, $B(g)$는 y g이 $5N$ mol이다.

- Ⅱ에서 $A(g)$ $2x$ g이 반응하여 $C(g)$ $6x$ g이 생성되었고 반응 계수비가 A : C=1 : 3이므로 몰질량은 $M_A = M_C$이다. 🍯탑

step 3 Ⅰ과 Ⅱ에서 반응물과 생성물의 양을 구하여 계수 b, d를 구한다.

- Ⅰ에서의 양적 관계는 아래와 같다.

화학 반응식	$A(g)$	$+ bB(g)$	$\longrightarrow 3C(g)$	$+ dD(g)$	기체의 부피
반응 전 양(mol)	$3N$ ($3x$ g)	$5N$ (y g)	0	0	$8V$ …… 식 (1)
반응한 양(mol)	$-N$ (x g)	$-5N$ (y g)	$+3N$ ($3x$ g)	$+n_D$	
반응 후 양(mol)	$2N$ ($2x$ g)	0	$3N$ ($3x$ g)	n_D	$9V$ …… 식 (2)

- $A(g)$와 $B(g)$는 몰비 1 : 5로 반응하므로 $b=5$이다.
- 온도와 압력이 일정하여 기체의 부피는 기체의 양(mol)에 비례하므로 식 (1)과 (2)에서 $(3N+5N) : 8V = (2N+3N+n_D) : 9V$이다. 정리하면 $n_D=4N$이다. 따라서 $d=4$이다.

| 보기 분석 |

ㄱ. 몰질량(g/mol)은 A와 C가 같다. (○)

- 화학 반응식에서 계수비는 A : C=1 : 3이고, Ⅱ에서 $A(g)$ $2x$ mol이 반응하여 $C(g)$ $6x$ mol이 생성되었으므로 A와 C의 몰질량은 같다.

ㄴ. $b+d=6$이다. (×)

- $b=5, d=4$이므로 $b+d=9$이다.

ㄷ. 실린더 (라)의 부피는 $19V$ L이다. (○)

- Ⅱ에서 반응한 물질의 양이 Ⅰ에서의 2배이므로 전체 기체의 부피 변화량도 2배여야 한다. Ⅰ에서 부피 변화량이 $9V-8V=V$이므로 Ⅱ에서 부피 변화량은 $2V$이다. 따라서 (라)에서 부피는 $17V+2V=19V$ (L)이다.

⭐ **정답은 ③ ㄱ, ㄷ이다.**

💬왜 틀렸나?

- Ⅰ과 Ⅱ를 비교하면 Ⅱ에서 반응한 $B(g)$의 질량이 Ⅰ에서의 2배이므로 반응 전후 전체 기체의 부피 변화량도 2배가 되어야 한다.
- 화학 반응식에서 $A(g)$와 $C(g)$의 계수비가 1 : 3인데, Ⅱ에서 반응한 $A(g)$와 생성된 $C(g)$의 질량비도 1 : 3이므로 A와 C의 몰질량은 같다.

다음은 $A(g)$와 $B(g)$가 반응하여 $C(g)$를 생성하는 반응의 화학 반응식이다.

$$\underset{2}{a}A(g) + B(g) \longrightarrow C(g) \quad (a\text{는 반응 계수})$$

표는 실린더에 $A(g)$와 $B(g)$의 질량을 달리하여 넣고 반응을 완결시킨 실험 Ⅰ과 Ⅱ에 대한 자료이다.

실험	반응 전		반응 후	
	B의 질량(g)	전체 기체의 부피(L)	남은 반응물의 종류와 질량	전체 기체의 부피(L)
Ⅰ	32 $=4n$ mol	$5V$	B, 8 g $=n$ mol	$2V$ 3V 감소
Ⅱ	48 $=6n$ mol	$11V$	A, 30 g	$5V$ 6V 감소

단서 반응한 양은 Ⅱ가 Ⅰ의 2배

$\dfrac{\text{Ⅱ에서 생성된 C의 질량}(g)}{a}$ 은? (단, 실린더 속 기체의 온도와 압력은 일정하다.) (3점)

$\dfrac{90+48}{2}=69$

① 23 ② 42 ③ 53 ④ 69 ⑤ 84

단서+발상

단서 실험 Ⅰ, Ⅱ에서 반응 전과 후 전체 기체의 부피가 제시되어 있다.

발상 실험 Ⅰ, Ⅱ에서 반응한 양의 비를 추론할 수 있다.

적용 변화량이 2배이면 반응한 양도 2배라는 것을 적용해서 반응물의 양(mol)을 구하는 것부터 문제 풀이를 시작해야 한다.

| 문제 해결 과정 |

step 1 각 실험에서 반응 전후 기체의 부피 변화로부터 반응에 참여한 물질의 양(mol)의 비를 알아낸다.

- 실험 Ⅰ에서 전체 기체의 부피는 반응 후에 $3V$ 감소하였고, 실험 Ⅱ에서 전체 기체의 부피는 반응 후에 $6V$ 감소했으므로, 반응에 참여한 반응물의 양은 실험 Ⅱ에서가 실험 Ⅰ에서의 2배이다.

step 2 실험 Ⅰ에서 반응한 물질의 양(mol)으로부터 계수 a를 구한다.

- 실험 Ⅰ에서 반응 전 $B(g)$의 질량 32 g을 $4n$ mol, 반응 후 남은 질량 8 g을 n mol이라 가정한다. 꿀팁
  기체의 부피가 기체의 양(mol)에 비례한다는 것을 이용하면, 반응에서의 양적 관계는 아래와 같다.

화학 반응식	$aA(g)$	$+$	$B(g)$	$\longrightarrow$	$C(g)$	기체의 부피
반응 전 양(mol)	$6n$		$4n$		0	$5V$
반응한 양(mol)	$-6n$		$-3n$		$+3n$	
반응 후 양(mol)	0		n		$3n$	$2V$

따라서 $a=2$이다.

기체 $2n$ mol이 부피 V에 해당

step 3 실험 Ⅱ에서 반응한 물질의 양(mol)으로부터 생성된 C의 질량(g)을 구한다.

- 실험 Ⅱ에서 양적 관계는 아래와 같다.

화학 반응식	$2A(g)$	$+$	$B(g)$	$\longrightarrow$	$C(g)$	기체의 부피
반응 전 양(mol)	$16n(=120\,g)$		$6n(=48\,g)$		0	$11V$
반응한 양(mol)	$-12n(=90\,g)$		$-6n(=48\,g)$		$+6n$	
반응 후 양(mol)	$4n(=30\,g)$		0		$6n(=138\,g)$	$5V$

따라서 Ⅱ에서 생성된 C의 질량(g)은 $90+48=138$ g이다.

| 선택지 분석 |

④ $a=2$, Ⅱ에서 생성된 C의 질량(g)은 138 g이다.
  따라서 $\dfrac{\text{Ⅱ에서 생성된 C의 질량}(g)}{a} = \dfrac{138}{2} = 69$이다.

⊗ 정답은 ④ 69이다.

왜 틀렸나?

- 같은 화학 반응에 대하여 반응물의 양이 서로 다른 2개의 실험이 제시되었을 때, 전체 기체의 부피 또는 질량 변화를 비교하면 반응에 참여한 물질의 양의 비를 구할 수 있어서 반응이 몇 배로 일어났는지 비교할 수 있다.
- 온도와 압력이 일정할 때 기체의 부피는 기체의 양(mol)에 비례하므로 부피가 주어지면 기체의 양(mol)으로 바꾸어 생각해야 한다.

다음은 $A(g)$와 $B(g)$가 반응하여 $C(g)$를 생성하는 반응의 화학 반응식이다.

$$A(g) + 2B(g) \longrightarrow 2C(g)$$

표는 실린더에 $A(g)$와 $B(g)$의 양을 달리하여 넣고 반응을 완결시킨 실험 Ⅰ, Ⅱ에 대한 자료이다.

단서 반응 후 $B(g)$ $5w$ g, $C(g)$ $5w$ g
➡ 반응 질량비 A : B : C $= w : 4w : 5w$
∴ 몰질량비 A : B : C $= 2 : 4 : 5$

실험	반응 전		반응 후	
	A의 질량(g)	B의 질량(g)	$\dfrac{\text{C의 질량(g)}}{\text{전체 기체의 질량(g)}}$	전체 기체의 부피(L)
Ⅰ	w　n mol	$9w$　$4.5n$ mol	0.5	$9V$
Ⅱ	$6w$　$6n$ mol	㉠　$4w$	0.5	$14V$

$9V$ ➡ B $2n$ mol $+$ C $2.5n$ mol
∴ $14V$ ➡ $7n$ mol

㉠ $\times \dfrac{\text{C의 몰질량}}{\text{B의 몰질량}}$ 은? (단, 실린더 속 기체의 온도와 압력은 일정하다.)

$4w \times \dfrac{5}{4} = 5w$

(3점)

① $\dfrac{8}{5}w$　　② $\dfrac{16}{5}w$　　③ $\dfrac{24}{5}w$　　④ $5w$　　⑤ $8w$

단서+발상

단서 실험 Ⅰ에서 반응 후 질량비가 제시되어 있다.

발상 실험 Ⅰ에서 반응 후 남은 물질과 생성된 물질의 질량을 추론할 수 있다.

적용 '질량＝몰질량×몰'임을 적용해서 반응 후 남은 기체의 종류와 질량을 구하는 것부터 문제 풀이를 시작해야 한다.

| 문제 해결 과정 |

step 1 반응 후 $\dfrac{\text{C의 질량(g)}}{\text{전체 기체의 질량(g)}}$ 으로부터 반응에 참여한 기체들의 질량비, 몰비, 몰질량비를 구한다.

- 실험 Ⅰ에서 반응 전 전체 질량이 $w + 9w = 10w$이고
$\dfrac{\text{C의 질량(g)}}{\text{전체 기체의 질량(g)}} = 0.5$이므로, 생성된 C의 질량(g)은 $5w$이고 남은 기체의 질량(g)도 $5w$이다.
반응 전 $A(g)$는 w g으로 $5w$ g이 남을 수 없으므로 남은 기체는 $B(g)$이고 질량은 $5w$ g이다.

- 반응에 참여한 기체의 질량(g)은 $A(g)$ w g, $B(g)$ $4w$ g, 생성된 $C(g)$는 $5w$ g이므로 화학 반응식에서 각 물질의 질량비, 몰비, 몰질량비는 아래와 같다.

화학 반응식	$A(g)$	$+$	$2B(g)$	$\longrightarrow$	$2C(g)$
질량비	w	:	$4w$	:	$5w$
몰비	1	:	2	:	2
몰질량비	1	:	2	:	2.5　$=2:4:5$

step 2 실험 Ⅰ에서의 양적 관계를 구한다.

- 실험 Ⅰ에서 양적 관계는 다음과 같다.

화학 반응식	$A(g)$	$+$	$2B(g)$	$\longrightarrow$	$2C(g)$	기체의 부피
반응 전 양(mol)	$n(w$ g$)$		$4.5n(9w$ g$)$		0	
반응한 양(mol)	$-n$		$-2n(4w$ g$)$		$-2n$	
반응 후 양(mol)	0		$2.5n(5w$ g$)$		$2n(5w$ g$)$	$9V$

step 3 실험 Ⅱ에서 ㉠을 구한다.

- 실험 Ⅰ과 Ⅱ에서 온도와 압력은 일정하다. **꿀팁**
실험 Ⅰ에서 전체 기체의 부피가 $9V$ (L)일 때 기체의 양(mol)이 $4.5n$ mol이므로, 실험 Ⅱ에서 전체 기체의 부피가 $14V$ (L)이면 전체 기체의 양(mol)은 $7n$ mol이다.

- 실험 Ⅱ에서 전체 기체의 양(mol)은 $7n$ mol이고 **확정**
$\dfrac{\text{C의 질량(g)}}{\text{전체 기체의 질량(g)}} = 0.5$이므로 양적 관계는 다음과 같다.

화학 반응식	$A(g)$	$+$	$2B(g)$	$\longrightarrow$	$2C(g)$	기체의 부피
반응 전 양(mol)	$6n(6w$ g$)$		$2n(4w$ g$)$		0	
반응한 양(mol)	$-n(w$ g$)$		$-2n(4w$ g$)$		$+2n(5w$ g$)$	
반응 후 양(mol)	$5n(5w$ g$)$		0		$2n(5w$ g$)$	$14V$

따라서 ㉠은 $4w(g)$이다.

| 선택지 분석 |

④ ㉠ $= 4w$, B의 몰질량 : C의 몰질량 $= 4 : 5$이다.
따라서 ㉠ $\times \dfrac{\text{C의 몰질량}}{\text{B의 몰질량}} = 4w \times \dfrac{5}{4} = 5w$

⭐ 정답은 ④ $5w$이다.

왜 틀렸나?
- 온도와 압력이 일정할 때 전체 기체의 부피는 전체 기체의 양(mol)에 비례하므로, 실험 Ⅰ에서 일정 부피에 해당하는 기체의 양(mol)을 알면 온도와 압력이 같은 실험 Ⅱ에서도 적용할 수 있다.
- 몰질량이 서로 다른 기체는 몰비와 질량비가 일치하지 않는다. 문제에서 주어진 것은 반응 후 전체 기체와 생성된 $C(g)$의 질량비이므로 기체의 양(mol)은 몰질량을 고려하여 계산하여야 한다.

다음은 A(g)와 B(g)가 반응하여 C(g)를 생성하는 반응의 화학 반응식과 이와 관련된 실험이다.

○ 화학 반응식: A(g)$+b$B(g) $\longrightarrow$ 2C(g) (b는 반응 계수)

〈실험 과정〉

(가) 실린더 Ⅰ, Ⅱ에 A(g), B(g)를 그림과 같이 넣고, 각각 반응을 완결시켰다.

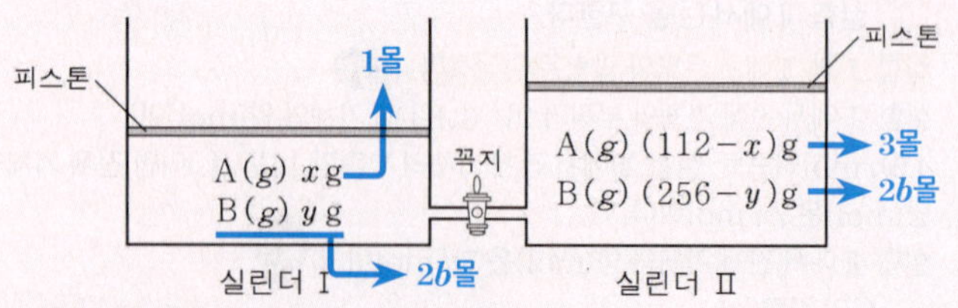

(나) 꼭지를 열고, 반응을 완결시켰다.

〈실험 결과〉

○ (가)에서 반응 후 실린더 Ⅰ, Ⅱ에 대한 자료

실린더	반응 후		
	남은 반응물	C(g)의 양(mol)	전체 기체의 부피(L)
Ⅰ	B(g) b몰	2 6몰	4V
Ⅱ	A(g) 1몰	4	5V

○ (나)에서 반응 후 실린더 Ⅰ, Ⅱ에는 C(g)만 존재하며 C(g)의 양은 8 mol이다.

➡ (나)에서만 생성된 C의 양은 2 mol

$\dfrac{y}{b}$는? (단, 실린더 속 기체의 온도와 압력은 일정하고, 피스톤의 질량과 마찰, 연결관의 부피는 무시한다.) (3점) $y=128$(g), $b=2$ ➡ $\dfrac{y}{b}=64$

① 32　　② 64　　③ 108　　④ 128　　⑤ 160

💡 **단서+발상**

단서 (가)에서 생성된 C의 양(mol)은 6 mol이고 (나)에서만 생성된 C의 양(mol)은 2 mol이라고 제시되어 있다.

발상 반응 몰비를 이용해 (가)에서 반응 후 남은 반응물의 양(mol)을 추론할 수 있다.

적용 일정 온도와 압력에서 '기체의 부피비＝몰비'임을 적용해서 반응 계수 b를 구하는 것부터 문제 풀이를 시작해야 한다.

| 문제+자료 분석 |

· (나)에서 반응 후 C(g)의 양은 8 mol이고, (가)에서 반응 후, 실린더 Ⅰ과 Ⅱ의 C(g)의 양의 합이 6 mol이므로 (나)에서만 생성된 C의 양은 2 mol이다.

· 반응 몰비가 A : B : C＝1 : b : 2이므로 (나)에서 A 1 mol과 B b mol이 반응하여 C 2 mol이 생성된다. 따라서 (가)의 실린더 Ⅰ과 (나)에서 생성된 C의 양(mol)은 같으므로 (가)의 실린더 Ⅰ에서 반응 후 남은 B는 b mol이고, (가)의 실린더 Ⅱ에서 반응 후 남은 A는 1 mol이다.

· (가)의 실린더 Ⅰ에서 생성된 C(g)의 양이 2 mol이므로 반응한 A는 1 mol, B는 b mol이며, 이때의 반응 전과 후 기체의 양(mol)은 다음과 같다.

(가)의 실린더 Ⅰ	A(g)	+	bB(g)	$\longrightarrow$	2C(g)
반응 전(mol)	1		2b		0
반응(mol)	-1		$-b$		$+2$
반응 후(mol)	0		b		2

· (가)의 실린더 Ⅱ에서 생성된 C(g)의 양이 4 mol이므로 반응한 A는 2 mol, B는 2b mol이며, 반응 전과 후 기체의 양(mol)은 다음과 같다.

(가)의 실린더 Ⅱ	A(g)	+	bB(g)	$\longrightarrow$	2C(g)
반응 전(mol)	3		2b		0
반응(mol)	-2		$-2b$		$+4$
반응 후(mol)	1		0		4

| 선택지 분석 |

② 일정 온도와 압력에서 기체의 부피비＝몰비이고, (가)에서 반응 후 전체 기체의 부피비가 실린더 Ⅰ : 실린더 Ⅱ ＝4V : 5V이므로 전체 기체의 몰비는 $b+2$: 5＝4 : 5에서 $b=2$이다.

(가)에서 반응 전 실린더 Ⅰ과 Ⅱ에 들어 있는 전체 B의 양은 4b mol이고, 그 질량은 256 g이다. (가)의 반응 전 실린더 Ⅰ에서 B y g의 양이 2b mol이므로 $y=128$(g)이다. 따라서 $\dfrac{y}{b}=64$이다.

✪ **정답은 ② 64이다.**

＊ **화학 반응식의 해석**

· 화학 반응식의 계수비＝반응(생성) 몰비

· 기체 반응인 경우, 아보가드로 법칙에 의해 계수비＝반응한(생성된) 부피비

· 질량 보존 법칙에 의해 반응한 질량의 총합＝생성된 질량의 총합(계수비와 반응 질량비는 무관)

다음은 주사기를 이용하여 수소 기체를 얻는 실험이다.

〈자료〉

○ t ℃, 1 atm에서 기체 1 mol의 부피는 25 L이다.

○ Mg, Al의 몰질량(g/mol)은 각각 24, 27이다.

〈실험 과정〉

(가) 주사기 I에 0.1 M HCl(aq) x mL를, 주사기 II에 Mg(s) 0.05 g을 넣는다.

(나) 주사기 I과 II를 연결한 후, 주사기 I의 피스톤을 오른쪽 끝까지 밀어 반응을 완결시킨다.

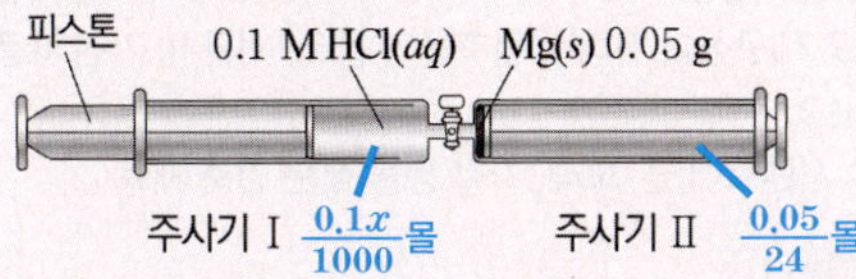

(다) Mg(s) 대신 Al(s) 0.05 g을 넣고 과정 (가)~(나)를 반복한다. $\dfrac{0.05}{27}$ 몰

〈실험 결과〉

○ 생성된 H_2(g)의 부피 [t℃, 1 atm]

넣어준 금속	Mg	Al
H_2(g)의 부피(mL)	25 → 0.001몰	y → $\dfrac{y}{1000} \times \dfrac{1}{25}$ 몰

$x+y$는? (3점) $x=20,\ y=25$ → $x+y=45$

① 30　② 35　③ 40　④ 45　⑤ 50

🧠 단서+발상

단서 넣어준 금속의 종류와 질량(g), 생성된 수소 기체의 부피(mL)가 제시되어 있다.

발상 반응 계수비와 양적 관계를 통해 한계 반응물을 추론할 수 있다.

적용 한계 반응물과 수소 기체의 반응하는 양(mol)을 비교하여 미지수를 구하는 것부터 문제 풀이를 시작해야 한다.

| 문제+자료 분석 |

・ Mg과 HCl과의 반응에서 양적 관계를 표로 정리하면 다음과 같다.

반응식	**Mg** +	**2HCl** ⟶	**MgCl$_2$** +	**H$_2$**
물질	Mg	HCl	MgCl$_2$	H$_2$
농도(M)		0.1		
부피(mL)		x		25
질량(g)	0.05			
양(mol)	$\dfrac{0.05}{24}$	$\dfrac{0.1x}{1000}$		0.001

・ 화학 반응식에서 계수비로 반응하기 때문에 반응하는 양(mol) 비는 Mg : H$_2$ = 1 : 1이다.
생성물인 H$_2$의 양(mol)은 0.001이고 반응물인 Mg의 양(mol)은 $\dfrac{0.05}{24} > 0.001$이므로 한계 반응물은 HCl이다.

・ 반응하는 양(mol) 비는 HCl : H$_2$ = 2 : 1이므로 $\dfrac{0.1x}{1000} = 0.001 \times 2$이다.

・ 따라서 x는 20이다.

・ Al과 HCl과의 반응에서 양적 관계를 표로 정리하면 다음과 같다.

반응식	**2Al** +	**6HCl** ⟶	**2AlCl$_3$** +	**3H$_2$**
물질	Al	HCl	AlCl$_3$	H$_2$
농도(M)		0.1		
부피(mL)		$x=20$		y
질량(g)	0.05			
양(mol)	$\dfrac{0.05}{27}$	$\dfrac{0.1 \times 20}{1000}$		$\dfrac{0.001y}{25}$

・ 반응하는 양(mol) 비는 Al : HCl = 1 : 3이다. HCl의 양(mol)은 0.002이고, Al의 양(mol)은 $\dfrac{0.05}{27} > \dfrac{0.002}{3}$ 이므로, HCl이 모두 반응한 것이다.

・ 반응하는 양(mol) 비는 HCl : H$_2$ = 2 : 1이므로 $\dfrac{0.001y}{25} = 0.001$이다.

・ 따라서 y는 25이다.

| 선택지 분석 |

④ x는 20, y는 25이다. 따라서 $x+y=45$이다.

⭐ **정답은 ④ 45이다.**

Ⅰ 01 정답 ① ＊화학이 주거 문제 해결에 기여한 사례 ···················· [정답률 92%] 2020 실시 9월 학평 1 / 화학 Ⅰ (고2)

다음은 화학이 주거 문제 해결에 기여한 사례이다.

> 인구의 증가와 도시의 발달로 주거 공간이 부족해짐에 따라 새로운 건축 자재의 필요성이 높아졌다. [단서] 코크스를 이용한 제련 기술의 개발로 대량 생산이 가능해진 [⊙ 철]은/는 콘크리트와 함께 사용되어 주거 문제 해결에 기여하였다.

⊙으로 가장 적절한 것은?
코크스를 이용한 제련 ➡ 철

① 철
② 유리
주거 문제 해결
③ 나일론
의류 문제 해결
④ 암모니아
식량 문제 해결
⑤ 플라스틱
다양한 분야에 활용

단서+발상

[단서] 코크스를 이용한 제련 기술의 개발로 대량 생산이 가능해진 것이 제시되어 있다.

[발상] 코크스를 이용한 제련 기술로 대량 생산이 가능해진 것은 철이라는 것을 추론할 수 있다.

| 문제+자료 분석 |

- **철**: 코크스를 이용한 제련 기술의 개발로 대량 생산이 가능해짐
  ➡ 단단하고 내구성이 뛰어나 건축물의 골조, 배관 및 가전 제품, 생활용품 등에 이용
- **콘크리트**: 시멘트에 물, 모래, 자갈 등을 섞은 건축 재료

| 선택지 분석 |

① 코크스를 이용한 제련 기술의 개발로 대량 생산이 가능해진 철은 콘크리트와 함께 사용되어 주거 문제 해결에 기여하였다. 따라서 ⊙은 철이다.

Ⅰ 02 정답 ③ ＊화학이 우리 생활에 미치는 영향 ···················· [정답률 85%] 2020 실시 6월 학평 3 / 화학 Ⅰ (고2)

그림은 ⊙~ⓒ이 이용되고 있는 건설 현장을 나타낸 것이다.

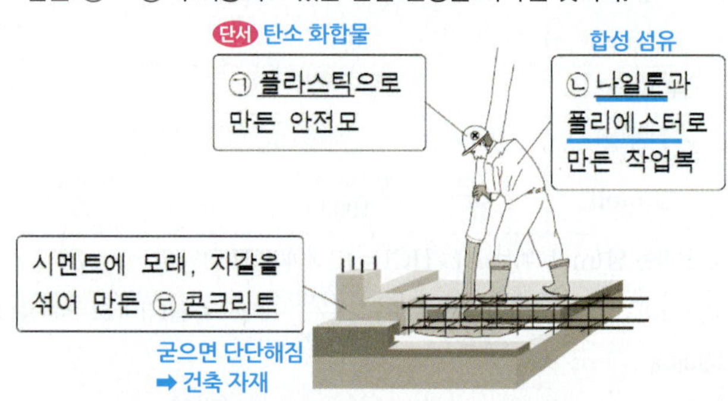

⊙~ⓒ에 대한 설명으로 옳은 것만을 〈보기〉에서 있는 대로 고른 것은? (3점)

[보기]
> ㄱ. ⊙에는 C 원자가 포함되어 있다.
> 탄소 화합물로 C 원자가 포함되어 있음
> ㄴ. ⓒ은 천연 섬유이다. 합성
> ㄷ. ⓒ의 개발은 인류의 주거 문제 해결에 기여하였다.

① ㄱ ② ㄴ ③ ㄱ, ㄷ ④ ㄴ, ㄷ ⑤ ㄱ, ㄴ, ㄷ

단서+발상

[단서] 건설 현장에 이용되고 있는 ⊙~ⓒ이 제시되어 있다.
[발상] ⊙~ⓒ의 특징을 추론할 수 있다.
[적용] ⊙~ⓒ의 특징을 구하는 것부터 문제 풀이를 시작해야 한다.

| 문제+자료 분석 |

- ⊙ **플라스틱**: 주로 원유에서 분리되는 나프타를 원료로 하여 합성하는 탄소 화합물
- ⓒ **나일론**: 최초의 합성 섬유로 질기고 쉽게 닳지 않아 의류, 밧줄, 전선, 그물 등 산업용으로 다양하게 이용됨
- ⓒ **콘크리트**: 시멘트에 물, 모래, 자갈 등을 섞은 건축 재료
  ➡ 내구성이 강하며 불에 잘 타지 않고 수분을 잘 흡수하지 않는다.

| 보기 분석 |

ㄱ. 플라스틱은 탄소 화합물이므로 플라스틱에는 C 원자가 포함되어 있다.
ㄴ. 나일론은 최초의 합성 섬유로 질기고 신축성이 좋다.
ㄷ. 콘크리트는 내구성, 내화성, 내수성이 높아서 인류의 주거 문제 해결에 기여하였다.

Ⓒ

다음은 실생활 문제 해결에 기여한 물질에 대한 설명이다.

> 질소 비료
> ○ ┌─ ㉠ ─┐ (단서): 암모니아를 원료로 만든 물질로 식량 문제 해결
>   에 기여
>   공기 중의 질소를 수소와 반응시켜 대량으로 합성
> ○ 시멘트: 석회석을 원료로 만든 물질로 ┌ ㉡ 주거 ┐ 문제 해결
>   에 기여

다음 중 ㉠과 ㉡으로 가장 적절한 것은?
질소 비료: 질소는 생물의 성장과 기능에 필수적이나 공기 중의 질소(N_2)를 생명체
가 직접 이용하지 못하므로 식물의 생장을 위해 암모니아를 원료로 만든 질소 비료
를 공급해주어야 한다.

	㉠	㉡		㉠	㉡
①	유리	의류	②	질소 비료	의류
③	유리	주거	④	질소 비료	주거
⑤	석유	의류			

유리: 모래에 포함된 이산화 규소를 원료로 만들며,
건축 재료로 건물의 외벽과 창 등에 사용

단서＋발상

(단서) 실생활 문제 해결에 기여한 물질이 제시되어 있다.
(발상) 암모니아를 통해 ㉠을, 시멘트를 통해 ㉡을 추론할 수 있다.

| 문제＋자료 분석 |

◈ **식량 문제 해결에 기여한 물질**
- **암모니아**: 공기 중의 질소와 수소를 반응시켜 대량으로 합성(하버 · 보슈법)
- **질소 비료**: 암모니아를 질산 암모늄이나 황산 암모늄으로 만들어 비료로 사용
  함으로써 농업 생산력이 높아졌다.

◈ **건축 재료**
- 시멘트, 콘크리트, 철근 콘크리트 등은 건축 재료이며 주거 문제 해결에 기여함
- **시멘트**: 석회석을 가열해 생석회를 만든 후 점토를 섞어 만든 건축 재료
- **콘크리트**: 시멘트에 물, 모래, 자갈 등을 섞어 만든 건축 재료
- **철근 콘크리트**: 콘크리트 속에 철근을 넣어 만든 철근 콘크리트는
  콘크리트보다 강도가 높다.

| 선택지 분석 |

④ 암모니아를 원료로 만든 질소 비료는 농업 생산력을 높여 인류의 식량 문제
  해결에 기여하고, 시멘트, 콘크리트, 철근 콘크리트는 주택, 건물 등의 건축에
  이용되어 주거 문제 해결에 기여했다.

＊ **하버 · 보슈법**
  20세기 초 하버와 보슈는 고압에서 공기 중에 존재하는 수소(H_2)와
  질소(N_2)를 반응시켜 암모니아(NH_3)를 합성하는데 성공하였고, 이것을
  하버·보슈법이라고 하였다.
  암모니아의 합성이 가능해지면서 질소 비료를 대량으로 생산할 수 있는 길을
  열었고, 그 결과 농업 생산력이 증가하여 식량 부족 문제를 해결하는데
  기여하였다.

다음은 인류 생활에 기여한 물질 (가)에 대한 설명이다.

> ┌─ (가) ─┐ 합성 섬유
> ○ 특징   ○ 예시
>   - 석유나 천연 가스를 원료로 하여
>   대량으로 생산함.
>   - 질기고 가벼우며 값이 싸서 다양한
>   기능성 옷을 제작할 수 있게 됨.
>   
>   나일론, 폴리에스터

(가)로 가장 적절한 것은?
① 천연 섬유　　② 건축 자재　　③ 화학 비료
④ 합성 섬유　　⑤ 인공 염료

단서＋발상

(단서) 물질의 특징과 나일론, 폴리에스터가 제시되어 있다.
(발상) 석유나 천연가스를 원료로 하며 기능성 옷을 제작한다는 것을 통해 합성
  섬유임을 추론할 수 있다.

| 문제＋자료 분석 |

◈ **천연 섬유와 합성 섬유**

구분	천연 섬유	합성 섬유
종류	면, 마, 모, 견 등	나일론, 폴리에스터 등
특징	·흡습성이 좋다. ·질기지 않다. ·생산량이 일정하지 않다. ·생산 과정에 많은 시간과 노력이 필요하다.	·흡습성이 좋지 않다. ·질기다. ·대량 생산이 가능하다. ·다양한 기능의 섬유를 제작할 수 있다.

| 선택지 분석 |

④ 석유나 천연 가스를 원료로 하여 대량 생산되는 나일론, 폴리에스터는 합성
  섬유이다.
  합성 섬유는 질기고 가벼우며 값이 싸서 다양한 기능성 옷을 제작하는 데
  사용된다.

표는 $t\,°C$, 1 atm에서 기체 (가)~(다)에 대한 자료이다.

기체	(가)	(나)	(다)
분자식	H_2	CH_4	HCl
단서 분자당 H 원자 수	2	4	1
기체의 양	2 mol	8 g =0.5 mol	12 L =0.5 mol
H 원자의 양(mol)	4 mol >	2 mol >	0.5 mol

(가)~(다)에 들어 있는 H 원자의 양(mol)을 비교한 것으로 옳은 것은? (단, H, C의 몰질량(g/mol)은 각각 1, 12이고, $t\,°C$, 1 atm에서 기체 1 mol의 부피는 24 L이다.)

① (가) > (나) > (다) ② (가) > (다) > (나)
③ (나) > (가) > (다) ④ (나) > (다) > (가)
⑤ (다) > (나) > (가)

단서+발상

단서 $t\,°C$, 1 atm에서 기체 (가) ~ (다)에 대한 자료가 제시되어 있다.
발상 몰질량, 기체 1몰의 부피를 이용해 (나)와 (다)의 양(몰)을 추론할 수 있다.
적용 몰의 정의를 적용해서 기체의 양(몰)을 구하는 것부터 문제 풀이를 시작해야 한다.

| 문제+자료 분석 |

- (가)에 들어 있는 H 원자의 양(mol)
  $=H_2$의 양(몰)×분자당 H 원자 수$=2\,mol×2=4\,mol$
- (나)에 들어 있는 H 원자의 양(mol)
  $=CH_4$의 양(몰)×분자당 H 원자 수$=\dfrac{8\,g}{16\,g/mol}×4=2\,mol$
- (다)에 들어 있는 H 원자의 양(mol)
  $=HCl$의 양(몰)×분자당 H 원자 수$=\dfrac{12\,L}{24\,L/mol}×1=0.5\,mol$

| 선택지 분석 |

① H 원자의 양(mol)은 (가)에서 4 mol, (나)에서 2 mol, (다)에서 0.5 mol이다.
  따라서 H 원자의 양(mol)은 (가) > (나) > (다)이다.

✱ 물질의 양(mol)과 입자 수, 질량, 기체의 부피 사이의 관계

- 물질의 양(mol)$=\dfrac{물질의 양}{1몰의 양}$

$$=\dfrac{질량(g)}{몰질량(g/mol)}=\dfrac{입자 수(개)}{6.02×10^{23}(개/mol)}$$

$$=\dfrac{기체의 부피(L)}{22.4\,(L/mol)}\ (0\,°C, 1기압)$$

표는 $t\,°C$, 1 atm에서 기체 (가)~(다)에 대한 자료이다. $t\,°C$, 1 atm 에서 기체 1 mol의 부피는 24 L이다.

단서 (가)는 부피가 6 L이므로 0.25 mol이다.

기체	분자식	몰질량	질량(g)	부피(L)	양(mol)	기체에 들어 있는 Y의 질량(g)
(가)	XY_2	44	11	6	0.25	8 0.5 mol
(나)	XZ_4	88	44	12	0.5	
(다)	YZ_2	54	54	a 24	1	16 1 mol

이에 대한 설명으로 옳은 것만을 〈보기〉에서 있는 대로 고른 것은? (단, X~Z는 임의의 원소 기호이다.) (3점)

[보기]
ㄱ. 몰질량(g/mol)은 Z > Y이다.
  Y의 몰질량은 16이고 Z의 몰질량은 19이다.
ㄴ. $a=24$이다.
  (다)의 양은 1 mol이다.
ㄷ. 1 g에 들어 있는 전체 원자 수는 (나) ✕ (가)이다.
  $\dfrac{1}{88}×5 < \dfrac{1}{44}×3$

① ㄱ ② ㄷ ③ ㄱ, ㄴ ④ ㄴ, ㄷ ⑤ ㄱ, ㄴ, ㄷ

단서+발상

단서 $t\,°C$, 1 atm에서 기체 (가) ~ (다)에 대한 자료가 제시되어 있다.
발상 제시된 자료를 통해 기체의 몰질량을 추론할 수 있다.
적용 기체의 몰질량으로부터 기체를 이루는 각 원자의 몰질량을 구하는 것부터 문제 풀이를 시작해야 한다.

| 문제+자료 분석 |

- (가): 부피가 6 L이므로 0.25 mol이고 질량이 11 g이므로 XY_2의 몰질량은 44이다.
  (가)에서 기체에 들어 있는 Y의 질량(g)이 8 (g)이므로 (가)에서 기체에 들어 있는 X의 질량(g)은 11 (g)-8 (g)=3 (g)이다.
  (가)에서 XY_2는 0.25 mol이므로 X 원자는 0.25 mol이고 Y 원자는 0.5 mol이 존재한다. ➡ X의 몰질량은 12이고, Y의 몰질량은 16이다.
- (나): 부피가 12 L이므로 0.5 mol이고 질량이 44 g이므로 XZ_4의 몰질량은 88이다.
  (나)에서 X의 몰질량이 12이므로 Z의 몰질량은 (88-12)÷4=19이다.

| 보기 분석 |

ㄱ. Y의 몰질량은 16이고 Z의 몰질량은 19이다. 따라서 몰질량은 Z > Y이다.
ㄴ. Y의 몰질량은 16이고 (다)에서 기체에 들어 있는 Y의 질량이 16 g이므로 Y 원자는 1 mol이 존재한다.
  따라서 (다)의 양(mol)도 1 mol이므로 (다)의 부피(L) $a=24$ (L)이다.
ㄷ. (가)와 (나)의 몰질량은 각각 44, 88이다. 1 g에 들어 있는 전체 원자 수는 (가)에서 $\dfrac{1}{44}×3$ (mol), (나)에서 $\dfrac{1}{88}×5$ (mol)이므로 (가) > (나)이다.

다음은 학생 A가 기체와 관련하여 수행한 탐구 활동이다.

〈가설〉
• t ℃, 1 atm에서 같은 부피에 들어 있는 $H_2(g)$와 $CO_2(g)$의 ⑦ 분자 수 는 같다.

〈탐구 과정〉   단서 = 분자 수

(가) t ℃, 1 atm에서 $\dfrac{H_2(g)\ 24\ L의\ 질량(g)}{H_2\ 분자\ 1개의\ 질량(g)}$ 을 구한다.

(나) t ℃, 1 atm에서 $\dfrac{CO_2(g)\ 24\ L의\ 질량(g)}{CO_2\ 분자\ 1개의\ 질량(g)}$ 을 구한다.

〈탐구 결과〉
• (가)와 (나)에서 구한 값은 각각 a, b이고, ⓛ $a=b$ 이다.

〈결론〉
• 가설은 옳다.

학생 A의 결론이 타당할 때, 다음 중 ⑦과 ⓛ으로 가장 적절한 것은? (3점)

	⑦	ⓛ		⑦	ⓛ
①	분자 수	$a>b$	②	분자 수	$a=b$
③	분자 수	$a<b$	④	원자 수	$a>b$
⑤	원자 수	$a=b$			

단서＋발상

단서 학생 A가 기체와 관련하여 수행한 탐구 활동이 제시되어 있다.

발상 탐구 과정을 통해 가설이 분자 수와 관련 있음을 추론할 수 있다.

적용 일정 부피의 질량을 분자 1개의 질량으로 나눈 값이 분자 수임을 이해하는 것부터 문제 풀이를 시작해야 한다.

| 문제＋자료 분석 |

• **(가):** t ℃, 1 atm에서 $H_2(g)$ 24 L 속 H_2 분자 수 ➡ a
• **(나):** t ℃, 1 atm에서 $CO_2(g)$ 24 L 속 CO_2 분자 수 ➡ b
• **아보가드로 법칙:** 온도와 압력이 같을 때 기체의 종류에 관계없이 같은 부피 속에 들어 있는 기체 분자의 수는 같다.
  ➡ (가)와 (나)에서 $H_2(g)$와 $CO_2(g)$의 분자 수는 같다.

| 선택지 분석 |

② ⑦: 〈탐구 과정〉 (가)와 (나)는 t ℃, 1 atm에서 기체 24 L에 들어 있는 분자 수를 구하는 과정이므로 〈가설〉에서 ⑦은 분자 수이다.

ⓛ: 〈가설〉에서 t ℃, 1 atm에서 같은 부피에 들어 있는 $H_2(g)$와 $CO_2(g)$의 분자 수는 같고, 〈결론〉에서 가설은 옳다고 했으므로 〈탐구 결과〉에서 ⓛ은 $a=b$이다.

다음은 3가지 기체 X_m, (가), (나)에 대한 자료이다. (가), (나)는 각각 $\underset{(나)}{X_mY_n}$, $\underset{(가)}{X_nY_m}$ 중 하나이고, $m>n$이다.

○ 같은 질량의 Y와 결합한 X의 질량비는
 (가) : (나) = 1 : 4이다. 단서 $n^2:m^2=1:4$ ➡ $n:m=1:2$
○ 몰질량비는 X_m : (가) : (나) = M : 23 : 22이다.
 X와 Y의 몰질량을 각각 x, y라 가정하면
 몰질량비는 (가) : (나) = 23 : 22 ➡ $x:y=7:8$

$\dfrac{n}{m} \times M$은? (단, X, Y는 임의의 원소 기호이다.) (3점)

$\dfrac{1}{2} \times 14 = 7$

① 4   ② 7   ③ 8   ④ 14   ⑤ 16

단서＋발상

단서 3가지 기체에 대한 자료가 제시되어 있다.

발상 $m>n$이고, 같은 질량의 Y와 결합한 X의 질량비를 이용하여 (가)와 (나)를 추론할 수 있다.

적용 자료를 이용해 (가)와 (나)를 구하는 것부터 문제 풀이를 시작해야 한다.

| 문제＋자료 분석 |

• **(가), (나):** 같은 질량의 Y와 결합한 X의 질량비를 구하기 위해 m개의 X_mY_n과 n개의 X_nY_m를 서로 비교한다.
  ➡ 같은 질량의 Y와 결합한 X의 질량비는 (가) : (나) = 1 : 4이다.
   $m>n$이므로 $m^2:n^2=4:1$이고 정리하면 $m:n=2:1$이다.
   같은 질량의 Y와 결합한 X의 질량비는 (가)보다 (나)가 크므로 (가)는 X_nY_m, (나)는 X_mY_n이다.
• **몰질량비:** X와 Y의 몰질량을 각각 x, y라 가정하고 $m:n=2:1$이므로 $m=2k$, $n=k$라 하면 몰질량비는
 (가) : (나) = $(kx+2ky)$: $(2kx+ky)$ = 23 : 22이다.
 이를 풀면 $x:y=7:8$이다. 따라서 M은 14이다.

| 선택지 분석 |

② $m:n=2:1$이고 M은 14이다.
 따라서 $\dfrac{n}{m} \times M = \dfrac{1}{2} \times 14 = 7$이다.

그림 (가)는 실린더에 $AB(g)$ x g이 들어 있는 것을, (나)는 (가)의 실린더에 $AB_2(g)$ y g이 첨가된 것을 나타낸 것이다. $\dfrac{A의\ 몰질량}{B의\ 몰질량}=\dfrac{3}{4}$이고, 모든 기체는 반응하지 않는다.

단서 기체의 몰질량 비
$AB : AB_2 = 7 : 11$

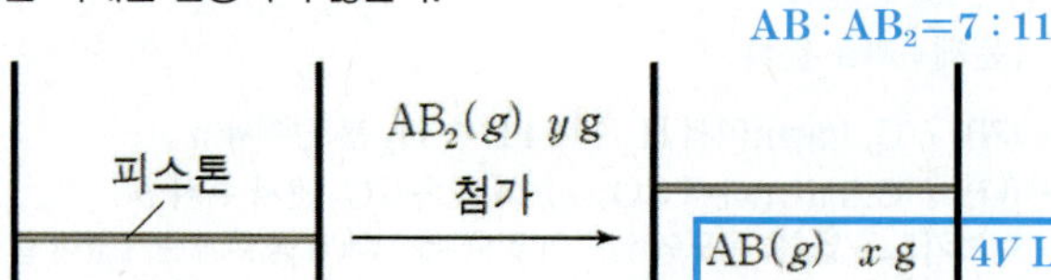

기체의 부피비 $AB(g) : AB_2(g)=\dfrac{x}{7}:\dfrac{y}{11}=4:1$

$\dfrac{x}{y}$ 는? (단, A와 B는 임의의 원소 기호이고, 실린더 속 기체의 온도와 압력은 일정하다.)

$11x=28y$

① $\dfrac{14}{25}$ ② $\dfrac{11}{7}$ ③ $\dfrac{55}{28}$ ④ $\dfrac{28}{11}$ ⑤ $\dfrac{14}{5}$

💡 **단서 + 발상**

단서 실린더에 $AB(g)$가 들어 있는 것과 $AB_2(g)$를 첨가했을 때의 그림이 제시되어 있다.

발상 혼합 기체의 부피로부터 첨가한 기체의 부피를 추론할 수 있다.

적용 기체의 질량을 몰질량으로 나누어 기체의 양(몰)을 구하는 것부터 문제 풀이를 시작해야 한다.

| **문제+자료 분석** |

- A의 몰질량 : B의 몰질량 $=3:4$이므로 기체의 몰질량 비는 $AB : AB_2 = 7 : 11$이다.
- (가)에서 $AB(g)$ x g의 부피는 $4V$ L이고, (가)에 $AB_2(g)$ y g이 첨가된 후 (나)의 부피는 $5V$ L이므로 $AB_2(g)$ y g의 부피는 V L이다.
- 기체의 양(mol)은 $\dfrac{질량}{몰질량}$ 이고 기체의 양(mol)과 기체의 부피(L)는 비례한다. 꿀팁

  기체의 부피비 $AB(g) : AB_2(g)=\dfrac{x}{7}:\dfrac{y}{11}=4:1$이다.

  정리하면 $11x=28y$이다.

| **선택지 분석** |

④ $11x=28y$이므로 $\dfrac{x}{y}=\dfrac{28}{11}$이다.

표는 같은 온도와 압력에서 기체 (가)~(다)에 대한 자료이다. (가)~(다)의 분자당 구성 원자 수는 각각 5이하이다.

기체	(가)	(나)	(다)
부피(상댓값)	4	1	2
밀도(상댓값) 단서 ∝ 몰질량	8	⊙ 22	13
구성 원소	C, H	C, O	C, H
구성 원자 수 비	$\dfrac{1}{5}$ $\dfrac{4}{5}$	$\dfrac{1}{3}$ $\dfrac{2}{3}$	
분자식	CH_4	CO_2	
몰질량	16	44	

이에 대한 설명으로 옳은 것만을 〈보기〉에서 있는 대로 고른 것은? (단, H, C, O의 몰질량(g/mol)은 각각 1, 12, 16이다.) (3점)

[보기]

ㄱ. ⊙은 22이다.
  온도와 압력이 같을 때, 밀도는 몰질량에 비례 ➡ $16 : 8 = 44 : ⊙$

ㄴ. $\dfrac{(가)에\ 들어\ 있는\ C\ 원자\ 수}{(나)에\ 들어\ 있는\ O\ 원자\ 수}$ 는 2이다. $\dfrac{4n}{2n}=2$

ㄷ. 질량은 (나)가 (다)의 $\dfrac{11}{26}$ 배이다. $\dfrac{11}{13}$

① ㄱ   ② ㄷ   ③ ㄱ, ㄴ   ④ ㄴ, ㄷ   ⑤ ㄱ, ㄴ, ㄷ

💡 **단서 + 발상**

단서 기체 (가)~(다)에 대한 자료가 표로 제시되어 있다.

발상 구성 원자 수 비를 이용해 분자식을 추론할 수 있다.

적용 구성 원자 수 비를 이용해 분자식을 구하고, 몰질량을 구하는 것부터 문제 풀이를 시작해야 한다.

| **문제+자료 분석** |

- **(가)**: 구성 원소는 C, H이고 안정한 화학 결합을 하는 원자 수 비 C : H $=1:4$이다.
  ➡ (가)는 CH_4이다.
- **(나)**: 구성 원소는 C, O이고 안정한 화학 결합을 하는 원자 수 비 $1:2$이다.
  ➡ (나)는 CO_2이다.
- ⊙: 온도와 압력이 같을 때, 밀도는 몰질량에 비례한다. 꿀팁
  몰질량이 16인 (가)의 밀도(상댓값)이 8이므로, 몰질량이 44인 (나)의 밀도(상댓값) ⊙은 22이다.

| **보기 분석** |

ㄱ. 온도와 압력이 같을 때, 밀도는 몰질량에 비례한다.
  몰질량이 16인 (가)의 밀도(상댓값)이 8이므로, 몰질량이 44인 (나)의 밀도(상댓값) ⊙은 22이다.

ㄴ. 온도와 압력이 같을 때, 기체의 양(mol)은 부피에 비례한다.
  (가)와 (나)의 양(mol)을 각각 $4n$ mol, n mol이라고 하면, (가)에 들어 있는 C 원자 수는 $4n$ mol이고, (나)에 들어 있는 O 원자 수는 $2n$ mol이다.
  따라서 $\dfrac{(가)에\ 들어\ 있는\ C\ 원자\ 수}{(나)에\ 들어\ 있는\ O\ 원자\ 수}=\dfrac{4n}{2n}=2$이다.

ㄷ. 질량=밀도×부피이다. 따라서 질량비 (나) : (다)$=22:26$이다.
  따라서 질량은 (나)가 (다)의 $\dfrac{11}{13}$ 배이다.

표는 t ℃, 1 atm에서 3가지 기체 분자에 대한 자료이다.

분자 (몰질량)	1개의 질량(상댓값) ∝몰질량	1 g당 원자 수(개)	[단서] 1 g당 분자 양(mol)	1 L당 질량(g)
A (20)	5	y $=\dfrac{3}{10}\times10^{23}$	$\dfrac{1}{20}$ mol	$\dfrac{5}{6}$
B$_2$ (32)	$x=8$	$\dfrac{3}{8}\times10^{23}$ $=\dfrac{1}{16}$ mol	$\dfrac{1}{32}$ mol	$\dfrac{4}{3}$
CD$_4$ (16)	4	$\dfrac{15}{8}\times10^{23}$ $=\dfrac{5}{16}$ mol	$\dfrac{1}{16}$ mol	$1(L):z(g)=24(L):16(g)$ $z=\dfrac{2}{3}$

(B$_2$ → CD$_4$ 화살표: 2배)

이에 대한 설명으로 옳은 것만을 〈보기〉에서 있는 대로 고른 것은? (단, A∼D는 임의의 원소 기호이고, 아보가드로수는 6×10^{23}이다.) (3점)

─────[보기]─────
ㄱ. t ℃, 1 atm에서 기체 1 mol의 부피는 24 L이다.
ㄴ. y는 $\dfrac{3}{10}\times10^{23}$이다.
ㄷ. x는 $12z$이다.

① ㄱ ② ㄷ ③ ㄱ, ㄴ ④ ㄴ, ㄷ ⑤ ㄱ, ㄴ, ㄷ

💡 단서+발상

[단서] t ℃, 1 atm에서 3가지 기체 분자에 대한 자료가 제시되어 있다.
[발상] 1 g당 원자 수(개)로 1 g당 원자 양(mol)과 분자 양(mol)을 추론할 수 있다.
[적용] 1 g당 원자 수(개)를 아보가드로수로 나누어 원자 양(mol)을 구하는 것부터 문제 풀이를 시작해야 한다.

| 문제+자료 분석 |

- 1 g당 원자 수(개)를 아보가드로수로 나누어 1 g당 원자 양(mol)과 1 g당 분자 양(mol)을 구한다.

- B$_2$ 1 g당 원자 수(개)는 $\dfrac{3}{8}\times10^{23}$이므로 원자의 양(mol)은 $\dfrac{1}{16}$ mol이고 분자의 양(mol)은 $\dfrac{1}{16}\times\dfrac{1}{2}=\dfrac{1}{32}$ mol이다.

  ➡ B$_2$ 1 g이 분자 $\dfrac{1}{32}$ mol이므로 B$_2$의 몰질량은 32이다.

- CD$_4$ 1 g당 원자 수(개)는 $\dfrac{15}{8}\times10^{23}$이므로 원자의 양(mol)은 $\dfrac{5}{16}$ mol이고 분자의 양(mol)은 $\dfrac{5}{16}\times\dfrac{1}{5}=\dfrac{1}{16}$ mol이다.

  ➡ CD$_4$ 1 g이 분자 $\dfrac{1}{16}$ mol이므로 CD$_4$의 몰질량은 16이다.

- 1개의 질량(상댓값)은 몰질량에 비례한다. 🍯탭 A의 몰질량을 M_A라 하면 A와 CD$_4$의 몰질량 비는 A : CD$_4$ = 5 : 4 = M_A : 16이다.
  ➡ A의 몰질량 $M_A=20$이다.

| 보기 분석 |

ㄱ. B$_2$는 t ℃, 1 atm에서 1 L당 질량(g)이 $\dfrac{4}{3}$이다. B$_2$의 몰질량이 32이므로 t ℃, 1 atm에서 기체 1 mol의 부피(V)는 B$_2$ 32 g에 해당하는 부피이다.
따라서 $1(L):\dfrac{4}{3}(g)=V(L):32(g)$이므로 $V=24(L)$이다.

ㄴ. A의 몰질량은 20이다. A 1 g은 $\dfrac{1}{20}$ mol이므로 아보가드로수를 곱하면 A 1 g당 원자 수(개) $y=\dfrac{1}{20}\times6\times10^{23}=\dfrac{3}{10}\times10^{23}$이다.

ㄷ. 1개의 질량(상댓값)은 몰질량에 비례하므로 몰질량이 B$_2$가 CD$_4$의 2배이므로 $x=8$이다.
t ℃, 1 atm에서 기체 1 mol의 부피는 24 L이고, CD$_4$의 몰질량은 16이므로 $1(L):z(g)=24(L):16(g)$이다. 이를 풀면 $z=\dfrac{2}{3}$이다.

따라서 $x=8$, $z=\dfrac{2}{3}$이므로 $x=12z$이다.

다음은 기체 1 mol에 대한 학생의 탐구 과정이다.

[단서] 0 ℃, 1 atm에서 기체 6.02×10^{23}개의 부피 = 22.4 L

〈상황 제시〉
○ 기체 1 mol을 담을 수 있는 상자의 크기는 얼마일까?

〈창의적 설계〉
○ 한 변의 길이가 a cm인 정육면체 상자를 설계하자. 1 L는 1000 cm^{3}인 것을 이용해야겠다.

〈감성적 체험〉
○ 정육면체 한 변의 길이 a cm가 수평선 위의 구간 I∼V 중 (가)에 위치할 때, 0 ℃, 1 atm에서 기체 6.02×10^{23}개를 담을 수 있다는 것이 놀라웠다.

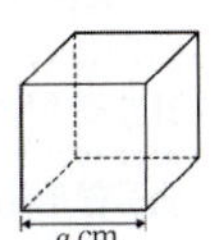

(가)에 해당하는 구간은?

① I ② II ③ III ④ IV ⑤ V

💡 단서+발상

[단서] 기체 1 mol에 대한 학생의 탐구 과정이 제시되어 있다.
[발상] 0 ℃, 1 atm에서 기체 6.02×10^{23}개의 부피가 22.4 L인 것을 알고 있어야 한다.
[적용] 각 구간의 중간값을 이용하여 정육면체의 부피를 구하는 것부터 문제 풀이를 시작해야 한다.

| 문제+자료 분석 |

- 0 ℃, 1 atm에서 기체 6.02×10^{23}개의 부피는 22.4 L이다.
- 구간 I∼V의 중간값으로 기체의 부피를 구하면 다음과 같다.

구간	I	II	III	IV	V
한 변의 길이(cm)	10	20	30	40	50
부피($\times10^3$ cm^3)(L)	1	8	27	64	125

| 선택지 분석 |

③ 0 ℃, 1 atm에서 기체 6.02×10^{23}개의 부피는 22.4 L인데 어림하면 27 L에 가장 가까우므로 이에 해당하는 구간은 III이다.

다음은 나트륨(Na)과 관련된 반응의 화학 반응식이다.

$$\overbrace{a\mathrm{Na} + b\mathrm{O_2} \longrightarrow 2\mathrm{Na_2O}}^{a=4} \ (a, b\text{는 반응 계수})$$
$$\underbrace{\qquad\qquad}_{2b=2}$$

$\dfrac{a}{b}$ 는?

$a=4, b=1 \Rightarrow \dfrac{a}{b}=\dfrac{4}{1}=4$

① 1   ② 2   ③ 3   ④ 4   ⑤ 5

단서+발상

(단서) 나트륨과 관련된 화학 반응식이 제시되어 있다.

(발상) 반응 전후 원자의 종류와 수가 같음을 추론할 수 있다.

(적용) 미정계수법을 이용하여 화학 반응식의 계수를 구하는 것부터 문제 풀이를 시작해야 한다.

| 문제+자료 분석 |

- 화학 반응이 일어날 때 원자는 새로 생성되거나 소멸되지 않는다.
 따라서 반응 전후 원자의 종류와 수는 서로 같다.
 Na의 반응 전후 원자 수는 $a=4$이다.
 O의 반응 전후 원자 수는 $2b=2$이다. ➡ $b=1$

| 선택지 분석 |

④ $a=4, b=1$이다. 따라서 $\dfrac{a}{b}=\dfrac{4}{1}=4$이다.

다음은 A(g)와 B(g)가 반응하여 C(g)를 생성하는 반응의 화학 반응식이다.

$$3\mathrm{A}(g) + \mathrm{B}(g) \longrightarrow 2\mathrm{C}(g)$$

그림은 실린더에 A(g)와 B(g)를 넣고 반응을 완결시킨 실험 Ⅰ, Ⅱ를 나타낸 것이다.

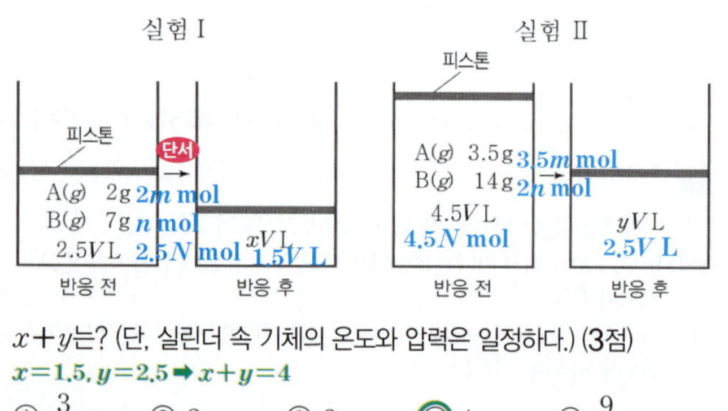

$x+y$는? (단, 실린더 속 기체의 온도와 압력은 일정하다.) (3점)

$x=1.5, y=2.5 \Rightarrow x+y=4$

① $\dfrac{3}{2}$ ② 2   ③ 3   ④ 4   ⑤ $\dfrac{9}{2}$

단서+발상

(단서) 화학 반응식과 실린더에 A(g)와 B(g)를 넣고 반응을 완결시킨 실험 Ⅰ, Ⅱ가 제시되어 있다.

(발상) 온도와 압력이 같을 때 기체의 부피는 양(mol)에 비례함을 추론할 수 있다.

(적용) 온도와 압력이 같을 때 기체의 부피가 양(mol)에 비례함을 이용하여 기체의 양(mol)을 구하는 것부터 문제 풀이를 시작해야 한다.

| 문제+자료 분석 |

- ==온도와 압력이 같으면 기체의 부피는 양(mol)에 비례한다.== (꿀팁)
 온도와 압력이 같고, Ⅰ과 Ⅱ에서 반응 전 전체 기체의 부피(L)가 각각 $2.5V$ L, $4.5V$ L이므로 전체 기체의 양(mol)을 각각 $2.5N, 4.5N$이라고 한다.
- Ⅰ에서 A(g)와 B(g)의 양(mol)을 각각 $2m$과 n, Ⅱ에서 A(g)와 B(g)의 양(mol)을 각각 $3.5m$과 $2n$이라고 하면 다음과 같은 두 식이 얻어진다.
 $2m+n=2.5N$
 $3.5m+2n=4.5N$
 두 식을 연립해서 풀면 $m=N, n=0.5N$이다.
- Ⅰ과 Ⅱ의 양적 관계는 다음과 같다.

실험 Ⅰ	$3\mathrm{A}(g)$	$+$	$\mathrm{B}(g)$	$\longrightarrow$	$2\mathrm{C}(g)$	전체 기체의 양(mol)
반응 전 양(mol)	$2N$		$0.5N$		0	
반응한 양(mol)	$-1.5N$		$-0.5N$		$1.0N$	
반응 후 양(mol)	$0.5N$		0		$1.0N$	$1.5N$

실험 Ⅱ	$3\mathrm{A}(g)$	$+$	$\mathrm{B}(g)$	$\longrightarrow$	$2\mathrm{C}(g)$	전체 기체의 양(mol)
반응 전 양(mol)	$3.5N$		$1.0N$		0	
반응한 양(mol)	$-3.0N$		$-1.0N$		$2.0N$	
반응 후 양(mol)	$0.5N$		0		$2.0N$	$2.5N$

| 선택지 분석 |

④ 반응 후 전체 기체의 양(mol)은 Ⅰ에서 $1.5N$, Ⅱ에서 $2.5N$이므로 반응 후 전체 기체의 부피는 각각 $1.5V$ L, $2.5V$ L이다.
 따라서 $x=1.5, y=2.5$이므로 $x+y=4$이다.

 정답 ④　★ 화학 반응식과 양적 관계 ⋯⋯⋯⋯⋯⋯⋯⋯⋯⋯⋯⋯⋯⋯⋯⋯⋯⋯⋯⋯⋯ [정답률 61%] 2021 실시 9월 학평 9 / 화학 Ⅰ (고2) 변형

다음은 나트륨(Na)을 물(H_2O)과 반응시킬 때의 화학 반응식과 자료이다.

단서 반응 몰비는 Na : H_2 = 2 : 1

$$2Na(s) + 2H_2O(l) \longrightarrow 2NaOH(aq) + H_2(g)$$

○ 완전히 반응한 Na의 질량: a g
○ Na의 몰질량: m g/mol ➡ $\dfrac{a\,g}{m\,g/mol} = \dfrac{a}{m}$ mol

0 ℃, 1 atm에서 생성된 $H_2(g)$의 부피(L)는? (단, 0 ℃, 1 atm에서 기체 1 mol의 부피는 22.4 L이다.)

$$V = \dfrac{a}{2m} \text{ mol} \times 22.4 \text{ L/mol} = \dfrac{11.2a}{m} \text{ L}$$

① $\dfrac{a}{22.4m}$　② $\dfrac{a}{2m}$　③ $\dfrac{5.6a}{m}$　④ $\dfrac{11.2a}{m}$　⑤ $\dfrac{22.4a}{m}$

| 문제+자료 분석 |

- 화학 반응식에서 계수비 = 몰비 = 분자 수 비 = 부피비 (기체의 경우)이다.
- 따라서 반응 몰비는 Na : H_2 = 2 : 1이다.
- 물질의 양(mol) = $\dfrac{\text{질량(g)}}{\text{몰질량(g/mol)}}$ 이므로 완전히 반응한 Na a g의 양은

$$\dfrac{a\,g}{m\,g/mol} = \dfrac{a}{m} \text{ mol이다.}$$

| 선택지 분석 |

④ 반응 몰비가 Na : H_2 = 2 : 1이므로 Na이 $\dfrac{a}{m}$ mol 반응할 때 생성되는

H_2의 양은 $\dfrac{a}{2m}$ mol이다.

기체 1 mol의 부피는 22.4 L이므로 생성된 $H_2(g)$ $\dfrac{a}{2m}$ mol의 부피(V L)는

1 mol : 22.4 L = $\dfrac{a}{2m}$ mol : V L에서

$$V = \dfrac{a}{2m} \text{ mol} \times 22.4 \text{ L/mol} = \dfrac{11.2a}{m} \text{ L이다.}$$

 정답 ⑤　★ 화학 반응의 양적 관계 ⋯⋯⋯⋯⋯⋯⋯⋯⋯⋯⋯⋯⋯⋯⋯⋯⋯ [정답률 75%] 2023 실시 6월 학평 15 / 화학 Ⅰ (고2) 변형

다음은 학생 A가 수행한 탐구 활동이다. Mg의 몰질량(g/mol)은 24이다.

단서

⟨화학 반응식⟩

$$Mg(s) + 2HCl(aq) \longrightarrow MgCl_2(aq) + \boxed{\text{X}}\ (g)$$
$$H_2$$

⟨가설⟩

- 온도와 압력이 일정할 때, Mg(s)을 충분한 양의 HCl(aq)과 반응시켜 발생한 X(g)의 부피는 $\boxed{}$ ㉠
반응한 Mg(s)의 질량에 비례한다.

⟨탐구 과정⟩

(가) 그림과 같은 실험 장치에서 Mg(s) 0.01 g과 충분한 양의 HCl(aq)을 반응시켜 발생한 X(g)의 부피를 측정한다.

(나) Mg(s) 0.01 g 대신 0.02 g, 0.03 g을 사용하여 과정 (가)를 반복한다.

⟨탐구 결과⟩

- 반응한 Mg(s)의 질량에 따른 발생한 X(g)의 부피

$\dfrac{0.01\,g}{24\,g/mol} = \dfrac{1}{2400}$ mol

반응한 Mg(s)의 질량(g)	0.01	0.02	0.03
발생한 X(g)의 부피(L)	0.01	0.02	0.03

⟨결론⟩

- 가설은 옳다.

학생 A의 결론이 타당할 때, 이에 대한 설명으로 옳은 것만을 ⟨보기⟩에서 있는 대로 고른 것은? (단, 온도와 압력은 t ℃, 1기압으로 일정하고, 피스톤의 마찰은 무시한다.)

[보기]

ㄱ. X는 H_2이다.
ㄴ. '반응한 Mg(s)의 질량에 비례한다.'는 ㉠으로 적절하다.
ㄷ. t ℃, 1기압에서 X(g) 1 mol의 부피는 24 L이다.
Mg(s) 1 mol이 반응하면 $H_2(g)$ 1 mol이 생성

① ㄱ　② ㄷ　③ ㄱ, ㄴ　④ ㄴ, ㄷ　⑤ ㄱ, ㄴ, ㄷ

단서+발상

단서 학생 A가 수행한 탐구 활동이 제시되어 있다.
발상 화학 반응이 일어날 때 생성물의 양은 한계 반응물에 의해 결정됨을 추론할 수 있다.
적용 탐구 과정에서 한계 반응물을 찾는 것부터 문제 풀이를 시작해야 한다.

| 문제+자료 분석 |

- **한계 반응물**: 충분한 양의 HCl(aq)에 Mg(s)의 양을 변화시키면서 반응시키므로 한계 반응물은 Mg(s)이다.
- ⟨탐구 결과⟩: 발생한 X(g)의 부피(L)가 반응한 Mg(s)의 질량(g)에 비례한다.

| 보기 분석 |

ㄱ. 화학 반응식에서 반응 전후 원자의 종류와 수는 서로 같다.
따라서 X = H_2이다.
ㄴ. ⟨탐구 결과⟩에서 발생한 X(g)의 부피(L)가 반응한 Mg(s)의 질량(g)에 비례하므로 '반응한 Mg(s)의 질량에 비례한다.'는 ㉠으로 적절하다.
ㄷ. 화학 반응식을 보면 t ℃, 1기압에서 Mg(s) 1 mol이 반응하면 $H_2(g)$ 1 mol이 생성된다.
⟨탐구 결과⟩에서 반응한 Mg(s)의 질량(g)이

$0.01 \left(= \dfrac{0.01\,g}{24\,g/mol} = \dfrac{1}{2400} \text{ mol} \right)$일 때, 발생한 X($g$)의 부피(L)가

0.01이다.
따라서 t ℃, 1기압에서 X(g) 1 mol의 부피를 x라 하면

$$\dfrac{1}{2400}(\text{mol}) : 0.01(\text{L}) = 1(\text{mol}) : x \text{에서 } x = 24(\text{L})\text{이다.}$$

다음은 2가지 반응의 화학 반응식이다. a, b는 반응 계수이다.

> (가) $CH_4 + 2O_2 \longrightarrow \boxed{㉠\ CO_2} + aH_2O$
> 단서 2
>
> (나) $2C_2H_4O + bO_2 \longrightarrow 4\boxed{㉠\ CO_2} + 4H_2O$
> 5

이에 대한 설명으로 옳은 것만을 〈보기〉에서 있는 대로 고른 것은?

(3점)

[보기]

ㄱ. ㉠은 CO_2이다.

ㄴ. $a+b=7$이다.
 $a=2, b=5$

ㄷ. (가)와 (나)에서 각각 H_2O 1 mol이 생성되었을 때 반응한
 O_2의 양(mol)은 (가) ✗ (나)이다.
 $1\,mol < \dfrac{5}{4}\,mol$

① ㄱ ② ㄷ ③ ㄱ, ㄴ ④ ㄴ, ㄷ ⑤ ㄱ, ㄴ, ㄷ

단서＋발상

(단서) 2가지 반응의 화학 반응식이 제시되어 있다.

(발상) 반응 전후 원자의 종류와 수가 같음을 추론할 수 있다.

(적용) 미정계수법을 이용하여 화학 반응식의 계수를 구하는 것부터 문제 풀이를
 시작해야 한다.

| 문제＋자료 분석 |

· ㉠: (가)와 (나) 반응 모두 탄소 화합물의 연소 반응이다. 따라서 생성물인 ㉠은
 CO_2이다.
· (가): 화학 반응식에서 반응 전후 원자의 종류와 수가 같아야 하므로 $a=2$이다.
· (나): 화학 반응식에서 반응 전후 원자의 종류와 수가 같아야 하므로 $b=5$이다.

| 보기 분석 |

ㄱ. 반응 모두 탄소 화합물의 연소 반응이므로 ㉠은 CO_2이다.

ㄴ. $a=2$, $b=5$이므로 $a+b=7$이다.

ㄷ. H_2O 1 mol이 생성되었을 때 반응한 O_2의 양(mol)은
 (가)에서 1 mol, (나)에서 $\dfrac{5}{4}$ mol이므로 반응한 O_2의 양(mol)은
 (가) < (나)이다.

다음은 자동차 에어백과 관련된 2가지 반응의 화학 반응식이다. $t\ ℃$, 1기압에서 기체 1몰의 부피는 V L이다.

> ○ $2NaN_3(s) \longrightarrow 2\boxed{㉠\ Na}(s) + 3N_2(g)$
> 단서
>
> ○ $Fe_2O_3(s) + a\boxed{㉠\ Na}(s) \longrightarrow bNa_2O(s) + 2Fe(s)$
> 6 3
> (a, b는 반응 계수)

이에 대한 설명으로 옳은 것만을 〈보기〉에서 있는 대로 고른 것은? (단, NaN_3의 몰질량(g/mol)은 65이고, 온도와 압력은 일정하다.)

[보기]

ㄱ. ㉠은 Na이다.
 화학 반응 전후 원자의 종류와 개수가 같으므로 ㉠은 Na이다.

ㄴ. $a+b=9$이다.
 $a=6, b=3 \Rightarrow a+b=9$

ㄷ. $t\ ℃$, 1기압에서 생성된 $N_2(g)$의 부피가 $3V$ L일 때 반응
 한 $NaN_3(s)$의 질량은 130 g이다.
 $N_2(g)$ 3 mol이 생성하기 위해 반응한 $NaN_3(s)$는 2 mol
 $\Rightarrow 2\,mol \times 65\,g/mol = 130\,g$

① ㄱ ② ㄷ ③ ㄱ, ㄴ ④ ㄴ, ㄷ ⑤ ㄱ, ㄴ, ㄷ

단서＋발상

(단서) 2가지 반응의 화학 반응식이 제시되어 있다.

(발상) 반응 전후 원자의 종류와 수가 같음을 추론할 수 있다.

(적용) 미정계수법을 이용하여 화학 반응식의 계수를 구하는 것부터 문제 풀이를
 시작해야 한다.

| 문제＋자료 분석 |

· 화학 반응에 참여하는 원자의 종류와 개수는 반응 전후에 달라지지 않는다.
· 첫 번째 화학 반응식에서 반응물의 Na은 2개, N은 6개이고
 생성물에서 N는 6개, ㉠은 2개이므로 ㉠은 Na이다.
· 두 번째 화학 반응식에서 반응물의 Fe_2O_3는 3개의 O를 가지므로
 생성물에서 Na_2O의 계수 $b=3$이다.
· 따라서 생성물의 Na_2O는 6개의 Na를 가지므로
 반응물 ㉠(Na)의 계수 $a=6$이다.

| 보기 분석 |

ㄱ. 첫 번째 화학 반응식을 완성하면 다음과 같다.
 $2NaN_3(s) \longrightarrow 2Na(s) + 3N_2(g)$ ➡ ㉠은 Na이다.

ㄴ. 두 번째 화학 반응식을 완성하면 다음과 같다.
 $Fe_2O_3(s) + 6Na(s) \longrightarrow 3Na_2O(s) + 2Fe(s)$
 ➡ $a=6, b=3$이므로 $a+b=9$이다.

ㄷ. $t℃$, 1기압에서 기체 1몰의 부피는 V L이므로, $t\ ℃$, 1기압에서 생성된
 $N_2(g)$의 부피가 $3V$ L라면, $N_2(g)$는 총 3몰 생성된 것이다.
 첫 번째 반응식에서 $NaN_3(s)$와 $N_2(g)$의 계수비는 2 : 3이므로
 반응한 $NaN_3(s)$의 양은 2몰이다.
 따라서 반응한 $NaN_3(s)$ 2몰의 질량은 2 mol × 65 g/mol = 130 g이다.

✱ 화학 반응식 완성하기

1단계	반응물과 생성물을 화학식으로 나타내기
2단계	반응물의 화학식은 반응의 진행 방향을 나타내는 화살표(→)의 왼쪽에, 생성물의 화학식은 화살표의 오른쪽에 쓰기
3단계	· 반응물과 생성물에 있는 원자의 종류와 개수가 같도록 계수 맞추기 · 계수는 가장 간단한 정수 비로 나타내고, 1이면 생략
4단계	물질의 상태를 표시할 경우 ( ) 안에 기호를 써서 표시 ➡ 고체: s, 액체: l, 기체: g, 수용액: aq

다음은 $CO(g)$와 $H_2O(g)$의 반응을 모형으로 나타낸 것이다.

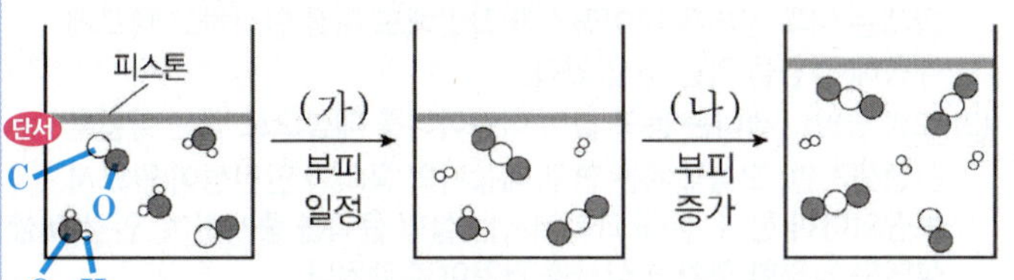

이에 대한 설명으로 옳은 것은? (단, 실린더 속 기체의 온도와 압력은 일정하다.) (3점)

① ●는 탄소(C)이다. 산소(O)

② 과정 (가)에서 H_2를 넣었다. 생성되었다.

③ 과정 (가)에서 생성된 물질은 3가지이다. $CO_2(g)$와 $H_2(g)$ 2가지

④ 과정 (나)에서 반응한 분자의 양(mol)은 생성된 분자의 양(mol)보다 크다. 같다

⑤ $\dfrac{\text{과정 (나)에서 첨가한 ●●의 수}}{\text{과정 (가)에서 생성된 ●●●의 수}}$ 는 1이다. $\dfrac{2}{2}=1$

단서＋발상

(단서) $CO(g)$와 $H_2O(g)$의 반응이 모형으로 제시되어 있다.

(발상) 화학 반응 전후 원자는 새로 생성되거나 소멸되지 않음을 추론할 수 있다.

(적용) 과정 (가)와 (나)에서 반응 전후 원자의 종류와 수를 비교하는 것부터 문제 풀이를 시작해야 한다.

| 문제＋자료 분석 |

• 과정 (가)의 (나)의 화학 반응식은 다음과 같다.

• (가): $2CO(g) + 3H_2O(g) \rightarrow 2CO_2(g) + 2H_2(g) + H_2O(g)$

• (나): $2CO_2(g) + 2H_2(g) + H_2O(g) + 2CO(g)$
$\rightarrow 3CO_2(g) + 3H_2(g) + CO(g)$

| 선택지 분석 |

① $CO(g)$와 $H_2O(g)$에 공통 원소는 산소(O)이다. 따라서 ●는 산소(O)이다.

② 과정 (가)에서 $CO(g)$와 $H_2O(g)$가 반응하여 H_2가 생성되었다.

③ 과정 (가)에서 생성된 물질은 $CO_2(g)$와 $H_2(g)$ 2가지이다.

④ 과정 (가)와 (나)에서 반응한 분자의 양(mol)과 생성된 분자의 양(mol)은 같다.

⑤ 과정 (가)에서 생성된 CO_2의 수는 2이고, (나)에서 첨가한 CO의 수도 2이므로 $\dfrac{\text{과정 (나)에서 첨가한 ●●의 수}}{\text{과정 (가)에서 생성된 ●●●의 수}} = \dfrac{2}{2} = 1$이다.

다음은 $A(g)$와 $B(g)$가 반응하여 $C(g)$를 생성하는 반응의 화학 반응식이다.

$$aA(g) + bB(g) \rightarrow cC(g) \quad (a \sim c\text{는 반응 계수})$$
$$\underset{1}{a}\quad\underset{1}{b}\quad\underset{2}{c}$$

그림은 $A(g)$ w g이 들어 있는 실린더에 $B(g)$를 넣어 반응을 완결시켰을 때, 넣어 준 $B(g)$의 질량에 따른 $C(g)$의 질량을 나타낸 것이다. 실린더 속 기체의 부피비는 (가) : (나) : (다) ＝ 3 : 4 : 5이다.

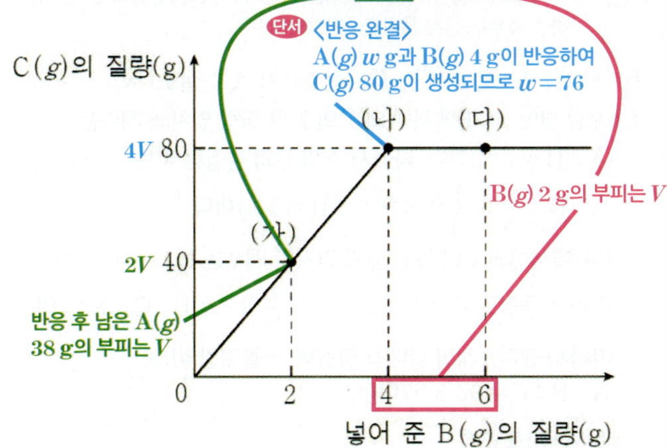

$\dfrac{a}{c} \times \dfrac{\text{C의 몰질량}}{\text{A의 몰질량}}$ 은? (단, 실린더 속 기체의 온도와 압력은 일정하다.) (3점) $\dfrac{1}{2} \times \dfrac{20}{38} = \dfrac{5}{19}$

① $\dfrac{5}{19}$　② $\dfrac{10}{19}$　③ $\dfrac{9}{16}$　④ $\dfrac{9}{8}$　⑤ $\dfrac{23}{8}$

단서＋발상

(단서) 화학 반응식과 $A(g)$ w g이 들어 있는 실린더에 $B(g)$를 넣어 반응을 완결시켰을 때, 넣어 준 $B(g)$의 질량에 따른 $C(g)$의 질량을 나타낸 그림이 제시되어 있다.

(발상) 생성물의 질량 변화가 없는 시작점이 반응이 완결된 것임을 추론할 수 있다.

(적용) 질량 보존 법칙을 적용하여 반응이 완결된 지점에서 반응물과 생성물의 질량을 구하는 것부터 문제 풀이를 시작해야 한다.

| 문제＋자료 분석 |

• (나): (나) 이후 생성물 C의 양이 변하지 않으므로 (나)에서 반응이 완결되었다. 반응 전후 원자는 새로 생성되거나 소멸되지 않아 질량이 보존된다.
➡ $A(g)$ w g과 $B(g)$ 4 g이 반응하여 $C(g)$ 80 g이 생성되므로 $w=76$이다.

• 실린더 속 기체의 부피비는 (가) : (나) : (다) ＝ 3 : 4 : 5이므로 (나)에서 반응이 완결되었을 때 $C(g)$ 80 g의 부피를 $4V$라 하면, (다)에서 반응 완결 후 $B(g)$ 2 g을 추가했을 때의 전체 부피가 $5V$이다.
➡ 반응하지 않고 남은 $B(g)$ 2 g의 부피는 V이다.

• (가): (가)는 (나)에 비해 절반이 반응한 지점이다.

$A(g)$ $\dfrac{w}{2}=38$ g과 $B(g)$ 2 g($=$부피 V)이 반응하여

$C(g)$ 40 g($=$부피 $2V$)이 생성되는데 전체 부피는 $3V$이므로 반응 후 남은 $A(g)$ 38 g의 부피는 V이다.

• **반응 계수**: (가)에서 반응하는 부피비는 $A : B : C = 1 : 1 : 2$이므로 $a=1, b=1, c=2$이다.

• **몰질량 비**: 같은 부피의 기체의 질량은 몰질량에 비례한다. 🍯(팁)
같은 부피 V에 대한 $A \sim C$의 질량이 각각 38 g, 2 g, 20 g이므로 몰질량 비 $A : B : C = 38 : 2 : 20$이다.

| 선택지 분석 |

① $a=1, c=2$이고 몰질량비는 $A : C = 38 : 20$이다.

따라서 $\dfrac{a}{c} \times \dfrac{\text{C의 몰질량}}{\text{A의 몰질량}} = \dfrac{1}{2} \times \dfrac{20}{38} = \dfrac{5}{19}$이다.

다음은 18세기 말 영국의 제너가 소의 천연두인 우두의 부스럼에서 액체를 채취하여 핍스의 오른팔에 주사한 과정을 나타낸 것이다.

> 소젖을 짜는 사라 넬메스는 우두에 감염됨
> ➜ 넬메스의 우두 고름을 핍스에게 주사함
> ➜ 핍스는 우두를 약하게 앓음 〔단서〕
> ➜ 천연두 환자로부터 부스럼을 수집함
> ➜ 핍스에게 천연두의 부스럼을 주사함
> ➜ 핍스는 감염되지 않음 ➜ 면역 반응

(1) 제너는 천연두 예방을 위해 우두를 이용한 접종 실험을 실시하였다. 이 실험을 통해 어떤 면역 반응이 유도되었는지 항체 형성의 관점에서 서술하시오. 〔서술형〕 항원 항체 반응

(2) 제너의 실험은 어린아이에게 직접 병원체를 주사하는 방식으로 이루어졌다. 이 실험이 오늘날의 생명윤리 기준과 비교해 어떤 점에서 차이가 있는지 서술하시오. 〔서술형〕

단서+발상

〔단서〕 인류 최초로 백신의 원리를 이용한 우두 접종 과정이 제시되어 있다.

〔발상〕 넬메스의 우두 고름을 핍스에게 주사하였을 때, 약하게 우두를 앓았던 핍스가 그 이후에는 천연두에 노출되어도 감염되지 않으므로 핍스에게 면역이 형성되었음을 추론할 수 있다.

〔적용〕 백신의 원리를 이해하고 핍스의 체내에서 항체가 형성된 원리를 기술하는 것부터 문제 풀이를 시작해야 한다.

(1) 〔모범 답안〕 우두 바이러스에 노출된 핍스의 체내에서는 항원 항체 반응이 일어나 천연두 바이러스에 대한 항체가 형성되었고, 이 항체는 이후 천연두 바이러스가 침입해도 이를 인식하고 빠르게 대응해 감염을 막을 수 있었다.

(2) 〔모범 답안〕 제너는 동의 없이 어린아이를 대상으로 백신 실험을 진행했지만, 오늘날에는 연구 대상자의 동의와 안전성이 반드시 보장되어야 한다. 현대 과학에서는 실험 윤리를 중시하며, 인간 대상 실험은 엄격한 절차와 심사를 거쳐서 수행된다.

│ 문제+자료 분석 │

• 제너는 18세기 말 백신 원리를 처음 적용하며 우두 접종 과정을 실험하였다.
• 이 실험은 인류 최초의 백신 원리를 확인하는 역사적인 실험이지만, 현대 과학 연구 윤리의 기준에 부합하지 않는 부분도 있다. 과거와 현재의 과학 연구 윤리 기준의 차이를 이해하고 현대 과학에서의 생명윤리 원칙(동의·안전성·절차)을 서술한다.

	채점 기준	배점
(1)	핍스의 체내에서 어떤 면역 반응이 유도되었는지 항체 형성의 관점에서 옳게 서술한 경우	50%
	핍스의 체내에서 유도된 면역 반응을 항체 형성의 관점에서 설명하지 않고 부분적으로만 서술한 경우	20%
(2)	과거 실험의 윤리적 문제와 현대 과학의 윤리적 기준을 옳게 서술한 경우	50%
	과거 실험의 윤리적 문제, 현대 과학의 윤리적 기준 중 하나만 옳게 서술한 경우	20%

그림은 A ~ C 원자의 상대적인 질량을 비교한 모습이다. A ~ C는 각각 탄소(C), 질소(N), 산소(O) 중 하나이다. (단, 입자의 개수만 고려하되, 크기와 색상은 무시한다.) 〔단서〕 몰질량 : 12, 14, 16

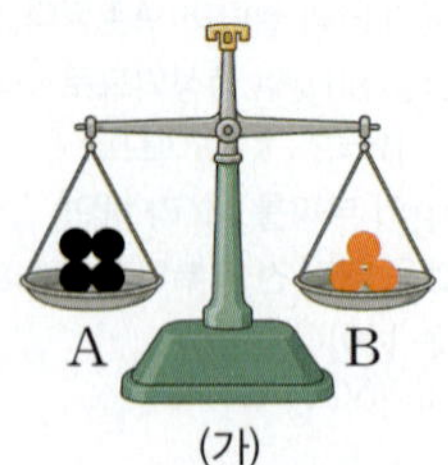

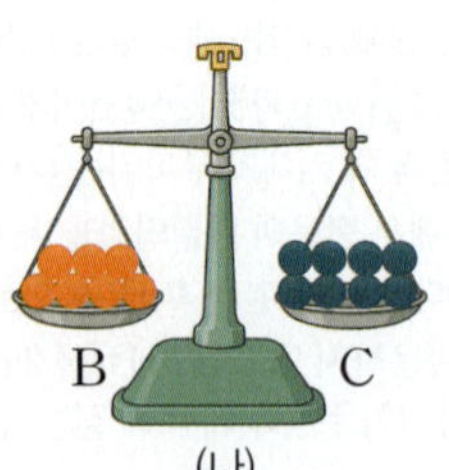

(1) A ~ C 원자에 해당하는 실제 원소를 쓰시오. 〔단답형〕
A: 탄소, B: 산소, C: 질소

(2) A ~ C 원자 1개의 상대적 질량비($A : B : C$)를 양팔 저울에 있는 각 입자의 개수비와의 관계로부터 구하고, 풀이 과정을 서술하시오. 〔서술형〕

단서+발상

〔단서〕 동일한 질량일 때 원자의 개수를 보여주는 양팔 저울이 제시되어 있다.

〔발상〕 양팔 저울에 놓인 서로 다른 원자의 개수를 통해 몰질량 비를 추론할 수 있다.

〔적용〕 상대적 질량비를 구하는 비례식을 적용하여 A와 B, B와 C 관계를 각각 구하는 것부터 문제 풀이를 시작해야 한다.

(1) 〔정답〕 A : 탄소(C), B : 산소(O), C : 질소(N)

(2) 〔모범 답안〕 (가)에서 A와 B의 동일 질량 입자의 개수는 $A : B = 4 : 3$이다. 따라서 A와 B의 몰질량 비는 $A : B = \frac{1}{4} : \frac{1}{3}$이므로 $A : B = 3 : 4$이다.

(나)에서 B와 C의 동일 질량 입자의 개수는 $B : C = 7 : 8$이다.

따라서 몰질량 비는 $B : C = \frac{1}{7} : \frac{1}{8}$이므로 $B : C = 8 : 7$이다.

따라서 원자 1개의 상대적 질량비(=몰질량 비)는 $A : B : C = 6 : 8 : 7$이다.

│ 문제+자료 분석 │

• 양팔 저울은 동일한 질량일 때 서로 다른 두 원자(입자)의 개수비를 보여준다. 이는 원자 1개의 상대적 질량비 또는 몰질량 비를 의미한다.

	채점 기준	배점
(1)	A ~ C 원자에 해당하는 실제 원소 기호를 옳게 쓴 경우	30%
(2)	A ~ C 원자 1개의 상대적 질량비($A : B : C$)를 양팔 저울에 있는 각 입자의 개수비와의 관계로부터 옳게 서술한 경우	70%
	A ~ C 원자 1개의 상대적 질량비($A : B : C$)를 양팔 저울에 있는 각 입자의 개수비와의 관계로부터 일부만 옳게 서술한 경우	30%

표는 t ℃, 1기압 용기에 든 탄화 수소 기체에 관한 자료이다. (가)~(다)의 분자식은 C_nH_{2n-2}, C_nH_{2n}, C_nH_{2n+2} 형태 중 하나를 갖는다. (단, **단서** C_2H_2, C_2H_4, C_2H_6, C_4H_6, C_4H_8, C_4H_{10} 등 $n \geq 2$, n은 자연수이다. 몰질량(g/mol)은 C와 H가 각각 12, 1이다.)

기체	분자식	$\dfrac{H의 질량}{C의 질량}$ (상댓값)	단위 질량당 전체 원자 수(상댓값)
(가)	C_2H_x C_2H_2	2	㉠ 15	—
(나)	C_2H_y C_2H_6	6	26	108
(다)	C_4H_z C_4H_6	3	—	㉡ 75

(1) t ℃, 1기압에서 (가) : (나)의 밀도비를 구하시오. **단답형**
부피가 동일할 때 밀도비는 질량(몰질량)비와 같다.

(2) ㉠, ㉡ 값을 구하고, 풀이 과정을 설명하시오. **서술형**
단위 질량당 전체 원자 수 비는 단위 질량당 전체 분자 수에 구성 원자의 개수를 곱한 비와 같다.

 **단서+발상**

단서 탄화 수소의 분자식에 관한 단서가 제시되어 있다.

발상 탄화 수소의 일반적인 분자식 및 구성 원소의 질량비로부터 각 기체의 분자식을 추론할 수 있다.

적용 구성 원소의 질량비를 활용하여 분자식을 구하는 것부터 문제 풀이를 시작해야 한다.

---

(1) **정답** (가)의 밀도 : (나)의 밀도 = 13 : 15

(2) **모범 답안** ・(가)와 (나)의 단위 질량당 전체 원자 수(상댓값)는

$$(가) : (나) = \frac{1}{26} \times 4 : \frac{1}{30} \times 8 = 15 : 26\text{이다. 따라서 ㉠은}$$

15이다.

・(나)와 (다)의 단위 질량당 전체 원자 수(상댓값)는

$$(나) : (다) = \frac{1}{30} \times 8 : \frac{1}{54} \times 10 = \frac{20}{75} : \frac{20}{108} = 108 : 75\text{이다.}$$

따라서 ㉡은 75이다.

｜문제+자료 분석｜

・(가) ~ (다)의 분자식은 C_nH_{2n-2}, C_nH_{2n}, C_nH_{2n+2} 중 하나의 형태를 갖는다.

・$\dfrac{H의 질량}{C의 질량}$ (상댓값)에 따라, (나)에서가 (가)에서보다 수소(H) 수가 3배 많으므로 C_nH_{2n-2}, C_nH_{2n}, C_nH_{2n+2} 중에서 (가)는 C_2H_2, (나)는 C_2H_6이다. ➡ (다)는 C_4H_6이다.
따라서 $x = 2$, $y = 6$, $z = 6$이다.

・단위 질량당 전체 원자 수 비는 단위 질량당 전체 분자 수에 구성 원자의 개수를 곱한 비와 같다.

・부피가 동일할 때 밀도비는 질량(몰질량)비와 같으므로 (가)의 밀도 : (나)의 밀도 = 13 : 15이다.

채점 기준	배점
(1)	(가)와 (나)의 밀도비를 옳게 쓴 경우	30%
(2)	㉠, ㉡ 값과 풀이 과정을 모두 옳게 서술한 경우	70%
	㉠, ㉡ 값과 풀이 과정 중 하나만 옳게 서술한 경우	30%

다음은 $A_2(g)$와 $B_2(g)$가 반응하여 $AB_3(g)$를 생성하는 반응의 화학 반응식이다.

$$A_2(g) + bB_2(g) \longrightarrow cAB_3(g) \quad (b, c는 반응 계수)$$

단서 화학 반응 전후 원자의 종류와 수는 같음

$A_2(g)$ 1 mol과 $B_2(g)$ 5 mol을 실린더에 넣고 반응을 완결시켰다. (단, 온도와 압력은 일정하며, A, B는 임의의 원소 기호이다.)

(1) $b + c$를 구하시오. **단답형**
화학 반응 전후 원자의 종류와 수는 같으므로 $b = 3$, $c = 2$ ➡ $b + c = 5$

(2) $\dfrac{반응 후 전체 기체의 부피}{반응 전 전체 기체의 부피}$ 를 구하고 과정을 서술하시오. **서술형**
온도와 압력이 일정하므로 기체의 부피는 기체의 양(mol)에 비례
➡ 반응 전 기체는 6 mol, 반응 후 기체는 4 mol이므로 $\dfrac{2}{3}$

 **단서+발상**

단서 화학 반응식이 제시되어 있다.

발상 반응물과 생성물의 화학식으로부터 계수를 추론할 수 있다.

적용 화학 반응 전과 후에 원자의 종류와 수는 변하지 않는다는 것을 적용해서 반응 계수를 구하는 것부터 문제 풀이를 시작해야 한다.

---

(1) **정답** 5

(2) **모범 답안** $\dfrac{2}{3}$, 반응 전 전체 기체의 양(mol)은 6 mol, 반응 후 전체 기체의 양(mol)은 4 mol이다. 온도와 압력이 일정할 때, 기체의 부피는 기체의 양(mol)에 비례하므로 $\dfrac{반응 후 전체 기체의 부피}{반응 전 전체 기체의 부피} = \dfrac{2}{3}$이다.

｜문제+자료 분석｜

・반응 전후 A 원자는 2개로 동일해야 하므로 $c = 2$이고, 반응 전후 B 원자는 6개로 동일해야 하므로 $b = 3$이다.
따라서 $b + c = 3 + 2 = 5$이다.

・반응 전 전체 기체의 양(mol)은 $1 + 5 = 6$(mol)이다.
반응 후 A_2 1 mol은 모두 반응하여 남지 않고, B_2는 3 mol 반응하고 2 mol이 남는다.
AB_3는 2 mol 생성되므로 반응 후 전체 기체의 양(mol)은 4 mol이다.

・온도와 압력이 일정할 때, 기체의 부피는 기체의 양(mol)에 비례하므로 $\dfrac{반응 후 전체 기체의 부피}{반응 전 전체 기체의 부피} = \dfrac{4}{6} = \dfrac{2}{3}$이다.

채점 기준	배점
(1)	답이 맞는 경우	30%
(2)	답과 구하는 과정을 모두 옳게 서술한 경우	70%
	구하는 과정은 옳게 서술했으나 답이 옳지 않은 경우	40%
	답만 옳게 구한 경우	30%

표는 $AB(g)$와 $B_2(g)$가 실린더에서 반응하여 $C(g)$를 생성하는 반응에 대한 자료이다. (단, A, B는 임의의 원소 기호이다.)

반응 전 기체의 양(mol)		반응 후 전체 기체의 양(mol)
$AB(g)$	$B_2(g)$	
4	1	4
4	2	4
4	3	5
4	4	6
5	5	$x=7.5$

단서 $B_2(g)$ 2 mol 넣었을 때 $AB(g)$와 $B_2(g)$ 모두 반응

(1) C의 분자식을 구하시오. 단답형
 AB 4 mol에 B_2 2 mol을 넣었을 때 모두 반응하여
 C 4 mol이 생성되므로 C의 분자식은 AB_2

(2) x를 구하고 과정을 서술하시오. 서술형
 $AB(g)$ 5 mol에 $B_2(g)$ 5 mol 넣으면 $AB(g)$는 모두 반응,
 $B_2(g)$는 2.5 mol 반응하고 2.5 mol 남으며,
 $C(g)$ 5 mol이 생성되므로 $x=7.5$

단서+발상

단서 $AB(g)$ 4 mol에 $B_2(g)$를 1 mol이나 2 mol을 넣었을 때 전체 기체의 양은 같고 3 mol을 넣었을 때부터는 전체 기체의 양(mol)이 증가함이 제시되어 있다.

발상 $B_2(g)$를 2 mol 넣었을 때 반응물이 모두 반응하고 생성물이 4 mol임을 추론할 수 있다.

적용 화학 반응식을 완성하는 것부터 문제 풀이를 시작해야 한다.

(1) 정답 AB_2

(2) 모범 답안 $AB(g) : B_2(g) : AB_2(g) = 2 : 1 : 2$이므로 $AB(g)$는 모두 반응하고, $B_2(g)$는 2.5 mol 남고, $AB_2(g)$는 5 mol 생성되어 $x=7.5$이다.

| 문제+자료 분석 |

- $AB(g)$ 4 mol과 $B_2(g)$ 2 mol이 반응하여 $C(g)$ 4 mol이 생성되므로 화학 반응식은 $4AB(g)+2B_2(g) \longrightarrow 4C(g)$이다. 반응 전후의 원자의 종류와 수가 같아야 하므로 C의 분자식은 AB_2이다.

- 반응물과 생성물의 몰비는 $AB(g) : B_2(g) : AB_2(g) = 2 : 1 : 2$이므로 $AB(g)$ 5 mol에 $B_2(g)$ 5 mol을 넣으면 $AB(g)$는 모두 반응하고, $B_2(g)$는 2.5 mol 반응하고 2.5 mol 남으며, $C(g)$ 5 mol이 생성되므로 반응 후 전체 기체의 양 $x=7.5(mol)$이다.

	채점 기준	배점
(1)	C의 분자식을 옳게 구한 경우	30%
	x를 맞게 구하고 과정을 옳게 서술한 경우	70%
(2)	과정을 옳게 서술했으나 x가 옳지 않은 경우	40%
	x만 옳게 구한 경우	30%

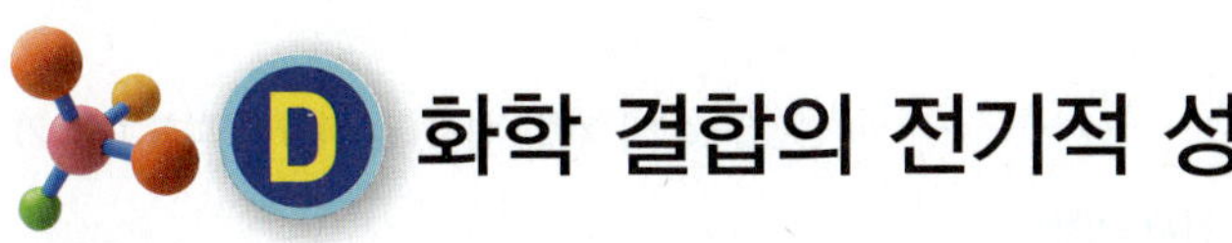

D 화학 결합의 전기적 성질

D 01 정답 ① ＊물의 전기 분해 실험 ·········· [정답률 95%] 2024 실시 9월 학평 6 / 화학 Ⅰ (고2)

다음은 물(H_2O)과 관련된 탐구이다.

〈탐구 제목〉 물의 ⑨

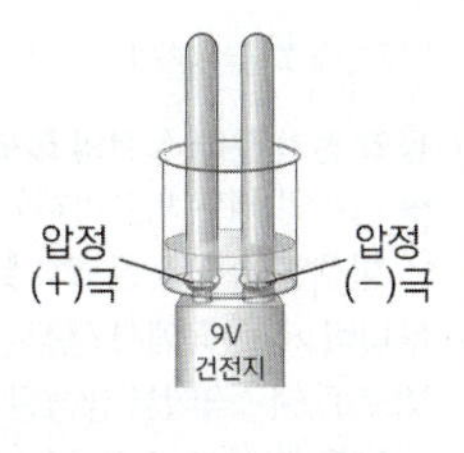

〈탐구 과정〉
(가) 일정한 간격으로 압정을 꽂은 투명 플라스틱 컵에 물을 넣고, 소량의 황산 나트륨(Na_2SO_4)을 녹인다.　전해질

(나) (가)의 수용액으로 가득 채운 시험관을 그림과 같이 설치한다.

(다) 전류를 흘려 (＋)극과 (－)극에서 발생하는 기체의 종류와 기체의 부피를 확인한다.

〈탐구 결과 및 결론〉
○ (＋)극과 (－)극에서 발생한 기체는 각각 산소(O_2)와 수소(H_2)이다. 단서 기체의 부피 산소 : 수소＝1 : 2

○ 발생한 기체의 부피는 수소가 산소보다 크다.

○ 물의 ⑨ 를 통해 물을 이루고 있는 수소 원자와 산소 원자 사이의 화학 결합에는 ⓒ 이/가 관여함을 알 수 있다.　물의 성분 물질　전자

⑨과 ⓒ으로 가장 적절한 것은?

	⑨	ⓒ
①	전기 분해 실험하기	전자
②	전기 분해 실험하기	원자핵
③	전기 전도성 측정하기	이온화 에너지
④	전기 전도성 측정하기	원자핵
⑤	부피를 어림하여 1 mol의 양 체험하기	전자

단서＋발상

단서 (＋)극과 (－)극에서 발생한 기체가 제시되어 있다.

발상 탐구 과정 (다)를 통해 물의 전기 분해 탐구임을 추론할 수 있다.

적용 물의 전기 분해 실험의 원리를 적용해서 화학 결합에 전자가 관여한다는 것을 떠올리는 것으로 문제 풀이를 시작해야 한다.

| 문제＋자료 분석 |

- **(가):** 황산 나트륨은 전해질로, 이온이 적어 전류가 거의 통하지 않는 순수한 물(증류수)에 전기 분해 반응을 일으키는 데 필요한 이온을 제공하는 역할을 한다.

- **(다):** 물의 전기 분해 실험에서는 전해질 수용액에 전류를 흘려 (＋), (－)극에서 발생하는 기체의 종류가 산소, 수소 기체인 것과 기체의 부피비가 산소 : 수소＝1 : 2임을 확인할 수 있다.

| 선택지 분석 |

① ⑨: 물에 황산 나트륨과 같은 전해질을 소량 넣고 전류를 흘려주면 물이 전기 분해되어 (＋)극에서는 산소 기체가, (－)극에서는 수소 기체가 발생한다. 이를 확인하는 실험을 물의 전기 분해 실험이라고 한다.

ⓒ: 전기 분해를 통해 공유 결합 물질인 물을 성분 원소로 분해할 수 있으므로 공유 결합이 형성될 때 전자가 관여한다는 것을 알 수 있다.

문제 풀이 꿀팁

- (＋)극에서는 물 분자가 전자를 잃어 산소 기체가 발생한다.
- (－)극에서는 물 분자가 전자를 얻어 수소 기체가 발생한다.
- 물의 전기 분해 실험의 화학 반응식 : $2H_2O(l) \longrightarrow 2H_2(g)+O_2(g)$
  ➡ 기체의 계수비는 기체의 부피비와 같으므로 계수비를 통해 추론할 수 있다.
  발생한 수소와 산소의 부피비는 2 : 1이다.

D 02 정답 ② ＊화학 결합과 물질의 성질 ·········· [정답률 79%] 2021 실시 3월 학평 4 / 화학 Ⅰ (고3)

표는 원소 A~D로 이루어진 3가지 화합물에 대한 자료이다. A~D는 각각 O, F, Na, Mg 중 하나이다.

화합물	AB_2	CB	DB_2
액체의 전기 전도성	있음	⑨ 있음	없음
	MgF_2	NaF	단서 OF_2

이에 대한 옳은 설명만을 〈보기〉에서 있는 대로 고른 것은?

[보기]

ㄱ. ⑨은 ~~없음~~이다.
　→ 이온 결합 물질이므로 전기 전도성 있음

ㄴ. A는 ~~Na~~이다.
　→ 2가 금속 원소이므로 Mg이다.

ㄷ. C_2D는 이온 결합 물질이다.
　→ Na_2O는 금속 원소와 비금속 원소가 결합한 이온 결합 물질이다.

① ㄱ　② ㄷ　③ ㄱ, ㄴ　④ ㄴ, ㄷ　⑤ ㄱ, ㄴ, ㄷ

| 문제＋자료 분석 |

◈ O, F, Na, Mg의 특징

	1가/2가	양이온/음이온	성질
O	2가	음이온	비금속 원소
F	1가	음이온	비금속 원소
Na	1가	양이온	금속 원소
Mg	2가	양이온	금속 원소

- 화합물 AB_2, CB, DB_2: A는 2가, B는 1가, C는 1가, D는 2가 이온
- 액체의 전기 전도성: AB_2는 이온 결합 물질, DB_2는 공유 결합 물질
  → D와 B는 모두 비금속 원소
  → A는 금속 원소 → A는 2가 금속 이온이므로 Mg
  → B는 1가 비금속 원소이므로 F, D는 2가 비금속 원소이므로 O
  → C는 남은 원소인 Na

| 보기 분석 |

ㄱ. CB는 이온 결합 물질인 NaF에 관한 것이므로 액체 상태에서 전기 전도성이 있다. 따라서 ⑨은 '있음'이다.

ㄴ. A는 2가 금속 원소인 Mg이므로, Na가 아니다.

ㄷ. C_2D는 Na_2O를 가리키므로 이온 결합 물질이다.

그림은 원소 A와 B로 구성된 화합물 X의 전기 분해 장치를 나타낸 것이다. (＋)극에서 생성된 기체 A_2와 (－)극에서 생성된 기체 B_2의 부피비는 1 : 2이다.

단서 부피비 $O_2 : H_2 = 1 : 2$ ➡ A는 O, B는 H

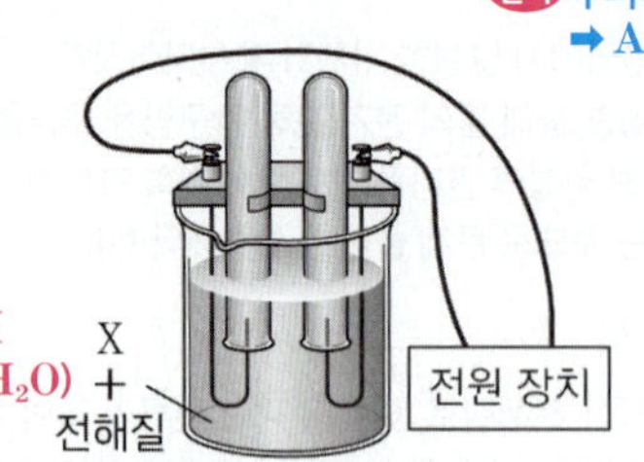

X에 대한 설명으로 옳은 것만을 〈보기〉에서 있는 대로 고른 것은? (단, A, B는 임의의 원소 기호이고, 기체의 온도와 압력은 일정하다.)

───────[보기]───────

ㄱ. 화학식은 A_2B이다. B_2A
ㄴ. 공유 결합 물질이다.
ㄷ. A 원자와 B 원자 사이의 화학 결합에는 전자가 관여한다.

① ㄱ   ② ㄴ   ③ ㄱ, ㄷ   ④ ㄴ, ㄷ   ⑤ ㄱ, ㄴ, ㄷ

단서＋발상

단서 원소 A와 B로 구성된 화합물 X의 전기 분해 장치 그림이 제시되어 있다.
발상 (＋)극에서 생성된 기체 A_2와 (－)극에서 생성된 기체 B_2의 부피비가 1 : 2라는 것을 통해 물의 전기 분해 실험임을 추론할 수 있다.
적용 물의 전기 분해 실험의 원리를 적용해서 화학 결합에 전자가 관여한다는 것을 적용하여 문제 풀이를 시작해야 한다.

| 문제＋자료 분석 |

• 물의 전기 분해 실험의 화학 반응식: $2H_2O(l) \rightarrow 2H_2(g) + O_2(g)$
➡ 기체의 계수비는 기체의 부피비와 같으므로 계수비를 통해 추론할 수 있다. 발생한 수소와 산소의 부피비는 2 : 1이다.
• 부피비: (＋)극에서 생성된 기체 A_2 : (－)극에서 생성된 기체 $B_2 = 1 : 2$ 이므로 (＋)극에서 생성된 기체 A_2가 산소 기체(O_2)이고, (－)극에서 생성된 기체 B_2가 수소 기체(H_2)임을 추론할 수 있다.

| 보기 분석 |

ㄱ. A가 O이고, B가 H이므로 화학식은 H_2O, 즉 B_2A이다.
ㄴ. 비금속 원소 사이의 결합으로 생성된 물질이므로 공유 결합 물질이다.
ㄷ. 전기 분해를 통해 공유 결합 물질인 물을 성분 원소로 분해할 수 있으므로 공유 결합이 형성될 때 전자가 관여한다는 것을 알 수 있다.

다음은 물(H_2O)의 전기 분해 실험이다.

〈실험 과정〉
(가) 물에 소량의 황산 나트륨(Na_2SO_4)을 녹인 수용액을 플라스틱통에 넣는다.   전해질
(나) 침핀을 꽂은 1회용 스포이트 2개에 (가)에서 만든 수용액을 가득 채우고 전류를 흘려주어 발생하는 기체를 각각 모은다.
(다) 발생한 기체 A의 부피(V_A)와 기체 B의 부피(V_B)를 비교한다.

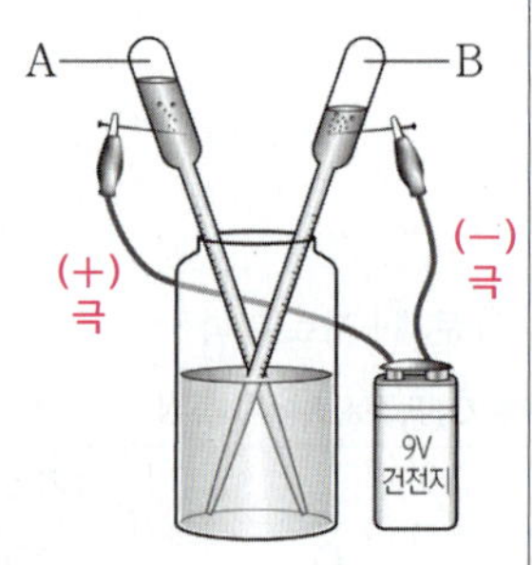

〈실험 결과〉
○ 스포이트에 모은 기체의 부피비 $V_A : V_B = 1 : 2$이다.

단서 기체의 부피비 $O_2 : H_2 = 1 : 2$ ➡ A는 O_2, B는 H_2

이에 대한 설명으로 옳은 것만을 〈보기〉에서 있는 대로 고른 것은?

───────[보기]───────

ㄱ. 화학 결합의 종류는 물과 황산 나트륨이 **같다**.
   물은 공유 결합, 황산 나트륨은 이온 결합
ㄴ. (－)극에서 발생하는 기체는 B이다.
ㄷ. 이 실험에서 물을 구성하는 원자 사이의 결합이 끊어진다.
   화학 반응은 기존의 결합을 끊고 새로운 결합이 형성되는 과정이다.

① ㄱ   ② ㄷ   ③ ㄱ, ㄴ   ④ ㄴ, ㄷ   ⑤ ㄱ, ㄴ, ㄷ

단서＋발상

단서 물의 전기 분해 실험이 제시되어 있다.
발상 실험 결과에 모은 기체의 부피비가 1 : 2인 것을 통해 A가 산소, 기체 B가 수소임을 추론할 수 있다.
적용 물의 전기 분해 실험의 원리를 적용해서 화학 결합에 전자가 관여한다는 것을 떠올리는 것으로 문제 풀이를 시작해야 한다.

| 문제＋자료 분석 |

• (가): 물에 넣는 소량의 황산 나트륨은 전해질로, 증류수에 용해되어 양이온과 음이온으로 이온화되는 이온 결합 물질이다.
• 물의 전기 분해 실험의 화학 반응식: $2H_2O(l) \rightarrow 2H_2(g) + O_2(g)$
➡ 산소 기체 : 수소 기체 ＝ 1 : 2 부피비로 발생한다.
• 산소 기체는 (＋)극에서, 수소 기체는 (－)극에서 발생하므로 부피가 작은 A 기체가 모인 스포이트는 (＋)극에 연결되어 있고, 부피가 큰 B 기체가 모인 스포이트는 (－)극에 연결되어 있다.

| 보기 분석 |

ㄱ. 물에 넣는 소량의 황산 나트륨은 이온 결합 물질로 공유 결합 물질인 물의 전기 분해를 돕기 위해 넣는 것이다.
ㄴ. A보다 B의 부피가 더 크므로 B는 수소(H_2)이다. 수소는 (－)극에서 전자를 얻어 생성되는 기체이다.
ㄷ. 실험 결과에서 수소와 산소가 생성되므로 전기 분해 실험을 통해 물을 구성하는 원자 사이의 결합이 끊어진다.

✱ **전해질**
• 전해질은 이온 결합 물질로 물에 녹아 이온화되어 전류가 흐를 수 있게 도와준다.
• 전해질을 사용하는 까닭은 공유 결합 물질인 순수한 물은 전기 전도성이 매우 낮아 단독으로는 전기 분해를 하기 어렵기 때문이다.

D 05 정답 ⑤ ＊물의 전기 분해

다음은 학생 A가 수행한 실험의 일부이다.

<실험 제목> 물의 [㉠] 실험
전기 분해

<실험 목적>
○ 물 분자를 이루는 결합에 전자가 관여함을 확인한다.
○ 각 전극에서 발생하는 기체의 종류와 부피비를 확인한다.

<실험 과정>
전해질
(가) 그림과 같은 실험 장치에 황산 나트륨 (Na_2SO_4)을 조금 넣어 녹인 수용액을 유리관 양쪽에 가득 채운 후 콕을 닫는다. 단서 기체의 부피비 $H_2 : O_2 = 2 : 1$

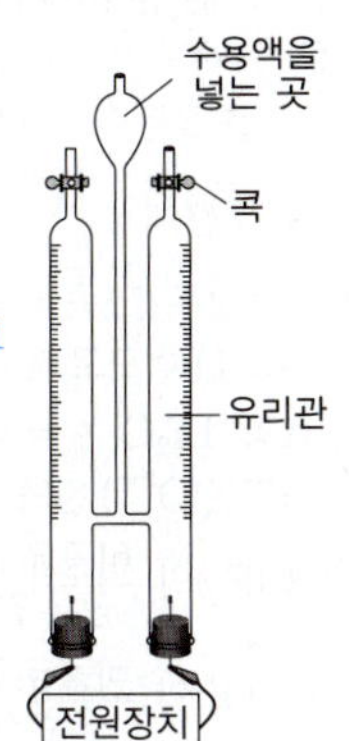

(나) 전원 장치를 사용하여 전류를 흘려준다.
(다) 유리관 내 [㉡]을/를 확인한다.
수면의 높이 변화
O_2 H_2
(라) (＋)극과 (－)극에 모인 기체의 종류를 확인한다.

이에 대한 설명으로 옳은 것만을 <보기>에서 있는 대로 고른 것은? (3점)

[보기]
ㄱ. '전기 분해'는 ㉠으로 적절하다.
ㄴ. '수면의 높이 변화'는 ㉡으로 적절하다.
ㄷ. 물은 (＋)극과 (－)극에 모인 기체의 성분 원소를 포함한다.

① ㄴ   ② ㄷ   ③ ㄱ, ㄴ   ④ ㄱ, ㄷ   ⑤ ㄱ, ㄴ, ㄷ

단서＋발상

단서 물의 전기 분해 실험이 제시되어 있다.
발상 실험 장치에서 기체의 부피를 측정하는데 유리관의 눈금을 측정할 것임을 추론할 수 있다.

|문제＋자료 분석|

• 순수한 물은 전류가 통하지 않기 때문에 전류가 통할 수 있게 약간의 전해질을 넣어주어야 한다. 주의

|보기 분석|

㉠ 물에 소량의 전해질을 넣고 전류를 흘려준 후, (＋)극과 (－)극에서 발생하는 기체의 종류와 부피비를 알아내고, 물의 구성 성분을 확인하는 실험이므로 '전기 분해'는 ㉠으로 적절하다.

㉡ 전기 분해 실험으로 발생하는 기체들이 수용액을 밀어낸다. 기체가 발생한 만큼 수면의 높이가 낮아지므로 수면의 높이 변화로 발생한 기체의 부피를 확인할 수 있다. 따라서 '수면의 높이 변화'는 ㉡으로 적절하다.

㉢ 물(H_2O)은 (＋)극과 (－)극에 각각 모인 기체 O_2, H_2의 성분 원소 O, H를 포함한다.

＊물의 전기 분해

• 물의 전기 분해 실험에서 (＋)극과 (－)극에서 일어나는 반응은 다음과 같다.

(＋)극(산화) : $2H_2O(l) \rightarrow O_2(g) + 4H^+(aq) + 4e^-$
(－)극(환원) : $4H_2O(l) + 4e^- \rightarrow 2H_2(g) + 4OH^-(aq)$
전체 반응 : $2H_2O(l) \rightarrow 2H_2(g) + O_2(g)$
부피비   :   2   :   1

＊물의 전기 분해 장치

• 전원 공급 장치, 전극, 전해질, 물, 유리 시험관 또는 분해용 용기, 기체 포집 장치로 구성된다.
• 때에 따라 기체 포집 장치를 설치하지 않고 각 극에서 발생한 기체의 양(기포의 양)으로 기체를 구별하기도 한다.

D 06 정답 ① ＊물의 전기 분해

다음은 3가지 실험 장치와 물의 전기 분해 실험이다. ㉠은 실험 장치 A~C 중 하나이다.

<실험 장치>

A.
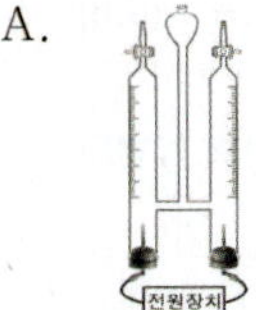
물의 전기 분해 장치

B.

전기 전도성 실험 장치

C.

기체 발생 실험 장치

<실험 과정>
(가) [㉠ A]를 이용하여 황산 나트륨을 소량 녹인 물을 전기 분해한다. 단서 전해질
(나) 각 전극에서 생성된 기체의 종류를 확인하고 부피를 측정한다.

<실험 결과 및 결론>
○ (＋)극에서는 $O_2(g)$ 10 mL, (－)극에서는 $H_2(g)$ 20 mL가 생성되었다.
○ 물을 구성하는 원자 사이의 화학 결합에는 [㉡ 전자]가 관여한다.

다음 중 ㉠과 ㉡으로 가장 적절한 것은?

	㉠	㉡		㉠	㉡
①	A	전자	②	A	중성자
③	B	전자	④	B	중성자
⑤	C	전자			

단서＋발상

단서 여러 가지 실험 장치와 물의 전기 분해 실험이 제시되어 있다.
발상 물의 전기 분해에 필요한 실험 장치를 추론할 수 있다.
적용 화학 결합에 전자가 관여한다는 것을 적용해서 문제 풀이를 시작해야 한다.

|문제＋자료 분석|

• ㉠: 물을 전기 분해하기 위해서는 전원 장치를 이용하여 전류를 흘려 주어야 한다. 또한 각 전극에서 발생하는 기체를 따로 관찰해야 하므로 두 전극 사이 간격이 있어야 한다. ➡ ㉠으로 실험 장치 A가 적절하다.
• ㉡: 전기 분해를 통해 공유 결합 물질인 물을 성분 원소로 분해할 수 있으므로 공유 결합이 형성될 때 전자가 관여한다는 것을 알 수 있다.

|선택지 분석|

① ㉠: 물을 전기 분해하기 위해서 실험 장치 A를 이용한다.
㉡: 전기 분해를 통해 공유 결합 물질인 물을 성분 원소로 분해할 수 있으므로 공유 결합이 형성될 때 원자 사이의 화학 결합에 전자가 관여한다.

D 07 정답 ② ＊화학 결합 모형

그림은 화합물 AB와 CB_2를 화학 결합 모형으로 나타낸 것이다.

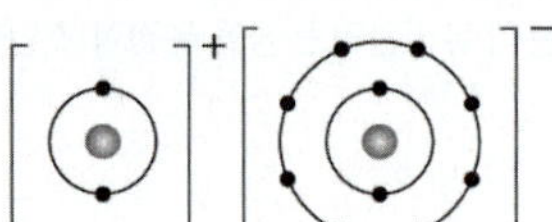 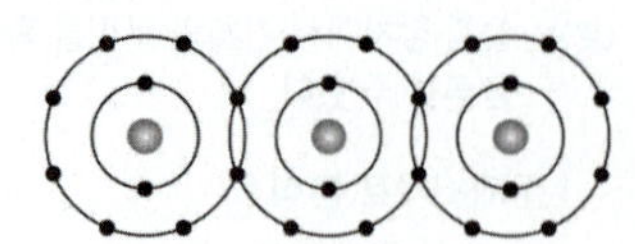

단서 A^+ Li^+ $\quad$ B^- F $\qquad$ B F $\quad$ C O $\quad$ B F

$AB(LiF)$ ➡ 이온 결합 물질 $\qquad$ $CB_2(OF_2)$ ➡ 공유 결합 물질

이에 대한 설명으로 옳은 것만을 〈보기〉에서 있는 대로 고른 것은? (단, A ~ C는 임의의 원소 기호이다.)

[보기]

ㄱ. A ~ C에서 2주기 원소는 ~~2가지~~ 이다. 3가지

ㄴ. A_2C는 ~~공유~~ 결합 물질이다.

$\qquad$ Li_2O ➡ 이온 결합 물질

ㄷ.  $\dfrac{\text{비공유 전자쌍 수}}{\text{공유 전자쌍 수}}$ 는 B_2가 C_2의 3배이다.

$\qquad$ B_2는 6, C_2는 2이다.

① ㄱ $\quad$ ② ㄷ $\quad$ ③ ㄱ, ㄴ $\quad$ ④ ㄴ, ㄷ $\quad$ ⑤ ㄱ, ㄴ, ㄷ

 **단서+발상**

단서 화합물 AB와 CB_2의 화학 결합 모형이 제시되어 있다.

발상 A ~ C의 원자 번호를 추론할 수 있다.

적용 원자는 전기적으로 중성이라는 개념을 적용해서 각 원소의 원자 번호와 족, 주기를 구하는 것부터 문제 풀이를 시작해야 한다.

│ **문제+자료 분석** │

- A^+ : 헬륨(He)의 전자 배치를 가지므로 A는 리튬(Li)이다.
- B^- : 네온(Ne)의 전자 배치를 가지므로 B는 플루오린(F)이다.
- C : 17족 원소인 플루오린(F)과 2 : 1로 공유 결합을 하여 네온(Ne)의 전자 배치를 갖는 원소 C는 2주기 16족 원소인 산소(O)이다.

│ **보기 분석** │

ㄱ. A는 2주기 1족 리튬(Li), B는 2주기 17족 플루오린(F), C는 2주기 16족 산소(O)이므로 A ~ C에서 2주기 원소는 3가지이다.

ㄴ. $A_2C(Li_2O)$는 금속 원소인 리튬 양이온(Li^+)과 비금속 원소인 산소 음이온(O^{2-}) 간의 결합이므로 이온 결합 물질이다.

ㄷ. $B_2(F_2)$의 $\dfrac{\text{비공유 전자쌍 수}}{\text{공유 전자쌍 수}} = \dfrac{6}{1} = 6$이다.

$C_2(O_2)$의 $\dfrac{\text{비공유 전자쌍 수}}{\text{공유 전자쌍 수}} = \dfrac{4}{2} = 2$이다.

따라서 $\dfrac{\text{비공유 전자쌍 수}}{\text{공유 전자쌍 수}}$ 는 B_2가 C_2의 3배이다.

왜 **틀렸나?**

- $\dfrac{\text{비공유 전자쌍 수}}{\text{공유 전자쌍 수}}$ 는 각 원소가 갖는 최외각 전자의 비공유 전자쌍 수를 고려하여 계산한다. 이때 전자 2개가 하나의 쌍을 이룬다는 것에 주의해야 한다.

D 08 정답 ④ ＊화학 결합 모형

그림은 화합물 XY를 화학 결합 모형으로 나타낸 것이다.

단서

전자 수 18
전체 전하량 +1
원자의 전자 수 19
➡ X는 K

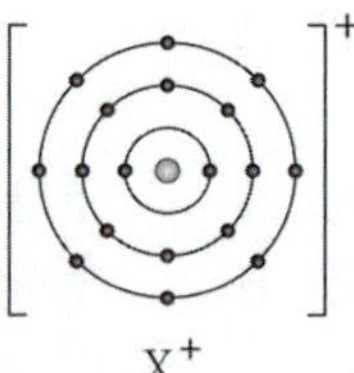 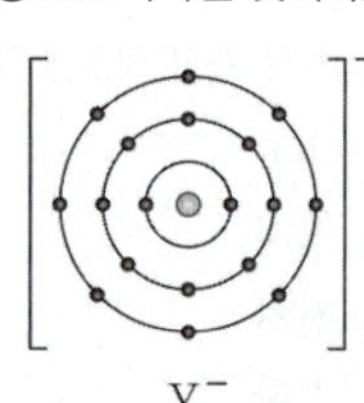

전자 수 18
전체 전하량 −1
원자의 전자 수 17
➡ Y는 Cl

X^+ $\qquad$ Y^-

이에 대한 설명으로 옳은 것만을 〈보기〉에서 있는 대로 고른 것은? (단, X와 Y는 임의의 원소 기호이다.)

[보기]

ㄱ. X는 ~~3주기~~ 원소이다. 4주기

$\qquad$ 칼륨(K)

ㄴ. Y는 비금속 원소이다.

$\qquad$ 염소(Cl)

ㄷ. XY는 액체 상태에서 전기 전도성이 있다.

$\qquad$ 이온 결합 물질이므로 액체 상태에서 전기 전도성이 있다.

① ㄱ $\quad$ ② ㄴ $\quad$ ③ ㄱ, ㄷ $\quad$ ④ ㄴ, ㄷ $\quad$ ⑤ ㄱ, ㄴ, ㄷ

단서+발상

단서 두 이온의 전자 배치 그림이 제시되어 있다.

발상 전자 배치 그림을 통해 두 원소를 추론할 수 있다.

적용 원자, 이온의 전자 배치 개념을 적용해서 두 원소의 원자 번호를 구하는 것부터 문제 풀이를 시작해야 한다.

│ **문제+자료 분석** │

- X^+ : 아르곤(Ar)의 전자 배치를 가지므로 X는 원자 번호 19번의 K(칼륨)이다.
- Y^- : 아르곤(Ar)의 전자 배치를 가지므로 Y는 원자 번호 17번의 Cl(염소)이다.

│ **보기 분석** │

ㄱ. X는 1족 4주기 19번 K(칼륨)이므로 4주기 원소이다.

ㄴ. Y는 17족 2주기 17번 염소(Cl)이므로 비금속 원소이다.

ㄷ. XY는 양이온 X^+와 음이온 Y^-의 이온 결합으로 이루어진 이온 결합 물질이므로 액체 상태에서 전기 전도성이 있다.

＊ **이온 결합 물질의 전기 전도성**

- 고체 상태일 때는 전기 전도성이 없으나, 수용액 상태 또는 액체 상태일 때는 양이온과 음이온으로 이온화되므로 전기 전도성이 있다.

D 09 정답 ⑤ ＊공유 결합, 이온 결합

그림은 물질 X_2와 Y_2Z를 화학 결합 모형으로 나타낸 것이다.

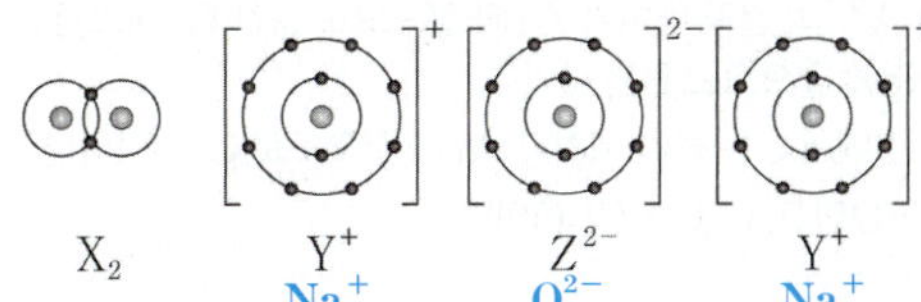

단서 H_2 ➡ 공유 결합 물질 $Y_2Z(Na_2O)$ ➡ 이온 결합 물질

이에 대한 설명으로 옳은 것만을 〈보기〉에서 있는 대로 고른 것은? (단, X~Z는 임의의 원소 기호이다.)

─────[보기]─────

ㄱ. Y_2Z는 이온 결합 물질이다.
　Na_2O ➡ 금속 양이온과 비금속 음이온의 결합

ㄴ. X와 Y는 같은 족 원소이다.
　X(H)와 Y(Na)는 모두 1족 원소이다.

ㄷ. Z_2에는 이중 결합이 있다.
　O_2 ➡ 산소 분자는 이중 결합이 있다.

① ㄱ　② ㄷ　③ ㄱ, ㄴ　④ ㄴ, ㄷ　⑤ ㄱ, ㄴ, ㄷ

단서＋발상

단서 물질 X_2와 Y_2Z의 화학 결합 모형이 제시되어 있다.

발상 원소 X, Y, Z가 무엇인지 추론할 수 있다.

적용 원자는 전기적으로 중성이라는 개념을 적용해서 각 원소의 원자 번호와 족, 주기를 구하는 것부터 문제 풀이를 시작해야 한다.

│ 문제＋자료 분석 │

• X_2 : 1개의 전자를 갖는 X 원자 2개가 공유 결합하고 있으므로 H_2이다.
• Z^{2-} : 네온(Ne)의 전자 배치를 가지므로 Z는 산소(O)이다.
• Y^+ : 네온(Ne)의 전자 배치를 가지므로 Y는 나트륨(Na)이다.

│ 보기 분석 │

ㄱ. $Y_2Z(Na_2O)$는 금속 양이온인 Na^+와 비금속 음이온인 O^{2-} 간의 결합이므로 이온 결합 물질이다.

ㄴ. X는 1주기 1족 원소인 수소(H)이고, Y는 3주기 1족 원소인 나트륨(Na) 원소이므로 같은 족 원소이다.

ㄷ. Z_2는 산소 분자(O_2)이다. 산소(O) 원자는 옥텟 규칙을 만족하기 위해 2개의 전자가 더 필요하므로 산소 분자(O_2)는 2개의 전자를 공유하여 안정한 전자 배치를 형성한다. 따라서 산소 분자(O_2)에는 이중 결합이 있다.

🐝 문제 풀이 🍯꿀팁
• 이온의 전자 배치가 헬륨(He)인 것 : 수소(H), 리튬(Li)
• 이온의 전자 배치가 네온(Ne)인 것 : 질소(N), 산소(O), 플루오린(F), 나트륨(Na), 마그네슘(Mg), 알루미늄(Al)
• 이온의 전자 배치가 아르곤(Ar)인 것 : 인(P), 황(S), 염소(Cl), 칼륨(K), 칼슘(Ca)

D 10 정답 ④ ＊화학 결합 모형 ⭐고난도

그림은 화합물 ABC와 ADE의 화학 결합 모형을, 표는 화합물 X, Y를 화학식의 구성 원자 수로 나타낸 것이다.

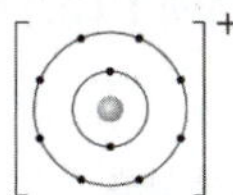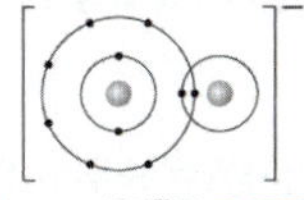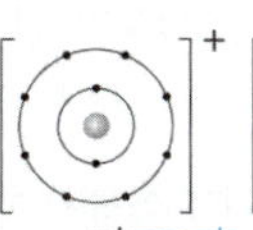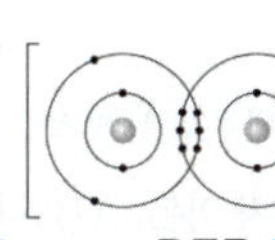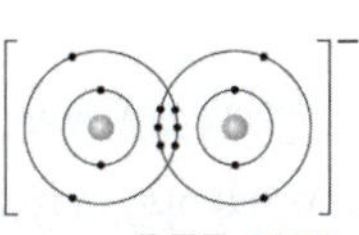

화합물	구성 원자 수			
	A Na	B O	C H	D C
X Na_2O	2	1	0	0
Y CH_2O	0	1	2	1

이에 대한 설명으로 옳은 것만을 〈보기〉에서 있는 대로 고른 것은? (단, A~E는 임의의 원소 기호이고, Y에서 D는 옥텟 규칙을 만족한다.)

─────[보기]─────

ㄱ. D는 ~~15족~~ 원소이다. 14족

ㄴ. 전기 전도성은 X(l)가 Y(l)보다 크다.

ㄷ. B_2에는 이중 결합이 있다. O_2 ➡ 산소 분자는 이중 결합이 있다.

① ㄱ　② ㄴ　③ ㄱ, ㄷ　④ ㄴ, ㄷ　⑤ ㄱ, ㄴ, ㄷ

단서＋발상

단서 화합물 ABC와 ADE의 화학 결합 모형이 제시되어 있다.

발상 공유 결합 물질의 원자가 전자 수로 원자 번호를 추론할 수 있다.

적용 공유 결합은 전자를 공유하는 것이고 이온 결합은 전자를 얻고 잃는 것이라는 개념을 적용해서 A~D의 원소를 구하는 것부터 문제 풀이를 시작해야 한다.

│ 문제＋자료 분석 │

• A^+ : 네온(Ne)의 전자 배치를 가지므로 A는 나트륨(Na)이다.
• BC^- : 모형에서 B의 바깥 껍질에 있는 전자는 7개이지만, 그중 하나는 A^+가 잃은 전자이므로 B와 C의 실제 원자가 전자는 각각 6개, 1개이다. 🍯꿀팁
공유 결합을 하여 B는 네온(Ne)의 전자 배치를 가지고 C는 헬륨(He)의 전자 배치를 가진다. ➡ B는 산소(O), C는 수소(H)이다.
• DE^- : 모형에서 D와 E의 바깥 껍질에 있는 전자는 둘 다 5개이지만, 두 원소 중 하나는 A^+가 잃은 전자이므로 둘 중 하나의 실제 원자가 전자는 4개이다. 🍯꿀팁
공유 결합을 하여 네온(Ne)의 전자 배치를 가지고 있다.
➡ D와 E는 2주기 14족 탄소, 2주기 15족 질소 중 하나이다. 관례적인 화학식 표기에 따를 때, 사이안화 이온(CN^-)은 탄소를 앞에 쓰므로 D가 탄소(C), E가 질소(N)이다.
• 화합물 X는 Na_2O(산화 나트륨), 화합물 Y는 CH_2O(폼알데하이드)이다.

│ 보기 분석 │

ㄱ. D는 탄소(C)이므로 14족 원소이다.

ㄴ. X(Na_2O)는 이온 결합 물질이다. 이는 액체 상태일 때 양이온과 음이온으로 이온화되므로 전기 전도성이 매우 높다. 반면 Y(CH_2O)는 공유 결합 물질로서 액체 상태일 때도 전하를 띤 입자가 없어 전기 전도성이 거의 없다. 따라서 전기 전도성은 X(l)가 Y(l)보다 크다.

ㄷ. B_2는 산소 분자(O_2)이다. 산소(O) 원자는 옥텟 규칙을 만족하기 위해 2개의 전자가 더 필요하므로 산소 분자(O_2)는 2개의 전자를 공유하여 안정한 전자 배치를 형성한다. 따라서 산소 분자(O_2)에는 이중 결합이 있다.

🐝 문제 풀이 🍯꿀팁
• 이온 결합에서 양이온은 전자를 잃고, 음이온은 전자를 얻은 물질이다.
• 두 원자의 궤도가 겹쳐 있고 전자를 공유하고 있는 모형은 공유 결합을 의미한다. 각 원자의 궤도에 있는 전자만 각 원자의 원자가 전자로 세어야 한다.

D 11　정답 ④　★화학 결합 모형

그림은 화합물 AB와 BC_2를 화학 결합 모형으로 나타낸 것이다.

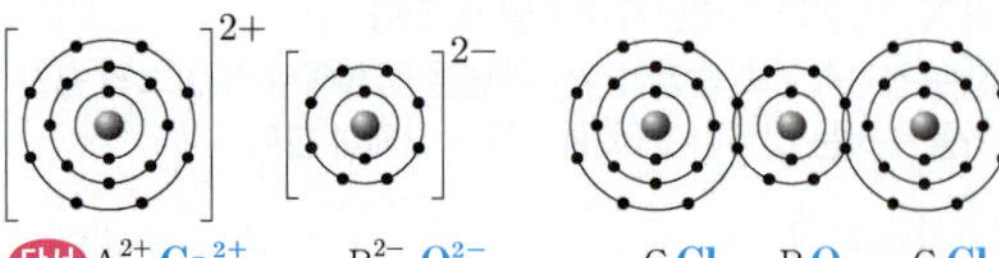

AB는 CaO이고, C_2B는 Cl_2O이다.

이에 대한 설명으로 옳은 것만을 〈보기〉에서 있는 대로 고른 것은? (단, A~C는 임의의 원소 기호이다.)

[보기]
- ㄱ. A는 ~~3주기~~ 원소이다.
  → 4주기 2족 원소이다.
- ㄴ. AB는 이온 결합 물질이다.
  → A는 금속 원소, B는 비금속 원소이다.
- ㄷ. A와 C는 $1:2$로 결합하여 안정한 화합물을 형성한다.
  → 안정한 화합물 : AC_2

① ㄱ　② ㄴ　③ ㄱ, ㄷ　④ ㄴ, ㄷ　⑤ ㄱ, ㄴ, ㄷ

단서＋발상

단서 두 화합물의 화학 결합 모형이 제시되어 있다.

발상 옥텟 규칙을 적용하여 A~C 원소를 추론할 수 있다.

적용 금속 원소와 비금속 원소를 구분해서 화학 결합의 종류를 구하는 것부터 문제 풀이를 시작해야 한다.

| 문제＋자료 분석 |

◆ 화학 결합 모형과 전자 배치
- AB에서 A^{2+}의 전자 배치가 Ar과 같으므로 A는 Ca이고, B^{2-}은 전자 배치가 Ne과 같으므로 B는 O이다.
- $BC_2(C_2B)$에서 C는 전자 배치가 Ar과 같으므로 C는 Cl이다.
- AB는 CaO이고, C_2B는 Cl_2O이다.

| 보기 분석 |

ㄱ. A^{2+}의 전자 배치가 Ar과 같으므로 A는 4주기 2족 원소인 Ca이다.

ㄴ. AB는 양이온과 음이온 사이의 정전기적 인력에 의해 형성된 이온 결합 물질이다.

ㄷ. A와 C가 결합하여 안정한 화합물을 형성할 때, 2족 원소인 A는 전자 2개를 잃고 A^{2+}이 되고, 17족 원소는 C는 전자 1개를 얻어 C^-이 되어 AC_2의 이온 결합 물질을 형성한다. 따라서 A와 C는 $1:2$로 결합하여 안정한 화합물을 형성한다.

🐝 문제 풀이 꿀팁

- 이온 결합 화합물의 화학식 : 양이온의 총 전하량의 크기와 음이온의 총 전하량의 크기가 같아서 화합물이 전기적으로 중성이 되는 이온 수비로 양이온과 음이온이 결합한다.(양이온의 총 전하 + 음이온의 총 전하 = 0)
  - ⓔ X^{m+}과 Y^{n-}에 의해 형성되는 화합물의 화학식: $X_xY_y(x:y=n:m)$
  - ➡ 이 문제에서 A^{2+}과 C^-이 결합하여 화합물이 전기적으로 중성이 되는 이온 수비는 $A^{2+}:C^-=1:2$이다. 따라서 이온 결합 화합물의 화학식은 AC_2이다.

D 12　정답 ③　★화학 결합

그림은 화합물 AB와 CD를 화학 결합 모형으로 나타낸 것이다. 양성
단서 A^{n+}, B^{n-}, C^{2+}, D^{2-}은 모두 전자 수가 10이다.
자수는 $A^{n+}<C^{2+}$이다.

A^{n+}과 C^{2+}은 3주기 금속 원소의 이온 ➡ C가 Mg이므로 A는 Na이다.

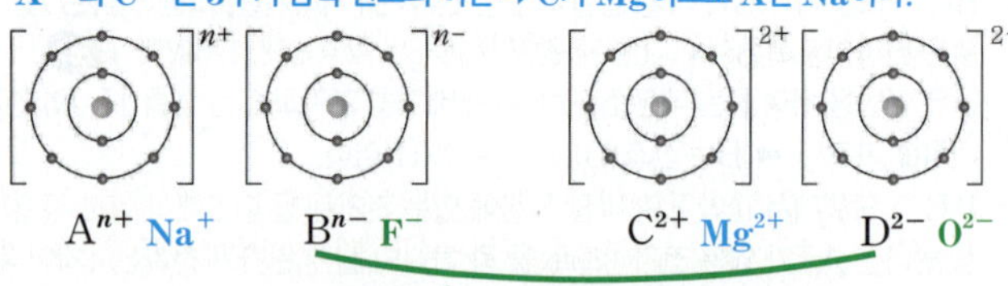

B^-과 D^{2-}은 2주기 비금속 원소의 이온

이에 대한 옳은 설명만을 〈보기〉에서 있는 대로 고른 것은?
(단, A~D는 임의의 원소 기호이다.)

[보기]
- ㄱ. $CD(l)$는 전기 전도성이 있다.
  MgO은 이온 결합 물질이다. ➡ 액체 상태에서 전기 전도성이 있다.
- ㄴ. $n=1$이다.
  A^{n+}은 Na^+, B^{n-}은 F^-이다. ➡ $n=1$
- ㄷ. 원자가 전자 수는 B✕D이다. >
  F　O

① ㄱ　② ㄷ　③ ㄱ, ㄴ　④ ㄴ, ㄷ　⑤ ㄱ, ㄴ, ㄷ

| 문제＋자료 분석 |

- **등전자 이온**: AB와 CD에서 각 이온의 전자 수는 모두 10으로 같다. 따라서 A^{n+}과 C^{2+}은 3주기 금속 원소의 이온이고, B^{n-}과 D^{2-}은 2주기 비금속 원소의 이온이다.
- **$CD(MgO)$**: C^{2+}과 D^{2-}의 전자 수가 10이므로 C는 Mg이고, D는 O이다.
- **$AB(NaF)$**: 양성자수는 $A^{n+}<C^{2+}(Mg^{2+})$이므로 A는 Na이며, $n=1$이다. 따라서 B는 F이다.

| 보기 분석 |

ㄱ. 이온 결합 물질은 액체 상태에서 전기 전도성이 있다. 따라서 이온 결합 물질인 $CD(l)$는 전기 전도성이 있다.

ㄴ. AB는 NaF이므로 $n=1$이다.

ㄷ. 양성자수가 B(F)＞D(O)이므로 원자가 전자 수는 B(F)＞D(O)이다.

★ 등전자 이온

- Ne과 같은 전자 배치를 갖는 등전자 이온
  - ➡ 2주기 비금속 원소의 이온 : $_8O^{2-}$, $_9F^-$
  - ➡ 3주기 금속 원소의 이온: $_{11}Na^+$, $_{12}Mg^{2+}$, $_{13}Al^{3+}$
- Ar의 전자 배치를 갖는 등전자 이온
  - ➡ 3주기 비금속 원소의 이온 : $_{16}S^{2-}$, $_{17}Cl^-$
  - ➡ 4주기 금속 원소의 이온 : $_{19}K^+$, $_{20}Ca^{2+}$

D 13 정답 ①　★ 화학 결합의 종류와 물질의 특성

그림은 3가지 물질을 주어진 기준에 따라 분류한 것이다.

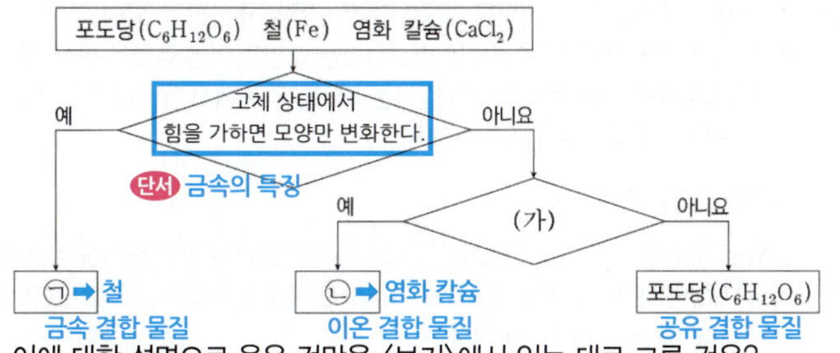

이에 대한 설명으로 옳은 것만을 〈보기〉에서 있는 대로 고른 것은?

─────[보기]─────
ㄱ. ㉠은 철(Fe)이다.
ㄴ. '공유 결합 물질인가?'는 (가)로 적절하다. 이온
ㄷ. ㉡은 금속 양이온과 자유 전자 사이의 정전기적 인력으로 결합이 형성된 물질이다. 비금속 음이온

① ㄱ　② ㄴ　③ ㄱ, ㄷ　④ ㄴ, ㄷ　⑤ ㄱ, ㄴ, ㄷ

단서 + 발상

단서 3가지 물질의 종류와 첫 번째 분류 기준이 제시되어 있다.

발상 첫 번째 분류 기준으로 ㉠이 철(Fe)이라는 것을 추론할 수 있다.

적용 금속의 특징에 대한 개념을 적용해서 ㉠, ㉡을 구하는 것부터 문제 풀이를 시작해야 한다.

│ 문제 + 자료 분석 │

- **포도당**: 공유 결합을 하는 분자
- **철**: 금속 결합을 하는 금속 ➡ ㉠
- **염화 칼슘**: 이온 결합을 하는 이온 결합 물질 ➡ ㉡

│ 보기 분석 │

ㄱ 고체 상태에서 힘을 가하면 모양만 변화하는 것은 금속이므로 ㉠은 철(Fe)이다.

ㄴ ㉡이 염화 칼슘($CaCl_2$)이므로 (가)로 '이온 결합 물질인가?'가 적절하다.

ㄷ ㉡은 금속 양이온과 비금속 음이온 사이의 정전기적 인력으로 결합이 형성된 이온 결합 물질이다.
금속 양이온과 자유 전자 사이의 정전기적 인력으로 결합이 형성된 물질은 금속이다.

문제 풀이 꿀팁

- **공유 결합 물질**: 2개 이상의 비금속 원자가 전자를 공유하여 결합을 형성하는 물질
- **이온 결합 물질**: 금속 양이온과 비금속 음이온 사이의 정전기적 인력으로 결합이 형성된 물질
- **금속 결합 물질**: 금속 양이온과 자유 전자 사이의 정전기적 인력으로 결합이 형성된 물질

D 14 정답 ⑤　★ 화학 결합의 성질

그림은 주기율표의 일부를 나타낸 것이다.

주기＼족	1	2	13	14	15	16	17	18
1	A H							
2				B C	C N			
3			D Al				E Cl	

이에 대한 설명으로 옳은 것만을 〈보기〉에서 있는 대로 고른 것은? (단, A~E는 임의의 원소 기호이다.)

─────[보기]─────
ㄱ. ABC에서 공유 전자쌍 수는 비공유 전자쌍 수의 4배이다.
　HCN ➡ 공유 전자쌍 수는 4, 비공유 전자쌍 수는 1
ㄴ. D는 고체 상태에서 전기 전도성이 있다.
　알루미늄(Al) ➡ 금속 원소
ㄷ. BE_4의 구성 원자는 모두 18족 원소와 같은 전자 배치를 가진다.
　CCl_4

① ㄱ　② ㄷ　③ ㄱ, ㄴ　④ ㄴ, ㄷ　⑤ ㄱ, ㄴ, ㄷ

단서 + 발상

단서 주기율표의 족과 주기가 제시되어 있다.

발상 원소의 족, 주기를 통해 원소의 종류를 추론할 수 있다.

적용 주기율표의 개념을 적용해서 A~E의 원소 기호를 구하는 것부터 문제 풀이를 시작해야 한다.

│ 문제 + 자료 분석 │

- **A**: 1주기 1족 원소인 수소(H)이다.
- **B**: 2주기 14족 원소인 탄소(C)이다.
- **C**: 2주기 15족 원소인 질소(N)이다.
- **D**: 3주기 13족 원소인 알루미늄(Al)이다. ➡ 금속 원소
- **E**: 3주기 17족 원소인 염소(Cl)이다.

│ 보기 분석 │

ㄱ ABC(H−C≡N)에서 공유 전자쌍 수는 4, 비공유 전자쌍 수는 1이므로 공유 전자쌍 수는 비공유 전자쌍 수의 4배이다.

ㄴ D는 알루미늄(Al)이므로 금속이다. 따라서 고체 상태에서 전기 전도성이 있다.

ㄷ BE_4(CCl_4)의 구성 원자 중 탄소(C)는 네온(Ne)의 전자 배치를 가지고 염소(Cl)는 네온(Ne)의 전자 배치를 가진다.
따라서 BE_4(CCl_4)의 구성 원자는 모두 18족 원소와 같은 전자 배치를 가진다.

★ 금속의 전기 전도성

- 금속은 금속 결합으로 이루어지며 금속 결합은 금속 양이온과 자유 전자 간의 전기적 인력이므로 고체 상태일 때 전기 전도성이 있다.

다음은 이온 결합에 대한 탐구 활동이다.

〈규칙〉
○ 정팔면체에서 평행하여 마주 보는 면의 두 원소는 1 : 1의 개수비로 이온 결합을 형성한다.

　　단서 두 원소는 전하량의 크기는 같고 부호는 반대

○ 이온 결합을 형성하는 두 이온의 바닥상태 전자 배치는 서로 같다.
　　　　네온(Ne) 또는 아르곤(Ar)의 전자 배치

〈탐구 활동〉
(가) 정팔면체 전개도를 준비한다.

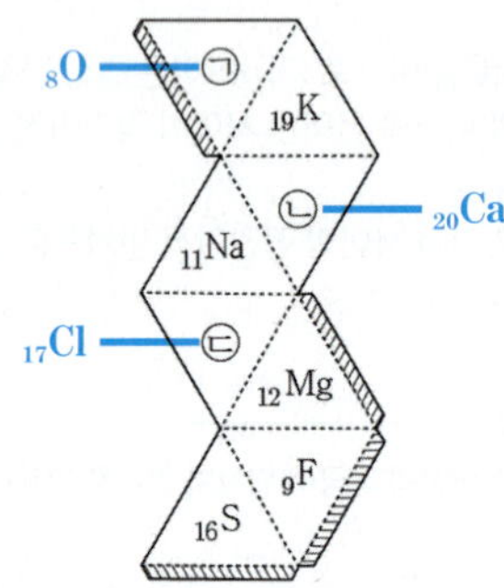

㉠ : 네온(Ne)의 전자 배치를 갖는 2가 음이온 ➡ 산소($_8$O)

(나) 점선은 접고, 빗금 친 면은 풀칠하여 규칙을 만족하는 정 팔면체를 완성한다. 이때, 서로 마주 보는 면은 $_{11}$Na과 $_9$F, $_{12}$Mg과 ㉠, ㉡과 $_{16}$S, $_{19}$K과 ㉢이다.

㉡ : 아르곤(Ar)의 전자 배치를 갖는 2가 양이온 ➡ 칼슘($_{20}$Ca),
㉢ : 아르곤(Ar)의 전자 배치를 갖는 1가 음이온 ➡ 염소($_{17}$Cl)

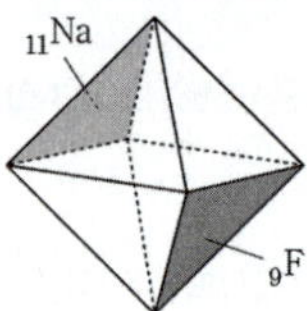

㉠~㉢으로 옳은 것은? (3점)

	㉠	㉡	㉢		㉠	㉡	㉢
①	$_8$O	$_{12}$Mg	$_{17}$Cl	②	$_8$O	$_{20}$Ca	$_{17}$Cl
③	$_8$O	$_{20}$Ca	$_{16}$S	④	$_{16}$S	$_{20}$Ca	$_8$O
⑤	$_{16}$S	$_{12}$Mg	$_8$O				

단서+발상

단서 정팔면체 전개도와 함께 (나)에 서로 마주 보는 면이 제시되어 있다.

발상 서로 마주 보는 면의 정보를 활용하여 ㉠~㉢을 추론할 수 있다.

적용 1 : 1의 개수 비로 이온 결합을 형성한다는 조건과 이온 결합을 형성하는 두 이온의 바닥 상태 전자 배치가 같다는 조건을 적용해서 ㉠~㉢을 구하는 것부터 문제 풀이를 시작해야 한다.

| 문제+자료 분석 |

- $_{12}$Mg : 안정한 이온이 되면 Mg^{2+}가 되고 네온(Ne)의 전자 배치를 갖는다. 따라서 ㉠에 해당하는 이온은 네온(Ne)의 전자 배치를 갖는 2가 음이온이므로 O^{2-}이다. ➡ ㉠은 산소($_8$O)이다.

- $_{16}$S : 안정한 이온이 되면 S^{2-}가 되고 아르곤(Ar)의 전자 배치를 갖는다. 따라서 ㉡에 해당하는 이온은 아르곤(Ar)의 전자 배치를 갖는 2가 양이온이므로 Ca^{2+}이다. ➡ ㉡은 칼슘($_{20}$Ca)이다.

- $_{19}$K : 안정한 이온이 되면 K^{+}가 되고 아르곤(Ar)의 전자 배치를 갖는다. 따라서 ㉢에 해당하는 이온은 아르곤(Ar)의 전자 배치를 갖는 1가 음이온이므로 Cl^{-}이다. ➡ ㉢은 염소($_{17}$Cl)이다.

| 선택지 분석 |

② ㉠ : Mg와 마주보는 원소는 산소($_8$O)이다.
　㉡ : S와 마주보는 원소는 칼슘($_{20}$Ca)이다.
　㉢ : K와 마주보는 원소는 염소($_{17}$Cl)이다.

문제 풀이 꿀팁

- **이온 결합 물질의 화학식** : 양이온의 총 전하량의 크기와 음이온의 총 전하량의 크기가 같아서 화합물이 전기적으로 중성이 되는 이온 수 비로 양이온과 음이온이 결합한다. (양이온의 총 전하＋음이온의 총 전하＝0)
  예 X^{m+}과 Y^{n-}에 의해 형성되는 화합물의 화학식: $X_x Y_y (x : y = n : m)$

✱ 등전자 이온

- Ne과 같은 전자 배치를 갖는 등전자 이온
  ➡ 2주기 비금속 원소의 이온 : $_8O^{2-}$, $_9F^{-}$
  ➡ 3주기 금속 원소의 이온: $_{11}Na^{+}$, $_{12}Mg^{2+}$, $_{13}Al^{3+}$
- Ar의 전자 배치를 갖는 등전자 이온
  ➡ 3주기 비금속 원소의 이온 : $_{16}S^{2-}$, $_{17}Cl^{-}$
  ➡ 4주기 금속 원소의 이온 : $_{19}K^{+}$, $_{20}Ca^{2+}$

D 16 정답 ⑤ ＊ 이온 화합물 화학식

다음은 $NaCl$, MgF_2, Al_2O_3, CaS을 기준 (가)~(다)에 따라 분류한 것이다.

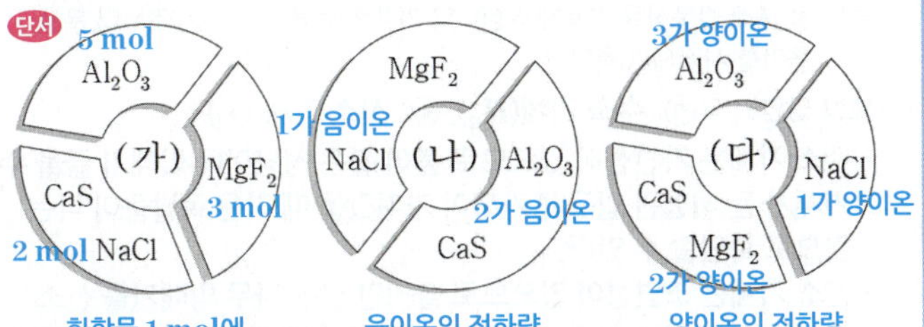

(가)~(다)로 가장 적절한 것을 〈보기〉에서 고른 것은?

─────[보기]─────
ㄱ. 양이온의 전하량 ➡ (다)
ㄴ. 음이온의 전하량 ➡ (나)
ㄷ. 화합물 1 mol에 들어 있는 이온의 수 ➡ (가)
──────────────

	(가)	(나)	(다)		(가)	(나)	(다)
①	ㄱ	ㄴ	ㄷ	②	ㄱ	ㄷ	ㄴ
③	ㄴ	ㄱ	ㄷ	④	ㄷ	ㄱ	ㄴ
⑤	ㄷ	ㄴ	ㄱ				

단서+발상

단서 네 가지 이온 결합 물질의 분류 결과가 제시되어 있다.

발상 (가) ~ (다)에 적절한 기준들을 추론할 수 있다.

적용 화합물의 결합 방식 및 특징 개념을 적용해서 (가) ~ (다) 기준을 구하는 것부터 문제 풀이를 시작해야 한다.

│ **문제+자료 분석** │

· $NaCl$은 Na^+와 Cl^-이 1 : 1로 이온 결합한 물질이다.
· MgF_2는 Mg^{2+}와 F^-가 1 : 2로 이온 결합한 물질이다.
· CaS는 Ca^{2+}와 S^{2-}가 1 : 1로 이온 결합한 물질이다.
· Al_2O_3는 Al^{3+}과 O^{2-}가 2 : 3으로 결합한 이온 결합한 물질이다.

│ **선택지 분석** │

⑤ (가): $NaCl$, MgF_2, CaS, Al_2O_3의 1 mol에 들어있는 이온의 수(mol)는 각각 2 mol, 3 mol, 2 mol, 5 mol이므로 '화합물 1 mol에 들어있는 이온의 수'는 (가)의 분류 기준으로 적절하다. ➡ ㄷ

(나): 주어진 화합물에서 F와 Cl은 1가 음이온, O와 S는 2가 음이온이므로 '음이온의 전하량'은 (나)의 분류 기준으로 적절하다. ➡ ㄴ

(다): 주어진 화합물에서 Na는 1가 양이온, Mg, Ca은 2가 양이온, Al은 3가 양이온이므로 '양이온의 전하량'은 (다)의 분류 기준으로 적절하다. ➡ ㄱ

문제 풀이 꿀팁

· 화합물 1 mol에 들어있는 이온의 수는 원소 우측 아래의 숫자를 고려하여 계산해야 한다.

예) Al_2O_3 1 mol에 들어있는 이온의 수는
Al^{3+} 2 mol + O^{2-} 3 mol = 총 5 mol이다.

D 17 정답 ③ ＊ 화학 결합의 종류

다음은 화학 결합에 대한 과학 시화 작품의 일부이다.

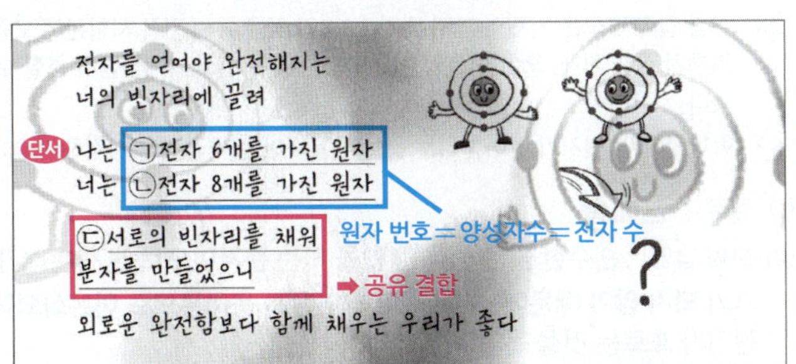

이에 대한 설명으로 옳은 것만을 〈보기〉에서 있는 대로 고른 것은? (3점)

─────[보기]─────
ㄱ. ㉠의 원자가 전자 수는 4이다.
　탄소(C) ➡ 14족 원소
ㄴ. ㉠과 ㉡은 같은 주기 원소이다.
　산소(O)와 탄소(C)는 둘 다 2주기 원소이다.
ㄷ. ㉢은 ~~이온~~ 결합에 대한 설명이다. 공유
──────────────

① ㄱ　② ㄷ　③ ㄱ, ㄴ　④ ㄴ, ㄷ　⑤ ㄱ, ㄴ, ㄷ

단서+발상

단서 원자의 전자 수가 제시되어 있다.

발상 각 원자의 원자 번호를 추론할 수 있다.

적용 원자는 전기적으로 중성이라는 개념을 적용해서 ㉠과 ㉡의 원자 번호를 구하는 것부터 문제 풀이를 시작해야 한다.

│ **문제+자료 분석** │

· ㉠, ㉡: 원자는 전기적으로 중성이므로 전자 수와 양성자수가 같다. 또한 양성자수는 원자 번호와 같은 값이다.
➡ 전자 수가 6인 ㉠은 원자 번호 6번인 탄소(C), 전자 수가 8인 ㉡은 원자 번호 8번인 산소(O)이다.

· ㉢: 비금속 원소인 탄소와 산소의 결합으로 이루어진 분자이므로 공유 결합을 나타낸다.

│ **보기 분석** │

ㄱ ㉠은 원자 번호 6인 C(탄소)이며 2주기 14족 원소로 원자가 전자 수는 4이다.

ㄴ ㉠(C)와 ㉡(O)은 둘 다 전자 껍질 수가 2이므로 같은 2주기 원소이다.

ㄷ ㉢은 비금속 원소인 탄소(C)와 산소(O)가 전자쌍을 공유하여 분자를 형성하는 과정을 설명한 것으로 공유 결합에 대한 설명이다.

다음은 물(H_2O)의 전기 분해 실험 보고서의 일부이다.

〈실험 이론〉
○ 수소 기체는 가연성이 있고, 산소 기체는 조연성이 있다.
○ 가연성은 스스로 불에 타는 성질이고, 조연성은 다른 물질
  <u>불에 닿으면 폭발한다.</u>   <u>불씨를 다시 살릴 수 있다.</u>
  의 연소를 도와주는 성질이다.
                                            (중략)

〈실험 결과〉
○ 시험관에 각각 모은
  기체의 부피 비는
  ㉠ : ㉡=2 : 1이다.
  단서 $H_2 : O_2$

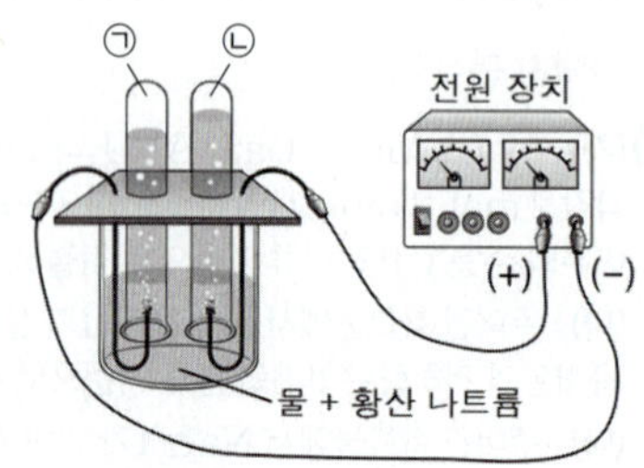

물의 전기 분해로 발생한 두 가지 기체 ㉠, ㉡을 쓰고, 〈실험 이론〉
과 관련된 각각의 기체를 확인하는 방법을 한 가지씩 서술하시오. 서술형

🧠 **단서＋발상**

단서 생성된 기체의 부피 비가 제시되어 있다.

발상 각 시험관에서 생성된 기체의 종류를 추론할 수 있다.

적용 물 분해 반응식을 적용해서 ㉠, ㉡ 기체의 종류를 구하는 것부터 문제
  풀이를 시작해야 한다.

모범 답안 ・㉠: 수소 기체(H_2), ㉡: 산소 기체(O_2)

・**수소 기체는 가연성이 있으므로 불이 붙은 성냥이나 막대기 끝을 수소
  기체가 든 시험관 입구에 가까이 가져갔을 때 작은 폭발음이 나는
  것으로 확인할 수 있다.**

・**산소 기체는 조연성이 있으므로 불씨만 남은 나무 막대기를 산소
  기체가 든 시험관 입구에 가까이 가져갔을 때 불씨가 다시 타오르는
  것을 통해 확인할 수 있다.**

│ **문제＋자료 분석** │

・〈실험 이론〉: 수소 기체와 산소 기체의 성질이 나타나 있다.
・〈실험 결과〉: 모은 기체의 부피 비가 ㉠ : ㉡=2 : 1이므로 ㉠은 수소 기체,
  ㉡은 산소 기체이다.

채점 기준	배점
수소 기체(H_2), 산소 기체(O_2)를 모두 옳게 쓰고 두 가지 기체를 확인하는 방법을 각각 옳게 서술한 경우	100%
수소 기체(H_2), 산소 기체(O_2)를 모두 옳게 쓰고 한 가지 기체를 확인하는 방법만 옳게 서술한 경우	70%
수소 기체(H_2), 산소 기체(O_2)를 모두 옳게 쓰고 기체 확인 방법을 서술하지 않은 경우	40%

다음은 물(H_2O)의 전기 분해 실험 과정의 일부이다.

〈실험 과정〉 단서 전해질
(가) 비커에 소량의 황산
  나트륨(Na_2SO_4)을 녹인
  물을 넣고 전기 분해를
  한다.
                    (중략)

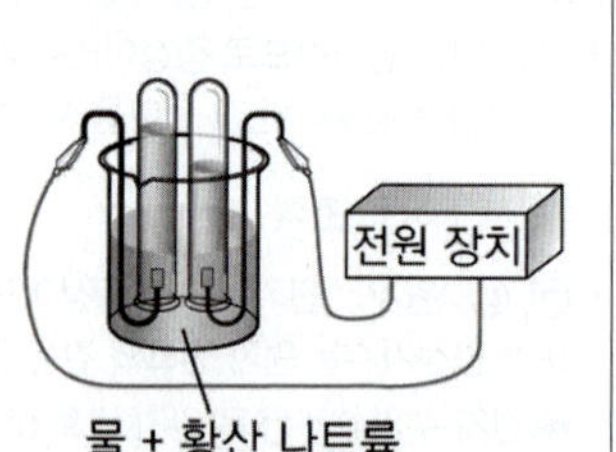

(1) 물을 전기 분해하기 전에 넣는 황산 나트륨과 같은 물질을 부르는 명
  칭을 쓰시오. 단답형
  전해질

(2) (1)을 녹이는 까닭을 서술하시오. 서술형
  순수한 물은 전기가 통하지 않기 때문에

🧠 **단서＋발상**

단서 문제에 물의 전기 분해 실험이라고 제시되어 있다.

발상 실험 결과에 모은 기체의 부피 비가 1 : 2인 것을 통해 왼쪽 시험관에 모인
  기체가 산소 기체, 오른쪽 시험관에 모인 기체가 수소 기체임을 추론할 수
  있다.

적용 화학 결합에 전자가 관여한다는 것을 적용하여 문제 풀이를 시작해야 한다.

(1) 정답 **전해질**

(2) 모범 답안 **순수한 물은 공유 결합을 하는 분자이므로 전기 분해가
  거의 되지 않기 때문에, 물에 녹아 양이온과 음이온으로 이온화되어
  전기가 흐르는 것을 돕기 위함이다.**

│ **문제＋자료 분석** │

・(가): 물의 전기 분해 실험에 소량의 황산 나트륨을 녹인다. 전해질은 매우 적은
  양이 들어가므로 전기 분해 후 생성된 물질과는 관계가 없다.

	채점 기준	배점
(1)	전해질을 옳게 쓴 경우	30%
(2)	순수한 물은 공유 결합을 한다는 특징과 이온 결합 물질이 이온화되어 물의 전기 분해를 돕는다는 내용을 모두 옳게 서술한 경우	70%
	이온 결합 물질이 이온화되어 물의 전기 분해를 돕는다는 내용만 서술한 경우	30%

D 20 ★ 이온 결합

그림은 화합물 AB를 화학 결합 모형으로 나타낸 것이다. (단, A, B는 임의의 원소 기호이고, 화합물에서 모두 옥텟 규칙을 만족한다.)

단서 A^+는 Na^+, B^-는 F^-이다.

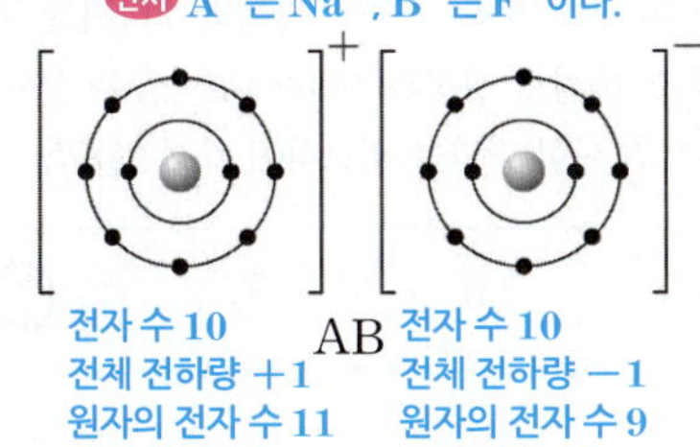

(1) 화합물 AB의 화학 결합 종류를 쓰시오. 단답형
금속 양이온과 비금속 음이온의 결합 ➡ 이온 결합

(2) (1)에서 서술한 화학 결합 물질이 고체 상태일 때는 전기 전도성이 없으나 액체, 수용액 상태일 때는 전기 전도성이 있는 까닭을 서술하시오.
이온들이 자유롭게 이동할 수 있어야 한다. 서술형

단서+발상

단서 화합물 AB의 화학 결합 모형이 제시되어 있다.

발상 원소 A, B를 추론할 수 있다.

적용 원자는 전기적으로 중성이라는 개념을 적용해서 원소 A, B를 구하는 것부터 문제 풀이를 시작해야 한다.

(1) 정답 **이온 결합**

(2) 모범 답안 고체 상태에서는 이온들이 자유롭게 이동할 수 없어서 전류가 흐르지 않지만, 액체나 수용액 상태에서는 양이온과 음이온으로 이온화되어 자유롭게 이동하여 전하를 운반할 수 있기 때문에 전류가 흐른다.

| 문제+자료 분석 |

- A^+: 네온의 전자 배치를 갖는 1가 양이온이므로 A는 원자 번호 11번 나트륨(Na)이다.
- B^-: 네온의 전자 배치를 갖는 1가 음이온이므로 B는 원자 번호 9번 플루오린(F)이다.
- AB: 금속 양이온(Na^+)과 비금속 음이온(F^-) 간의 결합이므로 이온 결합이다.

	채점 기준	배점
(1)	화학 결합의 종류를 옳게 쓴 경우	30%
(2)	고체 상태일 때 전류가 흐르지 않는 이유와 액체, 수용액 상태일 때 전류가 흐르는 이유를 둘 다 옳게 서술한 경우	70%
	고체 상태일 때 전류가 흐르지 않는 이유와 액체, 수용액 상태일 때 전류가 흐르는 이유를 둘 중 하나만 옳게 서술한 경우	30%

D 21 ★ 물의 전기 분해

단서 다음은 물(H_2O)과 관련된 탐구이다.

〈실험 제목〉 ㉠ 물의 전기 분해 실험

〈실험 과정〉
(가) 비커에 물을 넣고, 황산 나트륨(Na_2SO_4) 전해질 을 소량 녹인다.
(나) (가)의 수용액으로 가득 채운 시험관 A와 B에 전극을 설치하고 전류를 흘려 주어 생성되는 기체를 그림과 같이 시험관에 각각 모은다.
(다) (나)의 각 시험관에 모은 기체의 종류를 확인하고 부피를 측정한다.

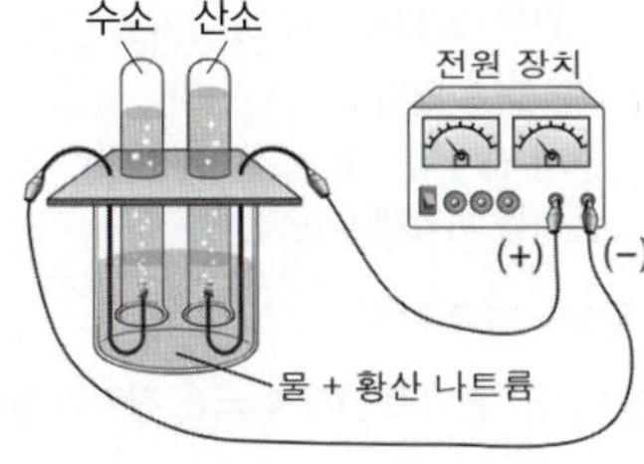

〈실험 결과〉
$(-)$극 $(+)$극
○ 각 시험관에 모은 기체는 각각 수소(H_2)와 산소(O_2)이다.
○ 시험관에 각각 모은 기체의 부피 비는 $H_2 : O_2 = 2 : 1$이다.

(1) ㉠을 쓰시오. 단답형
물에 소량의 전해질을 넣고 전류를 흘려준 후 $(+)$극과 $(-)$극에서 발생하는 기체의 종류와 부피비를 알아내는 실험

(2) 〈실험 결과〉를 통해 물 분자를 이루는 원자 사이의 화학 결합에 대해 알 수 있는 점을 서술하시오. 서술형
물(H_2O)은 성분 원소 O, H를 포함한다.

단서+발상

단서 탐구 그림이 제시되어 있다.

발상 실험 과정을 통해 실험 명칭을 추론할 수 있다.

적용 화학 결합에 전자가 관여한다는 것을 적용하여 문제 풀이를 시작해야 한다.

(1) 정답 **물의 전기 분해 실험**

(2) 모범 답안 전기 분해를 통해 공유 결합 물질인 물을 성분 원소로 분해할 수 있으므로 공유 결합이 형성될 때 전자가 관여한다는 것을 알 수 있다.

| 문제+자료 분석 |

- 〈실험 과정〉: 전해질을 녹인 물을 전기 분해하여 발생하는 기체의 종류와 부피를 측정한다. 순수한 물은 전기가 통하지 않기 때문에 전류가 통할 수 있게 약간의 전해질을 넣어 주어야 한다.
- 〈실험 결과〉: 물(H_2O)은 $(+)$극과 $(-)$극에 각각 모인 기체 수소(H_2)와 산소(O_2)의 성분 원소 O, H를 포함한다.

	채점 기준	배점
(1)	물의 전기 분해 실험을 옳게 쓴 경우	30%
(2)	실험 결과와 공유 결합에 전자가 관여한다는 것을 모두 쓴 경우	70%
	실험 결과와 공유 결합에 전자가 관여한다는 것 중 한 가지만 쓴 경우	30%

다음은 어떤 학생이 작성한 과산화 수소 활용 실험 보고서이다.

⟨가설 1⟩
• 감자즙에는 ⓐ 과산화 수소 분해 반응을 촉진하는 효소가 있을 것이다. $2H_2O_2(l) \rightarrow 2H_2O(l) + O_2(g)$

⟨가설 2⟩
• 과산화 수소수는 산성을 띨 것이다.

⟨준비물⟩
• 4홈판, 스포이트, 과산화 수소수, 감자즙, BTB 용액

A: 과산화 수소수 + 증류수
B: 과산화 수소수 + 감자즙
C: 과산화 수소수 + BTB 용액
D: 증류수 + BTB 용액

⟨실험 과정⟩
(가) 4홈판의 A∼C에는 각각 과산화 수소수 3 mL를 넣고, D에는 증류수 3 mL를 넣는다.
(나) A에는 증류수, B에는 감자즙, C와 D에는 각각 BTB 용액을 2∼3방울 넣는다.
(다) A∼D에서 기포 생성 여부와 용액의 색 변화를 관찰한다.

⟨실험 결과⟩

구분	단서 A	B	C	D
기포 생성 여부	생성 안 됨	생성됨	생성 안 됨	생성 안 됨
색깔	투명	?	노란색	녹색

이에 대한 설명으로 옳은 것만을 ⟨보기⟩에서 있는 대로 고른 것은?

[보기]
ㄱ. ⓐ는 과산화 수소 분해 반응의 활성화에너지를 낮춘다.
ㄴ. 과산화 수소 분해로 생성된 산소(O_2)는 공유 결합 물질이다.
ㄷ. C와 D에서의 실험 결과를 비교하여 가설 2를 검증할 수 있다.

① ㄱ ② ㄷ ③ ㄱ, ㄴ ④ ㄴ, ㄷ ⑤ ㄱ, ㄴ, ㄷ

단서+발상

단서 가설 2가지와 실험 결과가 제시되어 있다.
발상 실험 결과로부터 가설이 맞는지 여부를 추론할 수 있다.

|문제+자료 분석|
• **A와 B 비교**: B에서만 기포가 생성된 것으로 보아 ⟨가설 1⟩이 옳은 것임을 알 수 있다.
• **C와 D 비교**: D는 녹색으로 중성을 나타내지만 C는 노란색으로 산성을 나타내는 것으로 보아 ⟨가설 2⟩가 옳은 것임을 알 수 있다.

|보기 분석|
ㄱ. ⓐ(과산화 수소 분해 반응을 촉진하는 효소)는 과산화 수소 분해 반응의 활성화 에너지를 낮춰 반응이 쉽게 일어나도록 해준다.
ㄴ. 과산화 수소 분해 반응에서 생성된 산소(O_2)는 비금속 원소인 산소(O) 원자만으로 이루어진 공유 결합 물질이다.
ㄷ. D에서 증류수에 BTB 용액을 넣었을 때는 중성이므로 녹색이 나타나지만, C에서 과산화 수소수에 BTB 용액을 넣었을 때는 노란색으로 나타나는 것으로 보아 과산화 수소수는 산성이라는 ⟨가설 2⟩가 옳다는 것을 알 수 있다.

다음은 전자껍질 모형을 이용한 원소의 전자 배치와 관련된 탐구 활동이다.

⟨2, 3주기 원소의 전자 배치 규칙⟩
(가) 원자가 가진 모든 전자 중 2개를 원자핵에서 가장 가까운 첫 번째 전자껍질에 배치한다.
(나) 남은 전자를 두 번째 전자껍질에 8개까지 가능한 한 많이 배치한다. 이후 전자가 남으면 세 번째 전자껍질에 나머지 모두를 배치한다.

⟨탐구 과정 및 결과⟩
○ 전자 배치 규칙에 따라 산소(O) 원자와 원자 X, Y, Z의 전자를 배치하여 표와 같이 정리하였다. X, Y, Z의 원자 번호는 각각 7∼17 중 하나이다.

원자	단서 O	X	Y	Z
$\dfrac{원자가\ 전자\ 수}{전자가\ 들어\ 있는\ 전자껍질\ 수}$	$\dfrac{9a}{=\frac{6}{2}=3}$	$6a$ $=2$	$3a$ $=1$	a $=\frac{1}{3}$

이에 대한 설명으로 옳은 것만을 ⟨보기⟩에서 있는 대로 고른 것은? (단, X, Y, Z는 임의의 원소 기호이다.) (2점)

[보기]
ㄱ. Z는 전자 2개를 잃으면 네온(Ne)의 전자 배치를 갖는다. 1개
ㄴ. XO_2는 공유 결합 화합물이다. 이산화황(SO_2)
ㄷ. Y와 산소(O)가 결합하여 형성된 안정한 화합물은 액체 상태에서 전기 전도성이 있다. 산화 알루미늄(Al_2O_3) ➡ 이온 결합 물질

① ㄱ ② ㄴ ③ ㄱ, ㄷ ④ ㄴ, ㄷ ⑤ ㄱ, ㄴ, ㄷ

단서+발상

단서 2, 3주기 원소의 전자 배치 규칙과 산소(O) 원자와 X, Y, Z의 전자 배치 결과가 제시되어 있다.
발상 주어진 $\dfrac{원자가\ 전자\ 수}{전자가\ 들어\ 있는\ 전자\ 껍질\ 수}$를 바탕으로 X, Y, Z의 주기와 족을 추론할 수 있다.
적용 전자 배치 규칙을 적용하여 X, Y, Z의 주기, 족을 구하는 것부터 문제 풀이를 시작해야 한다.

|문제+자료 분석|
• **산소(O)**: 원자가 전자 수=6, 전자가 들어 있는 전자껍질 수=2이므로 $9a = \dfrac{6}{2} = 3$이다. ➡ $a = \dfrac{1}{3}$
• **X**: $\dfrac{원자가\ 전자\ 수}{전자가\ 들어\ 있는\ 전자\ 껍질\ 수} = 2$ ➡ X는 3주기 16족 원소인 황(S)이다.
• **Y**: $\dfrac{원자가\ 전자\ 수}{전자가\ 들어\ 있는\ 전자\ 껍질\ 수} = 1$ ➡ Y는 3주기 13족 원소인 알루미늄(Al)이다. (2주기 2족 원소인 베릴륨(Be)은 원자 번호가 4번이므로 조건을 만족하지 못한다. 함정)
• **Z**: $\dfrac{원자가\ 전자\ 수}{전자가\ 들어\ 있는\ 전자\ 껍질\ 수} = \dfrac{1}{3}$ ➡ Z는 3주기 1족 원소인 나트륨(Na)이다.

|보기 분석|
ㄱ. Z는 1족 원소이므로 전자 1개를 잃고 네온(Ne)의 전자 배치를 갖는다.
ㄴ. X는 황(S)이므로 XO_2는 이산화황(SO_2)이다. 이산화황(SO_2)은 비금속 원소들 사이의 공유 결합 화합물이다.
ㄷ. Y는 알루미늄(Al)이므로 Y와 산소(O)가 결합하여 형성된 안정한 화합물은 산화 알루미늄(Al_2O_3)이다. 산화 알루미늄(Al_2O_3)은 금속 원소와 비금속 원소의 화합물인 이온 결합 물질이므로 액체 상태에서 전기 전도성을 지닌다.

다음은 2, 3주기에서 원자 번호가 서로 다른 원소 W ~ Z와 인체를 구성하는 원소의 질량비에 대한 자료이다.

〈W~Z에 대한 자료〉
○ W는 3주기 2족 원소이다. ➜ W는 마그네슘(Mg)
○ 원자가 전자 수의 비는 X : Y : Z = 2 : 2 : 3이다.
○ 원자 번호는 Y가 Z보다 크다. ➜ 2, 2, 3 또는 4, 4, 6
➜ 원자가 전자 수 Y < Z이므로 Y는 3주기, Z는 2주기

〈인체를 구성하는 원소의 질량비에 대한 자료〉

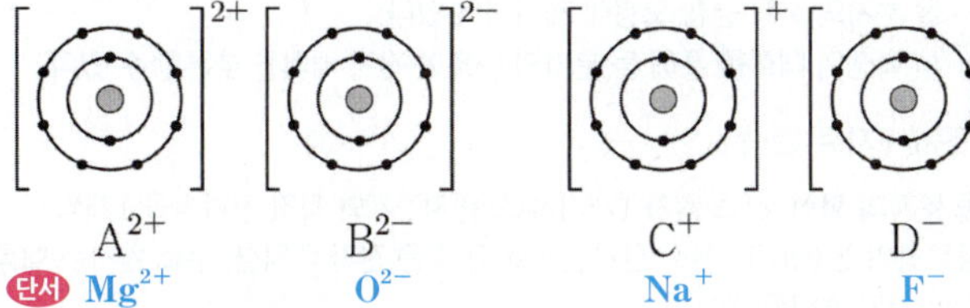

이에 대한 설명으로 옳은 것만을 〈보기〉에서 있는 대로 고른 것은? (단, W~Z는 임의의 원소 기호이다.) (2.5점)

[보기]
ㄱ. W는 금속 원소이다.
　　마그네슘(Mg)
ㄴ. ㉠은 ~~X~~이다. Z
ㄷ. 광합성을 하는 식물은 ~~YZ₂~~를 사용하여 포도당을 합성한다.
　　XZ₂

① ㄱ　　② ㄴ　　③ ㄱ, ㄴ　　④ ㄱ, ㄷ　　⑤ ㄴ, ㄷ

🧠 단서+발상

단서 2, 3주기 원소인 W ~ Z에 대한 정보가 제시되어 있다.
발상 주기율표의 위치, 원자가 전자수, 원자 번호에 대한 정보를 바탕으로 W ~ Z가 어떤 원소인지 추론할 수 있다.

｜ 문제+자료 분석 ｜

- W : 3주기 2족 원소이다. ➜ W는 마그네슘(Mg)이다.
- 원자가 전자 수의 비 X : Y : Z = 2 : 2 : 3이다.
  ➜ 각각의 원자가 전자 수가 2, 2, 3 또는 4, 4, 6이다.
  단, W가 마그네슘(Mg)이므로 W의 원자가 전자 수는 2이고,
  W ~ Z는 2, 3주기 원소이므로 2, 2, 3 조합은 불가능하다.
  ➜ X, Y, Z의 원자가 전자 수는 각각 4, 4, 6이다.
- 원자 번호는 Y가 Z보다 크다.
  ➜ Y는 3주기 14족, Z는 2주기 16족 원소이다. 따라서 X는 2주기 14족 원소이다.
  ➜ Y는 규소(Si), Z는 산소(O), X는 탄소(C)이다.

｜ 보기 분석 ｜

㉠ W는 마그네슘(Mg)이므로 금속 원소이다.
ㄴ. 인체를 구성하는 원소 중 65.0 %를 차지하는 원소는 산소(O)이므로 ㉠은 Z이다.
ㄷ. 광합성 과정에서 식물은 이산화 탄소를 사용하여 포도당을 합성하므로 $YZ_2(SiO_2)$가 아닌 $XZ_2(CO_2)$이다.

🐝 문제 풀이 🍯팁

- 원자가 전자 수의 비를 보고 X, Y, Z의 전자 수를 결정해야 하며, 원자 번호는 Y > Z이므로 Y는 3주기, Z는 2주기임을 알 수 있다.
- 인체를 구성하는 주요 원소 중 65.0 %를 차지하는 것은 산소(O)이다.
  ➜ 산소(O)는 물(H_2O)과 단백질, 지방, 탄수화물 등의 유기물에 포함되어 인체의 약 65.0 %를 구성하는 원소이다.
  ➜ ㉡은 탄소(C)이다.

그림은 화합물 AB와 CD를 화학 결합 모형으로 나타낸 것이다.

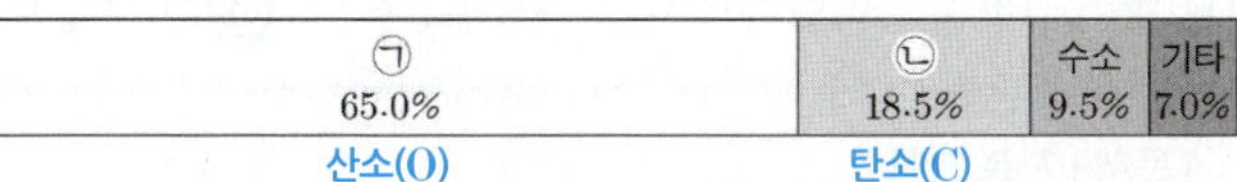

이에 대한 설명으로 옳은 것만을 〈보기〉에서 있는 대로 고른 것은? (단, A ~ D는 임의의 원소 기호이다.)

[보기]
ㄱ. A ~ D에서 2주기 원소는 2가지이다.
　　B(O)와 D(F)
ㄴ. A는 ~~비금속~~ 원소이다.
　　A(Mg) ➜ 금속 원소
ㄷ. BD_2는 ~~이온~~ 결합 물질이다.
　　$BD_2(OF_2)$ ➜ 공유 결합 물질

① ㄱ　　② ㄴ　　③ ㄱ, ㄷ　　④ ㄴ, ㄷ　　⑤ ㄱ, ㄴ, ㄷ

🧠 단서+발상

단서 화합물 AB와 CD의 화학 결합 모형이 제시되어 있다.
발상 Ne의 전자 배치를 갖는 각 이온의 전하와 전자 수를 파악하여 이온을 추론할 수 있다.

｜ 문제+자료 분석 ｜

- A^{2+}은 Mg^{2+}이므로 A는 Mg이고, B^{2-}은 O^{2-}이므로 B는 O이다. 따라서 AB는 MgO이다.
- C^+은 Na^+이므로 C는 Na이고, D^-는 F^-이므로 D는 F이다. 따라서 CD는 NaF이다.

｜ 보기 분석 ｜

㉠ B(O)와 D(F)는 2주기 원소이고, A(Mg)와 C(Na)는 3주기 원소이다. 따라서 A~D 중 2주기 원소는 2가지이다.
ㄴ. A(Mg)는 금속 원소이다.
ㄷ. $BD_2(OF_2)$는 비금속 원소인 O 원자와 비금속 원소인 F 원자 사이의 공유 결합으로 이루어진 공유 결합 물질이다.

🐝 문제 풀이 🍯팁

- 화학 결합 모형에서 A^{2+}, B^{2-}, C^+, D^-은 모두 전자 배치가 Ne과 같은 등전자 이온임을 파악하면 해당 원소를 찾을 수 있다.
- 2주기 16족 원소인 O 원자는 전자 2개를 얻어 O^{2-}이, 2주기 17족 원소인 F 원자는 전자 1개를 얻어 F^-이, 3주기 1족 원소인 Na 원자는 전자 1개를 잃어 Na^+이, 3주기 2족 원소인 Mg 원자는 전자 2개를 잃어 Mg^{2+}이 되면 Ne과 전자 배치가 같아진다.

D 26 정답 ⑤ ✱ 물의 전기 분해

다음은 물(H_2O)의 전기 분해 실험이다.

〈실험 과정〉

(가) 비커에 물을 넣고, 황산 나트륨을 소량 녹인다.

(나) 그림과 같이 (가)의 수용액으로 가득 채운 시험관에 전극 A와 B를 설치하고, 전류를 흘려 생성되는 기체를 각각의 시험관에 모은다.

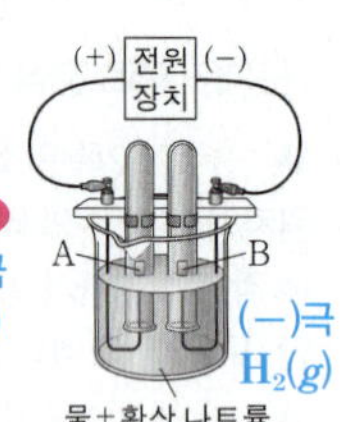

〈실험 결과〉

○ (나)에서 생성된 기체는 수소(H_2)와 산소(O_2)였다.

○ 각 전극에서 생성된 기체의 양(mol) $(0<t_1<t_2)$

전류를 흘려 준 시간		t_1	t_2
기체의 양 (mol)	전극 A (+)극	x	N
	전극 B (−)극	N	y

t_1에서 $x:N=1:2$ ➡ $x=\dfrac{1}{2}N$

t_2에서 $N:y=1:2$ ➡ $y=2N$

이에 대한 설명으로 옳은 것만을 〈보기〉에서 있는 대로 고른 것은?

[보기]

ㄱ. 전극 A에서 생성된 기체는 O_2이다. (+)극

ㄴ. H_2O을 이루고 있는 H 원자와 O 원자 사이의 화학 결합에는 전자가 관여한다. 공유 결합 : 전자 관여

ㄷ. $\dfrac{x}{y}=\dfrac{1}{4}$이다. $x=\dfrac{1}{2}N$, $y=2N$이다.

① ㄱ   ② ㄷ   ③ ㄱ, ㄴ   ④ ㄴ, ㄷ   ⑤ ㄱ, ㄴ, ㄷ

단서 + 발상

단서 물의 전기 분해 실험에서 시간에 따라 생성된 기체의 양(mol)이 제시되어 있다.

발상 전극 A와 B에서 N mol의 기체가 생성된 시간을 비교하여 (+)극과 (−)극을 추론할 수 있다.

| 문제 + 자료 분석 |

- **생성된 기체의 양(mol) 비교**: 전극 A에서는 t_2에서 N mol이 전극 B에서는 t_1에서 N mol이 생성되었으므로 〔주의〕 시간 t_1에서 생성된 기체의 양(mol)은 전극 B > 전극 A이다.
- 같은 시간 동안 생성된 부피비가 $H_2(g):O_2(g)=2:1$이고 (−)극에서는 $H_2(g)$, (+)극에서는 $O_2(g)$ 생성된다. ➡ 전극 A는 (+)극, 전극 B는 (−)극이다.

| 보기 분석 |

ㄱ. 전극 A는 (+)극이므로 전극 A에서 생성된 기체는 $O_2(g)$이다.

ㄴ. 물(H_2O)을 전기 분해하면 성분 원소인 H와 O로 분해되는 것으로 보아 H 원자와 O 원자가 공유 결합하여 물(H_2O)을 형성할 때는 전자가 관여한 것을 알 수 있다.

ㄷ. 생성되는 기체의 부피비가 $H_2(g):O_2(g)=2:1$이므로

t_1에서 $x:N=1:2$에서 $x=\dfrac{1}{2}N$이고,

t_2에서 $N:y=1:2$에서 $y=2N$이다.

따라서 $\dfrac{x}{y}=\dfrac{1}{4}$이다.

D 27 정답 ⑤ ✱ 물의 화학 결합 모형

다음은 물 분자의 화학 결합 모형과 이에 대한 세 학생의 대화이다.

단서 물(H_2O)은 산소(O)와 수소(H)로 이루어짐

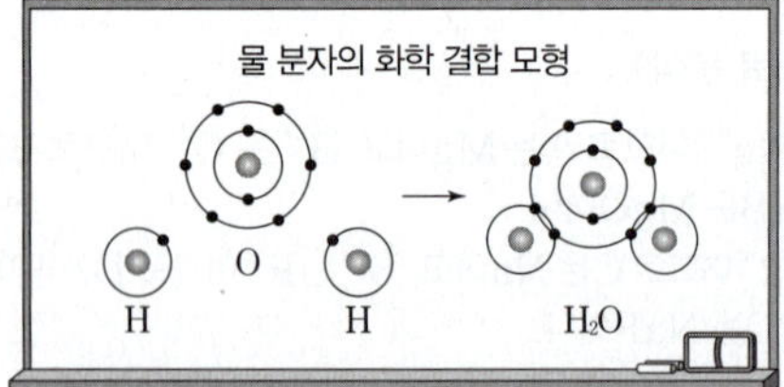

제시한 내용이 옳은 학생만을 있는 대로 고른 것은?

① A   ② C   ③ A, B   ④ B, C   ⑤ A, B, C

단서 + 발상

단서 물 분자의 화학 결합 모형이 제시되어 있다.

발상 세 학생의 대화를 통해 물 분자의 구조와 전자 배치를 추론할 수 있다.

| 문제 + 자료 분석 |

- **물 분자의 형성**: 산소 원자 1개가 수소 원자 2개와 각각 전자쌍을 1개씩 공유하여 형성되며, 산소 원자는 네온과 같은 전자 배치를, 수소 원자는 헬륨과 같은 전자 배치를 갖는다.

| 선택지 분석 |

⑤ 학생 A. H_2O은 산소(O) 원자 1개가 수소(H) 원자 2개와 각각 전자쌍 1개를 공유하여 결합한 물질이다. 따라서 물 분자 1개는 수소 원자 2개와 산소 원자 1개로 이루어져 있다. ➡ 옳음

학생 B. 물 분자 내에서 산소 원자와 수소 원자는 전자쌍을 공유하여 결합하므로 수소와 산소의 결합은 공유 결합이다. ➡ 옳음 〔꿀팁〕

학생 C. 물 분자에서 산소 원자는 가장 바깥 전자 껍질에 8개의 전자가 있으므로 18족 원소와 같은 전자 배치를 가진다. ➡ 옳음

✱ 공유 결합 물질과 옥텟 규칙

공유 결합 물질	분자 결정	물(H_2O), 이산화 탄소(CO_2), 설탕($C_{12}H_{22}O_{11}$)과 같이 비금속 원소로 구성된 화합물이다.
	원자 결정	흑연(C), 다이아몬드(C)와 같이 원자 사이에 전자를 공유하는 공유 결합으로 이루어진 물질이다.
옥텟 규칙		18족 원소 이외의 원자들이 가장 바깥 전자 껍질에 8개의 전자를 채워 안정한 전자 배치를 가지려는 경향이다. (단, H는 예외)

다음은 안정한 이온 결합 화합물 (가)와 (나)에 대한 자료이다. 원자 Z의 안정한 이온 Z^{n+}은 Ar의 전자 배치를 갖는다. ➡ **Z는 4주기 금속 원소**

○ (가)의 화학 결합 모형 **단서**

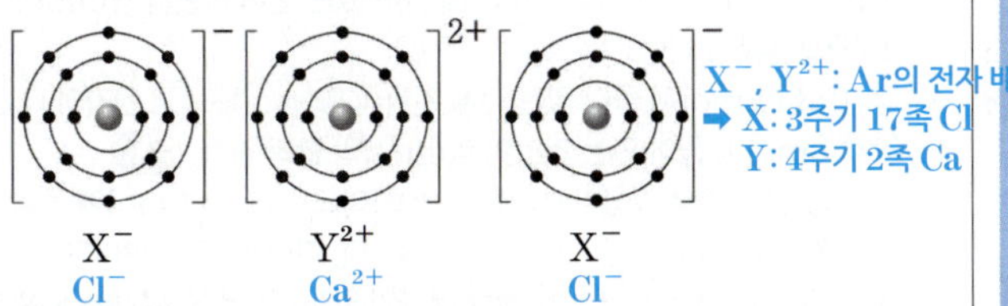

○ (나)는 Z^{n+}과 X^-으로 이루어져 있다. $n=1$

○ 화합물을 구성하는 $\dfrac{\text{음이온 수}}{\text{양이온 수}}$ 는 (가)가 (나)의 2배이다.   2   1

이에 대한 설명으로 옳은 것만을 〈보기〉에서 있는 대로 고른 것은? (단, $X \sim Z$는 임의의 원소 기호이다.)

[보기]

ㄱ. 원자 번호는 $Y > Z$이다.
    Ca(20) > K(19)

ㄴ. $Z(s)$는 전기 전도성이 있다.
    Z(K)는 금속 결합 물질 ➡ 고체 상태에서 전기 전도성 있음

ㄷ. $\dfrac{\text{(가) 1 mol에 들어 있는 } X^- \text{의 양(mol)}}{\text{(나) 1 mol에 들어 있는 전체 이온의 양(mol)}} = 2$이다.

    $\dfrac{CaCl_2 \text{ 1 mol에 들어 있는 } Cl^- \text{의 양(mol)}}{KCl \text{ 1 mol에 들어 있는 전체 이온의 양(mol)}} = \dfrac{2}{2} = 1$

① ㄱ   ② ㄷ   ③ ㄱ, ㄴ   ④ ㄴ, ㄷ   ⑤ ㄱ, ㄴ, ㄷ

🧠 단서+발상

단서 $X \sim Z$의 안정한 이온의 전자 배치가 제시되어 있다.

발상 (가)의 화학 결합 모형을 통해 X와 Y의 주기와 족을 추론할 수 있다.

적용 화학 결합을 통해 옥텟 규칙을 만족한다는 화학 결합의 형성 원리를 이용하여 X와 Y를 구하는 것부터 문제 풀이를 시작해야 한다.

| 문제+자료 분석 |

- **(가)**: X^-의 전자 배치가 3주기 18족 Ar의 전자 배치와 같으므로, X는 3주기 17족 원소인 Cl이다. Y^{2+}의 전자 배치가 3주기 18족 Ar의 전자 배치와 같으므로, Y는 4주기 2족 원소인 Ca이다. ➡ (가)는 $CaCl_2$이다.

- **(나)**: 화합물을 구성하는 $\dfrac{\text{음이온 수}}{\text{양이온 수}}$ 는 (가)가 (나)의 2배인데, (가)에서 $\dfrac{\text{음이온 수}}{\text{양이온 수}} = 2$이므로 (나)에서 $\dfrac{\text{음이온 수}}{\text{양이온 수}} = 1$이다. (나)를 구성하는 이온 수의 비가 $Z^{n+} : X^- = 1 : 1$이므로 $n=1$이다. Z^{n+}은 3주기 18족 Ar의 전자 배치를 가지므로 Z는 4주기 1족 원소인 K이다. ➡ (나)는 KCl이다.

| 보기 분석 |

ㄱ Y와 Z는 각각 $_{20}Ca$과 $_{19}K$이다. 따라서 원자 번호는 $Y > Z$이다.

ㄴ Z는 금속 원소인 K이다. 따라서 $Z(s)$는 전기 전도성이 있다.

ㄷ. (가)는 $CaCl_2$이고 (나)는 KCl이다.

따라서 $\dfrac{\text{(가) 1 mol에 들어 있는 } X^- \text{의 양(mol)}}{\text{(나) 1 mol에 들어 있는 전체 이온의 양(mol)}}$

$= \dfrac{CaCl_2 \text{ 1 mol에 들어 있는 } Cl^- \text{의 양(mol)}}{KCl \text{ 1 mol에 들어 있는 전체 이온의 양(mol)}} = \dfrac{2}{2} = 1$이다.

🐝 문제 풀이 꿀팁

- **이온 결합 물질의 화학식**: 양이온의 총 전하량의 크기와 음이온의 총 전하량의 크기가 같아서 화합물이 전기적으로 중성이 되는 이온 수 비로 양이온과 음이온이 결합한다. (양이온의 총 전하 + 음이온의 총 전하 = 0)
   ⑩ X^{m+}과 Y^{n-}에 의해 형성되는 화합물의 화학식: $X_xY_y (x:y=n:m)$

그림은 화합물 WXY와 ZXY를 화학 결합 모형으로 나타낸 것이다.

W: 1주기 1족 H
단서 X: 2주기 14족 C
Y: 2주기 15족 N

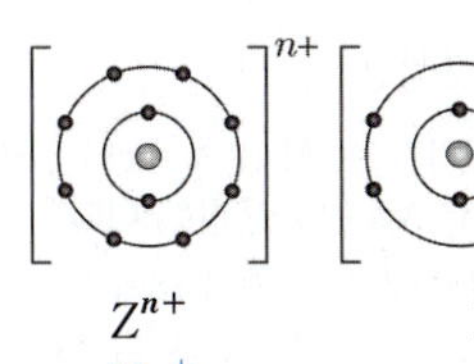

이에 대한 설명으로 옳은 것만을 〈보기〉에서 있는 대로 고른 것은? (단, $W \sim Z$는 임의의 원소 기호이다.)

[보기]

ㄱ. WXY는 공유 결합 물질이다.
    원자들이 전자쌍을 서로 공유하며 결합을 형성함

ㄴ. $n=1$이다.
    X, Y는 각각 C, N ➡ XY^{n-}는 CN^-

ㄷ. $W \sim Z$ 중 원자가 전자 수는 X가 가장 크다.
    W: H, X: C, Y: N, Z: Na ➡ 원자가 전자 수는 Y가 가장 큼

① ㄱ   ② ㄷ   ③ ㄱ, ㄴ   ④ ㄴ, ㄷ   ⑤ ㄱ, ㄴ, ㄷ

🧠 단서+발상

단서 $W \sim Z$가 공유 결합 및 이온 결합을 형성했을 때의 모형이 제시되어 있다.

발상 $W \sim Z$의 주기와 족을 추론할 수 있다.

| 문제+자료 분석 |

- **W**: 원자가 전자가 1개로, X와 한 쌍의 전자쌍을 공유하여 1주기 18족 He의 전자 배치와 같아진다. ➡ W는 1주기 1족 수소(H)이다.
- **X**: 원자가 전자가 4개로, W 및 Y와 총 네 쌍의 전자쌍을 공유하여 2주기 18족 Ne의 전자 배치와 같아진다. ➡ X는 2주기 14족 탄소(C)이다.
- **Y**: 원자가 전자가 5개로, X와 세 쌍의 전자쌍을 공유하여 2주기 18족 Ne의 전자 배치와 같아진다. ➡ Y는 2주기 15족 질소(N)이다.
- **n**: XY^{n-}에서 X(C)와 Y(N)의 원자가 전자 수는 각각 4, 5인데, XY^{n-}의 원자가 전자 수의 합이 10이다. 이는 외부의 전자 하나를 받은 상태이므로 $XY^-(CN^-)$이다. ➡ $n=1$이다.
- **Z**: Z^+의 전자 배치가 2주기 18족 Ne의 전자 배치와 같다. ➡ Z는 3주기 1족 나트륨(Na)이다.

| 보기 분석 |

ㄱ 원자들이 서로 전자쌍을 공유하며 화합물 WXY를 형성한다. 따라서 WXY는 공유 결합 물질이다.

ㄴ X와 Y는 각각 탄소(C)와 질소(N)이므로 XY^{n-}는 CN^-이다. 따라서 $n=1$이다.

ㄷ. $W \sim Z$는 각각 수소(H), 탄소(C), 질소(N), 나트륨(Na)이므로 원자가 전자 수는 각각 순서대로 1, 4, 5, 1이다. 따라서 원자가 전자 수는 Y(질소(N))가 가장 크다.

표는 이온 결합 화합물 (가) ~ (다)에 대한 자료이다.

화합물	구성 이온 (단서)	화학식	화합물 1 mol에 들어 있는 전체 이온의 양(mol)	화합물 1 mol에 들어 있는 전체 전자의 양(mol)
(가)	K^+, X^-	KX	$\bigcirc = 2$	28 X의 원자 번호=28−19=9 ➡ X는 $_9F$
(나)	K^+, Y^-	KY		36 Y의 원자 번호=36−19=17 ➡ Y는 $_{17}Cl$
(다)	Ca^{2+}, O^{2-}	CaO	$\bigcirc = 2$	$\bigcirc = 18+10 = 28$

이에 대한 설명으로 옳은 것만을 〈보기〉에서 있는 대로 고른 것은? (단, O, K, Ca의 원자 번호는 각각 8, 19, 20이고, X와 Y는 임의의 원소 기호이다.)

[보기]

ㄱ. Y는 3주기 원소이다.
   Y는 원자 번호가 17인 Cl ➡ 3주기 원소

ㄴ. $\bigcirc \times \bigcirc$ 이다.
   2=2

ㄷ. $\bigcirc$은 28이다.
   Ca의 원자 번호=20, O의 원자 번호=8 ➡ $\bigcirc$=18+10=28

① ㄱ   ② ㄴ   ③ ㄱ, ㄷ   ④ ㄴ, ㄷ   ⑤ ㄱ, ㄴ, ㄷ

🧠 단서+발상

(단서) 이온 결합 화합물을 구성하는 이온의 이온식이 제시되어 있다.
(발상) 전기적으로 중성이 되는 이온 수 비로 양이온과 음이온이 결합하므로 (가) ~ (다)의 화학식을 추론할 수 있다.

│문제+자료 분석│

- $\bigcirc$: (가)를 구성하는 이온이 K^+과 X^-이므로 이온 결합 화합물의 화학식은 KX이다. 따라서 화합물 1 mol에 들어 있는 전체 이온의 양(mol)은 2이므로 $\bigcirc$은 2이다.
- $\bigcirc$: (다)를 구성하는 이온이 Ca^{2+}과 O^{2-}이므로 이온 결합 화합물의 화학식은 CaO이다. 따라서 화합물 1 mol에 들어 있는 전체 이온의 양(mol)은 2이므로 $\bigcirc$은 2이다.
- $\bigcirc$: CaO 1 mol에 들어 있는 전체 전자의 양(mol)은 Ca 원자와 O 원자 각각 1 mol에 들어 있는 전자의 양(mol)의 합과 같다. 
[원자의 전자 수=양성자수=원자 번호]이므로 CaO 1 mol에 들어 있는 전체 전자의 양(mol)은 (20+8=)28이다. 따라서 $\bigcirc$은 28이다.
- X: KX 1 mol에 들어 있는 전체 전자의 양(mol)은 K 원자와 X 원자 각각 1 mol에 들어 있는 전자의 양(mol)의 합과 같다. X 원자 1 mol에 들어 있는 전자의 양(mol)을 x라 하면, [19+x=28]에서 x=9이다. 따라서 X는 $_9F$이다.
- Y: KY 1 mol에 들어 있는 전체 전자의 양(mol)은 K 원자와 Y 원자 각각 1 mol에 들어 있는 전자의 양(mol)의 합과 같다. Y 원자 1 mol에 들어 있는 전자의 양(mol)을 y라 하면, [19+y=36]에서 y=17이다. 따라서 Y는 $_{17}Cl$이다.

│보기 분석│

ㄱ. Y는 원자 번호가 17인 Cl이다. 따라서 Y는 3주기 원소이다.
ㄴ. (가)(KX)와 (다)(CaO)는 모두 1 : 1로 결합하므로 화합물 1 mol에 들어 있는 전체 이온의 양은 2 mol로 같다. 따라서 $\bigcirc=\bigcirc$이다.
ㄷ. Ca 원자 1 mol과 O 원자 1 mol에 들어 있는 전자의 양(mol)은 각각 20과 8이다. 따라서 $\bigcirc$은 (18+10=)28이다.

그림은 이온 X^{2-}, Y^{2+}, Z^-의 전자 배치를 모형으로 나타낸 것이다.

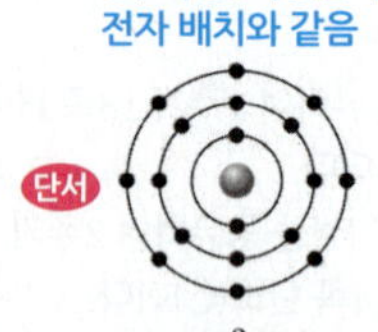
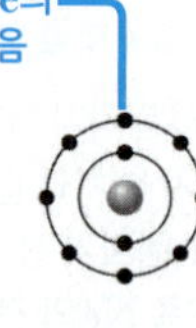

이에 대한 설명으로 옳은 것만을 〈보기〉에서 있는 대로 고른 것은? (단, X~Z는 임의의 원소 기호이다.)

[보기]

ㄱ. X는 2족 원소이다. 16족
   X^{2-}의 전자 배치가 Ar의 전자 배치와 같음 ➡ 원자가 전자 수 6

ㄴ. Z는 플루오린(F)이다.
   Z는 2주기 17족 원소 ➡ 플루오린(F)

ㄷ. X와 Y는 1로 결합하여 안정한 화합물을 형성한다.
   X와 Y는 1 : 1로 결합하여 YX를 형성

① ㄱ   ② ㄴ   ③ ㄱ, ㄷ   ④ ㄴ, ㄷ   ⑤ ㄱ, ㄴ, ㄷ

🧠 단서+발상

(단서) X^{2-}, Y^{2+}, Z^-의 전자 배치 모형이 제시되어 있다.
(발상) X ~ Z의 주기와 족을 추론할 수 있다.

│문제+자료 분석│

- X^{2-}: 전자 배치가 3주기 18족 Ar의 전자 배치와 같다.
➡ X는 3주기 16족 원소인 황(S)이다.
- Y^{2+}, Z^-: 전자 배치가 2주기 18족 Ne의 전자 배치와 같다.
➡ Y는 3주기 2족 원소인 마그네슘(Mg), Z는 2주기 17족 원소인 플루오린(F)이다.

│보기 분석│

ㄱ. X는 3주기 16족 원소인 황(S)이다. 따라서 X는 16족 원소이다.
ㄴ. Z는 2주기 17족 원소이다. 따라서 Z는 플루오린(F)이다.
ㄷ. 이온 결합 물질은 화합물이 전기적으로 중성이 되는 이온 수 비로 양이온과 음이온이 결합하므로 X^{2-}과 Y^{2+}는 1 : 1의 이온 수 비로 결합하여 YX를 형성한다.
따라서 X와 Y는 1 : 1로 결합하여 안정한 화합물을 형성한다.

🐝 문제 풀이 

- **이온 결합 물질의 화학식** : 양이온의 총 전하량의 크기와 음이온의 총 전하량의 크기가 같아서 화합물이 전기적으로 중성이 되는 이온 수 비로 양이온과 음이온이 결합한다. (양이온의 총 전하+음이온의 총 전하=0)
⑩ X^{m+}과 Y^{n-}에 의해 형성되는 화합물의 화학식: $X_xY_y (x : y = n : m)$

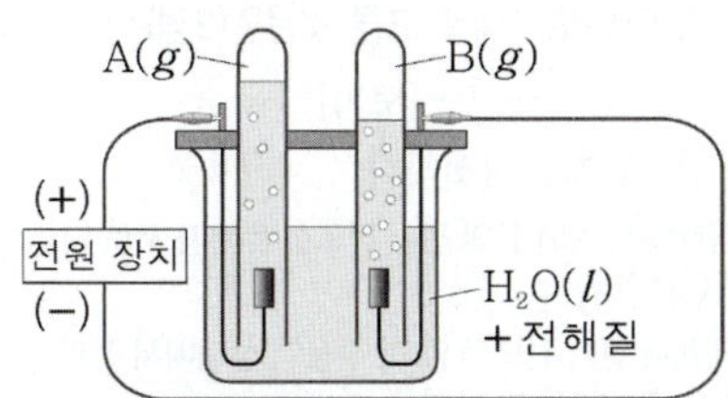

그림은 물(H_2O)을 전기 분해하는 것을 나타낸 것이다.

단서 기체 A : O_2 기체 B : H_2

$\dfrac{\text{(−)극에서 생성된 기체 B의 질량}}{\text{(+)극에서 생성된 기체 A의 질량}}$ 은?

(단, H, O의 몰질량(g/mol)은 각각 1, 16이다.)

$\dfrac{H_2\text{의 몰질량} \times H_2 \text{ 몰수}}{O_2\text{의 몰질량} \times O_2 \text{ 몰수}} = \dfrac{2 \times 2}{32 \times 1} = \dfrac{1}{8}$

① $\dfrac{1}{16}$　② $\dfrac{1}{8}$　③ 2　④ 8　⑤ 16

 **단서+발상**

단서 물의 전기 분해 실험이 제시되어 있다.

발상 (+)극과 (−)극이 연결된 시험관의 부피를 통해 성분 원소의 종류를 추론할 수 있다.

적용 생성된 기체 분자의 질량을 구하기 위해 기체 각각의 몰질량과 몰수를 구하는 것부터 문제 풀이를 시작해야 한다.

| 문제+자료 분석 |

◈ **물의 전기 분해 실험 결과 해석**

· **(+)극**: 물이 전자를 잃어 산소 기체가 발생
$$2H_2O(l) \longrightarrow 4H^+(aq) + 4e^- + O_2(g)$$
· **(−)극**: 물이 전자를 얻어 수소 기체가 발생
$$4H_2O(l) + 4e^- \longrightarrow 2H_2(g) + 4OH^-(aq)$$
· **전체 반응식**: $2H_2O(l) \longrightarrow 2H_2(g) + O_2(g)$
∴ 기체 A : O_2 기체 B : H_2

| 선택지 분석 |

② 물의 전기 분해시 (+)극에서는 산소 기체가 (−)극에서는 수소 기체가 1 : 2의 분자 수 비로 발생한다. 그러므로

$\dfrac{\text{(−)극에서 생성된 기체 B의 질량}}{\text{(+)극에서 생성된 기체 A의 질량}} = \dfrac{H_2\text{의 몰질량} \times H_2 \text{ 몰수}}{O_2\text{의 몰질량} \times O_2 \text{ 몰수}}$

$= \dfrac{2 \times 2}{32 \times 1} = \dfrac{1}{8}$ 이다.

✱ **물의 전기 분해**

· **전해질**: 순수한 물은 전류가 거의 흐르지 않으므로 황산 나트륨과 같은 전해질을 소량 넣어 전류가 잘 흐르게 함

· **결과**: (+)극에서 $O_2(g)$, (−)극에서 $H_2(g)$가 1 : 2의 분자 수 비(부피비)로 발생

· **의의**: 물에 전류를 흘려주면 산소(O_2)와 수소(H_2)의 2가지 성분 물질로 분해되는 것으로 보아 공유 결합에 의해 물이 생성될 때 전자가 관여한다는 것을 알 수 있음

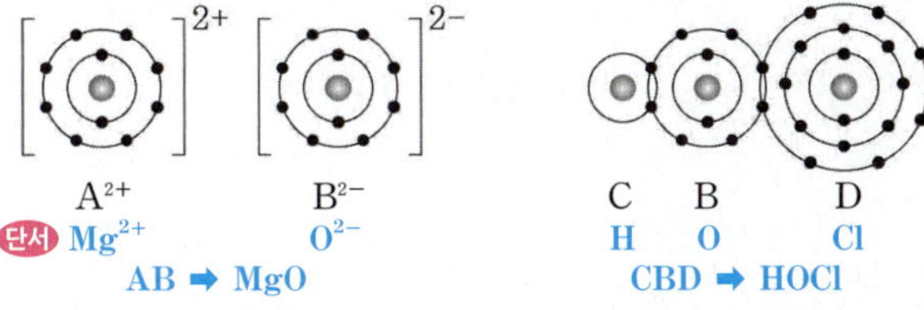

그림은 화합물 AB와 CBD를 화학 결합 모형으로 나타낸 것이다.

이에 대한 설명으로 옳은 것만을 〈보기〉에서 있는 대로 고른 것은?

(단, A~D는 임의의 원소 기호이다.)

[보기]

ㄱ. CBD는 공유 결합 물질이다.
　HOCl : 비금속 원소가 전자쌍을 공유하여 형성된 공유 결합 물질

ㄴ. B와 D는 같은 족 원소이다.
　B : 16족 원소, D : 17족 원소

ㄷ. A와 D는 1 : 2로 결합하여 안정한 화합물을 생성한다.
　$AD_2(MgCl_2)$를 생성한다.

① ㄱ　② ㄴ　③ ㄱ, ㄷ　④ ㄴ, ㄷ　⑤ ㄱ, ㄴ, ㄷ

 **단서+발상**

단서 두 화합물의 화학 결합 모형이 제시되어 있다.

발상 AB의 전자 배치와 전하량을 통해 A와 B의 원소의 종류를 추론할 수 있다.

| 문제+자료 분석 |

· A^{2+}은 Mg^{2+}이고, B^{2-}은 O^{2-}이므로 AB는 MgO이다.
· C는 H, B는 O, D는 Cl이므로 CBD는 HOCl이다.
· A~D는 각각 Mg, O, H, Cl이다.

| 보기 분석 |

ㄱ. CBD(HOCl)는 비금속 원소 H, O, Cl이 전자쌍을 공유하여 형성된 공유 결합 물질이다.

ㄴ. B(O)는 16족 원소, D(Cl)는 17족 원소이다.

ㄷ. A와 D는 1 : 2로 결합하여 안정한 화합물이 $AD_2(MgCl_2)$를 생성한다.

 **문제 풀이** 꿀팁

· A(Mg)는 금속 원소, D(Cl)는 비금속 원소이며, A와 D가 화합물을 형성할 때는 이온 결합을 한다.

· A와 D가 안정한 화합물을 생성할 때, A는 전자를 잃어 A^{2+}이 되고, D는 전자를 얻어 D^-가 되어 결합하므로 A와 D는 1 : 2로 결합하여 안정한 화합물인 $AD_2(MgCl_2)$를 생성한다. 꿀팁

다음은 학생 X가 수행한 탐구 활동이다. A와 B는 각각 염화 칼륨(KCl)과 포도당($C_6H_{12}O_6$) 중 하나이다.

〈가설〉 ┌▸ 이온 결합 물질
○ KCl과 $C_6H_{12}O_6$은 [고체] 상태에서 전기 전도성 유무로 구분할 수 없지만, [⊙ 수용액] 상태에서는 전기 전도성 유무로 구분할 수 있다.
└▸ 공유 결합 물질

〈탐구 과정 및 결과〉
(가) 그림과 같이 전류가 흐르면 LED 램프가 켜지는 전기 전도성 측정 장치를 준비한다.
(나) $KCl(s)$에 전극을 대어 LED 램프가 켜지는지 확인하고, 결과를 표로 정리한다.
(다) $KCl(s)$ 대신 $KCl(aq)$, $C_6H_{12}O_6(s)$, $C_6H_{12}O_6(aq)$을 이용하여 (나)를 반복한다.

단서 물질	A KCl		B $C_6H_{12}O_6$	
	고체 상태	수용액 상태	고체 상태	수용액 상태
LED 램프	×	○	×	×

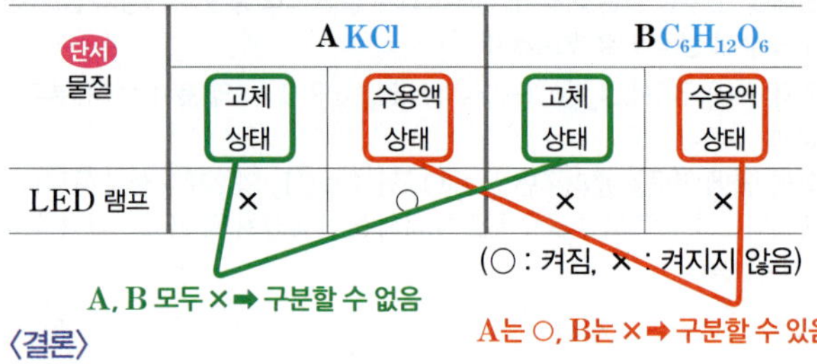

A, B 모두 × ➡ 구분할 수 없음
(○ : 켜짐, × : 켜지지 않음)
A는 ○, B는 × ➡ 구분할 수 있음

〈결론〉
○ 가설은 옳다.

단서+발상

(단서) A와 B의 상태에 따른 전기 전도성 탐구 활동이 제시되어 있다.
(발상) 탐구 결과를 통해 A와 B를 추론할 수 있다.
(적용) 물질의 화학식을 통해 물질을 이온 결합 물질과 공유 결합 물질로 구분하는 것부터 문제 풀이를 시작해야 한다.

학생 X의 탐구 과정 및 결과와 결론이 타당할 때, 이에 대한 설명으로 옳은 것만을 〈보기〉에서 있는 대로 고른 것은? (3점)

─[보기]─
ㄱ. '수용액'은 ⊙으로 적절하다.
　수용액 상태에서 A와 B의 전기 전도성 유무가 서로 다름
ㄴ. A는 KCl이다.
　고체 상태에서 전기 전도성 없고, 수용액 상태에서 전기 전도성 있음
ㄷ. B는 공유 결합 물질이다.
　B는 $C_6H_{12}O_6$ ➡ 공유 결합 물질

① ㄱ ② ㄷ ③ ㄱ, ㄴ ④ ㄴ, ㄷ ⑤ ㄱ, ㄴ, ㄷ

| 문제+자료 분석 |

- **염화 칼륨(KCl)** : 금속 이온인 K^+과 비금속 이온인 Cl^-이 결합한 이온 결합 물질이다.
- **포도당($C_6H_{12}O_6$)** : 비금속 원소로 이루어진 공유 결합 물질이다.
- **A** : 고체 상태에서는 전류가 흐르지 않지만, 수용액 상태에서는 전류가 흐르므로 이온 결합 물질인 KCl이다.
- **B** : 고체 상태와 수용액 상태에서 모두 전류가 흐르지 않으므로 $C_6H_{12}O_6$이다.

| 보기 분석 |

ㄱ. 고체 상태에서는 A와 B의 전기 전도성 유무가 ×로 서로 같고, 수용액 상태에서는 A와 B의 전기 전도성 유무가 서로 다르다.
　⊙ 상태에서는 전기 전도성 유무로 KCl과 $C_6H_{12}O_6$을 구분할 수 있으므로 '수용액'은 ⊙으로 적절하다.
ㄴ. A는 고체 상태에서는 전류가 흐르지 않지만, 수용액 상태에서는 전류가 흐르므로 이온 결합 물질이다. 따라서 A는 KCl이다.
ㄷ. B는 고체 상태와 수용액 상태에서 모두 전류가 흐르지 않으므로 $C_6H_{12}O_6$이고, $C_6H_{12}O_6$은 비금속 원소로 이루어진 공유 결합 물질이다. 따라서 B는 공유 결합 물질이다.

E 전기 음성도와 결합의 극성

E 01 정답 ② ＊ 전기 음성도와 공유 결합

다음은 전기 음성도에 대한 설명이다. 빈칸 (가)와 (나)에 들어갈 내용으로 옳은 것은?

> **단서**
> 전기 음성도는 <u>공유 결합한 원자가</u> 　(가)　 을 끌어당기는
> 공유 전자쌍
> 상대적인 힘의 세기를 나타내는 척도이다.
> 　(나)　 의 전기 음성도가 가장 크며 그 값은 4.0이다.
> 플루오린(F) ←

	(가)	(나)
①	공유 전자쌍	~~산소~~
②	공유 전자쌍	플루오린
③	공유 전자쌍	~~염소~~
④	~~비공유 전자쌍~~	~~산소~~
⑤	~~비공유 전자쌍~~	플루오린

단서+발상

단서 전기 음성도에 대한 개념이 제시되어 있다.

발상 공유 결합한 원자 사이에 전기적인 힘을 유발하는 것이 공유 전자쌍임을 추론할 수 있다.

| 문제+자료 분석 |

- **전기 음성도**: 공유 결합에 참여하는 원자가 공유 전자쌍을 끌어당기는 상대적인 힘의 세기를 나타내는 척도이다. ➡ (가)는 공유 전자쌍이다.
- **(나) 플루오린**: 전기 음성도가 가장 큰 원소는 플루오린(F)이며 그 값은 4.0이다.

| 선택지 분석 |

② **(가)**: 공유 결합에 참여하는 두 원자 사이에는 공유 전자쌍이 놓여있다. 반면, 비공유 전자쌍은 공유 결합에 참여하지 않고 한 원자가 모두 가지고 있는 것이므로 (가)는 공유 전자쌍이다.

(나): 폴링은 플루오린(F)의 전기 음성도를 4.0으로 정하고 이 값을 기준으로 다른 원자들의 전기 음성도를 상대적인 값으로 나타냈다. 산소(O)의 전기 음성도는 3.4이다.
따라서 정답은 ②번이다.

E 02 정답 ③ ＊ 전기 음성도 ☆ 고난도 [① 10% ② 13% ③ 34% ④ 25% ⑤ 16%] 2022 실시 9월 학평 18 / 화학 Ⅰ (고2)

다음은 원소의 전기 음성도와 관련된 자료이다.

> ○ 원소의 족과 전기 음성도
>
> | 원소 | X | Y | Z | I | Cl |
> |------|---|---|---|---|-----|
> | 족 | 1 | 17 | 17 | 17 | 17 |
> | 전기 음성도 | x | y | z 4.0 | ㉠ 2.5 | 3.0 |
>
> ○ 제시된 원소의 <u>전기 음성도는 X가 가장 작다.</u>
> ○ 분자에서 구성 원소의 전기 음성도 차
> 분자는 비금속 원소로 구성되므로 1족인 X가 수소임을 알 수 있다.

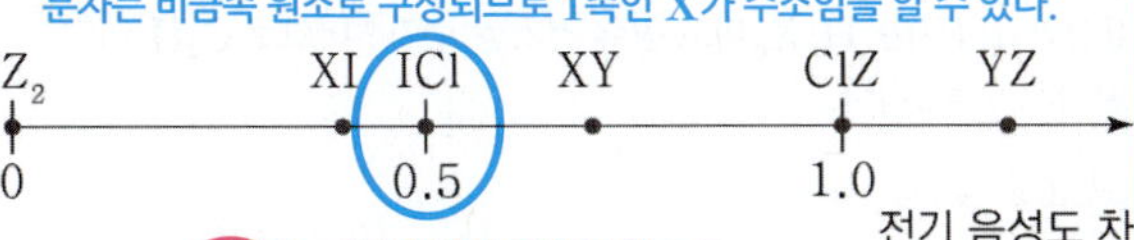

> **단서** I−Cl의 전기 음성도 차 0.5
> Cl의 전기 음성도는 3.0이므로
> I의 전기 음성도는 2.5 또는 3.5

이에 대한 설명으로 옳은 것만을 〈보기〉에서 있는 대로 고른 것은? (단, X∼Z는 임의의 원소 기호이다.) (3점)

> ─[보기]─
> ㄱ. ㉠은 2.5이다.
> ㄴ. 원자 번호는 Y＞Cl이다.
> ㄷ. $|y-3.0|$ ✗ $|y-x|$ 이다. ＜

① ㄴ　② ㄷ　③ ㄱ, ㄴ　④ ㄱ, ㄷ　⑤ ㄱ, ㄴ, ㄷ

단서+발상

단서 원소 X, Y, Z, I, Cl의 족과 전기 음성도, 분자에서 구성 원소의 전기 음성도 차이가 제시되어 있다.

발상 Cl의 전기 음성도(3.0)와 분자에서 구성 원소의 전기 음성도 차이가 제시되어 있으므로 X의 전기 음성도가 가장 작다는 단서를 활용하여 나머지 원소의 전기 음성도($x, y, z,$ ㉠)를 추론할 수 있다.

적용 전기 음성도 차가 $0 < XI < 0.5$이고 X의 전기 음성도가 가장 작다는 단서를 활용하여 I의 전기 음성도를 구하는 것부터 문제 풀이를 시작해야 한다.

| 문제+자료 분석 |

- **㉠**: ICl의 전기 음성도 차가 0.5이므로 I의 전기 음성도는 3.5 또는 2.5이다. 전기 음성도 차가 $0 < XI < 0.5$이고 X의 전기 음성도가 가장 작으므로 I의 전기 음성도는 2.5이다.
  따라서 ㉠＝2.5이고 X의 전기 음성도는 $2.0 < x < 2.5$이다.
- **z**: ClZ의 전기 음성도 차가 1.0이므로 Z의 전기 음성도는 2.0 또는 4.0이다. $z > x$이므로 z는 4.0이다. ➡ Z는 플루오린(F)

| 보기 분석 |

ㄱ. I의 전기 음성도는 3.5 또는 2.5이다. 전기 음성도 차가 $0 < XI < 0.5$이고 X의 전기 음성도가 가장 작으므로 I의 전기 음성도(㉠)는 2.5이다.

ㄴ. X의 전기 음성도는 $2.0 < x < 2.5$이고, ClZ의 전기 음성도 차가 1.0이므로 Z의 전기 음성도는 4.0이다. 전기 음성도 차는 ClZ ＜ YZ이고, $0.5 < |y-x| < 1.0$이므로 전기 음성도는 Y ＜ Cl이고, 원자 번호는 Y＞Cl이다.

ㄷ. $2.5 < y < 3.0$이므로 $|y-3.0| < |y-x|$ 이다.

＊ 할로젠 원소의 전기 음성도

- 할로젠 원소는 주기율표에서 17족에 속하며 플루오린(F), 염소(Cl), 브롬(Br), 아이오딘(I)이 대표적이다.
- 할로젠 원소는 모두 높은 전기 음성도를 지니며, F＞Cl＞Br＞I 순으로 전기 음성도가 작아진다.
- 전기 음성도는 원자가 공유 전자쌍을 끌어당기는 능력을 나타내며, 이 값의 차이를 통해 분자의 극성과 결합 특성을 예측할 수 있다.

E 03 정답 ③ ✱ 전기 음성도의 크기

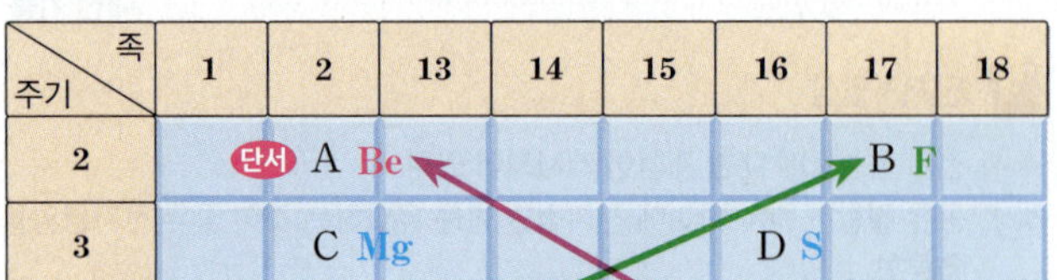

다음은 2, 3주기 원소의 주기율표 일부를 나타낸 것이다.

주기 \ 족	1	2	13	14	15	16	17	18
2		단서 A Be					B F	
3		C Mg				D S		

A~D 중, 전기 음성도가 가장 큰 것과 가장 작은 것을 순서대로 옳게 고른 것은? (단, A~D는 임의의 원소 기호이다.)

① A, B ② A, D ③ B, C ④ B, D ⑤ D, A

💡 단서 + 발상

(단서) 2, 3주기 원소의 일부가 제시되어 있다.

(발상) 금속과 비금속, 같은 족에서 전기 음성도를 추론할 수 있다.

| 문제 + 자료 분석 |

- **A 베릴륨**: 2주기 2족 금속 원소이다.
- **B 플루오린**: 전기 음성도가 가장 큰 원소는 플루오린(F)이며 그 값은 4.0이다.
- **C 마그네슘**: 3주기 2족 금속 원소이다.
- **D 황**: 3주기 16족 비금속 원소이다.

| 선택지 분석 |

③ 금속 원소보다 비금속 원소의 전기 음성도가 더 크다.
➡ A와 C보다 B와 D의 전기 음성도가 더 크다.
A와 C: 같은 족에서는 원자 번호가 클수록 대체로 감소하는 경향을 보인다. 따라서 C < A이다.
B와 D: B는 전기 음성도가 가장 큰 원소이고 D의 경우 B보다 원자 반지름이 크므로 전기 음성도는 더 작다. 따라서 D < B이다.
따라서 전기 음성도의 크기를 비교하면 C < A < D < B이므로 정답은 ③번이다.

E 04 정답 ⑤ ✱ 전기 음성도

[정답률 84%] **2025 대비 수능 8 / 화학 I**

그림은 수소(H)와 원소 X ~ Z로 구성된 분자 (가) ~ (라)의 공유 전자쌍 수와 구성 원소의 전기 음성도 차를 나타낸 것이다. (가) ~ (라)는 각각 H_aX_a, H_bX, HY, HZ 중 하나이고, 분자에서 X ~ Z는 옥텟 규칙을 만족한다. X ~ Z는 C, F, Cl를 순서 없이 나타낸 것이고, 전기 음성도는 Y > Z > H이다.

➡ Y와 Z는 각각 F, Cl 중 하나
➡ Y는 F, Z는 Cl
➡ X는 C

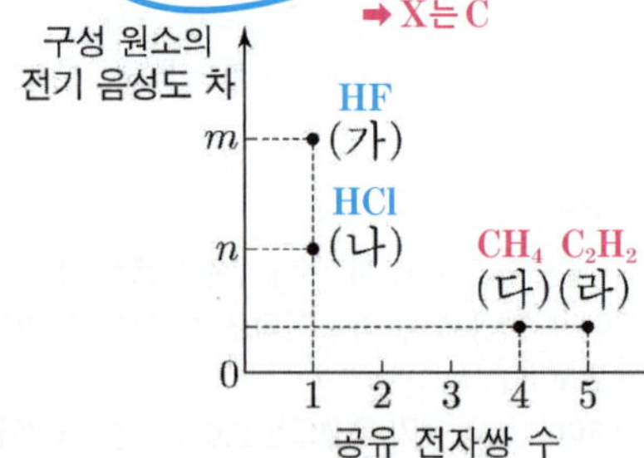

이에 대한 설명으로 옳은 것만을 〈보기〉에서 있는 대로 고른 것은? (3점)

─────[보기]─────
ㄱ. $a=2$이다.
  C_aH_a의 공유 전자쌍 수 = 5 ➡ $a=2$
ㄴ. (라)에 무극성 공유 결합이 있다.
  C_2H_2에는 C와 C 사이에 무극성 공유 결합 존재
ㄷ. YZ에서 구성 원소의 전기 음성도 차는 $m-n$이다.
  H와 Y의 전기 음성도 차 = m, H와 Z의 전기 음성도 차 = n

① ㄱ ② ㄷ ③ ㄱ, ㄴ ④ ㄴ, ㄷ ⑤ ㄱ, ㄴ, ㄷ

💡 단서 + 발상

(단서) 수소 화합물인 (가) ~ (라)의 분자식이 제시되어 있다.

(발상) HY, HZ에서 수소(H)와 각각 단일 결합을 형성하는 Y와 Z를 추론할 수 있다.

| 문제 + 자료 분석 |

- **X ~ Z**: 수소(H)는 단일 결합을 형성하므로 수소(H)원자 1개와 결합하여 분자를 형성하는 Y와 Z는 17족 원소인 F과 Cl 중 하나이다. 전기 음성도는 Y > Z > H이므로 Y와 Z는 각각 F과 Cl이다. 따라서 X는 C이다.
- **(가)와 (나)**: (가)와 (나)는 공유 전자쌍 수 = 1인 HY(HF)와 HZ(HCl) 중 하나인데, 구성 원소의 전기 음성도 차가 (가) > (나)이므로 (가)는 HY(HF)이고 (나)는 HZ(HCl)이다.
- **(다)와 b**: 한 분자를 구성하는 C의 수가 1인 H_bX는 CH_4이므로 $b=4$이고, $H_bX(CH_4)$의 공유 전자쌍 수는 4이므로 (다)는 $H_bX(CH_4)$이다.
- **(라)와 a**: (라)는 H_aX_a이고 공유 전자쌍 수가 5이므로 C_2H_2이다. 따라서 $a=2$이다.

| 보기 분석 |

ㄱ X는 C이고 (라)(H_aX_a)의 공유 전자쌍 수가 5이므로 (라)는 H－C≡C－H의 구조식을 갖는 C_2H_2이다. 따라서 $a=2$이다.
ㄴ C_2H_2에는 C와 C 사이에 무극성 공유 결합이 존재한다. 따라서 (라)에는 무극성 공유 결합이 있다.
ㄷ HY(HF)에서 구성 원소의 전기 음성도 차는 m이고 HZ(HCl)에서 구성 원소의 전기 음성도 차는 n이다. 따라서 YZ(FCl)에서 구성 원소의 전기 음성도 차는 $m-n$이다.

김연우 | 2025 수능 응시 · 대구 정화여고 졸업
전기 음성도가 F > Cl > C임을 알고 시작하는 게 중요할 것 같아. 전기 음성도는 이번 교육 과정에서 중요하게 다루는 부분이라 기본적인 수치는 외워두는 것을 추천해. 하지만 문제마다, 교과서마다 조금씩 다른 부분이 있으니 상대적이라는 것만 명심하면 돼. CH_4, C_2H_2처럼 C가 옥텟 규칙을 만족시키며 H와 이룰 수 있는 분자의 종류를 미리 몇 가지 알고 있으면 시간을 더 단축할 수 있었던 문제야.

E 05 정답 ⑤ ＊결합의 극성

표는 원소 X~Z로 구성된 분자 (가)~(다)에 대한 자료이다. X~Z는 N, O, F을 순서 없이 나타낸 것이고, (가)~(다)에서 모든 원자는 옥텟 규칙을 만족한다. **단서** 전기 음성도의 크기: N<O<F

분자	구조식	부분적인 양전하(δ^+)를 띠는 원자
(가)	X−Y−Y−X F−O−O−F	Y O
(나)	Y=Z−Z=Y O=N−N=O	Z N
(다)	X−Z=Z−X F−N=N−F	Z

이에 대한 설명으로 옳은 것만을 〈보기〉에서 있는 대로 고른 것은?

─[보기]─

ㄱ. X는 F이다.
ㄴ. (가)~(다)에는 모두 무극성 공유 결합이 있다.
   같은 원자 간의 공유 결합이 있다.
ㄷ. (다)에서 Z는 부분적인 양전하(δ^+)를 띤다.
   전기 음성도의 크기는 X>Y>Z이다.

① ㄱ　　② ㄷ　　③ ㄱ, ㄴ　④ ㄴ, ㄷ　⑤ ㄱ, ㄴ, ㄷ

단서＋발상

단서 X~Z로 구성된 분자 (가)~(다)에 대한 자료가 제시되어 있다.

발상 구조식에서 부분적인 양전하(δ^+)를 띠는 원자로 전기 음성도의 대소를 추론할 수 있다.

적용 구조식에서 부분적인 양전하(δ^+)를 띠는 원자로 전기 음성도의 대소를 구하는 것부터 문제 풀이를 시작해야 한다.

| 문제＋자료 분석 |

• 전기 음성도는 같은 주기에서는 원자 번호가 증가할수록 커지므로 **꿀**팁 N, O, F의 전기 음성도의 크기는 N<O<F이다.

• 서로 다른 원자가 공유 결합을 할 때 전기 음성도가 큰 원자는 전자를 더 많이 끌고 가므로 부분적인 음전하(δ^-)를 띠고, 전기 음성도가 작은 원자는 부분적인 양전하(δ^+)를 띤다.

• 부분적인 양전하(δ^+)를 띠는 원자가 (가)에서는 Y이므로 전기 음성도의 크기는 X>Y이고, (나)에서는 Z이므로 전기 음성도의 크기는 Y>Z이다. 따라서 전기 음성도의 크기는 X>Y>Z이므로 X, Y, Z는 각각 F, O, N이다.

| 보기 분석 |

ㄱ. 전기 음성도가 가장 큰 X는 F이다.

ㄴ. (가)에는 Y−Y(O−O), (나)에는 Z−Z(N−N), (다)에는 Z=Z(N=N) 결합이 있다. 따라서 (가)~(다)에는 모두 같은 원자 간의 공유 결합인 무극성 공유 결합이 있다.

ㄷ. 전기 음성도의 크기는 X>Y>Z이므로 (다)에서 Z는 부분적인 양전하(δ^+)를 띤다.

E 06 정답 ⑤ ＊전기 음성도 차이와 결합의 극성 ··········· **내신 기출 변형**

표는 두 원자로 이루어진 화합물에서 전기 음성도 차이에 따른 결합 모형을, 그래프는 원소 A~D의 전기 음성도를 나타낸 것이다.

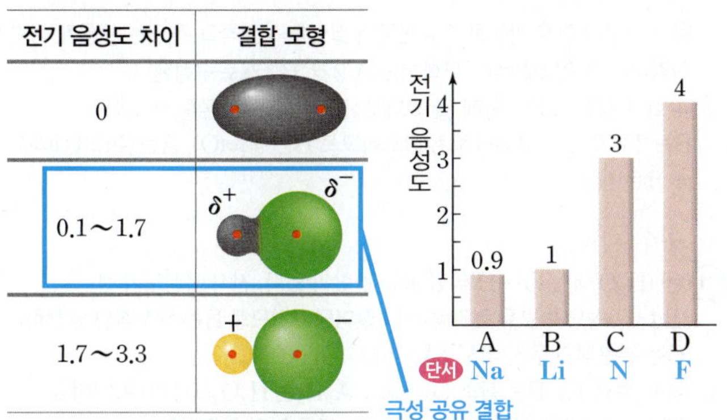

A~D 원자 간 결합 중 극성 공유 결합에 해당하는 것은? (단, A~D는 임의의 원소 기호이다.)

① A−C　　② A−D　　③ B−C
④ B−D　　⑤ C−D

단서＋발상

단서 세 가지 결합 모형과 원소 A~D의 전기 음성도가 제시되어 있다.

발상 전기 음성도를 통해 원소 A~D의 종류를 추론할 수 있다.

| 문제＋자료 분석 |

• 표를 보면 전기 음성도 차이가 0인 결합은 무극성 공유 결합, 0.1~1.7인 결합은 극성 공유 결합, 1.7~3.3인 결합은 이온 결합임을 알 수 있다.

• **이온 결합** : 금속 원소와 비금속 원소가 결합하는 것처럼 전기 음성도 차이가 매우 커지게 되면 대체로 이온 결합이 형성된다.
   ➡ A−C, A−D, B−C, B−D

| 선택지 분석 |

① A−C 결합에서 전기 음성도 차이는 2.1이다.
② A−D 결합에서 전기 음성도 차이는 3.1이다.
③ B−C 결합에서 전기 음성도 차이는 2.0이다.
④ B−D 결합에서 전기 음성도 차이는 3.0이다.
⑤ 극성 공유 결합은 전기 음성도 차이가 0.1~1.7 사이에 들어가야 하므로 그래프의 원소 A~D 중 C와 D의 결합이 극성 공유 결합임을 알 수 있다.

그림은 2, 3주기 원소 $W \sim Z$로 구성된 분자 (가)와 (나)의 구조식을 나타낸 것이다. (가)와 (나)에서 모든 원자는 옥텟 규칙을 만족하고, 전기 음성도는 $Y > W$이며, 원자 번호는 $Z > X$이다.

단서 (가), (나)의 구조식에서 옥텟 규칙을 만족하려면 모두 삼각뿔형이어야 함 ➡ X, Z는 15족 원소

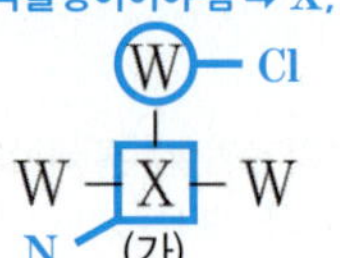

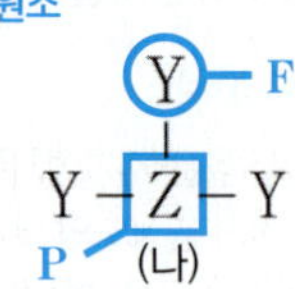

이에 대한 설명으로 옳은 것만을 〈보기〉에서 있는 대로 고른 것은? (단, $W \sim Z$는 임의의 원소 기호이다.) (3점)

─────[보기]─────
ㄱ. W는 Cl이다.
ㄴ. (나)에서 Z는 부분적인 양전하(δ^+)를 띤다.
ㄷ. X_2Y_4에는 무극성 공유 결합이 있다. X=X(N=N)

① ㄱ   ② ㄷ   ③ ㄱ, ㄴ   ④ ㄴ, ㄷ   ⑤ ㄱ, ㄴ, ㄷ

단서+발상

단서 전기 음성도($Y > W$), 원자 번호($Z > X$)에 대한 정보와 (가), (나)의 구조식이 제시되어 있다.

발상 (가), (나)에서 모든 원자가 옥텟 규칙을 만족하므로 (가), (나) 모두 삼각뿔형의 분자이며 원자 번호는 $Z > X$이므로 X와 Z는 각각 질소(N), 인(P)임을 추론할 수 있다.

적용 주어진 구조식으로부터 $W \sim Z$의 원소를 바르게 추론하고 각 원소의 전기 음성도를 비교하는 것부터 문제 풀이를 시작해야 한다.

| 문제+자료 분석 |

- 중심 원자가 3개의 공유 결합을 하며 옥텟 규칙을 만족하기 위해서 X, Z는 비공유 전자쌍을 1개 포함하는 15족 원소이며, W, Y는 17족 원소이다.
- 전기 음성도는 $Y > W$이므로 W는 염소(Cl), Y는 플루오린(F)이다.
- 원자 번호는 $Z > X$이므로 X는 질소(N), Z는 인(P)이다.

| 보기 분석 |

ㄱ. W, Y는 17족 원소이고 전기 음성도는 $Y > W$이므로 W는 염소(Cl), Y는 플루오린(F)이다.

ㄴ. Y는 플루오린(F), Z는 인(P)이므로, 전기 음성도는 $Y > Z$이고, Y가 공유 전자쌍을 더 끌어당기기 때문에 Z는 부분적인 양전하(δ^+)를 띤다.

ㄷ. $X_2Y_4(N_2F_4)$에서 X=X(N=N) 결합은 전기 음성도 차이가 없는 동일한 원소 간의 무극성 공유 결합이다.

왜 틀렸나?

- 분자의 중심 원자에 3개의 공유 결합이 존재할 때 평면 삼각형 또는 삼각뿔 2가지 형태의 분자로 존재할 수 있다. 함정

- 2, 3주기 원소로 구성된 분자에서 모든 원자가 옥텟 규칙을 만족하려면 3개의 공유 결합(전자 6개) 이외에 비공유 전자쌍이 1개 존재해야 하므로 15족 원소(N, P)가 중심 원자인 삼각뿔 형태여야 한다.

다음은 A_2B_2를 분해하는 반응의 화학 반응식이고, 그림은 ㉠을 화학 결합 모형으로 나타낸 것이다.

단서 반응 전후 질량이 보존되므로
㉠의 화학식은 A 2개, B 1개로 구성된다.

$$2A_2B_2 \rightarrow 2 \boxed{㉠}_{A_2B} + B_2$$

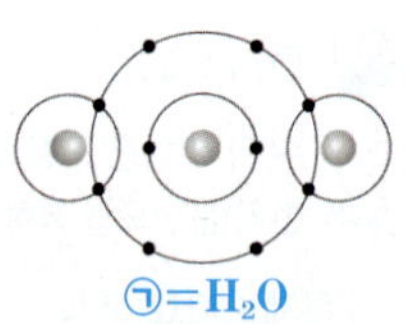

이에 대한 설명으로 옳은 것만을 〈보기〉에서 있는 대로 고른 것은? (단, A와 B는 임의의 원소 기호이다.)

─────[보기]─────
ㄱ. ㉠에는 극성 공유 결합이 있다.
ㄴ. A_2B_2에는 이중 결합이 있다. 모두 단일 결합
ㄷ. $\dfrac{공유\ 전자쌍\ 수}{비공유\ 전자쌍\ 수}$의 비는 $A_2B_2 : B_2 = 3 : 2$이다.

① ㄱ   ② ㄴ   ③ ㄱ, ㄷ   ④ ㄴ, ㄷ   ⑤ ㄱ, ㄴ, ㄷ

단서+발상

단서 A_2B_2의 분해 반응식과 ㉠의 결합 모형(이중 결합)이 제시되어 있다.

발상 화학 반응 전후 반응물과 생성물의 질량은 동일하고, 원자는 새롭게 생기거나 사라지지 않으므로 ㉠의 화학식을 추론할 수 있다.

적용 질량 보존의 법칙과 주어진 결합 모형을 적용해서 ㉠의 화학식을 구하는 것부터 문제 풀이를 시작해야 한다.

| 문제+자료 분석 |

- 화학 반응의 전후 반응물과 생성물의 질량은 동일하고, 원자는 새롭게 생기거나 사라지지 않으므로 ㉠의 화학식은 A 2개, B 1개로 구성된다.
  ➡ 화학 결합 모형을 통해 ㉠의 화학식을 A_2B로 추론할 수 있다.
- B는 2주기 원소, A는 1주기 원소이므로 B는 산소(O), A는 수소(H)이다.
  ➡ ㉠은 H_2O

| 보기 분석 |

ㄱ. ㉠ (H_2O)에는 O−H 극성 공유 결합이 있다. 전기 음성도가 큰 산소(O)쪽으로 공유 전자쌍이 더 끌어당겨지므로 H는 부분적인 양전하(δ^+), O는 부분적인 음전하(δ^-)를 띤다.

ㄴ. A는 수소(H), B는 산소(O)이므로 A_2B_2는 H_2O_2(과산화수소)이다. H_2O_2의 구조는 H−O−O−H로, 모두 단일 결합이다.

ㄷ. $A_2B_2(H_2O_2)$에서 공유 전자쌍 수는 O−O에서 1, O−H에서 2로 총 3이고 비공유 전자쌍 수는 각 O에 2씩, 총 4이다.
  $B_2(O_2)$에서 공유 전자쌍 수는 O=O에서 2이고, 비공유 전자쌍 수는 각 O에 2씩, 총 4이므로
  $\dfrac{공유\ 전자쌍\ 수}{비공유\ 전자쌍\ 수}$의 비는 $A_2B_2 : B_2 = \dfrac{3}{4} : \dfrac{2}{4} = 3 : 2$이다.

E 09　정답 ③　＊ 전기 음성도와 결합의 극성

그림은 2, 3주기 원소 A~C로 이루어진 분자 (가), (나)의 구조식을 나타낸 것이다. (가), (나)에서 모든 원자는 옥텟 규칙을 만족하고, 전기 음성도는 A>B>C이다. **단서** (가), (나)의 구조식에서 옥텟 규칙을 만족하려면 B는 16족 원소이며 분자는 굽은 형이다.

$$\begin{array}{cc} \overset{\text{F}}{\text{A}}-\overset{\text{O}}{\text{B}}-\overset{\text{F}}{\text{A}} & \overset{\text{Cl}}{\text{C}}-\overset{\text{O}}{\text{B}}-\overset{\text{Cl}}{\text{C}} \\ \text{(가)} & \text{(나)} \end{array}$$

이에 대한 설명으로 옳은 것만을 〈보기〉에서 있는 대로 고른 것은? (단, A~C는 임의의 원소 기호이다.)

―――[보기]―――
ㄱ. B는 2주기 원소이다.
ㄴ. (가)에는 극성 공유 결합이 있다.
ㄷ. (나)에서 C는 부분적인 ~~음전하(δ^-)~~를 띤다. 양전하(δ^+)

① ㄱ　② ㄷ　③ ㄱ, ㄴ　④ ㄴ, ㄷ　⑤ ㄱ, ㄴ, ㄷ

단서+발상

단서 (가), (나)의 구조식과 전기 음성도(A>B>C)가 제시되어 있다.

발상 전기 음성도(A>B>C)의 크기가 주어져 있어 (가), (나)에 존재하는 결합의 극성과 전하 분포를 추론할 수 있다.

적용 (가), (나)의 구조식에서 옥텟 규칙을 만족하는 분자의 구조를 예측하고 중심 원자 B가 16족 원소임을 구하는 것부터 문제 풀이를 시작해야 한다.

|문제+자료 분석|

- (가), (나)는 2, 3주기 원소인 AC로 구성된 분자이며 (가), (나)에서 모든 원자는 옥텟 규칙을 만족한다.
  ➡ (가), (나)의 중심 원자 B가 16족 원소이며 분자는 굽은 형이다.
- A, C는 17족 원소인데 전기 음성도 A>B>C 이므로 A가 플루오린(F), C가 염소(Cl), B가 산소(O)이다.
  ➡ B가 황(S)일 경우 C인 염소(Cl)보다 전기 음성도가 작아진다.

|보기 분석|

ㄱ. B는 산소(O)이므로 2주기 원소이다.
ㄴ. (가)의 A−B 결합은 F−O의 전기 음성도 차이가 존재하므로 극성 공유 결합이다.
ㄷ. 전기 음성도는 B>C이므로, 공유 전자쌍은 B 쪽으로 치우치게 되어 C는 부분적인 양전하(δ^+)를 띤다.

문제 풀이 **꿀팁**

- A−B−A, C−B−C로 주어진 분자에서 모든 원자가 옥텟 규칙을 만족하므로 중심 원자 B가 16족 원소, A, C가 17족 원소임을 알 수 있다.
- 전기 음성도가 A>B>C이므로 A가 플루오린(F), C가 염소(Cl), B가 산소(O)이다.

E 10　정답 ⑤　＊ 분자의 구조

표는 원소 A~E에 대한 자료이다.

주기 \ 족	15	16	17
2	**단서** A (N)	B (O)	C (F)
3	D (P)		E (Cl)

같은 주기: 원자 번호 증가 ➡ 전기 음성도 증가
같은 족 : 원자 번호 증가 ➡ 전기 음성도 감소

이에 대한 설명으로 옳은 것만을 〈보기〉에서 있는 대로 고른 것은? (단, A~E는 임의의 원소 기호이다.) (3점)

―――[보기]―――
ㄱ. 전기 음성도는 B>A>D이다.
→ 같은 주기: B(O)>A(N), 같은 족: A(N)>D(P)이다.
ㄴ. BC₂에는 극성 공유 결합이 있다.
→ 전기 음성도가 C(F)>B(O)이므로 B와 C 사이에 극성 공유 결합 있음.
ㄷ. EC에서 C는 부분적인 음전하(δ^-)를 띤다.
→ 전기 음성도가 C(F)>E(Cl)이므로 C는 부분적인 음전하 (δ^-)를 띤다.

① ㄱ　② ㄷ　③ ㄱ, ㄴ　④ ㄴ, ㄷ　⑤ ㄱ, ㄴ, ㄷ

단서+발상

단서 원소 A~E의 족과 주기가 제시되어 있다.
발상 원소 A~E를 추론할 수 있다.

|문제+자료 분석|

◈ 전기 음성도
- 18족 원소를 제외한 2, 3주기 원소에서 전기 음성도는 같은 주기에서 원자 번호가 클수록 증가하고, 같은 족에서 원자 번호가 클수록 감소한다.

|보기 분석|

ㄱ. 전기 음성도가 C(F)>B(O)>A(N)이고, A(N)>D(P)이므로 전기 음성도는 B(O)>A(N)>D(P)이다.
ㄴ. 전기 음성도가 C(F)>B(O)이므로 BC₂(OF₂)에는 서로 다른 원소의 원자인 B(O)와 C(F) 사이에 극성 공유 결합이 있다.
ㄷ. 전기 음성도가 C(F)>E(Cl)이므로 EC에서 C는 부분적인 음전하(δ^-)를 띤다.

E 11 정답 ① ＊전기 음성도

표는 원소 $W \sim Z$로 이루어진 3가지 분자에서 W의 전기 음성도(a)와 나머지 구성 원소의 전기 음성도(b) 차($a-b$)를 나타낸 것이다.

> 분자의 구성 원소가 서로 다르므로 전기 음성도 차이가 0이 아니고, 극성 공유 결합이다.

분자	WX_2	Y_2W	Z_2W
$a-b$	-0.5	0.5	1.4
단서 전기 음성도 크기	$X>W$	$W>Y$	$W>Z$

➡ 전기 음성도 크기: $X>W>Y>Z$

이에 대한 설명으로 옳은 것만을 〈보기〉에서 있는 대로 고른 것은? (단, $W \sim Z$는 임의의 원소 기호이다.) (3점)

[보기]

ㄱ. Y_2W에는 극성 공유 결합이 있다.
　　Y와 W의 전기 음성도 차이로 인해 극성 공유 결합이 형성된다.
ㄴ. 전기 음성도는 Y가 X보다 크다.
　　전기 음성도는 Y가 X보다 작다.
ㄷ. ZX에서 Z는 부분적인 음전하(δ^-)를 띤다.
　　전기 음성도는 $X>Z$이므로 Z는 부분적인 양전하(δ^+)를 띤다.

① ㄱ　② ㄴ　③ ㄱ, ㄷ　④ ㄴ, ㄷ　⑤ ㄱ, ㄴ, ㄷ

 단서＋발상

단서 원소 $W \sim Z$로 이루어진 분자의 전기 음성도 차가 제시되어 있다.
발상 원소 $W \sim Z$의 전기 음성도 크기를 추론할 수 있다.

| 문제＋자료 분석 |

- 주어진 표에서 W의 전기 음성도(a)와 나머지 구성 원소의 전기 음성도(b)의 차이($a-b$) 값으로부터 전기 음성도 크기를 비교할 수 있다.
  X의 전기 음성도는 W보다 0.5 크다. ➡ $X>W$
  Y의 전기 음성도는 W보다 0.5 작다. ➡ $W>Y$
  Z의 전기 음성도는 W보다 1.4 작다. ➡ $W>Z$
  따라서, $X>W>Y>Z$임을 알 수 있다.

| 보기 분석 |

ㄱ 서로 다른 원소의 원자들이 공유 결합을 할 때, 구성 원소 사이에 전기 음성도 차이가 있으면 극성 공유 결합이 형성된다.
ㄴ. ($a-b$) 값으로부터 전기 음성도 크기는 $X>W>Y>Z$임을 알 수 있다.
ㄷ. ZX에서 전기 음성도는 $X>Z$이므로 공유 전자쌍이 X쪽으로 더 치우친다. 따라서 Z는 부분적인 양전하(δ^+)를 띤다.

＊결합의 극성

(1) **극성 공유 결합**: 전기 음성도 차가 있는 다른 종류의 두 원자 사이의 공유 결합이다. 전기 음성도가 큰 원자가 공유 전자쌍을 더 강하게 당겨 부분적인 음전하(δ^-)를 띠고, 전기 음성도가 작은 원자는 부분적인 양전하(δ^+)를 띤다.
(2) **무극성 공유 결합**: 전기 음성도 차가 없는 같은 종류의 두 원자 사이의 공유 결합이다. 결합한 두 원자의 전기 음성도가 서로 같으므로 부분적인 전하가 생기지 않는다.

E 12 정답 ④ ＊결합의 극성

다음은 4가지 분자를 기준 (가)와 (나)에 따라 분류하는 벤 다이어그램이다.

분자	$O=O$　$O=C=O$	$H-O-H$　$H-O-O-H$
분류 기준	(가) 극성 공유 결합이 있다.	(나) 무극성 공유 결합이 있다.

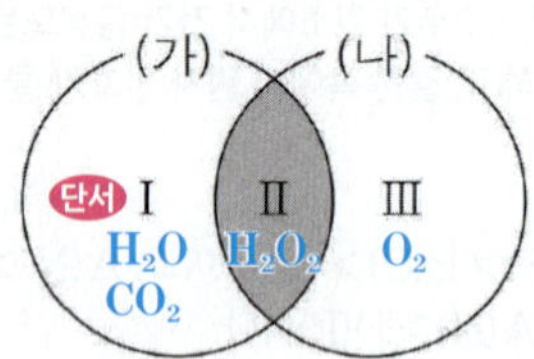

I, II, III 영역에 속하는 분자의 가짓수로 옳은 것은? (3점)

	I	II	III		I	II	III
①	1	0	3	②	1	1	2
③	2	0	2	④	2	1	1
⑤	3	0	1				

 단서＋발상

단서 4가지 분자와 분류 기준(극성 공유 결합, 무극성 공유 결합)이 제시되어 있다.
발상 주어진 분자의 구조식으로부터 분자 내 극성 및 무극성 결합의 포함 여부를 추론할 수 있다.
적용 주어진 4가지 분자에 존재하는 극성/무극성 공유 결합의 수를 계산하여, 벤 다이어그램의 I, II, III을 구하는 것부터 문제 풀이를 시작해야 한다.

| 문제＋자료 분석 |

- 분자 내 존재하는 결합 종류를 다음과 같이 분류할 수 있다.
- **영역 I**: (가)만 해당 ➡ H_2O, CO_2
- **영역 II**: (가)와 (나) 모두에 해당 ➡ H_2O_2
- **영역 III**: (나)만 해당 ➡ O_2

| 선택지 분석 |

④ 각 영역별 분자의 가짓 수는 I은 2개(H_2O, CO_2), II는 1개(H_2O_2), III은 1개(O_2)이다.

왜 틀렸나?

- 극성/무극성 공유 결합의 유무는 "분자 전체의 극성"이 아니라 "결합 단위의 극성" 여부에 의해 결정된다. 함정
  ➡ CO_2는 직선 대칭이라 무극성 분자지만 $C=O$은 극성 결합이다.
  ➡ H_2O_2는 $O-O$(무극성 공유 결합), $O-H$(극성 공유 결합)이 존재하므로 II에 속한다.

E 13 정답 ⑤ * 전기 음성도 비교

그림은 2주기 원소 A~C로 이루어진 2가지 분자의 모양과 분자 내 전하 분포를 모형으로 나타낸 것이다.

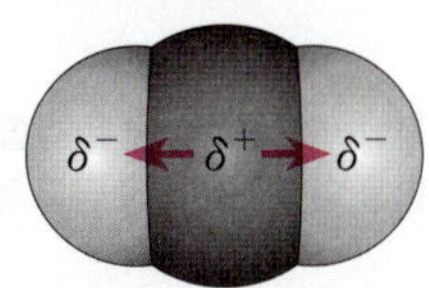

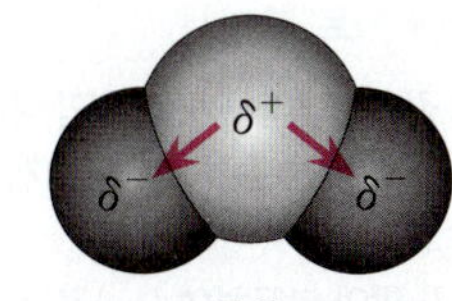

단서 전기 음성도: A < B   전기 음성도: B < C

원소 A~C의 전기 음성도를 옳게 비교한 것은? (단, A~C는 임의의 원소 기호이다.)

① A>B>C   ② B>A>C   ③ B>C>A
④ C>A>B   ⑤ C>B>A

단서+발상

단서 2주기 원소 A~C로 이루어진 분자가 제시되어 있다.
발상 부분적인 양전하와 음전하를 이용해 원소의 전기 음성도를 추론할 수 있다.

| 문제+자료 분석 |

- **AB₂**: 중심 원소는 A이고 부분적인 (+)전하를 띠므로 전기 음성도는 A<B이다.
- **BC₂**: 중심 원소는 B이고 부분적인 (+)전하를 띠므로 전기 음성도는 B<C이다.

| 선택지 분석 |

⑤ AB₂에서는 B에 δ^- 표시가 있는 것으로 보아 B가 공유 전자쌍을 더 당기므로 전기 음성도는 A<B이다. BC₂에서는 C에 δ^- 표시가 있는 것으로 보아 C가 공유 전자쌍을 더 당기므로 전기 음성도는 B<C이다. 따라서 전기 음성도는 C>B>A이다.

E 14 정답 ④ * 쌍극자 모멘트   [정답률 68%] 2024 실시 9월 학평 14 / 화학 I (고2)

다음은 결합의 쌍극자 모멘트 표시와 관련된 자료이다.

○ 쌍극자 모멘트의 표시 방법: 전기 음성도가 작은 원자에서 전기 음성도가 큰 원자를 향하도록 십자 화살표(⊢→)를 이용하여 표시한다.

○ 그림은 2주기 원소 X~Z로 이루어진 분자 (가)와 (나)의 구조식에 결합의 쌍극자 모멘트를 표시한 것이고, (가)와 (나)에서 모든 원자는 옥텟 규칙을 만족한다.

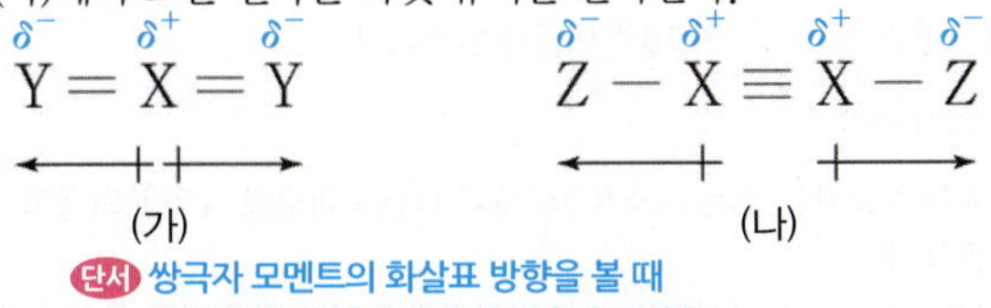

단서 쌍극자 모멘트의 화살표 방향을 볼 때 중심 원자 X의 전기 음성도가 가장 작음

이에 대한 설명으로 옳은 것만을 〈보기〉에서 있는 대로 고른 것은? (단, X~Z는 임의의 원소 기호이다.)

[보기]

ㄱ. (가)에서 Y는 부분적인 양전하(δ^+)를 띤다. 음전하(δ^-)
ㄴ. (나)에는 무극성 공유 결합이 있다. X≡X
ㄷ. X~Z 중 전기 음성도가 가장 작은 원소는 X이다.

① ㄱ   ② ㄷ   ③ ㄱ, ㄴ   ④ ㄴ, ㄷ   ⑤ ㄱ, ㄴ, ㄷ

단서+발상

단서 쌍극자 모멘트의 표시 방법 및 (가), (나)의 구조식이 제시되어 있다.
발상 쌍극자 모멘트는 전기 음성도가 작은 원자에서 큰 원자를 향하는 방향으로 표시되므로 (가), (나)의 구조식으로부터 결합의 극성을 추론할 수 있다.
적용 쌍극자 모멘트의 화살표 방향(⊢→)을 바탕으로 각 원자의 전기 음성도를 비교하고 결합의 극성을 추론하는 것부터 문제 풀이를 시작해야 한다.

| 문제+자료 분석 |

- **(가)**: 전기 음성도가 Y>X이므로 X는 부분적인 양전하(δ^+), Y는 부분적인 음전하(δ^-)를 띤다.
- **(나)**: 전기 음성도가 Z>X이므로 X는 부분적인 양전하(δ^+), Z는 부분적인 음전하(δ^-)를 띤다.

| 보기 분석 |

ㄱ. (가)의 쌍극자 모멘트가 중심 원자 X에서 Y를 향하도록 화살표(⊢→) 표시되어 있으므로 Y의 전기 음성도가 X보다 크다. 따라서 Y는 부분적인 음전하(δ^-)를 띤다.
ㄴ. (나)에 존재하는 X≡X는 동일한 전기 음성도를 갖는 원자 간 결합이므로 무극성 공유 결합이다.
ㄷ. (가), (나)의 구조식에 표현된 쌍극자 모멘트 방향이 공통적으로 X에서 다른 원자로 향하는 방향으로 표시되어 있으므로 X의 전기 음성도가 가장 작다.

* 쌍극자 모멘트와 전기 음성도

- 쌍극자 모멘트는 전기 음성도가 다른 두 원자 사이의 전자 분포 불균형을 나타내며, 방향은 δ^+에서 δ^- 방향(전기 음성도 작은 쪽 → 큰 쪽)이다.
- 전기 음성도 차가 클수록 결합은 극성이 강해지고, 전기 음성도가 같으면 무극성 공유 결합이 형성된다.
- 옥텟 규칙을 만족하는 구조에서 쌍극자 모멘트의 방향을 분석하면, 각 원자의 전기 음성도 상대값과 전하 분포를 유추할 수 있다.

E 15 정답 ⑤ ✱ 극성 공유 결합과 무극성 공유 결합

그림은 2주기 원소 A와 B로 이루어진 결합 (가)와 (나)를 나타낸 것이다.

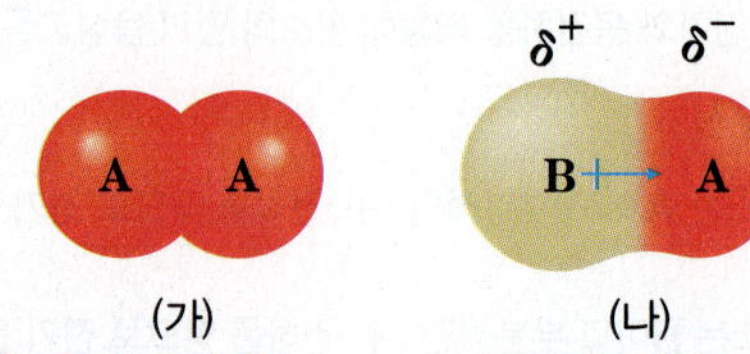

이에 대한 설명으로 옳은 것만을 〈보기〉에서 있는 대로 고른 것은? (단, A, B는 임의의 원소 기호이다.)

[보기]

ㄱ. (가)는 무극성 공유 결합이다.
ㄴ. 원자가 전자 수는 A가 B보다 크다.
ㄷ. 쌍극자 모멘트는 (나)가 (가)보다 크다.

① ㄱ   ② ㄴ   ③ ㄱ, ㄷ   ④ ㄴ, ㄷ   ⑤ ㄱ, ㄴ, ㄷ

단서＋발상

(단서) 2주기 원소 A와 B로 이루어진 결합이 제시되어 있다.
(발상) (가)와 (나)를 이루는 원소의 종류를 통해 결합의 종류를 추론할 수 있다.

│ 문제＋자료 분석 │

· (가): 같은 종류의 원자 2개가 공유 결합을 형성하여 무극성 공유 결합을 한다.
· (나): 서로 다른 종류의 원자 2개가 공유 결합을 형성하여 극성 공유 결합을 한다.
· 전자가 많이 분포하여 (−)전하를 띠는 쪽을 δ^-, 전자가 부족하여 (＋)전하를 띠는 쪽을 δ^+로 나타낸다.
➡ A가 B보다 공유 전자쌍을 끌어당기는 힘이 세다.

│ 보기 분석 │

ㄱ. (가)는 A만으로 이루어진 공유 결합으로 무극성 공유 결합이다.
ㄴ. (나)에서 공유 전자쌍이 B보다 A 쪽으로 치우쳐 있으므로 전기 음성도는 A가 B보다 크다.
  2주기 원소는 원자 번호가 클수록 전기 음성도가 크므로 원자가 전자 수는 A가 B보다 크다.
ㄷ. 쌍극자 모멘트는 공유 전자쌍이 치우친 정도를 나타내므로 (가)는 쌍극자 모멘트가 0이고 (나)는 0보다 크다.

E 16 정답 ③ ✱ 결합의 극성

그림은 주기율표의 일부를 나타낸 것이다.

주기 ＼ 족	1	2	13	14	15	16	17	18
1	A H							
2				B C		O C	F D	
3						E S		

이에 대한 설명으로 옳은 것만을 〈보기〉에서 있는 대로 고른 것은? (단, A∼E는 임의의 원소 기호이다.)

[보기]

ㄱ. A와 B의 결합은 공유 결합이다.
ㄴ. D와 E의 결합은 무극성 공유 결합이다. 극성
ㄷ. 결합의 쌍극자 모멘트는 E−D가 C−D보다 크다.

① ㄱ   ② ㄴ   ③ ㄱ, ㄷ   ④ ㄴ, ㄷ   ⑤ ㄱ, ㄴ, ㄷ

단서＋발상

(단서) 주기율표에 원소 A∼E가 제시되어 있다.
(발상) 족과 주기를 통해 원소 A∼E를 추론할 수 있다.

│ 문제＋자료 분석 │

· A: 수소(H)로 1주기 1족 비금속 원소이다.
· B: 탄소(C)로 2주기 14족 비금속 원소이다.
· C: 산소(O)로 2주기 16족 비금속 원소이다.
· D: 플루오린(F)으로 2주기 17족 비금속 원소이다.
· E: 황(S)으로 3주기 16족 비금속 원소이다.

│ 보기 분석 │

ㄱ. A는 수소(H), B는 탄소(C)로 모두 비금속이므로 A와 B의 결합은 공유 결합이다.
ㄴ. D와 E는 전기 음성도가 서로 다르므로 두 원소의 결합은 극성 공유 결합이다.
ㄷ. 결합의 쌍극자 모멘트는 공유 전자쌍이 많이 치우친 결합일수록 크므로 전기 음성도 차이가 클수록 크다.
  C보다 E의 전기 음성도가 작으므로 동일한 원소인 D와 공유 결합할 때 결합의 쌍극자 모멘트는 전기 음성도 차이가 큰 E−D가 C−D보다 크다.

그림은 X_2와 XY 분자의 모형을 나타낸 것이다. (단, X와 Y는 임의의 원소 기호이다.)

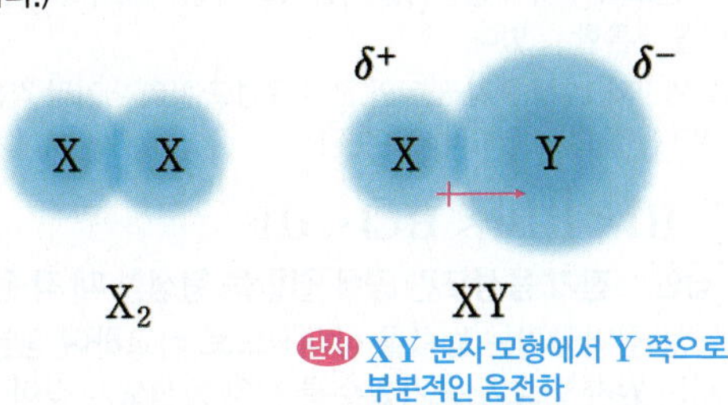

(1) X와 Y 중 전기 음성도가 더 큰 원소를 쓰시오. (단답형)

(2) XY 분자에서 공유 전자쌍은 어느 원자 쪽으로 치우치는지 쓰고 그 까닭을 서술하시오. (서술형)

단서＋발상

(단서) X_2와 XY분자의 모형이 제시되어 있다.

(발상) XY분자의 모형에서 X－Y 극성 공유 결합을 확인하고, X, Y의 전기 음성도 차이를 추론할 수 있다.

(적용) X, Y 중 전기 음성도가 더 큰 원소를 구하는 것부터 문제 풀이를 시작해야 한다.

(1) (정답) **Y**

(2) (모범 답안) **XY에서 공유 전자쌍은 Y 쪽으로 치우친다. Y의 전기 음성도가 X보다 커서 부분적인 음전하를 띠고 있기 때문이다.**

| 문제＋자료 분석 |

• 전기 음성도란 공유 결합을 형성할 때 각 원자가 공유 전자쌍을 끌어당기는 정도를 상대적으로 비교하여 정한 값이다.

• XY 분자 모형에서 Y 쪽으로 부분적인 음전하가 형성되므로 전기 음성도는 Y ＞ X이다.

	채점 기준	배점
(1)	Y를 옳게 쓴 경우	30%
(2)	공유 전자쌍이 Y쪽으로 치우친다는 것과 이유를 옳게 서술한 경우	70%
	공유 전자쌍이 Y쪽으로 치우친다는 것만 옳게 서술한 경우	30%

그림은 3가지 분자를 모형으로 나타낸 것이다.

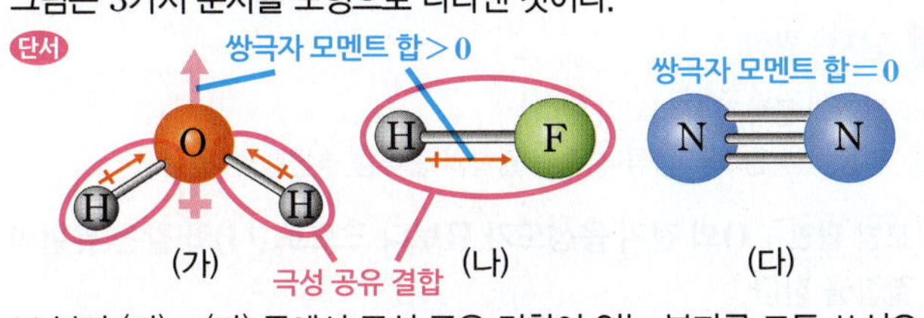

(1) 분자 (가)～(다) 중에서 극성 공유 결합이 있는 분자를 모두 쓰시오. 전기 음성도가 다른 두 원자의 공유 결합 (단답형)

(2) 극성 공유 결합의 정의를 서술하시오. (서술형)

단서＋발상

(단서) 세 가지 분자 모형이 제시되어 있다.

(발상) 각 분자의 분자식과 극성 여부를 추론할 수 있다.

(적용) 분자의 극성과 결합의 극성 개념을 적용해서 극성 공유 결합을 하는 분자를 구하는 것부터 문제 풀이를 시작해야 한다.

(1) (정답) **(가), (나)**

(2) (모범 답안) **전기 음성도가 다른 두 원자가 전자쌍을 공유하며 형성하는 결합이다.**

| 문제＋자료 분석 |

• **전기 음성도**: H는 2.2, N은 3.0, O는 3.4, F는 4.0이다.

• H_2O와 HF는 전기 음성도가 다른 H와 O 사이의 공유 결합이므로 극성 공유 결합을 한다.

• N_2는 전기 음성도가 같은 N 사이의 공유 결합이므로 무극성 공유 결합을 한다.

	채점 기준	배점
(1)	분자 2개를 옳게 쓴 경우	40%
(2)	전기 음성도가 다름, 전자쌍을 공유함 두 내용을 모두 포함하여 옳게 서술한 경우	70%
	둘 중 한 가지만 포함하여 옳게 서술한 경우	30%

다음은 공유 결합으로 이루어진 몇 가지 분자이다.

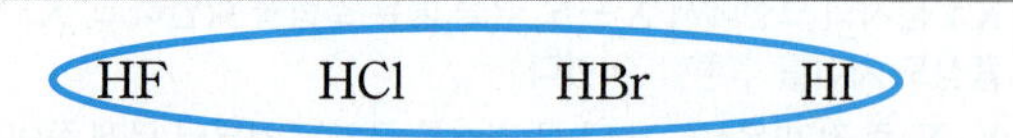

단서 17족 원소의 수소 화합물(할로젠화 수소)

(1) 분자를 이루는 두 원자 사이의 전기 음성도 차이가 작은 것부터 순서대로 쓰시오. **단답형**
　　$HI < HBr < HCl < HF$

(2) 전기 음성도의 의미를 설명하고, <u>17족 원소에서 원자 번호에 따른 전기 음성도의 경향성</u>을 설명하시오. **서술형**
　　$I < Br < Cl < F$

단서＋발상

단서 4종류의 할로젠화 수소 분자(HF, HCl, HBr, HI)가 제시되어 있다.

발상 17족 원소의 주기적 경향성을 바탕으로 각 분자에서의 원자 간 전기 음성도 차이를 추론할 수 있다.

적용 수소 원자와 17족 원자 사이의 전기 음성도 차이가 가장 작은 분자를 구하는 것부터 문제 풀이를 시작해야 한다.

(1) **정답**　$HI < HBr < HCl < HF$

(2) **모범 답안**　전기 음성도란 공유 결합을 형성할 때 각 원자가 공유 전자쌍을 끌어당기는 능력을 상대적으로 비교하여 정한 값이다. 같은 족에서는 원자 번호가 증가할수록 전기 음성도가 작아지는 경향이 있다. 따라서 17족 원소에서 전기 음성도는 $I < Br < Cl < F$ 순으로 증가한다.

| 문제＋자료 분석 |

- HF, HCl, HBr, HI의 네 종류의 분자가 제시되어 있으며, 각 분자에서 원자 간 전기 음성도 차이를 비교해야 한다.
- 같은 족에서는 원자 번호가 증가할수록 전기 음성도가 작아지는 경향이 있으므로 전기 음성도는 $I < Br < Cl < F$ 순으로 증가한다.

	채점 기준	배점
(1)	$HI < HBr < HCl < HF$를 옳게 쓴 경우	30%
(2)	전기 음성도의 의미와 전기 음성도의 주기적 경향성을 옳게 쓴 경우	70%
	전기 음성도의 의미와 전기 음성도의 주기적 경향성 중 하나만 옳게 쓴 경우	30%

그림 (가)~(다)는 각각 무극성 공유 결합, 극성 공유 결합, 이온 결합을 전자 분포에 따른 모형으로 나타낸 것이다.

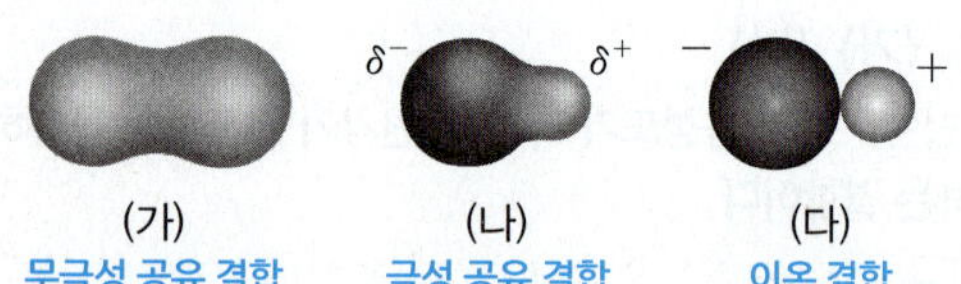

아래 (1), (2)에 주어진 원자 간의 화학 결합은 (가)~(다) 중 어느 유형인지 고르고 그 까닭을 서술하시오.

(1) 수소(H) 원자와 산소(O) 원자의 결합 **서술형**
　　단서 비금속　　　비금속

(2) 리튬(Li) 원자와 플루오린(F) 원자의 결합 **서술형**
　　　　　금속　　　　비금속

단서＋발상

단서 결합의 종류가 제시되어 있다.

발상 결합하는 원소의 종류에 따라 결합의 종류를 추론할 수 있다.

(1) **모범 답안**　O의 전기 음성도가 H보다 크므로 (나)와 같은 유형의 결합을 한다.

(2) **모범 답안**　Li보다 F의 전기 음성도가 훨씬 커서 Li이 전자를 잃고 F이 전자를 얻으면서 결합하므로 (다)와 같은 결합을 한다.

| 문제＋자료 분석 |

- (가)는 무극성 공유 결합, (나)는 극성 공유 결합, (다)는 이온 결합을 나타내는 것으로 같은 종류의 비금속 원자가 공유 결합할 때는 (가), 전기 음성도가 서로 다른 두 원자가 결합할 때는 (나), 금속과 비금속처럼 전기 음성도 차이가 너무 커서 한쪽 원자는 전자를 잃고 다른 쪽 원자가 전자를 얻는 경우의 결합은 (다)이다.

	채점 기준	배점
(1)	(나)를 고르고 그 까닭을 옳게 서술한 경우	50%
(2)	(다)를 고르고 그 까닭을 옳게 서술한 경우	50%

# 루이스 전자점식과 분자의 구조

F 01 정답 ③ ＊화학 결합 모형

그림은 원소 $X \sim Z$로 구성된 물질 XY_2와 Z_2Y_2를 화학 결합 모형으로 나타낸 것이다.

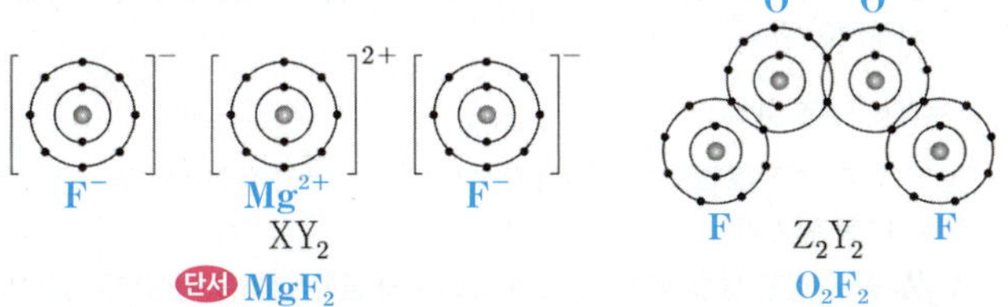

이에 대한 설명으로 옳은 것만을 〈보기〉에서 있는 대로 고른 것은? (단, $X \sim Z$는 임의의 원소 기호이다.) (3점)

[보기]

ㄱ. $XY_2(l)$는 전기 전도성이 있다.
XY_2는 MgF_2로 이온 결합 물질이므로 액체 상태에서는 전기 전도성이 있다.

ㄴ. $\dfrac{비공유\ 전자쌍\ 수}{공유\ 전자쌍\ 수}$ 는 Z_2가 Y_2의 ~~3배~~ $\dfrac{1}{3}$배이다.
$\underset{2}{ㄱ}$ $\underset{6}{ㄴ}$

ㄷ. X와 Z는 1 : 1로 결합하여 안정한 화합물을 형성한다.
X와 Z는 각각 Mg과 O이고, Mg^{2+}과 O^{2-}이 되어 1 : 1로 결합하여 안정한 화합물을 형성한다.

① ㄱ   ② ㄴ   ③ ㄱ, ㄷ   ④ ㄴ, ㄷ   ⑤ ㄱ, ㄴ, ㄷ

단서＋발상

단서 원소 $X \sim Z$로 구성된 물질의 화학 결합 모형이 제시되어 있다.

발상 화학 결합 모형에서 원소 $X \sim Z$를 추론할 수 있다.

적용 화학 결합 모형에서 원소 $X \sim Z$를 구하는 것부터 문제 풀이를 시작해야 한다.

| 문제＋자료 분석 |

- XY_2의 화학 결합 모형에서 전자 배치를 보면 Y는 전자 1개를 얻어서 전자가 10개가 되므로 Y는 F이고, X는 전자 2개를 잃어서 전자가 10개가 되므로 X는 Mg이다. 따라서 XY_2는 MgF_2이다.

- 공유 결합 모형에서 원자의 원자가 전자 수는 공유 결합한 전자의 절반과 공유 결합하지 않은 전자 전부의 합이다. 꿀팁
  Z_2Y_2의 화학 결합 모형에서 가장 자리에 있는 원소의 원자가 전자 수는 7이므로 F이고, 가운데 부분에 있는 원소의 원자가 전자 수는 6이므로 Z는 O이다. 따라서 Z_2Y_2는 O_2F_2이다.

| 보기 분석 |

ㄱ XY_2는 MgF_2로 이온 결합 물질이므로 액체 상태에서는 전기 전도성이 있다.

ㄴ $Z_2(O_2)$와 $Y_2(F_2)$의 루이스 전자점식은 다음과 같다.

$$\ddot{O}::\ddot{O} \qquad :\ddot{F}:\ddot{F}:$$

따라서 $Z_2(O_2)$와 $Y_2(F_2)$의 $\dfrac{비공유\ 전자쌍\ 수}{공유\ 전자쌍\ 수}$ 는 각각 2, 6이다.

ㄷ X와 Z는 각각 Mg과 O이고, Mg^{2+}과 O^{2-}이 되어 1 : 1로 결합하여 안정한 화합물을 형성한다.

F 02 정답 ① ＊루이스 전자점식

그림은 1, 2주기 원소 $X \sim Z$로 이루어진 물질 XY와 ZY의 루이스 전자점식을 나타낸 것이다. 단서 루이스 전자점식에 따르면, 왼쪽의 XY는 공유 결합 물질, 오른쪽의 ZY는 이온 결합 물질이므로, X는 수소(H), Y는 플루오린(F), Z는 리튬(Li)이다.

$$X:\ddot{Y}: \qquad Z^+\left[:\ddot{Y}:\right]^-$$
$$HF \qquad\qquad LiF$$

이에 대한 설명으로 옳은 것만을 〈보기〉에서 있는 대로 고른 것은? (단, $X \sim Z$는 임의의 원소 기호이다.) (3점)

[보기]

ㄱ. Y는 비금속 원소이다.

ㄴ. 고체 상태에서 전기 전도성은 ZY ~~>~~ Z이다.
ZY(이온 결합 물질)< Z(금속 결합 물질)이다.

ㄷ. 1 mol에 들어 있는 전자 수는 XY와 ZY가 ~~같다.~~
10 mol 12 mol

① ㄱ   ② ㄴ   ③ ㄱ, ㄷ   ④ ㄴ, ㄷ   ⑤ ㄱ, ㄴ, ㄷ

단서＋발상

단서 1, 2주기 원소 $X \sim Z$로 이루어진 물질 XY와 ZY의 루이스 전자점식이 제시되어 있다.

발상 두 물질의 화학 결합과 원자가 전자 수로부터 각 물질의 구성 원소를 추론할 수 있다.

적용 화학 결합 개념을 적용해서 각 구성 원소가 금속 원소인지 비금속 원소인지를 구하는 것부터 문제 풀이를 시작해야 한다.

| 문제＋자료 분석 |

- 물질 XY는 공유 결합 물질이므로 X와 Y는 모두 비금속 원소이다.
  물질 XY에서 공유 결합은 각 원소가 전자를 1개씩 제공하여 형성된 것이므로 X는 원자가 전자 수가 1인 비금속 원소이고, Y는 원자가 전자 수가 7인 비금속 원소이다. ➡ X는 수소(H), Y는 플루오린(F)

- 물질 ZY는 이온 결합 물질이므로 Z는 금속 원소, Y는 비금속 원소이다.
  물질 ZY에서 이온 결합은 금속 원소인 Z가 전자 1개를 잃고 비금속 원소인 Y가 전자 1개를 얻어 형성된 것이므로, Z는 원자가 전자 수가 1인 금속 원소이다.
  ➡ Z는 리튬(Li)이다.

| 보기 분석 |

ㄱ Y는 플루오린(F)이므로 비금속 원소이다.

ㄴ ZY는 이온 결합 물질이고, Z는 금속 결합 물질이므로 고체 상태에서 전기 전도성은 ZY(이온 결합 물질)< Z(금속 결합 물질)이다.

ㄷ 1 mol의 원자 $X(H)$에는 1 mol의 전자가, $Y(F)$에는 9 mol의 전자가, $Z(Li)$에는 3 mol의 전자가 각각 들어 있으므로 1 mol에 들어 있는 전자 수는 XY가 10 mol, ZY가 12 mol이다.
따라서 1 mol에 들어 있는 전자 수는 XY와 ZY가 같지 않다.

＊**이온 결합 물질에 관한 루이스 전자점식**

- 이온 결합 물질은 [ ](대괄호)를 포함하며, 금속 양이온 원소를 앞에, 비금속 음이온 원소를 뒤에 표기한다.

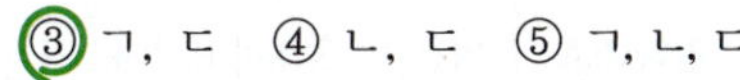
$$Z^+\left[:\ddot{Y}:\right]^-$$

F 03 정답 ③ ＊ 루이스 전자점식

그림은 2주기 원소 X~Z로 이루어진 화합물 XY와 ZY_2의 루이스 전자점식을 나타낸 것이다. 단서 루이스 전자점식에서 ZY_2는 공유 결합 물질, XY는 이온 결합 물질이므로, 2주기 원소인 X는 리튬, Y는 플루오린, Z는 산소이다.

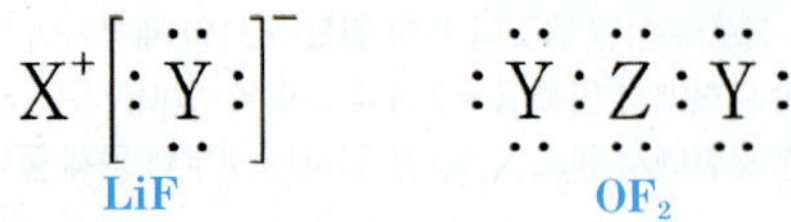

X~Z의 원자 번호를 비교한 것으로 옳은 것은? (단, X~Z는 임의의 원소 기호이다.)
$Y(_9F) > Z(_8O) > X(_3Li)$

① X > Z > Y   ② Y > X > Z   ③ Y > Z > X
④ Z > X > Y   ⑤ Z > Y > X

 **단서＋발상**

단서 화합물 XY와 ZY_2의 루이스 전자점식과 이들이 2주기 원소로 구성되어 있음이 제시되어 있다.

발상 $X^+[:Y:]^-$ 에서 X가 1족 금속 원소, Y가 17족 비금속 원소임을 추론할 수 있다.

적용 원자가 전자 수 개념을 적용해서 각 원소의 족을 구하는 것부터 문제 풀이를 시작해야 한다.

| 문제＋자료 분석 |

- **XY**: 이온 결합 물질이며, X는 1가 양이온, Y는 1가 음이온이므로, X는 1족, Y는 17족 원소이다.
- **Y_2Z**: 공유 결합 물질이며, Z는 2개의 원소와 공유 결합을 형성하고 있으므로 16족 원소이다.
- 이들이 2주기 원소이므로, X~Z는 각각 $_3Li$, $_9F$, $_8O$이다.
- 따라서 원자 번호는 $Y(_9F) > Z(_8O) > X(_3Li)$이다.

| 선택지 분석 |

③ $Y(_9F) > Z(_8O) > X(_3Li)$이므로 Y > Z > X이다.

＊ **공유 결합 물질과 이온 결합 물질의 루이스 전자점식**

구분	이온 결합 물질	공유 결합 물질
구성 원소	금속＋비금속 원소	비금속＋비금속 원소
전자 배치	음이온에만 8개(또는 2개) 전자점을 표시	공유/비공유 전자쌍 모두 표시
전하 기호	위첨자로 명확히 표시(＋, －)	없음
결합 표기	점(:)과 대괄호([ ]), 전하 기호	점(:)

F 04 정답 ⑤ ＊ 루이스 전자점식

그림은 교사가 학생들에게 제시한 내용이다.

[탐구 과제] 무선 인터넷 비밀번호를 찾아라!!

비밀번호: x y z

x~z는 각각 2주기 원소 X~Z의 원자가 전자 수입니다. 아래의 루이스 전자점식을 이용하여 비밀번호를 찾아보세요.

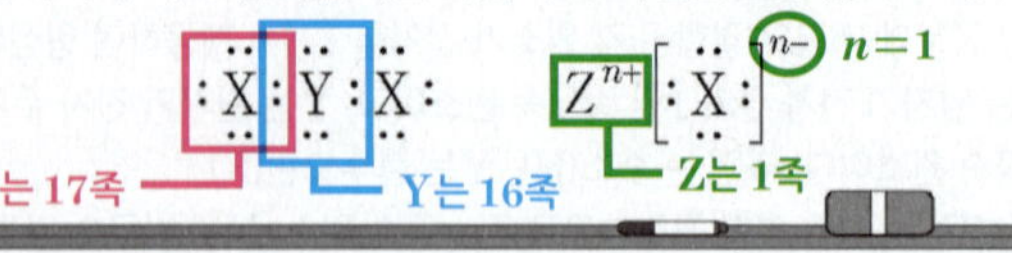

단서 루이스 전자점식에 따르면, 왼쪽의 X_2Y는 공유 결합 물질, 오른쪽의 ZX는 이온 결합 물질이므로, 2주기 원소인 X는 플루오린, Y는 산소, Z는 리튬임을 알 수 있다.

비밀번호(x y z)는? (단, X~Z는 임의의 원소 기호이다.)

① 6 4 0   ② 6 4 1   ③ 6 7 1
④ 7 6 0   ⑤ 7 6 1

 **단서＋발상**

단서 x~z가 2주기 원소 X~Z의 원자가 전자 수라는 조건이 제시되어 있다.

발상 루이스 전자점식에 따른 물질을 추론할 수 있다.

적용 주어진 루이스 전자점식을 적용해서 각 구성 원소의 족(group)을 구하는 것부터 문제 풀이를 시작해야 한다.

| 문제＋자료 분석 |

- **X_2Y**: 공유 결합 물질이므로 X와 Y는 비금속 원소이다.
- X_2Y가 옥텟 규칙을 만족하고 구성 원소 X와 Y가 2 : 1로 결합되어 있으므로, X는 17족, Y는 16족 원소이다.
- **ZX**: 이온 결합 물질이므로, Z는 금속 원소, X는 비금속 원소이다. 이때 X가 17족 원소이므로, Z는 1족 원소이다.
- X~Z가 2주기 원소이므로, X는 플루오린(F), Y는 산소(O), Z는 리튬(Li)이다.
- 따라서 x는 7, y는 6, z는 1이다.

| 선택지 분석 |

⑤ X는 플루오린(F), Y는 산소(O), Z는 리튬(Li)이므로, X~Z의 원자가 전자 수 xyz는 761이다.

🐝 **문제 풀이** 꿀팁

- 공유 결합 물질과 이온 결합 물질이 루이스 전자점식으로 주어져 있을 경우, 공통된 비금속 원소의 원자가 전자 수(또는 해당 원소의 족)을 먼저 파악하는 것이 중요하다.
- 문제와 같이 루이스 전자점식이 주어졌을 경우 X의 원자가 전자 수 또는 족을 먼저 파악해야 한다.

그림은 X 이온의 루이스 전자점식을 나타낸 것이다. X 이온은 $_{18}Ar$의
전자 배치를 갖는다.

단서 X의 전자 수 : 18−2=16
➡ X의 원자 번호는 16

$$\left[:\overset{\cdot\cdot}{\underset{\cdot\cdot}{X}}:\right]^{2-}$$

X의 원자 번호는? (단, X는 임의의 원소 기호이다.)

① 6 ② 8 ③ 16 ④ 18 ⑤ 20

단서+발상

단서 X 이온의 루이스 전자점식이 제시되어 있다.

발상 X가 2가 음이온 상태이므로 전자 배치를 이용해 X 원자의 전자 수를
추론할 수 있다.

| 문제+자료 분석 |

- **X 이온**: 가장 바깥 전자 껍질에 전자를 2개 얻어 2가 음이온이 되면서 비활성
기체인 $_{18}Ar$과 같은 전자 배치를 갖는다.
- $_{18}Ar$의 원자 번호가 18이므로, X의 원자 번호는 18−2=16이다.

| 선택지 분석 |

③ 원자는 전기적 중성 상태를 의미하므로, 원자 번호=양성자 수=전자 수
관계가 성립한다.

X가 2가 음이온 상태(X^{2-})일 때 $_{18}Ar$의 전자 배치를 갖게 되므로, 전자
2개를 얻기 전 원자 상태의 전자 수는 16임을 알 수 있다.
따라서 원자 X의 원자 번호는 16이다.

✱ **이온의 루이스 전자점식**
- 원소 기호 주위에 원자가 전자를 점으로 표현한 식이다. 이온의 경우에는
[ ](대괄호)를 표기한 후, 오른쪽 윗첨자로 전하를 표시한다.

표는 플루오린(F)을 포함한 분자 (가)~(다)에 대한 자료이다. X~Z는
2주기 원소이고, (가)~(다)에서 모든 원자는 옥텟 규칙을 만족한다.

단서 옥텟 규칙을 만족하는 플루오린을 포함하는 분자이므로
X, Y, Z는 모두 비금속 원소인 C, N, O 중 하나이다.

분자	분자식	비공유 전자쌍 수(상댓값)
(가)	X_2F_2 C_2F_2	3
(나)	Y_2F_2 N_2F_2	4
(다)	Z_2F_2 O_2F_2	㉠ 5

이에 대한 설명으로 옳은 것만을 〈보기〉에서 있는 대로 고른 것은? (단,
X~Z는 임의의 원소 기호이다.) (3점)

[보기]

ㄱ. ㉠은 5이다.
ㄴ. 전기 음성도는 Y✗Z이다. <
ㄷ. (가)~(다)에는 모두 무극성 공유 결합이 있다.

① ㄱ ② ㄴ ③ ㄷ ④ ㄱ, ㄷ ⑤ ㄴ, ㄷ

단서+발상

단서 X~Z는 2주기 원소이고, (가)~(다)에서 모든 원자는 옥텟 규칙을
만족한다는 조건이 제시되어 있다.

발상 주어진 조건에 부합하는 X~Z의 실제 원소를 추론할 수 있다.

적용 공유 결합의 다중 결합 개념을 적용해서 플루오린(F) 원자 2개를 포함할 수
있는 분자 형태를 구하는 것부터 문제 풀이를 시작해야 한다.

| 문제+자료 분석 |

- 분자는 공유 결합 물질에 해당하므로 플루오린(F) 원자 2개를 포함할 수 있는
2주기 비금속 원소로 구성된 분자를 나열해 보면 다음과 같은 3가지 형태가
가능하다. ➡ C_2F_2, N_2F_2, O_2F_2
- C_2F_2, N_2F_2, O_2F_2의 루이스 구조식과 비공유 전자쌍 수는 다음과 같다.

루이스 구조식	$:\overset{\cdot\cdot}{F}-C\equiv C-\overset{\cdot\cdot}{F}:$	$:\overset{\cdot\cdot}{F}-\overset{\cdot\cdot}{N}=\overset{\cdot\cdot}{N}-\overset{\cdot\cdot}{F}:$	$:\overset{\cdot\cdot}{F}-\overset{\cdot\cdot}{O}-\overset{\cdot\cdot}{O}-\overset{\cdot\cdot}{F}:$
비공유 전자쌍 수	6	8	10
분자	(가)	(나)	(다)

- 비공유 전자쌍 수(상댓값)는 (가) : (나) : (다)=3 : 4 : 5이므로 (가)~(다)는
각각 C_2F_2, N_2F_2, O_2F_2이다.

| 보기 분석 |

ㄱ. O_2F_2의 비공유 전자쌍 수는 10이지만 상댓값으로 나타내면 ㉠은 5이다.
ㄴ. 원소의 주기성에 따르면 전기 음성도는 Y<Z이다.
ㄷ. (가)에는 C≡C, (나)에는 N=N, (다)에는 O−O 사이에 무극성 공유 결합이
있다.
따라서 (가)~(다)에는 모두 무극성 공유 결합이 있다.

왜 틀렸나?

- '분자' 또는 '분자식'이라는 키워드는 모든 구성 원소가 비금속 원소임을 암시한다.
- 비금속 원소로 구성된 분자의 경우, 분자식을 해석할 때 다중 결합의 가능성을
고려해야 한다.
- 구성 원소가 비금속 원소임을 생각하지 않았다면, Li_2F_2나 Be_2F_2와 같은
실존하지 않는 분자를 떠올릴 가능성이 있다. 이는 오답으로 이어질 수 있다.

다음은 학생 A가 작성한 루이스 전자점식에 대한 활동지이다.

루이스 전자점식 나타내기

(1) 그림은 O, F의 루이스 전자점식이다.　　·Ö· ：Ḟ：

(2) 물질을 구성하는 모든 원자 또는 이온이 옥텟 규칙을 만족하도록 (가)～(다)의 루이스 전자점식을 나타내시오.

물질	화학식	루이스 전자점식
(가)	F_2	：Ḟ：Ḟ：
(나)	OF_2	：Ḟ：Ö：Ḟ：
(다)	F^-	[：Ḟ：]$^-$

물질 (가)～(다) 중 학생 A가 루이스 전자점식으로 옳게 나타낸 것만을 있는 대로 고른 것은?

① (가)　　② (나)　　③ (가), (다)
④ (나), (다)　　⑤ (가), (나), (다)

단서＋발상

[단서] O, F로 구성된 루이스 전자점식이 제시되어 있다.

[발상] 옥텟 규칙을 만족하는 루이스 전자점식을 추론할 수 있다.

｜문제＋자료 분석｜

- O, F의 루이스 전자점식을 통해서 O, F가 가질 수 있는 공유 전자쌍 수와 비공유 전자쌍 수를 구하면 다음과 같다.

구분	산소(O)	플루오린(F)
원자가 전자 수	6	7
공유 전자쌍 수	$8-6=2$	$8-7=1$
비공유 전자쌍 수	$\dfrac{6-2}{2}=2$	$\dfrac{7-1}{2}=3$

｜선택지 분석｜

① 물질을 구성하는 모든 원자 또는 이온이 옥텟 규칙을 만족하도록 (가)～(다)의 루이스 전자점식을 나타내면 아래와 같다.

물질	화학식	루이스 전자점식
(가)	F_2	：Ḟ：Ḟ：
(나)	OF_2	：Ḟ：Ö：Ḟ：
(다)	F^-	[：Ḟ：]$^-$

학생 A가 작성한 루이스 전자점식 중 (나)와 (다)에서는 각각 산소(O)와 플루오린(F)이 옥텟 규칙을 만족하지 않으므로, (가)만 옳게 나타낸 것이다.

＊루이스 전자점식
- **공유 전자쌍**: 공유 결합에 참여한 두 원자가 공유하고 있는 전자쌍
- **비공유 전자쌍**: 공유 결합에 참여하지 않은 전자쌍

그림은 원자 A의 전자 배치 모형과 분자 B_2의 루이스 전자점식을 나타낸 것이다. B는 2주기 원소이다.

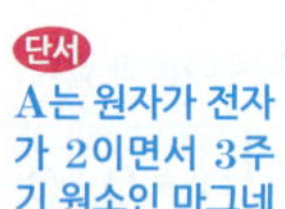
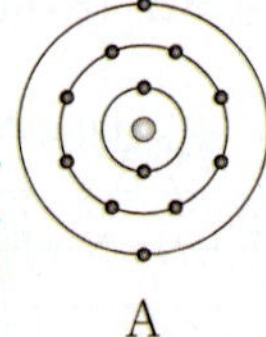
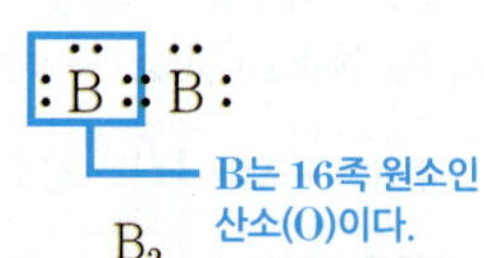

다음 중 화합물 AB의 결합 모형을 나타낸 것으로 가장 적절한 것은? (단, A, B는 임의의 원소 기호이며, AB에서 A와 B는 옥텟 규칙을 만족한다.) **AB ➡ MgO (이온 결합 물질)**

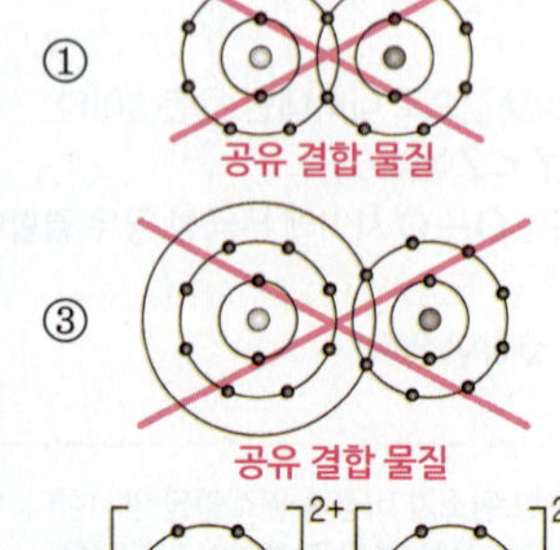

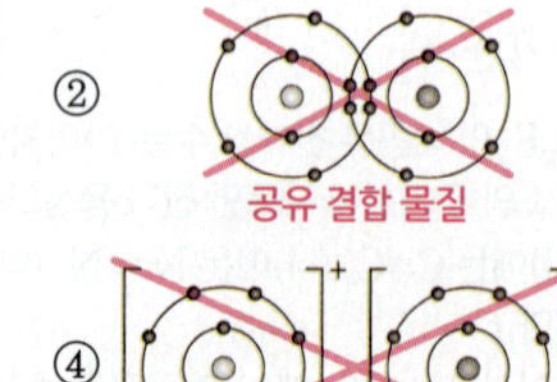
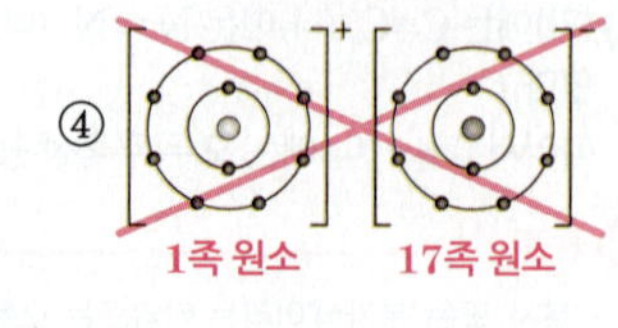

단서＋발상

[단서] 원자 A의 전자 배치 모형과 2주기 원소로 구성된 분자 B_2의 루이스 전자점식이 제시되어 있다.

[발상] 2주기 원자 B의 실제 원소 기호를 추론할 수 있다.

[적용] 원자 모형 및 루이스 전자점식 개념을 적용해서 원자가 전자 수를 구하는 것부터 문제 풀이를 시작해야 한다.

｜문제＋자료 분석｜

- A는 가장 바깥 껍질에 전자가 2개 있으므로 원자가 전자 수는 2이다.
- B는 전자 2개를 공유함으로써 옥텟 규칙을 만족하므로 원자가 전자 수는 6이다.
- A는 3주기 2족 원소인 마그네슘(Mg), B는 2주기 16족 원소인 산소(O)이다.
- A는 금속 원소, B는 비금속 원소이므로 AB는 이온 결합 물질이다.

｜선택지 분석｜

⑤ AB는 2족 금속 원소인 마그네슘(Mg)과 16족 비금속 원소인 산소(O)로 구성된 MgO이므로, AB의 결합 모형으로는 ⑤가 타당하다.

＊양이온과 음이온의 형성
- 중성 원자는 가장 바깥 껍질의 전자 수를 안정된 상태(주로 옥텟, 8개)로 맞추기 위해 전자를 잃거나 얻으려는 경향이 있다.
- 이 과정에서 전자를 잃으면 양이온, 전자를 얻으면 음이온이 형성된다.
- 중성 원자는 비활성 기체의 전자배치와 유사해지기 위해 가능한 한 적은 수의 전자를 잃거나 얻으려는 경향이 있으므로, 금속 원소는 전자를 잃어 양이온이 되고, 비금속 원소는 전자를 얻어 음이온이 된다.

F 09 정답 ④ ＊ 결합의 극성

표는 원소 X~Z로 이루어진 분자 (가)~(다)의 분자식과 각 분자에서 부분적인 음전하를 띠는 원자를 나타낸 것이다. X~Z는 각각 O, F, S, Cl 중 하나이고, (가)~(다)에서 모든 원자는 옥텟 규칙을 만족한다.

단서 부분적인 음전하를 띠는 원자(전기 음성도가 큰 원소) 단서를 통해 가능한 분자식을 제한할 수 있다.

분자	(가)	(나)	(다)
분자식	XY / ClF	X_2Z / Cl_2O	ZY_2 / OF_2
부분적인 음전하를 띠는 원자	㉠ / $X < Y$	Z / $X < Z$	Y / $Z < Y$

이에 대한 설명으로 옳은 것만을 〈보기〉에서 있는 대로 고른 것은? (3점)

─────[보기]─────
ㄱ. ㉠은 X이다.
  전기 음성도 크기가 $X < Z < Y$이므로 ㉠은 Y이다.
ㄴ. Z는 O이다.
ㄷ. Z_2Y_2에는 무극성 공유 결합이 있다.
────────────

① ㄱ   ② ㄷ   ③ ㄱ, ㄴ   ④ ㄴ, ㄷ   ⑤ ㄱ, ㄴ, ㄷ

단서+발상

단서 분자 (가)~(다)의 분자식과 이들의 구성 원소 X~Z가 각각 O, F, S, Cl 중 하나라는 조건이 제시되어 있다.

발상 O, F, S, Cl로 구성된 분자 중에서 (가)~(다)에 해당하는 실제 분자를 추론할 수 있다.

│ 문제+자료 분석 │

- ㉠: 전기 음성도 크기는 $X < Z < Y$이다. 따라서 ㉠은 Y이다.
- 옥텟 규칙을 만족하려면 O와 S 원자는 최대 2개의 원자와, F와 Cl 원자는 각각 최대 1개의 원자와 공유 결합을 형성해야 한다.
- (가): ClF 또는 SO가 될 수 있지만, (나)와 (다)의 분자식을 고려했을 때 1 : 2의 비로 결합해야 하므로, ClF만 가능하다.
- (나): Cl_2O, F_2O, Cl_2S, F_2S가 될 수 있다. 하지만 전기 음성도의 주기성을 고려했을 때, 부분적인 음전하를 띠는 원자가 Z이므로 Cl_2O만 허용된다. 따라서 (나) 분자는 Cl_2O이다.
- (다): OCl_2 또는 OF_2가 될 수 있다. 하지만 주기성을 고려했을 때, 부분적인 음전하를 띠는 원자가 Y이므로 OF_2만 허용된다. 따라서 (다) 분자는 OF_2이다.

│ 보기 분석 │

ㄱ. 전기 음성도 크기가 $X < Z < Y$이므로 ㉠은 Y이다.
ㄴ. (나) 분자는 Cl_2O이고 X는 Cl이다. 따라서 Z는 O이다.
ㄷ. $Z_2Y_2(O_2F_2)$에는 O−O 사이에 무극성 공유 결합이 있다.

F 10 정답 ② ＊ 분자의 구조

표는 원소 X~Z로 구성된 분자 (가)~(라)에 대한 자료이고, 그림은 주사위의 전개도를 나타낸 것이다. X~Z는 각각 C, O, F 중 단서 하나이고, (가)~(라)에서 모든 원자는 옥텟 규칙을 만족한다.

분자	구성 원소	구성 원자 수	중심 원자	비공유 전자쌍 수 / 공유 전자쌍 수
(가) / OF_2	X, Y / O, F	3	X	$\frac{8}{2}=4$
(나) / CO_2	X, Z / O, C	3	Z	$\frac{4}{4}=1$
(다) / CF_2O	X, Y, Z / O, F, C	4	Z	$\frac{8}{4}=2$
(라) / CF_4	Y, Z / F, C	5	Z	$\frac{12}{4}=3$

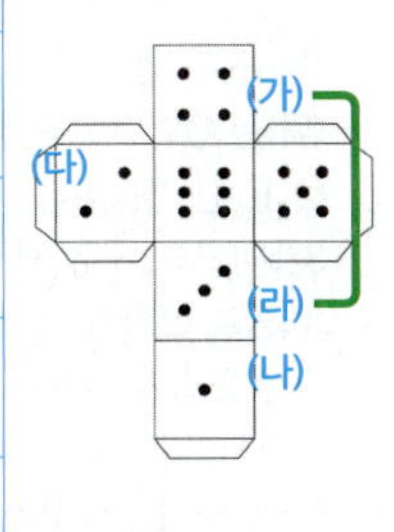

(가)~(라)를 $\dfrac{\text{비공유 전자쌍 수}}{\text{공유 전자쌍 수}}$ 와 같은 수의 눈이 그려진 주사위의 면에 대응시킬 때, 서로 마주 보는 면에 대응되는 두 분자로 옳은 것은? (3점)

① (가)와 (나)   ② (가)와 (라)   ③ (나)와 (다)
④ (나)와 (라)   ⑤ (다)와 (라)

단서+발상

단서 X~Z는 각각 C, O, F 중 하나라고 제시되어 있다.
발상 중심 원자 X와 Z는 각각 C, O 중 하나임을 추론할 수 있다.

│ 문제+자료 분석 │

- C, O, F 중 중심 원자가 될 수 있는 원자는 C, O이다.
  ➡ 중심 원자 X와 Z는 각각 C, O 중 하나이다. 따라서 Y는 F이다.
- (가)에서 모든 원자는 옥텟 규칙을 만족하고 구성 원자 수가 3이다.
  ➡ (가)의 중심 원자 X는 O이다. 따라서 Z는 C이다.
- X는 O, Y는 F, Z는 C이므로 (가)~(라)의 분자식과 구조식, $\dfrac{\text{비공유 전자쌍 수}}{\text{공유 전자쌍 수}}$ 는 다음과 같다.

분자	(가)	(나)	(다)	(라)
분자식	OF_2	CO_2	CF_2O	CF_4
구조식	$\ddot{\overset{..}{F}}-\ddot{\overset{..}{O}}-\ddot{\overset{..}{F}}$	$\ddot{O}=c=\ddot{O}$	$\ddot{\overset{..}{F}}-\overset{\overset{:O:}{\|\|}}{C}-\ddot{\overset{..}{F}}$	$\overset{\overset{:\ddot{F}:}{\|}}{\underset{\underset{:\ddot{F}:}{\|}}{\ddot{F}-C-\ddot{F}}}$
비공유 전자쌍 수 / 공유 전자쌍 수	$\frac{8}{2}=4$	$\frac{4}{4}=1$	$\frac{8}{4}=2$	$\frac{12}{4}=3$

│ 선택지 분석 │

② (가)~(라)에서 $\dfrac{\text{비공유 전자쌍 수}}{\text{공유 전자쌍 수}}$ 는 각각 4, 1, 2, 3이다.

따라서 (가)~(라)를 $\dfrac{\text{비공유 전자쌍 수}}{\text{공유 전자쌍 수}}$ 와 같은 수의 눈이 그려진 주사위의 면에 대응시킬 때, 서로 마주 보는 면에 대응되는 두 분자는 $\dfrac{\text{비공유 전자쌍 수}}{\text{공유 전자쌍 수}}$ 가 각각 4와 3인 (가)와 (라)이다.

표는 2주기 원소 X~Z로 구성된 분자 (가)~(다)에 대한 자료이다.
(가)~(다)에서 X~Z는 모두 옥텟 규칙을 만족한다.

분자	(가)	(나)	(다)
분자식	XY_2 OF_2	ZX_2 CO_2	ZXY_2 COF_2
$\dfrac{\text{공유 전자쌍 수}}{\text{비공유 전자쌍 수}}$	$\dfrac{1}{4}$	1	$a=\dfrac{1}{2}$
단서 공유 전자쌍 수	2	4	4
비공유 전자쌍 수	8	4	8

이에 대한 옳은 설명만을 〈보기〉에서 있는 대로 고른 것은?
(단, X~Z는 임의의 원소 기호이다.) (3점)

─────[보기]─────
ㄱ. (가)에는 ~~다중~~ 결합이 있다.
　　단일 결합만 존재한다.
ⓛ. $a=\dfrac{1}{2}$이다.
　　COF_2의 공유 전자쌍 수는 4, 비공유 전자쌍 수는 8이다.
ㄷ. 공유 전자쌍 수는 (가)가 (나)의 ~~2배~~이다.
　　　　　2　　　4　　　$\dfrac{1}{2}$
─────────────

① ㄱ　　② ㄴ　　③ ㄷ　　④ ㄱ, ㄷ　　⑤ ㄴ, ㄷ

단서＋발상

단서 2주기 원소 X~Z로 구성된 분자가 제시되어 있다.
발상 원소 X~Z는 옥텟 규칙을 만족하므로 원소 X~Z를 추론할 수 있다.

| 문제＋자료 분석 |

- **X~Z**: 2주기 원자이고 (가)~(다)에서 옥텟 규칙을 만족하므로 각각 C, N, O, F 중 하나이다. 꿀팁
- **(가), (나)**: (가)는 분자식이 XY_2이고, (나)는 분자식이 ZX_2이므로 가능한 분자식은 OF_2, CO_2이다.
  $\dfrac{\text{공유 전자쌍 수}}{\text{비공유 전자쌍 수}}$가 각각 $\dfrac{1}{4}$, 1이므로 각각 (가)는 OF_2, (나)는 CO_2이다.
  따라서 X는 O, Y는 F, Z는 C이다.
- **(다)**: (다)는 분자식이 ZXY_2이므로 COF_2이다.
- (가)~(다)의 구조식은 다음과 같다

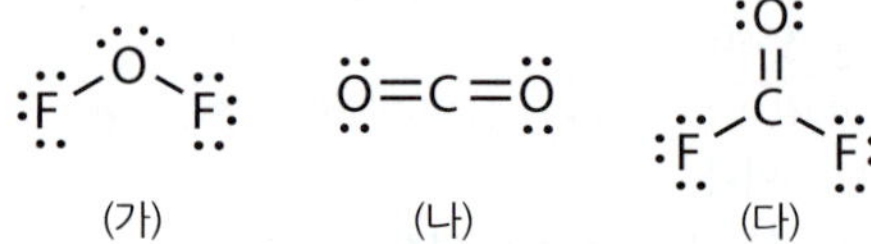

(가)　　　　　(나)　　　　　(다)

| 보기 분석 |

ㄱ. (가)에는 O 원자와 F 원자 사이에 단일 결합만 있다.

ⓛ. (다)에서 공유 전자쌍 수는 4, 비공유 전자쌍 수는 8이므로 $a=\dfrac{1}{2}$이다.

ㄷ. 공유 전자쌍 수가 (가)는 2, (나)는 4이므로 공유 전자쌍 수는 (나)가 (가)의 2배이다.

표는 분자 (가)~(다)에 대한 자료이다. (가)~(다)에서 모든 원자는 옥텟 규칙을 만족한다.

분자	구성 원소	구성 원자 수	비공유 전자쌍 수
(가)	C, F	4	㉠6
(나)	O, F	㉡4	10
(다)	C, O, F	4	㉢8

단서 구성 원소로부터 가능한 모든 분자식 중에서 (가), (나), (다)에 해당하는 분자를 구성 원자수 정보와 비공유 전자쌍 수 정보를 통해 제한할 수 있다.

㉠＋㉡＋㉢은?
$6＋4＋8=18$
① 17　　② 18　　③ 20　　④ 23　　⑤ 24

문제 풀이 꿀팁

- 옥텟 규칙을 만족하는 2주기 비금속 원소 중에서 형성할 수 있는 최대 공유 결합 수는 탄소가 4개, 질소가 3개, 산소가 2개, 플루오린이 1개로, 탄소＞질소＞산소＞플루오린의 순서이다.
- 이때 플루오린은 오직 한 개의 공유 결합만을 형성할 수 있으므로 결합의 다양성이 가장 작다.
- 따라서 구성 원소로 분자식을 빠르게 추론하려면 플루오린을 가장 먼저 고려해야 한다.

단서＋발상

단서 옥텟 규칙을 만족하는 (가)~(다) 분자의 구성 원소, 구성 원자 수, 비공유 전자쌍 수가 제시되어 있다.
발상 (가)~(다) 분자의 루이스 구조식을 추론할 수 있다.
적용 원자가 전자 수 개념을 적용해서 (가)~(다)의 옥텟 규칙을 만족하는 분자 형태를 모두 구하는 것부터 문제 풀이를 시작해야 한다.

| 문제＋자료 분석 |

- 주어진 구성 원자 수를 참고하면, (가)는 C_2F_2, (다)는 COF_2가 가능하다.
- (나)는 O와 F로 구성되어 있으나, 비공유 전자쌍 수가 10개이므로, OF_2, O_2F_2만 가능하다. 원소 별 결합 후 비공유 전자쌍 수는 O가 2개, F가 3개이므로, 구성 원자의 수는 최대 4개를 넘을 수 없다.
  (비공유 전자쌍 수가 상대적으로 적은(2개) O로만 구성된 분자를 가정했을 때, 구성 원소가 5개이므로, O와 F로 구성된 분자의 구성 원소는 최대 4개이다.)
  따라서 (나) 분자가 비공유 전자쌍 수를 10개 가지려면, O_2F_2가 되어야 한다.
- (가)는 C_2F_2, (나)는 O_2F_2, (다)는 COF_2이므로, 구성 원자 수 및 비공유 전자쌍 수는 아래 표와 같이 나타낼 수 있다.

분자	구조식	구성 원자 수	비공유 전자쌍 수
(가)	$:\!F-C\equiv C-F\!:$	4	6(㉠)
(나)	$:\!F-O-O-F\!:$	4(㉡)	10
(다)		4	8(㉢)

| 선택지 분석 |

② ㉠은 6, ㉡은 4, ㉢은 8이므로 ㉠＋㉡＋㉢＝6＋4＋8＝18이다.

F 13 정답 ③ ✱ 분자 구조와 결합각 [정답률 62%] 2023 실시 11월 학평 2 / 화학Ⅰ (고2)

그림은 분자 (가)와 (나)의 구조식을 나타낸 것이다.

단서 주어진 구조식과 구성 원자 정보를 통해 중심 원자의 비공유 전자쌍 수를 알 수 있다.

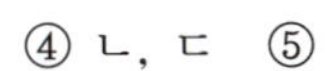

(가)　　　　　　　(나)

이에 대한 설명으로 옳은 것만을 〈보기〉에서 있는 대로 고른 것은?

[보기]
ㄱ. (가)의 공유 전자쌍 수는 2이다.
ㄴ. (나)의 분자 모양은 정사면체형이다.
ㄷ. 결합각은 (가) ✕ (나)이다. ＜
　　중심 원자의 비공유 전자쌍 수가 (가)는 2, (나)는 0이다.

① ㄱ　② ㄷ　③ ㄱ, ㄴ　④ ㄴ, ㄷ　⑤ ㄱ, ㄴ, ㄷ

단서＋발상

단서 분자 (가)와 (나)의 구조식과 구성 원자가 제시되어 있다.
발상 중심 원자의 전자쌍 간의 반발에 따른 분자 모양 및 결합각을 추론할 수 있다.
적용 옥텟 규칙 개념을 적용해서 중심 원자의 비공유 전자쌍 수를 구하는 것부터 문제 풀이를 시작해야 한다.

| 문제＋자료 분석 |

- **(가)**: H_2O는 옥텟 규칙을 만족하기 위해 2개의 전자를 공유하므로, 중심 원자이자 16족 원소인 산소(O)의 비공유 전자쌍 수는 2개이다.
- **(나)**: CH_4는 옥텟 규칙을 만족하기 위해 4개의 전자를 공유하므로, 중심 원자이자 14족 원소인 탄소(C)의 비공유 전자쌍 수는 0개이다.
- 전자쌍 반발 이론에 따르면, 전자 간 반발의 크기는 [공유 전자쌍－공유 전자쌍]＜[공유 전자쌍－비공유 전자쌍]＜[비공유 전자쌍－비공유 전자쌍] 순이므로, 중심 원소에 비공유 전자쌍을 포함하는 H_2O의 H－O－H의 결합각이 CH_4의 H－C－H의 결합각보다 작다는 것을 알 수 있다.

| 보기 분석 |

ㄱ. (가)의 중심 원자인 산소(O)가 가지는 공유 전자쌍 수는 2이고 비공유 전자쌍 수는 2이다.
ㄴ. (나)의 중심 원소인 탄소(C)가 가지는 공유 전자쌍 수는 4이므로 분자 모양은 정사면체형이다.
ㄷ. 전자쌍 반발 이론에 따르면, 중심 원소에 비공유 전자쌍을 포함하는 H_2O의 H－O－H의 결합각이 CH_4의 H－C－H의 결합각보다 작다는 것을 알 수 있다.
　　따라서 결합각은 (가)＜(나)이다.

✱ 전자쌍 반발 이론과 결합각

- 전자쌍 반발 이론은 분자 내 전자쌍들이 서로 최대한 멀리 떨어지려는 경향에 따라 분자의 입체 구조가 결정된다는 이론이다.
- 옥텟 규칙을 만족하는 분자의 경우, 중심 원자에 반발력이 가장 큰 비공유 전자쌍이 많을수록 결합각은 작아진다.
- 이 이론에 따르면, H_2O의 결합각은 약 $104.5°$, NH_3는 약 $107°$, CH_4는 약 $109.5°$이다.
- 이때, 결합각은 중심 원자를 기준으로 공유 결합을 형성하는 두 원자의 핵을 이은 직선들 사이의 각도로 정의된다.

F 14 정답 ④ ✱ 분자의 모양과 결합각 [정답률 75%] 2022 대비 6월 모평 4 / 화학Ⅰ

그림은 3가지 분자의 구조식을 나타낸 것이다.

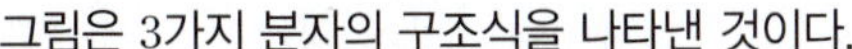

분자 구조 : 삼각뿔형　　　평면 삼각형　　　정사면체형

결합각 $\alpha \sim \gamma$의 크기를 비교한 것으로 옳은 것은? (3점)

① $\alpha > \beta > \gamma$　　② $\alpha > \gamma > \beta$　　③ $\beta > \alpha > \gamma$
④ $\beta > \gamma > \alpha$　　⑤ $\gamma > \alpha > \beta$
　약 $120° > 109.5° > 107°$

단서＋발상

단서 3가지 분자의 구조식이 제시되어 있다.
발상 중심 원자의 공유 전자쌍과 비공유 전자쌍 수를 구해 결합각을 추론할 수 있다.

| 문제＋자료 분석 |

◈ **분자 구조와 결합각**

- NH_3의 중심 원자 N에는 비공유 전자쌍 1개가 있고, 3개의 원자가 결합되어 있으므로 NH_3의 분자 구조는 삼각뿔형이고 결합각 $\alpha = 107°$이다.
- COF_2의 중심 원자 C에는 비공유 전자쌍이 없고, 3개의 원자가 결합되어 있으므로 분자 구조가 평면 삼각형이고 결합각 β는 약 $120°$이다(참고로 결합각은 $\angle OCF$ 약 $126°$이고 $\angle FCF$ 약 $107.7°$이다).
- CCl_4의 중심 원자 C에는 비공유 전자쌍이 없고, 4개의 원자가 결합되어 있으므로 분자 구조가 정사면체형이고, 결합각 $\gamma = 109.5°$이다.

| 선택지 분석 |

④ NH_3는 분자 구조가 삼각뿔형이고 결합각 $\alpha = 107°$이며, COF_2는 분자 구조가 평면 삼각형이고 결합각 β는 약 $120°$이며, CCl_4는 분자 구조가 정사면체형이고 결합각 $\gamma = 109.5°$이다. 따라서 결합각은 $\beta > \gamma > \alpha$이다.

그림은 기체 분자 (가)~(라)의 결합각과 비공유 전자쌍 수를 나타낸 것이다. (가)~(라)는 각각 BeH_2, CH_4, CF_4, NF_3 중 하나이다.

단서 비공유 전자쌍 수 및 결합각을 정리하면, (가)~(라)를 알 수 있다.

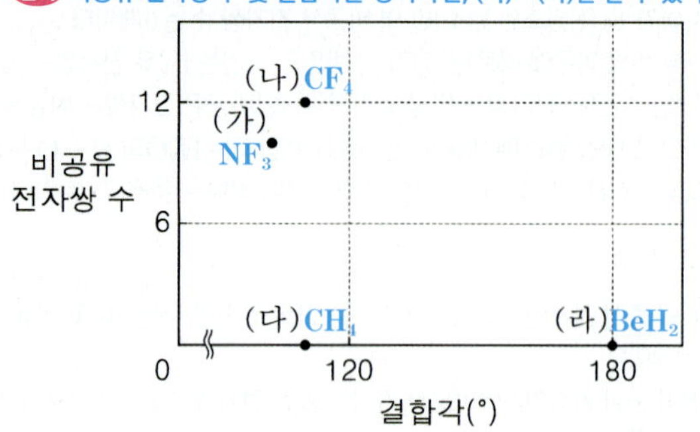

(가)~(라)에 대한 설명으로 옳은 것만을 〈보기〉에서 있는 대로 고른 것은? (3점)

[보기]

ㄱ. (가)에서 모든 원자는 동일 평면에 있다.
(가)는 삼각뿔 모양이므로, (가)에서 모든 원자는 동일 평면에 있지 않다.

 (나)의 분자 구조는 정사면체형이다.

ㄷ. 공유 전자쌍 수는 (라)>(다)이다.
(다)의 공유 전자쌍 수는 4, (라)의 공유 전자쌍 수는 2이다.

① ㄱ ② ㄴ ③ ㄷ ④ ㄱ, ㄷ ⑤ ㄴ, ㄷ

| 문제+자료 분석 |

• BeH_2, CH_4, CF_4, NF_3의 루이스 구조식, 공유 전자쌍 수, 비공유 전자쌍 수, 결합각은 아래 표와 같이 나타낼 수 있다.

분자식	BeH_2	CH_4	CF_4	NF_3
루이스 구조식	H-Be-H	H-C-H	:F-C-F:	:F-N-F:
공유 전자쌍 수	2	4	4	3
비공유 전자쌍 수	0	0	12	10
결합각	180°	109.5°	109.5°	107°
분자	(라)	(다)	(나)	(가)

• 따라서 주어진 그림과 비교했을 때, (가)는 NF_3, (나)는 CF_4, (다)는 CH_4, (라)는 BeH_2이다.

| 보기 분석 |

ㄱ. (가)는 삼각뿔 모양이므로, (가)에서 모든 원자는 동일 평면에 있지 않다.

ㄴ. (나)의 공유 전자쌍 수는 4이므로 분자 구조는 정사면체형이다.

ㄷ. (다)는 CH_4(공유 전자쌍 수: 4), (라)는 BeH_2(공유 전자쌍 수: 2)이므로 공유 전자쌍 수는 (라) < (다)이다.

다음은 수소(H)와 2주기 원소 X, Y로 구성된 분자 (가)와 (나)의 구조식을 나타낸 것이다. (가)와 (나)에서 X와 Y는 옥텟 규칙을 만족한다.

단서 Y는 2주기 14족 탄소(C)

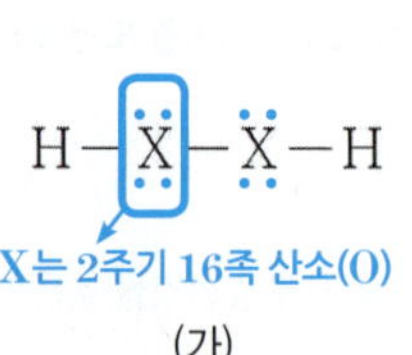

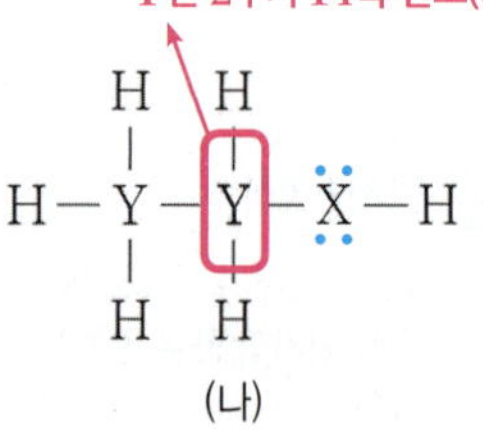

이에 대한 옳은 설명만을 〈보기〉에서 있는 대로 고른 것은?
(단, X와 Y는 임의의 원소 기호이다.)

[보기]

ㄱ. (가)와 (나)에는 모두 무극성 공유 결합이 있다.
X와 X 사이, Y와 Y 사이에 무극성 공유 결합 존재

ㄴ. 비공유 전자쌍 수는 (가)가 (나)의 2배이다.
(가)는 4, (나)는 2

ㄷ. (가)의 분자 모양은 직선형이다.
중심 원자인 X에 비공유 전자쌍 존재 ➡ 직선형이 아님

① ㄱ ② ㄷ ③ ㄱ, ㄴ ④ ㄴ, ㄷ ⑤ ㄱ, ㄴ, ㄷ

단서 수소(H)와 2주기 원소 X, Y로 구성된 분자 2개가 제시되어 있다.
발상 2주기 원소 중 옥텟 규칙을 만족하는 원소 X, Y를 추론할 수 있다.

| 문제+자료 분석 |

• **X**: (가)와 (나)에서 1개의 X 원자에는 2쌍의 공유 전자쌍이 있으므로 옥텟 규칙을 만족하기 위해서는 2쌍의 비공유 전자쌍이 존재해야 한다.
➡ X는 2주기 16족 원소인 산소(O)이다.

• **Y**: (나)에서 1개의 Y 원자에는 4쌍의 공유 전자쌍이 있으므로 옥텟 규칙을 만족하기 위해서는 비공유 전자쌍이 존재하지 않는다.
➡ Y는 2주기 14족 원소인 탄소(C)이다.

| 보기 분석 |

ㄱ. (가)에서는 X(O)와 X(O) 사이에, (나)에서는 Y(C)와 Y(C) 사이에 무극성 공유 결합이 존재한다.
따라서 (가)와 (나)에는 모두 무극성 공유 결합이 있다.

ㄴ. (가)와 (나)에서 비공유 전자쌍은 X(O) 원자에만 존재하는데, X(O) 원자의 수가 (가)가 (나)의 2배이다.
따라서 비공유 전자쌍 수는 (가)가 (나)의 2배이다.

ㄷ. (가)의 중심 원자인 X(O)에는 비공유 전자쌍이 존재한다.
따라서 (가)의 분자 모양은 직선형이 아니다.

 문제 풀이 꿀팁

• 2주기 원자 X, Y가 분자에서 모두 옥텟 규칙을 만족하므로 X와 Y는 각각 C, N, O, F 중 하나이다. 꿀팁
• (가), (나)의 분자식과 구조식은 다음과 같다.

구분	(가)	(나)
분자식	H_2O_2	C_2H_5OH
구조식	H-O-O-H	H-C-C-O-H (with H atoms)

그림은 2주기 원자 X와 Y의 루이스 전자점식을 나타낸 것이다.

단서 원자의 루이스 전자점식에서 점은 원자가 전자 수를 의미한다.

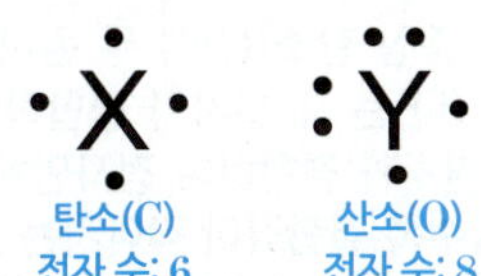

탄소(C)　　　산소(O)
전자 수: 6　　　전자 수: 8

(1) XY_2 기체를 루이스 전자점식으로 나타내시오. (단, XY_2 기체의 모든 구성 원자는 옥텟 규칙을 만족한다.) (단답형)

최대 공유 결합 수는 X가 4, Y가 2

(2) 원자 X와 Y의 전자의 총 개수를 각각 쓰고, 그렇게 판단한 까닭을 서술하시오. (서술형)

단서+발상

(단서) 원자의 루이스 전자점식이 제시되어 있다.

(발상) 루이스 전자점식으로부터 원자가 전자 수를 추론할 수 있다.

(적용) 다중 결합 및 공유 전자쌍과 비공유 전자쌍 개념을 적용해서 옥텟 규칙을 만족하는 데 요구되는 공유 전자 수를 구하는 것부터 문제 풀이를 시작해야 한다.

---

(1) (정답) $:\ddot{Y}::X::\ddot{Y}:$

(2) (모범 답안) X는 총 전자 수가 6이고, Y는 총 전자 수가 8이다. 원자에 관한 루이스 전자점식에서 점이 원자가 전자를 의미하므로 (중성) 원자인 X는 원자가 전자가 4개인 탄소(C)이고, 원자 번호가 6이므로, 총 전자 수도 6이다. (중성) 원자인 Y는 원자가 전자가 6개인 산소(O)이고, 원자 번호가 8이므로, 총 전자 수도 8이다.

| 문제+자료 분석 |

- 루이스 전자점식은 원자가 전자를 표현하는 것이므로, X는 원자가 전자가 4개인 탄소(C)이고, Y는 원자가 전자가 6개인 산소(O)이다. 이들은 모두 비금속 원소로 공유 결합을 할 수 있기 때문에, 옥텟 규칙을 만족하려면 다중 결합을 형성해야 한다.
- (1): 다중 결합에 관한 루이스 전자점식 표기법을 반영해야 한다.
- (2): 루이스 전자점식에 포함된 정보는 원자가 전자를 의미하므로, 원자가 가진 총 전자의 개수와 차이가 있음을 정확하게 알고 있어야 한다.

	채점 기준	배점
(1)	모든 구성 원자가 루이스 전자점식을 만족하도록 루이스 전자점식을 옳게 표현한 경우	30%
(2)	각 전자의 총 개수를 모두 옳게 쓰고 그렇게 판단한 이유에서 '루이스 전자점식의 점이 원자가 전자를 나타냄'을 구체적으로 서술한 경우	70%
	각 전자의 총 개수를 일부만 옳게 썼거나 그렇게 판단한 이유에서 '루이스 전자점식의 점이 원자가 전자를 나타냄'을 부족하게 서술한 경우	30%

그림은 2주기 원소 X, Y로 구성된 두 화합물의 루이스 전자점식을 나

단서 2주기 원소이므로, X는 1가 양이온이 될 수 있는 리튬(Li), Y는 1가 음이온이 될 수 있는 플루오린(F)에 해당한다.

타낸 것이다. (단, 모든 구성 원자는 옥텟 규칙을 만족한다.)

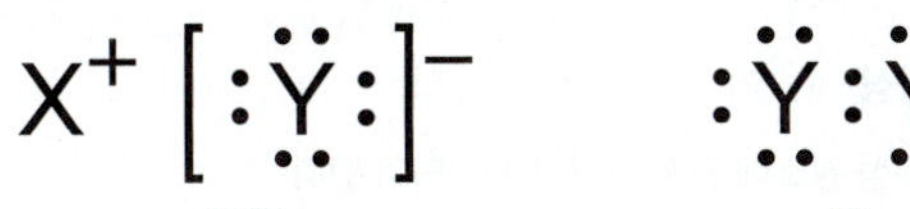

XY　　　　　　　Y_2

➡ 루이스 전자점식 표기 형식을 통해 **XY**는 금속 원소와 비금속 원소로 구성된 이온 결합 물질임을, Y_2는 비금속 원소로 구성된 공유 결합 물질임을 알 수 있다.

(1) X와 Y의 루이스 전자점식을 각각 나타내시오. (단답형)

(2) XY와 Y_2의 루이스 전자점식 표기의 주된 차이를 화학 결합의 종류 (금속 결합, 공유 결합, 이온 결합) 중 하나와 관련지어 서술하시오. (서술형)

단서+발상

(단서) 2주기 원소로 구성된 서로 다른 화학 결합을 갖는 두 화합물의 루이스 전자점식이 제시되어 있다.

(발상) 화학 결합에 따른 루이스 전자점식의 차이를 추론할 수 있다.

(적용) 옥텟 규칙을 적용하여 각 구성 원소의 원자가 전자 수를 구하는 것부터 문제 풀이를 시작해야 한다.

---

(1) (정답)　　$X\cdot$　　　　　$:\ddot{Y}\cdot$

(2) (모범 답안)　XY는 이온 결합 물질로 양이온과 음이온을 각각 분리하여 표기하고, Y_2는 공유 결합 물질로 두 원자가 전자를 공유하여 하나의 분자로 연결된 형태로 표기한다.

| 문제+자료 분석 |

- 두 화합물의 루이스 전자점식을 통해 XY는 이온 결합 물질, Y_2는 공유 결합 물질임을 파악해야 한다.
- 이온 결합 물질과 공유 결합 물질의 루이스 전자점식 형식의 차이는 아래 표와 같이 설명할 수 있다.

구분	이온 결합 물질	공유 결합 물질
예시	$X^+\ [:\ddot{Y}:]^-$	$:\ddot{Y}:\ddot{Y}:$
전자 배치	음이온에만 8개(또는 2개) 전자점을 표시	공유/비공유 전자쌍 모두 표시
전하 기호	위첨자로 명확히 표시 $(+, -)$	없음
결합 표기	점(:)과 대괄호([ ]), 전하 기호	점(:)

- 이온 결합 물질을 형성할 때, X는 1가 양이온, Y는 1가 음이온이 되므로, X는 1족 리튬(금속) 원소이고, Y는 17족 플루오린(비금속) 원소임을 알 수 있다.

	채점 기준	배점
(1)	X와 Y의 루이스 전자점식을 모두 옳게 쓴 경우	30%
(2)	XY의 이온 결합과, Y_2의 공유 결합에 초점을 두고 루이스 전자점식 표기의 차이를 옳게 서술한 경우	70%
	화학 결합의 종류의 명시 없이 루이스 전자점식 표기의 차이만 옳게 서술한 경우	30%

표는 중심 원자가 탄소(C)인 세 분자에 관한 자료이다. (단, 이들의 구성 원자는 모두 옥텟 규칙을 만족한다.)

구분	(가)	(나)	(다)
전자쌍 배치			
중심 원자	C	C	C
주변 원자	O	H, O	H

단서 옥텟 규칙을 만족하기 위해 중심 원자인 탄소는 4개의 전자를, 주변 원자인 산소는 2개의 전자를, 수소는 1개의 전자를 공유해야 한다.

(1) (가)~(다)에 해당하는 분자의 분자식과 모양을 쓰시오. 단답형

　(가) 분자식: (　　　　　　), 모양 : (　　　　　　)

　(나) 분자식: (　　　　　　), 모양 : (　　　　　　)

　(다) 분자식: (　　　　　　), 모양 : (　　　　　　)

(2) (가)~(다)의 결합각 크기의 경향성을 중심 원자에 결합된 원자 수와 관련지어 서술하시오. 서술형

 단서+발상

단서 탄소를 중심 원자로 두는 세 가지 분자의 구조가 제시되어 있다.

발상 분자의 구성 원소 및 분자의 구조를 추론할 수 있다.

적용 다중 결합 개념을 적용해서 중심 원자가 옥텟 규칙을 만족하기 위한 주변 원자의 개수를 구하는 것부터 문제 풀이를 시작해야 한다.

(1) 정답 ・(가): CO_2, 직선형
　　　・(나): CH_2O, 평면 삼각형
　　　・(다): CH_4, 정사면체형

(2) 모범 답안　(가)는 중심 탄소(C)에 두 원자만 결합하여 선형 구조($180°$)를 가지며, (나)는 세 원자가 결합하여 평면 삼각형 구조(약 $120°$), (다)는 네 원자가 결합하여 정사면체 구조(약 $109.5°$)가 된다. (가)~(다)로 갈수록 결합각이 작아지는 것을 알 수 있는데, 이는 중심 원자에 결합된 원자 수가 적을수록 결합각이 커지기 때문이다. 즉, 결합쌍의 수가 많아질수록 전자쌍끼리의 반발에 의해 결합각이 작아진다.

| 문제+자료 분석 |

・ (가)~(다)는 모두 원자가 전자 4개인 탄소(C)를 중심 원자로 두며, 최대 4개의 공유 결합을 형성할 수 있다.

・ 산소(O)는 원자가 전자가 6개로, 최대 2개의 공유 결합을 형성할 수 있다.

・ 수소(H)는 원자가 전자가 1개로, 최대 1개의 공유 결합을 형성할 수 있다.

・ (가)는 탄소(C)의 전자 2개와 산소(O)의 전자 2개가 서로 제공되어 형성된 공유 결합(이중 결합)이 2개 존재한다.

・ (다)는 탄소(C)의 전자 1개와 수소(H)의 전자 1개가 서로 제공되어 형성된 공유 결합(단일 결합)이 4개 존재한다.

・ (나)는 탄소(C)의 전자 1개와 수소(H)의 전자 1개가 서로 제공되어 형성된 공유 결합(단일 결합)이 2개 존재하고, 동시에 탄소(C)의 전자 2개와 산소(O)의 전자 2개가 서로 제공되어 형성된 공유 결합(이중 결합)이 1개 존재한다.

	채점 기준	배점
(1)	(가)~(다)의 분자식과 분자의 모양을 모두 옳게 쓴 경우	30%
(2)	(가)~(다)의 결합각 경향성과 이를 결합된 원자 수(또는 전자쌍)과 관련지어 옳게 서술한 경우	70%
	(가)~(다)의 결합각 경향성과 이를 결합된 원자 수(또는 전자쌍)과 관련지어 서술하였으나 부분적으로 옳은 경우	30%

표는 중심 원자의 공유 전자쌍 수와 비공유 전자쌍 수의 합이 같은 세 가지 분자 (가)~(다)에 관한 자료이다. (단, 이들의 구성 원자는 모두 옥텟 규칙을 만족한다.)

구분	(가)	(나)	(다)
중심 원자	C	N	O
주변 원자	H	H	H
구성 원자 수	5	4	3
공유 전자쌍 수 +비공유 전자쌍 수(상댓값)	1	1	1

단서 전자쌍(공유 전자쌍과 비공유 전자쌍 모두)이 하나의 공간을 차지하므로, CH_4를 기준으로 생각했을 때 모두 사면체형임을 알 수 있다.

(1) (가)~(다)의 분자식과 중심 원자의 비공유 전자쌍 수를 각각 쓰시오. 단답형

　(가) 분자식: (　　　　), 비공유 전자쌍 수: (　　　　)

　(나) 분자식: (　　　　), 비공유 전자쌍 수: (　　　　)

　(다) 분자식: (　　　　), 비공유 전자쌍 수: (　　　　)

(2) (가)~(다)의 결합각이 각각 $104.5°$, $107°$, $109.5°$ 중 하나라고 할 때, 이러한 경향성을 공유 전자쌍과 비공유 전자쌍의 상대적 반발 크기를 포함하여 서술하시오. 서술형

단서+발상

단서 분자의 구성 원소에 관한 단서가 제시되어 있다.

발상 중심 원자의 비공유 전자쌍 수에 따른 결합각을 추론할 수 있다.

적용 전자쌍 반발 원리 개념을 적용해서 중심 원자의 비공유 전자쌍을 구하는 것부터 문제 풀이를 시작해야 한다.

(1) 정답 ・(가) 분자식: CH_4, 비공유 전자쌍 수: 0
　　　・(나) 분자식: NH_3, 비공유 전자쌍 수: 1
　　　・(다) 분자식: H_2O, 비공유 전자쌍 수: 2

(2) 모범 답안　비공유 전자쌍의 반발력이 공유 전자쌍보다 크므로, 비공유 전자쌍이 많을수록 결합각이 작아진다. 따라서 (가)~(다)의 결합각은 비공유 전자쌍이 증가할수록 $109.5°$(공유 전자쌍만 존재)에서 $107°$, $104.5°$ 순으로 감소한다.

| 문제+자료 분석 |

・ (1): (가)~(다) 각 중심 원자에 포함된 비공유 전자쌍 수를 파악할 수 있다.

・ (2): (1)에서 얻은 단서로부터 (가)~(다)의 결합각 경향성을 비교해보고, 결합각 증가에 따라 비공유 전자쌍이 어떤 경향성을 나타내는지를 발견할 수 있다.

	채점 기준	배점
(1)	(가)~(다)의 분자식과 비공유 전자쌍 수를 모두 옳게 쓴 경우	30%
(2)	반발력의 크기가 비공유 전자쌍이 더 크다는 사실을 통해 (가)~(다)의 결합각 경향성을 옳게 서술한 경우	70%
	(가)~(다)의 결합각 경향성을 전자쌍 간 반발력의 크기 차이와 관련지어 부족하게 서술한 경우	30%

G 분자 구조와 물질의 성질

G 01 정답 ③ ✱ 분자 구조와 분자의 극성 ································ [정답률 69%] 학력 평가 기출

그림은 에타인(C_2H_2)과 다이아젠(N_2H_2)의 구조식을 나타낸 것이다.

단서 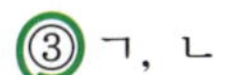 H-CC-H H-N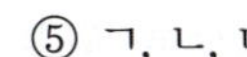N-H
직선형 질소 원자 기준 굽은 형

이에 대한 설명으로 옳은 것만을 〈보기〉에서 있는 대로 고른 것은?

[보기]

ㄱ. C_2H_2은 무극성 분자이다.
ㄴ. N_2H_2에는 비공유 전자쌍이 있다.
ㄷ. C_2H_2과 N_2H_2의 분자 모양은 모두 직선형이다.
　　C_2H_2만 직선형

① ㄱ　　② ㄷ　　③ ㄱ, ㄴ　　④ ㄴ, ㄷ　　⑤ ㄱ, ㄴ, ㄷ

 단서+발상

단서 두 분자의 구조식이 제시되어 있다.
발상 옥텟 규칙을 적용하여 비공유 전자쌍을 추론할 수 있다.
적용 전자쌍 반발 원리를 적용해서 분자의 구조를 구하는 것부터 문제 풀이를 시작해야 한다.

| 문제+자료 분석 |

• 에타인과 다이아젠

물질	C_2H_2	N_2H_2
구조식	$H-C \equiv C-H$	$H-N=N-H$
루이스 전자점식	H:C ⋮ ⋮ C:H	H:N::N:H
분자의 모양	직선형	질소 원자에 비공유 전자쌍이 있으므로 질소 원자 기준으로 굽은 형
분자의 극성	무극성 분자	—

| 보기 분석 |

ㄱ. C_2H_2의 분자 모양은 결합각($\angle HCC$)이 180°인 직선형이고 각 결합의 쌍극자 모멘트 합이 0인 구조로 분자의 쌍극자 모멘트가 0이므로 무극성 분자이다.

ㄴ. N_2H_2에는 질소 원자에 비공유 전자쌍이 각각 1개씩 있다.

ㄷ. C_2H_2의 분자 모양은 결합각($\angle HCC$)이 180°인 직선형이고, N_2H_2의 분자 모양은 2개의 질소 원자에 비공유 전자쌍이 1개씩 있으므로 질소 원자 기준으로 굽은 형이다.

G 02 정답 ⑤ ✱ 분자의 극성과 성질 ································ [정답률 64%] 학력 평가 기출

표는 분자 (가)와 (나)에 대한 자료이다. (가)와 (나)에서 C, O는 옥텟 규칙을 만족한다.

분자	(가) CH_4	(나) H_2O_2
구성 원소의 루이스 전자점식	·Ċ· ·H	·Ö· ·H
구성 원소의 질량비	단서 C : H=3 : 1	O : H=16 : 1
몰수비	$C : H = \frac{3}{12} : \frac{1}{1} = 1 : 4$	$O : H = \frac{16}{16} : \frac{1}{1} = 1 : 1$

이에 대한 설명으로 옳은 것만을 〈보기〉에서 있는 대로 고른 것은? (단, H, C, O의 몰질량(g/mol)은 각각 1, 12, 16이다.)

[보기]

ㄱ. (가)에서 결합의 쌍극자 모멘트의 합은 0이다.
　　(가)는 CH_4이므로 무극성 분자 ➡ 쌍극자 모멘트 합=0
ㄴ. (나)의 분자식은 H_2O_2이다.
ㄷ. (가)와 (나)에는 극성 공유 결합이 있다.
　　(가): C－H, (나): H－O

① ㄱ　　② ㄷ　　③ ㄱ, ㄴ　　④ ㄴ, ㄷ　　⑤ ㄱ, ㄴ, ㄷ

단서+발상

단서 구성 원소의 질량비가 제시되어 있다.
발상 탄소와 수소의 몰질량을 활용하여 각 분자의 실험식을 추론할 수 있다.
적용 몰수를 구하는 공식 몰수=$\frac{질량}{몰질량}$을 적용해서 각 분자를 구성하는 원소들의 몰수비를 구하는 것부터 문제 풀이를 시작해야 한다.

| 문제+자료 분석 |

• 주어진 구성 원소의 질량비를 각 원소의 몰질량으로 나누면 몰수비를 구할 수 있다.

(가)의 경우 C : H=$\frac{3}{12} : \frac{1}{1}$=1 : 4이므로 (가)의 실험식은 CH_4이다.

(나)의 경우 O : H=$\frac{16}{16} : \frac{1}{1}$=1 : 1이므로 (나)의 실험식은 OH이다.

• (가)와 (나)에서 C, O는 옥텟 규칙을 만족하므로 (가)는 CH_4, (나)는 H_2O_2 함정 이다.

| 보기 분석 |

ㄱ. 무극성 분자의 결합의 쌍극자 모멘트는 0이고, 극성 분자의 결합의 쌍극자 모멘트는 0이 아니다. (가)는 무극성 분자이므로 결합의 쌍극자 모멘트의 합은 0이다.

ㄴ. (나)의 실험식은 OH이고 구성 원소가 모두 옥텟 규칙을 만족하므로 분자식은 H_2O_2이다.

ㄷ. 분자 (가)와 (나) 모두 전기 음성도가 다른 두 원소 간 공유 결합이 포함되어 있으므로 극성 공유 결합이 있다. 꿀팁

 문제 풀이 꿀팁

• **결합의 극성과 분자의 극성**: 결합의 극성은 공유 결합한 두 원자 사이의 결합만 보는 것이고 분자의 극성은 분자 내 공유 결합 모두를 합하여 판단한다.
• 분자 내 결합이 모두 극성 결합이어도 분자는 무극성일 수 있다.
• 극성 공유 결합은 전기 음성도가 다른 두 원소 간 공유 결합이다.

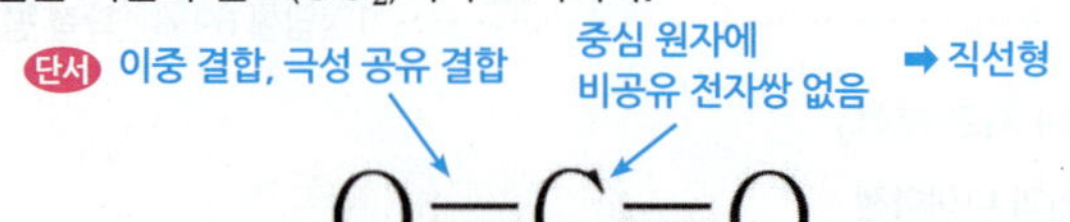

CO_2 분자에 대한 설명으로 옳은 것만을 〈보기〉에서 있는 대로 고른 것은?

─────[보기]─────
ㄱ. ~~단일~~ 결합이 있다.
　　이중 결합만 있다.
ㄴ. 극성 공유 결합이 있다.
　　서로 다른 원소의 원자인 C와 O사이에는 극성 공유 결합이 있다.
ㄷ. 분자의 쌍극자 모멘트는 0이다.
　　결합의 쌍극자 모멘트 합이 0이다.

① ㄱ　② ㄴ　③ ㄱ, ㄷ　④ ㄴ, ㄷ　⑤ ㄱ, ㄴ, ㄷ

 **단서+발상**

단서 문제에 루이스 구조식이 제시되어 있다.
발상 결합의 극성 및 분자의 구조를 파악할 수 있다.
적용 결합의 쌍극자 모멘트 합을 통해 분자의 극성을 파악한다.

| 문제+자료 분석 |

- **이산화 탄소(CO_2)의 구조**: 원자가 전자 수가 4인 탄소(C) 원자에 2개의 산소(O) 원자가 각각 이중 결합을 하므로 중심 원자에 비공유 전자쌍이 없다. 따라서 전자쌍 반발 이론에 따라 분자 구조는 직선형이다.

| 보기 분석 |

ㄱ. 탄소(C) 원자에 2개의 산소(O) 원자가 각각 이중 결합을 한 분자이다. 따라서 단일 결합은 없다.
ㄴ. 서로 다른 원소의 원자인 C와 O사이의 결합은 극성 공유 결합이다.
ㄷ. 모두 극성 공유 결합으로 이루어져 있으나 분자 구조가 직선형이므로 각 결합의 쌍극자 모멘트 합은 0이다. 따라서 무극성 분자이다.

✳ **극성 분자와 무극성 분자**

극성 분자	극성 공유 결합이 있는 분자 중에서 각 결합의 쌍극자 모멘트 합이 0이 아닌 분자 ⑩ HF, H_2O, NF_3
무극성 분자	① 무극성 공유 결합이 있는 이원자 분자 ⑩ H_2, N_2, O_2
	② 극성 공유 결합이 있는 분자라도 각 결합의 쌍극자 모멘트 합이 0인 구조의 분자 ⑩ CO_2, BF_3

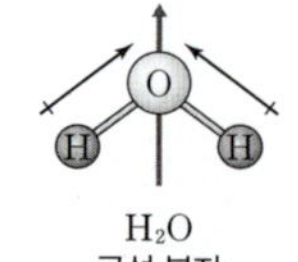

H_2O
극성 분자
(쌍극자 모멘트의 합≠0)

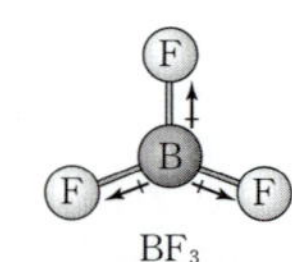

BF_3
무극성 분자
(쌍극자 모멘트의 합=0)

그림은 분자 (가)~(다)의 구조식을 나타낸 것이다.

$$H-C≡N \qquad F-B-F \qquad F-C-F$$

단서 결합각: 180°　(나) 120°　(다) 109.5°
(가) HCN　(나) BF_3　(다) CF_4

이에 대한 설명으로 옳은 것만을 〈보기〉에서 있는 대로 고른 것은?

─────[보기]─────
ㄱ. (가)의 분자 모양은 ~~굽은~~ 형이다.
　　→ (가)의 분자 모양은 직선형
ㄴ. (나)는 무극성 분자이다.
　　→ (나)는 결합의 쌍극자 모멘트 합이 0이므로 무극성 분자
ㄷ. 결합각은 (나) > (다)이다.
　　→ 결합각은 (나)(120°) > (다)(109.5°)

① ㄱ　② ㄴ　③ ㄷ　④ ㄱ, ㄴ　⑤ ㄴ, ㄷ

| 문제+자료 분석 |

◈ **분자의 모양**
- (가)-공유 전자쌍만 가지고 있는 중심 원자(C)에 2개의 원자(H, N)가 결합된 구조 → 직선형
- (나)-공유 전자쌍만 가지고 있는 중심 원자(B)에 3개의 원자(F)가 결합된 구조 → 평면 삼각형
- (다)-공유 전자쌍만 가지고 있는 중심 원자(C)에 4개의 원자(F)가 결합된 구조 → 정사면체형

| 보기 분석 |

ㄱ. (가)는 3원자 분자이고, 중심 원자에 비공유 전자쌍이 없으므로 직선형이다.
ㄴ. (나)는 중심 원자 붕소(B)에 같은 종류의 원자 플루오린(F) 3개가 공유 결합한 4원자 분자이므로 평면 삼각형이다. 따라서 분자의 쌍극자 모멘트(결합의 쌍극자 모멘트 합)이 0이므로 무극성 분자이다. 주의
ㄷ. (나)는 평면 삼각형 구조이므로 결합각은 120°이다. (다)는 중심 원자인 탄소(C)에 같은 종류의 원자 플루오린(F) 4개가 공유 결합한 5원자 분자, 정사면체형이므로 결합각은 109.5°이다. 따라서 결합각은 (나) > (다)이다.

그림은 분자 (가)~(다)의 구조식을 나타낸 것이다.

 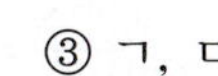  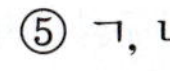

$H-O-H$ $O=C=O$ $H-C\equiv N$

   (가)   (나)   (다)

단서 굽은 형, 104.5°   직선형, 180°   직선형, 180°
극성 분자   무극성 분자   극성 분자

(가)~(다)에 대한 설명으로 옳은 것만을 〈보기〉에서 있는 대로 고른 것은? (3점)

[보기]

ㄱ. 중심 원자에 비공유 전자쌍이 존재하는 분자는 ~~2가지~~이다.
→ (가)의 산소 원자에 2개의 비공유 전자쌍 존재

ㄴ. 분자 모양이 직선형인 분자는 2가지이다.
→ (가)는 굽은 형, (나)와 (다)는 직선형

ㄷ. 극성 분자는 ~~1가지~~이다.
→ (가)와 (다)는 극성 분자, (나)는 무극성 분자

① ㄱ   ② ㄴ   ③ ㄱ, ㄷ   ④ ㄴ, ㄷ   ⑤ ㄱ, ㄴ, ㄷ

| 문제+자료 분석 |

◈ 분자의 구조식으로 구조와 극성 유무 파악하기

• (가) : 원자가 전자 수가 6인 산소 원자 1개에 수소 원자 2개가 단일 결합된 분자이므로 중심 원자 산소에 비공유 전자쌍이 2개 존재 → 분자 구조는 굽은 형이고, 각 결합의 쌍극자 모멘트의 합이 0이 아닌 비대칭 구조이므로 극성 분자

• (나) : 원자가 전자 수가 4인 탄소 원자에 2개의 산소 원자가 각각 2중 결합한 분자 → 중심 원자에 비공유 전자쌍이 없으므로 분자 구조는 직선형이고, 모두 극성 공유 결합으로 이루어져 있으나 각 결합의 쌍극자 모멘트의 합이 0인 대칭 구조이므로 무극성 분자 주의

• (다) : 원자가 전자 수가 4인 탄소 원자를 중심으로 질소 원자가 삼중 결합을 하고 수소 원자가 단일 결합을 이루었으므로 중심 원자 C에는 비공유 전자쌍이 존재하지 않음 → 분자의 구조는 직선형이고, 각 결합의 쌍극자 모멘트의 합이 0이 아니므로 극성 분자

| 보기 분석 |

ㄱ. (가)의 중심 원자인 산소에는 비공유 전자쌍이 2개 존재하고 (나)와 (다)의 중심 원자인 탄소에는 비공유 전자쌍이 존재하지 않는다.

ㄴ. (가)는 중심 원자인 산소에 2개의 비공유 전자쌍이 있으므로 굽은 형이고, (나)와 (다)는 직선형이다.

ㄷ. (가)와 (다)는 극성 분자이고, (나)는 무극성 분자이다.

표는 2주기 원소 W~Z로 구성된 분자 (가)와 (나)에 대한 자료이다. (가)와 (나)에서 모든 원자는 옥텟 규칙을 만족한다.

단서 C, N, O, F

분자	분자식	중심 원자	분자 모양
(가)	WX_2 OF_2	W O(산소)	굽은 형
(나)	XYZ FCN	Y C(탄소)	직선형

이에 대한 설명으로 옳은 것만을 〈보기〉에서 있는 대로 고른 것은? (단, W~Z는 임의의 원소 기호이다.) (3점)

[보기]

ㄱ. (가)는 극성 분자이다.
쌍극자 모멘트 합이 0이 아니므로 극성 분자

ㄴ. 중심 원자의 비공유 전자쌍 수는 (가) > (나)이다.
(가) 2 > (나) 0

ㄷ. 전기 음성도는 Z~~>~~W이다.
Z(질소, 3.0) < W(산소, 3.4)

① ㄱ   ② ㄷ   ③ ㄱ, ㄴ   ④ ㄴ, ㄷ   ⑤ ㄱ, ㄴ, ㄷ

단서+발상

단서 분자식과 분자 모양이 제시되어 있다.

발상 모든 원자는 옥텟 규칙을 만족하므로 W~Z는 각각 C, N, O, F 중 하나임을 추론할 수 있다.

적용 주어진 분자 모양과 분자식을 활용해서 (가)와 (나)의 실제 분자식을 구하는 것부터 문제 풀이를 시작해야 한다.

| 문제+자료 분석 |

• (가)와 (나)의 모든 원자는 옥텟 규칙을 만족하는 2주기 원소이므로 C, N, O, F 중 하나이다.

• 해당 원소들로 구성된 분자 중 굽은 형 구조는 OF_2이고, 직선형은 CO_2, FCN이다. 이 중 주어진 분자식 조건을 고려하면 (가)는 OF_2, (나)는 FCN이다.

• 따라서 W는 O(산소), X는 F(플루오린), Y는 탄소(C), Z는 질소(N)이다.

| 보기 분석 |

ㄱ. OF_2는 분자 내 전하 분포가 고르지 않아 분자의 쌍극자 모멘트가 0이 아니므로 극성 분자이다.

ㄴ. 중심 원자의 비공유 전자쌍 수는 (가)에서 2, (나)에서 0이므로 (가) > (나)이다.

ㄷ. 전기 음성도는 Z는 3.0, W는 3.4이므로 Z < W이다. 꿀팁

 문제 풀이 꿀팁

• 18족 원소들은 단원자 분자이므로 전자를 주고받지 않아 전기 음성도 측정 대상이 아니다.

구분	1족	2족	13족	14족	15족	16족	17족
1주기	H 2.2						
2주기	Li 1.0	Be 1.6	B 2.0	C 2.6	N 3.0	O 3.4	F 4.0
3주기	Na 0.9	Mg 1.3	Al 1.6	Si 1.9	P 2.2	S 2.6	Cl 3.2
4주기	K 0.8	Ca 1.0					

G 07 정답 ① ✱ 분자의 구조

표는 원소 X~Z로 구성된 분자 (가)~(다)에 대한 자료이다. X~Z는 각각 C, N, F 중 하나이고, a, b는 5 이하이다. 단서 옥텟 규칙 만족

분자	(가)	(나)	(다)
구성 원소	X, Y	X, Z	X, Z
구성 원자 수	5	$a=4$	$b=4$
$\dfrac{\text{X 원자 수}}{\text{Y 또는 Z 원자 수}}$	4	3	1

X 원자 수=4, Y 원자 수=1 | X 원자 수=3, Z 원자 수=1 | X 원자 수=2, Z 원자 수=2

이에 대한 설명으로 옳은 것만을 〈보기〉에서 있는 대로 고른 것은? (단, (가)~(다)에서 모든 원자는 옥텟 규칙을 만족한다.)

[보기]

ㄱ. $a=b$이다.

ㄴ. (다)에는 삼중 결합이 있다.
(다): N_2F_2, $F-N=N-F$ ➡ 단일 결합, 이중 결합이 있음

ㄷ. 분자의 쌍극자 모멘트는 (가)✗(나)이다.
무극성 분자 (가)의 쌍극자 모멘트 합=0
극성 분자 (나)의 쌍극자 모멘트 합>0

① ㄱ ② ㄷ ③ ㄱ, ㄴ ④ ㄴ, ㄷ ⑤ ㄱ, ㄴ, ㄷ

단서＋발상

단서 (가)의 구성 원자 수가 제시되어 있다.

발상 $\dfrac{\text{X 원자 수}}{\text{Y 또는 Z 원자 수}}$의 값을 활용하여 (가)를 구성하는 원소의 수를 추론할 수 있다.

적용 $\dfrac{\text{X 원자 수}}{\text{Y 또는 Z 원자 수}}$를 적용해서 (가)의 분자식을 구하는 것부터 문제 풀이를 시작해야 한다.

| 문제＋자료 분석 |

- (가)~(다)의 모든 원자는 옥텟 규칙을 만족하고, X, Y, Z는 C, N, F 중 하나이다.

- (가)의 $\dfrac{\text{X 원자 수}}{\text{Y 원자 수}}$가 4인데, 구성 원자 수가 5이므로 (가)를 구성하는 X 원자 수는 4개이고, 주어진 원자 조합 중 해당 조건을 만족하는 것은 CF_4이다.
➡ X는 F(플루오린), Y는 C(탄소)이다. 따라서 Z는 N(질소)이다.

- (나)의 구성 원자 수는 5 이하인데 $\dfrac{\text{X 원자 수}}{\text{Z 원자 수}}=3$이므로, (나)의 분자식은 NF_3이다. 따라서 a는 4이다.

- (다)를 구성하는 X원자 수와 Y원자 수가 같고, 옥텟을 만족하므로 (다)의 분자식은 N_2F_2이다. 따라서 b는 4이다.

| 보기 분석 |

ㄱ. $a=4$, $b=4$이므로 a와 b는 같다.

ㄴ. (다)는 N_2F_2이고, 분자 구조는 $F-N=N-F$이므로 삼중 결합은 없다.

ㄷ. (가)는 무극성 분자이므로 쌍극자 모멘트가 0이고, (나)는 극성 분자이므로 쌍극자 모멘트가 0보다 크다. 꿀팁 따라서 (가)＜(나)이다.

G 08 정답 ⑤ ✱ 분자의 구조와 성질

표는 분자 (가)~(다)에 대한 자료이다. X~Z는 2주기 원소이고, (가)~(다)의 중심 원자는 옥텟 규칙을 만족한다.
단서 C, N, O 중 하나

분자	(가) HCN	(나) NH_3	(다) H_2O
구성 원소	H, X, Y (C N)	H, Y (N)	H, Z (O)
전체 원자 수	3	4	3
H 원자 수	1	3	2

X=C, Y=N, Z=O

(가)~(다)에 대한 옳은 설명만을 〈보기〉에서 있는 대로 고른 것은? (단, X~Z는 임의의 원소 기호이다.) (3점)

[보기]

ㄱ. $\dfrac{\text{공유 전자쌍 수}}{\text{비공유 전자쌍 수}}>1$인 것은 2가지이다.
→ $HCN=\dfrac{4}{1}$, $NH_3=\dfrac{3}{1}$, $H_2O=\dfrac{2}{2}$

ㄴ. 분자를 구성하는 모든 원자가 동일 평면에 존재하는 것은 2가지이다. → 평면 구조는 직선형, 굽은 형, 평면 삼각형을 포함

ㄷ. (가)~(다)는 모두 극성 분자이다.
→ (가)~(다) 분자의 쌍극자 모멘트>0이므로 극성 분자

① ㄱ ② ㄴ ③ ㄱ, ㄷ ④ ㄴ, ㄷ ⑤ ㄱ, ㄴ, ㄷ

| 문제＋자료 분석 |

◈ 구성 원소의 가짓수와 원자 수로 분자식 파악

- (나): H 원자 3개와 Y 원자 1개로 이루어진 분자로 Y가 옥텟 규칙을 만족하려면 중심 원자 Y에 1개의 비공유 전자쌍이 있어야 한다. → Y는 15족 원소 N, (나)는 NH_3

- (다): H 원자 2개와 Z 원자 1개로 이루어진 분자로 Z가 옥텟 규칙을 만족하려면 중심 원자 Z에 2개의 비공유 전자쌍이 있어야 한다. → Z는 16족 원소 O, (다)는 H_2O

- (가): H 원자 1개, Y(N) 원자 1개, X 원자 1개로 이루어진 분자로 H는 단일 결합만 가능하고, N은 일반적으로 3개의 전자쌍을 공유하므로 X는 4개의 전자쌍을 공유할 수 있는 14족 원소 C이며 중심 원자가 된다. → (가)는 HCN

| 보기 분석 |

ㄱ. (가) HCN의 $\dfrac{\text{공유 전자쌍 수}}{\text{비공유 전자쌍 수}}=\dfrac{4}{1}$,

(나) NH_3의 $\dfrac{\text{공유 전자쌍 수}}{\text{비공유 전자쌍 수}}=\dfrac{3}{1}$,

(다) H_2O의 $\dfrac{\text{공유 전자쌍 수}}{\text{비공유 전자쌍 수}}=\dfrac{2}{2}$이므로

$\dfrac{\text{공유 전자쌍 수}}{\text{비공유 전자쌍 수}}>1$인 것은 (가), (나) 2가지이다.

ㄴ. (가) HCN은 직선형, (나) NH_3는 삼각뿔형, (다) H_2O는 굽은 형으로 (가)와 (다)만 평면 구조에 속한다.

ㄷ. (가), (나), (다) 모두 결합의 쌍극자 모멘트 합이 0이 아닌 비대칭 구조이므로(분자의 쌍극자 모멘트>0) 부분 전하를 띠는 극성 분자이다.

문제 풀이 Tip

- 문제 풀이 시 구성 원소 가짓수가 작은 (나)와 (다)의 분자식을 먼저 구한 후 (가)를 구하는 것이 빠르다.

- $\dfrac{\text{공유 전자쌍 수}}{\text{비공유 전자쌍 수}}$는 빈출 표현으로, 이 값을 통해 어떤 분자인지를 맞추는 형식의 문제가 자주 출제되었으므로 대표적인 분자들의 값을 암기하고 있는 것이 좋다.

G 09 정답 ② ＊ 분자의 구조와 극성

표는 중심 원자가 탄소(C)인 분자 (가)~(다)에 대한 자료이다.

분자	[단서] (가) CO_2	(나) CF_4	(다) COF_2
구성 원소	C, O	C, F	C, O, F
구성 원자 수	3	5	4
비공유 전자쌍 수	4	12	8

이에 대한 설명으로 옳은 것만을 〈보기〉에서 있는 대로 고른 것은? (단, (가)~(다)에서 모든 원자는 옥텟 규칙을 만족한다.)

[보기]
ㄱ. (나)의 쌍극자 모멘트는 0보다 크다. 0이다.
ㄴ. (다)를 구성하는 모든 원자는 같은 평면에 존재한다.
ㄷ. 결합각은 (나)＞(가)이다. ＜

① ㄱ　　② ㄴ　　③ ㄷ　　④ ㄱ, ㄴ　　⑤ ㄴ, ㄷ

단서＋발상

[단서] 모든 원자가 옥텟 규칙을 만족하는 분자가 제시되어 있다.

[발상] 구성 원자 수와 비공유 전자쌍 수를 통해 분자식을 추론할 수 있다.

[적용] 전자쌍 반발 원리를 적용해서 분자의 극성을 구하는 것부터 문제 풀이를 시작해야 한다.

｜문제＋자료 분석｜

- (가) : 2개의 O가 중심 원자 C에 각각 이중 결합을 형성한 CO_2이다.
- (나) : 4개의 F이 중심 원자 C에 각각 단일 결합을 형성한 CF_4이다.
- (다) : 1개의 O가 중심 원자 C에 이중 결합을 형성하고, 2개의 F이 중심 원자 C에 각각 단일 결합을 형성한 COF_2이다.
- (가)~(다) 분자의 구조와 극성 유무

구분	(가)	(나)	(다)
분자	CO_2	CF_4	COF_2
분자 구조	직선형	정사면체형	평면 삼각형
극성 유무	무극성	무극성	극성

｜보기 분석｜

ㄱ. (나)는 CF_4로 정사면체형 구조이므로 분자의 쌍극자 모멘트는 0이다.
ㄴ. (다)는 COF_2로 평면 삼각형 구조이므로 모든 원자가 같은 평면에 존재한다.
ㄷ. (가)는 CO_2로 직선형, (나)는 CF_4로 정사면체형 구조이므로 결합각은 각각 180°, 109.5°이다. 따라서 결합각의 크기는 (가)＞(나)이다.

G 10 정답 ② ＊ 결합의 극성과 분자의 극성

그림은 결합의 극성과 분자의 극성에 대한 선생님과 학생의 대화이다.

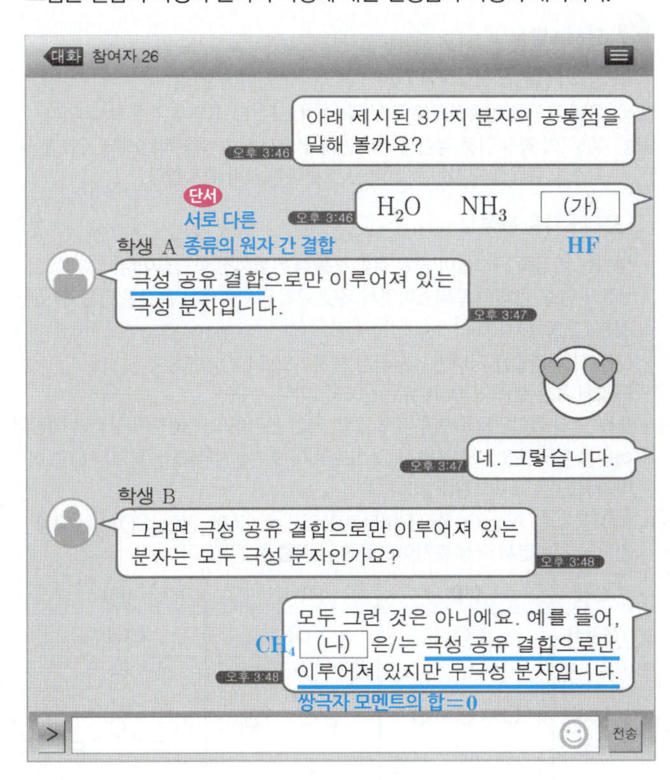

다음 중 (가), (나)로 가장 적절한 것은? (3점)

	(가)	(나)		(가)	(나)
①	O_2	CH_4	②	HF	CH_4
③	O_2	CH_3Cl	④	HF	CH_3Cl
⑤	O_2	CO_2			

무극성 공유 결합
극성 분자

단서＋발상

[단서] 3가지 분자의 공통점이 제시되어 있다.

[발상] 극성 분자의 특징을 추론할 수 있다.

[적용] 극성 공유 결합으로만 이루어져 있지만 무극성 분자가 되는 까닭을 찾는 것부터 문제 풀이를 시작해야 한다.

｜문제＋자료 분석｜

- O_2에는 무극성 공유 결합이 있으며 O_2는 무극성 분자이다.
- CH_4, CO_2에는 극성 공유 결합이 있으며 CH_4, CO_2는 무극성 분자이다.
- CH_3Cl에는 극성 공유 결합만 있으며 CH_3Cl는 극성 분자이다.

｜선택지 분석｜

② HF는 극성 공유 결합으로만 이루어져 있는 극성 분자이므로 (가)로 적절하고, CH_4은 극성 공유 결합으로만 이루어져 있는 무극성 분자이므로 (나)로 적절하다.

＊ 극성 분자와 무극성 분자

극성 분자	극성 공유 결합이 있는 분자 중에서 각 결합의 쌍극자 모멘트 합이 0이 아닌 분자 ⑩ HF, H_2O, NF_3
무극성 분자	① 무극성 공유 결합이 있는 이원자 분자 ⑩ H_2, N_2, O_2
	② 극성 공유 결합이 있는 분자라도 각 결합의 쌍극자 모멘트 합이 0인 구조의 분자 ⑩ CO_2, BF_3

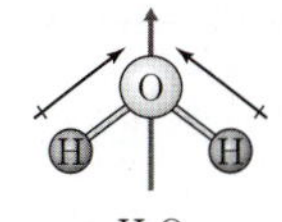

H_2O
극성 분자
(쌍극자 모멘트의 합≠0)

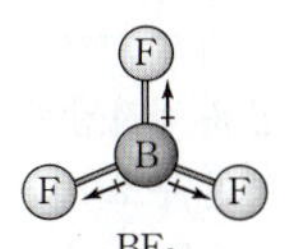

BF_3
무극성 분자
(쌍극자 모멘트의 합＝0)

G 11 정답 ④ ✱ 분자의 구조와 극성

그림은 2주기 원소 X~Z로 이루어진 분자 XZ_4, YZ_2, XYZ_2의 쌍극자 모멘트를 나타낸 것이다. 분자 내 모든 원자는 옥텟 규칙을 만족한다.
C, N, O, F

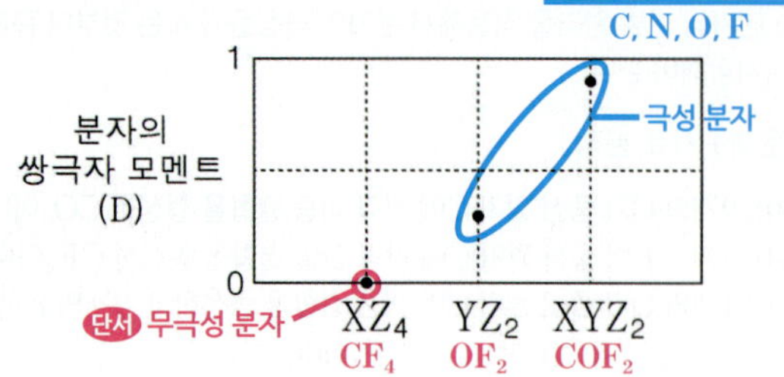

이에 대한 설명으로 옳은 것은? (단, X~Z는 임의의 원소 기호이다.)

① XZ_4는 극성 분자이다. 무극성
② YZ_2에는 이중 결합이 존재한다. 단일 결합만 존재
③ XYZ_2에서 X 원자는 부분적인 (–)전하를 띤다. (+)전하
④ 결합각은 XZ_4가 YZ_2보다 크다.
⑤ XY_2에는 무극성 공유 결합이 있다. 없다

단서+발상

단서 2주기 원소로 이루어진 세가지 분자가 제시되어 있다.

발상 옥텟 규칙을 만족하므로 구성 원소는 C, N, O, F임을 추론할 수 있다.

적용 XZ_4의 쌍극자 모멘트가 0이므로 무극성 분자임을 적용해서 X와 Z의 원소의 종류를 구하는 것부터 문제 풀이를 시작해야 한다.

│ 문제+자료 분석 │

• 2주기 원소 중 분자 내에서 옥텟 규칙을 만족하는 원소는 C, N, O, F이다.
• XZ_4 : 2주기 원소로 구성된 분자 중 XZ_4의 화학식을 만족하는 분자는 CF_4이므로 X와 Z는 각각 C와 F이다.
• YZ_2 : Z(F)는 공유 전자쌍이 1개이므로 2개의 Z(F)와 결합하고 있는 Y는 원자가 전자 수가 6인 O이다. 따라서 YZ_2는 OF_2이다.
• X, Y, Z가 각각 C, O, F이므로 XYZ_2는 COF_2이다.

│ 선택지 분석 │

① $XZ_4(CF_4)$는 분자의 쌍극자 모멘트가 0이므로 무극성 분자이다.
② $YZ_2(OF_2)$는 단일 결합으로만 구성되어 있다.
③ $XYZ_2(COF_2)$에서 전기 음성도는 X(C)가 Y(O)와 Z(F)보다 작으므로 부분적인 (+)전하를 띤다.
④ $XZ_4(CF_4)$는 정사면체형으로 결합각이 109.5°이고, $YZ_2(OF_2)$는 굽은 형이므로 결합각은 109.5°보다 작다.
⑤ $XY_2(CO_2)$는 극성 공유 결합으로만 구성되어 있다.

G 12 정답 ⑤ ✱ 분자의 구조와 극성

다음은 2주기 원소로 구성된 분자 (가)~(다)에 대한 자료이다. (가)~(다)를 구성하는 모든 원자는 옥텟 규칙을 만족한다.
C, N, O, F

○ (가)~(다)의 분자식

분자	(가)	(나)	(다)
분자식	XY_2	YZ_2	XYZ_2

○ (가)~(다)를 기준 Ⅰ, Ⅱ에 따라 분류한 벤 다이어그램

분류 기준
Ⅰ. 다중 결합이 있다.
Ⅱ. 극성 분자이다.

(가) CO_2 단서 (다) COF_2 (나) OF_2

이에 대한 설명으로 옳은 것만을 〈보기〉에서 있는 대로 고른 것은? (단, X~Z는 임의의 원소 기호이다.) (3점)

─[보기]─
ㄱ. (가)의 공유 전자쌍 수는 4이다.
ㄴ. (다)는 평면 구조이다.
ㄷ. 결합각은 (가) > (나)이다.

① ㄱ ② ㄴ ③ ㄱ, ㄷ ④ ㄴ, ㄷ ⑤ ㄱ, ㄴ, ㄷ

단서+발상

단서 2주기 원소로 이루어진 세가지 분자가 제시되어 있다.

발상 옥텟 규칙을 만족하므로 구성 원소는 C, N, O, F임을 추론할 수 있다.

적용 XY_2의 경우 다중 결합을 가지면서 무극성 분자임을 적용해서 X와 Y의 원소의 종류를 구하는 것부터 문제 풀이를 시작해야 한다.

│ 문제+자료 분석 │

• 분자는 비금속 원소들이 공유 결합을 통해 만들어진 화합물이다.
• 2주기 원소 중 비금속 원소이면서 옥텟 규칙을 만족하는 분자를 만들 수 있는 것은 C, N, O, F이다.
• (가): 다중 결합을 지니면서 무극성 분자이므로 CO_2이다.
• 따라서 X는 탄소(C)이고 Y는 산소(O)이다.
• (나): 단일 결합만으로 이루어져 있고, 극성 분자이므로 분자의 구조가 대칭이 아님을 알 수 있다. Y는 산소(O)이므로 이 조건을 만족하는 분자는 OF_2이다.
• 따라서, Z는 플루오린(F)이다.
• (다): X=C, Y=O, Z=F이므로 XYZ_2는 COF_2이다. COF_2는 다중 결합을 지니면서 극성 분자이므로 분류 기준을 만족한다.

분자	(가)	(나)	(다)
분자식	CO_2	OF_2	COF_2
분자 구조	O=C=O	F–O–F	F–C–F (O 이중결합)
	직선형	굽은 형	평면 삼각형

│ 보기 분석 │

ㄱ. (가) (CO_2)의 공유 전자쌍 수는 4이다.
ㄴ. (다) (COF_2)는 평면 삼각형 구조이다.
ㄷ. (가)는 직선형 구조이므로 결합각은 180°이고, (나)는 굽은 형 구조이므로 결합각은 180°보다 훨씬 작다.

G 13 정답 ① ✱ 분자의 구조와 극성

그림은 3가지 분자를 주어진 기준에 따라 분류한 것이다.

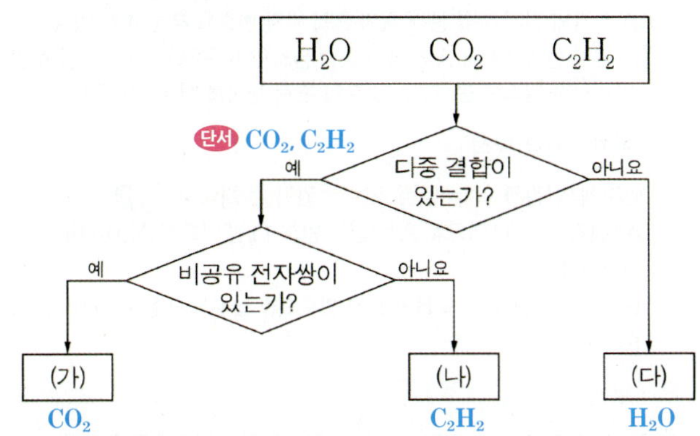

이에 대한 설명으로 옳은 것만을 〈보기〉에서 있는 대로 고른 것은? (3점)

[보기]

ㄱ. (나)의 공유 전자쌍 수는 5이다.
(나): C_2H_2, $H-C\equiv C-H$ ➡ 공유 전자쌍 수=5

ㄴ. (다)의 분자 모양은 직선형이다.
H_2O ➡ 중심 원자인 산소에 비공유 전자쌍이 2쌍 있으므로 굽은 형

ㄷ. 분자의 쌍극자 모멘트는 (가)✗(다)이다. <
무극성 분자 (가)의 쌍극자 모멘트 합=0
극성 분자 (다)의 쌍극자 모멘트 합 > 0

① ㄱ   ② ㄴ   ③ ㄷ   ④ ㄱ, ㄴ   ⑤ ㄴ, ㄷ

단서 + 발상

단서 분자식이 제시되어 있다.
발상 분자식으로 분자 구조를 추론할 수 있다.
적용 각 분자의 분자 구조를 그리는 것부터 문제 풀이를 시작해야 한다.

| 문제 + 자료 분석 |

• 각 분자의 구조식과 주어진 기준에 대한 분류는 아래와 같다.

구분	구조식	다중 결합이 있는가?	비공유 전자쌍이 있는가?
H_2O		×	○
CO_2	$\ddot{O}=C=\ddot{O}$	○	○
C_2H_2	$H-C\equiv C-H$	○	×

• 따라서 (가)는 CO_2, (나)는 C_2H_2, (다)는 H_2O이다.

| 보기 분석 |

ㄱ 공유 전자쌍 수는 구조식에서 실선의 개수이므로 5개이다.
ㄴ (다)는 결합각이 104.5°인 굽은 형이다. (가)가 직선형이다.
ㄷ. (가)는 무극성 분자, (다)는 극성 분자이므로 분자의 쌍극자 모멘트는 (가)<(다)이다. 꿀팁

문제 풀이 꿀팁

• 분자의 쌍극자 모멘트 비교하는 문제는 (ⅰ) 무극성 분자와 극성 분자를 비교하는 경우 또는 (ⅱ) 무극성 분자와 무극성 분자를 비교하는 경우로 나뉜다.
• 무극성 분자의 경우 쌍극자 모멘트 합=0이고, 극성 분자의 경우 쌍극자 모멘트 합>0이다.
• 따라서 분자의 쌍극자 모멘트는 (ⅰ)의 경우 극성 분자>무극성 분자이고, (ⅱ)의 경우 무극성 분자 끼리는 모두 0으로 같다.

G 14 정답 ⑤ ✱ 공유 결합과 분자의 극성

그림은 3가지 분자를 주어진 기준에 따라 분류한 것이다.

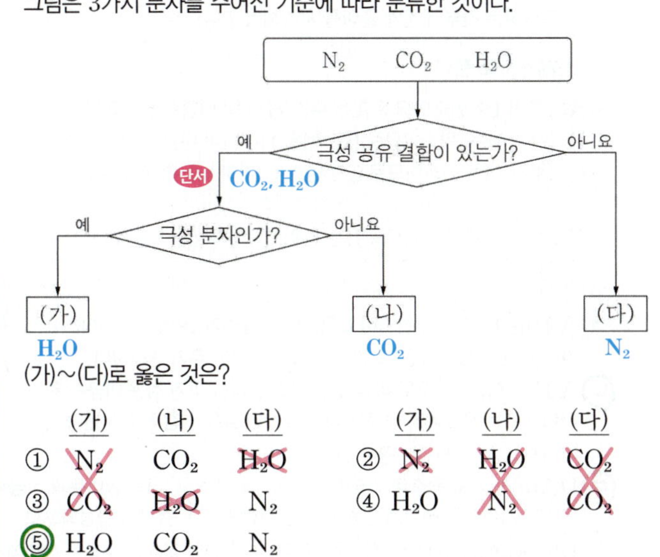

(가)~(다)로 옳은 것은?

	(가)	(나)	(다)
①	N₂	CO₂	H₂O
②	N₂	H₂O	CO₂
③	CO₂	H₂O	N₂
④	H₂O	N₂	CO₂
⑤	H₂O	CO₂	N₂

단서 + 발상

단서 3가지 분자와 분류 기준이 제시되어 있다.
발상 극성 공유 결합을 갖는 분자를 추론할 수 있다.
적용 결합한 두 원자의 종류를 비교해서 극성 공유 결합을 갖는 분자를 구하는 것부터 문제 풀이를 시작해야 한다.

| 문제 + 자료 분석 |

• 극성 공유 결합: 서로 다른 원소 간의 결합으로 극성 공유 결합이 있는 물질은 CO_2, H_2O이다. 반면에 N_2는 같은 종류의 원자 간 결합으로 무극성 공유 결합을 갖는다. 따라서 (다)는 N_2이다.
• 분자의 극성 여부: CO_2는 직선형으로 쌍극자 모멘트의 합이 0이므로 무극성 분자이고, H_2O은 굽은 형으로 쌍극자 모멘트의 합이 0이 아니므로 극성 분자이다. 따라서 (가)는 H_2O, (나)는 CO_2이다.

| 선택지 분석 |

⑤ 극성 공유 결합이 있는 물질은 CO_2, H_2O이다. CO_2는 직선형으로 쌍극자 모멘트의 합이 0이므로 무극성 분자이고, H_2O은 굽은 형으로 쌍극자 모멘트의 합이 0이 아니므로 극성 분자이다.
따라서 (가)~(다)는 각각 H_2O, CO_2, N_2이다.

G 15 정답 ⑤ ✷ 화학 결합에 따른 물질

그림은 원자 A, B의 전자 배치를 모형으로 나타낸 것이다.

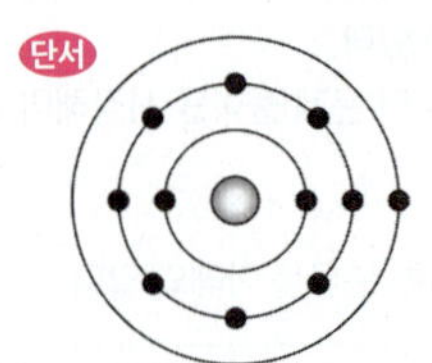 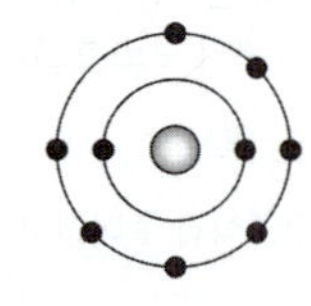

이에 대한 설명으로 옳은 것만을 〈보기〉에서 있는 대로 고른 것은? (단, A, B는 임의의 원소 기호이다.)

─────── [보기] ───────

ㄱ. A의 양성자수는 11이다.
　A의 전자 수＝11 ➡ 원자는 전기적으로 중성이므로 A의 양성자수＝11
ㄴ. B_2는 공유 결합 물질이다.
　B(F)는 비금속 원소 ➡ B_2는 공유 결합 물질
ㄷ. AB는 수용액 상태에서 전기 전도성이 있다.
　AB는 이온 결합 물질 ➡ 수용액 상태에서 전기 전도성 있다.

① ㄱ　　② ㄷ　　③ ㄱ, ㄴ　　④ ㄴ, ㄷ　　⑤ ㄱ, ㄴ, ㄷ

🧠 단서＋발상

(단서) 원자 A와 B의 전자 배치 모형이 제시되어 있다.

(발상) 각각의 전자 수를 통해 A와 B의 원자 번호를 추론할 수 있다.

(적용) 원자 번호로부터 A와 B가 어떤 원소인지 구하고, 각각을 금속 원소와 비금속 원소로 분류하는 것부터 문제 풀이를 시작해야 한다.

| 문제＋자료 분석 |

- 원자에서 [전자 수 ＝ 양성자수 ＝ 원자 번호]이다. 꿀팁
- A: 전자 수가 11이므로 A는 원자 번호 11번 나트륨(Na)이며 금속 원소이다.
- B: 전자 수가 9이므로 B는 원자 번호 9번 플루오린(F)이며 비금속 원소이다.

| 보기 분석 |

ㄱ. A는 전자 수가 11이며 원자는 전기적으로 중성이므로 양성자수는 전자 수와 같다. 따라서 A의 양성자수는 11이다.

ㄴ. B(F)는 비금속 원소로, 전자를 얻기 쉬운 비금속 원소 사이에서는 전자쌍의 공유에 의한 결합인 공유 결합이 형성된다. 따라서 B_2는 공유 결합 물질이다.

ㄷ. A(Na)는 금속 원소이고 B(F)는 비금속 원소로, 금속 양이온과 비금속 음이온 사이의 정전기적 인력에 의한 결합인 이온 결합이 형성되므로 AB(NaF)는 이온 결합 물질이다. 이온 결합 물질은 수용액 상태에서 전기 전도성이 있다. 따라서 AB는 수용액 상태에서 전기 전도성이 있다.

✷ 화학 결합의 원리

- 18족 원소는 가장 바깥 전자 껍질의 전자가 8개(단, He은 2개)로 모두 채워져 있으므로 매우 안정하다. 따라서 다른 원자와 거의 반응하지 않는다.
- **화학 결합의 형성**: 18족 이외의 원소들은 이온 결합이나 공유 결합 등의 화학 결합을 하여 18족 원소와 같은 전자 배치를 이루며 안정해진다.

G 16 정답 ⑤ ✷ 화학 결합에 따른 물질

다음은 주기율표의 일부를 나타낸 것이다.

족 주기	1 (단서)	2	13	14	15	16	17	18
1	A H							B He
2				C C				
3		D Mg						E Cl

A~E에 대한 설명으로 옳은 것만을 〈보기〉에서 있는 대로 고른 것은? (단, A~E는 임의의 원소 기호이다.) (3점)

─────── [보기] ───────

ㄱ. A와 B는 같은 ~~족~~ 주기 원소이다.

ㄴ. CA_4는 공유 결합 물질이다.
　A(H)와 C(C)는 모두 비금속 원소 ➡ CA_4는 공유 결합 물질이다.
ㄷ. DE_2 수용액은 전기 전도성이 있다.
　DE_2는 이온 결합 물질 ➡ 수용액 상태에서 전기 전도성이 있다.

① ㄱ　　② ㄴ　　③ ㄷ　　④ ㄱ, ㄴ　　⑤ ㄴ, ㄷ

🧠 단서＋발상

(단서) A~E의 주기율표 상의 위치가 제시되어 있다.

(발상) A~E의 주기와 족을 통해 A~E를 추론할 수 있다.

(적용) A~E가 어떤 원소인지 구하여 각각을 금속 원소와 비금속 원소로 분류하는 것부터 문제 풀이를 시작해야 한다.

| 문제＋자료 분석 |

- A: 1주기 1족 원소이므로 A는 수소(H)이며 비금속 원소이다.
- B: 1주기 18족 원소이므로 B는 헬륨(He)이며 비금속 원소이다.
- C: 2주기 14족 원소이므로 C는 탄소(C)이며 비금속 원소이다.
- D: 3주기 2족 원소이므로 D는 마그네슘(Mg)이며 금속 원소이다.
- E: 3주기 17족 원소이므로 E는 염소(Cl)이며 비금속 원소이다.

| 보기 분석 |

ㄱ. A(H)는 1주기 1족 원소이고 B(He)는 1주기 18족 원소이다. 따라서 A와 B는 같은 족 원소가 아니며 같은 주기 원소이다.

ㄴ. A(H)와 C(C)는 모두 비금속 원소로, 전자를 얻기 쉬운 비금속 원소 사이에서는 전자쌍의 공유에 의한 결합인 공유 결합이 형성된다. 따라서 $CA_4(CH_4)$는 공유 결합 물질이다.

ㄷ. D(Mg)는 금속 원소이고 E(Cl)는 비금속 원소로, 금속 양이온과 비금속 음이온 사이의 정전기적 인력에 의한 결합인 이온 결합이 형성되므로 $DE_2(MgCl_2)$는 이온 결합 물질이다. 이온 결합 물질은 수용액 상태에서 전기 전도성이 있다. 따라서 DE_2 수용액은 전기 전도성이 있다.

G 17 정답 ② * 극성 분자의 전기적 성질

그림은 플루오린화 수소(HF) 분자가 전기장 내에서 일정한 방향으로 배열되는 모습을 나타낸 것이다.

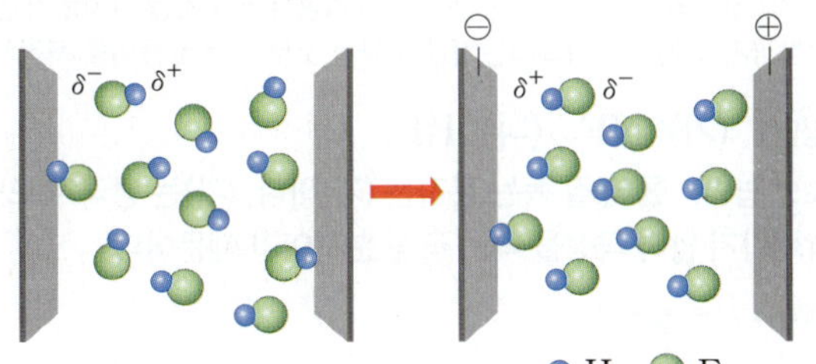

단서 극성 분자

이와 같이 전기장 내에서 일정한 방향으로 배열되는 분자에 대한 설명으로 옳은 것만을 〈보기〉에서 있는 대로 고른 것은?

[보기]
ㄱ. 분자의 구조가 **평면** 구조이다.
  평면 구조로 분자의 극성을 파악할 수 없다.
ㄴ. 분자의 쌍극자 모멘트 $\mu \neq 0$이다.
ㄷ. ~~BF_3, CO_2는 전기장 내에서 위와 같이 반응한다.~~
  무극성 분자

① ㄱ　② ㄴ　③ ㄱ, ㄷ　④ ㄴ, ㄷ　⑤ ㄱ, ㄴ, ㄷ

단서+발상

단서 전기장 내에서 플루오린화 수소의 배열이 제시되어 있다.
발상 극성 분자의 성질을 추론할 수 있다.

| 문제+자료 분석 |

• 기체 상태의 분자들이 전기장 내에서 일정한 방향으로 배열되는 것은 극성 분자의 성질이다.

| 보기 분석 |

ㄱ. 분자의 구조가 평면이어도 극성 분자일 수도 있고 무극성 분자일 수도 있다.
ㄴ. 극성 분자는 분자의 쌍극자 모멘트가 0이 아니다.
ㄷ. BF_3는 정삼각형의 무극성 분자, CO_2는 직선형의 무극성 분자로 전기장 내에서 아무 반응을 보이지 않는다.

G

G 18 정답 ④ * 극성 분자와 무극성 분자

그림은 4가지 분자를 2가지 기준에 따라 구분한 것이다.

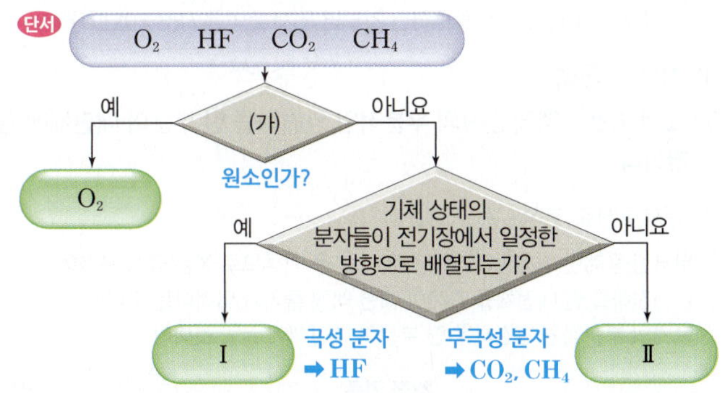

이에 대한 설명으로 옳은 것만을 〈보기〉에서 있는 대로 고른 것은?

[보기]
ㄱ. (가)에 ~~'무극성 분자인가?'~~를 넣을 수 있다.
  무극성 분자는 3가지이다.
ㄴ. I 에 들어갈 분자는 1가지이다.
ㄷ. II 에 들어갈 분자는 무극성 분자이다.

① ㄱ　② ㄷ　③ ㄱ, ㄴ　④ ㄴ, ㄷ　⑤ ㄱ, ㄴ, ㄷ

단서+발상

단서 4가지 분자와 분류 기준이 제시되어 있다.
발상 O_2 분자와 다른 분자와의 차이점을 추론할 수 있다.

| 문제+자료 분석 |

• O_2: 이원자 분자이면서 원소인 분자로 무극성 분자이다.
• **HF**: 이원자 분자로 극성 분자이다.
• CO_2: 직선형 구조로 무극성 분자이다.
• CH_4: 정사면체형 구조로 무극성 분자이다.
• **극성 분자의 성질**: 기체 상태의 분자들이 전기장 내에서 일정한 방향으로 배열된다.
  ➡ I 는 극성 분자, II 는 무극성 분자이다.

| 보기 분석 |

ㄱ. (가)에 '무극성 분자인가?'를 넣으면 CO_2와 CH_4도 '예'에 함께 분류되었어야 한다.
ㄴ. I 에 들어갈 분자는 HF, CO_2, CH_4 중 극성 분자인 HF 1가지이다.
ㄷ. II 에 들어갈 분자는 CO_2와 CH_4으로 무극성 분자이다.

그림은 원소 X~Z로 이루어진 분자 (가)와 (나)의 분자 구조를 나타낸 것이다. <u>단서</u> (가) : 삼각뿔형, (나) : 평면 삼각형

X~Z는 각각 B, N, F 중 하나이다.

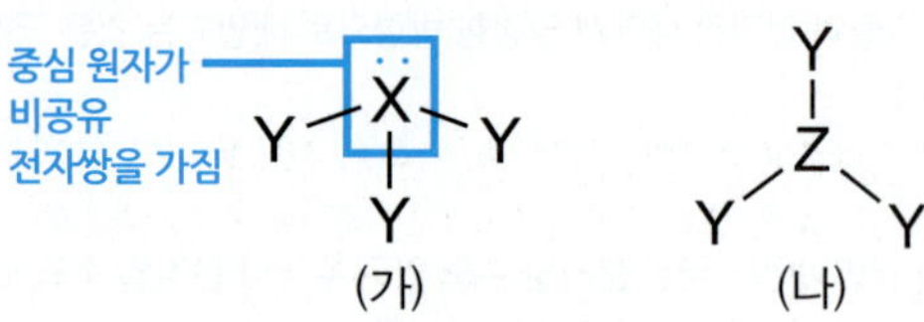

(1) (가), (나)의 분자식을 쓰시오. (단답형)
(가): NF_3, (나): BF_3

(2) (가), (나) 중 물에 잘 녹는 분자는 무엇인지 쓰고 그 까닭을 서술하시오.
<u>극성 분자는 물과 수소 결합이나 쌍극자−쌍극자 상호 작용을 통해 물에 잘 녹는다.</u> (서술형)

단서＋발상

<u>단서</u> 두 종류의 분자 구조가 제시되어 있다.

<u>발상</u> (가), (나)의 분자 구조를 추론할 수 있다.

<u>적용</u> (가), (나)의 구조식에서 중심 원자가 비공유 전자쌍을 가지는지 판단하고 쌍극자 모멘트가 상쇄되는지를 구하는 것부터 문제 풀이를 시작해야 한다.

(1) <u>정답</u> **(가): NF_3, (나): BF_3**

(2) <u>모범 답안</u> **물에 잘 녹는 분자는 (가)이다. (가)는 쌍극자 모멘트가 상쇄되지 않아 극성을 띠는 극성 분자이기 때문이다.**

| 문제＋자료 분석 |

- 분자식이 AX_3인 두 종류의 분자 구조(삼각뿔, 평면 삼각형)이 제시되어 있다.
- 분자의 극성은 구조 대칭성과 쌍극자 모멘트의 상쇄 여부에 따라 달라진다.
- (가), (나)의 분자 구조를 비교하여 중심 원자의 비공유 전자쌍 유무와 분자의 극성을 추론할 수 있다.
- AX_3 구조에서 중심 원자에 비공유 전자쌍이 없으면 평면 삼각형, 1쌍 있으면 삼각뿔형 구조가 된다.

	채점 기준	배점
(1)	(가), (나)의 분자식을 옳게 쓴 경우	30%
(2)	(가)와 (나)가 물에 잘 녹는 이유를 옳게 서술한 경우	70%
	물에 잘 녹는 분자가 무엇인지만 옳게 서술한 경우	30%

다음은 분자 X를 이용한 실험 결과와 주어진 질문에 대한 두 학생의 답변이다.

〈실험 결과〉
<u>무극성 용매</u>
○ 헥세인과 액체 X를 유리병에 각각 5 mL씩 넣은 후 흔들었더니 두 개의 층으로 나누어졌다.
<u>무극성 용매와 층을 이루었으므로 X는 극성 물질</u>
○ 액체 X의 가는 줄기에 (＋)전하로 대전한 고무풍선을 가까이했더니 액체 줄기가 풍선 쪽으로 끌려왔다.
<u>단서</u> <u>분자 X에서 상대적인 음전하를 띠는 부분이 끌려간 것</u>

〈질문〉
액체 X의 가는 줄기에 (−)대전체를 가까이 대면 액체 줄기가 어떻게 될까요?

〈학생의 답변〉
- 학생 A: 액체 줄기가 밀려날 것이다.
- 학생 B: ⓛ

(1) X는 극성 분자인지, 무극성 분자인지 쓰시오. (단답형)

(2) 학생 A, B 중 학생 B만 옳게 답하였다. ⓛ에 들어갈 예상되는 결과와 그 까닭은 서술하시오. (서술형)

단서＋발상

<u>단서</u> 실험 결과에 액체 X가 헥세인과 섞이지 않는다는 실험 결과가 제시되어 있다.

<u>발상</u> 헥세인은 무극성 분자이므로 액체 X는 극성임을 추론할 수 있다.

<u>적용</u> 극성 물질과 무극성 물질은 섞이지 않고 층을 이룬다는 개념을 적용해서 액체 X가 극성인 것을 구하는 것부터 문제 풀이를 시작해야 한다.

(1) <u>정답</u> **극성**

(2) <u>모범 답안</u> **액체 분자의 부분적인 양전하를 띤 부분이 대전체에 끌릴 것이다.**

| 문제＋자료 분석 |

- 무극성 용매인 헥세인과 섞이지 않고 층을 이루므로 X는 극성 분자이다.
- (−)전하를 띤 대전체를 가까이 대면 액체 줄기가 밀려나는 것이 아니라 액체 분자의 부분적인 양전하를 띤 부분이 대전체에 끌릴 것이다.

	채점 기준	배점
(1)	분자 A의 극성 여부를 올바르게 작성한 경우	30%
(2)	액체 분자의 양전하를 띤 부분이 끌릴 것이라는 내용을 포함하여 옳게 서술한 경우	70%

다음은 분자량이 비슷한 기체 분자 (가)와 (나)를 각각 전기장 속에 넣었

분자량이 비슷할 때 끓는점: 극성 > 무극성

을 때 분자 배열을 나타낸 그림이다.

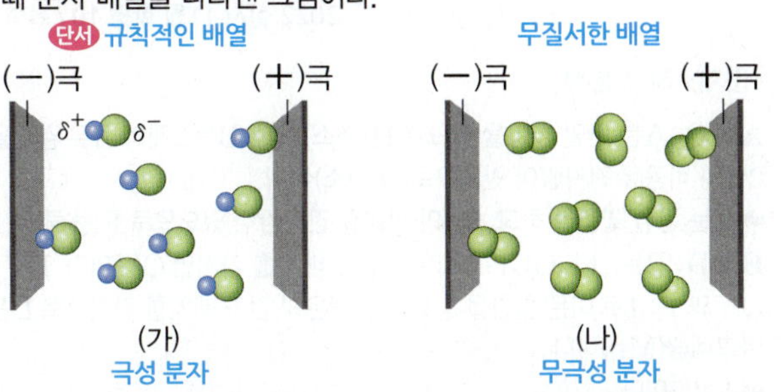

(1) 분자 (가)와 (나) 중에서 극성 분자와 무극성 분자가 무엇인지 각각 쓰시오. 단답형

(2) (가), (나) 분자의 끓는점을 비교하고, 그렇게 생각한 까닭을 서술하시오. 서술형

단서+발상

단서 각 분자의 전기장 배열 그림이 제시되어 있다.

발상 각 분자의 극성 여부를 추론할 수 있다.

적용 전기장에서 극성 분자는 일정한 방향으로 배열되지만, 무극성 분자는 무질서하게 배열된다는 개념을 적용해서 각 분자의 극성 여부를 구하는 것부터 문제 풀이를 시작해야 한다.

(1) **정답** **(가)는 극성 분자, (나)는 무극성 분자**

(2) **모범 답안** **끓는점은 (가)가 (나)보다 높다. 분자량이 비슷할 때 극성 물질의 끓는점이 무극성 물질보다 높기 때문이다.**

| 문제+자료 분석 |

- 분자 배열 그림에서, (가)는 일정한 방향으로 배열되지만 (나)는 무질서하게 배열되었으므로 (가)는 극성 분자, (나)는 무극성 분자이다.
- 분자량이 비슷할 때 일반적으로 극성 물질이 무극성 물질보다 끓는점과 녹는점이 높다.

	채점 기준	배점
(1)	(가)와 (나)의 극성 여부를 모두 옳게 쓴 경우	30%
(2)	(가), (나)의 끓는점 비교를 옳게 하고, 분자량이 비슷할 때 극성 물질의 끓는점이 무극성 물질보다 높다고 옳게 서술한 경우	70%
	(가), (나)의 끓는점 비교만 옳게 서술한 경우	20%

다음은 극성 분자와 무극성 분자의 [㉠] 을(를) 알아보기 위한 실험이다. 이를 활용하여 아래 물음에 답하시오.

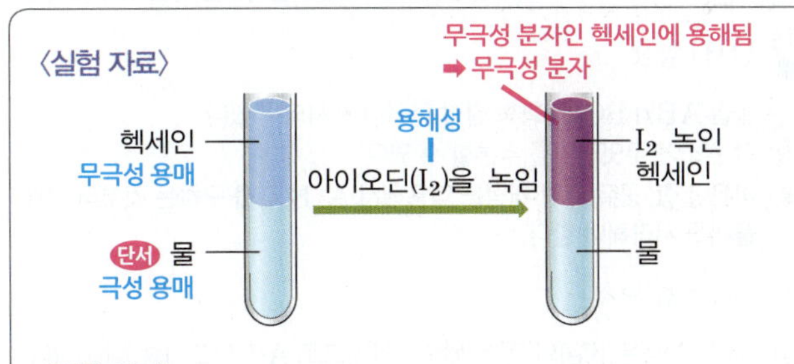

〈실험 결과〉

○ 밀도는 헥세인보다 물이 더 크다.

○ 극성 물질과 무극성 물질은 섞이지 않고 층을 이룬다.

○ [㉡]

(1) ㉠에 들어갈 분자의 성질을 쓰시오. 단답형

(2) ㉡에 들어갈 옳은 결과 해석을 서술하시오. 서술형

단서+발상

단서 아이오딘 분자의 화학식이 제시되어 있다.

발상 아이오딘 분자는 무극성 분자임을 추론할 수 있다.

적용 무극성 물질끼리는 잘 용해된다는 개념을 적용해서 ㉡을 구하는 것부터 문제 풀이를 시작해야 한다.

(1) **정답** **용해성**

(2) **모범 답안** **무극성 분자는 무극성 용매에 잘 용해된다.**

| 문제+자료 분석 |

- 〈실험 자료〉에서 극성인 물과 무극성인 헥세인은 섞이지 않고 층을 이루지만, 무극성인 아이오딘은 헥세인에 잘 용해되는 것을 확인할 수 있다.

	채점 기준	배점
(1)	㉠을 옳게 쓴 경우	40%
(2)	㉡을 옳게 서술한 경우	60%

Ⅱ 01 정답 ⑤ ✻ 화학 결합과 물질의 성질 ·········· [정답률 78%] 2022 실시 11월 학평 10 / 화학 Ⅰ (고2)

그림은 화합물 ABC와 DB를 화학 결합 모형으로 나타낸 것이다.

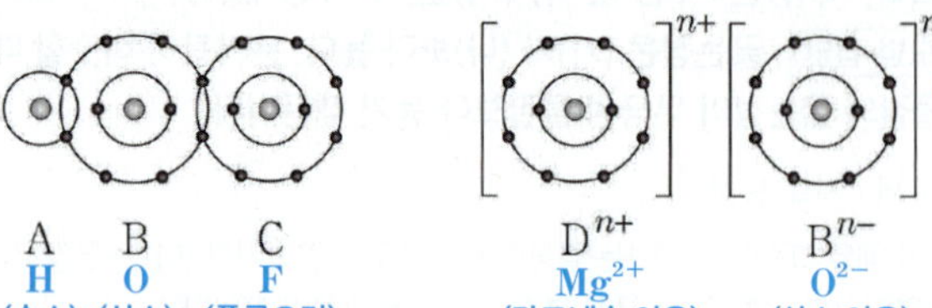

이에 대한 설명으로 옳은 것만을 〈보기〉에서 있는 대로 고른 것은? (단, A~D는 임의의 원소 기호이다.)

[보기]

ㄱ. ABC는 공유 결합 물질이다.
　　HOF ➡ 비금속 원소로 이루어짐
ㄴ. $n=2$이다.
　　Mg^{2+}, O^{2-} ➡ $n=2$
ㄷ. 고체 상태에서 전기 전도성은 D>DB이다.
　　D는 Mg으로 금속 결합 물질이고, DB는 MgO으로 이온 결합 물질임

① ㄱ　　② ㄷ　　③ ㄱ, ㄴ　　④ ㄴ, ㄷ　　⑤ ㄱ, ㄴ, ㄷ

💡 단서+발상

단서 화합물 ABC와 DB의 화학 결합 모형이 제시되어 있다.

발상 각 원소가 무엇인지 추론할 수 있다.

적용 이온 결합, 공유 결합 개념을 적용해서 A, B, C를 구하는 것부터 문제 풀이를 시작해야 한다.

| 문제+자료 분석 |

· **A와 C**: A는 단일 결합을 하므로 H(수소)이다. B는 2개의 공유 결합을 하고, 2쌍의 비공유 전자쌍이 있으므로 O(산소)이다.
　➡ C는 단일 결합을 하고, 3쌍의 비공유 전자쌍이 있으므로 F(플루오린)이다.
· **B와 D**: B는 산소(O)이고, 네온의 전자 배치를 가지면 O^{2-}이다. D^{2+}은 O^{2-}과 1 : 1로 이온 결합을 형성하고 네온의 전자 배치를 가지므로 D는 마그네슘(Mg)이다.
　➡ $n=2$이다.

| 보기 분석 |

ㄱ. HOF는 비금속 원소로 이루어진 공유 결합 물질이다.
ㄴ. B가 산소(O)이므로 D는 마그네슘(Mg)이다. B와 D는 이온 상태에서 각각 B^{2-}과 D^{2+}이 되어 이온 결합을 형성한다. 따라서 $n=2$이다.
ㄷ. 금속 결합 물질은 고체 상태에서 전기가 잘 통하는 반면, 이온 결합 물질은 고체 상태에서 전기가 거의 통하지 않는다.
　　따라서 고체 상태의 전기 전도성은 D>DB이다.

✻ 전기 전도성

구분	공유 결합 물질	이온 결합 물질	금속 결합 물질
고체	대부분 없다.	없다.	있다.
액체	대부분 없다.	있다.	있다.
수용액	대부분 없다.	있다.	

Ⅱ 02 정답 ① ✻ 화합물의 결합 모형 ·········· [정답률 68%] 2020 실시 9월 학평 13 / 화학 Ⅰ (고2)

그림은 물질 AB와 BC_2의 화학 결합을 모형으로 나타낸 것이다.

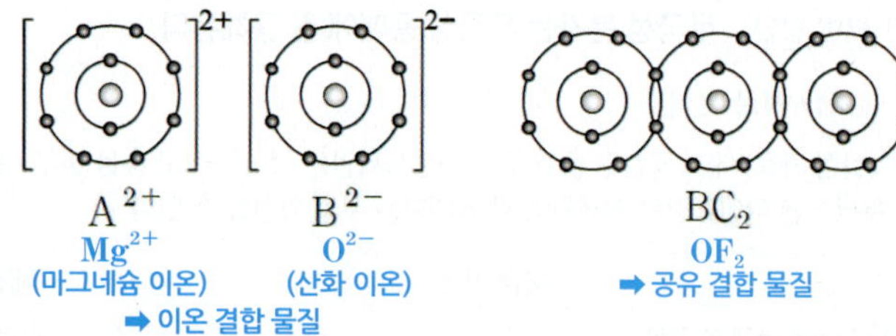

A_xC_y의 화학 결합 모형으로 가장 적절한 것은? (단, A~C는 임의의 원소 기호이며, A_xC_y에서 구성 입자는 모두 옥텟 규칙을 만족한다.)

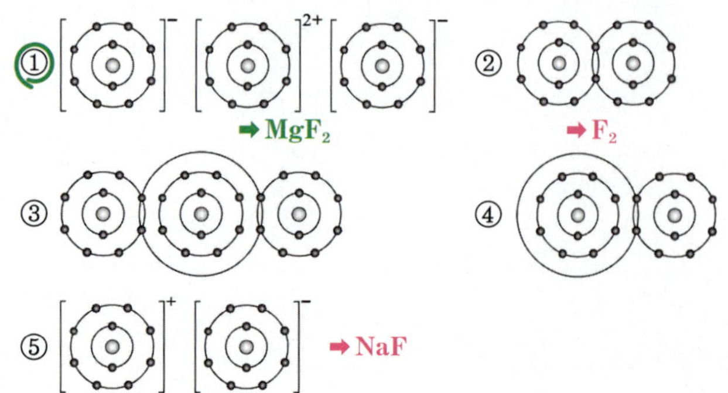

💡 단서+발상

단서 물질 AB와 BC_2의 화학 결합 모형이 제시되어 있다.

발상 각 원소가 무엇인지를 추론할 수 있다.

적용 이온 결합, 공유 결합 개념을 적용해서 A, B, C를 구하는 것부터 문제 풀이를 시작해야 한다.

| 문제+자료 분석 |

· **A**: A^{2+}은 네온(Ne)의 전자 배치를 가지므로 A는 마그네슘(Mg)이다.
· **B**: B^{2-}은 네온(Ne)의 전자 배치를 가지므로 B는 산소(O)이다.
· **C**: 2개의 C가 산소와 단일 결합하여 옥텟을 만족한 분자를 형성하고, 공유 결합 하였을 때 C는 네온(Ne)의 전자 배치를 가지므로 C는 플루오린(F)이다.

| 선택지 분석 |

① A는 마그네슘(Mg)이고 C는 플루오린(F)이다. Mg과 F은 각각 금속과 비금속이고 이온 상태에서 각각 Mg^{2+}과 F^-이 되어 1 : 2로 결합한다. 그 결과 이온 결합 화합물 MgF_2을 형성한다.

🐝 문제 풀이 

· 이온의 전자 배치가 네온(Ne)인 것: 질소(N), 산소(O), 플루오린(F), 나트륨(Na), 마그네슘(Mg), 알루미늄(Al)

다음은 물(H_2O)의 전기 분해 실험이다.

〈실험 과정〉 전해질
(가) 물에 <u>황산 나트륨</u>을 소량 녹인다.
(나) 유리판 위에 스포이트로 (가)의 수용액을 몇 방울 떨어뜨린다.
(다) 건전지의 두 전극에 침핀 2개를 각각 집게 전선으로 연결한 뒤 침핀 끝을 (나)의 물방울에 담근다.
(라) 침핀 A와 B에서 발생하는 기포의 양을 관찰한다.

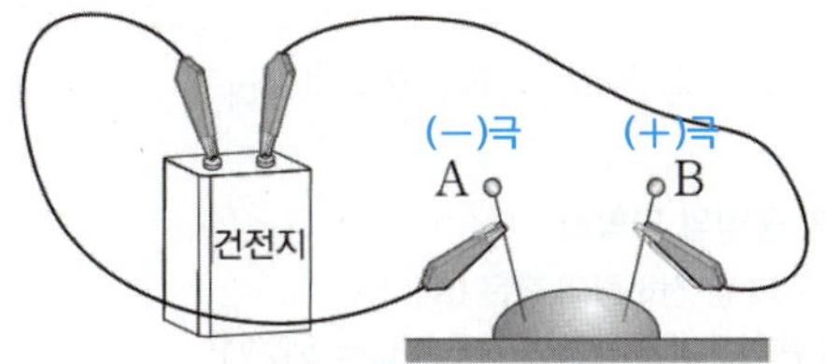

〈실험 결과〉
○ 기포의 양은 A에서가 B에서보다 많았다.
A(H_2, (−)극), B(O_2, (＋)극)

이에 대한 설명으로 옳은 것만을 〈보기〉에서 있는 대로 고른 것은?

[보기]
ㄱ. A는 ~~(＋)~~극이다. (−)극
발생한 기포 양 A ＞ B ➡ A에서 수소 기체 발생
ㄴ. 황산 나트륨 수용액은 전기 전도성이 있다.
이온 결합 물질은 물에 녹은 수용액 상태에서 양이온과 음이온으로 이온화 된다.
ㄷ. H_2O을 이루고 있는 H 원자와 O 원자 사이의 화학 결합에는 전자가 관여한다.

① ㄱ ② ㄴ ③ ㄱ, ㄷ ④ ㄴ, ㄷ ⑤ ㄱ, ㄴ, ㄷ

단서＋발상

단서 물의 전기 분해 실험 과정과 결과가 제시되어 있다.
발상 실험 결과로 각 극에서 발생한 기체의 종류를 추론할 수 있다.
적용 물의 분해 반응식을 적용해서 각 극에서 발생한 기체의 종류를 구하는 것부터 문제 풀이를 시작해야 한다.

| 문제＋자료 분석 |

• (가)에서 넣은 황산 나트륨은 전해질로, 물에 녹아 양이온과 음이온으로 이온화되어 공유 결합 물질인 물의 전기 분해를 돕는 역할을 한다.
• 발생한 기포의 양이 A＞B이므로 A는 (−)극에 연결되어 있고, 발생한 기체는 $H_2(g)$이다. B는 (＋)극에 연결되어 있고, 발생한 기체는 $O_2(g)$이다.

| 보기 분석 |

ㄱ. 발생한 기체의 양이 더 많으므로 A는 (−)극이다.
ㄴ. 황산 나트륨은 이온 결합 물질로 물에 녹아 수용액이 되면 양이온과 음이온으로 이온화되므로 전기 전도성이 있다.
ㄷ. 전기 분해를 통해 공유 결합 물질인 물을 성분 원소로 분해할 수 있으므로 공유 결합의 형성에도 전자가 관여함을 알 수 있다.

＊ 물의 전기 분해
• 물의 분해 반응식은 다음과 같다. $2H_2O(l) \longrightarrow 2H_2(g) + O_2(g)$
• 산소 기체는 (＋)극에서, 수소 기체는 (−)극에서 발생한다.
• 기체의 경우 반응식의 계수비＝부피비이므로 발생하는 산소 기체와 수소 기체의 부피비는 1 : 2이다.

표는 2주기 원소 X, Y와 탄소(C)로 이루어진 3가지 분자 (가)~(다)의 분자식과 결합의 종류를 나타낸 것이다. (가)~(다)의 모든 원자는 <u>옥텟 규칙을 만족</u>한다. 단서 C, N, O, F

분자	(가)	(나)	(다)
분자식	X_2F_2	Y_2O_2	CY_2CO_2
결합 종류	단일 결합 F−F	이중 결합 O=O	㉠ 이중 결합 O=C=O

이에 대한 설명으로 옳은 것만을 〈보기〉에서 있는 대로 고른 것은? (단, X와 Y는 임의의 원소 기호이다.) (3점)

[보기]
ㄱ. 원자 번호는 Y ~~＞~~ X이다. ＜
X(9) ＞ Y(8)
ㄴ. ㉠은 '이중 결합'이다.
ㄷ. YX_2에는 ~~다중~~ 결합이 존재한다. 단일 결합만 존재

① ㄴ ② ㄷ ③ ㄱ, ㄴ ④ ㄱ, ㄷ ⑤ ㄴ, ㄷ

단서＋발상

단서 2주기 원소와 탄소로 이루어진 분자의 분자식과 결합 종류가 제시되어 있다.
발상 옥텟 규칙을 만족하는 2주기 원소는 C, N, O, F임을 추론할 수 있다.
적용 이원자 분자로 구성된 (가)가 단일 결합이므로 X는 플루오린(F)임을 구하는 것부터 문제 풀이를 시작해야 한다.

| 문제＋자료 분석 |

• 구조식이 N_2는 N≡N, O_2는 O=O, F_2는 F−F이며, N_2에는 삼중 결합이, O_2에는 이중 결합이, F_2에는 단일 결합이 있다.
• 단일 결합을 가진 (가)는 F_2이고, 이중 결합을 가진 (나)는 O_2이다.

| 보기 분석 |

ㄱ. X는 F이고 원자 번호가 9이며, Y는 O이고 원자 번호가 8이다.
ㄴ. Y가 O이므로 (다)의 분자식은 CO_2이고, 구조식은 O=C=O이다. 따라서 C 원자와 O 원자 사이에 이중 결합이 있다.
따라서 ㉠은 '이중 결합'이다.
ㄷ. YX_2는 OF_2이고 구조식은 F−O−F이다. 따라서 YX_2에는 O 원자와 F 원자 사이에 단일 결합만 존재한다.

 **문제 풀이** 꿀팁
• 2주기 원자 C, N, O, F가 분자에서 옥텟 규칙을 만족할 때, C는 공유 전자쌍만 4개를, N은 공유 전자쌍 3개와 비공유 전자쌍 1개를, O는 공유 전자쌍 2개와 비공유 전자쌍 2개를, F은 공유 전자쌍 1개와 비공유 전자쌍 3개를 가진다.

다음은 이온 결합 물질의 화학식에 대하여 학습한 내용을 적용한 것이다.

〈학습 내용〉
○ 이온 결합 물질의 화학식에서 양이온의 전하량 합과 음이온의 전하량 합은 같다. → 전기적 중성

〈적용〉   단서 $2x=2y$ ➡ $\dfrac{y}{x}=1$
○ 마그네슘 이온(Mg^{2+})과 산화 이온(O^{2-})은 $x:y$의 개수비로 결합하여 산화 마그네슘을 형성한다.
  MgO
○ 알루미늄 이온(Al^{3+})과 산화 이온(O^{2-})이 결합한 산화 알루미늄의 화학식은 Al_aO_b이다. $3a=2b$ ➡ $\dfrac{b}{a}=\dfrac{3}{2}$

$\dfrac{y}{x}\times\dfrac{b}{a}$는?

① $\dfrac{1}{6}$ ② $\dfrac{2}{3}$ ③ 1   ④ $\dfrac{3}{2}$ ⑤ 6

$1\times\dfrac{3}{2}=\dfrac{3}{2}$

| 문제＋자료 분석 |

• **이온 결합 물질의 화학식**: 양이온의 전하량 합과 음이온의 전하량 합은 같음
  → A^{n+}과 B^{m-}이 결합한 이온 결합 물질의 화학식은 A_mB_n
• **산화 마그네슘**: Mg^{2+}과 O^{2-}이 $x:y$의 개수비로 결합할 때, 양이온 전하량 합＝$2x$, 음이온 전하량 합＝$2y$
  → $2x=2y$, $x=y$이고, 산화 마그네슘의 화학식은 MgO
• **산화 알루미늄**: 산화 알루미늄의 화학식이 Al_aO_b이므로 Al^{3+}과 O^{2-}의 개수비는 $a:b$, 양이온 전하량 합＝$3a$, 음이온 전하량 합＝$2b$
  → $3a=2b$이고, 산화 알루미늄의 화학식은 Al_2O_3

| 선택지 분석 |

④ $\dfrac{y}{x}=1$이고, $\dfrac{b}{a}=\dfrac{3}{2}$이므로 $\dfrac{y}{x}\times\dfrac{b}{a}=\dfrac{3}{2}$이다.

＊**이온 결합 물질의 화학식**
이온과 음이온의 총 전하량의 합은 0이다.
(1) 양이온과 음이온의 전하량이 같을 때($a=b$일 때)
  $A^{a+}B^{b-}$ ➡ AB
(2) 양이온과 음이온의 전하량이 다를 때($a\neq b$일 때)

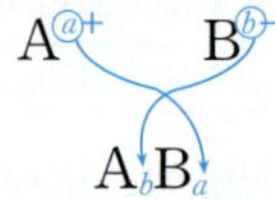

a, b는 가장 간단한 정수이다. (단, 1인 경우는 생략한다.)

그림은 주기율표의 일부를 나타낸 것이다.

주기 ＼ 족	1	2	13	14	15	16	17	18
2	A Li			B C		C O		
3							D Cl	

(단서 표시는 1족·2주기 칸 아래)

이에 대한 옳은 설명만을 〈보기〉에서 있는 대로 고른 것은? (단, A∼D는 임의의 원소 기호이다.)

[보기]
ㄱ. AD는 이온 결합 물질이다.
  → A(Li)와 D(Cl)가 이온 결합하여 AD(LiCl)를 형성
ㄴ. 전기 음성도는 C＞B이다.
  → 전기 음성도는 같은 주기에서 원자 번호가 클수록 증가
ㄷ. BD_4에는 극성 공유 결합이 있다.
  → 결합한 원소의 종류가 다르면 전기 음성도의 차이로 극성 공유 결합을 이룸

① ㄴ   ② ㄷ   ③ ㄱ, ㄴ   ④ ㄱ, ㄷ   ⑤ ㄱ, ㄴ, ㄷ

| 문제＋자료 분석 |

◈ **주기율표상의 위치로 원소 파악**
• A는 2주기 1족 원소이므로 Li(리튬)
• B는 2주기 14족 원소이므로 C(탄소)
• C는 2주기 16족 원소이므로 O(산소)
• D는 3주기 17족 원소이므로 Cl(염소)

| 보기 분석 |

ㄱ 금속 원소인 Li과 비금속 원소인 Cl는 이온 결합을 통해 안정한 화합물 LiCl을 형성한다. 금속 원소인 Li은 원자가 전자 1개를 잃어 Li^+이 되고, 비금속 원소인 Cl는 전자 1개를 얻어 Cl^-이 된다. 따라서 전기적 인력에 의해 이온 결합을 형성한다.
ㄴ 전기 음성도는 같은 주기에서 원자 번호가 클수록 증가하므로 O가 C보다 크다.
ㄷ CCl_4(사염화탄소)는 중심 원자인 C에 4개의 Cl 원자가 공유 결합한 분자로 한 분자당 4개의 C—Cl의 극성 공유 결합으로 이루어져 있다. 하지만, 분자 구조가 정사면체형인 대칭 구조이므로 분자는 무극성이다. 주의

문제 풀이 꿀팁
• 전기 음성도는 주기율표에서의 경향성은 물론이고, 원소별 전기 음성도 값을 암기하는 것이 여러 유형의 문제 풀이 시 효율적이다.
• 결합의 극성 여부와 분자의 극성 여부를 정확히 구별하자.

그림은 분자 AB, BC의 모형에 부분적인 양전하(δ^+)와 부분적인 음전하(δ^-)를 표시한 모습을 나타낸 것이다.

전기 음성도 A < B   전기 음성도 B < C

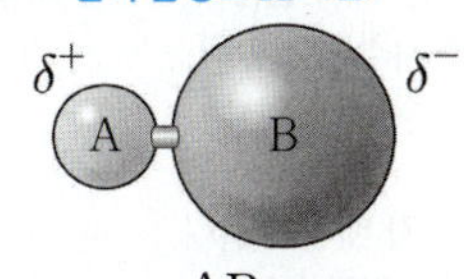
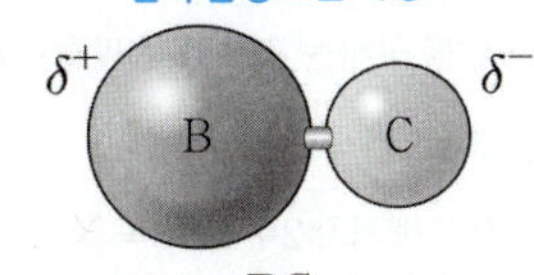

이에 대한 설명으로 옳은 것만을 〈보기〉에서 있는 대로 고른 것은? (단, A~C는 임의의 원소 기호이다.) (3점)

[보기]

ㄱ. AB에는 극성 공유 결합이 있다.
→ 전기 음성도가 A < B이므로 극성 공유 결합
ㄴ. BC의 쌍극자 모멘트는 0이다.
0이 아니다.
ㄷ. 전기 음성도는 A > C이다.
→ 전기 음성도는 A < B < C

① ㄱ   ② ㄴ   ③ ㄱ, ㄷ   ④ ㄴ, ㄷ   ⑤ ㄱ, ㄴ, ㄷ

| 문제+자료 분석 |

◆ **결합의 극성**

· **극성 공유 결합**: 전기 음성도가 다른 두 원자 사이의 공유 결합으로 전기 음성도가 큰 원자가 부분적인 음전하(δ^-), 전기 음성도가 작은 원자가 부분적인 양전하(δ^+)를 띤다.
· **무극성 공유 결합**: 같은 원소의 원자 사이의 공유 결합으로 부분적인 전하가 생기지 않는다.
· AB와 BC는 모두 부분적인 양전하(δ^+)와 부분적인 음전하(δ^-)를 띠므로 극성 공유 결합을 가진다. 또한 전기 음성도가 큰 원자가 음전하를 띠므로 AB에서는 B가 A보다 전기 음성도가 크고, BC에서는 C가 B보다 전기 음성도가 크다.

| 보기 분석 |

ㄱ AB는 A 원자가 부분적인 양전하(δ^+)를 B 원자가 부분적인 음전하(δ^-)를 띠므로 AB에는 극성 공유 결합이 있다.
ㄴ BC는 극성 공유 결합을 가진 분자로 쌍극자 모멘트가 0이 아니다.
ㄷ 극성 공유 결합에서 전기 음성도가 큰 원자가 부분적인 음전하를, 전기 음성도가 작은 원자가 부분적인 양전하를 띤다.
AB에서 전기 음성도는 B > A이고, BC에서 전기 음성도는 C > B이다. 따라서 전기 음성도는 C > A이다.

＊ **이원자 분자의 극성 공유 결합과 무극성 공유 결합**

· 극성 공유 결합을 가진 이원자 분자는 극성 분자이며, 무극성 공유 결합을 가진 이원자 분자는 무극성 분자이다.
· 이원자 분자가 극성 분자일 경우는 쌍극자 모멘트가 0이 아니고, 무극성 분자일 경우는 쌍극자 모멘트가 0이다.

다음은 2, 3주기 원소 X~Z로 이루어진 분자 (가)와 (나)에 대한 자료이다.
비금속 원소 ←

○ 구조식
Cl-F   Cl-O-Cl
단서 X-Y   X-Z-X
(가)   (나)
X, Y: 17족   Z: 16족
➡ F, Cl 중 하나   ➡ O, S 중 하나
○ (가)와 (나)에서 모든 원자는 옥텟 규칙을 만족한다.
○ (가)와 (나)에서 X는 모두 부분적인 양전하(δ^+)를 띤다.
➡ 전기 음성도 : X < Y, X < Z
➡ X : Cl, Y : F, Z : O

이에 대한 설명으로 옳은 것만을 〈보기〉에서 있는 대로 고른 것은? (단, X~Z는 임의의 원소 기호이다.)

[보기]

ㄱ X는 Cl이다.
전기 음성도 X < Y ➡ X : Cl, Y : F
ㄴ 전기 음성도는 Y > Z이다.
Y : F, Z : O ➡ 전기 음성도 Y(F) > Z(O)
ㄷ Z_2Y_2에는 무극성 공유 결합이 있다.
$Z_2Y_2(O_2F_2)$에는 Z(O)와 Z(O) 사이에 무극성 공유 결합 존재

① ㄱ   ② ㄷ   ③ ㄱ, ㄴ   ④ ㄴ, ㄷ   ⑤ ㄱ, ㄴ, ㄷ

 단서+발상

단서 (가)와 (나)의 루이스 구조식이 제시되어 있다.
발상 (가)와 (나)에서 모든 원자는 옥텟 규칙을 만족하므로 X ~ Z의 족을 추론할 수 있다.
적용 (가)와 (나)에서 X는 모두 부분적인 양전하(δ^+)를 띤다는 것을 통해 X ~ Z의 전기 음성도를 비교하는 것부터 문제 풀이를 시작해야 한다.

| 문제+자료 분석 |

· **(가)**: X와 Y는 단일 결합을 하므로 각각 17족 원소인 F과 Cl 중 하나이다. (가)에서 X는 부분적인 양전하(δ^+)를 띠므로 전기 음성도는 X < Y이다.
➡ X는 Cl이고 Y는 F이다.
· **(나)**: Z는 2개의 X와 단일 결합을 하므로 16족 원소인 O와 S 중 하나이다. (나)에서 X(Cl)는 부분적인 양전하(δ^+)를 띠므로 전기 음성도는 X(Cl) < Z이다.
➡ Z는 O이다.

| 보기 분석 |

ㄱ X와 Y는 각각 17족 원소인 F과 Cl 중 하나이고 전기 음성도는 X < Y이다. 따라서 X는 Cl이다.
ㄴ Y는 F이고 Z는 O이다. 따라서 X는 Cl이므로 전기 음성도는 Y(F) > Z(O)이다.
ㄷ $Z_2Y_2(O_2F_2)$에는 Z(O)와 Z(O) 사이에 무극성 공유 결합이 존재한다.

그림은 화합물 AB_2와 CB_2를 화학 결합 모형으로 나타낸 것이다. <u>전기</u> <u>음성도는 C > B이다.</u> ➡ CB_2에서 C는 부분적인 음전하(δ^-)를 띤다.

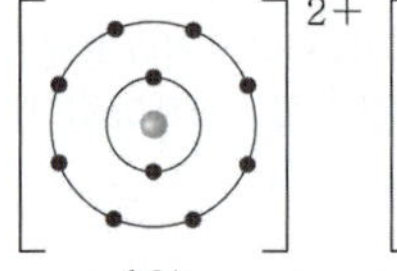

이에 대한 옳은 설명만을 〈보기〉에서 있는 대로 고른 것은?
(단, A ~ C는 임의의 원소 기호이다.)

[보기]

ㄱ. A와 B는 같은 주기 원소이다.
　　A : 3주기 2족 Mg, B : 3주기 17족 Cl
ㄴ. AC(s)는 전기 전도성이 있다.
　　MgO은 이온 결합 물질 ➡ 고체 상태에서 전기 전도성 없음
ㄷ. CB_2에서 C는 부분적인 음전하(δ^-)를 띤다.
　　전기 음성도 C > B ➡ C는 부분적인 음전하(δ^-)

① ㄱ　② ㄴ　③ ㄱ, ㄷ　④ ㄴ, ㄷ　⑤ ㄱ, ㄴ, ㄷ

단서+발상

단서 A ~ C가 이온 결합 및 공유 결합을 형성했을 때의 모형이 제시되어 있다.

발상 A ~ C의 주기와 족을 추론할 수 있다.

적용 화학 결합을 통해 옥텟 규칙을 만족하는 화학 결합의 형성 원리를 이용하여 A ~ C를 구하는 것부터 문제 풀이를 시작해야 한다.

문제+자료 분석

- A^{2+} : 전자 배치가 2주기 18족 Ne의 전자 배치와 같다.
  ➡ A는 3주기 2족 원소인 마그네슘(Mg)이다.
- B^- : 전자 배치가 3주기 18족 Ar의 전자 배치와 같다.
  ➡ B는 3주기 17족 원소인 염소(Cl)이다.
- C : 원자가 전자가 6개로, 2개의 B(Cl)과 공유 전자쌍을 각각 한 쌍씩 공유함으로써 2주기 18족 Ne의 전자 배치와 같아진다.
  ➡ C는 2주기 16족 원소인 산소(O)이다.

보기 분석

ㄱ A는 3주기 2족 원소인 마그네슘(Mg)이고, B는 3주기 17족 원소인 염소(Cl)이다. 따라서 A와 B는 같은 주기 원소이다.
ㄴ. 이온 결합 물질인 AC(MgO)는 고체 상태에서 전기 전도성이 없다. **함정**
ㄷ 전기 음성도는 C(O)가 B(Cl)보다 크다.
　　따라서 CB_2(OCl_2)에서 C(O)는 부분적인 음전하(δ^-)를 띤다.

왜 틀렸나?

- 이 문제에서는 AC(s)의 전기 전도성 여부를 묻고 있다.
  상태를 바르게 확인하지 못했다면 ㄴ을 맞는 보기로 잘못 골랐을 수 있다.

그림은 물질 AB와 CD를 화학 결합 모형으로 나타낸 것이다.

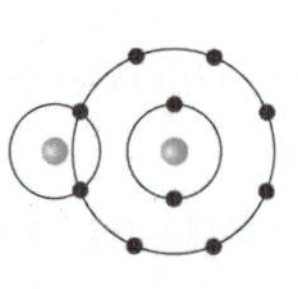

이에 대한 옳은 설명만을 〈보기〉에서 있는 대로 고른 것은? (단, A~D 는 임의의 원소 기호이다.)

[보기]

ㄱ. A(s)는 전기 전도성이 있다.
　　→ A는 금속 결합을 하는 Mg에 해당하므로 고체상에서 전기 전도성이 있다.
ㄴ. CD에서 C는 부분적인 음전하(δ^-)를 띤다.
　　→ CD는 HF이며 C는 부분적인 양전하를 띠는 수소(H)에 해당한다.
ㄷ. 분자당 공유 전자쌍 수는 D_2가 B_2보다 크다.
　　→ D는 17족 원소이므로 D_2는 단일 결합을 포함한다.
　　B는 16족 원소이므로 B_2는 이중 결합을 포함한다.
　　분자당 공유 전자쌍 수는 이중 결합을 하는 B_2가 더 크다.

① ㄱ　② ㄷ　③ ㄱ, ㄴ　④ ㄴ, ㄷ　⑤ ㄱ, ㄴ, ㄷ

문제+자료 분석

◆ **AB: 이온 결합 물질인 MgO**
- A^{2+} : 전자를 두 개 잃어 10개이므로, 원자 A의 양성자(원자 번호)는 12에 해당하는 $_{12}Mg$
- B^{2-} : 전자를 두 개 얻어 10개이므로, 원자 B의 양성자(원자 번호)는 8에 해당하는 $_8O$

◆ **CD: 공유 결합 물질인 HF**
- 공유 전자 2개를 C와 D에 1개씩 배분한 뒤 판단한다.
- C: 전자 1개를 가진 원소이므로, 원자 C는 원자 번호가 1에 해당하는 $_1H$
- D: 전자 9개를 가진 원소이므로, 원자 D는 원자 번호가 9에 해당하는 $_9F$

보기 분석

ㄱ A(s)에서 (s)는 고체상을 의미한다. **주의** A는 금속 결합을 하는 Mg에 해당하므로 고체상에서 전기 전도성이 있다.
ㄴ. CD는 HF이며 C는 부분적인 양전하를 띠는 수소(H)에 해당한다.
ㄷ. D는 17족 원소이므로 D_2는 단일 결합을 포함한다. B는 16족 원소이므로 B_2는 이중 결합을 포함한다. 분자당 공유 전자쌍 수는 오히려 이중 결합을 하는 B_2가 D_2보다 더 크다.

＊금속 결합 물질(금속 결정)의 특징

1) 전기 전도성과 열 전도성이 큼
2) 연성(뽑힘성)과 전성(펴짐성)이 뛰어남
3) 금속 광택이 있음

표는 2주기 원소 W~Z로 구성된 분자 (가)~(라)에 대한 자료이다.
(가)~(라)에서 W~Z는 옥텟 규칙을 만족한다.

분자	(가)	(나)	(다)	(라)
분자식	W_2 단서 O_2	X_2 N_2	YW_2 CO_2	X_2Z_2 N_2F_2
$\dfrac{공유\ 전자쌍\ 수}{비공유\ 전자쌍\ 수}$(상댓값)	1	3	2	1

(가)~(라)에 대한 옳은 설명만을 〈보기〉에서 있는 대로 고른 것은?
(단, W~Z는 임의의 원소 기호이다.) (3점)

[보기]

ㄱ. (가)와 (다)는 비공유 전자쌍 수가 같다.
      4

ㄴ. 무극성 공유 결합이 있는 분자는 2가지이다.
                    (가), (나), (라) 3가지

ㄷ. 다중 결합이 있는 분자는 3가지이다.
                  (가)~(라) 4가지

① ㄱ   ② ㄴ   ③ ㄱ, ㄷ   ④ ㄴ, ㄷ   ⑤ ㄱ, ㄴ, ㄷ

 단서+발상

단서 이원자 분자인 W_2와 X_2의 $\dfrac{공유\ 전자쌍\ 수}{비공유\ 전자쌍\ 수}$의 비가 제시되어 있다.

발상 W_2와 X_2를 N_2, O_2, F_2 중에서 추론할 수 있다.

적용 $\dfrac{공유\ 전자쌍\ 수}{비공유\ 전자쌍\ 수}$의 비가 $W_2 : X_2 = 1 : 3$이므로 W_2는 O_2이고, X_2는 N_2임을 파악하는 것부터 문제 풀이를 시작해야 한다.

| 문제+자료 분석 |

step 1 2주기 원자 중 분자에서 옥텟 규칙을 만족하는 원자를 파악한다.

- (가)~(라)에서 W~Z는 옥텟 규칙을 만족하므로 W~Z는 각각 C, N, O, F 중 하나이다.
- 분자에서 C, N, O, F가 옥텟 규칙을 만족할 때, C는 공유 전자쌍만 4개를, N은 공유 전자쌍 3개와 비공유 전자쌍 1개를, O는 공유 전자쌍 2개와 비공유 전자쌍 2개를, F은 공유 전자쌍 1개와 비공유 전자쌍 3개를 가진다.

step 2 W_2와 X_2를 파악한다.

- 2주기 원소로 이루어진 이원자 분자인 W_2, X_2는 각각 N_2, O_2, F_2 중 하나이다.
- $\dfrac{공유\ 전자쌍\ 수}{비공유\ 전자쌍\ 수}$가 N_2, O_2, F_2는 각각 $\dfrac{3}{2}$, $\dfrac{1}{2}$, $\dfrac{1}{6}$이며 $\dfrac{공유\ 전자쌍\ 수}{비공유\ 전자쌍\ 수}$의 비가 $W_2 : X_2 = 1 : 3$이므로 W_2는 O_2이고, X_2는 N_2이다. 따라서 W는 O이고, X는 N이다.

(만약 W_2가 F_2, X_2가 O_2라면 Y와 Z는 C와 N 중 하나인데, 이를 만족하는 (다)와 (라)가 존재하지 않으므로 옳지 않다.)

step 3 YW_2와 X_2Z_2를 파악한다.

- YW_2는 $\dfrac{공유\ 전자쌍\ 수}{비공유\ 전자쌍\ 수}=1$이고, W가 O이므로 YW_2는 CO_2이고, Y는 C이다. 따라서 Z는 F이다. 함정
- $X_2Z_2(N_2F_2)$는 $\dfrac{공유\ 전자쌍\ 수}{비공유\ 전자쌍\ 수}=\dfrac{1}{2}$이다.

| 보기 분석 |

ㄱ 비공유 전자쌍 수가 O_2는 4이고, CO_2도 4이다.

ㄴ O_2에는 O 원자와 O 원자 사이에, N_2와 N_2F_2에는 N 원자와 N 원자 사이에 무극성 공유 결합이 있고, CO_2에는 무극성 공유 결합이 없다.
따라서 (가)~(라) 중 무극성 공유 결합이 있는 분자는 3가지이다. 함정

ㄷ O_2, N_2F_2, CO_2에는 이중 결합이, N_2에는 삼중 결합이 있으므로 (가)~(라)에는 모두 다중 결합이 있다.

왜 틀렸나?

- $W_2(O_2)$는 $\dfrac{공유\ 전자쌍\ 수}{비공유\ 전자쌍\ 수}=\dfrac{1}{2}$이고 $\dfrac{공유\ 전자쌍\ 수}{비공유\ 전자쌍\ 수}$(상댓값)이 1이므로 YW_2는 $\dfrac{공유\ 전자쌍\ 수}{비공유\ 전자쌍\ 수}$(상댓값)이 2이므로 $\dfrac{공유\ 전자쌍\ 수}{비공유\ 전자쌍\ 수}=1$임을 염두에 두고 문제를 해결해야 한다.
- N_2와 O_2 뿐만 아니라 N_2F_2에도 N 원자와 N 원자 사이에 무극성 공유 결합이 있음을 알아야 한다.

Ⅱ 12 정답 ⑤ ＊루이스 전자점식 ·············

그림은 2주기 원자 A~D의 루이스 전자점식을 나타낸 것이다.

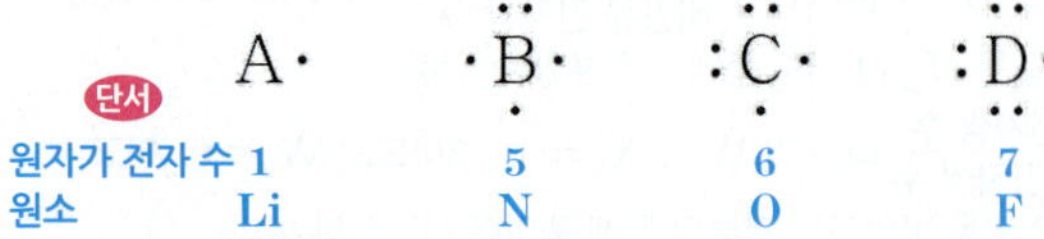

이에 대한 옳은 설명만을 〈보기〉에서 있는 대로 고른 것은? (단, A~D는 임의의 원소 기호이다.)

─────────────[보기]─────────────
ㄱ. A(s)는 전기 전도성이 있다.
　　A(Li)는 금속 ➡ 고체 상태에서 전기 전도성이 있다.
ㄴ. BD_3에서 B는 부분적인 양전하(δ^+)를 띤다.
　　전기 음성도는 D(F) > B(N)이다.
ㄷ. 분자당 공유 전자쌍 수는 $B_2D_2 > C_2D_2$이다.
　　　　　　　　N_2F_2　O_2F_2
　　　　　　　　　4　　　3

① ㄱ　② ㄴ　③ ㄱ, ㄷ　④ ㄴ, ㄷ　⑤ ㄱ, ㄴ, ㄷ

| 문제+자료 분석 |

- **A~D**: 루이스 전자점식은 원자가 전자를 점으로 나타낸 식으로 원자가 전자 수가 1인 A는 Li, 5인 B는 N, 6인 C는 O, 7인 D는 F이다.
- $B_2D_2(N_2F_2)$와 $C_2D_2(O_2F_2)$의 루이스 전자점식

$$:\!\ddot{F}\!:\!\ddot{N}\!::\!\ddot{N}\!:\!\ddot{F}\!:\qquad :\!\ddot{F}\!:\!\ddot{O}\!:\!\ddot{O}\!:\!\ddot{F}\!:$$

| 보기 분석 |

ㄱ. A(Li)은 금속이므로 고체 상태에서 전기 전도성이 있다. 따라서 A(s)는 전기 전도성이 있다.

ㄴ. 전기 음성도는 D(F) > B(N)이고, $BD_3(NF_3)$는 분자 구조가 삼각뿔형이며 극성 분자이다. 따라서 $BD_3(NF_3)$에서 B(N)는 부분적인 양전하(δ^+)를, D(F)는 부분적인 음전하(δ^-)를 띤다.

ㄷ. 분자당 공유 전자쌍 수가 $B_2D_2(N_2F_2)$는 4이고 $C_2D_2(O_2F_2)$는 3이다. 

＊ 금속의 성질
금속은 고체 상태, 액체 상태에서 모두 전기 전도성이 있으며, 금속은 전성(펴짐성)과 연성(뽑힘성)이 좋다.

Ⅱ 13 정답 ② ＊분자의 구조와 성질 ·············

표는 2주기 원소 X와 Y로 이루어진 분자 (가)~(다)에 대한 자료이다. (가)~(다)에서 모든 원자는 옥텟 규칙을 만족한다.

분자	분자식	비공유 전자쌍 수
(가)	X_aY_a 〈단서〉 N_2F_2	8
(나)	X_aY_{a+2} N_2F_4	14
(다)	X_bY_{a+1} NF_3	10

이에 대한 옳은 설명만을 〈보기〉에서 있는 대로 고른 것은? (단, X와 Y는 임의의 원소 기호이다.) (3점)

─────────────[보기]─────────────
ㄱ. X는 16족 원소이다.
　　→ X는 15족 원소인 N(질소)이다.
ㄴ. $a+b=3$이다.
　　→ $a=2$, $b=1$이다.
ㄷ. (가)~(다)에서 다중 결합이 있는 분자는 2가지이다.
　　→ (가) N_2F_2만 N과 N 사이에 이중 결합을 갖는다.

① ㄱ　② ㄴ　③ ㄱ, ㄷ　④ ㄴ, ㄷ　⑤ ㄱ, ㄴ, ㄷ

| 문제+자료 분석 |

◈ **공유 결합이 가능한 2주기 원소**
- 공유 결합을 통해 분자를 만드는 2주기 원소에는 C, N, O, F이 있다.
- 표는 C, N, O, F의 비공유 전자쌍을 나타낸다.

원소	C	N	O	F
비공유 전자쌍	0	1	2	3

- (가)의 분자식에 부합하려면 두 원소가 같은 개수비로 결합해야 한다. 여기에 C_4O_4(고리형 분자), N_2F_2 등이 될 수 있다.
- (가), (나), (다)의 분자식에 모두 부합하려면 X와 Y는 각각 N, F이어야 한다. (가)는 N_2F_2, (나)는 $N_2F_4(F_2N-NF_2)$, (다)는 NF_3가 될 수 있다.
- 2주기 원소는 화학 결합에 s, p_x, p_y, p_z 오비탈만 참여하므로 공유 전자쌍과 비공유 전자쌍의 합은 4쌍이다. 이때 공유 전자쌍은 최대 4쌍까지 가능하므로 2주기 원소는 다른 원소와 최대 4개의 결합을 형성할 수 있다. 제한된 범위에서 (가), (나), (다)의 분자식에 모두 부합하려면 X와 Y는 각각 N, F이어야 한다.

| 보기 분석 |

ㄱ. X는 15족 원소인 N(질소)에 해당하므로 16족 원소가 아니다.

ㄴ. $a=2$, $b=1$이므로, $a+b=3$이다.

ㄷ. (가)는 N_2F_2, (나)는 $N_2F_4(F_2N-NF_2)$, (다)는 NF_3이며, 다중 결합이 있는 분자에는 (가) N_2F_2만 해당된다(이중 결합을 포함한다). 따라서 (가)~(다)에서 다중 결합이 있는 분자는 1가지이다.

💡 단서+발상

〈단서〉 2주기 원소 X와 Y로 이루어진 분자 (가)~(다)가 제시되어 있다.

〈발상〉 옥텟 규칙을 만족하는 2주기 원소 X와 Y를 추론할 수 있다.

〈적용〉 C, N, O, F 중에서 X와 Y의 조건을 만족하는 원소를 구하는 것부터 문제 풀이를 시작해야 한다.

표는 분자 (가)~(다)에 대한 자료이다. (가)~(다)는 각각 HCN, NH₃, CH₂O 중 하나이다.
단서 공유 전자쌍 수 4, 3, 4

분자	(가) NH₃	(나) HCN	(다) CH₂O
공유 전자쌍 수	$a=3$	$a+1$	
비공유 전자쌍 수		$b=1$	$2b=2$

공유 전자쌍 수가 (나)>(가)이므로 (가)는 NH₃이고, $a=3$이다.

이에 대한 옳은 설명만을 〈보기〉에서 있는 대로 고른 것은?

[보기]
ㄱ. (다)는 ~~HCN~~이다.
  CH₂O이다.
ㄴ. $a+b=4$이다.
  $a=3$, $b=1$이다
ㄷ. 결합각은 (가)✗(나)이다. <
  (가) NH₃는 107°, (나) HCN는 180°이다.

① ㄱ　② ㄴ　③ ㄱ, ㄷ　④ ㄴ, ㄷ　⑤ ㄱ, ㄴ, ㄷ

| 문제+자료 분석 |

· HCN, NH₃, CH₂O의 루이스 전자점식과 공유 전자쌍, 비공유 전자쌍 수

분자	HCN	NH₃	CH₂O
루이스 전자점식	H:C⋮⋮N:	H:N:H / H	:O: / H:C:H
공유 전자쌍 수	4	3	4
비공유 전자쌍 수	1	1	2

· (가): (가)는 (나)보다 공유 전자쌍 수가 1 적으므로 (가)는 NH₃이다. ➡ $a=3$
· (나), (다): 각각 HCN, CH₂O 중 하나이며 비공유 전자쌍 수가 (다)가 (나)의 2배이므로 (나)는 HCN, (다)는 CH₂O이다. ➡ $b=1$

| 보기 분석 |

ㄱ. (다)는 HCN, CH₂O 중 하나이며 비공유 전자쌍 수가 (다)가 (나)의 2배이므로 CH₂O이다.
ㄴ. $a=3$, $b=1$이므로 $a+b=4$이다.
ㄷ. 결합각이 (가) NH₃는 107°이고, (나) HCN는 180°이므로 결합각은 (나)>(가)이다.

표는 2주기 원소 X~Z로 구성된 분자 (가)~(다)에 대한 자료이다. (가)~(다)에서 X~Z는 옥텟 규칙을 만족한다.
C, N, O, F
단서 원자가 전자 수: 4, 5, 6, 7

분자	구성 원자	구성 원자 수	구성 원자의 원자가 전자 수의 합
(가)	X, Y, Z / F N C ➡ FCN	3	$16=4+5+7$
(나)	X, Y ➡ NF₃	4	$26=5+(7×3)$
(다)	X, Z ➡ CF₄	5	$32=4+(7×4)$

(가)~(다)에 대한 옳은 설명만을 〈보기〉에서 있는 대로 고른 것은? (단, X~Z는 임의의 원소 기호이다.)

[보기]
ㄱ. (가)의 분자 모양은 직선형이다.
  FCN의 구조식 : F−C≡N
ㄴ. 중심 원자의 비공유 전자쌍 수는 (나)>(다)이다.
  1　　0
ㄷ. 모든 구성 원자가 동일 평면에 있는 분자는 1가지이다.
  (가)

① ㄱ　② ㄷ　③ ㄱ, ㄴ　④ ㄴ, ㄷ　⑤ ㄱ, ㄴ, ㄷ

| 문제+자료 분석 |

· X~Z는 2주기 원자이고 (가)~(다)에서 옥텟 규칙을 만족하므로 각각 C, N, O, F 중 하나이다. 꿀팁 C, N, O, F의 원자가 전자 수는 각각 4, 5, 6, 7이다.
· (가)는 구성 원자가 X, Y, Z이고, 구성 원자 수가 3이며, 구성 원자의 원자가 전자 수의 합이 16이므로 X~Z는 각각 C, N, F 중 하나이다.
· (가)~(다)에서 C는 공유 전자쌍만 4개를, N는 공유 전자쌍 3개와 비공유 전자쌍 1개를, F은 공유 전자쌍 1개와 비공유 전자쌍 3개를 가진다. 따라서 (가)는 FCN이다.
· (다)는 구성 원자가 X와 Z이고, 구성 원자 수가 5이며, 구성 원자의 원자가 전자 수의 합이 32이므로 (다)는 CF₄이다. 따라서 X, Z는 각각 C, F 중 하나이고, Y는 N이다.
· (나)는 구성 원자가 Y(N)와 Z이고, 구성 원자 수가 4이며, 구성 원자의 원자가 전자 수의 합이 26이므로 (나)는 NF₃이다. 따라서 X는 F이고, Z는 C이다.
· (가)~(다)의 특성은 다음과 같다.

특성	FCN	NF₃	CF₄
분자의 극성	극성	극성	무극성
공유 전자쌍 수	4	3	4
비공유 전자쌍 수	4	10	12
분자 모양	직선형	삼각뿔형	정사면체형

| 보기 분석 |

ㄱ. (가)는 FCN이고, 구조식이 F−C≡N이며, 중심 원자 C에 비공유 전자쌍이 없고, 2개의 원자가 결합되어 있으므로 분자 모양이 직선형이다.
ㄴ. (나)는 NF₃이며 중심 원자 N에 비공유 전자쌍이 1개 있으며, (다)는 CF₄이며 중심 원자 C에 비공유 전자쌍이 없다. 함정
ㄷ. 분자 모양이 FCN은 직선형, NF₃은 삼각뿔형, CF₄은 정사면체형이므로 모든 구성 원자가 동일 평면에 있는 분자는 (가), 1가지이다.

왜 틀렸나?
· 분자의 비공유 전자쌍 수가 NF₃는 10이고, CF₄는 12이므로 분자의 비공유 전자쌍 수는 (다)>(나)이지만, ㄴ에서는 중심 원자의 비공유 전자쌍을 비교하고 있다. 보기에 주의하지 않았다면 오답을 고를 수 있다.

단서+발상

단서 문제에 구성 원자의 원자가 전자 수의 합이 제시되어 있다.
발상 분자를 구성하는 X~Z를 구성 원자 수를 적용하여 해당 원소를 추론할 수 있다.
적용 분자에서 옥텟 규칙을 만족하는 원자인 C, N, O, F의 원자가 전자 수를 적용해서 구성 원자의 원자가 전자 수의 합을 만족하는 원자를 찾는 것부터 문제 풀이를 시작해야 한다.

그림은 2주기 원소 X~Z와 수소(H)로 구성된 분자 (가)와 (나)의 구조식을 나타낸 것이다. X~Z는 각각 C, O, F 중 하나이고, (가)와 (나)에서 X~Z는 모두 옥텟 규칙을 만족한다.

공유 전자쌍 수만 4인 X는 C이다.

공유 전자쌍 수가 2, 비공유 전자쌍 수가 2인 Y는 O이다.

공유 전자쌍 수가 1, 비공유 전자쌍 수가 3인 Z는 F이다.

(가) CH₄ (나) HCOF

이에 대한 옳은 설명만을 〈보기〉에서 있는 대로 고른 것은?

[보기]
ㄱ. 전기 음성도는 Z > Y > X이다.
　　 F > O > C
ㄴ. 분자의 쌍극자 모멘트는 (가)✗(나)이다.
　　 극성 분자인 (나)가 무극성 분자인 (가)보다 크다.
ㄷ. (나)에는 무극성 공유 결합이 있다.
　　 극성 공유 결합만 있다.

① ㄱ　② ㄷ　③ ㄱ, ㄴ　④ ㄴ, ㄷ　⑤ ㄱ, ㄴ, ㄷ

| 문제+자료 분석 |

· **(가)**: X는 공유 전자쌍만 4개를 가지므로 C이다. ➡ CH₄
· **(나)**: Y는 공유 전자쌍 2개, 비공유 전자쌍 2개를 가지므로 O, Z는 공유 전자쌍 1개, 비공유 전자쌍 3개를 가지므로 F이다. ➡ HCOF

| 보기 분석 |

ㄱ 2주기 원소에서 원자 번호가 증가할수록 전기 음성도는 증가한다. 꿀팁
　 따라서 전기 음성도는 Z(F) > Y(O) > X(C)이다.
ㄴ. (가)는 무극성 분자이므로 분자의 쌍극자 모멘트는 0이고, (나)는 극성 분자이므로 분자의 쌍극자 모멘트는 0보다 크다. 따라서 분자의 쌍극자 모멘트는 (나) > (가)이다.
ㄷ. (나)에서 모든 원자 사이의 공유 결합은 서로 다른 원소들 사이에서만 일어났으므로 (나)에는 극성 공유 결합만 존재한다.

✱ **전기 음성도의 주기적 변화**
　같은 주기에서는 원자 번호가 클수록 전기 음성도가 증가하고, 같은 족에서는 원자 번호가 클수록 전기 음성도가 감소한다.

그림은 분자 (가)~(다)를 화학 결합 모형으로 나타낸 것이다.

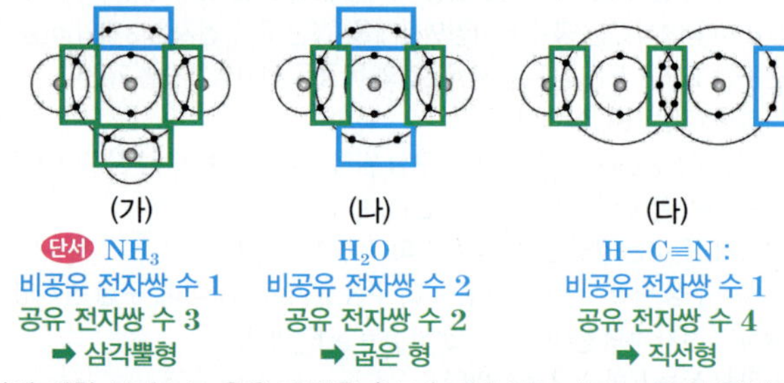

(가) NH₃
비공유 전자쌍 수 1
공유 전자쌍 수 3
➡ 삼각뿔형

(나) H₂O
비공유 전자쌍 수 2
공유 전자쌍 수 2
➡ 굽은 형

(다) H−C≡N :
비공유 전자쌍 수 1
공유 전자쌍 수 4
➡ 직선형

이에 대한 설명으로 옳은 것만을 〈보기〉에서 있는 대로 고른 것은? (3점)

[보기]
ㄱ. (가)의 분자 모양은 평면 삼각형이다.
　　 (가)의 분자 모양은 삼각뿔형이다.
ㄴ. (나)는 극성 분자이다.
　　 (나)는 굽은 형 분자로 결합의 쌍극자 모멘트 합이 0이 아니다.
ㄷ. 결합각은 (다)가 (나)보다 크다.
　　 (다)의 결합각은 180°로, (나)의 결합각 104.5°보다 크다.

① ㄱ　② ㄷ　③ ㄱ, ㄴ　④ ㄴ, ㄷ　⑤ ㄱ, ㄴ, ㄷ

| 문제+자료 분석 |

· **(가)**: 중심 원자가 2주기이고, 공유 전자쌍 수가 3, 비공유 전자쌍 수가 1이므로, NH₃이다.
· **(나)**: 중심 원자가 2주기이고, 공유 전자쌍 수가 2, 비공유 전자쌍 수가 2이므로, H₂O이다.
· **(다)**: 중심 원자가 2주기이고, 비공유 전자쌍 수가 1인 원자(N)와 삼중 결합을 형성하므로, HCN이다.
· 분자 (가), (나), (다)에 대한 분자의 모양, 극성, 결합각은 다음과 같다.

분자	(가)	(나)	(다)
분자식	NH₃	H₂O	HCN
분자의 모양	삼각뿔형	굽은 형	직선형
극성 유무	극성	극성	극성
결합각	107°	104.5°	180°

| 보기 분석 |

ㄱ. (가)는 NH₃이므로 분자 모양은 삼각뿔형이다. 주의
ㄴ (나)는 극성 공유 결합을 포함하는 굽은 형 분자로 결합의 쌍극자 모멘트의 합이 0이 아니므로 극성 분자이다.
ㄷ (다)의 결합각은 180°로, (나)의 결합각 104.5°보다 크다.

✱ **분자 구조의 예측**

중심 원자에 결합된 원자 수	중심 원자가 가지는 비공유 전자쌍 수	분자 구조
2	0	직선형
3	0	평면 삼각형
4	0	정사면체형 또는 사면체형
3	1	삼각뿔형
2	2	굽은 형

그림은 분자 구조와 성질에 관한 수업 장면이다.

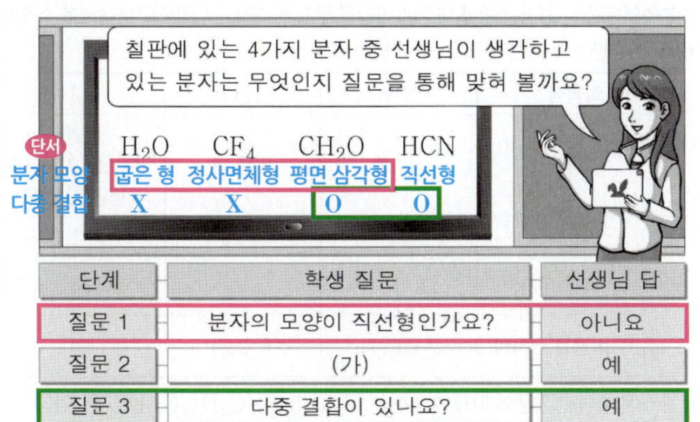

단서
분자 모양
다중 결합

단계	학생 질문	선생님 답
질문 1	분자의 모양이 직선형인가요?	아니요
질문 2	(가)	예
질문 3	다중 결합이 있나요?	예

(가)로 적절한 것만을 〈보기〉에서 있는 대로 고른 것은?

[보기]

ㄱ. 극성 분자인가요?
　　CH₂O는 극성 분자이다.
ㄴ. 중심 원자에 비공유 전자쌍이 있나요?
　　CH₂O의 중심 원자는 탄소(C)로, 중심 원자에 비공유 전자쌍이 없다.
ㄷ. 분자를 구성하는 모든 원자가 동일 평면에 존재하나요?
　　CH₂O의 분자 구조는 평면 삼각형이다.

① ㄱ　　② ㄴ　　③ ㄱ, ㄷ　　④ ㄴ, ㄷ　　⑤ ㄱ, ㄴ, ㄷ

단서＋발상

(단서) 분자의 모양이 직선형이 아니며 다중 결합이 있다고 했으므로
(발상) 선생님이 생각하고 있는 분자는 CH₂O임을 추론할 수 있다.
(적용) 질문 2는 답이 '예'이므로 CH₂O의 특징으로 알맞은 것이 들어가야 한다.

｜문제＋자료 분석｜

• 주어진 분자의 특성은 표와 같다.

구분	H₂O	CH₄	CH₂O	HCN
분자의 모양	굽은 형	정사면체형	평면 삼각형	직선형
다중 결합 유무	없음	없음	있음	있음
분자의 극성	극성	무극성	극성	극성

• 질문 1에서 분자의 모양이 직선형이 아닌 분자는 H₂O, CH₄, CH₂O 세 가지이고, 질문 3에서 다중 결합이 있는 분자는 CH₂O, HCN이다. 따라서 두 질문에서 공통으로 해당되는 분자는 CH₂O이다.

｜보기 분석｜

ㄱ. CH₂O는 평면 삼각형이지만 오른쪽 그림과 같은 구조를 갖고 있어 쌍극자 모멘트 합이 0이 아니므로 극성 분자이다. 따라서 '극성 분자인가요?'는 (가)로 적절하다.

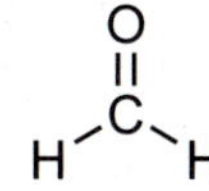

ㄴ. H₂O의 중심 원자인 탄소(C)에는 비공유 전자쌍이 존재하지 않는다. 따라서 '중심 원자에 비공유 전자쌍이 있나요?'는 (가)로 적절하지 않다.

ㄷ. CH₂O의 분자 구조는 평면 삼각형이다. 따라서 '분자를 구성하는 모든 원자가 동일 평면에 존재하나요?'는 (가)로 적절하다.

그림은 4가지 분자를 몇 가지 기준에 따라 분류한 것이다.

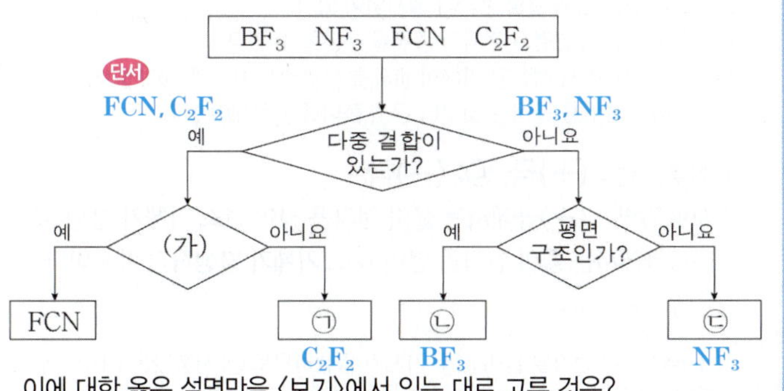

이에 대한 옳은 설명만을 〈보기〉에서 있는 대로 고른 것은?

[보기]

ㄱ. '극성 분자인가?'는 (가)로 적절하다.
　　FCN은 극성 분자이고 C₂F₂는 무극성 분자
ㄴ. ㉠에는 이중 결합이 있다.
　　㉠은 C₂F₂ ➡ 단일 결합과 삼중 결합만 존재
ㄷ. 결합각은 ㉢이 ㉡보다 크다. 작다.
　　㉡은 BF₃(평면 삼각형), ㉢은 NF₃(삼각뿔형) ➡ 결합각 ㉡ > ㉢

① ㄱ　　② ㄴ　　③ ㄱ, ㄷ　　④ ㄴ, ㄷ　　⑤ ㄱ, ㄴ, ㄷ

단서＋발상

(단서) 4가지 분자의 분자식이 제시되어 있다.
(발상) 각 분자의 구조식을 추론할 수 있다.
(적용) 다중 결합 유무를 파악하여 ㉠을 구하는 것부터 문제 풀이를 시작해야 한다.

｜문제＋자료 분석｜

• 주어진 4가지 분자의 구조식과 분자 모양은 다음과 같다.

분자식	BF₃	NF₃	FCN	C₂F₂
구조식	F–B(–F)(–F)	F–N(–F)(–F)	F–C≡N	F–C≡C–F
분자 모양	평면 삼각형	삼각뿔형	직선형	직선형

• 다중 결합이 있는 분자는 FCN과 C₂F₂이므로 ㉠은 C₂F₂이다.
• 다중 결합이 없는 BF₃와 NF₃의 분자 모양은 각각 평면 삼각형과 삼각뿔형이다.
　➡ 평면 구조인 ㉡은 BF₃이고 평면 구조가 아닌 ㉢은 NF₃이다.

｜보기 분석｜

ㄱ. FCN은 극성 분자이고 C₂F₂는 무극성 분자이다. 따라서 '극성 분자인가?'는 (가)로 적절하다.

ㄴ. ㉠은 C₂F₂로 단일 결합과 삼중 결합으로 구성되어 있다. 따라서 ㉠에는 이중 결합이 없다.

ㄷ. ㉡은 BF₃이고 ㉢은 NF₃이다. BF₃의 중심 원자인 B에는 비공유 전자쌍이 없고 NF₃의 중심 원자인 N에는 비공유 전자쌍이 있다. 따라서 결합각은 ㉢이 ㉡보다 작다.

그림은 3가지 분자를 주어진 기준에 따라 분류한 것이다.

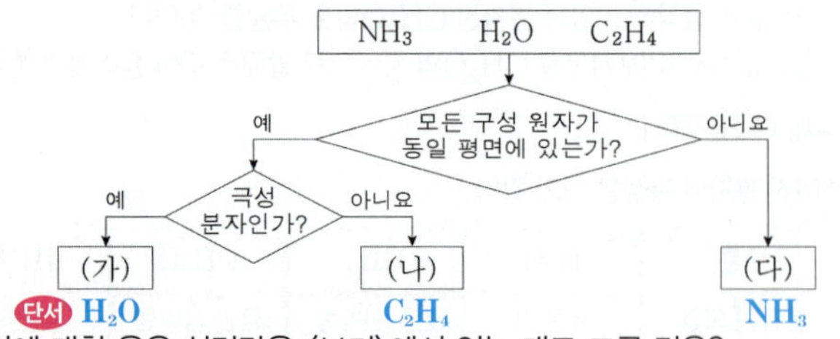

이에 대한 옳은 설명만을 〈보기〉에서 있는 대로 고른 것은?

[보기]

ㄱ. (가)는 $\dfrac{\text{비공유 전자쌍 수}}{\text{공유 전자쌍 수}}$ ✗1이다.
→ (가)에는 공유 전자쌍이 2개, 비공유 전자쌍이 2개 있다.

ㄴ. (나)에는 무극성 공유 결합이 있다.
→ (나)는 전기 음성도 및 결합 환경이 동일한 탄소가 대칭적으로 있어 무극성 공유 결합을 한다.

ㄷ. 결합각은 (가)가 (다)보다 크다.
→ (가)의 결합각은 104.5°로 (다)의 결합각인 107°보다 작다.

① ㄴ　② ㄷ　③ ㄱ, ㄴ　④ ㄱ, ㄷ　⑤ ㄱ, ㄴ, ㄷ

| 문제+자료 분석 |

◈ **분자의 구조**

• 분자의 구조는 전자쌍 반발 이론에 바탕을 두고 비교적 근사적으로 예측해볼 수 있다.

• 세 가지 분자에 대한 구조 및 중심 원자의 성질

화학식		NH_3	H_2O	C_2H_4
모양		삼각뿔	굽은 형	평면형 (탄소를 기준으로 평면 삼각형)
결합각		107°	104.5°	약 120°
중심 원자	공유 전자쌍	3	2	4
	비공유 전자쌍	1	2	0

• 문제에 주어진 기준에 따르면, (가)는 H_2O, (나)는 C_2H_4, (다)는 NH_3이다.

| 보기 분석 |

ㄱ. (가)는 H_2O이므로 공유 전자쌍이 2개, 비공유 전자쌍이 2개 있다. 따라서 (가)는 $\dfrac{\text{비공유 전자쌍 수}}{\text{공유 전자쌍 수}}=1$이다.

ㄴ. (나)는 C_2H_4이므로 전기 음성도 및 결합 환경이 동일한 탄소가 대칭적으로 있어 무극성 공유 결합을 한다.

ㄷ. (가)는 H_2O이며, (다)는 NH_3이다. 전자쌍 반발 이론에 따라 중심 원자에 비공유 전자쌍이 많은 (가)가 결합각이 더 작을 것으로 예측할 수 있다. (가)의 결합각은 104.5°(H_2O)로 (다)의 결합각인 107°(NH_3)보다 작다.

다음은 물의 전기 분해 실험 결과의 일부이다.

〈실험 결과〉 단서 물이 전자를 잃어 산소 기체 발생

○ 시험관 ㉠에는 산소 기체, 시험관 ㉡에는 수소 기체가 모였다. 물이 전자를 얻어 수소 기체 발생

○ 시험관에 각각 모은 기체의 부피비는
㉠ : ㉡＝1 : 2이다.

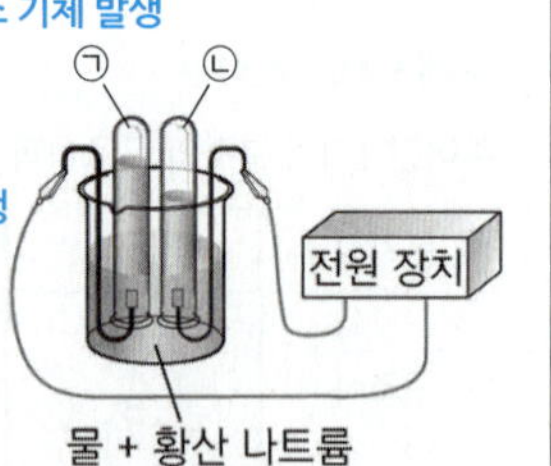

(1) 각 시험관에 연결된 전극의 종류를 쓰시오. 단답형
㉠: (+)극, ㉡: (−)극

(2) 각 시험관에 연결된 전극의 종류를 (1)과 같이 생각한 까닭을 서술하시오. 서술형
㉠: 전자 잃음 ➡ (+)극, ㉡: 전자 얻음 ➡ (−)극

단서+발상

단서 물의 전기 분해 실험 결과가 제시되어 있다.

발상 각 시험관에 연결된 전극의 종류를 추론할 수 있다.

적용 각 시험관에서 생성된 기체의 종류를 활용해서 시험관 ㉠과 ㉡에 연결된 전극의 종류를 구하는 것부터 문제 풀이를 시작해야 한다.

(1) 정답 ㉠: (+)극, ㉡: (−)극

(2) 모범 답안 (+)극에서는 물이 전자를 잃어 산소 기체가 발생하고, (−)극에서는 물이 전자를 얻어 수소 기체가 발생하기 때문이다.

| 문제+자료 분석 |

• **(+)극**: 물이 전자를 잃어 산소 기체가 발생하므로 ㉠ 시험관은 (+)극에 연결되어 있다.

• **(−)극**: 물이 전자를 얻어 수소 기체가 발생하므로 ㉡ 시험관은 (−)극에 연결되어 있다.

• **물의 전기 분해 반응식**: $2H_2O(l) \longrightarrow 2H_2(g)+O_2(g)$

	채점 기준	배점
(1)	각 시험관에 연결된 전극의 종류를 둘 다 옳게 쓴 경우	40%
(2)	각 시험관에 연결된 전극의 종류를 (1)과 같이 생각한 까닭을 옳게 서술한 경우	60%

다음은 공유 결합하여 형성된 이원자 분자에서의 전자의 분포를 알아보기 위한 탐구이다.

〈자료〉 [단서] 전기 음성도 차이로 인해 부분 전하가 나타남

분자	HF		F_2	
결합 모형	δ^+ δ^-			
구성 원자	H	F	F	F
전기 음성도	㉠	㉡	㉡	㉡
결합의 극성	극성 공유 결합		무극성 공유 결합	

〈결론〉

○ 극성 공유 결합에서는 공유 전자쌍이 전기 음성도가 큰 원자 쪽으로 치우쳐 비대칭적으로 분포한다.

(1) ㉠, ㉡에 들어갈 각 원소의 전기 음성도를 각각 쓰시오. [단답형]
㉠: 2.2, ㉡: 4.0

(2) 무극성 공유 결합을 하는 분자와 극성 공유 결합을 하는 분자의 공유 전자쌍이 치우치는 정도를 전기 음성도를 활용하여 비교 서술하시오. [서술형]

단서＋발상

[단서] 자료에 두 이원자 분자의 부분 전하가 표시된 모형이 제시되어 있다.

[발상] 자료를 통해 전기 음성도가 큰 원소와 작은 원소를 추론할 수 있다.

[적용] 전기 음성도 값에 대한 개념을 적용해서 ㉠, ㉡을 구하는 것부터 문제 풀이를 시작해야 한다.

(1) [정답] ㉠: 2.2, ㉡: 4.0

(2) [모범 답안] 무극성 공유 결합을 하는 분자는 두 원자의 전기 음성도가 같으므로 공유 전자쌍이 치우치지 않는 반면, 극성 공유 결합을 하는 분자는 전기 음성도가 큰 원자 쪽으로 공유 전자쌍이 치우친다.

| 문제＋자료 분석 |

· **HF**: H의 전기 음성도는 2.2이고 F의 전기 음성도는 4.0이므로 공유하는 전자쌍은 F쪽으로 치우쳐 있다.
➡ HF 분자와 같이 서로 다른 종류의 원자가 공유 결합하여 형성된 분자에서는 전기 음성도가 큰 원자 쪽으로 공유 전자쌍이 치우친다.

· F_2: F의 전기 음성도는 4.0이고 동일한 원소 간 공유 결합을 하는 분자이므로 전자는 치우치지 않는다.
➡ F_2 분자와 같이 서로 같은 종류의 원자가 공유 결합하여 형성된 분자에서는 두 원자의 전기 음성도가 같으므로 공유 전자쌍이 어느 한쪽으로 치우치지 않는다.

	채점 기준	배점
(1)	수소와 플루오린의 전기 음성도를 둘 다 옳게 쓴 경우	40%
	둘 중 한 가지의 전기 음성도만 옳게 쓴 경우	20%
(2)	결합의 극성과 전기 음성도 차이를 활용하여 전자쌍이 치우친 것을 서술한 경우	60%
	전자쌍이 치우친 것과 아닌 것에 대한 사실만 구분하여 서술한 경우	30%

그림은 주기율표의 일부와 임의의 원소 기호 $X \sim Z$로 구성된 4가지의 분자를 나타낸 것이다.

주기＼족	1	2	13	14	15	16	17	18
1	[단서] X H							
2				Y C		Z O		

YX_4	YZ_2	X_2Z	Z_2
CH_4	CO_2	H_2O	O_2

(1) 주어진 분자 중 극성 공유 결합이 있는 무극성 분자를 쓰시오. [단답형]
분자 중 극성 공유 결합이더라도 분자의 구조가 대칭이어서 쌍극자 모멘트가 상쇄될 경우

(2) X_2Z의 분자식을 쓰고 전자쌍 반발 이론에 근거하여 분자의 구조, 분자의 극성을 서술하시오. [서술형]
H_2O ➡ 굽은형 구조, 극성 분자

단서＋발상

[단서] 주기율표의 일부와 임의의 원소 기호 $X \sim Z$로 구성된 4가지의 분자가 제시되어 있다.

[발상] 주기율표의 위치를 통해 $X \sim Z$를 추론할 수 있다.

[적용] 주어진 4가지 분자의 구조와 결합의 극성을 구하는 것부터 문제 풀이를 시작해야 한다.

(1) [정답] YX_4, YZ_2

(2) [모범 답안] ·H_2O
· H_2O 분자는 중심 원자 O에 2개의 비공유 전자쌍이 있어 전자쌍 반발 이론에 따라 굽은형 구조를 가진다. 결합 쌍극자가 대칭을 이루지 않아 쌍극자 모멘트가 상쇄되지 않으므로 극성 분자이다.

| 문제＋자료 분석 |

· 제시된 주기율표의 위치를 통해 X는 수소(H), Y는 탄소(C), Z는 산소(O)임을 추론할 수 있다.

· 주어진 4가지 분자 YX_4, YZ_2, X_2Z, Z_2는 각각 메테인(CH_4), 이산화 탄소(CO_2), 물(H_2O), 산소(O_2) 분자이다.

· 분자 중 극성 공유 결합이 있더라도 분자의 구조가 대칭이어서 쌍극자 모멘트가 상쇄될 경우 무극성 분자가 된다.
➡ 메테인(CH_4), 이산화 탄소(CO_2)의 구조는 각각 정사면체, 직선형으로 대칭 구조이므로 쌍극자 모멘트가 상쇄되어 무극성 분자이다.

· **전자쌍 반발 이론**: 중심 원자에 있는 결합 전자쌍과 비공유 전자쌍이 서로 반발하여, 분자 내에서 전자쌍들 간의 반발이 최소가 되도록 분자의 입체 구조를 결정한다.
➡ X_2Z는 물(H_2O)이며 H_2O 분자는 중심 원자 O에 2개의 비공유 전자쌍이 있어 전자쌍 반발 이론에 따라 굽은형 구조를 가진다.

	채점 기준	배점
(1)	YX_4, YZ_2를 옳게 쓴 경우	30%
(2)	H_2O와 H_2O의 구조, 극성을 모두 옳게 쓴 경우	70%
	H_2O와 H_2O의 구조, 극성 중 일부만 옳게 쓴 경우	30%

다음은 무극성 분자인 CO_2와 극성 분자인 H_2O의 분자 모형 그림과 두 개 분자의 차이점 두 가지를 나타낸 표이다. ㉠, ㉡은 각각 쌍극자 모멘트의 합, 분자 내 전하의 분포 중 하나이다.

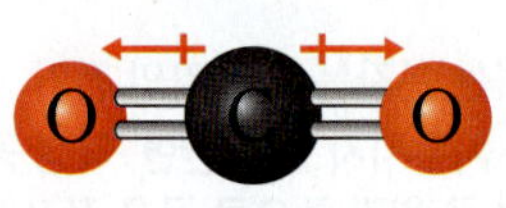

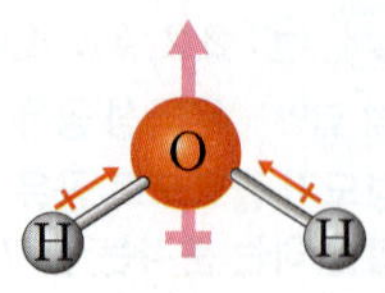

구분	무극성 분자	극성 분자
㉠ 분자 내 전하의 분포	고르다.	고르지 않다.
㉡ 쌍극자 모멘트의 합	0이다.	0이 아니다.

(1) ㉠과 ㉡이 무엇인지 각각 쓰시오. 단답형

(2) 무극성 분자와 극성 분자의 정의를 ㉠, ㉡을 모두 활용하여 서술하시오. 서술형

단서+발상

단서　무극성 분자인 CO_2와 극성 분자인 H_2O의 분자 모형 그림이 제시되어 있다.

발상　표의 내용을 활용하여 ㉠과 ㉡을 추론할 수 있다.

(1) 정답　㉠은 분자 내 전하의 분포, ㉡은 쌍극자 모멘트의 합이다.

(2) 모범 답안　무극성 분자는 분자 내 전하가 고르게 분포하여 분자의 쌍극자 모멘트가 0인 분자이고, 극성 분자는 분자 내 전하 분포가 고르지 않아 분자의 쌍극자 모멘트가 0이 아닌 분자이다.

| 문제+자료 분석 |

• 이산화 탄소와 물 분자 모두 극성 공유 결합을 하고 있다.
• 무극성 분자인 이산화 탄소는 분자 내 전하의 분포가 고르고, 쌍극자 모멘트의 합이 0이다.
• 극성 분자인 물은 분자 내 전하의 분포가 고르지 않고, 쌍극자 모멘트의 합이 0이 아니다.

	채점 기준	배점
(1)	㉠, ㉡을 옳게 쓴 경우	30%
(2)	㉠, ㉡을 모두 포함하여 무극성 분자와 극성 분자의 정의를 옳게 서술한 경우	70%
	㉠, ㉡ 중 한 가지만 포함하여 무극성 분자와 극성 분자의 정의를 옳게 서술한 경우	30%

다음은 2주기 원소 C, N, O의 수소 화합물의 분자식이다.

> CH_4　　　NH_3　　　H_2O
> 단서 공유 전자쌍 4개　공유 전자쌍 3개　공유 전자쌍 2개
> 비공유 전자쌍 0개　비공유 전자쌍 1개　비공유 전자쌍 2개

위 분자들 중, '비공유 전자쌍 간의 반발력이 공유 전자쌍 간의 반발력보다 크다'라는 가설을 증명하고자 할 때 가장 적절한 분자를 1개 고르고 그 까닭을 설명하시오. 서술형

단서+발상

단서　2주기 원소 C, N, O의 수소 화합물이 제시되어 있다.

발상　공유 전자쌍 수와 비공유 전자쌍 수를 추론할 수 있다.

적용　전자쌍 반발 원리를 비교할 수 있는 조건을 구하는 것부터 문제 풀이를 시작해야 한다.

모범 답안　H_2O, 분자 내에 2개의 공유 전자쌍과 2개의 비공유 전자쌍이 있어 '비공유 전자쌍 간 반발력'과 '공유 전자쌍 간의 반발력'을 모두 비교할 수 있기 때문이다.

| 문제+자료 분석 |

• CH_4은 공유 전자쌍 간 반발력만을 설명할 수 있고, NH_3는 비공유−공유 전자쌍 간 반발력, 공유−공유 전자쌍 간 반발력을 설명할 수 있으나 비공유−비공유 전자쌍 간 반발력을 설명할 수 없다.

채점 기준	배점
H_2O을 고르고 그 까닭을 옳게 서술한 경우	100%
다른 분자를 골랐으나 그 까닭은 옳게 서술한 경우나, H_2O을 골랐으나 그 까닭을 옳지 않게 서술한 경우	50%

그림은 플루오린화 수소(HF) 분자가 전기장 내에서 일정한 방향으로 배열되는 모습을 나타낸 것이다.

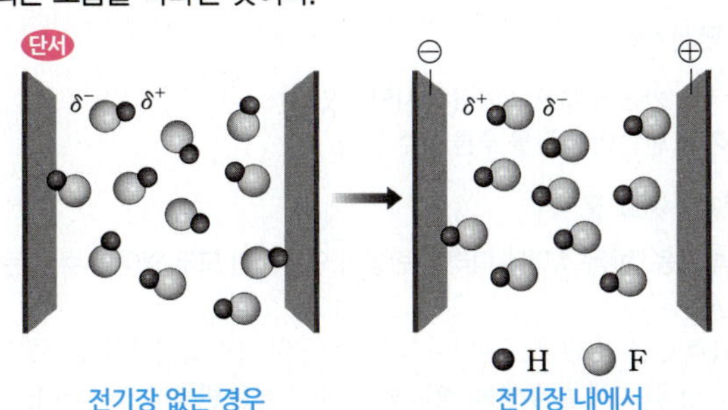

HF 대신 산소 분자(O_2)를 전기장에 넣고 전압을 걸어주면 어떤 결과를
　　　　　　　　무극성 분자
나타낼 것인지 분자의 극성과 관련지어 설명하시오. 서술형

단서+발상

단서 플루오린화 수소가 전기장 내에서 일정한 방향으로 배열되는 모습이 제시되어 있다.

발상 극성 분자는 전기장의 영향을 받음을 추론할 수 있다.

모범 답안　O_2는 무극성 분자이므로 전기장의 영향을 받지 않아 아무 변화도 보이지 않는다.

│ 문제+자료 분석 │

- HF는 F의 전기 음성도가 H보다 커서 분자 내의 전자가 F 쪽으로 몰려있는 극성 분자이므로 전기장에 넣었을 때 분자의 H 쪽이 ($-$)극, F 쪽이 ($+$)극을 향하면서 일정한 방향으로 배열된다.
- 그러나 O_2는 무극성 공유 결합을 하고 있는 무극성 분자이므로 전기장에서 어떤 반응도 보이지 않는다.

채점 기준	배점
O_2가 무극성 분자임을 밝히고 전기장 내에서 아무 변화도 없음을 설명한 경우	100%
O_2의 무극성, 전기장 내에서의 변화 중 1가지만 옳게 설명한 경우	30%

Ⓖ

다음은 2주기 원자 A와 B로 구성된 분자 AB_2의 루이스 전자점식을 나타낸 것이다.

단서 A의 공유 전자쌍 2개
비공유 전자쌍 2개
:B̈:A:B̈:

AB_2 분자가 극성 분자인 까닭을 분자의 모양과 관련하여 설명하시오. (단, A와 B는 임의의 원소 기호이다.) 서술형

단서+발상

단서 AB_2의 루이스 전자점식이 제시되어 있다.

발상 A의 공유 전자쌍 수와 비공유 전자쌍 수를 추론할 수 있다.

적용 전자쌍 반발 원리를 적용하여 AB_2의 구조를 구하는 것부터 문제 풀이를 시작해야 한다.

모범 답안　AB_2는 중심 원자에 비공유 전자쌍 2개, 공유 전자쌍 2개인 굽은 형 분자이고 A－B 결합은 극성 공유 결합이므로 분자 내 쌍극자 모멘트 합은 0이 아닌 극성 분자이다.

│ 문제+자료 분석 │

- 어떤 분자가 극성 분자임을 밝히기 위해서는 분자 내의 모든 공유 결합에서 쌍극자 모멘트가 작용하는 방향과 분자의 모양을 알아야 한다.
- A는 산소(O), B는 플루오린(F)이므로 결합 A－B는 극성 공유 결합이고 분자의 모양도 굽은 형이므로 분자의 쌍극자 모멘트는 0이 아니다.

채점 기준	배점
분자의 모양과 분자 내 결합의 극성을 포함하여 옳게 서술한 경우	100%
2가지 요인 중 1가지만 옳게 서술한 경우	50%

H 가역 반응과 화학 평형

H 01 정답 ④ ＊가역 반응

 단서＋발상

단서 가역 반응에 대한 설명이 제시되어 있다.
발상 가역 반응의 특징을 추론할 수 있다.

| 문제＋자료 분석 |

- **가역 반응**: 반응 조건에 따라 정반응과 역반응이 모두 일어날 수 있는 반응이다. ➡ A
- **비가역 반응**: 정반응만 일어나거나 역반응이 거의 일어나지 않는 반응으로 연소 반응, 기체 발생 반응, 중화 반응, 앙금 생성 반응이 있다. ➡ B
- **동적 평형**: 가역 반응에서 정반응과 역반응이 같은 속도로 일어나 겉보기에 변화가 일어나지 않는 것처럼 보이는 상태이다. ➡ C

| 선택지 분석 |

④ **A**. 가역 반응은 조건에 따라 정반응뿐만 아니라 역반응이 일어날 수 있다. ➡ 옳음
B. 연소 반응은 정반응만 일어나는 비가역 반응이다. ➡ 옳지 않음
C. 가역 반응은 정반응과 역반응이 모두 일어날 수 있으므로 충분한 시간이 지나면 정반응 속도와 역반응 속도가 같아지는 동적 평형에 도달할 수 있다. ➡ 옳음

H 02 정답 ⑤ ＊동적 평형 ⭐고난도

[① 6% ② 8% ③ 12% ④ 24% ⑤ 46%] **2024 실시 10월 학평 8 / 화학 Ⅰ (고2)**

표는 밀폐된 진공 용기에 $H_2O(l)$을 넣은 후, 시간에 따른 용기 속 $H_2O(l)$의 양(mol)과 $\dfrac{H_2O(g)\text{의 응축 속도}}{H_2O(l)\text{의 증발 속도}}$에 대한 자료이고, 그림은 시간이 t일 때 용기 안의 상태를 나타낸 것이다. a와 b는 다르다.

동적 평형 상태 도달 전이므로 평형 상태보다 $H_2O(l)$의 양 많음 ∴ $a>b$

단서 $2t, 3t$에서 $H_2O(l)$의 양 같음 ∴ $2t, 3t$ 모두 동적 평형 상태

시간	t	$2t$	$3t$	
$H_2O(l)$의 양(mol)	a	b	b	$H_2O(g)$
$\dfrac{H_2O(g)\text{의 응축 속도}}{H_2O(l)\text{의 증발 속도}}$ (상댓값)	1	㉠		$H_2O(l)$

평형에 도달하기까지 증발 속도는 일정, 응축 속도는 증가

증발 속도는 t일 때와 같고, 응축 속도는 증가 ∴ ㉠>1

이에 대한 설명으로 옳은 것만을 〈보기〉에서 있는 대로 고른 것은? (단, 온도는 일정하다.) (3점)

[보기]
㉠ $a>b$이다.
t일 때는 동적 평형 상태에 도달하기 전이므로 $H_2O(l)$의 양(mol)은 $2t$일 때보다 많다.
㉡ ㉠>1이다.
$2t$일 때는 동적 평형 상태로 t일 때보다 크다.
㉢ $3t$일 때 $H_2O(l)$과 $H_2O(g)$는 동적 평형을 이루고 있다.
$3t$일 때는 동적 평형 상태이다.

① ㄱ   ② ㄴ   ③ ㄱ, ㄷ   ④ ㄴ, ㄷ   ⑤ ㄱ, ㄴ, ㄷ

 단서＋발상

단서 시간에 따른 $H_2O(l)$의 양(mol)이 제시되어 있다.
발상 평형 상태에 도달한 시간을 추론할 수 있다.
적용 동적 평형 상태에서는 물질의 양이 일정하다는 것을 적용해서 평형 상태인 시간을 구하는 것부터 문제 풀이를 시작해야 한다.

| 문제＋자료 분석 |

- 시간 $2t$와 $3t$에서 $H_2O(l)$의 양(mol)이 같으므로 $2t$ 이후는 동적 평형 상태이다.
- 시간 t일 때는 $H_2O(l)$의 양(mol)이 $2t$일 때와 다르므로 동적 평형 상태에 도달하기 전이다.

| 보기 분석 |

㉠ 시간 t일 때는 동적 평형 상태에 도달하기 전이고 $2t$일 때는 동적 평형 상태이므로 $H_2O(l)$의 양(mol)은 $2t$일 때가 더 적다. 따라서 $a>b$이다.
㉡ 시간 t일 때와 $2t$일 때 온도가 같으므로 증발 속도는 같고, 응축 속도는 동적 평형 상태인 $2t$일 때가 더 크므로 $\dfrac{H_2O(g)\text{의 응축 속도}}{H_2O(l)\text{의 증발 속도}}$ 는 $2t$일 때가 더 크다.
㉢ $2t$일 때부터 $H_2O(l)$의 양(mol)이 변하지 않으므로 $3t$일 때도 $H_2O(l)$과 $H_2O(g)$는 동적 평형을 이루고 있다.

＊동적 평형 상태
- 동적 평형 상태는 정반응 속도와 역반응 속도가 같은 상태이다.
- 동적 평형 상태에서 반응물과 생성물의 양(mol)은 일정하게 유지된다.

H 03 정답 ① ＊동적 평형

표는 25 ℃에서 밀폐된 진공 용기에 $H_2O(l)$을 넣은 후, 시간에 따른 $H_2O(l)$의 양(mol)을 나타낸 것이다. $2t$일 때 $H_2O(l)$과 $H_2O(g)$는 동적 평형 상태에 도달하였다.

단서 $2t$ 이후 $H_2O(l)$의 양은 변하지 않음

시간	t 평형 전	$2t$	$3t$ 평형 상태
$H_2O(l)$의 양(mol)	10	㉠ ㉠ < 10	

이에 대한 설명으로 옳은 것만을 〈보기〉에서 있는 대로 고른 것은? (단, 온도는 일정하다.)

[보기]

ㄱ. ㉠ < 10이다.
$H_2O(l)$의 양(mol)은 평형 상태일 때가 평형 상태에 도달하기 전보다 적다.

ㄴ. $H_2O(g)$의 양(mol)은 $3t$일 때가 $2t$일 때보다 많다.
$2t$일 때와 $3t$일 때는 모두 동적 평형 상태로 $H_2O(g)$의 양(mol)은 같다.

ㄷ. $3t$일 때 $H_2O(l)$이 $H_2O(g)$로 되는 반응은 일어나지 않는다.
$3t$일 때는 동적 평형 상태로 증발과 응축이 같은 속도로 일어난다.

① ㄱ ② ㄴ ③ ㄱ, ㄷ ④ ㄴ, ㄷ ⑤ ㄱ, ㄴ, ㄷ

단서＋발상

단서 $2t$일 때 평형 상태임이 제시되어 있다.

발상 $2t$ 이후 $H_2O(l)$의 양(mol)은 변하지 않음을 추론할 수 있다.

적용 동적 평형 상태에서는 물질의 양이 변하지 않음을 적용해서 $2t$일 때 $H_2O(l)$의 양(mol)을 구하는 것부터 문제 풀이를 시작해야 한다.

| 문제＋자료 분석 |

• $2t$일 때 평형 상태에 도달했으므로 t일 때는 평형 상태에 도달하기 전이다. 따라서 $H_2O(l)$의 양(mol)은 t일 때가 더 많다.

| 보기 분석 |

ㄱ 시간 t에서 $2t$로 되는 동안 증발 속도가 응축 속도보다 빠르다. 따라서 $H_2O(l)$의 양(mol)은 t일 때가 더 많고 $2t$일 때가 더 적어 ㉠ < 10이다.

ㄴ. $2t$일 때와 $3t$일 때는 모두 동적 평형 상태이므로 $H_2O(g)$의 양(mol)은 같다.

ㄷ. $3t$일 때는 동적 평형 상태이므로 증발과 응축이 같은 속도로 일어난다.

＊증발과 응축에 관한 동적 평형 상태

• 밀폐된 진공 용기에 $H_2O(l)$을 넣어두면 증발하여 $H_2O(g)$가 생성되면서 $H_2O(l)$의 양이 감소하다가, 충분한 시간이 지나면 $H_2O(l)$의 양이 일정해진다. $H_2O(g)$가 생성되면서 응축 속도가 점점 증가하다가 증발 속도와 같아져 동적 평형 상태에 도달하기 때문이다. 동적 평형 상태에서는 증발과 응축이 같은 속도로 일어나므로 시간이 지나도 물질의 양이 변하지 않는다.

H 04 정답 ④ ＊동적 평형

그림 (가)는 진공 용기에 $H_2O(l)$을 넣은 모습을, (나)는 (가)의 용기에 들어 있는 $H_2O(l)$의 질량을 시간에 따라 나타낸 것이다.

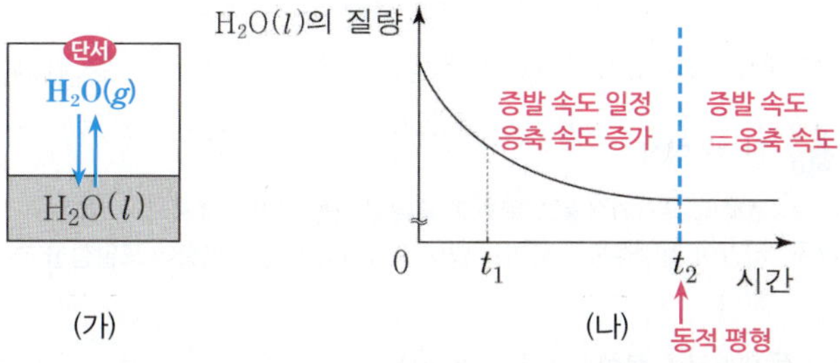

t_2에서가 t_1에서보다 큰 값을 갖는 것만을 〈보기〉에서 있는 대로 고른 것은? (단, 온도는 일정하다.)

[보기]

ㄱ. 용기 속 $H_2O(g)$의 질량
ㄴ. 용기 속 $H_2O(g)$의 응축 속도
ㄷ. 용기 속 $H_2O(l)$의 증발 속도 t_1과 t_2에서 같다

① ㄱ ② ㄴ ③ ㄷ ④ ㄱ, ㄴ ⑤ ㄴ, ㄷ

| 문제＋자료 분석 |

◈ H_2O의 상평형

• (가): 진공 용기에 $H_2O(l)$을 넣으면 $H_2O(l)$이 증발하여 $H_2O(l)$의 질량은 감소하고, $H_2O(g)$의 질량은 증가하다가 동적 평형 상태에 도달하면 $H_2O(l)$과 $H_2O(g)$의 질량이 일정하게 유지된다.
• 온도가 일정하면 증발 속도는 일정하다.
• (나): 동적 평형 상태에 도달하기 전까지는 $H_2O(l)$의 증발 속도＞$H_2O(g)$ 응축 속도이고 동적 평형 상태에서는 $H_2O(l)$의 증발 속도＝$H_2O(g)$ 응축 속도이다.

| 보기 분석 |

ㄱ 동적 평형 상태에 도달하기 전까지 $H_2O(g)$의 질량은 증가하므로 용기 속 $H_2O(g)$의 질량은 t_2에서가 t_1에서보다 크다.

ㄴ 동적 평형 상태에 도달하기 전까지 $H_2O(g)$의 질량이 증가하므로 $H_2O(g)$의 응축 속도도 빨라진다.
따라서 용기 속 $H_2O(g)$의 응축 속도는 t_2에서가 t_1에서보다 크다.

ㄷ. 온도가 일정하므로 용기 속 $H_2O(l)$의 증발 속도는 t_1과 t_2에서 같다.

＊물의 상평형

밀폐된 진공 용기에 $H_2O(l)$을 넣으면 처음에는 $H_2O(l)$의 증발 속도가 $H_2O(g)$의 응축 속도보다 크지만 시간이 지나면서 $H_2O(g)$의 응축 속도가 증가하여 $H_2O(l)$의 증발 속도와 같아지는 동적 평형 상태에 도달한다.

단서＋발상

단서 물의 상평형 그림과 그래프가 제시되어 있다.

발상 진공 용기에서 물과 수증기는 동적 평형 상태에 도달할 것임을 추론할 수 있다.

적용 동적 평형에 도달하기 전과 동적 평형에 도달한 순간의 물의 질량, 응축 속도, 증발 속도를 구하는 것부터 문제 풀이를 시작해야 한다.

문제 풀이 꿀팁

・동적 평형
(1) 가역 반응에서 정반응과 역반응이 같은 속도로 일어나 겉보기에 변화가 일어나지 않는 것처럼 보이는 상태
(2) 물의 상평형: 일정한 온도에서 밀폐된 용기에 물을 넣고 충분한 시간이 지나면 물의 증발 속도와 수증기의 응축 속도가 같아지는 동적 평형에 도달한다.
(3) 설탕의 용해 평형: 일정한 온도에서 일정량의 물에 설탕을 조금씩 넣어주면 용해 속도와 석출 속도가 같은 동적 평형에 도달하여 설탕이 녹지 않고 가라앉는다.
➡ 용해 평형을 이루고 있는 용액을 포화 용액이라고 하며, 이때 용액의 농도는 일정하다.

그림 (가)는 진공 용기 속에 $H_2O(l)$을 넣고 충분한 시간이 흐른 후 평형에 도달한 모습을, (나)는 시간에 따른 $H_2O(l)$의 증발 속도와 $H_2O(g)$의 응축(응결) 속도를 나타낸 것이다.

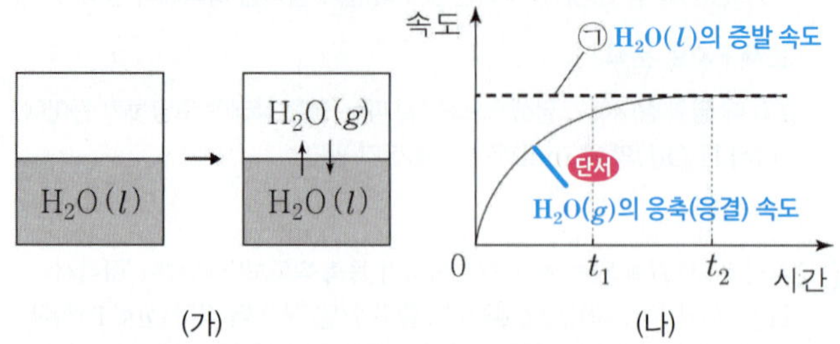

이에 대한 설명으로 옳은 것만을 〈보기〉에서 있는 대로 고른 것은? (단, 온도는 일정하다.) (3점)

[보기]
ㄱ. ㉠은 $H_2O(l)$의 증발 속도이다.
ㄴ. t_2일 때 $H_2O(g)$는 응축(응결)하지 않는다.
  증발과 응축이 같은 속도로 일어나고 있다.
ㄷ. 용기 속 $H_2O(l)$의 양은 t_1일 때가 t_2일 때보다 많다.

① ㄱ   ② ㄴ   ③ ㄱ, ㄷ   ④ ㄴ, ㄷ   ⑤ ㄱ, ㄴ, ㄷ

단서+발상
단서 t_2일 때 평형 상태에 도달한 그래프가 제시되어 있다.
발상 ㉠의 속도는 일정한 것을 통해 온도에만 영향을 받음을 추론할 수 있다.

｜문제+자료 분석｜
- (나): 일정한 온도에서 밀폐된 용기에 액체를 넣었을 때 증발 속도는 일정하지만 응축 속도는 기체의 양이 증가할수록 빨라진다.
- t_2: 처음에는 증발 속도가 응축 속도보다 빠르지만 시간이 지나면서 응축 속도가 점점 빨라져 증발 속도와 같아지는 동적 평형에 도달한다.
  ➡ t_2 이후부터 동적 평형 상태(가)이다.

｜보기 분석｜
ㄱ. 증발 속도는 $H_2O(l)$이나 $H_2O(g)$의 양에 관계없이 온도에만 영향을 받는다. 따라서 온도가 일정할 때 밀폐된 용기에서 $H_2O(l)$의 증발 속도는 일정하다. 반면에 응축 속도는 기체의 양이 증가할수록 빨라진다.
  따라서 ㉠은 $H_2O(l)$의 증발 속도이다.
ㄴ. t_2 이후부터는 응축 속도와 증발 속도가 같아 동적 평형 상태가 된다. 동적 평형 상태는 겉으로 보기에 반응이 정지된 것처럼 보이지만 실제로는 $H_2O(l)$의 증발과 $H_2O(g)$의 응축이 같은 속도로 일어나고 있다.
ㄷ. 밀폐된 용기에 $H_2O(l)$을 넣으면 동적 평형(t_2)에 도달할 때까지 $H_2O(l)$의 양이 감소하고 $H_2O(g)$의 양이 증가한다.
  따라서 $H_2O(l)$의 양은 t_1일 때가 t_2일 때보다 많다.

＊동적 평형 상태
- **동적 평형**: 가역 반응에서 겉으로 보기에 반응이 정지된 것처럼 보이지만 실제로는 정반응과 역반응이 같은 속도로 일어나고 있는 상태이다.
- **상평형**: 물질의 2가지 이상의 상태가 공존할 때 서로 상태가 변하는 속도가 같아진 동적 평형 상태이다.

그림은 일정한 온도에서 플라스크에 일정량의 물을 넣고 밀폐시켰을 때 일어나는 변화를 모형으로 나타낸 것이다.

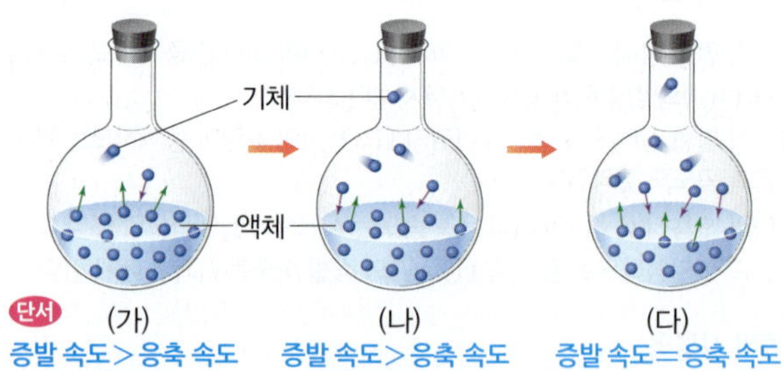

(가)~(다)에 대한 설명으로 옳은 것은?

① (나)는 동적 평형에 도달한 상태이다. (다)
② 액체 상태의 물의 양은 (다)에서가 (나)에서보다 많다. (나)＞(다)
③ (다)에서는 증발이 일어나지 않는다. 증발 속도＝응축 속도
④ 수증기 분자 수는 (다)에서가 (나)에서보다 크다.
⑤ (다)에서 시간이 지나면 수증기의 양이 증가한다. 일정하다

단서+발상
단서 밀폐된 공간에서 물의 증발과 응축에 대한 그림이 제시되어 있다.
발상 시간이 지날수록 수증기의 양이 증가하다가 동적 평형에 도달함을 추론할 수 있다.

｜문제+자료 분석｜
- (가): 증발하는 입자가 3개일 때 응축하는 입자가 1개이므로 증발 속도가 응축 속도보다 빠르다.
- (나): 증발하는 입자가 3개일 때 응축하는 입자가 2개이므로 여전히 증발 속도가 응축 속도보다 빠르다.
- (다): 증발하는 입자와 응축하는 입자가 3개로 동일하므로 증발 속도와 응축 속도는 같다. ➡ 동적 평형

｜선택지 분석｜
① (나)에서는 증발 속도가 응축 속도보다 빠르므로 동적 평형에 도달하지 않았다.
② (나) 이후 증발이 더 일어난 후 (다)는 동적 평형에 도달하였으므로 액체 상태의 물의 양은 (나)에서가 (다)에서보다 많다.
③ (다)는 동적 평형 상태로 증발과 응축이 같은 속도로 일어난다.
④ (가)와 (나)에서는 증발 속도가 응축 속도보다 빠르고, (다)에서는 증발 속도와 응축 속도가 같은 동적 평형 상태이다. 따라서 액체 상태의 물의 양은 (가)에서가 가장 많고, 수증기 분자 수는 (다)에서가 가장 크다.
⑤ (다)는 동적 평형 상태로 증발한 것만큼 응축되므로 (다) 이후 시간이 지나도 액체 상태의 물의 양과 수증기의 양은 일정하다.

H 07 정답 ③ ＊상평형

그림은 일정 온도에서 밀폐된 용기에 일정량의 물을 넣고 충분한 시간이
지난 후의 모습을 나타낸 것이다. ➡ 상평형 상태

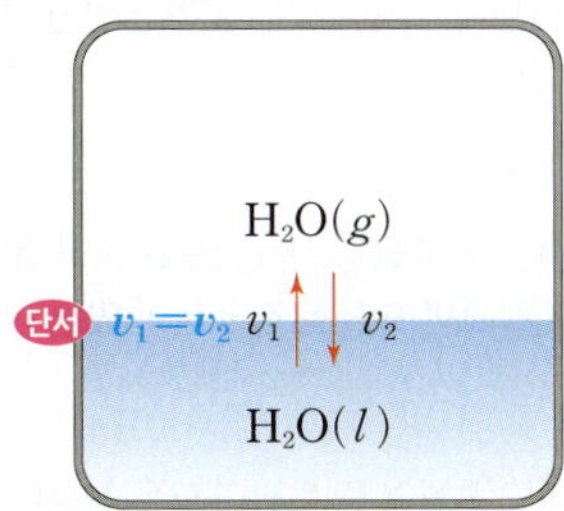

이에 대한 설명으로 옳은 것만을 〈보기〉에서 있는 대로 고른 것은?

[보기]
ㄱ. $v_1 = v_2$이다.
ㄴ. 용기 속 수증기 분자 수는 일정하다.
ㄷ. 증발하는 물 분자 수는 0이다. 증발 속도＝응축 속도

① ㄱ ② ㄷ ③ ㄱ, ㄴ ④ ㄴ, ㄷ ⑤ ㄱ, ㄴ, ㄷ

단서＋발상
(단서) 밀폐된 공간에서 물의 증발과 응축에 대한 그림이 제시되어 있다.
(발상) 시간이 지날수록 수증기의 양이 증가하다가 동적 평형에 도달함을 추론할
수 있다.

| 문제＋자료 분석 |
- 일정 온도에서 밀폐된 용기에 일정량의 물을 넣어주면 처음에는 증발이
일어나다가 용기 속 수증기 분자 수가 증가하면 응축이 일어나고, 증발 속도와
응축 속도가 같아지는 상평형에 도달한다.

| 보기 분석 |
ㄱ. 상평형 상태이므로 증발 속도 v_1과 응축 속도 v_2가 같다.
ㄴ. 증발 속도와 응축 속도가 같으므로 같은 시간 동안 증발하는 물 분자 수와
응축하는 수증기 분자 수가 같다.
따라서 용기 속 액체 상태의 물의 양과 수증기의 양은 일정하게 유지된다.
ㄷ. 상평형 상태는 증발과 응축이 멈춘 것이 아니라 같은 속도로 일어나고 있는
상태이므로 증발하는 물 분자 수는 0이 아니다.

＊ 물의 상평형
밀폐된 진공 용기에 $H_2O(l)$을 넣으면 처음에는 $H_2O(l)$의 증발 속도가
$H_2O(g)$의 응축 속도보다 크지만 시간이 지나면서 $H_2O(g)$의 응축 속도가
증가하여 $H_2O(l)$의 증발 속도와 $H_2O(g)$의 응축 속도가 같아지는 동적 평형
상태에 도달한다.

H 08 정답 ① ＊동적 평형

[정답률 68%] 2023 실시 4월 학평 8 / 화학 I (고3)

표는 밀폐된 진공 용기 안에 $H_2O(l)$을 넣은 후 시간에 따른 ㉠을, 그림
은 시간이 t일 때 용기 안의 상태를 나타낸 것이다. $a > b$이고, $2t$에서
동적 평형 상태에 도달하였다.

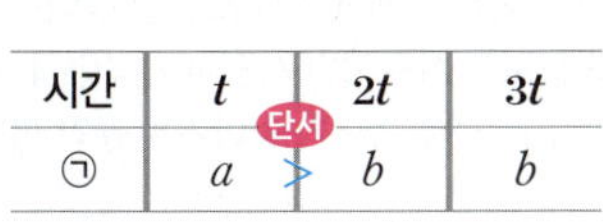

시간	t	$2t$	$3t$
㉠	a >	b	b

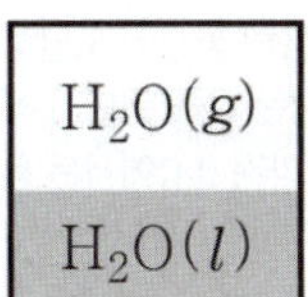

〈동적 평형 전〉
$H_2O(l)$의 양 > 〈동적 평형 상태〉
$H_2O(g)$의 양 < $H_2O(l)$의 양
증발 속도 = $H_2O(g)$의 양
응축 속도 < 증발 속도
$H_2O(g)$의 응축 속도 < 응축 속도
$H_2O(l)$의 증발 속도 $H_2O(g)$의 응축 속도
  $H_2O(l)$의 증발 속도

㉠으로 적절한 것만을 〈보기〉에서 있는 대로 고른 것은? (단, 온도는 일
정하다.)

[보기]
ㄱ. $H_2O(l)$의 질량
평형 상태에 도달할 때까지 $H_2O(l)$의 질량은 감소한다.
ㄴ. $H_2O(g)$의 분자 수
평형 상태에 도달할 때까지 $H_2O(g)$의 분자 수는 증가한다.
ㄷ. $\dfrac{H_2O(g)의\ 응축\ 속도}{H_2O(l)의\ 증발\ 속도}$
평형 상태에 도달할 때까지 $\dfrac{H_2O(g)의\ 응축\ 속도}{H_2O(l)의\ 증발\ 속도}$ 는 증가한다.

① ㄱ ② ㄴ ③ ㄱ, ㄷ ④ ㄴ, ㄷ ⑤ ㄱ, ㄴ, ㄷ

단서＋발상
(단서) 밀폐된 진공 용기 안에 $H_2O(l)$을 넣었다고 제시되어 있다.
(발상) 시간이 지나 동적 평형 상태에 도달할 때까지 $H_2O(l)$의 양은 감소하고
$H_2O(g)$의 양은 증가함을 추론할 수 있다.
(적용) $a > b$이므로 동적 평형 상태에 도달할 때까지 감소하는 것을 찾아야 한다.

| 문제＋자료 분석 |
- $H_2O(l)$과 $H_2O(g)$의 양 : 밀폐된 진공 용기 안에 $H_2O(l)$을 넣으면 동적
평형 상태에 도달할 때까지 $H_2O(l)$의 양은 감소하고 $H_2O(g)$의 양은
증가한다. 동적 평형 상태에 도달하면 $H_2O(l)$의 양과 $H_2O(g)$의 양이 각각
일정하게 유지된다.
- 증발 속도와 응축 속도 : 일정 온도에서 $H_2O(l)$의 증발 속도는 변하지 않으며,
증발로 인해 $H_2O(g)$의 양이 증가함에 따라 $H_2O(g)$의 응축 속도는
빨라진다. 응축 속도는 증발 속도와 같아지면 더 이상 증가하지 않으며, 동적
평형 상태에 도달하면 응축 속도와 증발 속도가 같아진다.

| 보기 분석 |
ㄱ. 밀폐된 진공 용기 안에 $H_2O(l)$을 넣으면 동적 평형 상태에 도달할 때까지
$H_2O(l)$의 질량은 감소한다.
ㄴ. 밀폐된 진공 용기 안에 $H_2O(l)$을 넣으면 동적 평형 상태에 도달할 때까지
$H_2O(g)$의 분자 수는 증가한다.
ㄷ. 일정 온도에서 $H_2O(l)$의 증발 속도는 변하지 않으며, $H_2O(g)$의 응축 속도는
증발 속도와 같아질 때까지 빨라진다. 따라서 동적 평형 상태에 도달할 때까지
$\dfrac{H_2O(g)의\ 응축\ 속도}{H_2O(l)의\ 증발\ 속도}$ 는 증가한다.

＊ 동적 평형 상태
- 동적 평형 : 가역 반응에서 겉으로 보기에 반응이 정지된 것처럼 보이지만
실제로는 정반응과 역반응이 같은 속도로 일어나고 있는 상태이다.
- 상평형 : 물질의 2가지 이상의 상태가 공존할 때 서로 상태가 변하는 속도가
같아진 동적 평형 상태이다.

표는 $t\,^\circ\mathrm{C}$, 1 atm에서 물에 $\mathrm{X}(s)$를 용해시킨 실험 (가)~(라)에 대한 자료이다. 충분한 시간이 흐른 후, 실험 (나)~(라)에서 각 수용액은 용해 평형 상태에 도달하였다.

단서 (나)~(라)는 포화 용액

실험	(가)	(나)	(다)	(라)
물의 질량(g)	100	100	100	100
넣어 준 X의 질량(g)	20	40	60	80
충분한 시간이 흐른 후, 수용액에 녹아 있는 X의 질량(g)	x	36	36	y

불포화 용액
➡ $x=20$

온도, 물의 양이 모두 같음
➡ 포화 용액에 녹아있는 용질의 양도 같음 ∴ $y=36$

$x+y$는? (단, 온도와 압력은 일정하고, 물의 증발은 무시한다.) (3점)

$x+y=20+36=56$

① 20 ② 36 ③ 56 ④ 72 ⑤ 100

단서+발상

단서 (나)~(라)에서 수용액은 용해 평형 상태임이 제시되어 있다.

발상 (나)~(라)에서 수용액은 포화 용액임을 추론할 수 있다.

적용 고체의 용해도를 적용해서 녹아 있는 X의 질량을 구하는 것부터 문제 풀이를 시작해야 한다.

| 문제+자료 분석 |

• (나)~(라)에서 수용액은 용해 평형 상태이므로 포화 용액이다.

• 온도와 용매의 질량이 같으면 포화 용액에 녹아 있는 용질의 질량은 같다.

| 선택지 분석 |

③ (가)는 불포화 상태이므로 넣어 준 용질이 모두 녹는다. 따라서 $x=20$이다.
(라)는 포화 상태로 (나), (다)에서 같은 양의 용질이 녹아 있으므로 $y=36$이다.
따라서 $x+y=20+36=56$이다.

＊용해 평형 상태

• 용해 속도와 석출 속도가 같아서 겉보기에 용질의 양에 변화가 없는 상태를 용해 평형 상태라 하며, 용해 평형 상태에 도달한 용액을 포화 용액이라 한다.

그림 (가)는 물이 들어 있는 비커에 $\mathrm{NaCl}(s)$을 넣은 것을, (나)는 충분한 시간이 흐른 후 (가)의 수용액이 용해 평형에 도달한 것을 나타낸 것이다.

단서 용해 속도＞석출 속도   용해 속도＝석출 속도

이에 대한 설명으로 옳은 것만을 〈보기〉에서 있는 대로 고른 것은? (단, 온도는 일정하고 물의 증발은 무시한다.)

[보기]

ㄱ. (나)에서 $\mathrm{NaCl}(s)$의 용해는 일어나지 않는다.
석출 속도＝용해 속도

ㄴ. $\mathrm{Na}^+(aq)$의 수는 (나)＞(가)이다.

ㄷ. NaCl의 석출 속도는 (가)＞(나)이다. ＜

① ㄱ ② ㄴ ③ ㄷ ④ ㄱ, ㄴ ⑤ ㄴ, ㄷ

단서+발상

단서 시간이 흐른 뒤 용해 평형에 도달한 용액의 그림이 제시되어 있다.

발상 (나)에서 용해 속도와 석출 속도가 같음을 추론할 수 있다.

| 문제+자료 분석 |

• (가)는 용해 평형에 도달하기 전, (나)는 용해 평형에 도달한 상태이다.

• (가)에서는 용해 속도가 석출 속도보다 빠르지만 시간이 지나면서 석출 속도가 점점 빨라져 (나)에서는 용해 속도와 석출 속도가 같아지는 동적 평형에 도달한다.

| 보기 분석 |

ㄱ. (나)에서는 $\mathrm{NaCl}(s)$의 용해 속도와 $\mathrm{NaCl}(aq)$의 석출 속도가 같을 뿐, 용해는 계속 일어난다.

ㄴ. (가)에서는 $\mathrm{NaCl}(s)$ 용해 속도가 $\mathrm{NaCl}(aq)$ 석출 속도보다 빠르므로 $\mathrm{NaCl}(s)$이 더 용해되어 (나)가 되었다.
따라서 $\mathrm{Na}^+(aq)$의 수는 (나)＞(가)이다.

ㄷ. $\mathrm{NaCl}(aq)$의 석출 속도는 $\mathrm{NaCl}(s)$가 더 많이 용해된 (나)에서 더 크므로, (나)＞(가)이다.

＊용해 평형과 용액의 종류

포화 용액	불포화 용액
• 어떤 온도에서 일정량의 용매에 용질이 최대로 녹아있는 용액으로 용해 평형 상태에 있는 용액이다. • 포화 용액에서는 용해 속도와 석출 속도가 같다. • 용질을 추가로 넣어주더라도 용액의 몰농도는 일정하다.	• 포화 용액보다 용질이 적게 녹아 있는 용액으로 용질이 더 녹을 수 있는 용액이다. • 용질을 추가로 넣어주면 용해 속도가 석출 속도보다 빠르기 때문에 용액의 몰농도가 증가한다.

H 11 정답 ③ ＊염화 나트륨의 용해

그림과 같이 일정량의 물에 염화 나트륨(^{23}NaCl)을 충분히 넣고 녹였을 때 가라앉은 고체 염화 나트륨이 들어 있는 비커에 염화 나트륨(^{24}NaCl)을 넣고 잘 저어주었다.

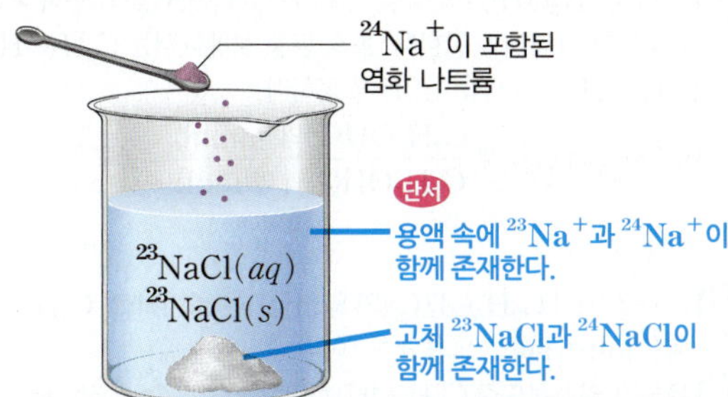

충분한 시간이 지난 후, 이에 대한 설명으로 옳은 것만을 〈보기〉에서 있는 대로 고른 것은?

─────[보기]─────
ㄱ. 용액에는 ^{23}Na$^+$이 존재한다.
ㄴ. 비커 바닥에는 ^{24}NaCl이 들어 있다.
ㄷ. 용액의 몰농도는 ^{24}NaCl을 넣기 전보다 크다. 일정하다

① ㄱ   ② ㄷ   ③ ㄱ, ㄴ   ④ ㄴ, ㄷ   ⑤ ㄱ, ㄴ, ㄷ

단서＋발상

(단서) 염화 나트륨의 용해 평형이 제시되어 있다.
(발상) 용해와 석출이 계속 일어나므로 ^{23}Na$^+$과 ^{24}Na$^+$은 용액과 고체에 모두 존재함을 추론할 수 있다.

│ 문제＋자료 분석 │

- **용해 평형**: 일정량의 물에 ^{23}NaCl을 충분히 넣고 녹였을 때 가라앉은 고체 염화 나트륨(^{23}NaCl)이 있다.
- 용액 속에는 ^{23}Na$^+$이 존재한다.
- ^{24}NaCl을 넣어주면 ^{24}NaCl이 용해된다.
  ➡ 용액 속에는 ^{24}Na$^+$이 ^{23}Na$^+$과 함께 존재한다.
- 용해 평형에서는 용해와 석출이 계속 일어나므로 고체 염화 나트륨은 ^{23}NaCl과 ^{24}NaCl이 함께 존재한다.

│ 보기 분석 │

ㄱ 용액 속에는 ^{24}Na$^+$이 ^{23}Na$^+$과 함께 존재한다.
ㄴ 용해뿐만 아니라 석출도 계속 일어나므로 가라앉은 고체 염화 나트륨에는 ^{24}NaCl도 존재한다.
ㄷ. 용해 평형 상태인 포화 용액이므로 용질을 더 넣어주어도 용액 속 용질의 양(mol)이 증가하지 않는다.
  물의 양이 일정하므로 용액의 몰농도는 일정하다.

＊용해 평형 상태

- 용해 속도와 석출 속도가 같아서 겉보기에 용질의 양에 변화가 없는 상태를 용해 평형 상태라 하며, 용해 평형 상태에 도달한 용액을 포화 용액이라 한다.

H 12 정답 ① ＊동적 평형

[정답률 85%] 2024 실시 3월 학평 3 / 화학 Ⅰ (고3)

표는 $-70\,^\circ\text{C}$에서 밀폐된 진공 용기에 드라이아이스($CO_2(s)$)를 넣은 후 시간에 따른 $CO_2(g)$의 양(mol)에 대한 자료이다. $2t$일 때 $CO_2(s)$와 $CO_2(g)$는 동적 평형 상태에 도달하였다.

(단서) 동적 평형 상태에 도달할 때까지
$CO_2(s)$의 양(mol) 감소
$CO_2(g)$의 양(mol) 증가

시간	t	$2t$	$3t$
$CO_2(g)$의 양 (mol)	a < b = b

이에 대한 옳은 설명만을 〈보기〉에서 있는 대로 고른 것은? (단, 온도는 일정하다.)

─────[보기]─────
ㄱ. $CO_2(s)$가 $CO_2(g)$로 되는 반응은 가역 반응이다.
  $2t$일 때 동적 평형 상태에 도달 ➡ 가역 반응
ㄴ. $a > b$이다. <
  동적 평형 상태에 도달할 때까지 $CO_2(g)$의 양(mol) 증가
ㄷ. $3t$일 때 $\dfrac{CO_2(g)가\ CO_2(s)로\ 승화되는\ 속도}{CO_2(s)가\ CO_2(g)로\ 승화되는\ 속도} > 1$이다.
  $=1$

① ㄱ   ② ㄷ   ③ ㄱ, ㄴ   ④ ㄴ, ㄷ   ⑤ ㄱ, ㄴ, ㄷ

단서＋발상

(단서) 밀폐된 진공 용기 안에 $CO_2(s)$를 넣었다고 제시되어 있다.
(발상) 시간이 지나 동적 평형 상태에 도달할 때까지 $CO_2(s)$와 $CO_2(g)$의 양(mol)의 증감을 추론할 수 있다.
(적용) $CO_2(s)$의 양(mol)은 감소하고 $CO_2(g)$의 양(mol)은 증가함을 이용하여 a와 b의 크기를 비교하는 것부터 문제 풀이를 시작해야 한다.

│ 문제＋자료 분석 │

- **$CO_2(s)$와 $CO_2(g)$의 양(mol)**: 밀폐된 진공 용기에 $CO_2(s)$를 넣으면 동적 평형 상태에 도달할 때까지 $CO_2(s)$의 양(mol)은 감소하고 $CO_2(g)$의 양(mol)은 증가한다.
  ➡ 동적 평형 상태에 도달하면 $CO_2(s)$의 양(mol)과 $CO_2(g)$의 양(mol)이 각각 일정하게 유지된다.

│ 보기 분석 │

ㄱ 동적 평형 상태는 가역 반응에서 가능하다. $2t$일 때 $CO_2(s)$와 $CO_2(g)$는 동적 평형 상태에 도달하였다.
  따라서 $CO_2(s)$가 $CO_2(g)$로 되는 반응은 가역 반응이다.
ㄴ. 밀폐된 진공 용기에 $CO_2(s)$를 넣으면 동적 평형 상태에 도달할 때까지 $CO_2(s)$의 양(mol)은 감소하고 $CO_2(g)$의 양(mol)이 증가한다.
  따라서 $a < b$이다.
ㄷ. $3t$에서 $CO_2(s)$와 $CO_2(g)$는 동적 평형 상태이므로 정반응과 역반응이 같은 속도로 일어난다.
  따라서 $\dfrac{CO_2(g)가\ CO_2(s)로\ 승화되는\ 속도}{CO_2(s)가\ CO_2(g)로\ 승화되는\ 속도} = 1$이다.

표는 밀폐된 진공 용기에 $C_2H_5OH(l)$을 넣은 후 시간에 따른 $C_2H_5OH(g)$의 양(mol)을 나타낸 것이다. t_2일 때 동적 평형 상태에 도달하였고, 이때 $\dfrac{C_2H_5OH(g)의 양(mol)}{C_2H_5OH(l)의 양(mol)}=x$이다.

단서
t_3에서도 동적 평형 상태이므로 t_3일 때 $\dfrac{C_2H_5OH(g)의 양(mol)}{C_2H_5OH(l)의 양(mol)}=x$이다.

시간	t_1	t_2	t_3
$C_2H_5OH(g)$의 양(mol)	a	b	b

이에 대한 옳은 설명만을 〈보기〉에서 있는 대로 고른 것은? (단, 온도는 일정하고, $0<t_1<t_2<t_3$이다.)

─────────[보기]─────────

ㄱ. $b>a$이다.
　　$t_1 \to t_2$에서 $C_2H_5OH(g)$의 양(mol)은 증가한다.

ㄴ. t_1일 때 $\dfrac{C_2H_5OH(g)의 응축 속도}{C_2H_5OH(l)의 증발 속도}<1$이다.
　　$C_2H_5OH(l)$의 증발 속도 $>$ $C_2H_5OH(g)$의 응축 속도

ㄷ. t_3일 때 $\dfrac{C_2H_5OH(g)의 양(mol)}{C_2H_5OH(l)의 양(mol)}\neq x$이다.

　　동적 평형 상태이므로 $\dfrac{C_2H_5OH(g)의 양(mol)}{C_2H_5OH(l)의 양(mol)}=x$이다.

① ㄱ　　② ㄷ　　③ ㄱ, ㄴ　　④ ㄴ, ㄷ　　⑤ ㄱ, ㄴ, ㄷ

| 문제＋자료 분석 |

- t_1: 밀폐된 진공 용기에 $C_2H_5OH(l)$을 넣으면 처음에는 $C_2H_5OH(l)$의 증발 속도가 $C_2H_5OH(g)$의 응축 속도보다 크다.
  시간이 지나면서 $C_2H_5OH(g)$의 응축 속도가 증가한다.
- t_2, t_3: $C_2H_5OH(l)$의 증발 속도와 $C_2H_5OH(g)$의 응축 속도가 같아지는 동적 평형 상태에 도달한다. 동적 평형 상태에서는 $C_2H_5OH(l)$의 양(mol)과 $C_2H_5OH(g)$의 양(mol)은 일정하다.
  따라서 t_2과 t_3일 때 $\dfrac{C_2H_5OH(g)의 양(mol)}{C_2H_5OH(l)의 양(mol)}=x$로 같다.

| 보기 분석 |

ㄱ. $t_1 \to t_2$에서 $C_2H_5OH(g)$의 양(mol)은 증가하고, $C_2H_5OH(l)$의 양(mol)은 감소하므로 $b>a$이다.

ㄴ. 온도가 일정하므로 $C_2H_5OH(l)$의 증발 속도는 일정하며,　**주의**
$t_1 \to t_2$일 때 $C_2H_5OH(g)$의 응축 속도는 증가하다가 t_2일 때 $C_2H_5OH(l)$의 증발 속도와 $C_2H_5OH(g)$의 응축 속도가 같아진다. 따라서 t_1일 때 $C_2H_5OH(l)$의 증발 속도는 $C_2H_5OH(g)$의 응축 속도보다 크므로
t_1일 때 $\dfrac{C_2H_5OH(g)의 응축 속도}{C_2H_5OH(l)의 증발 속도}<1$이다.

ㄷ. t_3일 때는 동적 평형 상태이므로 $\dfrac{C_2H_5OH(g)의 양(mol)}{C_2H_5OH(l)의 양(mol)}=x$이다.

＊동적 평형 상태
- **동적 평형**: 가역 반응에서 겉으로 보기에 반응이 정지된 것처럼 보이지만 실제로는 정반응과 역반응이 같은 속도로 일어나고 있는 상태이다.
- **상평형**: 물질의 2가지 이상의 상태가 공존할 때 서로 상태가 변하는 속도가 같아진 동적 평형 상태이다.

그림은 밀폐된 진공 용기에 $X(l)$를 넣은 후 $X(g)$의 응축 속도를 시간에 따라 나타낸 것이다. 온도는 일정하고, t_2에서 $X(l)$와 $X(g)$는 동적 평형을 이루고 있다.

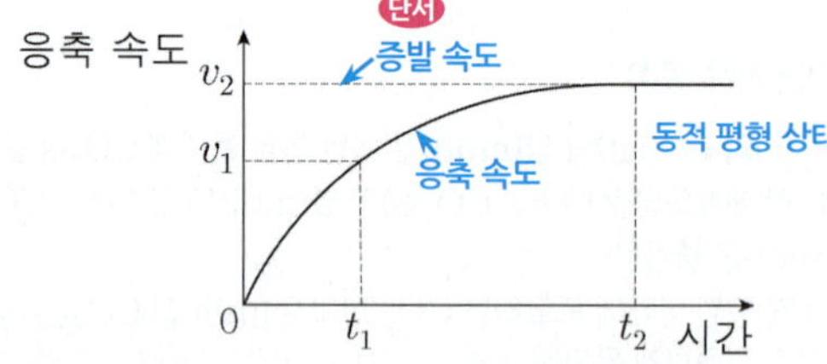

이에 대한 옳은 설명만을 〈보기〉에서 있는 대로 고른 것은?

─────────[보기]─────────

ㄱ. t_1에서 $X(l)$의 증발 속도는 v_1보다 크다.
　　→ t_2에 도달하기 전 증발 속도는 응축 속도인 v_1보다 크다.

ㄴ. t_2에서 $X(l)$의 증발이 일어나지 않는다.
　　→ t_2 이후부터는 응축 속도와 증발 속도가 같아 동적 평형 상태가 된다.

ㄷ. $X(g)$의 양(mol)은 t_2에서가 t_1에서보다 크다.
　　→ 밀폐된 용기에 $X(l)$를 넣으면 동적 평형(t_2)에 도달할 때까지 $X(g)$의 양(mol)은 증가하므로 t_2에서가 t_1에서보다 크다.

① ㄱ　　② ㄷ　　③ ㄱ, ㄴ　　④ ㄱ, ㄷ　　⑤ ㄴ, ㄷ

| 문제＋자료 분석 |

◆ **동적 평형 상태**
- **동적 평형**: 가역 반응에서 정반응 속도와 역반응 속도가 같아진 상태 → t_2
- 겉으로 보면 반응이 일어나지 않는 것처럼 보인다.
  → 증발 속도＝응축 속도＝v_2

| 보기 분석 |

ㄱ. t_2는 동적 평형에 도달하는 시간이다. t_2에 도달하기 전 증발 속도는 응축 속도인 v_1보다 크다.

ㄴ. t_2 이후부터는 응축 속도와 증발 속도가 같아 동적 평형 상태가 된다. 따라서 t_2에서 $X(l)$의 증발은 여전히 일어난다.

ㄷ. 밀폐된 용기에 $X(l)$를 넣으면 동적 평형(t_2)에 도달할 때까지 $X(g)$의 양(mol)은 증가한다. 따라서 $X(g)$의 양은 t_2에서가 t_1에서보다 크다.

＊상평형에서 동적 평형 상태
- **상평형**: 물질의 2가지 이상의 상태(고체, 액체, 기체)가 동적 평형을 유지하는 것을 말한다.
- **밀폐된 용기에서 동적 평형 상태**: 플라스크 속에 액체를 넣고 밀폐시키면 증발한 분자는 기체가 되어 액체 위의 공간에 존재한다. 이때 응축 속도는 기체의 양에 비례하여 증가하게 되는데, 증발로 인해 기체가 증가할수록 응축 속도는 빨라진다. 응축 속도는 증발 속도와 같아지면 더는 빨라지지 않는다. 응축 속도와 증발 속도가 같아지면 밀폐된 용기 속 액체와 기체의 양은 일정하게 유지되는데, 이것을 동적 평형 상태라 한다.

다음은 적갈색의 $NO_2(g)$로부터 무색의 $N_2O_4(g)$가 생성되는 반응의 화학 반응식과 이와 관련된 실험이다.

○ 화학 반응식: $2NO_2(g) \rightleftharpoons N_2O_4(g)$

[실험 과정 및 결과]
플라스크에 $NO_2(g)$를 넣고 마개로 막아 놓았더니 시간이 지남에 따라 기체의 색이 점점 옅어졌고, t초 이후에는 색이 변하지 않고 일정해졌다.
단서 → NO_2 농도 감소, N_2O_4 농도 증가
→ 동적 평형 상태에 도달

이에 대한 옳은 설명만을 〈보기〉에서 있는 대로 고른 것은? (단, 온도는 일정하다.)

[보기]
ㄱ. 반응 시작 후 t초까지는 전체 기체 분자 수가 증가한다.
→ 정반응 속도 > 역반응 속도로 기체 분자 수 감소
ㄴ. t초 이후에는 $N_2O_4(g)$의 분자 수가 변하지 않는다.
→ 동적 평형에서 반응물과 생성물의 농도는 일정
ㄷ. t초 이후에는 정반응이 일어나지 않는다.
→ 정반응 속도 = 역반응 속도이므로 반응이 일어나고 있음

① ㄱ　　② ㄴ　　③ ㄱ, ㄷ　　④ ㄴ, ㄷ　　⑤ ㄱ, ㄴ, ㄷ

| 문제+자료 분석 |

◈ $2NO_2(g) \rightleftharpoons N_2O_4(g)$ **반응에서의 동적 평형**
- 일정 온도에서 밀폐된 용기에 적갈색의 NO_2를 넣으면 일정한 속도로 NO_2가 무색의 N_2O_4로 되는 정반응이 일어나고, N_2O_4의 농도가 증가하면서 역반응 속도가 빨라진다.
- 동적 평형에 도달하기 전까지는 정반응 속도가 역반응 속도보다 빠르므로 기체의 색은 점차 옅어진다.
- t초 이후에는 NO_2와 N_2O_4가 각각 일정한 농도로 함께 존재하는 동적 평형 상태가 되어 색의 변화가 없다.

| 보기 분석 |

ㄱ. 동적 평형에 도달하기 전까지는 NO_2 2분자가 N_2O_4 1분자로 되는 정반응 속도가 N_2O_4 1분자가 NO_2 2분자로 되는 역반응 속도보다 빠르므로 기체 분자 수가 감소한다.
ㄴ. t초 이후에는 정반응(N_2O_4가 생성되는 반응)과 역반응(N_2O_4가 소모되는 반응)이 같은 속도로 일어나고 있으므로 N_2O_4의 분자 수는 일정하다.
ㄷ. t초 이후에는 겉으로 보기에 반응이 정지된 것처럼 보이지만 실제로는 정반응과 역반응이 모두 일어나고 있는 동적 평형 상태이다.

그림은 시험관에 적갈색의 NO_2 기체를 넣고 밀폐시킨 후 충분한 시간 동안 두었을 때를 나타낸 것이다. (다) 이후 적갈색이 더 이상 옅어지지 않았다.
단서 (다): 적갈색이 일정하게 유지 ➡ 정반응과 역반응이 같은 속도로 일어나는 동적 평형에 도달하여 NO_2와 N_2O_4의 농도가 일정하게 유지되기 때문

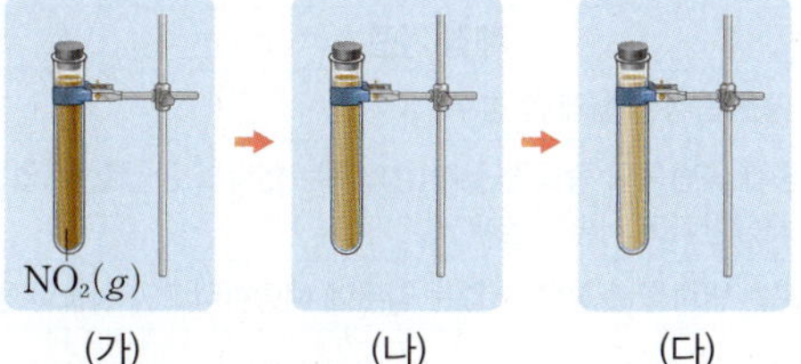

(가), (나): 정반응 속도 > 역반응 속도　　(다) 정반응 속도 = 역반응 속도

이에 대한 설명으로 옳은 것만을 〈보기〉에서 있는 대로 고른 것은?

[보기]
ㄱ. (나)는 화학 평형 상태이다. (다)
ㄴ. 시험관 속 NO_2의 몰농도는 (나) > (다)이다.
ㄷ. (다)에는 NO_2와 N_2O_4가 함께 존재한다.

① ㄱ　　② ㄷ　　③ ㄱ, ㄴ　　④ ㄴ, ㄷ　　⑤ ㄱ, ㄴ, ㄷ

단서+발상
단서 화학 평형이 제시되어 있다.
발상 (다)에서 동적 평형 상태에 도달했음을 추론할 수 있다.

| 문제+자료 분석 |

- (가) → (다): 적갈색이 점차 옅어지고 있다.
  ➡ 정반응 속도가 역반응 속도보다 크다.
- (다) 이후: 적갈색이 더 이상 옅어지지 않았다.
  ➡ 정반응 속도가 역반응 속도와 같은 동적 평형 상태이다.

| 보기 분석 |

ㄱ. (다) 이후 적갈색이 더 이상 옅어지지 않으므로 (다)에서 화학 평형에 도달한 상태이므로 (나)는 화학 평형 상태에 도달하기 이전 상태이다.
ㄴ. 시험관에 NO_2를 넣어준 초기부터 화학 평형에 도달할 때까지 NO_2의 양(mol)은 감소하므로 시험관 속 NO_2의 몰농도는 (나) > (다)이다.
ㄷ. (다)는 화학 평형 상태로 정반응과 역반응이 같은 속도로 일어나고 있으므로 시험관 속에는 NO_2와 N_2O_4가 함께 존재한다.

 17　★ 가역 반응

다음은 화학 반응의 종류에 대한 자료이다.

> **〈자료〉** 단서
>
> ○ ㉠은 반응물이 생성물로 되는 반응이다.
> 　　　　　정반응
> ○ ㉡은 생성물이 반응물로 되는 반응이다.
> 　　　　　역반응

(1) ㉠, ㉡이 무엇인지 각각 쓰시오.　단답형

(2) 가역 반응과 비가역 반응의 정의를 ㉠, ㉡을 활용하여 각각 서술하시오.
　　　　　　　　　　　　　　　　　　　서술형

 **단서＋발상**

단서　정반응과 역반응의 개념이 제시되어 있다.

발상　㉠, ㉡이 각각 정반응, 역반응임을 추론할 수 있다.

적용　정반응, 역반응의 개념을 적용해서 가역 반응과 비가역 반응의 정의를 구하는 것부터 문제 풀이를 시작해야 한다.

(1) 정답　㉠: 정반응, ㉡: 역반응

(2) 모범 답안　**가역 반응은 반응 조건에 따라 정반응과 역반응이 모두 일어날 수 있는 반응이다. 비가역 반응은 한 방향으로만 일어나는 반응이다.**

| 문제＋자료 분석 |

- ㉠은 정반응의 정의이다. ㉡은 역반응의 정의이다.
- 가역 반응은 반응 조건에 따라 정반응과 역반응이 모두 일어날 수 있는 반응이다. 비가역 반응은 한 방향으로만 일어나는 반응이다.

	채점 기준	배점
(1)	㉠, ㉡을 모두 옳게 쓴 경우	30%
(2)	가역 반응과 비가역 반응의 정의를 모두 옳게 서술한 경우	70%
	가역 반응과 비가역 반응의 정의 중 한 가지만 옳게 서술한 경우	40%

18　★ 화학 평형

다음은 기체 A로부터 기체 B가 생성되는 반응의 화학 반응식과 일정한 온도의 강철 용기에 기체 B를 넣고 반응시켰을 때 시간에 따른
　　　　　부피 일정　　　　　그래프에서 처음 농도가 0인 것이 A임을 알 수 있음
물질의 농도 변화를 나타낸 그래프와 한 학생의 보고서 일부이다.

〈화학 반응식〉

$$2A(g) \rightleftharpoons B(g)$$
가역 반응

〈그래프〉

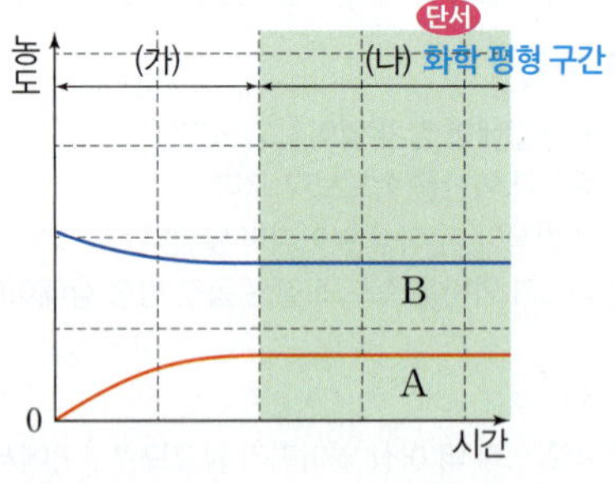

〈학생의 보고서 일부〉

　기체 A가 기체 B로 되는 반응을 정반응, 기체 B가 기체 A로 되는 반응을 역반응이라고 한다. 위에서 주어진 반응과 같은 가역 반응에서는 정반응과 역반응이 모두 일어날 수 있다.

　　　　　　　　　(중략)

　따라서 (나) 구간에서는 반응이 종결되어 정반응과 역반응 모두 더 이상 일어나지 않는다. 이는 화학 평형에 도달한 상태라고 해석할 수 있다.　옳지 않음

(1) 학생 보고서에서 옳지 <u>않은</u> 문장을 쓰시오.　단답형

(2) 위의 옳지 <u>않은</u> 내용을 옳게 바꾸어 서술하시오.　서술형

 **단서＋발상**

단서　시간에 따른 물질의 농도 그래프가 제시되어 있다.

발상　(나) 구간은 화학 평형 상태에 도달했음을 추론할 수 있다.

(1) 정답　**(나) 구간에서는 반응이 종결되어 정반응과 역반응 모두 더 이상 일어나지 않는다.**

(2) 모범 답안　**(나) 구간에서는 정반응 속도와 역반응 속도가 같아 겉으로는 변화를 관찰할 수 없다.**

| 문제＋자료 분석 |

- (가)는 평형에 도달하는 과정, (나)는 평형에 도달한 이후임을 그래프를 통해 알 수 있다.
- 기체 B를 넣고 반응시켰으므로 초기 농도가 0인 것이 A, 0이 아닌 것이 B이다. (나) 구간은 겉으로는 반응이 정지된 것처럼 보이는 동적 평형 상태로 정반응의 속도와 역반응의 속도가 같은 상태이다.

	채점 기준	배점
(1)	옳지 않은 문장을 옳게 쓴 경우	30%
(2)	정반응과 역반응의 속도가 같아 겉으로는 변화를 관찰할 수 없는 경우에 해당한다고 서술한 경우	70%
	겉으로는 변화를 관찰할 수 없는 경우에 해당한다고만 서술한 경우	40%

다음은 가역 반응에서 동적 평형 상태를 알아보기 위한 실험과 관련 자료이다.

〈자료〉

○ 화학 반응식: $2NO_2(g) \rightleftarrows N_2O_4(g)$ 가역 반응
○ NO_2는 적갈색 기체이다. ➡ 이 기체가 많을수록 색이 짙을 것임
○ N_2O_4는 무색 기체이다.

〈실험 과정 및 결과〉

(가)와 (나)는 일정한 온도에서 이산화 질소 기체와 사산화 이질소 기체를 각각 뚜껑이 있는 유리병에 넣고 뚜껑을 닫아 두었을 때의 결과를 나타낸 그림이다. 단서 밀폐된 상태를 의미함

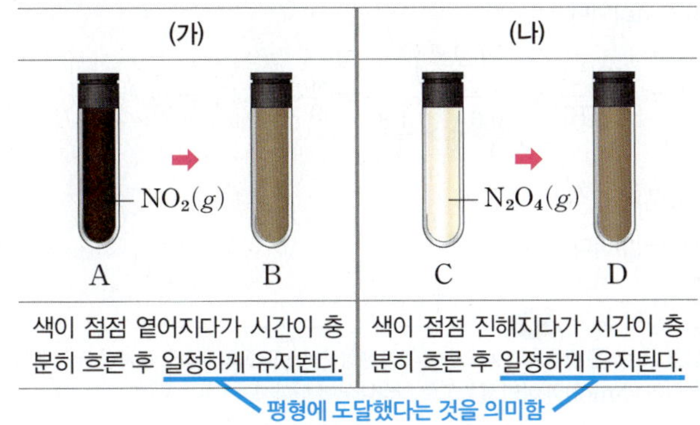

색이 점점 옅어지다가 시간이 충분히 흐른 후 일정하게 유지된다. | 색이 점점 진해지다가 시간이 충분히 흐른 후 일정하게 유지된다.

평형에 도달했다는 것을 의미함

---

(1) A～D 중 평형에 도달한 유리병을 모두 쓰시오. [단답형]

(2) (가)와 (나)에서 시간이 충분히 흐른 후 색이 변하지 않고 일정하게 유지되는 까닭을 서술하시오. [서술형]

단서＋발상

단서 실험의 관찰 결과가 제시되어 있다.

발상 관찰 결과를 통해 평형에 도달한 유리병을 추론할 수 있다.

적용 화학 평형의 개념을 적용해서 평형에 도달한 유리병을 구하는 것부터 문제 풀이를 시작해야 한다.

(1) 정답 **B, D**

(2) 모범 답안 **정반응 속도와 역반응 속도가 같아 이산화 질소와 사산화 이질소의 농도가 일정하게 유지되기 때문이다.**

| 문제＋자료 분석 |

• (가)와 (나)에서 모두 시간이 충분히 흐른 후 색이 일정하게 유지되었다고 명시된 유리병 C, D가 평형에 도달한 것이다.

• 화학 평형의 정의는 가역 반응에서 정반응 속도와 역반응 속도가 같아 반응물과 생성물의 농도가 변하지 않고 일정하게 유지되는 상태이다. 이 상태일 때는 겉으로는 변화를 관찰할 수 없어 반응이 정지한 것처럼 보인다는 특징이 있다.

	채점 기준	배점
(1)	B, D를 모두 쓴 경우	30%
(2)	정반응 속도와 역반응 속도가 같다는 것과, 반응물인 이산화 질소와 생성물인 사산화 이질소의 농도가 일정하게 유지된다는 것을 포함하여 옳게 서술한 경우	70%
	위의 두 요소 중 한 가지만 포함하여 옳게 서술한 경우	50%

그림과 같이 파란색의 염화 코발트($CoCl_2$) 종이에 물을 떨어뜨렸더니 염화 코발트와 물이 결합하여 염화 코발트 육수화물($CoCl_2 \cdot 6H_2O$)을 형성하면서 붉게 변하였다. 단서 $CoCl_2 + 6H_2O \rightleftarrows CoCl_2 \cdot 6H_2O$

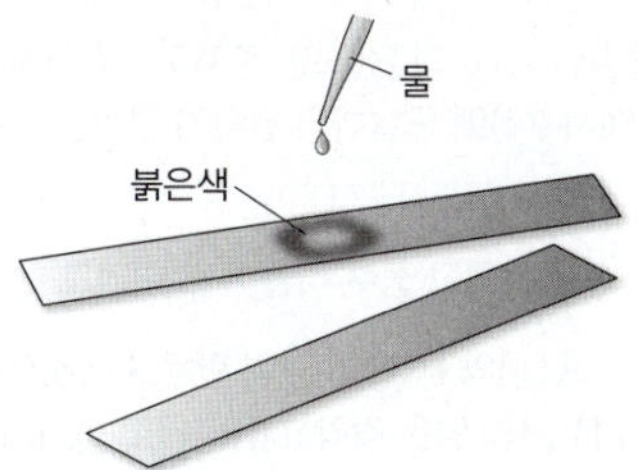

염화 코발트가 물과 결합하여 염화 코발트 육수화물을 형성하는 반응이 가역 반응임을 확인할 수 있는 실험 방법과 확인 방법을 1가지 제시하시오.

정반응과 역반응이 모두 일어나는 반응 [서술형]

단서＋발상

단서 염화 코발트 육수화물의 생성 반응이 제시되어 있다.

발상 파란색의 염화 코발트가 물과 결합하여 붉은색의 염화 코발트 육수화물을 생성하는 반응이 정반응임을 추론할 수 있다.

적용 가역 반응의 특징을 적용해서 역반응을 일으킬 수 있는 방법을 구하는 것부터 문제 풀이를 시작해야 한다.

모범 답안 **가역 반응은 정반응과 역반응이 모두 일어나는 반응이므로 붉은색의 염화 코발트 육수화물을 가열하여 물을 증발시켰을 때 종이가 다시 파란색으로 변하는지 확인한다.**

| 문제＋자료 분석 |

• **정반응:** 파란색의 염화 코발트($CoCl_2$)가 물(H_2O)과 결합하면 붉은색의 염화 코발트 육수화물($CoCl_2 \cdot 6H_2O$)을 생성한다. ➡ 종이가 붉게 변한다.

• **역반응:** 염화 코발트 육수화물을 가열하면 분해되면서 파란색의 염화 코발트와 물이 생성된다. ➡ 종이가 파란색으로 변한다.

채점 기준	배점
실험 방법과 확인 방법을 옳게 서술한 경우	100%
실험 방법과 확인 방법 중 한 가지만 옳게 서술한 경우	60%

Ⅰ 평형 상수와 반응의 진행 방향

Ⅰ 01 정답 ⑤ ＊화학 평형 상수

다음은 A(g)와 B(g)가 반응하여 C(g)가 생성되는 반응의 화학 반응식과 온도 T K에서 농도로 정의되는 평형 상수(K)이다.

[단서] $2A(g) + B(g) \rightleftharpoons 2C(g)$ $K = \dfrac{80}{9} = \dfrac{[C]^2}{[A]^2[B]}$

처음 농도(M)	$\dfrac{1}{V}$	$\dfrac{2}{V}$	0
반응 농도(M)	$-\dfrac{0.4}{V}$	$-\dfrac{0.2}{V}$	$+\dfrac{0.4}{V}$
평형 농도(M)	$\dfrac{0.6}{V}$	$\dfrac{1.8}{V}$	$\dfrac{0.4}{V}$

부피가 V L인 강철 용기에 A(g) 1 mol과 B(g) 2 mol을 넣고 반응이 진행되어 온도 T K의 평형 상태에 도달하였을 때, A(g)의 양은 0.6 mol이었다. V는? (3점)

① 20 ② 24 ③ 28 ④ 32 ⑤ 36

$$K = \dfrac{[C]^2}{[A]^2[B]} = \dfrac{\left(\dfrac{0.4}{V}\right)^2}{\left(\dfrac{0.6}{V}\right)^2 \times \dfrac{1.8}{V}} = \dfrac{80}{9} \quad \therefore V = 36$$

단서＋발상

[단서] 화학 반응식과 평형 상수가 제시되어 있다.

[발상] 반응 물질의 처음 양(mol)과 평형 상태에서의 양(mol)을 비교하여 반응한 양을 추론할 수 있다.

| 문제＋자료 분석 |

- 부피가 V L인 강철 용기에 A(g) 1 mol과 B(g) 2 mol을 넣고 반응이 진행되어 온도 T K의 평형 상태에 도달하였을 때, A(g)의 양은 0.6 mol이었으므로 반응한 A(g)의 양은 0.4 mol이다. 화학 반응에서 반응 몰비와 계수비는 같으므로 반응한 A(g)의 양이 0.4 mol이면 반응한 B(g)와 생성된 C(g)의 양은 각각 0.2 mol, 0.4 mol이다.

$$K = \dfrac{[C]^2}{[A]^2[B]} = \dfrac{\left(\dfrac{0.4}{V}\right)^2}{\left(\dfrac{0.6}{V}\right)^2 \times \dfrac{1.8}{V}} = \dfrac{80}{9} \quad \therefore V = 36$$

| 선택지 분석 |

⑤ $V = 36$이다.

문제 풀이 꿀팁

평형 상수식은 반응물의 농도 곱에 대한 생성물의 농도 곱의 비이므로 계산 과정에서 물질의 양(mol)이 아닌 몰농도로 나타내어야 한다.

Ⅰ 02 정답 ① ＊화학 평형 상태와 평형 상수

다음은 A(g)와 B(g)가 반응하여 C(g)가 생성되는 반응의 화학 반응식과 T K에서 농도로 정의되는 평형 상수(K)이다.

$A(g) + B(g) \rightleftharpoons cC(g)$ K (c는 반응 계수) $= \dfrac{[C]^2}{[A][B]}$

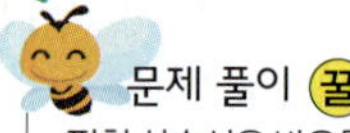

A와 B는 분자 수 비 1 : 1로 반응

그림 (가)는 T K에서 부피가 1 L인 강철 용기에 A(g)와 B(g)가 들어 있는 초기 상태를, (나)는 (가)에서 반응이 진행되어 도달한 평형 상태를 나타낸 것이다. (나)에서 C(g)의 몰수 비율(전체 몰수 중에서 차지하는 비율)은 $\dfrac{1}{5}$이다. ① 몰수 비율 $\dfrac{1}{5}$이 2 mol이므로 (나)에서 전체 기체의 양은 10 mol

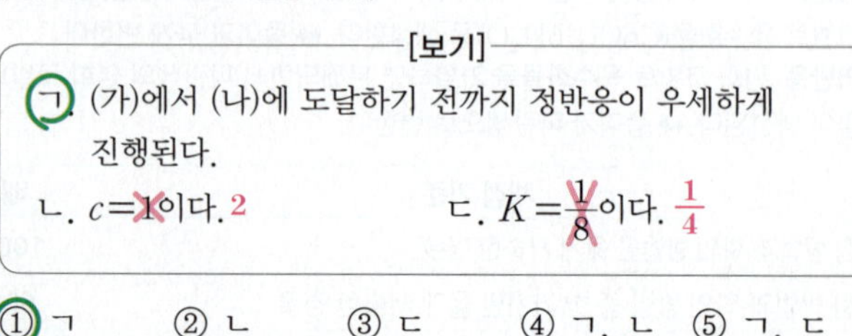

② A(g)와 B(g)는 1 : 1로 남아 있고 합은 8 mol이므로 각각 4 mol

이에 대한 설명으로 옳은 것만을 〈보기〉에서 있는 대로 고른 것은? (단, 온도는 T K로 일정하다.)

─────[보기]─────
ㄱ. (가)에서 (나)에 도달하기 전까지 정반응이 우세하게 진행된다.
ㄴ. $c = 1$이다. 2
ㄷ. $K = \dfrac{1}{8}$이다. $\dfrac{1}{4}$

① ㄱ ② ㄴ ③ ㄷ ④ ㄱ, ㄴ ⑤ ㄱ, ㄷ

단서＋발상

[단서] 초기 상태에서 반응물의 양(mol)과 평형 상태의 생성물의 몰수 비율과 양(mol)이 제시되어 있다.

[발상] 평형 상태에서 전체 기체의 양(mol)을 추론할 수 있다.

[적용] 평형 상태에서 반응물의 양(mol)과 반응 계수 c를 구하는 것부터 문제 풀이를 시작해야 한다.

| 문제＋자료 분석 |

- 평형 상태에서 생성물 C(g)의 양은 2 mol이고 몰수 비율은 $\dfrac{1}{5}$이므로 전체 기체의 양(mol)을 알 수 있다.

- 초기 A(g)와 B(g)의 양(mol)이 주어져 있고 화학 반응식에서 반응하는 A(g)와 B(g)의 계수 비가 1 : 1이므로 평형 상태에서 남아 있는 양(mol)을 구할 수 있다.

| 보기 분석 |

ㄱ. (가)에는 반응 물질인 A(g)와 B(g)만 존재하고 (나)에는 생성 물질인 C(g)도 존재하므로 (가)에서 (나)에 도달하기 전까지 정반응이 우세하게 진행되었음을 알 수 있다.

ㄴ. (나)에서 C(g)는 2 mol이고 몰수 비율이 $\dfrac{1}{5}$이라고 했으므로 전체 기체의 양은 10 mol이고 A(g)와 B(g)의 양의 합은 8 mol이다. (가)에서 A(g)와 B(g)의 양은 각각 5 mol이고 몰 비 1 : 1로 반응하므로 남아 있는 A(g)와 B(g)의 양은 각각 4 mol이다. 반응한 A(g)와 B(g)의 양은 각각 1 mol이고 생성된 C(g)의 양은 2 mol이므로 화학 반응식은 A(g)+B(g) $\rightleftharpoons$ 2C(g)가 되어 $c = 2$이다.

ㄷ. 평형 상수는 $K = \dfrac{2^2}{4 \times 4} = \dfrac{1}{4}$이다.

I 03 정답 ② ＊화학 평형 상태

다음은 $A(g)$로부터 $B(g)$가 생성되는 반응의 화학 반응식과 농도로 정의되는 평형 상수(K)이다.

$$A(g) \rightleftharpoons 2B(g) \qquad K$$

그림은 부피가 1 L인 강철 용기에 혼합 기체가 들어 있는 초기 상태를 나타낸 것이다. 반응이 진행되어 온도 T에서 평형 상태에 도달하였을 때, $He(g)$의 몰수 비율(전체 몰수 중에서 차지하는 비율)은 $\frac{2}{7}$이다. 온도

 He 0.2 mol의 몰수 비율 $\frac{2}{7}$

➡ 반응 후 전체 기체의 양은 0.7 mol
   $A(g)$와 $B(g)$의 양의 합은 0.5 mol

T에서의 K는?

$$\frac{0.4^2}{0.1}=1.6$$

① 0.8 ② 1.6 ③ 2 ④ 3.2 ⑤ 4

$A(g)$ 0.2 mol
$B(g)$ 0.2 mol
$He(g)$ 0.2 mol
1 L

단서＋발상

(단서) 평형 상태에서 $He(g)$의 몰수 비율이 제시되어 있다.

(발상) 평형 상태에서 전체 기체의 양(mol)을 추론할 수 있다.

(적용) 몰수 비율 개념을 적용해서 반응 후 각 기체의 양(mol)을 구하는 것부터 문제 풀이를 시작해야 한다.

| 문제＋자료 분석 |

- $He(g)$은 반응에 참여하지 않는 기체이므로 초기 상태와 같이 평형 상태에서도 0.2 mol이다.

- $He(g)$의 몰수 비율은 $\dfrac{0.2\ \text{mol}}{\text{전체 기체의 양(mol)}}=\dfrac{2}{7}$이므로 평형 상태에서 $A(g)$와 $B(g)$의 양의 합은 0.5 mol이다.

- $A(g)\ x$ mol이 반응하면 남은 $A(g)$의 양은 $(0.2-x)$ mol, $B(g)$의 양은 $(0.2+2x)$ mol이므로
$(0.2-x)+(0.2+2x)=0.5 \qquad \therefore x=0.1$
따라서 평형 상태에서 $A(g)$의 양은 0.1 mol, $B(g)$의 양은 0.4 mol이다.

- 강철 용기의 부피가 1 L이므로 $[A]=0.1$ M, $[B]=0.4$ M

| 선택지 분석 |

② 평형 상수는 $K=\dfrac{[B]^2}{[A]}=\dfrac{0.4^2}{0.1}=1.6$

I 04 정답 ② ＊화학 평형과 몰수 비율

다음은 $A(g)$와 $B(g)$가 반응하여 $C(g)$를 생성하는 반응의 화학 반응식과 온도 T에서 농도로 정의되는 평형 상수(K)이다.

$$A(g)+B(g) \rightleftharpoons C(g) \qquad K=\frac{[C]}{[A][B]}$$

그림은 온도 T에서 강철 용기 Ⅰ과 Ⅱ에 혼합 기체가 각각 들어 있는 초기 상태를, 표는 Ⅰ과 Ⅱ에서 각각 반응이 일어나 도달한 평형 상태에서 $A(g)$의 몰수 비율(전체 몰수 중에서 차지하는 비율)을 나타낸 것이다.

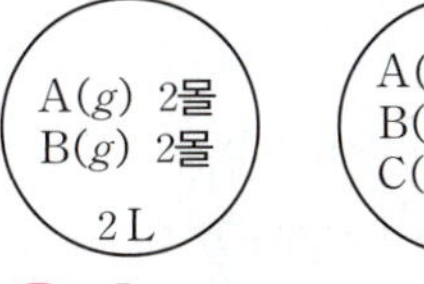 $A(g)$ 2몰
$B(g)$ 2몰
2 L

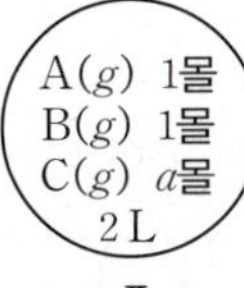 $A(g)$ 1몰
$B(g)$ 1몰
$C(g)$ a몰
2 L

물질	Ⅰ	Ⅱ
$A(g)$의 몰수 비율	$\frac{1}{3}$	$\frac{1}{4}$
$B(g)$의 몰수 비율	$\frac{1}{3}$	$\frac{1}{4}$
$C(g)$의 몰수 비율	$\frac{1}{3}$	$\frac{1}{2}$

(단서) Ⅰ
A와 B는 처음에 같은 양을 넣어 주었고 1 : 1로 반응하므로 A와 B의 몰수 비율은 서로 같다.

이에 대한 설명으로 옳은 것만을 〈보기〉에서 있는 대로 고른 것은? (단, 온도는 T로 일정하다.) (3점)

[보기]

ㄱ. $K=1$이다. → $K=\dfrac{[C]}{[A][B]}=\dfrac{0.5}{0.5\times0.5}=2$

ㄴ. Ⅱ에서 반응 초기에 역반응이 우세하게 일어난다.

ㄷ. $a=4$이다. → $a=5$이다.

① ㄱ ② ㄴ ③ ㄷ ④ ㄱ, ㄴ ⑤ ㄴ, ㄷ

단서＋발상

(단서) 평형 상태에서 A의 몰수 비율이 제시되어 있다.

(발상) 평형 상태에서 B와 C의 몰수 비율을 추론할 수 있다.

(적용) A, B의 처음 몰농도를 적용해서 A~C의 평형 농도를 구하는 것부터 문제 풀이를 시작해야 한다.

| 문제＋자료 분석 |

- A와 B는 처음에 같은 양을 넣어 주었고 1 : 1로 반응하므로 A와 B의 몰수 비율은 서로 같고, 몰수 비율의 합은 1이다.

- 용기 Ⅰ에서의 평형 농도는 다음과 같다.

	$A(g)$	$+$	$B(g)$	$\rightleftharpoons$	$C(g)$
처음 농도	1		1		0
반응 농도	$-x$		$-x$		$+x$
평형 농도	$1-x$		$1-x$		x

용기 Ⅰ의 평형 상태에서 $A(g)$와 $C(g)$의 몰수 비율이 같으므로 몰농도도 같다. 따라서 $1-x=x$이고, $x=0.5$M이다.
용기의 부피가 2 L이므로 $C(g)$의 양(mol)은 1몰이고, $A(g)$와 $B(g)$의 양(mol)도 1몰이다.

| 보기 분석 |

ㄱ. 용기 Ⅰ의 평형 상태에서 $A(g)$, $B(g)$, $C(g)$의 평형 농도가 모두 0.5 M이다.
따라서 평형 상수 $K=\dfrac{[C]}{[A][B]}=\dfrac{0.5}{0.5\times0.5}=2$이다.

ㄴ. 용기 Ⅱ의 평형 상태에서 $A(g)$와 $B(g)$의 몰수 비율이 $\frac{1}{4}$이고, $C(g)$의 몰수 비율이 $\frac{1}{2}$이므로 평형 상태에서 A의 양(mol)을 n이라 하면 B와 C의 평형 상태에서 양(mol)은 각각 n, $2n$이다. 평형 상수 $K=\dfrac{\left(\dfrac{2n}{2}\right)}{\left(\dfrac{n}{2}\right)\left(\dfrac{n}{2}\right)}=\dfrac{4}{n}=2$

이므로 $n=2$이다. 따라서 A는 1몰에서 2몰로 증가한 것이므로 반응 초기에 역반응이 우세하게 진행한 것임을 알 수 있다. (함정)

ㄷ. 용기 Ⅱ에서의 평형 농도는 다음과 같다.

	$A(g)$	$+$	$B(g)$	$\rightleftharpoons$	$C(g)$
처음 농도	0.5		0.5		$0.5a$
반응 농도	$+y$		$+y$		$-y$
평형 농도	$0.5+y$		$0.5+y$		$0.5a-y$

$C(g)$의 몰수 비율이 $B(g)$의 2배이므로 $0.5a-y=2(0.5+y)$
➡ $a=2+6y$

$K=\dfrac{[C]}{[A][B]}=\dfrac{2(0.5+y)}{(0.5+y)\times(0.5+y)}=\dfrac{2}{0.5+y}=2$

➡ $y=0.5$이므로 $a=5$이다.

그림은

$A(g) + B(g) \rightleftharpoons C(g)$의 반응에 대해 초기 상태와 평형 상태에서 기체 A~C의 양(mol)을 나타낸 것이다.

평형 상태에서 $x+y$의 값과 평형 상수(K)로 옳은 것은? (단, 온도는 일정하다.) (3점)

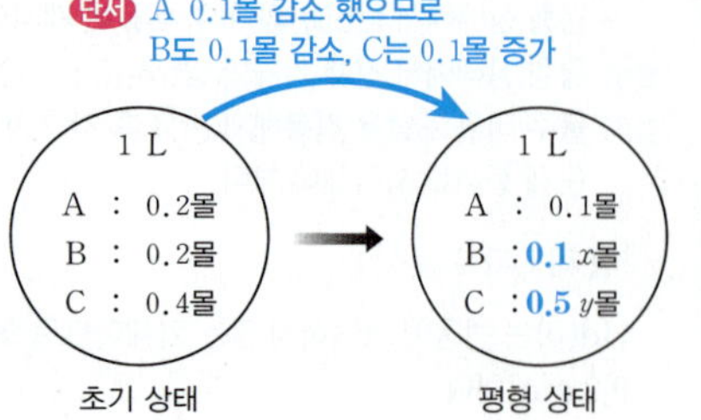

	$x+y$	K		$x+y$	K
①	0.4	5	②	0.4	50
③	0.6	5	④	0.6	50
⑤	0.6	500			$\dfrac{0.5}{(0.1)(0.1)}$

| 문제＋자료 분석 |

◈ 화학 반응의 양적 관계
- 반응 용기의 부피가 1 L로 일정하므로 몰 수는 몰농도와 같다.

	$A(g)$	$+$	$B(g)$	$\rightleftharpoons$	$C(g)$
반응 전	0.2		0.2		0.4
반응	-0.1		-0.1		$+0.1$
반응 후	0.1		0.1		0.5

| 선택지 분석 |

④ 화학 반응식 $A(g)+B(g) \rightleftharpoons C(g)$에서 계수가 모두 1이므로 $A(g)$ 1몰과 $B(g)$ 1몰이 반응하면 $C(g)$ 1몰이 생기는 것을 알 수 있다. 그림을 보면 초기 상태에서 A는 0.2몰이었는데 평형 상태에서는 0.1몰이니까 A는 0.1몰 반응한 것이고 B도 0.1몰만 반응해서 C가 0.1몰 생성된다. 따라서 평형 상태가 됐을 때 B는 0.1몰 남고 C는 0.5몰이 됐을 테니까 $x+y=0.6$이다. 평형 상수는 $K=\dfrac{[C]}{[A][B]}=\dfrac{0.5}{0.1\times0.1}=50$이다.

다음은 $A(g)$와 $B(g)$가 반응하여 $C(g)$가 생성되는 반응의 화학 반응식과 온도 T에서 농도로 정의되는 평형 상수(K)이다.

$$A(g) + B(g) \rightleftharpoons C(g) \qquad K$$

표는 온도 T에서 강철 용기에 $A(g)$~$C(g)$가 들어 있는 초기 상태 Ⅰ과 Ⅱ에 대한 자료이다. Q는 반응 지수이다.

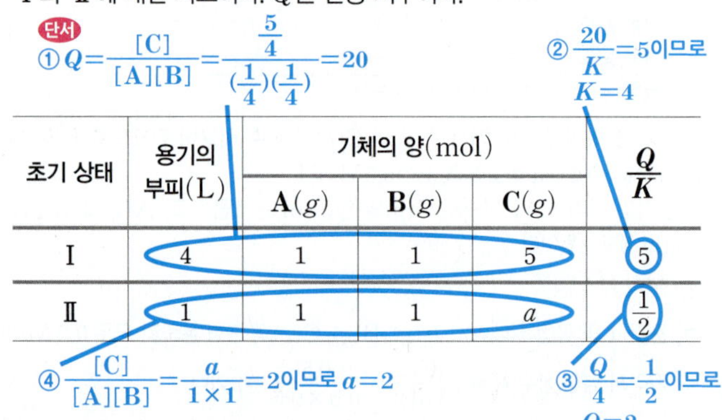

초기 상태	용기의 부피(L)	기체의 양(mol)			$\dfrac{Q}{K}$
		$A(g)$	$B(g)$	$C(g)$	
Ⅰ	4	1	1	5	5
Ⅱ	1	1	1	a	$\dfrac{1}{2}$

이에 대한 설명으로 옳은 것만을 〈보기〉에서 있는 대로 고른 것은? (단, 온도는 T로 일정하다.) (3점)

[보기]

ㄱ. $K=4$이다.

Ⅰ에서 $Q=20$이고 $\dfrac{Q}{K}=5$이므로 $K=4$

ㄴ. $a=2$이다.

Ⅱ에서 $\dfrac{Q}{4}=\dfrac{1}{2}$이므로 $Q=2$이고 $Q=\dfrac{a}{1\times1}$이므로 $a=2$

ㄷ. Ⅰ에서 반응이 진행되어 평형에 도달하면 $C(g)$의 양은 ~~1 mol~~ 4 mol 이다.

$Q=\dfrac{\frac{5-x}{4}}{(\frac{1+x}{4})^2}=4$이므로 $x=1$

➡ $C(g)$는 4 mol일 때 평형 상태

① ㄱ   ② ㄷ   ③ ㄱ, ㄴ   ④ ㄴ, ㄷ   ⑤ ㄱ, ㄴ, ㄷ

단서＋발상

단서 Ⅰ에서 반응물과 생성물 농도, $\dfrac{Q}{K}$가 제시되어 있다.

발상 온도가 같으면 K는 일정함을 추론할 수 있다.

적용 Ⅰ에서 반응 지수(Q)를 구하여 K를 구하고 Ⅱ에서 Q를 구하는 식을 세워 a를 구하는 것부터 문제 풀이를 시작해야 한다.

| 문제＋자료 분석 |

- Ⅰ에서 $A(g)$, $B(g)$, $C(g)$의 몰농도를 구할 수 있으므로 반응 지수(Q)를 구하여 $\dfrac{Q}{K}$로부터 평형 상수(K)를 구할 수 있다.

- 온도가 일정하면 평형 상수(K)도 일정하므로 Ⅰ과 Ⅱ에서 평형 상수는 같다.

| 보기 분석 |

ㄱ Ⅰ에서 반응 지수는 $Q=\dfrac{[C]}{[A][B]}=\dfrac{\frac{5}{4}}{(\frac{1}{4})(\frac{1}{4})}=20$이고, $Q=20$이므로 $\dfrac{20}{K}=5$가 되어 $K=4$이다. 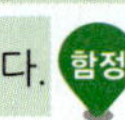 함정

ㄴ Ⅱ에서 $\dfrac{Q}{K}=\dfrac{1}{2}$이고 $K=4$이므로 $Q=2$이다. $Q=\dfrac{[C]}{[A][B]}=\dfrac{a}{1\times1}=2$이므로 $a=2$이다.

ㄷ Ⅰ에서 반응 지수(Q)가 평형 상수(K)와 같아져야 하므로 $C(g)$ x mol이 생성되어 평형에 도달한다고 가정하면

$$Q=\dfrac{\frac{5-x}{4}}{(\frac{1+x}{4})^2}=4$$

가 되어 $x=1$이므로 역반응이 우세하게 진행되어 $C(g)$가 4 mol일 때 평형 상태가 된다.

왜 틀렸나?
Ⅰ에서 용기의 부피가 4 L이므로 반응 지수를 구할 때 기체의 양(mol)을 4 L로 나누어 몰농도를 구해야 하는데, 보통 문제들에서 용기의 부피가 1 L로 많이 출제되므로 착각하지 않도록 주의해야 한다.

Ⅰ 07 정답 ⑤ ★ 평형 상수

다음은 $A(g)$로부터 $B(g)$와 $C(g)$가 생성되는 반응의 화학 반응식과 온도 T에서 농도로 정의되는 평형 상수(K)이다.

$$2A(g) \rightleftharpoons B(g) + 2C(g) \qquad K = 0.5 \left(= \frac{0.5 \times 1^2}{1^2} \right)$$

그림은 부피가 1 L인 강철 용기에 2 mol의 $A(g)$를 넣은 초기 상태 Ⅰ과 반응이 진행된 상태 Ⅱ를 나타낸 것이다.

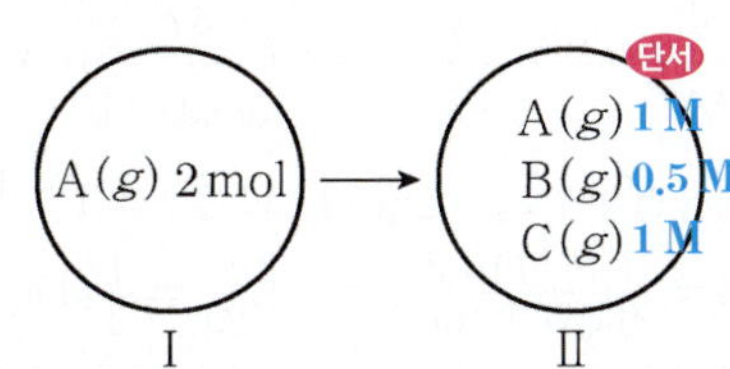

이에 대한 설명으로 옳은 것만을 〈보기〉에서 있는 대로 고른 것은? (단, 온도는 T로 일정하다.) (3점)

[보기]

ㄱ. 평형에 도달하기 전까지 정반응이 우세하게 진행된다.
  → 초기 상태에 $A(g)$만 있고, 반응이 진행되면서 $B(g)$와 $C(g)$가 생성되므로 정반응이 우세하게 진행
ㄴ. $[A] = 1$ M일 때 정반응의 속도와 역반응의 속도는 같다.
  → 평형 상태에서 $[A] = 1$ M
ㄷ. $[C] = 0.4$ M일 때 반응 지수(Q)는 K보다 작다.
  → 평형 상태에서 $[C] = 1$ M이고, $[C] = 0.4$ M일 때는 평형 상태에 도달하기 전이므로 $Q < K$

① ㄱ ② ㄷ ③ ㄱ, ㄴ ④ ㄴ, ㄷ ⑤ ㄱ, ㄴ, ㄷ

| 문제+자료 분석 |

◈ 평형 상태에서 $A(g)$, $B(g)$, $C(g)$의 몰농도
· 반응한 $A(g)$의 양(mol)을 x라고 할 때의 양적 관계

	$2A(g)$	$\rightleftharpoons$	$B(g)$	$+$	$2C$
반응 전	2		0		0
반응	$-x$		$+0.5x$		$+x$
반응 후	$2-x$		$0.5x$		x

용기의 부피가 1 L이므로 평형 상태에서 $A(g)$, $B(g)$, $C(g)$의 몰농도는 각각 $(2-x)$ M, $0.5x$ M, x M이므로 $K = \dfrac{0.5x \times x^2}{(2-x)^2} = 0.5$이고, x는 1이다.

따라서 평형 상태에서 $A(g)$, $B(g)$, $C(g)$의 몰농도는 각각 1 M, 0.5 M, 1 M이다.

| 보기 분석 |

ㄱ. 상태 Ⅰ에서는 $A(g)$만 있고, 상태 Ⅱ에서는 $A(g)$, $B(g)$, $C(g)$가 공존하므로 평형 도달 전까지 정반응이 우세하게 진행된다.

ㄴ. $A(g)$의 몰농도가 1 M일 때, $B(g)$와 $C(g)$의 몰농도는 각각 0.5 M, 1 M이고, 이때 $Q = \dfrac{0.5x \times 1^2}{1^2} = 0.5$이므로 $K = Q$이다. 따라서 $A(g)$가 1 M일 때는 평형 상태이므로 정반응의 속도와 역반응의 속도가 같다.

ㄷ. 평형 상태에서 $[C]$는 1 M이므로 $[C]$가 0.4 M일 때는 아직 평형 상태에 도달하기 전이다. 따라서 $[C]$가 0.4 M일 때의 반응 지수(Q)는 K보다 작다.

🐝 문제 풀이 꿀팁

평형 상태에 도달하기 전 반응 지수(Q)는 평형 상수(K)보다 작다는 사실을 알면 $[C] = 0.4$ M일 때의 반응 지수를 구하여 평형 상수와 비교하지 않아도 Q와 K의 크기를 비교할 수 있다.

$[C] = 0.4$ M일 때의 $Q = \dfrac{0.2 \times 0.4^2}{1.6^2} = 0.0125$이다.

Ⅰ 08 정답 ④ ★ 평형 상수와 반응 지수

다음은 $A(g)$와 $B(g)$가 반응하여 $C(g)$가 생성되는 반응의 화학 반응식과 T K에서 농도로 정의되는 평형 상수(K)이다.

$$A(g) + 2B(g) \rightleftharpoons C(g) \qquad K = \frac{1}{4} \left(= \frac{[C]}{[A][B]^2} \right)$$

그림 (가)는 T K에서 부피가 V L인 강철 용기에 $A(g){\sim}C(g)$를 넣어 평형에 도달한 것을, (나)는 부피가 V L인 강철 용기에 $A(g){\sim}C(g)$를 넣은 것을 모형으로 나타낸 것이다.

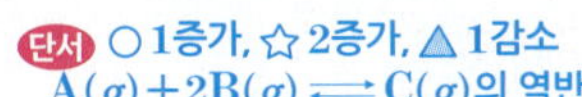

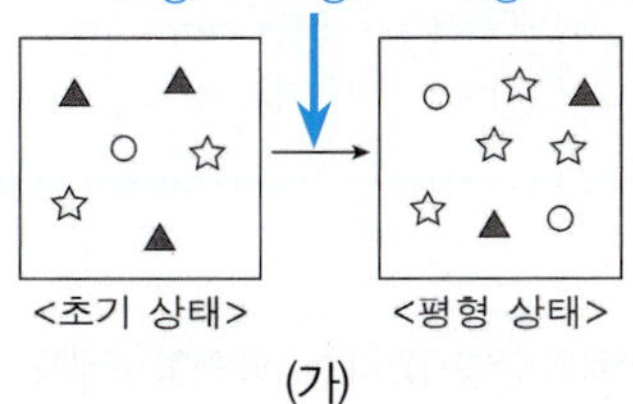

(나)에서 반응 지수(Q)는? (3점)

① $\dfrac{1}{16}$ ② $\dfrac{1}{4}$ ③ $\dfrac{1}{2}$ ④ 1 ⑤ 4

| 문제+자료 분석 |

◈ (가)에서 반응한 양

모형	○	☆	△
반응 전 초기 상태	1	2	3
반응한 양	$+1$	$+2$	-1
반응 후 평형 상태	2	4	2

○, ☆는 반응 후 개수가 증가하고, △는 감소, ○, ☆, △의 반응 개수 비가 $1:2:1 \longrightarrow A(g) + 2B(g) \longrightarrow C(g)$의 역반응이 진행되었고, ○는 $A(g)$, ☆는 $B(g)$, △는 $C(g)$이다.

| 선택지 분석 |

④ (가)의 평형 상태에서 A(○), B(☆), C(△)의 개수는 각각 2, 4, 2이다. 각 입자 1개가 있을 때의 몰농도를 x라고 하면,

$$K = \frac{[C]}{[A][B]^2} = \frac{2x}{2x \times (4x)^2} = \frac{1}{4}$$

이므로 $x = 0.5$이다.

(나)에서 A(○), B(☆), C(△)의 개수는 각각 1, 2, 1로 몰농도는 각각 0.5 M, 1 M, 0.5 M이므로 반응 지수(Q)는 $\dfrac{[C]}{[A][B]^2} = \dfrac{0.5}{0.5 \times 1^2} = 1$이다.

🐝 문제 풀이 꿀팁

화학 반응식에서 $A(g)$, $B(g)$, $C(g)$의 반응 계수비가 $1:2:1$이고, (가)에서 ○, ☆, △의 반응 개수 비가 $1:2:1$임을 이용하여 각 모형이 어떤 물질인지 구하고, $K = \dfrac{[C]}{[A][B]^2} = \dfrac{1}{4}$에서 모형 1개에 해당하는 몰농도를 구한다.

다음은 $A(g)$와 $B(g)$가 반응하여 $C(g)$가 생성되는 반응의 화학 반응식과 T K에서 농도로 정의된 평형 상수(K)이다.

$$A(g)+3B(g) \rightleftharpoons 2C(g) \qquad K=\frac{[C]^2}{[A][B]^3}$$

그림 (가)는 부피가 1 L인 강철 용기에 $A(g)$와 $B(g)$가 각각 3 mol, 5 mol 이 들어 있는 초기 상태를, (나)는 부피가 2 L인 강철 용기에 $A(g)$~$C(g)$가 각각 3 mol씩 들어 있는 초기 상태를 나타낸 것이다. (가)에서 평형에 도달하였을 때 C의 몰수 비율(전체 몰수 중에서 차지하는 비율)은 $\frac{1}{3}$이다.

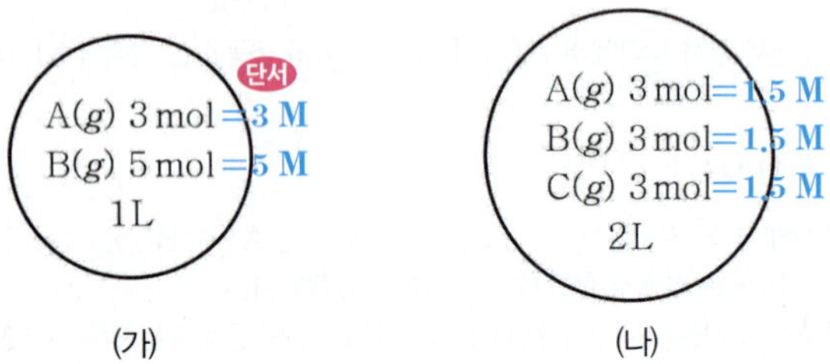

이에 대한 옳은 설명만을 〈보기〉에서 있는 대로 고른 것은? (단, 온도는 T K로 일정하다.) (3점)

[보기]

ㄱ. (가)에서 평형에 도달하였을 때 A의 양은 2 mol이다.

ㄴ. $K=\frac{1}{4}$이다. → $K=\frac{[C]^2}{[A][B]^3}=\frac{2^2}{2\times2^3}=\frac{1}{4}$

ㄷ. (나)에서 정반응이 우세하게 진행된다.

　→ $Q=\frac{[C]^2}{[A][B]^3}=\frac{1.5^2}{1.5\times1.5^3}=\frac{1}{1.5^2}>K$이므로 역반응이 우세

① ㄱ　② ㄷ　③ ㄱ, ㄴ　④ ㄴ, ㄷ　⑤ ㄱ, ㄴ, ㄷ

| 문제+자료 분석 |

- 그림 (가)는 부피가 1 L인 강철 용기에 $A(g)$와 $B(g)$가 각각 3 mol, 5 mol이 들어 있는 초기 상태를 나타낸 것이므로, $A(g)$와 $B(g)$의 초기 농도는 각각 3 M, 5 M이다.
- (가)에서의 평형 과정을 나타내면 다음과 같다.

	$A(g)$	$+$　$3B(g)$	$\rightleftharpoons$	$2C(g)$
처음 농도(M)	3	5		0
반응 농도(M)	$-x$	$-3x$		$+2x$
평형 농도(M)	$3-x$	$5-3x$		$+2x$

그런데, (가)에서 평형에 도달하였을 때 C의 몰수 비율은 $\frac{1}{3}$이므로 C의 몰수 비율$=\dfrac{\text{C의 양(mol)}}{\text{전체의 양(mol)}}=\dfrac{2x}{8-2x}=\dfrac{1}{3}$이고, $x=1$이다. 따라서 $A(g)$~$C(g)$의 평형 농도는 각각 2 M, 2 M, 2 M이다.

| 보기 분석 |

ㄱ. (가)에서 평형에 도달하였을 때 반응한 A의 양이 1 mol이므로 남아 있는 A의 양은 2 mol이다.

ㄴ. (가)에서 $A(g)$~$C(g)$의 평형 농도는 각각 2 M, 2 M, 2 M이므로 $K=\dfrac{[C]^2}{[A][B]^3}=\dfrac{2^2}{2\times2^3}=\dfrac{1}{4}$이다.

ㄷ. (나)에서 강철 용기의 부피가 2 L이므로 $A(g)$~$C(g)$의 농도는 모두 1.5 M이다. 함정

(나)의 반응 지수 $Q=\dfrac{[C]^2}{[A][B]^3}=\dfrac{1.5^2}{1.5\times1.5^3}=\dfrac{1}{1.5^2}>K$이므로 역반응이 우세하게 진행된다.

다음은 T K에서 $A(g)$로부터 $B(g)$가 생성되는 반응의 화학 반응식과 농도로 정의되는 평형 상수(K)이다.

$$aA(g) \rightleftharpoons bB(g) \qquad K=\frac{3}{8}\ (a, b는 반응 계수)$$
$$2A(g) \rightleftharpoons B(g)$$

그림 (가)는 T K, 1 L의 강철 용기에 $A(g)$와 $B(g)$를 넣은 초기 상태를, (나)는 반응이 진행되어 도달한 평형 상태를 모형으로 나타낸 것이다. (가)에서 반응 지수(Q)는 2이다.

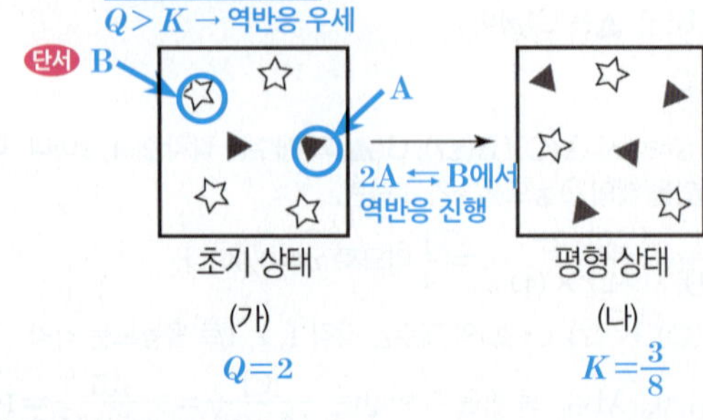

이에 대한 설명으로 옳은 것만을 〈보기〉에서 있는 대로 고른 것은? (단, 온도는 일정하고, ☆과 ▲는 각각 A와 B 중 하나이다.) (3점)

[보기]

ㄱ. $a:b=2:1$이다.

ㄴ. 1개의 ☆은 기체 분자 0.5 mol에 해당한다.

ㄷ. (나)에서 $A(g)$와 $B(g)$를 각각 1 mol씩 첨가하면 평형에 도달하기 전까지 역반응이 우세하게 진행된다.

　$Q\left(\dfrac{5}{18}\right)<K\left(\dfrac{3}{8}\right)$이므로 정반응 우세

① ㄱ　② ㄷ　③ ㄱ, ㄴ　④ ㄴ, ㄷ　⑤ ㄱ, ㄴ, ㄷ

| 보기 분석 |

ㄱ. (가)에서 $aA(g) \rightleftharpoons bB(g)$의 역반응이 진행되면서 (나)의 평형 상태에 도달 주의 할 때, 증가하는 ▲와 감소하는 ☆의 반응 개수 비가 2 : 1이므로 $a:b=2:1$이다.

ㄴ. (가)에서 입자 1개의 양(mol)을 x라 하면, 용기의 부피가 1 L이므로 ▲(A)와 ☆(B)의 몰농도는 각각 $2x$ M, $4x$ M이다. 따라서 $Q=\dfrac{4x}{(2x)^2}=2$에서 $x=0.5$이다.

ㄷ. 입자 1개의 양이 0.5 mol이므로 (나)에서 A와 B의 몰농도는 각각 2 M, 1.5 M이다. (나)에 A와 B를 각각 1 mol 첨가하면 A는 3 M, B는 2.5 M, $Q=\dfrac{2.5}{3^2}=\dfrac{5}{18}$이다. $\dfrac{5}{18}$는 평형 상수 $\dfrac{3}{8}$보다 작으므로 평형에 도달하기 전까지 정반응이 우세하게 진행된다. 꿀팁

| 문제+자료 분석 |

- 초기 상태의 반응 지수(Q)가 2, 평형 상수(K) $\frac{3}{8}$보다 크므로 (가)에서 (나)로 될 때 역반응 우세
- $bB(g) → aA(g)$에서 ▲는 2 증가, ☆은 1 감소하므로 ▲는 A, ☆는 B이고 반응 계수 $a=2$, $b=1$이다.
- 평형 상수(K)$=\dfrac{[B(g)]}{[A(g)]^2}$에 평형 상태의 A, B의 몰농도를 대입하여 구한다.

다음은 적갈색의 $NO_2(g)$로부터 무색의 $N_2O_4(g)$가 생성되는 반응의 화학 반응식과 평형 상수이다.

$$2NO_2(g) \rightleftharpoons N_2O_4(g) \qquad K$$
적갈색　　　　무색

일정한 온도에서 그림 (가)와 같이 시험관에 적갈색의 $NO_2(g)$를 넣어 두었더니 (나)와 같이 색이 연해지고 (다)와 같이 더욱 연한 색이 되어 더 이상 색 변화가 없었다.

단서 (나)는 평형 도달 전
(다)는 평형 상태

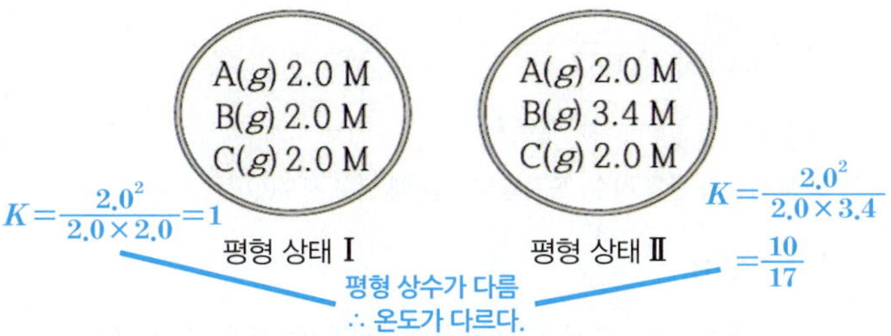

(1) (가)~(다) 중, $\dfrac{\text{역반응 속도}}{\text{정반응 속도}}$가 가장 큰 값을 갖는 것은 어느 것인지 쓰시오. 단답형 평형 도달 전: 정반응 속도 > 역반응 속도
평형 상태: 정반응 속도 = 역반응 속도

(2) (나)에서의 반응 지수(Q)와 이 반응의 평형 상수(K)는 어느 것이 큰 평형 도달 전: 반응 지수 < 평형 상수
지 부등호로 나타내고 그 까닭을 서술하시오. 서술형

단서+발상

단서 (다)에서 연한 색으로 더 이상 색 변화가 없었다는 내용이 제시되어 있다.

발상 (다)의 상태가 평형 상태임을 추론할 수 있다.

적용 (가)에서 (다)까지 도달하는 동안 정반응 속도와 역반응 속도를 비교하는 것부터 문제 풀이를 시작해야 한다.

(1) 정답 **(다)**

(2) 모범 답안 **(나)에서 반응 지수는 $Q = \dfrac{[N_2O_4]}{[NO_2]^2}$ 이고, (나)는 평형 상태에 도달하기 전이므로 $[NO_2]$는 평형 상태일 때보다 크고 $[N_2O_4]$는 평형 상태일 때보다 작다. 따라서 $Q < K$이다.**

문제+자료 분석

- **정반응 속도와 역반응 속도**: (가) → (다)는 화학 평형 상태에 도달하는 과정으로, 반응물 농도는 감소하고 생성물 농도는 증가하므로 정반응 속도는 느려지고 역반응 속도는 빨라진다. 따라서 $\dfrac{\text{역반응 속도}}{\text{정반응 속도}}$ 가 가장 큰 것은 평형 상태인 (다)이다.

- **반응 지수와 평형 상수**: (나)는 정반응이 역반응보다 빠르게 진행되어 평형 상태인 (다)에 도달하는 과정이므로, 평형 상태일 때보다 반응물 농도는 크고 생성물 농도는 작다.

	채점 기준	배점
(1)	정답을 쓴 경우	30%
(2)	$Q < K$임을 밝히고 그 까닭을 옳게 서술한 경우	70%
	$Q < K$임을 밝혔으나 그 까닭을 옳게 서술하지 못한 경우	30%

다음은 $A(g)$와 $B(g)$가 반응하여 $C(g)$가 생성되는 반응의 화학 반응식이다.

$$A(g) + B(g) \rightleftharpoons 2C(g) \quad \text{단서 } K = \dfrac{[C]^2}{[A][B]}$$

그림은 두 강철 용기에서 이 반응이 각각 평형 상태에 있는 모습을 나타낸 것이다.

$A(g)$ 2.0 M
$B(g)$ 2.0 M
$C(g)$ 2.0 M
$$K = \dfrac{2.0^2}{2.0 \times 2.0} = 1$$
평형 상태 I

$A(g)$ 2.0 M
$B(g)$ 3.4 M
$C(g)$ 2.0 M
$$K = \dfrac{2.0^2}{2.0 \times 3.4} = \dfrac{10}{17}$$
평형 상태 II

평형 상수가 다름
∴ 온도가 다르다.

(1) 평형 상태 I 에서 이 반응의 평형 상수(K)를 쓰시오. 단답형
$$K = \dfrac{[C]^2}{[A][B]} = 1$$

(2) 평형 상태 I 과 II 에서 온도는 서로 같은지, 다른지 평형 상수를 근거로 서술하시오. 서술형 같은 반응에서는 온도가 같으면 평형 상수도 같다

단서+발상

단서 화학 반응식이 제시되어 있다.

발상 평형 상수를 추론할 수 있다.

적용 평형 상수식을 적용해서 평형 상태 I 에서의 평형 상수를 구하는 것부터 문제 풀이를 시작해야 한다.

(1) 정답 $K = 1$

(2) 모범 답안 **평형 상태 I 에서 평형 상수는 $K = 1$이고, 평형 상태 II 에서 평형 상수는 $K = \dfrac{2.0^2}{2.0 \times 3.4} = \dfrac{10}{17}$으로 평형 상수가 서로 다르다. 따라서 평형 상태 I 과 II 에서 온도는 서로 다르다.**

문제+자료 분석

- **평형 상수**: 반응 $A(g) + B(g) \rightleftharpoons 2C(g)$의 평형 상수는 $K = \dfrac{[C]^2}{[A][B]}$이다.

- **온도와 평형 상수**: 같은 반응은 온도가 같으면 평형 상수도 같다.
- 두 가지 평형 상태에서 평형 상수가 다르면 온도가 서로 다른 상태이다.

	채점 기준	배점
(1)	평형 상수를 옳게 구한 경우	30%
(2)	평형 상수를 근거로 온도가 서로 다르다고 서술한 경우	70%
	온도가 서로 다르다고 서술하였으나 평형 상수를 근거로 설명하지 않은 경우	30%

다음은 $A(g)$와 $B(g)$가 반응하여 $C(g)$가 생성되는 반응의 화학 반응식과 t ℃에서 이 반응의 평형 상수이다.

$$2A(g)+B(g) \rightleftharpoons 2C(g) \qquad K=4$$

표는 t ℃에서 용기 (가)~(나)에 각각 넣은 기체들의 초기 농도를 나타낸 것이다.

용기	초기 농도(M)		
	A	B	C
(가)	1	1	x
(나)	2	1	3

단서: 평형 상수와 초기 농도 제시 ➡ 반응 지수와 평형 상수 비교 가능

(1) (가)에서 초기 농도 그대로 동적 평형 상태가 유지되었다면 x의 값은 얼마인지 구하시오. (단답형)

$$Q=K$$
$$K=\dfrac{[C]^2}{[A]^2[B]}=\dfrac{x^2}{1^2\times 1}=4 \qquad \therefore x=2$$

(2) (나)에서 콕을 열면 정반응과 역반응 중 어느 것이 우세하게 진행되어 평형 상태에 도달할지 반응 지수(Q)를 근거로 서술하시오.(단, 온도는 일정하다.) (서술형)

$$Q=\dfrac{[C]^2}{[A]^2[B]}=\dfrac{3^2}{2^2\times 1}=\dfrac{9}{4}<K$$
$$\therefore \text{정반응이 우세하게 진행되어 평형에 도달}$$

단서＋발상

단서 평형 상수와 2가지 초기 농도가 제시되어 있다.

발상 반응 지수와 평형 상수를 추론할 수 있다.

적용 평형 상수식을 적용해서 (가)에서 x를 구하는 것부터 문제 풀이를 시작해야 한다.

(1) 정답 $x=2$

(2) 모범 답안 (나)에서 반응 지수는 $Q=\dfrac{[C]^2}{[A]^2[B]}=\dfrac{3^2}{2^2\times 1}=\dfrac{9}{4}$ 이다. 반응 지수(Q)는 평형 상수(K)보다 작으므로 정반응이 우세하게 진행되어 평형 상태에 도달한다.

│ **문제＋자료 분석** │

· **동적 평형 상태**: 정반응 속도와 역반응 속도가 같은 상태로 반응 지수(Q)와 평형 상수(K)가 같은 상태 $Q=K=\dfrac{[C]^2}{[A]^2[B]}=\dfrac{x^2}{1^2\times 1}=4$ $\therefore x=2$

· **반응 지수와 평형 상수**: 정반응과 역반응 중 어느 것이 더 우세하게 진행되는지 알기 위해서는 반응 지수(Q)를 구하여 평형 상수와 비교한다.
$Q<K$이면 평형 상태보다 생성물 농도가 작으므로 정반응이 우세하게 진행
$Q>K$이면 평형 상태보다 생성물 농도가 크므로 역반응이 우세하게 진행
$Q=K$이면 평형 상태이므로 정반응과 역반응이 같은 속도로 진행된다.

채점 기준		배점
(1)	x를 옳게 구한 경우	30%
(2)	반응 지수(Q)를 구하고 정반응이 우세하게 진행되어 평형에 도달함을 서술한 경우	70%
	정반응이 우세하게 진행된다고 서술했으나 반응 지수(Q)를 구하지 않았거나 서술에 논리적으로 잘못된 부분이 있는 경우	30%

다음은 $A(g)$와 $B(g)$가 반응하여 $C(g)$가 생성되는 반응의 화학 반응식과 평형 상수이다.

$$A(g)+B(g) \rightleftharpoons 2C(g) \qquad K$$

그림은 일정한 온도에서 콕지로 분리된 용기의 양쪽에 위 반응이 각각 평형 상태를 이루고 있는 모습을 나타낸 것이다.

단서 평형 상태 ∴ 평형 상수 구할 수 있음

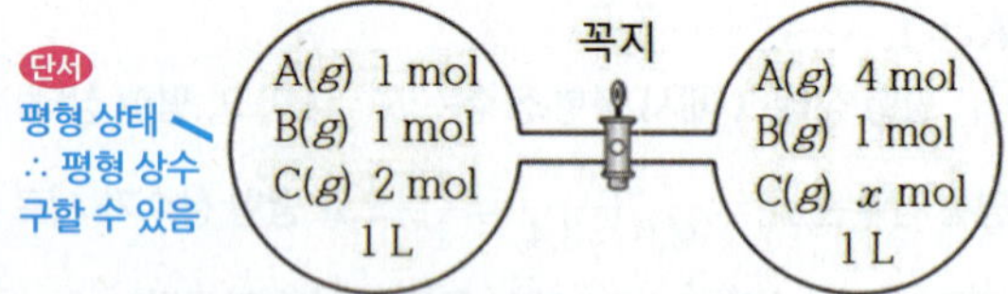

(1) x를 구하시오. (단답형)
양쪽 모두 평형 상태로 평형 상수가 같으므로
$$K=\dfrac{[C]^2}{[A][B]}=\dfrac{2^2}{1\times 1}=\dfrac{x^2}{4\times 1} \qquad \therefore x=4$$

(2) 콕지를 열면 정반응과 역반응 중 어느 것이 우세하게 진행되어 새로운 평형 상태에 도달할 것인지, 평형 상수(K)와 반응 지수(Q)의 크기를 비교하여 서술하시오.(단, 온도는 일정하다.) (서술형)
$$Q=\dfrac{[C]^2}{[A][B]}=\dfrac{3^2}{\frac{5}{2}\times 1}=\dfrac{18}{5}<K \text{이므로 정반응 우세하게 진행}$$

(1) 정답 $x=4$

(2) 모범 답안 콕지를 열면 $A(g)$ 5 mol, $B(g)$ 2 mol, $C(g)$ 6 mol이고 전체 부피는 2 L이므로 반응 지수 $Q=\dfrac{18}{5}$ 이다. 반응 지수(Q)는 평형 상수(K)보다 작으므로 정반응이 우세하게 진행되어 평형에 도달한다.

│ **문제＋자료 분석** │

· **평형 상수**: 양쪽 용기 내 기체들은 온도가 같고 각각 평형 상태이므로 평형 상수가 같다.
$$K=\dfrac{[C]^2}{[A][B]}=\dfrac{2^2}{1\times 1}=4,$$
$$\dfrac{2^2}{1\times 1}=\dfrac{x^2}{4\times 1} \qquad \therefore x=4$$

· **평형 상수와 반응 지수**: 콕지를 열었을 때 반응 지수(Q)는
$$Q=\dfrac{[C]^2}{[A][B]}=\dfrac{3^2}{\frac{5}{2}\times 1}=\dfrac{18}{5}$$

➡ $Q<K$이므로 정반응이 우세하게 진행되어 새로운 평형에 도달한다.

채점 기준		배점
(1)	x를 옳게 구한 경우	30%
(2)	반응 지수와 평형 상수를 비교하여 정반응이 우세하게 진행되어 평형에 도달함을 옳게 서술한 경우	70%
	근거 제시 없이 정반응이 우세하게 진행됨만 서술한 경우	30%

단서＋발상

단서 화학 반응식이 제시되어 있다. 발상 평형 상수를 추론할 수 있다.

 적용 평형 상수식을 적용해서 콕지를 열기 전 상태에서의 평형 상수를 구하는 것부터 문제 풀이를 시작해야 한다.

다음은 $A(g)$와 $B(g)$가 반응하여 $C(g)$가 생성되는 반응의 화학 반응식과 온도 T에서 농도로 정의되는 평형 상수(K)이다.

$$A(g) + B(g) \rightleftharpoons 2C(g) \qquad K = \frac{[C]^2}{[A][B]}$$

그림 (가)는 온도 T에서 강철 용기에 $A(g){\sim}C(g)$를 넣은 초기 상태, (나)는 $[C]_0$에 따른 $\dfrac{K}{Q_0}$를 나타낸 것이다. 초기 상태의 반응 지수

$Q_0 = \dfrac{[C]_0{}^2}{[A]_0[B]_0}$이고, $[A]_0$, $[B]_0$, $[C]_0$는 각각 초기 상태의 $A(g){\sim}C(g)$의 농도이다. $[C]_0 = x$ M일 때, 반응이 진행되어 도달한 평형에서 $C(g)$의 몰수 비율(전체 몰수 중에서 차지하는 비율)은 y이다.

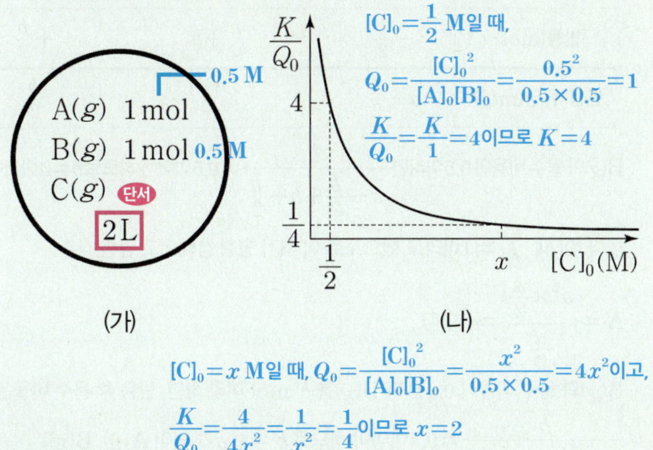

$x \times y$는? (단, 온도는 T로 일정하다.) (3점)
$= 2 \times 0.5 = 1$

① 1 ② $\dfrac{5}{4}$ ③ $\dfrac{4}{3}$ ④ $\dfrac{3}{2}$ ⑤ 2

단서+발상

단서 화학 반응식과 평형 상수, 강철 용기에 $A(g){\sim}C(g)$를 넣은 초기 상태, $[C]_0$에 따른 $\dfrac{K}{Q_0}$가 제시되어 있다.

발상 $[C]_0$에 따른 $\dfrac{K}{Q_0}$를 이용하여 K를 추론할 수 있다.

| 문제+자료 분석 |

step 1 화학 반응식을 통해 평형 상수식을 구하고 초기 상태의 $A(g){\sim}C(g)$의 몰농도를 초기 상태의 반응 지수에 대입하여 평형 상수 K를 구한다.

· 화학 반응식과 평형 상수는 다음과 같다.

$$A(g) + B(g) \rightleftharpoons 2C(g) \qquad K = \frac{[C]^2}{[A][B]}$$

· (가)에서 용기의 부피가 2 L이므로 $[A]_0$와 $[B]_0$는 각각 0.5 M, 0.5 M이다. **함정**

step 2 $[C_0] = x$ M일 때, 초기 상태의 반응 지수를 구하고 $\dfrac{K}{Q_0}$의 관계를 이용하여 x를 구한다.

· (나)에서 $[C]_0 = \dfrac{1}{2}$ M일 때, $Q_0 = \dfrac{[C]_0{}^2}{[A]_0[B]_0} = \dfrac{0.5^2}{0.5 \times 0.5} = 1$이고,

$\dfrac{K}{Q_0} = \dfrac{K}{1} = 4$이므로 $K = 4$이다.

· (나)에서 $[C]_0 = x$ M일 때, $Q_0 = \dfrac{[C]_0{}^2}{[A]_0[B]_0} = \dfrac{x^2}{0.5 \times 0.5} = 4x^2$이고,

$\dfrac{K}{Q_0} = \dfrac{4}{4x^2} = \dfrac{1}{x^2} = \dfrac{1}{4}$이므로 $x = 2$이다.

step 3 $[C_0] = x$ M일 때, 반응이 진행되어 도달한 평형에서 $A(g){\sim}C(g)$의 몰농도를 이용하여 $C(g)$의 몰수 비율 y를 구한다.

· (나)에서 $[C]_0 = x$ M $= 2$ M일 때, $Q_0 = 16$으로 K보다 크므로 역반응이 진행되어 평형에 도달한다. 평형에 도달할 때까지 감소한 C의 몰농도를 $2n$ M라고 하면, 증가한 A와 B의 몰농도는 각각 n M, n M이다.

$$K = \frac{[C]^2}{[A][B]} = \frac{(2-2n)^2}{(0.5+n)(0.5+n)} = 4$$

$$\Rightarrow n = \frac{1}{4} \text{ M}$$

· 평형 상태에서 $[A]_0 = 0.75$ M, $[B]_0 = 0.75$ M, $[C]_0 = 1.5$ M이므로 평형 상태에서 $C(g)$의 몰수 비율 $y = 0.5$이다.

| 선택지 분석 |

① $x = 2$이고, $y = 0.5$이므로 $x \times y = 1$이다.

∗ **평형 상수와 반응 지수의 크기에 따른 평형 이동의 예측**

· **평형 상수(K)**: 같은 반응에서 온도가 같을 때, K 일정
· **반응 지수(Q)**: 평형 상수식에 주어진 농도를 대입한 값
· 가역 반응에서 Q와 K의 크기에 따른 화학 반응의 방향

Q와 K의 크기 비교	화학 반응의 방향
$Q < K$	정반응 우세하게 진행
$Q = K$	화학 평형
$Q > K$	역반응 우세하게 진행

다음은 $A(g)$로부터 $B(g)$와 $C(g)$가 생성되는 반응의 화학 반응식과 온도 T에서 농도로 정의되는 평형 상수(K)이다.

$$A(g) \rightleftharpoons 2B(g)+C(g) \qquad \underline{K=\frac{[B]^2[C]}{[A]}}$$

(평형 상태 농도 대입)

표는 온도 T에서 1 L 강철 용기에 $A(g)$ a mol을 넣고 반응시켰을 때 B의 몰수 비율(전체 몰수 중에서 차지하는 비율)에 따른 <u>반응 지수(Q)</u>와 평형 상수(K)의 비($\frac{Q}{K}$)를 나타낸 것이다.

단서 $Q=\dfrac{[B]^2[C]}{[A]}$

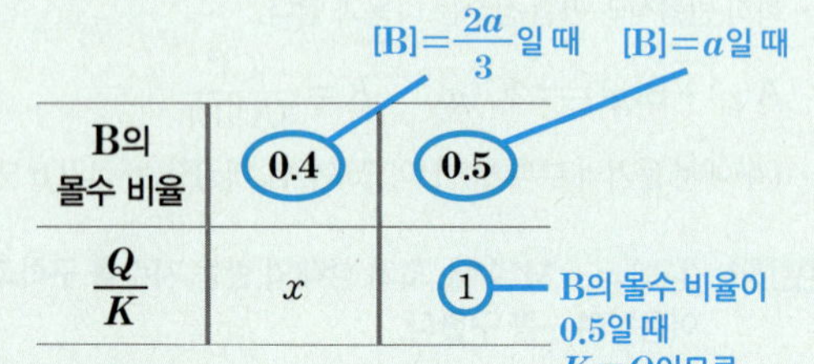

$[B]=\dfrac{2a}{3}$일 때 ⟶ 0.4

$[B]=a$일 때 ⟶ 0.5

B의 몰수 비율	0.4	0.5
$\dfrac{Q}{K}$	x	1

⟵ B의 몰수 비율이 0.5일 때 $K=Q$이므로 이 때가 평형 상태이다.

x는? (단, 온도는 T로 일정하다.)

$K=a^2$, $Q=\dfrac{2a^2}{9}$ ➡ $x=\dfrac{Q}{K}=\dfrac{2}{9}$

① $\dfrac{1}{5}$ ② $\dfrac{2}{9}$ ③ $\dfrac{1}{3}$ ④ $\dfrac{2}{5}$ ⑤ $\dfrac{3}{7}$

단서＋발상

단서 문제에 화학 반응식이 제시되어 있다.

발상 B의 몰수 비율이 0.5일 때 $\dfrac{Q}{K}=1$이면 $K=Q$임을 추론할 수 있다.

적용 평형 상수식 $K=\dfrac{[B]^2[C]}{[A]}$를 적용해서 B의 몰수 비율이 0.5일 때 [A], [B], [C]를 구하는 것부터 문제 풀이를 시작해야 한다.

| 문제＋자료 분석 |

- 초기 $A(g)$가 a mol이므로 반응이 진행되어 $B(g)$가 b mol 만큼 생성되었을 때 각 물질의 양(mol)은 아래와 같다.

화학식	$A(g)$	$\rightleftharpoons$	$2B(g)$	$+$	$C(g)$
반응 전 양(mol)	a		0		0
반응(mol)	$-\dfrac{b}{2}$		$+b$		$+\dfrac{b}{2}$
반응 후 양(mol)	$a-\dfrac{b}{2}$		b		$\dfrac{b}{2}$

$B(g)$의 몰수 비율이 0.5이려면 $\dfrac{b}{a-\dfrac{b}{2}+b+\dfrac{b}{2}}=0.5$이어야 하므로 $b=a$이어야 한다. 이 때 $\dfrac{Q}{K}=1$이라고 했으므로 이 때가 평형 상태이고 평형 상수

$$K=\frac{a^2\times\dfrac{a}{2}}{\dfrac{a}{2}}=a^2\text{이다.}$$

- $B(g)$의 몰수 비율이 0.4일 때 $B(g)$를 b' mol 이라 하면, 반응 후 몰수 비율은 $\dfrac{b'}{a-\dfrac{b'}{2}+b'+\dfrac{b'}{2}}=0.4$이어야 하므로 $b'=\dfrac{2}{3}a$가 되어 $A(g)$, $B(g)$, $C(g)$의 몰농도는 각각 $\dfrac{2a}{3}$ M, $\dfrac{2a}{3}$ M, $\dfrac{a}{3}$ M이다.

반응 지수 $Q=\dfrac{[B]^2[C]}{[A]}=\dfrac{(\dfrac{2}{3}a)^2\times\dfrac{1}{3}a}{\dfrac{2}{3}a}=\dfrac{2a^2}{9}$이다.

| 선택지 분석 |

② $B(g)$의 몰수 비율이 0.4일 때 $K=a^2$, $Q=\dfrac{2a^2}{9}$이므로 $\dfrac{Q}{K}=\dfrac{2}{9}$이다.

＊ 평형 상수와 반응 지수의 크기에 따른 평형 이동의 예측
- **평형 상수(K):** 같은 반응에서 온도가 같을 때, K 일정
- **반응 지수(Q):** 평형 상수식에 주어진 농도를 대입한 값
- 가역 반응에서 Q와 K의 크기에 따른 화학 반응의 방향

Q와 K의 크기 비교	화학 반응의 방향
$Q<K$	정반응 우세하게 진행
$Q=K$	화학 평형
$Q>K$	역반응 우세하게 진행

문제 풀이 꿀팁

화학 반응이 일어날 때 $\dfrac{Q}{K}=1$인 상태는 반응 지수와 평형 상수가 같은 $Q=K$라는 의미이므로 이 때가 평형 상태이다.

다음은 $A(g)$와 $B(g)$가 반응하여 $C(g)$를 생성하는 반응의 화학 반응식과 온도 T에서 농도로 정의되는 평형 상수(K)이다.

$$A(g)+B(g) \rightleftharpoons C(g) \qquad K=\frac{[C]}{[A][B]}$$

그림은 온도 T에서 강철 용기 (가)와 실린더 (다)에 $C(g)$가 들어 있는 초기 상태를 나타낸 것이다.

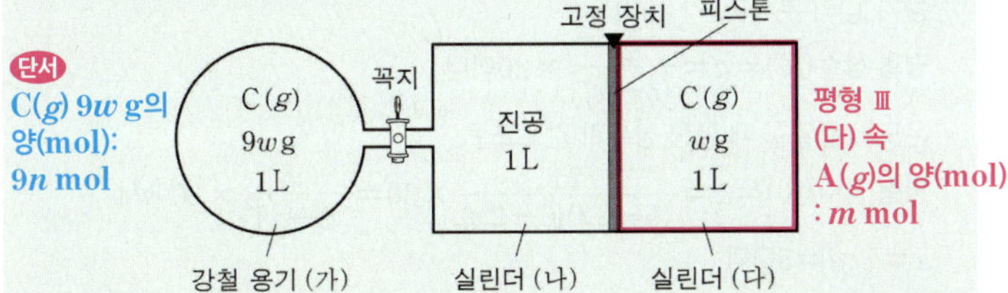

표는 반응이 진행되어 도달한 평형 Ⅰ, 평형 Ⅰ에서 꼭지를 열어 도달한 평형 Ⅱ, 평형 Ⅱ에서 고정 장치를 제거하여 도달한 평형 Ⅲ에 대한 자료이다.

평형	Ⅰ	Ⅱ		Ⅲ
강철 용기 또는 실린더	(가)	(가)	(나)	(다)
A의 질량(상댓값)	6	a	4	1

평형 Ⅰ의 (가)에서 $K=\dfrac{9n-6m}{36\,m^2}$

평형 Ⅱ의 (가)와 (나)에서 $K=\dfrac{9n-8m}{\frac{64\,m^2}{2}}=\dfrac{9n-8m}{32\,m^2} \blacktriangleright n=\dfrac{8}{3}m$

평형 Ⅲ에서 (다) 속 전체 기체의 부피는 x L이고, (다) 속 $C(g)$의 질량은 y g일 때, $x\times y$는? (단, 온도는 T로 일정하고, 연결관의 부피와 피스톤의 마찰은 무시한다.) (3점) 온도가 평형 Ⅰ ~ Ⅲ에서 같으므로 평형 상수(K)는 같다.

① $\dfrac{1}{16}w$　② $\dfrac{3}{32}w$　③ $\dfrac{5}{32}w$　④ $\dfrac{3}{16}w$　⑤ $\dfrac{1}{4}w$

 단서+발상

(단서) 문제에 평형 상태에서 $A(g)$의 질량이 제시되어 있다.

(발상) 평형에 도달할 때까지의 양적 관계를 추론할 수 있다.

(적용) 처음 $C(g)$의 질량과 평형에서 $A(g)$의 질량을 분석하여 평형 상수(K)를 구하는 것부터 문제 풀이를 시작해야 한다.

| 문제 풀이 순서 |

step 1 평형 Ⅰ ~ Ⅲ에서 $A(g)$의 양(mol)을 구한다.

- 초기 상태 (가)에 들어 있는 $C(g)$ $9w$ g의 양을 $9n$ mol이라고 하면 초기 상태 (다)에 들어 있는 $C(g)$ w g의 양은 n mol이다.
- 같은 물질은 몰질량이 같으므로 A의 질량비＝A의 몰비이다. (함정)
  평형 Ⅰ에서 (가) 속 $A(g)$의 양을 $6m$ mol이라고 하면
  평형 Ⅱ에서 (나) 속 $A(g)$의 양은 $4m$ mol이고,
  (가)와 (나)의 부피가 같으므로 $a=4$이므로 평형 Ⅱ에서 (가) 속 $A(g)$의 양도 $4m$ mol이다.
  따라서 평형 Ⅲ에서 (다) 속 $A(g)$의 양은 m mol이다.

step 2 평형 Ⅰ에서 평형 상수(K)를 구한다.

- (가)에서 역반응이 진행되어 평형 Ⅰ에 도달하며 이 때의 양적 관계는 다음과 같다.

평형 Ⅰ	$A(g)$	+	$B(g)$	$\rightleftharpoons$	$C(g)$
초기(mol)	0		0		$9n$
반응(mol)	$+6m$		$+6m$		$-6m$
평형(mol)	$6m$		$6m$		$9n-6m$

- (가) 속 기체의 부피가 1 L이므로 $K=\dfrac{[C]}{[A][B]}=\dfrac{9n-6m}{36m^2}$이다.

step 3 평형 상수(K)를 이용하여 m, n의 관계식을 구한다.

- 평형 Ⅰ에서 꼭지를 열어 평형 Ⅱ에 도달한 경우와 초기 상태에서 꼭지를 열어 평형 Ⅱ에 도달한 경우, 평형 Ⅱ에서 존재하는 $A(g) \sim C(g)$의 양(mol)은 같고 이 때 존재하는 $A(g)$의 양은 $8m$ mol이다.
  따라서 초기 상태에서 꼭지를 열어 평형 Ⅱ에 도달한 경우 양적 관계는 다음과 같다.

평형 Ⅱ	$A(g)$	+	$B(g)$	$\rightleftharpoons$	$C(g)$
초기(mol)	0		0		$9n$
반응(mol)	$+8m$		$+8m$		$-8m$
평형(mol)	$8m$		$8m$		$9n-8m$

- 평형 Ⅱ에서 (가)와 (나) 속 전체 기체의 부피는 2 L이므로

$$K=\frac{[C]}{[A][B]}=\frac{9n-8m}{32m^2} \text{이다.} \text{(함정)}$$

평형 Ⅰ과 Ⅱ에서 평형 상수가 같으므로 $\dfrac{9n-6m}{36m^2}=\dfrac{9n-8m}{32m^2}$에서

$n=\dfrac{8}{3}m$이다.

따라서 $K=\dfrac{1}{2m}$ ……식 (1)이다.

- 평형 Ⅱ에서 고정 장치를 제거하고 평형 Ⅲ에 도달한 경우와 (다)의 초기 상태에서 고정 장치를 제거하고 평형 Ⅲ에 도달한 경우, 평형 Ⅲ에서 (다)에 존재하는 $A(g) \sim C(g)$의 양(mol)은 같고 이 때 존재하는 $A(g)$의 양은 (함정) m mol이다.
  따라서 (다)의 초기 상태에서 고정 장치를 제거하고 평형 Ⅲ에 도달한 경우 양적 관계는 다음과 같다.

평형 Ⅲ	$A(g)$	+	$B(g)$	$\rightleftharpoons$	$C(g)$
초기(mol)	0		0		n
반응(mol)	$+m$		$+m$		$-m$
평형(mol)	m		m		$n-m$

평형 Ⅲ에서 (다) 속 전체 기체의 부피는 x L이므로

$$K=\frac{[C]}{[A][B]}=\frac{\dfrac{n-m}{x}}{\dfrac{m^2}{x^2}}=\frac{x(n-m)}{m^2} \text{이며 } n=\frac{8}{3}m \text{을 대입하면}$$

$$K=\frac{\dfrac{5}{3}x}{m} \text{……식 (2)이다.}$$

| 선택지 분석 |

④ 식 (2)에 (1)을 대입하면 $\dfrac{\dfrac{5}{3}x}{m}=\dfrac{1}{2m}$에서 $x=\dfrac{3}{10}$이다.

평형 Ⅲ에서 $C(g)$의 양은 $\dfrac{5}{8}n$ mol이므로 $C(g)$의 질량은 $\dfrac{5}{8}w$ g이다.

따라서 $y=\dfrac{5}{8}w$이므로 $x\times y=\dfrac{3}{10}\times\dfrac{5}{8}w=\dfrac{3}{16}w$이다.

✪ 정답은 ④ $\dfrac{3}{16}w$이다.

(왜) 틀렸나?

(가)~(다)에 들어 있는 $C(g)$의 양(mol)과 평형 Ⅰ ~ Ⅲ에서 $A(g)$의 양(mol)을 파악하고 이를 평형 상수식에 넣어 기체의 부피와 질량을 구하는 과정이 너무 복잡하여 문제의 전체적인 흐름을 파악하기가 어렵다.

다음은 A(g)와 B(g)가 반응하여 C(g)가 생성되는 반응의 화학 반응식과 온도 T에서 농도로 정의되는 평형 상수(K)이다.

$$A(g)+B(g) \rightleftharpoons C(g) \qquad K=a$$

그림 (가)는 꼭지로 분리된 강철 용기에 A(g)와 B(g)를, 실린더에 A(g)를 넣은 초기 상태를, (나)는 반응이 진행되어 도달한 평형 Ⅰ을 나타낸 것이다. (나)에서 모든 꼭지를 열고 고정 장치를 풀어 평형 Ⅱ에 도달하였을 때, 실린더 속 기체의 부피는 10 L이다.

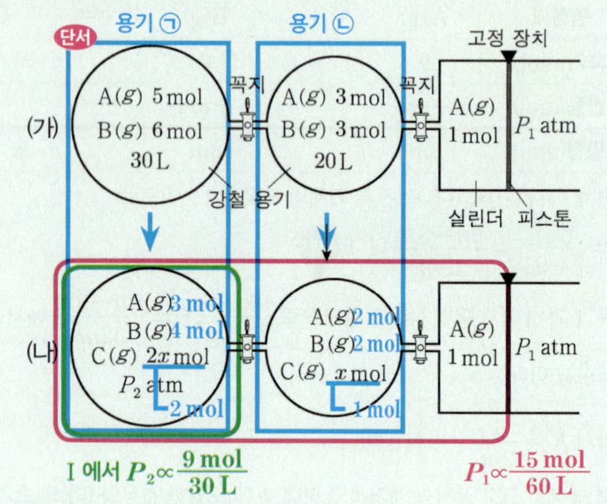

$a \times \dfrac{\text{Ⅰ에서 } P_2}{P_1}$는? (단, 온도와 외부 압력은 각각 T와 P_1 atm으로 일정하고, 연결관의 부피와 피스톤의 마찰은 무시한다.)

$$5 \times \dfrac{\dfrac{9\,mol}{30\,L}}{\dfrac{15\,mol}{60\,L}}=6$$

① 6   ② 8   ③ 10   ④ 12   ⑤ 15

🧠 단서＋발상

(단서) 초기 상태와 평형 Ⅰ 상태에서 물질의 양(mol)이 제시되어 있다.

(발상) 온도가 같을 때 평형 상수가 같음을 추론할 수 있다.

(적용) 양적 관계를 이용해 평형 상수를 구하는 것부터 문제 풀이를 시작해야 한다.

| 문제 풀이 순서 |

step 1 **각 강철 용기에서 도달한 평형 Ⅰ에서 평형 상수가 같음을 이용하여 미지수 x와 평형 상수(K)＝a를 구한다.**

- 용기 ㉠에서 평형 Ⅰ에 도달할 때까지 양적 관계는 다음과 같다.

	A(g)	+	B(g)	$\rightleftharpoons$	C(g)
반응 전 양(mol)	5		6		
반응한 양(mol)	$-2x$		$-2x$		$+2x$
반응 후 양(mol)	$5-2x$		$6-2x$		$2x$

용기 ㉠의 부피(L)가 30이므로

평형 상수(K)＝$a=\dfrac{2x}{(5-2x)(6-2x)} \times 30$이다.

- 용기 ㉡에서 평형 Ⅰ에 도달할 때까지 양적 관계는 다음과 같다.

	A(g)	+	B(g)	$\rightleftharpoons$	C(g)
반응 전 양(mol)	3		3		
반응한 양(mol)	$-x$		$-x$		$+x$
반응 후 양(mol)	$3-x$		$3-x$		x

용기 ㉡의 부피(L)가 20이므로

평형 상수(K)＝$a=\dfrac{x}{(3-x)^2} \times 20$이다.

- 온도가 동일할 때 평형 상수가 같으므로,

평형 상수(K)＝$a=\dfrac{2x}{(5-2x)(6-2x)} \times 30=\dfrac{x}{(3-x)^2} \times 20$에서

$x=1$, $a=5$이다.

step 2 **(나)에서 꼭지를 열고 고정 장치를 풀어 도달한 평형 Ⅱ를 파악한다.**

- (나)에서 꼭지를 열고 고정 장치를 풀었을 때 A(g)~C(g)의 양(mol)은 각각 $3+2+1=6$, $4+2=6$, $2+1=3$이고, 전체 부피(L)는 $30+20+10=60$이다.

이 때 반응 지수(Q)＝$\dfrac{3}{6 \times 6} \times 60=5=K$이므로 평형 상태이다.

step 3 **온도가 일정할 때 기체의 압력이 기체의 양(mol)에 비례하고 부피에 반비례$\left(P \propto \dfrac{n}{V}\right)$함을 이용하여 $\dfrac{\text{Ⅰ에서 } P_2}{P_1}$를 구한다.**

- 평형 Ⅰ은 아직 꼭지를 열기 전 이므로 Ⅰ에서 P_2는 $\dfrac{\text{용기 ㉠ 속 기체의 양(mol)}}{\text{용기 ㉠의 부피}}$에 비례한다.

P_1은 평형 Ⅱ에서 피스톤 양쪽의 압력이 같으므로 $\dfrac{[\text{용기 ㉠＋㉡＋실린더}] \text{ 속 기체의 양(mol)}}{[\text{용기 ㉠＋㉡＋실린더}]\text{의 부피}}$에 비례한다.

따라서 $\dfrac{\text{Ⅰ에서 } P_2}{P_1}=\dfrac{\dfrac{9\,mol}{30\,L}}{\dfrac{15\,mol}{60\,L}}=\dfrac{6}{5}$이다.

| 선택지 분석 |

① $a=5$, $\dfrac{\text{Ⅰ에서 } P_2}{P_1}=\dfrac{6}{5}$이다. 따라서 $a \times \dfrac{\text{Ⅰ에서 } P_2}{P_1}=6$이다.

✪ 정답은 ① 6이다.

🐝 문제 풀이 꿀팁

- 평형 상수식에 몰농도를 대입하여 평형 상수를 구할 때, 화학 반응식의 계수 비를 활용하여 기체의 양(mol)과 부피를 따로 계산한다.

$$aA(g)+bB(g) \rightleftharpoons cC(g) \ (a \sim c \text{는 반응 계수}) \qquad K$$

- 평형 상태에서 A(g)~C(g)의 양(mol)을 각각 n_A, n_B, n_C라 하고 부피를 V라 하면, $K=\dfrac{[C]^c}{[A]^a[B]^b}=\dfrac{\left(\dfrac{n_C}{V}\right)^c}{\left(\dfrac{n_A}{V}\right)^a\left(\dfrac{n_B}{V}\right)^b}$이므로

$$K=\dfrac{n_C{}^c}{n_A{}^a \times n_B{}^b} \times V^{a+b-c}\text{이다.}$$

다음은 $A(g)$로부터 $B(g)$가 생성되는 반응의 화학 반응식과 농도로 정의되는 평형 상수(K)이다.

$$A(g) \rightleftharpoons 2B(g) \qquad K = \frac{[B]^2}{[A]} = \frac{4}{3}$$

그림은 <u>온도 T</u>에서 꼭지로 분리된 실린더와 강철 용기에 $A(g)$가 각각 들어
온도 일정 ➡ 평형 상수(K) 일정
있는 초기 상태를 나타낸 것이다. 실린더와 강철 용기에서 반응이 진행되어 각각 도달한 평형 상태에서 실린더 속 $A(g)$의 몰수 비율(전체 몰수 중에서 차지하는 비율)은 $\frac{1}{3}$이고, 강철 용기 속 $B(g)$의 몰농도는 x M이다.

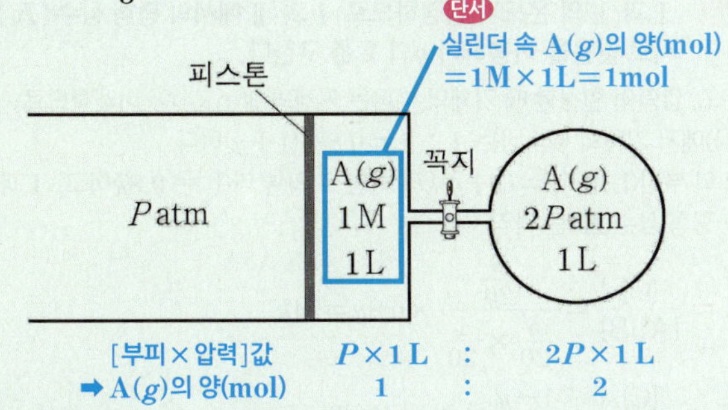

이에 대한 설명으로 옳은 것만을 〈보기〉에서 있는 대로 고른 것은? (단, 온도와 외부 압력은 일정하고, 연결관의 부피 및 피스톤의 마찰은 무시한다.) (3점)

[보기]
ㄱ. T에서 ~~$K=2$이다.~~
  실린더에서 평형 농도(M) : $[A]=\frac{1}{3}$, $[B]=\frac{2}{3}$ ➡ $K=\frac{[B]^2}{[A]}=\frac{4}{3}$이다.
ㄴ. $x=\frac{4}{3}$이다.
ㄷ. 꼭지를 연 후 새로운 평형에 도달하면 전체 기체의 부피는 $\frac{13}{3}$ L보다 ~~작다.~~ 꼭지를 연 후 평형 상태의 부피는 $\frac{9}{2}$ L이다.

① ㄱ ② ㄴ ③ ㄷ ④ ㄱ, ㄷ ⑤ ㄴ, ㄷ

단서+발상

단서 초기 상태와 평형 상태에서 물질의 양이 제시되어 있다.
발상 A의 몰수 비율을 이용해 B의 양(mol)을 추론할 수 있다.
적용 양적 관계를 구하는 것부터 문제 풀이를 시작해야 한다.

| 문제 풀이 순서 |

step 1 실린더에서 평형에 도달했을 때 각 기체의 양(mol)을 구한다.
• 초기 상태에서 부피 1 L인 실린더 속 $A(g)$의 몰농도가 1 M이므로 $A(g)$의 양(mol)은 1이다.
실린더에서 평형 상태에 도달할 때까지 반응한 $A(g)$의 양(mol)을 α라 할 때 양적 관계는 다음과 같다.

	$A(g)$	$\rightleftharpoons$	$2B(g)$
반응 전 양(mol)	1		
반응한 양(mol)	$-\alpha$		$+2\alpha$
반응 후 양(mol)	$1-\alpha$		2α

평형 상태에서 $A(g)$의 몰수 비율이 $\frac{1}{3}$이므로, $\frac{1-\alpha}{1+\alpha}=\frac{1}{3}$에서 $\alpha=\frac{1}{2}$이다.

따라서 평형 상태에서 실린더 속 $A(g)$의 양(mol)은 $\frac{1}{2}$, $B(g)$의 양(mol)은 1이다.

step 2 실린더 속 반응에서 평형 상수(K)를 구한다.
• 압력과 온도가 일정할 때, 기체의 부피는 기체의 양(mol)에 비례한다($V \propto n$). 초기 상태에서 $A(g)$의 양(mol)이 1일 때 실린더의 부피(L)가 1이었으므로, 평형 상태에 도달하여 혼합 기체의 양(mol)이 $\frac{1}{2}+1=\frac{3}{2}$일 때 실린더의 부피(L)는 $\frac{3}{2}$이다.

• 평형 상태에서 몰농도(M)는 $[A]=\dfrac{\frac{1}{2}}{\frac{3}{2}}=\frac{1}{3}$, $[B]=\dfrac{1}{\frac{3}{2}}=\frac{2}{3}$이다.

따라서 T에서 평형 상수는 $K=\dfrac{[B]^2}{[A]}=\dfrac{\left(\frac{2}{3}\right)^2}{\frac{1}{3}}=\frac{4}{3}$이다.

step 3 강철 용기에서 평형에 도달했을 때 각 기체의 양(mol)을 구한다.
• 온도가 동일할 때, 기체의 양(mol)은 [압력 × 부피]값에 비례한다($n \propto PV$). 초기 상태에서 $A(g)$의 [압력 × 부피]값의 비가
실린더 : 강철 용기 $= P \times 1L : 2P \times 1L = 1 : 2$이고, 실린더 속 $A(g)$의 양(mol)은 1이므로 강철 용기 속 $A(g)$의 양(mol)은 2이다.
• 평형 상태에서 부피가 1 L인 강철 용기 속 $B(g)$의 몰농도(M)가 x이므로 $B(g)$ 양(mol)도 x이다. 평형 상태에 도달할 때까지의 양적 관계는 다음과 같다.

	$A(g)$	$\rightleftharpoons$	$2B(g)$
반응 전 양(mol)	2		
반응한 양(mol)	$-\dfrac{x}{2}$		$+x$
반응 후 양(mol)	$2-\dfrac{x}{2}$		x

부피가 1 L인 강철 용기에서 평형 농도(M)는 $[A]=2-\dfrac{x}{2}$, $[B]=x$이다.

| 보기 분석 |

ㄱ. T에서 $K=2$이다. (✕)

• T에서 평형 상수는 $K=\dfrac{[B]^2}{[A]}=\dfrac{\left(\frac{2}{3}\right)^2}{\frac{1}{3}}=\frac{4}{3}$이다.

ㄴ. $x=\dfrac{4}{3}$이다. (○)

• T에서 평형 상수는 $K=\dfrac{[B]^2}{[A]}=\dfrac{x^2}{2-\frac{x}{2}}=\frac{4}{3}$이다. 따라서 $x=\dfrac{4}{3}$이다.

ㄷ. 꼭지를 연 후 새로운 평형에 도달하면 전체 기체의 부피는 $\dfrac{13}{3}$ L보다 작다. (✕)

• 실린더와 용기에서 각각 평형 상태에 도달한 후 꼭지를 여는 것과 처음부터 꼭지를 열어 평형 상태에 도달하는 것은 결과적으로 같은 평형 상태이다.
반응 전 실린더와 강철 용기 속 $A(g)$의 양(mol)은 $1+2=3$이고, 처음부터 꼭지를 열어 평형 상태에 도달할 때까지 반응한 $A(g)$의 양(mol)을 β라 할 때의 양적 관계는 다음과 같다.

	$A(g)$	$\rightleftharpoons$	$2B(g)$
반응 전 양(mol)	3		
반응한 양(mol)	$-\beta$		$+2\beta$
반응 후 양(mol)	$3-\beta$		2β

평형 상태에서 몰농도(M)는 $[A]=\dfrac{3-\beta}{3+\beta}$, $[B]=\dfrac{2\beta}{3+\beta}$이고,

T에서 평형 상수 $K=\dfrac{[B]^2}{[A]}=\dfrac{\left(\frac{2\beta}{3+\beta}\right)^2}{\frac{3-\beta}{3+\beta}}=\frac{4}{3}$에서 $\beta=\dfrac{3}{2}$이다.

따라서 평형 상태의 부피는 $3+\beta=\dfrac{9}{2}$ L이므로 $\dfrac{13}{3}$ L보다 크다.

⭐ **정답은 ② ㄴ이다.**

다음은 $A(g)$와 $B(g)$가 반응하여 $C(g)$가 생성되는 반응의 화학 반응식과 온도 T에서 농도로 정의되는 평형 상수(K)이다.

$$A(g) + B(g) \rightleftharpoons C(g) \qquad K$$

그림 (가)는 피스톤으로 분리된 실린더 I에 $A(g)$와 $C(g)$를, II에 $C(g)$를 넣은 초기 상태를, (나)는 I과 II 모두에서 반응이 진행되어 각각 평형에 도달한 것을 나타낸 것이다. (가)에서 I과 II의 부피의 합은 2 L이고, (나)의 I에서 A의 몰수 비율(전체 몰수 중에서 차지하는 비율)(χ_A)은 $\dfrac{3}{8}$이다.

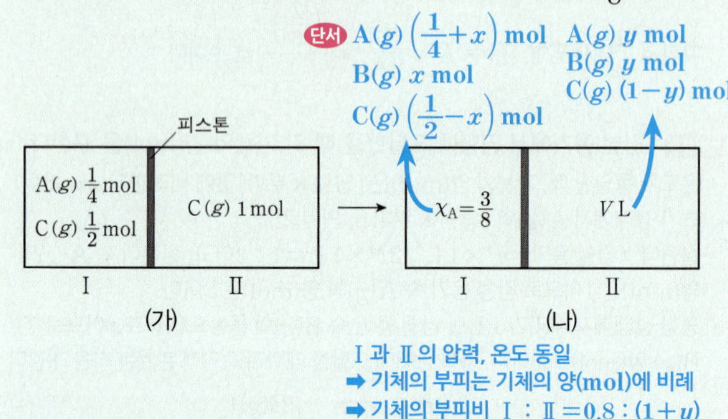

이에 대한 설명으로 옳은 것만을 〈보기〉에서 있는 대로 고른 것은? (단, 온도는 T로 일정하고, 피스톤의 마찰과 부피는 무시한다.) (3점)

I과 II에서의 평형 상수(K)가 서로 같음

[보기]

ㄱ. $V=\dfrac{6}{5}$이다. $V=2\times\dfrac{3}{5}=\dfrac{6}{5}$

ㄴ. $K=\cancel{25}$이다. $K=24k, k=1 ➡ K=24$

ㄷ. (나)에서 피스톤을 제거한 후 새로운 평형에 도달하면 A의 몰수 비율은 $\dfrac{1}{4}$보다 ~~크다~~ 작다

① ㄱ   ② ㄴ   ③ ㄱ, ㄷ   ④ ㄴ, ㄷ   ⑤ ㄱ, ㄴ, ㄷ

단서+발상

단서 초기 상태와 평형 상태에서 물질의 양이 제시되어 있다.

발상 A의 몰수 비율을 이용해 B의 양(mol)을 추론할 수 있다.

적용 양적 관계를 구하는 것부터 문제 풀이를 시작해야 한다.

| 문제 풀이 순서 |

step 1 I에서 평형에 도달했을 때 각 기체의 양(mol)을 구한다.

· (가)의 I에서 (나)의 평형 상태에 도달할 때까지 반응한 $C(g)$의 양(mol)을 x라 할 때의 양적 관계는 다음과 같다.

	$A(g)$	$+$	$B(g)$	$\rightleftharpoons$	$C(g)$
반응 전 양(mol)	$\dfrac{1}{4}$				$\dfrac{1}{2}$
반응한 양(mol)	$+x$		$+x$		$-x$
반응 후 양(mol)	$\dfrac{1}{4}+x$		x		$\dfrac{1}{2}-x$

· (나)의 I에서 A의 몰수 비율(χ_A)이 $\dfrac{3}{8}$이므로, $\dfrac{\frac{1}{4}+x}{\frac{3}{4}+x}=\dfrac{3}{8}$에서 $x=\dfrac{1}{20}$이다.

따라서 I에서 평형 상태에서 $A(g)\sim C(g)$의 양(mol)은 각각 $\dfrac{6}{20}, \dfrac{1}{20}, \dfrac{9}{20}$이고, 혼합 기체의 양(mol)은 0.8이다.

step 2 II에서 평형에 도달했을 때 각 기체의 양(mol)을 구한다.

· (가)의 II에서 (나)의 평형 상태에 도달할 때까지 반응한 $C(g)$의 양(mol)을 y(단, $y>0$)라 할 때의 양적 관계는 다음과 같다.

	$A(g)$	$+$	$B(g)$	$\rightleftharpoons$	$C(g)$
반응 전 양(mol)					1
반응한 양(mol)	$+y$		$+y$		$-y$
반응 후 양(mol)	y		y		$1-y$

II에서 평형 상태에서 $A(g)\sim C(g)$의 양(mol)은 각각 $y, y, 1-y$이고, 혼합 기체의 양(mol)은 $1+y$이다.

step 3 I과 II의 온도가 일정하므로 I과 II에서의 평형 상수(K)가 서로 같음을 이용하여 y와 V를 구한다.

· 온도, 압력이 일정할 때 기체의 부피는 기체의 양(mol)에 비례하므로 (나)에서 기체의 부피비는 I : II = $0.8 : (1+y)$이다.

· II의 부피(L)를 $V=(1+y)k$라 하면 I의 부피(L)는 $0.8k$이고, I과 II에서의 평형 상수(K)는 각각

$$K=\frac{[C]}{[A][B]}=\frac{\frac{9}{20}}{\frac{6}{20}\times\frac{1}{20}}\times 0.8k=24k,$$

$$K=\frac{[C]}{[A][B]}=\frac{1-y}{y\times y}\times(1+y)k$$이다.

· I과 II에서의 평형 상수(K)가 서로 같으므로 $24k=\dfrac{1-y}{y\times y}\times(1+y)k$에서 $y=\dfrac{1}{5}$이다.

· (나)에서 I과 II의 부피(L)는 각각 $\dfrac{4}{5}k, \dfrac{6}{5}k(=V)$이고 I과 II의 부피(L)의 합은 2이므로 $k=1$이다. 따라서 $V=\dfrac{6}{5}$이다.

| 보기 분석 |

ㄱ. $V=\dfrac{6}{5}$이다. (○)

· (나)에서 I과 II의 부피(L)의 합은 2이고 I과 II의 부피비가 I : II = $\dfrac{4}{5}k : \dfrac{6}{5}k=2:3$이므로 $V=2\times\dfrac{3}{5}=\dfrac{6}{5}$이다.

ㄴ. $K=25$이다. (×)

· step 3 에서 $K=24k$이고 $k=1$이다. 따라서 $K=24$이다.

ㄷ. (나)에서 피스톤을 제거한 후 새로운 평형에 도달하면 A의 몰수 비율은 $\dfrac{1}{4}$보다 크다. (×)

· (나)에서 피스톤을 제거하면 $A(g)\sim C(g)$의 양(mol)은 각각 $\dfrac{1}{2}, \dfrac{1}{4}, \dfrac{5}{4}$가 되고 A의 몰수 비율은 $\dfrac{1}{4}$이다. 전체 부피(L)가 2이므로 이 때 반응 지수

$$Q=\frac{[C]}{[A][B]}=\frac{\frac{5}{4}}{\frac{1}{2}\times\frac{1}{4}}\times 2=20$$이다.

$Q<K$이므로 정반응이 우세하게 진행되어 반응물인 A의 몰수 비율은 감소한다. 따라서 새로운 평형에 도달하면 A의 몰수 비율은 $\dfrac{1}{4}$보다 작다.

⭐ 정답은 ① ㄱ이다.

🐝 문제 풀이 꿀팁

· **아보가드로 법칙**: 이상 기체 방정식 $PV=nRT$에서 압력과 온도가 일정할 때, 기체의 부피(V)는 기체의 종류에 관계없이 기체의 양(mol)에 비례($V\propto n$)한다. 따라서 기체의 부피 대신에 기체의 양(mol)에 비례하는 값으로 표현할 수 있다.

다음은 A(g)와 B(g)가 반응하여 C(g)가 생성되는 반응의 화학 반응식과 T K에서 농도로 정의되는 평형 상수(K)이다.

$$A(g) + B(g) \rightleftharpoons C(g) \qquad K = \frac{1}{x}$$

단서 [C]＝yM일 때 $K = \dfrac{[C]}{[A][B]} = \dfrac{y}{\frac{x}{4} \times x}$에서 $y = \dfrac{x}{4}$

그림은 T K에서 실린더에 A(g)와 B(g)를 각각 2 g씩 넣은 후, 반응이 진행되어 평형에 도달한 상태를 나타낸 것이다. A의 몰질량(g/mol)은 a이다. 이에 대한 설명으로 옳은 것만을 〈보기〉에서 있는 대로 고른 것은? (단, 온도와 외부 압력은 일정하고, 피스톤의 질량과 마찰은 무시한다.) (3점)

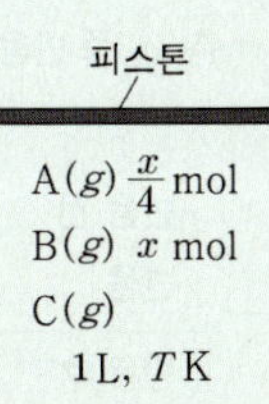

[보기]

ㄱ. 초기 상태에서 A(g)의 몰농도는 $\dfrac{x}{2}$ M이다. $\dfrac{3x}{7}$ M

ㄴ. $x = \dfrac{4}{a}$이다. → $\dfrac{2\,g}{a\,\text{g/mol}} = \dfrac{x}{2}$ mol, $x = \dfrac{4}{a}$

ㄷ. C의 몰질량(g/mol)은 $\dfrac{6a}{5}$이다. $\dfrac{7a}{5}$

① ㄴ　　② ㄷ　　③ ㄱ, ㄴ　　④ ㄱ, ㄷ　　⑤ ㄴ, ㄷ

 **단서＋발상**

 단서 초기 상태와 평형 상태에서 물질의 양이 제시되어 있다.

발상 A의 몰질량을 이용해 B와 C의 몰질량을 추론할 수 있다.

적용 평형 상수를 적용해 AC의 양(mol)을 구하는 것부터 문제 풀이를 시작해야 한다.

| 문제 풀이 순서 |

step 1 **제시된 평형 상수를 이용하여 평형 상태에서 C의 양(mol)을 구한다.**
평형에서 C의 양(mol)을 y mol이라고 하면, 기체의 부피가 1 L이므로 평형 상태에서 [A]＝$\dfrac{x}{4}$ M, [B]＝x M, [C]＝y M이다.
따라서 $K = \dfrac{[C]}{[A][B]} = \dfrac{y}{\frac{x}{4} \times x} = \dfrac{1}{x}$에서 $y = \dfrac{x}{4}$이다.

step 2 **A ~ C의 반응 몰비를 이용하여 반응 전 A와 B의 양(mol)을 구한다.**
반응 몰비(＝반응 계수비)가 A : B : C＝1 : 1 : 1이므로 생성된 C의 양(mol)이 $\dfrac{x}{4}$ mol일 때 반응한 A, B의 양(mol)은 각각 $\dfrac{x}{4}$ mol이다. 따라서 반응 전 A의 양(mol)은 $\dfrac{x}{2}\left(= \dfrac{x}{4} + \dfrac{x}{4}\right)$ mol이고, 반응 전 B의 양(mol)은 $\dfrac{5x}{4}\left(= x + \dfrac{x}{4}\right)$ mol이다. 초기 상태와 평형 상태에서 A~C의 양(mol)의 변화는 다음과 같다.

	A(g)	＋	B(g)	$\rightleftharpoons$	C(g)
초기 상태의 양(mol)	$\dfrac{x}{2}$		$\dfrac{5x}{4}$		0
반응한 양(mol)	$-\dfrac{x}{4}$		$-\dfrac{x}{4}$		$+\dfrac{x}{4}$
평형 상태의 양(mol)	$\dfrac{x}{4}$		x		$\dfrac{x}{4}$

step 3 **초기 상태에서 기체의 부피를 계산한다.**
평형 상태에서 전체 기체의 양(mol)은 $\dfrac{6x}{4}$ mol, 기체의 부피는 1 L이고, 초기 상태에서 전체 기체의 양(mol)은 $\dfrac{7x}{4}$ mol이다.
온도와 압력이 일정할 때 기체의 부피는 기체의 양(mol)에 비례한다.
따라서 $\dfrac{6x}{4}$ mol : 1 L ＝ $\dfrac{7x}{4}$ mol : $V_{초기}$이고, 초기 상태에서 기체의 부피($V_{초기}$)는 $\dfrac{7}{6}$ L이다.

step 4 **초기 상태에서 A와 B의 질량을 이용하여 각 기체의 몰질량을 구한다.**
기체의 양(mol) ＝ $\dfrac{질량(g)}{몰질량(g/mol)}$ 이다. A(g)의 몰질량은 a이고, 초기 상태에서 A(g)의 질량이 2 g이므로 A의 양(mol)은 $\dfrac{2\,g}{a\,\text{g/mol}} = \dfrac{x}{2}$ mol이고, $x = \dfrac{4}{a}$이다. $x = \dfrac{4}{a}$이므로 B의 몰질량은 $\dfrac{2\,g}{\frac{5x}{4}\,\text{mol}} = \dfrac{2a}{5}$이다. 따라서 화학 반응식에서 반응 몰비가 A : B : C＝1 : 1 : 1이므로 C의 몰질량은 $a + \dfrac{2a}{5} = \dfrac{7a}{5}$이다.

| 보기 분석 |

ㄱ. 초기 상태에서 A(g)의 몰농도는 $\dfrac{x}{2}$ M이다. (✕)

초기 상태에서 기체의 부피($V_{초기}$)는 $\dfrac{7}{6}$ L이고, A(g)의 양(mol)은 $\dfrac{x}{2}$ mol이므로 A(g)의 몰농도는 $\dfrac{\frac{x}{2}\,\text{mol}}{\frac{7}{6}\,\text{L}} = \dfrac{3x}{7}$ M이다.

ㄴ. $x = \dfrac{4}{a}$이다. (○)

초기 상태에서 A(g)의 질량이 2 g이므로 A의 양(mol)은 $\dfrac{2\,g}{a\,\text{g/mol}} = \dfrac{x}{2}$ mol이고, $x = \dfrac{4}{a}$이다.

ㄷ. C의 몰질량(g/mol)은 $\dfrac{6a}{5}$이다. (✕)

A의 몰질량은 a이고 B의 몰질량은 $\dfrac{2a}{5}$이고, 반응 몰비(＝반응 계수비)가 A : B : C＝1 : 1 : 1이다. 따라서 C의 몰질량은 $a + \dfrac{2a}{5} = \dfrac{7a}{5}$이다.

✪ **정답은 ① ㄴ이다.**

＊ 질량 보존 법칙
화학 반응에서 반응 전과 반응 후에 물질의 질량의 총합은 일정하다.
aA(g) ＋ bB(g) $\rightleftharpoons$ cC(g)에서 질량 보존 법칙에 의해
$a \times$ A의 몰질량 ＋ $b \times$ B의 몰질량 ＝ $c \times$ C의 몰질량

 문제 풀이 꿀팁
압력이 일정한 상황에서 반응이 진행되면 기체의 양(mol)이 변함에 따라 전체 기체의 부피가 변한다. 그에 따라 기체의 몰농도가 변한다.
$$기체의\ 몰농도 = \frac{기체의\ 양(mol)}{기체의\ 부피(L)}$$

다음은 $A(g)$로부터 $B(g)$가 생성되는 반응의 화학 반응식과 T K에서 농도로 정의된 평형 상수(K)이다.

$$A(g) \rightleftharpoons 2B(g) \qquad K$$

그림은 $A(g)$가 강철 용기 (가)와 실린더 (나)에 들어 있는 초기 상태를 각각 나타낸 것이다. (가)와 (나)에서 반응이 일어나 각각 평형 상태 Ⅰ과 Ⅱ에 도달하였을 때, Ⅰ에서 B의 몰수 비율(전체 몰수 중에서 차지하는 비율)은 $\frac{6}{11}$이다.

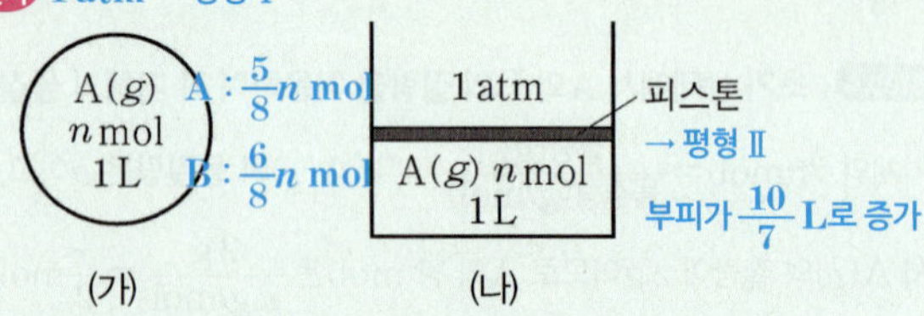

이에 대한 설명으로 옳은 것만을 〈보기〉에서 있는 대로 고른 것은? (단, 온도와 외부 압력은 각각 T K와 1 atm으로 일정하고, 피스톤의 질량과 마찰은 무시한다.) (3점)

─────────── [보기] ───────────
ㄱ. Ⅰ에서 $A(g)$의 양(mol)은 $\frac{5}{8}n$이다.

ㄴ. $K = \frac{9}{10}n$이다.
　→ $A(g)$, $B(g)$가 각각 $\frac{5}{8}n$ M, $\frac{6}{8}n$ M이므로 $K = \frac{9}{10}n$

ㄷ. Ⅱ에서 혼합 기체의 부피는 $\frac{10}{7}$ L이다.
　→ 혼합 기체의 부피는 $\frac{10}{7}$ L로 증가

① ㄱ　② ㄷ　③ ㄱ, ㄴ　④ ㄴ, ㄷ　⑤ ㄱ, ㄴ, ㄷ

 **단서 + 발상**

단서 강철 용기와 실린더에 들어 있는 A의 초기 상태가 제시되어 있다.

발상 B의 몰수 비율을 이용해 A와 B의 양(mol)을 추론할 수 있다.

적용 양적 관계를 구하는 것부터 문제 풀이를 시작해야 한다.

| 문제 풀이 순서 |

step 1 **(가)의 평형 상태 Ⅰ에 도달했을 때, B(g)의 몰수 비율을 이용하여 A(g)와 B(g)의 양(mol)을 구한다.**

・$A(g)$ 중 반응한 양을 x(mol)라 했을 때의 양적 관계는 다음과 같다.

	$A(g)$	$\rightleftharpoons$	$2B(g)$
반응 전	n		0
반응	$-x$		$+2x$
반응 후	$n-x$		$2x$

・$B(g)$의 몰수 비율이 $\frac{6}{11}$이므로 $\frac{2x}{n+x} = \frac{6}{11}$, $x = \frac{3}{8}n$이다.

・평형 상태에서 $A(g)$는 $\frac{5}{8}n$(mol), $B(g)$는 $\frac{6}{8}n$(mol)이다.

step 2 **평형 상수를 구한다.**

・(가)에서 용기의 부피가 1 L이므로

$$평형 상수(K) = \frac{\left(\frac{6n}{8}\right)^2}{\frac{5n}{8}} = \frac{9}{10}n \text{이다.}$$

step 3 **평형 상수를 이용하여 평형 상태 Ⅱ에서 혼합 기체의 부피를 구한다.**

・$A(g)$ 중 반응한 양을 y(mol)라 했을 때의 양적 관계는 다음과 같다.

	$A(g)$	$\rightleftharpoons$	$2B(g)$
반응 전	n		0
반응	$-y$		$+2y$
반응 후	$n-y$		$2y$

・반응 후 혼합 기체의 양(mol)$=n+y$이다.

・온도, 압력이 일정할 때 V는 기체의 양(mol)과 비례하므로 평형 상태에서 용기의 부피는 $n+y$(L)이다.

・반응 전 1 atm에서 $A(g)$ n mol의 부피가 1 L이고, $n \propto PV$이므로 $n=1$로 한다. 그러면 $(n+y)$(L)$=(1+y)$(L)이다.

・(가), (나)의 평형 상수가 같으므로 $\dfrac{\left(\frac{2y}{1+y}\right)^2}{\frac{1-y}{1+y}} = \dfrac{4y^2}{1-y^2} = \dfrac{9}{10}n$이고, $n=1$

이므로 $y = \frac{3}{7}$이다.

・반응 후 혼합 기체의 부피는 $\left(1+\frac{3}{7}\right)$ L $= \frac{10}{7}$ L이다.

| 보기 분석 |

ㄱ. Ⅰ에서 $A(g)$의 양(mol)은 $\frac{5}{8}n$이다. (○)

・Ⅰ에서 $A(g)$ n mol 중 반응한 양(mol)을 x라 했을 때, 생성된 $B(g)$의 양(mol)은 $2x$이다.

・$B(g)$의 몰수 비율이 $\frac{6}{11}$이므로 $\frac{2x}{n+x} = \frac{6}{11}$이다. 따라서 $x = \frac{3}{8}n$이다.

・평형 상태에서 $A(g)$의 양(mol)은 $n-x = \frac{5}{8}n$이다.

ㄴ. $K = \frac{9}{10}n$이다. (○)

・(가)의 평형 상태에서 $A(g)$, $B(g)$는 각각 $\frac{5}{8}n$(mol), $\frac{6}{8}n$(mol)이고 기체의

부피는 각각 1 L이므로, 평형 상수(K) $= \dfrac{\left(\frac{6n}{8}\right)^2}{\frac{5n}{8}} = \dfrac{9}{10}n$이다.

ㄷ. Ⅱ에서 혼합 기체의 부피는 $\frac{10}{7}$ L이다. (○)

・평형 Ⅱ에서 $A(g)$ 중 반응한 양을 y라 하면 평형 상태에서 $A(g)$, $B(g)$의 양은 각각 $n-y$, $2y$이고 용기의 부피(V)는 $n+y$이다. 1기압에서 기체 n mol은 1 L이므로 $V=1+y$이다.

・평형 Ⅰ, Ⅱ의 K가 같으므로 $\dfrac{\left(\frac{2y}{1+y}\right)^2}{\frac{1-y}{1+y}} = \dfrac{9}{10}n$에서 $n=1$이므로 $y=\frac{3}{7}$이

고, $V = \frac{10}{7}$ L이다.

☆ **정답은 ⑤ ㄱ, ㄴ, ㄷ이다.**

 문제 풀이 꿀팁
평형 Ⅰ, Ⅱ에서 온도가 같으므로 평형 상수 K는 같다는 것을 이용하여 평형 상태 Ⅱ에서의 실린더의 부피를 구한다. 또한 평형 상수를 구할 때는 반응물과 생성물의 양(mol)이 아닌 몰농도를 대입해야 함을 기억해야 한다.

다음은 $A(g)$와 $B(g)$가 반응하여 $C(g)$가 생성되는 반응의 화학 반응식과 농도로 정의되는 평형 상수(K)이다.

정반응이 진행되면 기체의 부피 감소
$$2A(g)+B(g) \rightleftharpoons 2C(g) \qquad K$$
역반응이 진행되면 기체의 부피 증가

그림은 온도 T K에서 실린더 (가)에 $C(g)$가, (나)에 $A(g)$와 $C(g)$가 각각 들어 있는 초기 상태를 나타낸 것이다. 표는 (가)와 (나)에서 반응이 진행되어 도달한 평형 상태에 대한 자료이다.

온도(K)	(가) 속 기체의 밀도(g/L)	(나) 속 기체의 부피(L)	평형 상수
T	$x=\dfrac{3}{4}$	2 L에서 $\dfrac{9}{4}$ L $\dfrac{9}{4}$	K_1
$\dfrac{5}{4}T$		2.5 L에서 3 L 3	K_2

$$x=\frac{3}{4},\ K_1=\frac{1}{n},\ K_2=\frac{5}{54n}$$

$x \times \dfrac{K_2}{K_1}$는? (단, 대기압은 일정하고, 피스톤의 질량과 마찰은 무시한다.) (3점)

① $\dfrac{5}{72}$ ② $\dfrac{7}{72}$ ③ $\dfrac{1}{8}$ ④ $\dfrac{11}{72}$ ⑤ $\dfrac{13}{72}$

💡 단서+발상

단서 초기 상태와 평형 상태에서 물질의 양이 제시되어 있다.

발상 T K에서 평형에 도달했을 때 (나)의 부피가 증가하였으므로 역반응이 진행되었음을 추론할 수 있다.

적용 양적 관계를 이용하여 평형 상수를 구하는 것부터 문제 풀이를 시작해야 한다.

| 문제 풀이 순서 |

step 1 양적 관계를 이용하여 TK일 때 (나)의 평형 상수 K_1을 구한다.

• 기체의 압력과 온도가 일정할 때, 기체의 부피 ∝ 기체의 양(mol)이므로 (가)에서 $C(g)$ 1 g(1 L)을 n mol이라 하면, (나)에서 $A(g)$ 0.8 g+$C(g)$ 1 g이 2 L이므로 $A(g)$ 0.8 g은 n mol이다. TK에서 (나)의 부피는 반응 전과 평형 상태에서 각각 2 L, $\dfrac{9}{4}$ L이므로 역반응이 진행되어 평형 상태에 도달했고, 반응한 $C(g)$를 $2m_1$ mol이라 하면 양적 관계는 다음과 같다.

	$2A(g)$	+	$B(g)$	$\rightleftharpoons$	$2C(g)$
반응 전	n				n
반응	$+2m_1$		$+m_1$		$-2m_1$
반응 후	$n+2m_1$		m_1		$n-2m_1$

반응 후 $A(g)\sim C(g)$의 합 $2n+m_1=\dfrac{9}{4}n$이므로 $m_1=\dfrac{1}{4}n$이다. $A(g)\sim C(g)$의 양(mol)은 각각 $\dfrac{3}{2}n,\ \dfrac{1}{4}n,\ \dfrac{1}{2}n$이고, 평형 상태에서 (나)의 부피가 $\dfrac{9}{4}$ L이므로 $A(g)\sim C(g)$의 몰농도는 각각 $\dfrac{2}{3}n$ M, $\dfrac{1}{9}n$ M, $\dfrac{2}{9}n$ M이다.

따라서 $K_1=\dfrac{\left(\dfrac{2}{9}n\right)^2}{\left(\dfrac{2}{3}n\right)^2 \times \dfrac{1}{9}n}=\dfrac{1}{n}$이다.

step 2 양적 관계를 이용하여 $\dfrac{5}{4}TK$일 때 (나)의 평형 상수 K_2을 구한다.

• $\dfrac{5}{4}TK$에서 (나)의 부피는 반응 전과 평형 상태에서 각각 2 L, 3 L이므로 역반응이 진행되어 평형 상태에 도달했고, 반응한 $C(g)$를 $2m_2$ mol이라 하면 양적 관계는 다음과 같다.

	$2A(g)$	+	$B(g)$	$\rightleftharpoons$	$2C(g)$
반응 전	n				n
반응	$+2m_2$		$+m_2$		$-2m_2$
반응 후	$n+2m_2$		m_2		$n-2m_2$

반응 전 전체 기체의 양은 $2n$이고, 기체의 부피는 $2\,L \times \dfrac{5}{4}=\dfrac{5}{2}\,L$이고, 평형 상태에서 전체 기체의 양은 $2n+m_2$, 기체의 부피는 3 L이므로 $2n:\dfrac{5}{2}=2n+m_2:3$에서 $m_2=\dfrac{2}{5}n$이다. 따라서 평형 상태에서 $A(g)\sim C(g)$의 양(mol)은 각각 $\dfrac{9}{5}n,\ \dfrac{2}{5}n,\ \dfrac{1}{5}n$이고 $A(g)\sim C(g)$의 몰농도는 각각 $\dfrac{9}{15}n$ M, $\dfrac{2}{15}n$ M, $\dfrac{1}{15}n$ M이다.

따라서 $K_2=\dfrac{\left(\dfrac{1}{15}n\right)^2}{\left(\dfrac{9}{15}n\right)^2 \times \dfrac{2}{15}n}=\dfrac{5}{54n}$이다.

step 3 K_1을 이용하여 (가)의 기체의 밀도 x를 구한다.

• TK에서 (가)와 (나)의 평형 상수는 K_1으로 같고, 반응 전 (가)에는 $C(g)$만 있으므로 역반응이 진행되어 평형에 도달한다. (가)에 들어 있는 $C(g)$가 n mol일 때, $K_1=\dfrac{1}{n}$이므로 $C(g)$ 1 L의 양을 1이라 하면 K_1도 1이다. 평형 상태에 도달할 때까지 반응한 $C(g)$를 $2m_3$라 하면 양적 관계는 아래와 같다.

	$2A(g)$	+	$B(g)$	$\rightleftharpoons$	$2C(g)$
반응 전					1
반응	$+2m_3$		$+m_3$		$-2m_3$
반응 후	$2m_3$		m_3		$1-2m_3$

반응 후 기체의 양은 $1+m_3$이고, 기체의 양이 1일 때 기체의 부피가 1 L이므로 반응 후 기체의 부피는 $(1+m_3)$ L이다. 반응 후 기체의 부피가 $(1+m_3)$ L이므로

$$K_1=\frac{\left(\dfrac{1-2m_3}{1+m_3}\right)^2}{\left(\dfrac{2m_3}{1+m_3}\right)^2 \times \dfrac{m_3}{1+m_3}}=1,\ m_3=\frac{1}{3}$$
이다. 따라서 기체의 부피는 $\dfrac{4}{3}$ L이고, 밀도는 부피와 반비례하므로 $x=\dfrac{3}{4}$이다.

| 선택지 분석 |

①$x=\dfrac{3}{4},\ K_1=\dfrac{1}{n},\ K_2=\dfrac{5}{54n}$이므로 $x \times \dfrac{K_2}{K_1}=\dfrac{3}{4} \times \dfrac{\dfrac{5}{54n}}{\dfrac{1}{n}}=\dfrac{5}{72}$이다.

⭐ 정답은 ① $\dfrac{5}{72}$이다.

문제 풀이 꿀팁

• (가) 속 기체의 밀도인 x를 구할 때, (가)와 (나)에서 평형 상수가 같음을 이용하여 평형 상태에서 기체의 부피를 구한다. 이 때 미지수를 줄이기 위해 반응 전 (가)에서 $C(g)$의 양(mol) n과 (가)의 평형 상수 $\dfrac{1}{n}$을 각각 1로 한다.

다음은 A(g)와 B(g)가 반응하여 C(g)가 생성되는 반응의 화학 반응식과 온도 T에서 농도로 정의되는 평형 상수(K)이다.

$$A(g) + B(g) \rightleftharpoons C(g) \qquad K = 1$$

$$4P \times 1\,L : 2x = \tfrac{1}{2} \times 2\,L : 1,\ x = 2$$

그림은 온도 T에서 꼭지로 분리된 강철 용기 (가)에는 A(g)와 B(g)가, (나)에는 A(g)가 들어 있는 초기 상태를 나타낸 것이다. (가)에서 반응이 진행되어 평형 상태 Ⅰ에 도달한 후, 꼭지를

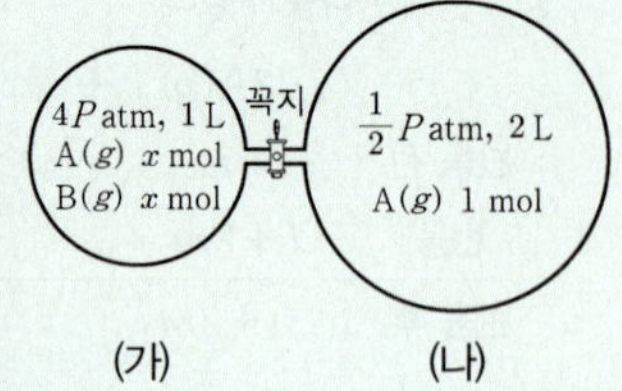

단서 A＝B＝C＝1 mol
열어 반응이 진행되어 평형 상태 Ⅱ에 도달하였다.
A : 2 mol, B : 1 mol, C : 1 mol ➡ 역반응이 진행되어 평형 상태 Ⅱ에 도달
이에 대한 설명으로 옳은 것만을 ⟨보기⟩에서 있는 대로 고른 것은? (단, 온도는 T로 일정하고, 연결관의 부피는 무시한다.)

[보기]

ㄱ. x＝~~4~~이다.
　→ x＝2이다.
ㄴ. Ⅰ에서 (가) 속 C의 몰수 비율(전체 몰수 중에서 차지하는 비율)은 $\frac{1}{3}$이다.
　→ Ⅰ에서 (가) 속 기체의 총 양은 3 mol이고, C의 양은 1 mol이다.
ㄷ. Ⅱ에서 (가)와 (나) 속 전체 기체의 양은 $2x$ mol보다 크다.
　→ 평형 상태 Ⅰ에 도달한 후 꼭지를 열었을 때의 전체 기체의 양은 $2x(=4)$ mol이고, 반응 지수(Q)는 $\frac{3}{2}$으로 평형 상수 1보다 크다. 따라서 꼭지를 열면 역반응이 진행되므로 전체 기체의 양은 $2x$ mol보다 크다.

① ㄱ　　② ㄴ　　③ ㄱ, ㄷ　　④ ㄴ, ㄷ　　⑤ ㄱ, ㄴ, ㄷ

💡 **단서＋발상**

단서 평형 상수와 초기 상태에서 물질의 양이 제시되어 있다.

발상 온도가 일정할 때, $PV \propto n$이므로 초기 상태에서 A～C의 양(mol)을 추론할 수 있다.

적용 양적 관계와 평형 상수를 적용하여 평형 상태에서 A～C의 양(mol)을 구하는 것부터 문제 풀이를 시작해야 한다.

|문제＋자료 분석|

◆ **평형 Ⅰ에서 A(g)～C(g)의 양(mol)**

・ **x 구하기**: 온도가 같을 때, $PV \propto n$이므로

$$\tfrac{1}{2}P \times 2\,L : 1 = 4P \times 1\,L : 2x,\ x = 2\text{이다.}$$

・ **평형 Ⅰ에서 A(g)～C(g)의 농도**: 평형 상태에 도달할 때까지 반응한 A의 양(mol)을 a라 하면 양적 관계는 다음과 같다.

	A(g)	＋	B(g)	⟶	C(g)
반응 전	2		2		0
반응	$-a$		$-a$		$+a$
반응 후	$2-a$		$2-a$		a

용기의 부피가 1 L이므로 평형 상태에서 A(g)～C(g)의 농도는 각각 $(2-a)$ M, $(2-a)$ M, a M이고 평형 상수가 1이므로 $\dfrac{a}{(2-a)(2-a)}=1$, $a=1$이다. 따라서 평형 상태 Ⅰ에서 A(g)～C(g)의 양은 각각 1 mol이다.

|보기 분석|

ㄱ. x＝2이다.

ㄴ. 평형 Ⅰ에서 A(g)～C(g)의 양(mol)은 각각 1 mol이므로 C의 몰수 비율은 $\dfrac{1}{3}$이다.

ㄷ. 평형 Ⅰ에서 연결 꼭지를 열면 A(g)～C(g)의 양(mol)은 각각 2, 1, 1이고, 각 기체의 부피는 3 L이므로 몰농도는 각각 $\dfrac{2}{3}$ M, $\dfrac{1}{3}$ M, $\dfrac{1}{3}$ M이다.

따라서 반응 지수(Q)＝$\dfrac{\frac{1}{3}}{\frac{2}{3} \times \frac{1}{3}}=\dfrac{3}{2}$이다. $Q > K$이므로 꼭지를 열면 역반응이 진행되고, 반응물의 계수 합이 생성물의 계수보다 크므로 평형 Ⅱ에서 (가)와 (나) 속 전체 기체의 양(mol)은 꼭지를 열었을 때의 기체의 양인 4 mol(＝$2x$ mol)보다 크다.

다음은 $A(g)$와 $B(g)$가 반응하여 $C(g)$가 생성되는 반응의 화학 반응식과 T K에서 농도로 정의된 평형 상수(K)이다.

$$A(g) + B(g) \rightleftharpoons C(g) \qquad K$$

그림은 꼭지로 분리된 실린더와 강철 용기에 $A(g)$와 $B(g)$가 각각 들어 있는 실험 Ⅰ의 초기 상태와, 꼭지로 분리된 강철 용기에 $B(g)$와 $C(g)$가 각각 들어 있는 실험 Ⅱ의 초기 상태를 나타낸 것이다.

단서 $A(g)$의 양(mol) $B(g)$의 양(mol) $B(g)$의 양(mol) $C(g)$의 양(mol)
　　　 n　　　　　　 $2n$　　　　　　 $2n$　　　　　　 Pn

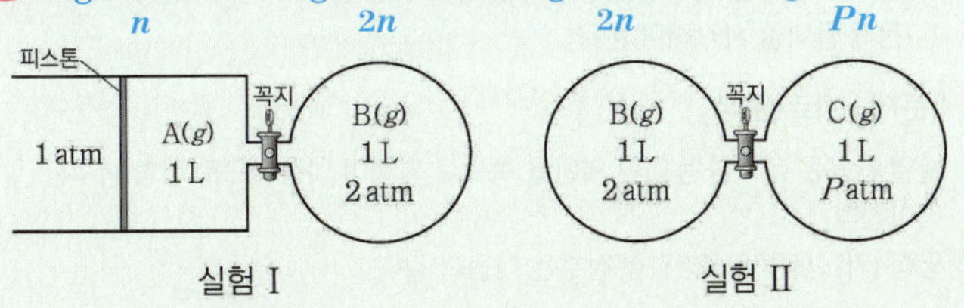

표는 실험 Ⅰ과 Ⅱ에서 각각 꼭지를 열고 반응이 진행되어 도달한 평형 상태에 대한 자료이다. 평형 상태에서 실험 Ⅰ의 실린더 속 기체의 부피는 V L이다.
　＝전체 기체의 부피－강철 용기 속 기체의 부피

실험	Ⅰ	Ⅱ
평형 상태에서 $\dfrac{B(g)\text{의 양(mol)}}{A(g)\text{의 양(mol)}}$	3	6

실험 Ⅰ: $\dfrac{2n-a}{n-a}=3 \Rightarrow a=0.5n$
실험 Ⅱ: $\dfrac{2n+b}{b}=6 \Rightarrow b=0.4n$

$\dfrac{P}{V}$는? (단, 온도와 외부 압력은 일정하고, 연결관의 부피와 피스톤의 마찰은 무시한다.) (3점) $V=1.5, P=1.2 \Rightarrow \dfrac{P}{V}=\dfrac{4}{5}$

① $\dfrac{4}{5}$　② $\dfrac{24}{25}$　③ $\dfrac{8}{5}$　④ $\dfrac{28}{15}$　⑤ $\dfrac{45}{16}$

 **단서＋발상**

 단서 실린더와 강철 용기에 들어 있는 A~C의 초기 상태와 평형 상태에서 'A와 B의 양(mol)'의 비가 제시되어 있다

발상 온도가 일정할 때, $PV \propto n$이므로 초기 상태에서 A와 B의 양(mol)을 추론할 수 있다.

적용 양적 관계와 평형 상수를 적용하여 평형 상태에서 A~C의 양(mol)을 구하는 것부터 문제 풀이를 시작해야 한다.

| 문제＋자료 분석 |

step 1 실험 Ⅰ에서의 평형 상태 

• 기체의 온도가 일정할 때, 기체의 양(mol)은 압력과 부피의 곱에 비례한다 $(n \propto PV)$. 실험 Ⅰ에서 실린더에 들어 있는 $A(g)$의 양(mol)을 $(1\text{ atm} \times 1\text{ L}) \propto n$이라 하면 강철 용기에 들어 있는 $B(g)$의 양(mol)은 $(2\text{ atm} \times 1\text{ L}) \propto 2n$이다.

• 꼭지를 열고 반응이 진행되어 평형 상태에 도달할 때까지 반응한 $A(g)$의 양(mol)을 a라 할 때의 양적 관계는 다음과 같다.

실험 Ⅰ	$A(g)$	$+$	$B(g)$	$\rightleftharpoons$	$C(g)$
반응 전 양(mol)	n		$2n$		
반응한 양(mol)	$-a$		$-a$		$+a$
반응 후 양(mol)	$n-a$		$2n-a$		a

평형 상태에서 $\dfrac{B(g)\text{의 양(mol)}}{A(g)\text{의 양(mol)}}=3$이므로 $\dfrac{2n-a}{n-a}=3$에서 $a=0.5n$이다.

• 반응 후 $A(g)$~$C(g)$의 양(mol)은 각각 $0.5n, 1.5n, 0.5n$이므로 혼합 기체의 양(mol)은 $2.5n$이고 압력(atm)은 1이므로 부피(L)는 2.5이다. 실린더 속 기체의 부피 V는 전체 기체의 부피에서 강철 용기 속 기체의 부피를 뺀 값과 같으므로 $V=2.5-1=1.5$이다.

• T K에서 평형 상수는 $K=\dfrac{[C]}{[A][B]}=\dfrac{0.5n}{0.5n \times 1.5n} \times 2.5 = \dfrac{5}{3n}$이다.

step 2 실험 Ⅱ에서의 평형 상태

• 실험 Ⅱ에서 강철 용기에 들어 있는 $B(g)$의 양(mol)은 $(2\text{ atm} \times 1\text{ L}) \propto 2n$이고 $C(g)$의 양(mol)은 $(P\text{ atm} \times 1\text{ L}) \propto Pn$이다.

• 꼭지를 열고 반응이 진행되어 평형 상태에 도달할 때까지 생성된 $A(g)$의 양(mol)을 b라 할 때의 양적 관계는 다음과 같다.

실험 Ⅱ	$A(g)$	$+$	$B(g)$	$\rightleftharpoons$	$C(g)$
반응 전 양(mol)			$2n$		Pn
반응한 양(mol)	$+b$		$+b$		$-b$
반응 후 양(mol)	b		$2n+b$		$Pn-b$

평형 상태에서 $\dfrac{B(g)\text{의 양(mol)}}{A(g)\text{의 양(mol)}}=6$이므로 $\dfrac{2n+b}{b}=6$에서 $b=0.4n$이다.

• T K에서 평형 상수(K)는 $\dfrac{5}{3n}$이므로
$$K=\dfrac{[C]}{[A][B]}=\dfrac{(P-0.4)n}{0.4n \times 2.4n} \times 2 = \dfrac{5}{3n}$$에서 $P=1.2$이다.

| 선택지 분석 |

① $V=1.5, P=1.2$이므로 $\dfrac{P}{V}=\dfrac{4}{5}$이다.

✱ **평형 상수와 반응 지수의 크기에 따른 평형 이동의 예측**
• **평형 상수(K)**: 같은 반응에서 온도가 같을 때, K 일정
• **반응 지수(Q)**: 평형 상수식에 주어진 농도를 대입한 값
• 가역 반응에서 Q와 K의 크기에 따른 화학 반응의 방향

Q와 K의 크기 비교	화학 반응의 방향
$Q < K$	정반응 우세하게 진행
$Q = K$	화학 평형
$Q > K$	역반응 우세하게 진행

J 01 정답 ② ＊평형 상수
[정답률 56%] 2025 대비 6월 모평 6 / 화학 Ⅱ 변형

다음은 A(g)와 B(g)가 반응하여 C(g)가 생성되는 반응의 열화학 반응식과 농도로 정의되는 평형 상수(K)이다. 이 반응의 정반응은 발열 반응이다.

단서 $A(g) + B(g) \rightleftharpoons C(g) \qquad K = \dfrac{[C]}{[A][B]}$

발열 반응으로 온도를 높이면 역반응 쪽으로 평형이 이동하므로 평형 상수는 작아진다.

그림은 초기 조건이 서로 [단서] 다른 3개의 강철 용기에서 반응이 각각 진행되었을 때 도달한 평형 (가)~(다)에서의 [B]와 [C]를 나타낸 것이다. (가)와 (나)에서 온도는 T_1이 $\underline{K_{(가)} = K_{(나)}}$ 고, (다)에서 온도는 T_2이며, $T_1 < T_2$이다.

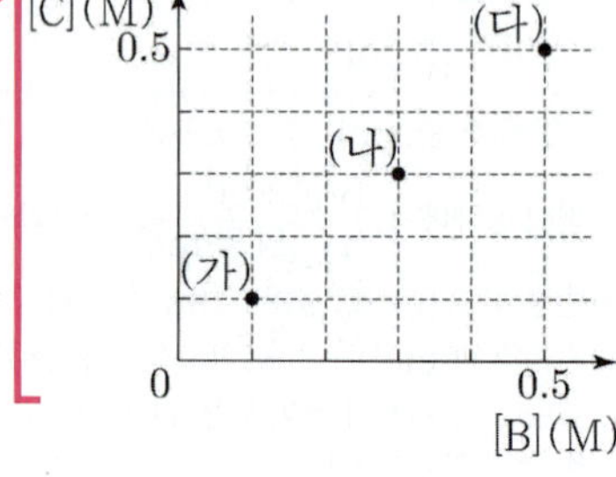

(가)~(다)에서 [A]를 비교한 것으로 옳은 것은?
정반응이 발열 반응이므로 온도가 올라가면 역반응 쪽으로 평형이 이동하여 평형 상수는 작아지므로 $K_{(가)} = K_{(나)} > K_{(다)}$이다.

① (가)＜(나)＜(다) ② (가)＝(나)＜(다)
③ (가)＝(다)＜(나) ④ (가)＝(나)＞(다)
⑤ (가)＝(나)＝(다)

단서＋발상
단서 열화학 반응식과 초기 조건이 다른 3가지 평형 상태에서의 온도와 평형 농도가 제시되어 있다.

발상 발열 반응은 온도가 높아질수록 평형 상수는 작아짐을 추론할 수 있다.

적용 평형 상수는 온도에 의해서만 변한다는 것과 발열 반응의 경우 온도를 높이면 역반응 쪽으로 평형이 이동하여 평형 상수가 작아지는 것으로부터 문제 풀이를 시작해야 한다.

│문제＋자료 분석│
- 발열 반응은 온도를 높이면 역반응 쪽으로 평형이 이동하므로 평형 상수는 작아진다.
- 평형 (가)~(다)에서의 평형 상수는 다음과 같다.

$$K_{(가)} = \frac{0.1}{[A]_{(가)} \times 0.1}, \ K_{(나)} = \frac{0.3}{[A]_{(나)} \times 0.3}, \ K_{(다)} = \frac{0.5}{[A]_{(다)} \times 0.5}$$

- 평형 상수는 온도에 의해서만 변한다. (가)와 (나)에서 온도는 T_1로 같으므로 $K_{(가)} = K_{(나)}$이다. 따라서 [A]는 (가)＝(나)이다.
- (다)에서 온도는 T_2로 (가)와 (나)에 비해 높다. 정반응이 발열 반응이므로 온도가 올라가면 역반응 쪽으로 평형이 이동하여 평형 상수는 작아지므로 $K_{(가)} = K_{(나)} > K_{(다)}$이다. 따라서 [A]는 (가)＝(나)＜(다)이다.

│선택지 분석│
② $K_{(가)} = \dfrac{0.1}{[A]_{(가)} \times 0.1}, \ K_{(나)} = \dfrac{0.3}{[A]_{(나)} \times 0.3}, \ K_{(다)} = \dfrac{0.5}{[A]_{(다)} \times 0.5}$
$K_{(가)} = K_{(나)} > K_{(다)}$이므로 [A]는 (가)＝(나)＜(다)이다.

문제 풀이 
평형 상수는 온도에 의해서만 변한다. 정반응이 발열 반응일 때 온도를 높이면 역반응 쪽으로 평형이 이동하므로 평형 상수는 작아진다.

J 02 정답 ② ＊평형의 이동
[정답률 71%] 2020 대비 수능 10 / 화학 Ⅱ

다음은 A(g)와 B(g)가 반응하여 C(g)가 생성되는 반응의 화학 반응식과 농도로 정의되는 평형 상수(K)이다.

$A(g) + 2B(g) \rightleftharpoons C(g) \qquad$ 단서 $K = \dfrac{[C]}{[A][B]^2} = 1$

그림은 강철 용기에서 이 반응이 평형에 도달한 상태를 나타낸 것이다. T K에서 $K = 1$이다. 이에 대한 설명으로 옳은 것만을 〈보기〉에서 있는 대로 고른 것은? (단, 온도는 일정하다.) (3점)

A(g) 1몰
B(g) 2몰
C(g) x몰
TK 1 L

─────[보기]─────
ㄱ. $x = 2$이다.
 → T K에서 $K = \dfrac{x}{1 \times 2^2} = 1$이므로 $x = 4$
ㄴ. He(g) 1몰을 첨가하면 B의 몰농도는 2 M보다 작아진다.
 → He(g)을 가해도 각 기체의 양(몰)은 변하지 않음
 ∴ B의 몰농도는 2 M
ㄷ. A(g) 1몰과 C(g) 3몰을 추가하여 도달한 평형 상태에서 A의 양은 2몰보다 작다.
 → 반응 지수(Q)$\left(\dfrac{7}{8}\right)$＜평형 상수($K$)(1) ∴ 정반응 쪽으로 평형이 이동

① ㄱ ② ㄷ ③ ㄱ, ㄴ ④ ㄱ, ㄷ ⑤ ㄴ, ㄷ

│문제＋자료 분석│
- 평형 상수 $K = \dfrac{[C]}{[A][B]^2} = 1$ → 온도 일정하므로 K 일정
 → 반응 용기의 부피가 1 L이므로 기체의 양(mol)＝몰농도
- He 추가: 부피 변화 고려 → 부피가 일정할 경우, 반응물과 생성물의 양(mol)은 일정하므로 몰농도 변화 없음

│보기 분석│
ㄱ. T K에서 $K = \dfrac{x}{1 \times 2^2} = 1$이므로 $x = 4$이다. 함정

ㄴ. He(g) 1몰을 첨가하면 강철 용기의 내부 압력이 증가하지만 각 기체의 양(몰)의 변화가 없다. 따라서 B의 몰농도는 2 M과 같게 된다.

ㄷ. A 1몰과 C 3몰을 추가하면 평형이 이동하기 전 A는 2몰, B는 2몰, C는 7몰이 되므로 반응 지수(Q) $= \dfrac{7}{2 \times 2^2} = \dfrac{7}{8}$로 평형 상수($K$)는 1보다 작다. 주의
따라서 정반응 쪽으로 평형이 이동하게 되어 A는 2몰보다 작아지게 된다.

＊비활성 기체의 첨가 반응(부피 일정)
- 부피의 변화 없이(강철 용기 사용) 비활성 기체를 첨가할 경우 전체 압력은 증가하지만 반응물과 생성물의 분자 수에는 변화를 주지 않으므로 평형이 이동하지 않는다.

다음은 $NO_2(g)$와 $N_2O_4(g)$의 평형에 대한 실험이다.
이 <u>반응의 정반응은 발열 반응이다.</u>

(단서)

〈열화학 반응식〉

$$2NO_2(g) \rightleftharpoons N_2O_4(g) \quad \text{발열 반응}$$

기체의 몰수가 감소하는 반응
압력 증가 ➡ 기체의 분자수가 감소하는 정반응 쪽으로 평형 이동
압력 감소 ➡ 기체의 분자수가 증가하는 역반응 쪽으로 평형 이동

〈실험 과정 및 결과〉

(가) 실린더에 $NO_2(g)$ n mol을 넣고 반응이 진행되었을 때, 그림과 같은 평형 상태 Ⅰ에 도달하였다.

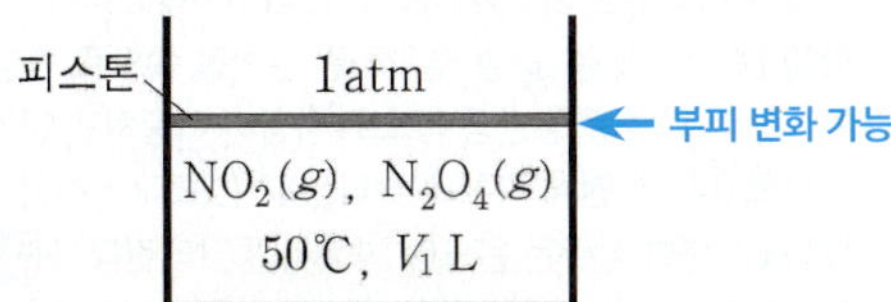

(나) Ⅰ에서 온도를 내려 새로운 평형 상태 Ⅱ에 도달하였을 때, 실린더 속 기체의 온도와 부피는 각각 25℃와 V_2 L 이었다.

온도를 내리면 발열 반응인 정반응 쪽으로 평형이 이동
➡ 기체의 전체 분자수 감소 ➡ 부피 감소   ∴ $V_1 > V_2$

(다) Ⅱ의 온도를 유지하면서 실린더에 25℃의 $He(g)$ $0.1n$ mol을 넣었을 때, ⊙ <u>역반응</u> 이 우세하게 진행되어 25℃의 새로운 평형 상태 Ⅲ에 도달하였다.

$He(g)$을 넣으면 전체 기체의 부피가 증가하면서
$NO_2(g)$와 $N_2O_4(g)$의 부분 압력이 감소
➡ 전체 기체의 분자수가 증가하는 역반응 쪽으로 평형이 이동

다음 중 ⊙과, V_1과 V_2의 크기 비교(ⓛ)로 가장 적절한 것은? (단, 외부 압력은 1 atm으로 일정하고, 피스톤의 질량과 마찰은 무시한다.) (3점)

	⊙	ⓛ		⊙	ⓛ
①	정반응	$V_1 > V_2$	②	정반응	$V_1 < V_2$
③	역반응	$V_1 > V_2$	④	역반응	$V_1 = V_2$
⑤	역반응	$V_1 < V_2$			

단서+발상

(단서) $NO_2(g)$와 $N_2O_4(g)$의 평형에 대한 실험이 제시되어 있다.

(발상) 르샤틀리에 원리를 적용하여 평형 이동을 추론할 수 있다.

(적용) 르샤틀리에 원리를 적용해서 평형 이동의 방향을 구하는 것부터 문제 풀이를 시작해야 한다.

| 문제+자료 분석 |

- 정반응이 기체의 분자수가 감소하는 반응일 경우
  압력 증가 ➡ 기체의 분자수가 감소하는 정반응 쪽으로 평형 이동
  압력 감소 ➡ 기체의 분자수가 증가하는 역반응 쪽으로 평형 이동
- 정반응이 발열 반응일 경우
  온도 증가 ➡ 온도가 감소하는 흡열 반응인 역반응 쪽으로 평형 이동
  온도 감소 ➡ 온도가 증가하는 발열 반응인 정반응 쪽으로 평형 이동

| 선택지 분석 |

③ (나)에서 온도를 내리면 온도가 증가하는 발열 반응이 일어나는 정반응 쪽으로 평형이 이동해서 새로운 평형에 도달하게 된다. 정반응이 일어나면 기체의 전체 분자수가 감소하므로 기체의 부피는 감소하게 된다. 따라서 $V_1 > V_2$이다.
(다)에서 $He(g)$을 넣으면 피스톤이 고정되어 있지 않기 때문에 전체 기체의 부피가 증가하면서 $NO_2(g)$와 $N_2O_4(g)$의 부분 압력이 감소하게 되어 전체 기체의 분자수가 증가하는 역반응 쪽으로 평형이 이동하게 된다. 

문제 풀이 (꿀팁)

- **비활성 기체를 사용하였지만 전체 압력은 변하지 않는 경우**: 실린더에 아르곤과 같은 비활성 기체를 첨가하면 전체 기체의 분자수가 증가해서 실린더 내부의 부피가 증가 ➡ 기체의 부분 압력 감소 ➡ 전체 기체의 분자수가 증가하는 방향으로 반응이 진행된다.
- **비활성 기체를 사용하여 압력을 증가시킨 경우**: 부피의 변화 없이(강철 용기 사용) 아르곤과 같은 비활성 기체를 사용할 경우 전체 압력은 증가하지만 반응물과 생성물의 부분 압력에는 변화를 주지 못하므로 평형이 이동하지 않는다.

＊평형 이동 법칙

(1) 농도 변화에 의한 평형 이동: 평형 상태에 있는 반응에서 그 물질의 농도를 증가시키면 그 물질의 농도를 감소시키는 방향으로, 그 물질의 농도를 감소시키면 그 물질의 농도를 증가시키는 방향으로 반응이 진행되어 새로운 평형에 도달한다. (농도 변화에 의한 평형 이동에서는 평형 상수 K가 변하지 않는다.)

(2) 온도 변화에 의한 평형 이동: 평형 상태에 있는 반응에서 온도를 높이면 온도가 낮아지는 방향(흡열 반응 쪽)으로, 온도를 낮추면 온도가 높아지는 방향(발열 반응 쪽)으로 반응이 진행되어 새로운 평형에 도달한다.
① 온도를 변화시키면 평형 상수값도 달라진다.
② 온도를 변화시킬 때 정반응 쪽으로 평형이 이동하면 평형 상수는 커지고, 역반응 쪽으로 평형이 이동하면 평형 상수는 작아진다.

J 04 정답 ⑤ ＊화학 평형 이동

그림은 온도 T에서 실린더 (가)와 (나)에서 각각

$X(g) \rightleftharpoons 2Y(g)$ 반응이 평형에 도달한 상태를 나타낸 것이다. <u>온도 T에서 이 반응의 농도로 정의되는 평형 상수(K)는 a이다.</u>

온도 일정 ➡ 평형 상수 같음

다음은 그림에 대한 선생님의 질문과 세 학생의 답변이다.

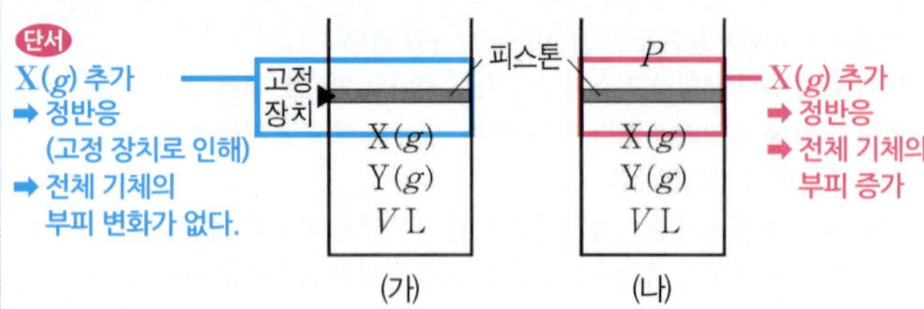

답변한 내용이 옳은 학생만을 있는 대로 고른 것은? (단, 온도와 외부 압력은 각각 T와 P로 일정하고, 피스톤의 질량과 마찰은 무시한다.) (3점)

① A ② C ③ A, B ④ B, C ⑤ A, B, C

단서 문제에 평형 상수(K)와 온도가 제시되어 있다.

발상 온도가 일정할 때 평형 상수(K)는 일정하다는 것을 추론할 수 있으므로

적용 (가)와 (나)에서 K는 a로 같다는 것부터 문제 풀이를 시작해야 한다.

| 문제+자료 분석 |

• 평형 이동에 영향을 미치는 요인 — 농도

반응물 첨가 또는 생성물 제거 ➡ 정반응 쪽으로 평형 이동

반응물 제거 또는 생성물 첨가 ➡ 역반응 쪽으로 평형 이동

| 선택지 분석 |

⑤ **학생 A**: 온도 T에서 부피가 일정한 (가)에 반응물인 $X(g)$를 첨가하면 반응물의 농도가 감소하는 정반응 쪽으로 평형이 이동한다.

학생 B: (나)에 X(g)를 추가하면 정반응 쪽으로 평형이 이동하며, 계수 비가 X : Y＝1 : 2로 정반응 쪽으로 평형이 이동하면 전체 기체의 양(mol)이 증가하므로 (나) 속 전체 기체의 부피는 V L보다 커진다.

학생 C: 평형 상수는 온도에 의해서만 달라진다. 꿀팁

따라서 (가)와 (나)에서 온도는 T로 일정하므로 평형 상수(K)는 a로 같다.

왜 틀렸나?

• 정반응 쪽으로 평형이 이동하면 K 값이 커진다고 오해하는 경우가 있다.

＊ 평형 이동에 영향을 미치는 요인 — 압력과 온도

(1) 압력

① **압력 증가**: 기체의 양(mol)이 감소하는 방향으로 평형 이동

② **압력 감소**: 기체의 양(mol)이 증가하는 방향으로 평형 이동

(2) 온도

① 온도를 높이면 흡열 반응 쪽으로 평형이 이동

② 온도를 낮추면 발열 반응 쪽으로 평형이 이동

J 05 정답 ⑤ ＊평형 이동

다음은 A(g)로부터 B(g)와 C(g)가 생성되는 반응의 열화학 반응식과 농도로 정의되는 평형 상수(K)이다. 이 반응의 정반응은 흡열 반응이다.

$$A(g) \rightleftharpoons B(g)+C(g) \qquad K$$

그림은 1 L 강철 용기에서 A(g), B(g), C(g)가 들어 있는 평형 Ⅰ과, 각각 순차적으로 조건을 변화시켜 도달한 새로운 평형 Ⅱ와 Ⅲ을 나타낸 것이다.

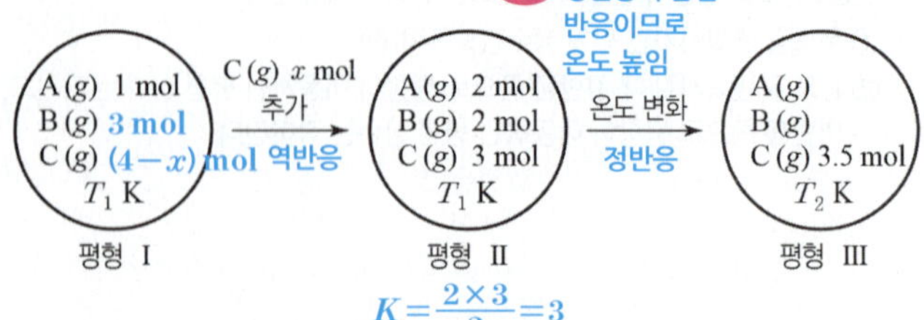

$$K=\frac{2\times3}{2}=3$$

이에 대한 설명으로 옳은 것만을 〈보기〉에서 있는 대로 고른 것은?

[보기]

ㄱ. $x＝3$이다. → $\dfrac{3\times(4-x)}{1}=\dfrac{2\times3}{2}$

ㄴ. Ⅰ에서 Ⅱ에 도달하기 전까지 역반응이 우세하게 진행된다.
→ 평형 Ⅱ에서는 평형 Ⅰ에서보다 A(g)의 양(mol)이 증가했으므로 역반응 우세

ㄷ. $T_1 < T_2$이다.
→ 정반응이 흡열 반응이고, 평형 Ⅱ에서 정반응이 우세하게 진행되면서 평형 Ⅲ에 도달했으므로 $T_1 < T_2$

① ㄱ ② ㄷ ③ ㄱ, ㄴ ④ ㄴ, ㄷ ⑤ ㄱ, ㄴ, ㄷ

단서 평형 Ⅰ~Ⅲ에서 물질의 양(mol)이 제시되어 있다.

발상 농도와 온도 변화에 따른 화학 평형 이동을 추론할 수 있다.

적용 양적 관계를 적용해서 A~C의 양(mol)을 구하는 것부터 문제 풀이를 시작해야 한다.

| 문제+자료 분석 |

◈ **평형 Ⅰ에서 B(g), C(g)의 양(mol)**

• 평형 Ⅰ에서 C x mol을 추가했을 때: C의 양을 감소시키는 방향인 역반응이 우세하게 진행되면서 평형 Ⅱ에 도달한다. 평형 Ⅰ에서 B, C의 양(mol)을 각각 b, c라 했을 때, 반응의 양적 관계는 다음과 같다.

	A(g)	$\rightleftharpoons$	B(g)	+	C(g)
반응 전(mol)	1		b		$c+x$
반응(mol)	+1		−1		−1
반응 후(mol) (평형 Ⅱ)	2		2		3

따라서 평형 Ⅰ에서 B와 C의 양(mol)은 각각 3, $4-x$이다.

| 보기 분석 |

ㄱ. 평형 Ⅰ, Ⅱ의 온도가 같으므로 평형 상수(K)는 같다. 꿀팁

따라서 $\dfrac{3\times(4-x)}{1}=\dfrac{2\times3}{2}$, $x＝3$이다.

ㄴ. 평형 Ⅰ에서 Ⅱ가 될 때 A(g)의 양(mol)이 1에서 2로 증가했다. 따라서 $A(g) \rightleftharpoons B(g)+C(g)$의 역반응이 우세하게 진행되면서 평형에 도달하였다.

ㄷ. 정반응은 흡열, 역반응이 발열 반응이다. 평형 Ⅱ에서 Ⅲ가 될 때 C(g)의 양(mol)이 3에서 3.5로 증가했으므로 정반응이 진행되었음을 알 수 있다. 꿀팁

흡열 반응인 정반응이 우세한 평형 이동이 일어나기 위해서는 T_2가 T_1보다 높아야 한다.

다음은 A(g)가 분해되어 B(g)와 C(g)가 생성되는 반응의 열화학 반응식이다. 이 반응의 정반응은 흡열 반응이다.

$$2A(g) \rightleftharpoons 2B(g) + C(g)$$

그림은 실린더 속 A(g)~C(g)의 평형 상태(Ⅰ), Ⅰ에서 온도를 변화시킨 후 도달한 평형 상태(Ⅱ), Ⅱ에서 피스톤을 고정시키고 He(g)을 첨가한 후 도달한 평형 상태(Ⅲ)를 각각 나타낸 것이다.

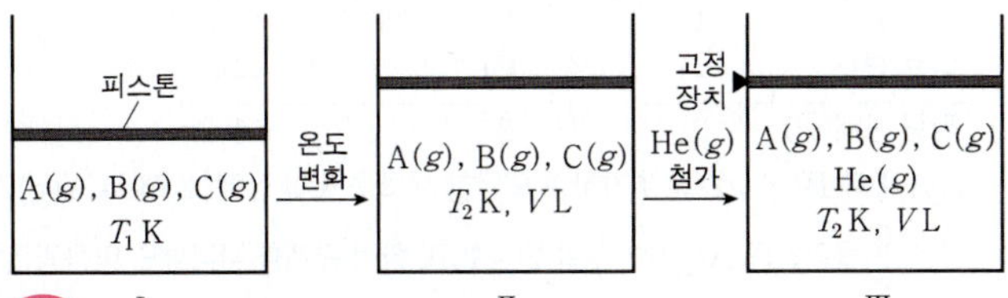

단서
Ⅰ~Ⅱ에서 기체의 부피 증가: 정반응 쪽으로 평형 이동 ➡ $T_2 > T_1$
Ⅱ~Ⅲ에서 기체 부피 고정: He(g)을 넣어도 평형 이동이 일어나지 않음

이에 대한 설명으로 옳은 것만을 〈보기〉에서 있는 대로 고른 것은? (단, 대기압은 일정하고, 피스톤의 질량과 마찰은 무시한다.)

[보기]
ㄱ. $T_2 > T_1$이다.
ㄴ. A의 몰수 비율(전체 몰수 중에서 차지하는 비율)은 Ⅲ에서가 Ⅱ에서보다 ~~크다.~~ 작다.
ㄷ. Ⅱ에서 온도를 T_2 K로 유지하며 피스톤 위에 추를 올리면 B의 질량은 감소한다.

① ㄱ   ② ㄷ   ③ ㄱ, ㄴ   ④ ㄱ, ㄷ   ⑤ ㄴ, ㄷ

| 문제+자료 분석 |

• 정반응은 흡열 반응이고, 생성물의 계수 합이 반응물의 계수 합보다 크므로 정반응이 진행될 때 전체 기체 분자 수가 증가
• Ⅰ → Ⅱ
  ① 흡열 반응이므로 온도를 높이면 정반응이 우세하게 진행되고, 기체 분자 수도 증가하므로 전체 기체의 부피 증가
  ② 흡열 반응이므로 온도를 낮추면 역반응이 우세하게 진행되고, 기체 분자 수도 감소하므로 전체 기체의 부피 감소 → $T_1 < T_2$
• Ⅱ → Ⅲ
  He(g)을 첨가해도 전체 기체의 부피가 변하지 않으므로 각 기체의 부분 압력은 일정 → 평형 이동이 일어나지 않음

| 보기 분석 |

ㄱ. Ⅰ과 Ⅱ에서 온도가 T_1 K에서 T_2 K가 되었을 때 기체의 부피가 증가하였다. 정반응이 흡열 반응이므로 온도를 높이면 정반응 쪽으로 평형이 이동하여 기체의 부피가 증가한다. 따라서 $T_2 > T_1$이다.

ㄴ. Ⅱ에 He(g)을 넣어도 고정 장치에 의해 전체 기체의 부피가 변하지 않으므로 평형 이동은 일어나지 않는다. **주의**
따라서 Ⅱ~Ⅲ에서 A(g)의 양(mol)은 같고, 전체 기체의 양(mol)이 증가했으므로 A(g)의 몰수 비율은 Ⅱ에서가 Ⅲ에서보다 크다.

ㄷ. Ⅱ에서 온도를 T_2 K로 유지하면서 피스톤 위에 추를 올리면 압력이 증가한다. 압력을 높이면 기체 분자 수가 감소하는 방향으로 평형이 이동하므로 역반응이 우세하게 진행되어 B의 질량은 감소한다.

＊ 온도와 평형 이동
• 정반응이 흡열 반응일 때, 온도를 높이면 정반응 쪽으로 평형이 이동하고, 온도를 낮추면 역반응 쪽으로 평형이 이동한다.
• 정반응이 발열 반응일 때, 온도를 높이면 역반응 쪽으로 평형이 이동하고, 온도를 낮추면 정반응 쪽으로 평형이 이동한다.

그림은 기체 A와 B가 반응하여 기체 C가 생성되는 반응의 처음 상태와 평형 상태를 나타낸 것이다. 평형 상태 (가)에서 온도를 증가시켜 새로운 평형 상태 (나)에 도달하였을 때, A의 농도가 0.35 mol/L가 되었다.

역반응 진행 ⇨ 흡열 반응 우세

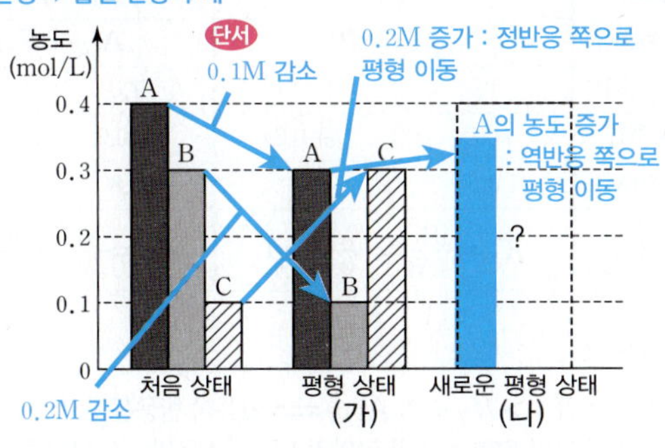

이에 대한 설명으로 옳은 것만을 〈보기〉에서 있는 대로 고른 것은? (3점)

[보기]
ㄱ. 이 반응의 정반응은 흡열 반응이다.
→ (가) → (나)에서 역반응 쪽으로 평형 이동하므로 정반응은 발열 반응
ㄴ. (가)의 평형 상수가 (나)의 평형 상수보다 크다.
→ 온도 증가, 역반응 쪽으로 평형 이동하므로 평형 상수 감소
ㄷ. (나)에서 B와 C의 농도 비는 2 : 1이다.
→ (나)에서 B의 농도: (0.1+0.1)=0.2 M, C의 농도는 (0.3-0.1)=0.2 M

① ㄱ   ② ㄴ   ③ ㄷ   ④ ㄱ, ㄴ   ⑤ ㄴ, ㄷ

| 보기 분석 |

ㄱ. 평형 상태 (가)에서 온도를 증가시켜 새로운 평형 상태 (나)에 도달했을 때 A의 농도가 0.3 M에서 0.35 M으로 증가했으므로 역반응 쪽으로 평형이 이동했다.
평형 상태에서 온도를 높이면 열을 흡수하는 흡열 반응 쪽으로 평형이 이동하므로 정반응은 발열 반응이다.

ㄴ. 온도를 증가시켜 평형 상태 (가) → 평형 상태 (나)가 될 때 역반응 쪽으로 평형이 이동했으므로 평형 상수는 감소한다. 따라서 평형 상수는 (가) > (나)이다.

ㄷ. 평형 상태 (가) → 평형 상태 (나)에서 A의 농도가 0.05 M 증가했으므로 B의 농도는 0.1 M 증가하고, C의 농도는 0.1 M 감소했다.
따라서 (나)에서 B의 농도는 (0.1+0.1)=0.2 M이고, C의 농도는 (0.3-0.1)=0.2 M이므로 (나)에서 B와 C의 농도 비는 1 : 1이다.

| 문제+자료 분석 |

◈ A~C 반응 몰비
• 처음 상태 → 평형 상태 (가)에서 A는 0.1 M 감소, B는 0.2 M 감소, C는 0.2 M 증가했으므로 반응 몰비 A : B : C = 1 : 2 : 2이다.

다음은 A(g)와 B(g)가 반응하여 C(g)가 생성되는 반응의 화학 반응식이다.

$$\overset{\text{단서}}{} \quad \overset{1}{a}\text{A}(g) + \overset{1}{b}\text{B}(g) \rightleftharpoons 2\text{C}(g) \qquad (a, b : \text{반응 계수})$$

그림은 실린더에 들어 있는 혼합 기체의 초기 상태를 나타낸 것이다. 표는 초기 상태에서 온도를 낮추어 도달한 평형 상태(Ⅰ)와, Ⅰ에 B(g) x몰을 추가하여 도달한 새로운 평형 상태(Ⅱ)에 대한 자료이다.

```
         피스톤
  ┌─────────────┐
  │ A(g) 1몰      │
  │ B(g) 2몰      │
  │ C(g) 3몰      │
  │ T K V L      │
  └─────────────┘
```

Ⅰ에서 C(g)의 양은 1몰이고, Ⅱ에서 A(g)의 양은 $\frac{5}{3}$몰이다.

평형 상태	Ⅰ	Ⅱ
온도(K)	$\frac{T}{2}$	$\frac{T}{2}$
혼합 기체의 부피(L)	$\frac{V}{2}$	$\frac{10}{9}V$

T K에서 V L이므로 평형에 도달했을 때 기체의 양(mol)은 변화가 없다 $a=b=1$

평형 Ⅰ과 Ⅱ의 온도가 같으므로 평형 Ⅰ과 Ⅱ의 평형 상수는 같다

x는? (단, 외부 압력은 일정하고, 피스톤의 질량과 마찰은 무시한다.) (3점)

① 10   ② $\frac{22}{3}$ ③ 4   ④ $\frac{11}{3}$ ⑤ $\frac{5}{3}$

단서+발상

단서 혼합 기체의 초기 상태와 평형 상태가 제시되어 있다.

발상 온도가 변해도 양(mol)이 변하지 않았음을 추론할 수 있다.

적용 반응 계수를 구하는 것부터 문제 풀이를 시작해야 한다.

│ 문제+자료 분석 │

- 외부 압력이 일정하면 기체의 부피는 기체의 양(mol)에 비례한다. 실린더에 들어 있는 혼합 기체의 초기 상태가 T K, V L인데 온도를 낮추어 도달한 평형 상태(Ⅰ)에서 $\frac{T}{2}$ K, $\frac{V}{2}$ L이므로 기체의 양(mol)은 변화가 없는 화학 반응임을 알 수 있다. 따라서 $a=b=1$이다. 

- Ⅰ에서 C(g)의 양은 1몰이므로 C(g)가 2몰 반응했고, 양적 관계를 나타내면 다음과 같다.

	A(g) +	B(g) $\rightleftharpoons$	2C(g)
초기(몰)	1	2	3
반응(몰)	+1	+1	−2
평형 상태(몰)	2	3	1

- 평형 Ⅰ에 B(g) x몰을 추가하여 도달한 새로운 평형 상태(Ⅱ)에서 A(g)의 양은 $\frac{5}{3}$몰이므로 A(g)가 $\frac{1}{3}$몰 반응했고, 양적 관계를 나타내면 다음과 같다.

	A(g) +	B(g) $\rightleftharpoons$	2C(g)
초기(몰)	2	$3+x$	1
반응(몰)	$-\frac{1}{3}$	$-\frac{1}{3}$	$+\frac{2}{3}$
평형 상태(몰)	$\frac{5}{3}$	$\frac{8}{3}+x$	$\frac{5}{3}$

│ 선택지 분석 │

② 평형 Ⅰ과 Ⅱ의 온도가 같아서 평형 상수가 같으므로, 평형 Ⅱ에서 혼합 기체의 부피를 V'라고 했을 때

$$K = \frac{\left(\frac{1}{V/2}\right)^2}{\left(\frac{2}{V/2}\right)\left(\frac{3}{V/2}\right)} = \frac{\left(\frac{5/3}{V'}\right)^2}{\left(\frac{5/3}{V'}\right)\left(\frac{8/3+x}{V'}\right)} = \frac{1}{6}$$이다.

따라서 $x = \frac{22}{3}$이다.

다음은 기체 A가 반응하여 기체 B가 생성되는 반응의 열화학 반응식이다. 이 반응의 정반응은 흡열 반응이다.

$$\overset{1}{a}\text{A}(g) \rightleftharpoons \overset{2}{b}\text{B}(g) \qquad (a, b\text{는 반응 계수})$$

표는 온도 T_1과 T_2에서 각각 1 L의 강철 용기에 1.0몰의 기체 A를 넣고 반응시켜 평형 상태에 도달했을 때 A와 B의 몰농도(M)를 나타낸 것이다.

단서 A 0.4몰 감소할 때 B 0.8몰 증가했으므로 반응 몰비 A : B = 1 : 2 ∴ $a=1, b=2$

온도	A의 농도(M)	B의 농도(M)	K
T_1	0.6	0.8	$\frac{(0.8)^2}{0.6}$
T_2	0.8	− 0.4	$\frac{(0.4)^2}{0.8}$

이에 대한 설명으로 옳은 것만을 〈보기〉에서 있는 대로 고른 것은?

[보기]

ㄱ. 온도는 $T_1 > T_2$이다.

ㄴ. T_2에서 평형 상수(K)는 0.2이다.

ㄷ. T_2의 평형 상태에서 A와 B를 1몰씩 첨가하면 평형은 역반응 쪽으로 이동한다.

① ㄱ   ② ㄷ   ③ ㄱ, ㄴ   ④ ㄴ, ㄷ   ⑤ ㄱ, ㄴ, ㄷ

│ 문제+자료 분석 │

- T_1에서 A가 0.4 M 감소할 때 B는 0.8 M 증가하므로 $a : b = 1 : 2$이다.
- T_1과 T_2에서 반응 전과 후의 몰농도 변화와 평형 상수(K)는 다음과 같다.

온도	T_1		T_2	
화학 반응식	A(g)$\rightleftharpoons$2B(g)		A(g)$\rightleftharpoons$2B(g)	
반응 전(M)	1.0		1.0	
반응(M)	−0.4	+0.8	−0.2	+0.4
반응 후(M)	0.6	0.8	0.8	0.4
평형 상수	$K_{T_1} = \frac{[\text{B}]^2}{[\text{A}]} = \frac{(0.8)^2}{0.6} > 1$		$K_{T_2} = \frac{[\text{B}]^2}{[\text{A}]} = \frac{(0.4)^2}{0.8} = 0.2$	

│ 보기 분석 │

ㄱ. 평형 상수는 $K_{T_1} > K_{T_2}$이며 A(g) $\rightleftharpoons$ 2B(g) 반응은 정반응이 흡열 반응이다. 반응의 평형 상수가 작아지려면 역반응이 일어나야 하는데 정반응이 흡열 반응인 경우 온도가 내려야만 역반응이 일어난다. 따라서 $T_1 > T_2$이다.

ㄴ. T_2에서 평형 상수 $K_{T_2} = \frac{[\text{B}]^2}{[\text{A}]} = \frac{(0.4)^2}{0.8} = 0.2$이다.

ㄷ. T_2의 평형 상태에서 A와 B를 1몰씩 첨가하면 $[\text{A}] = 1.8$ M, $[\text{B}] = 1.4$ M가 된다. 따라서 반응 지수(Q)는 $Q = \frac{(1.4)^2}{1.8} > K_{T_2}$이므로 평형은 역반응 쪽으로 이동한다.

다음은 기체 A와 B가 반응하여 기체 C가 생성되는 반응의 열화학 반응식이다.

$$aA(g)+bB(g) \rightleftharpoons cC(g) \quad (a{\sim}c\text{는 반응 계수이다.})$$

표는 반응 조건을 달리하여 A(g)와 B(g)를 각각 1몰씩 반응 용기에 넣고 반응시켜 평형에 도달하였을 때, C(g)의 양(mol)을 나타낸 것이다. 온도 T_2는 T_1보다 높다.

단서 역반응 쪽으로 평형 이동 → 정반응 발열 반응

실험	반응 조건		평형 상태
	온도(K)	용기의 부피(L)	C의 양(mol)
Ⅰ	T_1	1	0.55
Ⅱ	T_2	1	0.50
Ⅲ	T_2	2	0.42

온도 높임 → C의 양(mol) 감소
압력 감소 → C의 양(mol) 감소
역반응 쪽으로 평형 이동 → $a+b>c$

| 문제+자료 분석 |

◈ 평형 이동
- Ⅰ→Ⅱ: 온도 증가, C의 양(mol) 감소 → K 감소
  → 역반응 우세   ∴ 정반응은 발열 반응
- Ⅱ→Ⅲ: 부피 증가(＝압력 감소)로 인해 전체 기체 분자 수가 증가하는 쪽으로 반응이 진행 → C의 양(mol) 감소 → 역반응 우세   ∴ $a+b>c$

이에 대한 옳은 설명만을 〈보기〉에서 있는 대로 고른 것은?

[보기]

ㄱ. 평형 상수는 실험 Ⅱ가 실험 Ⅰ보다 크다.
→ 실험 Ⅰ → Ⅱ : 온도 증가, C의 양(mol) 감소하므로 역반응 쪽으로 평형 이동. 평형 상수 : 실험 Ⅰ > 실험 Ⅱ

ㄴ. $a+b$는 c보다 크다.
→ 압력을 낮추면 기체 분자 수가 증가하는 쪽으로 평형 이동
∴ $a+b>c$

ㄷ. 실험 Ⅲ에서 정촉매를 사용하면 평형 상태에서 C의 양(mol)은 0.42몰보다 커진다.
→ 촉매를 사용해도 평형 상수는 달라지지 않으므로 생성물의 양은 변하지 않음

① ㄱ   ② ㄴ   ③ ㄱ, ㄷ   ④ ㄴ, ㄷ   ⑤ ㄱ, ㄴ, ㄷ

| 보기 분석 |

ㄱ. 실험 Ⅰ과 Ⅱ에서 온도를 높였을 때 C의 양(mol)이 감소했으므로 역반응 쪽으로 평형이 이동했다. 따라서 평형 상수는 실험 Ⅰ이 실험 Ⅱ보다 크다. 온도를 높이면 흡열 반응 쪽으로 평형이 이동하므로 역반응은 흡열 반응이고, 정반응은 발열 반응이다.

ㄴ. 실험 Ⅱ와 Ⅲ에서 부피를 증가시켜 압력을 낮추었을 때 C의 양(mol)이 감소했으므로 역반응 쪽으로 평형이 이동했다. 압력을 낮추면 기체 분자 수가 증가하는 쪽으로 평형이 이동한다. 따라서 $a+b$는 c보다 크다.

ㄷ. 정촉매는 반응 속도를 빠르게 하지만 평형 이동에는 영향을 미치지 않는다. 따라서 평형 상수도 변하지 않고, 생성물의 양도 변하지 않아서 실험 Ⅲ에서 정촉매를 사용해도 평형 상태에서 C의 양(mol)은 0.42몰이다.

다음은 기체 A와 B가 반응하여 기체 C를 생성하는 화학 반응식이다.

$$2A(g)+B(g) \rightleftharpoons 2C(g)$$

표는 강철 용기에 기체 A와 B를 넣고 반응이 평형 (가)에 도달한 후, 온도를 높여 새로운 평형 (나)에 도달했을 때 농도를 나타낸 것이다.

단서
온도 증가시 역반응 진행하였으므로 정반응은 발열 반응

평형	온도(K)	농도(몰/L)			평형 상수(K)
		A	B	C	
(가)	T	2	1	3	$\dfrac{3^2}{2^2 \times 1}=\dfrac{9}{4}$
(나)	$2T$	㉠ 4	2	1	$\dfrac{1^2}{4^2 \times 2}=\dfrac{1}{32}$

이에 대한 설명으로 옳은 것만을 〈보기〉에서 있는 대로 고른 것은?

[보기]

㉠ ㉠은 4이다.
→ 몰비 A : B : C=2 : 1 : 2이므로 B의 농도 1 증가하면 A농도 2 증가, C농도 2감소   ∴ ㉠은 4

ㄴ. 이 반응의 정반응은 흡열 반응이다.
→ 온도가 증가하면 흡열 반응 우세, 역반응이 흡열 반응이므로 정반응은 발열 반응

㉢ 평형 상수(K)는 (가)가 (나)보다 크다.
→ K는 (가)=$\dfrac{9}{4}$, (나)=$\dfrac{1}{32}$이므로 (가)＞(나)

① ㄱ   ② ㄴ   ③ ㄱ, ㄷ   ④ ㄴ, ㄷ   ⑤ ㄱ, ㄴ, ㄷ

단서+발상

단서 온도 변화에 따른 평형 상태가 제시되어 있다.
발상 온도가 증가했을 때 역반응이 우세하게 진행됨을 추론할 수 있다.
적용 양적 관계를 적용해서 A~C의 양(mol)을 구하는 것부터 문제 풀이를 시작해야 한다.

| 문제+자료 분석 |

◈ 온도 변화와 평형 이동
- 온도를 T에서 $2T$로 높일 때 B의 농도가 1만큼 증가하였으므로 A의 농도는 2만큼 증가하고, C의 농도는 2만큼 감소한다.

	$2A(g)$	$+$	$B(g)$	$\rightleftharpoons$	$2C(g)$
평형 (가)	2		1		3
반응한 양(mol)	+2		+1		−2
평형 (나)	4		2		1

- (가) → (나): 온도 증가, 역반응 우세 → 발열 반응 → K 감소

| 보기 분석 |

㉠ A의 농도가 ＋2가 되었으므로 ㉠은 4가 된다.

ㄴ. 온도를 높이면 평형은 흡열 반응으로 진행한다. 따라서 (가)에서 (나)로 온도를 높였을 때 역반응이 우세하게 일어나고 있으므로 정반응은 발열 반응이다.   주의

㉢ (가)에서 역반응으로 진행하여 (나)가 되면서 평형 상수가 $\dfrac{9}{4}$에서 $\dfrac{1}{32}$로 감소하므로 평형 상수는 (가)가 (나)보다 크다.

* 온도와 평형 이동
- 정반응이 흡열 반응일 때, 온도를 높이면 정반응 쪽으로 평형이 이동하고, 온도를 낮추면 역반응 쪽으로 평형이 이동한다.
- 정반응이 발열 반응일 때, 온도를 높이면 역반응 쪽으로 평형이 이동하고, 온도를 낮추면 정반응 쪽으로 평형이 이동한다.

다음은 $A(g)$로부터 $B(g)$와 $C(g)$가 생성되는 반응의 화학 반응식과 온도 T에서 농도로 정의되는 평형 상수(K)이다.

$$A(g) \rightleftharpoons B(g) + C(g) \qquad K$$

표는 강철 용기 (가)와 (나)에서 이 반응이 일어날 때, 초기 농도와 평형 상태에 대한 자료이다.

강철 용기	초기 농도(M)			평형 상태에서 $C(g)$의 몰수 비율
	[A]	[B]	[C]	
(가)	4	0	0	단서 $\dfrac{1}{6}$
(나)	2	2	2	x

$A(g)$ 3.2 M
$B(g)$ 0.8 M
$C(g)$ 0.8 M
∴ $K = 0.2$

(나)는 (가)에서 [A]가 절반만큼 반응하여 도달한 상태로 볼 수 있음

이에 대한 옳은 설명만을 〈보기〉에서 있는 대로 고른 것은? (단, 온도는 T로 일정하다.) (3점)

[보기]

ㄱ. (가)에서 평형에 도달했을 때 [A]=~~3 M~~이다. 3.2M

ㄴ. $K = \dfrac{1}{5}$이다. $K = \dfrac{[B][C]}{[A]} = \dfrac{0.8 \times 0.8}{3.2} = \dfrac{1}{5}$

ㄷ. $x = ~~\dfrac{1}{3}~~$이다. (가)와 (나)는 같은 평형 상태에 도달할 것이므로 $x = \dfrac{1}{6}$

① ㄱ ② ㄴ ③ ㄷ ④ ㄱ, ㄴ ⑤ ㄴ, ㄷ

단서+발상

단서 화학 반응식, (가)에서의 초기 농도, 평형 상태에서 $C(g)$의 몰수 비율이 나와 있어

발상 K를 구할 수 있으므로

적용 K를 구하여 (가)에서 각 물질의 양(mol)을 구하는 것부터 시작한다.

| 문제+자료 분석 |

· (가)의 평형 상태에서 $A(g)$를 $(4-a)$ M, $B(g)$와 $C(g)$ 각각 a M라 하면

$$\dfrac{a}{(4-a)+a+a} = \dfrac{1}{6} \qquad \therefore a = 0.8$$

따라서 평형 상태에서의 농도는 $A(g)$ 3.2 M, $B(g)$ 0.8 M, $C(g)$ 0.8 M이다.

| 보기 분석 |

ㄱ. (가)의 평형 상태에서 $A(g)$는 3.2 M이다.

ㄴ. (가)의 평형 상태에서 $A(g)$ 3.2 M, $B(g)$ 0.8 M, $C(g)$ 0.8 M이므로

$$K = \dfrac{[B][C]}{[A]} = \dfrac{0.8 \times 0.8}{3.2} = \dfrac{1}{5} \text{이다.}$$

ㄷ. (나)의 상태는 (가)에서 [A]가 절반만큼 반응하여 도달한 상태로 볼 수 있다. 따라서 (가)에서와 같은 평형 상태에 도달할 것이므로 $C(g)$의 몰수 비율도 (가)에서와 같아 $x = \dfrac{1}{6}$이다.

문제 풀이 꿀팁
(나)의 상태는 (가)에서 [A]가 2M만큼 반응하여 도달한 상태로 볼 수 있다는 것을 알면 ㄷ을 쉽게 해결할 수 있다.

다음은 $A(g)$와 $B(g)$가 반응하여 $C(g)$를 생성하는 반응의 열화학 반응식이다. (단, 이 반응의 정반응은 발열 반응이다.)

$$A(g) + B(g) \rightleftharpoons 2C(g)$$

그림은 $T_1 K$에서 강철 용기에 $A(g)$와 $B(g)$를 같은 양(mol)으로 넣고 도달한 평형 Ⅰ과, 평형 Ⅰ에서 순차적으로 조건을 달리하여 새롭게 도달한 평형 Ⅱ, Ⅲ을 나타낸 것이다. X_A는 A의 몰수 비율이다.

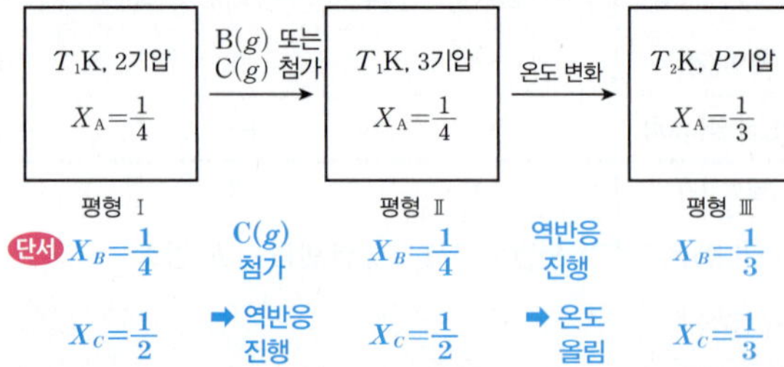

이에 대한 옳은 설명만을 〈보기〉에서 있는 대로 고른 것은? [3점]

[보기]

ㄱ. 평형 Ⅰ에서 $C(g)$를 넣었다.
→ X_A가 일정 ➡ 역반응 진행되었으므로 평형 Ⅰ에서 $C(g)$를 넣음

ㄴ. $B(g)$의 양(mol)은 평형 Ⅱ에서가 평형 Ⅰ에서보다 크다.
→ 몰수 비율은 같지만 전체 기압이 평형 Ⅱ에서가 평형 Ⅰ에서보다 크므로 $B(g)$의 양(mol)은 평형 Ⅱ에서가 평형 Ⅰ에서보다 큼

ㄷ. $P < 3$이다.
→ $P > 3$

① ㄱ ② ㄷ ③ ㄱ, ㄴ ④ ㄴ, ㄷ ⑤ ㄱ, ㄴ, ㄷ

| 문제+자료 분석 |

◆ 평형 이동

· 이 반응은 반응물의 계수 합과 생성물의 계수가 같으므로 반응이 진행되었을 때 양(mol)의 변화가 없다. 꿀팁

· $T_1 K$에서 $A(g)$와 $B(g)$를 같은 양(mol)로 넣었으므로 평형 Ⅰ에서 A와 B의 양(mol)은 같다.

· 평형 Ⅰ에서 $B(g)$ 또는 $C(g)$를 첨가해서 평형 Ⅱ에 도달했을 때 X_A가 같다. 만약 $B(g)$를 첨가하면 전체 양(mol)은 증가하지만 정반응이 진행되면서 $A(g)$의 양(mol)은 감소하므로 X_A는 감소하게 된다. 따라서 평형 Ⅰ에서 $C(g)$를 첨가해서 역반응이 진행돼서 평형 Ⅱ에 도달하게 된 것이다.

· 평형 Ⅱ에서 온도를 변화시켜 평형 Ⅲ에 도달하였는데 X_A가 증가하였으므로 역반응이 진행되었고, 정반응이 발열 반응이므로 역반응이 진행되게 하기 위해서는 온도를 증가시킨 것이다.

| 보기 분석 |

ㄱ. X_A가 일정한 것으로 보아 역반응이 진행되었으므로 평형 Ⅰ에서 $C(g)$를 넣었다. 주의

ㄴ. 온도, 부피, 그리고 몰수 비율은 같지만 전체 기압이 평형 Ⅱ에서가 평형 Ⅰ에서보다 크므로 $B(g)$의 양(mol)은 평형 Ⅱ에서가 평형 Ⅰ에서보다 크다. 주의

ㄷ. 평형 Ⅱ에서 온도를 증가시켜 역반응이 진행되어 평형 Ⅲ에 도달하였다. 반응이 진행되면서 전체 기체의 양(mol)은 변화가 없지만 온도가 증가하였으므로 전체 기체의 압력은 증가한다. 따라서 기체의 전체 압력 $P > 3$이다.

다음은 $A(g)$로부터 $B(g)$와 $C(g)$가 생성되는 반응의 화학 반응식과 온도 T에서 농도로 정의되는 평형 상수(K)이다.

단서 $2A(g) \rightleftharpoons B(g) + C(g)$ $K = \dfrac{[B][C]}{[A]^2} = \dfrac{0.5 \times 0.5}{1^2} = \dfrac{1}{4}$

그림은 온도 T에서 콕으로 분리된 두 강철 용기 Ⅰ과 Ⅱ에 혼합 기체와 $B(g)$가 각각 들어 있는 상태를 나타낸 것이다. 용기 Ⅰ에서 혼합 기체는 평형 상태에 있다.

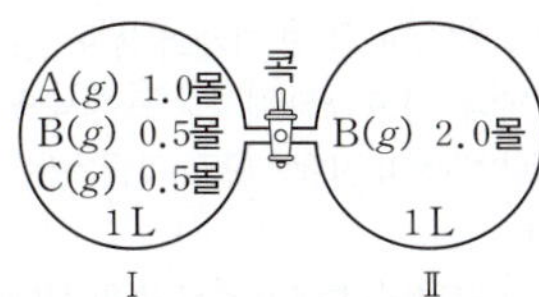

콕을 열어 반응시킬 때, 이에 대한 설명으로 옳은 것만을 〈보기〉에서 있는 대로 고른 것은? (단, 온도는 T로 일정하고, 연결관의 부피는 무시한다.) [3점]

─────[보기]─────

ㄱ. $K = \dfrac{1}{4}$이다.

ㄴ. 반응 초기에 역반응 쪽으로 반응이 진행된다.

ㄷ. 새로운 평형 상태에서 $B(g)$의 몰수 비율은 ~~$\dfrac{1}{2}$~~이다. $\dfrac{9}{16}$

① ㄱ   ② ㄷ   ③ ㄱ, ㄴ   ④ ㄴ, ㄷ   ⑤ ㄱ, ㄴ, ㄷ

| 문제+자료 분석 |

◈ 평형 상수

• 용기 Ⅰ에서 평형 상태이므로 평형 상수는 다음과 같다.

$$K = \frac{[B][C]}{[A]^2} = \frac{0.5 \times 0.5}{1^2} = \frac{1}{4}\text{이다.}$$

| 보기 분석 |

ㄱ. $K = \dfrac{1}{4}$이다.

ㄴ. 콕을 열면 $B(g)$의 농도가 증가하므로 $B(g)$의 농도를 감소시키는 역반응 쪽으로 반응이 진행된다.

ㄷ. 콕을 열고 역반응이 진행되면서 평형 상태에서의 양(mol)은 다음과 같다.

	$2A(g)$	$\rightleftharpoons$	$B(g)$	$+$	$C(g)$
반응 전(몰)	1		2.5		0.5
반응(몰)	$+2x$		$-x$		$-x$
반응 후(몰)	$1+2x$		$2.5-x$		$0.5-x$

새로운 평형 상태에서 기체의 부피의 2L이므로 $A(g)$, $B(g)$, $C(g)$의 몰 농도는 각각 $\dfrac{1+2x}{2}$, $\dfrac{2.5-x}{2}$, $\dfrac{0.5-x}{2}$이다.

따라서 평형 상수 $K = \dfrac{\left(\dfrac{2.5-x}{2}\right)\left(\dfrac{0.5-x}{2}\right)}{\left(\dfrac{1+2x}{2}\right)^2} = \dfrac{(2.5-x)(0.5-x)}{(1+2x)^2} = \dfrac{1}{4}$이다.

이 식을 풀면 $x = \dfrac{1}{4}$이고 A~C의 양(mol)은 각각 1.5, 2.25, 0.25이므로 $B(g)$의 몰수 비율은 $\dfrac{2.25}{4} = \dfrac{9}{16}$이므로 $\dfrac{1}{2}$보다 크다.

다음은 TK에서 기체 A와 B가 반응하여 기체 C가 생성되는 열화학 반응식이다.

반응물과 생성물의 계수가 모두 1로 같음

$$A(g) + B(g) \rightleftharpoons C(g)$$

그림 (가)는 TK일 때 부피가 1 L인 강철 용기에서 이 반응이 평형에 도달한 상태를, (나)는 (가)에 B 0.2몰을 추가하여 새로운 평형에 도달한 상태를, (다)는 (나)에서 온도를 높여 새로운 평형에 도달한 상태를 나타낸 것이다.

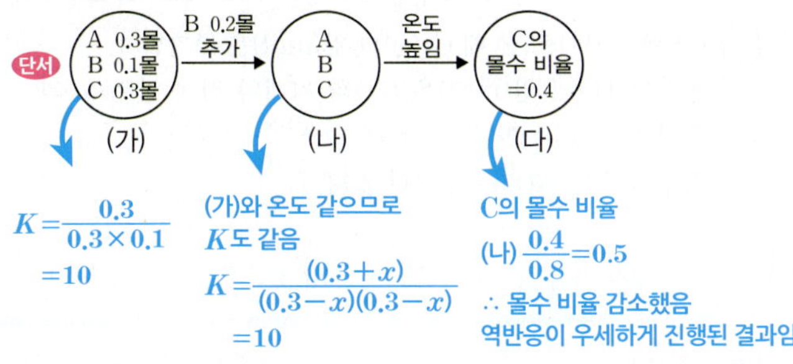

$K = \dfrac{0.3}{0.3 \times 0.1} = 10$

(가)와 온도 같으므로 K도 같음
$K = \dfrac{(0.3+x)}{(0.3-x)(0.3-x)} = 10$

C의 몰수 비율
(나) $\dfrac{0.4}{0.8} = 0.5$
∴ 몰수 비율 감소했음
역반응이 우세하게 진행된 결과임

이에 대한 옳은 설명만을 〈보기〉에서 있는 고른 것은? (단, (가)와 (나)의 온도는 같다.) [3점]

단서+발상

단서 화학 반응식, (가)에서는 초기 농도, (다)에서는 C의 몰수 비율이 제시되어 있다

발상 (가)와 (나)에서는 온도가 같으므로 K가 같음을 추론할 수 있다.

적용 (나)에서 양적 관계와 평형 상수를 적용하여 평형 상태에서 A~C의 양(mol)을 구하는 것부터 문제 풀이를 시작해야 한다.

─────[보기]─────

ㄱ. (나)에서 평형 상수(K)는 10이다.
→ 온도가 같으므로 (가)와 (나)에서 평형 상수가 같음 ∴ $K = \dfrac{0.3}{0.3 \times 0.1} = 10$

ㄴ. A의 양(mol)은 (가) : (나) = ~~12~~이다.
→ 0.3 : 0.2 = 3 : 2

ㄷ. 이 반응의 정반응은 발열 반응이다.
→ C의 몰수 비율은 0.5 → 0.4로 감소했으므로 온도를 높였을 때 역반응이 정반응보다 우세

① ㄱ   ② ㄴ   ③ ㄱ, ㄷ   ④ ㄴ, ㄷ   ⑤ ㄱ, ㄴ, ㄷ

| 문제+자료 분석 |

◈ 평형 상수

• (가), (나): 온도 같으므로 K 같음 → $K = \dfrac{[C]}{[A][B]} = \dfrac{0.3}{0.3 \times 0.1} = 10$

| 보기 분석 |

ㄱ. (나)의 온도는 (가)와 같으므로 평형 상수도 (가)와 같다. 따라서 평형 상수는 10이다.

ㄴ. (나)에서 B 0.2몰을 추가하면 B는 0.3몰이 된다. 반응물이 추가되었으므로 정반응이 우세하게 진행하여 새로운 평형에 도달하는 데, A가 x몰 만큼 반응했다고 가정할 때 B도 x몰 반응하고 C는 x몰 생성되며 평형 상수는 일정하므로 $K = \dfrac{(0.3+x)}{(0.3-x)(0.3-x)} = 10$이 되어 $x = 0.1$이다. 따라서 (나)에서 A는 0.2몰, B도 0.2몰, C는 0.4몰이다. 평형 상수는 일정한 온도에서만 같다는 것을 기억한다. **주의**

ㄷ. (나)에서 A~C의 양(mol)은 각각 0.2, 0.2, 0.4이므로 C의 몰수 비율은 0.50이다. 온도를 높인 후 새로운 평형인 (다)에 도달했을 때 C의 몰수 비율이 0.4로 되었으므로 역반응이 우세하게 진행되어 C의 몰수 비율이 감소했으므로 정반응은 발열 반응이다.

다음은 기체 X와 Y의 열화학 반응식이다.

$$a\mathrm{X}(g) \rightleftharpoons b\mathrm{Y}(g) \quad (a,\ b:\ \text{반응 계수})$$

그림은 일정한 부피의 용기에서 X와 Y 혼합 기체의 총 양(mol)을 시간에 따라 나타낸 것이다.

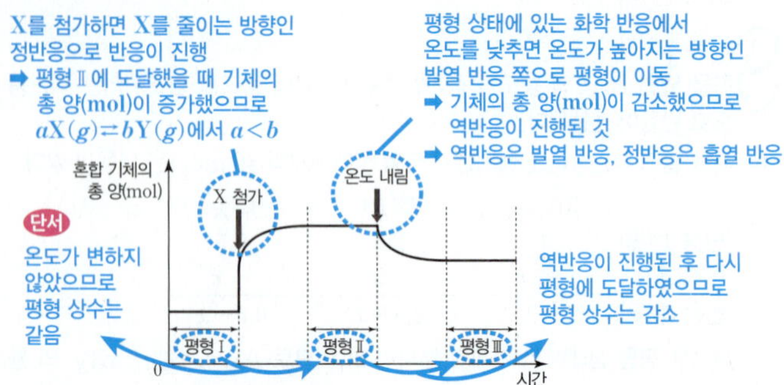

이에 대한 설명으로 옳은 것만을 〈보기〉에서 있는 대로 고른 것은? (단, 평형 Ⅰ과 Ⅱ에서 온도는 같다.)

[보기]
ㄱ. 이 반응의 정반응은 흡열 반응이다.
ㄴ. 평형 상수(K)는 평형 Ⅱ에서가 Ⅰ에서보다 ~~크다.~~
→ 평형 상수는 온도에 의해서만 변하므로 평형 Ⅰ과 평형 Ⅱ가 같음
ㄷ. 일정한 온도에서 용기의 부피를 줄이면 X의 몰수 비율(전체 몰수 중에서 차지하는 비율)이 증가한다.

① ㄱ ② ㄷ ③ ㄱ, ㄴ ④ ㄱ, ㄷ ⑤ ㄴ, ㄷ

| 문제+자료 분석 |

◈ 평형 이동
· X를 첨가하면 X를 줄이는 정방향으로 반응이 진행되는데, 평형 Ⅱ에 도달했을 때 혼합 기체의 총 양(mol)이 증가하였으므로 정반응은 기체의 총 양(mol)이 증가하는 반응이고, 따라서 $a < b$임을 알 수 있다.
· 온도 내림: 합 기체의 총 양(mol) 감소 → 역반응 우세
  ∴ 정반응: 흡열 반응

| 보기 분석 |

ㄱ 평형 Ⅱ에서 온도를 내렸을 때 혼합 기체의 총 양(mol)이 감소했으므로 역반응이 진행된 것이다. 평형 상태에서 온도를 낮추면 온도가 높아지는 방향인 발열 반응으로 반응이 진행되므로 역반응은 발열 반응, 정반응은 흡열 반응임을 알 수 있다.

ㄴ 평형 상태에서 농도나 압력이 변해 새로운 평형 상태에 도달해도 온도가 변하지 않으면 평형 상수는 변하지 않는다. 평형 Ⅰ과 평형 Ⅱ에서는 온도가 같다. 따라서 평형 상수는 똑같다. 꿀팁

ㄷ 용기의 부피를 줄이면 압력이 증가하므로 분자 수가 감소하는 방향으로 반응이 진행되게 된다. 따라서 역반응으로 반응이 진행하여 X의 분자 수가 증가하므로 X의 몰수 비율이 증가한다.

＊ 평형 이동의 법칙(르 샤틀리에 원리)
  화학 평형 상태에 있는 화학 반응에서 농도, 온도, 압력 등의 반응 조건을 변화시키면, 그 변화를 상쇄하려는 방향으로 반응이 우세하게 진행되어 새로운 평형에 도달하며, 평형 이동이 일어나도 온도가 일정하면 평형 상수(K)는 변하지 않는다.
  화학 평형 상태에 있는 화학 반응에서 온도를 높이면 열을 흡수하는 흡열 반응 쪽으로 평형이 이동하고, 온도를 낮추면 열을 방출하는 발열 반응 쪽으로 평형이 이동한다.

다음은 온도 T_1, 1기압에서 이산화 질소(NO_2)가 생성되는 열화학 반응식이다. 이 반응의 정반응은 발열 반응이다.

$$2NO(g) + O_2(g) \rightleftharpoons 2NO_2(g)$$

그림 (가)는 T_1, 1기압에서 이 반응이 평형에 도달한 상태를, (나)는 헬륨(He)을 첨가한 후 평형에 도달한 상태를, (다)는 온도를 T_2로 올려 평형에 도달한 상태를 나타낸 것이다.

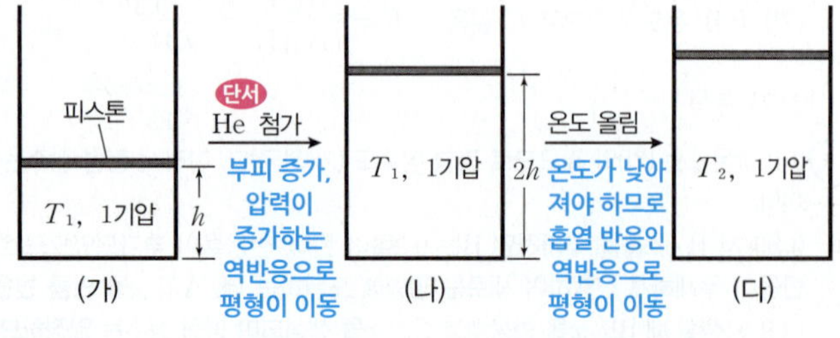

| 문제+자료 분석 |

◈ 르샤틀리에 원리
· 평형 상태에 있는 화학 반응에서 농도, 온도 등의 반응 조건을 변화시키면, 그 변화를 감소시키려는 방향으로 반응이 진행되어 새로운 평형에 도달한다.

이에 대한 설명으로 옳은 것만을 〈보기〉에서 있는 대로 고른 것은? (단, 피스톤의 질량과 마찰은 무시한다.)

[보기]
ㄱ. (가)에서 (나)로 갈 때 $O_2(g)$의 양(mol)은 증가한다.
ㄴ. 첨가한 He의 양(mol)은 (가)의 기체의 전체 양(mol)과 ~~같다.~~ (가) 기체의 전체 양(mol)보다 적음
ㄷ. 평형 상수는 (다)가 (가)보다 ~~크다.~~ 작다

① ㄱ ② ㄴ ③ ㄱ, ㄷ ④ ㄴ, ㄷ ⑤ ㄱ, ㄴ, ㄷ

| 보기 분석 |

ㄱ (가)에서 He을 첨가하면 부피가 증가하여 기체의 부분 압력이 감소하므로 압력이 증가하는 방향인 역반응 쪽으로 평형이 이동한다. 그러면 O_2의 양(mol)은 증가한다.

ㄴ 첨가한 He의 양(mol)이 (가)의 기체의 전체 양(mol)과 같다면 실린더의 높이가 $2h$가 된다고 생각할 수 있다. 하지만 He이 첨가되면 역반응이 우세하게 되어 기체의 몰수가 증가하므로 실린더의 높이가 $2h$보다 더 높아진다. 함정 따라서 첨가한 He의 양(mol)은 (가)의 기체의 전체 양(mol)보다 적다.

ㄷ 정반응은 발열 반응이므로 온도를 올리면 역반응 쪽으로 평형이 이동하여 평형 상수는 작아진다. 따라서 평형 상수는 (다)가 (가)보다 작다.

다음은 A가 B를 생성하는 열화학 반응식과 평형 상수(K)이다.

$$a\mathrm{A}(g) \rightleftharpoons b\mathrm{B}(g) \qquad K\ (a, b : 반응\ 계수)$$

그림 (가)는 실린더에서 A(g)와 B(g)가 평형에 도달한 것을, (나)와 (다)는 부피와 온도(T)를 단계적으로 변화시켜 각각 평형에 도달한 것을 나타낸 것이다. P_B는 B(g)의 부분 압력이다.

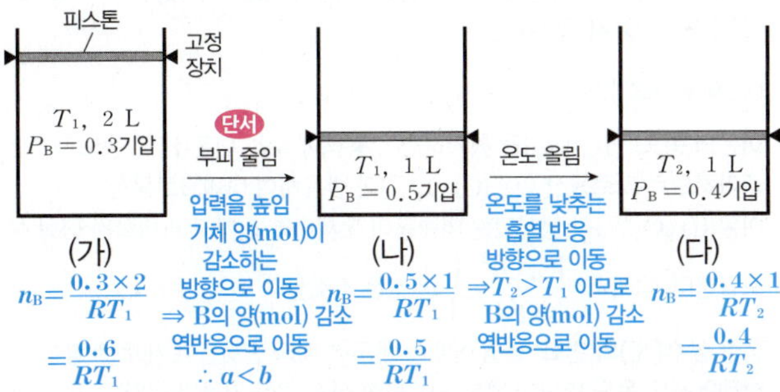

이에 대한 설명으로 옳은 것만을 〈보기〉에서 있는 대로 고른 것은? (3점)

[보기]

ㄱ. $a < b$이다.
→ (가) → (나)는 기체 양(mol)이 감소하는 방향으로 평형 이동이 일어나는데 역반응 우세이므로 $a < b$

ㄴ. 이 반응의 정반응은 발열 반응이다.
→ (나) → (다)는 흡열 반응 방향으로 평형 이동이 일어나는데 역반응 우세이므로 정반응은 발열 반응

ㄷ. K는 (다)에서가 (나)에서보다 ~~크다~~.
→ 정반응이 발열 반응일 때 온도가 증가하면 K 감소
(나) → (다)는 온도가 증가하므로 K 감소

① ㄱ ② ㄷ ③ ㄱ, ㄴ ④ ㄴ, ㄷ ⑤ ㄱ, ㄴ, ㄷ

| 문제+자료 분석 |

◈ 평형 이동
· (가) → (나)는 부피를 줄여 압력을 높이고 있으므로 기체 양(mol)이 감소하는 방향으로 평형 이동이 일어난다.
· (나) → (다)는 온도를 올리고 있으므로 온도를 낮추기 위해 흡열 반응 방향으로 평형 이동이 일어난다.

| 보기 분석 |

ㄱ 기체 B의 양(mol)은 (가)에서 $\dfrac{0.6}{RT_1}$, (나)에서 $\dfrac{0.5}{RT_1}$이므로 (가) → (나)는 기체 B의 양(mol)이 감소하는 역반응으로 평형 이동이 일어나고 있다. 그리고 (가) → (나)는 기체 양(mol)이 감소하는 방향으로 평형 이동이 일어나므로 역반응으로 진행될 때 기체 양(mol)이 감소한다. 따라서 $a < b$이다.

ㄴ 기체 B의 양(mol)은 (나)에서 $\dfrac{0.5}{RT_1}$, (다)에서 $\dfrac{0.4}{RT_2}$이고, $T_1 < T_2$이므로 (나) → (다)는 기체 B의 양(mol)이 감소하는 역반응으로 평형 이동이 일어나고 흡열 반응 방향으로 평형 이동이 일어나므로 역반응으로 진행될 때 흡열 반응이 일어난다. 따라서 정반응은 발열 반응이다.

ㄷ. 정반응이 발열 반응이므로 온도가 증가할 때 평형 상수(K)는 감소한다. 따라서 (다)에서가 (나)에서보다 온도가 높으므로 평형 상수는 (다)에서가 (나)에서보다 작다. 평형 상수는 온도에 의해서만 변한다는 것을 기억해 둔다.

＊ 평형 이동에 영향을 미치는 요인 – 압력과 온도
(1) 압력
　① 압력 증가: 기체의 양(mol)이 감소하는 방향으로 평형 이동
　② 압력 감소: 기체의 양(mol)이 증가하는 방향으로 평형 이동
(2) 온도
　① 온도를 높이면 흡열 반응 쪽으로 평형이 이동
　② 온도를 낮추면 발열 반응 쪽으로 평형이 이동

다음은 인체 내에서 일어나는 화학 평형에 대한 자료이다.

적혈구에 포함되어 있는 헤모글로빈(Hb)은 수소 이온, 산소와 가역적으로 결합하여 인체 내에서 산소를 운반한다. 이것을 다음과 같이 화학 평형 반응식으로 나타낼 수 있다. 이 반응의 정반응은 발열 반응이다.

단서
$$\mathrm{HbH^+} + \mathrm{O_2} \rightleftharpoons \mathrm{HbO_2} + \mathrm{H^+}$$
체온 증가, 혈액의 pH 감소, 혈액의 $\mathrm{O_2}$ 감소 ➡ 역반응 우세

이 반응에 대한 설명으로 옳은 것만을 〈보기〉에서 있는 대로 고른 것은?

[보기]

ㄱ 체온이 올라가면 $\mathrm{HbO_2}$의 농도가 감소한다.
→ 온도가 올라가면 흡열 반응 우세하므로 역반응 우세

ㄴ 혈액의 pH가 감소하면 역반응이 우세하게 진행된다.
→ pH가 감소하면 $\mathrm{H^+}$농도 증가하므로 역반응 우세

ㄷ. 혈액의 $\mathrm{O_2}$ 농도가 감소하면 정반응이 우세하게 진행된다.
→ 혈액의 $\mathrm{O_2}$ 농도가 감소하면 $\mathrm{O_2}$ 농도가 증가하는 방향으로 반응

① ㄱ ② ㄷ ③ ㄱ, ㄴ ④ ㄴ, ㄷ ⑤ ㄱ, ㄴ, ㄷ

| 문제+자료 분석 |

◈ 르샤틀리에 원리
· 평형 상태에 있는 화학 반응에서 농도, 온도 등의 반응 조건을 변화시키면, 그 변화를 감소시키려는 방향으로 반응이 진행되어 새로운 평형에 도달한다. 꿀팁

| 보기 분석 |

ㄱ 평형 상태에 있는 화학 반응에서 온도를 높이면 온도가 낮아지는 방향인 흡열 반응 쪽으로 평형이 이동한다.
반응 $\mathrm{HbH^+} + \mathrm{O_2} \rightleftharpoons \mathrm{HbO_2} + \mathrm{H^+}$은 역반응이 흡열 반응이므로 체온이 올라가면 역반응 쪽으로 평형이 이동하게 된다. 그러면서 $\mathrm{HbO_2}$의 농도는 감소하는 것이다.

ㄴ 혈액의 pH가 감소하면 $\mathrm{H^+}$의 농도는 증가하게 되는데, $\mathrm{H^+}$의 농도가 증가하면 $\mathrm{H^+}$의 농도가 감소하는 방향인 역반응 쪽으로 평형이 이동하게 되므로 역반응이 우세하게 진행된다.

ㄷ. 혈액의 $\mathrm{O_2}$ 농도가 감소하면 $\mathrm{O_2}$의 농도가 증가하는 방향인 역반응 쪽으로 평형이 이동하게 되므로 역반응이 우세하게 진행된다.

＊ 평형 이동의 법칙(르 샤틀리에 원리)
화학 평형 상태에 있는 화학 반응에서 농도, 온도, 압력 등의 반응 조건을 변화시키면, 그 변화를 상쇄하려는 방향으로 반응이 우세하게 진행되어 새로운 평형에 도달하며, 평형 이동이 일어나도 온도가 일정하면 평형 상수(K)는 변하지 않는다.
화학 평형 상태에 있는 화학 반응에서 온도를 높이면 열을 흡수하는 흡열 반응 쪽으로 평형이 이동하고, 온도를 낮추면 열을 방출하는 발열 반응 쪽으로 평형이 이동한다.

다음은 다이크로뮴산 이온($Cr_2O_7^{2-}$)과 크로뮴산 이온(CrO_4^{2-})이 평형을 이루는 반응의 화학 반응식과 평형 상수(K)이다.

$$Cr_2O_7^{2-}(aq) + H_2O(l) \rightleftharpoons 2CrO_4^{2-}(aq) + 2H^+(aq) \qquad K$$

단서 수소 이온(H^+) 농도 증가

이 반응이 평형 상태에 있을 때, 염산($HCl(aq)$)을 소량 첨가하고 온도를 일정하게 유지하여 새로운 평형 상태에 도달하였다. 이에 대하여 물음에 답하시오.

(1) 새로운 평형 상태에 도달할 때까지 $\dfrac{[CrO_4^{2-}]}{[Cr_2O_7^{2-}]}$ 의 값은 증가하는지, 감소하는지 쓰시오. 단답형

생성물 이온의 몰농도 감소　➡ 감소
반응물 이온의 몰농도 증가

(2) 새로운 평형 상태에서의 평형 상수는 처음 평형 상수(K)와 같은지, 다른지 쓰고 그 까닭을 서술하시오. 서술형

온도가 일정하므로
평형 상수 변화가 없음

단서 염산($HCl(aq)$)을 첨가했음이 제시되어 있다.
발상 수소 이온(H^+)의 양이 증가했음을 추론할 수 있다.
적용 르 샤틀리에 원리를 적용해서 각 이온의 농도 변화를 구하는 것부터 문제 풀이를 시작해야 한다.

(1) 정답　감소

(2) 모범 답안　처음 평형 상수와 같다. 온도 변화가 없으므로 평형 상수도 변하지 않는다.

│ 문제+자료 분석 │

• 이온의 농도: $HCl(aq)$을 첨가하면 수용액에 수소 이온(H^+) 농도가 증가하므로 크로뮴산 이온(CrO_4^{2-})과 반응하여 다이크로뮴산 이온($Cr_2O_7^{2-}$)이 생성되는 역반응이 우세하게 진행되어 새로운 평형 상태에 도달한다. 따라서 $\dfrac{[CrO_4^{2-}]}{[Cr_2O_7^{2-}]}$ 의 값은 감소한다.

• 평형 상수(K)의 변화: 평형 상수는 온도에 따라 변하는데 새로운 평형 상태에서도 온도 변화가 없으므로 평형 상수 값은 처음과 같다.

	채점 기준	배점
(1)	감소한다는 의미로 쓴 경우	30%
(2)	온도 변화가 없으므로 평형 상수(K)가 처음과 같다는 의미로 서술한 경우	70%
	평형 상수(K)가 처음과 같다고 서술하였으나 그 까닭을 서술하지 않은 경우	30%

다음은 $A(g)$와 $B(g)$가 반응하여 $C(g)$가 생성되는 반응의 화학 반응식과 평형 상수(K)이다.

$$aA(g) + bB(g) \rightleftharpoons cC(g) \qquad K \ (a \sim c\text{는 반응 계수})$$

그림은 강철 용기에서 이 반응이 평형 상태 (가)에 있을 때 시간 t에서 온도를 높여 새로운 평형 상태 (나)에 도달한 후까지 시간에 따른 농도를 나타낸 것이다. 물음에 답하시오.

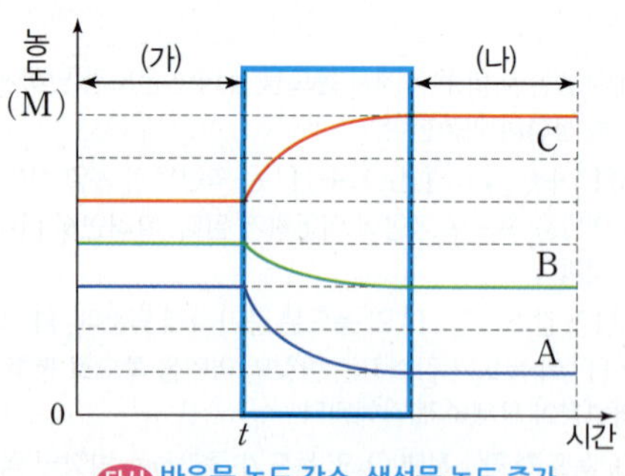

(1) (가)와 (나)에서의 평형 상수 $K_{(가)}$와 $K_{(나)}$의 크기 비교를 부등호를 써서 나타내시오. 단답형

(가) → (나)에서 반응물은 감소하고 생성물은 증가　∴ $K_{(가)} < K_{(나)}$

(2) 이 반응의 정반응은 발열 반응인지 흡열 반응인지 그 까닭과 함께 서술하시오. 서술형

평형 상태에서 온도를 높이면 온도를 낮추는 방향인 흡열 반응이 우세
평형 상태에서 온도를 낮추면 온도를 높이는 방향인 발열 반응이 우세

단서 (가) → (나)에서 반응물 농도와 생성물 농도 변화가 제시되어 있다.
발상 온도를 높이면 정반응이 우세하게 진행됨을 추론할 수 있다.
적용 평형 상수를 구하는 식을 적용해서 $K_{(가)}$와 $K_{(나)}$의 크기를 비교하는 것부터 문제 풀이를 시작해야 한다.

(1) 정답　$K_{(가)} < K_{(나)}$

(2) 모범 답안　(가)의 평형 상태에서 온도를 높였을 때 [A]와 [B]는 감소하고 [C]는 증가했으므로 정반응이 우세하게 진행되었다. 온도를 높이면 온도를 낮추는 방향인 흡열 반응이 우세하게 진행되므로, 정반응은 흡열 반응이다.

│ 문제+자료 분석 │

• 평형 상수(K): 평형 상수는 온도에 따라 변하므로 $K_{(가)}$와 $K_{(나)}$는 서로 다르다. $K = \dfrac{\text{생성물 농도 곱}}{\text{반응물 농도 곱}}$ 이고, 평형 상태 (가)에서 정반응이 우세하게 진행되어 [A]와 [B]는 감소하고 [C]는 증가했으므로 평형 상수는 $K_{(가)} < K_{(나)}$이다. 

• 평형 이동: 르 샤틀리에 원리에 의해 평형 상태에서 온도를 높이면 흡열 반응이, 온도를 낮추면 발열 반응이 우세하게 진행되어 새로운 평형에 도달한다. 평형 상태 (가)에서 온도를 높였을 때 반응물 $A(g)$와 $B(g)$의 농도는 감소하고 생성물 $C(g)$의 농도는 증가했으므로 정반응이 우세하게 진행되었다. 따라서 정반응은 흡열 반응이다.

	채점 기준	배점
(1)	정답인 경우	30%
(2)	정반응이 흡열 반응임을 그 까닭과 함께 서술한 경우	70%
	정반응이 흡열 반응이라고 썼으나 까닭은 서술하지 않은 경우	30%

다음은 A(g)가 반응하여 B(g)가 생성되는 반응의 화학 반응식과 평형 상수(K)이다.

$$a\text{A}(g) \rightleftharpoons b\text{B}(g) \qquad K \ (a, b\text{는 반응 계수})$$

그림은 온도에 따른 평형 상수와 압력에 따른 생성물 B의 몰농도를 나타낸 것이다. 물음에 답하시오.

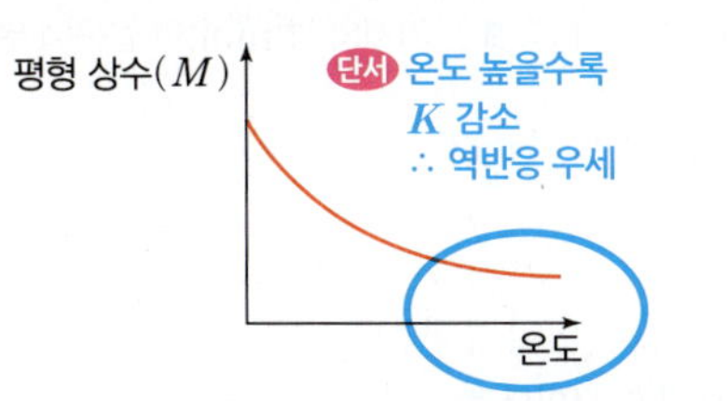

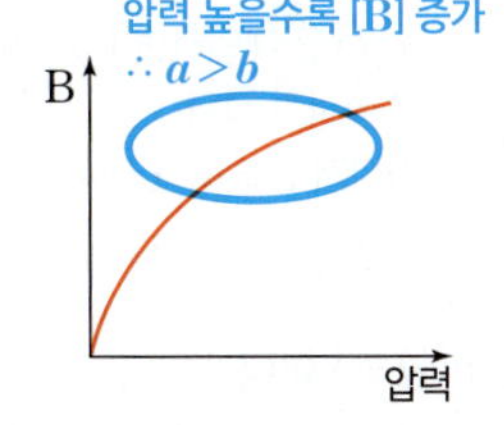

(1) 정반응은 발열 반응인지, 흡열 반응인지 쓰시오. (단답형)
온도가 높아지면 흡열 반응이 우세하게 진행

(2) 반응 계수 a와 b 중 어느 것이 큰 값인지 부등호로 표시하고 그 까닭을 서술하시오. (서술형)
압력이 높아지면 압력을 낮추는 방향(기체 분자 수가 감소하는 반응)으로 반응이 우세하게 진행 ∴ $a>b$

단서＋발상

(단서) 온도에 따른 평형 상수(K) 값의 변화가 제시되어 있다.

(발상) 온도를 높이면 역반응이 우세하게 진행됨을 추론할 수 있다.

(적용) 평형 상수를 구하는 식을 적용해서 정반응이 발열 반응인지 흡열 반응인지 구하는 것부터 문제 풀이를 시작해야 한다.

(1) 정답 **발열 반응**

(2) 모범 답안 $a>b$, 압력이 높아지면 압력을 낮추기 위해 기체 분자 수가 감소하는 방향으로 평형이 이동하는데, 압력이 높을수록 생성물의 농도가 증가했으므로 정반응은 기체 분자 수가 감소하는 방향임을 알 수 있다. 따라서 $a>b$이다.

| 문제＋자료 분석 |

- **온도 변화와 평형 이동**: 화학 반응이 평형 상태에 있을 때 온도가 높아지면 온도를 낮추는 방향으로 평형이 이동하므로 흡열 반응이 우세하게 진행된다. 이 반응은 온도가 높을수록 평형 상수(K)가 감소하므로 역반응이 우세하다. 따라서 역반응이 흡열 반응이고 정반응이 발열 반응이다.
- **압력 변화와 평형 이동**: 화학 반응이 평형 상태에 있을 때 압력이 높아지면 압력을 낮추는 방향으로 평형이 이동하므로 기체 분자 수를 감소시키는 반응이 우세하게 진행된다. 이 반응은 압력이 높을수록 [B]가 증가하므로 정반응이 분자 수를 감소시키는 반응이다. 따라서 $a>b$이다.

	채점 기준	배점
(1)	정답인 경우	30%
(2)	$a>b$임을 그 까닭과 함께 서술한 경우	70%
	$a>b$라고 썼으나 그 까닭을 서술하지 않은 경우	30%

다음은 A(g)가 분해되어 B(g)가 생성되는 반응의 화학 반응식과 평형 상수(K)이다.

$$\text{A}(g) \rightleftharpoons 2\text{B}(g) \qquad K$$

그림 (가)는 부피가 $2V$ L인 실린더에서 A(g)와 B(g)가 평형 상태에 있는 것을, (나)는 부피를 V L로 감소시킨 직후의 상태를 나타낸 것이다. 이 과정에서 온도의 변화는 없다. 물음에 답하시오.

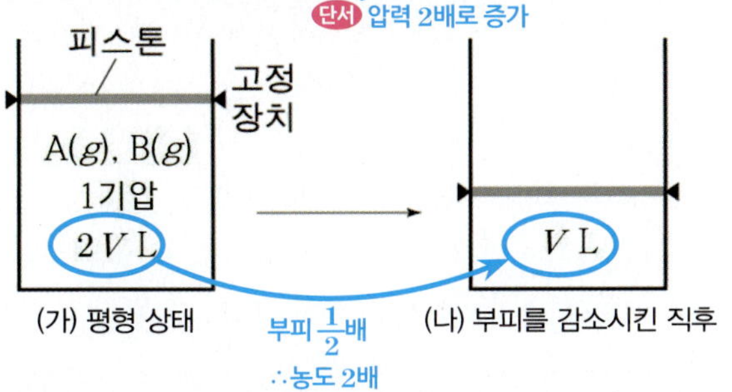

(1) (나)에서 반응 지수(Q)를 평형 상수(K)를 포함한 식으로 나타내시오. (단답형)
$Q=\dfrac{(2[\text{B}])^2}{2[\text{A}]}$ $K=\dfrac{[\text{B}]^2}{[\text{A}]}$

(2) '(나)에서 새로운 평형 상태에 도달했을 때 실린더 내 압력은 2기압이다'라는 진술은 참인지 거짓인지, 그 까닭과 함께 서술하시오. (서술형)
역반응이 우세하게 진행되어 새로운 평형에 도달하므로 기체 분자 수 감소

단서＋발상

(단서) 부피가 $\frac{1}{2}$배로 되었음이 제시되어 있다.

(발상) 압력이 2배로 증가했음을 추론할 수 있다.

(1) 정답 $Q=2K$

(2) 모범 답안 일정한 온도에서 부피가 V에서 $\frac{1}{2}V$로 되었으므로 (나)에서 압력은 2배인 2기압으로 되지만, $Q>K$이므로 평형이 이동하여 역반응이 정반응보다 우세하게 진행하면서 새로운 평형 상태에 도달한다. 따라서 실린더 내 기체 분자 수는 감소하게 되고 새로운 평형 상태에서 실린더 내 전체 압력은 2기압보다 작다. 따라서 주어진 진술 '(나)에서 새로운 평형 상태에 도달했을 때 실린더 내 압력은 2기압이다'는 거짓이다.

| 문제＋자료 분석 |

- **평형 상수(K)와 반응 지수(Q)**: (가)에서 평형 상수는 $K=\dfrac{[\text{B}]^2}{[\text{A}]}$이고, (나)에서 실린더의 부피가 절반으로 되어 A(g)와 B(g)의 농도는 2배로 되었으므로 반응 지수는 $Q=\dfrac{(2[\text{B}])^2}{2[\text{A}]}=\dfrac{2[\text{B}]^2}{[\text{A}]}$가 되어 $Q=2K$이다.
- **평형 이동**: (나)에서 전체 압력은 2기압이지만 $Q>K$이므로 역반응 쪽으로 평형이 이동한다. 이 과정에서 전체 기체 분자 수가 감소하므로 새로운 평형 상태에서 실린더 내 전체 압력은 2기압보다 작다.

	채점 기준	배점
(1)	정답인 경우	30%
(2)	진술이 거짓임을 그 까닭과 함께 서술한 경우	70%
	진술이 거짓이라고 썼으나 그 까닭을 서술하지 않은 경우	30%

다음은 $A(g)$와 $B(g)$가 반응하여 $C(g)$가 생성되는 반응의 열화학 반응식과 농도로 정의되는 평형 상수(K)이다. a는 반응 계수이다. 이 반응의 정반응은 발열 반응이다.

$$aA(g) + B(g) \rightleftharpoons C(g) \qquad K$$

표는 실린더에 $A(g) \sim C(g)$가 들어 있는 초기 상태에 대한 자료이다. $T_1\,\mathrm{K}$

(단서) 기체의 부피 $\propto$ 기체의 양(mol)

에서 K는 5이고, Q는 반응 지수이다.

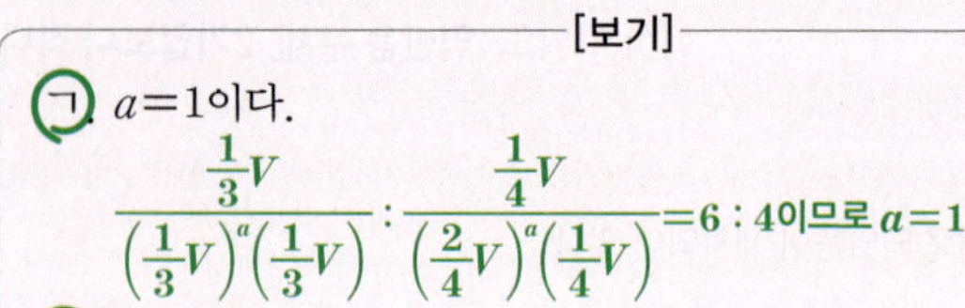

초기 상태	온도 (K)	기체의 양(mol)(상댓값)			$Q = \dfrac{[C]}{[A]^a[B]}$	기체의 부피
		$A(g)$	$B(g)$	$C(g)$		
I	T_1	1	1	1	$6 = \dfrac{\frac{1}{3}V}{\left(\frac{1}{3}V\right)^a\left(\frac{1}{3}V\right)}$	$3V$
II	T_1	2	1	1	$4 = \dfrac{\frac{1}{4}V}{\left(\frac{2}{4}V\right)^a\left(\frac{1}{4}V\right)}$	$4V$
III	T_2	1	1	1	$5 = \dfrac{\frac{1}{V_{\mathrm{III}}}}{\left(\frac{1}{V_{\mathrm{III}}}\right)^a\left(\frac{1}{V_{\mathrm{III}}}\right)}$	V_{III}

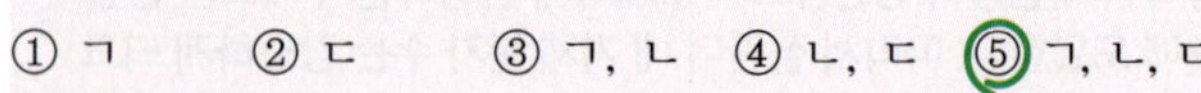

이에 대한 설명으로 옳은 것만을 〈보기〉에서 있는 대로 고른 것은? (단, 실린더 속 기체의 압력은 일정하다.) (3점)

──────────── [보기] ────────────

ㄱ. $a = 1$이다.

$$\frac{\frac{1}{3}V}{\left(\frac{1}{3}V\right)^a\left(\frac{1}{3}V\right)} : \frac{\frac{1}{4}V}{\left(\frac{2}{4}V\right)^a\left(\frac{1}{4}V\right)} = 6 : 4 \text{이므로 } a = 1$$

ㄴ. $T_1 > T_2$이다.
  I 과 III에서 기체의 양(mol)이 같은데 $Q_{\mathrm{I}} > Q_{\mathrm{III}}$이므로 $V_{\mathrm{III}} < 3V$이고 $T_1 > T_2$

ㄷ. $T_2\,\mathrm{K}$에서 $K > 5$이다.
  $T_1 > T_2$이고 정반응이 발열 반응이므로 $T_2\,\mathrm{K}$에서는 $T_1\,\mathrm{K}$에서보다 정반응이 우세하게 진행되어 평형에 도달   ∴ 평형 상수 증가

① ㄱ   ② ㄷ   ③ ㄱ, ㄴ   ④ ㄴ, ㄷ   ⑤ ㄱ, ㄴ, ㄷ

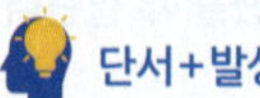 단서 + 발상

(단서) 세 가지 상태에서 실린더에 들어 있는 기체의 양(mol)이 제시되어 있다.

(발상) 실린더이므로 기체의 양(mol)으로부터 기체의 부피를 추론할 수 있다.

(적용) 온도가 같은 I 과 II를 이용하여 반응 계수 a를 구하는 것부터 문제 풀이를 시작해야 한다.

| 문제 해결 과정 |

step 1   **I 과 II를 이용하여 a를 구한다.**

- **I 과 II는 온도가 같으므로 기체의 부피는 기체의 양(mol)에 비례한다.** (꿀팁)
   I 에서 전체 기체의 양(mol)은 3 mol이므로 기체의 부피를 $3V$라 하면, II에서 전체 기체의 양(mol)은 4 mol이므로 기체의 부피는 $4V$이다.
- I 과 II에서 반응 지수(Q)의 비가 6 : 4이므로 다음과 같이 a를 구할 수 있다.

$$Q_{\mathrm{I}} : Q_{\mathrm{II}} = \frac{\frac{1}{3}V}{\left(\frac{1}{3}V\right)^a\left(\frac{1}{3}V\right)} : \frac{\frac{1}{4}V}{\left(\frac{2}{4}V\right)^a\left(\frac{1}{4}V\right)} = 6 : 4 \text{이므로 } a = 1\text{이다.}$$

---

step 2   **I 과 III을 이용하여 T_1과 T_2를 비교한다.**

- I 과 III에서 기체의 양(mol)이 같으므로 온도가 같다면 반응 지수(Q)도 같아야 한다. 하지만 $Q_{\mathrm{I}} > Q_{\mathrm{III}}$이고 다음과 같다.

$$\frac{\frac{1}{3}V}{\left(\frac{1}{3}V\right)^a\left(\frac{1}{3}V\right)} > \frac{\frac{1}{V_{\mathrm{III}}}}{\left(\frac{1}{V_{\mathrm{III}}}\right)^a\left(\frac{1}{V_{\mathrm{III}}}\right)}$$

- $a = 1$을 대입하면 $V_{\mathrm{III}} < 3V$이다. I 과 III은 기체의 양(mol)이 같은데 부피는 I 에서가 크다. 따라서 온도도 I 에서가 높아 $T_1 > T_2$이다.

| 보기 분석 |

ㄱ. **$a = 1$이다.** (○)

- I 과 II에서 반응 지수의 비가 6 : 4이므로

$$\frac{\frac{1}{3}V}{\left(\frac{1}{3}V\right)^a\left(\frac{1}{3}V\right)} : \frac{\frac{1}{4}V}{\left(\frac{2}{4}V\right)^a\left(\frac{1}{4}V\right)} = 6 : 4 \text{가 되어 반응 계수 } a = 1\text{이다.}$$

ㄴ. **$T_1 > T_2$이다.** (○)

- 반응 지수(Q)는 $Q_{\mathrm{I}} > Q_{\mathrm{III}}$이고 $a = 1$을 대입하면 $V_{\mathrm{III}} < 3V$이다. I 과 III은 기체의 양(mol)이 같은데 부피는 I 에서가 크므로 온도도 I 에서가 높아 $T_1 > T_2$이다.

ㄷ. **$T_2\,\mathrm{K}$에서 $K > 5$이다.** (○)

- $T_2 < T_1$이고 이 반응은 정반응이 발열 반응이므로 T_1에서보다 T_2일 때 정반응이 우세하게 진행되어 평형에 도달한다. 따라서 평형 상수 값도 T_1일 때보다 크다.

⭐ **정답은 ⑤ ㄱ, ㄴ, ㄷ이다.**

(왜) 틀렸나?

> 농도로 정의되는 평형 상수(K)는 반응물과 생성물의 몰농도를 알아야 구할 수 있으므로 전체 기체의 부피를 알아야 하는데 부피가 따로 나와 있지 않다.
> 대신, 기체가 들어 있는 용기가 실린더이고 전체 기체의 양(mol)과 온도가 표시되어 있으므로 두 가지를 고려하여 전체 기체의 부피를 알아내야 문제 풀이를 시작할 수 있다.

다음은 $A(g)$로부터 $B(g)$가 생성되는 반응의 열화학 반응식과 농도로 정의되는 평형 상수(K)이다.

단서 $A(g) \rightleftharpoons 2B(g)$ K
$A(g)$ 분자 1개가 분해되어 $B(g)$ 분자 2개 생성됨
➡ 몰질량은 A가 B의 2배라는 의미

그림 (가)는 T_1 K에서 실린더에 $A(g)$ 1 mol이 들어 있는 초기 상태를, (나)는 (가)에서 반응이 진행되어 도달한 평형 상태를, (다)는 (나)의 온도를 T_2 K로 변화시킨 후 반응이 진행되어 도달한 새로운 평형 상태를 나타낸 것이다.

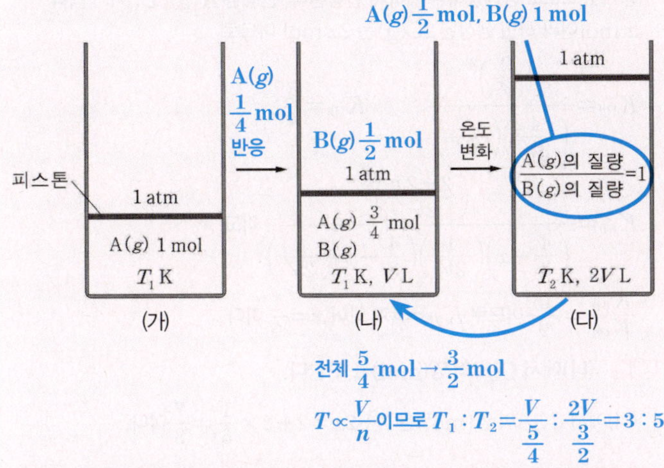

전체 $\frac{5}{4}$ mol → $\frac{3}{2}$ mol

$T \propto \dfrac{V}{n}$ 이므로 $T_1 : T_2 = \dfrac{V}{\frac{5}{4}} : \dfrac{2V}{\frac{3}{2}} = 3 : 5$

이에 대한 설명으로 옳은 것만을 〈보기〉에서 있는 대로 고른 것은? (단, 피스톤의 질량과 마찰은 무시한다.) (3점)

[보기]

ㄱ. (다)에서 $B(g)$의 양은 1 mol이다.
$A(g)$의 몰질량이 $B(g)$의 2배이므로 질량이 같으면 몰 비는 1 : 2
∴ $A(g)$는 $\frac{1}{2}$ mol, $B(g)$는 1 mol

ㄴ. $\dfrac{T_2 \text{K에서의 } K}{T_1 \text{K에서의 } K} = 3$이다.

ㄷ. 이 반응의 정반응은 흡열 반응이다.
(나) → (다)에서 온도가 높아졌을 때, 즉 $T_2 > T_1$이므로 $B(g)$의 양(mol) 증가

① ㄱ ② ㄷ ③ ㄱ, ㄴ ④ ㄴ, ㄷ ⑤ ㄱ, ㄴ, ㄷ

단서＋발상

단서 $A(g)$ 분자 1개가 분해되어 $B(g)$ 분자 2개 생성되는 화학 반응식이 제시되어 있다.

발상 몰질량은 A가 B의 2배임을 추론할 수 있다.

적용 화학 반응에서의 양적 관계를 적용해서 (나), (다)에서 반응물과 생성물의 양(mol)을 구하는 것부터 문제 풀이를 시작해야 한다.

| 문제 풀이 순서 |

step 1 화학 반응식으로부터 $A(g)$와 $B(g)$의 몰질량 관계를 파악한다.

· 화학 반응식 $A(g) \rightleftharpoons 2B(g)$에서 A 분자 1개가 분해되어 B 분자 2개가 생성되므로 몰질량은 A가 B의 2배이다.

step 2 (나), (다)에서 $A(g)$와 $B(g)$의 양(mol)을 구한다.

· 화학 반응식을 보면 A 분자 1개가 분해되어 B 분자 2개가 생성된다. (나)에서 남아 있는 $A(g)$의 양이 $\frac{3}{4}$ mol이므로 반응한 $A(g)$의 양은 $\frac{1}{4}$ mol이고 생성된 $B(g)$의 양은 $\frac{1}{2}$ mol이다.

· (다)에서는 $\dfrac{A(g)의 질량}{B(g)의 질량}=1$이므로 $A(g)$와 $B(g)$의 질량이 같다. 몰질량은 A가 B의 2배이므로 두 기체의 질량이 같으면 몰비는 $A(g) : B(g) = 1 : 2$이다.

따라서 아래와 같이 구하면 $A(g)$는 $\frac{1}{2}$ mol, $B(g)$는 1 mol이다.

	$A(g)$	$\rightleftharpoons$	$2B(g)$
반응 전(mol)	1		0
반응 (mol)	$-x$		$+2x$
반응 후(mol)	$1-x$		$+2x$

➡ $1-x : 2x = 1 : 2$ ∴ $x = \frac{1}{2}$

step 3 온도 T_1과 T_2의 관계를 구한다.

· (나)에서 (다)로 될 때 압력(P)은 일정하고 온도(T), 기체의 양(mol, n)은 달라졌으므로 $PV = nRT$에서 $V \propto nT$이다. 그러므로 (나)와 (다)에서의 부피비는 $V : 2V = \left(\frac{3}{4} + \frac{1}{2}\right) \times T_1 : \left(\frac{1}{2} + 1\right) \times T_2$가 되어 $T_1 : T_2 = 3 : 5$이다.

| 보기 분석 |

ㄱ. (다)에서 $B(g)$의 양은 1 mol이다. (○)

· (다)에서 $\dfrac{A(g)의 질량}{B(g)의 질량}=1$이므로 $A(g)$와 $B(g)$의 질량이 같다. A의 몰질량이 B의 2배이므로 두 기체의 질량이 같으면 몰비는 $A(g) : B(g) = 1 : 2$이다. 따라서 $A(g)$의 양은 $\frac{1}{2}$ mol, $B(g)$의 양은 1 mol이다.

ㄴ. $\dfrac{T_2 \text{K에서의 } K}{T_1 \text{K에서의 } K} = 3$이다. (○)

· 반응 $A(g) \rightleftharpoons 2B(g)$에서 $K = \dfrac{[B]^2}{[A]}$이다.

$$T_1\text{에서 } K = \frac{[B]^2}{[A]} = \frac{\left(\frac{\frac{1}{2}}{V}\right)^2}{\left(\frac{\frac{3}{4}}{V}\right)} = \frac{1}{3V},$$

$$T_2\text{에서 } K = \frac{[B]^2}{[A]} = \frac{\left(\frac{1}{2V}\right)^2}{\left(\frac{\frac{1}{2}}{2V}\right)} = \frac{1}{V}$$이므로

$$\frac{T_2\text{K에서의 } K}{T_1\text{K에서의 } K} = \frac{\frac{1}{V}}{\frac{1}{3V}} = 3$$이다.

ㄷ. 이 반응의 정반응은 흡열 반응이다. (○)

· $T_1 : T_2 = 3 : 5$이므로 (나)에서 (다)로 될 때 온도가 증가했는데 $B(g)$의 양은 $\frac{1}{2}$ mol에서 1 mol이 되어 정반응이 우세하게 일어난 것을 알 수 있으므로 정반응은 흡열 반응이다.

⭐ 정답은 ⑤ ㄱ, ㄴ, ㄷ이다.

왜 틀렸나?

· 화학 반응식 $A(g) \rightleftharpoons 2B(g)$에서 A 분자 1개가 분해되어 B 분자 2개가 생성되므로 몰질량은 A가 B의 2배임을 알아야 각 단계에서 물질의 양(mol)을 구할 수 있다.

· (나)에서 (다)로 될 때 전체 기체의 양(mol, n)과 온도(T)가 모두 변했고 압력(P)은 일정하므로 $PV = nRT$에서 $V \propto nT$임을 이용하여 온도 T_1과 T_2를 구하여야 한다.

다음은 $A(g)$와 $B(g)$가 반응하여 $C(g)$가 생성되는 반응의 화학 반응식과 농도로 정의되는 평형 상수(K)이다.

$$A(g) + B(g) \rightleftharpoons 2C(g) \qquad K$$

단서 반응물 계수 합과 생성물 계수가 같음
➡ 평형이 어느 쪽으로 이동해도 전체 양(mol)은 변화 없음

그림 (가)는 T K에서 꼭지로 분리된 실린더와 강철 용기에 평형 상태에 도달한 $A(g) \sim C(g)$와 $He(g)$이 각각 들어 있는 것을, (나)는 (가)에서 꼭지를 열고 온도를 $\frac{4}{3}T$ K로 변화시킨 후 반응이 진행되어 도달한 평형 상태를 나타낸 것이다. (나)에서 실린더와 강철 용기 속 혼합 기체의 전체 부피는 $2V$ L이고, $\dfrac{\text{(나)에서 } K}{\text{(가)에서 } K} = \dfrac{16}{9}$이다.

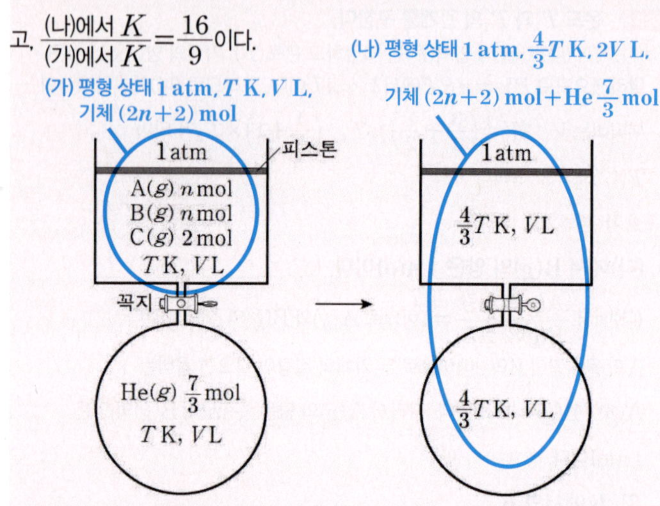

$PV = nRT$에서 V, n, T만 변했으므로 $\dfrac{P}{R}$는 양쪽 평형 상태에서 같아야 함.

$$\frac{(2n+2)T}{V} = \frac{\left(2n+2+\frac{7}{3}\right)\left(\frac{4T}{3}\right)}{2V} \qquad \therefore n = \frac{4}{3}$$

(나)에서 $C(g)$의 양(mol)은? (단, 연결관의 부피와 피스톤의 질량 및 마찰은 무시한다.) (3점)

① $\dfrac{9}{4}$ ② $\dfrac{7}{3}$ ③ $\dfrac{12}{5}$ ④ $\dfrac{5}{2}$ ⑤ $\dfrac{8}{3}$

 **단서＋발상**

단서 $\dfrac{\text{(나)에서 } K}{\text{(가)에서 } K} = \dfrac{16}{9}$ 이므로 (가)에서 (나)로 될 때 생성물의 양(mol)이 증가했다.

발상 $PV = nRT$에서 P, R이 일정하고 V, n, T가 변했으므로

적용 $\dfrac{P}{R} = \dfrac{nT}{V}$로 놓고 (가)와 (나)의 평형 상태에서의 값을 대입하여 n을 구하는 것부터 시작한다.

| 문제 풀이 순서 |

step 1 **(가)와 (나)의 평형 상태를 이용하여 n을 구한다.**

• $PV = nRT$에서 $\dfrac{P}{R} = \dfrac{nT}{V}$이므로

(가)의 평형 상태에서 $\dfrac{(2n+2)T}{V}$,

(나)의 평형 상태에서 $\dfrac{\left(2n+2+\frac{7}{3}\right)\left(\frac{4T}{3}\right)}{2V}$이다.

• (가)와 (나)는 같으므로

$$\frac{(2n+2)T}{V} = \frac{\left(2n+2+\frac{7}{3}\right)\left(\frac{4T}{3}\right)}{2V}$$

$$\therefore n = \frac{4}{3}$$

step 2 **반응한 $A(g)$, $B(g)$의 양(mol)을 구한다.**

• $\dfrac{\text{(나)에서 } K}{\text{(가)에서 } K} = \dfrac{16}{9}$로 (가)에서 (나)의 평형 상태로 될 때 평형 상수가 증가했으므로 정반응이 우세하게 진행된다. 반응한 $A(g)$, $B(g)$가 각각 x mol이라 하면 생성된 $2C(g)$는 $2x$ mol 이므로

$$K_{(가)} = \frac{\left(\frac{2}{V}\right)^2}{\left(\frac{4}{3V}\right)\left(\frac{4}{3V}\right)} \qquad \therefore K_{(가)} = \frac{9}{4}$$

$$K_{(나)} = \frac{\left(\frac{2+2x}{2V}\right)^2}{\left(\frac{4}{3}-x\right)\left(\frac{1}{2V}\right)\left(\frac{4}{3}-x\right)\left(\frac{1}{2V}\right)} \text{이고}$$

$\dfrac{K_{(나)}}{K_{(가)}} = \dfrac{16}{9}$ 이므로 $K_{(나)} = 4$가 되어 $x = \dfrac{1}{6}$이다.

step 3 **(나)에서 $C(g)$의 양(mol)을 구한다.**

• (나)에서 $C(g)$의 양(mol)은 $2 + 2x = 2 + 2 \times \dfrac{1}{6} = \dfrac{7}{3}$이다.

| 선택지 분석 |

② (나)의 평형 상태에서 $C(g)$의 양(mol)은 $\dfrac{7}{3}$이다.

⭐ **정답은 ② $\dfrac{7}{3}$이다.**

왜 **틀렸나?**

• (가)에서 평형 상태는 실린더 내의 기체만 해당되므로 강철 용기 내 $He(g)$은 고려하지 않아도 된다.

• (나)의 평형 상수는 (가)에서보다 크므로 정반응이 우세하게 진행되어 평형 상태에 도달한다. $A(g)$와 $B(g)$의 양(mol)은 감소하고 $C(g)$의 양(mol)은 증가한다.

• 부피, 온도가 변했으므로 평형이 이동하여 $A(g) \sim C(g)$의 양(mol)이 달라졌고 $He(g)$이 합쳐져 전체 기체의 양(mol)이 변했으므로 전체 기체의 양(mol)을 먼저 구해야 한다.

다음은 $A(g)$로부터 $B(g)$가 생성되는 반응의 화학 반응식과 온도 T K에서 농도로 정의되는 평형 상수(K)이다.

$$A(g) \rightleftharpoons 2B(g) \qquad K = a = \dfrac{\left(\frac{2}{20}\right)^2}{\frac{2}{20}} = \dfrac{1}{10}$$

그림은 T K에서 실린더 (가)에 $A(g)$가, (나)에 $B(g)$가 각각 들어 있는 초기 상태를 나타낸 것이다.

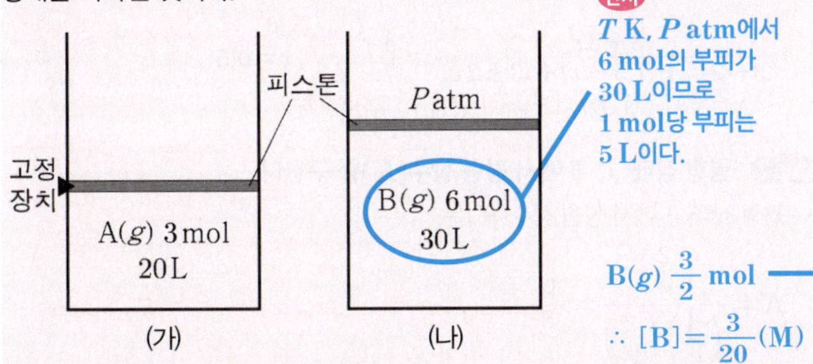

반응이 진행되어 각각 도달한 평형 상태에서 $A(g)$의 양(mol)은 (가)에서와 (나)에서가 같고, $B(g)$의 양(mol)은 (가)에서와 (나)에서가 같다. 평형 상태에

(가)와 (나)는 부피 20 L에 기체의 양(mol)도 똑같은 평형 상태

서 고정 장치를 풀고 (가)의 부피를 10 L로 고정시킨 후 도달한 새로운 평형에서 $[B] = x$ M이고, 평형 상태에서 (나)에 $A(g)$ 3 mol을 추가하여 도달한 새로운 평형에서 $[B] = y$ M이다. $\dfrac{x}{a \times y}$는? (단, 온도와 외부 압력은 각각

$B(g)$ 4 mol, 전체 부피 40 L $\quad \therefore\ [B] = \frac{1}{10}$ M

T K와 P atm으로 일정하고, 피스톤의 질량과 마찰은 무시한다.) (3점)

① 15 ② 16 ③ 18 ④ 20 ⑤ 25

$$\dfrac{x}{a \times y} = \dfrac{\frac{3}{20}}{\frac{1}{10} \times \frac{1}{10}} = 15$$

💡 단서+발상

(단서) (가)와 (나)에서 도달한 평형 상태에서 기체의 양(mol)이 똑같다고 했으므로

(발상) (나)에서도 부피 20 L인 평형 상태에 도달했음을 알 수 있고

(적용) (나)에서 기체 6 mol의 부피가 30 L이므로 평형 상태의 기체는 총 4 mol임을 알고 각 기체의 양(mol)을 알아내어 a를 구하는 것부터 시작한다.

| 문제 풀이 순서 |

step 1 (가)와 (나)에서 같은 평형 상태에 도달한다는 것을 이용하여 평형 상수 a를 구한다.

• (가)와 (나)에서 같은 평형 상태에 도달하므로 평형 상태에서 전체 기체의 부피는 20 L이다. 따라서 양적 관계는 아래와 같다.

	$A(g)$	$\rightleftharpoons$	$2B(g)$
반응 전(mol)	3		0
반응(mol)	$-w$		$+2w$
반응 후(mol)	$3-w$		$2w$

➡ $3 - w + 2w = 4 \quad \therefore\ w = 1$
➡ $A(g)$, $B(g)$의 양은 각각 2 mol이다.

$$\therefore\ K = a = \dfrac{\left(\frac{2}{20}\right)^2}{\frac{2}{20}} = \dfrac{1}{10}$$

step 2 (가)의 부피를 10 L로 고정시킨 새로운 평형 상태에서 $[B]$를 구한다.

• (가)의 부피를 10 L로 고정시키면 $A(g)$의 양은 $(2+z)$ mol, $B(g)$의 양은 $(2-2z)$ mol이므로

$$K = \dfrac{\frac{(2-2z)^2}{10^2}}{\frac{2+z}{10}} = \dfrac{1}{10} \qquad \therefore\ z = \dfrac{1}{4}$$

$$[B] = x = \dfrac{2 - 2 \times \frac{1}{4}}{10} = \dfrac{3}{20}\ \text{이다.}$$

step 3 (나)에 $A(g)$ 3 mol을 추가하여 도달한 새로운 평형 상태에서 $[B]$를 구한다.

• (나)에 $A(g)$ 3 mol을 추가하여 새로운 평형 상태에 도달하면 $A(g)$의 양은 $(5-v)$ mol, $B(g)$의 양은 $(2+2v)$ mol이다.

• 처음 (나)에서 P atm일 때 6 mol의 부피가 30 L였으므로 T K, P atm에서 기체 1 mol당 부피는 5 L이다. 새로운 평형 상태에서 기체는 $(5-v) + (2+2v)$ mol이므로 부피는 $\{(5-v)+(2+2v)\} \times 5$ (L)가

되어 $K = a = \dfrac{1}{10} = \dfrac{\frac{(2+2v)^2}{\{(7+v) \times 5\}^2}}{\frac{(5-v)}{(7+v) \times 5}}$ 이 되므로 $v = 1$이고

$$[B] = y = \dfrac{2 + 2 \times 1}{40} = \dfrac{1}{10}\ \text{이다.}$$

| 선택지 분석 |

① $\dfrac{x}{a \times y} = \dfrac{\frac{3}{20}}{\frac{1}{10} \times \frac{1}{10}} = 15$

✅ 정답은 ① 15이다.

 **틀렸나?**

• 반응이 진행되어 각각 처음 도달한 평형 상태에서 $A(g)$의 양(mol)은 (가)에서와 (나)에서가 같고, $B(g)$의 양(mol)은 (가)에서와 (나)에서가 같다는 것은 (가)와 (나)에서 부피와 각 기체의 양(mol)이 모두 똑같은 평형 상태에 도달했다는 의미이므로 전체 기체나 각 기체의 양(mol)을 따로 구할 필요가 없다.

• (가)는 부피를 고정한 상태에서 평형에 도달하지만 (나)는 일정한 압력에서 평형에 도달하므로 기체의 부피는 전체 기체의 양(mol)에 비례한다. 처음 상태의 (나)에서 기체 6 mol의 부피가 30 L라고 했으므로 이 실험 조건에서 기체 1 mol의 부피는 5 L임을 알고 새로운 평형에서 기체의 양(mol)에 맞춰 부피를 계산하여 평형 상수식을 써야 한다.

다음은 $A(g)$와 $B(g)$가 반응하여 $C(g)$가 생성되는 반응의 화학 반응식과 농도로 정의되는 평형 상수(K)이다.

$$2A(g) + B(g) \rightleftharpoons 2C(g) \qquad K$$

그림은 1 atm, T_1 K에서 실린더에 $A(g)$, $B(g)$, $C(g)$가 들어 있는 초기 상태를 나타낸 것이고, 표는 반응이 진행되어 도달한 평형 상태 Ⅰ과, Ⅰ에서 온도를 T_2 K로 변화시켜 도달한 새로운 평형 상태 Ⅱ에 대한 자료이다.

	피스톤
	1 atm
$A(g)$	3 mol
$B(g)$	1.5 mol
$C(g)$	3 mol

평형 상태	온도(K)	부피(L)	단서 $C(g)$의 몰수 비율	
Ⅰ	T_1	V	$\dfrac{1}{4}$	$A(g)$ 4 mol $B(g)$ 2 mol　$K=\dfrac{V}{8}$ $C(g)$ 2 mol
Ⅱ	T_2 $\left(=\dfrac{10}{7}T_1\right)$	$\dfrac{5}{4}V$	$\dfrac{4}{7}$	$A(g)$ 2 mol $B(g)$ 1 mol　$K=5V$ $C(g)$ 4 mol

$\dfrac{T_1}{T_2} \times \dfrac{T_2\text{에서의 }K}{T_1\text{에서의 }K}$ 는? (단, 외부 압력은 1 atm으로 일정하고, 피스톤의

$$\dfrac{7}{10} \times \dfrac{\frac{5V}{V}}{\frac{V}{8}} = 28$$

질량과 마찰은 무시한다.) (3점)

① 18　② 28　③ 32　④ 35　⑤ 42

 **단서＋발상**

단서 $C(g)$의 몰수 비율이 제시되어 있다.

발상 화학 반응의 양적 관계를 추론할 수 있다.

적용 몰수 비율을 적용해서 각 기체의 양(mol)을 구하는 것부터 문제 풀이를 시작해야 한다.

| 문제 풀이 순서 |

 **step 1** $C(g)$의 부분 압력으로부터 평형 상태 Ⅰ, Ⅱ에서 각 기체의 양(mol)을 구한다.

- 평형 상태 Ⅰ에서 반응 전과 반응 후 물질의 양(mol)은 아래와 같다.

	$2A(g)$	+	$B(g)$	$\rightleftharpoons$	$2C(g)$
반응 전(mol)	3		1.5		3
반응 (mol)	$-2x$		$-x$		$+2x$
반응 후(mol)	$3-2x$		$1.5-x$		$3+2x$

평형 상태 Ⅰ에서 $C(g)$의 몰수 비율은 $\dfrac{1}{4}$이므로

$$\dfrac{3+2x}{(3-2x)+(1.5-x)+(3+2x)} = \dfrac{1}{4} \qquad \therefore x=-0.5$$

$\therefore A(g)$ 4 mol, $B(g)$ 2 mol, $C(g)$ 2 mol

- 평형 상태 Ⅱ에서 반응 전과 반응 후 물질의 양(mol)은 아래와 같다.

	$2A(g)$	+	$B(g)$	$\rightleftharpoons$	$2C(g)$
반응 전(mol)	3		1.5		3
반응 (mol)	$-2x$		$-x$		$+2x$
반응 후(mol)	$3-2x$		$1.5-x$		$3+2x$

평형 상태 Ⅱ에서 $C(g)$의 몰수 비율은 $\dfrac{4}{7}$이므로

$$\dfrac{3+2x}{(3-2x)+(1.5-x)+(3+2x)} = \dfrac{4}{7} \qquad \therefore x=0.5$$

$\therefore A(g)$ 2 mol, $B(g)$ 1 mol, $C(g)$ 4 mol

step 2 평형 상태 Ⅰ, Ⅱ에서 평형 상수(K)를 구한다.

- 평형 상태 Ⅰ에서 평형 상수(K)는

$$K = \dfrac{\left(\dfrac{2}{V}\right)^2}{\left(\dfrac{4}{V}\right)^2\left(\dfrac{2}{V}\right)} = \dfrac{V}{8}$$

- 평형 상태 Ⅱ는 평형 상태 Ⅰ에서와 달리, 기체의 부피가 $\dfrac{5}{4}V$  함정 이므로 평형 상태 Ⅱ에서 평형 상수(K)는

$$K = \dfrac{\left(\dfrac{4}{\frac{5V}{4}}\right)^2}{\left(\dfrac{2}{\frac{5V}{4}}\right)^2\left(\dfrac{1}{\frac{5V}{4}}\right)} = 5V$$

step 3 T_1과 T_2의 관계를 구한다.

- 평형 상태 Ⅰ과 Ⅱ는 온도가 다르므로 이상 기체 방정식을 이용하여 T_1과 T_2의 관계를 구한다. $PV=nRT$에서 P가 1 atm으로 일정하므로 $T \propto \dfrac{V}{n}$ 이다.

따라서 $\dfrac{T_1}{T_2} = \dfrac{\dfrac{V_1}{n_1}}{\dfrac{V_Ⅱ}{n_Ⅱ}} = \dfrac{\dfrac{V}{8}}{\dfrac{\left(\dfrac{5V}{4}\right)}{7}} = \dfrac{7}{10}$ 이다.

| 선택지 분석 |

② $\dfrac{T_1}{T_2} \times \dfrac{T_2\text{에서의 }K}{T_1\text{에서의 }K} = \dfrac{7}{10} \times \dfrac{5V}{\frac{V}{8}} = 28$

❂ **정답은 ② 28이다.**

💬 **틀렸나?**

> 평형 상태 Ⅰ과 Ⅱ는 온도가 다르므로 전체 기체의 몰비가 부피비와 같지 않다. 따라서 각 기체의 양(mol)을 구할 때 $C(g)$의 몰수 비율에 비례하는 것을 이용하여야 한다. 또 평형 상태 Ⅰ과 Ⅱ는 용기의 부피가 다르므로 평형 상수를 구할 때도 주의하여야 한다.

다음은 A(g)로부터 B(g)가 생성되는 반응의 화학 반응식과 농도로 정의되는 평형 상수(K)이다.

$$2A(g) \rightleftharpoons B(g) \quad K$$

몰질량 비 A : B = 1 : 2

그림 (가)는 실린더에 A(g)와 B(g)를 넣은 초기 상태를, (나)는 (가)에서 온도가 T_1 K 또는 T_2 K로 일정할 때, 반응이 진행되어 도달한 평형에서 압력(P)에 따른 $\dfrac{\text{A의 질량}}{\text{B의 질량}}$을 각각 나타낸 것이다. $\dfrac{T_1\,\text{K에서의 } K}{T_2\,\text{K에서의 } K} = \dfrac{5}{24}$이다.

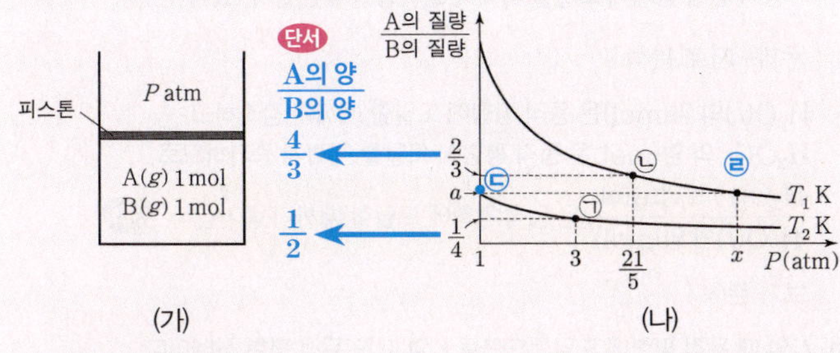

$x \times \dfrac{\text{ㄴ에서 기체의 부피}}{\text{ㄱ에서 기체의 부피}}$는? (단, 피스톤의 질량과 마찰은 무시한다.) (3점)

① 6 ② $\dfrac{20}{3}$ ③ 7 ④ $\dfrac{64}{9}$ ⑤ 8

💡 단서+발상

단서 화학 반응식과 온도에 따른 A와 B의 질량비가 제시되어 있다.

발상 질량 보존 법칙에 따라 ㄱ, ㄴ에서 A와 B의 몰비를 추론할 수 있다.

적용 양적 관계를 적용하여 A와 B의 양(mol)을 구하는 것부터 문제 풀이를 시작해야 한다.

| 문제 풀이 순서 |

step 1 ㄱ, ㄴ에서 각 기체의 양(mol)을 구한다.

- 질량 보존 법칙에 의해 반응 전후 질량은 보존되므로 $2A(g) \rightleftharpoons B(g)$에서 $2 \times$ A의 몰질량 = B의 몰질량이다. 따라서 몰질량 비는 A : B = 1 : 2이다. 물질의 양(mol) = $\dfrac{\text{질량}}{\text{몰질량}}$이므로 ㄱ, ㄴ에서 $\dfrac{\text{A의 양(mol)}}{\text{B의 양(mol)}}$은 각각 $\dfrac{1}{2}$, $\dfrac{4}{3}$이다.

- **ㄴ의 평형 상태**: 초기 상태에서는 A와 B의 양(mol)이 1로 같고 ㄴ에서는 $\dfrac{\text{A의 양(mol)}}{\text{B의 양(mol)}} = \dfrac{4}{3}$이므로 역반응이 우세하게 진행되어 평형에 도달한 것이다. ㄴ의 평형 상태에 도달할 때까지 반응한 B(g)의 양(mol)을 k_1이라 할 때의 양적 관계는 다음과 같다.

	2A(g)	$\rightleftharpoons$	B(g)
반응 전 양(mol)	1		1
반응한 양(mol)	$+2k_1$		$-k_1$
반응 후 양(mol)	$1+2k_1$		$1-k_1$

ㄴ에서 $\dfrac{\text{A의 양(mol)}}{\text{B의 양(mol)}} = \dfrac{4}{3}$이므로 $\dfrac{4}{3} = \dfrac{1+2k_1}{1-k_1}$에서 $k_1 = 0.1$이다. 따라서 A(g), B(g)의 양(mol)은 각각 1.2, 0.9이고, 혼합 기체의 양(mol)은 2.1이다.

- **ㄱ의 평형 상태**: 초기 상태에서는 A와 B의 양(mol)이 1로 같고 ㄱ에서는 $\dfrac{\text{A의 양(mol)}}{\text{B의 양(mol)}} = \dfrac{1}{2}$이므로 정반응이 우세하게 진행되어 평형에 도달한 것이다. ㄱ의 평형 상태에 도달할 때까지 생성된 B(g)의 양(mol)을 k_2라 할 때의 양적 관계는 다음과 같다.

	2A(g)	$\rightleftharpoons$	B(g)
반응 전 양(mol)	1		1
반응한 양(mol)	$-2k_2$		$+k_2$
반응 후 양(mol)	$1-2k_2$		$1+k_2$

ㄱ에서 $\dfrac{\text{A의 양(mol)}}{\text{B의 양(mol)}} = \dfrac{1}{2}$이므로 $\dfrac{1}{2} = \dfrac{1-2k_2}{1+k_2}$에서 $k_2 = 0.2$이다. 따라서 A(g), B(g)의 양(mol)은 각각 0.6, 1.2이고, 혼합 기체의 양(mol)은 1.8이다.

step 2 ㄱ, ㄴ에서 평형 상수 비를 이용하여 실린더의 부피 비와 온도 비를 구한다.

- **실린더의 부피 비**: ㄱ과 ㄴ에서 실린더의 부피를 각각 V_2, V_1, 평형 상수를 K_2, K_1이라 하면 $K_1 = \dfrac{[\text{B}]}{[\text{A}]^2} = \dfrac{\frac{0.9}{V_1}}{\left(\frac{1.2}{V_1}\right)^2}$, $K_2 = \dfrac{[\text{B}]}{[\text{A}]^2} = \dfrac{\frac{1.2}{V_2}}{\left(\frac{0.6}{V_2}\right)^2}$이다.

$\dfrac{T_1\,\text{K에서의 } K}{T_2\,\text{K에서의 } K} = \dfrac{5}{24}$이므로 $K_1 : K_2 = 5 : 24 = \dfrac{\frac{0.9}{V_1}}{\left(\frac{1.2}{V_1}\right)^2} : \dfrac{\frac{1.2}{V_2}}{\left(\frac{0.6}{V_2}\right)^2}$

에서 $\dfrac{V_1}{V_2} = \dfrac{\text{ㄴ에서 기체의 부피}}{\text{ㄱ에서 기체의 부피}} = \dfrac{10}{9}$이다.

- **온도 비**: 이상 기체 방정식 $PV = nRT$에서 $R = \dfrac{PV}{nT}$로 일정하므로 ㄱ과 ㄴ에서 $\dfrac{\text{압력(atm)} \times \text{부피(L)}}{\text{양(mol)} \times \text{온도(K)}}$ 값은 서로 같다. 압력(atm), 부피(L), 양(mol), 온도(K)는 ㄱ에서 각각 3, V_2, 1.8, T_2이고 ㄴ에서 각각 $\dfrac{21}{5}$, V_1, 2.1, T_1이고 $\dfrac{V_1}{V_2} = \dfrac{10}{9}$이므로 $R = \dfrac{3 \times V_2}{1.8 \times T_2} = \dfrac{\frac{21}{5} \times V_1}{2.1 \times T_1}$에서

$\dfrac{T_2}{T_1} = \dfrac{3}{4}$이다.

step 3 ㄷ, ㄹ에서 $\dfrac{\text{A의 질량}}{\text{B의 질량}} (=a)$이 같으며, 온도가 일정하면 평형 상수가 같음을 이용하여 x를 구한다.

- ㄷ(온도(K)와 압력(atm)이 각각 T_2, 1인 지점)에서 평형 상수는 ㄱ에서의 평형 상수 K_2와 같고, ㄹ(온도(K)와 압력(atm)이 각각 T_1, x인 지점)에서 평형 상수는 ㄴ에서의 평형 상수 K_1과 같다. ㄷ과 ㄹ에서 실린더의 부피를 각각 $V_ㄷ$, $V_ㄹ$이라 하고 $\dfrac{\text{A의 질량}}{\text{B의 질량}} = a$일 때 A, B의 양(mol)을 각각 α, β라 하면

$K_2 = \dfrac{[\text{B}]}{[\text{A}]^2} = \dfrac{\frac{\beta}{V_ㄷ}}{\left(\frac{\alpha}{V_ㄷ}\right)^2} = \dfrac{\beta}{\alpha^2} \times V_ㄷ$, $K_1 = \dfrac{[\text{B}]}{[\text{A}]^2} = \dfrac{\frac{\beta}{V_ㄹ}}{\left(\frac{\alpha}{V_ㄹ}\right)^2} = \dfrac{\beta}{\alpha^2} \times V_ㄹ$

이고 $K_2 : K_1 = 24 : 5$이므로 $V_ㄷ : V_ㄹ = 24 : 5$이다.

- 이상 기체 방정식 $PV = nRT$에서 $P = \dfrac{nRT}{V}$이므로 ㄷ과 ㄹ에서 압력 비는 $\dfrac{\text{온도(K)}}{\text{부피(L)}}$ 비와 같고, ㄷ과 ㄹ에서의 압력 비는 $1 : x = \dfrac{T_2}{V_ㄷ} : \dfrac{T_1}{V_ㄹ}$이므로 $x = \dfrac{T_1}{T_2} \times \dfrac{V_ㄷ}{V_ㄹ}$이다. $\dfrac{T_1}{T_2} = \dfrac{4}{3}$이고 $\dfrac{V_ㄷ}{V_ㄹ} = \dfrac{24}{5}$이므로 $x = \dfrac{32}{5}$이다.

| 선택지 분석 |

④ $x = \dfrac{32}{5}$, $\dfrac{\text{ㄴ에서 기체의 부피}}{\text{ㄱ에서 기체의 부피}} = \dfrac{10}{9}$이므로

$x \times \dfrac{\text{ㄴ에서 기체의 부피}}{\text{ㄱ에서 기체의 부피}} = \dfrac{32}{5} \times \dfrac{10}{9} = \dfrac{64}{9}$이다.

⭐ 정답은 ④ $\dfrac{64}{9}$이다.

Ⅲ 01　정답 ②　＊동적 평형, 증발 속도, 응축 속도

표는 밀폐된 진공 용기에 $H_2O(l)$을 넣은 후 시간에 따른 $\dfrac{H_2O(g)\text{의 양(mol)}}{H_2O(l)\text{의 양(mol)}}$을 나타낸 것이다. $0 < t_1 < t_2 < t_3$이고, t_2일 때 $H_2O(l)$과 $H_2O(g)$는 동적 평형에 도달하였다.

동적 평형 상태

시간	t_1	t_2	t_3
$\dfrac{H_2O(g)\text{의 양(mol)}}{H_2O(l)\text{의 양(mol)}}$	$a < b$	$b = c$	$c = b$

이에 대한 옳은 설명만을 〈보기〉에서 있는 대로 고른 것은? (단, 온도는 일정하다.)

[보기]

ㄱ. c ✕ b이다. $=$

ㄴ. $H_2O(g)$의 양(mol)은 t_2일 때가 t_1일 때보다 많다.
　동적 평형 상태에 도달할 때까지 $H_2O(g)$의 양(mol)은 증가

ㄷ. $\dfrac{H_2O(g)\text{의 응축 속도}}{H_2O(l)\text{의 증발 속도}}$ 는 t_1일 때가 t_3일 때보다 크다. 작다

① ㄱ　② ㄴ　③ ㄱ, ㄷ　④ ㄴ, ㄷ　⑤ ㄱ, ㄴ, ㄷ

단서＋발상

(단서) t_2일 때 $H_2O(l)$과 $H_2O(g)$는 동적 평형에 도달하였으므로

(발상) t_2일 때와 t_3일 때가 모두 동적 평형 상태이고, $\dfrac{H_2O(g)\text{의 양(mol)}}{H_2O(l)\text{의 양(mol)}}$은 동적 평형 상태에 도달할 때까지 증가함을 추론할 수 있다.

| 문제＋자료 분석 |

・ $H_2O(l)$의 양(mol)은 동적 평형에 도달할 때까지 감소하고, $H_2O(g)$의 양(mol)은 동적 평형에 도달할 때까지 증가하므로 $\dfrac{H_2O(g)\text{의 양(mol)}}{H_2O(l)\text{의 양(mol)}}$은 동적 평형에 도달할 때까지 증가한다. 

| 보기 분석 |

ㄱ. t_2일 때 동적 평형에 도달했으므로 t_3일 때도 동적 평형 상태이다.
　따라서 $\dfrac{H_2O(g)\text{의 양(mol)}}{H_2O(l)\text{의 양(mol)}}$은 t_2일 때와 t_3일 때가 같으므로 $b = c$이다.

ㄴ. 밀폐된 진공 용기에 $H_2O(l)$을 넣었을 때 동적 평형에 도달할 때까지 $H_2O(g)$의 양(mol)은 증가하므로 $H_2O(g)$의 양(mol)은 t_2일 때가 t_1일 때보다 많다.

ㄷ. $\dfrac{H_2O(g)\text{의 응축 속도}}{H_2O(l)\text{의 증발 속도}}$ 는 동적 평형에 도달할 때까지 증가한다.
　따라서 $\dfrac{H_2O(g)\text{의 응축 속도}}{H_2O(l)\text{의 증발 속도}}$ 는 t_3일 때가 t_1일 때보다 크다.

Ⅲ 02　정답 ①　＊동적 평형

표는 25 ℃에서 밀폐된 진공 용기에 $X(l)$를 넣은 후, $X(l)$와 $X(g)$의 질량을 시간 순서 없이 나타낸 것이다. 시간이 $2t$일 때 $X(l)$와 $X(g)$는 동적 평형 상태에 도달하였고, ㉠과 ㉡은 각각 t, $3t$ 중 하나이다.

$2t$ 이후 $X(l)$의 질량 일정
➡ $2t$일 때와 ㉠일 때 $X(l)$의 질량 동일
➡ ㉠ $= 3t$

시간	$2t$	㉠ $3t$	㉡ t
$X(l)$의 질량(g)	a	a	b
$X(g)$의 질량(g)	c		d

단서
동적 평형 상태에 도달할 때까지
$X(l)$의 질량 감소 ➡ $a < b$
$X(g)$의 질량 증가 ➡ $c > d$

이에 대한 옳은 설명만을 〈보기〉에서 있는 대로 고른 것은? (단, 온도는 25 ℃로 일정하다.)

[보기]

㉠ ㉠은 $3t$이다.
　$2t$일 때와 ㉠일 때 $X(l)$의 질량 동일 ➡ ㉠은 $3t$

ㄴ. d ✕ c이다. $d < c$
　동적 평형 상태에 도달할 때까지 $X(g)$의 질량 증가

ㄷ. 시간이 ㉡일 때 $\dfrac{X(g)\text{의 응축 속도}}{X(l)\text{의 증발 속도}}$ ✕ 1이다. $<$
　(＝동적 평형 상태에 도달하기 전) 응축 속도 ＜ 증발 속도

① ㄱ　② ㄷ　③ ㄱ, ㄴ　④ ㄴ, ㄷ　⑤ ㄱ, ㄴ, ㄷ

단서＋발상

(단서) 밀폐된 진공 용기 안에 $X(l)$를 넣었다고 제시되어 있으므로

(발상) 시간이 지나 동적 평형 상태에 도달할 때까지 $X(l)$의 질량은 감소하고 $X(g)$의 질량은 증가할 것임을 추론할 수 있다.

(적용) 동적 평형 상태에 도달하면 $X(l)$의 질량과 $X(g)$의 질량이 각각 일정하게 유지된다는 점을 적용하여 ㉠과 ㉡을 구하는 것부터 문제 풀이를 시작해야 한다.

| 문제＋자료 분석 |

・ ㉠과 ㉡ : 동적 평형 상태에 도달하면 $X(l)$의 질량과 $X(g)$의 질량이 각각 일정하게 유지된다. $2t$일 때 $X(l)$와 $X(g)$가 동적 평형 상태에 도달하였으므로 $3t$일 때도 동적 평형 상태이다.
　➡ $X(l)$의 질량(g)이 a로 $2t$일 때와 동일한 ㉠이 $3t$이고 ㉡이 t이다.

・ $X(l)$와 $X(g)$의 질량 : 밀폐된 진공 용기 안에 $X(l)$를 넣으면 동적 평형 상태에 도달할 때까지 $X(l)$의 질량은 감소하고 $X(g)$의 질량은 증가한다.
　➡ $X(l)$의 질량은 $2t$일 때가 t일 때보다 작으므로, $a < b$이고,
　➡ $X(g)$의 질량은 $2t$일 때가 t일 때보다 크므로, $c > d$이다.

| 보기 분석 |

㉠ $2t$일 때 동적 평형 상태에 도달하였으므로, $X(l)$의 질량(g)이 a로 $2t$일 때와 동일한 ㉠이 $3t$이다.

ㄴ. 동적 평형 상태에 도달할 때까지 $X(g)$의 질량은 증가하므로 $X(g)$의 질량은 $2t$일 때가 t일 때보다 크다. 따라서 $d < c$이다.

ㄷ. ㉡(＝t)일 때는 동적 평형 상태에 도달하기 전이므로 응축 속도 ＜ 증발 속도이다. 따라서 시간이 ㉡일 때 $\dfrac{X(g)\text{의 응축 속도}}{X(l)\text{의 증발 속도}} < 1$이다.

그림은 밀폐된 진공 용기 안에 $H_2O(l)$을 넣은 모습을
[단서] 초기에는 $H_2O(l)$의 질량은 줄어들고
$H_2O(g)$의 질량은 늘어난다.
나타낸 것이다. 시간이 t일 때 $H_2O(l)$과 $H_2O(g)$는 동
적 평형 상태에 도달하였다. 증발 속도＝응축 속도
➡ 밀폐 용기 내의 물과 수증기의
비율이 일정하게 유지된다.

다음 중 시간에 따른 용기 속 $\dfrac{H_2O(g)\text{의 질량}}{H_2O(l)\text{의 질량}}(a)$을 나타낸 것으로 가

장 적절한 것은? (단, 온도는 일정하다.)

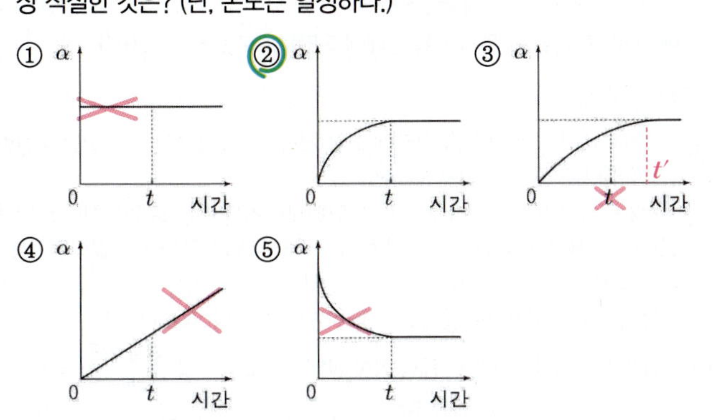

| 문제+자료 분석 |

- **반응 초기**: 표면에서 $H_2O(l)$이 증발하면서 $H_2O(g)$가 생성된다.
- **동적 평형 상태 도달 전**: $H_2O(l)$의 증발 속도＞$H_2O(g)$의 응축 속도
- **t일 때(동적 평형 상태)**: $H_2O(l)$의 증발 속도＝$H_2O(g)$의 응축 속도

| 선택지 분석 |

② 시간이 $=0$일 때 $H_2O(g)$의 질량이 0이기 때문에 $a=0$이다. **[주의]**
동적 평형 상태에 도달하기 전까지 $H_2O(l)$의 질량은 점점 줄어들고 $H_2O(g)$의
질량은 점점 늘어난다. ➡ a는 증가한다.
t일 때 동적 평형 상태에 도달하면 $H_2O(l)$의 질량과 $H_2O(g)$의 질량이
일정하게 유지된다. ➡ a는 일정하다.
따라서 시간에 따른 용기 속 a를 가장 적절하게 나타낸 것은 ②이다.

🐝 문제 풀이 **[꿀팁]**

- 증발 속도와 응축 속도가 같으면 동적 평형 상태에 도달한 것이다.

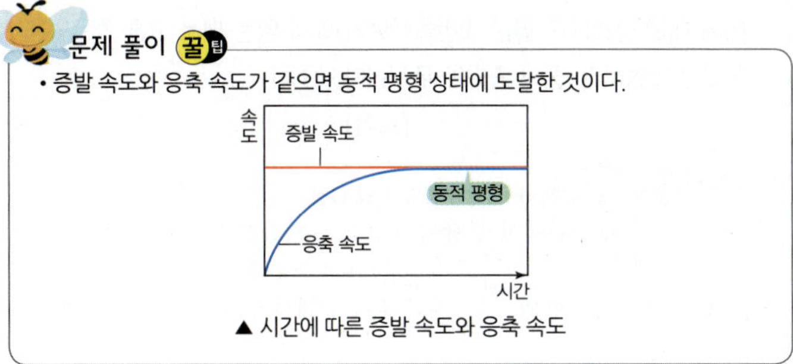

▲ 시간에 따른 증발 속도와 응축 속도

J

그림은 밀폐된 진공 용기 안에 $X(l)$를 넣은 후 시간에 **[단서]**
동적 평형 상태에 도달할 때까지 $X(l)$의 양 감소, $X(g)$의 양 증가

따른 $\dfrac{\text{ⓛ의 양(mol)}}{\text{㉠의 양(mol)}}$ 을 나타낸 것이다. ㉠과 ⓛ은 각각 $X(l)$와 $X(g)$

중 하나이다.

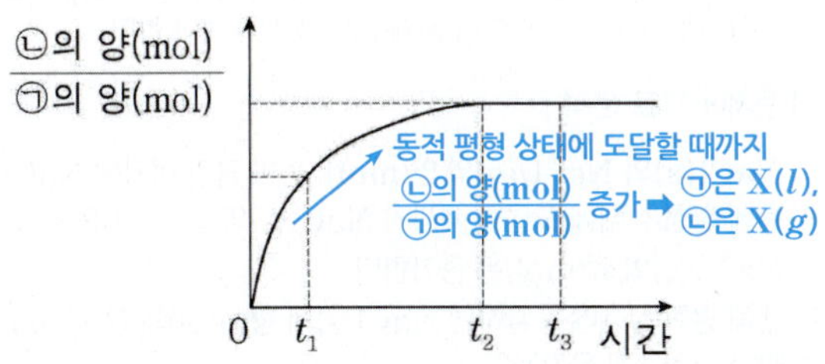

이에 대한 옳은 설명만을 〈보기〉에서 있는 대로 고른 것은? (단, 온도는
일정하다.)

─────────[보기]─────────
ㄱ. ⓛ은 $X(l)$이다. $X(g)$
ㄴ. $X(g)$의 양(mol)은 t_2일 때가 t_1일 때보다 많다.
동적 평형 상태에 도달할 때까지 $X(g)$의 양 증가
ㄷ. t_3일 때 $\dfrac{X(g)\text{의 응축 속도}}{X(l)\text{의 증발 속도}}＞1$이다. ＝
└─ 동적 평형 상태

① ㄱ   ② ㄴ   ③ ㄱ, ㄷ   ④ ㄴ, ㄷ   ⑤ ㄱ, ㄴ, ㄷ

💡 **단서+발상**

[단서] 밀폐된 진공 용기 안에 $X(l)$를 넣었음이 제시되어 있다.

[발상] 시간이 지나 동적 평형 상태에 도달할 때까지 $X(l)$와 $X(g)$의 양의 증감을
추론할 수 있다.

[적용] t_3일 때까지 $\dfrac{\text{ⓛ의 양(mol)}}{\text{㉠의 양(mol)}}$이 증가함을 이용하여 ㉠과 ⓛ을 구하는 것부터
문제 풀이를 시작해야 한다.

| 문제+자료 분석 |

- **$X(l)$와 $X(g)$의 양**: 밀폐된 진공 용기 안에 $X(l)$를 넣으면 동적 평형 상태에
도달할 때까지 $X(l)$의 양은 감소하고 $X(g)$의 양은 증가한다.
동적 평형 상태에 도달하면 $X(l)$와 $X(g)$의 양이 각각 일정하게 유지된다.

➡ 동적 평형 상태에 도달할 때까지 $\dfrac{\text{ⓛ의 양(mol)}}{\text{㉠의 양(mol)}}$이 증가하므로 ㉠과 ⓛ은
각각 $X(l)$와 $X(g)$이다.

| 보기 분석 |

ㄱ. 동적 평형 상태에 도달할 때까지 $X(l)$의 양은 감소하고 $X(g)$의 양은
증가한다. $\dfrac{\text{ⓛ의 양(mol)}}{\text{㉠의 양(mol)}}$이 증가하므로 ⓛ은 $X(g)$이다.

ㄴ. t_2일 때까지 $X(g)$의 양은 증가한다. 따라서 $X(g)$의 양(mol)은 t_2일 때가
t_1일 때보다 많다.

ㄷ. t_3일 때 $X(l)$와 $X(g)$는 동적 평형 상태에 도달한다. 따라서 t_3일 때
$\dfrac{X(g)\text{의 응축 속도}}{X(l)\text{의 증발 속도}}＝1$이다.

표는 서로 다른 질량의 물이 담긴 비커 (가)와 (나)에 a g의 고체 설탕을 각각 넣은 후, 녹지 않고 남아 있는 고체 설탕의 질량을 시간에 따라 나타낸 것이다. (가)에서는 t_1일 때, (나)에서는 t_2일 때 고체 설탕과 용해된 설탕은 동적 평형 상태에 도달하였다. $0 < t_1 < t_2$이다.

단서 (가)는 t_1부터 동적 평형 상태
(나)는 t_2부터 동적 평형 상태

시간		**0**	t_1	t_2
고체 설탕의 질량 (g)	(가)	a > b = x		
	(나)	a		c

이에 대한 설명으로 옳은 것만을 〈보기〉에서 있는 대로 고른 것은? (단, 온도는 일정하고, 물의 증발은 무시한다.) (3점)

[보기]
ㄱ. $x = b$이다.
　동적 평형 상태 ➡ 고체 설탕의 질량 일정
ㄴ. t_1일 때 (나)에서 설탕이 석출되는 반응은 일어나지 ~~않는다.~~
　용해 속도 > 석출 속도로 용해와 석출 모두 일어나고 있다.
ㄷ. t_2일 때 설탕의 $\dfrac{\text{석출 속도}}{\text{용해 속도}}$ 는 (가)에서가 (나)에서보다 ~~크다.~~
　　　　　　　=1　　　=1　　　　　　　　같다.

① ㄱ　② ㄴ　③ ㄱ, ㄴ　④ ㄱ, ㄷ　⑤ ㄴ, ㄷ

단서+발상

단서 물이 담긴 비커에 고체 설탕을 넣었음이 제시되어 있다.
발상 시간이 지나 동적 평형 상태에 도달할 때까지 고체 설탕의 질량의 증감을 추론할 수 있다.
적용 (가)와 (나)에서 각각 동적 평형에 도달한 시간을 이용하여 b와 x의 크기를 비교하는 것부터 문제 풀이를 시작해야 한다.

| 문제+자료 분석 |

• **고체 설탕의 질량**: 물이 담긴 비커에 고체 설탕을 넣으면 동적 평형 상태에 도달할 때까지 고체 설탕의 질량은 감소하고, 동적 평형 상태에 도달하면 고체 설탕의 질량은 일정하게 유지된다.
➡ (가)에서 t_1일 때 동적 평형 상태에 도달하므로 $a > b = x$이다.

| 보기 분석 |

ㄱ. (가)에서 t_1일 때 동적 평형 상태에 도달하므로 t_1일 때부터 고체 설탕의 질량은 일정하게 유지된다. 따라서 $x = b$이다.
ㄴ. (나)에서 t_2일 때 동적 평형 상태에 도달하므로 t_1일 때는 동적 평형에 도달하기 전이다. 고체 설탕의 용해 속도가 석출 속도보다 빠르기 때문에 겉보기에는 고체 설탕이 용해되는 반응만 일어나는 것처럼 보이지만, t_1일 때 (나)에서 설탕의 용해와 석출 반응은 모두 일어나고 있다.
ㄷ. t_2일 때는 (가)와 (나) 모두 동적 평형 상태이므로 설탕의 $\dfrac{\text{석출 속도}}{\text{용해 속도}} = 1$이다.
따라서 t_2일 때 설탕의 $\dfrac{\text{석출 속도}}{\text{용해 속도}}$ 는 (가)에서와 (나)에서가 같다.

표는 물이 담긴 비커에 n mol의 $NaCl(s)$을 넣은 후 시간에 따른 $\dfrac{Na^+(aq)\text{의 양(mol)}}{NaCl(s)\text{의 양(mol)}}$ 을 나타낸 것이다. $3t$일 때 $NaCl(aq)$은 용해 평형 상태에 도달하였다.
단서 ➡ t, $2t$일 때는 평형 상태에 도달하기 전

시간	t	$2t$	$3t$
$\dfrac{Na^+(aq)\text{의 양(mol)} ↑}{NaCl(s)\text{의 양(mol)} ↓}$	㉠ <	$1 = \dfrac{0.5n}{0.5n}$	

이에 대한 설명으로 옳은 것만을 〈보기〉에서 있는 대로 고른 것은? (단, 온도와 압력은 일정하고, 물의 증발은 무시한다.)

[보기]
ㄱ. ㉠ < 1이다.
　$\dfrac{Na^+(aq)\text{의 양(mol)}}{NaCl(s)\text{의 양(mol)}}$ 은 동적 평형 상태에 도달할 때까지 증가
ㄴ. $2t$일 때 $NaCl$의 용해 속도와 석출 속도는 ~~같다.~~
　　　　　용해 속도가 석출 속도보다 크다.
ㄷ. $3t$일 때 $NaCl(s)$의 양은 $0.5n$ mol보다 작다.
　$2t$일 때 $NaCl$의 양($=0.5n$ mol) > $3t$일 때 $NaCl(s)$의 양

① ㄱ　② ㄴ　③ ㄷ　④ ㄱ, ㄴ　⑤ ㄱ, ㄷ

단서+발상

단서 물이 담긴 비커에 $NaCl(s)$을 넣었다고 제시되어 있다.
발상 시간이 지나 용해 평형 상태에 도달할 때까지 $NaCl(s)$과 $Na^+(aq)$의 양의 증감을 추론할 수 있다.
적용 $NaCl(s)$의 양은 감소하고 $Na^+(aq)$의 양은 증가함을 이용하여 ㉠의 크기를 비교하는 것부터 문제 풀이를 시작해야 한다.

| 문제+자료 분석 |

• **$NaCl(s)$와 $Na^+(aq)$의 양(mol)**: 물이 담긴 비커에 $NaCl(s)$을 넣으면 용해 평형 상태에 도달할 때까지 $NaCl(s)$의 양(mol)은 감소하고 $Na^+(aq)$의 양(mol)은 증가한다.
• 용해 평형 상태에 도달하면 $NaCl(s)$의 양(mol)과 $Na^+(aq)$의 양(mol)이 각각 일정하게 유지된다.
➡ $\dfrac{Na^+(aq)\text{의 양(mol)}}{NaCl(s)\text{의 양(mol)}}$ 은 용해 평형 상태에 도달할 때까지 증가하고 용해 평형 상태에 도달하면 일정하게 유지된다.

| 보기 분석 |

ㄱ. $3t$일 때 $NaCl(aq)$은 용해 평형 상태에 도달하므로 t와 $2t$일 때는 모두 평형 상태에 도달하기 전이다. $\dfrac{Na^+(aq)\text{의 양(mol)}}{NaCl(s)\text{의 양(mol)}}$ 은 동적 평형 상태에 도달할 때까지 증가하므로 ㉠ < 1이다.
ㄴ. $2t$일 때는 용해 평형 상태에 도달하기 전이므로 용해 속도가 석출 속도보다 크다.
ㄷ. $NaCl(s)$의 양(mol)은 동적 평형 상태에 도달할 때까지 감소하므로 $2t$일 때가 $3t$일 때보다 크다. $2t$일 때 $\dfrac{Na^+(aq)\text{의 양(mol)}}{NaCl(s)\text{의 양(mol)}} = 1$이므로 $NaCl(s)$의 양(mol) $= Na^+(aq)$의 양(mol) $= 0.5n$ mol이다. 따라서 $3t$일 때 $NaCl(s)$의 양(mol)은 $0.5n$ mol보다 작다.

용액의 몰농도 일정

그림 (가)는 설탕 수용액이 용해 평형에 도달한 모습을, (나)는 (가)의 수용액에 설탕을 추가로 넣은 모습을, (다)는 (나)의 수용액이 충분한 시간이 흐른 후의 모습을 나타낸 것이다.

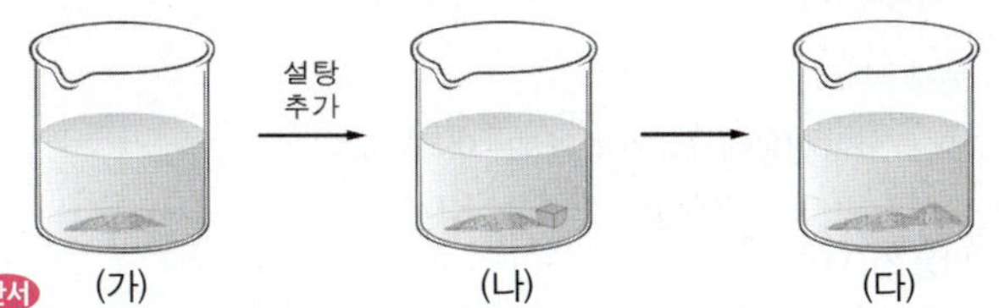

단서
용해 평형에 도달한 (가)에 용해되지 않은 고체 상태의 설탕이 있음
➡ (가)~(다) 모두 용해 평형 상태 ➡ 설탕의 용해 속도＝석출 속도
➡ 설탕물의 농도는 일정하게 유지

이에 대한 설명으로 옳은 것만을 〈보기〉에서 있는 대로 고른 것은? (단, 온도는 일정하고, 물의 증발은 무시한다.) (3점)

[보기]

ㄱ. (나)에서 설탕은 용해되지 ~~않는다.~~
→ 동적 평형 상태에서는 용해와 석출이 모두 일어난다.

ㄴ. $\dfrac{\text{설탕의 용해 속도}}{\text{설탕의 석출 속도}}$ 는 (가)에서와 (다)에서가 같다.
→ (가)와 (다)에서 온도 일정, 동적 평형 상태이므로 용해 속도와 석출 속도는 같다.

ㄷ. 수용액에 녹아 있는 설탕의 질량은 (다)에서가 (나)에서보다 ~~크다.~~
→ 온도가 일정하므로 녹아 있는 설탕의 질량이 모두 같다.

① ㄴ　② ㄷ　③ ㄱ, ㄴ　④ ㄱ, ㄷ　⑤ ㄴ, ㄷ

단서＋발상

단서 용해 평형에 도달한 설탕 수용액에 추가로 설탕을 넣었다고 제시되어 있다.

발상 충분한 시간이 흐른 후 용해 평형에 도달했음을 추론할 수 있다.

적용 온도가 일정하므로 수용액에 녹아 있는 설탕의 질량은 일정함을 구하는 것부터 문제 풀이를 시작해야 한다.

| 문제＋자료 분석 |

◈ 용해 평형

• 용해 평형에서 용액의 몰농도는 일정하게 유지된다.

• **설탕 추가**: (가)가 용해 평형 상태이므로 (가)에 설탕을 더 넣어도 용액의 몰농도는 변하지 않고, 용해된 설탕의 질량은 (가)와 (나)에서 같다.

• (나)가 용해 평형이므로 (다)도 용해 평형이다.

| 보기 분석 |

ㄱ. (나)는 동적 평형 상태이므로 설탕의 용해와 석출이 모두 일어난다.

ㄴ. 온도가 일정한 조건에서 (가)~(다)는 모두 동적 평형 상태이므로 (가)~(다)에서 각각 설탕의 용해 속도와 석출 속도가 같다. 따라서 (가)~(다)에서 $\dfrac{\text{설탕의 용해 속도}}{\text{설탕의 석출 속도}}$＝1로 모두 같다.

ㄷ. 온도가 일정하므로 수용액에 녹아 있는 설탕의 질량은 (가)~(다)에서 모두 같다.

다음은 A(g)와 B(g)가 반응하여 C(g)가 생성되는 반응의 화학 반응식과 농도로 정의되는 평형 상수(K)이다.

$$A(g)+bB(g) \rightleftharpoons 2C(g) \qquad K=\dfrac{[\text{C}]^2}{[\text{A}]\times[\text{B}]^b} \ (b\text{는 반응 계수})$$

그림은 온도 T에서 강철 용기에 혼합 기체가 들어 있는 초기 상태를 나타낸 것이다. 표는 반응이 진행되어 도달한 평형 상태에서 A∼C의 몰수 비율(전체 몰수 중에서 차지하는 비율)이다. 초기 상태에서 반응 지수(Q)는 20이다.

단서 $Q=\dfrac{\left(\dfrac{3x}{2}\right)^2}{\left(\dfrac{x}{2}\right)\left(\dfrac{3x}{2}\right)^2}=20 \quad \therefore x=0.1$

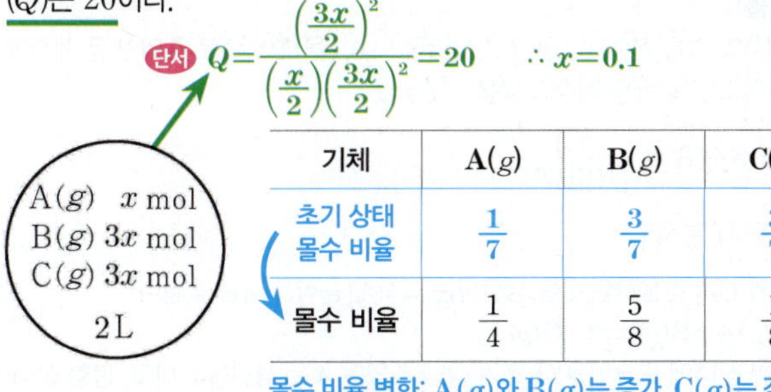

기체	A(g)	B(g)	C(g)
초기 상태 몰수 비율	$\dfrac{1}{7}$	$\dfrac{3}{7}$	$\dfrac{3}{7}$
몰수 비율	$\dfrac{1}{4}$	$\dfrac{5}{8}$	$\dfrac{1}{8}$

몰수 비율 변화: A(g)와 B(g)는 증가, C(g)는 감소
➡ 역반응 쪽으로 평형 이동한 것

T에서 K는? (단, 온도는 일정하다.) (3점)

① $\dfrac{1}{25}$　② $\dfrac{4}{25}$　③ $\dfrac{1}{5}$　④ $\dfrac{2}{5}$　⑤ $\dfrac{16}{25}$

단서＋발상

단서 평형 상태에서 A∼C의 몰수 비율이 제시되어 있다.

발상 초기 상태에서 A∼C의 몰수 비율을 추론할 수 있다.

적용 양적 관계를 적용하여 x를 구하는 것부터 문제 풀이를 시작해야 한다.

| 문제＋자료 분석 |

• 초기 상태에서 A(g), B(g), C(g)의 양(mol)이 각각 x, $3x$, $3x$이므로 몰수 비율은 각각 $\dfrac{1}{7}$, $\dfrac{3}{7}$, $\dfrac{3}{7}$이다.

• 평형 상태에서 A(g), B(g), C(g)의 몰수 비율은 각각 $\dfrac{1}{4}$, $\dfrac{5}{8}$, $\dfrac{1}{8}$로, A(g)와 B(g)의 몰수 비율은 증가하고 C(g)의 몰수 비율은 감소하므로 반응이 역반응 쪽으로 우세하게 진행되어 평형에 도달한 것이다. 꿀팁

• 평형 상태에 도달할 때까지 생성된 A(g)의 양(mol)을 a라 할 때의 양적 관계는 다음과 같다.

	A(g)	＋	bB(g)	$\rightleftharpoons$	2C(g)
반응 전 양(mol)	x		$3x$		$3x$
반응한 양(mol)	$+a$		$+ab$		$-2a$
반응 후 양(mol)	$x+a$		$3x+ab$		$3x-2a$

반응 후 A(g)와 C(g)의 양(mol) 비는 A : C＝2 : 1이므로 $(x+a):(3x-2a)=2:1$에서 $a=x$이고, A(g)와 B(g)의 양(mol) 비는 A : B＝2 : 5이므로 $(x+a):(3x+ab)=2:5$에서 $b=2$이다. 따라서 평형 상태에서 A(g), B(g), C(g)의 양(mol)은 각각 $2x$, $5x$, x이다.

| 선택지 분석 |

④ 반응 지수(Q)＝$\dfrac{\left(\dfrac{3x}{2}\right)^2}{\left(\dfrac{x}{2}\right)\left(\dfrac{3x}{2}\right)^2}=20$에서 $x=0.1$이므로

평형 상태에서 A(g), B(g), C(g)의 농도(M)는 각각 $\dfrac{1}{10}$, $\dfrac{1}{4}$, $\dfrac{1}{20}$이다.

따라서 평형 상수(K)는 $\dfrac{\left(\dfrac{1}{20}\right)^2}{\left(\dfrac{1}{10}\right)\left(\dfrac{1}{4}\right)^2}=\dfrac{2}{5}$이다.

다음은 A(g)로부터 B(g)가 생성되는 반응의 화학 반응식과 온도 T에서 농도로 정의되는 평형 상수(K)이다.

(단서) $2A(g) \rightleftharpoons B(g)$ $K = \dfrac{[B]}{[A]^2}$

표는 온도 T에서 반응이 일어날 때, 강철 용기 Ⅰ과 Ⅱ에서 초기 상태와 평형 상태에 대한 자료이다.

(단서) 강철 용기	초기 상태에서 물질의 농도(M)		평형 상태에서 물질의 농도(M)
	A(g)	B(g)	B(g)
Ⅰ	1.4	0	0.6 ① [A]=0.2 ② $K=\dfrac{[B]}{[A]^2}=\dfrac{0.6}{0.2^2}=15$
Ⅱ	0	x	0.15 ④ [A]=0.1 ③ $K=\dfrac{[B]}{[A]^2}=\dfrac{0.15}{(2(x-0.15))^2}=15$

∴ $x=0.2$, [A]=0.1

이에 대한 설명으로 옳은 것만을 〈보기〉에서 있는 대로 고른 것은? (단, 온도는 일정하다.)

─────[보기]─────
ㄱ. Ⅰ의 평형 상태에서 농도(M)는 A(g)가 B(g)보다 ~~크다.~~ 작다.

ㄴ. $x=0.2$이다.
  $K=\dfrac{[B]}{[A]^2}=\dfrac{0.15}{(2(x-0.15))^2}=15$ 에서 $x=0.2$

ㄷ. 평형 상태에서 $\dfrac{Ⅰ에서\ 전체\ 기체의\ 농도(M)}{Ⅱ에서\ 전체\ 기체의\ 농도(M)} = \dfrac{~~16~~}{15}$이다.
  $\dfrac{16}{5}$

① ㄱ ② ㄴ ③ ㄷ ④ ㄱ, ㄴ ⑤ ㄴ, ㄷ

 단서+발상

(단서) 화학 반응식과 용기 Ⅰ과 Ⅱ에서 평형 전후 물질의 농도가 제시되어 있다.

(발상) 온도가 T로 같으므로 Ⅰ과 Ⅱ에서 K 값은 같음을 추론할 수 있다.

(적용) 평형 상수식에 대입하여 평형 상수(K)를 구하는 것부터 문제 풀이를 시작해야 한다.

| 문제+자료 분석 |

• Ⅰ에서 화학 반응에서의 양적 관계는 아래와 같다.

	$2A(g)$	→	$B(g)$
반응 전(M)	1.4		0
반응 (M)	−1.2		+0.6
반응 후(M)	0.2		0.6

∴ $K = \dfrac{[B]}{[A]^2} = \dfrac{0.6}{0.2^2} = 15$

• Ⅱ에서 화학 반응에서의 양적 관계는 아래와 같다.

	$2A(g)$	→	$B(g)$
반응 전(M)	0		x
반응 (M)	+2a		−a
반응 후(M)	+2a		$x-a$

➡ $x-a=0.15$이므로 $a=x-0.15$

$K = \dfrac{[B]}{[A]^2} = \dfrac{0.15}{(2(x-0.15))^2} = 15$ 가 되어 $x=0.2$, $a=0.05$

∴ [A]=0.1(M)

| 보기 분석 |

ㄱ. Ⅰ의 평형 상태에서 [A]=0.2M, [B]=0.6M이므로 농도(M)는 A(g)가 B(g)보다 작다.

ㄴ. $K=\dfrac{[B]}{[A]^2}=\dfrac{0.15}{(2(x-0.15))^2}=15$이므로 $x=0.2$이다.

ㄷ. 평형 상태에서 $\dfrac{Ⅰ에서\ 전체\ 기체의\ 농도(M)}{Ⅱ에서\ 전체\ 기체의\ 농도(M)}=\dfrac{0.2+0.6}{0.15+0.1}=\dfrac{16}{5}$

다음은 A와 B가 반응하여 C를 생성하는 화학 반응식과, 온도 T에서 농도로 정의되는 평형 상수(K)이다.

$A(g) + bB(g) \rightleftharpoons 2C(g)$ K (b는 반응 계수)

(단서) $K = \dfrac{[C]^2}{[A][B]^2} = \dfrac{0.2^2}{0.1 \times 0.1^2} = 40$ (b는 반응 계수=2)

그림은 1 L의 강철 용기에 기체 A, B를 넣은 초기 상태와 반응이 일어나 도달한 평형 상태에 존재하는 입자를 모형으로 나타낸 것이다. 1개의 ●, □, ▲는 각각 기체 분자 0.1몰에 해당한다.

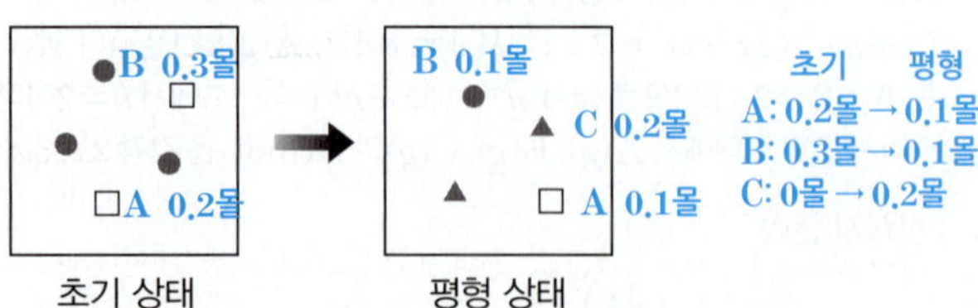

$\dfrac{K}{b}$는? (단, 온도는 T로 일정하고, ●, □, ▲는 A~C 중 하나이다.)

① 2 ② 4 ③ 10 ④ 20 ⑤ 40

$b=2$, $K=\dfrac{[C]^2}{[A][B]^2}=\dfrac{0.2^2}{0.1 \times 0.1^2}=40$ ∴ $\dfrac{K}{b}=20$

| 문제+자료 분석 |

◆ 반응 계수

• 초기 상태 → 평형 상태: A의 반응 계수는 1이고 반응 후 ▲가 0.2몰 생성됨 → C는 ▲(0몰 → 0.2몰), A는 평형 상태에서 0.1몰 감소한 입자 □(0.2몰 → 0.1몰)

• ●(B)의 반응 계수: 0.2몰 감소(0.3몰 → 0.1몰)했으므로 A의 반응 계수에 2배이고 C의 반응 계수와 같음 → $b=2$

• 평형 상수 $K = \dfrac{[C]^2}{[A][B]^{b=2}}$

| 선택지 분석 |

④ A와 B가 반응하여 C를 생성하는 화학 반응식은 다음과 같다.
  $A(g) + bB(g) \rightleftharpoons 2C(g)$
  평형 상태에 도달했을 때 초기 상태에 없던 ▲는 생성물 C이고, 평형 상태에 도달했을 때 생성물 C가 0.2몰 생성되는 동안 ●는 0.2몰, □는 0.1몰 소모되었고, 화학 반응식에서 A와 C는 1 : 2로 반응하므로 □는 A, ●는 B이다. (주의)
  또한 B 0.2몰 반응할 때 C 0.2몰 생성되었으므로 B의 반응 계수(b)는 C와 같은 2이다.

  따라서 반응의 평형 상수 $K = \dfrac{[C]^2}{[A][B]^2} = \dfrac{0.2^2}{0.1 \times 0.1^2} = 40$이고,

  $\dfrac{K}{b}$는 20이다.

다음은 $A(g)$와 $B(g)$가 반응하여 $C(g)$가 생성되는 반응의 화학 반응식과 온도 T에서 농도로 정의된 평형 상수(K)이다.

$$A(g) + B(g) \rightleftharpoons C(g) \qquad K = \frac{[C]}{[A][B]} = \frac{\frac{3}{5}}{\frac{1}{5} \times \frac{1}{5}} = 15$$

그림은 T에서 꼭지로 분리된 강철 용기와 실린더에 $B(g)$와 $C(g)$가 각각 들어 있는 초기 상태를 나타낸 것이다. 실린더에서 반응이 진행되어 평형 상태 Ⅰ에 도달하였을 때, 실린더 속 혼합 기체의 부피는 $\frac{5}{4}$ L이다. Ⅰ에서 피스톤을 고정하고 꼭지를 연 후, 새로운 평형 상태 Ⅱ에 도달하였다.

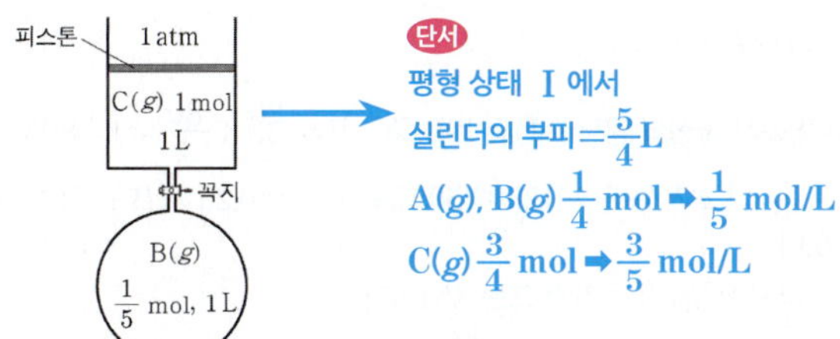

이에 대한 설명으로 옳은 것만을 〈보기〉에서 있는 대로 고른 것은? (단, 온도와 외부 압력은 일정하고, 연결관의 부피와 피스톤의 질량 및 마찰은 무시한다.) (3점)

[보기]

ㄱ. $K = 15$이다.
→ Ⅰ에서 $A(g) \sim C(g)$의 농도는 각각 $\frac{1}{5}$M, $\frac{1}{5}$M, $\frac{3}{5}$M이므로 $K = 15$

ㄴ. Ⅰ에서 $C(g)$의 몰농도는 $\frac{3}{5}$ M이다.

ㄷ. Ⅱ에서 $A(g)$의 양은 $\frac{1}{4}$ mol보다 <del>작다</del>.
→ Ⅰ에서 피스톤을 고정하고 꼭지를 열었을 때의 반응 지수는 평형 상수와 같으므로 $A(g)$의 양은 $\frac{1}{4}$ mol이다.

① ㄱ   ② ㄷ   ③ ㄱ, ㄴ   ④ ㄴ, ㄷ   ⑤ ㄱ, ㄴ, ㄷ

단서 + 발상

단서 초기 상태에서 B, C의 양(mol)이 제시되어 있다.

발상 평형 상태 Ⅰ에서 A~C의 양(mol)을 추론할 수 있다.

적용 양적 관계를 적용하여 A~C의 몰농도(M)를 구하는 것부터 문제 풀이를 시작해야 한다.

| 문제 + 자료 분석 |

◈ **평형 상태 Ⅰ에서 $A(g) \sim C(g)$의 양(mol)과 몰농도**

• **평형 상태 Ⅰ에서 $A(g) \sim C(g)$의 양(mol)**: 반응 전 실린더 안의 기체는 $C(g)$만 1 mol 존재하므로 역반응이 진행되어 평형 상태 Ⅰ에 도달한다. 평형 상태에 도달할 때까지 반응한 $C(g)$의 양(mol)을 c라 하면 양적 관계는 아래와 같다.

	$A(g)$	+	$B(g)$	$\rightleftharpoons$	$C(g)$
반응 전	0		0		1
반응	$+c$		$+c$		$-c$
반응 후	c		c		$1-c$

반응 전 1 atm일 때 기체 1 L의 양이 1 mol이므로, 1 atm일 때 부피가 $\frac{5}{4}$ L인 평형 상태 Ⅰ의 혼합 기체의 양 $(1+c)$mol $= \frac{5}{4}$ mol이다. 따라서 $c = \frac{1}{4}$ mol이고, 평형 Ⅰ에서 $A(g) \sim C(g)$는 각각 $\frac{1}{4}$ mol, $\frac{1}{4}$ mol, $\frac{3}{4}$ mol이다.

• **평형 상태 Ⅰ에서 $A(g) \sim C(g)$의 몰농도**: 평형 상태 Ⅰ에서 실린더의 부피가 $\frac{5}{4}$ L이므로 $A(g) \sim C(g)$의 몰농도는 각각 $\frac{1}{5}$M, $\frac{1}{5}$M, $\frac{3}{5}$M이다.

| 보기 분석 |

ㄱ. $K = \frac{[C]}{[A][B]} = \frac{\frac{3}{5}}{\frac{1}{5} \times \frac{1}{5}} = 15$이다.

ㄴ. Ⅰ에서 $C(g)$의 양은 $\frac{3}{4}$ mol, 부피는 $\frac{5}{4}$ L이다. 따라서 $C(g)$의 몰농도는 $\frac{3}{5}$ M이다.

ㄷ. 꼭지를 열기 전 강철 용기 안의 $B(g)$는 $\frac{1}{5}$ mol이다. 평형 Ⅰ에서 피스톤을 고정하고 꼭지를 열었을 때, 실린더와 강철 용기 안의 $A(g) \sim C(g)$ 양의 합은 각각 $\frac{1}{4}$ mol, $\frac{9}{20}$ mol, $\frac{3}{4}$ mol이고 기체의 총 부피는 $\frac{9}{4}$ L이다. 따라서 $A(g) \sim C(g)$의 몰농도는 각각 $\frac{1}{9}$M, $\frac{1}{5}$M, $\frac{1}{3}$M이고,

반응 지수(Q) $= \frac{\frac{1}{3}}{\frac{1}{9} \times \frac{1}{5}} = 15$로서 평형 이동이 일어나지 않는다.

따라서 Ⅱ에서 $A(g)$는 $\frac{1}{4}$ mol이다.

* **평형 상수와 반응 지수의 크기에 따른 평형 이동의 예측**

• **평형 상수(K)**: 같은 반응에서 온도가 같을 때, K 일정

• **반응 지수(Q)**: 평형 상수식에 주어진 농도를 대입한 값

• 가역 반응에서 Q와 K의 크기에 따른 화학 반응의 방향

Q와 K의 크기 비교	화학 반응의 방향
$Q < K$	정반응 우세하게 진행
$Q = K$	화학 평형
$Q > K$	역반응 우세하게 진행

다음은 A(g)로부터 B(g)가 생성되는 반응의 화학 반응식과 T K에서 농도로 정의되는 평형 상수(K)이다.

$$A(g) \rightleftharpoons 2B(g) \qquad K = 18$$

표는 T K에서 강철 용기 (가)와 (나)에 A(g)와 B(g)를 넣은 초기 상태에 대한 자료이다.

[A의 몰질량]＝2×[B의 몰질량]

단서

기체 농도(M) 비＝기체 양(mol) 비＝$\dfrac{질량}{몰질량}$ 비
➡ A : B＝$\dfrac{20}{2}$: $\dfrac{80}{1}$＝1 : 8
➡ 1 : 8＝0.25 : B(g)의 초기 농도(M)
∴ B(g)의 초기 농도(M)＝2

용기	A(g)의 초기 농도(M)	A(g)의 질량 백분율(%)	B(g)의 질량 백분율(%)	반응 지수 (Q)
(가)	0.25	20	80	
(나)	0.5		x	2

반응 지수(Q)＝2＝$\dfrac{(B(g)의\ 초기\ 농도)^2}{0.5}$ ∴ B(g)의 초기 농도(M)＝1
기체 농도(M) 비＝기체 양(mol) 비 ➡ A : B＝0.5 : 1＝1 : 2
➡ 기체 질량 비＝기체의 양(mol)×몰질량 비＝(0.5×2) : (1×1)＝1 : 1
➡ x＝50

이에 대한 옳은 설명만을 〈보기〉에서 있는 대로 고른 것은? (단, 온도는 T K로 일정하다.) (3점)

[보기]
ㄱ. (가)에서 B(g)의 초기 농도는 2 M이다.
　1 : 8＝0.25 : B(g)의 초기 농도(M)
　∴ B(g)의 초기 농도(M)＝2이다.
ㄴ. (가)에서 평형에 도달하기 전까지 ~~역반응~~이 우세하게 진행된다. $Q＝\dfrac{2^2}{0.25}＝16 < K＝18$이므로 정반응이 우세하게 진행된다.
ㄷ. $x＝$ ~~40~~이다.
　기체의 질량 비 A : B＝(0.5×2) : (1×1)＝1 : 1　∴ $x＝50$이다.

① ㄱ　② ㄴ　③ ㄱ, ㄷ　④ ㄴ, ㄷ　⑤ ㄱ, ㄴ, ㄷ

| 문제+자료 분석 |

• **(가)에서 각 기체의 초기 농도(M)** : 질량 보존 법칙에 의해 반응 전후 질량은 보존되므로 A(g) $\rightleftharpoons$ 2B(g)에서 [A의 몰질량]＝2×[B의 몰질량]이다. **꿀**팁
따라서 몰질량 비는 A : B＝2 : 1이다.

물질의 양(mol)＝$\dfrac{질량}{몰질량}$이므로 (가)에서 물질의 양(mol) 비는

A : B＝$\dfrac{20}{2}$: $\dfrac{80}{1}$＝1 : 8이다. A(g)의 초기 농도(M)가 0.25이므로,
1 : 8＝0.25 : [B(g)의 초기 농도(M)]에서 B(g)의 초기 농도(M)는 0.25×8＝2이다.

• (나)에서 반응 지수(Q)＝2＝$\dfrac{(B(g)의\ 초기\ 농도)^2}{0.5}$에서 B($g$)의 초기 농도(M)는 1이다.

| 보기 분석 |

ㄱ. (가)에서 물질의 양(mol)의 비는 A : B＝$\dfrac{20}{2}$: $\dfrac{80}{1}$＝1 : 8이다.
A(g)의 초기 농도(M)가 0.25이므로, 1 : 8＝0.25 : [B(g)의 초기 농도(M)]이다.
따라서 B(g)의 초기 농도는 2M이다.

ㄴ. (가)에서 반응 지수(Q)는 $\dfrac{2^2}{0.25}＝16$으로, 평형 상수(K)＝18보다 작다.
따라서 (가)에서 평형에 도달하기 전까지 정반응이 우세하게 진행된다.

ㄷ. (나)에서 B(g)의 초기 농도(M)는 1이다.
기체 농도(M) 비는 A : B＝0.5 : 1이므로 기체 양(mol) 비도 A : B＝1 : 2이다.
기체 질량 비＝기체의 양(mol)×몰질량 비이므로 질량 비는 A : B＝(0.5×2) : (1×1)＝1 : 1이다. 따라서 $x＝50$이다.

다음은 A(g)로부터 B(g)가 생성되는 반응의 화학 반응식과 T K에서 농도로 정의되는 평형 상수(K)이다.

$$2A(g) \rightleftharpoons 3B(g) \qquad K$$

단서 반응 계수 비가 A : B＝2 : 3 ➡ 정반응이 일어나면 기체 분자 수가 증가

그림 (가)는 T K에서 A(g)와 B(g)의 혼합 기체가 용기에 들어 있는 초기 상태를, (나)는 반응이 진행되어 도달한 평형 상태를 나타낸 것이다. (가)에서 A(g)의 양(mol)은 0.4이고 반응 지수는 Q이다.

(가)에서 A(g)의 양(mol): 0.4
　　　B(g)의 양(mol): 0.7－0.4＝0.3
(나)에서 A(g)의 양(mol): 0.2
　　　B(g)의 양(mol): 0.6

이에 대한 설명으로 옳은 것만을 〈보기〉에서 있는 대로 고른 것은? (단, 온도는 일정하다.) (3점)

[보기]
ㄱ. (나)에서 B(g)의 몰수 비율(전체 몰수 중에서 차지하는 비율)은 $\dfrac{3}{4}$이다. → $\dfrac{0.6}{0.2+0.6}＝\dfrac{3}{4}$
ㄴ. A(g)의 양(mol)은 (가)에서가 (나)에서의 2배이다. → (가) 0.4, (나) 0.2
ㄷ. $K＝32Q$이다.
→ $K＝\dfrac{(0.6)^3}{(0.2)^2}＝\dfrac{27}{5}$, $Q＝\dfrac{(0.3)^3}{(0.4)^2}＝\dfrac{27}{160}$

① ㄴ　② ㄷ　③ ㄱ, ㄴ　④ ㄱ, ㄷ　⑤ ㄱ, ㄴ, ㄷ

단서 화학 반응식, (가)에서는 초기 상태, (나)에서는 평형 상태가 제시되어 있다

발상 (가)에서 A의 양(mol)을 통해 B의 양(mol)을 추론할 수 있다.

적용 양적 관계를 적용하여 (나)에서 A와 B의 양(mol)을 구하는 것부터 문제
풀이를 시작해야 한다.

| 문제+자료 분석 |

- 반응 계수 비가 A : B=2 : 3이므로 정반응이 일어나면 기체 분자 수가
증가한다. (가)~(나)에서 전체 기체의 압력이 증가했으므로 정반응이 우세하게
진행된 것이다.

- (가)에서 A(g)의 양(mol)이 0.4이므로 B(g)의 양(mol)은
$0.7-0.4=0.3$이다.

- (가)에서 A, B의 양(mol)을 각각 0.4 mol, 0.3 mol이라고 하면
(가)~(나)에서 반응의 양적 관계는 다음과 같다.

	$2A(g)$	$\rightleftharpoons$	$3B(g)$
(가)에서 양(mol)	0.4		0.3
반응한 양(mol)	$-2x$		$+3x$
(나)에서 양(mol)	$(0.4-2x)$		$(0.3+3x)$

- (나)에서 전체 기체의 양(mol)은 0.8 mol이다. 따라서
$(0.4-2x)+(0.3+3x)=0.8$에서 $x=0.1$이다.
→ (나)에서 A(g)의 양(mol)은 0.2, B(g)의 양(mol)은 0.6이다.

| 보기 분석 |

ㄱ (나)에서 B(g)의 몰수 비율은 $\dfrac{0.6}{0.2+0.6}=\dfrac{3}{4}$이다.

ㄴ A(g)의 양(mol)이 (가)에서는 0.4이고, (나)에서는 0.2이다. 따라서 A(g)의
양(mol)은 (가)에서가 (나)에서의 2배이다.

ㄷ (가)에서 $Q=\dfrac{[B]^3}{[A]^2}=\dfrac{(0.3)^3}{(0.4)^2}=\dfrac{27}{160}$이고,

(나)에서 $K=\dfrac{[B]^3}{[A]^2}=\dfrac{(0.6)^3}{(0.2)^2}=\dfrac{27}{5}$이므로 $K=32Q$이다.

---

 14 정답 ③　＊화학 평형　···　

다음은 A(g)와 B(g)가 반응하여 C(g)가 생성되는 반응의 화학 반응식
이다.

$$A(g)+B(g) \rightleftharpoons C(g)$$

그림은 꼭지로 분리된 강철 용기에 들어 있는 A(g)~C(g)가 각각 평형
을 이룬 상태를 나타낸 것이다.

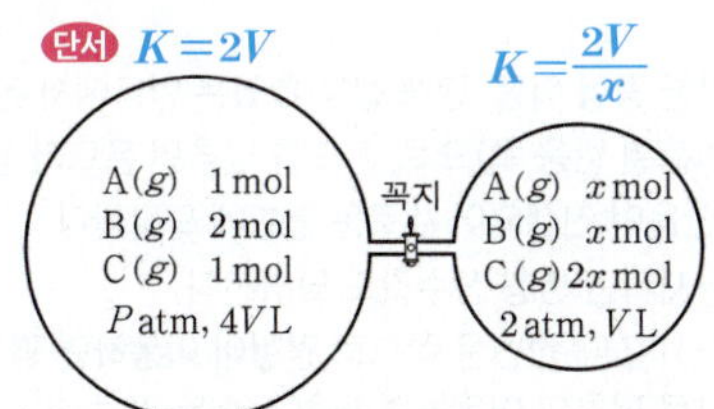

이에 대한 설명으로 옳은 것만을 〈보기〉에서 있는 대로 고른 것은? (단,
온도는 일정하고, 연결관의 부피는 무시한다.)

[보기]

ㄱ. $x=1$이다.
　→$2V=\dfrac{2V}{x}$, $x=1$

ㄴ. $P=0.5$이다.
　→$P : 2=\dfrac{4}{4V} : \dfrac{4}{V}$, $P=0.5$

ㄷ. 꼭지를 연 후 도달한 새로운 평형에서
　$\dfrac{C(g)의 양(mol)}{B(g)의 양(mol)}$✗1이다. ＜
　→꼭지를 열기 전 B(g), C(g)의 양은 같고, 꼭지를 열면 역반응이 일
　어남

① ㄱ　　② ㄷ　　③ ㄱ, ㄴ　④ ㄴ, ㄷ　⑤ ㄱ, ㄴ, ㄷ

| 문제+자료 분석 |

◆ **강철 용기 안 기체의 평형 상수 구하기**

- A(g)+B(g) $\rightleftharpoons$ C(g)의 평형 상수식 $K=\dfrac{[C(g)]}{[A(g)][B(g)]}$이고,

[A(g)], [B(g)], [C(g)]는 평형 상태에서 각 기체의 몰농도이다. 몰농도는
$\dfrac{\text{기체 양(mol)}}{\text{기체의 부피}}$이다.

- **왼쪽 강철 용기에서 평형 상수**: $K=\dfrac{\dfrac{1}{4V}}{\dfrac{1}{4V}\times\dfrac{2}{4V}}=2V$

- **오른쪽 강철 용기에서 평형 상수**: $K=\dfrac{\dfrac{2x}{V}}{\dfrac{x}{V}\times\dfrac{x}{V}}=\dfrac{2V}{x}$

| 보기 분석 |

ㄱ 온도가 일정하므로 왼쪽 강철 용기와 오른쪽 강철 용기의 평형 상수가 같다.
$2V=\dfrac{2V}{x}$, $x=1$이다.

ㄴ 온도가 일정하므로 $P\propto\dfrac{n}{V}$이고, $x=1$이므로 왼쪽 용기와 오른쪽 용기의

압력 비는 $P : 2=\dfrac{4}{4V} : \dfrac{4}{V}$, $P=0.5$이다.

ㄷ. 꼭지를 열었을 때, A(g), B(g), C(g)의 양(mol)은 각각 2, 3, 3이고, 기체의

부피는 $5V$이므로 반응 지수$(Q)=\dfrac{\dfrac{3}{5V}}{\dfrac{2}{5V}\times\dfrac{3}{5V}}=2.5V$이다. $K=2V$이므로

$Q>K$이다. 따라서 꼭지를 열면 역반응이 진행된다. 꿀팁
꼭지를 열기 전 B(g), C(g)의 양(mol)은 같다. 꼭지를 열면 역반응이
진행되어 C(g)는 감소하고, B(g)는 증가하므로 새로운 평형에서
$\dfrac{C(g)의 양(mol)}{B(g)의 양(mol)}<1$이다.

다음은 학생 A가 설정한 가설과 이를 검증하는 탐구 활동이다.

〈가설〉
○ 정반응이 흡열 반응인 화학 반응은 온도가 올라가면 <u>생성물의 농도가 증가한다.</u>
정반응쪽으로 평형이 이동한다.

〈열화학 반응식〉
○ $Co(H_2O)_6^{2+}(aq) + 4Cl^-(aq)$
　　붉은색　　　　　$\rightleftharpoons CoCl_4^{2-}(aq) + 6H_2O(l)$　　K
　　　　　　　　　　　　푸른색

〈탐구 과정〉
(가) 염화 코발트($CoCl_2(aq)$)와 진한 염산($HCl(aq)$)이 담긴 시험관을 25 ℃의 물에 넣고 색을 관찰한다.
(나) (가)의 시험관을 90 ℃의 물에 넣고 평형에 도달했을 때 색 변화를 관찰한다.
(다) (나)의 시험관을 0 ℃의 물에 넣고 평형에 도달했을 때 색 변화를 관찰한다.

〈탐구 결과 및 결론〉

	온도 높임 →	온도 낮춤 →
단서 과정	(가) 25 ℃ → (나) 90 ℃	→ (다) 0 ℃
용액의 색	보라색 $Co(H_2O)_6^{2+} \approx CoCl_4^{2-}$ 평형 상태	푸른색 $Co(H_2O)_6^{2+} < CoCl_4^{2-}$ ∴ 온도 높아지면 정반응으로 평형 이동	붉은색 $Co(H_2O)_6^{2+} > CoCl_4^{2-}$ ∴ 온도 낮아지면 역반응으로 평형 이동

○ 가설은 옳다.
온도가 높아졌을 때 정반응으로 평형이 이동했으므로 정반응은 흡열 반응이다.

학생 A의 탐구 과정과 결과 및 결론이 타당할 때, 이에 대한 설명으로 옳은 것만을 〈보기〉에서 있는 대로 고른 것은? (단, 온도 변화에 따른 물의 부피 변화는 무시한다.)

―――――――[보기]―――――――
ㄱ. $K = \dfrac{[CoCl_4^{2-}]}{[Co(H_2O)_6^{2+}][Cl^-]}$ 이다. $K = \dfrac{[CoCl_4^{2-}]}{[Co(H_2O)_6^{2+}][Cl^-]^4}$

 이 반응의 정반응은 흡열 반응이다.
온도가 높아졌을 때 정반응으로 평형 이동한다.

ㄷ. K는 (나)에서가 (다)에서보다 ~~작다.~~
크다.

① ㄱ　② ㄴ　③ ㄱ, ㄴ　④ ㄱ, ㄷ　⑤ ㄴ, ㄷ

 단서+발상

단서 열화학 반응식과 탐구 결과가 제시되어 있다.
발상 온도에 따른 평형 이동 방향을 추론할 수 있다.
적용 수용액의 색 변화로부터 평형 이동 방향을 구하는 것부터 문제 풀이를 시작해야 한다.

| 문제+자료 분석 |

• 평형 상태인 25 ℃에서 온도가 90 ℃로 높아졌을 때 정반응이 우세하게 진행되고, 0 ℃로 낮아졌을 때 역반응이 우세하게 진행되므로 이 반응은 흡열 반응이다.

| 보기 분석 |

ㄱ. 평형 상수는 반응물 농도의 곱에 대한 생성물 농도의 곱이며 용매는 나타내지 않는다.
$Co(H_2O)_6^{2+}(aq) + 4Cl^-(aq) \rightleftharpoons CoCl_4^{2-}(aq) + 6H_2O(l)$
∴ $K = \dfrac{[CoCl_4^{2-}]}{[Co(H_2O)_6^{2+}][Cl^-]^4}$

ㄴ. 온도가 90 ℃로 높아졌을 때 정반응이 우세하게 진행되었고 가설이 옳으므로 이 반응은 흡열 반응이다.

ㄷ. (나)에서는 정반응이, (다)에서는 역반응이 우세하게 진행되어 평형에 도달했으므로 K는 (나)에서가 (다)에서보다 크다.

✱ 평형 상수(K)

• 반응 $aA + bB \rightleftharpoons cC + dD$에서 평형 상수는 $K = \dfrac{[C]^c[D]^d}{[A]^a[B]^b}$ 이다.

• 고체 물질이나 용매는 평형 상수식에 나타내지 않는다.

✱ 평형 이동 법칙
평형 상태에 있는 화학 반응에서 조건(농도, 압력, 온도)을 변화시키면 그 조건의 영향을 감소시키는 방향으로 평형이 이동하여 새로운 평형에 도달한다.
(1) **농도 변화에 의한 평형 이동**: 평형 상태에 있는 반응에서 그 물질의 농도를 증가시키면 그 물질의 농도를 감소시키는 방향으로, 그 물질의 농도를 감소시키면 그 물질의 농도를 증가시키는 방향으로 반응이 진행되어 새로운 평형에 도달한다. (농도 변화에 의한 평형 이동에서는 평형 상수 K가 변하지 않는다.)
(2) **온도 변화에 의한 평형 이동**: 평형 상태에 있는 반응에서 온도를 높이면 온도가 낮아지는 방향(흡열 반응 쪽)으로, 온도를 낮추면 온도가 높아지는 방향(발열 반응 쪽)으로 반응이 진행되어 새로운 평형에 도달한다.
① 온도를 변화시키면 평형 상수값도 달라진다.
② 온도를 변화시킬 때 정반응 쪽으로 평형이 이동하면 평형 상수는 커지고, 역반응 쪽으로 평형이 이동하면 평형 상수는 작아진다.
(3) **압력 변화에 의한 평형 이동**: 평형 상태에 있는 반응에서 압력을 높이면 기체의 양(mol)이 작아지는 쪽으로, 압력을 낮추면 기체의 양(mol)이 커지는 쪽으로 반응이 진행되어 새로운 평형에 도달한다.
① 화학 반응식에서 반응물과 생성물의 계수가 같다면 압력의 영향을 받지 않는다.
② 평형 농도는 처음과 다르지만 평형 상수는 변하지 않는다.

다음은 $A(g)$로부터 $B(g)$가 생성되는 반응의 열화학 반응식과 농도로 정의되는 평형 상수(K)이다. 이 반응의 정반응은 흡열 반응이다.

$$A(g) \rightleftharpoons 2B(g) \qquad K$$

단서 **몰질량은 A가 B의 2배**

그림 (가)는 온도 T_1에서 실린더에 $A(g)$ 0.3 mol을 넣고 반응이 진행되어 도달한 평형 상태를, (나)는 온도 T_2에서 피스톤 위에 추를 올려 도달한 새로운 평형 상태를 나타낸 것이다.

(가)에서 $\dfrac{B의 \ 질량(g)}{A의 \ 질량(g)} = \dfrac{1}{2}$이고, (나)에서 $B(g)$의 부분 압력은

A와 B의 양(mol)은 같다 ➡ $A(g)$, $B(g)$ 각각 0.2 mol

P atm이다.

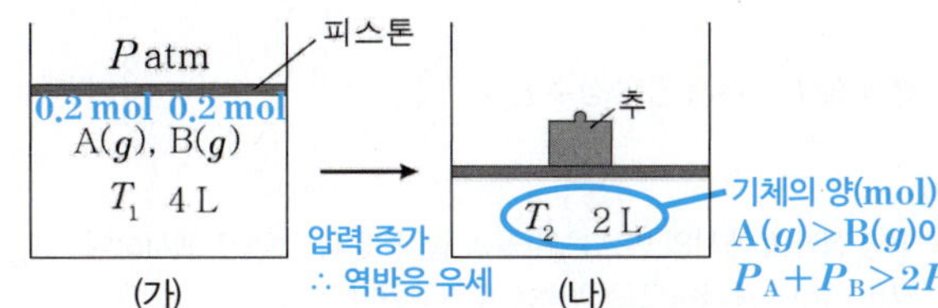

이에 대한 옳은 설명만을 〈보기〉에서 있는 대로 고른 것은? (단, 외부 압력은 P atm으로 일정하고, 피스톤의 질량과 마찰은 무시한다.) (3점)

[보기]

ㄱ. (가)에서 $A(g)$의 몰수 비율(전체 몰수 중에서 차지하는 비율)은 $\dfrac{1}{2}$이다.

몰질량은 $A(g)$가 $B(g)$의 2배, 질량도 $A(g)$가 $B(g)$의 2배이므로 두 기체의 양(mol)은 같다 ➡ $A(g)$의 몰수 비율 $\dfrac{1}{2}$

ㄴ. 온도 T_1에서 $K = \dfrac{1}{20}$이다.

$K = \dfrac{[B]^2}{[A]} = \dfrac{(0.2/4)^2}{0.2/4} = \dfrac{1}{20}$

ㄷ. $T_2 > T_1$이다.

기체의 양(mol) $A(g) > B(g)$이므로 $P_A + P_B > 2P$인데 부피가 2 L이므로 $T_2 > T_1$

① ㄱ   ② ㄷ   ③ ㄱ, ㄴ   ④ ㄴ, ㄷ   ⑤ ㄱ, ㄴ, ㄷ

🧠 단서 + 발상

단서 화학 반응식 $A(g) \rightleftharpoons 2B(g)$으로부터

발상 몰질량은 A가 B의 2배임을 알 수 있어

적용 (가)에서의 질량비를 이용하여 (가)에서 각 기체의 양(mol)을 구한다.

| 문제 + 자료 분석 |

- $A(g) \rightleftharpoons 2B(g)$에서 A가 분해되어 2개의 B가 생성되므로 몰질량은 A가 B의 2배이다.
- (가)에서 $\dfrac{B의 \ 질량(g)}{A의 \ 질량(g)} = \dfrac{1}{2}$이므로 질량은 $A(g)$가 $B(g)$의 2배이고 기체의 양(mol)은 $A(g)$와 $B(g)$가 같다.
- 초기 $A(g)$는 0.3 mol이므로 (가)의 평형 상태에서 아래와 같이 반응한다.

	$A(g)$	$\rightleftharpoons$	$2B(g)$
반응 전(mol)	0.3		0
반응(mol)	$-x$		$+2x$
반응 후(mol)	$0.3-x$		$2x$

(가)에서 $A(g)$와 $B(g)$의 양(mol)이 같으므로 $0.3-x = 2x$가 되어 $x = 0.1$이다.

따라서 (가)의 평형 상태에서는 $A(g)$ 0.2 mol, $B(g)$ 0.2 mol이 존재한다.

- (가)에서 (나)로 될 때 압력 증가 ➡ 역반응이 우세하게 진행(분자 수가 감소하는 방향) ➡ 기체의 양(mol)이 $A(g) > B(g)$로 됨.
- (나)에서 $B(g)$의 부분 압력 P atm이고, 부분 압력은 몰수 비율에 비례하므로 $A(g)$의 부분 압력은 P atm보다 크다. 따라서 전체 압력은 $2P$ atm보다 크다.

| 보기 분석 |

ㄱ. (가)에서 $A(g)$와 $B(g)$는 각각 0.2 mol이므로 $A(g)$의 몰수 비율은

$$\dfrac{0.2}{0.2+0.2} = \dfrac{1}{2}$$이다.

ㄴ. $K = \dfrac{[B]^2}{[A]} = \dfrac{(0.2/4)^2}{0.2/4} = \dfrac{1}{20}$이다.

ㄷ. (가)에서 T_1일 때 전체 압력은 P atm이고 부피는 4 L였으므로 (나)에서도 T_1이라면 전체 압력이 $2P$ atm보다 크므로 부피는 2 L보다 작아야 한다. 그런데 부피가 2 L인 것으로 보아 $T_2 > T_1$이다.

> **⚠왜 틀렸나?**
> (가)에서 (나)로 압력을 증가시킬 때 평형이 이동하는 것을 고려하지 않으면, 기체의 양(mol)이 변하지 않아 $A(g)$와 $B(g)$가 각각 0.2 mol로 같으므로 부분 압력도 같아 각각 P atm이라고 생각할 수 있다. 따라서 전체 압력은 $2P$ atm, 부피는 2 L이므로 $T_1 = T_2$라고 잘못 판단할 수 있으니 주의해야 한다.

다음은 $A(g)$로부터 $B(g)$가 생성되는 반응의 열화학 반응식과 이에 대한 설명이다. 이 반응의 정반응은 흡열 반응이다.

$$A(g) \rightleftharpoons B(g)$$

강철 용기에서 이 반응이 평형을 이루고 있을 때, 온도를 $\boxed{\text{㉠ \ 증가}}$ 시키면 A의 농도는 감소하고 B의 농도는

단서 $A(g)$가 반응하면 $B(g)$가 생성됨

$\boxed{\text{㉡ \ 증가}}$ 하다/한다.

㉠과 ㉡으로 가장 적절한 것은?

	㉠	㉡		㉠	㉡
①	감소	감소	②	증가	일정
③	감소	일정	④	증가	증가
⑤	감소	증가			

🧠 단서 + 발상

단서 $A(g)$가 $B(g)$로 되는 반응이 흡열 반응이라고 제시되어 있으므로

발상 A의 농도가 감소하려면 온도를 높여야 하고

적용 A의 농도가 감소하면 B의 농도가 증가함을 알 수 있다.

| 문제 + 자료 분석 |

- 온도가 높아지면 흡열 반응이 우세해진다.
- $A(g)$가 $B(g)$로 되는 반응에서 $A(g)$의 농도가 감소하면 $B(g)$의 농도는 증가한다.

| 선택지 분석 |

④ $A(g) \rightleftharpoons B(g)$ 반응이 평형 상태에 있을 때 온도를 증가시키면 정반응이 우세하게 진행되어 A의 농도는 감소하고 B의 농도는 증가한다.

다음은 $A(g)$로부터 $B(g)$가 생성되는 반응의 열화학 반응식이다.

$$A(g) \rightleftharpoons 2B(g)$$

그림은 1기압, T_1 K에서 실린더에 $A(g)$ 1몰을 넣은 초기 상태를 나타낸 것이다. 표는 반응이 진행되어 도달한 평형 상태 Ⅰ과, Ⅰ에서 온도를 T_2 K로 변화시켜 도달한 새로운 평형 상태 Ⅱ에 대한 자료이다.

평형 상태	Ⅰ	Ⅱ
온도(K)	T_1	$< T_2$
혼합 기체의 부피(L)	V	$\frac{3}{4}V$
$A(g)$의 양(mol)	$\frac{2}{3}$	$\frac{3}{4}$

피스톤 1 기압
A(g) 1몰 T_1K

단서 역반응 진행

이에 대한 설명으로 옳은 것만을 〈보기〉에서 있는 대로 고른 것은? (단, 외부 압력은 일정하고, 피스톤의 질량과 마찰은 무시한다.) (3점)

[보기]

ㄱ. $T_1 : T_2 = 5 : 4$이다.

→ $PV = nRT$에서 $T = \dfrac{PV}{nR}$이므로

$T_1 : T_2 = \dfrac{3V}{4R} : \dfrac{3V}{5R} = 5 : 4$이다.

ㄴ. 이 반응의 정반응은 발열 반응이다.

→ 평형 Ⅰ에서 온도를 낮추었더니 $A(g)$의 양(mol)이 증가하는 역반응이 우세하게 진행되므로 정반응은 흡열 반응이다.

ㄷ. T_1 K에서 $A(g)$의 초기 양(mol)이 $\dfrac{1}{2}$몰일 때 도달한 평형 상태에서 $B(g)$의 양(mol)은 $\dfrac{1}{4}$몰보다 작다.

→ T_1 K에서 $A(g)$의 초기 양(mol)이 $\dfrac{1}{2}$몰이므로 평형 Ⅰ에서보다 $\dfrac{1}{2}$배로 반응하게 되어 $A(g)$ $\dfrac{1}{3}$몰, $B(g)$ $\dfrac{1}{3}$몰이 존재한다.

① ㄱ ② ㄴ ③ ㄷ ④ ㄱ, ㄷ ⑤ ㄴ, ㄷ

| 문제＋자료 분석 |

◈ **양적 반응과 평형 상수**

- 초기 상태에서 $A(g)$ 1몰이 들어 있다가 평형 상태 Ⅰ로 되었을 때 화학 반응은 다음과 같다.

	$A(g)$	$\rightleftharpoons$	$2B(g)$
반응 전(몰)	1		0
반응(몰)	$-x$		$2x$
반응 후(몰)	$1-x$		$2x$

- 평형 상태 Ⅰ에서 $A(g)$의 양(mol)은 $\dfrac{2}{3}$몰이므로 $\dfrac{2}{3} = 1-x$ ➡ $x = \dfrac{1}{3}$이다.

- 평형 상태 Ⅰ에서 $B(g)$의 양(mol)은 $\dfrac{2}{3}$몰이므로 혼합 기체의 전체 양(mol)은 $\dfrac{4}{3}$몰이다.

- 평형 상태 Ⅰ에서 평형 상수 $K = \dfrac{[B]^2}{[A]} = \dfrac{\left(\dfrac{\frac{2}{3}}{V}\right)^2}{\dfrac{\frac{2}{3}}{V}} = \dfrac{2}{3V}$이다.

- 평형 상태 Ⅱ에서의 반응은 다음과 같다. 평형 상태 Ⅰ에서보다 $A(g)$의 양(mol)이 증가하므로 역반응이 진행된다.

	$A(g)$	$\rightleftharpoons$	$2B(g)$
반응 전(몰)	$\dfrac{2}{3}$		$\dfrac{2}{3}$
반응(몰)	$+y$		$-2y$
반응 후(몰)	$\dfrac{2}{3}+y$		$\dfrac{2}{3}-2y$

- 평형 상태 Ⅱ에서 $A(g)$의 양(mol)은 $\dfrac{3}{4}$몰이므로 $\dfrac{2}{3}+y = \dfrac{3}{4}$ ➡ $y = \dfrac{1}{12}$이다.

- 평형 상태 Ⅱ에서 $B(g)$의 양(mol)은 $\dfrac{1}{2}$몰이므로 혼합 기체의 전체 양(mol)은 $\dfrac{5}{4}$몰이다.

| 보기 분석 |

ㄱ. $PV = nRT$에서 $T = \dfrac{PV}{nR}$이므로 $T_1 : T_2 = \dfrac{3V}{4R} : \dfrac{3V}{5R} = 5 : 4$이다.

ㄴ. $T_1 > T_2$이므로 평형 Ⅰ에서 온도를 낮추었더니 $A(g)$의 양(mol)이 증가하는 역반응이 우세하게 진행하여 평형 Ⅱ에 도달한 것이므로 정반응은 온도가 높아져야 진행하는 흡열 반응이다. **함정**

ㄷ. T_1 K에서 $A(g)$의 초기 양(mol)이 $\dfrac{1}{2}$몰이므로 평형 Ⅰ에서보다 $\dfrac{1}{2}$배로 반응하게 되어 $A(g)$ $\dfrac{1}{3}$몰, $B(g)$ $\dfrac{1}{3}$몰이 존재하면 총 부피도 $\dfrac{1}{2}V$가 되어

평형 상태 Ⅰ에서의 평형 상수 $K = \dfrac{\left(\dfrac{2}{3V}\right)^2}{\left(\dfrac{2}{3V}\right)} = \dfrac{2}{3V}$와 같게 된다.

따라서 평형 상태에서 $B(g)$의 양(mol)은 $\dfrac{1}{3}$몰이므로 $\dfrac{1}{4}$몰보다 크다.

＊ **평형 이동의 법칙(르샤틀리에 원리)**

화학 평형 상태에 있는 화학 반응에서 농도, 온도, 압력 등의 반응 조건을 변화시키면, 그 변화를 상쇄하려는 방향으로 반응이 우세하게 진행되어 새로운 평형에 도달하며, 평형 이동이 일어나도 온도가 일정하면 평형 상수(K)는 변하지 않는다.

화학 평형 상태에 있는 화학 반응에서 온도를 높이면 열을 흡수하는 흡열 반응 쪽으로 평형이 이동하고, 온도를 낮추면 열을 방출하는 발열 반응 쪽으로 평형이 이동한다.

다음은 기체 A로부터 기체 B가 생성되는 반응의 열화학 반응식과 온도 T에서 농도로 정의되는 평형 상수(K)이다. 이 반응의 정반응은 발열 반응이다.

$$a\mathrm{A}(g) \rightleftharpoons b\mathrm{B}(g) \qquad K = x \; (a, b: \text{반응 계수})$$

그림은 온도 T인 강철 용기에서 시간에 따른 A와 B의 농도를 나타낸 것이다.

이에 대한 설명으로 옳은 것만을 〈보기〉에서 있는 대로 고른 것은? (단, t_1 이후 온도는 일정하다.)

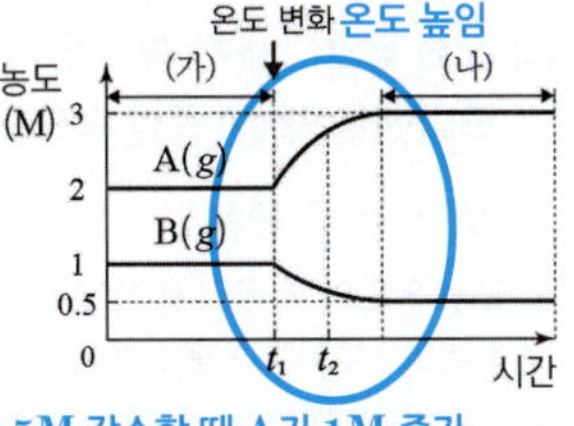

[보기]

ㄱ. $x = \dfrac{1}{4}$ 이다. → $K = \dfrac{[\mathrm{B}]}{[\mathrm{A}]^2} = \dfrac{1}{2^2} = \dfrac{1}{4}$

ㄴ. 온도는 (가)에서가 (나)에서보다 높다.
→ 흡열 반응인 역반응으로 진행했으므로 온도는 (가) < (나)

ㄷ. t_2에서 반응 지수(Q)는 (나)에서의 평형 상수(K)보다 작다.
→ t_2보다 (나)에서 [A]가 크고 [B]가 작음 ∴ $Q > K_{(나)}$

① ㄱ ② ㄴ ③ ㄱ, ㄷ ④ ㄴ, ㄷ ⑤ ㄱ, ㄴ, ㄷ

단서+발상

단서 온도 변화에 따른 A, B의 농도(M) 변화 그래프가 제시되어 있다.

발상 A, B의 농도(M) 변화를 적용하여 A, B의 반응 계수 비를 추론할 수 있다.

적용 반응 계수 비를 적용하여 x를 구하는 것부터 문제 풀이를 시작해야 한다.

| 문제+자료 분석 |

◈ 온도 변화에 따른 평형 이동

· 반응식의 계수: (가)에서 (나)로 되는 동안 A(g)가 1M 증가하고 B(g)는 0.5M 감소했으므로 계수 비는 $a : b = 2 : 1$

· 온도 변화: t_1에서 온도 변화가 생긴 후 역반응이 우세하게 진행. 역반응은 흡열 반응이므로 t_1에서의 온도 변화는 온도를 높인 것

| 보기 분석 |

ㄱ 계수 비는 $a : b = 2 : 1$이므로 (가)에서의 평형 상수(K)는
$$K = \frac{[\mathrm{B}]}{[\mathrm{A}]^2} = \frac{1}{2^2} = \frac{1}{4} \text{이다.}$$

ㄴ (가)에서 온도 변화 후 A(g)의 농도가 증가하고 B(g)의 농도가 감소했으므로 역반응이 우세하게 진행되었다. 역반응은 흡열 반응이므로 온도 변화는 온도를 높여준 것이다.

ㄷ A(g)의 농도는 t_2에서보다 (나)에서 더 크고 B(g)의 농도는 t_2에서보다 (나)에서 더 작으므로 $\dfrac{[\mathrm{B}]}{[\mathrm{A}]^2}$는 t_2에서가 (나)에서보다 크다.

다음은 A(g)와 B(g)가 반응하여 C(g)를 생성하는 반응에 대한 자료이다.

[자료 1] 화학 반응식과 온도 T K에서 농도로 정의되는 평형 상수(K)

$$\mathrm{A}(g) + \mathrm{B}(g) \rightleftharpoons c\,\mathrm{C}(g) \qquad K = 4 \; (c\text{는 반응 계수})$$

[자료 2] T K에서 A(g)와 B(g)를 각각 2 M씩 강철 용기에 넣은 후 반응시켰을 때, 시간에 따른 각 물질의 농도

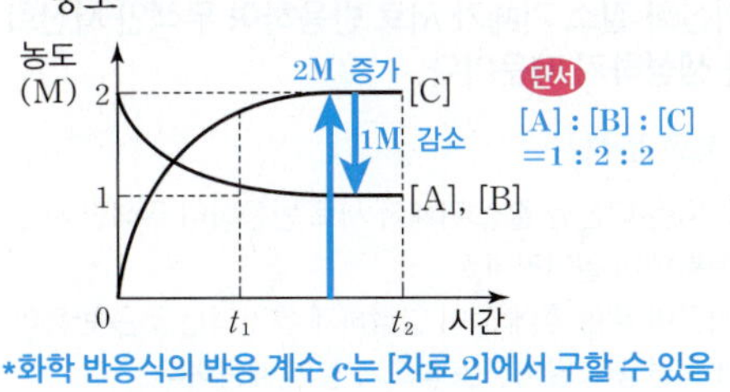

이에 대한 설명으로 옳은 것만을 〈보기〉에서 있는 대로 고른 것은? (단, 온도는 T K로 일정하다.)

[보기]

ㄱ. $c = 2$이다.
→ [A]와 [B]가 각각 1M씩 감소했을 때, [C]는 2M 증가했으므로 $c = 2$임

ㄴ. t_1에서 반응 지수(Q)는 평형 상수(K)보다 작다.
→ t_1에서 정반응이 우세하므로 $Q < K$임

ㄷ. t_2에서 C(g)를 추가로 넣어 새로운 평형에 도달했을 때 [A]는 1 M보다 크다.
→ C(g)를 추가로 강철 용기에 넣으면 르 샤틀리에 원리에 의해 역반응이 우세하므로 $Q > K$임

① ㄱ ② ㄷ ③ ㄱ, ㄴ ④ ㄴ, ㄷ ⑤ ㄱ, ㄴ, ㄷ

| 문제+자료 분석 |

◈ 반응 계수와 반응 지수

· 농도: t_2에서 [A], [B] 1M 감소, [C] 2M 증가 → $c = 2$

· t_1: 생성물의 농도−현재 < 평형 → 정반응 우세 → $Q < K$

· t_2: C 추가 = 생성물의 농도−현재 > 평형 → 역반응 우세 → $Q > K$

| 보기 분석 |

ㄱ 반응 시작 후 0~t_2에서 [A]와 [B]는 각각 1 M씩 감소했고, [C]는 2M 증가했으므로 반응 몰비는 A : B : C = 1 : 1 : 2이다. 따라서 $c = 2$이다.

ㄴ 평형 상수식은 $K = \dfrac{[\mathrm{C}]^2}{[\mathrm{A}][\mathrm{B}]}$이고, 평형 상태인 t_2에서 [A] = 1 M, [B] = 1 M, [C] = 2 M이다. t_1에서 [C]는 2 M보다 작고, [A]와 [B] 각각 1보다 크므로 반응 지수(Q)는 평형 상수(K)보다 작다.

ㄷ t_2에서 강철 용기에 C(g)를 추가로 넣으면 [C]는 2 M보다 크므로 반응 지수(Q)는 평형 상수(K)보다 커진다. 그러므로 역반응이 우세하고, 역반응이 일어나면 [A]와 [B]는 증가한다. 따라서 새로운 평형에 도달했을 때 [A]는 1 M보다 크다.

★ **평형 이동의 법칙(르샤틀리에 원리)**

화학 평형 상태에 있는 화학 반응에서 농도, 온도, 압력 등의 반응 조건을 변화시키면, 그 변화를 상쇄하려는 방향으로 반응이 우세하게 진행되어 새로운 평형에 도달하며, 평형 이동이 일어나도 온도가 일정하면 평형 상수(K)는 변하지 않는다.

화학 평형 상태에 있는 화학 반응에서 온도를 높이면 열을 흡수하는 흡열 반응 쪽으로 평형이 이동하고, 온도를 낮추면 열을 방출하는 발열 반응 쪽으로 평형이 이동한다.

그림 (가)는 밀폐된 용기에 25 ℃ 물이 담긴 비커를 넣은 상태를, (나)는 시간에 따른 물의 증발 속도와 응축 속도를 나타낸 것이다.

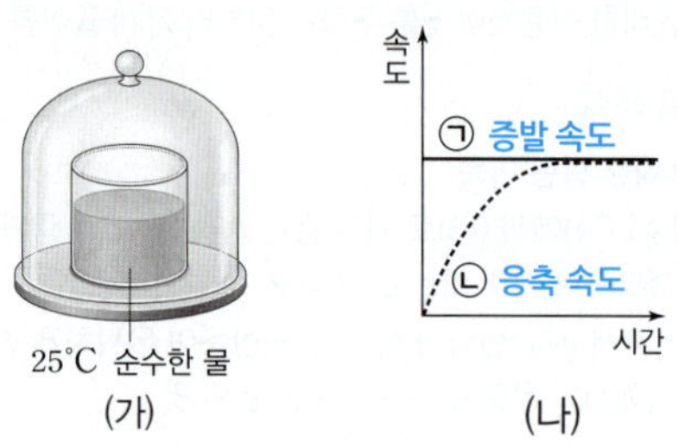

(1) (나)에서 ㉠과 ㉡을 증발 속도와 응축 속도로 각각 구분하시오. [단답형]

(2) (가)에서 충분한 시간이 지나 동적 평형에 도달했을 때 용기 속 수증
증발 속도＝응축 속도
기의 양의 변화를 (나)의 ㉠과 ㉡으로 설명하시오. [서술형]

 **단서＋발상**

단서 밀폐된 용기에 담긴 물의 증발 속도와 응축 속도가 제시되어 있다.

발상 증발 속도는 온도의 영향만을 받으므로 그래프에서 ㉠임을 추론할 수 있다.

적용 동적 평형 상태에 도달했을 때 증발 속도와 응축 속도가 같을 때 수증기 양의 변화를 구하는 것부터 문제 풀이를 시작해야 한다.

(1) [정답] 　㉠ **증발 속도**, ㉡ **응축 속도**

(2) [모범 답안] 　**용기 속 수증기의 양이 일정하다. 동적 평형 상태에 도달했을 때 ㉠ 증발 속도와 ㉡ 응축 속도가 같아지기 때문이다.**

| 문제＋자료 분석 |

- 일정 온도에서 물의 증발 속도는 일정하고, 수증기의 응축 속도는 용기 속 수증기 분자 수가 클수록 크다.
- 상평형 상태에서는 증발 속도와 응축 속도가 같아 용기 속 수증기의 양이 일정하다.

	채점 기준	배점
(1)	㉠ 증발 속도, ㉡ 응축 속도	50%
(2)	용기 속 수증기의 양이 일정하다는 것과 그 까닭을 옳게 서술한 경우	50%
	용기 속 수증기의 양이 일정하다는 것만 서술한 경우	30%

적갈색 이산화 질소(NO_2) 기체가 서로 반응하여 무색 사산화 이질소 (N_2O_4) 기체를 생성하는 반응은 다음과 같이 가역적으로 일어난다.

$$2NO_2(g) \rightleftharpoons N_2O_4(g)$$

단서 가역 반응

아래 그림은 일정한 온도에서 이산화 질소 기체와 사산화 이질소 기체를 각각 뚜껑이 있는 유리병에 넣고 뚜껑을 닫은 후 관찰한 결과이다.
밀폐된 조건

(1) 위 반응의 평형 상수식을 쓰시오. [단답형]

(2) 〈결과〉에서 색이 점점 옅어지는 까닭을 서술하시오. [서술형]

단서＋발상

단서 화학 반응식이 제시되어 있다.

발상 평형 상수식을 추론할 수 있다.

적용 평형 상수 개념을 적용해서 평형 상수식을 구하는 것부터 문제 풀이를 시작해야 한다.

(1) [정답] 　$K = \dfrac{[N_2O_4]}{[NO_2]^2}$

(2) [모범 답안] 　**색이 옅어지는 까닭은 평형에 도달할 때까지 적갈색을 띠는 이산화 질소 기체가 서로 반응하여 무색인 사산화 이질소 기체를 생성하기 때문이다.**

| 문제＋자료 분석 |

- 적갈색을 띠는 이산화 질소 기체가 서로 반응하여 무색인 사산화 이질소 기체를 생성할수록 색이 옅어진다.
- 충분한 시간이 흐른 후에 색이 일정하게 유지되는 것은 반응이 평형에 도달하여 정반응과 역반응이 일어나는 속도가 같기 때문이다.

	채점 기준	배점
(1)	평형 상수식을 옳게 쓴 경우	30%
(2)	색이 옅어지는 까닭을 옳게 서술한 경우	70%

다음은 $C(s)$와 $CO_2(g)$가 반응하여 $CO(g)$가 생성되는 반응의 화학 반응과 평형 상수(K)이다.

$$C(s)+CO_2(g) \rightleftharpoons 2CO(g) \qquad K$$

평형 상수식을 쓸 때 고체 상태는 포함하지 않음

1 L의 밀폐된 용기에 $C(s)$ 1몰, $CO_2(g)$ 1몰을 넣고 시간이 충분히 흐른 후 평형에 도달했을 때 $CO(g)$ 1몰이 생성되었다. (단, 온도는 일정하다.)

단서 평형 상태 농도를 구해야 함

(1) 이 반응의 평형 상수(K)를 구하시오. 단답형

(2) 밀폐된 1 L 용기에 $C(s)$ 2몰, $CO_2(g)$ 1몰, $CO(g)$ 1몰을 넣으면 정반응과 역반응 중 어느 반응이 우세하게 진행될지와 그 까닭을 서술하시오. 서술형

💡 단서+발상

단서 반응 진행 전 초기 상태의 반응물과 생성물 몰수가 제시되어 있다.

발상 평형에 도달했을 때의 반응물과 생성물의 평형 상태 농도를 추론할 수 있다.

적용 평형 상수 공식을 적용해서 평형 상수(K)와 반응 지수(Q)를 구하는 것부터 문제 풀이를 시작해야 한다.

(1) 정답 $K=2$

(2) 모범 답안 반응 지수(Q)는 1로, 평형 상수(K)인 2보다 작으므로 정반응이 우세할 것이다.

| 문제+자료 분석 |

- 평형 상수식을 쓸 때는 몰농도를 이용한다. 단, 용기의 부피가 1 L로 고정되어 있으므로 각 물질의 몰수를 농도 값으로 대입할 수 있다.
- 화학 반응식의 양적 관계는 다음과 같다.

화학 반응식	$C(s)$	+ $CO_2(g)$	$\rightleftharpoons$ $2CO(g)$
반응 전 양(mol)	1	1	
반응한 양(mol)	-0.5	-0.5	1
반응 후 양(mol)	0.5	0.5	1

➡ 평형 상태의 반응물의 농도는 0.5 M, 생성물의 농도는 1 M이다.

- 평형 상수식을 쓸 때 고체 물질은 포함하지 않는다.

따라서 평형 상수$(K) = \dfrac{[CO]^2}{[CO_2]} = \dfrac{1^2}{0.5} = 2$이다.

- 같은 온도에서 1 L의 밀폐된 용기에 $C(s)$ 1몰, $CO_2(g)$ 1몰, $CO(g)$ 1몰을 넣으면 반응 지수$(Q) = \dfrac{[CO]^2}{[CO_2]} = \dfrac{1^2}{1} = 1$으로, $K>Q$이므로 정반응이 우세하게 진행된다.

	채점 기준	배점
(1)	평형 상수를 옳게 구한 경우	30%
(2)	반응 지수가 평형 상수보다 작은 까닭과 함께 정반응이 우세할 것이라고 서술한 경우	70%
	정반응이 우세할 것이라고만 서술한 경우	30%

다음은 $A(g)$와 $B(g)$가 반응하여 $C(g)$가 생성되는 반응의 화학 반응식과 평형 상수(K)이다.

$$a A(g)+b B(g) \rightleftharpoons c C(g) \qquad K \ (a \sim c \text{는 반응 계수})$$

그림은 온도와 압력에 따른 $C(g)$의 생성량을 나타낸 것이다. 물음에 답하시오.

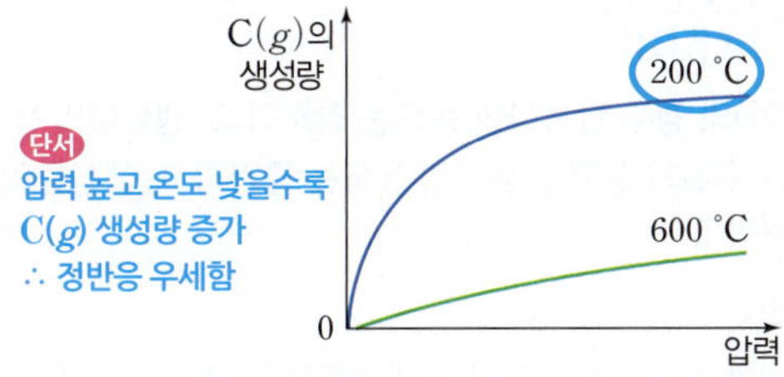

(1) $a+b$와 c 중 어느 것이 큰 값인지 부등호로 표시하시오. 단답형
압력 높을수록 기체 분자 수가 감소하는 반응이 우세해지는데 $C(g)$ 생성량이 증가한 것으로 보아 $a+b>c$

(2) 정반응은 발열 반응인지 흡열 반응인지 쓰고 그 까닭을 서술하시오.
온도가 낮을수록 $C(g)$ 생성량이 증가한 것으로 보아 정반응은 발열 반응 서술형

💡 단서+발상

단서 압력과 온도에 따른 $C(g)$의 생성량이 제시되어 있다.

발상 압력이 높을수록, 온도가 낮을수록 정반응이 우세함을 추론할 수 있다.

적용 르 샤틀리에 원리를 적용해서 반응 계수를 비교하는 것부터 문제 풀이를 시작해야 한다.

(1) 정답 $a+b>c$

(2) 모범 답안 온도가 낮을 때 $C(g)$의 생성량이 증가하므로 정반응이 우세하게 진행된다. 르 샤틀리에 원리에 의해 온도가 낮으면 발열 반응이 우세하게 진행되므로, 정반응은 발열 반응이다.

| 문제+자료 분석 |

- **압력 변화와 평형 이동**: 압력이 높아지면 기체 분자 수가 감소하는 방향으로 반응이 우세하게 진행된다. 이 반응은 압력이 높을수록 정반응이 우세하므로, 정반응이 일어나면 분자 수가 감소한다. ➡ $a+b>c$이다.
- **온도 변화와 평형 이동**: 온도가 낮아지면 발열 반응이 우세하게 진행된다. 이 반응은 온도가 낮을 때 정반응이 더 우세하므로, 정반응이 발열 반응이다.

	채점 기준	배점
(1)	$a+b$와 c의 대소를 옳게 비교한 경우	30%
(2)	정반응이 발열 반응임을 밝히고 그 까닭을 옳게 서술한 경우	70%
	정반응이 발열 반응임을 밝혔으나 그 까닭을 옳게 서술하지 못한 경우	30%

다음은 A(g)가 반응하여 B(g)가 생성되는 반응의 화학 반응식과 평형 상수(K)이다.

$$a\mathrm{A}(g) \rightleftharpoons b\mathrm{B}(g) \qquad K \ \text{(단, } a, b\text{는 반응 계수)}$$

그림은 부피가 1 L인 용기에 A(g)를 넣고 반응시켰을 때 시간에 따른 물질의 농도를 나타낸 것이다. 평형 상태 (가)에서 시간 t_1일 때 A(g), B(g)를 각각 1 mol씩 첨가하였다. 물음에 답하시오.

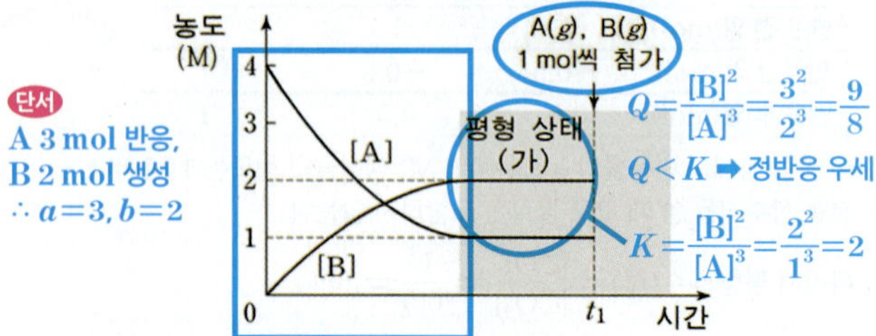

(1) (가)에서 평형 상수(K)를 구하시오. (단답형)

$$K=\frac{[\mathrm{B}]^2}{[\mathrm{A}]^3}=\frac{2^2}{1^3}=2$$

(2) 시간 t_1 이후 새로운 평형 상태에 도달할 때까지 정반응과 역반응 중 어느 것이 우세하게 진행되는지 쓰고 그 까닭을 서술하시오. (서술형)

t_1일 때 $Q=\dfrac{[\mathrm{B}]^2}{[\mathrm{A}]^3}=\dfrac{3^2}{2^3}=\dfrac{9}{8}$가 되어 $Q<K$이므로 정반응이 우세하게 진행

 **단서＋발상**

(단서) 반응한 물질과 생성된 물질의 양이 제시되어 있다.

(발상) 반응 계수 a, b를 추론할 수 있다.

(적용) 평형 상수식을 적용해서 평형 상수(K)를 구하는 것부터 문제 풀이를 시작해야 한다.

(1) (정답) $K=2$

(2) (모범 답안) t_1에서 반응 지수는 $Q=\dfrac{[\mathrm{B}]^2}{[\mathrm{A}]^3}=\dfrac{3^2}{2^3}=\dfrac{9}{8}$이므로 평형 상수($K$)보다 작다. 따라서 새로운 평형 상태에 도달할 때까지 정반응이 우세하게 진행된다.

| 문제＋자료 분석 |

- **반응 계수**: 평형 상태 (가)에 도달하기까지 A(g)의 농도는 4 M에서 1 M로, B(g)의 농도는 0에서 2 M로 되었고, 용기의 부피가 1 L이므로 반응한 A(g)는 3 mol, 생성된 B(g)는 2 mol이다. 따라서 반응 계수 a, b는 각각 3, 2이다.
- 화학 반응식의 양적 관계는 다음과 같다.

화학 반응식	$a\mathrm{A}(g)$	$\rightleftharpoons$	$b\mathrm{B}(g)$
반응 전 양(mol)	4		0
반응한 양(mol)	-3		$+2$
반응 후 양(mol)	1		2

- (가)에서 평형 상수(K)$=\dfrac{[\mathrm{B}]^2}{[\mathrm{A}]^3}=\dfrac{2^2}{1^3}=2$이다.

	채점 기준	배점
(1)	평형 상수(K)를 옳게 구한 경우	30%
(2)	정반응이 우세하게 진행됨을 밝히고 그 까닭을 옳게 서술한 경우	70%
	정반응이 우세하게 진행됨만 쓰고 그 까닭을 옳게 서술하지 못한 경우	30%

다음과 같은 화학 반응에서, 반응 지수(Q)와 평형 상수(K)의 비교를 통해 화학 반응의 진행 방향을 예측하고자 한다.

(단서)
$$a\mathrm{A}(g)+b\mathrm{B}(g) \rightleftharpoons c\mathrm{C}(g)+d\mathrm{D}(g)$$
평형 상수식은 반응물의 농도와 생성물의 농도, 반응 계수를 활용하여 나타냄

(단, $a \sim d$는 반응 계수이며 각 물질의 농도는 [A], [B], [C], [D]로 나타낸다.)

〈실험 결과〉

○ (가) $Q<K$: 정반응 우세
  평형에 도달하기 위해서는 반응물의 농도는 감소, 생성물의 농도는 증가해야 함

○ (나) $Q=K$: 화학 평형
  평형 상태에 도달함

○ (다) $Q>K$: 역반응 우세
  평형에 도달하기 위해서는 반응물의 농도는 증가, 생성물의 농도는 감소해야 함

(1) 주어진 화학 반응의 평형 상수(K)를 식으로 나타내시오. (단답형)

(2) (가), (다)의 반응이 (나)와 같이 평형에 도달하기 위해 생성물과 반응물의 농도를 어떻게 변화시켜야 하는지 서술하시오. (서술형)

 **단서＋발상**

(단서) 화학 반응식이 제시되어 있다.

(발상) 평형 상수식을 추론할 수 있다.

(적용) 평형 상수 개념을 적용해서 평형 상수식을 구하는 것부터 문제 풀이를 시작해야 한다.

(1) (정답) $K=\dfrac{[\mathrm{C}]^c[\mathrm{D}]^d}{[\mathrm{A}]^a[\mathrm{B}]^b}$

(2) (모범 답안) (가)의 경우 반응물의 농도는 감소하고, 생성물의 농도는 증가해야 한다. (다)의 경우 반응물의 농도는 증가하고, 생성물의 농도는 감소해야 한다.

| 문제＋자료 분석 |

- 반응 지수보다 평형 상수가 큰 경우 반응물의 농도가 감소하고 생성물의 농도가 증가하면 평형에 도달할 수 있다.
- 반대로 평형 상수보다 반응 지수가 큰 경우 생성물의 농도가 감소하고 반응물의 농도가 증가하면 평형에 도달할 수 있다.

	채점 기준	배점
(1)	평형 상수식을 옳게 쓴 경우	30%
(2)	(가), (다) 두 반응 모두에 대해 옳게 서술한 경우	70%
	두 경우 중 한 반응에 대해서만 옳게 서술한 경우	40%

K 물의 자동 이온화와 pH

K 01 정답 ⑤ ＊물의 자동 이온화와 pH ··· [정답률 55%] **2023 실시 11월 학평 16 / 화학Ⅰ (고2)**

표는 25 ℃의 수용액 (가)와 (나)에 대한 자료이다. (가)와 (나)는 HCl(aq)과 NaOH(aq)을 순서 없이 나타낸 것이다.

수용액	$[H_3O^+]$ (상댓값)	H_3O^+의 양(mol) (상댓값)	pH
(가) NaOH(aq)	단서 1	1	$x=9$
(나) HCl(aq)	10^4	10^3	$14-x=5$

$[H_3O^+]$의 비 (가) : (나)=1 : 10^4 → (가)의 pH=(나)의 pH+4
H_3O^+의 몰비 (가) : (나)=1 : 10^3　　$x=(14-x)+4$
➡ 수용액의 부피비 (가) : (나)=10 : 1　　➡ $x=9$

이에 대한 설명으로 옳은 것만을 〈보기〉에서 있는 대로 고른 것은? (단, 25 ℃에서 물의 이온화 상수(K_w)는 $1×10^{-14}$이다.)

[보기]

ㄱ. (나)는 HCl(aq)이다.
　$[H_3O^+]$ (가)＜(나) ➡ pH (가)＞(나)
ㄴ. 수용액의 부피는 (가)가 (나)의 10배이다.
　부피＝$\dfrac{H_3O^+의 양(mol)}{[H_3O^+]}$ ➡ (가) : (나)=10 : 1
ㄷ. (가)의 pOH는 5이다.
　(가)의 pH=(나)의 pH+4 ➡ $x=9$

① ㄱ　② ㄷ　③ ㄱ, ㄴ　④ ㄴ, ㄷ　⑤ ㄱ, ㄴ, ㄷ

단서＋발상

단서 (가)와 (나)의 $[H_3O^+]$ 및 H_3O^+의 양(mol)의 상댓값이 제시되어 있다.
발상 (가)와 (나)의 부피를 추론할 수 있다.
적용 pH의 정의를 이용하여 (가)와 (나)를 구하는 것부터 문제 풀이를 시작해야 한다.

| 문제＋자료 분석 |

· $[H_3O^+]$는 (가)＜(나)이므로 수용액의 pH($=-\log[H_3O^+]$)는 (가)＞(나)이다.
　따라서 (가)와 (나)는 각각 NaOH(aq)과 HCl(aq)이다.
· $[H_3O^+]$의 비는 (가) : (나)=1 : 10^4이므로, [(가)의 pH=(나)의 pH+4]이다.
　따라서 $x=(14-x)+4$에서 $x=9$이다.

| 보기 분석 |

ㄱ. $[H_3O^+]$는 (가)＜(나)이므로 수용액의 pH (가)＞(나)이다. 따라서 (나)는 HCl(aq)이다.
ㄴ. $[H_3O^+]$의 비는 (가) : (나)=1 : 10^4이고 H_3O^+의 양(mol)의 비는 (가) : (나)=1 : 10^3이다. 따라서 수용액의 부피$\left(=\dfrac{H_3O^+의 양(mol)}{[H_3O^+]}\right)$ 비는 (가) : (나)=$\dfrac{1}{1}$: $\dfrac{10^3}{10^4}$=10 : 1이다.
ㄷ. [(가)의 pH=(나)의 pH+4]에서 (가)의 pH인 x는 9이다. 25 ℃에서 pH+pOH=14이므로 (나)의 pOH는 (14-9=)5이다.

K 02 정답 ⑤ ＊물의 자동 이온화와 pH ··· [정답률 52%] **2022 실시 11월 학평 15 / 화학Ⅰ (고2)**

그림은 25 ℃에서 수용액 (가), (나)의 pH와 pOH를 나타낸 것이다. 25 ℃에서 물의 이온화 상수(K_w)는 $1×10^{-14}$이다.

단서
(가)의 pOH
$=14-8=6$
➡ $y=6$

(나)의 pH=$14-4=10$
➡ $x=10$

이에 대한 설명으로 옳은 것만을 〈보기〉에서 있는 대로 고른 것은? (단, pH=$-\log[H_3O^+]$, pOH=$-\log[OH^-]$이다.)

[보기]

ㄱ. (가)는 염기성이다.
　(가)의 pH=8＞7 ➡ 염기성
ㄴ. $\dfrac{y}{x}=\dfrac{3}{5}$이다.
　$x=10, y=6$ ➡ $\dfrac{6}{10}$
ㄷ. (나) 100 mL에 들어 있는 OH^-의 양은 $1×10^{-5}$ mol이다.
　$[OH^-]=1×10^{-4}$ M ➡ OH^-의 양(mol)=$1×10^{-4}×0.1$(mol)

① ㄱ　② ㄷ　③ ㄱ, ㄴ　④ ㄴ, ㄷ　⑤ ㄱ, ㄴ, ㄷ

단서＋발상

단서 (가)의 pH와 (나)의 pOH가 제시되어 있다.
발상 (가), (나)의 액성을 추론할 수 있다.
적용 25 ℃에서 pH+pOH=14임을 적용해서 x와 y를 구하는 것부터 문제 풀이를 시작해야 한다.

| 문제＋자료 분석 |

· **(가)**: pH가 8이므로 pOH는 (14-8=)6이다. 따라서 y는 6이다.
· **(나)**: pOH가 4이므로 pH는 (14-4=)10이다. 따라서 x는 10이다.

| 보기 분석 |

ㄱ. (가)의 pH는 8이다. 따라서 pH가 7보다 큰 (가)는 염기성이다.
ㄴ. x는 10, y는 6이다. 따라서 $\dfrac{y}{x}=\dfrac{3}{5}$이다.
ㄷ. (나)의 pOH가 4이므로 $[OH^-]$는 $1×10^{-4}$(M)이다. (나) 1 L (=1000 mL)에 들어 있는 OH^-의 양(mol)이 $1×10^{-4}$이므로, (나) 100 mL에 들어 있는 OH^-의 양(mol)은 $\left(1×10^{-4}×\dfrac{1}{10}=\right)1×10^{-5}$이다.

＊**몰농도**
· 용액 1 L에 녹아 있는 용질의 양(mol)
$$몰농도(M)=\dfrac{용질의 양(mol)}{용액의 부피(L)}$$
➡ 용질의 양(mol)=몰농도(M)×용액의 부피(L)

＊**물의 이온화 상수(K_w)**
· K_w는 용액의 액성에 상관없이 항상 일정한 값을 가진다. 25 ℃에서 $K_w=[H_3O^+][OH^-]=1×10^{-14}$이므로 pH+pOH=14이다.

K 03 정답 ⑤ ✱물의 자동 이온화

그림 (가)는 HCl(aq) 10 mL를, (나)는 (가)에 물을 추가한 모습을 나타 낸 것이다.

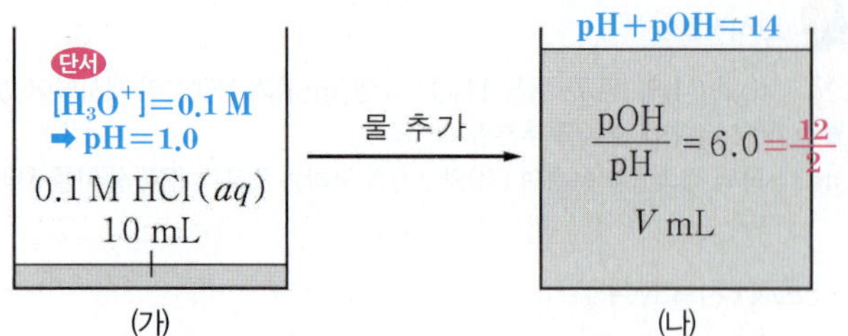

이에 대한 설명으로 옳은 것만을 〈보기〉에서 있는 대로 고른 것은? (단, 온도는 25 ℃로 일정하며, 25 ℃에서 물의 이온화 상수(K_w)는 1×10^{-14}이다.) (3점)

[보기]
ㄱ. (가)의 pH는 1.0이다.
ㄴ. (나)에서 [OH$^-$]는 1×10^{-12} M이다.
ㄷ. V는 100이다.

① ㄱ   ② ㄷ   ③ ㄱ, ㄴ   ④ ㄴ, ㄷ   ⑤ ㄱ, ㄴ, ㄷ

 단서+발상

단서 묽은 염산에 물이 추가되는 상황이 제시되어 있다.

발상 온도가 일정하므로 물의 이온화 상수는 일정함을 추론할 수 있다.

적용 HCl은 모두 이온화되므로 [H$_3$O$^+$]와 pH를 구하는 것부터 문제 풀이를 시작해야 한다.

| 문제+자료 분석 |

- (가): HCl은 전부 이온화 되므로 [H$_3$O$^+$]=0.1 M이다.
- (나): pH+pOH=14이므로 $\dfrac{pOH}{pH} = \dfrac{6}{1} = \dfrac{12}{2}$이다.
- ➡ pH=2, pOH=12이다.

| 보기 분석 |

ㄱ pH=$-\log$ [H$_3$O$^+$]이며 (가)에서 [H$_3$O$^+$]=0.1 M이므로 pH=1.0이다.

ㄴ (나)에서 pOH=x라 하면 pH=14$-x$이다.
$\dfrac{pOH}{pH} = \dfrac{x}{14-x} = 6.0$에서 $x=12.0$이다.
따라서 [OH$^-$]=10^{-pOH} M이므로 (나)에서 [OH$^-$]는 1×10^{-12} M이다.

ㄷ (가)와 (나)에서 H$_3$O$^+$의 양(mol)은 같고 (나)에서 [H$_3$O$^+$]=0.01 M이므로 0.1 M $\times \dfrac{10}{1000}$ L=0.01 M $\times \dfrac{V}{1000}$ L에서 $V=100$이다.

✱ 물의 이온화 상수(K_w), pH와 pOH

물의 이온화 상수 (K_w)	• 물의 자동 이온화 반응에서 생성된 H$_3$O$^+$과 OH$^-$의 몰농도 곱(K_w=[H$_3$O$^+$][OH$^-$]) • K_w는 일정 온도 조건의 모든 수용액에서 일정한 값을 갖는다. • 25 ℃에서 K_w=[H$_3$O$^+$][OH$^-$]=1.0×10^{-14}이다.

수용액의 액성에 따른 pH와 pOH	• pH는 수소 이온 농도 지수 • pH=$-\log$ [H$_3$O$^+$], pOH=$-\log$ [OH$^-$]이다. • 25 ℃ 순수한 물이나 모든 수용액에서 • K_w=[H$_3$O$^+$][OH$^-$]=1.0×10^{-14}이므로 pH+pOH=14

액성	몰농도(25 ℃)	pH, pOH(25 ℃)
산성	[OH$^-$]$< 10^{-7}$M$<$[H$_3$O$^+$]	pH$<$7, pOH$>$7
중성	[H$_3$O$^+$]=10^{-7}M=[OH$^-$]	pH=pOH=7
염기성	[H$_3$O$^+$]$< 10^{-7}$M$<$[OH$^-$]	pH$>$7, pOH$<$7

K 04 정답 ④ ✱물의 자동 이온화

다음은 물의 자동 이온화 반응의 화학 반응식이다.

$$2H_2O(l) \rightleftharpoons H_3O^+(aq) + OH^-(aq)$$

표는 온도에 따른 물의 이온화 상수(K_w)에 대한 자료이다.

온도(℃)	0	25	40
K_w	0.11×10^{-14} <	1.0×10^{-14} <	2.84×10^{-14}

단서 K_w=[H$_3$O$^+$][OH$^-$]

이에 대한 설명으로 옳은 것만을 〈보기〉에서 있는 대로 고른 것은?

[보기]
ㄱ. 0 ℃ 순수한 물에서 [H$_3$O$^+$] $\neq$ [OH$^-$]이다. =
ㄴ. [H$_3$O$^+$]는 40 ℃ 물에서가 25 ℃ 물에서보다 크다.
ㄷ. pH는 0 ℃ 물에서가 40 ℃ 물에서보다 크다.

① ㄱ   ② ㄷ   ③ ㄱ, ㄴ   ④ ㄴ, ㄷ   ⑤ ㄱ, ㄴ, ㄷ

 단서+발상

단서 물의 자동 이온화 반응의 화학 반응식과 온도에 따른 물의 이온화 상수가 제시되어 있다.

발상 순수한 물에서 H$_3$O$^+$와 OH$^-$의 몰농도를 추론할 수 있다.

| 문제+자료 분석 |

- 온도에 따른 물의 이온화 상수: 온도가 높아질수록 물의 이온화 상수는 커진다.
- 순수한 물에서 H$_3$O$^+$의 몰농도와 OH$^-$의 몰농도는 같다.
  ➡ [H$_3$O$^+$]=[OH$^-$]=$\sqrt{K_w}$
- pH=$-\log$ [H$_3$O$^+$]이므로 온도가 높아질수록 pH는 작아진다.

| 보기 분석 |

ㄱ. 물의 자동 이온화 반응에서 어느 한 H$_2$O이 H$^+$을 내놓아 OH$^-$이 되면 다른 H$_2$O은 H$^+$을 받아 H$_3$O$^+$이 되므로 순수한 물속에서 [H$_3$O$^+$]와 [OH$^-$]는 항상 같다.

ㄴ 온도가 높을수록 K_w가 커지므로 물의 자동 이온화 반응으로 생성된 H$_3$O$^+$과 OH$^-$의 양(mol)이 많다.
따라서 온도가 높을수록 물속의 [H$_3$O$^+$]는 크다.

ㄷ 온도가 높을수록 물속의 [H$_3$O$^+$]는 크므로 pH는 작아진다.
따라서 pH는 0 ℃ 물이 40 ℃ 물보다 크다.

표는 25 ℃에서 수용액 (가), (나)에 대한 자료이다. 25 ℃에서 물의 이온화 상수(K_w)는 1×10^{-14}이다.

수용액	 (가) 0.1 M	(나) 0.001 M
H_3O^+의 양(mol)	1×10^{-2}	2×10^{-4}
용액의 부피(mL)	100 = 0.1 L	200 = 0.2 L
pH	1	3

25 ℃에서 이에 대한 설명으로 옳은 것만을 〈보기〉에서 있는 대로 고른 것은?

─────[보기]─────
ㄱ. (가)의 pH는 1.0이다.
ㄴ. (나)는 ~~염기성~~이다. 산성
ㄷ. OH^-의 몰농도는 (나)가 (가)의 ~~200배~~이다. 100배

① ㄱ ② ㄴ ③ ㄱ, ㄷ ④ ㄴ, ㄷ ⑤ ㄱ, ㄴ, ㄷ

 **단서+발상**

단서 두 가지 수용액의 H_3O^+의 양(mol)과 용액의 부피(mL)가 제시되어 있다.
발상 단서를 통해 $[H_3O^+]$와 pH를 추론할 수 있다.
적용 $[H_3O^+]$와 K_w를 이용해 $[OH^-]$를 구하는 것부터 문제 풀이를 시작해야 한다.

| 문제+자료 분석 |

- $[H_3O^+] = \dfrac{H_3O^+의 \ 양(mol)}{용액의 \ 부피(L)}$이므로 주어진 값을 넣으면

  (가)에서 $[H_3O^+] = \dfrac{1 \times 10^{-2} \ mol}{0.1 \ L} = 1 \times 10^{-1} M$,

  (나)에서 $[H_3O^+] = \dfrac{2 \times 10^{-4} \ mol}{0.2 \ L} = 1 \times 10^{-3} M$이다.

- $K_w = [H_3O^+][OH^-] = 1 \times 10^{-14}$이고 $[OH^-] = \dfrac{K_w}{[H_3O^+]}$이므로

  (가)에서 $[OH^-] = \dfrac{1 \times 10^{-14}}{1 \times 10^{-1}} = 1 \times 10^{-13} \ M$,

  (나)에서 $[OH^-] = \dfrac{1 \times 10^{-14}}{1 \times 10^{-3}} = 1 \times 10^{-11} \ M$이다.

- **pH** : $pH = -\log [H_3O^+]$이므로 (가)의 pH는 1이고 (나)의 pH는 3이다.

| 보기 분석 |

ㄱ. (가)에서 $[H_3O^+] = 1 \times 10^{-1} \ M$이므로
$pH = -\log [H_3O^+] = -\log (1 \times 10^{-1} M) = 1.0$이다.
ㄴ. (나)에서 $[H_3O^+] = 1 \times 10^{-3} M$이므로
$pH = -\log [H_3O^+] = -\log (1 \times 10^{-3} M) = 3.0$이다.
따라서 pH가 7보다 작으므로 산성이다.
ㄷ. (가)의 $[OH^-] = 1 \times 10^{-13} \ M$이고, (나)의 $[OH^-] = 1 \times 10^{-11} \ M$이므로
OH^-의 몰농도는 (나)가 (가)의 100배이다.

표는 25 ℃에서 수용액 (가)와 (나)에 들어 있는 H_3O^+과 OH^-의 몰농도(M)에 대한 자료이다. 25 ℃에서 물(H_2O)의 이온화 상수(K_w)는 1×10^{-14}이다.

수용액	$[H_3O^+]$(M)	$[OH^-]$(M) = $\dfrac{K_w}{[H_3O^+]}$
(가)	1×10^{-2} ➡ pH 2	단서 ㉠ 1×10^{-12}
(나)	1×10^{-5} ➡ pH 5 산성	1×10^{-9}

25 ℃에서 이에 대한 설명으로 옳은 것만을 〈보기〉에서 있는 대로 고른 것은? (3점)

─────[보기]─────
ㄱ. ㉠은 1×10^{-12}이다.
ㄴ. (나)는 ~~염기성~~이다. 산성
ㄷ. pH는 (가) ✕ (나)이다. <

① ㄱ ② ㄴ ③ ㄱ, ㄷ ④ ㄴ, ㄷ ⑤ ㄱ, ㄴ, ㄷ

 **단서+발상**

단서 두 가지 수용액의 H_3O^+와 OH^-의 몰농도가 제시되어 있다.
발상 물의 이온화 상수를 이용해 제시되지 않은 몰농도를 추론할 수 있다.

| 문제+자료 분석 |

- **물의 이온화 상수(K_w)** : 물의 자동 이온화 반응에서 생성된 H_3O^+과 OH^-의 몰농도 곱이다.
  $K_w = [H_3O^+][OH^-]$
- 일정한 온도에서 $[H_3O^+]$와 $[OH^-]$는 일정한 값을 가지므로 물의 이온화 상수(K_w)도 일정한 값을 갖는다. 25 ℃에서 $K_w = 1 \times 10^{-14}$이다.
- 수용액의 액성과 H_3O^+, OH^-의 몰농도

산성	$[H_3O^+] > [OH^-]$	(25 ℃) $[H_3O^+] > 1 \times 10^{-7}$
중성	$[H_3O^+] = [OH^-]$	(25 ℃) $[H_3O^+] = 1 \times 10^{-7}$
염기성	$[H_3O^+] < [OH^-]$	(25 ℃) $[H_3O^+] < 1 \times 10^{-7}$

- **(가)** : $[H_3O^+] = 1 \times 10^{-2} \ M$이므로
  $[OH^-] = \dfrac{1 \times 10^{-14}}{1 \times 10^{-2}} = 1 \times 10^{-12} \ M$이다.
- **(나)** : $[OH^-] = 1 \times 10^{-9} \ M$이므로
  $[H_3O^+] = \dfrac{1 \times 10^{-14}}{1 \times 10^{-9}} = 1 \times 10^{-5} \ M$이다.
- **(가)** : $[H_3O^+] = 1 \times 10^{-2} \ M$이므로 $pH = -\log (1 \times 10^{-2}) = 2$이다.
- **(나)** : $[H_3O^+] = 1 \times 10^{-5} \ M$이므로 $pH = -\log (1 \times 10^{-5}) = 5$이다.

| 보기 분석 |

ㄱ. (가)에서 $[OH^-] = \dfrac{1 \times 10^{-14}}{1 \times 10^{-2}} = 1 \times 10^{-12} \ M$이므로
㉠은 1×10^{-12}이다.
ㄴ. (나)에서 $[H_3O^+] = \dfrac{1 \times 10^{-14}}{1 \times 10^{-9}} = 1 \times 10^{-5} \ M > 1 \times 10^{-7} \ M$이므로
(나)는 산성이다.
ㄷ. (가)와 (나)에서 pH가 각각 2, 5이므로 pH는 (가) < (나)이다.

K 07 정답 ① ＊수용액의 pH와 pOH

표는 25 ℃에서 수용액 (가)와 (나)에 대한 자료이다. (가)와 (나)는 $HCl(aq)$과 $NaOH(aq)$을 순서 없이 나타낸 것이다.

[OH⁻]: $HCl(aq) <$ $NaOH(aq)$ 단서

수용액	몰농도(M)	부피(mL)	OH⁻의 양(mol)(상댓값)
(가) $NaOH(aq)$	a	100	10^5
(나) $HCl(aq)$	$100a$	10	1

[OH⁻]비
(가) : (나) $=10^4 : 1$
➡ (가) > (나)이므로
(가) : $NaOH(aq)$
(나) : $HCl(aq)$

이에 대한 설명으로 옳은 것만을 〈보기〉에서 있는 대로 고른 것은? (단, 25 ℃에서 물의 이온화 상수(K_w)는 1×10^{-14}이다.) (3점)

[보기]

ㄱ. (가)는 ~~HCl(aq)~~이다.
[OH⁻]비 (가) > (나) ➡ (가): $NaOH(aq)$

ㄴ. $a = 1 \times 10^{-6}$이다.
OH⁻의 몰비 (가) : (나) $=100a : \dfrac{1 \times 10^{-14}}{100a} \times 10 = 10^5 : 1$

ㄷ. $\dfrac{(가)의\ pH}{(나)의\ pOH} = \dfrac{5}{4}$이다.
$\dfrac{8}{10} = \dfrac{4}{5}$

① ㄴ　　② ㄷ　　③ ㄱ, ㄴ　　④ ㄱ, ㄷ　　⑤ ㄱ, ㄴ, ㄷ

단서＋발상

단서 (가)와 (나)는 각각 $HCl(aq)$과 $NaOH(aq)$ 중 하나임이 제시되어 있다.

발상 (가)와 (나)의 부피 및 OH⁻의 양(mol)이 제시되어 있으므로 $HCl(aq)$과 $NaOH(aq)$를 추론할 수 있다.

적용 각 수용액의 [OH⁻]를 비교하여 (가)와 (나)를 구하는 것부터 문제 풀이를 시작해야 한다.

| 문제 해결 과정 |

step 1 각 수용액의 [OH⁻]를 비교하여 (가)와 (나)를 구한다.

· $[OH^-] = \dfrac{OH^-의\ 양(mol)}{부피}$ 이므로 [OH⁻]비는 (가) : (나) $=10^4 : 1$이다. [OH⁻]가 (가) > (나)이므로 (가)는 $NaOH(aq)$이고 (나)는 $HCl(aq)$이다.

step 2 각 수용액의 [OH⁻]의 양을 비교하여 a를 구한다.

· OH⁻의 양(mol) $=[OH^-](M) \times$ 부피(L)이므로 (가)에서 OH⁻의 양(mmol)은 $100a$이다.

· $K_w = 1 \times 10^{-14} = [H_3O^+][OH^-]$에서 $[OH^-] = \dfrac{1 \times 10^{-14}}{[H_3O^+]}$이므로 (나)에서 OH⁻의 양(mmol)은 $\dfrac{1 \times 10^{-14}}{100a} \times 10$이다.

· 따라서 OH⁻의 몰비는 (가) : (나) $=100a : \dfrac{1 \times 10^{-14}}{100a} \times 10 = 10^5 : 1$에서 $a = 1 \times 10^{-6}$이다.

step 3 (가)와 (나)의 pH 및 pOH를 구한다.

· (가): $[OH^-] = a = 1 \times 10^{-6}$이므로 pOH는 6.0이다. pH+pOH=14.0이므로 pH는 8.0이다.
· (나): $[H_3O^+] = 100a = 1 \times 10^{-4}$이므로 pH는 4.0이다. pH+pOH=14.0이므로 pOH는 10.0이다.

| 보기 분석 |

ㄱ. [OH⁻]비는 (가) : (나) $=10^4 : 1$이므로 [OH⁻]는 (가) > (나)이다. 따라서 (가)는 $NaOH(aq)$이고 (나)는 $HCl(aq)$이다.

ㄴ. OH⁻의 양(mol)의 몰비는 (가) : (나) $=100a : \dfrac{1 \times 10^{-14}}{100a} \times 10 = 10^5 : 1$이다. 따라서 $a = 1 \times 10^{-6}$이다.

ㄷ. (가)에서 $[OH^-] = a = 1 \times 10^{-6}$이므로 pOH는 6.0이고 pH는 8.0이다. (나)에서 $[H_3O^+] = 100a = 1 \times 10^{-4}$이므로 pH는 4.0이고 pOH는 10.0이다. 따라서 $\dfrac{(가)의\ pH}{(나)의\ pOH} = \dfrac{8}{10} = \dfrac{4}{5}$이다.

K 08 정답 ③ ＊pH와 pOH

표는 25℃ 수용액 (가)와 (나)에 대한 자료이다.

수용액	pOH−pH	부피(mL)	H₃O⁺의 양(mol)
(가)	$x = 6$	$20V$	n
(나)	$2x = 12$	V	$50n$

단서 [H₃O⁺]의 비는 (가) : (나) $= \dfrac{n}{20V} : \dfrac{50n}{V} = 1 : 1000$이다.

➡ pH는 (가)가 (나)보다 3크다.

이에 대한 옳은 설명만을 〈보기〉에서 있는 대로 고른 것은? (단, 25 ℃에서 물의 이온화 상수(K_w)는 1×10^{-14}이다.) (3점)

[보기]

ㄱ. pH는 (가) > (나)이다.
ㄴ. (가)와 (나)는 모두 산성이다. (가)와 (나) 모두 pH < 7 ➡ 산성
ㄷ. $x = $ ~~8~~ 6 이다.

① ㄱ　　② ㄷ　　③ ㄱ, ㄴ　　④ ㄴ, ㄷ　　⑤ ㄱ, ㄴ, ㄷ

단서＋발상

단서 문제에 H₃O⁺의 양(mol)과 수용액의 부피가 제시되어 있다.

발상 (가)와 (나)의 [H₃O⁺]의 비를 추론할 수 있다.

| 문제＋자료 분석 |

· [H₃O⁺]의 비는 (가) : (나) $= \dfrac{n}{20V} : \dfrac{50n}{V} = 1 : 1000$이다. 따라서 pH는 (가)가 (나)보다 3크다. (나)의 pH를 a라고 하면 (가)의 pH는 $a+3$이다.

· 25℃의 수용액에서 $K_w = [H_3O^+] \times [OH^-] = 1 \times 10^{-14}$이고, pH+pOH=14에서 pOH=14−pH이고, pOH−pH=14−2pH이다. 함정

· (가)에서 $x = 14 - 2(a+3) = 8 - 2a$ ⋯⋯ 식 (1)이고, (나)에서 $2x = 14 - 2a$ ⋯⋯ 식 (2)이다. 식 (1)과 (2)에서 $x = 6$, $a = 1$이다. 따라서 (가)는 pH=4, (나)는 pH=1이다.

| 보기 분석 |

ㄱ. pH가 (가)는 4이고, (나)는 1이다.

ㄴ. 25℃에서 중성 수용액의 pH=pOH=7이고, 산성 수용액의 pH<7이다. (가)와 (나)에서 모두 pH<7이므로 (가)와 (나)는 모두 산성이다.

ㄷ. (가)에서 $x = 14 - 2(a+3) = 8 - 2a$이고, (나)에서 $2x = 14 - 2a$이다. 두 식을 연립하면 $x = 6$이다.

왜 틀렸나?

· pH+pOH=14에서 pOH=14−pH ⋯⋯식 (3)이다. 식 (3)의 양변을 각각 pH로 빼주면 pOH−pH=14−2pH을 구할 수 있으나 유도하는 과정을 추론하는 것이 어려울 수 있다.

표는 25 ℃에서 산성 또는 염기성 수용액 (가)~(다)에 대한 자료이다.
(가)~(다) 중 <u>산성 수용액은 2가지이고, pH는 (가)가 (다)의 3배이다.</u>

	염기성	산성	산성
수용액	(가)	(나)	(다)
$\dfrac{\text{pOH}}{\text{pH}}$ (상댓값)	1	$x=8$	15
pH	12.0	6.0	4.0
pOH	2.0	8.0	10.0
$\lvert\text{pH}-\text{pOH}\rvert$	$y+4$	$y-4=2$	$y=6$
부피(mL)	100	200	400

	(가) : (다)
pH	3 : 1
$\dfrac{\text{pOH}}{\text{pH}}$	1 : 15
pOH	1 : 5

$3a : a$

$b : 5b$

$\begin{cases}3a+b=14\\a+5b=14\end{cases}$
$\Rightarrow a=4,\ b=2$

이에 대한 옳은 설명만을 〈보기〉에서 있는 대로 고른 것은? (단, 25 ℃에서 물의 이온화 상수(K_w)는 1×10^{-14}이다.) (3점)

[보기]

ㄱ. (나)는 산성 수용액이다.

(가)는 염기성, (다)는 산성 ➡ 산성 수용액은 2가지이므로 (나)는 산성

ㄴ. $x-y=2$이다.

$x=8,\ y=6$ ➡ $x-y=8-6=2$

ㄷ. $\dfrac{\text{(다)에서 } H_3O^+\text{의 양(mol)}}{\text{(가)에서 } OH^-\text{의 양(mol)}} = \dfrac{1}{100}$이다.

$\dfrac{(1\times10^{-4})\times0.4}{(1\times10^{-2})\times0.1}=4\times10^{-2}=\dfrac{1}{25}$

① ㄱ   ② ㄷ   ③ ㄱ, ㄴ   ④ ㄴ, ㄷ   ⑤ ㄱ, ㄴ, ㄷ

왜 틀렸나?

· '상댓값'에 주의해야 한다. $\dfrac{\text{pOH}}{\text{pH}}$ 를 상댓값이 아닌 실젯값으로 잘못 해석한다면,

$\dfrac{\text{pOH}}{\text{pH}}=1$에서 pH=pOH=7로 해석하여 (가)의 액성을 중성으로 잘못 풀이할 수 있다.

단서 + 발상

단서 pH는 (가)가 (다)의 3배임이 제시되어 있다.

발상 (가)와 (다)의 $\dfrac{\text{pOH}}{\text{pH}}$ (상댓값)을 통해 (가)와 (다)의 pOH의 비를 추론할 수 있다.

적용 물의 이온화 상수(K_w)를 이용해 (가)와 (다)의 pH와 pOH를 구하는 것부터 문제 풀이를 시작해야 한다.

│ 문제 + 자료 분석 │

· pH는 (가) : (다)=3 : 1이고 $\dfrac{\text{pOH}}{\text{pH}}$ (상댓값)은 (가) : (다)=1 : 15이므로 pOH는 (가) : (다)=1 : 5이다.

· 25 ℃에서 물의 이온화 상수(K_w)=1×10^{-14}=$[H_3O^+][OH^-]$이므로 pH+pOH=14.0이다. **꿀팁**
(가)와 (다)의 pH를 각각 $3a$와 a, (가)와 (다)의 pOH를 각각 b와 $5b$라 하면 (가)에서 $3a+b=14$, (다)에서 $a+5b=14$가 성립한다.
두 식을 연립하면 $a=4,\ b=2$이다.
➡ (가)의 pH와 pOH는 각각 12.0와 2.0이고, (다)의 pH와 pOH는 각각 4.0와 10.0이다. 따라서 $y=6$이다.

· (나)에서 $\lvert\text{pH}-\text{pOH}\rvert=y-4=2$이다.
(가)의 pH는 12.0이므로 (가)는 염기성이고 (다)의 pH 4이므로 (다)는 산성인데, (가) ~ (다) 중 산성 수용액은 2가지이므로 (나)는 산성이다.
➡ (나)의 pH와 pOH는 각각 6과 8이다.

· (가)와 (나)에서 $\dfrac{\text{pOH}}{\text{pH}}$의 실젯값과 상댓값을 비교하면, $\dfrac{\text{pOH}}{\text{pH}}$의 실젯값과 상댓값은 (가)에서는 각각 $\dfrac{2}{12}$와 1이고, (나)에서는 각각 $\dfrac{8}{6}$과 x이다.

따라서 $\dfrac{2}{12} : 1 = \dfrac{8}{6} : x$에서 $x=8$이다.

│ 보기 분석 │

ㄱ. (가)는 염기성이고 (다)는 산성인데, (가) ~ (다) 중 산성 수용액은 2가지이므로 (나)는 산성 수용액이다.

ㄴ. $x=8,\ y=6$이다. 따라서 $x-y=8-6=2$이다.

ㄷ. (다)의 pH는 4.0이므로 $[H_3O^+]=1\times10^{-4}$ M이고 (가)의 pOH는 2이므로 $[OH^-]=1\times10^{-2}$ M이다.
따라서 $\dfrac{\text{(다)에서 } H_3O^+\text{의 양(mol)}}{\text{(가)에서 } OH^-\text{의 양(mol)}} = \dfrac{(1\times10^{-4})\times0.4}{(1\times10^{-2})\times0.1}=4\times10^{-2}=\dfrac{1}{25}$ 이다.

＊ 물의 이온화 상수(K_w), pH와 pOH

물의 이온화 상수 (K_w)	· 물의 자동 이온화 반응에서 생성된 H_3O^+과 OH^-의 몰농도 곱($K_\text{w}=[H_3O^+][OH^-]$) · K_w는 일정 온도 조건의 모든 수용액에서 일정한 값을 갖는다. · 25 ℃에서 $K_\text{w}=[H_3O^+][OH^-]=1.0\times10^{-14}$이다.
수용액의 액성에 따른 pH와 pOH	· pH는 수소 이온 농도 지수 · pH=$-\log[H_3O^+]$, pOH=$-\log[OH^-]$이다. · 25 ℃ 순수한 물이나 모든 수용액에서 · $K_\text{w}=[H_3O^+][OH^-]=1.0\times10^{-14}$이므로 pH+pOH=14

액성	몰농도(25 ℃)	pH, pOH(25 ℃)
산성	$[OH^-]<10^{-7}\text{M}<[H_3O^+]$	pH<7, pOH>7
중성	$[H_3O^+]=10^{-7}\text{M}=[OH^-]$	pH=pOH=7
염기성	$[H_3O^+]<10^{-7}\text{M}<[OH^-]$	pH>7, pOH<7

표는 25℃에서 수용액 (가)와 (나)에 대한 자료이다. (가)와 (나)는 $HCl(aq)$과 $NaOH(aq)$을 순서 없이 나타낸 것이다.

수용액	몰농도 (M)	$\dfrac{[OH^-]}{[H_3O^+]}$(상댓값)	$\dfrac{[OH^-]}{[H_3O^+]}$=(실젯값)	부피 (mL)
HCl (가)	10^{-5} $=[H_3O^+]$ (단서)	1	$\dfrac{10^{-9}}{10^{-5}}=10^{-4}$	100
(나) NaOH	⊙	10^8	$\dfrac{[OH^-]^2}{K_w}=10^4$	10

$[OH^-]=10^{-5}$

이에 대한 설명으로 옳은 것만을 〈보기〉에서 있는 대로 고른 것은? (단, 온도는 25℃로 일정하고, 25℃에서 물의 이온화 상수(K_w)는 1×10^{-14}이다.)

[보기]

ㄱ. (가)는 $HCl(aq)$이다.

$\dfrac{[OH^-]}{[H_3O^+]}$가 (가)＜(나)이므로 (가)는 $HCl(aq)$이다.

ㄴ. ⊙=10^{-5}이다.

(나)는 $NaOH(aq)$이고 $\dfrac{[OH^-]^2}{K_w}=10^4$이므로

⊙=$[OH^-]=10^{-5}$이다.

ㄷ. (가)와 (나)를 모두 혼합한 수용액의 pH는 7보다 ~~크다.~~

(가)와 (나)의 몰농도는 같고 부피는 (가)＞(나)이므로 pH는 7보다 작다.

① ㄱ   ② ㄷ   ③ ㄱ, ㄴ   ④ ㄴ, ㄷ   ⑤ ㄱ, ㄴ, ㄷ

단서+발상

단서 문제에 (가)와 (나)의 $\dfrac{[OH^-]}{[H_3O^+]}$가 제시되어 있다.

발상 $\dfrac{[OH^-]}{[H_3O^+]}$의 상댓값을 통해 (가)와 (나)의 액성을 추론할 수 있다.

적용 물의 이온화 상수를 이용하여 $\dfrac{[OH^-]}{[H_3O^+]}$의 실젯값을 구하는 것부터 문제 풀이를 시작해야 한다.

| 문제+자료 분석 |

· $\dfrac{[OH^-]}{[H_3O^+]}$의 상댓값이 (가)＜(나)이므로 (가)가 $HCl(aq)$, (나)가 $NaOH(aq)$이다.
따라서 (가)에 주어진 몰농도 10^{-5}M는 $[H_3O^+]$이고, 25℃에서 $K_w=[H_3O^+][OH^-]$이므로 $[OH^-]=10^{-9}$M이다.

· (가)에서 $\dfrac{[OH^-]}{[H_3O^+]}=\dfrac{10^{-9}}{10^{-5}}=10^{-4}$이고, $\dfrac{[OH^-]}{[H_3O^+]}$의 비는

(가) : (나)=1 : 10^8이므로 (나)에서 $\dfrac{[OH^-]}{[H_3O^+]}=10^4$이다.

· $\dfrac{[OH^-]}{[H_3O^+]}=\dfrac{[OH^-]\times[OH^-]}{[H_3O^+]\times[OH^-]}=\dfrac{[OH^-]^2}{K_w}$이므로
(나)에서 $[OH^-]^2=10^{-10}$이다.
따라서 $[OH^-]=10^{-5}$M이다.

| 보기 분석 |

ㄱ. $\dfrac{[OH^-]}{[H_3O^+]}$가 (가)＜(나)이므로 (가)는 $HCl(aq)$이다.

ㄴ. $\dfrac{[OH^-]}{[H_3O^+]}=\dfrac{[OH^-]^2}{K_w}=10^4$이므로 $[OH^-]=10^{-5}$M이다.
따라서 ⊙=10^{-5}이다.

ㄷ. (가)와 (나)는 각각 몰농도가 10^{-5}M로 동일한 산과 염기이다. 수용액의 부피는 (가)＞(나)이므로 (가)와 (나)를 모두 혼합한 수용액의 액성은 산성이다. 따라서 pH는 7보다 작다.

그림 (가)와 (나)는 각각 $HCl(aq)$, $NaOH(aq)$을 나타낸 것이다.

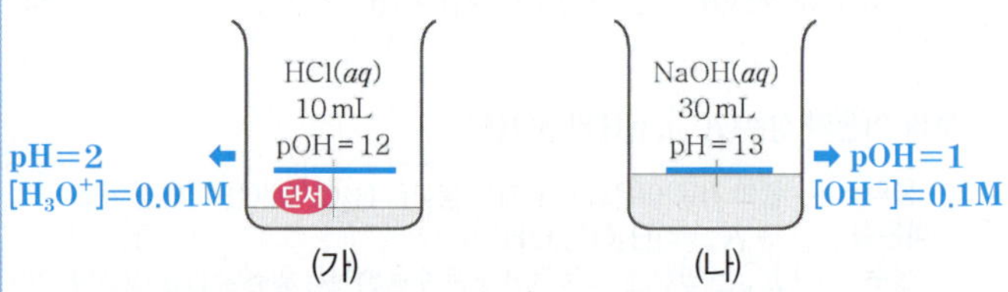

이에 대한 옳은 설명만을 〈보기〉에서 있는 대로 고른 것은? (단, 온도는 25℃로 일정하고, 25℃에서 물의 이온화 상수(K_w)는 1×10^{-14}이다.) (3점)

[보기]

ㄱ. (가)의 $[H_3O^+]=0.01$ M이다.

pOH=12이므로 pH=2이다. ➡ $[H_3O^+]=0.01$M

ㄴ. (나)에 들어 있는 OH^-의 양은 0.003 mol이다.

$0.1M\times\dfrac{30}{1000}L=3\times10^{-3}mol$

ㄷ. (가)에 물을 넣어 100 mL로 만든 $HCl(aq)$의 pH=~~4~~이다.

$0.01M\times\dfrac{10}{1000}L=[H_3O^+]_{희석}\times\dfrac{100}{1000}L$

∴ $[H_3O^+]_{희석}=1\times10^{-3}$M이므로 pH=3이다.

① ㄱ   ② ㄷ   ③ ㄱ, ㄴ   ④ ㄴ, ㄷ   ⑤ ㄱ, ㄴ, ㄷ

| 문제+자료 분석 |

· (가): pOH=12이므로 pH=2이고, $[H_3O^+]=0.01$M이다.
· (나): pH=13이므로 pOH=1이고, $[OH^-]=0.1$M이다.

| 보기 분석 |

ㄱ. (가)에서 pH=2이므로 $[H_3O^+]=0.01$M이다.

ㄴ. (나)에서 $[OH^-]=0.1$M이고, 수용액의 부피가 30 mL이므로
OH^-의 양(mol)은 $0.1M\times\dfrac{30}{1000}L=3\times10^{-3}$mol이다. 주의

ㄷ. (가)에 물을 넣어 100mL로 만들면 H_3O^+의 양(mol)은 변하지 않지만 수용액의 부피는 (가)의 10배가 되므로 $[H_3O^+]_{희석}$는 (가)의 $\dfrac{1}{10}$배가 된다.

$0.01M\times\dfrac{10}{1000}L=[H_3O^+]_{희석}\times\dfrac{100}{1000}L$

∴ $[H_3O^+]_{희석}=1\times10^{-3}$M

따라서 (가)에 물을 넣어 100 mL로 만든 $HCl(aq)$의 pH=3이다.

문제 풀이 꿀팁

수용액의 액성	pH 및 pOH (25℃)	$\dfrac{pH}{pOH}$
산성	pH＜7.0, pOH＞7.0	$\dfrac{pH}{pOH}＜1}$
중성	pH=7.0, pOH=7.0	$\dfrac{pH}{pOH}=1$
염기성	pH＞7.0, pOH＜7.0	$\dfrac{pH}{pOH}＞1$

K 12 정답 ④ ＊물의 이온화 상수와 pH ·········· [정답률 60%] 2022 실시 4월 학평 13 / 화학 I (고3)

표는 25 ℃에서 수용액 (가), (나)에 대한 자료이다. 25℃에서 물의 이온화 상수(K_w)는 1×10^{-14}이다.

$$10^{-6} = \frac{[OH^-]}{[H_3O^+]} = \frac{10^{-14}}{([H_3O^+])^2} \quad \therefore [H_3O^+] = 1 \times 10^{-4}$$

수용액	$\dfrac{[OH^-]}{[H_3O^+]}$	pH $= -\log([H_3O^+])$	부피 (mL)	H_3O^+의 양(mol)
(가) 단서	10^{-6}	x 4	y 100	10^{-5} mol
(나)	y 100	$2x$ 8	1000	10^{-8} mol

$$y = \frac{[OH^-]}{[H_3O^+]} = \frac{1 \times 10^{-6}}{1 \times 10^{-8}} = 100$$

$$[H_3O^+] = 1 \times 10^{-8} \quad \therefore [OH^-] = 1 \times 10^{-6}$$

25 ℃에서 이에 대한 설명으로 옳은 것만을 〈보기〉에서 있는 대로 고른 것은?

[보기]

ㄱ. x는 6이다.
  (가) 수용액의 **pH=4이므로, x=4이다.**

ㄴ. y는 100이다.
  (나) 수용액의 $y = \dfrac{[OH^-]}{[H_3O^+]} = \dfrac{1 \times 10^{-6}}{1 \times 10^{-8}} = 100$이다.

ㄷ. H_3O^+의 양(mol)은 (가)가 (나)의 1000배이다.
  H_3O^+는 (가)에 10^{-5} mol, (나)에 10^{-8} mol이 포함되어 있다.

① ㄱ   ② ㄴ   ③ ㄱ, ㄷ   ④ ㄴ, ㄷ   ⑤ ㄱ, ㄴ, ㄷ

| 문제 + 자료 분석 |

- 25 ℃에서 물의 이온화 상수(K_w)는 $[H_3O^+][OH^-] = 1 \times 10^{-14}$이다.

- x : (가) 수용액은 $\dfrac{[OH^-]}{[H_3O^+]} = 10^{-6}$이므로, $[OH^-] = 10^{-6} \times [H_3O^+]$이다.
  이 값을 $[H_3O^+][OH^-] = 1 \times 10^{-14}$에 대입하면,
  $[H_3O^+] \times (10^{-6} \times [H_3O^+]) = 10^{-14}$이므로, $[H_3O^+] = 1 \times 10^{-4}$ M이다.
  따라서 $x = pH = -\log([H_3O^+]) = 4$이다.

| 보기 분석 |

ㄱ. (가)의 $\dfrac{[OH^-]}{[H_3O^+]} = \dfrac{10^{-14}}{([H_3O^+])^2} = 10^{-6}$이므로 $[H_3O^+] = 1 \times 10^{-4}$ M이다.
따라서 pH $= -\log([H_3O^+]) = 4 = x$이다.

ㄴ. (나)의 pH $= 2x = 8$이므로 $[H_3O^+] = 1 \times 10^{-8}$ M이다.
이 값을 $[H_3O^+][OH^-] = 1 \times 10^{-14}$에 대입하면,
$[OH^-] = 1 \times 10^{-6}$ M이다.
따라서 $y = \dfrac{[OH^-]}{[H_3O^+]} = \dfrac{1 \times 10^{-6}}{1 \times 10^{-8}} = 100$이다.

ㄷ. (가)의 $[H_3O^+] = 1 \times 10^{-4}$ M이므로, $y(=100)$ mL에서 
H_3O^+의 양(mol) $= 1 \times 10^{-4}$(M) $\times 0.1$(L) $= 10^{-5}$ mol이다. **주의**
(나)의 $[H_3O^+] = 1 \times 10^{-8}$ M이므로, 1000 mL에서
H_3O^+의 양(mol) $= 1 \times 10^{-8}$(M) $\times 1$(L) $= 10^{-8}$ mol이다.
따라서 H_3O^+의 양(mol)은 (가)가 (나)의 1000배이다.

K 13 정답 ⑤ ＊수용액의 pH ·········· [정답률 61%] 2021 실시 3월 학평 16 / 화학 I (고3)

표는 25 ℃ 수용액 (가)~(다)에 대한 자료이다.

수용액	(가)	(나)	(다)
pH	$x-2=4$	단서 $x=6$	$14-(x-1)=9$
pOH		$x+2=8$	$x-1=5$
부피(mL)	100	200	200

(가)~(다)에 대한 옳은 설명만을 〈보기〉에서 있는 대로 고른 것은? (단, 25 ℃에서 물의 이온화 상수(K_w)는 1×10^{-14}이다.) (3점)

[보기]

ㄱ. $[H_3O^+] > [OH^-]$인 수용액은 2가지이다.
  → 산성 수용액은 pH가 7보다 작은 수용액이므로 2가지이다.

ㄴ. (다)에서 $[OH^-] = 1 \times 10^{-5}$ M이다.
  → pOH=5이므로 $[OH^-] = 1 \times 10^{-5}$ M이다.

ㄷ. H_3O^+의 양(mol)은 (가)가 (나)의 50배이다.
  → (가)는 (나)보다 H_3O^+의 몰농도 100배, 부피 $\dfrac{1}{2}$배

① ㄱ   ② ㄴ   ③ ㄱ, ㄷ   ④ ㄴ, ㄷ   ⑤ ㄱ, ㄴ, ㄷ

| 문제 + 자료 분석 |

◈ **수용액의 pH**

- pH+pOH=14($[H_3O^+][OH^-] = 1.0 \times 10^{-14} (=K_w)$)이므로 수용액 (나)에서 pH+pOH $= x + (x+2) = 14$, $x = 6$이다.
- (가)의 pH $= x - 2 = 4$이다.
- (나)의 pH $= x = 6$이다.
- (다)의 pH $= 14 - pOH = 14 - (x-1) = 9$이다.
- (가)와 (나)는 pH($= -\log[H_3O^+]$)가 2 차이 나므로 H_3O^+의 몰농도는 (가)가 (나)의 100배임을 알 수 있다.
- 부피는 (나)가 (가)의 2배이므로 H_3O^+의 양(mol)은 (가)가 (나)의 50배이다.

| 보기 분석 |

ㄱ. $[H_3O^+] > [OH^-]$인 수용액은 pH가 7보다 작은 수용액을 의미하므로 (가)와 (나) 수용액이 여기에 해당된다. 따라서 2가지이다.

ㄴ. (다)에서 pOH $= -\log[OH^-] = 5$이므로, $[OH^-] = 1 \times 10^{-5}$ M이다.

ㄷ. (가)와 (나)는 pH($= -\log[H_3O^+]$)가 2만큼 차이가 나므로 H_3O^+의 몰농도는 (가)가 (나)의 100배임을 알 수 있다. 부피는 (나)가 (가)의 2배이므로 H_3O^+의 양(mol)은 (가)가 (나)의 50배이다. 따라서 H_3O^+의 양(mol)은 (가)가 (나)의 50배이다.

표는 25 ℃에서 농도가 서로 다른 $HCl(aq)$ (가)와 (나)에 대한 자료이다. 25 ℃에서 물의 이온화 상수(K_w)는 1×10^{-14}이다.

$$K_w = [H_3O^+][OH^-]$$

$HCl(aq)$	(가)	(나)
pH	2.0	6.0
$[H_3O^+]$(M)	단서 1×10^{-2}	1×10^{-6}
$[OH^-]$(M)	1×10^{-12}	1×10^{-8}
H_3O^+의 양(mol)	x	1×10^{-7}
부피(mL)	100	y

이에 대한 설명으로 옳은 것만을 〈보기〉에서 있는 대로 고른 것은? (단, 온도는 25 ℃로 일정하고, 혼합 용액의 부피는 혼합 전 각 용액의 부피의 합과 같다.)

─────[보기]─────
ㄱ. (가)에서 $[OH^-] = 1 \times 10^{-12}$ M이다.
  → pH=2이므로 pOH=12이다.
ㄴ. $x \times y = 0.1$이다.
  → $x = 1 \times 10^{-3}$, $y = 100$이다.
ㄷ. (가)와 (나)를 모두 혼합한 용액의 pH는 4.0이다.
  → (가)와 (나) 혼합 용액의 pH는 4보다 작다.

① ㄱ ② ㄷ ③ ㄱ, ㄴ ④ ㄴ, ㄷ ⑤ ㄱ, ㄴ, ㄷ

단서+발상

단서 농도가 서로 다른 HCl이 제시되어 있다.

발상 pH를 통해 $[H_3O^+]$를 추론할 수 있다.

적용 $[H_3O^+]$를 적용해서 $[OH^-]$를 구하는 것부터 문제 풀이를 시작해야 한다.

┃ 문제+자료 분석 ┃

◈ $[H_3O^+]$와 $[OH^-]$

• 25 ℃에서 $K_w = [H_3O^+][OH^-] = 1 \times 10^{-14}$이므로 pH+pOH=14
• $pH = -\log[H_3O^+]$이고, $[H_3O^+] = 10^{-pH}$이다.
• (가): $[H_3O^+] = 1 \times 10^{-2}$ M이므로 $[OH^-] = 1 \times 10^{-12}$ M
• (나): $[H_3O^+] = 1 \times 10^{-6}$ M이므로 $[OH^-] = 1 \times 10^{-8}$ M

┃ 보기 분석 ┃

ㄱ (가)에서 pH=2이므로 $[H_3O^+] = 1 \times 10^{-2}$ M이며, $[H_3O^+][OH^-] = 1 \times 10^{-14}$이므로 $[OH^-] = 1 \times 10^{-12}$ M이다.

ㄴ 몰농도(M) $= \dfrac{\text{용질의 양(mol)}}{\text{용액의 부피(L)}}$ 이므로

  (가)에서 $\dfrac{x \text{ mol}}{0.1 \text{ L}} = 10^{-2}$ M에서 $x = 1 \times 10^{-3}$이며,

  (나)에서 $\dfrac{1 \times 10^{-7} \text{ mol}}{\dfrac{y}{1000} \text{ L}} = 1 \times 10^{-6}$ M에서 $y = 100$이다.

  따라서 $x \times y = 0.1$이다.

ㄷ. (가)와 (나)를 혼합한 용액의 부피는 0.2 L이고, H_3O^+의 양(mol)은 $(1 \times 10^{-3} + 1 \times 10^{-7})$ mol이다.
  따라서 (가)와 (나)를 혼합한 용액의 pH는 4가 아니다.
  pH=4인 용액의 몰농도는 $[H_3O^+] = 1 \times 10^{-4}$ M이므로 용액의 부피가 0.2 L일 때 H_3O^+의 양(mol)은 1×10^{-4} M $\times 0.2$ L $= 2 \times 10^{-5}$ mol이다. 따라서 (가)와 (나)를 혼합한 용액의 pH는 4.0보다 작다.

표는 25 ℃에서 수용액 (가), (나)의 H_3O^+의 몰농도를 나타낸 것이다.

단서 pH가 (나)>(가)이므로 pOH는 (가)>(나)이다.

수용액	(가)	(나)
	pH=5	pH=9
$[H_3O^+]$	1.0×10^{-5} M	1.0×10^{-9} M

25 ℃에서 (나)가 (가)보다 큰 값을 갖는 것만을 〈보기〉에서 있는 대로 고른 것은?

─────[보기]─────
ㄱ. 물의 이온화 상수(K_w)
  → 온도가 같으므로 (가)와 (나)에서 같다.
ㄴ. 수소 이온 농도 지수(pH) → (가)는 pH 5, (나)는 pH 9
ㄷ. OH^-의 몰농도($[OH^-]$) → (가)는 $[OH^-] = 10^{-9}$ M, (나)는 $[OH^-] = 10^{-5}$ M

① ㄱ ② ㄴ ③ ㄱ, ㄷ ④ ㄴ, ㄷ ⑤ ㄱ, ㄴ, ㄷ

┃ 문제+자료 분석 ┃

• 물의 자동 이온화 반응: $2H_2O(l) \rightleftharpoons H_3O^+(aq) + OH^-(aq)$
• 물의 이온화 상수: $K_w = [H_3O^+][OH^-]$, K_w는 일정한 온도에서 일정한 값을 가진다.
• 같은 온도에서 $K_w = [H_3O^+][OH^-]$으로 일정하므로 $[H_3O^+]$가 클수록 $[OH^-]$는 작다.

┃ 보기 분석 ┃

ㄱ. (가)와 (나)에서 온도가 같으므로 물의 이온화 상수(K_w)는 같다. 주의
ㄴ $pH = -\log[H_3O^+]$이므로 pH가 (가)에서는 5이고, (나)에서는 9이다.
ㄷ 같은 온도에서 $K_w = [H_3O^+][OH^-]$으로 일정하므로 $[H_3O^+]$가 작을수록 $[OH^-]$는 크다.
  따라서 $[H_3O^+]$가 (가) > (나)이므로 $[OH^-]$는 (나) > (가)이다.

문제 풀이 꿀팁

25 ℃에서 물의 이온화 상수(K_w)는 1.0×10^{-14}이므로 $K_w = [H_3O^+][OH^-] = 1.0 \times 10^{-14}$에서 pH+pOH=14이다. 꿀팁
• (가)에서 $[H_3O^+] = 1.0 \times 10^{-5}$ M이므로 pH=5, $[OH^-] = 1.0 \times 10^{-9}$ M이므로 pOH=9이다.
• (나)에서 $[H_3O^+] = 1.0 \times 10^{-9}$ M이므로 pH=9, $[OH^-] = 1.0 \times 10^{-5}$ M이므로 pOH=5이다.

표는 25 ℃에서 3가지 수용액에 대한 자료이다.

수용액	(가)	(나)	(다)
pH	**단서** 4  $[H_3O^+]=10^{-4}$M	5 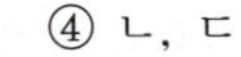 $[H_3O^+]=10^{-5}$M	8 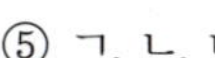 $[H_3O^+]=10^{-8}$M
부피(mL)	100	500	500

(가)～(다)에 대한 옳은 설명만을 〈보기〉에서 있는 대로 고른 것은? (단, 25 ℃에서 H_2O의 이온화 상수(K_w)는 1.0×10^{-14}이다.) (3점)

─────[보기]─────

ㄱ. 산성 수용액은 2가지이다.
 → 25 ℃에서 pH＜7인 (가)와 (나)는 산성 수용액

ㄴ. 수용액 속 H_3O^+의 양(mol)은 (가)가 (나)의 ~~10~~배이다.
 → (가)＝10^{-5} (mol) (나)＝5×10^{-6} (mol)

ㄷ. (다)에서 $\dfrac{[OH^-]}{[H_3O^+]}=100$이다.
 → $[H_3O^+]=10^{-8}$M, $[OH^-]=10^{-6}$M

① ㄱ   ② ㄴ   ③ ㄱ, ㄷ   ④ ㄴ, ㄷ   ⑤ ㄱ, ㄴ, ㄷ

 **단서+발상**

단서 세 가지 수용액의 pH가 제시되어 있다.

발상 pH를 통해 $[H_3O^+]$를 추론할 수 있다.

적용 $[H_3O^+]$를 적용해서 H_3O^+과 OH^-의 양(mol)을 구하는 것부터 문제 풀이를 시작해야 한다.

| 문제 해결 과정 |

step 1 주어진 pH로 각 수용액의 액성을 파악한다.

· pH(수소 이온 농도 지수)＝$-\log[H_3O^+]$로 25 ℃에서 pH＝7이면 중성 수용액, pH＜7이면 산성 수용액, pH＞7이면 염기성 수용액이다.

· 따라서 pH＜7인 수용액 (가)와 (나)는 산성 수용액이고, pH＞7인 수용액 (다)는 염기성 수용액이다.

step 2 pH와 H_2O의 이온화 상수(K_w)를 이용하여 수용액 (가)의 H_3O^+과 OH^-의 양(mol)을 각각 구한다.

· pH＝$-\log[H_3O^+]$＝4이므로 $[H_3O^+]=10^{-4}$M이고,
· 25 ℃에서 $K_w=[H_3O^+][OH^-]=1.0 \times 10^{-14}$이므로 $[OH^-]=10^{-10}$M이다.
· 이온의 몰농도(M)＝$\dfrac{\text{이온의 양(몰)}}{\text{수용액의 부피(L)}}$이고, 이온의 양(mol)＝수용액의 부피(L)×이온의 몰농도(M)이다.

 따라서 수용액의 부피는 0.1L(＝100 mL)이므로 H_3O^+의 양(mol)과 OH^-의 양(mol)은 각각 다음과 같다.
· H_3O^+의 양(mol)＝$0.1\,L \times 10^{-4}$M＝10^{-5}몰
· OH^-의 양(mol)＝$0.1\,L \times 10^{-10}$M＝10^{-11}몰

step 3 pH와 H_2O의 이온화 상수(K_w)를 이용하여 수용액 (나)의 H_3O^+과 OH^-의 양(mol)을 각각 구한다.

· pH＝$-\log[H_3O^+]$＝5이므로 $[H_3O^+]=10^{-5}$M이고,
· 25 ℃에서 $K_w=[H_3O^+][OH^-]=1.0 \times 10^{-14}$이므로 $[OH^-]=10^{-9}$M이다.
· 이온의 몰농도(M)＝$\dfrac{\text{이온의 양(몰)}}{\text{수용액의 부피(L)}}$이고, 이온의 양(mol)＝수용액의 부피(L)×이온의 몰농도(M)이다.

 따라서 수용액 (나)의 부피는 0.5 L(＝500 mL)이므로 H_3O^+의 양(mol)과 OH^-의 양(mol)은 각각 다음과 같다.
· H_3O^+의 양(mol)＝$0.5L \times 10^{-5}$M＝5×10^{-6}몰
· OH^-의 양(mol)＝$0.5L \times 10^{-9}$M＝5×10^{-10}몰

step 4 pH와 H_2O의 이온화 상수(K_w)를 이용하여 수용액 (다)의 H_3O^+과 OH^-의 양(mol)을 각각 구한다.

· pH＝$-\log[H_3O^+]$＝8이므로 $[H_3O^+]=10^{-8}$M이고, 25 ℃에서 $K_w=[H_3O^+][OH^-]=1.0 \times 10^{-14}$이므로 $[OH^-]=10^{-6}$M이다.
· 이온의 몰농도(M)＝$\dfrac{\text{이온의 양(몰)}}{\text{수용액의 부피(L)}}$이고, 이온의 양(mol)＝수용액의 부피(L)×이온의 몰농도(M)이다.

 따라서 수용액(다)의 부피는 0.5 L(＝500 mL)이므로 H_3O^+의 양(mol)과 OH^-의 양(mol)은 각각 다음과 같다.
· H_3O^+의 양(mol)＝$0.5\,L \times 10^{-8}$M＝5×10^{-9}몰
· OH^-의 양(mol)＝$0.5\,L \times 10^{-6}$M＝5×10^{-7}몰

| 보기 분석 |

ㄱ. 산성 수용액은 2가지이다. (○)

· 25℃에서 pH＜7인 수용액 (가)와 (나)는 산성 수용액이다.

ㄴ. 수용액 속 H_3O^+의 양(mol)은 (가)가 (나)의 10배이다. (✕)

· 수용액 (가)는 pH＝4이므로 $[H_3O^+]=10^{-4}$M이고, 이온의 양(mol)＝수용액 부피(L)×이온의 몰농도(M)이므로 H_3O^+의 양(mol)＝$0.1\,L \times 10^{-4}$M＝10^{-5}몰이다.
· 수용액 (나)는 pH＝5이므로 $[H_3O^+]=10^{-5}$M이고, 이온의 양(mol)＝수용액의 부피(L)×이온의 몰농도(M)이므로 H_3O^+의 양(mol)＝$0.5L \times 10^{-5}$M＝5×10^{-6}몰이다.
· 따라서 수용액 속 H_3O^+의 양(mol)은 (가)가 (나)의 2배이다.

ㄷ. (다)에서 $\dfrac{[OH^-]}{[H_3O^+]}=100$이다. (○)

· 수용액 (다)의 pH＝8이므로 $[H_3O^+]=10^{-8}$M이고, 25 ℃에서 $K_w=[H_3O^+][OH^-]=1.0 \times 10^{-14}$이므로 $[OH^-]=10^{-6}$M이다.
 따라서 $\dfrac{[OH^-]}{[H_3O^+]} = \dfrac{10^{-6}\,M}{10^{-8}\,M} = 100$이다.

⭐ **정답은 ③ ㄱ, ㄷ이다.**

＊ **물의 이온화 상수(K_w), pH와 pOH**

물의 이온화 상수(K_w)	· 물의 자동 이온화 반응에서 생성된 H_3O^+과 OH^-의 몰농도 곱($K_w=[H_3O^+][OH^-]$) · K_w는 일정 온도 조건의 모든 수용액에서 일정한 값을 갖는다. · 25 ℃에서 $K_w=[H_3O^+][OH^-]=1.0 \times 10^{-14}$이다.

수용액의 액성에 따른 pH와 pOH
· pH는 수소 이온 농도 지수
· pH＝$-\log[H_3O^+]$, pOH＝$-\log[OH^-]$이다.
· 25 ℃ 순수한 물이나 모든 수용액에서
· $K_w=[H_3O^+][OH^-]=1.0 \times 10^{-14}$이므로 pH＋pOH＝14

액성	몰농도(25 ℃)	pH, pOH (25 ℃)
산성	$[OH^-]＜10^{-7}$M$＜[H_3O^+]$	pH＜7, pOH＞7
중성	$[H_3O^+]＝10^{-7}$M$＝[OH^-]$	pH＝pOH＝7
염기성	$[H_3O^+]＜10^{-7}$M$＜[OH^-]$	pH＞7, pOH＜7

🐝 문제 풀이 **꿀팁**

· **25 ℃에서 물의 이온화 상수와 pH의 관계를 파악하자.**
 25 ℃에서 $K_w=[H_3O^+][OH^-]=1.0 \times 10^{-14}$이고, pH＝$-\log[H_3O^+]$이므로 이를 이용하여 문제를 푼다.

· **$[H_3O^+]$는 H_3O^+의 몰농도를 의미한다.**
 이온의 몰농도(M)＝$\dfrac{\text{이온의 양(몰)}}{\text{수용액의 부피(L)}}$이므로 주어진 부피와 pH를 이용하여 수용액 속 H_3O^+의 양(mol)을 구할 수 있다.

다음은 물의 자동 이온화를 화학 반응식으로 나타낸 것이다. ㉠과 ㉡은 각각 양이온과 음이온이다.(단, 25 ℃에서 물의 이온화 상수(K_w)는 1×10^{-14}이다.)

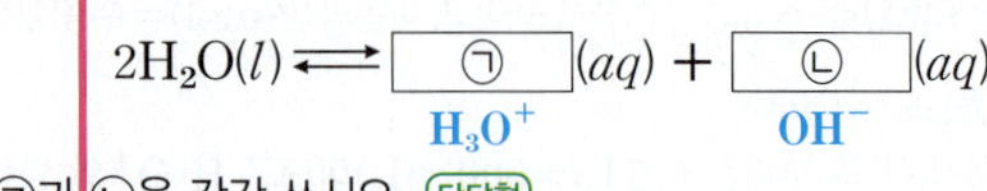

(1) ㉠과 ㉡을 각각 쓰시오. 단답형
$[H_3O^+]=[OH^-]=1\times10^{-7}$

(2) ㉠과 ㉡의 몰농도를 구하여 비교하고, 순수한 물의 액성이 중성인 이유를 서술하시오. 서술형

 **단서+발상**

단서 ㉠과 ㉡은 각각 양이온과 음이온임이 제시되어 있다.

발상 ㉠과 ㉡의 몰농도를 비교하여 액성을 추론할 수 있다.

적용 물의 이온화 상수(K_w)의 정의를 이용하여 ㉠과 ㉡의 몰농도를 구하는 것부터 문제 풀이를 시작해야 한다.

(1) 정답 ㉠: H_3O^+, ㉡: OH^-

(2) 모범 답안 25 ℃에서 $[H_3O^+]$와 $[OH^-]$는 1×10^{-7} M로 동일하다. 따라서 순수한 물의 액성은 중성이다.

| 문제+자료 분석 |

- 물의 자동 이온화 반응: $2H_2O(l) \rightleftharpoons H_3O^+(aq) + OH^-(aq)$
  ㉠과 ㉡은 각각 양이온과 음이온이므로 ㉠은 H_3O^+이고 ㉡은 OH^-이다.
- ㉠과 ㉡의 몰농도 구하기: 물에서 H_3O^+의 양(mol)과 OH^-의 양(mol)은 같으므로, 25 ℃에서 $[H_3O^+]=x$라 하면, 물의 이온화 상수 $K_w=[H_3O^+][OH^-]=x^2=1\times10^{-14}$이다.
  따라서 $[H_3O^+]=[OH^-]=1\times10^{-7}$이다.
- 순수한 물의 액성이 중성인 이유: 순수한 물이 자동 이온화하면 H_3O^+과 OH^-을 1 : 1로 내놓으므로 순수한 물의 $[H_3O^+]$과 $[OH^-]$는 동일하다. 따라서 순수한 물의 액성은 중성이다.

	채점 기준	배점
(1)	㉠과 ㉡을 옳게 쓴 경우	20%
(2)	㉠과 ㉡의 몰농도와 순수한 물의 액성이 중성인 이유를 모두 옳게 서술한 경우	80%
	㉠과 ㉡의 몰농도와 순수한 물의 액성이 중성인 이유 중 하나만 옳게 서술한 경우	40%

표는 25 ℃에서 농도가 서로 다른 $HCl(aq)$ (가)와 (나)에 대한 자료이다. (단, 25 ℃에서 물의 이온화 상수(K_w)는 1×10^{-14}이다.)

구분	(가)	(나)
단서 pOH	12	9
pH	$14-12=2$	$14-9=5$
$[H_3O^+]$(M)	10^{-2}	10^{-5}
H_3O^+의 양(mol)	x	y
부피(L)	V	$10V$
H_3O^+의 양(mol)	$10^{-2}V$	$10^{-4}V$

(1) (가)와 (나)에서 pH를 각각 구하고, 풀이 과정을 서술하시오. 서술형
$pH=14-pOH$

(2) $x : y$를 구하고, 그 과정을 (가)와 (나)의 $[H_3O^+]$를 이용하여 서술하시오. 서술형

단서+발상

단서 $HCl(aq)$ (가)와 (나)의 pOH가 제시되어 있다.

발상 (가)와 (나)의 pH를 구하면 $[H_3O^+]$를 추론할 수 있다.

적용 물의 이온화 상수(K_w)의 정의를 이용하여 (가)와 (나)의 pH를 구하는 것부터 문제 풀이를 시작해야 한다.

(1) 모범 답안 25 ℃에서 물의 이온화 상수 $K_w=[H_3O^+][OH^-]=1\times10^{-14}$이므로 $pH+pOH=14$이다. 따라서 (가)와 (나)의 pH는 각각 $(14-12=)2$와 $(14-9=)5$이다.

(2) 모범 답안 (가)와 (나)에서 $[H_3O^+]$(M)는 각각 10^{-2}와 10^{-4}이고 (가)와 (나)의 부피(L)는 각각 V와 $10V$이므로, H_3O^+의 양(mol)은 각각 $10^{-2}V$와 $10^{-4}V$이다. 따라서 $x : y=10^{-2}V : 10^{-4}V=100 : 1$이다.

| 문제+자료 분석 |

- (가)와 (나)의 pH 구하기: 25 ℃에서 물의 이온화 상수 $K_w=[H_3O^+][OH^-]=1\times10^{-14}$이므로 $pH+pOH=14$이다.
  따라서 (가)와 (나)의 pH는 각각 $(14-12=)2$와 $(14-9=)5$이다.
- (가)와 (나)에서 $[H_3O^+]$ 구하기: (가)와 (나)의 pH는 각각 2와 5이고, $pH=-\log[H_3O^+]$이므로 (가)와 (나)에서 $[H_3O^+]$(M)는 각각 10^{-2}와 10^{-4}이다.
- (가)와 (나)에서 H_3O^+의 양(mol) 구하기: (가)와 (나)에서 $[H_3O^+]$(M)는 각각 10^{-2}와 10^{-4}이고 (가)와 (나)의 부피(L)는 각각 V와 $10V$이다.
  $몰농도(M)=\dfrac{용질의\ 양(mol)}{용액의\ 부피(L)}$ 이므로, 몰농도(M)와 용액의 부피(L)를 곱하면 용질의 양(mol)이 된다.
  H_3O^+의 양(mol)은 각각 $10^{-2}V$와 $10^{-4}V$이다.
  따라서 $x : y=10^{-2}V : 10^{-4}V=100 : 1$이다.

	채점 기준	배점
(1)	(가)와 (나)의 pH를 모두 옳게 구한 경우	30%
(2)	$x : y$를 옳게 구하고, $[H_3O^+]$를 이용하여 과정을 옳게 서술한 경우	70%
	$x : y$만 옳게 구한 경우	30%

그림은 25 ℃에서 수용액 (가)~(다)의 pH와 pOH를 나타낸 것이다. (단, 25 ℃에서 물의 이온화 상수(K_w)는 $1×10^{-14}$이다.)

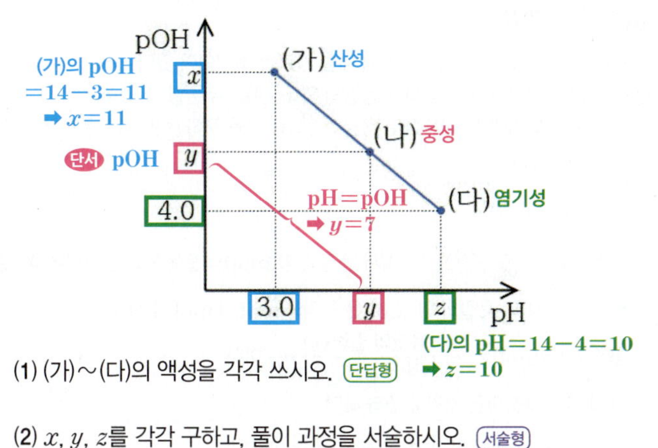

(1) (가)~(다)의 액성을 각각 쓰시오. [단답형]

(2) x, y, z를 각각 구하고, 풀이 과정을 서술하시오. [서술형]

 **단서+발상**

단서 (가)~(다)의 pH와 pOH가 제시되어 있다.

발상 물의 이온화 상수(K_w)의 정의를 이용하여 $x \sim z$를 추론할 수 있다.

적용 25 ℃에서 pH와 pOH의 크기를 비교하여 (가)~(다)의 액성을 구하는 것부터 문제 풀이를 시작해야 한다.

---

(1) [정답] **(가): 산성, (나): 중성, (다): 염기성**

(2) [모범 답안] 25 ℃에서 pH+pOH=14.0이다.
**(가)는 pH=3.0이므로 pOH=14.0−3.0=11.0이다. 따라서 x는 11.0이다.
(나)는 pH=pOH이므로 중성이다. 따라서 y는 7.0이다.
(다)는 pOH=4.0이므로 pH=14.0−4.0=10.0이다. 따라서 z는 10.0이다.**

| 문제+자료 분석 |

- **(가)~(다)의 액성 구하기**: 25 ℃에서 pH가 7.0보다 작으면(=pOH가 7.0보다 크면) 산성, pH가 7.0이면(=pOH가 7.0이면) 중성, pH가 7.0보다 크면(=pOH가 7.0보다 작으면) 염기성이다.
  ➡ 따라서 (가)는 pH=3.0이므로 산성, (나)는 pH=pOH이므로 중성, (다)는 pOH=4.0이므로 염기성이다.
- **$x \sim z$ 구하기**: 25 ℃에서 물의 이온화 상수 $K_w=[H_3O^+][OH^-]=1×10^{-14}$이므로 pH+pOH=14.0이다.
  (가)는 pH=3.0이므로 pOH=14.0−3.0=11.0이다. 따라서 x는 11.0이다.
  (나)는 pH=pOH이므로 중성이다. 따라서 y는 7.0이다.
  (다)는 pOH=4.0이므로 pH=14.0−4.0=10.0이다. 따라서 z는 10.0이다.

	채점 기준	배점
(1)	(가)~(다)의 액성을 모두 옳게 구한 경우	30%
(2)	$x \sim z$를 옳게 구하고, 풀이 과정을 옳게 서술한 경우	70%
	$x \sim z$만 옳게 구한 경우	30%

표는 25 ℃에서 수용액 (가)와 (나)에 대한 자료이다. (가)와 (나)는 각각 염산(HCl(aq))과 수산화 나트륨 수용액(NaOH(aq)) 중 하나이다. (단, 25 ℃에서 물의 이온화 상수(K_w)는 $1×10^{-14}$이다.)

구분	NaOH(aq) (가)	HCl(aq) (나)
단서 pH	$4a$ >	$3a$
몰농도	b	b

(가)의 pOH $=14-4a=-\log b$
(나)의 pH $=3a=-\log b$
➡ $a=2$, $b=10^{-6}$

(1) (가)와 (나)의 액성을 각각 쓰시오. [단답형]

(2) a와 b를 각각 구하고, 풀이 과정을 서술하시오. [서술형]

 **단서+발상**

단서 (가)와 (나)는 각각 염산과 수산화 나트륨 수용액 중 하나임이 제시되어 있다.

발상 pH의 정의를 이용해 $[H_3O^+]$를 추론할 수 있다.

적용 (가)와 (나)의 pH를 비교하여 (가)와 (나)를 구하는 것부터 문제 풀이를 시작해야 한다.

---

(1) [정답] **(가): 염기성 , (나): 산성**

(2) [모범 답안] **(가)에서 pOH=$-\log[OH^-]$이므로 $14-4a=-\log b$이고, (나)에서 pH=$-\log[H_3O^+]$이므로 $3a=-\log b$이다. 따라서 $a=2$, $b=10^{-6}$이다.**

| 문제+자료 분석 |

- **(가)와 (나)의 액성 구하기**: (가)와 (나)는 각각 염산(HCl(aq))과 수산화 나트륨 수용액(NaOH(aq)) 중 하나이고, pH는 HCl(aq)<NaOH(aq)이다.
  ➡ pH는 (가)(=$4a$) > (나)(=$3a$)이므로 (가)와 (나)는 각각 NaOH(aq)과 HCl(aq)이다.
- **a와 b**: (가)에서 NaOH(aq)의 pOH=$-\log[OH^-]$이므로 $14-4a=-\log b$이다. ······ 식 (1)
  (나)에서 HCl(aq)의 pH=$-\log[H_3O^+]$이므로 $3a=-\log b$이다. ······ 식 (2)
  ➡ 식 (1)과 식 (2)에서 $a=2$, $b=10^{-6}$이다.

	채점 기준	배점
(1)	(가)~(다)의 액성을 모두 옳게 구한 경우	30%
(2)	a와 b를 옳게 구하고, 풀이 과정을 옳게 서술한 경우	70%
	a와 b만 옳게 구한 경우	30%

 L 몰농도

L 01 정답 ⑤ ＊몰농도 [정답률 60%] 2025 실시 9월 학평 16 / 화학 Ⅰ (고2) 변형

표는 t ℃에서 수용액 (가)~(다)에 대한 자료이다.

수용액	(가)	(나)	(다)
용질의 종류	A	B	B
용질의 질량(g)	w	w	$x=3w$
몰농도(M)	1	4	2
부피(L)	6	1	6
단서 용질의 양(mol) $=MV$	6	4	12

이에 대한 설명으로 옳은 것만을 〈보기〉에서 있는 대로 고른 것은?

[보기]

ㄱ. 용질의 양(mol)은 (가)＞(나)이다.
　용질의 양(mol)＝몰농도×용액의 부피로 (가)와 (나)의 용질의
　양(mol)은 각각 6 mol, 4 mol이다.

ㄴ. 몰질량은 B＞A이다.
　A와 B의 몰질량은 각각 $\frac{w}{6}$, $\frac{w}{4}$로 B＞A이다.

ㄷ. $x=3w$이다.
　용질의 양(mol)이 (다)가 (나)의 3배이므로 용질의 질량도 (다)가
　(나)의 3배이다.

① ㄱ　　② ㄷ　　③ ㄱ, ㄴ　　④ ㄴ, ㄷ　　⑤ ㄱ, ㄴ, ㄷ

단서＋발상

단서 t ℃에서 수용액 (가) ~ (다)에 대한 자료가 제시되어 있다.
발상 몰농도와 부피를 이용하여 용질의 양(mol)을 추론할 수 있다.
적용 몰농도와 부피를 이용하여 용질의 양(mol)을 구하는 것부터 문제 풀이를 시작해야 한다.

| 문제＋자료 분석 |

- 몰농도＝$\dfrac{\text{용질의 양(mol)}}{\text{용액의 부피(L)}}$에서 용질의 양(mol)＝몰농도×용액의 부피 꿀팁
➡ (가) ~ (다)의 용질의 양(mol)은 각각 6 mol, 4 mol, 12 mol이다.
- 용질의 양(mol)＝$\dfrac{\text{용질의 질량}(g)}{\text{용질의 몰질량}(g/mol)}$이다.

　A와 B의 몰질량을 각각 a, b라 하면

　(가)에서 6 mol＝$\dfrac{w\,\text{g}}{a\,\text{g/mol}}$ ➡ $a=\dfrac{w}{6}$이고,

　(나)에서 4 mol＝$\dfrac{w\,\text{g}}{b\,\text{g/mol}}$ ➡ $b=\dfrac{w}{4}$이다.

| 보기 분석 |

ㄱ. 용질의 양(mol)＝몰농도×용액의 부피로 (가)와 (나)의 용질의 양(mol)은
　각각 6 mol, 4 mol이다.

ㄴ. A와 B의 몰질량은 각각 $\dfrac{w}{6}$, $\dfrac{w}{4}$로 B＞A이다.

ㄷ. 용질의 양(mol)이 (다)가 (나)의 3배이므로 용질의 질량도 (다)가 (나)의
　3배이다.

L 02 정답 ① ＊몰농도 [정답률 72%] 2025 실시 6월 학평 9 / 화학 Ⅰ (고2) 변형

그림은 A(aq)과 B(aq)의 부피와 몰농도를 나타낸 것이다. 용질의 질량
은 A(aq)에서와 B(aq)에서가 같다. $M_\mathrm{A}V=3M_\mathrm{B}V$

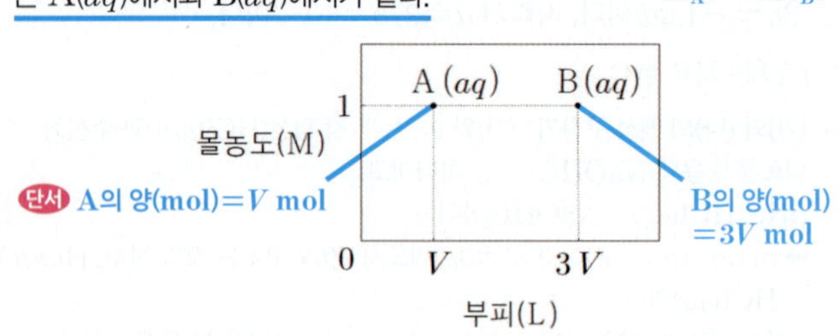

$\dfrac{\text{B의 몰질량}}{\text{A의 몰질량}}$ 은?

$M_\mathrm{A}=3M_\mathrm{B}$ ➡ $\dfrac{\text{B의 몰질량}}{\text{A의 몰질량}}=\dfrac{1}{3}$

① $\dfrac{1}{3}$　　② $\dfrac{1}{2}$　　③ 1　　④ 2　　⑤ 3

단서＋발상

단서 A(aq)과 B(aq)의 부피와 몰농도를 나타낸 그림과 용질의 질량이 A(aq)에서와 B(aq)에서가 같다는 것이 제시되어 있다.
발상 용액의 몰농도와 용액의 부피로부터 용질의 양(mol)을 추론할 수 있다.
적용 몰농도의 정의를 이용하여 용액의 몰농도와 용액의 부피를 곱하여 용질의 양(mol)을 구하는 것부터 문제 풀이를 시작해야 한다.

| 문제＋자료 분석 |

- 몰농도(M)＝$\dfrac{\text{용질의 양(mol)}}{\text{용액의 부피(L)}}$이므로

용질의 양(mol)＝몰농도(mol/L)×용액의 부피(L)로 나타낼 수 있다. 꿀팁
A(aq)에서 A의 양(mol)＝1 mol/L×V L＝V mol
B(aq)에서 B의 양(mol)＝1 mol/L×$3V$ L＝$3V$ mol
- 용질의 질량(g)＝용질의 몰질량(g/mol) × 용질의 양(mol)이다. 꿀팁
A와 B의 몰질량을 각각 M_A, M_B라고 하면
A(aq)에서 A의 질량(g)＝M_A g/mol×V mol＝$M_\mathrm{A}V$ g
B(aq)에서 B의 질량(g)＝M_B g/mol×$3V$ mol＝$3M_\mathrm{B}V$ g

| 선택지 분석 |

① 용질의 질량은 A(aq)에서와 B(aq)에서가 같으므로 $M_\mathrm{A}V=3M_\mathrm{B}V$이다.
　따라서 $M_\mathrm{A}=3M_\mathrm{B}$이므로
　$\dfrac{\text{B의 몰질량}}{\text{A의 몰질량}}=\dfrac{1}{3}$이다.

L 03 정답 ② ✱ 용액의 몰농도

그림은 V L 수용액 (가)~(다)의 몰농도(M)와 (가)~(다)에 녹아 있는 용질의 질량(g)을 나타낸 것이다.

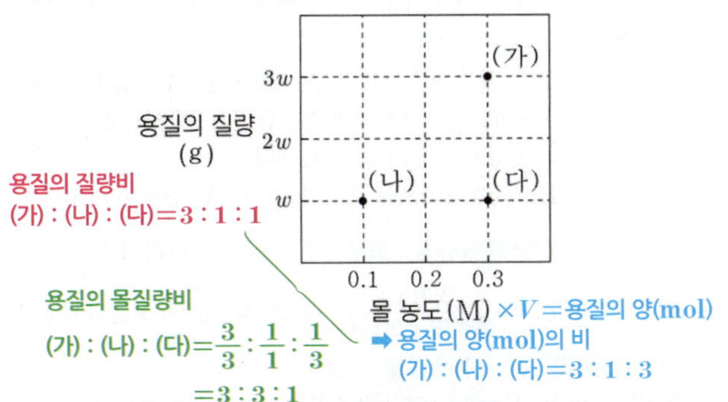

(가)~(다)에서 용질의 양(mol)과 용질의 몰질량(g/mol)을 각각 옳게

(가)=(다)>(나)　　(가)=(나)>(다)

비교한 것은? (3점)

	용질의 양(mol)	용질의 몰질량(g/mol)
①	(가)>(나)	(가)>(나)
②	(가)>(나)	(가)>(다)
③	(가)=(다)	(나)=(다)
④	(나)>(다)	(가)=(나)
⑤	(나)=(다)	(가)>(다)

단서+발상

단서 부피가 V L로 같은 수용액 (가)~(다)의 몰농도가 제시되어 있다.

발상 각 수용액에 녹아 있는 용질의 양(mol)의 비를 추론할 수 있다.

| 문제+자료 분석 |

step 1 몰농도와 용액의 부피로부터 용질의 몰비 구하기

- 몰농도(M)=$\frac{용질의 양(mol)}{용액의 부피(L)}$ 이므로, 몰농도(M)와 용액의 부피(L)를 곱하면 용질의 양(mol)이 된다.
- 수용액 (가)~(다)의 부피가 V L로 같으므로 각 수용액에 녹아 있는 용질의 양(mol)의 비는 (가) : (나) : (다)=3 : 1 : 3이다.

step 2 용질의 질량과 양(mol)으로부터 용질의 몰질량비 구하기

- 물질의 양(mol)=$\frac{질량(g)}{몰질량(g/mol)}$ 이므로, 질량(g)을 물질의 양(mol)으로 나누면 물질의 몰질량을 구할 수 있다.
- 각 수용액에 녹아 있는 용질의 몰비는 (가) : (나) : (다)=3 : 1 : 3이고 질량비는 (가) : (나) : (다)=3 : 1 : 1이므로, 몰질량비는

$$(가) : (나) : (다)=\frac{3}{3} : \frac{1}{1} : \frac{1}{3}=3 : 3 : 1이다.$$

| 선택지 분석 |

② 용질의 양(mol)의 비는 (가) : (나) : (다)=3 : 1 : 3이고, 용질의 몰질량비는 (가) : (나) : (다)=3 : 3 : 1이다.
따라서 용질의 양(mol)은 (가)=(다)>(나)이고, 용질의 몰질량은 (가)=(나)>(다)이다.

L 04 정답 ③ ✱ 몰농도

표는 수용액 (가)~(다)에 대한 자료이다. (가)~(다)에 녹아 있는 용질의 질량은 모두 같고, A의 몰질량(g/mol)은 40이다.

수용액	(가)	(나)	(다)
용질의 종류	A	A	B
몰농도(M)	1	0.5	0.8
부피(L)	2	V	1
용질의 양(mol)	2	$0.5V$	0.8
용질의 질량(g)	2×40 $=80$		$80=0.8\times M_B$ ➡$M_B=100$

용질의 양(mol) 동일
➡$2=0.5V$
➡$V=4$

이에 대한 설명으로 옳은 것만을 〈보기〉에서 있는 대로 고른 것은? (3점)

[보기]

ㄱ. (가)에 녹아 있는 A의 양은 2 mol이다.
　몰농도(M)=1, 부피(L)=2 ➡ 용질 A의 양(mol)=$1\times2=2$

ㄴ. $V=1$이다.
　$2=0.5V$ ➡ $V=4$

ㄷ. B의 몰질량(g/mol)은 100이다.
　0.8 mol B의 질량(g)=80 ➡ B의 몰질량=100

① ㄱ　② ㄴ　③ ㄱ, ㄷ　④ ㄴ, ㄷ　⑤ ㄱ, ㄴ, ㄷ

단서+발상

단서 (가)~(다)의 몰농도와 부피가 제시되어 있다.

발상 각 용액에 녹아 있는 용질의 양(mol)을 추론할 수 있다.

적용 (가)~(다)에 녹아 있는 용질의 질량은 모두 같음을 이용하여 V를 구하는 것부터 문제 풀이를 시작해야 한다.

| 문제+자료 분석 |

step 1 몰농도와 용액의 부피로부터 용질의 양(mol) 구하기

- 몰농도(M)=$\frac{용질의 양(mol)}{용액의 부피(L)}$ 이므로 몰농도(M)와 용액의 부피(L)를 곱하면 용질의 양(mol)이 된다.
- (가)~(다)의 몰농도(M)가 각각 1, 0.5, 0.8이고 부피(L)가 각각 2, V, 1이므로, (가)~(다)에 녹아 있는 용질의 양(mol)은 각각 $(1\times2=)2$, $(0.5\times V=)0.5V$, $(0.8\times1=)0.8$이다.

step 2 (가)와 (나)에서 V 구하기

- (가)와 (나)에 녹아 있는 용질의 질량이 같고, 용질의 종류가 A로 같으므로 몰질량도 40으로 같다. 따라서 (가)와 (나)에 녹아 있는 용질의 양(mol)이 같으므로, $2=0.5V$에서 $V=4$이다.

step 3 (가)와 (다)에서 B의 몰질량 구하기

- 물질의 양(mol)=$\frac{질량(g)}{몰질량(g/mol)}$ 이므로, 물질의 양(mol)과 몰질량을 곱하면 물질의 질량(g)을 구할 수 있다.
- (가)에 녹아 있는 용질 A의 양(mol)은 2이고 몰질량은 40이므로 용질의 질량(g)은 $(2\times40=)80$이다.
  (가)와 (다)에 녹아 있는 용질의 질량은 같으므로 (다)에 녹아 있는 0.8 mol B의 질량(g)도 80이다. B의 몰질량을 M_B라 하면, $0.8\times M_B=80$에서 $M_B=100$이다.

| 보기 분석 |

ㄱ. (가)의 몰농도(M)와 부피(L)는 각각 1, 2이다. 따라서 (가)에 녹아 있는 A의 양(mol)은 $(1\times2=)2$이다.

ㄴ. (가)와 (나)에 녹아 있는 용질의 양(mol)은 같으므로 $2=0.5V$이다. 따라서 $V=4$이다.

ㄷ. (다)에 녹아 있는 0.8 mol B의 질량(g)은 80이다. 따라서 B의 몰질량은 100이다.

 정답 ① ＊몰농도 ···································· [정답률 73%] **2024 실시 6월 학평 10 / 화학 Ⅰ (고2) 변형**

표는 A(aq)과 B(aq)에 대한 자료이다. $\dfrac{\text{B의 몰질량}}{\text{A의 몰질량}}=\dfrac{1}{3}$이다.

수용액	A(aq)	B(aq)
몰농도(M)	0.2	x
용질의 질량(g)	$2w$	w
용액의 부피(mL)	100	300
용질의 양(mmol)	20	$300x$

용질의 몰비 A : B $=\dfrac{2w}{3}:\dfrac{w}{1}=2:3=1:15x$

x는?　　　　　　　　　　　　　　　$x=0.1$

① 0.1　　② 0.2　　③ 0.3　　④ 0.4　　⑤ 0.5

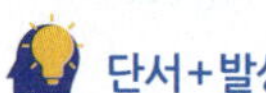

단서＋발상

단서 각 수용액에 녹아 있는 A와 B의 질량과 몰질량비가 제시되어 있다.

발상 각 수용액에 녹아 있는 A와 B의 양(mol)의 비를 추론할 수 있다.

적용 몰농도와 용액의 부피를 통해 각 수용액에 녹아 있는 A와 B의 양(mol)을 구하는 것부터 문제 풀이를 시작해야 한다.

| 문제＋자료 분석 |

step 1 **몰농도와 용액의 부피로부터 용질의 몰비 구하기**

- 몰농도(M)＝$\dfrac{\text{용질의 양(mol)}}{\text{용액의 부피(L)}}$ 이므로, 몰농도(M)와 용액의 부피(L)를 곱하면 용질의 양(mol)이 된다.

- A(aq)와 B(aq)의 몰농도(M)가 각각 0.2와 x이고 부피(mL)가 각각 100과 300이므로, A(aq)와 B(aq)에 녹아 있는 용질의 양(mmol)은 각각 $(0.2\times100=)20$과 $(x\times300=)300x$이다.

  ➡ A(aq)와 B(aq)에 녹아 있는 용질의 몰비는 A : B＝1 : $15x$이다.

step 2 **용질의 질량과 몰질량으로부터 용질의 몰비 구하기**

- 물질의 양(mol)＝$\dfrac{\text{질량(g)}}{\text{몰질량(g/mol)}}$ 이므로, 질량(g)을 물질의 몰질량으로 나누면 물질의 양(mol)을 구할 수 있다.

- 몰질량비가 A : B＝3 : 1이고 각 수용액에 녹아 있는 용질의 질량은 A와 B가 각각 $2w$와 w이다.

  ➡ A와 B에 녹아 있는 용질의 몰비는 A : B＝$\dfrac{2w}{3}:\dfrac{w}{1}=2:3$이다.

| 선택지 분석 |

① A와 B에 녹아 있는 용질의 몰비는 A : B＝1 : $15x$＝2 : 3이다. 따라서 x는 0.1이다.

 정답 ② ＊몰농도 ···································· [정답률 70%] **2025 실시 6월 학평 17 / 화학 Ⅰ (고2) 변형**

다음은 A(aq)을 만드는 방법을 댓글로 남긴 화학 동아리 활동을 나타낸 것이다.

> 각자 원하는 몰농도의 A(aq)을 만드는 방법을 댓글로 남겨 주세요. A의 몰질량(g/mol)은 60입니다.

'화학인'님의 댓글

A(s) 12 g을 모두 물에 녹여

단서 양(mol)＝$\dfrac{12\,\text{g}}{60\,\text{g/mol}}=0.2\,\text{mol}$

a M A(aq) 500 mL를 만듭니다.
＝0.4 M　＝0.5 L

'케미'님의 댓글

　　　　　　　　　　　　＝0.1 L
'화학인'님이 만든 a M A(aq) 100 mL에 A(s) w g
$0.4\,\text{M}\times0.1\,\text{L}=0.04\,\text{mol}$ ➡ 2.4 g　　0.6 g
을 모두 녹이고 물을 넣어 0.2 M A(aq) 250 mL를 만듭니다.　$0.2\,\text{M}\times0.25\,\text{L}=0.05\,\text{mol}$ ➡ 3 g

모든 댓글의 내용이 옳을 때, $\dfrac{w}{a}$ 는? (단, 온도는 일정하다.) (3점)

$a=0.4,\ w=0.6$ ➡ $\dfrac{w}{a}=\dfrac{0.6}{0.4}=\dfrac{3}{2}$

① 1　　② $\dfrac{3}{2}$　　③ 2　　④ $\dfrac{5}{2}$　　⑤ 3

단서＋발상

단서 A(aq)을 만드는 방법을 댓글로 남긴 화학 동아리 활동과 A의 몰질량이 제시되어 있다.

발상 질량과 몰질량으로 양(mol)을 추론할 수 있다.

적용 양(mol)의 정의를 적용해서 양(mol)을 구하는 것부터 문제 풀이를 시작해야 한다.

| 문제＋자료 분석 |

- **a :** A의 몰질량은 60이므로 A(s) 12 g의 양(mol)＝$\dfrac{12\,\text{g}}{60\,\text{g/mol}}=0.2\,\text{mol}$이다.

  A(s) 12 g을 모두 물에 녹여 500 mL를 만들었을 때의 몰농도는 다음과 같다. 이 때 **500 mL의 부피는 0.5 L로 계산한다.**  함정

  $a\,\text{M}=\dfrac{0.2\,\text{mol}}{0.5\,\text{L}}=0.4\,\text{M}$ ➡ $a=0.4$

- **w :** a M A(aq) 100 mL의 양(mol)＝$0.4\,\text{M}\times0.1\,\text{L}=0.04\,\text{mol}$이고, 몰질량이 60이므로 A의 질량은 2.4 g이다.

  A(s) w g을 모두 녹이고 물을 넣어 0.2 M A(aq) 250 mL를 만들었을 때 $0.2\,\text{M A}(aq)$ 250 mL의 양(mol)＝$0.2\,\text{M}\times0.25\,\text{L}=0.05\,\text{mol}$이고, 몰질량이 60이므로 질량은 3.0 g이다.

  ➡ a M A(aq) 100 mL의 질량(＝2.4 g)＋A(s) w g＝ 0.2 M A(aq) 250 mL의 질량(＝3 g)이므로 $w=0.6$이다.

| 선택지 분석 |

② $a=0.4,\ w=0.6$이므로 $\dfrac{w}{a}=\dfrac{0.6}{0.4}=\dfrac{3}{2}$이다.

 **| 문제 풀이 꿀팁 |**

- 양(mol)＝$\dfrac{\text{질량(g)}}{\text{몰질량(g/mol)}}$

- 몰농도(M)＝$\dfrac{\text{용질의 양(mol)}}{\text{용액의 부피(L)}}$

L 07 정답 ②   ＊몰농도

다음은 0.5 M A(aq)을 만드는 실험이다.

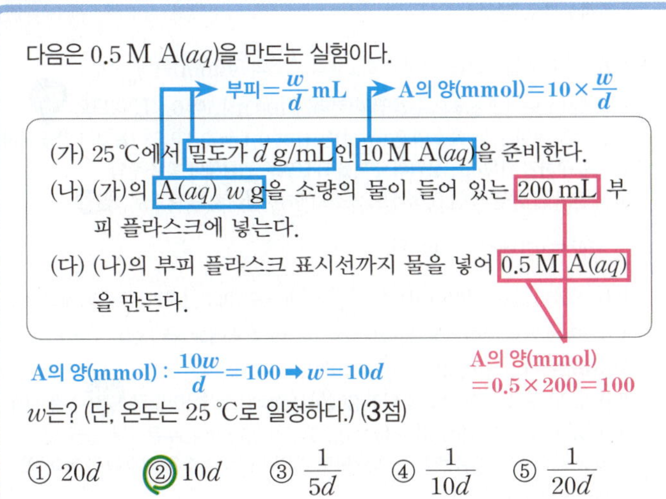

A의 양(mmol) : $\dfrac{10w}{d}=100 \Rightarrow w=10d$

A의 양(mmol) $=0.5\times200=100$

w는? (단, 온도는 25 ℃로 일정하다.) (3점)

① $20d$　② $10d$　③ $\dfrac{1}{5d}$　④ $\dfrac{1}{10d}$　⑤ $\dfrac{1}{20d}$

단서＋발상

(단서) (다)에서 만든 A(aq)의 몰농도와 부피가 제시되어 있다.

(발상) (다)에 녹아 있는 A의 양(mol)을 추론할 수 있다.

(적용) 밀도의 정의를 이용하여 w g의 10 M A(aq)의 부피를 구하는 것부터 문제 풀이를 시작해야 한다.

| 문제＋자료 분석 |

step 1 (가)의 A(aq) w g에 녹아 있는 용질의 양(mol) 구하기

· 몰농도(M) $=\dfrac{\text{용질의 양(mol)}}{\text{용액의 부피(L)}}$ 이므로 몰농도(M)와 용액의 부피(L)를 곱하면 용질의 양(mol)이 된다.

· 10 M A(aq)의 질량이 w g, 밀도가 d g/mL이므로 수용액의 부피는 $\dfrac{w}{d}$ mL이다. 따라서 수용액에 녹아 있는 A의 양(mmol)은 [몰농도(M)×용액의 부피(mL)]에서 $\left(10\times\dfrac{w}{d}=\right)\dfrac{10w}{d}$ 이다.

step 2 (다)에서 만든 A(aq)에 녹아 있는 용질의 양(mol) 구하기

· 0.5 M A(aq)의 부피가 200 mL이므로, 수용액에 녹아 있는 A의 양(mmol)은 $(0.5\times200=)100$이다.

| 선택지 분석 |

② 수용액에 물을 넣어 희석해도 용질 A의 양은 변하지 않으므로 꿀팁

$\dfrac{10w}{d}=100$이다. 따라서 $w=10d$이다.

L 08 정답 ④   ＊몰농도

다음은 실험 기구 A~C와, 수산화 나트륨(NaOH) 수용액을 만드는 실험이다. ㉠은 A~C 중 하나이고, NaOH의 몰질량(g/mol)은 40이다.

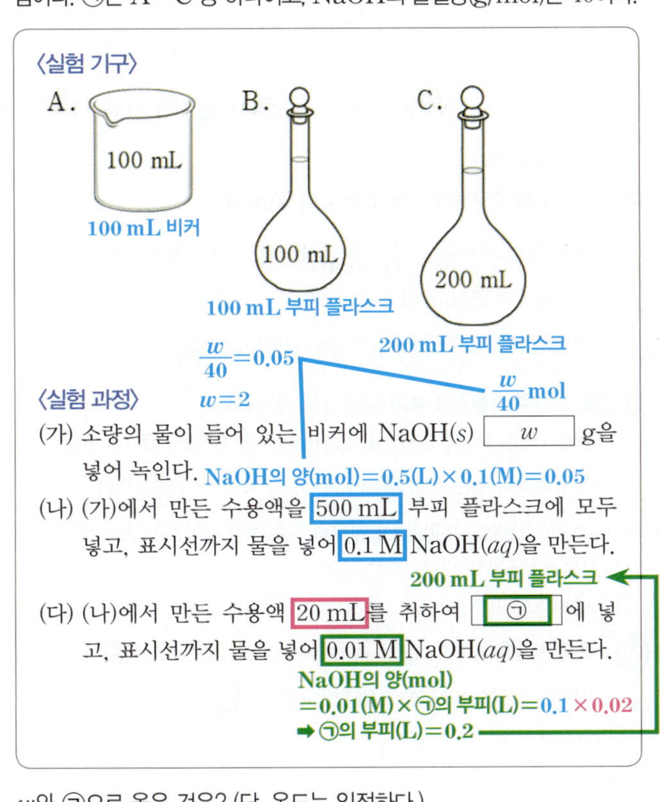

$\dfrac{w}{40}=0.05$

〈실험 과정〉
$w=2$　$\dfrac{w}{40}$ mol

(가) 소량의 물이 들어 있는 비커에 NaOH(s) [w] g을 넣어 녹인다.　NaOH의 양(mol)$=0.5(\text{L})\times0.1(\text{M})=0.05$

(나) (가)에서 만든 수용액을 500 mL 부피 플라스크에 모두 넣고, 표시선까지 물을 넣어 0.1 M NaOH(aq)을 만든다.

200 mL 부피 플라스크

(다) (나)에서 만든 수용액 20 mL를 취하여 [㉠]에 넣고, 표시선까지 물을 넣어 0.01 M NaOH(aq)을 만든다.
NaOH의 양(mol)
$=0.01(\text{M})\times$㉠의 부피(L)$=0.1\times0.02$
→ ㉠의 부피(L)$=0.2$

w와 ㉠으로 옳은 것은? (단, 온도는 일정하다.)

$w=2$, ㉠ : 200 mL 부피 플라스크

	w	㉠		w	㉠
①	1	A	②	1	B
③	2	B	④	2	C
⑤	4	C			

단서＋발상

(단서) (나)에서 만든 용액의 농도가 제시되어 있다.

(발상) (나)에서 만든 용액 20 mL에 녹아 있는 NaOH의 양(mol)을 추론할 수 있다.

(적용) 수용액에 물을 넣어 희석해도 용질의 양은 변하지 않음을 적용하여 w를 구하는 것부터 문제 풀이를 시작해야 한다.

| 문제＋자료 분석 |

step 1 (가)와 (나)에서 w 구하기

· 몰농도(M) $=\dfrac{\text{용질의 양(mol)}}{\text{용액의 부피(L)}}$ 이므로 몰농도(M)와 용액의 부피(L)를 곱하면 용질의 양(mol)이 된다.

· (나)에서 만든 0.1 M NaOH(aq)의 부피가 500 mL($=0.5$ L)이므로, 용액에 녹아 있는 NaOH의 양(mol)은 $(0.1\times0.5=)0.05$이다.

➡ 수용액에 물을 넣어 희석해도 용질 A의 양은 변하지 않으므로 꿀팁

$\dfrac{w}{40}=0.05$이다. 따라서 $w=2$이다.

step 2 (나)와 (다)에서 ㉠ 구하기

· (나)에서 만든 0.1 M NaOH(aq) 20 mL에 녹아 있는 NaOH의 양(mol)은 $(0.1\times0.02=)0.002$이다. (다)에서 만든 0.01 M NaOH(aq)에 녹아 있는 NaOH의 양(mol)은 $0.01(\text{M})\times$[㉠의 부피(L)]이다.

➡ 수용액에 물을 넣어 희석해도 용질 A의 양은 변하지 않으므로, $0.002(\text{mol})=0.01(\text{M})\times$㉠의 부피(L)이다. 따라서 ㉠의 부피(L)는 0.2이다.

| 선택지 분석 |

④ w : $\dfrac{w}{40}=0.05$이므로 $w=2$이다.

㉠ : ㉠의 부피는 0.2 L$=200$ mL이고 ㉠은 일정 부피의 용액을 만들 때 사용하는 실험 기구이므로 부피 플라스크이다.
따라서 ㉠은 200 mL의 부피 플라스크인 C이다.

다음은 요소 수용액을 만드는 실험 과정이다.

〈실험 과정〉 $\dfrac{x}{60}$ mol = 0.1 ➡ $x=6$

(가) 요소 x g을 모두 물에 녹여 1 M 요소 수용액 100 mL를 만든다.
요소의 양(mol) = $1 \times 0.1 = 0.1$

(나) (가)의 수용액에 요소 1.5 g을 추가로 넣어 모두 녹인다.
$\dfrac{1.5}{60}$ mol = 0.025 mol ➡ 요소의 양(mol) = $0.025 + 0.1$ = 0.125

(다) (나)의 수용액을 250 mL 부피 플라스크에 모두 옮겨 담은 후 표시선까지 물을 채워 y M 요소 수용액을 만든다.
요소의 양(mol) = $y \times 0.25 = 0.25y = 0.125$
➡ $y=0.5$

$x \times y$는? (단, 요소의 몰질량(g/mol)은 60이고, 온도는 일정하다.)
$x=6,\ y=0.5$ ➡ $6 \times 0.5 = 3$

① $\dfrac{1}{3}$ ② 1 ③ $\dfrac{3}{2}$ ④ 2 ⑤ 3

단서+발상

(단서) 각 실험 과정에서 넣어준 요소의 질량이 제시되어 있다.

(발상) 수용액에 녹아 있는 요소의 양(mol)을 추론할 수 있다.

(적용) 혼합 또는 희석 과정에서 요소의 양(mol)의 총합은 변하지 않는다는 것을 이용하여 각 수용액에 녹아 있는 요소의 양(mol)을 구하는 것부터 문제 풀이를 시작해야 한다.

| 문제+자료 분석 |

• (가): 요소의 몰질량은 60이므로 x g의 요소의 양(mol)은 $\dfrac{x}{60}$ 이다.

• (가)에서 만든 1 M 요소 수용액의 부피가 100 mL(= 0.1 L)이므로 수용액에 녹아 있는 요소의 양(mol)은 $(1 \times 0.1 =)0.1$이다. (용질의 양을 mol 단위로 구하기 위해서는 용액의 부피를 L 단위로 변환해야 함을 주의)
➡ 수용액에 물을 넣어 희석해도 요소의 양은 변하지 않으므로 꿀팁
$\dfrac{x}{60} = 0.1$에서 $x=6$이다.

• (나): 요소 1.5 g의 양(mol)은 $\left(\dfrac{1.5}{60} = \right)0.025$이고, (가)의 수용액에 요소 1.5 g을 추가로 넣어 모두 녹였으므로 (나)의 수용액에 녹아 있는 요소의 양(mol)은 $(0.1 + 0.025 =)0.125$이다.

• (다): y M 요소 수용액의 부피가 250 mL(= 0.25 L)이므로 수용액에 녹아 있는 요소의 양(mol)은 $(y \times 0.25 =)0.25y$이다. 수용액에 물을 넣어 희석해도 요소의 양은 변하지 않으므로 (나)와 (다)의 수용액에 각각 녹아 있는 요소의 양(mol)은 같다.
➡ $0.125 = 0.25y$에서 $y=0.5$이다.

| 선택지 분석 |

⑤ $x=6,\ y=0.5$이다. 따라서 $x \times y$는 3이다.

문제 풀이 꿀팁

• 물질의 양(mol) = $\dfrac{\text{질량(g)}}{\text{몰질량(g/mol)}}$ 이므로, 물질의 질량(g)을 몰질량으로 나누면 물질의 양(mol)을 구할 수 있다.

• 몰농도(M) = $\dfrac{\text{용질의 양(mol)}}{\text{용액의 부피(L)}}$ 이므로, 몰농도(M)와 용액의 부피(L)를 곱하면 용질의 양(mol)이 된다.

다음은 A(aq)을 만드는 실험이다. A의 몰질량(g/mol)은 60이다.

(가) A(s) w g을 모두 물에 녹여 A(aq) 500 mL를 만든다.
$\dfrac{x}{60}$ mol

(나) 수용액에 녹아 있는 A의 양(mol) = $\dfrac{w}{60} \times \dfrac{1}{5}$

(나) (가)에서 만든 A(aq) 100 mL에 물을 넣어 0.05 M A(aq) 1 L를 만든다.
A의 양(mol) = $0.05 \times 1 = 0.05$

w는? (단, 용액의 온도는 일정하다.)
$\dfrac{w}{300} = 0.05$ ➡ $w=15$

① 3 ② 6 ③ 9 ④ 12 ⑤ 15

단서+발상

(단서) (나)에서 만든 용액의 몰농도와 부피가 제시되어 있다.

(발상) 수용액에 녹아 있는 A의 양(mol)을 추론할 수 있다.

(적용) 질량과 양(mol)의 관계를 이용하여 (가)에서 넣어준 A의 양(mol)을 구하는 것부터 문제 풀이를 시작해야 한다.

| 문제+자료 분석 |

step 1 (가)의 수용액에 녹아 있는 A의 양(mol)

• 물질의 양(mol) = $\dfrac{\text{질량(g)}}{\text{몰질량(g/mol)}}$ 이므로, 물질의 질량(g)을 몰질량으로 나누면 물질의 양(mol)을 구할 수 있다.

• A의 몰질량은 60이므로 w g의 A의 양(mol)은 $\dfrac{w}{60}$ 이다.

step 2 (나)의 수용액에 녹아 있는 A의 양(mol)

• (가)에서 만든 수용액 500 mL 중 100 mL를 취했으므로 100 mL의 수용액에 녹아 있는 A의 양(mol)은 $\left(\dfrac{w}{60} \times \dfrac{1}{5} = \right)\dfrac{w}{300}$ 이다.

• 0.05 M 수용액의 부피가 1 L이므로, 수용액에 녹아 있는 A의 양(mol)은 $(0.05 \times 1 =)0.05$이다.

| 선택지 분석 |

⑤ 수용액에 물을 넣어 희석해도 A의 양은 변하지 않으므로 꿀팁
(나)의 수용액에 녹아 있는 A의 양(mol)은 $\dfrac{w}{300} = 0.05$이다.
따라서 $w=15$이다.

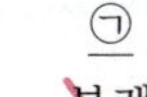 11 정답 ④ ★ 몰농도 용액 제조

[정답률 80%] 2022 실시 11월 학평 6 / 화학 Ⅰ (고2)

[L11~12] 다음은 포도당 수용액을 만드는 실험이다. 물음에 답하시오.

> 질량 측정 ➡ ㉠ : 전자저울
>
> (가) 포도당 1.8 g을 ㉠ (으)로 측정하여 소량의 물이 들어 있는 비커에 모두 녹인다.
> (나) (가)의 수용액을 100 mL ㉡ 에 모두 넣은 후, 표시선까지 물을 넣고 섞는다. 특정 부피 측정 ➡ ㉡ : 부피 플라스크
> (다) (나)의 수용액 1 mL를 취하여 1 L ㉡ 에 모두 넣은 후, 표시선까지 물을 넣고 섞어 x M 포도당 수용액을 만든다.

다음 중 실험 기구 ㉠과 ㉡으로 가장 적절한 것은?

	㉠	㉡
①	뷰렛	스포이트 적은 양의 액체를 옮기는 데에 쓰임
②	뷰렛 액체의 부피 측정	부피 플라스크
③	전자저울	스포이트
④	전자저울	부피 플라스크
⑤	눈금 실린더 액체의 부피 측정	부피 플라스크

단서+발상

(단서) 포도당의 질량을 측정하여 포도당 수용액을 만드는 실험 과정이 제시되어 있다.

(발상) 각 실험 과정에 필요한 실험 기구를 추론할 수 있다.

| 문제+자료 분석 |

- ㉠: 포도당의 질량을 측정하기 위한 실험 기구
  ➡ ㉠은 전자 저울
- ㉡: 표시선까지 물을 넣어 특정 부피를 측정하기 위한 실험 기구
  ➡ ㉡은 부피 플라스크

| 선택지 분석 |

④ 용질의 질량을 측정할 수 있는 실험 기구는 전자저울(㉠)이고, 몰농도 용액을 만드는 과정에서 표시선이 있어 특정 부피의 용액을 만들 때 사용하는 실험기구는 부피 플라스크(㉡)이다.
따라서 ㉠과 ㉡은 각각 전자저울과 부피 플라스크가 적절하다.

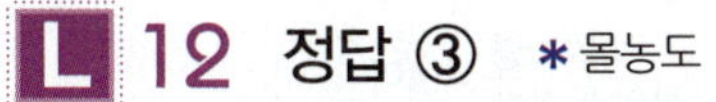 12 정답 ③ ★ 몰농도 ☆ 고난도

[① 7% ② 11% ③ 45% ④ 13% ⑤ 22%] 2022 실시 11월 학평 7 / 화학 Ⅰ (고2) 변형

[L11~12] 다음은 포도당 수용액을 만드는 실험이다. 물음에 답하시오.

> (가) 포도당 1.8 g을 ㉠ (으)로 측정하여 소량의 물이 들
> $\frac{1.8}{180} = 0.01$ mol
> 어 있는 비커에 모두 녹인다.
> (나) (가)의 수용액을 100 mL ㉡ 에 모두 넣은 후, 표시선까지 물을 넣고 섞는다.
> (다) (나)의 수용액 1 mL를 취하여 1 L ㉡ 에 모두 넣은 후, 표시선까지 물을 넣고 섞어 x M 포도당 수용액을 만든다.
> (다) 수용액에 녹아 있는 포도당의 양(mol)$= 0.01 \times \frac{1}{100} = 1 \times 10^{-4}$
> 포도당의 양(mol)$= x \times 1 = x = 1 \times 10^{-4}$

(다)에서 x는? (단, 포도당의 몰질량(g/mol)은 180이고, 온도는 일정하다.) (3점)

① 1×10^{-6} ② 1×10^{-5} ③ 1×10^{-4}
④ 1×10^{-3} ⑤ 1×10^{-2}

| 문제+자료 분석 |

- (가): 포도당의 몰질량은 180이므로 1.8 g의 포도당의 양(mol)은 $\left(\frac{1.8}{180} = \right) 0.01$이다.
- (나): 수용액에 물을 넣어 희석해도 포도당의 양은 변하지 않으므로 (꿀팁) (나)의 수용액에 녹아 있는 포도당의 양(mol)도 0.01이다.
- (다): (나)에서 만든 수용액 100 mL 중 1 mL를 취했으므로, 1 mL의 수용액에 녹아 있는 포도당의 양(mol)은 $\left(0.01 \times \frac{1}{100} = \right) 1 \times 10^{-4}$이다.
  x M 수용액의 부피가 1 L이므로, 수용액에 녹아 있는 포도당의 양(mol)은 $(x \times 1 =) x$이다.

| 선택지 분석 |

③ 수용액에 물을 넣어 희석해도 포도당의 양은 변하지 않으므로, $x = 1 \times 10^{-4}$이다.

문제 풀이 (꿀팁)

- 물질의 양(mol) $= \dfrac{\text{질량(g)}}{\text{몰질량(g/mol)}}$ 이므로, 물질의 질량(g)을 몰질량으로 나누면 물질의 양(mol)을 구할 수 있다.
- 몰농도(M) $= \dfrac{\text{용질의 양(mol)}}{\text{용액의 부피(L)}}$ 이므로, 몰농도(M)와 용액의 부피(L)를 곱하면 용질의 양(mol)이 된다.

 단서+발상

(단서) 1 L의 x M의 포도당 수용액을 만드는 과정이 제시되어 있다.

(발상) 각 과정에서 수용액에 녹아 있는 포도당의 양(mol)을 추론할 수 있다.

(적용) 질량과 양(mol)의 관계를 이용하여 (가)에서 넣어준 포도당의 양(mol)을 구하는 것부터 문제 풀이를 시작해야 한다.

다음은 3가지 혼합 용액을 만드는 실험이다.

〈실험 과정〉

(가) A(s) 4 g을 모두 물에 녹여 a M A(aq) 100 mL를 만든다. [단서] $a\,\text{M} \times 0.1\,\text{L} = 0.1a\,\text{mol}$ ➡ A의 몰질량 $= \dfrac{4}{0.1a}$

(나) B(s) 4 g을 모두 물에 녹여 b M B(aq) 200 mL를 만든다. $b\,\text{M} \times 0.2\,\text{L} = 0.2b\,\text{mol}$ ➡ B의 몰질량 $= \dfrac{4}{0.2b}$

(다) (가)와 (나)에서 만든 용액의 부피를 달리하여 혼합한 용액 Ⅰ~Ⅲ을 만든다.

〈실험 결과〉

○ 혼합 용액 Ⅰ~Ⅲ에 대한 자료

혼합 용액	혼합 전 수용액의 부피(mL)		혼합 용액에 들어 있는 A의 양(mol)과 B의 양(mol)의 합
	a M A(aq)	b M B(aq)	
Ⅰ	$2V$ $8n$ mol	V $8n$ mol	$16n$
Ⅱ	$2V$ $8n$ mol	$3V$ $24n$ mol	$32n$
Ⅲ	$3V$ $12n$ mol	$2V$ $16n$ mol	x $28n$ mol

이에 대한 설명으로 옳은 것만을 〈보기〉에서 있는 대로 고른 것은? (단, 온도는 일정하고, A와 B는 서로 반응하지 않는다.) (3점)

─────[보기]─────

ㄱ. $x = 24n$이다. $28n$

ㄴ. $a : b = 1 : 2$이다. $a \times 2V = b \times V$

ㄷ. $\dfrac{\text{A의 몰질량}}{\text{B의 몰질량}} = 4$이다.

① ㄱ   ② ㄴ   ③ ㄱ, ㄷ   ④ ㄴ, ㄷ   ⑤ ㄱ, ㄴ, ㄷ

단서+발상

[단서] 3가지 혼합 용액을 만드는 실험 과정과 실험 결과가 제시되어 있다.

[발상] 혼합 용액 Ⅰ과 Ⅱ를 비교하여 각 수용액에 단위 부피당 들어 있는 양(mol)을 추론할 수 있다.

[적용] 혼합 용액 Ⅰ과 Ⅱ를 비교하여 각 수용액에 단위 부피당 들어 있는 양(mol)을 구하는 것부터 문제 풀이를 시작해야 한다.

| 문제+자료 분석 |

- [실험 결과]에서 혼합 용액 Ⅰ과 Ⅱ를 비교해보면 a M A(aq)의 부피는 각각 $2V$로 같지만 b M B(aq)의 부피가 $2V$ 더 많은 Ⅱ에서 혼합 용액에 들어 있는 A의 양(mol)과 B의 양(mol)의 합이 $16n$ 더 많다.
  ➡ 따라서 b M B(aq) $2V$에 들어 있는 B의 양(mol)은 $16n$이다.

- Ⅰ에서 b M B(aq) V에 들어 있는 B의 양(mol)은 $8n$이다.
  ➡ a M A(aq) $2V$에 들어 있는 A의 양(mol)은 $8n$이다.

- Ⅲ에서 a M A(aq) $3V$에 들어 있는 A의 양(mol)은 $12n$이고, b M B(aq) $2V$에 들어 있는 B의 양(mol)은 $16n$이므로 혼합 용액에 들어 있는 A의 양(mol)과 B의 양(mol)의 합은 $28n$이다.
  ➡ 따라서 $x = 28n$이다.

| 보기 분석 |

ㄱ. Ⅲ에서 A의 양(mol)은 $12n$이고, B의 양(mol)은 $16n$이므로 $x = 28n$이다.

ㄴ. 양(mol) = 몰농도 × 부피이다.  혼합 용액 Ⅰ에서 A와 B의 양(mol)이 각각 $8n$으로 같으므로 $a \times 2V = b \times V$이다. 따라서 $a : b = 1 : 2$이다.

ㄷ. 실험 과정 (가)와 (나)에서 A의 양(mol)은 $a\,\text{M} \times 0.1\,\text{L} = 0.1a\,\text{mol}$이고, B의 양(mol)은 $b\,\text{M} \times 0.2\,\text{L} = 0.2b\,\text{mol}$이다.

$n = \dfrac{\text{질량}}{\text{몰질량}}$에서 몰질량 $= \dfrac{\text{질량}}{\text{양(mol)}}$이다. A와 B의 몰질량은 각각 $\dfrac{4}{0.1a}$, $\dfrac{4}{0.2b}$이다. $b = 2a$이므로 $\dfrac{\text{A의 몰질량}}{\text{B의 몰질량}} = 4$이다.

그림은 0.2 M A(aq)을 만드는 과정을 나타낸 것이다.

0.1 M A(aq) 10 mL

0.4 M A(aq) 20 mL 첨가

a M A(aq) 30 mL

물 V mL 추가

0.2 M A(aq) $(30 + V)$ mL

(가)   (나)   (다)

A의 양(mmol) $= 0.4 \times 20 = 8$

A의 양(mmol) $0.1 \times 10 = 1$

A의 양(mmol) $= a \times 30$

A의 양(mmol) $= 0.2 \times (30 + V)$

$1 + 8 = 30a$ ➡ $a = 0.3$

$0.3 \times 30 = 0.2 \times (30 + V)$ ➡ $V = 15$

$a \times V$는?

$a = 0.3, V = 15$ ➡ $a \times V = \dfrac{9}{2}$

① $\dfrac{3}{2}$ ② 3   ③ 4   ④ $\dfrac{9}{2}$ ⑤ 6

| 선택지 분석 |

④ $a = 0.3$이고 $V = 15$이다. 따라서 $a \times V$는 $\dfrac{9}{2}$이다.

단서+발상

[단서] 0.2 M의 A(aq) $(30 + V)$ mL를 만드는 과정이 제시되어 있다.

[발상] 각 과정에서 수용액에 녹아 있는 A의 양(mol)을 추론할 수 있다.

[적용] 혼합 과정에서 A의 양(mol)의 총합은 변하지 않는다는 것을 이용하여 a를 구하는 것부터 문제 풀이를 시작해야 한다.

| 문제+자료 분석 |

- (가): 몰농도(M) $= \dfrac{\text{용질의 양(mol)}}{\text{용액의 부피(L)}}$이므로, 몰농도(M)와 용액의 부피(L)를 곱하면 용질의 양(mol)이 된다. 따라서 10 mL의 0.1 M 수용액에 녹아 있는 A의 양(mmol)은 $(0.1 \times 10 =)\,1$이다.

- (나): 30 mL의 a M 수용액에 녹아 있는 A의 양(mmol)은 $30a$이다. 첨가한 용액인 20 mL의 0.4 M 수용액에 녹아 있는 A의 양(mmol)은 $(0.4 \times 20 =)\,8$이고, 용액을 혼합해도 용질의 양의 총합은 변하지 않으므로 (나)에 녹아 있는 A의 양(mmol)은 $(1 + 8 =)\,9$이다. 따라서 $30a = 9$에서 $a = 0.3$이다.

- (다): $(30 + V)$ mL의 0.2 M 수용액에 녹아 있는 A의 양(mmol)은 $0.2 \times (30 + V)$이다. 수용액에 물을 넣어 희석해도 용질 a의 양은 변하지 않으므로 (다)에 녹아 있는 A의 양(mmol)은 (나)에 녹아 있는 A의 양(mmol)과 같다. 따라서 $0.2 \times (30 + V) = 9$에서 $V = 15$이다.

L 15 정답 ①   ＊몰농도

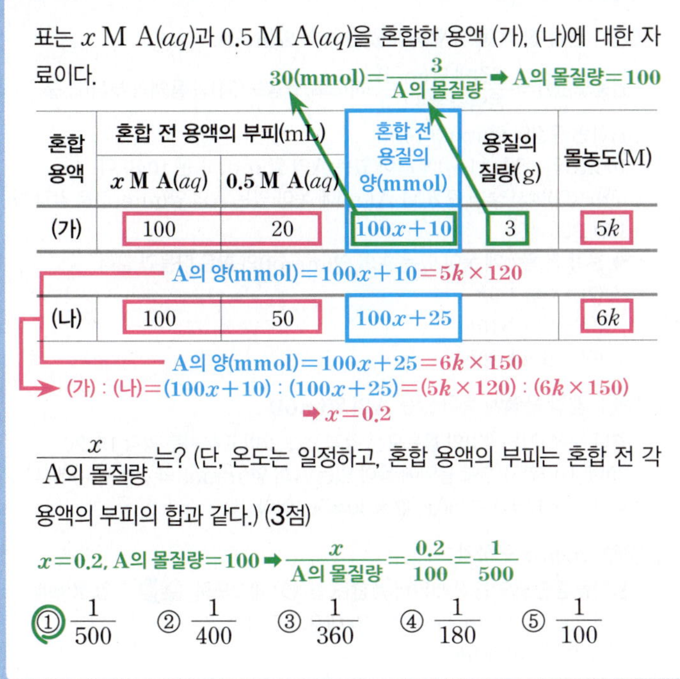

표는 x M A(aq)과 0.5 M A(aq)을 혼합한 용액 (가), (나)에 대한 자료이다.

$$30(\text{mmol})=\frac{3}{\text{A의 몰질량}} \;\Rightarrow\; \text{A의 몰질량}=100$$

혼합 용액	혼합 전 용액의 부피(mL)		혼합 전 용질의 양(mmol)	용질의 질량(g)	몰농도(M)
	x M A(aq)	0.5 M A(aq)			
(가)	100	20	$100x+10$	3	$5k$
(나)	100	50	$100x+25$		$6k$

A의 양(mmol)$=100x+10=5k\times120$

A의 양(mmol)$=100x+25=6k\times150$

(가) : (나)$=(100x+10):(100x+25)=(5k\times120):(6k\times150)$

$\Rightarrow x=0.2$

$\dfrac{x}{\text{A의 몰질량}}$ 는? (단, 온도는 일정하고, 혼합 용액의 부피는 혼합 전 각 용액의 부피의 합과 같다.) (3점)

$x=0.2$, A의 몰질량$=100 \Rightarrow \dfrac{x}{\text{A의 몰질량}}=\dfrac{0.2}{100}=\dfrac{1}{500}$

① $\dfrac{1}{500}$ ② $\dfrac{1}{400}$ ③ $\dfrac{1}{360}$ ④ $\dfrac{1}{180}$ ⑤ $\dfrac{1}{100}$

단서＋발상

단서 혼합 용액 (가)와 (나)의 부피 및 몰농도가 제시되어 있다.

발상 혼합 용액에 녹아 있는 A의 양(mol)을 추론할 수 있다.

적용 혼합 과정에서 A의 양(mol)의 총합은 변하지 않는다는 것을 이용하여 x를 구하는 것부터 문제 풀이를 시작해야 한다.

| 문제＋자료 분석 |

step 1 혼합 전 각 용액에 녹아 있는 A의 양(mol)

- **(가)**: 100 mL의 x M A(aq)와 20 mL의 0.5 M A(aq)에 녹아 있는 A의 양(mmol)은 각각 $100x$와 $(0.5\times20=)10$이다.
- **(나)**: 100 mL의 x M A(aq)와 50 mL의 0.5 M A(aq)에 녹아 있는 A의 양(mmol)은 각각 $100x$와 $(0.5\times50=)25$이다.

step 2 혼합 용액에 녹아 있는 A의 양(mol)

- **(가)**: 혼합 용액의 몰농도(M)는 $5k$이고 부피는 120 mL이므로 (가)에 녹아 있는 A의 양(mmol)은 $5k\times120$이다.
- **(나)**: 혼합 용액의 몰농도(M)는 $6k$이고 부피는 150 mL이므로 (나)에 녹아 있는 A의 양(mmol)은 $6k\times150$이다.
- 용액을 혼합해도 용질의 양의 총합은 변하지 않으므로  혼합 용액에 녹아 있는 A의 양(mmol)의 비는 다음과 같다.
  (가) : (나)$=(100x+10):(100x+25)=(5k\times120):(6k\times150)$
  따라서 x는 0.2이다.

step 3 (가)에서 A의 몰질량 구하기

- (가)에서 3 g의 A의 양(mol)은 $\dfrac{3}{\text{A의 몰질량}}$ 이다.

  x는 0.2이므로 (가)에 녹아 있는 용질의 양(mmol)은 $(100\times0.2+10=)30$이다.

  $\Rightarrow \dfrac{3}{\text{A의 몰질량}}=0.03$ **확정** 이므로 A의 몰질량은 100이다.
  (용질의 양을 mol 단위로 변환해야 함을 주의)

| 선택지 분석 |

① x는 0.2이고 A의 몰질량은 100이다. 따라서 $\dfrac{x}{\text{A의 몰질량}}$ 는 $\dfrac{1}{500}$ 이다.

문제 풀이 꿀팁

- 물질의 양(mol)$=\dfrac{\text{질량(g)}}{\text{몰질량(g/mol)}}$ 이므로, 물질의 질량(g)을 몰질량으로 나누면 물질의 양(mol)을 구할 수 있다.
- 몰농도(M)$=\dfrac{\text{용질의 양(mol)}}{\text{용액의 부피(L)}}$ 이므로, 몰농도(M)와 용액의 부피(L)를 곱하면 용질의 양(mol)이 된다.

표는 a M A(aq) 10 mL에 b M A(aq)을 넣었을 때, 넣어 준 b M
A의 양(mmol)＝$a×10$
A(aq)의 부피에 따른 혼합된 A(aq)의 몰농도(M)를 나타낸 것이다.

	(가)	(나)	(다)
넣어 준 b M A(aq)의 부피(mL)	5	10	20
넣어 준 b M A(aq)에 녹아 있는 A의 양(mmol)	$5b$	$10b$	$20b$
A의 양(mmol)의 합	$10a+5b$	$10a+10b$	$10a+20b$
혼합된 A(aq)의 몰농도(M)	3	x	2
혼합 용액의 부피	15	20	30
혼합 용액에 녹아 있는 A의 양(mmol)	45	$20x$	60
혼합 전 A의 양(mmol)의 합 ＝ 혼합 용액에 녹아 있는 A의 양(mmol)	$10a+5b$ ＝45	$10a+10b$ ＝$20x$	$10a+20b$ ＝60

$\dfrac{a}{b}×x$는? (단, 온도는 일정하며, 혼합 용액의 부피는 혼합 전 각 용액
의 부피의 합과 같다.) (3점)

$a=4, b=1, x=2.5$ ➡ $\dfrac{a}{b}×x=4×2.5=10$

① $\dfrac{5}{8}$　② $\dfrac{5}{2}$　③ 10　④ 15　⑤ 20

단서＋발상

(단서) 넣어 준 b M A(aq)의 부피에 따른 혼합 용액의 몰농도(M)가 제시되어 있다.

(발상) 혼합 용액에 녹아 있는 A의 양(mol)을 추론할 수 있다.

(적용) 혼합 과정에서 A의 양(mol)의 총합은 변하지 않는다는 것을 이용하여 a와 b를
구하는 것부터 문제 풀이를 시작해야 한다.

| 문제＋자료 분석 |

step 1 혼합 전 각 용액에 녹아 있는 A의 양(mol)

- 몰농도(M)＝$\dfrac{\text{용질의 양(mol)}}{\text{용액의 부피(L)}}$ 이므로, 몰농도(M)와 용액의 부피(L)를
  곱하면 용질의 양(mol)이 된다.
- 10 mL의 a M A(aq)에 녹아 있는 A의 양(mmol)은 $10a$이다.
  (가)～(다)에서 넣어 준 b M A(aq)에 녹아 있는 A의 양(mmol)은 각각 $5b$,
  $10b$, $20b$이다.
  ➡ 혼합 전 용액에 녹아 있는 A의 양(mmol)의 합은 다음과 같다.
  (가): $10a+5b$
  (나): $10a+10b$
  (다): $10a+20b$

step 2 혼합 용액에 녹아 있는 A의 양(mol)

- 혼합 용액 (가)～(다)의 몰농도는 각각 3, x, 2이고 부피는 각각 15, 20,
  30이다. 따라서 혼합 용액에 녹아 있는 A의 양(mmol)의 (가)～(다)에서
  각각 $(3×15＝)45, 20x, (2×30＝)60$이다.

step 3 a, b, x 구하기

- 용액을 혼합해도 용질의 양의 총합은 변하지 않으므로 (꿀팁) 혼합 용액에
  녹아 있는 A의 양(mmol)은 각각 다음과 같다.
  (가): $45＝10a+5b$
  (나): $20x＝10a+10b$
  (다): $60＝10a+20b$
  ➡ (가)와 (다)에서 $a=4, b=1$이다.
  ➡ (나)에서 $x=2.5$이다.

| 선택지 분석 |

③ $a=4, b=1$이고 $x=2.5$이다. 따라서 $\dfrac{a}{b}×x=4×2.5=10$이다.

그림 (가)～(다)는 3가지 수산화 나트륨(NaOH) 수용액을 나타낸 것이
다. (가)에 녹아 있는 NaOH의 질량은 2 g이고, (다)는 (가)와 (나)를 모
두 혼합한 뒤 물을 첨가한 수용액이다. $\dfrac{2}{40}＝0.05$ mol ➡ 50mmol

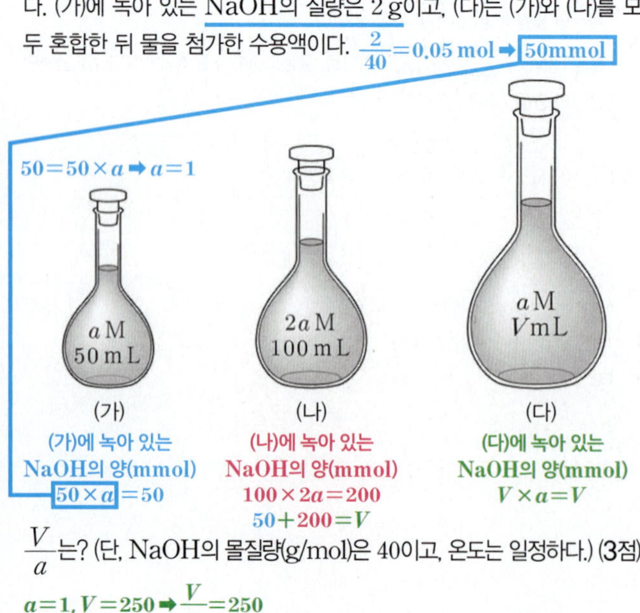

$\dfrac{V}{a}$는? (단, NaOH의 몰질량(g/mol)은 40이고, 온도는 일정하다.) (3점)

$a=1, V=250$ ➡ $\dfrac{V}{a}=250$

① 200　② 250　③ 300　④ 350　⑤ 500

단서＋발상

(단서) (가)～(다)의 부피 및 몰농도가 제시되어 있다.

(발상) 혼합 용액에 녹아 있는 NaOH의 양(mol)을 추론할 수 있다.

(적용) 질량과 양(mol)의 관계를 이용하여 a를 구하는 것부터 문제 풀이를
시작해야 한다.

| 문제＋자료 분석 |

- **(가)**: NaOH의 몰질량은 40이므로 2 g의 NaOH의 양(mol)은
  $\dfrac{2}{40}＝0.05$이다.
  따라서 (가)에 녹아 있는 NaOH의 양(mmol)은 50이다. (함정)
  (단위 환산에 주의)

  50 mL의 a M 수용액인 (가)에 녹아 있는 NaOH의 양(mmol)은 $50a$이다.
  ➡ $50＝50a$이므로 $a=1$이다.
- **(나)**: 100 mL의 $(2a＝)2$ M 수용액인 (나)에 녹아 있는 NaOH의
  양(mmol)은 200이다.
- **(다)**: V mL의 $(a＝)1$ M 수용액인 (다)에 녹아 있는 NaOH의
  양(mmol)은 V이다.
  용액을 혼합해도 용질의 양의 총합은 변하지 않으므로 (꿀팁) 혼합 용액인
  (다)에 녹아 있는 NaOH의 양(mmol)은 (가)에 녹아 있는 NaOH의
  양(mmol)과 (나)에 녹아 있는 NaOH의 양(mmol)의 합과 같다.
  따라서 $50＋200＝V$에서 $V=250$이다.

| 선택지 분석 |

② $a=1$이고 $V=250$이다. 따라서 $\dfrac{V}{a}$는 250이다.

L 18 ＊ 용액의 몰농도

다음은 0.2 M A(aq)을 만드는 실험 과정이다. (단, A의 몰질량(g/mol)은 40이고, 온도는 일정하다.)

〈실험 과정〉

(가) A(s) w g을 비커에 넣고 소량의 물을 부어 모두 녹인다.

$w=40\times0.1=4$

(나) 500 mL ［ ㉠ ］에 (가)의 용액을 모두 넣는다.

부피 플라스크

(다) (나)의 ［ ㉠ ］에 표시선까지 물을 넣고 섞어

단서 0.2 M A(aq)을 만든다.

용질 A의 양(mol)$=0.2\times0.5=0.1$

(1) 실험 기구 ㉠의 이름을 쓰시오. 단답형

일정 부피의 용액을 만들 때 사용하는 실험 기구

(2) w를 구하고, 그 과정을 (다)의 수용액에 녹아 있는 A의 양(mol)을 포함하여 서술하시오. 서술형

 단서＋발상

단서 수용액의 부피와 몰농도가 제시되어 있다.

발상 A의 양(mol)과 몰질량을 통해 w를 추론할 수 있다.

적용 부피와 몰농도를 이용해 (다)의 수용액에 녹아 있는 A의 양(mol)을 구하는 것부터 문제 풀이를 시작해야 한다.

(1) 정답 **부피 플라스크**

(2) 모범 답안 **(다)의 수용액은 0.2 M A(aq) 500 mL이므로, (다)의 수용액에 녹아 있는 A의 양(mol)은 $(0.2\times0.5=)0.1$이다. A의 몰질량은 40이므로 용질의 질량(g) w는 $(0.1\times40=)4$이다.**

| 문제＋자료 분석 |

• ㉠: 일정 부피의 용액을 만들 때 사용하는 실험 기구이므로 부피 플라스크이다.

• **(다)의 수용액에 녹아 있는 A의 양(mol) 구하기**:

$$몰농도(M)=\frac{용질의 양(mol)}{용액의 부피(L)}$$ 이므로, 몰농도(M)와 용액의 부피(L)를 곱하면 용질의 양(mol)이 된다. (다)에서 만든 0.2 M A(aq)의 부피가 500 mL($=0.5$ L)이므로, 용액에 녹아 있는 A의 양(mol)은 $(0.2\times0.5=)0.1$이다.

• **w 구하기**: 물질의 양(mol)$=\dfrac{질량(g)}{몰질량(g/mol)}$이므로, 물질의 양(mol)과 몰질량을 곱하면 물질의 질량(g)을 구할 수 있다. (다)의 수용액에 녹아 있는 A의 양(mol)은 0.1이고 몰질량은 40이므로 용질의 질량(g)은 $(0.1\times40=)4$이다.

	채점 기준	배점
(1)	㉠을 옳게 쓴 경우	20%
(2)	(다)의 수용액에 녹아 있는 A의 양(mol)과 w를 모두 옳게 서술한 경우	80%
	(다)의 수용액에 녹아 있는 A의 양(mol)과 w 중 하나만 옳게 서술한 경우	40%

L 19 ＊ 용액의 몰농도

다음은 포도당 수용액에 대한 실험이다. (단, 포도당의 몰질량(g/mol)은 180이고, 온도는 일정하다.)

〈실험 과정 및 결과〉

포도당의 양(mol)$=0.1\times0.2=0.02$

(가) 0.1 M 포도당 수용액 200 mL에 포도당 3.6 g을 넣어 모두 녹인다.

포도당의 양(mol)$=3.6\div180=0.02$

단서 포도당의 양(mol)$=0.02+0.02=0.04$

(나) 500 mL 부피 플라스크에 (가)의 용액을 모두 넣는다.

포도당의 양(mol)$=x\times0.5$

(다) (나)의 부피 플라스크에 표시선까지 물을 넣고 섞어 x M 포도당 수용액을 만든다.

$0.04=0.5x \Rightarrow x=0.08$

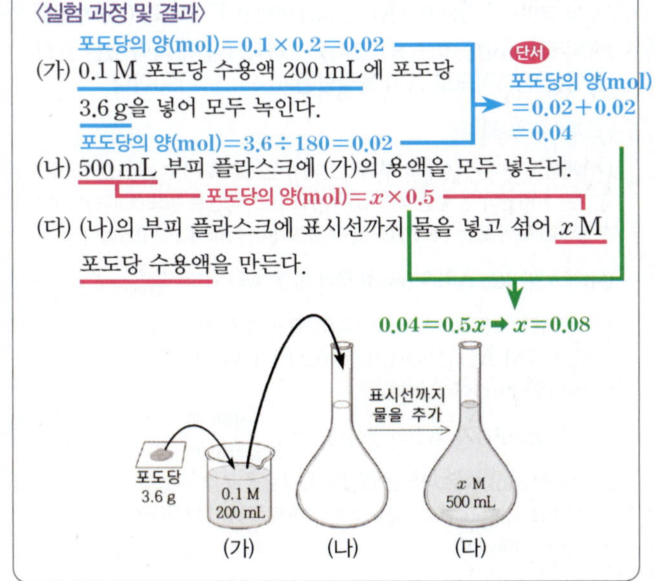

(1) (가)에서 만든 수용액에 녹아 있는 포도당의 양(mol)을 구하시오. 단답형

(2) x를 구하고, 그 과정을 수용액에 녹아 있는 포도당의 양(mol)을 포함하여 서술하시오. 서술형

 단서＋발상

단서 물 또는 포도당을 추가하여 수용액을 만드는 과정이 제시되어 있다.

발상 각 과정에서 수용액에 녹아 있는 포도당의 양(mol)을 추론할 수 있다.

(1) 정답 **0.04**

(2) 모범 답안 **(다)에서 x M 포도당 수용액 500 mL에 녹아 있는 포도당의 양(mol)은 $0.5x$이다. 수용액에 물을 넣어 희석해도 포도당의 양은 변하지 않으므로 (가)에 녹아 있는 포도당의 양(mol)은 (다)에 녹아 있는 포도당의 양(mol)과 같다. 따라서 [$0.04=0.5x$]에서 $x=0.08$이다.**

| 문제＋자료 분석 |

• **(가)의 수용액에 녹아 있는 포도당의 양(mol) 구하기**: 0.1 M 포도당 수용액 200 mL($=0.2$ L)에 녹아 있는 포도당의 양(mol)은 $(0.1\times0.2=)0.02$이다. 3.6 g의 포도당의 양(mol)은 포도당의 몰질량이 180이므로 $(3.6\div180=)0.02$이다.

➡ 따라서 (가)의 수용액에 녹아 있는 포도당의 양(mol)은 $(0.02+0.02=)0.04$이다.

• **(다)의 수용액에 녹아 있는 포도당의 양(mol) 구하기**: (다)에서 만든 x M 포도당 수용액의 부피가 500 mL($=0.5$ L)이므로, 용액에 녹아 있는 포도당의 양(mol)은 $(x\times0.5=)0.5x$이다.  수용액에 물을 넣어 희석해도 포도당의 양은 변하지 않으므로 (가)에 녹아 있는 포도당의 양(mol)은 (다)에 녹아 있는 포도당의 양(mol)과 같다. 따라서 [$0.04=0.5x$]에서 $x=0.08$이다.

	채점 기준	배점
(1)	(가)에서 만든 수용액에 녹아 있는 포도당의 양(mol)을 옳게 구한 경우	30%
(2)	(다)의 수용액에 녹아 있는 포도당의 양(mol)과 x를 모두 옳게 서술한 경우	70%
	(다)의 수용액에 녹아 있는 포도당의 양(mol)과 x 중 하나만 옳게 서술한 경우	30%

다음은 A(aq)을 만드는 실험 과정이다. (단, 온도는 t ℃로 일정하다.)

〈실험 과정〉 [단서]
(가) t ℃에서 10 g의 A(s)를 모두 물에 녹여 A(aq) 100 mL를 만든다.

→ 100 mL 중 50 mL를 취함
→ 녹아 있는 A의 질량$=10\times\dfrac{50}{100}=5$

(나) (가)에서 만든 A(aq) 50 mL에 물을 넣어 0.1 M A(aq) 500 mL를 만든다.

용질 A의 양(mol)$=0.1\times0.5=0.05$
→ A의 몰질량$=5\div0.05=100$

(다) (나)에서 만든 A(aq) 500 mL에 A(s) 5 g을 모두 녹이고 물을 넣어 a M A(aq) 1 L를 만든다.

5 g의 A의 양(mol)$=5\div100=0.05$
A의 양(mol)$=a$
A의 양(mol)$=(0.05+0.05)0.1$
→ $a=0.1$

(1) A의 몰질량(g/mol)을 구하시오. [단답형]

(2) a를 구하고, 그 과정을 수용액에 녹아 있는 A의 양(mol)을 포함하여 서술하시오. [서술형]

💡 단서＋발상

[단서] 물 또는 A를 추가하여 수용액을 만드는 과정이 제시되어 있다.
[발상] 각 과정에서 수용액에 녹아 있는 A의 양(mol)을 추론할 수 있다.
[적용] 각 과정에서 수용액에 녹아 있는 A의 양(mol)을 이용하여 A의 몰질량을 구하는 것부터 문제 풀이를 시작해야 한다.

(1) [정답] 100

(2) [모범 답안] (나)의 수용액에 녹아 있는 A의 양(mol)이 0.05이고, (다)에서 추가한 5 g의 A의 양(mol)은 A의 몰질량이 100이므로 0.05이다. 따라서 (다)의 수용액에 녹아 있는 A의 양(mol)은 (0.05＋0.05＝)0.1이다. (다)에서 a M A(aq) 1 L에 녹아 있는 A의 양(mol)은 (a×1＝)a이므로 a는 0.1이다.

| 문제＋자료 분석 |

• (나) A의 양(mol)과 질량 구하기: (나)에서 만든 수용액은 0.1 M A(aq) 500 mL (＝0.5 L)이므로 수용액에 녹아 있는 A의 양(mol)은 (0.1×0.5＝)0.05이다.
(가)에서 만든 A(aq) 100 mL 중 (나)에서는 50 mL를 취했으므로 A(aq) 50 mL에 들어 있는 용질 A의 질량(g)은 $\left(10\times\dfrac{50}{100}＝\right)$5이다.

• A의 몰질량 구하기: (나)에 녹아 있는 A의 양(mol)은 0.05이고 질량(g)은 5이므로 A의 몰질량은 (5÷0.05＝)100이다.

• (다) A의 양(mol) 구하기: (나)의 수용액에 녹아 있는 A의 양(mol)이 0.05이고, (다)에서 추가한 5 g의 A의 양(mol)은 A의 몰질량이 100이므로 (5÷100＝)0.05이다.
따라서 (다)의 수용액에 녹아 있는 A의 양(mol)은 (0.05＋0.05＝)0.1이다. a M A(aq) 1 L에 녹아 있는 A의 양(mol)은 (a×1＝)a이므로, 수용액에 물을 넣어 희석해도 A의 양은 변하지 않으므로 [꿀팁] a는 0.1이다.

채점 기준	배점
(1) A의 몰질량을 옳게 구한 경우	30%
(2) 수용액에 녹아 있는 A의 양(mol)과 a를 모두 옳게 서술한 경우	70%
수용액에 녹아 있는 A의 양(mol)과 a 중 하나만 옳게 서술한 경우	30%

그림은 A(s) x g이 녹아 있는 0.5 % A 수용액 (가)와 A(s) 6 g이 녹아 있는 x M A 수용액 (나)를 나타낸 것이다. (단, (가)의 밀도는 1.0 g/mL이다.)

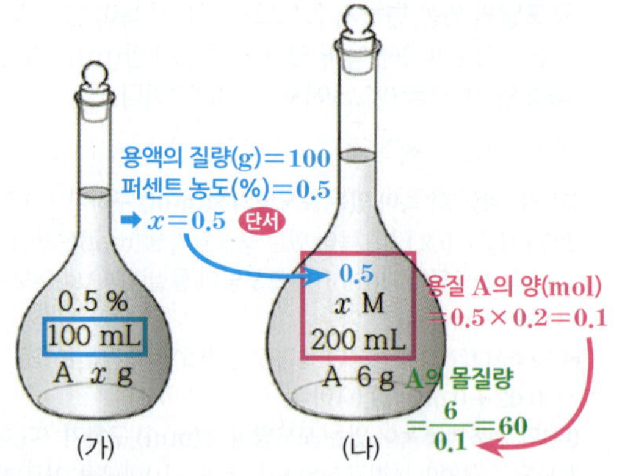

(1) x를 구하시오. [단답형]

(2) A의 몰질량(g/mol)을 구하고, 그 과정을 (나)에 녹아 있는 A의 양(mol)을 포함하여 서술하시오. [서술형]

💡 단서＋발상

[단서] (가)에 녹아 있는 A의 질량과 (나)의 몰농도가 x로 같음이 제시되어 있다.
[발상] x를 구하면 몰농도의 정의를 이용해 A의 몰질량을 추론할 수 있다.
[적용] 밀도의 정의를 이용하여 (가)의 질량을 구하는 것부터 문제 풀이를 시작해야 한다.

(1) [정답] 0.5

(2) [모범 답안] (나)는 0.5 M A(aq) 200 mL이므로, (나)에 녹아 있는 A의 양(mol)은 (0.5×0.2＝)0.1이다. (나)에 녹아 있는 A의 질량(g)은 6이므로 A의 몰질량은 (6÷0.1＝)60이다.

| 문제＋자료 분석 |

• (가)에서 x 구하기: (가)의 부피가 100 mL, 밀도가 1.0 g/mL이므로 (가)의 질량은 100 g이다. 수용액의 질량(g)이 100, 퍼센트 농도(%)가 0.5이므로 수용액에 녹아 있는 A의 질량(g)은 0.5이다. 따라서 x는 0.5이다.

• (나)에 녹아 있는 A의 양(mol) 구하기: 몰농도(M)$=\dfrac{용질의 양(mol)}{용액의 부피(L)}$ 이므로, 몰농도(M)와 용액의 부피(L)를 곱하면 용질의 양(mol)이 된다. (나)는 0.5 M A(aq) 200 mL (＝0.2 L)이므로, (나)에 녹아 있는 A의 양(mol)은 (0.5×0.2＝)0.1이다.

• A의 몰질량 구하기: 물질의 양(mol)$=\dfrac{질량(g)}{몰질량(g/mol)}$ 이므로, 질량(g)을 물질의 양(mol)으로 나누면 물질의 몰질량을 구할 수 있다. (나)에 녹아 있는 A의 양(mol)은 0.1이고 질량(g)은 6이므로 A의 몰질량은 (6÷0.1＝)60이다.

채점 기준	배점
(1) x를 옳게 구한 경우	30%
(2) (나)에 녹아 있는 A의 양(mol)과 몰질량을 모두 옳게 서술한 경우	70%
(나)에 녹아 있는 A의 양(mol)과 몰질량 중 하나만 옳게 서술한 경우	30%

M 중화 반응의 양적 관계

M 01 정답 ⑤ ✱ 중화 반응

[정답률 70%] 2021 실시 3월 학평 16 / 화학 I (고2)

그림은 수용액 (가)~(다)에 들어 있는 음이온을 모형으로 나타낸 것이다. (가)~(다)는 각각 묽은 염산(HCl), 수산화 나트륨(NaOH) 수용액, 수산화 칼륨(KOH) 수용액 중 하나이다.

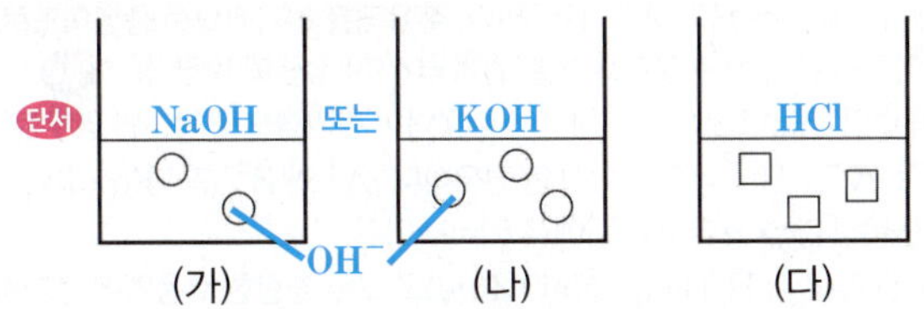

이에 대한 옳은 설명만을 〈보기〉에서 있는 대로 고른 것은? (3점)

[보기]

ㄱ. ○는 수산화 이온(OH^-)이다.
(가)와 (나)의 공통 음이온은 수산화 이온(OH^-)이다.

ㄴ. (나)와 (다)를 모두 혼합한 용액은 중성이다.
(나)와 (다) 모두 1가 염기와 1가 산이므로 혼합한 용액은 중성이다.

ㄷ. (가)와 (다)를 모두 혼합한 용액에 들어 있는 전체 이온 수는 (나)에 들어 있는 전체 이온 수와 같다.
Na^+의 수$+H^+$의 수$+Cl^-$의 수$=K^+$의 수$+OH^-$의 수

① ㄱ　　② ㄷ　　③ ㄱ, ㄴ　　④ ㄴ, ㄷ　　⑤ ㄱ, ㄴ, ㄷ

| 문제＋자료 분석 |

- $HCl(aq)$에는 H^+과 Cl^-이, $NaOH(aq)$에는 Na^+과 OH^-이, $KOH(aq)$에는 K^+과 OH^-이 들어있다.
- (가)와 (나)는 음이온 모형이 같으므로 (가)와 (나)는 각각 $NaOH(aq)$, $KOH(aq)$ 중 하나이고, (다)는 $HCl(aq)$이다.
  ➡ ○는 OH^-이고 □는 Cl^-이다.
- HCl은 1가 산이므로 $HCl(aq)$에서 H^+의 수와 Cl^-의 수는 같다.
- NaOH과 KOH는 모두 1가 염기이므로 $NaOH(aq)$에서 Na^+의 수와 OH^-의 수는 같고 $KOH(aq)$에서 K^+의 수와 OH^-의 수는 같다.
- $HCl(aq)$와 $NaOH(aq)$ 또는 $KOH(aq)$을 혼합한 용액이 산성이면 혼합 용액의 전체 이온 수는 혼합 전 $HCl(aq)$의 전체 이온 수와 같다.

| 보기 분석 |

ㄱ 염기 수용액인 $NaOH(aq)$과 $KOH(aq)$에 공통으로 들어있는 음이온은 OH^-이므로 (가)와 (나)에 들어있는 음이온 모형 ○는 수산화 이온(OH^-)이다.

ㄴ (나)에서 OH^-(○)의 수＝(다)에서 Cl^-(□)의 수이고 (다)에서 Cl^-의 수＝H^+의 수이므로 (나)와 (다)를 모두 혼합한 용액은 중성이다.

ㄷ (가)~(다)의 각 수용액에서 전체 이온 수는 음이온 수의 2배이다. 한편, (나)와 (다)는 음이온 수가 같으므로 전체 이온 수도 같다.
(가)와 (다)를 혼합한 용액은 산성이므로 (가)와 (다)를 혼합한 용액에 들어있는 전체 이온 수는 혼합 전 (다)에 들어있는 전체 이온 수와 같으며 (나)에 들어있는 전체 이온 수와도 같다.

M 02 정답 ④ ✱ 중화 반응에서의 양적 관계

[정답률 58%] 2020 실시 3월 학평 18 / 화학 I (고2)

그림은 묽은 염산(HCl) 10 mL에 수산화 나트륨(NaOH) 수용액을 10 mL씩 넣었을 때, 수용액에 들어 있는 이온을 모형으로 나타낸 것이다. (가)에 들어 있는 이온은 나타내지 않았다.

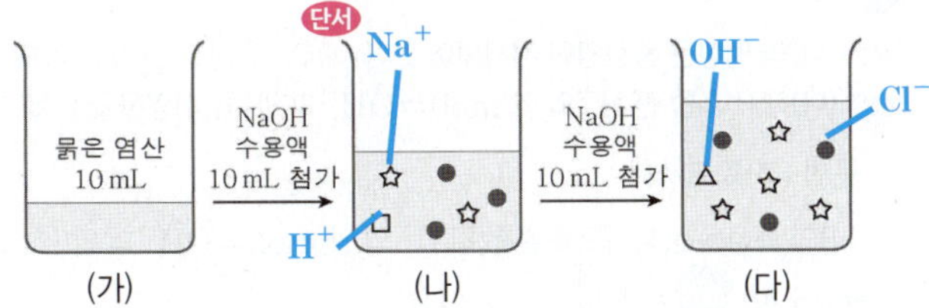

이에 대한 옳은 설명만을 [보기]에서 있는 대로 고른 것은? [3점]

[보기]

ㄱ. ●는 양이온이다. Cl^-이므로 음이온이다.

ㄴ. (나)에 금속 마그네슘(Mg)을 넣으면 기체가 발생한다.
■(H^+)이 존재하므로 산성이다.

ㄷ. 묽은 염산 20 mL와 수산화 나트륨 수용액 30 mL를 혼합한 용액은 중성이다.
$Cl^- : Na^+ = H^+ : OH^- = 3 : 2$이므로 묽은 염산 20 mL와 수산화 나트륨 수용액 30 mL의 입자 수는 같다.

① ㄱ　　② ㄴ　　③ ㄱ, ㄷ　　④ ㄴ, ㄷ　　⑤ ㄱ, ㄴ, ㄷ

🧠 단서＋발상

단서 묽은 염산과 수산화 나트륨 수용액의 중화 반응 모형이 제시되어 있다.

발상 (나)와 (다)를 비교하여 이온의 종류를 추론할 수 있다.

적용 중화 반응에서의 양적 관계를 적용해서 이온의 종류를 구하는 것부터 문제 풀이를 시작해야 한다.

| 문제＋자료 분석 |

- (나)와 (다)에서 ●의 개수는 변하지 않으므로 ●는 구경꾼 이온이다.
  따라서 ●는 묽은 염산에 존재하는 Cl^-이다.
- (나)와 (다)에서 □는 NaOH 수용액이 10 mL 첨가된 이후 사라진다.
  따라서 □는 H^+이고 (다)에서 처음으로 나타난 △는 OH^-이다.
- (나)와 (다)에서 ☆은 NaOH 수용액 10 mL 당 2개씩 증가하므로 구경꾼 이온이다.
  따라서 ☆은 NaOH 수용액에 존재하는 Na^+이다.
- (나)는 중화점 이전, (다)는 중화점 이후이다.

| 보기 분석 |

ㄱ NaOH를 10 mL 첨가하거나 20 mL를 첨가한 후에도 ●의 개수는 변하지 않으므로 ●는 Cl^-이다.

ㄴ □는 H^+이므로 (나)는 산성 용액이다. 따라서 금속 마그네슘(Mg)을 넣으면 산과 반응하여 수소 기체가 발생한다.

ㄷ 묽은 염산 10 mL에 존재하는 Cl^-의 개수가 3N이라면, 수산화 나트륨 10 mL에 존재하는 Na^+의 개수는 2N이므로, 농도비는 묽은 염산 : 수산화 나트륨＝3 : 2이다.
따라서 묽은 염산 20 mL에 들어있는 H^+이 6N이라면 수산화 나트륨 수용액 30 mL에 들어있는 OH^-도 6N이므로 두 용액을 혼합한 용액은 중성이다.

표는 $2x$ M HA(aq), x M H$_2$B(aq), y M NaOH(aq)의 부피를
달리하여 혼합한 수용액 (가) ~ (다)에 대한 자료이다.

$\dfrac{y}{x}=3$

단서 액성		산성		중성
혼합 수용액		(가)	(나)	(다)
혼합 전 수용액의 부피(mL)	$2x$ M HA(aq)	a	0	a
	x M H$_2$B(aq)	$b=2a$	$b=2a$	$c=2a$
	y M NaOH(aq)	0	c	$b=2a$
혼합 수용액에 존재하는 모든 이온 수의 비율		$\dfrac{3}{5}$ $\dfrac{1}{5}$ $\dfrac{1}{5}$		$\dfrac{3}{5}$ $\dfrac{1}{5}$ $\dfrac{1}{5}$

$3 : 1 : 1$
$= \text{H}^+ : \text{A}^- : \text{B}^{2-}$
$2x \times a = x \times b$
➡ $b=2a$

$3 : 1 : 1$
$= \text{Na}^+ : \text{A}^- : \text{B}^{2-}$
$2x \times a = x \times c$
➡ $c=2a$

$\dfrac{y}{x} \times \dfrac{\text{(나)에 존재하는 Na}^+\text{의 양(mol)}}{\text{(나)에 존재하는 B}^{2-}\text{의 양(mol)}}$ 은? (단, 수용액에서 HA는
H$^+$과 A$^-$으로, H$_2$B는 H$^+$과 B^{2-}으로 모두 이온화되고, 물의 자동
이온화는 무시한다.) (3점) $\dfrac{y}{x} \times \dfrac{y}{x} = 9$

① $\dfrac{1}{12}$ ② $\dfrac{1}{9}$ ③ $\dfrac{1}{3}$ ④ 9 ⑤ 12

단서+발상

단서 혼합 수용액에 존재하는 모든 이온 수의 비율이 제시되어 있다.

발상 (가)와 (다)의 액성을 추론할 수 있다.

적용 (가)는 산성임을 이용해 수용액에 존재하는 이온의 종류를 구하는 것부터
문제 풀이를 시작해야 한다.

| 문제+자료 분석 |

- **(가):** (가)는 HA(aq)과 H$_2$B(aq)을 혼합한 수용액이므로 산성이고, (가)에
존재하는 이온은 H$^+$, A$^-$, B^{2-}이다. 수용액은 전기적으로 중성이므로
[양이온의 총 전하+음이온의 총 전하=0]이 성립해야 한다. 꿀팁
이온 수의 비율이 3 : 1 : 1이면서 수용액이 전기적으로 중성인 경우는
H$^+$: A$^-$: B^{2-}=3 : 1 : 1인 경우이다. A$^-$와 B^{2-}의 양(mol)이
같으므로 [$2x \times a = x \times b$]에서 $b=2a$이다.

- **(다):** HA(aq), H$_2$B(aq), NaOH(aq)을 모두 혼합한 수용액에 존재하는
모든 이온의 가짓수가 3이므로 (다)는 중성이고, (다)에 존재하는 이온은
Na$^+$, A$^-$, B^{2-}이다. 이온 수의 비율이 3 : 1 : 1이면서 수용액이 중성인
경우는 Na$^+$: A$^-$: B^{2-}=3 : 1 : 1인 경우이다. A$^-$와 B^{2-}의
양(mol)이 같으므로 [$2x \times a = x \times c$]에서 $c=2a$이다.
(다)는 중성이므로 혼합 전 H$^+$의 양(mol) : OH$^-$의 양(mol)=1 : 1이다.

  따라서 [$(2x \times a)+2(x \times 2a)=y \times 2a$]에서 $\dfrac{y}{x}=3$이다.

| 선택지 분석 |

④ [이온의 양(mmol)=이온의 몰농도(M)×용액의 부피(mL)]이고
(나)에서 혼합 전 Na$^+$의 양(mol)=혼합 후 Na$^+$의 양(mol),
혼합 전 B^{2-}의 양(mol)=혼합 후 B^{2-}의 양(mol)이므로
$\dfrac{\text{(나)에 존재하는 Na}^+\text{의 양(mol)}}{\text{(나)에 존재하는 B}^{2-}\text{의 양(mol)}} = \dfrac{y \times c}{x \times b} = \dfrac{y}{x}$이다.

따라서 $\dfrac{y}{x} \times \dfrac{\text{(나)에 존재하는 Na}^+\text{의 양(mol)}}{\text{(나)에 존재하는 B}^{2-}\text{의 양(mol)}} = \left(\dfrac{y}{x}\right)^2 = 9$이다.

표는 a M HCl(aq), b M H$_2$A(aq), c M KOH(aq)을 혼합한
용액 (가) ~ (다)에 대한 자료이다. (나)의 액성은 중성이다. 단서

혼합 용액		산성 (가)	중성 (나)	중성 (다)
혼합 전 용액의 부피(mL)	2 a M HCl(aq)	V	V	$2V$
	1 b M H$_2$A(aq)	V	$2V$	V
	3 c M KOH(aq)	0	$2V$	$2V$
모든 음이온의 몰농도(M) 합 (상댓값)		15	8	㉠ $=10$

㉠$=10$, $a : b : c = 2 : 1 : 3$
➡ ㉠$\times \dfrac{a}{b+c} = 10 \times \dfrac{2}{1+3} = 5$

$8 : ㉠ = \dfrac{a+2b}{5V} : \dfrac{2a+b}{5V}$
$a=2b$
➡ ㉠$=10$

㉠$\times \dfrac{a}{b+c}$ 는? (단, 수용액에서 H$_2$A는 H$^+$과 A^{2-}으로 모두 이온화되고, 혼합 용액의
부피는 혼합 전 각 용액의 부피의 합과 같으며, 물의 자동 이온화는 무시한다.) (3점)

① $\dfrac{5}{2}$ ② 4 ③ 5 ④ $\dfrac{20}{3}$ ⑤ 8

단서+발상

단서 (나)의 액성은 중성임이 제시되어 있다.

발상 (나)에서 혼합 전 H$^+$의 양(mol)=OH$^-$의 양(mol)임을 추론할 수 있다.

| 문제+자료 분석 |

- (나)의 액성은 중성이므로 혼합 전 H$^+$의 양(mol)=OH$^-$의 양(mol)이다.
  ➡ $a+4b$ 함정 $=2c$이다. ······ 식 (1)

- **몰농도 a~c의 비:** 모든 음이온의 몰농도(M) 합의 비는
  (가) : (나)=15 : 8이므로 [$15 : 8 = \dfrac{a+b}{2V} : \dfrac{a+2b}{5V}$]에서 $a=2b$이다.
  ······ 식 (2)

  ➡ 식 (1), (2)에서 $a : b : c = 2 : 1 : 3$이다.

- **(다)의 액성:** $a : b : c = 2 : 1 : 3$이므로 (다)에서 혼합 전 H$^+$의
  양(mol) : OH$^-$의 양(mol)=1:1이다. 따라서 (다)의 액성은 중성이다.

- **㉠:** 모든 음이온의 몰농도(M) 합의 비는 (나) : (다)=8 : ㉠이므로
  [$8 : ㉠ = \dfrac{a+2b}{5V} : \dfrac{2a+b}{5V}$]이다. $a=2b$이므로 ㉠은 10이다.

| 선택지 분석 |

③ ㉠$=10$, $a : b : c = 2 : 1 : 3$이다.

  따라서 ㉠$\times \dfrac{a}{b+c} = 10 \times \dfrac{2}{1+3} = 5$이다.

M 05 정답 ① ★ 중화 반응의 양적 관계 ·············· ☆ 고난도

표는 x M NaOH(aq), 0.1 M H₂A(aq), 0.1M HB(aq)의
부피를 달리하여 혼합한 용액 (가)와 (나)에 대한 자료이다. (가)의 액성은
염기성이다. 단서 ➜ (나)의 액성도 염기성

혼합 용액		양이온의 양(mmol) (가)	음이온의 양(mmol)	양이온의 양(mmol) (나)	음이온의 양(mmol)
혼합 전 용액의 부피(mL)	x M NaOH(aq)	xV_1 V_1 xV_1		$2xV_1$ $2V_1$ $2xV_1$	
	0.1 M H₂A(aq)	8 40 4		4 20 2	
	0.1 M HB(aq)	V_2		0	
모든 이온의 양(mmol) 모든 이온의 수		$(2xV_1-4)$ $8N$		$(4xV_1-2)$ $19N$	
		$8N : 19N = (2xV_1-4) : (4xV_1-2)$ ➜ $xV_1=10$			
모든 음이온의 몰농도(M) 합		$\dfrac{3}{50}$		$\dfrac{3}{20}$	

$$\dfrac{6}{90+V_2}=\dfrac{3}{50}$$
$$➜ V_2=10$$

$$\dfrac{2xV_1-2}{2V_1+20}=\dfrac{3}{20}$$
$$➜ V_1=50$$

$x \times \dfrac{V_2}{V_1}$ 는? (단, 혼합 용액의 부피는 혼합 전 각 용액의 부피의 합과

같고, 수용액에서 H₂A는 H⁺과 A²⁻으로, HB는 H⁺과 B⁻으로

모두 이온화되며, 물의 자동 이온화는 무시한다.)

$x=\dfrac{1}{5},\ V_1=50,\ V_2=10$ ➜ $x \times \dfrac{V_2}{V_1}=\dfrac{1}{25}$

① $\dfrac{1}{25}$ ② $\dfrac{1}{10}$ ③ $\dfrac{1}{5}$ ④ $\dfrac{1}{3}$ ⑤ $\dfrac{1}{2}$

단서 + 발상

단서 (가)의 액성은 염기성임이 제시되어 있다.

발상 혼합 용액의 액성을 통해 모든 이온의 수를 추론할 수 있다.

적용 혼합 전 수용액의 부피와 몰농도를 통해 (가), (나)의 액성을 추론하는
것부터 문제 풀이를 시작해야 한다.

| 문제 + 자료 분석 |

- **혼합 용액의 액성**: 혼합 전 수용액의 부피를 비교해 보면,
  혼합 전 x M NaOH(aq)의 부피는 (가) : (나)=1 : 2이고,
  산성 용액의 부피는 H₂A(aq)도 (가) > (나)이고 HB(aq)도 (가) > (나)이다.
  따라서 (가)의 액성이 염기성이므로 (나)의 액성도 염기성이다

- (가)와 (나)에 존재하는 모든 이온의 양(mmol)은 각각 $(2xV_1-4)$와
  $(4xV_1-2)$이다.
  따라서 $8N : 19N=(2xV_1-4) : (4xV_1-2)$에서 $xV_1=10$이다.

- (나)에서 모든 음이온의 양(mmol)은 $(2xV_1-2)$이므로
  모든 음이온의 몰농도(M) 합은 $\dfrac{2xV_1-2}{2V_1+20}=\dfrac{3}{20}$에서 $V_1=50$이다.

  따라서 $x=\dfrac{1}{5}$이다.

- (가)에서 모든 음이온의 양(mmol)은 (xV_1-4)이고 부피는
  (V_1+40+V_2)이며, $xV_1=10,\ V_1=50$을 대입하면 모든 음이온의
  몰농도(M) 합은 $\dfrac{6}{90+V_2}$이다. 따라서 $\dfrac{6}{90+V_2}=\dfrac{3}{50}$에서 $V_2=10$이다.

| 선택지 분석 |

① $x=\dfrac{1}{5},\ V_1=50,\ V_2=10$이다. 따라서 $x \times \dfrac{V_2}{V_1}=\dfrac{1}{25}$이다.

M 06 정답 ⑤ ★ 중화 반응의 양적 관계 ·············· ☆ 고난도

표는 x M H₂A(aq)과 y M NaOH(aq)의 부피를 달리하여 혼합한
용액 (가) ~ (다)에 대한 자료이다.

혼합 용액		(가)	(나)	(다)
혼합 전 수용액의 부피 (mL)	x M H₂A(aq) $\dfrac{x}{2k}$	10	20	30
	y M NaOH(aq) $\dfrac{y}{3k}$	30	20	10
액성 단서		염기성	산성	산성
혼합 용액에 존재하는 $\dfrac{A^{2-}의\ 양(mol)}{모든\ 이온의\ 양(mol)}$ (상댓값)		3	a	8
(실젯값)		$\dfrac{1}{8}$	$\dfrac{a}{24}$	$\dfrac{1}{3}$

$$\dfrac{1}{8}=\dfrac{10x}{60y-10x}$$
$$➜ x : y=2 : 3$$

$$\dfrac{a}{24}=\dfrac{1}{3} ➜ a=8$$

$a \times \dfrac{y}{x}$ 는? (단, 수용액에서 H₂A는 H⁺과 A²⁻으로 모두 이온화되고,

물의 자동 이온화는 무시한다.) (3점) $a=8,\ \dfrac{y}{x}=\dfrac{3}{2} ➜ 8 \times \dfrac{3}{2}=12$

① $\dfrac{1}{12}$ ② $\dfrac{3}{16}$ ③ 2 ④ $\dfrac{16}{3}$ ⑤ 12

| 문제 + 자료 분석 |

- (다)의 액성이 산성이다. 꿀팁

- 2가 산인 H₂A(aq)과 1가 염기인 BOH(aq)를 혼합한 수용액의 액성이
  산성일 때, 혼합 용액에 존재하는 이온의 종류는 A²⁻, H⁺, B⁺이다.
  수용액은 전기적으로 중성이어야 하므로 H⁺과 B⁺의 수의 합은 A²⁻의 수의
  2배이다. 따라서 혼합 용액에 존재하는 $\dfrac{A^{2-}의\ 양(mol)}{모든\ 이온의\ 양(mol)}$의 실젯값은 $\dfrac{1}{3}$
  이다. 꿀팁

  ➜ (가)와 (나)에 존재하는 $\dfrac{A^{2-}의\ 양(mol)}{모든\ 이온의\ 양(mol)}$은 각각 $\dfrac{1}{8}$과 $\dfrac{a}{24}$이다.

- (가)에 존재하는 A²⁻의 양(mol)은 $10x$이고, (가)의 액성이 염기성이므로
  혼합 용액에 존재하는 모든 이온의 양(mol)은 $(60y-10x)$이다.

  ➜ $\dfrac{A^{2-}의\ 양(mol)}{모든\ 이온의\ 양(mol)}=\dfrac{1}{8}=\dfrac{10x}{60y-10x}$에서 $x : y=2 : 3$이다.

- $x=2k,\ y=3k$라 하면, (나)에서 혼합 전 H⁺의 양(mmol)은 $80k$이고
  OH⁻의 양(mmol)은 $60k$이므로 (나)의 액성은 산성이다. 함정

  ➜ $\dfrac{A^{2-}의\ 양(mol)}{모든\ 이온의\ 양(mol)}=\dfrac{1}{3}$이므로 $\dfrac{a}{24}=\dfrac{1}{3}$에서 $a=8$이다.

| 선택지 분석 |

⑤ $a=8,\ \dfrac{y}{x}=\dfrac{3}{2}$이다. 따라서 $a \times \dfrac{y}{x}=8 \times \dfrac{3}{2}=12$이다.

왜 틀렸나?

- H⁺ 또는 OH⁻의 양(mol)을 계산할 때 산(또는 염기)의 가수에 주의한다. 함정
  ➜ 산 또는 염기가 내놓은 H⁺ 또는 OH⁻의 양(mol)은 산 또는 염기의
  양(mol)에 가수를 곱해야 하므로
  [가수×산(또는 염기) 수용액의 몰농도(M)×용액의 부피(L)]이다.

단서 + 발상

단서 (가)와 (다)의 액성이 제시되어 있다.

발상 혼합 용액의 액성을 통해 $\dfrac{A^{2-}의\ 양(mol)}{모든\ 이온의\ 양(mol)}$의 실젯값을 추론할 수 있다.

다음은 a M HA(aq)과 b M B(OH)$_2$(aq)의 부피를 달리하여 혼합한 용액 (가)와 (나)에 대한 자료이다.

○ 수용액에서 HA는 H$^+$과 A$^-$으로, B(OH)$_2$는 B^{2+}과 OH$^-$으로 모두 이온화된다.

혼합 용액		(가)	(나)
혼합 전 수용액의 부피(mL)	a M HA(aq)	40	30
	b M B(OH)$_2$(aq)	10	10
$\dfrac{\text{H}^+ \text{또는 OH}^- \text{의 양(mol)}}{\text{가장 많이 존재하는 이온의 양(mol)}}$ (상댓값)		3	2
혼합 용액의 액성 단서		산성	염기성
존재하는 이온		H$^+$, A$^-$, B^{2+}	A$^-$, B^{2+}, OH$^+$

(가)는 산성이므로
➡ $40a > 20b$
∴ (가)에서 가장 많이 존재하는 이온은 A$^-$

(나)는 염기성이므로
➡ $20b - 30a > 0$
⇨ $40a > 20b$이므로
$20b - 30a < 10a$
∴ (가)에서 가장 많이 존재하는 이온은 A$^-$

$$\frac{40a-20b}{40a} : \frac{20b-30a}{30a} = 3 : 2 \;\blacktriangleright\; \frac{b}{a} = \frac{5}{3}$$

$\dfrac{b}{a}$ 는? (단, 물의 자동 이온화는 무시하며, A$^-$과 B^{2+}은 반응하지 않는다.) (3점)

① 1   ② $\dfrac{3}{2}$ ③ $\dfrac{8}{5}$ ④ $\dfrac{5}{3}$ ⑤ 2

 **단서+발상**

(단서) 혼합 용액의 액성이 제시되어 있다.

(발상) (가)와 (나)에 들어 있는 이온의 종류를 추론할 수 있다.

(적용) HA(aq)과 B(OH)$_2$(aq)의 농도와 부피를 통해 각 혼합 용액에 가장 많이 존재하는 이온을 구하는 것부터 문제 풀이를 시작해야 한다.

| 문제 해결 과정 |

step 1 **(가)의 액성을 통해 (가)에 가장 많이 존재하는 이온을 찾는다.**

- (가)는 산성이므로 (가)에 들어 있는 이온의 양(mmol)은 다음과 같다.

이온의 양(mmol)			
H$^+$	A$^-$	B^{2+}	OH$^-$
$40a - 20b$ 함정	$40a$	$10b$	0

산성이므로 H$^+$의 양(mmol)$= 40a - 20b > 0$이다. ······ 식 (1)
➡ (가)에 가장 많이 존재하는 이온은 A$^-$이다.

step 2 **(나)의 액성을 통해 (나)에 가장 많이 존재하는 이온을 찾는다.**

- (나)는 염기성이므로 (나)에 들어 있는 이온의 양(mmol)은 다음과 같다.

이온의 양(mmol)			
H$^+$	A$^-$	B^{2+}	OH$^-$
0	$30a$	$10b$	함정 $20b - 30a$

- 염기성이므로 OH$^-$의 양(mmol)$= 20b - 30a > 0$이다.
- 식 (1)에서 $40a > 20b$이므로 B^{2+}의 양(mmol)은 $20a$보다 작고 OH$^-$의 양(mmol)$= 20b - 30a < 10a$이다.
➡ (나)에 가장 많이 존재하는 이온은 A$^-$이다.

step 3 $\dfrac{\text{H}^+ \text{또는 OH}^- \text{의 양(mol)}}{\text{가장 많이 존재하는 이온의 양(mol)}}$의 비를 이용해 a, b의 비를 구한다.

- $\dfrac{\text{H}^+ \text{또는 OH}^- \text{의 양(mol)}}{\text{가장 많이 존재하는 이온의 양(mol)}}$은

(가)에서는 $\dfrac{\text{H}^+ \text{의 양(mmol)}}{\text{A}^- \text{이온의 양(mmol)}} = \dfrac{40a - 20b}{40a}$이고

(나)에서는 $\dfrac{\text{OH}^- \text{의 양(mmol)}}{\text{A}^- \text{이온의 양(mmol)}} = \dfrac{20b - 30a}{30a}$이다.

따라서 $\dfrac{\text{H}^+ \text{또는 OH}^- \text{의 양(mol)}}{\text{가장 많이 존재하는 이온의 양(mol)}}$의 비는

(가) : (나) $= \dfrac{40a - 20b}{40a} : \dfrac{20b - 30a}{30a} = 3 : 2$에서 $\dfrac{b}{a} = \dfrac{5}{3}$이다.

| 선택지 분석 |

④ $\dfrac{\text{H}^+ \text{또는 OH}^- \text{의 양(mol)}}{\text{가장 많이 존재하는 이온의 양(mol)}}$의 비는

(가) : (나) $= \dfrac{40a - 20b}{40a} : \dfrac{20b - 30a}{30a} = 3 : 2$이다.

따라서 $\dfrac{b}{a} = \dfrac{5}{3}$이다.

왜 틀렸나?

- H$^+$ 또는 OH$^-$의 양(mol)을 계산할 때 산(또는 염기)의 가수에 주의한다.  함정

➡ 산(또는 염기) 수용액의 몰농도(M)$= \dfrac{\text{산(또는 염기)의 양(mol)}}{\text{용액의 부피(L)}}$이므로 산 또는 염기의 양(mol)은 [산(또는 염기) 수용액의 몰농도(M) × 용액의 부피(L)]이다.

➡ 산 또는 염기가 내놓은 H$^+$ 또는 OH$^-$의 양(mol)은 산 또는 염기의 양(mol)에 가수를 곱해야 하므로 [가수 × 산(또는 염기) 수용액의 몰농도(M) × 용액의 부피(L)]이다.

표는 a M HX(aq), 0.1 M H$_2$Y(aq), $\dfrac{4}{3}a$ M Z(OH)$_2(aq)$의 부피를 달리하여 혼합한 용액 (가) ~ (다)에 대한 자료이다. 수용액에서 HX는 H$^+$과 X$^-$으로, H$_2$Y는 H$^+$과 Y^{2-}으로, Z(OH)$_2$는 Z^{2+}과 OH$^-$으로 모두 이온화된다.

단서 양이온의 몰농도(M) 합×부피(L)＝양이온의 양(mol)

혼합 용액	혼합 전 수용액의 부피(mL)			모든 양이온의 몰농도(M) 합 (상댓값)	모든 양이온의 몰비
	aM 양 HX(aq) 음	0.1M 양 H$_2$Y(aq) 음	$\dfrac{4}{3}a$ M 양 Z(OH)$_2(aq)$ 음		
(가)	$20a$ 20 $20a$	2 10 1	$40a$ 30 $80a$	10	600
(나)	$20a$ 20 $20a$	6 30 3	$\dfrac{200}{3}a$ 50 $\dfrac{400}{3}a$	11	⋮ 1100 ⋮
(다)	ab b ab	4 20 2	$\dfrac{80}{3}a$ 20 $\dfrac{160}{3}a$	19	$760+19b$

$a \times b$ 는? (단, 혼합 용액의 부피는 혼합 전 각 용액의 부피의 합과 같고, 물의 자동 이온화는 무시하며, X$^-$, Y^{2-}, Z^{2+}은 반응하지 않는다.) (3점)

$a=\dfrac{1}{20}$, $b=10$ ➡ $a\times b=\dfrac{1}{20}\times 10=\dfrac{1}{2}$

① $\dfrac{1}{2}$ ② $\dfrac{2}{3}$ ③ 1   ④ $\dfrac{3}{2}$ ⑤ 2

왜 틀렸나?

- 혼합 용액의 액성에 따라 존재하는 이온의 종류를 파악할 수 있어야 한다. **꿀팁**
  ➡ 혼합 용액의 액성이 염기성 또는 중성이라면 H$^+$은 존재하지 않는다. 따라서 혼합 용액에 존재하는 양이온은 염기성 수용액의 구경꾼 이온뿐이다.
  ➡ 혼합 용액의 액성이 산성 또는 중성이라면 OH$^-$은 존재하지 않는다. 따라서 혼합 용액에 존재하는 음이온은 산성 수용액의 구경꾼 이온뿐이다.
- 혼합 전 수용액에 존재하는 알짜 이온(H$^+$ 또는 OH$^-$)의 양(mol)은 **함정** [가수×수용액의 몰농도(M)×용액의 부피(L)]로 구한다.
  ➡ 구경꾼 이온의 경우 [이온의 양(mol)=수용액의 몰농도(M)×용액의 부피(L)]와 같으나, 알짜 이온(H$^+$ 또는 OH$^-$)의 경우 가수를 고려해야 함을 주의한다.

단서＋발상

단서 (가) ~ (다)에 들어 있는 모든 양이온의 몰농도(M)의 합과 수용액의 부피가 제시되어 있다.

발상 (가) ~ (다)에 들어 있는 모든 양이온의 양(mol)의 비를 추론할 수 있다.

적용 혼합 전 수용액의 부피와 몰농도를 통해 (가) ~ (다)의 액성을 추론하는 것부터 문제 풀이를 시작해야 한다.

| 문제 해결 과정 |

step 1 혼합 전 수용액에 존재하는 양이온의 양(mol)을 구하여 (나), (다)의 액성을 추론한다.

- 만약 (가), (나)의 액성이 염기성 또는 중성이라면, 혼합 수용액에 존재하는 양이온은 Z^{2+} 뿐이므로 **꿀팁**
  혼합 후 모든 양이온의 양(mol)은 (가) : (나)＝3 : 5여야 한다.
  하지만 표에 주어진 모든 양이온의 몰농도(M) 합을 이용하면,
  [모든 양이온의 몰농도(M) 합×부피(L)＝모든 양이온의 양(mol)]에서
  혼합 후 모든 양이온의 양(mol)의 비는 (가) : (나)＝6 : 11이다.
  ➡ (나)의 액성은 산성이다.
- 만약 (가), (다)의 액성이 염기성 또는 중성이라면, 혼합 수용액에 존재하는 양이온은 Z^{2+} 뿐이므로,
  혼합 후 모든 양이온의 양(mol)의 비는 (가) : (다)＝3 : 2여야 한다.
  하지만 표에 주어진 모든 양이온의 몰농도(M) 합을 이용하면,
  [모든 양이온의 몰농도(M) 합×부피(L)＝모든 양이온의 양(mol)]에서
  혼합 후 모든 양이온의 양(mol)의 비는 (가) : (다)＝600 : (760＋19b)이다.
  ➡ (다)의 액성은 산성이다.

step 2 혼합 용액에 존재하는 양이온의 양(mol)을 통해 (가)의 액성을 추론한다.

- 만약 (가)가 염기성이라면, (가)와 (나)의 액성이 각각 염기성과 산성이므로 혼합 용액에 존재하는 양이온의 양(mol)의 비는
  (가) : (나)＝$40a : \left(20a+6-\dfrac{200}{3}a\right)=6 : 11$이다. 따라서 $a=\dfrac{1}{20}$이다.
- 만약 (가)가 산성이라면, (가)와 (나)의 액성은 모두 산성이므로 혼합 용액에 존재하는 양이온의 양(mol)의 비는
  (가) : (나)＝$\left(20a+2-40a\right) : \left(20a+6-\dfrac{200}{3}a\right)=6 : 11$이다.
  따라서 $a=\dfrac{7}{30}$인데, 이를 대입하면 (가)에 존재하는 양이온의 양(mol)이 음수가 되므로 (가)는 산성이 아니다.
- 따라서 (가)는 염기성이고 $a=\dfrac{1}{20}$이다.

step 3 혼합 용액에 존재하는 양이온의 양(mol)의 비를 통해 b를 구한다.

- (가)와 (다)의 액성이 각각 염기성과 산성이므로 혼합 용액에 존재하는 양이온의 양(mol)의 비는
  (가) : (다)＝$2 : \left(\dfrac{b}{20}+4-\dfrac{4}{3}\right)=600 : (760+19b)$이다.
  따라서 $b=10$이다.

| 선택지 분석 |

① $a=\dfrac{1}{20}$, $b=10$이다. 따라서 $a\times b=\dfrac{1}{2}$이다.

✪ 정답은 ① $\dfrac{1}{2}$이다.

다음은 a M HA(aq), b M H_2B(aq), $\dfrac{5}{2}a$ M NaOH(aq)의 부피를 달리하여 혼합한 수용액 (가)~(다)에 대한 자료이다.

○ 수용액에서 HA는 H^+과 A^-으로, H_2B는 H^+과 B^{2-}으로 모두 이온화된다.

혼합 수용액	혼합 전 수용액의 부피 (mL)			모든 양이온의 몰농도(M) 합 (상댓값)
	HA(aq)	H_2B(aq)	NaOH(aq)	
(가)	$3\,V$	V	$2\,V$	5
(나)	V	$3\,x\,V$	$6\ 2x\,V$	9
(다)	$3\,x\,V$	$3\,x\,V$	$3\,V$	$y\ 6$

(가)에서 $3aV\times10^{-3}+2bV\times10^{-3}=5aV\times10^{-3}$ ➡ $a=b$ 단서

(가)와 (나)에서 $\dfrac{5a\,V}{6V}:\dfrac{5ax\,V}{V+3xV}=5:9$ ➡ $x=3$

(가)와 (다)에서 $\dfrac{5a\,V}{6V}:\dfrac{9a\,V}{9V}=5:y$ ➡ $y=6$

○ (가)는 중성이다. (나)는 염기성, (다)는 산성

$\dfrac{y}{x}$는? (단, 혼합 수용액의 부피는 혼합 전 각 수용액의 부피의 합과 같고, 물의 자동 이온화는 무시한다.)

$x=3,\ y=6$ ➡ $\dfrac{y}{x}=2$

① 1   ② 2   ③ 3   ④ 4   ⑤ 5

단서+발상

단서 산 염기 혼합 수용액의 부피와 모든 양이온의 몰농도(M) 합이 제시되어 있다.

발상 혼합 전 각각의 수용액에 들어 있는 이온의 양(mol)를 추론할 수 있다.

적용 (가)의 액성이 중성인 것을 적용해서 a와 b의 관계를 구하는 것부터 문제 풀이를 시작해야 한다.

| 문제＋자료 분석 |

step 1 (가)에서 a와 b의 관계를 구한다.

· (가)에서 혼합 전 각각의 수용액에 들어있는 이온의 양(mol)은 다음과 같다.

a M HA(aq)	$3V$	H^+ $3aV\times10^{-3}$mol	A^- $3aV\times10^{-3}$mol
b M H_2B(aq)	V	H^+ $2bV\times10^{-3}$mol	B^{2-} $bV\times10^{-3}$mol
$\dfrac{5}{2}a$ M NaOH(aq)	$2V$	Na^+ $5aV\times10^{-3}$mol	OH^- $5aV\times10^{-3}$mol

· (가)는 중성이므로 혼합 전 HA(aq)과 H_2B(aq)에 들어 있는 H^+의 양(mol)의 합과 NaOH(aq)에 들어 있는 OH^-의 양(mol)은 같다. 따라서 $3aV\times10^{-3}+2bV\times10^{-3}=5aV\times10^{-3}$에서 $a=b$이다.

step 2 (나)에서 x를 구한다.

· (나)에서 혼합 전 각각의 수용액에 들어있는 이온의 양(mol)은 다음과 같다.

a M HA(aq)	V	H^+ $a\,V\times10^{-3}$mol	A^- $aV\times10^{-3}$mol
$b(=a)$ M H_2B(aq)	xV	H^+ $2axV\times10^{-3}$mol	B^{2-} $axV\times10^{-3}$mol
$\dfrac{5}{2}a$ M NaOH(aq)	$2xV$	Na^+ $5axV\times10^{-3}$mol	OH^- $5axV\times10^{-3}$mol

· (나)는 염기성이며, (나)에서 모든 양이온의 양(mol)의 합은 혼합 전 $\dfrac{5}{2}a$M NaOH(aq) $2xV$ mL에 들어 있는 양이온의 양(mol)과 같다. 꿀팁

· 모든 양이온의 몰농도(M)의 합의 비가 (가) : (나)=5 : 9이므로

$$\dfrac{5aV\times10^{-3}\,mol}{\dfrac{6V}{1000}L}:\dfrac{5axV\times10^{-3}\,mol}{\dfrac{(V+3xV)}{1000}L}=5:9에서\ x=3이다.$$

step 3 (다)에서 y를 구한다.

· (다)에서 혼합 전 각각의 수용액에 들어있는 이온의 양(mol)은 다음과 같다.

a M HA(aq)	$3V$	H^+ $3aV\times10^{-3}$mol	A^- $3aV\times10^{-3}$mol
$b(=a)$ M H_2B(aq)	$3V$	H^+ $6aV\times10^{-3}$mol	B^{2-} $3aV\times10^{-3}$mol
$\dfrac{5}{2}a$ M NaOH(aq)	$3V$	Na^+ $\dfrac{15}{2}aV\times10^{-3}$mol	OH^- $\dfrac{15}{2}aV\times10^{-3}$mol

· (다)에서 혼합 전 HA(aq)와 H_2B(aq)에 들어 있는 H^+의 양(mol)의 합이 NaOH(aq)에 들어 있는 OH^-의 양(mol)보다 많으므로 (다)는 산성이다.

· 모든 양이온의 양(mol)의 합은 혼합 전 a M HA(aq) $3V$ mL와 a M H_2B(aq) $3V$ mL에 들어 있는 양이온의 합과 같다. 모든 양이온의 몰농도의 합의 비가 (가) : (다)=5 : y이므로

$$\dfrac{5aV\times10^{-3}\,mol}{\dfrac{6V}{1000}L}:\dfrac{9aV\times10^{-3}\,mol}{\dfrac{9V}{1000}L}=5:y에서\ y=6이다.$$

| 선택지 분석 |

② $x=3$, $y=6$이므로 $\dfrac{y}{x}=2$이다.

문제 풀이 Tip

· (나)가 산성인 경우, 모든 양이온의 양(mol)의 합은 혼합 전 a M HA(aq) V mL와 aM H_2B(aq) xV mL에 들어 있는 양이온의 합과 같다. 꿀팁

· 모든 양이온의 몰농도(M)의 합의 비가 (가) : (나) = 5 : 9이므로

$$\dfrac{5aV\times10^{-3}\,mol}{\dfrac{6V}{1000}\,L}:\dfrac{(aV+2axV)\times10^{-3}\,mol}{\dfrac{(V+3xV)}{1000}\,L}=5:9에서$$

$5x=-1$이 되므로 조건을 만족하지 않는다. 함정

다음은 0.1 M HA(aq), a M XOH(aq), $3a$ M Y(OH)$_2$(aq)을 혼합한 용액 (가)와 (나)에 대한 자료이다.

○ 수용액에서 HA는 H^+과 A^-으로, XOH는 X^+과 OH^-으로, Y(OH)$_2$는 Y^{2+}과 OH^-으로 모두 이온화된다.

혼합 용액		(가)	(나)
혼합 전 수용액의 부피(mL)	0.1 M HA(aq)	50	50
	단서 A^-의 양(mol)	5×10^{-3}	5×10^{-3}
	㉠ $3a$ M Y(OH)$_2$	20	V
	Y^{2+}의 양(mol)	$60a \times 10^{-3}$	$3Va \times 10^{-3}$
	㉡ a M XOH	30	20
	X^+의 양(mol)	$30a \times 10^{-3}$	$20a \times 10^{-3}$
$\dfrac{[X^+]+[Y^{2+}]}{[A^-]}$ (상댓값)		18	7

○ ㉠과 ㉡은 각각 a M XOH(aq), $3a$ M Y(OH)$_2$(aq) 중 하나이다.

○ (나)는 중성이다.
  혼합 전 0.1M HA(aq) 50 mL에 들어 있는 H^+의 양(mol)
  ＝혼합 전 $3a$ M Y(OH)$_2$(aq) V mL와 a M XOH(aq) 20 mL에 들어 있는 OH^-의 양(mol)의 합

$\dfrac{V}{a}$는? (단, 혼합 용액의 부피는 혼합 전 각 수용액의 부피의 합과 같고, X^+, Y^{2+}, A^-은 반응하지 않는다.) (3점) $V=5, a=0.1 \Rightarrow \dfrac{V}{a}=50$

① 30　　② 40　　③ 50　　④ 100　　⑤ 300

 단서+발상

(단서) (가)와 (나)에 모두 X^+, Y^{2+}, A^-이 모두 들어 있다.

(발상) (가)와 (나)에서 X^+, Y^{2+}, A^-의 양(mol)과 몰농도를 모두 비교할 수 있다.

(적용) (가)와 (나)에서 X^+, Y^{2+}, A^-의 양(mol)을 파악한 후, $\dfrac{[X^+]+[Y^{2+}]}{[A^-]}$의 비교하는 것부터 문제 풀이를 시작해야 한다.

| 문제 해결 과정 |

step 1 0.1 M HA(aq) 50 mL에 들어 있는 A^-의 양(mol)을 파악한다.

· 0.1 M HA(aq) 50 mL에는 H^+과 A^-이 각각 5×10^{-3} mol 들어 있다.

step 2 ㉠이 a M XOH(aq)이고 ㉡이 $3a$ M Y(OH)$_2$(aq)인 경우

· (가) : 혼합 전 a M XOH(aq) 20 mL과 $3a$ M Y(OH)$_2$(aq) 30 mL에 들어 있는 이온의 종류와 양(mol)은 다음과 같다.

a M XOH(aq) 20 mL	$3a$ M Y(OH)$_2$(aq) 30 mL
X^+: $20a \times 10^{-3}$ mol	Y^{2+}: $90a \times 10^{-3}$ mol
OH^-: $20a \times 10^{-3}$ mol	OH^-: $180a \times 10^{-3}$ mol

· (나) : 혼합 전 a M XOH(aq) V mL와 $3a$ M Y(OH)$_2$(aq) 20 mL에 들어 있는 이온의 종류와 양(mol)은 다음과 같다.

a M XOH(aq) V mL	$3a$ M Y(OH)$_2$(aq) 20 mL
X^+: $Va \times 10^{-3}$ mol	Y^{2+}: $60a \times 10^{-3}$ mol
OH^-: $Va \times 10^{-3}$ mol	OH^-: $120a \times 10^{-3}$ mol

· (가)와 (나)의 $\dfrac{[X^+]+[Y^{2+}]}{[A^-]}$ 비는 (가) : (나)

$$= \cfrac{\cfrac{(20a \times 10^{-3} + 90a \times 10^{-3})\text{mol}}{\frac{100}{1000}\text{L}}}{\cfrac{5 \times 10^{-3}\text{mol}}{\frac{100}{1000}\text{L}}} : \cfrac{\cfrac{(Va \times 10^{-3} + 60a \times 10^{-3})\text{mol}}{\frac{70+V}{1000}\text{L}}}{\cfrac{5 \times 10^{-3}\text{mol}}{\frac{70+V}{1000}\text{L}}}$$

$$= \frac{20a+90a}{5} : \frac{Va+60a}{5} = 18 : 7 \text{에서 } V = -\frac{155}{9} \text{이므로}$$

문제의 조건을 만족하지 않는다.

· 따라서 ㉠은 $3a$ M Y(OH)$_2$(aq)이고 ㉡은 a M XOH(aq)이다.

step 3 ㉠이 $3a$ M Y(OH)$_2$(aq)이고 ㉡이 a M XOH(aq)일 때 V를 구한다.

· (가) : 혼합 전 $3a$ M Y(OH)$_2$(aq) 20 mL와 a M XOH(aq) 30 mL에 들어 있는 이온의 종류와 양(mol)은 다음과 같다.

㉠ $3a$ M Y(OH)$_2$(aq) 20 mL	㉡ a M XOH(aq) 30 mL
Y^{2+}: $60a \times 10^{-3}$ mol	X^+: $30a \times 10^{-3}$ mol
OH^-: $120a \times 10^{-3}$ mol	OH^-: $30a \times 10^{-3}$ mol

· (나) : 혼합 전 $3a$ M Y(OH)$_2$(aq) V mL와 a M XOH(aq) 20 mL에 들어 있는 이온의 종류와 양(mol)은 다음과 같다.

㉠ $3a$ M Y(OH)$_2$(aq) V mL	㉡ a M XOH(aq) 20 mL
Y^{2+}: $3Va \times 10^{-3}$ mol	X^+: $20a \times 10^{-3}$ mol
OH^-: $6Va \times 10^{-3}$ mol	OH^-: $20a \times 10^{-3}$ mol

· (가)와 (나)의 $\dfrac{[X^+]+[Y^{2+}]}{[A^-]}$ 비는 (가) : (나)

$$= \cfrac{\cfrac{(30a \times 10^{-3} + 60a \times 10^{-3})\text{mol}}{\frac{100}{1000}\text{L}}}{\cfrac{5 \times 10^{-3}\text{mol}}{\frac{100}{1000}\text{L}}} : \cfrac{\cfrac{(20a \times 10^{-3} + 3Va \times 10^{-3})\text{mol}}{\frac{70+V}{1000}\text{L}}}{\cfrac{5 \times 10^{-3}\text{mol}}{\frac{70+V}{1000}\text{L}}}$$

$$= \frac{30a+60a}{5} : \frac{20a+3Va}{5} = 18 : 7 \text{에서 } V = 5 \text{이다.}$$

| 선택지 분석 |

③ (나)가 중성이므로 혼합 전 0.1 M HA(aq) 50 mL에 들어 있는 H^+의 양(mol)과 혼합 전 $3a$ M Y(OH)$_2$(aq) V mL와 a M XOH(aq) 20 mL에 들어 있는 OH^-의 양(mol)의 합이 같다.  함정

따라서 5×10^{-3} mol ＝ $6Va \times 10^{-3}$ mol ＋ $20a \times 10^{-3}$mol에 $V=5$를 대입하면 $a=0.1$이며 $\dfrac{V}{a}=50$이다.

☆ 정답은 ③ 50이다.

(왜) 틀렸나?
· (나)가 중성이라는 단서 조건을 파악하여 식을 세울 때 $3a$ M Y(OH)$_2$ V mL에 들어 있는 OH^-의 양(mol)이 Y^{2+}의 양(mol)의 2배라는 것을 놓치면 오답을 고르게 된다.

다음은 중화 반응에 대한 실험이다.

> **〈자료〉**
>
> ○ 수용액 A와 B는 각각 0.4M YOH(aq)과 a M Z(OH)$_2$
>   B   A
>   (aq)중 하나이다.
>
> ○ 수용액에서 H$_2$X는 H$^+$과 X^{2-}으로, YOH는 Y$^+$과 OH$^-$으
> 로, Z(OH)$_2$는 Z^{2+}과 OH$^-$으로 모두 이온화된다.
>
> **〈실험 과정〉**
>
> (가) 0.3M H$_2$X(aq) V mL가 담긴 비커에 수용액
>   **단서** H$^+$과 X^{2-}의 양 : 0.6V mmol, 0.3V mmol
> A 5 mL를 첨가하여 혼합 용액 Ⅰ을 만든다.
>   Z^{2+}, OH$^-$의 양 : 각각 5a mmol, 10a mmol
>
> (나) Ⅰ에 수용액 B 15mL를 첨가하여 혼합 용액 Ⅱ를 만든다.
>
> (다) Ⅱ에 수용액 B x mL를 첨가하여 혼합 용액 Ⅲ을 만든다.
>
> 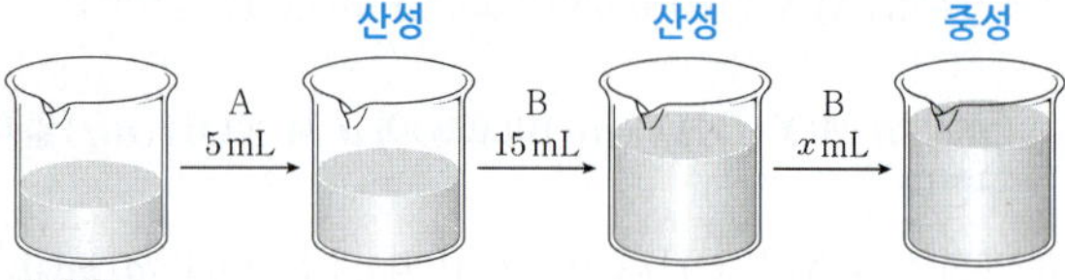
>
>
> 0.3M
> H$_2$X(aq)
> V mL
>
> **〈실험 결과〉**
>
> ○ Ⅲ은 중성이다.
>
> ○ Ⅰ과 Ⅱ에 대한 자료
>
> | 혼합 용액 | Ⅰ | Ⅱ |
> |---|---|---|
> | 혼합 용액에 존재하는 모든 이온의 몰농도의 합(상댓값) | 8 | 5 |
> | 혼합 용액에서 $\dfrac{\text{음이온 수}}{\text{양이온 수}}$ | $\dfrac{3}{5}$ | $\dfrac{3}{5}$ |

$\dfrac{x}{V} \times a$는? (단, 혼합 용액의 부피는 혼합 전 각 용액의 부피의 합과 같고, 물의 자동 이온화는 무시하며, X^{2-}, Y$^+$, Z^{2+}은 반응하지 않는다.) (3점)

① $\dfrac{1}{4}$ ② $\dfrac{1}{5}$ ③ $\dfrac{3}{20}$ ④ $\dfrac{1}{10}$ ⑤ $\dfrac{1}{20}$

💡 단서+발상

단서 산 염기 혼합 용액에 존재하는 모든 이온의 몰농도의 합과 혼합 용액에서 음이온과 양이온 수비가 제시되어 있다.

발상 혼합 용액에서 음이온과 양이온 수비를 이용해서 A와 B를 추론할 수 있다.

적용 중화 반응의 양적 관계를 적용해서 a를 구하는 것부터 문제 풀이를 시작해야 한다.

|문제+자료 분석|

◈ **A와 B 파악하기**

• **(가) ─ 0.3M H$_2$X V mL** : H$^+$과 X^{2-}의 양은 각각 0.6V mmol, 0.3V mmol이다.

① **0.4M YOH 5 mL** : Y$^+$, OH$^-$의 양은 각각 2 mmol이다. A가 0.4M YOH이라면, Ⅰ에서 H$^+$의 양은 $(0.6V-2)$ mmol, Y$^+$은 2 mmol, X^{2-} 0.3V mmol이므로 $\dfrac{\text{음이온 수}}{\text{양이온 수}} = \dfrac{1}{2}$이다. → 조건을 만족하지 않음  **주의**
→ A는 aM Z(OH)$_2$이고, B는 0.4M YOH이다.

② **aM Z(OH)$_2$ 5 mL** : Z^{2+}, OH$^-$의 양은 각각 5a mmol, 10a mmol이다.

• **혼합 용액 Ⅰ** : H$^+$의 양은 $(0.6V-10a)$ mmol, Z^{2+}의 양은 5a mmol, X^{2-}의 양은 0.3V mmol이므로 $\dfrac{\text{음이온 수}}{\text{양이온 수}} = \dfrac{0.3V}{(0.6V-10a)+5a} = \dfrac{3}{5}$이고, $5a=0.1V$에서 $a=0.02V$이다.

• **(나) 0.4M YOH 15 mL** : Y$^+$와 OH$^-$의 양은 각각 6 mmol이다.

• **혼합 용액 Ⅱ** : H$^+$의 양은 $(0.6V-10a-6) = (0.4V-6)$ mmol, X^{2-}의 양은 0.3V mmol, Y$^+$의 양은 6 mmol, Z^{2+}의 양은 0.1V mmol이므로 $\dfrac{\text{음이온 수}}{\text{양이온 수}} = \dfrac{0.3V}{0.5V} = \dfrac{3}{5}$이다.

|선택지 분석|

④ A는 aM Z(OH)$_2$(aq)이고, B는 0.4M YOH(aq)이며, $a=0.02V$이다. Ⅰ과 Ⅱ에서 전체 이온의 양은 0.8V mmol으로 같고, 혼합 용액의 부피가 Ⅰ에서는 $(V+5)$mL, Ⅱ에서는 $(V+20)$mL이다. 혼합 용액에 존재하는 모든 이온의 몰농도 합의 비가 Ⅰ : Ⅱ $= \dfrac{0.8V}{V+5} : \dfrac{0.8V}{V+20} = 8 : 5$이므로 $V=20$이고 $a=0.4$이다.

Ⅱ에서 남아 있는 H$^+$의 양은 2 mmol이고, Ⅱ에 B x mL를 가했을 때 중화점에 도달했으므로 0.4M YOH(aq) x mL에 들어 있는 OH$^-$의 양도 2 mmol이다.

따라서 $0.4 \times x$ mL $= 2$ mmol에서 $x=5$이다.

$x=5$, $V=20$, $a=0.4$이므로 $\dfrac{x}{V} \times a = \dfrac{1}{10}$이다.

🐝 **문제 풀이 Tip**

> **A와 B 파악하기**
>
> (1) Ⅰ과 Ⅱ가 산성이므로 Ⅰ에 1가 염기의 수용액인 YOH(aq)를 넣으면 $\dfrac{\text{음이온 수}}{\text{양이온 수}}$는 변하지 않고, Ⅰ에 2가 염기의 수용액인 Z(OH)$_2$(aq)을 넣으면 $\dfrac{\text{음이온 수}}{\text{양이온 수}}$는 증가한다.
>
> (2) Ⅰ→Ⅱ에서 $\dfrac{\text{음이온 수}}{\text{양이온 수}}$가 $\dfrac{3}{5}$으로 일정하므로 A는 aM Z(OH)$_2$(aq)이고, B는 0.4M YOH(aq)이다.

✻ 중화 적정과 중화 반응의 양적 관계 ················· ☆ **고난도 핵심 개념**

중화 반응의 양적 관계	1. H$^+$과 OH$^-$은 1 : 1의 몰비로 반응한다. 2. 반응한 산과 염기 수용액의 가수, 몰농도, 부피의 관계: $nMV = n'M'V'$ • n, n': 산, 염기 가수 • M, M': 산, 염기 몰농도(M) • V, V': 산, 염기 수용액의 부피(L)
중화 적정에 사용되는 실험 기구	• 피펫: 액체의 부피를 정확히 취하여 옮길 때 사용 • 뷰렛: 가해지는 표준 용액(농도를 정확히 알고 있는 산 또는 염기 수용액)의 부피를 측정할 때 사용 • 삼각 플라스크: 농도를 모르는 산 또는 염기 수용액을 담는 데 사용

다음은 중화 반응 실험이다.

〈자료〉
○ 수용액에서 H_2A는 H^+과 A^{2-}으로 모두 이온화된다.

〈실험 과정〉
(가) x M $H_2A(aq)$과 y M $NaOH(aq)$을 준비한다.
(나) 3개의 비커에 (가)의 2가지 수용액의 부피를 달리하여
    혼합한 용액 Ⅰ~Ⅲ을 만든다.

〈실험 결과〉
○ Ⅰ~Ⅲ의 액성은 모두 다르며, 각각 산성, 중성, 염기성 중
  하나이다. **단서**
○ 혼합 용액 Ⅰ~Ⅲ에 대한 자료

이온의 몰농도(M)
× 용액의 부피(mL)

혼합 용액	혼합 전 수용액의 부피 (mL)		모든 양이온의 몰농도(M) 합	모든 양이온의 양(mmol)	액성
	xM $H_2A(aq)$	yM $NaOH(aq)$			
Ⅰ	V	10	2	$2\times(V+10)$	산성
Ⅱ	V	20	2	$2\times(V+20)$	염기성
Ⅲ	$3V$	40	㉠	$㉠\times(3V+40)$	중성

Ⅲ 중성 ∴H^+의 양(mmol)＝OH^-의 양(mmol)
$$6xV=40y \Rightarrow xV=\frac{20y}{3}$$

Ⅰ에서 모든 양이온의 양(mmol)＝$2xV=2\times(V+10)$
$$\frac{40y}{3}=2\times(V+10)$$ ⎫ $V=10, x=2, y=3$

Ⅱ에서 모든 양이온의 양(mmol)＝$20y=2\times(V+20)$
Ⅲ에서 모든 양이온의 양(mmol)＝$40y=㉠\times(3V+40)$
$$120=㉠\times70 \Rightarrow ㉠=\frac{12}{7}$$

$㉠\times\dfrac{x}{y}$는? (단, 혼합 용액의 부피는 혼합 전 각 용액의 부피의 합과

같고, 물의 자동 이온화는 무시한다.) (3점) $\dfrac{12}{7}\times\dfrac{2}{3}=\dfrac{8}{7}$

① $\dfrac{4}{7}$ ② $\dfrac{8}{7}$ ③ $\dfrac{12}{7}$ ④ $\dfrac{15}{7}$ ⑤ $\dfrac{18}{7}$

🔆 **단서+발상**

단서 혼합 용액에 존재하는 모든 양이온의 몰농도(M) 합이 주어져 있으므로

발상 혼합 용액에 존재하는 모든 양이온의 양(mol)을 구할 수 있다.

적용 Ⅰ~Ⅲ에 존재하는 모든 양이온의 양(mol)을 비교하여 Ⅰ~Ⅲ의 액성을
구하는 것부터 문제 풀이를 시작해야 한다.

| 문제+자료 분석 |

- Ⅰ~Ⅲ에 존재하는 모든 양이온의 몰농도(M) 합이 각각 2, 2, ㉠이고
  혼합 용액의 부피는 혼합 전 각 용액의 부피의 합과 같다.
  [이온의 양(mmol)＝이온의 몰농도(M)×용액의 부피(mL)]이므로
  Ⅰ~Ⅲ에 존재하는 모든 양이온의 양(mmol)은 각각 $2\times(V+10)$,
  $2\times(V+20)$, $㉠\times(3V+40)$이다.

- Ⅰ과 Ⅱ에서 모든 양이온의 양(mmol)이 서로 다르므로 Ⅰ과 Ⅱ의 액성은
  각각 산성과 염기성 중 하나이다. **꿀팁** 산 $H_2A(aq)$의 부피(mL)는 Ⅰ과
  Ⅱ에서 V로 같고, 염기 $NaOH(aq)$의 부피(mL)는 Ⅰ < Ⅱ이므로 Ⅰ이
  산성이고 Ⅱ가 염기성이다. Ⅰ~Ⅲ의 액성은 모두 다르므로 Ⅲ은 중성이다.
  ➡ 중성인 Ⅲ은 혼합 전 H^+의 양(mmol)과 OH^-의 양(mmol)이 같으므로
  $6xV=40y$이다. ··· 식(1)

- Ⅰ은 산성이므로 모든 양이온의 양(mmol)은 혼합 전 $H_2A(aq)$에 존재하는
  양이온의 양(mmol)과 같다. **꿀팁** 따라서 $[2xV=2\times(V+10)]$이고
  식(1)에서 $xV=\dfrac{20y}{3}$이므로 $\left[\dfrac{40y}{3}=2\times(V+10)\right]$이다. ··· 식(2)

- Ⅱ는 염기성이므로 모든 양이온의 양(mmol)은 혼합 전 $NaOH(aq)$에
  존재하는 양이온의 양(mmol)과 같다. **꿀팁**
  따라서 $[20y=2\times(V+20)]$이다. ··· 식(3)
  ➡ 식(2), (3)에서 $V=10, y=3$이고, 이를 식(1)에 대입하면 $x=2$이다.

- Ⅲ은 중성이므로 모든 양이온의 양(mmol)＝혼합 전 $H_2A(aq)$에 존재하는
  양이온의 양(mmol)＝혼합 전 $NaOH(aq)$에 존재하는 양이온의
  양(mmol)이다.
  ➡ $[40y=㉠\times(3V+40)]$에 $V=10, y=3$을 대입하면 $㉠=\dfrac{12}{7}$이다.

| 선택지 분석 |

② $㉠=\dfrac{12}{7}$, $x=2, y=3$이다. 따라서 $㉠\times\dfrac{x}{y}=\dfrac{12}{7}\times\dfrac{2}{3}=\dfrac{8}{7}$이다.

🔹 **다른 풀이: 산의 부피를 같게 맞추어 혼합 용액 Ⅰ~Ⅲ의 액성 파악하기**

혼합 용액	혼합 전 수용액의 부피 (mL)		모든 양이온의 몰농도(M) 합	액성
	x M $H_2A(aq)$	y M $NaOH(aq)$		
Ⅰ	V	10	2	산성
Ⅱ	V	20	2	염기성
Ⅲ	$3V \rightarrow V$	$40 \rightarrow \dfrac{40}{3}$	㉠	중성

- 혼합 용액 Ⅰ~Ⅲ의 액성을 파악하기 위해 Ⅲ에서 혼합 전 $H_2A(aq)$의 부피도
  Ⅰ, Ⅱ와 동일하게 V로 맞추어 비교한다.
  V는 표에서 제시된 Ⅲ에서의 혼합 전 $H_2A(aq)$의 부피($3V$)의 $\dfrac{1}{3}$배이므로,
  혼합 전 $NaOH(aq)$의 부피도 표에서 제시된 값(40)의 $\dfrac{1}{3}$배인 $\dfrac{40}{3}$이 된다.

➡ Ⅰ~Ⅲ의 액성은 모두 다른데, 산 $H_2A(aq)$의 부피는 Ⅰ~Ⅲ에서 V로 같고
  염기 $NaOH(aq)$의 부피는 Ⅰ < Ⅲ < Ⅱ이므로 Ⅰ이 산성, Ⅱ가 염기성,
  Ⅲ이 중성이다.

다음은 중화 반응 실험이다.

〈자료〉
○ 수용액에서 $X(OH)_2$는 X^{2+}과 OH^-으로 모두 이온화된다.

〈실험 과정〉
(가) a M $X(OH)_2(aq)$ V mL와 b M $HCl(aq)$ 50 mL를 혼합하여 용액 Ⅰ을 만든다.
단서 산성, X^{2+}, H^+, Cl^-이 존재
(나) 용액 Ⅰ에 c M $NaOH(aq)$ 20 mL를 혼합하여 용액 Ⅱ를 만든다.
염기성, X^{2+}, Na^+, Cl^-, OH^-이 존재

〈실험 결과〉
○ 용액 Ⅰ과 Ⅱ에 대한 자료

용액	Ⅰ	Ⅱ
$\dfrac{\text{음이온의 양(mol)}}{\text{양이온의 양(mol)}}$	$2 > \dfrac{5}{3}$ 산성	$\dfrac{5}{3} > \dfrac{3}{2}$ 염기성
모든 이온의 몰농도의 합(상댓값)	1	1

$X(OH)_2(aq)$은 염기성, $\dfrac{\text{음이온의 양(mol)}}{\text{양이온의 양(mol)}} = 2$이다.

$\dfrac{c}{a+b}$는? (단, X는 임의의 원소 기호이고, 혼합 용액의 부피는 혼합 전 각 용액의 부피의 합과 같으며, 물의 자동 이온화는 무시한다.)
$= \dfrac{3}{2+3}$ (3점)

① $\dfrac{3}{7}$ ② $\dfrac{3}{5}$ ③ $\dfrac{2}{3}$ ④ $\dfrac{5}{7}$ ⑤ $\dfrac{4}{5}$

 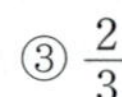 단서+발상

단서 산 염기 혼합 용액에 존재하는 양이온의 양(mol)과 음이온의 양(mol)의 비가 제시되어 있다.

발상 염기 수용액에 산 수용액을 넣으면 중성이 될 때까지 양이온의 양(mol)과 음이온의 양(mol)의 비는 변하지 않음을 추론할 수 있다.

적용 중화 반응의 양적 관계를 적용해서 용액 Ⅰ의 액성을 구하는 것부터 문제 풀이를 시작해야 한다.

| 문제 해결 과정 |

step 1 용액 Ⅰ의 액성을 파악한다.
· $X(OH)_2(aq)$에서 $\dfrac{\text{음이온의 양(mol)}}{\text{양이온의 양(mol)}} = 2$이며, 염기성이다.
· $X(OH)_2(aq)$에 $HCl(aq)$을 넣으면 중성이 될 때까지 $\dfrac{\text{음이온의 양(mol)}}{\text{양이온의 양(mol)}} = 2$로 변하지 않으며, 산성이 되면 감소한다.
· $\dfrac{\text{음이온의 양(mol)}}{\text{양이온의 양(mol)}}$이 Ⅰ에서 $\dfrac{5}{3}$로 2보다 작으므로 Ⅰ은 산성이다.

step 2 용액 Ⅱ의 액성을 파악한다.
· Ⅰ에 $NaOH(aq)$를 넣으면 중성이 될 때까지 $\dfrac{\text{음이온의 양(mol)}}{\text{양이온의 양(mol)}} = \dfrac{5}{3}$로 변하지 않고, 염기성이 되면 감소한다.
· Ⅱ에서 $\dfrac{\text{음이온의 양(mol)}}{\text{양이온의 양(mol)}}$이 $\dfrac{3}{2}$으로 $\dfrac{5}{3}$보다 작으므로 Ⅱ는 염기성이다.

step 3 양이온과 음이온의 몰비를 비교하여 혼합 전 $X(OH)_2(aq)$의 부피 V를 구한다.
· Ⅰ은 산성이고, $\dfrac{\text{음이온의 양(mol)}}{\text{양이온의 양(mol)}} = \dfrac{5}{3}$이므로 Ⅰ에는 X^{2+}, H^+, Cl^-이 존재하며, Cl^-의 양을 $5n$ mol이라고 하면 X^{2+}, H^+의 양은 각각 $2n$ mol, n mol이다. 모든 이온의 양의 합은 $8n$ mol이다.
· Ⅱ는 염기성이고, $\dfrac{\text{음이온의 양(mol)}}{\text{양이온의 양(mol)}} = \dfrac{3}{2}$이므로 Ⅱ에서 이온의 양(mol)은 X^{2+}, Na^+, Cl^-, OH^-이 각각 $2n$ mol, $2n$ mol, $5n$ mol, n mol 이며 모든 이온의 양의 합은 $10n$ mol이다.
· Ⅰ과 Ⅱ에서 몰농도의 합이 같고, Ⅰ과 Ⅱ에서 용액의 부피가 각각 $(V+50)$ mL, $(V+70)$ mL이므로 $\dfrac{8n}{V+50} = \dfrac{10n}{V+70}$에서 V는 30이다.

| 선택지 분석 |
② 혼합 용액에서 구경꾼 이온인 X^{2+}, Cl^-, Na^+의 양(mol)이 각각 $2n$ mol, $5n$ mol, $2n$ mol이므로 혼합 전 a M $X(OH)_2(aq)$ V mL, b M $HCl(aq)$ 50 mL, c M $NaOH(aq)$ 20 mL에 각각 들어 있는 $X(OH)_2$, HCl, $NaOH$의 양(mol)도 각각 $2n$ mol, $5n$ mol, $2n$ mol이다.

따라서 $a : b : c = \dfrac{2n}{30} : \dfrac{5n}{50} : \dfrac{2n}{20}$에서 $a : b : c = 2 : 3 : 3$이므로 $\dfrac{c}{a+b} = \dfrac{3}{5}$이다.

그림은 0.2 M $B(OH)_2(aq)$ x mL에 y M $HA(aq)$을 넣었을 때, 넣어 준 $HA(aq)$의 부피에 따른 혼합 용액 속 모든 음이온의 수를 나타낸 것이다. P에서 혼합 용액 속 모든 이온 수의 비는 $3 : 4 : 5$이다.

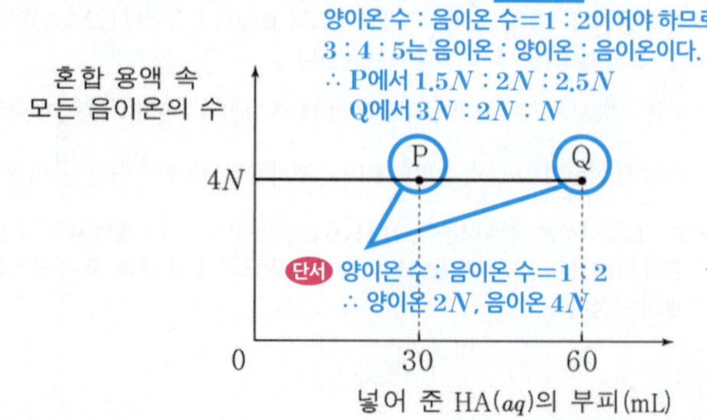

이에 대한 설명으로 옳은 것만을 〈보기〉에서 있는 대로 고른 것은? (단, 수용액에서 HA는 H^+과 A^-으로, $B(OH)_2$는 B^{2+}과 OH^-으로 모두 이온화되며, 물의 자동 이온화는 무시한다.) (3점)

[보기]
ㄱ. P에서 혼합 용액 속 B^{2+}의 수는 $2N$이다.
P에서 용액에 존재하는 음이온은 $4N$이고 양이온은 B^{2+}뿐이므로 $2N$이다.

ㄴ. Q에서 혼합 용액은 염기성이다.
Q에서는 OH^-이 남아있어 수용액은 염기성이다.

ㄷ. $\dfrac{x}{y} = \cancel{120}$이다. 200
P에서 $B^{2+} : A^- = (0.2 \times x) : (y \times 30) = 4 : 3$이므로 $\dfrac{x}{y} = 200$

① ㄱ ② ㄷ ③ ㄱ, ㄴ ④ ㄴ, ㄷ ⑤ ㄱ, ㄴ, ㄷ

단서 P에서 모든 음이온 수가 제시되어 있다.

발상 처음 양이온 수를 추론할 수 있다.

적용 이 반응은 완전히 중화될 때까지 전체 이온 수의 변화가 없음을 적용해서 P에서 각 이온 수를 구하는 것부터 문제 풀이를 시작해야 한다.

| 문제+자료 분석 |

- $B(OH)_2(aq)$에 $HA(aq)$를 조금씩 넣을 때는 완전히 중화될 때까지는 전체 양이온 수와 음이온 수의 변화가 없고 꿀팁 이온 수의 비는 양이온 : 음이온$=1 : 2$이다.

HA	B^{2+}	OH^-	H^+	A^-	전체 양이온 수	전체 음이온 수
처음	$2N$	$4N$	0	0	$2N$	$4N$
N개 넣었을 때	$2N$	$3N$	0	N	$2N$	$4N$
$2N$개 넣었을 때	$2N$	$2N$	0	$2N$	$2N$	$4N$
$3N$개 넣었을 때	$2N$	N	0	$3N$	$2N$	$4N$
$4N$개 넣었을 때	$2N$	0	0	$4N$	$2N$	$4N$
$5N$개 넣었을 때	$2N$	0	N	$5N$	$3N$	$5N$

➡ P에서 모든 이온 수의 비가 $3 : 4 : 5$이면 $4 : (3+5)=1 : 2$이므로 음이온 : 양이온 : 음이온$=3 : 4 : 5$이다.

- Q에서도 전체 이온 수가 일정하고, 넣어 준 $HA(aq)$은 P에서의 2배이므로, P와 Q에서 각 이온 수는 아래와 같다.

HA	B^{2+}	OH^-	H^+	A^-	$A^- : B^{2+} : OH^-$
처음	$2N$	$4N$	0	0	—
P에서	$2N$	$2.5N$	0	$1.5N$	$3 : 4 : 5$
Q에서	$2N$	$5N$	0	$3N$	—

| 보기 분석 |

ㄱ 처음 음이온 수가 $4N$이므로 B^{2+}는 $2N$이었고, 구경꾼 이온이므로 B^{2+} 이온 수는 변하지 않는다.

ㄴ Q에서는 OH^-이 남아있으므로 수용액은 염기성이다.

ㄷ P에서 이온의 양(mol) 비는
$B^{2+} : A^- = 0.2(M) \times x(mL) : y(M) \times 30(mL) = 4 : 3$이다.

따라서 $\dfrac{x}{y} = 200$이다.

 정답 ③ ★ 중화 반응의 양적 관계 ·········· ⭐ 고난도 [① 13% ② 18% ③ 41% ④ 20% ⑤ 5%] 2022 실시 11월 학평 19 / 화학 I (고2)

그림은 a M $NaOH(aq)$ 10 mL에 산성 수용액 (가)와 (나)를 순서대로 넣었을 때, 혼합 용액 속 OH^-의 양(mol)을 넣어 준 산성 수용액의 부피에 따라 나타낸 것이다. (가), (나)는 각각 0.1 M $HX(aq)$과 0.1 M $H_2Y(aq)$ 중 하나이다.

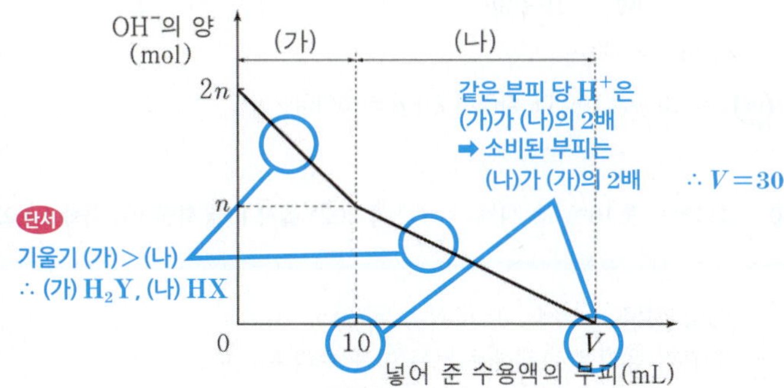

$a \times V$는? (단, 수용액에서 HX는 H^+과 X^-으로, H_2Y는 H^+과 Y^{2-}으로 모두 이온화하고, X^-, Y^{2-}은 반응하지 않으며, 물의 자동 이온화는 무시한다.) (3점) 0.4×30=12

① 4 ② 8 ③ 12 ④ 15 ⑤ 18

단서 OH^-의 양(mol) 변화 그래프가 제시되어 있다.

발상 각 구간에서 사용된 산의 종류를 추론할 수 있다.

적용 중화 반응 개념을 적용해서 반응한 산의 부피를 구하는 것부터 문제 풀이를 시작해야 한다.

| 문제+자료 분석 |

- $HX(aq)$과 $H_2Y(aq)$은 몰농도가 같지만, HX는 분자 1개에 H^+이 1개인 1가 산, H_2Y는 분자 1개에 H^+이 2개인 2가 산이다.
  ➡ OH^-의 양(mol)이 감소하는 속도는 (가) 구간에서가 (나) 구간에서보다 크므로, (가)에서 사용한 산이 H_2Y이고 (나)에서 사용한 산이 HX이다. 꿀팁
- OH^- n mol 반응시키는데 소비된 부피는 2가 산 $H_2Y(aq)$이 10 mL이므로 1가 산 $HX(aq)$은 20 mL이다.
  $20(mL) = (V-10)(mL)$ ∴ $V = 30(mL)$ 함정
- (가)에서 반응한 H^+의 양(mol)$=2 \times 0.1(M) \times 0.01(L) = 0.002(mol)$
  (나)에서 반응한 H^+의 양(mol)$=1 \times 0.1(M) \times 0.02(L) = 0.002(mol)$
  ∴ 모두 $0.004(mol)$
  ➡ 반응한 H^+의 양(mol)$=$반응한 OH^-의 양(mol)이므로,
  $0.004(mol) = a(M) \times 0.01(L)$ ∴ $a = 0.4(M)$

| 선택지 분석 |

③ $a \times V = 0.4 \times 30 = 12$

M 16 정답 ④ ＊ 중화 반응의 양적 관계

표는 $NaOH(aq)$, $HA(aq)$, $H_2B(aq)$의 부피를 달리하여 혼합한 용액 (가)~(다)에 대한 자료이다. 수용액에서 HA는 H^+과 A^-으로, H_2B는 H^+과 B^{2-}으로 모두 이온화된다.

A^-의 양(mol) (가) : (다)$=4:3$
B^{2-}의 양(mol) (가) : (다)$=2:1$

혼합 용액		(가)	(나)	(다)
혼합 전 수용액의 부피 (mL)	$NaOH(aq)$	$18n/30$	$6n/10$	$12n/20$
	$HA(aq)$	$4n/\boxed{20}$	$0.2xn/x$	$3n/\boxed{15}$
	$H_2B(aq)$	$4n/\boxed{10}$	$0.4yn/y$	$2n/\boxed{5}$
음이온 수의 비		$\boxed{3:2:2}$	$1:1$	$\boxed{5:3:2}$
모든 양이온의 몰농도(M) 합 (상댓값)		1	$x=2y$ 1	

단서 → (가): 염기성   → (다): 염기성

$x+y$는? (단, 혼합 용액의 부피는 혼합 전 각 용액의 부피의 합과 같고, 물의 자동 이온화는 무시한다.) (3점) $x=20, y=10 \Rightarrow x+y=30$

① 15   ② 20   ③ 25   ④ 30   ⑤ 35

 문제 풀이 꿀팁

・ 수용액의 액성 및 수용액에 존재하는 이온의 종류 파악하기
중화 반응에서는 혼합 용액의 액성을 판단하고 수용액 속에 존재하는 이온의 종류를 추론해야 한다. 혼합 용액 (가)~(다)는 $NaOH(aq)$, $HA(aq)$, $H_2B(aq)$의 부피를 달리하여 혼합한 용액이므로 구경꾼 이온인 Na^+, A^-, B^{2-}이 반드시 존재하고, 중성이 아닌 경우에는 H^+ 또는 OH^-이 존재할 수 있다.

・ 수용액에 존재하는 각 이온의 양(mol) 구하기
수용액 속 모든 이온의 전하량 합은 0이라는 점을 이용하여 각각의 이온의 양(mol)을 구한다.
(양이온의 전하량의 합)＋(음이온의 전하량의 합)＝0

 단서＋발상

발상 음이온 수의 비가 제시되어 있으므로 혼합 용액의 액성을 추론할 수 있다.
적용 액성을 통해 수용액 속에 존재하는 이온의 종류를 파악하고, 수용액 속 모든 이온의 전하량 합은 0이라는 점을 이용하여 이온의 몰비를 구하는 것부터 문제 풀이를 시작해야 한다.

| 문제＋자료 분석 |

・ (가)와 (다)는 3가지 용액을 혼합했을 때 혼합 용액에 존재하는 음이온의 종류가 3가지이므로 염기성이다. 꿀팁
염기성이므로 혼합 용액에 존재하는 이온은 OH^-, A^-, B^{2-}이다.

・ $HA(aq)$의 부피비가 (가) : (다)$=4:3$이므로 A^-의 몰비도 (가) : (다)$=4:3$이고, $H_2B(aq)$의 부피비가 (가) : (다)$=2:1$이므로 B^{2-}의 몰비도 (가) : (다)$=2:1$이다. 꿀팁
혼합 용액에 존재하는 음이온 수의 비가 (가)와 (다)에서 각각 $3:2:2$와 $5:3:2$가 되는 경우를 [수용액 속 모든 이온의 전하량 합은 0]이라는 점을 이용하여 구하면 (가)와 (다)에 존재하는 이온의 양(mol)은 다음과 같다.

혼합 용액		(가)	(다)
음이온	OH^-	$6n$	$5n$
	A^-	$4n$	$3n$
	B^{2-}	$4n$	$2n$
양이온	Na^+	$18n$	$12n$

・ (나)에서 A^-과 B^{2-}의 양(mol)은 각각 $0.2xn$, $0.4yn$이고 음이온 수의 비가 $1:1$이므로 $x=2y$이다.
따라서 (나)에 존재하는 A^-과 B^{2-}의 양(mol)은 각각 $0.4yn$이다.

・ 모든 양이온의 몰농도(M) 합의 비가 (가)＝(나)이므로
$$\frac{(가)에\ 들어\ 있는\ Na^+의\ 양(mol)}{(가)의\ 부피(mL)} = \frac{(나)에\ 들어\ 있는\ 모든\ 양이온의\ 양(mol)}{(나)의\ 부피(mL)}$$
이다. (나)에 들어 있는 모든 양이온의 양(mol)은 [수용액 속 모든 이온의 전하량 합은 0]이라는 점을 이용하면 꿀팁 A^-과 B^{2-}의 양(mol)이 각 $0.4yn$이므로 Na^+과 H^+의 양(mol)의 합은 $[0.4yn+0.4yn \times 2 = 1.2yn]$이다. 함정

따라서 $\dfrac{18n}{60} = \dfrac{1.2yn}{10+3y}$에서 $y=10$이고, $x=2y$에서 $x=20$이다.

| 선택지 분석 |

④ $x=20$, $y=10$이다. 따라서 $x+y=30$이다.

M 17 정답 ⑤ ＊ 중화 반응의 양적 관계 ⋯⋯⋯ ☆ 고난도 [① 10% ② 18% ③ 16% ④ 24% ⑤ 30%] 2021 실시 11월 학평 19 / 화학 Ⅰ (고2)

다음은 중화 반응에 대한 실험이다.

[실험 과정]
(가) $2\,M\ H_2A(aq)$, $2\,M\ BOH(aq)$, $a\,M\ BOH(aq)$을 준비한다. — $A^{2-}\ 2 \times 10^{-2}\,mol$
(나) $2\,M\ H_2A(aq)$ $10\,mL$에 $2\,M\ BOH(aq)$ $x\,mL$를 넣어 혼합 용액 Ⅰ을 만든다. $x=15 \Rightarrow B^+\ 3 \times 10^{-2}\,mol$
(다) 혼합 용액 Ⅰ에 $a\,M\ BOH(aq)$ $2x\,mL$를 넣어 혼합 용액 Ⅱ를 만든다. $B^+\ 3a \times 10^{-2}\,mol$

[실험 결과]
○ 혼합 용액에 존재하는 모든 이온 수의 비

혼합 용액	Ⅰ 산성	단서 Ⅱ 중성
혼합 용액에 존재하는 모든 이온 수의 비		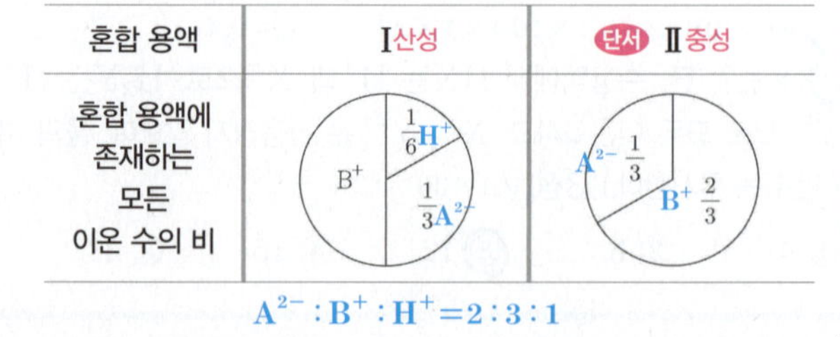

$A^{2-} : B^+ : H^+ = 2:3:1$

$\dfrac{x}{a}$는? (단, H_2A와 BOH는 수용액에서 완전히 이온화하고, A^{2-}, B^+은 반응에 참여하지 않으며 물의 자동 이온화는 무시한다.) [3점]

① 5   ② 10   ③ 25   ④ 30   ⑤ 45

단서 산 염기 혼합 용액에 존재하는 모든 이온 수 비가 제시되어 있다.

발상 혼합 용액 Ⅱ에는 2가지 이온만 존재하므로 중성임을 추론할 수 있다.

적용 수용액은 항상 '전기적 중성'이라는 특징을 적용해서 Ⅰ에서 이온 수비를 구하는 것부터 문제 풀이를 시작해야 한다.

| 문제+자료 분석 |

- 혼합 용액 Ⅱ에는 2가지 이온만 존재하므로 중성이다. 따라서 혼합 용액 Ⅰ은 산성이며, Ⅱ에는 A^{2-}과 B^+만, Ⅰ에는 A^{2-}, B^+, H^+만 존재한다.
- |양이온의 전하량 총합| = |음이온의 전하량의 총합|이므로 Ⅰ에서 이온 수 비는 $A^{2-} : B^+ : H^+ = 2 : 3 : 1$이다.
- $2\,M\,H_2A(aq)$ 10 mL에는 A^{2-}이 2×10^{-2} mol 들어 있고 $2\,M\,BOH(aq)$ x mL에는 B^+이 $2x \times 10^{-3}$ mol 들어 있다.
  따라서 Ⅰ에서 이온 수 비가 $2 \times 10^{-2} : 2x \times 10^{-3} = 2 : 3$이므로 $x=15$이다.
  ➡ Ⅰ에서 B^+의 양은 3×10^{-2} mol이다.

- $a\,M\,BOH(aq)$ $2x(=30)$ mL에는 B^+이 $2ax \times 10^{-3}$ mol $(=3a \times 10^{-2})$ 들어 있으므로 Ⅱ에서 B^+의 양은 $(3+3a) \times 10^{-2}$ mol이다.
- Ⅱ에서 이온 수 비가 $A^{2-} : B^+ = 2 \times 10^{-2} : (3+3a) \times 10^{-2} = 1 : 2$이므로 $a = \dfrac{1}{3}$이다.

| 선택지 분석 |

⑤ $x=15$이고, $a = \dfrac{1}{3}$이므로 $\dfrac{x}{a} = 45$이다.

M 18　정답 ③　★ 중화 반응의 양적 관계 ··········

다음은 중화 반응 실험이다.

V mL 속에 들어 있는 이온 수
$HCl(aq):\ H^+\ 4N,\ Cl^-\ 4N$
$NaOH(aq):\ Na^+\ N,\ OH^-\ N$

〈실험 과정〉
(가) $HCl(aq)$, $NaOH(aq)$, $KOH(aq)$을 준비한다.
(나) $HCl(aq)$ V mL가 담긴 비커에 $NaOH(aq)$ V mL를 넣는다.
(다) (나)의 비커에 $NaOH(aq)$ V mL를 넣는다.
(라) (다)의 비커에 $KOH(aq)$ $2V$ mL를 넣는다.

〈실험 결과〉
○ (라) 과정 후 혼합 용액에 존재하는 양이온의 종류는 2가지이다.
○ (다)와 (라) 과정 후 혼합 용액에 존재하는 양이온 수 비

과정	(다)	(라)
양이온 수 비	1 : 1	1 : 2

이에 대한 설명으로 옳은 것만을 〈보기〉에서 있는 대로 고른 것은? (단, 혼합 용액의 부피는 혼합 전 각 용액의 부피의 합과 같다.) (3점)

[보기]
ㄱ. (나) 과정 후 Na^+ 수와 H^+ 수 비는 1 : 3이다.
　→ $Na^+\ N,\ H^+\ 3N$
ㄴ. (라) 과정 후 용액은 ~~중성~~이다.
　→ $Na^+\ 2N,\ K^+\ 4N,\ OH^-\ 2N,\ Cl^-\ 4N$ ∴ 염기성
ㄷ. 혼합 용액의 단위 부피당 전체 이온 수 비는 (나) 과정 후와 (다) 과정 후가 3 : 2이다.
　→ 전체 이온 수는 $8N$으로 동일하고 (나) 과정 후 용액의 전체 부피는 $2V$, (다) 과정 후 용액의 전체 부피는 $3V$임

① ㄱ　　② ㄴ　　③ ㄱ, ㄷ　　④ ㄴ, ㄷ　　⑤ ㄱ, ㄴ, ㄷ

단서 (다)와 (라) 혼합 용액에 존재하는 양이온 수 비가 제시되어 있다.

발상 (다)와 (라)에 존재하는 양이온을 추론할 수 있다.

적용 이온의 종류와 혼합 용액에 존재하는 양이온 수 비를 적용해서 혼합 전 용액에 들어 있는 각 이온 수를 구하는 것부터 문제 풀이를 시작해야 한다.

| 문제+자료 분석 |

◈ **혼합 용액에 존재하는 양이온**
- (다) 과정 후 혼합 용액 - $HCl(aq)$ V mL와 $NaOH$ $2V$ mL를 혼합한 용액
  → (다) 과정 후 양이온 수 비가 1 : 1이므로 H^+ 수와 Na^+ 수 비가 1 : 1
- (라) 과정 후 혼합 용액 - $HCl(aq)$ V mL, $NaOH$ $2V$ mL, $KOH(aq)$ $2V$ mL를 혼합한 용액
  → (라) 과정 후 양이온 수 비가 1 : 2이므로 Na^+과 K^+이 존재

◈ **산 수용액과 염기 수용액에 들어 있는 이온 수**
- $NaOH(aq)$ - (다) 과정 후 혼합 용액에 존재하는 H^+ 수와 Na^+ 수를 각각 $2N$이라 할 때 $NaOH(aq)$ $2V$ mL에 들어 있는 Na^+ 수와 OH^- 수는 각각 $2N$
- $HCl(aq)$ - $HCl(aq)$ V mL에 들어 있는 H^+이 $NaOH$ $2V$ mL에 들어 있는 OH^- $2N$과 반응하여 (다) 과정 후 혼합 용액에 $2N$이 남았으므로 $HCl(aq)$ V mL에 들어 있는 H^+ 수와 Cl^- 수는 각각 $4N$
- $KOH(aq)$ - 과정 (라)에서 $KOH(aq)$ $2V$ mL 넣었을 때 H^+이 존재하지 않고, 양이온 수 비는 1 : 2이므로 $KOH(aq)$ $2V$ mL에 들어 있는 K^+ 수와 OH^- 수는 각각 $4N$

| 보기 분석 |

ㄱ. (나)에서 H^+ $4N$과 OH^- N이 중화 반응하므로 과정 후 용액에 존재하는 H^+ 수는 $3N$, Na^+ 수는 N이다. 따라서 Na^+ 수와 H^+ 수의 비는 1 : 3이다.

ㄴ. (라) 과정 후 양이온 수 비가 1 : 2이므로 용액 속에는 Na^+ $2N$과 K^+ $4N$이 존재한다. (다) 과정 후 용액 속에 H^+ $2N$이 존재하므로 (라) 과정 후 용액 속에 존재하는 K^+ 수가 N이라면 (라) 과정 후 용액 속에는 H^+이 존재해야 하므로 모순이다. 【주의】
　따라서 (라) 과정 후 용액 속에는 K^+ $4N$이 존재하며, H^+ $2N$과 OH^- $4N$이 중화 반응하여 OH^- $2N$이 남게 되므로 (라) 과정 후 용액은 염기성이다.

ㄷ. (나)와 (다) 과정 후 용액은 모두 산성이므로 전체 이온 수는 혼합 전 $HCl(aq)$ V mL에 존재하는 전체 이온 수와 같다. 따라서 용액의 단위 부피당 전체 이온 수 비는 (나) 과정 후 : (다) 과정 후 $= \dfrac{8N}{2V} : \dfrac{8N}{3V} = 3 : 2$이다.

다음은 a M HCl(aq), b M NaOH(aq), c M A(aq)의 부피를 달리하여 혼합한 용액 (가)〜(다)에 대한 자료이다. A는 HBr 또는 KOH 중 하나이다.

○ 수용액에서 HBr은 H^+과 Br^-으로, KOH은 K^+과 OH^-으로 모두 이온화된다.

혼합 용액	혼합 전 용액의 부피(mL)			혼합 용액에 존재하는 모든 이온의 몰농도(M) 비
	HCl(aq) **2b M**	NaOH(aq)	A(aq) **2b M KOH**	
(가)	10	10	0	1 : 1 : 2
(나)	10	5	10	1 : 1 : 4 : 4
(다)	15	10	5	1 : 1 : 1 : 3

단서 양이온 3종류, 음이온 1종류 존재 ➡ 산성
$Cl^- : K^+ = 3 : 1 = 3b \times 10^{-2} : 5c \times 10^{-3}$
∴ $c = 2b$

○ (가)는 산성이다.
이온 수비 $H^+ : Na^+ : Cl^-$
$= (a-b) \times 10^{-2} : b \times 10^{-2} : a \times 10^{-2} = 1 : 1 : 2$
∴ $a = 2b$

(나) 5 mL와 (다) 5 mL를 혼합한 용액의 $\dfrac{H^+\text{의 몰농도(M)}}{Na^+\text{의 몰농도(M)}}$

는? (단, 혼합 용액의 부피는 혼합 전 각 용액의 부피의 합과 같고, 물의 자동 이온화는 무시한다.) (3점)

H^+의 양은, $\dfrac{2}{3} b \times 10^{-3}$ mol

Na^+의 양은, $\dfrac{8}{3} b \times 10^{-3}$ mol

$\dfrac{H^+\text{의 몰농도}}{Na^+\text{의 몰농도}} = \dfrac{1}{4}$

① $\dfrac{1}{8}$　② $\dfrac{1}{4}$　③ $\dfrac{2}{7}$　④ $\dfrac{1}{3}$　⑤ $\dfrac{5}{8}$

 **단서＋발상**

단서 산 염기 혼합 용액에 존재하는 모든 이온의 몰농도(M) 비가 제시되어 있다.

발상 (다)에서 모든 이온의 몰농도(M) 비가 1 : 1 : 1 : 3이고 수용액은 항상 '전기적 중성'이므로 양이온이 3종류, 음이온이 1종류임을 추론할 수 있다.

적용 (가)는 산성이며 이온 수비가 1 : 1 : 2라는 것을 적용해서 해당 이온과 a와 b의 관계를 구하는 것부터 문제 풀이를 시작해야 한다.

 **문제 풀이 Tip**

• A(aq)가 HBr(aq)인 경우, (가)와 (다)를 비교하면 (가)와 (다)에서 넣어 준 NaOH(aq)의 부피는 같지만, HCl(aq)의 부피와 HBr(aq)의 부피는 (다) ＞ (가)이므로 (다)는 산성이다. 이때 수용액에서 양이온의 총 전하량과 음이온의 총 전하량은 같아야 하는데 (다)에 존재하는 이온이 H^+, Na^+, Cl^-, Br^-이므로 이온 수 비가 1 : 1 : 1 : 3이 될 수 없다. **함정**

따라서 A(aq)는 KOH(aq)이다.

| 문제＋자료 분석 |

step 1 (가)에서 a, b의 관계식을 구하기

• (가)에서 혼합 전 각 용액에 들어 있는 이온의 양(mol)은 다음과 같다.

a M HCl(aq) 10mL	H^+ $a \times 10^{-2}$ mol	Cl^- $a \times 10^{-2}$ mol
b M NaOH(aq) 10mL	Na^+ $b \times 10^{-2}$ mol	OH^- $b \times 10^{-2}$ mol

(가)는 산성이며, 모든 이온의 몰농도 비(=이온 수 비)가 1 : 1 : 2이므로 이온 수 비는 $H^+ : Na^+ : Cl^- = (a-b) \times 10^{-2} : b \times 10^{-2} : a \times 10^{-2}$ $= 1 : 1 : 2$이다.
따라서 $a = 2b$ 이다.

step 2 (다)에서 b, c의 관계식을 구하고 혼합 후 이온의 양(mol) 구하기

• A(aq)은 KOH(aq)이다. (문제 풀이 Tip참고) **함정**

• (다)에서 혼합 전 각 용액에 들어 있는 이온의 양(mol)은 다음과 같다.

$a(=2b)$ M HCl(aq) 15mL	H^+ $3b \times 10^{-2}$ mol	Cl^- $3b \times 10^{-2}$ mol
b M NaOH(aq) 10mL	Na^+ $b \times 10^{-2}$ mol	OH^- $b \times 10^{-2}$ mol
$c(=2b)$ M KOH(aq) 5mL	K^+ $5c \times 10^{-3}$ mol ($= b \times 10^{-2}$ mol)	OH^- $5c \times 10^{-3}$ mol ($= b \times 10^{-2}$ mol)

• (다)에서 모든 이온의 몰농도 비(=이온 수 비)가 1 : 1 : 1 : 3이고 수용액에서 양이온의 총 전하량과 음이온의 총 전하량은 같으므로 양이온이 3종류, 음이온이 1종류가 존재해야 한다. 따라서 (다)에 존재하는 이온은 H^+, Na^+, K^+, Cl^-이며, (다)는 산성이다. (다)에서 이온 수 비 $Cl^- : K^+ = 3 : 1 = 3b \times 10^{-2} : 5c \times 10^{-3}$이므로 $c = 2b$이다.

• (다)에서 혼합 후 용액에 들어 있는 이온의 양(mol)은 다음과 같다.

(다) 30mL	H^+ $b \times 10^{-2}$ mol	Cl^- $3b \times 10^{-2}$ mol
	Na^+ $b \times 10^{-2}$ mol	K^+ $b \times 10^{-2}$ mol

step 3 (나)에서 혼합 후 이온의 양(mol) 구하기

• (나)에서 혼합 전 각 용액에 들어 있는 이온의 양(mol)은 다음과 같다.

$a(=2b)$ M HCl(aq) 10mL	H^+ $2b \times 10^{-2}$ mol	Cl^- $2b \times 10^{-2}$ mol
b M NaOH(aq) 5mL	Na^+ $5b \times 10^{-3}$ mol	OH^- $5b \times 10^{-3}$ mol
$c(=2b)$ M KOH(aq) 10mL	K^+ $2b \times 10^{-2}$ mol	OH^- $2b \times 10^{-2}$ mol

• (나)에서 혼합 후 용액에 들어 있는 이온의 양(mol)은 다음과 같다.

(나) 25mL	K^+ $2b \times 10^{-2}$ mol	Cl^- $2b \times 10^{-2}$ mol
	Na^+ $5b \times 10^{-3}$ mol	OH^- $5b \times 10^{-3}$ mol

| 선택지 분석 |

② (나) 5 mL에 들어 있는 Na^+와 OH^-의 양은 각각 $b \times 10^{-3}$ mol이고, (다) 5 mL에 들어 있는 H^+와 Na^+의 양은 각각 $\dfrac{b}{6} \times 10^{-2}$ mol이다.

(나) 5 mL와 (다) 5 mL를 혼합한 용액에서

H^+의 양은 $\left(\dfrac{b}{6} \times 10^{-2} - b \times 10^{-3} = \right) \dfrac{2}{3} b \times 10^{-3}$ mol이고,

Na^+의 양은 $\left(b \times 10^{-3} + \dfrac{b}{6} \times 10^{-2} = \right) \dfrac{8}{3} b \times 10^{-3}$ mol이다.

따라서 (나) 5mL와 (다) 5mL를 혼합한 용액의 $\dfrac{H^+\text{의 몰농도(M)}}{Na^+\text{의 몰농도(M)}}$

$= \dfrac{1}{4}$이다.

표는 $X(OH)_2(aq)$, $HY(aq)$, $H_2Z(aq)$의 부피를 달리하여 혼합한 용액 (가)와 (나)에 대한 자료이다.

혼합 용액		(가)	(나)
혼합 전 수용액의 부피 (mL)	a M $X(OH)_2(aq)$	V	$2V$
	$2a$ M $HY(aq)$	15	㉠
	b M $H_2Z(aq)$	15	15
모든 이온 수의 비		1 : 2 : 2	1 : 1 : 2 : 3
모든 양이온의 양(mol)		N	$2N$

$=1 \times 10$

(가): 중성 (나): 염기성 X^{2+} 1가지

$\dfrac{b}{a} \times ㉠$은? (단, 수용액에서 $X(OH)_2$는 X^{2+}과 OH^-으로, HY는 H^+과 Y^-으로, H_2Z는 H^+과 Z^{2-}으로 모두 이온화하고, 물의 자동 이온화는 무시하며, X^{2+}, Y^-, Z^{2-}은 반응하지 않는다.) (3점)

① 5 ② 10 ③ 15 ④ 20 ⑤ 30

💡 단서+발상

단서 모든 이온 수의 비와 혼합 전 수용액의 부피비가 제시되어 있다.

발상 (가)와 (나)의 액성을 추론할 수 있다.

적용 액성을 통해 수용액 속에 존재하는 이온의 종류를 파악하고, 수용액 속 모든 이온의 전하량 합은 0이라는 점을 이용하여 이온의 양(mol)을 구하는 것부터 문제 풀이를 시작해야 한다.

| 문제 해결 과정 |

step 1 모든 이온 수의 비와 혼합 전 수용액의 부피비를 통해 (가)와 (나)의 액성을 추론한다.

- (가): 3가지 수용액을 혼합했을 때 존재하는 이온의 종류가 3가지이다. 모든 H^+과 OH^-이 반응하고 혼합 용액에는 구경꾼 이온만 존재하므로 (가)의 액성은 중성이다.
- (나): $X(OH)_2(aq)$의 부피비가 (가) : (나)=1 : 2이므로 X^{2+}의 양(mol)도 (가) : (나)=1 : 2이다.
  모든 양이온의 양(mol)이 (가), (나)에서 각각 N, $2N$이므로 (나)에 존재하는 양이온도 X^{2+} 1가지이다. (나)는 3가지 수용액을 혼합했을 때 혼합 용액에 존재하는 이온의 종류가 4가지이므로 염기성이다.

step 2 액성을 통해 혼합 용액에 존재하는 이온의 종류를 파악한다.

- (가): 중성이므로 혼합 용액에 존재하는 이온은 X^{2+}, Y^-, Z^{2-}이다.
- (나): 염기성이므로 혼합 용액에 존재하는 이온은 X^{2+}, Y^-, Z^{2-}, OH^-이다.

step 3 각 용액에 포함된 이온의 양(mol)을 통해 농도 a, b와 ㉠을 구한다.

- 수용액 속 모든 이온의 전하량 합은 0이라는 점을 이용하여 이온의 양(mol)을 구한다.
- (가): aM $X(OH)_2(aq)$ V mL에 들어 있는 X^{2+}의 양(mol)을 $2n$이라 하면, (가)에 존재하는 모든 이온 수의 비가 1 : 2 : 2이고 수용액 속 모든 이온의 전하량 합은 0이어야 하므로 Y^-, Z^{2-}의 양(mol)은 각각 $2n$, n이다.
- $HY(aq)$와 $H_2Z(aq)$의 몰농도 비 $2a : b = \dfrac{2n}{15} : \dfrac{n}{15}$이므로 $a=b$이다.
- (나): 수용액 속 모든 이온의 전하량 합은 0이어야 하므로 (나)에 존재하는 모든 이온 수의 비 $1 : 1 : 2 : 3 = Y^- : OH^- : Z^{2-} : X^{2+}$이다. a M $X(OH)_2(aq)$ $2V$ mL에 들어 있는 X^{2+}의 양(mol)은 $4n$이므로 (나)에 들어 있는 Y^-의 양(mol)은 $X^{2+} : Y^- = 3 : 1 = 4n : x$에서 $x = \dfrac{4}{3}n$이다.

| 선택지 분석 |

②$HY(aq)$와 $H_2Z(aq)$의 몰농도 비 $2a : b = \dfrac{2n}{15} : \dfrac{n}{15}$이므로 $a=b$이고, Y^-의 부피와 양의 비는 (가)와 (나)에서

15 mL : ㉠ mL $= 2n$ mol : $\dfrac{4}{3}n$ mol이므로 ㉠은 10이다.

따라서 $\dfrac{b}{a} \times ㉠ = 1 \times 10 = 10$이다.

⚠ 왜 틀렸나?

- 혼합 전 수용액에 존재하는 알짜 이온(H^+ 또는 OH^-)의 양(mol)은 [가수×수용액의 몰농도(M)×용액의 부피(L)]로 구한다.
  구경꾼 이온의 경우 [이온의 양(mol)=수용액의 몰농도(M)×용액의 부피(L)]와 같으나, 알짜 이온(H^+ 또는 OH^-)의 경우 가수*를 고려해야 함을 주의한다.
  ➡ a M $H_2X(aq)$ 10 mL에 존재하는 H^+의 양(mmol)$=2 \times 10a$
  a M $H_2X(aq)$ 10 mL에 존재하는 X^{2-}의 양(mmol)$=10a$
- *가수 : 산 또는 염기 1mol이 최대로 내놓을 수 있는 H^+ 또는 OH^-의 양(mol)

🐝 문제 풀이

혼합 용액에 들어 있는 이온 수로 용액의 액성을 판단할 수 있다.
산의 음이온 수=염기의 양이온 수+H^+ 수이면 산성이다.
염기의 양이온 수=산의 음이온 수+OH^- 수이면 염기성이다.
산의 음이온 수=염기의 양이온 수이면 중성이다.

그림은 $0.2\,M\,HCl(aq)$ 80 mL에 $x\,M\,NaOH(aq)$ 160 mL를 넣었을 때 각 수용액에 존재하는 이온을 모형으로 나타낸 것이다.

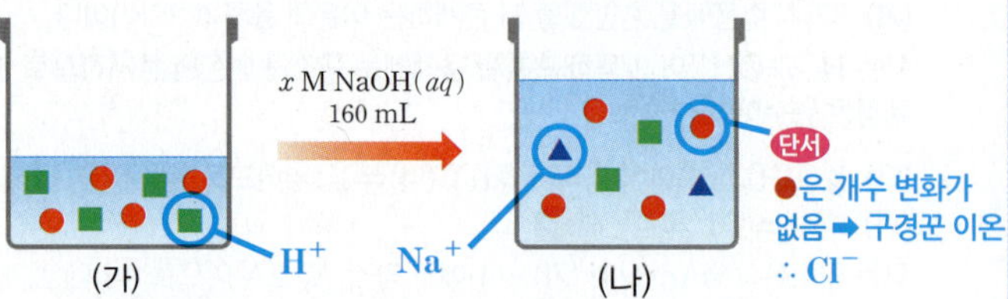

(1) (나)에서 ▲가 나타내는 이온의 화학식을 쓰시오. [단답형]
(가)에는 없고 (나)에서 나타난 이온　∴ Na^+

(2) x를 구하고, 그 과정을 서술하시오. [서술형]
(가)에 포함된 H^+의 양(mol)은 $0.2\times0.08=0.016(mol)$
(나)에 포함된 OH^-의 양(mol)은 $x\times0.16=0.16x(mol)$
(나)는 절반만 중화되었으므로
∴ $0.016(mol)=0.16x\times2$　∴ $x=0.05(M)$

단서+발상

[단서] 반응 전과 후에 용액 속에 존재하는 이온이 그림으로 제시되어 있다.

[발상] 반응 전과 후에 개수 변화가 없는 이온이 구경꾼 이온임을 추론할 수 있다.

[적용] 반응 후 새로 나타난 이온이 구경꾼 이온임을 적용해서 각 모형에 해당하는 이온을 찾는 것부터 문제 풀이를 시작해야 한다.

(1) [정답]　Na^+

(2) [모범 답안]　(가)에 포함된 H^+의 양(mol)은 $0.2(M)\times0.08(L)=0.016(mol)$, (나)에 포함된 OH^-의 양(mol)은 $x(M)\times0.16(L)=0.16x(mol)$이다. (나)는 절반만 중화되었으므로 중화 반응의 양적 관계식은 $0.016(mol)=0.16x(mol)\times2$이다. 따라서 $x=0.05(M)$이다.

| 문제+자료 분석 |

- **이온의 종류:** (가)와 (나)에서 개수 변화가 없는 ●은 처음부터 들어 있던 구경꾼 이온인 Cl^-, (가)에 있었으나 (나)에서 개수가 감소한 ■이 H^+, (가)에는 없고 (나)에 나타난 ▲가 구경꾼 이온인 Cl^-이다.

- **중화 반응:** (가)에 4개 존재하던 H^+은 (나)에 2개 남았으므로 절반만 중화 반응하였다. [함정]

	채점 기준	배점
(1)	이온의 화학식을 옳게 쓴 경우	30%
(2)	x를 구하고 과정을 옳게 서술한 경우	70%
	x만 옳게 구한 경우	30%

표는 $1\,M\,HCl(aq)$과 $1\,M\,NaOH(aq)$의 부피를 달리하여 혼합한 용액 (가)와 (나)에 대한 자료이다. (단, 혼합 용액의 부피는 혼합 전 각 용액의 부피의 합과 같다.)

혼합 용액		(가)	(나)
혼합 전 용액의 부피(mL)	$HCl(aq)$	H^+　Cl^-　3N　a 3N　N	H^+　Cl^-　3N　a 3N
	$NaOH(aq)$	Na^+　OH^-　2N　b 2N	Na^+　OH^-　4N　2b 4N　N
혼합 용액에 존재하는 음이온 수의 비 $Cl^-:OH^-$			3 : 1

(1) (가)의 액성을 쓰시오. [단답형]
H^+이 남아 있으므로 액성은 산성

(2) $a:b$를 구하고 과정을 서술하시오. [서술형]
$a:2b=3:4$ ➡ $a:b=3:2$

단서　$HCl:NaOH=3:4$

단서+발상

[단서] (나)에 존재하는 음이온 수의 비가 제시되어 있다.

[발상] (나)에 포함된 모든 이온 수의 비를 추론할 수 있다.

[적용] (가), (나)에 포함된 모든 이온 수의 비를 구하는 것부터 문제 풀이를 시작해야 한다.

(1) [정답]　산성

(2) [모범 답안]　(나)에서 $Cl^-:OH^-=3:1$이므로 HCl 3N개와 $NaOH$ 4N개가 중화 반응했다. 따라서 $a:2b=3:4$이므로 $a:b=3:2$이다.

| 문제+자료 분석 |

- **음이온 수의 비:** $Cl^-:OH^-=3:1$이므로 HCl 3N개와 $NaOH$ 4N개가 중화 반응하고 OH^-이 N개 남아 있는 것을 알 수 있다.

- **혼합 용액의 액성:** $HCl(aq)$과 $NaOH(aq)$의 몰농도가 같으므로 녹아 있는 HCl과 $NaOH$의 몰비는 부피비와 같다. (나)에서 $a:2b=3:4$이므로 (가)에서 $a:b=3:2$가 되어 (가)의 액성은 산성이다.

	채점 기준	배점
(1)	산성이라고 옳게 쓴 경우	30%
(2)	$a:b$를 구하고 과정을 옳게 서술한 경우	70%
	$a:b$만 옳게 구한 경우	30%

그림은 x M $HCl(aq)$ 50 mL에 y M $NaOH(aq)$을 계속 넣을 때,
단서 모두 1가 이온이므로 수용액의 양이온 수와 음이온 수는 같음
$NaOH(aq)$의 부피에 따른 혼합 용액 속 전체 이온 수를 나타낸 것이다.

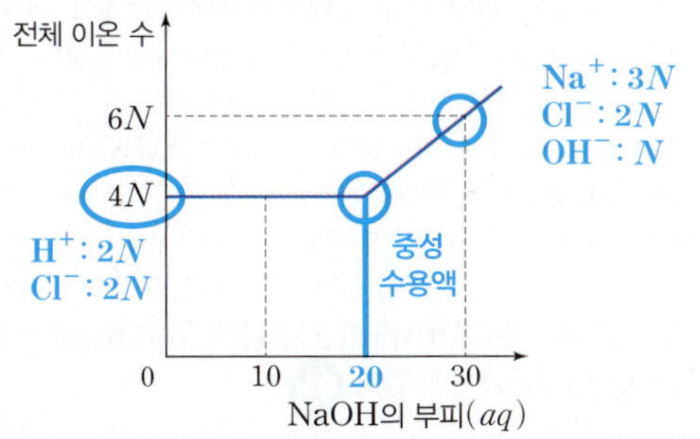

(1) 넣어 준 $NaOH(aq)$의 부피가 30 mL일 때, 혼합 용액에 가장 많이 존재하는 이온의 화학식을 쓰시오. 단답형
중화점을 지나 전체 이온 수 $6N$이므로 Na^+이 $3N$개로 가장 많다.

(2) $x : y$를 구하고 그 과정을 서술하시오. 서술형
y M $NaOH(aq)$ 20 mL 넣었을 때 H^+와 OH^-가 같으므로
x(M) $\times$ 50(mL) $= y$(M) $\times$ 20(mL) $\therefore x : y = 2 : 5$

단서 + 발상

단서 중화 반응에 참여하는 이온이 모두 1가 이온임이 제시되어 있다.

발상 수용액의 양이온 수와 음이온 수는 같음을 추론할 수 있다.

적용 중화 반응이 완결될 때까지 수용액의 전체 이온 수는 일정함을 적용해서 중화점을 구하는 것부터 문제 풀이를 시작해야 한다.

(1) 정답 Na^+

(2) 모범 답안 처음 H^+ 수는 $2N$이고, $NaOH(aq)$ 30 mL를 넣었을 때 전체 양이온 수는 $3N$이므로 $NaOH(aq)$ 20 mL를 넣었을 때 중화 반응이 완결되었다.
x M $HCl(aq)$ 50 mL에 포함된 H^+ 수와 y M $NaOH(aq)$ 20 mL에 포함된 OH^- 수는 같으므로 중화 반응의 양적 관계는 x(M) $\times$ 0.05(L) $= y$(M) $\times$ 0.02(L)이다.
따라서 $x : y = 2 : 5$이다.

| 문제 + 자료 분석 |

- **수용액에 존재하는 이온 수**: 1가 양이온과 음이온으로 구성된 산 또는 염기 수용액에는 양이온과 음이온이 같은 수로 존재한다. 처음 수용액에 존재하는 전체 이온 수는 $4N$이므로, H^+ $2N$개, Cl^- $2N$개가 존재한다.
- **중화 반응에서 이온 수 변화**: 1가 이온들로 구성된 산과 염기의 중화 반응에서는 중화 반응이 완결될 때까지 수용액의 이온 수가 일정하게 유지되므로, 그래프에서 전체 이온 수가 $4N$개보다 커졌을 때부터 수용액은 염기성이다.
  $NaOH(aq)$ 30 mL를 넣었을 때 전체 이온 수는 $6N$개이므로 Na^+이 $3N$이다.
  따라서 $NaOH(aq)$ 20 mL 넣었을 때 중화 반응이 완결되었다.

	채점 기준	배점
(1)	이온식을 옳게 쓴 경우	30%
(2)	$x : y$를 구하고 과정을 옳게 설명한 경우	70%
	$x : y$만 옳게 구한 경우	30%

표는 두 가지 수용액에 존재하는 이온의 몰농도를 나타낸 것이다. (단, 혼합 용액의 부피는 혼합 전 각 용액의 부피의 합과 같다.)

수용액		x M $HCl(aq)$ 10 mL	x M $HCl(aq)$ 10 mL $+ y$ M $NaOH(aq)$ b mL
이온의 농도(M)	H^+		$\frac{1}{3}x$
	Cl^-	x	$\frac{2}{3}x$

단서 구경꾼 이온 농도가 $\frac{2}{3}$배로 됨
$\therefore$ 용액의 부피가 $\frac{3}{2}$배로 되었음을 알 수 있음

H^+ 농도가 Cl^-의 절반밖에 안됨
→ H^+의 절반은 중화 반응했음

(1) b를 구하시오. 단답형
구경꾼 이온인 Cl^- 수는 변하지 않는데 농도가 $\frac{2}{3}$배로 된 것은 용액의 부피가 $\frac{3}{2}$배로 되었기 때문 ➡ 혼합 용액의 부피는 15 mL $\therefore b = 5$(mL)

(2) $x : y$를 구하고 과정을 서술하시오. 서술형
H^+ 농도는 Cl^- 농도와 같았는데 y M $NaOH(aq)$ $b(=5)$ mL를 혼합한 후 Cl^- 농도의 절반으로 되었으므로 처음 양의 절반이 중화 반응했음 $\therefore x = y$

단서 + 발상

단서 구경꾼 이온의 농도 변화가 제시되어 있다.

발상 용액의 부피 변화를 추론할 수 있다.

적용 구경꾼 이온의 수는 변하지 않으므로 용액의 부피가 변한 것임을 적용해서 혼합 용액의 부피를 구하는 것부터 문제 풀이를 시작해야 한다.

(1) 정답 $b = 5$

(2) 모범 답안 H^+ 농도는 Cl^- 농도와 같았는데 y M $NaOH(aq)$ 5 mL를 혼합한 후 H^+ 농도가 Cl^- 농도의 절반이 되었으므로, 처음 양의 절반이 중화 반응했음을 알 수 있다. 따라서 y M $NaOH(aq)$ 10 mL를 넣으면 완전히 중화될 것이므로 두 수용액의 농도는 같다. 중화 반응의 양적 관계는 x(M) $\times$ 0.01(L) $= y$(M) $\times$ 0.01(L)이다.
따라서 $x : y = 1 : 1$이다.

| 문제 + 자료 분석 |

- **구경꾼 이온 Cl^- 몰농도**: $HCl(aq)$에 $NaOH(aq)$을 혼합해도 구경꾼 이온인 Cl^-의 수는 변하지 않는다. Cl^-의 몰농도가 $\frac{2}{3}$배로 되었으므로 수용액의 농도는 $\frac{3}{2}$배로 되었음을 알 수 있다.
- **H^+의 농도 변화**: $HCl(aq)$에서 H^+과 Cl^-의 몰농도는 같아야 하는데 혼합 용액에서는 H^+의 몰농도가 Cl^- 몰농도의 $\frac{1}{2}$이므로, 처음 용액에 존재하던 H^+ 중 $\frac{1}{2}$이 중화 반응하였음을 알 수 있다.

	채점 기준	배점
(1)	b를 맞게 옳게 경우	30%
(2)	$x : y$를 구하고 과정을 옳게 설명한 경우	70%
	$x : y$만 옳게 구한 경우	30%

다음은 x M NaOH(aq), y M H$_2$A(aq), z M HCl(aq)의 부피를 달리하여 혼합한 수용액 (가)~(다)에 대한 자료이다.

○ 수용액에서 H$_2$A는 H$^+$과 A^{2-}으로 모두 이온화된다.

혼합 수용액		(가) 염기성	(나) 중성	(다) 산성
혼합 전 수용액의 부피 (mL)	x M NaOH(aq)	a	$a=30$	a
	y M H$_2$A(aq)	20	20	20
	z M HCl(aq)	0	20	40
모든 음이온의 몰농도(M) 합			$\dfrac{2}{7}$	$b=\dfrac{1}{3}$

단서 모든 음이온의 몰농도(M)의 합: $\dfrac{2\times10^{-2}\text{ mol}}{\dfrac{a+40}{1000}\text{ L}}=\dfrac{2}{7}$ M ➡ $a=30$

○ (가)~(다)의 액성은 모두 다르며, 각각 산성, 중성, 염기성 중 하나이다.

○ (가)에 존재하는 모든 음이온의 양은 0.02 mol이다.
$ax\times10^{-3}\text{ mol} - 40y\times10^{-3}\text{ mol} + 20y\times10^{-3}\text{ mol} = 0.02\text{ mol}$
➡ $ax-20y=20$

○ (나)에 존재하는 모든 양이온의 양은 0.03 mol이다.
$ax\times10^{-3}\text{ mol}=0.03\text{ mol}$ ➡ $ax=30$

$a\times b$는? (단, 혼합 수용액의 부피는 혼합 전 각 수용액의 부피의 합과 같고, 물의 자동 이온화는 무시한다.) (3점) $a=30, b=\dfrac{1}{3}$ ➡ $a\times b=10$

① 10   ② 20   ③ 30   ④ 40   ⑤ 50

 단서＋발상

단서 (가) ~ (다)의 액성은 모두 다르며, 각각 산성, 중성, 염기성 중 하나라는 조건이 제시되어 있다.

발상 HCl(aq)의 부피를 비교하여 수용액의 액성을 추론할 수 있다.

적용 (가)는 염기성, (나)는 중성, (다)는 산성임을 파악하는 것부터 문제 풀이를 시작해야 한다.

| 문제 해결 과정 |

step 1 (가)~(다)의 액성을 파악한다.

• (가)~(다)에서 혼합 전 x M NaOH(aq)의 부피는 a mL로 같고, y M H$_2$A(aq)의 부피는 20 mL로 같다.
• z M HCl(aq)의 부피는 (다) > (나) > (가)이고, (가) ~ (다)의 액성은 모두 다르며, 각각 산성, 중성, 염기성 중 하나이므로 (가)는 염기성, (나)는 중성, (다)는 산성이다.

step 2 혼합 전 수용액에 들어 있는 이온 수를 파악한다.

• 혼합 전 수용액에 들어 있는 이온 수는 다음과 같다.

x M NaOH(aq) a mL	Na$^+$, OH$^-$: 각각 $ax\times10^{-3}$ mol
y M H$_2$A(aq) 20 mL	H$^+$: $40y\times10^{-3}$ mol A^{2-} : $20y\times10^{-3}$ mol
z M HCl(aq) 20 mL	H$^+$, Cl$^-$: 각각 $20z\times10^{-3}$ mol
z M HCl(aq) 40 mL	H$^+$, Cl$^-$: 각각 $40z\times10^{-3}$ mol

step 3 (나)에 존재하는 모든 양이온의 양(mol)과 (가)에 존재하는 모든 음이온의 양(mol)을 분석한다.

• (나)가 중성이므로 (나)에 존재하는 모든 양이온의 양(mol)은 혼합 전 x M NaOH(aq) a mL에 들어 있는 Na$^+$의 양(mol)과 같다. 따라서 $ax\times10^{-3}$ mol = 0.03 mol에서 $ax=30$ ……식 (1)이다.

• (가)는 염기성이므로 (가)에 존재하는 음이온은 A^{2-}와 OH$^-$이다. $ax\times10^{-3}$ mol $-$ $40y\times10^{-3}$ mol $+$ $20y\times10^{-3}$ mol $=0.02$ mol에서 $ax-20y=20$ ……식 (2)이다.
➡ 식 (1)과 (2)에서 $y=0.5$이다.

• (나)에서 혼합 전 x M NaOH(aq) a mL에 들어 있는 OH$^-$의 양(mol)과 y M H$_2$A(aq)=20 mL와 z M HCl(aq) 20 mL에 들어 있는 H$^+$의 양(mol)의 합은 같다. 함정
따라서 $ax\times10^{-3}$mol$=40y\times10^{-3}$ mol$+20z\times10^{-3}$ mol 이므로 $ax=40y+20z$이다.
➡ $ax=30$이고, $y=0.5$이므로 $z=0.5$이다.

| 선택지 분석 |

① (나)에서 모든 음이온의 양(mol)은 A^{2-}의 양(mol)과 Cl$^-$의 양(mol)의 합이므로 $20y\times10^{-3}$ mol$+20z\times10^{-3}$mol$=2\times10^{-2}$mol이다. 따라서 (나)에서 모든 음이온의 몰농도(M) 합은 $\dfrac{2\times10^{-2}\text{ mol}}{\dfrac{a+40}{1000}\text{ L}}=\dfrac{2}{7}$ M에서 $a=30$이다.

$ax=30$이므로 $x=1$이다.
(다)는 산성이므로 (다)에 존재하는 음이온은 A^{2-}과 Cl$^-$이며, (다)에 존재하는 모든 음이온의 양은 $20y\times10^{-3}$ mol$+40z\times10^{-3}$ mol$=3\times10^{-2}$ mol이다.
따라서 (다)에 존재하는 음이온의 몰농도(M)의 합은 $\dfrac{3\times10^{-2}\text{ mol}}{\dfrac{90}{1000}\text{ L}}=\dfrac{1}{3}$ M이므로 $b=\dfrac{1}{3}$이다.

$a=30$, $b=\dfrac{1}{3}$이므로 $a\times b=10$이다.

⭐ 정답은 ① 10이다.

왜 틀렸나?
• 혼합 용액에서 모든 양이온의 양(mol), 모든 음이온의 양(mol), 모든 음이온의 몰농도(M) 합을 구하는 식을 세울 때, 각 혼합 용액에 존재하는 양이온과 음이온의 종류 및 각 이온의 양(mol)을 정확히 파악하여 적용하는 데 많은 시간이 소모되므로 계산 과정에서 실수를 하게 된다.

＊ 단위 부피당 이온 수 ………………………  ⭐ 1등급 핵심 개념

혼합 용액에 들어 있는 전체 양이온 수	• 혼합 용액의 액성이 산성일 때 혼합 용액에 들어 있는 전체 양이온 수는 혼합 전 산 수용액에 들어 있는 양이온 수와 같다. • 혼합 용액의 액성이 염기성일 때 혼합 용액에 들어 있는 전체 양이온 수는 혼합 전 염기 수용액에 들어 있는 양이온 수와 같다.
알짜 이온과 구경꾼 이온	• 알짜 이온 중화 반응에서 알짜 이온은 실제로 중화 반응에 참여하는 이온인 H$^+$과 OH$^-$이다. 중화 반응 후 그 수가 감소하고, 어느 한쪽이 모두 소모될 때까지 완전히 반응한다. • 구경꾼 이온 중화 반응에서 반응에 참여하지 않는 이온으로 중화 반응 전후 그 수는 일정하다.
혼합 용액에 존재하는 이온의 종류	• 1가 산과 1가 염기의 반응에서 혼합 용액에 존재하는 양이온 수와 음이온 수는 같다. • 양이온의 총 전하량 합은 음이온의 총 전하량 합과 같다.

표는 a M HCl(aq), b M NaOH(aq), c M KOH(aq)의 부피를 달리하여 혼합한 용액 (가)~(다)에 대한 자료이다. (가)의 액성은 중성이다.

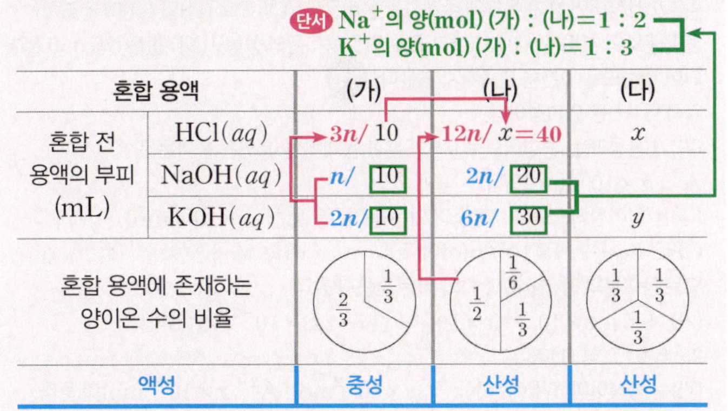

혼합 용액		(가)	(나)	(다)
혼합 전 용액의 부피 (mL)	HCl(aq)	$3n$／10	$12n$／x＝40	x
	NaOH(aq)	n／10	$2n$／20	
	KOH(aq)	$2n$／10	$6n$／30	y
혼합 용액에 존재하는 양이온 수의 비율		$\frac{2}{3}$ $\frac{1}{3}$	$\frac{1}{6}$ $\frac{1}{2}$ $\frac{1}{3}$	$\frac{1}{3}$ $\frac{1}{3}$ $\frac{1}{3}$
액성		중성	산성	산성

$\dfrac{x}{y}$는? (단, 물의 자동 이온화는 무시한다.)

$x＝40,\ y＝20 \Rightarrow \dfrac{x}{y}＝\dfrac{40}{20}＝2$

① 2   ② $\dfrac{3}{2}$ ③ 1   ④ $\dfrac{1}{2}$ ⑤ $\dfrac{1}{3}$

 단서＋발상

단서 혼합 용액에 존재하는 양이온의 가짓수가 제시되어 있다.

발상 혼합 용액 (가)~(다)의 액성을 추론할 수 있다.

적용 액성을 통해 수용액 속에 존재하는 이온의 종류를 파악하고, 구경꾼 이온의 양(mol)은 용액의 부피에 비례한다는 점을 이용하여 각 이온의 양(mol)을 구하는 것부터 문제 풀이를 시작해야 한다.

| 문제 해결 과정 |

step 1 혼합 용액에 존재하는 양이온의 가짓수를 통해 수용액의 액성 및 존재하는 양이온의 종류를 파악한다.

- (나)와 (다)는 3가지 용액을 혼합했을 때 혼합 용액에 존재하는 양이온의 종류가 3가지이므로 산성이다. **꿀팁**
  산성이므로 혼합 용액에 존재하는 이온은 H$^+$, Na$^+$, K$^+$이다.
  이온의 양(mol)은 혼합 전 용액의 부피에 비례하므로, **꿀팁**
  NaOH(aq)의 부피비가 (가) : (나)＝1 : 2이므로 Na$^+$의 몰비도 (가) : (나)＝1 : 2이고, KOH(aq)의 부피비가 (가) : (나)＝1 : 3이므로 K$^+$의 몰비도 (가) : (나)＝1 : 3이다.
- 혼합 용액에 존재하는 양이온 수의 비가 (가)와 (나)에서 각각 1 : 2와 1 : 2 : 3이 되는 경우를 [이온의 양(mol)은 혼합 전 용액의 부피에 비례한다]는 점을 이용하여 구하면 (가)와 (나)에 존재하는 이온의 양(mol)은 다음과 같다.

이온		(가)	(나)
양이온	Na$^+$	n	$2n$
	K$^+$	$2n$	$6n$
	H$^+$	$3n-3n＝0$	$12n-8n＝4n$

(가) Na$^+$: K$^+$ ＝ 1 : 2, (나) Na$^+$: K$^+$: H$^+$ ＝ 1 : 3 : 2

step 2 (가)와 (나)에서 혼합 전 H$^+$의 몰비를 통해 x를 구한다.

- 혼합 전 H$^+$의 양(mol)은 (가)와 (나)에서 각각 $3n$과 $12n$이다.
  이온의 양(mol)은 혼합 전 용액의 부피에 비례하므로
  혼합 전 HCl(aq)의 부피비는 (가) : (나)＝10 : x＝1 : 4이다.
  따라서 $x＝40$이다.

step 3 (다)에 존재하는 양이온 수의 비율을 통해 y를 구한다.

- (다)에서 반응 전 H$^+$의 양(mol)은 $12n$이고, KOH(aq) y mL에 들어 있는 K$^+$의 양(mol)을 kn이라 하면, 혼합 용액 (다)에 존재하는 양이온 수의 비가 1 : 1 : 1이므로 반응 후 존재하는 이온의 양(mol)의 비는 H$^+$: K$^+$＝12－2k : k＝1 : 1에서 $k＝4$이다.
  이온의 양(mol)은 혼합 전 용액의 부피에 비례하므로
  혼합 전 KOH(aq)의 부피비는 (가) : (다)＝10 : y＝1 : 2이다.
  따라서 $y＝20$이다.

| 선택지 분석 |

① 혼합 전 HCl(aq)의 부피비가 (가) : (나)＝10 : x＝1 : 4이므로 $x＝40$이고, 혼합 전 KOH(aq)의 부피비가 (가) : (다)＝10 : y＝1 : 2이므로 $y＝20$이다.
따라서 $\dfrac{x}{y}＝\dfrac{40}{20}＝2$이다.

★ 정답은 ① 2이다.

왜 틀렸나?

- **수용액의 액성 및 수용액에 존재하는 이온의 종류 파악하기**
  중화 반응에서는 혼합 용액의 액성을 판단하고 수용액 속에 존재하는 이온의 종류를 추론해야 한다.
  혼합 용액 (가)~(다)는 HCl(aq), NaOH(aq), KOH(aq)의 부피를 달리하여 혼합한 용액이므로 구경꾼 이온인 Cl$^-$, Na$^+$, K$^+$이 반드시 존재하고, 중성이 아닌 경우에는 H$^+$ 또는 OH$^-$이 존재할 수 있다.
  따라서 **step 1**에서 혼합 용액에 존재하는 양이온 수가 2인 (가)의 액성은 중성이고, 혼합 용액에 존재하는 양이온 수가 3인 (나)와 (다)의 액성은 산성임을 추론할 수 있다.
- **step 1에서 (가)와 (나)에 존재하는 이온의 양(mol) 구하기**
  혼합 용액에 존재하는 양이온 수의 비가 (가)에서 1 : 2인데, 만약 [Na$^+$: K$^+$＝2 : 1]이라고 가정하여 Na$^+$과 K$^+$의 양(mol)을 각각 $2n$과 n이라고 할 경우 (나)에서 Na$^+$과 K$^+$의 양(mol)은 각각 $4n$과 $3n$이 된다.
  그런데 (나)에서 혼합 용액에 존재하는 양이온 수의 비는 1 : 2 : 3이어야 하므로 4:3의 비율은 모순이 된다.
  따라서 (가)에서 Na$^+$과 K$^+$의 양(mol)의 비는 [Na$^+$: K$^+$＝1 : 2]이다.
- **이온의 양(mol)은 혼합 전 용액의 부피에 비례한다.**
  step 1 ~ **step 3**에서뿐만 아니라 중화 반응의 양적 관계 문제에서 각 이온의 양(mol) 및 부피를 추론할 때 자주 활용된다.

＊ 중화 적정과 중화 반응의 양적 관계 ·············· ★ 1등급 핵심 개념

중화 반응의 양적 관계	1. H$^+$과 OH$^-$은 1 : 1의 몰비로 반응한다. 2. 반응한 산과 염기 수용액의 가수, 몰농도, 부피의 관계: $nMV＝n'M'V'$ ・n, n': 산, 염기 가수 ・M, M': 산, 염기 몰농도(M) ・V, V': 산, 염기 수용액의 부피(L)
중화 적정에 사용되는 실험 기구	・피펫: 액체의 부피를 정확히 취하여 옮길 때 사용 ・뷰렛: 가해지는 표준 용액(농도를 정확히 알고 있는 산 또는 염기 수용액)의 부피를 측정할 때 사용 ・삼각 플라스크: 농도를 모르는 산 또는 염기 수용액을 담는 데 사용

표는 x M $H_2A(aq)$과 y M $NaOH(aq)$의 부피를 달리하여 혼합한 용액

$x : y = 3 : 2$ 단서

(가)~(라)에 대한 자료이다.

혼합 용액		(가)	(나)	(다)	(라)
혼합 전 용액의 부피(mL)	$H_2A\ (aq)$	10	10	20	$2V$
	$NaOH\ (aq)$	30	40	V **10**	30
모든 음이온의 몰농도(M) 합 (상댓값)		3	4	8	
액성		중성	염기성	산성	산성

모든 음이온의 양(mol)의 합의 비 ➡ (가) : (나) $= 3 \times 40 : 4 \times 50 = 3 : 5$

모든 음이온의 양(mol)의 합의 비 ➡

(가) : (나) $= x \times 10^{-2} : x \times 10^{-2} + (4y - 2x) \times 10^{-2} = 3 : 5$ ➡ $2x = 3y$

모든 음이온의 몰농도(M)의 합의 비 ➡

(나) : (다) $= \dfrac{40y - 10x}{50} : \dfrac{20x}{20 + V} = 1 : 2$ ➡ $V = 10$

(라)에 존재하는 이온 수의 비율로 가장 적절한 것은? (단, 혼합 용액의 부피는 혼합 전 각 용액의 부피의 합과 같고, H_2A는 수용액에서 H^+과 A^{2-}으로 모두 이온화되며, 물의 자동 이온화는 무시한다.) (3점)

① 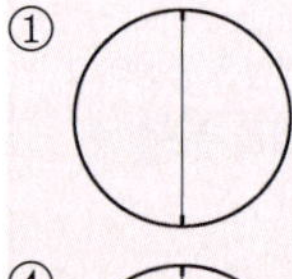　② 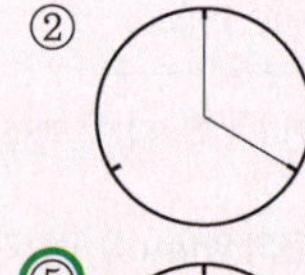　③ 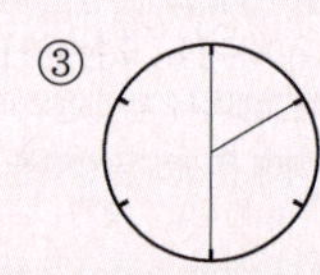

④ 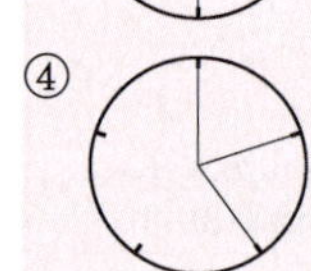　⑤ 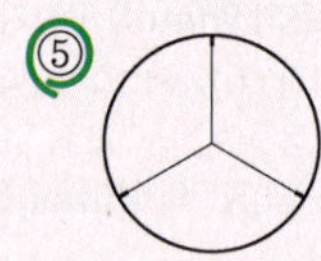　$A^{2-} : 2x \times 10^{-2}$mol, $Na^+ : 2x \times 10^{-2}$mol, $H^+ : 2x \times 10^{-2}$mol 이온의 몰 비 $A^{2-} : Na^+ : H^+ = 1 : 1 : 1$

 단서＋발상

단서 혼합 전 수용액의 각각의 이온의 양(mol)(＝[몰농도×부피])을 파악할 수 있다.

발상 모든 음이온의 양(mol)의 합의 비를 비교하여

적용 (가)의 액성을 판단하는 것부터 문제 풀이를 시작해야 한다.

| 문제 해결 과정 |

step 1 **(가)에서 혼합 전 수용액 속 이온의 양(mol)을 파악하여, (가)의 액성을 파악한다.**

· (가)에서 혼합 전 x M $H_2A(aq)$ 10mL에는 H^+이 $2x \times 10^{-2}$mol, A^{2-}이 $x \times 10^{-2}$mol 들어 있고, y M $NaOH(aq)$ 30mL에는 Na^+와 OH^-이 $3y \times 10^{-2}$mol 들어 있다.

· 혼합 전 $H_2A(aq)$의 부피는 (가)와 (나)에서 같고, $NaOH(aq)$의 부피는 (나) > (가)이므로 (가)가 염기성인 경우, (나)도 염기성이다.

· (가)가 염기성인 경우, (가)에는 Na^+ $3y \times 10^{-2}$mol, A^{2-} $x \times 10^{-2}$mol, OH^- $(3y - 2x) \times 10^{-2}$mol이 들어 있고, (나)에는 Na^+ $4y \times 10^{-2}$mol, A^{2-} $x \times 10^{-2}$mol, OH^- $(4y - 2x) \times 10^{-2}$mol이 들어 있다.

· 모든 음이온의 양(mol)의 합의 비가 (가) : (나) $= 3 \times 40 : 4 \times 50 = 3 : 5$이므로 $x \times 10^{-2} + (3y - 2x) \times 10^{-2} : x \times 10^{-2} + (4y - 2x) \times 10^{-2} = 3 : 5$에서 $2x = 3y$이다.

· (가)에서 OH^-이 $(3y - 2x) \times 10^{-2}$mol인데, $2x = 3y$을 적용하면 (가)는 중성이 되어 조건을 만족하지 않는다. 따라서 (가)는 산성 또는 중성이다.

step 2 **혼합 용액 속 이온의 양(mol)을 파악하여, (가)와 (나)의 액성을 파악한다.**

· (나)가 산성이면 혼합 용액에 존재하는 음이온은 A^{2-}으로 (가)와 (나)에서 같고, 혼합 용액의 부피는 (나) > (가)이므로 모든 음이온의 몰농도(M) 합은 (가) > (나)가 되어야 하므로 조건을 만족하지 않는다. 함정 따라서 (나)는 염기성이다.

· (가)가 산성 또는 중성이므로 (가)의 혼합 용액에 들어 있는 음이온은 A^{2-} $x \times 10^{-2}$mol이다.

· (나)는 염기성이므로 (나)에 들어 있는 음이온은 A^{2-} $x \times 10^{-2}$mol, OH^- $(4y - 2x) \times 10^{-2}$mol이다.

· 모든 음이온의 양(mol)의 합의 비는 다음과 같다. (가) : (나) $= x \times 10^{-2} : x \times 10^{-2} + (4y - 2x) \times 10^{-2} = 3 : 5$에서 $2x = 3y$ ....식 (1)이다.

· (가)는 중성이며, (가)에는 Na^+ $3y \times 10^{-2}$mol, A^{2-} $x \times 10^{-2}$mol이 들어 있다.

step 3 **(나)와 (다)에서 모든 음이온의 몰농도(M)의 합을 비교하여 V를 구한다.**

· (다)에서 혼합 전 x M $H_2A(aq)$ 20mL에는 H^+이 $4x \times 10^{-2}$mol, A^{2-}이 $2x \times 10^{-2}$mol 들어 있고, y M $NaOH(aq)$ V mL에는 Na^+이 $yV \times 10^{-3}$mol, OH^-이 $yV \times 10^{-3}$mol 들어 있다.

· (다)는 산성 또는 중성이며, (다)에 들어 있는 음이온의 양은 A^{2-} $2x \times 10^{-2}$mol 이다. 주의

· $\dfrac{(40y - 10x) \times 10^{-3} \text{mol}}{\frac{50}{1000}\text{L}} : \dfrac{20x \times 10^{-3}\text{mol}}{\frac{20+V}{1000}\text{L}} = 1 : 2$에서

$\dfrac{40y - 10x}{50} : \dfrac{20x}{20 + V} = 1 : 2$이며 식 (1)을 대입하면 $V = 10$이다.

| 선택지 분석 |

⑤ (라)에서 혼합 전 x M $H_2A(aq)$ 20mL에는 H^+이 $4x \times 10^{-2}$mol , A^{2-}이 $2x \times 10^{-2}$mol 들어 있고, y M $NaOH(aq)$ 30mL에는 Na^+이 $3y \times 10^{-2}$mol, OH^-이 $3y \times 10^{-2}$mol 들어 있으므로 (라)는 산성이다. (라)에는 A^{2-}이 $2x \times 10^{-2}$mol, Na^+이 $3y \times 10^{-2}(= 2x \times 10^{-2})$mol, H^+이 $2x \times 10^{-2}$mol 들어 있다. 따라서 (라)에 존재하는 이온의 몰 비는 $A^{2-} : Na^+ : H^+ = 1 : 1 : 1$ 이다.

☆ 정답은 ⑤이다.

 문제 풀이 Tip

· 몰농도(M) $= \dfrac{\text{용질의 양(mol)}}{\text{용액의 부피(L)}}$ 이므로 모든 음이온의 양(mol)의 합은 (모든 음이온의 몰농도(M)의 합) × 용액의 부피(L)에 비례한다. 따라서 모든 음이온의 양(mol)의 합의 비가 (가) : (나) $= 3 \times 40 : 4 \times 50 = 3 : 5$이다.

· (다)가 염기성이면 음이온의 양(mol)의 합은 $(yV - 20x) \times 10^{-3}$mol이며, 모든 음이온의 몰농도(M)의 합의 비가 (나) : (다) $= 1 : 2$이므로 $\dfrac{(40y - 10x) \times 10^{-3}\text{mol}}{\frac{50}{1000}\text{L}} : \dfrac{(yV - 20x) \times 10^{-3}\text{mol}}{\frac{20+V}{1000}\text{L}} = 1 : 2$에서

$\dfrac{40y - 10x}{50} : \dfrac{yV - 20x}{20 + V} = 1 : 2$이며 식 (1)을 대입하면 $V + 20 = V - 30$이 되어 식이 성립하지 않는다. 주의

표는 2M BOH(aq) 10 mL에 x M H$_2$A(aq)의 부피를 달리하여 혼합한 용액 (가)~(다)에 대한 자료이다.

혼합 용액		(가) 염기성	(나) 산성	(다) 산성
혼합 전 용액의 부피(mL)	2 M BOH(aq)	10	10	10
	B$^+$의 양(mol)	$0.02 = 4n$	0.02	0.02
	x M H$_2$A(aq)	V	$3V$	$5V$
	A$^-$의 양(mol)	n	$3n$	$5n$
모든 이온의 수		$7n$	$9n$	
모든 이온의 몰농도(M) 합			$\dfrac{9}{5}$	$\dfrac{15}{7}$

단서 (나) : (다) $= \dfrac{9n}{10+3V} : \dfrac{15n}{10+5V} = \dfrac{9}{5} : \dfrac{15}{7}$ ∴ $V=5$

$\dfrac{x}{V}$는? (단, 혼합 용액의 부피는 혼합 전 각 용액의 부피의 합과 같고, 물의 자동 이온화는 무시한다. H$_2$A와 BOH는 수용액에서 완전히 이온화하고, A^{2-}, B$^+$은 반응에 참여하지 않는다.) (3점)

① $\dfrac{2}{15}$ ② $\dfrac{1}{5}$ ③ $\dfrac{1}{3}$ ④ $\dfrac{2}{3}$ ⑤ $\dfrac{3}{4}$

 단서+발상

단서 산 염기 혼합 용액에 존재하는 모든 이온의 수와 몰농도(M) 합이 제시되어 있다.

발상 1가 염기 수용액에 2가 산 수용액을 첨가할 때 중화점 이후부터는 전체 이온 수가 증가함을 추론할 수 있다.

적용 (나)와 (다)의 액성을 파악하는 것부터 문제 풀이를 시작해야 한다.

| 문제 해결 과정 |

step 1 (가) → (나)에서 전체 이온 수가 증가했음을 파악하여 혼합 용액 (나)와 (다)의 액성을 파악한다.

• BOH(aq)에 H$_2$A(aq)를 첨가하는 중화 반응에서 중화점에 도달할 때까지는 전체 이온 수가 감소하고, 중화점 이후부터는 전체 이온 수가 증가한다.

• (가) → (나)에서 전체 이온 수가 증가했으므로 (나)는 산성이며, (다)도 산성이다.

• 중화점 이후, 전체 이온 수는 첨가한 산의 부피에 비례한다.

step 2 혼합 용액에서 모든 이온 수와 모든 이온의 몰농도의 합을 이용하여 혼합 전 수용액 속 이온 수를 구한다.

• 혼합 전, 2 M BOH(aq) 10 mL에 들어 있는 B$^+$의 양(mol)은
$2 \text{ M} \times \dfrac{10}{1000} \text{L} = 0.02$ mol이므로 OH$^-$의 양(mol)도 0.02 mol이다.

• (나)에서 혼합 전, x M H$_2$A(aq) $3V$ mL에 들어 있는 A$^-$의 양(mol)은
$x \text{ M} \times \dfrac{3V}{1000} \text{L} = \dfrac{3xV}{1000}$ mol이고, H$^+$의 양(mol)은 $\dfrac{6xV}{1000}$ mol이다.

• (나)는 산성이고, 모든 이온의 수가 $9n$이므로
B$^+$의 양(mol) + A$^-$의 양(mol) + H$^+$의 양(mol) = $9n$에서
$0.02 \text{ mol} + \dfrac{3xV}{1000} \text{ mol} + \left(\dfrac{6xV}{1000} - 0.02\right) \text{mol} = \dfrac{9xV}{1000} \text{ mol} = 9n$이므로

$n = \dfrac{xV}{1000}$ mol이다.

• (다)에서 혼합 전, x M H$_2$A(aq) $5V$ mL에 들어 있는 A$^-$의 양(mol)은
$\dfrac{5xV}{1000}$ mol이므로 H$^+$의 양(mol)은 $\dfrac{10xV}{1000}$ mol이다.

따라서 (다)에서 모든 이온 수 $= \dfrac{15xV}{1000}$ mol $= 15n$이다. 주의

step 3 (나)와 (다)에서 모든 이온의 몰농도(M)의 합을 비교하여 xM H$_2$A(aq)의 부피를 구한다.

• 혼합 용액의 부피가 (나)에서는 $\dfrac{10+3V}{1000}$ L, (다)에서는 $\dfrac{10+5V}{1000}$ L이다.

• 모든 이온의 몰농도의 합의 비가 (나) : (다) $= \dfrac{9}{5} : \dfrac{15}{7}$이므로
$$\dfrac{9n}{10+3V} : \dfrac{15n}{10+5V} = \dfrac{9}{5} : \dfrac{15}{7} \text{에서 } V=5 \text{이다.}$$

• (나)에서 혼합 용액의 부피는 25mL이고, 모든 이온의 몰농도의 합이 $\dfrac{9}{5}$ M이므로 $\dfrac{9n \text{ mol}}{\frac{25}{1000} \text{ L}} = \dfrac{9}{5}$ M에서 $n = 5 \times 10^{-3}$ mol이다.

• $n = \dfrac{xV}{1000}$ mol이고, $V=5$이므로 $x=1$이다.

따라서 $\dfrac{x}{V} = \dfrac{1}{5}$이다.

★ 정답은 ② $\dfrac{1}{5}$이다.

| 다른 풀이 |

• (다)에서 모든 이온의 수 구하기
(다)가 산성이므로 모든 이온의 수는
[B$^+$의 양(mol) + A$^-$의 양(mol) + H$^+$의 양(mol)]이며,
이 때 혼합 용액 속 B$^+$의 양(mol)은 중화 반응에서 OH$^-$에 의해 감소한 H$^+$의 양(mol)과 같으므로
(다)에서 모든 이온 수는 혼합 전 x M H$_2$A(aq) $5V$ mL에 들어 있는
[A$^-$의 양(mol) + H$^+$의 양(mol)]과 같음을 알 수 있다. 꿀팁
(나)에서 모든 이온 수는 $9n$이므로 x M H$_2$A(aq) $3V$ mL에 들어 있는 A$^-$의 수가 $3n$, H$^+$의 수가 $6n$이다.
따라서 x M H$_2$A(aq) $5V$ mL에 들어 있는 A$^-$의 수가 $5n$, H$^+$의 수가 $10n$이므로 (다)에서 모든 이온 수는 $15n$이다.

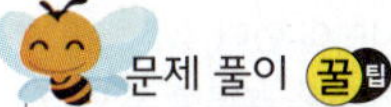 문제 풀이 꿀팁

※ 혼합 용액 (가)의 액성을 혼합 전 H$_2$A(aq)과 BOH(aq)에 들어 있는 이온 수를 비교하여 확인하고, (가)~(다)에 들어 있는 각 이온의 수를 파악해 보자.

• 혼합 용액 (가)의 액성
- 혼합 전 2M BOH(aq) 10 mL에 들어 있는
B$^+$의 양(mol) = OH$^-$의 양(mol) = $2 \text{ M} \times \dfrac{10}{1000} \text{L} = 0.02$ mol
- 혼합 전 x M H$_2$A(aq) V mL에 들어 있는
A$^-$의 양(mol) = $\dfrac{xV}{1000}$ mol = 5×10^{-3} mol
H$^+$의 양(mol) = 0.01 mol

➡ 혼합 용액 (가)에 OH$^-$이 0.01 mol 들어 있으므로 (가)의 액성은 염기성이다.

• (가)~(다)에서 각 이온의 수

혼합 용액		(가)	(나)	(다)
이온 수	B$^+$	$4n$	$4n$	$4n$
	OH$^-$	$2n$	0	0
	A$^-$	n	$3n$	$5n$
	H$^+$	0	$2n$	$6n$
모든 이온의 수		$7n$	$9n$	$15n$
모든 이온의 몰농도(M) 합		$\dfrac{7n \text{ mol}}{\frac{15}{1000} \text{ L}} = \dfrac{7}{3}$ M	$\dfrac{9n \text{ mol}}{\frac{25}{1000} \text{ L}} = \dfrac{9}{5}$ M	$\dfrac{15n \text{ mol}}{\frac{35}{1000} \text{ L}} = \dfrac{15}{7}$ M

➡ $n = 5 \times 10^{-3}$ mol

다음은 중화 반응에 대한 실험이다.

〈자료〉
○ 수용액 A와 B는 각각 0.25 M HY(aq)과 0.75 M H₂Z(aq) 중 하나이다.
　　　　　　　　　　　　B　　　　　　　A
○ 수용액에서 X(OH)₂는 X²⁺과 OH⁻으로, HY는 H⁺과 Y⁻으로, H₂Z는 H⁺과 Z²⁻으로 모두 이온화된다.

〈실험 과정〉
(가) a M X(OH)₂(aq) 10 mL에 수용액 A V mL를 첨가하여 혼합 용액 Ⅰ을 만든다.

단서 염기성, Ⅰ에서 X²⁺의 양은 $a \times 10^{-2} = \dfrac{V}{8} \times 10^{-2}$ mol

(나) Ⅰ에 수용액 B 4V mL를 첨가하여 혼합 용액 Ⅱ를 만든다.
　　　　　　　　　　　　　　　　　　　중성
(다) a M X(OH)₂(aq) 10 mL에 수용액 A 4V mL와 수용액 B V mL를 첨가하여 혼합 용액 Ⅲ을 만든다.
　　　　　　　　　　　　　　　산성

〈실험 결과〉
○ Ⅱ에 존재하는 모든 이온의 몰비는 3 : 4 : 5이다.
　3가지 이온만 존재하므로 Ⅱ는 중성이다.
　→ 3가지 이온은 X²⁺, Y⁻, Z²⁻이다.
○ $\dfrac{\text{Ⅰ에 존재하는 모든 양이온의 몰농도의 합}}{\text{Ⅲ에 존재하는 모든 양이온의 몰농도의 합}} = \dfrac{15}{28}$이다.

$a + V$는? (단, 혼합 용액의 부피는 혼합 전 각 용액의 부피의 합과 같고, 물의 자동 이온화는 무시하며, X²⁺, Y⁻, Z²⁻은 반응하지 않는다.) (3점)

① $\dfrac{9}{2}$　② $\dfrac{45}{8}$　③ $\dfrac{27}{4}$　④ $\dfrac{63}{8}$　⑤ 9

단서+발상

단서 산 염기 혼합 용액에 존재하는 모든 이온의 몰비가 제시되어 있다.
발상 Ⅱ에 존재하는 이온의 종류가 3가지만 존재하므로 중성임을 추론할 수 있다.
적용 이온의 몰비를 분석하여 A와 B를 파악하는 것부터 문제 풀이를 시작해야 한다.

| 문제 해결 과정 |

step1 **이온의 몰비를 분석하여 A와 B를 파악한다.**

• 용액 Ⅱ에는 3가지 이온이 존재하므로 Ⅱ는 중성이고, 3가지 이온은 X²⁺, Y⁻, Z²⁻이다.
• |양이온의 전하량의 총합|=|음이온의 전하량의 총합|이므로
이온의 몰비는 X²⁺ : Y⁻ : Z²⁻=5 : 4 : 3이다.
• A가 0.25 M HY(aq), B가 0.75 M H₂Z(aq)인 경우
이온의 몰비가 Y⁻ : Z²⁻=0.25×V : 0.75×4V=1 : 12이므로 조건을 만족하지 않는다. 따라서 A는 0.75 M H₂Z(aq)이고, B는 0.25 M HY(aq)이다.

step2 **Ⅱ에서 이온의 몰비를 이용하여 V와 a의 관계식을 구한다.**

• Ⅱ에서 혼합 전 a M X(OH)₂ 10 mL에 들어 있는 X²⁺의 양은
a M × $\dfrac{10}{1000}$ L = $a \times 10^{-2}$ mol이고, OH⁻의 양은 $2a \times 10^{-2}$ mol이다.

• 혼합 전 0.75 M H₂Z V mL에 들어 있는 Z²⁻의 양은 $7.5V \times 10^{-4}$ mol이고, H⁺의 양은 $1.5V \times 10^{-3}$ mol이다.

• 혼합 전 0.25 M HY 4V mL에 들어 있는 Y⁻의 양은 $V \times 10^{-3}$ mol이고, H⁺의 양은 $V \times 10^{-3}$ mol이다.

• Ⅱ에서 이온의 몰비가 X²⁺ : Y⁻ : Z²⁻
=$a \times 10^{-2}$: $V \times 10^{-3}$: $7.5V \times 10^{-4}$=5 : 4 : 3에서 $V = 8a$이다.

---

step3 **Ⅰ과 Ⅲ에 존재하는 모든 양이온의 양(mol)을 구한다.**

• Ⅰ은 염기성이고, Ⅱ는 중성이므로 Ⅰ과 Ⅱ에 존재하는 양이온은 모두 X²⁺이며, 그 양(mol)도 같다. 따라서 Ⅰ에 존재하는 X²⁺의 양은 $a \times 10^{-2} = \dfrac{V}{8} \times 10^{-2}$ mol이다.

• Ⅲ에서 혼합 전 a M X(OH)₂ 10 mL에 들어 있는 X²⁺의 양은 $\dfrac{V}{8} \times 10^{-2}$ mol이고, OH⁻의 양은 $\dfrac{V}{4} \times 10^{-2}$ mol이다.

• Ⅲ에서 혼합 전 0.75 M H₂Z 4V mL에 들어 있는 Z²⁻의 양은 $3V \times 10^{-3}$ mol이고, H⁺의 양은 $6V \times 10^{-3}$ mol이다.

• Ⅲ에서 혼합 전 0.25 M HY V mL에 들어 있는 Y⁻의 양은 $\dfrac{V}{4} \times 10^{-3}$ mol이고, H⁺의 양은 $\dfrac{V}{4} \times 10^{-3}$ mol이다.

• Ⅲ에서 H⁺의 양(mol)>OH⁻의 양(mol)이므로 Ⅲ은 산성이며, 모든 양이온의 양(mol)의 합은
$\left(6V \times 10^{-3} + \dfrac{V}{4} \times 10^{-3} + \dfrac{V}{8} \times 10^{-2}\right) - \left(\dfrac{V}{4} \times 10^{-2}\right) = 5V \times 10^{-3}$ mol이다.

| 선택지 분석 |

① Ⅰ에 존재하는 양이온은 X²⁺이며, X²⁺의 양은 $\dfrac{V}{8} \times 10^{-2}$ mol이고, Ⅲ에 존재하는 모든 양이온의 양(mol)의 합은 $5V \times 10^{-3}$ mol이다.
Ⅰ의 부피는 $(10+V) \times 10^{-3}$ L이고, Ⅲ의 부피는 $(10+5V) \times 10^{-3}$ L이다.
혼합 용액에 존재하는 모든 양이온의 몰농도의 합이 Ⅰ : Ⅲ=15 : 28이므로
$\dfrac{\dfrac{V}{8} \times 10^{-2} \text{ mol}}{(10+V) \times 10^{-3} \text{ L}} : \dfrac{5V \times 10^{-3} \text{ mol}}{(10+5V) \times 10^{-3} \text{ L}} = \dfrac{1}{10+V} : \dfrac{4}{10+5V} = 15 : 28$에서
$V = 4$이고, $a = \dfrac{1}{2}$이다. 따라서 $a + V = \dfrac{9}{2}$이다.

⭐ **정답은 ① $\dfrac{9}{2}$이다.**

문제 풀이 꿀팁

• 혼합 전 Ⅰ~Ⅲ에 존재하는 이온의 양(mol)과 혼합 용액에 존재하는 H⁺ 또는 OH⁻의 양(mol)과 액성

혼합 용액			a M X(OH)₂(aq)	0.75 M H₂Z(aq)	0.25 M HY(aq)
Ⅰ	혼합 전	부피 (mL)	10	V	0
		이온의 양 (mol)	X²⁺ : ($a = \dfrac{V}{8}$) $a \times 10^{-2}$ OH⁻ : $2a \times 10^{-2}$	H⁺ : $1.5V \times 10^{-3}$ Z²⁻ : $7.5V \times 10^{-4}$	0
	혼합 용액에는 OH⁻ $V \times 10^{-3}$ mol이 들어 있고, 용액은 염기성이다.				
Ⅱ	혼합 전	부피 (mL)	10	V	4V
		이온의 양 (mol)	X²⁺ : $a \times 10^{-2}$ OH⁻ : $2a \times 10^{-2}$	H⁺ : $1.5V \times 10^{-3}$ Z²⁻ : $7.5V \times 10^{-4}$	H⁺=Y⁻ : $V \times 10^{-3}$
	용액은 중성이다.				
Ⅲ	혼합 전	부피 (mL)	10	4V	V
		이온의 양 (mol)	X²⁺ : $a \times 10^{-2}$ OH⁻ : $2a \times 10^{-2}$	H⁺ : $6V \times 10^{-3}$ Z²⁻ : $3V \times 10^{-3}$	H⁺=Y⁻ : $\dfrac{V}{4} \times 10^{-3}$
	혼합 용액에는 H⁺ $\dfrac{15V}{4} \times 10^{-3}$ mol이 들어 있고, 용액은 산성이다.				

다음은 중화 반응에 대한 실험이다.

〈자료〉

ㅇ 수용액에서 AOH는 A^+과 OH^-으로, H_2B는 H^+과 B^{2-}으로, HC는 H^+과 C^-으로 모두 이온화된다.

〈실험 과정〉

(가) a M AOH(aq) 20 mL에 b M H_2B(aq) 5 mL를 첨가하여
  $A^+ 20a \times 10^{-3}$ mol $B^{2-} 5b \times 10^{-3}$ mol
  혼합 용액 I을 만든다.
  염기성

(나) I에 c M HC(aq) V mL를 첨가하여 혼합 용액 II를
  $C^- Vc \times 10^{-3}$ mol   산성
  만든다.

(다) II에 c M HC(aq) 10 mL를 첨가하여 혼합 용액 III을
  $C^- 10c \times 10^{-3}$ mol   산성
  만든다.

〈실험 결과〉

혼합 용액	II 산성	III 산성
음이온의 양(mol) / 양이온의 양(mol)	$\dfrac{2}{3} = \dfrac{5b+Vc}{10b+Vc}$	$\dfrac{4}{5} = \dfrac{10b+10c}{15b+10c}$

ㅇ 모든 음이온의 몰농도(M)의 합은 I 과 II가 같다.
$$\frac{20a-5b}{25} = \frac{5b+Vc}{25+V}$$

$\dfrac{c}{a+b} \times V$는? (단, 혼합 용액의 부피는 혼합 전 각 용액의 부피의 합과 같고, 물의 자동 이온화는 무시하며, A^+, B^{2-}, C^-은 반응하지 않는다.)

$a = \dfrac{2}{3}b,\ b=c,\ V=5 \Rightarrow \dfrac{c}{a+b} \times V = 3$ (3점)

① 3   ② 5   ③ 6   ④ 12   ⑤ 15

단서+발상

(단서) 혼합 용액의 부피는 I > II 이고 모든 음이온의 몰농도(M)의 합은 I 과 II가 같다.

(발상) II가 염기성이라고 가정하면 모든 음이온의 몰농도(M)의 합은 I 과 II가 같지 않아 모순이 생기므로

(적용) II의 액성이 산성이라는 것을 판단하는 것부터 문제 풀이를 시작해야 한다.

| 문제 해결 과정 |

step 1 혼합 용액 I ~ III의 액성을 파악한다.

• 혼합 용액의 부피는 II > I 이다.
  [실험 결과]에서 모든 음이온의 몰농도(M)의 합이 I 과 II 가 같으므로 모든 음이온의 양(mol)의 합은 II > I 이다.

• II 가 염기성이면, I 도 염기성인데 I 이 염기성인 경우, I 에 들어 있는 이온은 A^+, B^{2-}, OH^-이며, II 가 염기성이므로 I 에 cM HC(aq)을 넣어도 음이온의 양(mol)은 변하지 않는다.(모순) 따라서 II 는 산성이다.

• II 가 산성이므로 III도 산성이다.

step 2 혼합 용액 II에 들어 있는 이온의 양(mol)을 파악한다.

• 혼합 전 각 용액 속 이온의 양(mol)은 다음과 같다.
  a M AOH(aq) 20 mL에는 $A^+ 20a \times 10^{-3}$ mol과 $OH^- 20a \times 10^{-3}$ mol이,
  b M H_2B(aq) 5 mL에는 $H^+ 10b \times 10^{-3}$ mol과 $B^{2-} 5b \times 10^{-3}$ mol이,
  c M HC(aq) V mL에는 $H^+ Vc \times 10^{-3}$ mol과 $C^- Vc \times 10^{-3}$ mol이,
  c M HC(aq) 10 mL에는 $H^+ 10c \times 10^{-3}$ mol과 $C^- 10c \times 10^{-3}$ mol이 들어 있다.

• II 는 산성이다.

• II 에 들어 있는 이온의 양(mol)은 $A^+ 20a \times 10^{-3}$ mol, $B^{2-} 5b \times 10^{-3}$ mol, $C^- Vc \times 10^{-3}$ mol, $H^+ (10b+Vc-20a) \times 10^{-3}$ mol이 들어 있다.

• $\dfrac{\text{음이온의 양(mol)}}{\text{양이온의 양(mol)}} = \dfrac{(5b+Vc) \times 10^{-3} \text{ mol}}{(10b+Vc) \times 10^{-3} \text{ mol}} = \dfrac{5b+Vc}{10b+Vc} = \dfrac{2}{3}$에서 $Vc = 5b$ ......식 (1) 이다.

step 3 혼합 용액 III에 들어 있는 이온의 양(mol)을 파악한다.

• II 가 산성이므로 III도 산성이다.

• III에 들어 있는 이온의 양(mol)은 $A^+ 20a \times 10^{-3}$mol, $B^{2-} 5b \times 10^{-3}$ mol, $C^- (Vc+10c) \times 10^{-3}$ mol, $H^+ (10b+Vc+10c-20a) \times 10^{-3}$ mol이 들어 있다.

• $\dfrac{\text{음이온의 양(mol)}}{\text{양이온의 양(mol)}} = \dfrac{(5b+Vc+10c) \times 10^{-3} \text{ mol}}{(10b+Vc+10c) \times 10^{-3} \text{ mol}}$에서 식 (1)을 대입하면 $\dfrac{10b+10c}{15b+10c} = \dfrac{4}{5}$에서 $b=c,\ V=5$이다.

| 선택지 분석 |

① I 이 산성 또는 중성인 경우, 모든 음이온의 몰농도(M)의 합이 I 과 II에서 같다는 조건을 만족하지 않는다. (함정)
  따라서 I 은 염기성이다.
  I 에는 $A^+ 20a \times 10^{-3}$ mol, $B^{2-} 5b \times 10^{-3}$ mol, $OH^- (20a-10b) \times 10^{-3}$ mol이 들어 있다.
  모든 음이온의 몰농도(M)의 합이 I 과 II 에서 같으므로
  $$\frac{(20a-5b) \times 10^{-3} \text{ mol}}{\dfrac{25}{1000} \text{ L}} = \frac{(5b+Vc) \times 10^{-3} \text{ mol}}{\dfrac{25+V}{1000} \text{ L}}$$
  에서 $a = \dfrac{2}{3}b$이다.

  $b=c,\ V=5$이므로 $\dfrac{c}{a+b} \times V = \dfrac{3}{5} \times 5 = 3$이다.

⭐ **정답은 ① 3이다.**

문제 풀이 (꿀팁)

• I 이 산성인 경우, I 에는 $A^+ 20a \times 10^{-3}$ mol, $B^{2-} 5b \times 10^{-3}$ mol, $H^+ (10b-20a) \times 10^{-3}$ mol 이 들어 있다.

• I 이 중성인 경우, I 에는 $A^+ 20a \times 10^{-3}$ mol, $B^{2-} 5b \times 10^{-3}$ mol이 들어 있다.
  이 때 I 에서 모든 음이온의 몰농도(M)의 합이
  $$\frac{5b \times 10^{-3} \text{ mol}}{\dfrac{25}{1000} \text{ L}} = \frac{b}{5} \text{ M}$$
  이고,
  II에서 모든 음이온의 몰농도(M)의 합이
  $$\frac{(5b+Vc) \times 10^{-3} \text{ mol}}{\dfrac{30}{1000} \text{ L}} = \frac{b}{3} \text{ M}$$
  이므로
  모든 음이온의 몰농도(M)의 합이 I 과 II 에서 같다는 조건을 만족하지 않는다.

중화 적정

N 01 정답 ④ ＊중화 적정

다음은 중화 적정 실험이다. CH_3COOH의 몰질량(g/mol)은 60이다.

〈실험 과정〉

(가) 100 mL당 CH_3COOH 6 g이 들어 있는 식초 A를 준비한다.

(나) (가)의 A 10 mL를 삼각 플라스크에 넣고, 페놀프탈레인
  단서 CH_3COOH 0.6 g(=0.01 mol) 포함
  용액을 2~3방울 떨어뜨린다.

(다) (나)의 삼각 플라스크에 0.2 M $NaOH(aq)$을 떨어뜨리면서 수용액 전체가 붉게 변하는 순간까지 넣어 준 $NaOH(aq)$의 부피를 측정한다.

(라) A 대신 100 mL당 CH_3COOH w g이 들어 있는 식초 B를 사용하여 과정 (나), (다)를 반복한다.
  10 mL에 CH_3COOH $\dfrac{w}{10} \times \dfrac{1}{60} = \dfrac{w}{600}$ mol 포함

〈실험 결과〉

식초	A	B
넣어 준 $NaOH(aq)$의 부피(mL)	V	$2V$

V mL에 포함된 OH^-는 $0.2 \times \dfrac{V}{1000}$(mol)

$2V$ mL에 포함된 OH^-는 $0.2 \times \dfrac{2V}{1000}$(mol)

w와 V로 옳은 것은? (단, 온도는 일정하고, 중화 적정 과정에서 식초에 포함된 물질 중 CH_3COOH만 $NaOH$과 반응한다.)

$\dfrac{w}{600} = 0.2 \times \dfrac{2V}{1000}$ ➡ $w=12$, $0.01 = 0.2 \times \dfrac{V}{1000}$ ➡ $V=50$

	w	V			w	V
①	3	25		②	12	25
③	3	50		④	12	50
⑤	3	100				

단서＋발상

단서 산과 염기의 농도와 부피가 제시되어 있다.

발상 중화 반응에서의 양적 계산임을 추론할 수 있다.

적용 산에 포함된 수소 이온의 양과 염기에 포함된 수산화 이온의 양이 같음 적용해서 산과 염기의 양을 구하는 것부터 문제 풀이를 시작해야 한다.

｜문제＋자료 분석｜

• 중화 반응 2회(식초 A, B 실시)

구분	H^+(mol)	OH^-(mol)
식초 A 사용	$\dfrac{10(mL)}{100(mL)} \times 6(g) \times \dfrac{1}{60(g/mol)}$	$0.2(M) \times \dfrac{V(mL)}{1000(mL/L)}$
식초 B 사용	$\dfrac{10(mL)}{100(mL)} \times w(g) \times \dfrac{1}{60(g/mol)}$	$0.2(M) \times \dfrac{2V(mL)}{1000(mL/L)}$

｜선택지 분석｜

④ V : 식초 A를 사용했을 때

H^+의 양(mol) $= \dfrac{10(mL)}{100(mL)} \times 6(g) \times \dfrac{1}{60(g/mol)} = 0.01(mol)$

OH^-의 양(mol) $= 0.2(M) \times \dfrac{V(mL)}{1000(mL/L)} = \dfrac{V}{5000}$(mol) 함정

중화 반응이 완결되어 H^+의 양(mol) $= OH^-$의 양(mol) 이므로

$0.01(mol) = \dfrac{V}{5000}$(mol) ∴ $V = 50(mL)$

w : 식초 B를 사용했을 때

H^+의 양(mol) $= \dfrac{10(mL)}{100(mL)} \times w(g) \times \dfrac{1}{60(g/mol)} = \dfrac{w}{600}$(mol)

OH^-의 양(mol) $= 0.2(M) \times \dfrac{2V(mL)}{1000(mL/L)} = \dfrac{1}{50}$(mol) ($\because V=50$)

중화 반응이 완결되어 H^+의 양(mol) $= OH^-$의 양(mol) 이므로

$\dfrac{w}{600}$(mol) $= \dfrac{1}{50}$(mol) ∴ $w = 12(g)$

N 02 정답 ③ ＊중화 적정 실험 ⭐ 고난도

표는 $NaOH(aq)$ (가)~(다)에 대한 자료이다.

수용액	$NaOH$의 질량(g)	수용액의 부피(mL)
(가)	1 단서	50
(나)	2 염기의 양이 많을수록 산도 많이 필요	100
(다)	2	200

(가)~(다)를 각각 1 M $HCl(aq)$으로 완전히 중화시키는 데 필요한 $HCl(aq)$의 최소 부피(mL)를 비교한 것으로 옳은 것은? (3점)
$NaOH$의 양(mol) (나)＝(다)＞(가)

① (가) ＝ (나) ＞ (다) ② (가) ＞ (나) ＞ (다)
③ (나) ＝ (다) ＞ (가) ④ (나) ＞ (다) ＞ (가)
⑤ (다) ＞ (나) ＞ (가)

단서＋발상

단서 $NaOH$의 질량이 제시되어 있다.

발상 중화시키는 데 필요한 HCl의 양을 추론할 수 있다.

｜문제＋자료 분석｜

• 산과 염기의 중화 반응은 H^+과 OH^-이 1 : 1로 반응하므로, $NaOH(aq)$을 중화시키는 데 필요한 1 M $HCl(aq)$의 양은 용액에 녹아 있는 $NaOH$의 질량에 비례한다.

｜선택지 분석｜

③ 녹아 있는 OH^-의 양(mol)이 (나)＝(다)＞(가)이므로 중화시키는 데 필요한 1 M $HCl(aq)$의 양도 (나)＝(다)＞(가)이다. 함정

왜 틀렸나?

• 중화 반응에서의 양적 계산에 많이 사용되는 공식이 $nMV = n'M'V'$이므로 수용액의 몰농도를 주로 먼저 생각하기 때문에, 녹아 있는 $NaOH$의 질량(g)이 (나)＝(다)＞(가)인 것 보다 수용액의 몰농도가 (가)＝(나)＞(다)임을 생각하여 ①번을 답으로 응답한 경우가 많았다. 이 문제는 몰농도가 아니라, 녹아 있는 염기의 양을 비교해야 하는 문제이다.

그림은 0.1 M NaOH(aq)을 사용하여 HCl(aq)의 농도를 구하는 모습을, 표는 중화점 이후 실험 기구에 들어 있는 용액의 색을 나타낸 것이다. 지시약으로는 페놀프탈레인 용액(ph)을 사용하였다.

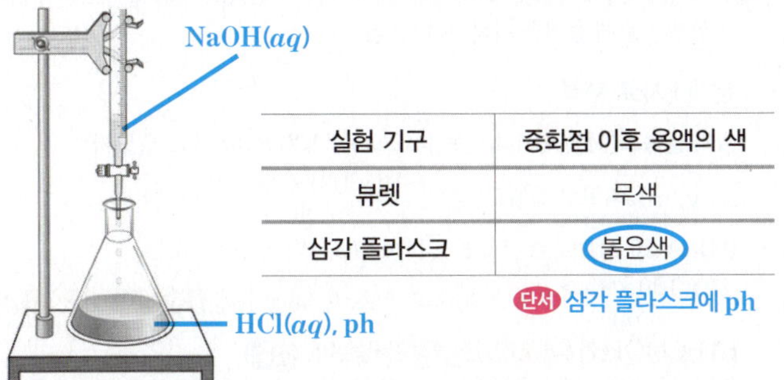

실험 기구	중화점 이후 용액의 색
뷰렛	무색
삼각 플라스크	붉은색

단서 삼각 플라스크에 ph

중화 적정을 시작하기 직전, 뷰렛과 삼각 플라스크에 들어 있는 용액으로 가장 적절한 것은?

	뷰렛 농도를 알고 사용하는 용액을 넣음	삼각 플라스크 농도를 알아보려는 용액과 지시약을 넣음
①	HCl(aq)	NaOH(aq), ph
②	HCl(aq), ph	NaOH(aq)
③	NaOH(aq)	HCl(aq), ph
④	NaOH(aq), ph	HCl(aq)
⑤	NaOH(aq), ph	HCl(aq), ph

🧠 단서+발상

단서 중화점 이후 용액의 색이 제시되어 있다.

발상 삼각 플라스크에 든 용액에 지시약이 있음을 추론할 수 있다.

적용 중화 적정 실험 방법을 적용해서 각 기구에 들어있는 적절한 용액을 찾는 것부터 문제 풀이를 시작해야 한다.

│ 문제+자료 분석 │

• 중화 적정 실험에 사용하는 기구

피펫	뷰렛	삼각 플라스크
산 또는 염기 수용액 일정 부피만큼을 옮길 때 사용하는 기구	농도를 알고 사용하는 용액(표준 용액)을 넣음	농도를 알아보고자 하는 용액과 지시약을 넣음

│ 선택지 분석 │

③ 뷰렛: 농도를 알고 사용하는 용액(표준 용액)인 NaOH(aq)를 넣는다.
삼각 플라스크: 농도를 알아보고자 하는 용액인 HCl(aq)과 지시약 ph를 넣는다.

다음은 식초 속 아세트산의 함량을 구하기 위해 학생 A가 수행한 실험 과정이다.   중화 적정

〈실험 과정〉
(가) 표준 용액으로 0.1 M NaOH(aq)을 준비한다.
(나) 식초 w g을 완전히 중화시키는 데 필요한 NaOH(aq)의 부피를 구한다.

단서 중화 적정에서 농도를 측정하고자 하는 수용액은 삼각 플라스크에 넣고 표준 용액은 뷰렛에 넣어 중화 적정에 가해지는 표준 용액의 부피를 측정한다.

학생 A가 사용한 실험 장치로 가장 적절한 것은?

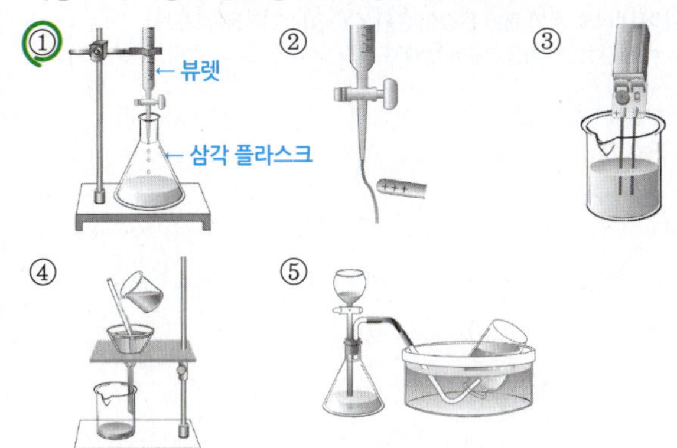

│ 문제+자료 분석 │

◈ 중화 적정을 이용한 식초 속 아세트산의 함량 구하기 실험 과정

• (가): 식초 속 아세트산의 함량(%)을 구하기 위해 표준 용액 0.1 M의 NaOH(aq)을 사용한다.

• (나): 식초 w g을 완전히 중화시키는데 사용된 NaOH(aq)의 부피로 반응한 OH^-의 양(몰)을 구한다.

• $0.1M \times$ 사용된 NaOH(aq)의 부피＝반응한 NaOH의 양(몰)＝반응한 OH^-의 양(몰), 이는 반응한 CH_3COOH의 양(몰) 또는 반응한 H^+의 양(몰)과 같으므로 식초 속 아세트산의 함량은

$$\frac{반응한\ 아세트산의\ 양(몰) \times 아세트산\ 몰질량}{w(g)} \times 100(\%) 으로\ 구할\ 수\ 있다.$$

│ 선택지 분석 │

① 중화 적정에서 농도를 모르는 용액은 삼각 플라스크에 넣고 농도를 알고 있는 표준 용액은 뷰렛에 넣는다.
이 실험은 식초 속 아세트산의 함량을 구하는 것으로 식초는 삼각 플라스크에 넣고 0.1 M의 NaOH(aq)을 뷰렛에 넣은 후 뷰렛 꼭지를 열어 식초가 든 삼각 플라스크에 NaOH(aq)을 조금씩 떨어뜨린다.
완전히 중화가 되었을 때 뷰렛의 눈금과 NaOH(aq)을 삼각 플라스크에 떨어뜨리기 전 뷰렛의 눈금 차로 사용된 NaOH(aq)의 부피를 측정하여 식초 속 아세트산의 함량을 구한다.

✱ 중화 적정

• 농도를 모르는 산 또는 염기의 농도를, 중화 반응의 양적 관계를 이용하여 알아내는 실험 과정

• 농도를 알고 사용하는 용액인 표준 용액을 뷰렛에, 농도를 알아내고자 하는 용액과 지시약 한두 방울을 삼각 플라스크에 넣고 조금씩 반응시켜 중화점을 찾는다.

다음은 25 ℃에서 식초 A, B 각 1 g에 들어 있는 아세트산(CH_3COOH)의 질량을 알아보기 위한 중화 적정 실험이다.

〈자료〉
○ CH_3COOH의 몰질량(g/mol)은 60이다.   식초 A의 몰농도 $=\dfrac{10\times100\times8w\times d_A}{60}$
○ 25 ℃에서 식초 A, B의 밀도(g/mL)는 각각 d_A, d_B이다.   식초 B의 몰농도 $\dfrac{10\times100\times x\times d_B}{60}$

〈실험 과정〉
(가) 식초 A, B를 준비한다.
(나) A 50 mL에 물을 넣어 수용액 Ⅰ 100 mL 를 만든다.
(다) 10 mL 의 Ⅰ에 페놀프탈레인 용액을 2 ~ 3방울 넣고 0.2 M $NaOH(aq)$으로 적정하였을 때, 수용액 전체가 붉게 변하는 순간까지 넣어 준 $NaOH(aq)$의 부피(V)를 측정한다.
(라) B 40 mL에 물을 넣어 수용액 Ⅱ 100 g 을 만든다.
(마) 10 mL의 Ⅰ 대신 20 g 의 Ⅱ를 이용하여 (다)를 반복한다.

〈실험 결과〉
○ (다)에서 V: 10 mL $\dfrac{10\times100\times8w\times d_A}{60}\times50\times\dfrac{1}{10}=0.2\times10$ ⎫
                                                            ⎬ 1 : 3
○ (마)에서 V: 30 mL $\dfrac{10\times100\times x\times d_B}{60}\times40\times\dfrac{2}{10}=0.2\times30$ ⎭
○ 식초 A, B 각 1 g에 들어 있는 CH_3COOH의 질량

단서 100 g ⟶ 퍼센트 농도

식초	A	B
CH_3COOH의 질량(g)	$100\times8w$	$100\times x$

$x\times\dfrac{d_B}{d_A}$ 는? (단, 온도는 25 ℃로 일정하고, 중화 적정 과정에서 식초 A, B에 포함된 물질 중 CH_3COOH만 $NaOH$과 반응한다.) (3점)

① $6w$ ② $9w$ ③ $12w$ ④ $15w$ ⑤ $18w$

🧠 단서＋발상

단서 A 1 g에 들어 있는 CH_3COOH의 질량이 제시되어 있다.

발상 중화 적정에 사용된 0.2 M $NaOH(aq)$의 부피를 통해 중화점까지 반응한 OH^-의 양(mol)을 추론할 수 있다.

적용 퍼센트 농도와 몰농도의 정의를 이용하여 식초 A와 B의 몰농도를 구하는 것부터 문제 풀이를 시작해야 한다.

| 문제＋자료 분석 |

- **A의 몰농도(M)**: A의 퍼센트 농도(%)는 $100\times8w$이고, 밀도가 d_A g/mL이므로 몰농도(M)는 $\dfrac{10\times100\times8w\times d_A}{60}$이다.

- **(나)**: A 50 mL에 들어 있는 CH_3COOH의 양(mmol)은 $\dfrac{10\times100\times8w\times d_A}{60}\times50$이다. 식초 A 50 mL에 물을 넣어 Ⅰ을 만들어도 CH_3COOH의 양(mol)은 변하지 않는다. 꿀팁

- **(다)**: (나)에서 만든 수용액 100 mL 중 10 mL를 취했으므로 (다)에 들어 있는 H^+의 양(mmol)은 $\dfrac{10\times100\times8w\times d_A}{60}\times50\times\dfrac{1}{10}$이다. ······식 (1)

- **B의 몰농도(M)**: B의 퍼센트 농도(%)는 $100\times x$이고, 밀도가 d_B g/mL이므로 몰농도(M)는 $\dfrac{10\times100\times x\times d_B}{60}$이다.

- **(라)**: B 40 mL에 들어 있는 CH_3COOH의 양(mmol)은 $\dfrac{10\times100\times x\times d_B}{60}\times40$이다. 식초 B 40 mL에 물을 넣어 Ⅱ를 만들어도 CH_3COOH의 양(mol)은 변하지 않는다.

- **(마)**: (라)에서 만든 수용액 100 g 중 20 g을 취했으므로 (마)에 들어 있는 H^+의 양(mmol)은 $\dfrac{10\times100\times x\times d_B}{60}\times40\times\dfrac{2}{10}$이다. ······식 (2)

| 선택지 분석 |

④ 중화 적정에 사용된 0.2 M $NaOH(aq)$의 부피비는 (다) : (마)＝1 : 3이므로 반응한 OH^-의 양(mmol)도 (다) : (마)＝1 : 3이다.
중화점까지 반응한 H^+의 양(mol)과 OH^-의 양(mol)이 같으므로 식 (1), (2)에서 의해 다음 식이 성립한다.

$$\dfrac{10\times100\times8w\times d_A}{60}\times50\times\dfrac{1}{10} : \dfrac{10\times100\times x\times d_B}{60}\times40\times\dfrac{2}{10}$$
$$=1 : 3$$

따라서 $x\times\dfrac{d_B}{d_A}$ 는 $15w$이다.

🐝 문제 풀이 꿀팁

- **퍼센트 농도의 정의를 이용하여 주어진 조건을 해석한다.** 꿀팁
퍼센트 농도는 용액 100 g에 녹아 있는 용질의 질량(g)을 나타낸다. 따라서 (가)의 퍼센트 농도(%)는 x이다.

- **퍼센트 농도로부터 몰농도를 구한다.** 꿀팁
$$몰농도(M)=\dfrac{10\times퍼센트\ 농도(\%)\times용액의\ 밀도(g/mL)}{용질의\ 몰질량}$$
이 문제에서 식초 A와 B는 용질이 CH_3COOH으로 동일하므로, 몰농도 비는 [퍼센트 농도(%)×용액의 밀도(g/mL)]비와 같다.

다음은 25 ℃에서 식초에 들어 있는 아세트산(CH_3COOH)의 질량을 알아보기 위한 중화 적정 실험이다.

몰질량＝k

〈자료〉

○ 25 ℃에서 식초 A, B의 밀도(g/mL)는 각각 d_A, d_B이다.

〈실험 과정〉

(가) 식초 A, B를 준비한다.

(나) A 20 mL에 물을 넣어 수용액 Ⅰ 100 mL를 만든다.

(다) 50 mL의 Ⅰ에 페놀프탈레인 용액을 2~3방울 넣고 a M NaOH(aq)으로 적정하였을 때, 수용액 전체가 붉게 변하는 순간까지 넣어 준 NaOH(aq)의 부피(V)를 측정한다.

(라) B 20 mL에 물을 넣어 수용액 Ⅱ 100 g을 만든다.

(마) 50 mL의 Ⅰ 대신 50 g의 Ⅱ를 이용하여 (다)를 반복한다.

단서 H_3O^+의 양(mol)＝OH^-의 양(mol)

〈실험 결과〉

○ (다)에서 V: 10 mL

○ (마)에서 V: 25 mL

$$0.02 \times 20d_A \times \frac{50}{100} \times \frac{1}{k} = a \times 10 \times 10^{-3}$$

$$x \times 20d_B \times \frac{50}{100} \times \frac{1}{k} = a \times 25 \times 10^{-3}$$

○ 식초 A, B 각 1 g에 들어 있는 CH_3COOH의 질량

식초	A	B
CH_3COOH의 질량(g)	0.02	x

x는? (단, 온도는 25 ℃로 일정하고, 중화 적정 과정에서 식초 A, B에 포함된 물질 중 CH_3COOH만 NaOH과 반응한다.)

$$\frac{0.02 \times d_A}{x \times d_B} = \frac{2}{5} \;\Rightarrow\; x = \frac{d_A}{20d_B}$$

① $\dfrac{d_A}{20d_B}$ ② $\dfrac{d_A}{10d_B}$ ③ $\dfrac{d_B}{50d_A}$ ④ $\dfrac{d_B}{20d_A}$ ⑤ $\dfrac{d_B}{10d_A}$

단서＋발상

단서 식초 A, B 각 1 g에 들어 있는 CH_3COOH의 질량이 주어져 있으므로

발상 식초의 질량에 이 값을 곱하면 식초에 들어 있는 아세트산(CH_3COOH)의 질량을 추론할 수 있다.

적용 [질량＝밀도×부피]를 적용하여 식초 A, B의 질량을 구하는 것부터 문제 풀이를 시작해야 한다.

┃ 문제＋자료 분석 ┃

• **용액의 희석**: (나)에서 식초 A 20 mL에 물을 넣어 묽혀도 CH_3COOH의 양(mol)은 변하지 않는다. 꿀팁

• **수용액 Ⅰ** : [질량(g)＝밀도(g/mL)×부피(mL)]이므로 20 mL의 식초 A의 질량(g)은 $20d_A$이다. 표에서 식초 A 1 g에 들어 있는 CH_3COOH의 질량(g)이 0.02이므로, $20d_A$ g의 식초 A에 들어 있는 CH_3COOH의 질량(g)은 $(0.02 \times 20d_A)$이다.

(나)에서 만든 100 mL의 수용액 Ⅰ에 들어 있는 아세트산(CH_3COOH)의 질량(g)이 $(0.02 \times 20d_A)$이므로 수용액 Ⅰ 50 mL에 들어 있는 아세트산(CH_3COOH)의 질량(g)은 $\left(0.02 \times 20d_A \times \dfrac{50}{100}\right)$이고,

아세트산(CH_3COOH)의 양(mol)은 [양(mol)＝$\dfrac{질량}{몰질량}$]에서 $\left(0.02 \times 20d_A \times \dfrac{50}{100} \times \dfrac{1}{k}\right)$이다.

➡ (다)에서 중화 적정에 사용된 a M NaOH(aq) 10 mL에 들어 있는 OH^-의 양(mmol)은 $(a \times 10)$이고 중화점까지 반응한 H^+의 양(mol)과 OH^-의 양(mol)이 같으므로, $\left[0.02 \times 20d_A \times \dfrac{50}{100} \times \dfrac{1}{k} = a \times 10 \times 10^{-3}\right]$이다. … 식 (1)

• **수용액 Ⅱ** : [질량(g)＝밀도(g/mL)×부피(mL)]이므로 20 mL의 식초 B의 질량(g)은 $20d_B$이다. 표에서 식초 B 1 g에 들어 있는 CH_3COOH의 질량(g)이 x이므로, $20d_B$ g의 식초 B에 들어 있는 CH_3COOH의 질량(g)은 $(x \times 20d_B)$이다.

(라)에서 만든 100 g의 수용액 Ⅱ에 들어 있는 아세트산(CH_3COOH)의 질량(g)이 $(x \times 20d_B)$이므로 수용액 Ⅱ 50 g에 들어 있는 아세트산(CH_3COOH)의 질량(g)은 $\left(x \times 20d_B \times \dfrac{50}{100}\right)$이고,

아세트산(CH_3COOH)의 양(mol)은 [양(mol)＝$\dfrac{질량}{몰질량}$]에서 $\left(20d_B \times \dfrac{50}{100} \times \dfrac{1}{k}\right)$이다.

➡ (마)에서 중화 적정에 사용된 a M NaOH(aq) 25 mL에 들어 있는 OH^-의 양(mmol)은 $(a \times 25)$이고 중화점까지 반응한 H^+의 양(mol)과 OH^-의 양(mol)이 같으므로, $\left[20d_B \times \dfrac{50}{100} \times \dfrac{1}{k} = a \times 25 \times 10^{-3}\right]$이다. … 식(2)

➡ 식 (1), (2)에서 $x = \dfrac{d_A}{20d_B}$이다.

┃ 선택지 분석 ┃

① $\dfrac{0.02 \times d_A}{x \times d_B} = \dfrac{2}{5}$이다. 따라서 $x = \dfrac{d_A}{20d_B}$이다.

＊ **중화 반응에서의 양적 관계**

반응한 산과 염기의 가수(n), 수용액의 몰농도(M), 부피(V)의 관계

$$nMV = n'M'V'$$

(n, n': 산, 염기의 가수, M, M': 산, 염기 수용액의 몰농도(M), V, V': 산, 염기 수용액의 부피(L))

다음은 25 ℃에서 식초 A, B 각 1 g에 들어 있는 아세트산 (CH_3COOH)의 질량을 알아보기 위한 중화 적정 실험이다.

> **〈자료〉**
> ○ CH_3COOH의 몰질량(g/mol)은 60이다.
> ○ 25 ℃에서 식초 A, B의 밀도(g/mL)는 각각 d_A, d_B이다.
>
> **〈실험 과정〉**
> (가) 식초 A, B를 준비한다.
> (나) (가)의 A, B 각 10 mL에 물을 넣어 각각 50 mL 수용액 Ⅰ, Ⅱ를 만든다.
> > 단서 A 10 mL의 질량: 10 mL×d_A g/mL＝$10d_A$ g
> > B 10 mL의 질량: 10 mL×d_B g/mL＝$10d_B$ g
> (다) x mL의 Ⅰ에 페놀프탈레인 용액을 2～3방울 넣고 0.1 M $NaOH(aq)$으로 적정하였을 때, 수용액 전체가 붉게 변하는 순간까지 넣어 준 $NaOH(aq)$의 부피(V)를 측정한다.
> (라) x mL의 Ⅰ 대신 y mL의 Ⅱ를 이용하여 (다)를 반복한다.
>
> **〈실험 결과〉**
> ○ (다)에서 V: $4a$ mL
> OH^-의 양(mol): $0.1 M × \dfrac{4a}{1000} L = 4a × 10^{-4}$ mol
> ○ (라)에서 V: $5a$ mL
> OH^-의 양(mol): $0.1 M × \dfrac{5a}{1000} L = 5a × 10^{-4}$ mol
> ○ (가)에서 식초 1 g에 들어 있는 CH_3COOH의 질량
>
> | 식초 | A | B |
> |---|---|---|
> | CH_3COOH의 질량(g) | $16w$ | $15w$ |

$\dfrac{x}{y}$는? (단, 온도는 25 ℃로 일정하고, 중화 적정 과정에서 식초 A, B에 포함된 물질 중 CH_3COOH만 NaOH과 반응한다.)

$$x=\frac{2.4a×10^{-2}×50}{160d_A×w},\ y=\frac{3a×10^{-2}×50}{150d_B×w} \Rightarrow \frac{x}{y}=\frac{3d_B}{4d_A}$$

① $\dfrac{4d_B}{3d_A}$ ② $\dfrac{6d_B}{5d_A}$ ③ $\dfrac{5d_B}{6d_A}$ ④ $\dfrac{3d_B}{4d_A}$ ⑤ $\dfrac{d_B}{2d_A}$

＊중화 반응에서의 양적 관계
반응한 산과 염기의 가수(n), 수용액의 몰농도(M), 부피(V)의 관계
$$nMV = n'M'V'$$
(n, n': 산, 염기의 가수, M, M': 산, 염기 수용액의 몰농도(M),
V, V': 산, 염기 수용액의 부피(L))

단서＋발상

단서 A와 B의 밀도가 제시되어 있다.

발상 A와 B의 질량을 추론할 수 있으므로

적용 중화점까지 넣어 준 NaOH의 양(mol)을 구하여, A와 B에 들어 있는 CH_3COOH의 질량을 구하는 것부터 문제 풀이를 시작해야 한다.

│문제＋자료 분석│

step 1 **(다), (라)의 결과를 통해 CH_3COOH의 질량을 구한다.**

- x mL의 Ⅰ에 들어 있는 CH_3COOH의 양(mol)은 중화점까지 넣어 준 0.1 M $NaOH(aq)$ $4a$ mL에 들어 있는 OH^-의 양(mol)과 같다.
  ➡ $0.1 M × \dfrac{4a}{1000} L = 4a × 10^{-4}$ mol

- CH_3COOH $4a × 10^{-4}$ mol의 질량은 $4a × 10^{-4}$ mol × $\dfrac{60 g}{1 mol}$ $= 2.4a × 10^{-2}$ g이다.

- y mL의 Ⅱ에 들어 있는 CH_3COOH의 양(mol)은 중화점까지 넣어 준 0.1 M $NaOH(aq)$ $5a$ mL에 들어 있는 OH^-의 양(mol)과 같다.
  ➡ $0.1 M × \dfrac{5a}{1000} L = 5a × 10^{-4}$ mol

- CH_3COOH $5a × 10^{-4}$ mol의 질량은 $5a × 10^{-4}$ mol × $\dfrac{60 g}{1 mol}$ $= 3a × 10^{-2}$ g이다.

step 2 **(나)에서 수용액 Ⅰ, Ⅱ에 들어 있는 CH_3COOH의 질량을 구한다.**

- (나)에서 50 mL 수용액 Ⅰ에 들어 있는 CH_3COOH의 질량을 w_A g이라고 하면 x mL : $2.4a × 10^{-2}$ g＝50 mL : w_A g에서 $w_A = \dfrac{2.4a × 10^{-2} × 50}{x}$ ⋯⋯⋯식 (1)이다.

- (나)에서 50 mL 수용액 Ⅱ에 들어 있는 CH_3COOH의 질량을 w_B g이라고 하면 y mL : $3a × 10^{-2}$ g＝50 mL : w_B g에서 $w_B = \dfrac{3a × 10^{-2} × 60}{y}$ ⋯⋯⋯식 (2)이다.

step 3 **(가)에서 식초 1 g에 들어 있는 CH_3COOH의 질량을 구한다.**

- (가)의 식초 A 10 mL의 질량은 10 mL×d_A g/mL＝$10d_A$ g이고, 이때 CH_3COOH의 질량을 w_A g이라고 하면 (가)에서 식초 A 1 g에 들어 있는 CH_3COOH의 질량이 $16w$ g이므로 $10d_A$ g : w_A g＝1 g : $16w$ g에서 $w_A = 160d_A × w$ ⋯⋯⋯식 (3)이다.

- (가)의 식초 B 10 mL의 질량은 10 mL×d_B g/mL＝$10d_B$ g이고, 이때 CH_3COOH의 질량을 w_B g이라고 하면 (가)에서 식초 B 1 g에 들어 있는 CH_3COOH의 질량이 $15w$ g이므로 $10d_B$ g : w_B g＝1 g : $15w$ g에서 $w_B = 150d_B × w$ ⋯⋯⋯식 (4)이다.

│선택지 분석│

④ (나)에서 (가)의 A, B 각 10 mL에 물을 넣어 각각 50 mL 수용액 Ⅰ, Ⅱ를 만들었으므로 (가)의 A 10 mL와 50 mL 수용액 Ⅰ에 들어 있는 CH_3COOH의 질량은 w_A g으로 같고, (가)의 B 10 mL와 50 mL 수용액 Ⅱ에 들어 있는 CH_3COOH의 질량은 w_B g으로 같다.

식 (1)과 (3)에서 $x = \dfrac{2.4a × 10^{-2} × 50}{160d_A × w}$ 이고,

식 (2)와 (4)에서 $y = \dfrac{3a × 10^{-2} × 50}{150d_B × w}$ 이다.

따라서 $\dfrac{x}{y} = \dfrac{3d_B}{4d_A}$ 이다.

왜 틀렸나?

- (가)의 A, B 각 10 mL에 물을 각각 넣어 만든 50 mL 수용액 Ⅰ, Ⅱ에서 물을 넣어도 CH_3COOH의 질량은 변하지 않는다는 사실을 파악한 후, 식 (1)과 (3), 식 (2)와 (4)에서 x, y를 구하기가 쉽지 않다.

다음은 아세트산(CH_3COOH) 수용액의 농도를 알아보기 위한 중화 적정 실험이다.

〈실험 과정〉

(가) a M $CH_3COOH(aq)$ V_1 mL에 물을 넣어 100 mL 수용액을 만든다.

　　단서 용액의 희석 ➡ (가)에서 만든 수용액의 농도(M)$= a \times \dfrac{V_1}{100}$

(나) (가)에서 만든 수용액 $\boxed{20\ mL}$를 삼각 플라스크에 넣고 페놀프탈레인 용액 2～3방울을 넣는다.

(다) (나)의 삼각 플라스크 속 수용액 전체가 붉은색으로 변하는 순간까지 b M $NaOH(aq)$을 가하고, 적정에 사용된 $NaOH(aq)$의 부피를 구한다.

〈실험 결과〉

○ 적정에 사용된 $NaOH(aq)$의 부피: $\boxed{V_2\ mL}$

중화점까지 반응한 H^+의 양(mol)$=OH^-$의 양(mol)

$$a \times \dfrac{V_1}{100}\ \text{M} \times \dfrac{20}{1000}\ \text{L} = b\ \text{M} \times \dfrac{V_2}{1000}\ \text{L}$$

$$\therefore a = \dfrac{5bV_2}{V_1}$$

---

a는? (단, 온도는 25 ℃로 일정하다.)

① $\dfrac{bV_2}{5V_1}$　② $\dfrac{bV_2}{V_1}$　③ $\dfrac{5bV_2}{V_1}$　④ $\dfrac{V_1}{bV_2}$　⑤ $\dfrac{5V_1}{bV_2}$

단서＋발상

단서 중화 적정에 사용된 b M $NaOH(aq)$의 부피가 주어져 있으므로

적용 중화점까지 반응한 H^+의 양(mol)과 OH^-의 양(mol)이 같음을 적용하여 a를 구한다.

｜문제＋자료 분석｜

- (가) **용액의 희석** : a M $CH_3COOH(aq)$에 물을 넣어 묽혀도 CH_3COOH의 양(mol)은 변하지 않는다. **꿀팁**
  따라서 a M $CH_3COOH(aq)$ V_1 mL에 물을 넣어 100 mL로 만든 $CH_3COOH(aq)$의 몰농도(M)는 $a \times \dfrac{V_1}{100}$이다.

- (나) : $a \times \dfrac{V_1}{100}$ M $CH_3COOH(aq)$ 20 mL에 들어 있는
  H^+의 양(mol)은 $a \times \dfrac{V_1}{100} \times \dfrac{20}{1000}$이다.

- (다) : 중화 적정에 사용된 b M $NaOH(aq)$ V_2 mL에 들어 있는
  OH^-의 양(mol)은 $b \times \dfrac{V_2}{1000}$이다.

｜선택지 분석｜

③ 중화점까지 반응한 H^+의 양(mol)과 OH^-의 양(mol)이 같으므로
$a \times \dfrac{V_1}{100} \times \dfrac{20}{1000} = b \times \dfrac{V_2}{1000}$이다. 따라서 $a = \dfrac{5bV_2}{V_1}$이다.

＊중화 반응에서의 양적 관계

- 반응한 산과 염기의 가수(n), 수용액의 몰농도(M), 부피(V)의 관계
$$nMV = n'M'V'$$
(n, n': 산, 염기의 가수, M, M': 산, 염기 수용액의 몰농도(M), V, V': 산, 염기 수용액의 부피(L))

다음은 25 ℃에서 식초 1 g에 들어 있는 아세트산(CH_3COOH)의 질량을 알아보기 위한 중화 적정 실험이다.

〈실험 과정〉

(가) $\boxed{식초\ 10\ g}$을 준비한다.

　　단서 ┌ 부피(mL)$= \dfrac{50}{d}$

(나) (가)의 식초에 물을 넣어 25 ℃에서 밀도가 d g/mL인 수용액 50 g을 만든다. ➡ 식초 수용액의 몰농도(M)$= M$

(다) (나)에서 만든 수용액 20 mL에 페놀프탈레인 용액을 2～3방울 넣고 x M $NaOH(aq)$으로 적정한다.

(라) (다)의 수용액 전체가 붉게 변하는 순간까지 넣어 준 $NaOH(aq)$의 부피(V)를 측정한다.

〈실험 결과〉　$\times \dfrac{1}{10}$　　$M \times 20 = x \times 50 = \dfrac{50}{d} \Rightarrow M = \dfrac{5}{2}x$

○ V: 50 mL

○ (가)에서 $\boxed{식초\ 1\ g}$에 들어 있는 CH_3COOH의 질량 : a g

---

x는? (단, CH_3COOH의 몰질량(g/mol)은 60이고, 온도는 25 ℃로 일정하며, 중화 적정 과정에서 식초에 포함된 물질 중 CH_3COOH만 $NaOH$과 반응한다.) $\dfrac{3x}{4d} = a \Rightarrow x = \dfrac{4ad}{3}$

① $\dfrac{ad}{3}$　② $\dfrac{2ad}{3}$　③ ad　④ $\dfrac{4ad}{3}$　⑤ $\dfrac{5ad}{3}$

단서＋발상

단서 (나)에서 만든 식초 수용액의 밀도와 질량이 주어져 있으므로

발상 (나)에서 만든 식초 수용액의 부피를 추론할 수 있다.

｜문제＋자료 분석｜

- 중화점까지 반응한 H^+의 양(mol)은 중화점까지 넣어준 OH^-의 양(mol)과 같다. (나)에서 만든 식초 수용액의 몰농도(M)를 M이라 하면, 식초 수용액 20 mL에 들어 있는 H^+의 양(mmol)과 x M $NaOH(aq)$ 50 mL에 들어 있는 OH^-의 양(mmol)이 같으므로 $M \times 20 = x \times 50$에서 $M = \dfrac{5}{2}x$이다.

- (나)에서 만든 식초 수용액의 밀도(g/mL)가 d, 질량(g)이 50이므로 수용액의 부피(mL)는 $\dfrac{50}{d}$이다.

- 용질의 양(mol)＝몰농도(M)×부피(L)이므로 (나)에서 만든 식초 수용액에 들어 있는 아세트산(CH_3COOH)의 양(mol)은 $\dfrac{5}{2}x \times \dfrac{50}{d} \times 10^{-3} = \dfrac{x}{8d}$ 이고, 질량(g)은 CH_3COOH의 몰질량이 60이므로 $\dfrac{x}{8d} \times 60 = \dfrac{15x}{2d}$이다.

- 식초 10 g에 들어 있는 아세트산(CH_3COOH)의 질량(g)이 $\dfrac{15x}{2d}$이므로 식초 1 g에 들어 있는 아세트산(CH_3COOH)의 질량(g)은 $\dfrac{15x}{2d} \times \dfrac{1}{10} = \dfrac{3x}{4d}$이다. 따라서 $\dfrac{3x}{4d} = a$에서 $x = \dfrac{4ad}{3}$이다.

｜선택지 분석｜

④ 식초 1 g에 들어 있는 아세트산(CH_3COOH)의 질량(g)은 $\dfrac{3x}{4d} = a$이다.
따라서 $x = \dfrac{4ad}{3}$이다.

다음은 25 ℃에서 $CH_3COOH(aq)$의 중화 적정 실험이다.

〈실험 과정〉

(가) x M $CH_3COOH(aq)$ 10 mL에 물을 넣어 ㉠ 100 mL 수용액을 만든다. ➡ CH_3COOH의 양(mmol)=$10x$

(나) (가)에서 만든 수용액 40 mL를 삼각 플라스크에 넣고, 페놀프탈레인 용액을 2~3 방울 떨어뜨린다.

(다) 그림과 같이 ㉡ 뷰렛 에 들어 있는 0.2 M $NaOH(aq)$을 (나)의 삼각 플라스크에 한 방울씩 떨어뜨리면서 삼각 플라스크를 흔들어 준다.

(라) (다)의 삼각 플라스크 속 수용액 전체가 붉게 변하는 순간 적정을 멈추고, 적정에 사용된 $NaOH(aq)$의 부피(V)를 측정한다. 중화점까지 반응한 H^+의 양(mmol)=OH^-의 양(mmol)

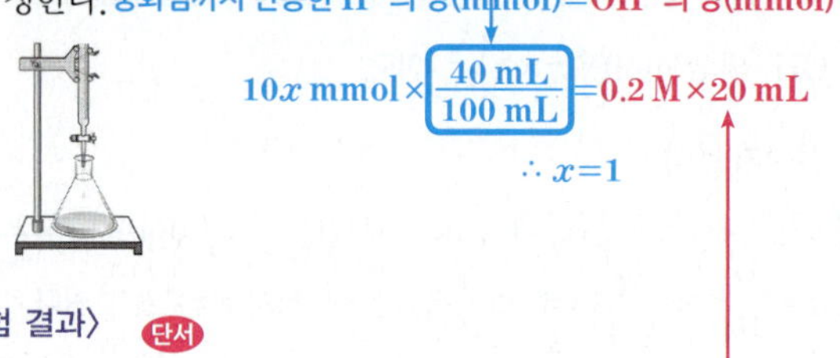

$$10x \text{ mmol} \times \frac{40 \text{ mL}}{100 \text{ mL}} = 0.2 \text{ M} \times 20 \text{ mL}$$
$$\therefore x=1$$

〈실험 결과〉 단서

○ V: 20 mL

| 문제+자료 분석 |

- **(가) 용액의 희석**: (가)에서 x M $CH_3COOH(aq)$ 10 mL에 물을 넣어 묽혀도 CH_3COOH의 양(mol)은 변하지 않는다.
  ➡ 물을 넣어 만든 100 mL 수용액에 들어 있는 아세트산(CH_3COOH)의 양(mmol)은 $10x$이다.

이에 대한 설명으로 옳은 것만을 〈보기〉에서 있는 대로 고른 것은? (단, 온도는 25 ℃로 일정하다.)

[보기]

ㄱ. '뷰렛'은 ㉡으로 적절하다. 가해지는 표준 용액의 부피를 측정하는 실험 기구 ➡ 뷰렛
ㄴ. $x=0.1$이다. $4x=4 \Rightarrow x=1$
ㄷ. ㉠을 200 mL로 달리하여 과정 (가)~(라)를 반복하면, $V=40$ mL이다. $V=20 \text{ mL} \times \frac{1}{2}=10 \text{ mL}$

① ㄱ ② ㄴ ③ ㄷ ④ ㄱ, ㄴ ⑤ ㄱ, ㄷ

- **(나)**: (가)에서 만든 수용액 100 mL 중 (나)에서는 40 mL를 취했으므로, 40 mL의 수용액에 들어 있는 H^+의 양(mmol)은 $10x \times \frac{40}{100}=4x$이다.
- **(다)**: 중화 적정에 사용된 0.2 M $NaOH(aq)$ 20 mL에 들어 있는 OH^-의 양(mmol)은 $0.2 \times 20=4$이다.
- 중화점까지 반응한 H^+의 양(mmol)과 OH^-의 양(mmol)이 같으므로 $4x=4$이다. 따라서 $x=1$이다.

| 보기 분석 |

ㄱ. 중화 적정에서 가해지는 표준 용액의 부피를 측정할 때 사용하는 실험 기구는 뷰렛이다. 따라서 '뷰렛'은 ㉡으로 적절하다.
ㄴ. 중화점까지 반응한 H^+의 양(mmol)은 $4x$이고, OH^-의 양(mmol)은 4이다.
따라서 $4x=4$에서 $x=1$이다.
ㄷ. ㉠(100 mL)을 200 mL로 부피를 2배 하면, (나)에서 수용액 40 mL에 들어 있는 H^+의 양(mmol)은 $\frac{1}{2}$배가 되므로 중화점까지 반응하는 OH^-의 양(mmol)도 $\frac{1}{2}$배가 된다.
따라서 $V=20 \text{ mL} \times \frac{1}{2}=10 \text{ mL}$이다.

다음은 중화 적정을 이용하여 식초 A에 들어 있는 아세트산 (CH_3COOH)의 질량을 알아보기 위한 실험이다.

〈자료〉

○ CH_3COOH의 몰질량(g/mol)은 60이다. 식초 A의 몰농도 $=\frac{50wd}{3}$
○ 25 ℃에서 식초 A의 밀도는 d g/mL이다.

식초 A에 들어 있는 CH_3COOH의 양(mmol) $=\frac{50wd}{3} \times 10=\frac{500wd}{3}$

〈실험 과정〉

(가) 25 ℃에서 식초 A 10 mL에 물을 넣어 수용액 100 mL를 만든다.

(나) (가)에서 만든 수용액 20 mL를 삼각 플라스크에 넣고 페놀프탈레인 용액을 2~3방울 떨어뜨린다.

(다) 그림과 같이 0.2 M $KOH(aq)$을 ㉠ 뷰렛 에 넣고 꼭지를 열어 (나)의 삼각 플라스크에 한 방울씩 떨어 뜨리면서 삼각 플라스크를 흔들어 준다.

(라) (다)의 삼각 플라스크 속 수용액 전체가 붉은색으로 변하는 순간까지 넣어 준 $KOH(aq)$의 부피(V)를 측정한다.

〈실험 결과〉 중화점까지 반응한 H^+의 양(mmol)=OH^-의 양(mmol)

○ V: 10 mL $\quad \frac{500wd}{3} \times \frac{20}{100}=0.2 \times 10$
○ 식초 A 1 g에 들어 있는 CH_3COOH의 질량: w g
단서 ➡ 퍼센트 농도(%)=$100w$

이에 대한 설명으로 옳은 것만을 〈보기〉에서 있는 대로 고른 것은? (단, 온도는 25 ℃로 일정하고, 중화 적정 과정에서 식초 A에 포함된 물질 중 CH_3COOH만 KOH과 반응한다.)

[보기]

ㄱ. '뷰렛'은 ㉠으로 적절하다. 가해지는 표준 용액의 부피를 측정하는 실험 기구 ➡ 뷰렛
ㄴ. (나)의 삼각 플라스크에 들어 있는 CH_3COOH의 양은 2×10^{-3} mol이다. 반응한 0.2 M $KOH(aq)$의 부피 10 mL ➡ OH^-의 양=2×10^{-3} mol
ㄷ. $w=\frac{3}{50d}$이다. $\frac{500wd}{3} \times \frac{20}{100}=0.2 \times 10 \Rightarrow w=\frac{3}{50d}$

① ㄱ ② ㄷ ③ ㄱ, ㄴ ④ ㄴ, ㄷ ⑤ ㄱ, ㄴ, ㄷ

단서 중화 적정에 사용된 0.2 M KOH(aq)의 부피가 제시되어 있다.

발상 중화점까지 반응한 H^+의 양(mol)과 OH^-의 양(mol)을 추론할 수 있다.

적용 퍼센트 농도와 몰농도의 정의를 이용하여 식초 A의 몰농도를 구하는 것부터 문제 풀이를 시작해야 한다.

| 문제+자료 분석 |

- **몰농도(M)**: 식초 A의 퍼센트 농도(%)는 $100w$이고, 밀도가 d g/mL이므로 몰농도(M)는 $\dfrac{50wd}{3}$이다.

- **(가)**: 식초 A 10 mL에 들어 있는 CH_3COOH의 양(mmol)은 $\dfrac{50wd}{3} \times 10 = \dfrac{500wd}{3}$이다.

- **(나)**: (가)에서 만든 수용액 100 mL 중 20 mL를 취했으므로 (나)에 들어 있는 H^+의 양(mmol)은 $\dfrac{500wd}{3} \times \dfrac{20}{100} = \dfrac{100wd}{3}$이다.

- **(다)**: 중화 적정에 사용된 0.2 M KOH(aq) 10 mL에 들어 있는 OH^-의 양(mmol)은 $(0.2 \times 10 =)2$이다.

| 보기 분석 |

ㄱ 중화 적정에서 가해지는 표준 용액의 부피를 측정할 때 사용하는 실험 기구는 뷰렛이다. 따라서 '뷰렛'은 ㉠으로 적절하다.

ㄴ 중화점까지 반응한 H^+의 양(mol)은 중화점까지 반응한 OH^-의 양(mol)과 같다. 중화점까지 반응한 0.2 M KOH(aq)의 부피가 10 mL이므로 OH^-의 양(mol)은 2×10^{-3}이다. 중화점까지 반응한 H^+의 양(mol)과 OH^-의 양(mol)은 같으므로 (나)의 삼각 플라스크에 들어 있는 CH_3COOH의 양은 2×10^{-3} mol이다.

ㄷ 중화점까지 반응한 H^+의 양(mmol)과 OH^-의 양(mmol)은 같으므로 $\dfrac{500wd}{3} \times \dfrac{20}{100} = 0.2 \times 10$이다. 이를 정리하면 $w = \dfrac{3}{50d}$이다.

문제 풀이 꿀팁

- 퍼센트 농도의 정의를 이용하여 주어진 조건을 해석한다. 꿀팁
  퍼센트 농도는 용액 100 g에 녹아 있는 용질의 질량(g)을 나타낸다.
- 퍼센트 농도로부터 몰농도를 구한다. 꿀팁
  $$몰농도(M) = \dfrac{10 \times 퍼센트 농도(\%) \times 용액의 밀도(g/mL)}{용질의 몰질량}$$

N 12 정답 ④ ＊중화 적정 ⋯⋯⋯⋯⋯⋯⋯⋯⋯⋯ [정답률 68%] **2024 실시 3월 학평 11 / 화학 Ⅰ (고3) 변형** 

다음은 아세트산(CH_3COOH) 수용액 A 100 g에 들어 있는 CH_3COOH의 질량을 구하기 위한 중화 적정 실험이다.

〈실험 과정〉

(가) 수용액 A 100 g에 물을 넣어 500 mL 수용액 B를 만든다.

(나) 수용액 B 10 mL를 삼각 플라스크에 넣고 페놀프탈레인 용액을 2 ~ 3방울 떨어뜨린다.

(다) (나)의 수용액에 0.2 M NaOH(aq)을 가하면서 삼각 플라스크를 잘 흔들어 주고, 혼합 용액 전체가 붉은색으로 변하는 순간까지 넣어 준 NaOH(aq)의 부피(V)를 측정한다.

중화점까지 반응한 H^+의 양(mol)=OH^-의 양(mol)

$$\dfrac{x}{60}\ mol \times \dfrac{10\ mL}{500\ mL} = 0.2\ M \times \dfrac{20}{1000}\ L$$
$$\therefore x = 12$$

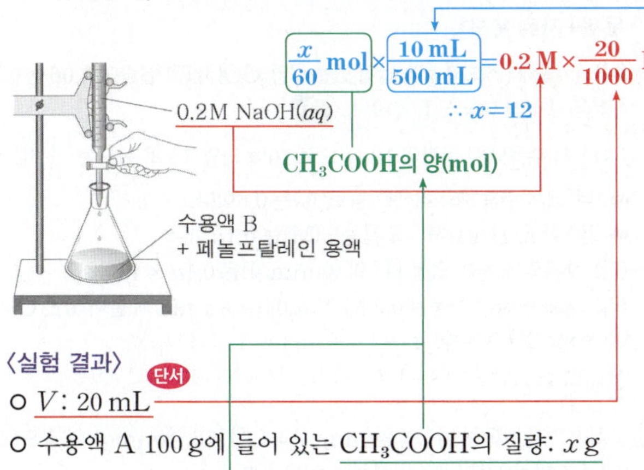

〈실험 결과〉 **단서**

○ V: 20 mL

○ 수용액 A 100 g에 들어 있는 CH_3COOH의 질량: x g

x 는? (단, CH_3COOH의 몰질량(g/mol)은 60이고, 온도는 일정하다.) $\dfrac{x}{60}\ mol \times \dfrac{1}{50} = 0.2\ M \times \dfrac{20}{1000}\ L \rightarrow x = 12$

① $\dfrac{3}{5}$ ② $\dfrac{6}{5}$ ③ 6 ④ 12 ⑤ 15

| 단서+발상 |

단서 중화 적정에 사용된 0.2 M NaOH(aq)의 부피가 제시되어 있다.

발상 중화점까지 반응한 H^+의 양(mol)과 OH^-의 양(mol)이 같음을 적용하여 x를 추론할 수 있다.

| 문제+자료 분석 |

- **(가) 용액의 희석**: 아세트산(CH_3COOH) 수용액 A 100 g에 물을 넣어 묽혀도 CH_3COOH의 양(mol)은 변하지 않는다. 꿀팁
  따라서 물을 넣어 만든 500 mL 수용액 B에 들어 있는 아세트산(CH_3COOH)의 양(mol)은 $\dfrac{x}{60}$이다.

- **(나)**: 수용액 B 500 mL 중 10 mL를 취했으므로, 10 mL의 수용액 B에 들어 있는 H^+의 양(mol)은 $\dfrac{x}{60}\ mol \times \dfrac{10\ mL}{500\ mL}$이다.

- **(다)**: 중화 적정에 사용된 0.2 M NaOH(aq) 20 mL에 들어 있는 OH^-의 양(mol)은 $0.2\ M \times \dfrac{20}{1000}\ L$이다. **함정**

| 선택지 분석 |

④ 중화점까지 반응한 H^+의 양(mol)과 OH^-의 양(mol)이 같으므로 $\dfrac{x}{60}\ mol \times \dfrac{1}{50} = 0.2\ M \times \dfrac{20}{1000}\ L$이다. 따라서 $x = 12$이다.

왜 틀렸나?

$V = 20$ mL에서 mL를 L로 환산해야 함을 주의해야 한다.

N 13 정답 ① ＊중화 적정

다음은 25 °C에서 밀도가 d g/mL인 아세트산(CH_3COOH) 수용액 A에 들어 있는 용질의 질량을 구하기 위한 중화 적정 실험이다. CH_3COOH의 몰질량(g/mol)은 60이다.
단서 A의 몰농도$=\dfrac{1}{6}xd$

〈실험 과정〉 → 식초 A에 들어 있는 CH_3COOH의 양(mmol)$=\dfrac{1}{6}xd\times100$
(가) 수용액 A 100 mL에 물을 넣어 500 mL 수용액 B를 만든다.
(나) B 20 mL를 삼각 플라스크에 넣고 페놀프탈레인 용액을 2 ~ 3방울 떨어뜨린다.
(다) (나)의 삼각 플라스크에 혼합 용액 전체가 붉은색으로 변하는 순간까지 0.1 M $NaOH(aq)$을 가하고, 적정에 사용된 $NaOH(aq)$의 부피를 측정한다.
중화점까지 반응한 H^+의 양(mmol)$=OH^-$의 양(mmol)

〈실험 결과〉 $\dfrac{1}{6}xd\times100\times\dfrac{20}{500}=0.1\times10$
○ 적정에 사용된 $NaOH(aq)$의 부피: 10 mL
○ A 100 g에 들어 있는 CH_3COOH의 질량: x g
➡ 퍼센트 농도(%)$=x$

이에 대한 옳은 설명만을 〈보기〉에서 있는 대로 고른 것은?
(단, 온도는 25 °C로 일정하다.) (3점)

─[보기]─
ㄱ. (다)에서 생성된 H_2O의 양은 0.001 mol이다.
ㄴ. A의 몰농도는 0.5 M이다. 0.25 M
ㄷ. $x=\dfrac{3}{d}$이다. $x=\dfrac{3}{2d}$

① ㄱ   ② ㄴ   ③ ㄱ, ㄷ   ④ ㄴ, ㄷ   ⑤ ㄱ, ㄴ, ㄷ

단서＋발상
단서 A 100 g에 들어 있는 CH_3COOH의 질량이 제시되어 있다.
발상 중화 적정에 사용된 0.1 M $NaOH(aq)$의 부피를 통해 중화점까지 반응한 OH^-의 양(mol)을 추론할 수 있다.

| 문제＋자료 분석 |
• **A의 몰농도(M):** A의 퍼센트 농도(%)는 x이고, 밀도가 d g/mL이므로 몰농도(M)는 $\left(\dfrac{10\times x\times d}{60}=\right)\dfrac{1}{6}xd$이다.
• **(가):** A 100 mL에 들어 있는 CH_3COOH의 양(mmol)은 $\dfrac{1}{6}xd\times100=\dfrac{50}{3}xd$이다.
• **(나):** (가)에서 만든 수용액 500 mL 중 20 mL를 취했으므로 (나)에 들어 있는 CH_3COOH의 양(mmol)은 $\dfrac{50}{3}xd\times\dfrac{20}{500}=\dfrac{2}{3}xd$이다.
• **(다):** 중화 적정에 사용된 0.1 M $NaOH(aq)$ 10 mL에 들어 있는 OH^-의 양(mmol)은 $0.1\times10=1$이다.

| 보기 분석 |
ㄱ. (다)에서 생성된 H_2O의 양은 중화점까지 반응한 OH^-의 양(mol)과 같다. 중화점까지 반응한 0.1 M $NaOH(aq)$의 부피가 10 mL이므로 OH^-의 양(mol)은 0.001이다.
ㄴ. A의 몰농도는 $\dfrac{1}{6}xd$이므로 중화점까지 반응한 H^+의 양(mmol)은 $\dfrac{1}{6}xd\times100\times\dfrac{20}{500}$이고, 중화점까지 반응한 OH^-의 양(mmol)은 1이다. 중화점까지 반응한 H^+의 양(mmol)과 OH^-의 양(mmol)은 같으므로 $\dfrac{1}{6}xd\times100\times\dfrac{20}{500}=1$에서 $\dfrac{1}{6}xd=\dfrac{1}{4}$이다.
따라서 A의 몰농도는 $\dfrac{1}{4}$ M이다.
ㄷ. $\dfrac{1}{6}xd=\dfrac{1}{4}$이므로 $x=\dfrac{3}{2d}$이다.

N 14 정답 ② ＊중화 적정

다음은 25 °C에서 식초 1 g에 들어 있는 아세트산(CH_3COOH)의 질량을 알아보기 위한 중화 적정 실험이다.

〈실험 과정〉 퍼센트 농도 $\dfrac{1}{10}$배
(가) 식초 10 g을 준비한다. ➡ (나)에서 수용액의 퍼센트 농도$=0.6\%$
(나) (가)의 식초에 물을 넣어 25 °C에서 밀도가 d g/mL인 수용액 100 g을 만든다. (나)에서 수용액의 몰농도$=0.1d$ M
(다) (나)에서 만든 수용액 40 mL를 삼각 플라스크에 넣고 페놀프탈레인 용액을 2 ~ 3방울 떨어뜨린다.
(라) (다)의 삼각 플라스크에 0.2 M $NaOH(aq)$을 한 방울씩 떨어뜨리면서 삼각 플라스크를 흔들어 준다.
(마) (라)의 수용액 전체가 붉게 변하는 순간 적정을 멈추고 적정에 사용된 $NaOH(aq)$의 부피(V)를 측정한다.
중화점까지 반응한 H^+의 양(mmol)$=OH^-$의 양(mmol)

〈실험 결과〉 $0.1d\times40=0.2\times x$
○ V: x mL $x=20d$ 단서
○ (가)에서 식초 1 g에 들어 있는 CH_3COOH의 질량: 0.06 g
100 g에 들어 있는 CH_3COOH의 질량 : 6 g ➡ 퍼센트 농도$=6\%$

x는? (단, CH_3COOH의 몰질량(g/mol)은 60이고, 온도는 25 °C로 일정하며, 중화 적정 과정에서 식초에 포함된 물질 중 CH_3COOH만 NaOH과 반응한다.) $0.1d\times40=0.2x$ ➡ $x=20d$

① $10d$ ② $20d$ ③ $30d$ ④ $40d$ ⑤ $50d$

단서＋발상
단서 (가)에서 식초 1 g에 들어 있는 CH_3COOH의 질량이 제시되어 있다.
발상 중화점까지 반응한 H^+의 양(mol)과 OH^-의 양(mol)이 같음을 적용하여 x를 추론할 수 있다.

| 문제＋자료 분석 |
• **(나):** (가)에서 식초 1 g에 들어 있는 CH_3COOH의 질량이 0.06 g이므로 식초의 퍼센트 농도는 6 %이다. 꿀팁
(나)에서 수용액의 질량이 100 g으로 10배 되었으므로 농도는 $\dfrac{1}{10}$배 된다.
➡ (나)에서 수용액의 퍼센트 농도(%)는 0.6이다.
➡ 밀도가 d g/mL이므로 몰농도(M)는 $0.1d$이다.
• **(다):** 수용액에 들어 있는 H^+의 양(mmol)은 $0.1d\times40$이다.
• **(라):** 중화 적정에 사용된 0.2 M $NaOH(aq)$ x mL에 들어 있는 OH^-의 양(mmol)은 $0.2x$이다.

| 선택지 분석 |
② 중화점까지 반응한 H^+의 양(mmol)과 OH^-의 양(mmol)이 같으므로 $0.1d\times40=0.2x$이다. 따라서 $x=20d$이다.

문제 풀이 꿀팁
• **퍼센트 농도의 정의를 이용하여 주어진 조건을 해석한다.** 꿀팁
퍼센트 농도는 용액 100 g에 들어 있는 용질의 질량(g)을 나타낸다. 따라서 (가)의 퍼센트 농도는 6 %이다.
• **퍼센트 농도로부터 몰농도를 구한다.** 꿀팁
$$\text{몰농도(M)}=\dfrac{10\times\text{퍼센트 농도(\%)}\times\text{용액의 밀도(g/mL)}}{\text{용질의 몰질량}}$$

다음은 아세트산(CH_3COOH) 수용액 100 g에 들어 있는 용질의 질량을 알아보기 위한 중화 적정 실험이다. CH_3COOH의 몰질량(g/mol)은 60이다.

〈실험 과정〉

(가)의 수용액의 몰농도 $= \dfrac{xd}{6}$

(가) 25 ℃에서 밀도가 d g/mL인 $CH_3COOH(aq)$을 준비한다.

(나) (가)의 수용액 10 mL에 물을 넣어 50 mL 수용액을 만든다.

(다) (나)에서 만든 수용액 20 mL에 페놀프탈레인 용액을 2~3 방울 넣고 0.1 M $NaOH(aq)$으로 적정하였을 때, 수용액 전체가 붉게 변하는 순간까지 넣어 준 $NaOH(aq)$의 부피(V)를 측정한다.

〈실험 결과〉

○ V : a mL → Na^+의 양(mmol)$=0.1a=0.08(a+20)$ → $a=80$

○ (다) 과정 후 혼합 용액에 존재하는 Na^+의 몰농도: 0.08 M

○ (가)의 수용액 100 g에 들어 있는 용질의 질량: x g

단서 → 퍼센트 농도$=x$ %

x 는? (단, 온도는 25 ℃로 일정하고, 혼합 용액의 부피는 혼합 전 각 용액의 부피의 합과 같으며, 넣어 준 페놀프탈레인 용액의 부피는 무시한다.) (3점)

$\dfrac{2xd}{3}=8$ → $x=\dfrac{12}{d}$

① $\dfrac{4}{d}$ ② $\dfrac{24d}{5}$ ③ $\dfrac{24}{5d}$ ④ $12d$ ⑤ $\dfrac{12}{d}$

단서+발상

단서 밀도가 d인 CH_3COOH의 중화 적정 실험이 제시되어 있다.

발상 중화 적정에 사용된 0.1 M $NaOH(aq)$의 부피를 통해 중화점까지 반응한 Na^+의 몰농도(M)를 추론할 수 있다.

| 문제+자료 분석 |

- 구경꾼 이온인 Na^+의 양은 일정하므로, 반응 전 0.1M $NaOH(aq)$ a mL에 존재하는 Na^+의 양(mmol)과 (다) 과정 후 혼합 용액에 존재하는 Na^+의 양(mmol)은 같다. 꿀팁
  0.1M $NaOH(aq)$ a mL에 존재하는 Na^+의 양(mmol)$=0.1a$
  (다) 과정 후 혼합 용액에 존재하는 Na^+의 양(mmol)$=0.08(a+20)$
  ➡ $0.1a=0.08(a+20)$에서 $a=80$이다.

- (가)에서 수용액의 퍼센트 농도(%)는 x이고, 밀도가 d g/mL이므로 몰농도(M)는 $\dfrac{xd}{6}$이다.

  따라서 (나)에서 수용액에 들어 있는 H^+의 양(mmol)은 $\dfrac{xd}{6}\times 10$이고,
  (나)에서 만든 수용액 50 mL 중 20 mL를 취했으므로
  (다)에서 수용액에 들어 있는 H^+의 양(mmol)은 $\dfrac{xd}{6}\times 10\times \dfrac{2}{5}=\dfrac{2xd}{3}$ 이다.

- (다)에서 중화 적정에 사용된 0.1 M $NaOH(aq)$ $a(=80)$mL에 들어 있는 OH^-의 양(mmol)은 8이다.

| 선택지 분석 |

⑤ 중화점까지 반응한 H^+의 양(mmol)과 OH^-의 양(mmol)이 같으므로
$\dfrac{2xd}{3}=8$이다. 따라서 $x=\dfrac{12}{d}$이다.

다음은 25 ℃에서 식초 A 1 g에 들어 있는 아세트산(CH_3COOH)의 질량을 알아보기 위한 중화 적정 실험이다.

〈자료〉

○ 25 ℃에서 식초 A의 밀도: d g/mL

○ CH_3COOH의 몰질량(g/mol): 60

〈실험 과정 및 결과〉

(가) 식초 A 10 mL에 물을 넣어 수용액 50 mL를 만들었다.

단서 질량 : $10\,mL \times d\,g/mL=10dg$

$1g : \dfrac{5}{6}\times 10^{-3}mol=10dg : \dfrac{5}{6}d\times 10^{-2}mol$

➡ 식초 A 10 mL에 들어 있는 CH_3COOH의 양 : $\dfrac{5}{6}d\times 10^{-2}$ mol

→ CH_3COOH의 양 : $\left(\dfrac{5}{6}d\times 10^{-2}\times \dfrac{2}{5}=\right)\dfrac{d}{3}\times 10^{-2}$ mol

(나) (가)의 수용액 20 mL에 페놀프탈레인 용액을 2~3방울 넣고 a M $KOH(aq)$으로 적정하였을 때, 수용액 전체가 붉게 변하는 순간까지 넣어 준 $KOH(aq)$의 부피는 30 mL이었다. 중화점

OH^-의 양(mol) : a M$\times \dfrac{30}{1000}$ L

(다) (나)의 적정 결과로부터 구한 식초 A 1 g에 들어 있는 CH_3COOH의 질량은 0.05 g이었다.

식초 A 1 g에 들어 있는 CH_3COOH의 양 : $\dfrac{0.05g}{60g/mol}=\dfrac{5}{6}\times 10^{-3}$ mol

a는? (단, 온도는 25 ℃로 일정하고, 중화 적정 과정에서 식초 A에 포함된 물질 중 CH_3COOH만 KOH과 반응한다.) (3점)

① $\dfrac{d}{9}$ ② $\dfrac{d}{6}$ ③ $\dfrac{5d}{18}$ ④ $\dfrac{d}{3}$ ⑤ $\dfrac{5d}{9}$

단서+발상

단서 식초 A 1 g에 들어 있는 CH_3COOH의 질량이 제시되어 있다.

발상 밀도 d를 이용해 CH_3COOH의 양(mol)을 추론할 수 있다.

적용 중화 적정에 사용된 a M $KOH(aq)$의 부피를 통해 중화점까지 반응한 OH^-의 양(mol)을 구하는 것부터 문제 풀이를 시작해야 한다.

| 문제+자료 분석 |

- 식초 A 1g에 들어 있는 CH_3COOH의 질량이 0.05g이므로 식초 A 1g에 들어 있는 CH_3COOH의 양은
  $\dfrac{0.05\,g}{60g/mol}=\dfrac{5}{6}\times 10^{-3}$mol이다.

- 식초 A 10mL의 질량은 $10mL\times d$ g/mL$=10d$ g이다.
  따라서 식초 A 10mL에 들어 있는 CH_3COOH의 양은
  $\dfrac{5}{6}d\times 10^{-2}$mol이다.

  $\left(1g : \dfrac{5}{6}\times 10^{-3}mol=10d\ g : \dfrac{5}{6}d\times 10^{-2}mol\right)$ 꿀팁

- (가)의 수용액 20mL에 들어 있는 CH_3COOH의 양은
  $\left(\dfrac{5}{6}d\times 10^{-2}\times \dfrac{2}{5}=\right)\dfrac{d}{3}\times 10^{-2}$mol이다. 함정

| 선택지 분석 |

① 중화점까지 넣어 준 a M $KOH(aq)$의 부피가 30mL이므로
a M $KOH(aq)$ 30mL에 들어 있는 OH^-의 양(mol)은
$\dfrac{d}{3}\times 10^{-2}$ mol이다.
따라서 a M$\times \dfrac{30}{1000}$L$=\dfrac{1}{3}d\times 10^{-2}$mol에서 $a=\dfrac{d}{9}$이다.

다음은 HCl(aq)의 몰농도를 구하기 위한 **중화 적정** 실험이다.

> 단서 미지 농도 용액의 몰농도를 알아내는 과정

(가) 농도를 모르는 HCl(aq) 10 mL를 ▢ ㉠ 으로 정확히 취하여 삼각 플라스크에 넣고 페놀프탈레인 용액 2~3방울을 넣는다.
정확한 부피의 용액을 취하고 옮기는 기구 ➡ 피펫

(나) 뷰렛에 0.1 M NaOH(aq)을 넣고 눈금을 읽어 기록한다.

(다) 뷰렛 꼭지를 열어 NaOH(aq)을 조금씩 떨어뜨리면서 삼각 플라스크를 흔들어 용액을 섞는다.

(라) 삼각 플라스크 속 용액에 붉은색이 나타났다가 흔들어서 사라지면 꼭지를 잠근다.
용액을 흔들어도 붉은색이 없어지지 않을 때 꼭지를 잠근다.

(마) 뷰렛의 눈금을 정확히 읽는다.

(1) ㉠에 들어갈 실험기구의 이름을 쓰시오. 단답형
피펫

(2) (가)~(마) 중, 잘못된 실험 내용을 찾아 이유를 서술하시오. 서술형
(라) 용액이 붉은 색으로 변하고 흔들어도 사라지지 않을 때 꼭지를 잠가야 함

단서+발상

단서 중화 적정 과정임이 제시되어 있다.

발상 정확한 몰농도를 구하는 과정임을 추론할 수 있다.

적용 중화 적정 실험임을 적용해서 실험에 사용하는 기구를 구하는 것부터 문제 풀이를 시작해야 한다.

(1) 정답 **피펫**

(2) 모범 답안 **(라), 삼각 플라스크의 용액을 흔들어도 지시약의 붉은색이 없어지지 않을 때 중화 반응이 끝난 것이므로 꼭지를 잠근다.**

| 문제+자료 분석 |

- **피펫**: 용액을 정확한 부피만큼 취하고 옮길 때 사용하는 기구
- **중화점 확인**: 용액 전체에서 지시약의 색이 변하여 용액을 섞어도 더 이상 색이 변하지 않을 때 중화 반응이 완결되었음을 확인한다.

	채점 기준	배점
(1)	피펫이라고 정확히 쓴 경우	30%
(2)	(라)가 잘못된 과정임을 밝히고 그 까닭을 옳게 서술한 경우	70%
	(라)가 잘못되었다고 지적했으나 그 까닭을 옳게 서술하지 못한 경우	30%

다음은 식초 A의 농도를 구하기 위한 **중화 적정** 실험 과정이다.

> 단서 미지 농도 용액의 몰농도를 알아내는 과정

(가) 식초 A 1 mL에 증류수를 넣어 10 mL의 용액을 만들었다.

(나) (가)의 용액을 삼각 플라스크에 넣고 페놀프탈레인 용액 1~2방울을 넣었다.

(다) 0.1 M NaOH 수용액이 들어 있는 ▢ ㉠ 의 꼭지를 열어 용액을 삼각 플라스크에 조금씩 떨어뜨리면서 삼각 플라스크를 흔들어주었다.
중화 적정에서 표준 용액을 넣어 사용하는 기구 ➡ 뷰렛

(라) 삼각 플라스크의 용액이 붉은색으로 되어 더 이상 변하지 않을 때까지 떨어뜨린 NaOH 수용액의 부피는 15 mL였다.

(1) ㉠에 들어갈 실험기구의 이름을 쓰시오. 단답형
뷰렛

(2) 식초 A의 몰농도를 구하는 식과 답을 서술하시오. 서술형
$0.1x \times 0.01 = 0.1 \times 0.015$ ∴ $x = 1.5(M)$

단서+발상

단서 중화 적정 과정임이 제시되어 있다.

발상 정확한 몰농도를 구하는 과정임을 추론할 수 있다.

적용 중화 적정 실험임을 적용해서 실험에 사용하는 기구를 구하는 것부터 문제 풀이를 시작해야 한다.

(1) 정답 **뷰렛**

(2) 모범 답안 **식초 A의 몰농도를 x라 하면, (가)에서 만든 수용액의 몰농도는 $0.1x(M)$이므로 $1 \times 0.1x(M) \times 0.01(L) = 1 \times 0.1(M) \times 0.015(L)$에서 $x = 1.5(M)$이다.**

| 문제+자료 분석 |

- **뷰렛**: 중화 적정에서 표준 용액을 넣어 사용하는 기구
- **중화 적정으로 몰농도 구하기**: 식초 A의 몰농도를 x M라 하면, (가)에서 식초 A 1 mL에 증류수를 넣어 10 mL로 만들었으므로 (가)에서 만든 용액의 몰농도는 $0.1x(M)$이므로 $nMV = n'M'V'$에 대입하여 구한다.

	채점 기준	배점
(1)	뷰렛이라고 정확히 쓴 경우	30%
(2)	식을 옳게 서술하고 식초 A의 몰농도를 1.5 M로 구한 경우	70%
	식과 답 중 한 가지만 옳게 쓴 경우	30%

다음은 x M $CH_3COOH(aq)$을 0.1 M $NaOH(aq)$으로 중화 적정한 실험이다.
단서 미지 농도 용액의 몰농도를 알아내는 과정

〈자료〉
○ CH_3COOH의 몰질량(g/mol)은 60이다.

〈실험〉
(가) ㉠ $CH_3COOH(aq)$ 20 mL를 삼각 플라스크에 넣고 지시약을 2~3방울 넣었다.
미지 농도 용액을 삼각 플라스크에, 표준 용액을 뷰렛에 넣는다

(나) ㉡ $NaOH(aq)$을 뷰렛에 넣고 조금씩 떨어뜨리면서 삼각 플라스크를 흔들어 용액을 섞었다.

(다) 삼각 플라스크 속 용액의 색이 변했을 때 꼭지를 닫고 눈금을 읽었더니 반응한 ㉡ 의 부피는 10 mL였다.

(1) ㉠, ㉡에 들어갈 용액을 각각 쓰시오. 단답형
㉠ $CH_3COOH(aq)$ ㉡ $NaOH(aq)$

(2) ㉠ 용액 20 mL에 녹아 있는 용질의 질량(g)을 구하고 과정을 서술하시오. 서술형
$1 \times x \times 0.02 = 1 \times 0.1 \times 0.01$ ∴ $x = 0.05(M)$
➡ $0.05 \times 0.02 \times 60 = 0.06$ g

단서+발상
단서 중화 적정 과정임이 제시되어 있다.
발상 정확한 몰농도를 구하는 과정임을 추론할 수 있다.
적용 중화 적정임을 적용해서 미지 농도 수용액의 몰농도를 구하는 것부터 문제 풀이를 시작해야 한다.

(1) 정답 ㉠ $CH_3COOH(aq)$ ㉡ $NaOH(aq)$

(2) 모범 답안 $1 \times x(M) \times 0.02(L) = 1 \times 0.1(M) \times 0.01(L)$에서
$x = 0.05(M)$이고 실험에 사용한 수용액의 부피는
20 mL$(= 0.02$ L$)$이므로 녹아 있는 용질 CH_3COOH의 질량은
$0.05(mol/L) \times 0.02(L) \times 60(g/mol)$
$= 0.06(g)$이다.

| 문제+자료 분석 |
- **중화 적정 실험**: 중화 적정에서 뷰렛에는 표준 용액을, 삼각 플라스크에는 농도를 모르는 용액을 넣는다.
- **몰농도와 용질의 질량**: 아세트산의 몰농도는 x M이므로 $nMV = n'M'V'$에 대입하면 $x = 0.05(M)$이고, 사용한 아세트산 수용액은 0.02 L, 아세트산의 몰질량은 60이므로 녹아 있는 아세트산의 질량은 $0.05(mol/L) \times 0.02(L) \times 60(g/mol) = 0.06(g)$이다.

	채점 기준	배점
(1)	둘 다 옳게 쓴 경우	30%
(2)	식을 옳게 서술하고 아세트산의 질량을 옳게 구한 경우	70%
	식과 답 중 한 가지만 옳게 쓴 경우	30%

N

다음은 중화 적정 실험이다.
단서 미지 농도 용액의 몰농도를 알아내는 과정

〈자료〉
○ NaOH 몰질량(g/mol)은 40이다.

〈실험〉
(가) $NaOH(s)$ w g을 물에 녹여 100 mL의 수용액을 만들었다.
$\dfrac{w}{40}$ mol/100 mL ∴ $\dfrac{w}{4}$ M

(나) x M $CH_3COOH(aq)$ 10 mL를 (가)의 수용액으로 중화 적정하였더니 20 mL가 소비되었다.
$1 \times x \times 0.01 = 1 \times \dfrac{w}{4} \times 0.02$

(다) 0.1 M $HCl(aq)$ y mL를 (가)의 수용액으로 중화 적정하였더니 15 mL가 소비되었다.
$1 \times 0.1 \times \dfrac{y}{1000} = 1 \times \dfrac{w}{4} \times 0.015$

(1) (가)에서 만든 $NaOH(aq)$의 몰농도를 구하시오. 단답형
$\dfrac{\frac{w}{40}(mol)}{0.1(L)} = \dfrac{w}{4}(M)$

(2) $\dfrac{y}{x}$를 구하고 과정을 서술하시오. 서술형
$x = \dfrac{w}{2}$, $y = \dfrac{75w}{2}$ ➡ $\dfrac{y}{x} = 75$

단서+발상
단서 중화 적정 과정임이 제시되어 있다.
발상 정확한 몰농도를 구하는 과정임을 추론할 수 있다.

(1) 정답 $\dfrac{w}{4}$ M

(2) 모범 답안 $1 \times x(M) \times 0.01(L) = 1 \times \dfrac{w}{4}(M) \times 0.02(L)$이므로
$x = \dfrac{w}{2}$이고 $1 \times 0.1(M) \times \dfrac{y}{1000}(L) = 1 \times \dfrac{w}{4}(M) \times 0.015(L)$
이므로 $y = \dfrac{75w}{2}$이다. 따라서 $\dfrac{y}{x} = 75$이다.

| 문제+자료 분석 |
- **$NaOH(aq)$의 몰농도**: $NaOH(s)$ w g을 물에 녹여 100 mL로 만든 용액의 몰농도는 $\dfrac{\frac{w}{40}(mol)}{0.1(L)} = \dfrac{w}{4}(M)$이다.
- **x**: x M $CH_3COOH(aq)$ 10 mL와 $\dfrac{w}{4}$ M $NaOH(aq)$ 20 mL가 중화 반응하면 $1 \times x(M) \times 0.01(L) = 1 \times \dfrac{w}{4}(M) \times 0.02(L)$이므로 $x = \dfrac{w}{2}$이다.
- **y**: 0.1 M $HCl(aq)$ y mL와 $\dfrac{w}{4}$ M $NaOH(aq)$ 15 mL가 중화 반응하면 $1 \times 0.1(M) \times \dfrac{y}{1000}(L) = 1 \times \dfrac{w}{4}(M) \times 0.015(L)$이므로 $y = \dfrac{75w}{2}$이다.

	채점 기준	배점
(1)	농도를 옳게 구한 경우	30%
(2)	식을 옳게 쓰고 $\dfrac{y}{x}$를 옳게 구한 경우	70%
	식과 답 중 한 가지만 옳게 쓴 경우	30%

다음은 중화 반응 실험이다.

〈실험 과정〉

(가) HCl 수용액과 NaOH 수용액을 각각 50 mL 준비한다.

(나) (가)에서 준비한 두 가지 수용액의 부피를 표와 같이 달리
하여 혼합한 용액 Ⅰ~Ⅲ을 만들고, 각 혼합 용액의 최고
온도를 측정한다.

단서 Ⅰ~Ⅲ 혼합 용액 부피가 동일하므로 최고 온도는 중화 반응한 양에 비례

혼합 용액	Ⅰ	Ⅱ	Ⅲ
HCl 수용액의 부피(mL)	15	10	5
NaOH 수용액의 부피(mL)	5	10	15

(다) Ⅰ~Ⅲ에 BTB 용액을 각각 2~3방울 넣은 후 혼합 용액
의 색을 관찰한다.

〈실험 결과 및 자료〉

Ⅰ에서 H^+, OH^- 각 $4N$개씩 반응
Ⅲ에서 H^+, OH^- 각 $2N$개씩 반응 ∴$t_1>t_2$

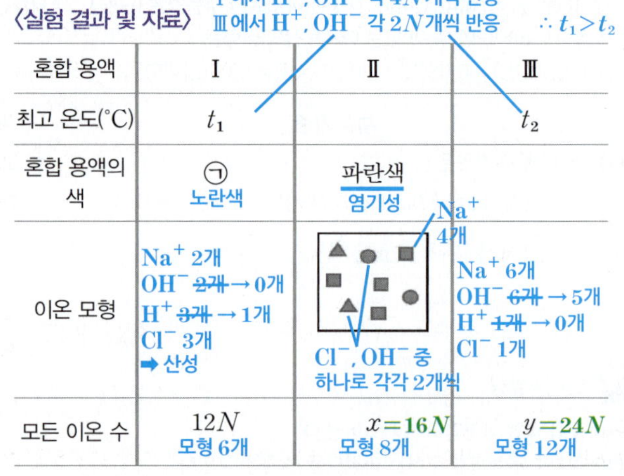

혼합 용액	Ⅰ	Ⅱ	Ⅲ
최고 온도($^\circ$C)	t_1		t_2
혼합 용액의 색	㉠ 노란색	파란색 / 염기성	
이온 모형	Na^+ 2개 / OH^- ~~2개~~ → 0개 / H^+ ~~3개~~ → 1개 / Cl^- 3개 / ➡ 산성	Na^+ 4개 / Cl^-, OH^- 중 하나로 각각 2개씩	Na^+ 6개 / OH^- ~~6개~~ → 5개 / H^+ ~~1개~~ → 0개 / Cl^- 1개
모든 이온 수	$12N$ 모형 6개	$x=16N$ 모형 8개	$y=24N$ 모형 12개

이에 대한 설명으로 옳은 것만을 〈보기〉에서 있는 대로 고른 것은? (단,
혼합 전 모든 수용액의 온도는 같고, 혼합 용액의 부피는 혼합 전 각 수
용액의 부피의 합과 같다.)

[보기]

ㄱ. ~~파란색~~은 ㉠에 해당한다.
　Ⅰ은 산성이므로 노란색이다.
ㄴ. $t_1>t_2$이다.
　Ⅰ에서는 H^+, OH^- 각 $4N$개씩 반응
　Ⅲ에서는 H^+, OH^- 각 $2N$개씩 반응 ∴$t_1>t_2$
ㄷ. $x+y=40N$이다.
　$x=16N$, $y=24N$ ∴$x+y=40N$

① ㄱ　　② ㄴ　　③ ㄷ　　④ ㄱ, ㄴ　　⑤ ㄴ, ㄷ

 **단서＋발상**

단서 혼합 용액의 조성과 혼합 용액 Ⅱ의 색, 이온 모형이 제시되어 있다.

발상 혼합 용액 Ⅱ의 색과 이온 모형으로 혼합 용액 Ⅰ~Ⅲ의 이온 모형을 추론할
수 있다.

적용 HCl 수용액과 NaOH 수용액의 혼합 용액에서 양이온과 음이온 수는
같다는 것을 적용해서 혼합 용액 Ⅱ에 존재하는 각 이온의 수를 구하는
것부터 문제 풀이를 시작해야 한다.

| 문제＋자료 분석 |

- HCl 수용액과 NaOH 수용액에 존재하는 H^+, Cl^-과 Na^+, OH^-은 모두
1가이므로, 혼합 용액에서 양이온 수와 음이온 수는 서로 같아야 한다.
- 혼합 용액 Ⅱ는 혼합 용액의 색이 파란색으로 염기성이므로 H^+은 없고
양이온은 Na^+만 남아 있어야 하며, 음이온은 OH^-, Cl^-이 있어야 한다.
따라서 이온 모형에서 4개 존재하는 ■은 양이온인 Na^+이고
●와 ▲은 각각 음이온인 OH^-, Cl^- 중 하나이다.
- 혼합 용액 Ⅱ는 HCl 수용액과 NaOH 수용액을 각 10 mL씩 섞었으므로
HCl 수용액 10 mL에 존재하는 H^+, Cl^-의 모형은 각각 2개, NaOH
수용액 10 mL에 존재하는 Na^+, OH^-은 각각 4개이다.
- 혼합 용액 Ⅰ~Ⅲ에 존재하는 이온은 표와 같다.

혼합 용액	Ⅰ	Ⅱ	Ⅲ
이온 모형	Na^+ 2개 / OH^- ~~2개~~ →0개 / H^+ ~~3개~~ → 1개 / Cl^- 3개 / ➡ 모형 6개	Na^+ 4개 / OH^- ~~4개~~ → 2개 / H^+ ~~2개~~ → 0개 / Cl^- 2개 / ➡ 모형 8개	Na^+ 6개 / OH^- ~~6개~~ →5개 / H^+ ~~1개~~ → 0개 / Cl^- 1개 / ➡ 모형 12개
모든 이온 수	$12N$	$16N$	$24N$

| 보기 분석 |

ㄱ. 혼합 용액 Ⅰ은 산성이므로 ㉠은 노란색이어야 한다.
ㄴ. 중화 반응에서 발생한 열량은 중화 반응 양에 비례한다.
　혼합 용액 Ⅰ에서 H^+과 OH^-은 $4N$개(모형 2개에 해당)씩 반응했고, 혼합
　용액 Ⅲ에서는 $2N$개(모형 1개에 해당)씩 반응했으며, 혼합 용액의 전체
　부피는 20 mL로 서로 같으므로 온도는 혼합 용액 Ⅰ에서가 Ⅲ에서보다 높아
　$t_1>t_2$이다.
ㄷ. 혼합 용액 Ⅰ에서 이온 모형 6개가 이온 수 $12N$에 해당하므로 $x=16N$,
　$y=24N$이 되어 $x+y=40N$이다.

＊중화 반응

- **산과 염기의 중화 반응**: 산과 염기가 반응하여 물과 염을 생성하는 반응
- **중화 반응의 개수 비**: 산과 염기를 혼합하면 산의 수소 이온(H^+)과 염기의
수산화 이온(OH^-)이 1 : 1로 반응하여 물(H_2O)을 생성한다.

$$H^+ + OH^- \longrightarrow H_2O$$

- **혼합 용액의 온도 변화**: 중화점에서 온도가 가장 높다.

반응하는 수소 이온(H^+)과 수산화 이온(OH^-)의 수가 많을수록 중화열이
많이 발생하므로 완전히 중화되었을 때 혼합 용액의 온도가 가장 높다.
➡ 중화점

N 22 정답 ④ ＊ 중화 반응

표는 HCl 수용액, NaOH 수용액, KOH 수용액의 부피를 달리하여 혼합한 용액 (가), (나), (다)에 대한 자료이다.

(가), (나), (다) 혼합 전 수용액의 부피의 합은 모두 55 mL로 같다.
➡ 혼합 후 최고 온도는 중화 반응에 의한 발열량에 의해 결정됨

혼합 용액		(가)	(나)	(다)
단서 혼합 전 수용액의 부피(mL)	HCl	10	20	25
	NaOH	15	20	15
	KOH	30	15	15
혼합 후 최고 온도(℃)		t_1	t_2	t_3
용액에 존재하는 모든 이온 수의 비율		$\frac{1}{4}$ $\frac{1}{4}$ $\frac{1}{4}$ $\frac{1}{4}$		

모든 이온 수의 비율＝1 : 1 : 1 : 1
➡ OH⁻의 수＝(Cl⁻＋Na⁺＋K⁺)의 수

t_1, t_2, t_3 중 가장 큰 값(㉠)과, (가)와 (다)를 혼합한 용액의 액성 (㉡)으로 옳은 것은? (단, 혼합 전 모든 수용액의 온도는 같고, 혼합 용액의 부피는 혼합 전 각 수용액의 부피의 합과 같다.) (2.5점)

	㉠	㉡		㉠	㉡
①	t_1	산성	②	t_1	염기성
③	t_2	산성	④	t_2	중성
⑤	t_3	염기성			

🧠 단서＋발상

(단서) 혼합 용액 (가), (나), (다)의 최고 온도, 용액에 존재하는 모든 이온 수의 비율이 제시되어 있다.

(발상) (가)에서 용액에 존재하는 모든 이온 수의 비율$\left(\frac{1}{4} : \frac{1}{4} : \frac{1}{4} : \frac{1}{4}\right)$로부터 HCl 수용액, NaOH 수용액, KOH 수용액의 농도비를 추론할 수 있다.

(적용) HCl 수용액, NaOH 수용액, KOH 수용액의 농도비를 구하는 것부터 문제 풀이를 시작해야 한다.

│ 문제＋자료 분석 │

• (가)에서 용액에 존재하는 모든 이온 수의 비율$\left(\frac{1}{4} : \frac{1}{4} : \frac{1}{4} : \frac{1}{4}\right)$은 1 : 1 : 1 : 1이다.
수용액은 전기적으로 중성이므로 구경꾼 이온(Cl⁻, Na⁺, K⁺)과 동일한 비율의 OH⁻가 수용액에 존재한다.
혼합 전 NaOH 수용액과 KOH 수용액의 부피비가 1 : 2이므로 농도비는 2 : 1이다.
혼합 전 NaOH 수용액의 농도를 $2\,M$이라고 하면, KOH 수용액의 농도는 M, 남아 있는 Cl⁻의 비율도 동일하므로 HCl 수용액의 농도는 $3\,M$이고 수용액 속의 물질의 양은 아래 표와 같다.

혼합 용액		(가)	(나)	(다)
혼합 전 수용액 속의 물질의 양(상댓값)	HCl	$10 \times 3\,M$	$20 \times 3\,M$	$25 \times 3\,M$
	NaOH	$15 \times 2\,M$	$20 \times 2\,M$	$15 \times 2\,M$
	KOH	$30 \times M$	$15 \times M$	$15 \times M$

│ 선택지 분석 │

④ ㉠: (가) ~ (다) 중 (나)에서 HCl의 양 60 M과 NaOH＋KOH의 양 $40M＋15M＝55M$으로 혼합 후 가장 많은 중화열이 발생한다.
따라서 혼합 후 최고 온도 ㉠는 t_2이다.
㉡: (가)와 (다)를 혼합할 경우 HCl의 총 양은 $30\,M＋75\,M＝105\,M$이고, NaOH＋KOH의 총 양은 $30\,M＋30\,M＋30\,M＋15\,M＝105\,M$이다.
산과 염기의 양이 동일하므로 혼합 용액의 액성은 중성이다.
따라서 ㉡은 중성이다.

＊ 산－염기 중화 반응

• 강산과 강염기는 수용액에서 완전히 해리되며, H⁺와 OH⁻가 1 : 1로 만나면 완전 중화가 일어난다.
• 중화 반응은 발열 반응이므로, 중화가 완전하게 일어난 경우 가장 많은 열이 발생한다.
• 액성은 남아 있는 이온의 종류(H⁺ 또는 OH⁻)에 따라 산성, 염기성, 중성으로 판단한다.

N 23 정답 ⑤ ＊ 중화 적정

표는 25℃에서 중화 적정을 이용하여 CH₃COOH(aq)의 몰농도(M)를 구하는 실험 Ⅰ, Ⅱ에 대한 자료이다. 25℃에서 x M CH₃COOH(aq)의 밀도는 d g/mL이다.

실험	중화 적정한 x M CH₃COOH(aq)의 양	중화점까지 넣어 준 0.1 M NaOH(aq)의 부피
Ⅰ	5 mL	10 mL
	단서 반응한 H⁺의 양(mmol)＝반응한 OH⁻의 양(mmol) $5 \times x＝0.1 \times 10 \Rightarrow x＝0.2$	
Ⅱ	w g	20 mL
	반응한 H⁺의 양(mmol)＝반응한 OH⁻의 양(mmol) $0.2 \times \dfrac{w}{d}＝0.1 \times 20 \Rightarrow w＝10d$	

$\dfrac{w}{x}$은? (단, 온도는 25℃로 일정하다.) $\dfrac{10d}{0.2}＝50d$

① $\dfrac{1}{50d}$ ② $\dfrac{1}{20d}$ ③ $5d$ ④ $10d$ ⑤ $50d$

🧠 단서＋발상

(단서) 중화점까지 넣어 준 0.1 M NaOH(aq)의 부피가 주어져 있으므로

(적용) 중화점까지 반응한 H⁺의 양(mol)과 OH⁻의 양(mol)이 같음을 적용하여 실험 Ⅰ에서 x를 구하는 것부터 시작한다.

│ 문제＋자료 분석 │

• 중화점까지 반응한 H⁺의 양(mol)은 중화점까지 넣어준 OH⁻의 양(mol)과 같다. 실험 Ⅰ에서 x M CH₃COOH(aq) 5 mL에 들어 있는 H⁺의 양(mmol)과 0.1 M NaOH(aq) 10 mL에 들어 있는 OH⁻의 양(mmol)이 같으므로 x(M)$\times$5(mL)＝0.1(M)$\times$10(mL)에서 $x＝0.2$이다.

• 실험 Ⅱ에서 $x(＝0.2)$M CH₃COOH(aq) w g에 들어 있는 H⁺의 양(mmol)과 0.1 M NaOH(aq) 20 mL에 들어 있는 OH⁻의 양(mmol)이 같으므로 0.2(M)$\times \dfrac{w(\mathrm{g})}{d(\mathrm{g/mL})}＝0.1(M)\times 20$(mL)에서 $w＝10d$이다.

│ 선택지 분석 │

⑤ $x＝0.2$, $w＝10d$이다. 따라서 $\dfrac{w}{x}$는 $\dfrac{10d}{0.2}＝50d$이다.

N 24 정답 ② ＊중화 적정

다음은 중화 적정 실험이다.

〈실험 과정〉
(가) x M $CH_3COOH(aq)$을 준비한다.
(나) (가)의 수용액 50 mL에 물을 넣어 200 mL를 만든다.
  [단서] 용액의 희석 ➡ x M $\times \dfrac{50}{200} = \dfrac{1}{4}x$ M
(다) (나)에서 만든 수용액 40 mL를 삼각 플라스크에 넣고
  페놀프탈레인 용액을 2~3 방울 떨어뜨린다.
  지시약 ➡ 중화점을 지나는 순간 붉은색으로 변함
(라) (다)의 삼각 플라스크에 0.1 M $NaOH(aq)$을 한 방울씩
  떨어뜨리고, 용액 전체가 붉게 변하는 순간 적정을 멈춘
  후 적정에 사용된 $NaOH(aq)$의 부피(V)를 측정한다.
  중화점까지 반응한 H^+의 양(mol)과 OH^-의 양(mol)이 같음

〈실험 결과〉
○ V: 20 mL

x는? (단, 온도는 일정하다.) $\dfrac{1}{4}x$ M$\times$40 mL$=$0.1 M$\times$20 mL ➡ $x=0.2$

① 0.05　② 0.2　③ 0.25　④ 0.4　⑤ 0.8

단서＋발상

[단서] 중화 적정에 사용된 0.1 M $NaOH(aq)$의 부피가 주어져 있으므로
[적용] 중화점까지 반응한 H^+의 양(mol)과 OH^-의 양(mol)이 같음을 적용하여
x를 구하는 것부터 문제 풀이를 시작해야 한다.

| 문제＋자료 분석 |

• 용액의 희석: (나)에서 x M $CH_3COOH(aq)$에 물을 넣어 묽혀도
  CH_3COOH의 양(mol)은 변하지 않는다. 꿀팁
  따라서 x M $CH_3COOH(aq)$ 50 mL에 물을 넣어 200 mL로 만든
  $CH_3COOH(aq)$의 몰농도는 x M $\times \dfrac{50}{200} = \dfrac{1}{4}x$ M이다.

• (다)에서 $\dfrac{1}{4}x$ M $CH_3COOH(aq)$ 40mL에 들어 있는 H^+의 양(mmol)은
  $\dfrac{1}{4}x$ M $\times$ 40mL $=10x$이다.

• (라)에서 중화 적정에 사용된 0.1 M $NaOH(aq)$ 20mL에 들어 있는
  OH^-의 양(mmol)은 0.1M $\times$ 20mL $=2$이다.

| 선택지 분석 |

② 중화점까지 반응한 H^+의 양(mmol)과 OH^-의 양(mmol)이 같으므로
(라)에서 $\dfrac{1}{4}x$ M $\times$ 40mL $=0.1$M $\times$ 20mL에서 $x=0.2$이다.

N 25 정답 ③ ＊중화 적정

다음은 $CH_3COOH(aq)$에 대한 실험이다.

〈실험 목적〉
　⑦　실험으로 $CH_3COOH(aq)$의 몰농도를 구한다.
중화 적정

〈실험 과정〉
(가) $CH_3COOH(aq)$을 준비한다.
(나) (가)의 수용액 10 mL에 물을 넣어 100 mL 수용액을
  만든다. 　CH_3COOH의 양: $a \times 10^{-2}$ mol
(다) (나)에서 만든 수용액 20 mL를 삼각 플라스크에 넣고
  　CH_3COOH의 양: $2a \times 10^{-3}$ mol
  페놀프탈레인 용액을 2~3방울 떨어뜨린다.
(라) (다)의 삼각 플라스크 속 수용액 전체가 붉게 변하는
  순간까지 0.2 M $KOH(aq)$을 넣는다.
(마) (라)의 삼각 플라스크에 넣어 준 $KOH(aq)$의 부피(V)를
  측정한다.

〈실험 결과〉　[단서]
○ V: x mL　OH^-의 양: $2a \times 10^{-3}$ mol $=1 \times 0.2$M $\times \dfrac{x}{1000}$ L
○ (가)에서 $CH_3COOH(aq)$의 몰농도: a M
　$\therefore a = \dfrac{x}{10}$

다음 중 ⑦과 a로 가장 적절한 것은? (단, 온도는 일정하다.)

	⑦	a		⑦	a
①	중화 적정	x	②	~~산화 환원~~	$\dfrac{x}{10}$
③	중화 적정	$\dfrac{x}{10}$	④	~~산화 환원~~	$\dfrac{x}{100}$
⑤	중화 적정	$\dfrac{x}{100}$			

| 문제＋자료 분석 |

• a M $CH_3COOH(aq)$ 10 mL에 들어 있는 CH_3COOH의 양은
  a M $\times \dfrac{10}{1000}$ L $=a \times 10^{-2}$ mol이다.

• (가)의 수용액 10 mL에 물을 넣어 만든 $CH_3COOH(aq)$ 100 mL에 들어 있는
  CH_3COOH의 양도 $a \times 10^{-2}$ mol이다. 주의
• (나)에서 만든 수용액 20 mL에 들어 있는 CH_3COOH의 양은
  $a \times 10^{-2} \times \dfrac{20}{100}$ mol $=2a \times 10^{-3}$ mol이다.

| 선택지 분석 |

③ ⑦: 농도를 모르는 $CH_3COOH(aq)$의 몰농도를 표준 용액인 0.2M
  $KOH(aq)$를 이용하여 알아내는 실험은 중화 적정 실험이다.
  따라서 '중화 적정'은 ⑦으로 적절하다.
  a: 중화점까지 넣어 준 0.2 M $KOH(aq)$의 부피가 x mL이므로
  0.2 M $KOH(aq)$ x mL에 들어 있는 OH^-의 양도 $2a \times 10^{-3}$ mol이다.
  1×0.2 M $\times \dfrac{x}{1000}$ L $=2a \times 10^{-3}$ mol에서 $a = \dfrac{x}{10}$이다.

문제 풀이 꿀팁

• $CH_3COOH(aq)$과 $KOH(aq)$의 중화 반응에서 생성물은 H_2O과
  CH_3COOK으로 반응 전과 후 산화수가 변하는 원자가 없으므로
  $CH_3COOH(aq)$과 $KOH(aq)$의 중화 반응은 산화 환원 반응이 아니다. 함정
• 참고로 a M $CH_3COOH(aq)$ 10 mL에 들어 있는 CH_3COOH의 양,
  $a \times 10^{-2}$ mol은 CH_3COOH이 $CH_3COOH \rightleftharpoons CH_3COO^- + H^+$으로
  이온화되기 전의 CH_3COOH의 양(mol)을 나타낸 것이다.

N 26 정답 ① * 중화 적정

다음은 아세트산(CH_3COOH) 수용액 A의 농도를 구하기 위한 중화 적정 실험이다. CH_3COOH의 몰질량(g/mol)은 60이다.

〈실험 과정〉

(가) A 20 mL의 질량을 측정한다.

(나) (가)의 수용액을 삼각 플라스크에 모두 넣고, 페놀프탈레인 용액을 2~3방울 떨어뜨린다.

(다) (나)의 삼각 플라스크에 혼합 용액 전체가 붉은색으로 변하는 순간까지 0.1 M $NaOH(aq)$을 가하고, 적정에 사용된 $NaOH(aq)$의 부피를 측정한다.

단서 중화점까지 반응한 H^+의 양(mmol) = OH^-의 양(mmol)
$$⊙ \times 20 = 0.1 \times V$$
$$⊙ = \frac{V}{200}$$

〈실험 결과〉

○ (가)에서 A 20 mL의 질량: w g   A의 밀도(g/mL) = $\frac{w}{20}$

○ (다)에서 적정에 사용된 $NaOH(aq)$의 부피: V mL

○ A의 몰농도: ⊙ M

○ A 1 g에 들어 있는 CH_3COOH의 질량: ⓛ g

➡ 퍼센트 농도(%) = 100 × ⓛ

⊙과 ⓛ으로 옳은 것은? (단, 온도는 일정하다.)

$$⊙ = \frac{V}{200} = \frac{10 \times 100 ⓛ}{60} \times \frac{w}{20} \;➡\; ⓛ = \frac{3V}{500w}$$

	⊙	ⓛ		⊙	ⓛ
①	$\frac{V}{200}$	$\frac{3V}{500w}$	②	$\frac{V}{200}$	$\frac{3V}{200w}$
③	$\frac{V}{100}$	$\frac{V}{200w}$	④	$\frac{V}{20}$	$\frac{V}{200w}$
⑤	$\frac{V}{20}$	$\frac{3V}{500w}$			

단서 + 발상

단서 A의 몰농도(M)와 부피가 제시되어 있다.

발상 A의 몰농도(M)와 부피를 이용해 H^+의 양(mol)을 추론할 수 있다.

적용 중화 적정에 사용된 0.1 M $NaOH(aq)$ V mL에 들어 있는 OH^-의 양(mol)을 구하는 것부터 문제 풀이를 시작해야 한다.

| 문제 + 자료 분석 |

• ⊙: A의 몰농도(M)와 부피(mL)는 각각 ⊙과 20이므로, A에 들어 있는 H^+의 양(mmol)은 ⊙ × 20이다.
(다)에서 중화 적정에 사용된 0.1 M $NaOH(aq)$ V mL에 들어 있는 OH^-의 양(mmol)은 $0.1 \times V$이다.

➡ 중화점까지 반응한 H^+의 양(mmol)과 OH^-의 양(mmol)은 같으므로 [⊙ × 20 = 0.1 × V]에서 ⊙ = $\frac{V}{200}$ 이다. 따라서 A의 몰농도(M)는 $\frac{V}{200}$ 이다.

• ⓛ: (가)에서 A 20 mL의 질량이 w g이므로 A의 밀도(g/mL)는 $\frac{w}{20}$ 이고, A 1 g에 들어 있는 CH_3COOH의 질량이 ⓛ(g)이므로 A의 퍼센트 농도(%)는 100 × ⓛ이다.

➡ 몰농도(M) = $\dfrac{10 \times 퍼센트\ 농도(\%) \times 용액의\ 밀도(g/mL)}{용질의\ 몰질량}$ 이므로

$$\frac{V}{200} = \frac{10 \times 100 ⓛ \times \frac{w}{20}}{60}$$ 에서 ⓛ = $\frac{3V}{500w}$ 이다.

| 선택지 분석 |

① A의 몰농도(M) ⊙ = $\frac{V}{200}$ 이고
A 1 g에 들어 있는 CH_3COOH의 질량(g) ⓛ = $\frac{3V}{500w}$ 이다.

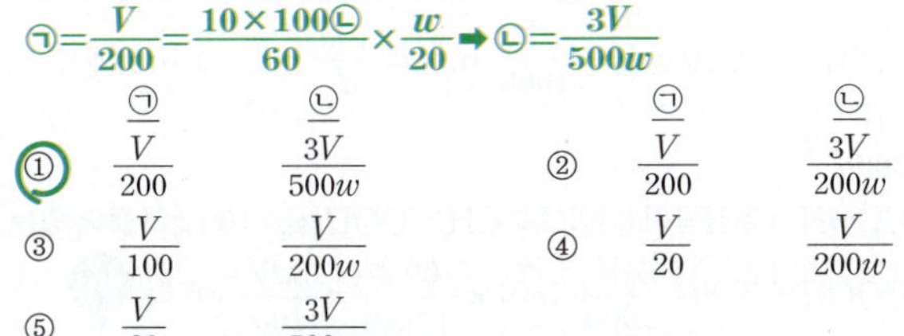

N 27 정답 ② * 중화 적정

다음은 중화 적정 실험이다.

〈실험 과정〉

(가) a M $CH_3COOH(aq)$ 10 mL와 0.5 M $CH_3COOH(aq)$ 15 mL를 혼합한 후, 물을 넣어 50 mL 수용액을 만든다.

단서 CH_3COOH의 양(mol):
$$a\ M \times \frac{10}{1000}\ L + 0.5\ M \times \frac{15}{1000}\ L = (0.01a + 0.0075)\ mol$$

(나) 삼각 플라스크에 (가)에서 만든 수용액 20 mL를 넣고 페놀프탈레인 용액을 2~3 방울 떨어뜨린다.
$$CH_3COOH의\ 양(mol): \frac{2}{5}(0.01a + 0.0075)\ mol$$

(다) 0.1 M $NaOH(aq)$을 뷰렛에 넣고 (나)의 삼각 플라스크에 한 방울씩 떨어뜨리면서 삼각 플라스크를 흔들어 준다.

(라) (다)의 삼각 플라스크 속 수용액 전체가 붉은색으로 변하는 순간 적정을 멈추고 적정에 사용된 $NaOH(aq)$의 부피를 측정한다. $NaOH의\ 양(mol): 0.1\ M \times \frac{38}{1000}\ L = 0.0038\ mol$

〈실험 결과〉

○ 적정에 사용된 $NaOH(aq)$의 부피: 38 mL

a는? (단, 온도는 25 °C로 일정하다.) (3점)
$$\frac{2}{5}(0.01a + 0.0075) = 0.0038 \;➡\; a = 0.2이다.$$

① $\frac{1}{10}$ ② $\frac{1}{5}$ ③ $\frac{3}{10}$ ④ $\frac{2}{5}$ ⑤ $\frac{1}{2}$

| 문제 + 자료 분석 |

◆ 수용액 속 CH_3COOH의 양(mol)과 $NaOH$의 양(mol)

• (가)에서 만든 $CH_3COOH(aq)$ 50 mL에 들어 있는 CH_3COOH의 양(mol)은 $a\ M \times \frac{10}{1000}\ L + 0.5\ M \times \frac{15}{1000}\ L$ = (0.01a + 0.0075) mol이다.

• (나)에서 (가)의 수용액 50 mL에서 취한 $CH_3COOH(aq)$ 20 mL에 들어 있는 CH_3COOH의 양(mol)은 $\frac{2}{5}$ (0.01a + 0.0075) mol이다.

• 중화점까지 넣어 준 0.1 M $NaOH(aq)$ 38 mL에 들어 있는 $NaOH$의 양은 $0.1\ M \times \frac{38}{1000}\ L = 0.0038$ mol이다.

| 선택지 분석 |

② 중화점에서 반응한 CH_3COOH의 양(mol)과 $NaOH$의 양(mol)이 같으므로 $\frac{2}{5}$ (0.01a + 0.0075) = 0.0038에서 $a = 0.2$이다.

* 중화 반응에서의 양적 관계

반응한 산과 염기의 가수(n), 수용액의 몰농도(M), 부피(V)의 관계
$$nMV = n'M'V'$$
(n, n': 산, 염기 가수, M, M': 산, 염기 수용액의 몰농도(M), V, V': 산, 염기 수용액의 부피(L))

다음은 $CH_3COOH(aq)$에 대한 중화 적정 실험이다.

〈실험 과정〉
(가) 밀도가 d g/mL인 $CH_3COOH(aq)$을 준비한다.
(나) (가)의 $CH_3COOH(aq)$ 20 mL를 취하여 삼각
플라스크에 넣고 페놀프탈레인 용액을 2~3방울
떨어뜨린다.
(다) (나)의 삼각 플라스크 속 용액 전체가 붉은색으로 변하는
순간까지 a M $NaOH(aq)$을 가하고, 적정에 사용된
단서 $NaOH(aq)$의 부피를 구한다.

(나)의 $CH_3COOH(aq)$ 20 mL에 들어 있는 CH_3COOH의 양(mol)
$= a$ M $NaOH(aq)$ V mL에 들어 있는 $NaOH$의 양(mol)

〈실험 결과〉
○ 적정에 사용된 $NaOH(aq)$의 부피 : V mL
$NaOH$의 양(mol) : a M $\times \dfrac{V}{1000}$ L $= \dfrac{aV}{1000}$ mol

부피 : $\dfrac{100 \text{ g}}{d \text{ g/mL}} = \dfrac{100}{d}$ mL

(가)의 $CH_3COOH(aq)$ 100 g에 포함된 CH_3COOH의 질량(g)은?
(단, CH_3COOH의 몰질량(g/mol)은 60이고, 온도는 일정하다.) (3점)

$\dfrac{aV}{200d}$ mol $\times \dfrac{60 \text{ g}}{1 \text{ mol}} = \dfrac{3aV}{10d}$ g

① $\dfrac{aV}{5d}$ ② $\dfrac{3aV}{10d}$ ③ $\dfrac{5aV}{3d}$ ④ $\dfrac{5d}{3aV}$ ⑤ $\dfrac{60d}{aV}$

왜 틀렸나?
· a M $NaOH(aq)$ V mL로 적정한 $CH_3COOH(aq)$의 부피는 20 mL이고,
발문에서 묻는 CH_3COOH의 질량은 $CH_3COOH(aq)$ 100 g에 포함된
CH_3COOH의 질량이므로 이를 혼돈할 수 있다.

 단서+발상

단서 문제에 $CH_3COOH(aq)$의 밀도가 d g/mL로 제시되어 있으므로
발상 $CH_3COOH(aq)$ 100 g의 부피가 $\dfrac{100 \text{ g}}{d \text{ g/mL}} = \dfrac{100}{d}$ mL임을 알 수 있다.
적용 밀도 $= \dfrac{\text{질량}}{\text{부피}}$ 이므로 부피 $= \dfrac{\text{질량}}{\text{밀도}}$ 을 적용해서 $CH_3COOH(aq)$ 100 g의
부피를 구하는 것부터 문제 풀이를 시작해야 한다.

| 문제+자료 분석 |
· a M $NaOH(aq)$ V mL에 들어 있는 $NaOH$의 양(mol)은
a M $\times \dfrac{V}{1000}$ L $= \dfrac{aV}{1000}$ mol이다.
· 중화점에서 $CH_3COOH(aq)$ 20 mL에서 내놓은 H^+의 양(mol)과
a M $NaOH(aq)$ V mL에서 내놓은 OH^-의 양(mol)은 $\dfrac{aV}{1000}$ mol로
같다.
· (가)의 $CH_3COOH(aq)$ 20 mL에 들어 있는 CH_3COOH의 양(mol)은
$\dfrac{aV}{1000}$ mol이다.
· 밀도가 d g/mL인 $CH_3COOH(aq)$ 100 g의 부피는
$\dfrac{100 \text{ g}}{d \text{ g/mL}} = \dfrac{100}{d}$ mL이다. 함정

| 선택지 분석 |
② (가)의 $CH_3COOH(aq)$ 100 g에 들어 있는 CH_3COOH의 양(mol)을
x mol이라고 하면 20 mL : $\dfrac{aV}{1000}$ mol $= \dfrac{100}{d}$ mL : x mol에서
$x = \dfrac{aV}{200d}$ 이다.
CH_3COOH의 몰질량이 60이므로 $CH_3COOH(aq)$ 100 g에 들어 있는
CH_3COOH의 질량은 $\dfrac{aV}{200d}$ mol $\times \dfrac{60 \text{ g}}{1 \text{ mol}} = \dfrac{3aV}{10d}$ g이다. 함정

다음은 3가지 실험 기구 A~C와 아세트산(CH_3COOH) 수용액의
중화 적정 실험이다. ㉠은 A~C 중 하나이다.

〈실험 기구〉
A.    B. 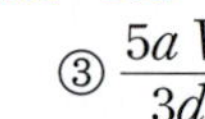   C. 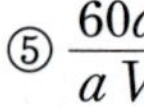

시험관   뷰렛   씻기병

〈실험 과정〉
(가) 삼각 플라스크에 x M $CH_3COOH(aq)$ 20 mL를 넣고
페놀프탈레인 용액을 2~3방울 떨어뜨린다.
지시약, 산성에서 무색, 염기성에서 붉은색
(나) ㉠ 뷰렛 에 들어 있는 0.5 M $NaOH(aq)$을 (가)의 삼각
플라스크에 한 방울씩 떨어뜨리면서 섞는다.
(다) (나)의 삼각 플라스크 속 용액 전체가 붉은색으로 변하는
순간까지 넣어 준 $NaOH(aq)$의 부피를 측정한다.

〈실험 결과〉
○ 중화점까지 넣어 준 $NaOH(aq)$의 부피: 40 mL
단서 H^+의 양(mol) $= OH^-$의 양(mol)

이에 대한 설명으로 옳은 것만을 〈보기〉에서 있는 대로 고른 것은? (단,
온도는 일정하다.)

[보기]
ㄱ. ㉠은 B이다.
 → 부피를 측정하는 데 뷰렛을 사용한다.
ㄴ. 중화점까지 넣어 준 $NaOH$의 양은 0.02 mol이다.
 → $NaOH$의 양(mol) $= 0.5$ M $\times 0.04$ L $= 0.02$ mol
ㄷ. $x = 0.25$이다.
 → $NaOH$의 양(mol)과 같으므로 $x = 1$이다.

① ㄱ   ② ㄷ   ③ ㄱ, ㄴ   ④ ㄴ, ㄷ   ⑤ ㄱ, ㄴ, ㄷ

| 문제+자료 분석 |
· $1 \times x$ M $\times 0.02$ L $= 1 \times 0.5$ M $\times 0.04$ L에서 $x = 1$이다.
· 뷰렛: 가해지는 표준 용액(농도를 정확히 알고 있는 산 수용액 또는 염기
수용액)의 부피를 측정하는 데 사용

| 보기 분석 |
ㄱ. ㉠은 가해지는 표준 용액의 부피를 측정하는 데 사용하는 실험 기구인
뷰렛이며, A~C 중 뷰렛은 B이다.
ㄴ. 중화점까지 넣어준 $NaOH(aq)$의 부피가 40 mL이므로 이 때 $NaOH$의
양(mol)은 0.5 M $\times 0.04$ L $= 0.02$ mol이다.
ㄷ. 중화점에서 CH_3COOH의 양(mol)과 $NaOH$의 양(mol)이 같으므로
x M $\times 0.02$ L $= 0.02$ mol에서 $x = 1$이다.

N 30 정답 ① ＊ 중화 적정 실험

다음은 중화 적정 실험이다. NaOH의 몰질량(g/mol)은 40이다.

〈실험 과정〉 **단서** NaOH의 양(mol): $\dfrac{w\,\text{g}}{40\,\text{g/mol}} = \dfrac{w}{40}$ mol,

(가) NaOH(s) w g을 모두 물에 녹여 NaOH(aq) 500 mL를 만든다.

NaOH(aq)의 몰농도: $\dfrac{\frac{w}{40}\,\text{mol}}{0.5\,\text{L}} = \dfrac{w}{20}$ M

(나) (가)에서 만든 NaOH(aq)을 뷰렛에 넣은 다음, 꼭지를 잠시 열었다 닫고 처음 눈금을 읽는다.

(다) 삼각 플라스크에 a M CH₃COOH(aq) 20 mL를 넣고, 페놀프탈레인 용액을 2~3 방울 떨어뜨린다.

(라) 뷰렛의 꼭지를 열어 (다)의 삼각 플라스크에 NaOH(aq) 을 조금씩 가하면서 삼각 플라스크를 잘 흔들어 준다.

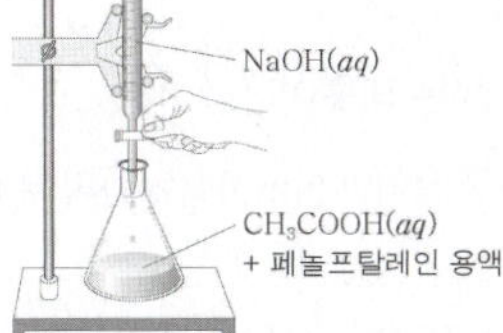

(마) (라)의 삼각 플라스크 속 수용액 전체가 붉게 변하는 순간 뷰렛의 꼭지를 닫고 나중 눈금을 읽는다.

중화점까지 넣어 준 NaOH(aq)의 부피: (17.5−2.5＝)15 mL

〈실험 결과〉
○ (나)에서 뷰렛의 처음 눈금: 2.5 mL
○ (마)에서 뷰렛의 나중 눈금: 17.5 mL

a는? (단, 온도는 일정하다.)

① $\dfrac{3}{80}w$　② $\dfrac{1}{15}w$　③ $\dfrac{3}{40}w$　④ $\dfrac{4}{3}w$　⑤ $6w$

| 문제+자료 분석 |

· NaOH w g의 양: $\dfrac{w\,\text{g}}{40\,\text{g/mol}} = \dfrac{w}{40}$ mol이다.

· (가)에서 NaOH(aq)의 몰농도: $\dfrac{\frac{w}{40}}{0.5\,\text{L}} = \dfrac{w}{20}$ M이다.

· 중화점까지 넣어 준 NaOH(aq)의 부피: (17.5−2.5＝)15 mL이다.

| 선택지 분석 |

① a M CH₃COOH(aq) 20 mL에 들어 있는 CH₃COOH의 양(mol)과 $\dfrac{w}{20}$ M NaOH(aq) 15 mL에 들어 있는 OH⁻의 양(mol)이 같으므로

$1 \times a\,\text{M} \times \dfrac{20}{1000}\,\text{L} = 1 \times \dfrac{w}{20}\,\text{M} \times \dfrac{15}{1000}\,\text{L}$에서 $a = \dfrac{3}{80}w$이다.

＊ 중화 반응에서의 양적 관계

반응한 산과 염기의 가수(n), 수용액의 몰농도(M), 부피(V)의 관계
$$nMV = n'M'V'$$
(n, n': 산, 염기 가수, M, M': 산, 염기 수용액의 몰농도(M), V, V': 산, 염기 수용액의 부피(L))

N 31 정답 ④ ＊ 중화 적정 실험

다음은 중화 적정 실험이다.

〈실험 과정〉 **단서** 용액의 희석 ➡ $x\,\text{M} \times \dfrac{25}{1000}\,\text{L} = \dfrac{x}{4}\,\text{M} \times \dfrac{100}{1000}\,\text{L}$

(가) x M CH₃COOH(aq) 25 mL에 물을 넣어 100 mL 수용액을 만든다.

(나) 삼각 플라스크에 (가)에서 만든 수용액 40 mL를 넣고, 페놀프탈레인 용액을 2~3 방울 떨어뜨린다.
지시약: 중화점을 지나는 순간 붉은색으로 변함

(다) 0.2 M NaOH(aq)을 뷰렛에 넣고 (나)의 삼각 플라스크에 한 방울씩 떨어뜨리면서 삼각 플라스크를 흔들어 준다.

(라) (다)의 삼각 플라스크 속 수용액 전체가 붉게 변하는 순간 적정을 멈추고, 적정에 사용된 NaOH(aq)의 부피(V_1)를 측정한다. 중화점에서 반응한 CH₃COOH의 양(mol)과 NaOH의 양(mol)이 같다.

(마) 0.2 M NaOH(aq) 대신 y M NaOH(aq)을 사용해서 과정 (나)~(라)를 반복하여 적정에 사용된 NaOH(aq)의 부피(V_2)를 측정한다.

〈실험 결과〉
○ V_1: 40 mL $\dfrac{x}{4}\,\text{M} \times \dfrac{40}{1000}\,\text{L} = 0.2\,\text{M} \times \dfrac{40}{1000}\,\text{L}$, $x = 0.8$
○ V_2: 16 mL $y\,\text{M} \times \dfrac{16}{1000}\,\text{L} = 0.008\,\text{mol}$, $y = 0.5$

$x+y$는? (단, 온도는 25 ℃로 일정하다.) (3점) ➡ $x = 0.8,\ y = 0.5$

① $\dfrac{7}{10}$　② $\dfrac{9}{10}$　③ $\dfrac{11}{10}$　④ $\dfrac{13}{10}$　⑤ $\dfrac{3}{2}$

| 문제+자료 분석 |

◆ 용액의 희석

· (가)에서 x M CH₃COOH(aq)에 물을 넣어 묽혀도 CH₃COOH의 양(mol)은 변하지 않는다.

· x M CH₃COOH(aq) 25 mL에 물을 넣어 만든 100 mL CH₃COOH(aq)의 몰농도를 x' M이라고 하면

$x\,\text{M} \times \dfrac{25}{1000}\,\text{L} = x'\,\text{M} \times \dfrac{100}{1000}\,\text{L}$에서 $x' = \dfrac{x}{4}$이다.

· (나)에서 $\dfrac{x}{4}$ M CH₃COOH(aq) 40 mL에 들어 있는 CH₃COOH의 양은

$\dfrac{x}{4}\,\text{M} \times \dfrac{40}{1000}\,\text{L} = 0.01x$ mol이다.

· (라)에서 중화점까지 넣어 준 0.2 M NaOH(aq) 40 mL에 들어 있는 NaOH의 양은 $0.2\,\text{M} \times \dfrac{40}{1000}\,\text{L} = 0.008$ mol이다.

| 선택지 분석 |

④ 중화점에서 CH₃COOH이 내놓은 H⁺의 양(mol)과 NaOH가 내놓은 OH⁻의 양(mol)이 같으므로 (라)에서

$0.2\,\text{M} \times \dfrac{40}{1000}\,\text{L} = 0.01x$ mol에서 $x = 0.8$이다.

(마)에서 중화점까지 넣어 준 y M NaOH(aq) 16 mL에 들어 있는 NaOH의 양이 $0.01x$ mol이므로 $y\,\text{M} \times \dfrac{16}{1000}\,\text{L} = 0.008\,\text{mol}$에서 $y = 0.5$이다.

따라서 $x+y = \dfrac{13}{10}$이다.

다음은 $CH_3COOH(aq)$의 몰농도를 구하기 위한 실험이다.

〈실험 과정〉
(가) $CH_3COOH(aq)$ 10 mL를 삼각 플라스크에 넣고 페놀프탈레인 용액을 2~3방울 떨어뜨린다.
(나) 0.1M $NaOH(aq)$을 ㉠(뷰렛)에 넣은 다음 꼭지를 열어 수용액을 약간 흘려보낸 후 꼭지를 닫고 눈금(mL)을 읽는다.
(다) ㉠(뷰렛)의 꼭지를 열어 (가)의 용액에 $NaOH(aq)$을 조금씩 가하다가 플라스크를 흔들어도 혼합 용액의 붉은색이 사라지지 않으면 꼭지를 닫고 눈금(mL)을 읽는다.

〈실험 결과〉 가해준 $NaOH(aq)$의 부피＝20 mL(＝23－3)

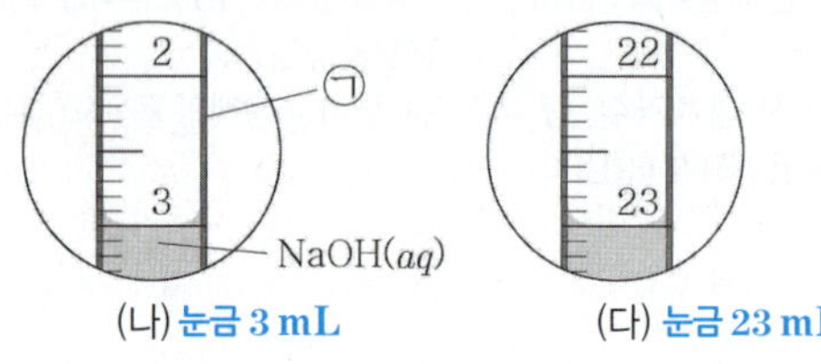

이에 대한 옳은 설명만을 〈보기〉에서 있는 대로 고른 것은? (3점)

[보기]
ㄱ. ㉠은 ~~피펫~~이다.
→ 표준 용액의 부피를 측정할 때는 뷰렛을 이용
ㄴ. $CH_3COOH(aq)$의 몰농도는 0.2 M이다.
→ $1 \times x$ M $\times 0.01$ L $= 1 \times 0.1$ M $\times 0.02$ L ∴ $x = 0.2$
ㄷ. (다)에서 생성된 물의 양(mol)은 0.002몰이다.
→ 반응한 H^+ 또는 OH^-의 양＝생성된 물의 양＝0.002몰

① ㄴ ② ㄷ ③ ㄱ, ㄴ ④ ㄱ, ㄷ ⑤ ㄴ, ㄷ

단서＋발상

(단서) 중화 적정에 사용된 0.1 M $NaOH(aq)$의 반응 전후 부피 변화가 제시되어 있다.

(발상) 눈금 차를 이용해 중화 적정에 사용된 0.1 M $NaOH(aq)$의 부피를 추론할 수 있다.

(적용) 양적 관계를 이용해 CH_3COOH의 몰농도(M)를 구하는 것부터 문제 풀이를 시작해야 한다.

| 문제 해결 과정 |

step 1 실험 과정을 이해한다.

· 삼각 플라스크에는 농도를 모르는 $CH_3COOH(aq)$ 10 mL가 들어 있고, 여기에 0.1M $NaOH(aq)$을 조금씩 떨어뜨려 중화 적정을 한다.
· 페놀프탈레인 용액은 산성과 중성 용액에서 무색이고, 염기성 용액에서 붉은색을 띠는데 혼합 용액의 붉은색이 사라지지 않는 지점까지 첨가된 $NaOH(aq)$의 부피는 곧 10 mL $CH_3COOH(aq)$을 완전히 중화시키기 위해 필요한 부피이다.
· 따라서 첨가된 $NaOH(aq)$의 몰농도와 부피로부터 $CH_3COOH(aq)$의 몰농도를 구할 수 있다.

step 2 반응한 $CH_3COOH(aq)$와 $NaOH(aq)$의 부피를 각각 측정한다.

· 실험 과정 (가)에서 삼각 플라스크에 넣은 $CH_3COOH(aq)$의 부피는 10 mL이다. 실험 결과 (나)에서 뷰렛의 눈금은 3 mL이고, (다)에서 뷰렛의 눈금은 23 mL이므로 첨가한 $NaOH(aq)$의 부피는 20 mL이다.
· 따라서 $CH_3COOH(aq)$ 10 mL와 0.1 M $NaOH(aq)$ 20 mL가 반응한다.

step 3 중화 반응의 양적 관계를 이용하여 $CH_3COOH(aq)$의 몰농도를 구한다.

· 중화 반응에서 H^+과 OH^-은 1 : 1의 몰비로 반응하므로 반응한 H^+ 수＝반응한 OH^- 수이다. 따라서 중화 반응에서 다음과 같은 관계식이 성립한다.
$nMV = n'M'V'$ (n: CH_3COOH의 가수, M: $CH_3COOH(aq)$의 몰농도, V: $CH_3COOH(aq)$의 부피(L), n': $NaOH(aq)$의 가수, M': $NaOH$의 몰농도, V': $NaOH(aq)$의 부피(L))
· CH_3COOH은 H^+을 1개 내놓는 1가 산이므로 $n = 1$이고, $NaOH$은 OH^-을 1개 내놓는 1가 염기이므로 $n' = 1$이다.
· 따라서 $CH_3COOH(aq)$의 몰농도가 x일 때
$1 \times x$ M $\times 0.01$ L $= 1 \times 0.1$ M $\times 0.02$ L이고, $x = 0.2$ M이다.

| 보기 분석 |

ㄱ. ㉠은 피펫이다. (✕)

· 표준 용액인 $NaOH(aq)$의 부피를 측정할 때는 뷰렛을 이용한다.

ㄴ. $CH_3COOH(aq)$의 몰농도는 0.2M이다. (○)

· $nMV = n'M'V'$ 식에 의해 $1 \times x$ M $\times 0.01$L $= 1 \times 0.1$ M $\times 0.02$ L, $x = 0.2$이다.
· 따라서 $CH_3COOH(aq)$의 몰농도는 0.2 M이다.

ㄷ. (다)에서 생성된 물의 양(mol)은 0.002몰이다. (○)

· 중화 반응에서 H^+과 OH^-은 1 : 1의 몰비로 반응하여 H_2O를 생성한다. 반응한 H^+의 양(몰)은 0.2 M $\times 0.01$ L $= 0.002$몰, 반응한 OH^-의 양(몰)은 0.1 M $\times 0.02$ L $= 0.002$몰이므로, 생성된 물의 양도 0.002몰이다.

정답은 ⑤ ㄴ, ㄷ이다.

문제 풀이 꿀팁
· 용액의 액성에 따른 지시약의 색 변화로 중화점을 파악하자!
페놀프탈레인 용액은 산성과 중성 용액에서 무색이고 염기성 용액에서 붉은색을 나타내는데 농도를 모르는 $CH_3COOH(aq)$을 완전히 중화시키기 위해 필요한 $NaOH(aq)$의 부피를 혼합 용액의 붉은색이 사라지지 않을 때까지 첨가된 $NaOH(aq)$의 부피로 측정한다.
· 중화 반응의 양적 관계를 이용하자.
중화 반응에서 H^+과 OH^-은 1 : 1의 몰비로 반응하여 물을 생성하므로 반응한 H^+ 수＝반응한 OH^- 수이다.

＊ 중화 적정과 중화 반응의 양적 관계

중화 반응의 양적 관계	1. H^+과 OH^-은 1 : 1의 몰비로 반응한다. 2. 반응한 산과 염기 수용액의 가수, 몰농도, 부피의 관계: 　$nMV = n'M'V'$ · n, n': 산, 염기 가수 · M, M': 산, 염기 몰농도(M) · V, V': 산, 염기 수용액의 부피(L)
중화 적정에 사용되는 실험 기구	· 피펫: 액체의 부피를 정확히 취하여 옮길 때 사용 · 뷰렛: 가해지는 표준 용액(농도를 정확히 알고 있는 산 또는 염기 수용액)의 부피를 측정할 때 사용 · 삼각 플라스크: 농도를 모르는 산 또는 염기 수용액을 담는 데 사용

N 33 정답 ④ ✽ 중화 적정

다음은 중화 적정 실험이다.

〈실험 과정〉

(가) a M $CH_3COOH(aq)$ 20 mL를 준비한다.

단서 CH_3COOH의 양: a M $\times \dfrac{20}{1000}$ L $= 2a \times 10^{-2}$ mol

(나) (가)의 용액 x mL를 취하여 용액 Ⅰ을 준비한다.

CH_3COOH의 양: a M $\times \dfrac{x}{1000}$ L $= ax \times 10^{-3}$ mol

(다) (나)에서 사용하고 남은 (가)의 용액에 물을 넣어 b M $CH_3COOH(aq)$ 25 mL 용액 Ⅱ를 만든다.

(라) 삼각 플라스크에 용액 Ⅰ을 모두 넣고 페놀프탈레인 용액을 2~3 방울 떨어뜨린다.

(마) (라)의 용액에 0.1 M $NaOH(aq)$을 한 방울씩 떨어뜨리고, 용액 전체가 붉게 변하는 순간 적정을 멈춘 후 적정에 사용된 $NaOH(aq)$의 부피(V_1)를 측정한다.

(바) Ⅰ 대신 Ⅱ를 사용해서 과정 (라)와 (마)를 반복하여 적정에 사용된 $NaOH(aq)$의 부피(V_2)를 측정한다.

〈실험 결과〉

○ V_1: 25 mL   용액 Ⅰ을 완전히 중화
$ax \times 10^{-3}$ mol $= 2.5 \times 10^{-3}$ mol ➡ $ax = 2.5$

○ V_2: 75 mL bM $CH_3COOH(aq)$ 25 mL를 완전히 중화
b M $\times \dfrac{25}{1000}$ L $= 0.1$ M $\times \dfrac{75}{1000}$ L에서 $b = 0.3$이다.

$\dfrac{b}{a} \times x$는? (단, 온도는 25 °C로 일정하다.) (3점)

$a = 0.5, b = 0.3, x = 5$ ➡ $\dfrac{b}{a} \times x = 3$

① $\dfrac{1}{5}$ ② $\dfrac{1}{3}$ ③ 1   ④ 3   ⑤ 5

단서+발상

단서 중화 적정에 사용된 0.1 M $NaOH(aq)$의 부피는 $V_1 + V_2 = 100$ mL 임이 제시되어 있다.

발상 용액 Ⅰ과 Ⅱ에 들어 있는 CH_3COOH의 양(mol)의 합은 (가)에 들어 있는 CH_3COOH의 양(mol)과 같다는 것을 추론할 수 있다.

적용 양적 관계를 이용해 CH_3COOH의 a를 구하는 것부터 문제 풀이를 시작해야 한다.

| 문제＋자료 분석 |

- **(가)**: a M $CH_3COOH(aq)$ 20 mL에 들어 있는 CH_3COOH의 양은
a M $\times \dfrac{20}{1000}$ L $= 2a \times 10^{-2}$ mol이다.

- **(나) 용액 Ⅰ**: (가)의 용액 x mL에 들어 있는 CH_3COOH의 양은
a M $\times \dfrac{x}{1000}$ L $= ax \times 10^{-3}$ mol이다.

| 선택지 분석 |

④ a: 용액 Ⅰ과 Ⅱ에 들어 있는 CH_3COOH의 양(mol)의 합은 a M $CH_3COOH(aq)$ 20 mL에 들어 있는 CH_3COOH의 양(mol)과 같다. 꿀팁

a M $CH_3COOH(aq)$ 20 mL를 완전히 중화시키는 데 필요한 0.1 M $NaOH(aq)$의 부피는 $V_1 + V_2 = 100$ mL이므로 주의

a M $\times \dfrac{20}{1000}$ L $= 0.1$ M $\times \dfrac{100}{1000}$ L에서 $a = 0.5$이다.

x: 용액 Ⅰ을 중화 적정하여 중화점까지 넣어 준 0.1 M $NaOH(aq)$의 부피가 $V_1 = 25$ mL이다.

$x \times 10^{-3}$ mol $= 2.5 \times 10^{-3}$ mol에서 $ax = 2.5$이다. 따라서 $x = 5$이다.

b: b M $CH_3COOH(aq)$ 25 mL를 완전히 중화시키는 데 필요한 0.1 M $NaOH(aq)$의 부피 $V_2 = 75$ mL이므로

b M $\times \dfrac{25}{1000}$ L $= 0.1$ M $\times \dfrac{75}{1000}$ L에서 $b = 0.3$이다.

따라서 $a = 0.5$, $b = 0.3$, $x = 5$이므로 $\dfrac{b}{a} \times x = 3$이다.

문제 풀이 꿀팁

- (가)의 용액 x mL에 들어 있는 CH_3COOH의 양은
$2a \times 10^{-2} \times \dfrac{x}{20}$ mol $= ax \times 10^{-3}$ mol이다.

- 0.1 M $NaOH(aq)$ 25 mL에 들어 있는 $NaOH$의 양은
0.1M $\times \dfrac{25}{1000}$ L $= 2.5 \times 10^{-3}$ mol이다.

IV 01 정답 ① ＊수용액의 pH와 pOH ·········· ★ 고난도 [① 35% ② 14% ③ 19% ④ 19% ⑤ 11%] 2025 실시 3월 학평 17 / 화학 I (고3)

표는 수용액 (가)~(다)에 대한 자료이다. (가)의 $[H_3O^+]$는 (다)의 $[OH^-]$의 100배이다.

> 단서 (다)의 pOH＝(가)의 pH＋2
> $6-x=x+2 \Rightarrow x=2$

수용액	(가)	(나)	(다)
$\dfrac{[H_3O^+]}{[OH^-]}$ (상댓값)	10^8	1	10^{-8}
$[H_3O^+]^2$		$\times 10^8$　$\times 10^8$	
$[H_3O^+]$		$\times 10^4$　$\times 10^4$	
부피(mL)	V	V	$2V$
pH	$\boxed{x}=2$	$x+4=6$	$x+8=10$
pOH	$14-x=12$	$10-x=8$	$\boxed{6-x}=4$

(가)~(다)에 대한 옳은 설명만을 〈보기〉에서 있는 대로 고른 것은? (단, 수용액의 온도는 25 ℃로 일정하고, 25 ℃에서 물의 이온화 상수(K_w)는 1×10^{-14}이다.) (3점)

> [보기]
> ㄱ. 산성 수용액은 2가지이다.
>   (가)~(다)의 pH는 각각 2, 6, 10 ➡ (가), (나)는 산성
> ㄴ. $\dfrac{\text{(다)에 들어 있는 } OH^-\text{의 양(mol)}}{\text{(나)에 들어 있는 } H_3O^+\text{의 양(mol)}} \ne 50$이다.
> $\dfrac{10^{-4}\times 2V}{10^{-6}\times V}=200$
> ㄷ. (가)에 물을 넣어 $2V$ mL로 만든 수용액의 pH는 3이다.
> $[H_3O^+]=\dfrac{10^{-2}\times V}{2V}=\dfrac{1}{200}$　$2+\log 2$

① ㄱ　　② ㄴ　　③ ㄱ, ㄷ　　④ ㄴ, ㄷ　　⑤ ㄱ, ㄴ, ㄷ

단서＋발상

단서 (가)의 $[H_3O^+]$는 (다)의 $[OH^-]$의 100배임이 제시되어 있다.

발상 (가)의 pH와 (다)의 pOH의 차가 2임을 추론할 수 있다.

적용 $\dfrac{[H_3O^+]}{[OH^-]}$(상댓값)를 이용해 (가)~(다)의 $[H_3O^+]$ 비를 구하는 것부터 문제 풀이를 시작해야 한다.

| 문제＋자료 분석 |

step 1 $\dfrac{[H_3O^+]}{[OH^-]}$(상댓값)를 이용해 (가)~(다)의 $[H_3O^+]$ 비를 구한다.

- $\dfrac{[H_3O^+]}{[OH^-]}=\dfrac{[H_3O^+]\times[H_3O^+]}{[OH^-]\times[H_3O^+]}=\dfrac{[H_3O^+]^2}{K_w}$이므로 (가)~(다)의 $[H_3O^+]^2$ 비는 (가) : (나) : (다)$=10^{16} : 10^8 : 1(=10^8 : 1 : 10^{-8})$이다. 따라서 (가)~(다)의 $[H_3O^+]$ 비는 (가) : (나) : (다)$=10^8 : 10^4 : 1$이다.

step 2 (가)~(다)의 pH와 pOH의 관계식을 구한다.

- $pH=-\log[H_3O^+]$이므로 $[H_3O^+]$가 10^4배이면 pH는 4만큼 작다. 따라서 (가)의 pH를 x라 하면 (나)와 (다)의 pH는 각각 $x+4$와 $x+8$이다.
- 25 ℃에서 $K_w=[H_3O^+][OH^-]=1\times10^{-14}$이므로 $pH+pOH=14$이고, $pOH=14-pH$이다.
  ➡ (가)~(다)의 pOH는 각각 $14-x$, $10-x$, $6-x$이다.

step 3 (가)의 $[H_3O^+]$는 (다)의 $[OH^-]$의 100배임을 이용하여 x를 구한다.

- (가)의 $[H_3O^+]$는 (다)의 $[OH^-]$의 100배이므로 (가)의 pH와 (다)의 pOH의 차는 2이다. **step 2** 에서 구한 (가)의 pH(x)와 (다)의 pOH($6-x$)로 방정식을 세우면 다음과 같다.
  ➡ (다)의 pOH＝(가)의 pH＋2 **함정**
  $6-x=x+2$
  ➡ 따라서 $x=2$이다.

| 보기 분석 |

ㄱ. 산성 수용액은 2가지이다. (◯)

- (가)와 (나)의 pH는 각각 2와 6으로 pH＜7이므로 산성이다. (다)의 pH는 10으로 pH＞7이므로 염기성이다. 따라서 산성 수용액은 2가지이다.

ㄴ. $\dfrac{\text{(다)에 들어 있는 } OH^-\text{의 양(mol)}}{\text{(나)에 들어 있는 } H_3O^+\text{의 양(mol)}}=50$이다. (✕)

- (나)의 pH는 6이므로 $[H_3O^+]=10^{-6}$이고, (다)의 pOH는 4이므로 $[OH^-]=10^{-4}$이다. (나)와 (다)의 부피(mL)는 각각 V와 $2V$이므로 $\dfrac{\text{(다)에 들어 있는 } OH^-\text{의 양(mol)}}{\text{(나)에 들어 있는 } H_3O^+\text{의 양(mol)}}$은 $\dfrac{10^{-4}\times 2V}{10^{-6}\times V}=200$이다.

ㄷ. (가)에 물을 넣어 $2V$ mL로 만든 수용액의 pH는 3이다. (✕)

- (가)의 pH는 2이고 부피는 V mL이므로 (가)에 들어 있는 H_3O^+의 양(mmol)은 $10^{-2}\times V$이다. (가)에 물을 넣어 만든 수용액에 들어 있는 H_3O^+의 양(mmol)은 $10^{-2}\times V$이고 부피는 $2V$ mL이므로 $[H_3O^+]=\dfrac{10^{-2}\times V}{2V}=\dfrac{1}{200}$이다.

  따라서 수용액의 pH는 $-\log\dfrac{1}{200}=2+\log 2$이다.

✪ 정답은 ① ㄱ이다.

표는 25 °C에서 물질 (가) ~ (다)에 대한 자료이다. (가) ~ (다)는 $HCl(aq)$, $H_2O(l)$, $NaOH(aq)$을 순서 없이 나타낸 것이다.

물질	(가) $H_2O(l)$	(나) $NaOH(aq)$	(다) $HCl(aq)$
$\dfrac{pH}{pOH}$ (상댓값)	3	11	1
$\dfrac{pH}{pOH}$ (실젯값)	1	$\dfrac{11}{3}$	$\dfrac{1}{3}$
pH	7.0	11.0	3.5
pOH	7.0	3.0	10.5
부피(mL)		10	100

(다)＜(가)＜(나)

이에 대한 설명으로 옳은 것만을 〈보기〉에서 있는 대로 고른 것은? (단, 25 °C에서 물의 이온화 상수(K_w)는 1×10^{-14}이다.) (3점)

─────[보기]─────

ㄱ. (가)는 $H_2O(l)$이다.

　$\dfrac{pH}{pOH}$ (다)＜(가)＜(나) ➡ (가)는 $H_2O(l)$

ㄴ. $\dfrac{(가)의\ pH}{(다)의\ pOH}$ ✕ 1이다.　$\dfrac{7.0}{10.5} < 1$

ㄷ. $\dfrac{(다)에서\ H_3O^+의\ 양(mol)}{(나)에서\ OH^-의\ 양(mol)} > 1$이다.

　$\dfrac{(1 \times 10^{-3.5}) \times 10^{-1}}{(1 \times 10^{-3}) \times 10^{-2}} = \dfrac{1 \times 10^{-4.5}}{1 \times 10^{-5}} > 1$

① ㄱ　② ㄴ　③ ㄱ, ㄷ　④ ㄴ, ㄷ　⑤ ㄱ, ㄴ, ㄷ

단서＋발상

단서 (가) ~ (다)는 $HCl(aq)$, $H_2O(l)$, $NaOH(aq)$ 중 하나임이 제시되어 있다.

발상 $H_2O(l)$의 $\dfrac{pH}{pOH} = 1$임을 이용하여 $\dfrac{pH}{pOH}$의 실젯값을 추론할 수 있다.

│문제＋자료 분석│

• $\dfrac{pH}{pOH}$는 $HCl(aq) < H_2O(l) < NaOH(aq)$이고, 주어진 $\dfrac{pH}{pOH}$ (상댓값)는 (다)＜(가)＜(나)이므로 (가) ~ (다)는 각각 $H_2O(l)$, $NaOH(aq)$, $HCl(aq)$이다.

• $H_2O(l)$의 $\dfrac{pH}{pOH} = 1$이므로 (나)와 (다)의 $\dfrac{pH}{pOH}$ (실젯값)는 각각 $\dfrac{11}{3}$과 $\dfrac{1}{3}$이다.

• $pH + pOH = 14.0$이므로 (가) ~ (다)의 pH 및 pOH는 다음과 같다.

물질	(가)	(나)	(다)
pH	7.0	11.0	3.5
pOH	7.0	3.0	10.5

│보기 분석│

ㄱ. $\dfrac{pH}{pOH}$ (상댓값)가 (다)＜(가)＜(나)이므로 (가) ~ (다)는 각각 $H_2O(l)$, $NaOH(aq)$, $HCl(aq)$이다. 따라서 (가)는 $H_2O(l)$이다.

ㄴ. $\dfrac{(가)의\ pH}{(다)의\ pOH} = \dfrac{7.0}{10.5}$이다. 따라서 $\dfrac{(가)의\ pH}{(다)의\ pOH} < 1$이다.

ㄷ. H_3O^+의 양(mol)은 [H_3O^+의 몰농도(M)×용액의 부피(L)]이므로 (다)에서 H_3O^+의 양(mol)은 $(1 \times 10^{-3.5}) \times 10^{-1}$이고, OH^-의 양(mol)은 [OH^-의 몰농도(M)×용액의 부피(L)]이므로 (나)에서 OH^-의 양(mol)은 $(1 \times 10^{-3}) \times 10^{-2}$이다.

따라서 $\dfrac{(다)에서\ H_3O^+의\ 양(mol)}{(나)에서\ OH^-의\ 양(mol)} = \dfrac{1 \times 10^{-4.5}}{1 \times 10^{-5}} > 1$이다.

표는 25 °C에서 수용액 (가) ~ (다)에 대한 자료이다.

수용액	(가)	(나)	(다)
pH	$a = 2.0$		$3a = 6.0$
pOH		$b = 4.0$	$2b = 14.0 - 6.0 = 8.0$
|pH－pOH|	10.0	6.0	$x = \|6.0 - 8.0\| = 2.0$

단서 a는 2.0 또는 12.0　$3a < 14.0$여야 하므로　$a = 2.0$

이에 대한 설명으로 옳은 것만을 〈보기〉에서 있는 대로 고른 것은? (단, 25 °C에서 물의 이온화 상수(K_w)는 1×10^{-14}이다.) (3점)

─────[보기]─────

ㄱ. $x = 2.0$이다.

　$|pH - pOH| = |6.0 - 4.0| = 2.0$

ㄴ. (나)의 액성은 염기성이다.

　$pOH = 4.0$ ➡ $pH = 10.0 > 7.0$ ➡ 염기성

ㄷ. $\dfrac{(다)에서\ [OH^-]}{(가)에서\ [OH^-]} = $ ✕ 1×10^{-4}이다.　$\dfrac{1 \times 10^{-8}}{1 \times 10^{-12}} = 1 \times 10^4$

① ㄱ　② ㄷ　③ ㄱ, ㄴ　④ ㄴ, ㄷ　⑤ ㄱ, ㄴ, ㄷ

단서＋발상

단서 \|pH－pOH\|이 제시되어 있으므로

발상 pH 또는 pOH의 값을 추론할 수 있다.

적용 25 °C에서 [pH＋pOH＝14.0]를 적용해서 a와 b를 구하는 것부터 문제 풀이를 시작해야 한다.

│문제＋자료 분석│

• (가)에서 \|pH－pOH\|＝10.0이므로 pH인 a는 2.0 또는 12.0이다. (다)에서 pH＝$3a$이고 pH는 14.0보다 작아야 하므로 $3a < 14.0$이다. 따라서 $a = 2.0$이다.

• (다)에서 pH＝$3a$＝6.0이므로 pOH인 $2b$는 [pOH＝14.0－pH]에서 [14.0－6.0＝8.0]이다. 따라서 $b = 4.0$이다. (다)에서 \|pH－pOH\|＝\|6.0－8.0\|＝2.0이므로 $x = 2.0$이다.

│보기 분석│

ㄱ. (다)에서 pH＝6.0, pOH＝8.0이므로 \|pH－pOH\|＝\|6.0－8.0\|＝2.0이다. 따라서 $x = 2.0$이다.

ㄴ. (나)에서 pOH＝4.0＜7.0이다. 따라서 (나)의 액성은 염기성이다.

ㄷ. (가)에서 pOH는 12.0이므로 $[OH^-] = 1 \times 10^{-12}$이고, (다)에서 pOH는 8.0이므로 $[OH^-] = 1 \times 10^{-8}$이다.

따라서 $\dfrac{(다)에서\ [OH^-]}{(가)에서\ [OH^-]} = \dfrac{1 \times 10^{-8}}{1 \times 10^{-12}} = 1 \times 10^4$이다.

표는 25 ℃의 물질 (가)~(다)에 대한 자료이다. (가)~(다)는 각각 $HCl(aq)$, $H_2O(l)$, $NaOH(aq)$ 중 하나이고, $pH=-\log[H_3O^+]$, $pOH=-\log[OH^-]$이다.

물질	(가) $H_2O(l)$	(나) $HCl(aq)$	(다) $NaOH(aq)$
$\dfrac{pH}{pOH}$	단서 1 $pH=pOH=7$	$\dfrac{1}{6}$ $pH=2, pOH=12$	$\dfrac{5}{2}$ $pH=10, pOH=4$
부피(mL)	100	200	400

이에 대한 설명으로 옳은 것만을 〈보기〉에서 있는 대로 고른 것은? (단, 온도는 25 ℃로 일정하고, 25 ℃에서 물의 이온화 상수(K_w)는 1×10^{-14}이며, 혼합 용액의 부피는 혼합 전 물 또는 용액의 부피의 합과 같다.) (3점)

─────[보기]─────

ㄱ. (가)는 ~~HCl~~(aq)이다.
  $pH=7$ ➡ 중성, (가)는 $H_2O(l)$이다.

ㄴ. $\dfrac{\text{(나)에서 } H_3O^+\text{의 양(mol)}}{\text{(다)에서 } OH^-\text{의 양(mol)}}=50$이다.
  $=\dfrac{2\times10^{-3}}{4\times10^{-5}}=50$이다.

ㄷ. (가)와 (다)를 모두 혼합한 수용액에서 $pH<10$이다.
  (다)에 $H_2O(l)$을 넣으면 $[OH^-]$ 감소 ➡ pOH 증가, pH 감소

① ㄱ   ② ㄴ   ③ ㄷ   ④ ㄱ, ㄴ   ⑤ ㄴ, ㄷ

단서+발상

단서 세 가지 수용액의 pH와 pOH 비, 부피가 제시되어 있다.

발상 $pH+pOH=14$이므로 pH와 pOH 비를 통해 각각의 pH와 pOH를 추론할 수 있다.

적용 pH와 pOH를 적용해서 H_3O^+와 OH^-의 양(mol)을 구하는 것부터 문제 풀이를 시작해야 한다.

│ 문제+자료 분석 │

· 25 ℃에서 $K_w=[H_3O^+][OH^-]=1\times10^{-14}$이고 $pH+pOH=14$이다

· (가): $\dfrac{pH}{pOH}=1$에서 $pH=pOH=7$이므로 (가)는 $H_2O(l)$이고 중성이다.

· (나): $\dfrac{pH}{pOH}=\dfrac{1}{6}=\dfrac{2}{12}$에서 $pH=2$, $pOH=12$이므로 (나)는 $HCl(aq)$이고 산성이다.

· (다): $\dfrac{pH}{pOH}=\dfrac{5}{2}=\dfrac{10}{4}$에서 $pH=10$, $pOH=4$이므로 (다)는 $NaOH(aq)$이고 염기성이다.

│ 보기 분석 │

ㄱ. (가)는 $H_2O(l)$이다.

ㄴ. (나)에서 $pH=2$이므로 $[H_3O^+]=1\times10^{-2}$ M이고, 부피가 200 mL이므로 H_3O^+의 양은 $1\times10^{-2}\,M\times\dfrac{200}{1000}\,L=2\times10^{-3}$ mol이다.
  (다)에서 $pOH=4$이므로 $[OH^-]=1\times10^{-4}$ M이고, 부피가 400 mL이므로 OH^-의 양은 $1\times10^{-4}\,M\times\dfrac{400}{1000}\,L=4\times10^{-5}$ mol이다.
  따라서 $\dfrac{\text{(나)에서 } H_3O^+\text{의 양(mol)}}{\text{(다)에서 } OH^-\text{의 양(mol)}}=\dfrac{2\times10^{-3}}{4\times10^{-5}}=50$이다.

ㄷ. (다)에서 $[OH^-]=1\times10^{-4}$ M이고, (다)에 $H_2O(l)$을 넣으면 $[OH^-]$가 작아지므로 (다)에 $H_2O(l)$을 넣으면 pOH는 커지고, pH는 작아지므로 (가)와 (다)를 혼합한 용액의 pH는 10보다 작다. 주의

다음은 25 ℃ 수용액 (가)~(다)에 대한 자료이다.

○ (가)에서 $pOH-pH=8.0$이다. 단서 $pOH+pH=14.0$ } $pH=3.0, pOH=11.0$ ➡ (가)의 $[H_3O^+]=1.0\times10^{-3}$

○ $\dfrac{\text{(가)의 }[H_3O^+]}{\text{(나)의 }[OH^-]}=10$이다.
  $\dfrac{1.0\times10^{-3}}{\text{(나)의 }[OH^-]}=10$ ➡ (나)의 $[OH^-]=1.0\times10^{-4}$ ➡ (나)의 $pOH=4.0$

○ pOH는 (다)가 (나)의 3배이다.
  (다)의 $pOH=[\text{(나)의 }pOH]\times3=12.0$

이에 대한 옳은 설명만을 〈보기〉에서 있는 대로 고른 것은? (단, 25 ℃에서 물의 이온화 상수(K_w)는 1×10^{-14}이다.) (3점)

─────[보기]─────

ㄱ. (가)는 ~~염기성~~이다. 산성
  $pH=3.0$

ㄴ. (나)의 pOH는 ~~3.0~~이다. 4.0
  $[OH^-]=1.0\times10^{-4}$

ㄷ. (다)의 $[H_3O^+]$는 1×10^{-2} M이다.
  $pOH=12.0$ ➡ $pH=2.0$

① ㄱ   ② ㄷ   ③ ㄱ, ㄴ   ④ ㄱ, ㄷ   ⑤ ㄴ, ㄷ

단서+발상

단서 (가)에서 pOH와 pH의 차가 주어졌으므로

발상 (가)의 pOH와 pH를 구할 수 있으며, 이를 통해 (나)와 (다)의 pOH를 추론할 수 있다.

적용 물의 이온화 상수(K_w)를 이용해 (가)의 $[H_3O^+]$를 구하는 것부터 문제 풀이를 시작해야 한다.

│ 문제+자료 분석 │

· 25 ℃에서 물의 이온화 상수(K_w)$=1\times10^{-14}=[H_3O^+][OH^-]$이므로 $pH+pOH=14.0$이다. 꿀팁  ·····식 (1)

· (가): $pOH-pH=8.0$이므로 식 (1)과 연립하면 (가)의 $pH=3.0$이다. 따라서 (가)의 $[H_3O^+]=1.0\times10^{-3}$이다.

· (나): $\dfrac{\text{(가)의 }[H_3O^+]}{\text{(나)의 }[OH^-]}=10$이므로 $\dfrac{1.0\times10^{-3}}{\text{(나)의 }[OH^-]}=10$에서 (나)의 $[OH^-]=1.0\times10^{-4}$이다. 따라서 (나)의 $pOH=4.0$이다.

· (다): pOH는 (다)가 (나)의 3배이므로 (다)의 $pOH=[\text{(나)의 }pOH]\times3$이다. 따라서 (다)의 $pOH=4.0\times3=12.0$이다.

│ 보기 분석 │

ㄱ. (가)의 $pH=3.0$이다. 25 ℃에서 pH가 7보다 작으므로 (가)는 산성이다.

ㄴ. (나)의 $[OH^-]=1.0\times10^{-4}$이다. 따라서 (나)의 $pOH=4.0$이다.

ㄷ. (다)의 $pOH=12.0$이므로 $pH=14.0-12.0=2.0$이다. 따라서 (다)의 $[H_3O^+]=1.0\times10^{-2}$이다.

표는 $t\ ℃$에서 수용액 (가)~(다)에 대한 자료이다.

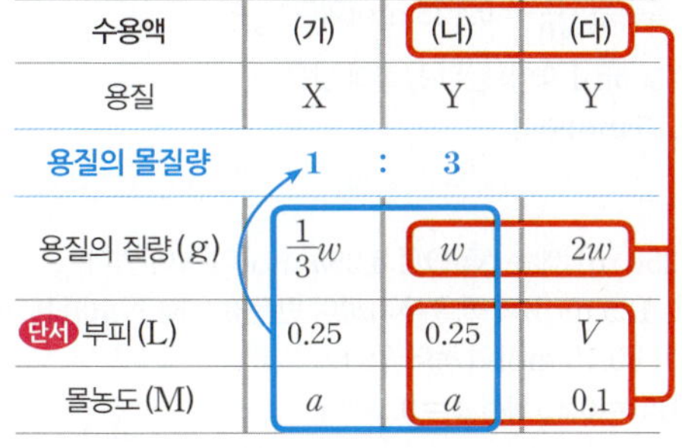

수용액	(가)	(나)	(다)
용질	X	Y	Y
용질의 몰질량	1	:	3
용질의 질량(g)	$\frac{1}{3}w$	w	$2w$
부피(L)	0.25	0.25	V
몰농도(M)	a	a	0.1

용질 Y의 몰비
(나) : (다)
=1 : 2
=0.25a : 0.1V
➡ $\dfrac{a}{V}=\dfrac{1}{5}$

$\dfrac{\text{Y의 몰질량}}{\text{X의 몰질량}} \times \dfrac{a}{V}$ 는? (3점)

$3 \times \dfrac{1}{5} = \dfrac{3}{5}$

① $\dfrac{1}{15}$　② $\dfrac{2}{15}$　③ $\dfrac{1}{5}$　④ $\dfrac{2}{5}$　⑤ $\dfrac{3}{5}$

단서+발상

단서 수용액의 부피와 몰농도가 제시되어 있다.

발상 (가)와 (나)에 들어 있는 용질의 양(mol)이 같음을 추론할 수 있다.

적용 몰농도의 정의를 이용하여 X와 Y의 몰질량비를 구하는 것부터 문제 풀이를 시작해야 한다.

| 문제+자료 분석 |

- **X와 Y의 몰질량**: (가)와 (나)에서 부피(L)와 몰농도(M)가 각각 0.25와 a로 같다.

  몰농도(M)$=\dfrac{\text{용질의 양(mol)}}{\text{용액의 부피(L)}}$이므로 (가)와 (나)에 들어 있는 용질의 양(mol)이 같음을 알 수 있다. **꿀**

  용질의 질량은 (가) : (나)=1 : 3이므로
  용질의 몰질량은 X : Y=1 : 3이다.

- $\dfrac{a}{V}$: (나)와 (다)는 용질의 종류가 Y로 동일하므로 용질의 질량비는 용질의 몰비와 같고 (나) : (다)=1 : 2이다. ······식 (1)
  용질의 양(mol)은 [부피(L)×몰농도(M)]이므로 (나)와 (다)에 들어 있는 용질의 몰비는 (나) : (다)=0.25a : 0.1V이다. ······식 (2)

  따라서 식 (1)과 (2)를 정리하면 1 : 2=0.25a : 0.1V에서 $\dfrac{a}{V}=\dfrac{1}{5}$이다.

| 선택지 분석 |

⑤ 용질의 몰질량은 X : Y=1 : 3이고 $\dfrac{a}{V}=\dfrac{1}{5}$이다.

따라서 $\dfrac{\text{Y의 몰질량}}{\text{X의 몰질량}} \times \dfrac{a}{V}=3 \times \dfrac{1}{5}=\dfrac{3}{5}$이다.

다음은 A(aq)을 만드는 실험이다. A의 몰질량(g/mol)은 40이다.

〈실험 과정〉

(가) A(s) w g을 모두 물에 녹여 x M A(aq) 100 mL를 만든다.
　　단서 w g$\times\dfrac{1\ \text{mol}}{40\ \text{g}}=\dfrac{w}{40}$ mol

(나) x M A(aq) 20 mL를 100 mL 부피 플라스크에 넣고
　　A의 양 : x M$\times$0.02 L=0.02x mol
　　표시된 눈금까지 물을 넣어 y M A(aq)을 만든다.
　　A의 양 : 0.02x mol

(다) y M A(aq) 50 mL와 0.3 M A(aq) 50 mL를 혼합하고
　　물을 넣어 0.1 M A(aq) 200 mL를 만든다.
　　A의 양 : 0.1 M$\times$0.2 L=0.02 mol

w는? (단, 온도는 일정하다.) (3점) 　$x=0.5, w=4x$ ➡ $w=2$

① 2　② 6　③ 10　④ 12　⑤ 20

왜 틀렸나?

- (나)에서 x M A(aq) 20 mL에 물을 넣어 y M A(aq) 100 mL를 만들었으므로 x M A(aq) 20 mL와 y M A(aq) 100 mL에 들어 있는 A의 양(mol)이 같다는 사실을 놓칠 수 있다.

단서+발상

단서 문제에 A의 몰질량이 40으로 제시되어 있으므로

발상 A(s) w g의 양이 $\dfrac{w}{40}$ mol 인것을 추론할 수 있다.

적용 물질의 양(mol)$=\dfrac{\text{질량(g)}}{1\ \text{mol의 질량(g/mol)}}$이고,

물질의 질량(g)=물질의 양(mol)×1 mol의 질량(g/mol)을 적용해서

A(s) w g의 양은 $\dfrac{w\ \text{g}}{40\ \text{g/mol}}=\dfrac{w}{40}$ mol을 구하는 것부터 시작해야 한다.

| 문제+자료 분석 |

- A(s) w g의 양은 w g$\times\dfrac{1\ \text{mol}}{40\ \text{g}}=\dfrac{w}{40}$ mol이고, x M A(aq) 100 mL에 들어있는 A의 양은 x M$\times$0.1 L=0.1x mol이므로

  $\dfrac{w}{40}$ mol=0.1x mol에서 $w=4x$ ······식 (1)이다.

- x M A(aq) 20 mL에 들어있는 A의 양은 x M$\times$0.02 L=0.02x mol이다.

- (나)에서 x M A(aq) 20 mL에 물을 넣어 y M A(aq) 100 mL를 만들었으므로 y M A(aq) 100 mL에 들어 있는 A의 양도 0.02x mol이다.

| 선택지 분석 |

함정

① (다)에서 y M A(aq) 50 mL에 들어 있는 A의 양은 0.01x mol이고,
0.3 M A(aq) 50 mL에 들어있는 A의 양은
0.3 M$\times$0.05 L=0.015 mol이며,
0.1 M A(aq) 200 mL에 들어있는 A의 양은
0.1 M$\times$0.2 L=0.02 mol이다.
따라서 0.01x+0.015=0.02에서 x=0.5이다.
이를 식 (1)에 대입하면 w=2이다.

Ⅳ 08 정답 ② ＊ 몰농도

그림은 a M NaOH(aq) 250 mL에 NaOH(s) 5 g을 넣어 녹인 후, 물을 추가하여 0.3 M NaOH(aq) 500 mL를 만드는 과정을 나타낸 것이다.

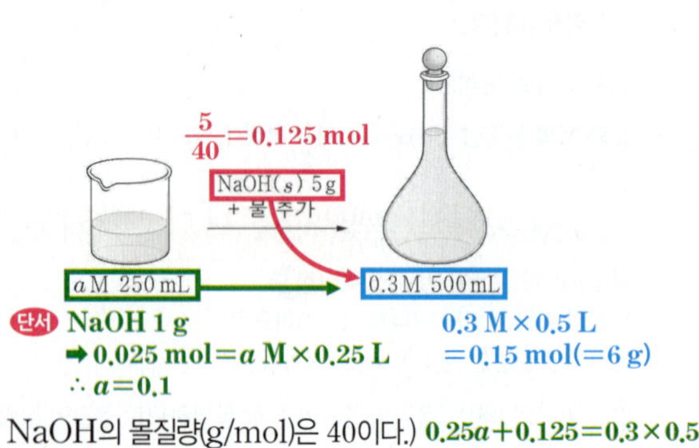

a는? (단, NaOH의 몰질량(g/mol)은 40이다.)  0.25a+0.125=0.3×0.5 ➡ a=0.1

① 0.05　② 0.1　③ 0.15　④ 0.4　⑤ 0.6

| 문제+자료 분석 |

- a M NaOH(aq) 250 mL에 포함된 용질의 양은 0.25a mol이다.
- 5 g의 NaOH(s)의 몰수는 $\frac{5}{40}$=0.125 mol이다.
- 0.3 M NaOH(aq) 500 mL에 포함된 용질의 양은 0.3 M×0.5 L=0.15 mol이다.

| 선택지 분석 |

② a M NaOH(aq) 250 mL에는 NaOH 0.25a mol이 녹아 있다. NaOH(s) 5 g(=0.125 mol)과 물을 추가하여 만든 0.3 M NaOH(aq) 500 mL에는 NaOH 0.15 mol이 녹아 있다. 따라서 0.25a+0.125=0.15에서 a=0.1이다.

＊ 몰농도

- 용액 1 L에 녹아 있는 용질의 양(mol)

$$몰농도(M)=\frac{용질의\ 양(mol)}{용액의\ 부피(L)}$$

➡ 용질의 양(mol)=몰농도(M)×용액의 부피(L)

Ⅳ 09 정답 ⑤ ＊ 몰농도

다음은 0.1 M 포도당 수용액을 만드는 과정에 대한 원격 수업 장면의 일부이다.

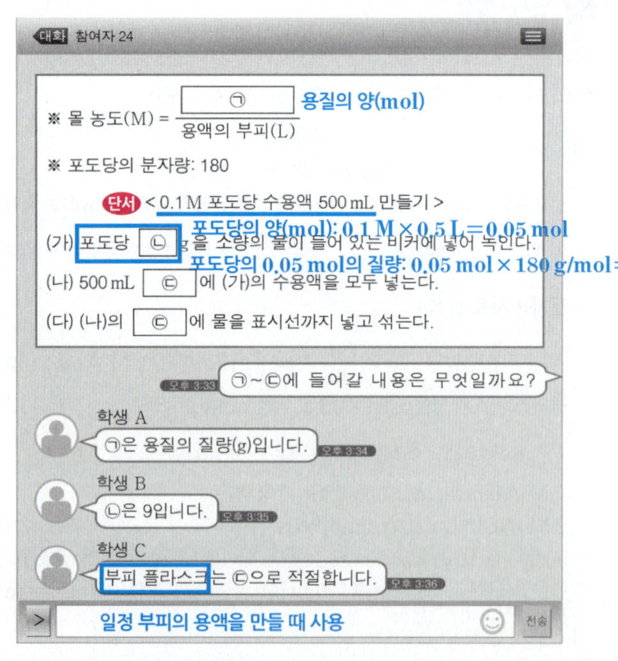

제시한 내용이 옳은 학생만을 있는 대로 고른 것은?

① A　② B　③ C　④ A, B　⑤ B, C

| 문제+자료 분석 |

◈ 몰농도

- 몰농도(M)는 용액 1 L에 녹아 있는 용질의 양(mol)이다.

$$몰농도(M)=\frac{용질의\ 양(mol)}{용액의\ 부피(L)}$$

- 용질의 양(mol)=용액의 몰농도(mol/L)×용액의 부피(L)
  → 0.1 M 포도당 수용액 500 mL에 들어 있는 포도당의 양(mol)은 0.1 M×0.5 L=0.05 mol이다.

- 용질의 양(mol)=$\frac{용질의\ 질량(g)}{몰질량(g/mol)}$

  용질의 질량(g)=용질의 양(mol)×몰질량(g/mol)
  → 포도당 0.05 mol의 질량은 0.05 mol×180 g/mol=9 g이다.

◈ 특정 몰농도의 용액의 제조에 필요한 실험 기구

- **부피 플라스크**: 표시선이 그어져 있어 일정 부피의 용액을 만들 때 사용
- **전자 저울**: 용질의 질량을 측정
- **비커**: 용질을 소량의 용매에 용해 시킨 후 부피 플라스크에 옮길 때 사용

| 선택지 분석 |

⑤ A. 몰농도(M)=$\frac{용질의\ 양(mol)}{용액의\ 부피(L)}$ 이므로 ㉠은 용질의 양(mol)이다.

➡ 옳지 않음

B. 0.1 M 포도당 수용액 500 mL에 들어 있는 포도당의 양(mol)이 0.05 mol이므로 포도당의 질량은 0.05 mol×180 g/mol=9 g이며, ㉡은 9이다. ➡ 옳음

C. 500 mL의 0.1 M 포도당 수용액을 만드는 데 부피 플라스크가 사용되므로 부피 플라스크는 ㉢으로 적절하다. ➡ 옳음

다음은 A(aq)에 관한 실험이다. A의 몰질량(g/mol)은 40이다.

(가) A(s) 4 g을 모두 물에 녹여 x M A(aq) 100 mL를 만든다.
단서 $\dfrac{4\,\text{g}}{40\,\text{g/mol}}=0.1\,\text{mol}$　$\dfrac{0.1\,\text{mol}}{0.1\,\text{L}}=1\,\text{M} \Rightarrow x=1$

(나) x M A(aq) 25 mL에 물을 넣어 y M A(aq) 200 mL를 만든다. $x\,\text{M}\times\dfrac{25}{1000}\,\text{L}=y\,\text{M}\times\dfrac{200}{1000}\,\text{L}=0.025\,\text{mol}\Rightarrow y=\dfrac{1}{8}$

(다) x M A(aq) 50 mL와 y M A(aq) V mL를 혼합하고 물을 넣어 0.3 M A(aq) 200 mL를 만든다.
$x\,\text{M}\times\dfrac{50}{1000}\,\text{L}+y\,\text{M}\times\dfrac{V}{1000}\,\text{L}=0.3\,\text{M}\times\dfrac{200}{1000}\,\text{L}\Rightarrow V=80$

$\dfrac{y}{x}\times V$는? (단, 온도는 일정하다.) (3점) $\dfrac{y}{x}\times V=\dfrac{\frac{1}{8}}{1}\times 80=10$

① 10　　② 40　　③ 50　　④ 80　　⑤ 100

단서+발상

단서 A(s)의 질량과 물에 녹인 A(aq)의 부피가 제시되어 제시되어 있다.

발상 A(aq)를 희석할 때 몰농도와 부피는 달라지지만, 용질 A의 양(mol)은 변하지 않음을 추론할 수 있다.

적용 (가)에서 A(aq)의 몰농도(M)를 구하는 것부터 문제 풀이를 시작해야 한다.

| 문제+자료 분석 |

- (가): A 4 g의 양(mol)이 $\dfrac{4\,\text{g}}{40\,\text{g/mol}}=0.1\,\text{mol}$이다.

- (나): A(aq)에 물을 가하여 희석할 때 A(aq)의 몰농도와 부피는 달라지지만, 용질 A의 양(mol)은 변하지 않는다.

- (다): x M A(aq) 50 mL에 들어 있는 A의 양(mol)과 y A(aq) V mL에 들어 있는 A의 양(mol)을 합한 값은 0.3 M A(aq) 200 mL에 들어 있는 A의 양(mol)과 같다.

| 선택지 분석 |

① (가)에서 A 4 g의 양(mol)은 0.1 mol이다. 따라서 (가)에서 A(aq)의 몰농도는 $\dfrac{0.1\,\text{mol}}{0.1\,\text{L}}=1\,\text{M}$이므로 $x=1$이다.

(나)에서 A의 양(mol)은
$x\,\text{M}\times\dfrac{25}{1000}\,\text{L}=y\,\text{M}\times\dfrac{200}{1000}\,\text{L}=0.025\,\text{mol}$이므로 $y=\dfrac{1}{8}$이다.

(다)에서 A의 양(mol)은
$x\,\text{M}\times\dfrac{50}{1000}\,\text{L}+y\,\text{M}\times\dfrac{V}{1000}\,\text{L}=0.3\,\text{M}\times\dfrac{200}{1000}\,\text{L}$이다.

$x=1,\ y=\dfrac{1}{8}$를 대입하면 $V=80$이다.

따라서 $\dfrac{y}{x}\times V=\dfrac{\frac{1}{8}}{1}\times 80=10$이다.

표는 포도당 수용액 (가)와 (나)에 대한 자료이다.

수용액	(가)	(나)
부피(mL)	20	30
단위 부피당 포도당 분자 모형	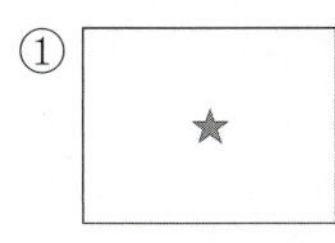	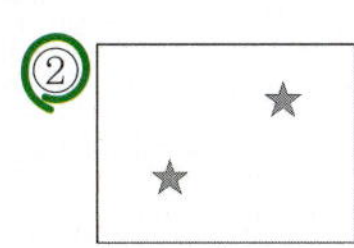
단서 용질의 양(mol)	$1\times 20=20$	$6\times 30=180$

(가)와 (나)를 모두 혼합하고 물을 추가하여 용액의 부피가 100 mL가 되도록 만든 수용액의 단위 부피당 포도당 분자 모형으로 옳은 것은? (단, 온도는 일정하다.) (3점)

① 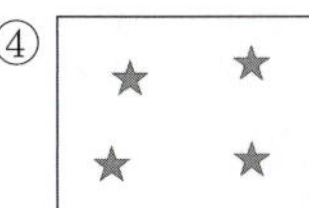　② 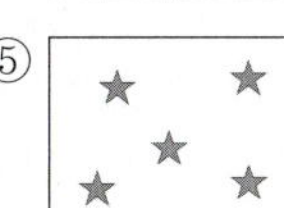　③ 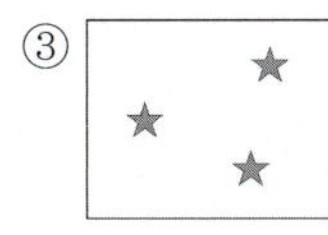

④ ⑤ 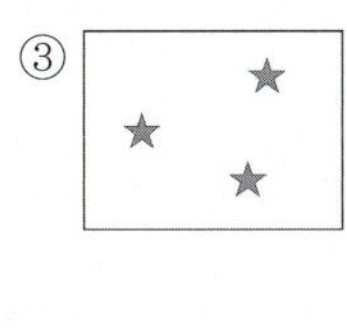

단서+발상

단서 단위 부피당 포도당 분자 모형이 (가)와 (나)에 제시되어 있다.

발상 단위 부피당 포도당 분자 모형은 몰농도에 비례함을 추론할 수 있다.

적용 (가)와 (나)의 부피와 단위 부피당 포도당 분자 수를 이용해 용질의 양(mol)을 구하는 것부터 문제 풀이를 시작해야 한다.

| 문제+자료 분석 |

◈ 단위 부피당 용액의 몰농도

- **단위 부피당 포도당 분자 모형**: 어떤 부피에 포함된 포도당 분자 수를 나타내므로 몰농도에 비례한다.

- **용질의 양**(mol): 단위 부피당 포도당 분자 모형에 부피를 곱한 값이 비례한다. 이때 용질의 양(mol)은 ★로 표현된 포도당 분자 모형(분자 수)에 해당한다.

- **(가)**: 용질의 양(mol)$=1\times 20=20$

- **(나)**: 용질의 양(mol)$=6\times 30=180$

| 선택지 분석 |

② (가)와 (나) 혼합 용액의 단위 부피당 분자 수는 (가)와 (나)의 용질의 양(mol)을 혼합 용액의 전체 부피 100 mL로 나누면 알 수 있다.
(가)와 (나)를 혼합한 후 100 mL로 희석한 용액의 단위 부피당 포도당 분자 수는 $\dfrac{1\times 20+6\times 30}{100}=2$이다.

＊몰농도

(1) 용액 1 L 속에 녹아 있는 용질의 양(mol)을 나타낸다.

(2) 단위는 M이며, mol/L를 의미한다.

(3) 몰농도에 부피를 곱하면 용질의 양(mol)을 알 수 있다.

표는 a M $H_2X(aq)$, b M $HCl(aq)$, $2b$ M $NaOH(aq)$의 부피를 달리하여 혼합한 수용액 (가)~(다)에 대한 자료이다. 수용액에서 H_2X는 H^+과 X^{2-}으로 모두 이온화된다.

단서
H^+ 또는 OH^-의 양(mmol)

혼합 수용액		(가)	(나)	(다)
혼합 전 수용액의 부피 (mL)	a M $H_2X(aq)$	$20a$ 10	$40a$ 20	$40a$ 20
	b M $HCl(aq)$	$20b$ 20	$10b$ 10	$20b$ 20
	$2b$ M $NaOH(aq)$	$20b$ 10	$20b$ 10	$80b$ 40
모든 양이온의 몰농도(M)의 합 (상댓값)		$\dfrac{3}{\dfrac{20a+20b}{40}}$	$\dfrac{3}{\dfrac{40a+10b}{40}}$	$\dfrac{\text{⊙}}{\dfrac{80b}{80}}$
액성		산성	산성	염기성

$20a+20b=40a+10b$
$\therefore a:b=1:2$

$3:\text{⊙}=\dfrac{30b}{40}:\dfrac{80b}{80}$
$\therefore \text{⊙}=4$

$\dfrac{1}{2}\times 4=2$

$\dfrac{a}{b}\times\text{⊙}$은? (단, 혼합 수용액의 부피는 혼합 전 각 수용액의 부피의 합과 같고, 물의 자동 이온화는 무시한다.) (3점)

① $\dfrac{4}{3}$ ② $\dfrac{3}{2}$ ③ 2 ④ $\dfrac{5}{2}$ ⑤ 4

단서＋발상

단서 모든 양이온의 몰농도(M)의 합이 제시되어 있으므로

발상 a와 b의 관계식을 추론할 수 있다.

적용 혼합 전 수용액의 부피와 몰농도를 통해 혼합 수용액에 존재하는 모든 양이온의 몰농도의 합을 구하는 것부터 문제 풀이를 시작해야 한다.

| 문제 해결 과정 |

step 1 혼합 전 수용액에 존재하는 알짜 이온(H^+ 또는 OH^-)의 양(mol)을 구하여 혼합 수용액의 액성을 구한다.

- 혼합 전 수용액에 존재하는 알짜 이온(H^+ 또는 OH^-)의 양(mmol)은 가수×수용액의 몰농도(M)×용액의 부피(mL)로 구할 수 있다. 꿀팁
- (가): a M $H_2X(aq)$ 10 mL에 존재하는 H^+의 양(mmol)은 $20a$이고 b M $HCl(aq)$ 20 mL에 존재하는 H^+의 양(mmol)은 $20b$이고 $2b$ M $NaOH(aq)$ 10 mL에 존재하는 OH^-의 양(mmol)은 $20b$이다.
  ➡ H^+과 OH^-이 반응한 후 혼합 수용액에는 H^+이 남으므로 액성은 산성이며, 혼합 수용액에 존재하는 H^+의 양(mmol)은 $20a$이다.
  ➡ 혼합 수용액에 존재하는 모든 양이온의 몰농도의 합은
  $$\frac{H^+\text{의 양}+Na^+\text{의 양}}{\text{혼합 수용액의 부피}}=\frac{20a+20b}{40}\text{이다. ······식 (1)}$$
- (나): a M $H_2X(aq)$ 20 mL에 존재하는 H^+의 양(mmol)은 $40a$이고 b M $HCl(aq)$ 10 mL에 존재하는 H^+의 양(mmol)은 $10b$이고 $2b$ M $NaOH(aq)$ 10 mL에 존재하는 OH^-의 양(mmol)은 $20b$이다.

[case 1] 혼합 수용액의 액성이 염기성 또는 중성이라면 혼합 수용액에 존재하는 양이온은 Na^+뿐이므로 모든 양이온의 몰농도의 합은
$$\frac{Na^+\text{의 양}}{\text{혼합 수용액의 부피}}=\frac{20b}{40}\text{이다.}$$ 꿀팁
모든 양이온의 몰농도(M)의 합이 (가) : (나)＝1 : 1이므로
$$\frac{20a+20b}{40}=\frac{20b}{40}\text{이고, } a=0\text{이 되므로 [case 1]은 옳지 않다.}$$

[case 2] 혼합 수용액의 액성이 산성이라면 혼합 수용액에 존재하는 모든 양이온의 몰농도의 합은
$$\frac{H^+\text{의 양}+Na^+\text{의 양}}{\text{혼합 수용액의 부피}}=\frac{40a+10b}{40}\text{이다. ······식 (2)}$$

step 2 (가)와 (나)에서 모든 양이온의 몰농도(M)의 합이 서로 같음을 이용하여 a와 b의 관계식을 구한다.

- (가)와 (나)에서 모든 양이온의 몰농도의 합이 서로 같으므로, 식 (1)과 (2)에서 $20a+20b=40a+10b$이다. 따라서 $2a=b$이고 $a:b=1:2$이다.

step 3 (나)와 (다)에서 모든 양이온의 몰농도(M)의 합의 비가 3 : ⊙임을 이용하여 ⊙을 구한다.

- (다): a M $H_2X(aq)$ 20 mL에 존재하는 H^+의 양(mmol)은 $40a(=20b)$이고 b M $HCl(aq)$ 20 mL에 존재하는 H^+의 양(mmol)은 $20b$이고 $2b$ M $NaOH(aq)$ 40 mL에 존재하는 OH^-의 양(mmol)은 $80b$이다.
  ➡ H^+과 OH^-이 반응한 후 혼합 수용액에는 OH^-이 남으므로 액성은 염기성이다. 따라서 혼합 수용액에 존재하는 모든 양이온의 몰농도의 합은
  $$\frac{Na^+\text{의 양}}{\text{혼합 수용액의 부피}}=\frac{80b}{80}\text{이다. ······식 (3)}$$
- (나)와 (다)에서 모든 양이온의 몰농도의 합의 비는 3 : ⊙이고, 식 (2)와 (3)에서 $3:\text{⊙}=\dfrac{30b}{40}:\dfrac{80b}{80}=\dfrac{3}{4}:1$이므로 ⊙=4이다.

| 선택지 분석 |

③ (가)와 (나)에서 모든 양이온의 몰농도의 합이 서로 같으므로 $20a+20b=40a+10b$에서 $2a=b$이고, (나)와 (다)에서 모든 양이온의 몰농도(M)의 합의 비는 3 : ⊙이므로 $3:\text{⊙}=\dfrac{30b}{40}:\dfrac{80b}{80}$에서 ⊙=4이다.

따라서 $\dfrac{a}{b}\times\text{⊙}=\dfrac{1}{2}\times 4=2$이다.

⭐ 정답은 ③ 2이다.

왜 틀렸나?

함정 ·혼합 전 수용액에 존재하는 알짜 이온(H^+ 또는 OH^-)의 양(mol)은 가수×수용액의 몰농도(M)×용액의 부피(L)로 구한다. 구경꾼 이온의 경우 이온의 양(mol)＝수용액의 몰농도(M)×용액의 부피(L)와 같으나, 알짜 이온(H^+ 또는 OH^-)의 경우 가수＊를 고려해야 함을 주의한다.
➡ a M $H_2X(aq)$ 10 mL에 존재하는 H^+의 양(mmol)＝$2\times 10a$
   a M $H_2X(aq)$ 10 mL에 존재하는 X^{2-}의 양(mmol)＝$10a$
＊가수 : 산 또는 염기 1mol이 최대로 내놓을 수 있는 H^+ 또는 OH^-의 양(mol)

표는 $HCl(aq)$과 $NaOH(aq)$을 부피를 달리하여 반응시켰을 때 혼합 용액 (가)~(다)에 대한 자료이다.

혼합 용액	혼합 전 용액의 부피(mL)		용액의 액성	전체 음이온 수
	$HCl(aq)$	$NaOH(aq)$		
(가)	단서 80 $2N$	30 $1.5N$	산성	$2N$
(나)	30 $0.75N$	20 N	염기성	N
(다)	40 N	10 $0.5N$	㉠ 산성	N

이에 대한 옳은 설명만을 〈보기〉에서 있는 대로 고른 것은? (단, 온도는 일정하고, 물의 자동 이온화는 무시한다.) (3점)

[보기]

ㄱ. ㉠은 ~~중성~~이다.
→ 반응 후 0.5N의 H^+이 남음

ㄴ. 혼합 전 용액의 몰농도(M)는 $NaOH(aq)$이 $HCl(aq)$의 2배이다. → 같은 부피당 이온 수가 2배

ㄷ. 생성된 물 분자 수는 (가)가 (다)의 ~~1.5~~배이다.
→ (가)=1.5N, (나)=0.75N, (다)=0.5N

① ㄱ   ② ㄴ   ③ ㄷ   ④ ㄱ, ㄷ   ⑤ ㄴ, ㄷ

| 문제+자료 분석 |

◆ $HCl(aq)$과 $NaOH(aq)$의 혼합 용액에서 액성에 따른 이온 수 관계
• 산성인 경우: Cl^- 수＝Na^+ 수＋H^+ 수
• 중성인 경우: Cl^- 수＝Na^+ 수
• 염기성인 경우: Na^+ 수＝Cl^- 수＋OH^- 수
◆ 전체 음이온 수
• (가): 용액의 액성이 산성이므로 전체 음이온 수인 $2N$은 Cl^- 수가 되며, 혼합 전 80 mL의 $HCl(aq)$에는 H^+ $2N$, Cl^- $2N$이 존재함
• (나): 용액의 액성이 염기성이므로 전체 음이온 수(＝전체 양이온 수)인 N은 Na^+ 수와 같고, 혼합 전 20 mL의 $NaOH(aq)$에는 Na^+ N, OH^- N이 존재함
• (다): 혼합 전 40 mL의 $HCl(aq)$에는 H^+ N이 존재하고, 10 mL의 $NaOH(aq)$에는 OH^- $0.5N$이 존재하므로 반응 후 혼합 용액의 액성은 산성

| 보기 분석 |

ㄱ. 혼합 전 40 mL의 $HCl(aq)$에 존재하는 H^+ N과 10 mL의 $NaOH(aq)$에 존재하는 OH^- $0.5N$이 반응하면 $0.5N$의 H_2O가 생성되고, H^+ $0.5N$이 남아 있어 혼합 용액의 액성은 산성이다.

ㄴ. 40mL의 $HCl(aq)$에는 H^+ $1N$, Cl^- $1N$이 존재하고, 40 mL의 $NaOH(aq)$에는 Na^+ $2N$, OH^- $2N$이 존재하므로 몰농도는 $NaOH(aq)$이 $HCl(aq)$의 2배이다.

ㄷ. H^+과 OH^-이 1 : 1의 개수 비로 반응하여 물을 생성하므로 생성된 물 분자 수는 (가)에서 1.5N, (나)에서 0.75N, (다)에서 0.5N이다. 따라서 (가)가 (다)의 3배이다.

다음은 $H_2X(aq)$, $Y(OH)_2(aq)$, $ZOH(aq)$의 부피를 달리하여 혼합한 용액 (가), (나)에 대한 자료이다.

○ 수용액에서 H_2X는 H^+과 X^{2-}으로, $Y(OH)_2$는 Y^{2+}과 OH^-으로, ZOH는 Z^+과 OH^-으로 모두 이온화된다.

혼합 용액		(가) 염기성	(나) 염기성
혼합 전 수용액의 부피(mL)	0.5 M $H_2X(aq)$	30	30
	$2a$ M $Y(OH)_2(aq)$	10	단서 염기 첨가 15
	$1b$ M $ZOH(aq)$	0	15
H^+ 또는 OH^-의 몰농도(M)		$[OH^-]$ $\frac{1}{4}$	$x\frac{3}{4}$

$$\frac{1}{4}=\frac{(20a-30)\times10^{-3}\,\text{mol}}{0.04\,\text{L}} \quad \therefore a=2$$

○ (가)에서 $\dfrac{\text{모든 음이온의 몰농도(M) 합}}{\text{모든 양이온의 몰농도(M) 합}}>1$이다.
→ (가)는 염기성이다.

○ 모든 양이온의 양(mol)은 (가) : (나)＝4 : 9이다.
＝10a : (15a+15b) ∴ b=1

x는? (단, 혼합 용액의 부피는 혼합 전 각 용액의 부피의 합과 같고, 물의 자동 이온화는 무시하며, X^{2-}, Y^{2+}, Z^+은 반응하지 않는다.)

$$x\,(\text{M})=\frac{(30a+15b-30)\times10^{-3}\,\text{mol}}{0.06\,\text{L}}=\frac{3}{4}$$ (3점)

① $\frac{1}{4}$ ② $\frac{3}{4}$ ③ $\frac{5}{6}$ ④ $\frac{7}{6}$ ⑤ $\frac{4}{3}$

| 문제+자료 분석 |

• 혼합 전 수용액에 존재하는 양이온과 음이온의 양(mol)은 다음과 같다.

혼합 용액	(가)		(나)	
	양이온의 양 (상대값)	음이온의 양 (상대값)	양이온의 양 (상대값)	음이온의 양 (상대값)
0.5 M $H_2X(aq)$	H^+: $2\times0.5\times30$ ＝30	X^{2-}: 0.5×30 ＝15	H^+: $2\times0.5\times30$ ＝30	X^{2-}: 0.5×30 ＝15
a M $Y(OH)_2(aq)$	Y^{2+}: $a\times10$ ＝10a	OH^-: $2\times a\times10$ ＝20a	Y^{2+}: $a\times15$ ＝15a	OH^-: $2\times a\times15$ ＝30a
b M $ZOH(aq)$	0	0	Z^+: $b\times15$ ＝15b	OH^-: $b\times15$ ＝15b

• (가)에서 혼합 용액의 $\dfrac{\text{모든 음이온의 몰농도(M) 합}}{\text{모든 양이온의 몰농도(M) 합}}>1$이므로 $[H^+]<[OH^-]$이다. 따라서 용액은 염기성이고, (가)보다 염기가 더 첨가된 (나)의 액성도 염기성이다. 주의

• a: (가)에서 혼합 후 부피는 40mL이고, 남아 있는 OH^-의 몰농도
$[OH^-]=\dfrac{1}{4}$ M $=\dfrac{(20a-30)\times10^{-3}\,\text{mol}}{0.04\,\text{L}}$이므로 $a=2$이다.

• b: 혼합 후 (가)와 (나)에 H^+는 남아 있지 않으므로 남은 양이온은 모두 구경꾼 이온이다. 혼합 후 모든 양이온의 양(mol)은
(가) : (나)＝4 : 9＝10a : (15a+15b)이고, $a=2$를 대입하면
4 : 9＝20 : (30+15b)이므로 $b=1$이다.

| 선택지 분석 |

② (나)에서 혼합 후 부피는 60 mL이고, 남아 있는 OH^-의 몰농도
$[OH^-]=x\,(\text{M})=\dfrac{(30a+15b-30)\times10^{-3}\,\text{mol}}{0.06\,\text{L}}$이다. $a=2$, $b=1$이므로
$x\,(\text{M})=\dfrac{(30\times2+15\times1-30)\times10^{-3}\,\text{mol}}{0.06\,\text{L}}=\dfrac{3}{4}$이다.

다음은 중화 반응과 관련된 실험이다.

〈실험 과정〉

(가) a M HCl(aq), b M NaOH(aq), c M KOH(aq)을 준비한다.

(나) HCl(aq) 20 mL, NaOH(aq) 30 mL, KOH(aq) 10 mL를 혼합하여 용액 Ⅰ을 만든다.

(다) 용액 Ⅰ에 KOH(aq) V mL를 첨가하여 용액 Ⅱ를 만든다. **단서** K$^+$ 증가 H$_3$O$^+$ 감소 (Cl$^-$와 Na$^+$ 일정)

〈실험 과정〉 용액 Ⅰ은 산성 → [H$_3$O$^+$]≠0, [OH$^-$]=0 → Cl$^-$의 몰비가 가장 크다.

○ 용액 Ⅰ에서 H$_3$O$^+$의 몰농도는 $\frac{1}{12}a$ M이다.

○ 용액 Ⅰ과 Ⅱ에 들어 있는 이온의 몰비

용액	Ⅰ	Ⅱ
이온의 몰비		Cl$^-$: Na$^+$=2 : 1

$V \times \dfrac{b}{c}$는? (단, 온도는 일정하고, 혼합한 용액의 부피는 혼합 전 각 용액의 부피의 합과 같으며, 물의 자동 이온화는 무시한다.) (3점)

① 10　　② 20　　③ 30　　④ 40　　⑤ 60

 단서+발상

단서 세 가지 산 염기 수용액의 부피가 제시되어 있다.

발상 용액 Ⅰ에서 H$_3$O$^+$의 몰농도가 $\frac{1}{12}a$ M이므로 용액 Ⅰ의 액성은 산성임을 추론할 수 있다.

적용 구경꾼 이온의 존재비를 이용해서 나머지 이온의 존재비를 구하는 것부터 문제 풀이를 시작해야 한다.

│ 문제 풀이 순서 │

step 1 주어진 단서를 정리한다.

- 자료에 제시된 '이온의 몰비'는 4가지 성분에 관한 것이다.
- HCl(aq), NaOH(aq), KOH(aq)를 혼합한 수용액에 존재할 수 있는 이온에는 Na$^+(aq)$, K$^+(aq)$, Cl$^-(aq)$과 H$_3$O$^+(aq)$ 또는 OH$^-(aq)$가 있다.
- 일양성자 산/일양성자 염기의 양(몰) n은 몰농도(M)와 부피(V)의 곱($M \times V$)으로 나타낼 수 있다. → $n = MV$
- 실험 결과에 따르면 용액 Ⅰ에서 H$_3$O$^+$의 몰농도는 $\frac{1}{12}a$ M인데, 이를 통해 용액 Ⅰ의 액성은 산성임을 알 수 있다.
- 용액 Ⅰ에서 이온의 몰비는 1 : 1 : 2 : 4이고, KOH(aq)이 첨가된 용액 Ⅱ에서 이온의 몰비는 1 : 1 : 2 : 2(=2 : 2 : 4 : 4)이다.

- Cl$^-$와 Na$^+$는 구경꾼 이온인데, 용액 Ⅱ에서 이온의 조성이 두 가지 $\left(\dfrac{1}{3}, \dfrac{1}{6}\right)$인 것으로 보아 용액 Ⅰ에서 2 : 1로 존재했음을 생각해볼 수 있다. 용액 Ⅰ에서 Cl$^-$의 몰비가 가장 크고, Cl$^-$와 몰비가 동등한 다른 이온이 없기 때문이다. 용액 Ⅰ에서 Cl$^-$가 $4N$만큼 들어 있다면 Na$^+$는 $2N$만큼 들어 있었을 것으로 예측해 볼 수 있다.

- 따라서 용액 Ⅰ에서 H$_3$O$^+$과 Cl$^-$의 몰비는 $\frac{1}{12}a \times (20+30+10) : a \times 20 = 1 : 4$임을 알 수 있다.

- H$_3$O$^+$, Cl$^-$, Na$^+$의 몰비를 알게 됨으로써 남은 K$^+$, OH$^-$의 몰비도 구할 수 있다.

- 용액 Ⅰ, Ⅱ에서 이온의 양(mol)을 정리하면 다음과 같다.

구분	이온의 양(mol)				
	H$_3$O$^+$	Cl$^-$	Na$^+$	K$^+$	OH$^-$
용액 Ⅰ	N	$4N$	$2N$	N	0
용액 Ⅱ	0	$4N$	$2N$	$4N$	$2N$

step 2 문제 해결에 필요한 개념을 정리한다.

- 일양성자 산/일양성자 염기에서 양(몰) n은 몰농도(M)와 부피(V)의 곱($M \times V$)으로 나타낼 수 있다. → $n = M \times V$

step 3 비례식을 찾고 미지수의 값을 구한다.

〈a, b, c 비 구하기〉

- HCl(aq) 20 mL, NaOH(aq) 30 mL, KOH(aq) 10 mL를 혼합하여 만든 용액 Ⅰ에서 구경꾼 이온은 Cl$^-$, Na$^+$, K$^+$이 있다.
- 용액 Ⅰ의 Cl$^-$와 Na$^+$ 이온의 양으로부터 $a \times 20$ mL $: b \times 30$ mL $= 4N : 2N$임을 알 수 있다. → $a : b = 3 : 1$
- 용액 Ⅰ의 Cl$^-$와 K$^+$ 이온의 양으로부터 $a \times 20$ mL $: c \times 10$ mL $= 4N : N$임을 알 수 있다. → $a : c = 2 : 1$
- 위 결과를 정리하면, $a : b : c = 6 : 2 : 3$이다.

〈V 값 구하기〉

- 용액 Ⅰ에서 KOH(aq) 10 mL일 때 K$^+$가 N만큼 존재하였고 KOH(aq) V mL를 첨가하여 용액 Ⅱ를 만들 때, K$^+$(구경꾼 이온)는 $3N$만큼 증가하므로 $V = 30$ mL이다.

│ 선택지 분석 │

② $a : b : c = 6 : 2 : 3$이므로 $\dfrac{b}{c} = \dfrac{2}{3}$이며, $V = 30$이므로 $V \times \dfrac{b}{c} = 20$이다.

★ **정답은 ② 20이다.**

＊ 단위 부피당 이온 수 ·················· ★ 고난도 핵심 개념

혼합 용액에 들어 있는 전체 양이온 수	• 혼합 용액의 액성이 산성일 때 혼합 용액에 들어 있는 전체 양이온 수는 혼합 전 산 수용액에 들어 있는 양이온 수와 같다. • 혼합 용액의 액성이 염기성일 때 혼합 용액에 들어 있는 전체 양이온 수는 혼합 전 염기 수용액에 들어 있는 양이온 수와 같다.
알짜 이온과 구경꾼 이온	• 알짜 이온 중화 반응에서 알짜 이온은 실제로 중화 반응에 참여하는 이온인 H$^+$과 OH$^-$이다. 중화 반응 후 그 수가 감소하고, 어느 한쪽이 모두 소모될 때까지 완전히 반응한다. • 구경꾼 이온 중화 반응에서 반응에 참여하지 않는 이온으로 중화 반응 전후 그 수는 일정하다.
혼합 용액에 존재하는 이온의 종류	• 1가 산과 1가 염기의 반응에서 혼합 용액에 존재하는 양이온 수와 음이온 수는 같다. • 양이온의 총 전하량 합은 음이온의 총 전하량 합과 같다.

표는 0.8 M HX(aq), 0.1 M YOH(aq), a M Z(OH)$_2$ (aq)을 부피를 달리하여 혼합한 용액 Ⅰ~Ⅲ에 대한 자료이다. 수용액에서 HX는 H$^+$과 X$^-$으로, YOH는 Y$^+$과 OH$^-$으로, Z(OH)$_2$는 Z^{2+}과 OH$^-$으로 모두 이온화된다.

혼합 용액		Ⅰ 산성	Ⅱ 염기성	Ⅲ 산성
혼합 전 수용액의 부피(mL)	0.8 M HX(aq)	5	1	4
	0.1 M YOH(aq)	0	4	6
	a M Z(OH)$_2$ (aq)	5	5	6
모든 음이온의 몰농도(M) 합(상댓값)		5	3	$x=2.5$
음이온		X$^-$	X$^-$, OH$^-$	X$^-$

단서 모든 음이온의 몰농도 합 Ⅰ : Ⅱ$=\dfrac{4}{10}:\dfrac{(0.4+10a)}{10}=5:3$에서 $a=0.2$

Ⅰ : Ⅲ$=\dfrac{4}{10}:\dfrac{3.2}{16}=5:x$에서 $x=2.5$

$a \times x$는? (단, 혼합 용액의 부피는 혼합 전 각 용액의 부피의 합과 같고, 물의 자동 이온화는 무시하며, X$^-$, Y$^+$, Z^{2+}은 반응하지 않는다.)

$a \times x = 0.2 \times 2.5 = \dfrac{1}{2}$ (3점)

① $\dfrac{1}{3}$ ② $\dfrac{1}{2}$ ③ 1 ④ $\dfrac{3}{2}$ ⑤ $\dfrac{5}{2}$

| 선택지 분석 |

② $a=0.2$, $x=2.5$이므로 $a \times x = \dfrac{1}{2}$이다.

| 문제＋자료 분석 |

- **Ⅰ과 Ⅱ가 모두 염기성인 경우**: 모든 음이온의 몰농도의 합은 Ⅱ > Ⅰ가 되어야 하므로 조건을 만족하지 않는다.
- **Ⅰ과 Ⅱ가 모두 산성인 경우**: Ⅰ과 Ⅱ에 존재하는 음이온은 X$^-$이며 X$^-$의 양(mol)이 Ⅰ에서는 0.8 M$\times\dfrac{5}{1000}$ L$=4\times10^{-3}$ mol이고, Ⅱ에서는 0.8 M$\times\dfrac{1}{1000}$ L$=8\times10^{-4}$ mol이므로 모든 음이온의 몰농도 합의 비가

Ⅰ : Ⅱ$=\dfrac{4\times10^{-3}\ \text{mol}}{\dfrac{10}{1000}\ \text{L}}:\dfrac{0.8\times10^{-3}\ \text{mol}}{\dfrac{10}{1000}\ \text{L}}=5:1$이 되어

조건을 만족하지 않는다.

따라서 Ⅰ은 산성, Ⅱ는 염기성이다. ─ 주의

- **a** : Ⅱ에서 혼합 전 각각의 수용액에 들어 있는 이온의 종류와 양(mol)은 0.8 M HX(aq) 1 mL에는 H$^+$이 8×10^{-4} mol, X$^-$이 8×10^{-4} mol, 0.1 M YOH(aq) 4 mL에는 Y$^+$이 4×10^{-4} mol, OH$^-$이 4×10^{-4} mol, a M Z(OH)$_2$ (aq) 5 mL에는 Z^{2+}이 $5a\times10^{-3}$ mol, OH$^-$이 $10a\times10^{-3}$ mol 들어 있다.
  모든 음이온의 몰농도 합의 비가

Ⅰ : Ⅱ$=\dfrac{4\times10^{-3}\ \text{mol}}{\dfrac{10}{1000}\ \text{L}}:\dfrac{(0.4+10a)\times10^{-3}\ \text{mol}}{\dfrac{10}{1000}\ \text{L}}=5:3$에서

$a=0.2$이다.

- **x** : Ⅲ에서 혼합 전 각각의 수용액에 들어 있는 이온의 종류와 양(mol)은 0.8 M HX(aq) 4 mL에는 H$^+$이 3.2×10^{-3} mol, X$^-$이 3.2×10^{-3} mol 0.1 M YOH(aq) 6 mL에는 Y$^+$이 6×10^{-4} mol, OH$^-$이 6×10^{-4} mol 0.2 M Z(OH)$_2$ (aq) 6 mL에는 Z^{2+}이 1.2×10^{-3}mol, OH$^-$이 2.4×10^{-3} mol 들어 있다. 따라서 Ⅲ은 산성이다.
  Ⅰ과 Ⅲ에 들어 있는 음이온은 X$^-$이며, 모든 음이온의 몰농도 합의 비가

Ⅰ : Ⅲ$=\dfrac{4\times10^{-3}\ \text{mol}}{\dfrac{10}{1000}\ \text{L}}:\dfrac{3.2\times10^{-3}\ \text{mol}}{\dfrac{16}{1000}\ \text{L}}=5:x$에서 $x=2.5$이다.

다음은 CH$_3$COOH(aq)의 몰농도를 구하기 위한 실험이다.

〈실험 과정〉 표준 용액
(가) 0.1 M NaOH(aq)을 뷰렛에 넣은 다음, 꼭지를 잠시 열었다 닫고 처음 눈금을 읽는다.
(나) 피펫을 이용해 CH$_3$COOH(aq) 10 mL를 삼각 플라스크에 넣고 페놀프탈레인 용액을 몇 방울 떨어뜨린다.
(다) 뷰렛의 꼭지를 열어 (나)의 삼각 플라스크에 NaOH(aq)을 조금씩 가하면서 삼각 플라스크를 잘 흔들어 주고, 혼합 용액 전체가 붉은색으로 변하는 순간 뷰렛의 꼭지를 닫고 나중 눈금을 읽는다. 중화점

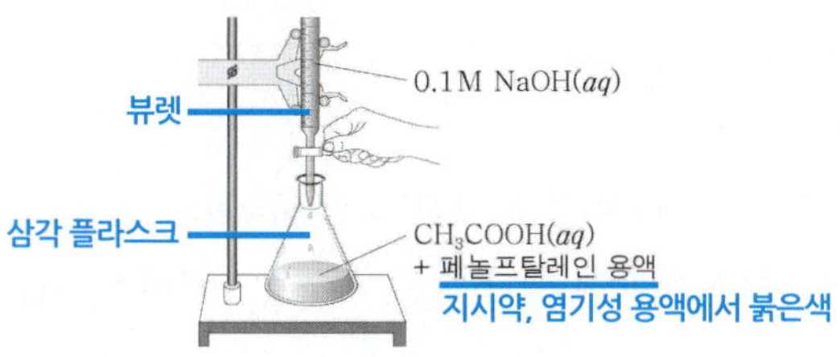

〈실험 결과〉 단서 중화점까지 넣어 준 0.1 M NaOH(aq)의 부피 28.3－8.3＝20 mL
○ (가)에서 뷰렛의 처음 눈금: 8.3 mL
○ (다)에서 뷰렛의 나중 눈금: 28.3 mL
○ CH$_3$COOH(aq)의 몰농도: a M ＝0.2 M

이에 대한 옳은 설명만을 〈보기〉에서 있는 대로 고른 것은? (단, 온도는 25 ℃로 일정하고, 물의 자동 이온화는 무시한다.) (3점)

[보기]
ㄱ. (다)에서 삼각 플라스크 속 용액의 pH는 증가한다.
  [H$_3$O$^+$]의 감소 ➡ 용액의 pH 증가
ㄴ. $a=$ ~~0.05~~ 이다. 0.2
ㄷ. (다)에서 생성된 H$_2$O의 양은 0.002 mol이다.
  반응한 NaOH의 양=0.1 M$\times\dfrac{20}{1000}$ L=0.002 mol

① ㄱ ② ㄴ ③ ㄱ, ㄷ ④ ㄴ, ㄷ ⑤ ㄱ, ㄴ, ㄷ

| 문제＋자료 분석 |

- 중화점까지 넣어 준 0.1M NaOH(aq)의 부피는 28.3－8.3＝20 mL이다.
- CH$_3$COOH(aq)의 몰농도는 a M이고, 부피는 10 mL이므로 CH$_3$COOH(aq)의 양(mol)은 a M$\times\dfrac{10}{1000}$ L이다.

| 보기 분석 |

ㄱ. (다)에서 NaOH(aq)를 가할 때 [H$_3$O$^+$]가 감소하므로 용액의 pH는 증가한다.
ㄴ. 중화점까지 넣어 준 0.1M NaOH(aq)의 부피가 20 mL이므로

a M$\times\dfrac{10}{1000}$ L=0.1 M$\times\dfrac{20}{1000}$ L에서 $a=0.2$이다.

ㄷ. (다)에서 반응한 NaOH의 양이 0.1 M$\times\dfrac{20}{1000}$ L=0.002 mol이므로 주의 생성된 H$_2$O의 양도 0.002 mol이다.

IV 18 정답 ④ * 식초 속의 아세트산의 함량 구하기

다음은 중화 적정을 이용하여 식초 1 g에 들어 있는
아세트산(CH_3COOH)의 질량을 알아보기 위한 실험이다.

〈실험 과정〉

(가) 25 ℃에서 밀도가 d g/mL인 식초를 준비한다.

(나) (가)의 식초 10 mL에 물을 넣어 100 mL 수용액을
[단서] 만든다. 질량(g): 10 mL × d g/mL = 10d g

(다) (나)에서 만든 수용액 20 mL를 삼각 플라스크에 넣고
CH_3COOH의 양(mol): $2.5 \times 10^{-4} a$ mol이다.
페놀프탈레인 용액을 2~3방울 떨어뜨린다.

(라) (다)의 삼각 플라스크에 0.25 M NaOH(aq)을 한 방울씩
떨어뜨리면서 삼각 플라스크를 흔들어 준다.

(마) (라)의 삼각 플라스크 속 수용액 전체가 붉은색으로
변하는 순간 적정을 멈추고 적정에 사용된 NaOH(aq)의
부피(V)를 측정한다.

〈실험 결과〉 0.25 M NaOH(aq) a mL에 들어 있는 OH^-의 양(mol)

○ V : a mL = 1×0.25M $\times \dfrac{a}{1000}$ L = $2.5 \times 10^{-4} a$ mol

○ (가)에서 식초 1 g에 들어 있는 CH_3COOH의 질량 : x g
$10d$ g : $7.5 \times 10^{-2} a$ g = 1 g : x g ➡ $x = \dfrac{3a}{400d}$

x는? (단, CH_3COOH의 몰질량(g/mol)은 60이고, 온도는 25 ℃로
일정하며, 중화 적정 과정에서 식초에 포함된 물질 중 CH_3COOH만
NaOH과 반응한다.)

① $\dfrac{3a}{40d}$ ② $\dfrac{3a}{80d}$ ③ $\dfrac{3a}{200d}$ ④ $\dfrac{3a}{400d}$ ⑤ $\dfrac{3a}{2000d}$

단서+발상

[단서] 밀도가 d인 식초를 희석시킨 부피가 제시되어 있다.

[발상] 물을 첨가해도 CH_3COOH의 양(mol)은 변하지 않음을 추론할 수 있다.

[적용] 중화점까지 반응한 H_3O^+의 양(mol) = OH^-의 양(mol)을 구하는
것부터 문제 풀이를 시작해야 한다.

| 문제+자료 분석 |

- **중화점**: 0.25 M NaOH(aq) a mL를 넣었을 때 중화점에 도달하였으므로
(나)에서 만든 수용액 20mL에 들어 있는 CH_3COOH의 양은
0.25 M NaOH(aq) a mL에 들어 있는 OH^-의 양과 같다. **[꿀팁]**

OH^-의 양(mol)은 1×0.25 M $\times \dfrac{a}{1000}$ L = $2.5 \times 10^{-4} a$ mol 이다.

따라서 (나)에서 만든 수용액 20 mL에 들어 있는 CH_3COOH의 양(mol)은
$2.5 \times 10^{-4} a$ mol이다.

- (가)의 식초 10 mL에 들어 있는 CH_3COOH의 양(mol)은
$(2.5 \times 10^{-4} a \times 5 =) 1.25 \times 10^{-3} a$ mol이다.
CH_3COOH의 몰질량이 60이므로
(가)의 식초 10 mL에 들어 있는 CH_3COOH의 질량(g)은
$1.25 \times 10^{-3} a$ mol $\times \dfrac{60\,g}{1\,mol} = 7.5 \times 10^{-2} a$ g이다.

- **(가)의 식초 10 mL 질량**: 밀도 = $\dfrac{질량}{부피}$에서 10 mL × d g/mL = 10d g이다.

| 선택지 분석 |

④ (가)에서 식초 1 g에 들어 있는 CH_3COOH의 질량이 x g이므로
$10d$ g : $7.5 \times 10^{-2} a$ g = 1g : x g에서 $x = \dfrac{3a}{400d}$이다.

IV 19 정답 ② * 중화 적정 실험

다음은 아세트산 수용액($CH_3COOH(aq)$)의 중화 적정 실험이다.

〈실험 과정〉

(가) $CH_3COOH(aq)$을 준비한다.

(나) (가)의 수용액 x mL에 물을 넣어 50 mL 수용액을 만든다.
← 물을 첨가하지만 수용액 속 CH_3COOH의 양(몰)은 일정

(다) (나)에서 만든 수용액 30 mL를 삼각 플라스크에 넣고 페놀
프탈레인 용액을 2~3방울 떨어뜨린다.
← 수용액 속 CH_3COOH의 양(몰)이 $\dfrac{3}{5}$배로 감소

(라) (다)의 삼각 플라스크에 0.1 M NaOH(aq)을 한 방울씩 떨
어뜨리면서 삼각 플라스크를 흔들어 준다.
← 표준 용액인 NaOH(aq)은 뷰렛에 들어 있음

(마) (라)의 삼각 플라스크 속 수용액 전체가 붉은색으로 변하는
순간 적정을 멈추고 적정에 사용된 NaOH(aq)의 부피(V)
를 측정한다. ← (다)의 30 mL $CH_3COOH(aq)$을 완전히 중화
시키기 위해 필요한 0.1M NaOH(aq)의 부피

〈실험 결과〉 **[단서]**

○ V: y mL ← 반응한 OH^-의 양(몰) = 0.1 M $\times \dfrac{y}{1000}$(L)

○ (가)에서 $CH_3COOH(aq)$의 몰농도: a M ← $\left(= \dfrac{y}{6x} \right)$

a는? (단, 온도는 25 ℃로 일정하다.) (3점)

① $\dfrac{y}{8x}$ ② $\dfrac{y}{6x}$ ③ $\dfrac{2y}{3x}$ ④ $\dfrac{y}{x}$ ⑤ $\dfrac{5y}{3x}$

| 문제+자료 분석 |

◈ **아세트산 수용액($CH_3COOH(aq)$)의 중화 적정 실험**

- **(가)~(나)**: a M $CH_3COOH(aq)$ x mL에 물을 넣어 50 mL 수용액으로
희석시킴 → 물을 첨가해도 수용액 속 CH_3COOH의 양은 변하지 않으므로
50 mL $CH_3COOH(aq)$에 들어 있는 H^+의 양(몰) = a M $\times \dfrac{x}{1000}$(L)

- **(다)**: 수용액의 양이 $\dfrac{3}{5}$배로 줄었으므로, 30 mL $CH_3COOH(aq)$에 들어
있는 H^+의 양(몰) = a M $\times \dfrac{x}{1000}$(L) $\times \dfrac{3}{5}$

- **(라)~(마)**: 반응에 참여한 OH^-의 양(몰) = 0.1 M $\times \dfrac{y}{1000}$(L)
→ 반응한 H^+의 양(몰) = 반응한 OH^-의 양(몰)이므로,
a M $\times \dfrac{x}{1000}$(L) $\times \dfrac{3}{5}$ = 0.1 M $\times \dfrac{y}{1000}$(L)이다.

그러므로 $a = \dfrac{y}{6x}$이다.

| 선택지 분석 |

② 반응한 CH_3COOH이 내놓는 H^+의 양(몰) = 반응한 NaOH이 내놓는
OH^-의 양(몰)이므로 a M $\times \dfrac{x}{1000}$(L) $\times \dfrac{3}{5}$ = 0.1M $\times \dfrac{y}{1000}$(L)이고
$a = \dfrac{y}{6x}$이다.

다음은 아세트산(CH_3COOH) 수용액의 몰농도(M)를 알아보기 위한 중화 적정 실험이다.

〈실험 과정〉

〔단서〕 →아세트산 수용액의 몰농도를 $\frac{1}{10}$배로 희석시킴

(가) $CH_3COOH(aq)$을 준비한다.

(나) (가)의 수용액 10 mL에 물을 넣어 100 mL 수용액을 만든다.

(다) (나)에서 만든 수용액 ⊙ 20 mL를 삼각 플라스크에 넣고 페놀프탈레인 용액을 몇 방울 떨어뜨린다.

(라) 그림과 같이 ⓛ 뷰렛 에 들어 있는 0.2 M $NaOH(aq)$을 〔표준 용액〕

(다)의 삼각 플라스크에 한 방울씩 떨어뜨리면서 삼각 플라스크를 흔들어준다.

(마) (라)의 삼각 플라스크 속 수용액 전체가 붉은색으로 변하는 순간 적정을 멈추고 적정에 사용된 $NaOH(aq)$의 부피(V)를 측정한다.

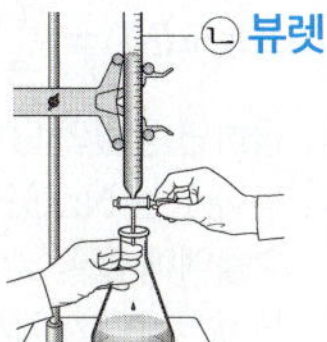

〈실험 결과〉

○ V: 10 mL

○ (가)에서 $CH_3COOH(aq)$의 몰농도: 1.0 M

다음 중 ⊙과 ⓛ으로 가장 적절한 것은? (단, 온도는 25 ℃로 일정하다.) (3점)

	⊙	ⓛ		⊙	ⓛ
①	2	뷰렛	②	2	피펫
③	20	뷰렛	④	20	피펫
⑤	40	뷰렛			

│ 문제＋자료 분석 │

- (나): 1M의 아세트산 수용액 10 mL에 물을 넣어 100 mL로 희석 → $\frac{1}{10}$배의 농도

- (다)~(라): 희석시킨 아세트산 수용액 중 일부(x mL)를 삼각 플라스크에 넣고 뷰렛에 들어 있는 0.2 M의 $NaOH(aq)$을 조금씩 첨가

- (마): x mL의 아세트산 수용액을 완전히 중화시키는데 필요한 0.2 M $NaOH(aq)$의 부피는 10 mL → $nMV=n'M'V'$를 이용하여 미지수(x)를 구함

- 반응한 $NaOH$이 내놓은 OH^+의 양(몰)＝0.2 M×0.01 L＝0.002 mol이고, 이는 ⊙ mL의 아세트산 수용액에 들어 있는 H^+의 양(몰)과 같음

│ 선택지 분석 │

③ 반응한 OH^+의 양(몰)＝0.2 M×0.01 L＝0.002 mol이고, 이는 ⊙ mL의 아세트산 수용액에 들어 있는 H^+의 양(몰)과 같다. 희석시키기 전 10 mL 아세트산 수용액에 들어 있는 H^+의 양(몰)＝1 M×0.01 L＝0.01 mol이므로 100 mL로 희석시킨 후 $\frac{1}{5}$의 양에 해당하는 20 mL를 반응시켰다. 따라서 ⊙＝20이다.

중화 적정 실험에서 농도를 정확히 알고 있는 표준 용액의 가해지는 부피를 측정할 때 ⓛ뷰렛을 사용한다.

피펫은 액체의 부피를 정확히 취하여 옮길 때 사용하고 이 실험에서는 (다)에서 아세트산 수용액 20 mL를 취하여 삼각 플라스크에 넣을 때 사용하므로 주의한다.

✱ 중화 반응에서의 양적 관계

반응한 산과 염기의 가수(n), 수용액의 몰농도(M), 부피(V)의 관계
$$nMV=n'M'V'$$
(n, n': 산, 염기 가수, M, M': 산, 염기 수용액의 몰농도(M), V, V': 산, 염기 수용액의 부피(L))

다음은 중화 적정에 관한 탐구 활동지의 일부와 탐구 활동 후 선생님과 학생의 대화이다.

탐구 활동지

[탐구 주제] 중화 적정으로 $CH_3COOH(aq)$의 몰 농도(M) 구하기

[탐구 과정]

(가) 삼각 플라스크에 $CH_3COOH(aq)$ 10 mL를 넣고, 페놀프탈레인 용액 2~3방울을 떨어뜨린다.

(나) (가)의 삼각 플라스크에 0.5 M $NaOH(aq)$을 떨어뜨리면서 수용액 전체가 붉은색으로 변하는 순간 적정을 멈추고, 적정에 사용된 $NaOH(aq)$의 부피(V)를 측정한다.

[탐구 결과] 〔단서〕

$V = 22$ mL ➡ ⊙ M × 0.01 L＝0.5 M × 0.022 L
∴ ⊙＝1.1

선생님: 탐구 활동으로부터 구한 $CH_3COOH(aq)$의 몰농도를 말해 볼까요?

학 생: ⊙ 1.1 M입니다. ➡ 실제 몰농도보다 크게 측정

선생님: 탐구 결과로부터 구한 값은 맞아요. 하지만 탐구 과정에서 사용한 $CH_3COOH(aq)$의 실제 몰농도는 1 M입니다. 탐구 과정에서 한 가지만 잘못하여 오차가 발생했다고 가정할 때, 오차가 발생한 원인에는 무엇이 있을까요?

학 생: 적정을 중화점 ⓛ 후 에 멈추어서 오차가 발생한 것 같습니다. $NaOH$의 양(mol)＝CH_3COOH의 양(mol)
➡ 증가   ➡ 크게 측정됨 (부피 일정)
              ➡ 몰농도 크게 측정됨

학생의 의견이 타당할 때, ⊙과 ⓛ으로 가장 적절한 것은?

	⊙	ⓛ		⊙	ⓛ
①	0.9	전	②	0.9	후
③	1.1	전	④	1.1	후
⑤	1.5	전			

│ 문제＋자료 분석 │

- 중화점까지 사용된 $NaOH(aq)$의 부피는 22 mL이다. CH_3COOH의 양(mol)＝$NaOH$의 양(mol)이므로 ⊙ M×0.01 L＝0.5 M×0.022 L이다. 따라서 ⊙＝1.1이다.

- '적정을 멈춘 시점'만이 주된 오차의 원인이라면, $CH_3COOH(aq)$의 몰농도가 실제 몰농도보다 크게 측정된 것은 적정을 중화점 ⓛ 후에 멈추었기 때문이다.

│ 선택지 분석 │

④ ⊙: 중화점에서 ⊙ M×0.01 L＝0.5 M×0.022 L이므로 ⊙은 1.1이다.
ⓛ: $CH_3COOH(aq)$의 몰농도가 실제 몰농도보다 크게 측정된 것은 적정을 중화점 ⓛ(＝후)에 멈추었기 때문이다.

다음은 b M NaOH(aq)을 만드는 실험 과정이다. (단, NaOH의 몰질량(g/mol)은 40이고, 온도는 일정하다.)

〈실험 과정 및 결과〉

(가) NaOH(s) 0.8 g을 소량의 물에 녹인 후 100 mL 부피 플라스크에 모두 넣고 표시선까지 물을 가하여 a M NaOH(aq)을 만든다.

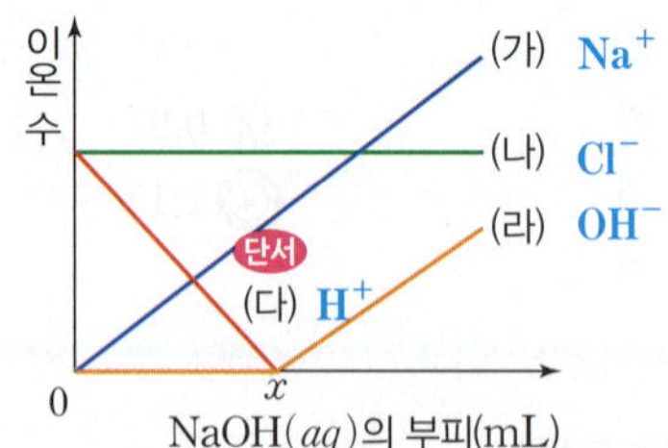

(나) (가)에서 만든 수용액 5 mL를 50 mL 부피 플라스크에 넣고 표시선까지 물을 가하여 b M NaOH(aq)을 만든다.

(1) a를 구하시오. 단답형

(2) b를 구하고, 그 과정을 수용액에 녹아 있는 NaOH의 양(mol)을 포함하여 서술하시오. 서술형

단서+발상

단서 넣어준 NaOH의 질량과 몰질량이 제시되어 있다.

발상 NaOH의 질량(g)과 몰질량을 통해 NaOH의 양(mol)를 추론할 수 있다.

(1) 정답 0.2

(2) 모범 답안 (다)에서 0.2 M NaOH 수용액 5 mL에 녹아 있는 NaOH의 양(mol)은 (0.2×0.005)이고, b M NaOH 수용액 50 mL에 녹아 있는 NaOH의 양(mol)은 $(b \times 0.05)$이다. 수용액에 물을 넣어 희석해도 NaOH의 양은 변하지 않으므로 $[0.2 \times 0.005 = b \times 0.05]$에서 $b = 0.02$이다.

| 문제+자료 분석 |

- (가) NaOH의 양(mol) 구하기: 0.8 g의 NaOH의 양(mol)은 NaOH의 몰질량이 40이므로 $(0.8 \div 40 =)0.02$이다.

  몰농도(M) $= \dfrac{\text{용질의 양(mol)}}{\text{용액의 부피(L)}}$ 이므로, 몰농도(M)와 용액의 부피(L)를 곱하면 용질의 양(mol)이 된다. a M NaOH 수용액 100 mL($=0.1$ L)에 녹아 있는 NaOH의 양(mol)은 $(a \times 0.1=)0.1a$이다. 수용액에 물을 넣어 희석해도 NaOH의 양은 변하지 않으므로 꿀팁 $[0.02 = 0.1a]$에서 $a = 0.2$이다.

- (나)의 NaOH의 양(mol) 구하기: $a(=0.2)$ M NaOH 수용액 5 mL($=0.005$ L)에 녹아 있는 NaOH의 양(mol)은 (0.2×0.005)이고, b M NaOH 수용액 50 mL($=0.05$ L)에 녹아 있는 NaOH의 양(mol)은 $(b \times 0.05)$이다.

  ➡ 수용액에 물을 넣어 희석해도 NaOH의 양은 변하지 않으므로 $[0.2 \times 0.005 = b \times 0.05]$에서 $b = 0.02$이다.

	채점 기준	배점
(1)	a를 옳게 구한 경우	30%
(2)	수용액에 녹아 있는 NaOH의 양(mol)과 b를 모두 옳게 서술한 경우	70%
	수용액에 녹아 있는 NaOH의 양(mol)과 b 중 하나만 옳게 서술한 경우	30%

그림은 0.2 M HCl(aq) 20 mL에 0.1 M NaOH(aq)을 넣을 때 용액에 들어 있는 이온 (가)~(라)의 이온 수 변화를 나타낸 것이다.

(1) 이온 (가)~(라)의 이온식을 각각 쓰시오. 단답형

(2) x를 구하고, 과정을 서술하시오. 서술형

단서+발상

단서 일정량의 묽은 염산과 반응하는 수산화 나트륨 수용액의 부피에 따른 이온 수 그래프가 제시되어 있다.

발상 이온 수 변화를 통해 (가)~(라) 이온을 추론할 수 있다.

(1) 정답 (가): Na$^+$ (나): Cl$^-$ (다): H$^+$ (라): OH$^-$

(2) 모범 답안 넣어준 NaOH(aq) 부피가 x mL일 때 중화 반응이 완결되므로 중화 반응의 양적 관계는 $1 \times 0.2 \times 20 = 1 \times 0.1 \times x$ 이다. 이 식을 풀면 $x = 40$(mL)이다.

| 문제+자료 분석 |

- (가)는 NaOH(aq)을 넣어주는 대로 그 수가 증가하므로 NaOH(aq)의 구경꾼 이온인 Na$^+$이다. 또한 (나)는 NaOH(aq)의 부피에 관계없이 그 수가 일정하므로 HCl(aq)의 구경꾼 이온인 Cl$^-$이다.

- (다)는 NaOH(aq)을 넣어줄수록 그 수가 감소하다가 존재하지 않는 것으로 보아 HCl(aq) 중 반응에 참여하는 H$^+$이다. (라)는 NaOH(aq)을 넣어주는 반응 초기에는 존재하지 않다가 (다)가 0이 되는 이후부터 존재하는 것으로 보아 NaOH(aq) 중 반응에 참여하는 OH$^-$이다.

	채점 기준	배점
(1)	(가)~(라)의 이온식을 모두 옳게 쓴 경우	30%
(2)	식을 옳게 서술하고 x를 옳게 구한 경우	70%
	식과 답 중 한 가지만 옳게 쓴 경우	30%

그림은 25 ℃에서 몇 가지 물질의 pH를 나타낸 것이다.

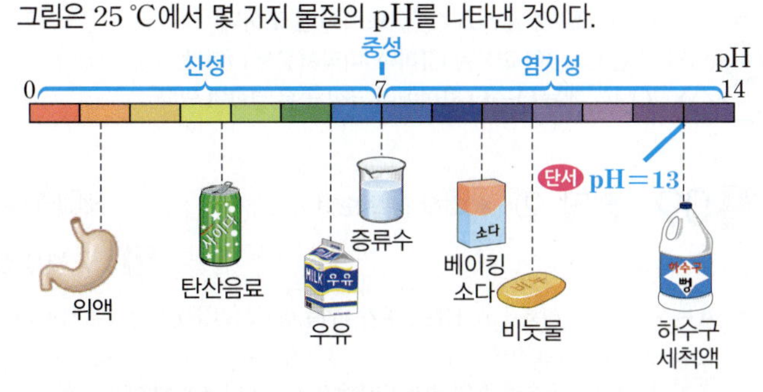

(1) 주어진 물질을 ㉠ 산성, ㉡ 중성, ㉢ 염기성으로 분류하고 그 까닭을 서술하시오. 서술형

(2) 하수구 세척액의 $\dfrac{[OH^-]}{[H_3O^+]}$ 을 구하고, 과정을 서술하시오. 서술형

 단서+발상

단서 여러 가지 물질의 pH가 제시되어 있다.

발상 총 14칸으로 구성된 표를 통해 하수구 세척액의 pH=13을 추론할 수 있다.

적용 pH를 통해 하수구 세척액의 $[H_3O^+]$를 구하는 것부터 문제 풀이를 시작해야 한다.

(1) 모범 답안 산성 물질은 pH가 7보다 작은 위액, 탄산음료, 우유이고, pH가 7인 중성 물질은 증류수이다. 또 pH가 7보다 큰 염기성 물질은 베이킹 소다, 비눗물, 하수구 세척액이다.

(2) 모범 답안 하수구 세척액의 pH가 13이므로 $[H_3O^+]=1\times10^{-13}$ 이다. 또 25 ℃에서 $K_w=[H_3O^+][OH^-]=1\times10^{-14}$이므로 $[OH^-]=1\times10^{-1}$이다. 따라서 하수구 세척액의 $\dfrac{[OH^-]}{[H_3O^+]}=\dfrac{1\times10^{-1}}{1\times10^{-13}}=1\times10^{12}$이다.

| 문제+자료 분석 |

- pH 0~14까지 14개의 칸이 있으므로 한 칸당 pH 1에 해당한다.
- 산성: pH＜7에 해당하는 것 ➡ 위액, 탄산음료, 우유
- 중성: pH＝7에 해당하는 것 ➡ 증류수
- 염기성: pH＞7에 해당하는 것 ➡ 베이킹 소다, 비눗물, 하수구 세척액
- 하수구 세척액: pH＝13이므로 $[H_3O^+]=1\times10^{-13}$ M이다.

	채점 기준	배점
(1)	주어진 물질을 옳게 분류하고 그 까닭을 옳게 서술한 경우	30%
	물질의 분류 또는 그 까닭 중 한 가지만 옳게 서술한 경우	10%
(2)	식을 옳게 서술하고 하수구 세척액의 $\dfrac{[OH^-]}{[H_3O^+]}$을 옳게 구한 경우	70%
	식과 답 중 한 가지만 옳게 쓴 경우	30%

그림 (가)는 HCl(aq) 20 mL에 들어 있는 이온의 모형을 나타낸 것이고, (나)는 (가)의 용액에 NaOH(aq)을 조금씩 넣을 때 생성된 물 분자의 양(mol)을 나타낸 것이다.

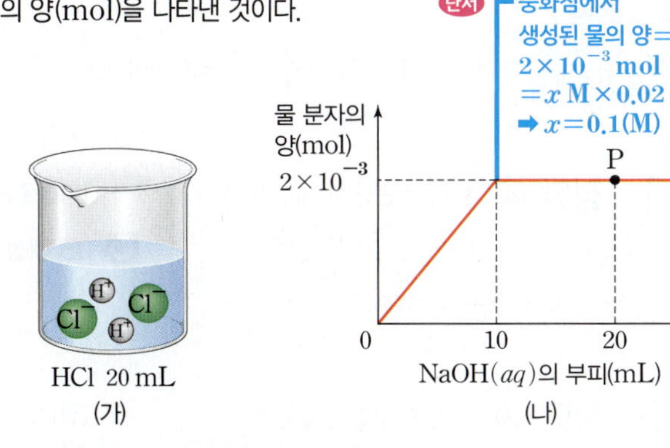

(1) NaOH(aq)의 몰농도를 쓰시오. 단답형

0.1 M HCl(aq)의 2배이므로 0.2 M

(2) P 용액에서 $\dfrac{Na^+ \text{ 수}}{Cl^- \text{ 수}}$를 구하고, 과정을 서술하시오. 서술형

Cl⁻ 수(mol)=0.1(M)×0.02(L)=0.002(mol)
Na⁺ 수(mol)=0.2(M)×0.02(L)=0.004(mol)

 단서+발상

단서 묽은 염산에 수산화 나트륨 수용액을 첨가했을 때 생성된 물 분자의 양(mol)에 대한 그래프가 제시되어 있다.

발상 수산화 나트륨 수용액을 10 mL 넣었을 때 중화점에 도달했음을 추론할 수 있다.

(1) 정답 0.2 M

(2) 모범 답안 수용액의 몰농도는 NaOH(aq)이 HCl(aq)의 2배이고, Na⁺과 Cl⁻은 구경꾼 이온이므로 P에서 Na⁺ 수는 Cl⁻ 수의 2배이다. 따라서 $\dfrac{Na^+ \text{ 수}}{Cl^- \text{ 수}}=2$이다.

| 문제+자료 분석 |

- HCl(aq) 20 mL에 NaOH(aq) 10 mL를 넣을 때 중화 반응이 완결된다.
- 중화 반응으로 생성된 물의 양은 반응 전 HCl(aq) 20 mL에 들어 있는 H⁺의 양과 같다. 이로부터 HCl(aq) 20 mL에 들어 있는 H⁺의 양은 2×10^{-3} mol이고, 용질의 양은 용액의 몰농도와 부피의 곱과 같으므로 HCl(aq)의 몰농도를 x M이라고 하면 x M×0.02 L=2×10^{-3} mol이므로 $x=0.1$이다.
- 0.1 M HCl(aq) 20 mL를 완전 중화시키는 데 사용된 NaOH(aq)의 부피가 10 mL이므로 NaOH(aq)의 몰농도는 0.2 M이다.

	채점 기준	배점
(1)	NaOH(aq)의 몰농도를 옳게 쓴 경우	30%
(2)	식을 옳게 서술하고 P 용액에서 $\dfrac{Na^+ \text{ 수}}{Cl^- \text{ 수}}$를 옳게 구한 경우	70%
	식과 답 중 한 가지만 옳게 쓴 경우	30%

1회 01 정답 ③ ✱ 화학의 유용성 ················· [정답률 95%]

| 선택지 분석 | **A** 01 해설 참조

③ 하버가 인공적으로 합성한 질소 비료의 원료는 암모니아(NH_3)이다. 암모니아로 질소 비료를 만들어 식량 문제 해결에 기여하였다.

1회 02 정답 ③ ✱ 의식주와 화학 ················· [정답률 96%]

| 선택지 분석 | **A** 04 해설 참조

③ 나일론: 대표적인 합성 섬유이자 최초의 합성 섬유이며 대량 생산이 가능하여 가격이 저렴하고 질기기 때문에 스타킹, 그물, 밧줄 등의 제조에 사용된다.

1회 03 정답 ② ✱ 몰과 몰질량 ················· [정답률 57%]

| 선택지 분석 | **B** 03 해설 참조

② (가)에 들어 있는 산소(O) 원자의 양(mol)은 1 mol이므로 CO_2의 양(mol)은 0.5 mol이다. CO_2의 분자량이 44이므로 CO_2 0.5 mol의 질량 x는 22 g이다.

1회 04 정답 ⑤ ✱ 화학 결합의 성질 ················· [정답률 66%]

| 보기 분석 | **D** 14 해설 참조

ㄱ. ABC($H-C\equiv N$)에서 공유 전자쌍 수는 4, 비공유 전자쌍 수는 1이므로 공유 전자쌍 수는 비공유 전자쌍 수의 4배이다.

ㄴ. D는 알루미늄(Al)이므로 금속이다. 따라서 고체 상태에서 전기 전도성이 있다.

ㄷ. BE_4(CCl_4)의 구성 원자 중 탄소(C)는 네온(Ne)의 전자 배치를 가지고 염소(Cl)는 네온(Ne)의 전자 배치를 가진다. 따라서 BE_4(CCl_4)의 구성 원자는 모두 18족 원소와 같은 전자 배치를 가진다.

1회 05 정답 ④ ✱ 쌍극자 모멘트 ················· [정답률 68%]

| 보기 분석 | **E** 14 해설 참조

ㄴ. (나)에 존재하는 $X\equiv X$는 동일한 전기 음성도를 갖는 원자 간 결합이므로 무극성 공유 결합이다.

ㄷ. (가), (나)의 구조식에 표현된 쌍극자 모멘트 방향이 공통적으로 X에서 다른 원자로 향하는 방향으로 표시되어 있으므로 X의 전기 음성도가 가장 작다.

1회 06 정답 ⑤ ✱ 아보가드로 법칙 ················· [정답률 84%]

| 보기 분석 | **B** 14 해설 참조

ㄱ. 모든 기체는 같은 온도와 압력에서 같은 부피 속에는 같은 수의 분자가 들어 있으므로 '분자 수'는 ㉠으로 적절하다.

ㄴ. $CH_4(g) : N_2(g) : X_2(g) = \dfrac{8\,g}{V\,L} : \dfrac{14\,g}{V\,L} : \dfrac{16\,g}{V\,L} = 4 : 7 : 8$은 기체의 밀도비이고 이는 기체의 분자량비와 같으므로 '밀도'는 ㉡으로 적절하다.

ㄷ. 같은 온도와 압력에서 기체의 밀도비는 분자량비와 같으므로 $x=32$이다.

1회 07 정답 ① ✱ 화학 반응식과 양적 관계 ············· [정답률 58%]

| 보기 분석 | **C** 09 해설 참조

ㄱ. Mg의 원자량을 구하기 위해서는 t ℃, 1기압에서 $H_2(g)$ 1 mol의 부피에 대한 자료가 필요하다. 아보가드로 법칙에 의해 같은 온도와 압력 조건에서 기체의 부피는 모두 같으므로 t ℃, 1기압에서 기체의 1 mol 부피 자료를 반드시 이용해야 한다.

1회 08 정답 ④ ✱ 결합의 극성 ················· [정답률 80%]

| 보기 분석 | **F** 09 해설 참조

ㄱ. 전기 음성도 크기가 $X < Z < Y$이므로 ㉠은 Y이다.

ㄴ. (나) 분자는 Cl_2O이고 X는 Cl이다. 따라서 Z는 O이다.

ㄷ. Z_2Y_2(O_2F_2)에는 $O-O$ 사이에 무극성 공유 결합이 있다.

1회 09 정답 ② ✱ 화학 결합 모형 ················· [정답률 60%]

| 보기 분석 | **D** 07 해설 참조

ㄱ. A는 2주기 1족 리튬(Li), B는 2주기 17족 플루오린(F), C는 2주기 16족 산소(O)이므로 AC에서 2주기 원소는 3가지이다.

ㄴ. A_2C(Li_2O)는 금속 원소인 리튬 양이온(Li^+)과 비금속 원소인 산소 음이온(O^{2-}) 간의 결합이므로 이온 결합 물질이다.

ㄷ. B_2(F_2)의 $\dfrac{\text{비공유 전자쌍 수}}{\text{공유 전자쌍 수}} = \dfrac{6}{1} = 6$이다.

C_2(O_2)의 $\dfrac{\text{비공유 전자쌍 수}}{\text{공유 전자쌍 수}} = \dfrac{4}{2} = 2$이다.

따라서 $\dfrac{\text{비공유 전자쌍 수}}{\text{공유 전자쌍 수}}$ 는 B_2가 C_2의 3배이다.

1회 10 정답 ③ ✱ 화학 반응식과 화학 결합 모형 ······ [정답률 52%]

| 보기 분석 | **E** 08 해설 참조

ㄱ. ㉠ (H_2O)에는 $O-H$ 극성 공유 결합이 있다. 전기 음성도가 큰 산소(O)쪽으로 공유 전자쌍이 더 끌어당겨지므로 H는 부분적인 양전하(δ^+), O는 부분적인 음전하(δ^-)를 띤다.

ㄴ. A는 수소(H), B는 산소(O)이므로 A_2B_2는 H_2O_2(과산화수소)이다. H_2O_2의 구조는 $H-O-O-H$로, 모두 단일 결합이다.

ㄷ. A_2B_2(H_2O_2)에서 공유 전자쌍 수는 $O-O$에서 1, $O-H$에서 2로 총 3이고 비공유 전자쌍 수는 각 O에 2씩, 총 4이다. B_2(O_2)에서 공유 전자쌍 수는 $O=O$에서 2이고, 비공유 전자쌍 수는 각 O에 2씩, 총 4이므로 $\dfrac{\text{공유 전자쌍 수}}{\text{비공유 전자쌍 수}}$ 의 비는 $A_2B_2 : B_2 = \dfrac{3}{4} : \dfrac{2}{4} = 3 : 2$이다.

1회 11 정답 ④ ✱ 화학 반응식 계수 맞추기 ············· [정답률 89%]

| 선택지 분석 | **C** 05 해설 참조

④ $a=3, b=2$이므로 $a+b=5$이다.

1회 12 정답 ③ ✱ 분자 구조와 결합각 ················· [정답률 62%]

| 보기 분석 | **F** 13 해설 참조

ㄱ. (가)의 중심 원자인 산소(O)가 가지는 공유 전자쌍 수는 2이고 비공유 전자쌍 수는 2이다.

ㄴ. (나)의 중심 원소인 탄소(C)가 가지는 공유 전자쌍 수는 4이므로 분자 모양은 정사면체형이다.

1회 13 정답 ④ ✱ 분자의 극성과 성질 ················· [정답률 91%]

| 보기 분석 | **G** 03 해설 참조

ㄱ. 탄소(C) 원자에 2개의 산소(O) 원자가 각각 이중 결합을 한 분자이다. 따라서 단일 결합은 없다.

ㄴ. 서로 다른 원소의 원자인 C와 O사이의 결합은 극성 공유 결합이다.

ㄷ. 모두 극성 공유 결합으로 이루어져 있으나 분자 구조가 직선형이므로 각 결합의 쌍극자 모멘트 합은 0이다. 따라서 무극성 분자이다.

모의고사
1회

1회 14 정답 ① ＊분자의 구조 ·············· [정답률 55%]

| 보기 분석 | **G** 07 해설 참조

ㄱ. $a=4$, $b=4$이므로 a와 b는 같다.

ㄴ. (다)는 N_2F_2이고, 분자 구조는 $F-N=N-F$이므로 삼중 결합은 없다.

ㄷ. (가)는 무극성 분자이므로 쌍극자 모멘트가 0이고, (나)는 극성 분자이므로 쌍극자 모멘트가 0보다 크다. **꿀**팁 따라서 (가) < (나)이다.

1회 15 정답 ④ ＊원자 수 ·············· [정답률 89%]

| 선택지 분석 | **B** 05 해설 참조

④ ㉠: 몰질량이 108인 Ag의 1 mol의 질량은 108(g)이다.

㉡: Ag의 질량인 54 g을 Ag 1 mol의 질량으로 나누면 Ag의 양은 $\frac{1}{2}$ (mol)이다.

㉢: Ag 원자 수는 Ag의 양(mol)에 Ag 1 mol에 들어 있는 원자 수를 곱하면 구할 수 있다.

1회 16 정답 ⑤ ＊화학 반응에서의 양적 관계 ·········· [정답률 57%]

| 보기 분석 | **C** 07 해설 참조

ㄱ. ㉠은 질소(N) 원자 2개, 산소(O) 원자 1개로 구성된 물질인 N_2O이다.

ㄴ. $a=2$, $b=4$이므로 $\frac{b}{a}=2$이다.

ㄷ. (가)와 (나)에서 각각 NH_4NO_3 1 g이 모두 반응했을 때 생성되는 전체 기체의 양은 (가)와 (나)에서 같은 양(mol)의 NH_4NO_3가 반응했을 때 생성되는 전체 기체의 양에 비례한다. **꿀**팁

(가)에서 NH_4NO_3 1 mol이 반응했을 때 생성되는 기체는 N_2O 1 mol과 H_2O 2 mol로 모두 3 mol이다.

(나)에서 NH_4NO_3 1 mol이 반응했을 때 생성되는 기체는 N_2 1 mol, O_2 0.5 mol, H_2O 2 mol로 모두 3.5 mol이다.

따라서 (가), (나)에서 같은 양의 NH_4NO_3가 반응했을 때 생성되는 기체의 양은 $\frac{(가)}{(나)}=\frac{3\,(mol)}{3.5\,(mol)}=\frac{6}{7}$이다.

1회 17 정답 ⑤ ＊공유 결합, 이온 결합 ············ [정답률 86%]

| 보기 분석 | **D** 09 해설 참조

ㄱ. $Y_2Z(Na_2O)$는 금속 양이온인 Na^+와 비금속 음이온인 O^{2-} 간의 결합이므로 이온 결합 물질이다.

ㄴ. X는 1주기 1족 원소인 수소(H)이고, Y는 3주기 1족 원소인 나트륨(Na) 원소이므로 같은 족 원소이다.

ㄷ. Z_2는 산소 분자(O_2)이다. 산소(O) 원자는 옥텟 규칙을 만족하기 위해 2개의 전자가 더 필요하므로 산소 분자(O_2)는 2개의 전자를 공유하여 안정한 전자 배치를 형성한다. 따라서 산소 분자(O_2)에는 이중 결합이 있다.

1회 18 정답 ④ ＊공유 결합 물질의 전기 분해 실험 ··· [정답률 62%]

| 보기 분석 | **D** 03 해설 참조

ㄱ. A가 O이고, B가 H이므로 화학식은 H_2O, 즉 B_2A이다.

ㄴ. 비금속 원소 사이의 결합으로 생성된 물질이므로 공유 결합 물질이다.

ㄷ. 전기 분해를 통해 공유 결합 물질인 물을 성분 원소로 분해할 수 있으므로 공유 결합이 형성될 때 전자가 관여한다는 것을 알 수 있다.

1회 19 정답 ⑤ ＊분자의 구조 ·············· [정답률 85%]

| 보기 분석 | **E** 10 해설 참조

ㄱ. 전기 음성도가 C(F) > B(O) > A(N)이고, A(N) > D(P)이므로 전기 음성도는 B(O) > A(N) > D(P)이다.

ㄴ. 전기 음성도가 C(F) > B(O)이므로 $BC_2(OF_2)$에는 서로 다른 원소의 원자인 B(O)와 C(F) 사이에 극성 공유 결합이 있다.

ㄷ. 전기 음성도가 C(F) > E(Cl)이므로 EC에서 C는 부분적인 음전하(δ^-)를 띤다.

1회 20 정답 ③ ＊전기 음성도 ·············· [정답률 34%]

| 보기 분석 | **E** 02 해설 참조

ㄱ. I의 전기 음성도는 3.5 또는 2.5이다. 전기 음성도 차가 0 < XI < 0.5이고 X의 전기 음성도가 가장 작으므로 I의 전기 음성도(㉠)는 2.5이다.

ㄴ. X의 전기 음성도는 2.0 < x < 2.5이고, ClZ의 전기 음성도 차가 1.0이므로 Z의 전기 음성도는 4.0이다. 전기 음성도 차는 ClZ < YZ이고, 0.5 < |$y-x$| < 1.0이므로 전기 음성도는 Y < Cl이고, 원자 번호는 Y > Cl이다.

ㄷ. 2.5 < y < 3.0이므로 |$y-3.0$| < |$y-x$|이다.

1회 21 정답 ④ ＊분자의 모양과 결합각 ·········· [정답률 75%]

| 선택지 분석 | **F** 14 해설 참조

④ NH_3는 분자 구조가 삼각뿔형이고 결합각 $\alpha=107°$이며, COF_2는 분자 구조가 평면 삼각형이고 결합각 β는 약 $120°$이며, CCl_4는 분자 구조가 정사면체형이고 결합각 $\gamma=109.5°$이다. 따라서 결합각은 $\beta > \gamma > \alpha$이다.

1회 22 정답 ⑤ ＊화학 결합에 따른 물질 ·········· [정답률 69%]

| 보기 분석 | **G** 15 해설 참조

ㄱ. A는 전자 수가 11이며 원자는 전기적으로 중성이므로 양성자수는 전자 수와 같다. 따라서 A의 양성자수는 11이다.

ㄴ. B(F)는 비금속 원소로, 전자를 얻기 쉬운 비금속 원소 사이에서는 전자쌍의 공유에 의한 결합인 공유 결합이 형성된다. 따라서 B_2는 공유 결합 물질이다.

ㄷ. A(Na)는 금속 원소이고 B(F)는 비금속 원소로, 금속 양이온과 비금속 음이온 사이의 정전기적 인력에 의한 결합인 이온 결합이 형성되므로 AB(NaF)는 이온 결합 물질이다. 이온 결합 물질은 수용액 상태에서 전기 전도성이 있다. 따라서 AB는 수용액 상태에서 전기 전도성이 있다.

1회 23 정답 ⑤ ＊화학 결합에 따른 물질 ·········· [정답률 68%]

| 보기 분석 | **G** 16 해설 참조

ㄱ. A(H)는 1주기 1족 원소이고 B(He)는 1주기 18족 원소이다. 따라서 A와 B는 같은 족 원소가 아니며 같은 주기 원소이다.

ㄴ. A(H)와 C(C)는 모두 비금속 원소로, 전자를 얻기 쉬운 비금속 원소 사이에서는 전자쌍의 공유에 의한 결합인 공유 결합이 형성된다. 따라서 $CA_4(CH_4)$는 공유 결합 물질이다.

ㄷ. D(Mg)는 금속 원소이고 E(Cl)는 비금속 원소로, 금속 양이온과 비금속 음이온 사이의 정전기적 인력에 의한 결합인 이온 결합이 형성되므로 $DE_2(MgCl_2)$는 이온 결합 물질이다. 이온 결합 물질은 수용액 상태에서 전기 전도성이 있다. 따라서 DE_2 수용액은 전기 전도성이 있다.

1회 24 정답 ① ＊아보가드로 법칙 ·········· [정답률 70%]

| 선택지 분석 | **B** 13 해설 참조

① $x=1.5$이고, $y=21$이므로 $\frac{y}{x}=\frac{21}{1.5}=14$이다.

1회 25 정답 ③ ＊화학 반응식과 양적 관계 ·········· [정답률 40%]

| 보기 분석 | **C** 12 해설 참조

ㄱ. $b=2$이다.

ㄴ. 실험 Ⅱ에서 A(g)의 절반만 반응했으므로 남은 기체는 A(g) 12 g이다.

ㄷ. 실험 Ⅰ에서 반응 후 전체 기체의 양(mol)은 $\frac{2}{m}$이고, 이들의 부피는 $4V$이다. 실험 Ⅱ에서 반응 후 전체 기체의 양(mol)은 $\frac{9}{2m}$이므로 이들의 부피는 $9V$이다. 따라서 $x=9$이다.

2회 01 정답 ⑤ ∗ 합성 섬유 나일론 ·················· [정답률 98%]

| 선택지 분석 |
A 02 해설 참조

⑤ 최초의 합성 섬유인 ㉠은 나일론이다.

2회 02 정답 ② ∗ 화학 반응식 ·················· [정답률 94%]

| 선택지 분석 |
C 04 해설 참조

② $a=6$, $b=8$, $c=7$이므로 $a+b+c=6+8+7=21$이다.

2회 03 정답 ① ∗ 몰과 몰질량, 몰과 기체의 부피 ···· [정답률 78%]

| 보기 분석 |
B 15 해설 참조

㉠ 양(mol)$=\dfrac{\text{질량(g)}}{\text{몰질량(g/mol)}}$이다. $C_6H_{12}O_6$의 몰질량은 180 g/mol이므로 (가)에서 $C_6H_{12}O_6$ 0.1 mol의 질량은 0.1 mol × 180 g/mol = 18 g이다.

ㄴ. (다)에서 $O_2(g)$의 양(mol)$=\dfrac{6\,L}{24\,L/mol}=0.25$ mol이고, (나)에서 $H_2O(l)$의 양(mol)$=\dfrac{18\,g}{18\,g/mol}=1$ mol이다.

따라서 (다)에서 $O_2(g)$의 양(mol)은 (나)에서 $H_2O(l)$의 양(mol)보다 작다.

ㄷ. t ℃, 1기압에서 기체 1 mol의 부피는 24 L이므로 (함정) (다)에서 O_2 6 L의 양(mol)은 0.25 mol이다. 따라서 (다)에서 산소 원자 수는 0.5 mol이다. $C_6H_{12}O_6$ 1분자당 산소 원자가 6개 있으므로 (가)에서 산소 원자 수는 0.6 mol이다. 따라서 산소(O) 원자 수는 (다)에서가 (가)에서보다 작다.

2회 04 정답 ⑤ ∗ 결합의 극성 ·················· [정답률 73%]

| 보기 분석 |
E 05 해설 참조

㉠ 전기 음성도가 가장 큰 X는 F이다.
㉡ (가)에는 Y−Y(O−O), (나)에는 Z−Z(N−N), (다)에는 Z=Z(N=N) 결합이 있다. 따라서 (가) ~ (다)에는 모두 같은 원자 간의 공유 결합인 무극성 공유 결합이 있다.
㉢ 전기 음성도의 크기는 X > Y > Z이므로 (다)에서 Z는 부분적인 양전하(δ^+)를 띤다.

2회 05 정답 ② ∗ 의식주와 화학 ·················· [정답률 95%]

| 선택지 분석 |
A 08 해설 참조

① 탄소: 상온에서 고체로 존재하며 암모니아 합성과 무관하다.
② 질소: 수소와 함께 암모니아를 만드는 핵심 기체이며 ㉠으로 적절하다.
③ 산소: 수소와 반응하면 물(H_2O)을 만들며, 암모니아 합성과는 무관하다.
④ 규소: 반도체 재료, 유리, 세라믹 등의 원료로 많이 사용되는 고체 원소이며 암모니아 합성과 무관하다.
⑤ 염소: 살균, 소독, PVC(폴리염화비닐) 제조 등에 사용되는 반응성이 높은 기체 원소이며 암모니아 합성과 무관하다.

2회 06 정답 ④ ∗ 물질의 양 ·················· [정답률 62%]

| 선택지 분석 |
B 07 해설 참조

④ $x=\dfrac{8}{7}$이고 $\dfrac{\text{A의 몰질량}}{\text{B의 몰질량}}=\dfrac{3}{4}$이다.

따라서 $x \times \dfrac{\text{A의 몰질량}}{\text{B의 몰질량}}=\dfrac{8}{7}\times\dfrac{3}{4}=\dfrac{6}{7}$이다.

2회 07 정답 ③ ∗ 루이스 전자점식 ·················· [정답률 89%]

| 선택지 분석 |
F 03 해설 참조

③ $Y(_9F) > Z(_8O) > X(_3Li)$이므로 Y > Z > X이다.

2회 08 정답 ④ ∗ 물의 전기 분해 ·················· [정답률 67%]

| 보기 분석 |
D 04 해설 참조

ㄱ. 물에 넣는 소량의 황산 나트륨은 이온 결합 물질로 공유 결합 물질인 물의 전기 분해를 돕기 위해 넣는 것이다.
ㄴ. A보다 B의 부피가 더 크므로 B는 수소(H_2)이다. 수소는 (−)극에서 전자를 얻어 생성되는 기체이다.
ㄷ. 실험 결과에서 수소와 산소가 생성되므로 전기 분해 실험을 통해 물을 구성하는 원자 사이의 결합이 끊어진다.

2회 09 정답 ① ∗ 전기 음성도 ·················· [정답률 65%]

| 보기 분석 |
E 11 해설 참조

㉠ 서로 다른 원소의 원자들이 공유 결합을 할 때, 구성 원소 사이에 전기 음성도 차이가 있으면 극성 공유 결합이 형성된다.
ㄴ. $(a-b)$ 값으로부터 전기 음성도 크기는 X > W > Y > Z임을 알 수 있다.
ㄷ. ZX에서 전기 음성도는 X > Z이므로 공유 전자쌍이 X쪽으로 더 치우친다. 따라서 Z는 부분적인 양전하(δ^+)를 띤다.

2회 10 정답 ④ ∗ 결합의 극성 ·················· [정답률 66%]

| 보기 분석 |
F 06 해설 참조

㉠ O_2F_2의 비공유 전자쌍 수는 10이지만 상댓값으로 나타내면 ㉠은 5이다.
ㄴ. 원소의 주기성에 따르면 전기 음성도는 Y < Z이다.
㉢ (가)에는 C≡C, (나)에는 N=N, (다)에는 O−O 사이에 무극성 공유 결합이 있다. 따라서 (가) ~ (다)에는 모두 무극성 공유 결합이 있다.

2회 11 정답 ② ∗ 분자의 구조와 성질 ·················· [정답률 78%]

| 보기 분석 |
G 05 해설 참조

ㄱ. (가)의 중심 원자인 산소에는 비공유 전자쌍이 2개 존재하고 (나)와 (다)의 중심 원자인 탄소에는 비공유 전자쌍이 존재하지 않는다.
㉡ (가)는 중심 원자인 산소에 2개의 비공유 전자쌍이 있으므로 굽은 형이고, (나)와 (다)는 직선형이다.
ㄷ. (가)와 (다)는 극성 분자이고, (나)는 무극성 분자이다.

2회 12 정답 ⑤ ∗ 분자의 구조와 성질 ·················· [정답률 64%]

| 보기 분석 |
G 08 해설 참조

㉠ (가) HCN의 $\dfrac{\text{공유 전자쌍 수}}{\text{비공유 전자쌍 수}}=\dfrac{4}{1}$,
(나) NH_3의 $\dfrac{\text{공유 전자쌍 수}}{\text{비공유 전자쌍 수}}=\dfrac{3}{1}$,
(다) H_2O의 $\dfrac{\text{공유 전자쌍 수}}{\text{비공유 전자쌍 수}}=\dfrac{2}{2}$이므로
$\dfrac{\text{공유 전자쌍 수}}{\text{비공유 전자쌍 수}} > 1$인 것은 (가), (나) 2가지이다.
㉡ (가) HCN은 직선형, (나) NH_3는 삼각뿔형, (다) H_2O는 굽은 형으로 (가)와 (다)만 평면 구조에 속한다.
㉢ (가), (나), (다) 모두 결합의 쌍극자 모멘트 합이 0이 아닌 비대칭 구조이므로(분자의 쌍극자 모멘트 > 0) 부분 전하를 띠는 극성 분자이다.

2회 13 정답 ④ ＊동적 평형 ···················· [정답률 51%]

| 보기 분석 | H 04 해설 참조

ㄱ. 동적 평형 상태에 도달하기 전까지 $H_2O(g)$의 질량은 증가하므로 용기 속 $H_2O(g)$의 질량은 t_2에서가 t_1에서보다 크다.

ㄴ. 동적 평형 상태에 도달하기 전까지 $H_2O(g)$의 질량이 증가하므로 $H_2O(g)$의 응축 속도도 빨라진다.

따라서 용기 속 $H_2O(g)$의 응축 속도는 t_2에서가 t_1에서보다 크다.

ㄷ. 온도가 일정하므로 용기 속 $H_2O(l)$의 증발 속도는 t_1과 t_2에서 같다.

2회 14 정답 ③ ＊수용액의 pH와 pOH ············ [정답률 56%]

| 보기 분석 | K 09 해설 참조

ㄱ. (가)는 염기성이고 (다)는 산성인데, (가) ~ (다) 중 산성 수용액은 2가지이므로 (나)는 산성 수용액이다.

ㄴ. $x=8$, $y=6$이다. 따라서 $x-y=8-6=2$이다.

ㄷ. (다)의 pH는 4.0이므로 $[H_3O^+]=1\times10^{-4}$이고 (가)의 pOH는 2이므로 $[OH^-]=1\times10^{-2}$이다.

따라서 $\dfrac{(다)에서\ H_3O^+의\ 양(mol)}{(가)에서\ OH^-의\ 양(mol)}=\dfrac{(1\times10^{-4})\times400}{(1\times10^{-2})\times100}=4\times10^{-2}=\dfrac{1}{25}$ 이다.

2회 15 정답 ② ＊화학 평형 상태 ···················· [정답률 70%]

| 선택지 분석 | I 03 해설 참조

② 평형 상수는 $K=\dfrac{[B]^2}{[A]}=\dfrac{0.4^2}{0.1}=1.6$

2회 16 정답 ① ＊동적 평형 ···················· [정답률 85%]

| 보기 분석 | H 12 해설 참조

ㄱ. 동적 평형 상태는 가역 반응에서 가능하다. $2t$일 때 $CO_2(s)$와 $CO_2(g)$는 동적 평형 상태에 도달하였다.

따라서 $CO_2(s)$가 $CO_2(g)$로 되는 반응은 가역 반응이다.

ㄴ. 밀폐된 진공 용기에 $CO_2(s)$을 넣으면 동적 평형 상태에 도달할 때까지 $CO_2(s)$의 양(mol)은 감소하고 $CO_2(g)$의 양(mol)이 증가한다.

따라서 $a<b$이다.

ㄷ. $3t$에서 $CO_2(s)$와 $CO_2(g)$는 동적 평형 상태이므로 정반응과 역반응이 같은 속도로 일어난다.

따라서 $\dfrac{CO_2(g)가\ CO_2(s)로\ 승화되는\ 속도}{CO_2(s)가\ CO_2(g)로\ 승화되는\ 속도}=1$이다.

2회 17 정답 ⑤ ＊물의 자동 이온화와 pH ············ [정답률 52%]

| 보기 분석 | K 02 해설 참조

ㄱ. (가)의 pH는 8이다. 따라서 pH가 7보다 큰 (가)는 염기성이다.

ㄴ. x는 10, y는 6이다. 따라서 $\dfrac{y}{x}=\dfrac{3}{5}$ 이다.

ㄷ. (나)의 pOH가 4이므로 $[OH^-]$는 1×10^{-4}이다. (나) 1 L($=1000$ mL)에 들어 있는 OH^-의 양(mol)이 1×10^{-4}이므로, (나) 100 mL에 들어 있는 OH^-의 양(mol)은 $\left(1\times10^{-4}\times\dfrac{1}{10}=\right)1\times10^{-5}$이다.

2회 18 정답 ③ ＊르샤틀리에 원리 ···················· [정답률 66%]

| 보기 분석 | J 19 해설 참조

ㄱ. 평형 상태에 있는 화학 반응에서 온도를 높이면 온도가 낮아지는 방향인 흡열 반응 쪽으로 평형이 이동한다.

반응 $HbH^++O_2 \rightleftharpoons HbO_2+H^+$은 역반응이 흡열 반응이므로 체온이 올라가면 역반응 쪽으로 평형이 이동하게 된다. 그러면서 HbO_2의 농도는 감소하는 것이다.

ㄴ. 혈액의 pH가 감소하면 H^+의 농도는 증가하게 되는데, H^+의 농도가 증가하면 H^+의 농도가 감소하는 방향인 역반응 쪽으로 평형이 이동하게 되므로 역반응이 우세하게 진행된다.

ㄷ. 혈액의 O_2 농도가 감소하면 O_2의 농도가 증가하는 방향인 역반응 쪽으로 평형이 이동하게 되므로 역반응이 우세하게 진행된다.

2회 19 정답 ② ＊몰농도 ···················· [정답률 70%]

| 선택지 분석 | L 06 해설 참조

② $a=0.4$, $w=0.6$이므로 $\dfrac{w}{a}=\dfrac{0.6}{0.4}=\dfrac{3}{2}$이다.

2회 20 정답 ④ ＊혼합 용액 ···················· [정답률 49%]

| 보기 분석 | L 13 해설 참조

ㄱ. Ⅲ에서 A의 양(mol)은 $12n$이고, B의 양(mol)은 $16n$이므로 $x=28n$이다.

ㄴ. 양(mol)=몰농도×부피이다. 꿀팁 혼합 용액 Ⅰ에서 A와 B의 양(mol)이 각각 $8n$으로 같으므로 $a\times2V=b\times V$이다. 따라서 $a:b=1:2$이다.

ㄷ. 실험 과정 (가)와 (나)에서 A의 양(mol)은 a M$\times0.1$ L$=0.1a$ mol이고, B의 양(mol)은 b M$\times0.2$ L$=0.2b$ mol이다.

$n=\dfrac{질량}{몰질량}$에서 몰질량$=\dfrac{질량}{양(mol)}$이다. A와 B의 몰질량은 각각 $\dfrac{4}{0.1a}$, $\dfrac{4}{0.2b}$이다. $b=2a$이므로 $\dfrac{A의\ 몰질량}{B의\ 몰질량}=4$이다.

2회 21 정답 ③ ＊화학 결합 모형 ···················· [정답률 70%]

| 보기 분석 | F 01 해설 참조

ㄱ. XY_2는 MgF_2로 이온 결합 물질이므로 액체 상태에서는 전기 전도성이 있다.

ㄴ. $Z_2(O_2)$와 $Y_2(F_2)$의 루이스 전자점식은 다음과 같다.

$$\ddot{O}::\ddot{O} \qquad :\ddot{F}:\ddot{F}:$$

따라서 $Z_2(O_2)$와 $Y_2(F_2)$의 $\dfrac{비공유\ 전자쌍\ 수}{공유\ 전자쌍\ 수}$는 각각 2, 6이다.

ㄷ. X와 Z는 각각 Mg과 O이고, Mg^{2+}과 O^{2-}이 되어 $1:1$로 결합하여 안정한 화합물을 형성한다.

2회 22 정답 ⑤ ＊화학 반응식과 양적 관계 ········· [정답률 85%]

| 보기 분석 | C 10 해설 참조

ㄱ. 반응물과 생성물의 원자의 종류와 수는 같으므로 ㉠은 H_2O이다.

ㄴ. $a=2$, $b=6$이므로 $a+b=8$이다.

ㄷ. (가)에서 C_3H_7OH 1 mol이 반응하면 C_3H_6이 1 mol 생성되고, (나)에서 C_3H_7OH 2 mol이 반응하면 CO_2이 6 mol 생성된다.

(가)와 (나)에서 반응한 C_3H_7OH 1 g의 양(mol)을 n이라 하면 (가)와 (나)에서 생성되는 C_3H_6와 CO_2의 양(mol)은 각각 n, $3n$이다.

따라서 $\dfrac{(나)에서\ 생성된\ CO_2의\ 양(mol)}{(가)에서\ 생성된\ C_3H_6의\ 양(mol)}=\dfrac{3n}{n}=3>1$이다.

2회 23 정답 ⑤ ＊몰농도 ·································· [정답률 60%]

| 보기 분석 | **L** 01 해설 참조

ㄱ. 용질의 양(mol)＝몰농도×용액의 부피로 (가)와 (나)의 용질의 양(mol)은 각각 6 mol, 4 mol이다.

ㄴ. A와 B의 몰질량은 각각 $\frac{w}{6}$, $\frac{w}{4}$로 B＞A이다.

ㄷ. 용질의 양(mol)이 (다)가 (나)의 3배이므로 용질의 질량도 (다)가 (나)의 3배이다.

2회 24 정답 ① ＊기체의 질량과 양(mol)의 관계 ······ [정답률 36%]

| 보기 분석 | **B** 27 해설 참조

ㄱ. 실린더 속 전체 기체의 밀도 (가) : (나)＝$\frac{2w\,\mathrm{g}}{3V\,\mathrm{L}}$: $\frac{(2w+a)\,\mathrm{g}}{4V\,\mathrm{L}}$＝7 : 6에서 $a=\frac{2}{7}w$이다.

ㄴ. $t\,$℃, 1기압에서 실린더 속 기체 V L에 들어 있는 기체의 양(mol)을 n mol이라고 하면 (가)의 실린더 속 Y 원자의 양(mol)은 $\frac{25}{6}n$ mol이고, (나)의 실린더 속 X 원자의 양(mol)은 $\frac{24}{6}n$ mol이므로 $\frac{(나)의\ 실린더\ 속\ X\ 원자의\ 양(mol)}{(가)의\ 실린더\ 속\ Y\ 원자의\ 양(mol)}＝\frac{24}{25}＜1$이다.

ㄷ. X와 Y의 몰질량을 각각 x, y라 하면 (가)에서 양(mol) 비는 $\mathrm{XY}(g) : \mathrm{XY_2}(g)＝\frac{w}{x+y} : \frac{w}{x+2y}＝11 : 7$이다. 이를 정리하면 $4x=3y$이다. 따라서 $\frac{\mathrm{X}의\ 몰질량}{\mathrm{Y}의\ 몰질량}＝\frac{x}{y}＝\frac{3}{4}$이다.

2회 25 정답 ② ＊화학 반응식과 양적 관계 ············ [정답률 42%]

| 선택지 분석 | **C** 11 해설 참조

② $b=3$, $x=15$, $\frac{\mathrm{C}의\ 몰질량+\mathrm{D}의\ 몰질량}{\mathrm{B}의\ 몰질량}＝2$이므로 $\frac{b}{x}×\frac{\mathrm{C}의\ 몰질량+\mathrm{D}의\ 몰질량}{\mathrm{B}의\ 몰질량}＝\frac{3}{15}×2＝\frac{2}{5}$이다.

3회 01 정답 ④ ＊화학의 유용성 ························· [정답률 95%]

| 선택지 분석 | **A** 03 해설 참조

④ 나일론은 최초의 합성 섬유로서 ㉠과 일치하며 콘크리트는 시멘트 기반 건축 재료로서 ㉡과 일치한다.

3회 02 정답 ④ ＊의식주와 화학 ························· [정답률 96%]

| 선택지 분석 | **A** 05 해설 참조

④ **암모니아**: 하버가 대량 생산에 성공한 물질이며, 질소 비료의 주원료로 식량 문제 해결에 기여하였으므로 (가)로 적절하다.

3회 03 정답 ④ ＊화학 반응식 ·························· [정답률 90%]

| 선택지 분석 | **C** 01 해설 참조

④ $a=3$, $b=2$이므로 $a+b=5$이다.

3회 04 정답 ① ＊기체의 양 ···························· [정답률 88%]

| 선택지 분석 | **B** 01 해설 참조

① $\frac{(나)의\ 전체\ 원자\ 수}{(가)의\ 전체\ 원자\ 수}＝\frac{1.5×10^{23}×2원자}{3×10^{23}×3원자}＝\frac{1}{3}$

3회 05 정답 ④ ＊화학 결합 모형 ······················ [정답률 69%]

| 보기 분석 | **D** 08 해설 참조

ㄱ. X는 1족 4주기 19번 K(칼륨)이므로 4주기 원소이다.

ㄴ. Y는 17족 2주기 9번 플루오린(F)이므로 비금속 원소이다.

ㄷ. XY는 양이온 X^+와 음이온 Y^-의 이온 결합으로 이루어진 이온 결합 물질이므로 액체 상태에서 전기 전도성이 있다.

3회 06 정답 ② ＊아보가드로 법칙 ···················· [정답률 81%]

| 선택지 분석 | **B** 17 해설 참조

② A와 B의 분자량 비는 3 : 2이다. 따라서 $\frac{\mathrm{B}의\ 분자량}{\mathrm{A}의\ 분자량}＝\frac{2}{3}$이다.

3회 07 정답 ③ ＊화학 반응식 ························· [정답률 66%]

| 보기 분석 | **C** 06 해설 참조

ㄱ. (가)에서 반응 전 황(S) 원자는 2개, 산소(O) 원자는 6개이고, 반응 후 ㉠ 2개와 산소 분자($\mathrm{O_2}$) 1개가 생성되었으므로 ㉠은 $\mathrm{SO_2}$이다.

ㄴ. $a=2$, $b=3$이다.

ㄷ. $\mathrm{H_2S}$는 분자량이 34이므로 $\mathrm{H_2S}$ 17 g은 $\frac{17}{34}＝\frac{1}{2}$ mol이다. 화학 반응식에서 $\mathrm{H_2S}$와 S의 계수비는 2 : 3이고 계수비는 몰비와 같으므로 $2 : 3＝\frac{1}{2}(mol) : x(mol)$이다. 따라서 $x=\frac{3}{4}(mol)$이다.

3회 08 정답 ① ＊화학 결합의 종류와 물질의 특성 ··· [정답률 57%]

| 보기 분석 | **D** 13 해설 참조

ㄱ. 고체 상태에서 힘을 가하면 모양만 변화하는 것은 금속이므로 ㉠은 철(Fe)이다.

ㄴ. ㉡이 염화 칼슘($\mathrm{CaCl_2}$)이므로 (가)로 '이온 결합 물질인가?'가 적절하다.

ㄷ. ⓛ은 금속 양이온과 비금속 음이온 사이의 정전기적 인력으로 결합이 형성된
이온 결합 물질이다.
금속 양이온과 자유 전자 사이의 정전기적 인력으로 결합이 형성된 물질은
금속이다.

3회 09 정답 ① ★ 루이스 전자점식 ············· [정답률 58%]

| 보기 분석 |
$\boxed{F}$ 02 해설 참조

ㄱ. Y는 플루오린(F)이므로 비금속 원소이다.
ㄴ. ZY는 이온 결합 물질이고, Z는 금속 결합 물질이므로 고체 상태에서 전기
전도성은 ZY(이온 결합 물질)＜Z(금속 결합 물질)이다.
ㄷ. 1 mol의 원자 X(H)에는 1 mol의 전자가, Y(F)에는 9 mol의 전자가,
Z(Li)에는 3 mol의 전자가 각각 들어 있으므로 1 mol에 들어 있는 전자
수는 XY가 10 mol, ZY가 12 mol이다.
따라서 1 mol에 들어 있는 전자 수는 XY와 ZY가 같지 않다.

3회 10 정답 ⑤ ★ 전기 음성도와 결합의 극성 ········· [정답률 69%]

| 보기 분석 |
$\boxed{E}$ 07 해설 참조

ㄱ. W, Y는 17족 원소이고 전기 음성도는 Y＞W이므로 W는 염소(Cl), Y는
플루오린(F)이다.
ㄴ. Y는 플루오린(F), Z는 인(P)이므로, 전기 음성도는 Y＞Z이고, Y가 공유
전자쌍을 더 끌어당기기 때문에 Z는 부분적인 양전하(δ^+)를 띤다.
ㄷ. X_2Y_4(N_2F_4)에서 X=X(N=N) 결합은 전기 음성도 차이가 없는 동일한
원소 간의 무극성 공유 결합이다.

3회 11 정답 ③ ★ 분자의 성질 ····················· [정답률 69%]

| 보기 분석 |
$\boxed{G}$ 06 해설 참조

ㄱ. OF_2는 분자 내 전하 분포가 고르지 않아 분자의 쌍극자 모멘트가 0이
아니므로 극성 분자이다.
ㄴ. 중심 원자의 비공유 전자쌍 수는 (가)에서 2, (나)에서 0이므로
(가)＞(나)이다.
ㄷ. 전기 음성도는 Z는 3.0, W는 3.4이므로 Z＜W이다. 꿀팁

3회 12 정답 ② ★ 분자의 구조 ····················· [정답률 59%]

| 선택지 분석 |
$\boxed{F}$ 12 해설 참조

② ⓐ은 6, ⓑ은 4, ⓒ은 8이므로 ⓐ+ⓑ+ⓒ=6+4+8=18이다.

3회 13 정답 ⑤ ★ 화학 평형 상수 ··············· [정답률 67%]

| 선택지 분석 |
$\boxed{I}$ 01 해설 참조

⑤ $V=36$이다.

3회 14 정답 ⑤ ★ 물의 자동 이온화와 pH ········· [정답률 55%]

| 보기 분석 |
$\boxed{K}$ 01 해설 참조

ㄱ. $[H_3O^+]$는 (가)＜(나)이므로 수용액의 pH (가)＞(나)이다. 따라서 (나)는
HCl(aq)이다.
ㄴ. $[H_3O^+]$의 비는 (가) : (나)=1 : 10^4이고 H_3O^+의 양(mol)의 비는
(가) : (나)=1 : 10^3이다. 따라서 수용액의 부피$\left(=\dfrac{H_3O^+의 양(mol)}{[H_3O^+]}\right)$
비는 (가) : (나)=$\dfrac{1}{1}$: $\dfrac{10^3}{10^4}$=10 : 1이다.
ㄷ. [(가)의 pH=(나)의 pH+4]에서 (가)의 pH인 x는 9이다.
25 ℃에서 pH+pOH=14이므로 (나)의 pOH는 (14-9=)5이다.

3회 15 정답 ③ ★ 전기 음성도와 결합의 극성 ········· [정답률 71%]

| 보기 분석 |
$\boxed{E}$ 09 해설 참조

ㄱ. B는 산소(O)이므로 2주기 원소이다.
ㄴ. (가)의 A-B 결합은 F-O의 전기 음성도 차이가 존재하므로 극성 공유
결합이다.
ㄷ. 전기 음성도는 B＞C이므로, 공유 전자쌍은 B 쪽으로 치우치게 되어 C는
부분적인 양전하(δ^+)를 띤다.

3회 16 정답 ① ★ 분자의 구조와 극성 ············· [정답률 66%]

| 보기 분석 |
$\boxed{G}$ 13 해설 참조

ㄱ. 공유 전자쌍 수는 구조식에서 실선의 개수이므로 5개이다.
ㄴ. (다)는 결합각이 104.5°인 굽은 형이다. (가)가 직선형이다.
ㄷ. (가)는 무극성 분자, (다)는 극성 분자이므로 분자의 쌍극자 모멘트는
(가)＜(다)이다. 꿀팁

3회 17 정답 ④ ★ 몰농도 ····················· [정답률 73%]

| 선택지 분석 |
$\boxed{L}$ 08 해설 참조

④ w: $\dfrac{w}{40}$=0.05이므로 w=2이다.
ⓐ: ⓐ의 부피는 0.2 L=200 mL이고 ⓐ은 일정 부피의 용액을 만들 때
사용하는 실험 기구이므로 부피 플라스크이다.
따라서 ⓐ은 200 mL의 부피 플라스크인 C이다.

3회 18 정답 ① ★ 몰농도 ····················· [정답률 51%]

| 선택지 분석 |
$\boxed{L}$ 14 해설 참조

① x는 0.2이고 A의 화학식량은 100이다. 따라서 $\dfrac{x}{A의 화학식량}$ 는 $\dfrac{1}{500}$ 이다.

3회 19 정답 ⑤ ★ 동적 평형 ····················· [정답률 46%]

| 보기 분석 |
$\boxed{H}$ 02 해설 참조

ㄱ. 시간 t일 때는 동적 평형 상태에 도달하기 전이고 $2t$일 때는 동적 평형
상태이므로 $H_2O(l)$의 양(mol)은 $2t$일 때가 더 적다. 따라서 $a>b$이다.
ㄴ. 시간 t일 때와 $2t$일 때 온도가 같으므로 증발 속도는 같고, 응축 속도는 동적
평형 상태인 $2t$일 때가 더 크므로 $\dfrac{H_2O(g)의 응축 속도}{H_2O(l)의 증발 속도}$ 는 $2t$일 때가 더
크다.
ㄷ. $2t$일 때부터 $H_2O(l)$의 양(mol)이 변하지 않으므로 $3t$일 때도 $H_2O(l)$과
$H_2O(g)$는 동적 평형을 이루고 있다.

3회 20 정답 ② ★ 평형의 이동 ····················· [정답률 71%]

| 보기 분석 |
$\boxed{J}$ 02 해설 참조

ㄱ. T K에서 $K=\dfrac{x}{1\times2^2}$=1이므로 x=4이다. 함정
ㄴ. He(g) 1몰을 첨가하면 강철 용기의 내부 압력이 증가하지만 각 기체의 양(몰)의
변화가 없다. 따라서 B의 몰농도는 2 M과 같게 된다.
ㄷ. A 1몰과 C 3몰을 추가하면 평형이 이동하기 전 A는 2몰, B는 2몰, C는 7몰이
되므로 반응 지수(Q)=$\dfrac{7}{2\times2^2}$=$\dfrac{7}{8}$로 평형 상수(K)는 1보다 작다. 주의
따라서 정반응 쪽으로 평형이 이동하게 되어 A는 2몰보다 작아지게 된다.

21 정답 ① * 동적 평형 ································· [정답률 87%]

| 보기 분석 | H 03 해설 참조

ㄱ. 시간 t에서 $2t$로 되는 동안 증발 속도가 응축 속도보다 빠르다. 따라서
$H_2O(l)$의 양(mol)은 t일 때가 더 많고 $2t$일 때가 더 적어 ⓐ<10이다.

ㄴ. $2t$일 때와 $3t$일 때는 모두 동적 평형 상태이므로 $H_2O(g)$의 양(mol)은 같다.

ㄷ. $3t$일 때는 동적 평형 상태이므로 증발과 응축이 같은 속도로 일어난다.

22 정답 ① * 몰농도 ································· [정답률 72%]

| 선택지 분석 | L 02 해설 참조

① 용질의 질량은 $A(aq)$에서와 $B(aq)$에서가 같으므로 $M_A V = 3M_B V$이다.
따라서 $M_A = 3M_B$이므로
$$\frac{B의\ 화학식량}{A의\ 화학식량} = \frac{1}{3}$$이다.

23 정답 ① * 수용액의 pH와 pOH ··············· [정답률 51%]

| 보기 분석 | K 07 해설 참조

ㄱ. $[OH^-]$비는 (가) : (나)$=10^4 : 1$이므로 $[OH^-]$는 (가)$>$(나)이다.
따라서 (가)는 $NaOH(aq)$이고 (나)는 $HCl(aq)$이다.

ㄴ. OH^-의 양(mol)의 비는
(가) : (나)$=100a : \dfrac{1\times10^{-14}}{100a}\times10 = 10^5 : 1$이다.
따라서 $a=1\times10^{-6}$이다.

ㄷ. (가)에서 $[OH^-]=a=1\times10^{-6}$이므로 pOH는 6.0이고 pH는 8.0이다.
(나)에서 $[H_3O^+]=100a=1\times10^{-4}$이므로 pH는 4.0이고 pOH는
10.0이다. 따라서 $\dfrac{(가)의\ pH}{(나)의\ pOH} = \dfrac{8}{10} = \dfrac{4}{5}$이다.

24 정답 ② * 화학 반응에서의 양적 관계 ········· [정답률 42%]

| 선택지 분석 | C 특강 참조

② $c=1$, 분자량의 비 A : C$=20 : 9$이므로
$$c \times \frac{A의\ 분자량}{C의\ 분자량} = 2 \times \frac{20}{9} = \frac{40}{9}$$

25 정답 ③ * 원자량, 분자량 ···················· [정답률 29%]

| 보기 분석 | B 28 해설 참조

ㄱ. 실린더 Ⅰ에 $X_aY(g)$를 첨가해도 $\dfrac{X\ 원자의\ 양(mol)}{전체\ 기체의\ 양(mol)}$이 일정하므로 $a=1$

ㄴ. 기체 XY_2과 $X_{2a}Y_b$ w g의 양(mol)을 각각 m_1, m_2라고 가정하고 그래프를
해석하면 $\dfrac{m_1}{m_1} : \dfrac{m_1+2m_2}{m_1+m_2} = 3n : 4n$이므로 $m_1 = 2m_2$이다.
기체의 질량이 같을 때 기체의 양(mol)은 분자량에 반비례하므로 분자량 비는
$XY_2 : X_2Y_b = 1 : 2$이므로 $b=4$이다.

ㄷ. 첨가한 X_aY 기체의 질량이 w g일 때 X_aY의 양을 m_3라고
가정하고 X 원자 수의 비(Ⅰ : Ⅱ$=19 : 15$)를 이용하여
Ⅰ : Ⅱ$=19 : 15 = (m_1+m_3) : (m_1+2m_2)$의 관계식을 유도하면
$23m_1 = 15m_3$이므로, 원자량 비 X : Y$=7 : 8$이다. 함정

memo

memo

나만의 학습 계획표를 올려 주세요.

나만의 학습 계획표를 작성하고, 사진을 찍어
인스타그램 또는 블로그에 올려 주세요.

★ 필수 해시태그 - #수경출판사 #자이스토리 #수능기출문제집
#학습 계획표

★ 참여해 주신 분께: 바나나우유 기프티콘 증정

QR코드를 스캔하여 개인 정보 및 작성한 게시물의 URL을 입력합니다.

수경 Mania가 되어 주세요.

인스타그램, 카페, 블로그 등에
수경출판사 교재로 공부하는 모습,
학습 후기, 교재 사진을 올려 주세요.

★ 참여해 주신 분께: 3,000원 편의점 기프티콘 증정
★ 우수 후기 작성자: 강남인강 1년 수강권 증정

QR코드를 스캔하여 개인 정보 및 작성한 게시물의
URL을 입력합니다.

수험장 생생체험단 모집

자이스토리 교재에 실릴 수능 문제에
대한 나만의 풀이 비법을 전수해 주세요.

★ 대상: 수능을 지원한 고3 및 N수생
(성적 우수자 우선 선발)

★ 생생체험단 선정 수험생:
문항당 소정의 원고료 증정

QR코드를 스캔하여
해당 링크로 이동합니다.

교재 평가 설문지를 작성해 주세요.

수경출판사 교재 학습 후기, 교재 평가 설문지를 작성해 주세요.
[학생, 선생님 모두 가능]

★ 참여해 주신 분께: 2,000원 편의점 기프티콘 증정
★ 우수 후기 작성자: 강남인강 1년 수강권 증정

선생님 전용
설문 조사

QR코드를 스캔하여 해당 링크에 들어가서 설문 조사를 진행합니다.

학생 전용
설문 조사

＊ 자세한 사항은 해당 QR코드를 스캔하거나, 홈페이지 이벤트 공지글을 참고해 주세요.
＊ 이벤트의 내용이나 상품이 변경될 수 있으며, 변경시 홈페이지에 공지됩니다.

XISTORY HONORS CLUB

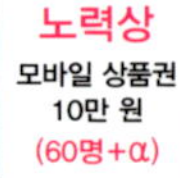

• **XISTORY 12th HONORS CLUB** 장학금은 2027년 2월 26일에 지급될 예정입니다.
• XISTORY 11th HONORS CLUB 장학금은 2026년 2월 27일에 지급되었습니다.
• XISTORY 10th HONORS CLUB 장학금은 2025년 2월 28일에 지급되었습니다.
• XISTORY 9th HONORS CLUB 장학금은 2024년 2월 28일에 지급되었습니다.
• XISTORY 8th HONORS CLUB 장학금은 2023년 2월 28일에 지급되었습니다.
• XISTORY 7th HONORS CLUB 장학금은 2022년 2월 25일에 지급되었습니다.
• XISTORY 6th HONORS CLUB 장학금은 2021년 2월 26일에 지급되었습니다.
• XISTORY 5th HONORS CLUB 장학금은 2020년 2월 28일에 지급되었습니다.
• XISTORY 4th HONORS CLUB 장학금은 2019년 2월 27일에 지급되었습니다.
• XISTORY 3rd HONORS CLUB 장학금은 2018년 2월 27일에 지급되었습니다.
• XISTORY 2nd HONORS CLUB 장학금은 2017년 2월 24일에 지급되었습니다.
• XISTORY 1st HONORS CLUB 장학금은 2016년 2월 20일에 지급되었습니다.

*자세한 내용은 수경출판사
홈페이지 www.book-sk.co.kr를
참조하여 주시기 바랍니다.

자이스토리 · 수경출판사